Gesamtverzeichnis des deutschsprachigen Schrifttums (GV) 1700 – 1910

Bearbeitet unter der Leitung von
Hilmar Schmuck und Willi Gorzny
Bibliographische und redaktionelle Beratung:
Hans Popst und Rainer Schöller

115

Rei - Reini

K · G · Saur München · New York · London · Paris 1984

CIP-Kurztitelaufnahme der Deutschen Bibliothek

Gesamtverzeichnis des deutschsprachigen Schrifttums :
(GV). — München, New York, London, Paris : Saur.
Bd. 1 - 6 bearb. unter d. Leitung von Peter Geils
u. Willi Gorzny.
ISBN 3-598-30000-X

1700 - 1910 / bearb. unter d. Leitung von Hilmar
Schmuck u. Willi Gorzny. Bibliograph. u. red.
Beratung: Hans Popst u. Rainer Schöller

NE: Schmuck, Hilmar [Bearb.]

115. Rei - Reini. - 1984.

Techn. Realisierung und Druck: Norbert Gärtner, Mainz-Kastel
Binden: Karl Schaumann, Darmstadt
Printed in the Federal Republic of Germany
ISBN 3-598-30000-X (Gesamtwerk)

Rei, Just., der Gott des Christenthums als Gegenstand streng wissenschaftlicher Forschung. gr. 8. (VII, 172 S.) Prag 880. Rziwnatz in Comm. n. 3. 60

* **REIBEDANZ**, Jeremias. Eine Geschichte zur Unterhaltung für Leser, welche ohne Ritter und Gespenster fertig werden können. — Vignette von Jury. — Berlin und Leipzig, bei Carl Aug. Nicolai. 1796. 8⁰. (In Berlin: Yw 4521.) (1 Mk. 50 Pfg., br., unbeschn., Baer & Co., 1894; jetzt höher!)
Titel, IX u. 412 S. Theilweise anstößig.

Reibeisen! Leipziger, Lauter Eingesandtes. (Fortsetzung von: Schwert u. Zopf.) 1. Jahrg. 1848. Aug.—Decbr. 43 Nrn. gr. 8. — Red.: Rob. Binder. 2. Jahrg. 1849. 156 Nrn.

— Red.: E. Kauffer. (3.) Jahrg. 1850. 156 Nrn. 4. (½—1 B.) Leipzig, Expedition. 1848: n. ⅔ Thlr 1849 u. 1850: à n. 2 Thlr

Reibel, Jos., d. Diöcesanverhältniß kathol. Bischöfe in Ansehung kathol. Unterthanen u. Einwohner protestant. Lande ꝛc. 8. Ulm 806. Stettin. 8 gr

— Staat u. Hierarchie, eine pragmat.-krit. Beleuchtung ihrer wechselseit. Verhältnisse v. der ersten Bildungsepoche des Christenthums bis auf die neuesten Zeiten. gr. 8. Tübing. 810. v. Cotta. 1 Thlr

Reibenschuh, Ant. Frz., Analyse der gräfl. Meran'schen Johannesquelle u. der Nebenquelle bei Stainz. [Ausgeführt im Laboratorium d. J. Gottlieb.] [Aus: „Sitzungsber. d. k. Akad. d. Wiss."] Lex.-8. (12 S.) Wien 870. (Gerold's Sohn.) n. — 20

Reibenschuh, Ant. Frz., über krystallisirte Ankerite vom Erzberge in Obersteiermark. [Aus den Sitzungsber. der k. Akad. der Wiss.] Wien 867. (Gerold's Sohn.) Lex.-8. (3 S.) 1½ ngr

Reibenschuh, A. F.: Ueber den Antheil der Wurzeln bei der Ernährung der Pflanzen. S. 23–40. 8⁰ – Marburg i/St., OR., Progr. 1872.

Reibenschuh Dr. Anton Franz: Der steierische Erzberg. 25. Graz St. R. 02.
Progr.

Reibenschuh Dr. A. F.: Über die Harze mit bes. Berücksichtigung der fossilen Harze Steiermarks. 48. Graz St.-R. 77.
Progr.

Reibenschuh, Ant. Frz., erste Lieder. Gedichte. Gratz 864. Hesse. 8. (VI, 127 S.) 24 ngr

— Über das Methylbiguanid und seine Verbindungen. S. 87. H. 96. . . . . vgr.
Separatabdruck

Reibenschuh Dr.: Die Mineralquellen u. Thermen Steiermarks. 44. Graz St.-R. 89.
Progr.

Reibenschuh Dr. Ant. Franz: Der Neubau der St. O. R. und dessen feierliche Eröffnung am 24./10 1900. 7. Graz St. R. 01.
Progr.

— Rückblick auf die e sten 25 Jahre der k. k. St. R. in Graz. 16. ibd. 97.
Progr.

— die neueren chemischen Theorien. Einleitung in das Studium der modernen Chemie. Lex.-8. (53 S.) Graz 871. Ludewig & Wohlfarth in Comm. n. 1. 80

Reibenschuh, A. F.. Die neueren chemischen Theorien. 53 S. gr. 8⁰ – Marburg i/St., OR., Progr. 1871.

Reibenschuh, A. F., die Thermen und Mineralquellen Steiermarks. Lex.-8. (VII, 48 S.) Graz 889. Leuschner & Lubensky. n. 1. 40

Reibenstein, H. Theodor

— de confessione civili commoda methodo pertracta. 4. ibid. 744.

Reibenstein, H. Theod., artificior. algebraicorum elementis analyseos finitor. Wolfianis comprehens. dilucidatio. 4. Helmst. Weygand. 757.

Reiber, F., l'histoire naturelle des eaux Strasbourgeoises de Léonard Baldner [1666]. [Aus: „Bulletin de la Société d'histoire naturelle de Colmar".] gr. 8. (132 S.) Colmar 887. (Strassburg, Noiriel.) n. 3. 60

Reiber, Ferd. Küchen-Zettel u. Regeln e. straßburger Frauenklosters d. XVI. Jahrh. kl. 4. (52 S. m. Randeinfassgn.) Straßb. i. E. 891, Heitz. * 4 —

Reiber, Flor., deux ans en Allemagne. 1. Partie. Heilbronn 864. (Class.) 8. (46 S.) n. 8 ngr

Reiber, Hans, Referendar: Pfandrecht und kaufmännisches Zurückbehaltungsrecht in Vergleichung. Strassburg i. E.: Straßburger Dr. u. Verlagsanst. 1910. 63 S. 8°
Heidelberg, Jur. Diss. v. 27. Dez. 1910, Ref. Endemann
[Geb. 26. Juli 83 Straßburg; Wohnort: Straßburg; Staatsangeh.: Elsaß-Lothringen; Vorbildung: Prot. Gymn. Straßburg Reife Juli 03; Studium: Straßburg 4, München 1, Straßburg 3 S.; Rig. 22. Jan. 10.] [U 11. 2102

Reiber, Johs., S. J., Monita secreta. Die geheimen Instruktionen der Jesuiten verglichen m. den amtlichen Quellen des Ordens. gr. 8. (VIII, 82 S.) Augsburg 902. Litterar. Institut v. Dr. M. Huttler. n. — 90

— der Papst, der Vater der Christenheit, s.: Volksbibliothek, katholische. II. 1.

Reiber, Reich. Glo., Blumen im Thale, od. neue geistl. Lieder. 8. Bresl. 810. J. F. Korn. 12 gr

— geistl. Lieder zur Erbauung. 2 Thle. 8. Bresl. 783, 84. W. G. Korn. 8 gr

— Ueberlegungen u. Freude üb. mein Christenthum. 8. Oels 779.

— prakt. Uebersicht d. christl. Religion. 8. Breslau. (Sommer, Lpz.) 793.

— Versuch e. prakt. Uebersicht d. christl. Religion. 8. Bresl. 793. (W. Rauck in Leipz.) 8 gr

— Winke zu Betrachtt. üb. die letzten Leiden unsers Herrn. gr. 8. Bresl. 799. J. F. Korn. 1 Thlr

Reiberstorffer, ..., Wien u. die Wiener. In 30 Heften mit 30 Bildern. 1., 2. Hft. Lex.-8. Pesth 841, Heckenast. à ⅛ Thlr

Reibetanz, Arthur: Jean Desmarets de Saint-Sorlin, Sein Leben und seine Werke. Leipzig: Seele 1910. VI, 95 S. 8°
Leipzig, Phil. Diss. v. 9. März 1910, Ref. Birch-Hirschfeld, Wülker
[Geb. 10. Aug. 84 Gersdorf b. Leisnig; Wohnort: Gersdorf; Staatsangeh.: Sachsen; Vorbildung: König-Albert-Gymn. Leipzig Reife O. 05; Studium: Leipzig 4. Freiburg i. B. 1, Leipzig 4 S.; Rig. 2. Dez. 09.] [U 10. 3213

Reibetanz, Carl Gottlob (Meuselwitz/Altenburg), Casum abscessus hepatis memorabilem exponens. Diss. med.-chir. Präs. Christian Friedrich Ludwig. Leipzig (G. Bruder) 27. IX. 1808. 40 S. (3.50) 27922
Gew.: Wilhelm von Seckendorff.

Reibetopf, Carl Heinrich (Eub. / Meißen / Altenburg), De contractus censualis natura Von Des Gülden-Kauffs Natur und Wesen. Disput. jur. Moder. Joh. Bernhard Friesen. Jena (Muller) 2. V. 1720. 42 S. (4.75) 27923
Widm. v.: Joh. Bernhard Friesen, Seb. Eberh. Jehring (Oppon.), Ludwig Wilhelm Gumprecht (Oppon.), J. D. L.

Reibisch, Sebastian von.

[Leipzig 1783.] V: *Canzler, Joh. Gg.* (MGT)

Reibisch, Friedrich Martin. Eine Auswahl merkwürdiger Gegenstande aus der Konigl. Sachsischen Rüstkammer, gezeichnet und beschrieben von Friedrich Martin Reibisch ... Dresden, im Verlage des Herausgebers und in Commission der Waltherschen Buchhandlung [1825—1827].
5 Hefte: Heft 1 (2. Auflage) —4 m. je 8, Heft 5—9 m. je 4 S. Text; 35 Taf. in kol. Lithogr. Nachtrag: Perspektivischer Plan von Alt-Dresden vom Jahre 1634: 12 S.; 1 Plan in Lithogr. 8°

v. Reibisch, Fr. Mart., der Rittersaal. Eine Geschichte des Ritterthums, seines Entstehens und Fortgangs, seiner Gebräuche u. Sitten. Artistisch erläutert (durch 62 sauber illum. Steintaf.), historisch beleuchtet von Frz. Kottenkamp. qu. gr. 4. Stuttgart 842, Hoffmann. 18 ₰

Reibisch, Fr. Mart., deutscher Ritter-Saal, artist.-histor. bearb. 1. Abthl. gr. 4. (3½ B. u. 30 ill. Kpfrt. incl. 28 qu. gr. Fol.) Dresden 832. (Leipzig, Anstalt f. Kunst u. Lit.)

— deutscher Ritter-Saal, artistisch-histor. bearbeitet. 1e Abtheil. Mit 30 illum. Kpst. gr. 4. Dresd. 832. (Leipz., Rud. Weigel). Prän.-Pr. 11 ₰ 6 ℊ

Reibisch, Friedrich Martin von. Deutscher Rittersaal oder die deutsche Ritterzeit artistisch-historisch bearbeitet von Friedrich Martin von Reibisch. Dresden, beim Verfasser und in Commission der Waltherschen Hof-Buchhdlg. 1836.
Tit., 65 Bl. Aquarelle. 8°.
Vorzeichnungen zu den beiden folgenden Nummern

—. Dasselbe.
Tit., 66 z. T. kol. Lithogr. 8°
Unvollständig. Es fehlen die Taf. XXXII, XXXIII, LXI, LXII, LXV, LXVI

Reibisch, (Friedr. Mart.,) die königl. Dresdner Rüstkammer. In Abbildd. u. Beschreibungen. 1s—9s Heft. gr. 4. Dresden, Verf. 825—27, (Walther,) 4 Rthl. 12 gr. Bel. P.

— Nachtrag hierzu: Perspectivischer Plan v. Alt-Dresden v. J. 1634, nebst seinen Merkwürdigkeiten u. vorzügl. Gebäuden. Mit 1½ Bogen Text. gr. 4. Dresd., Verf. (Walther). 1 ₰

Reibisch, J(ohannes), Dr.: Ueber den **Einfluss** der Temperatur auf die Entwickelung von Fisch-Eiern. Hierzu Taf. VI. *Kiel 1902: Schmidt & Klaunig.* (19 S.) 4° ¶Aus: Wissensch. Meeresuntersuch., Abth. Kiel, N. F., Bd 6.
Kiel, Phil. Hab.-Schr. v. [4. Juni] 1902

Reibisch, Johannes Günther Felix

Reibisch, Johs., die pelagischen Phyllodociden u. Typhloscoleciden der Plankton-Expedition, s. a. Ergebnisse d. Plankton-Expedition d. Humboldt-Stiftung, II, H.

Reibisch, Johannes Günther Felix [aus Dresden]: Die pelagischen Phyllodociden der Plankton-Expedition der Humboldtstiftung ... [Erschien vollst. in: Ergebnisse d. ... Plankton-Expedition d. Humboldt-Stiftung, Bd 2.] Halle a. S., Druck v. E. Karras, 1894; 22 S., 1 Bl. 8.
Leipzig, Phil. Fak., Inaug.-Diss. v. [10. Okt.] 1894

Reibisch, Th., der Naturaliensammler, s.: **Kiesenwetter, H. v.**

Reibling, Amalie, des Lebens Licht- u. Schattenseiten. Roman aus dem Leben. 8. (213 S.) Braunschweig 902. R. Sattler. n. 2. —; geb. in Leinw. n. 3. —

Reibmayr, Alb., die Activbewegungen im Anschlusse an die Massage. gr. 8. (40 S. m. Fig.) Wien 884. Toeplitz & Deuticke. n. 1. —

Reibmayr, A., kurze Anleitung zur mechanisch-physikalischen Behandlung der Fettleibigkeit. gr. 8. (63 S. m. 23 Holzschn.) Wien 890. Deuticke. n. 1. 50

Reibmayr, Alb., die Ehe Tuberculoser u. ihre Folgen. gr. 8. (VIII, 315 S. m. 4 farb. Karten.) Wien 894. F. Deuticke. n. 8. —

Reibmayr, Alb., die Entwicklungsgeschichte des Talentes u. Genies. 2 Bde. gr. 8. München, J. F. Lehmann's Verl. 18.—; geb. in Halbfrz. 22. —
1. Die Züchtg. des individuellen Talentes u. Genies in Familien u. Kasten. (Mit 3 Karten.) (517 S.) 908. 10.—; geb. 12. —
2. Zusätze, histor., genealog. u. statist. Belege. (VII, 448 S.) 908. 8.—; geb. 10. —

— unter der Herrschaft d. Messers. 1. u. 2. Thl. gr. 8. Wien 892. C. Konegen. n. 2. —
1. 1.—3. Aufl. (VII, 64 S.) n. 1. 20
2. Widerlegung der Schrift d. Hrn. Hofr. Prof. Albert. (27 S.) n. — 80

— d. Immunisirung d. Familien bei erblichen Krankheiten (Tuberculose, Lues, Geistesstörungen). Ein Wort zur Beruhigg. f. Aerzte u. Gebildete. gr. 8. (51 S.) Wien 899. F. Deuticke. n. — 75

Reibmayr, Alb., Inzucht u. Vermischung beim Menschen. gr. 8. (VI, 268 S.) Ebd. 897. n. 5. —

— Ischl als Terrain-Curort. Mit 2 Karten. 12. (VIII, 112 S.) Ebend. 886. n.n. 2. —

—— die Massage und ihre Verwerthung in den verschiedenen Disciplinen der praktischen Medicin. gr. 8. (III, 114 S.) Ebendas. 883. *
—— dass. — 2. ergänzte Aufl. gr. 8. (132 S.) Ebendas. 884. *

—— die Massage und ihre Verwerthung in den verschiedenen Disciplinen der praktischen Medicin. 3. ergänzte Aufl. gr. 8. (155 S.) Ebendas. 887. *

— die Massage u. ihre Verwerthung in den verschiedenen Disciplinen der praktischen Medicin. 4., umgearb. Aufl. gr. 8. (171 S.) Ebd. 889. n. 3 —

— die Massage u. ihre Verwerthung in den verschiedenen Disciplinen der praktischen Medicin. 5., umgearb. Aufl. gr. 8. (III, 198 S.) Wien 893. F. Deuticke. n. 4. —

— die Massage-Behandlung, populär dargestellt. 8. (III, 50 S.) Ebend. 883. n. 1. —

—— die Massage-Behandlung, populär dargestellt. 8. (III, 50 S.) Ebendas. 884. *

— der Praktiker. gr. 8. (XII, 220 S.) Ebd 893. n. 4. —

—— die Technik der Massage. gr. 8. (VII, 136 S. mit 126 Holzschn.) Ebendas. 884. *

—- die Technik der Massage. 2. ergänzte Aufl. (VII, 159 S. mit 149 Holzschn.) 886; 3. verm. und verb. Aufl. gr. 8. (VIII, 176 S. mit 162 Holzschn.) Ebendas. 888. *

— dasselbe. 4., verm. Aufl. gr. 8. (VII, 260 S. m. 233 Holzschn.) Ebd. 890. n. 5. —; geb. n. 6. —

— dass. — 5. verm. u. verb. Aufl. gr. 8. (VII, 287 S. mit 244 Holzschn.) Ebd. 892. * 6 —; geb. * 7 —

— d. Technik d. Massage. M. 242 Holzschn. 6. Aufl. gr. 8. (III, 266 S.) Ebd. 898. n. 6. —

(8) — Die Technik d. Massage. 898. (KBl. 30.) Jetzt: Wien, W. Braumüller.

— die Unterleibs-Massage m. specieller Berücksicht. der Massage und Heilgymnastik in der Gynäkologie. Mit 86 Holzschn. gr. 8. (VII, 147 S.) Ebd. 889. n. 4. —

Reibmayr, Alb., d. Citronensäure u. ihre hygienisch-therapeut. Wirkg. gr. 8. (30 S.) Wien 896. F. Deuticke. n. —75

Reibnitz, Frau v., Erzähl. ihrer Verfolgung, v. Fritschler. 8. Langens. Schneider. 760.

Reibnitz, Frau v., so Fliehet aus Babel.

Reibnitz, Frau v., fliehet aus Babel! Merkwürdiger Brief e. adel. Dame, der Frau v. R., aus Schlesien. Mit Vorwort v. C. H. v. Bogatzky. 3. Aufl. (24 S.) kl. 8. Zwickau 907. J. Herrmann. — 15

Reibnitz, Frhr. v., u. Ritschke, das Füsilier-Regiment v. Steinmetz (Westfälisches) Nr. 37. Auf Grund der Regimentsgeschichten im Auftrage des Regiments zusammengestellt u. bis zum J. 1893 fortgeführt. gr. 8. (X, 303 S. m. Bildnis u. 4 Plänen.) Berlin 893. E. S. Mittler & Sohn. n. 7. 50; geb. n.n. 9. —

Reibnitz, Frhr. v., Mitteilungen aus den ersten fünfzig Jahren des westphälischen Füsilier-Regiments Nr. 37. Im Auftrage des Regiments zusammengestellt. Berlin 870. Mittler & Sohn. gr. 8. (V, 175 S.) n. 25 ngr.

Reibnitz, Frhr. E. von, s. Blumenfreund.

Reibnitz, Ernst Wilhelm Frhr. v.

v. Reibnitz, Frhrr. E. W., Aphorismen über die Formen der Gesetzbücher, vorgelesen in d. literar. Gesellsch. zu Krakau d. 14. Dec. 1817. 8. Bresl. 818. W. G. Korn. 8 gr

— üb. die allgem. Einführung d. Friedensgerichte in der Preuß. Monarchie. 8. Berl. 821. (Sander). 8 gr

[Lithogr.] [Gedicht.] Dem Br. v. Guionneau am 7ten Nov. 1824. Von den Brüdern des flammenden Sterns [in Berlin]. [Unterz.: v. Rei]b[nitz]. [Berlin 1824.] 1 Bl. 8⁰ [Kopftit.]
„Lass, Flammenstern, den würd'gen Meister leben, . . .“

Preussens Geldhaushalt und neues Steuersystem (von F. W. v. Reibnitz). gr. 8⁰. Berlin, Flittner (Sander), 1821.

Reibnitz, Ernst Wilh. Frhr. v.: Systemat. Lehrgebäude des gesammten in Deutschland geltend. gemeinen Rechts. 1r Bd. das Privat-Recht. gr. 8. *Berlin*, (Rücker u. Püchler.) 824. 2r Bd. das Kirchen-, Kriminal- und Naturrecht. 25. (7 Thl.)

Reibnitz, Ernst Wilh. Frh. v.: Rede bei Uebergabe der Konstitutions-Urkunde der freien Stadt Krakau den 6. Sept. 1818. Berlin 1818.

Reden in der grossen National-Mutter-□ zu den drei Weltkugeln [in Berlin] gehalten von [v. Rei]b[nitz]. Berlin 1824: Schmidt. 48 S. 8⁰ [Umschlagtit.]
Kl. 1232 b. 4 Reden.

— Versuch üb. das Ideal e. Gerichtsordnung, oder: Vorschläge zur Reform der Gerichtsverfassung u. des gerichtl. Verfahrens in den Preuß. u. andern deutschen Staaten etc. 2 Thle. gr. 8. Berl. 815, 16. (Sander). 6 ß

Reibnitz, E[rnst] W[ilh.] Frh. v.: Ueber meine Vorlesungen an der hiesigen Universität. Berlin 1823.

v. Reibnitz, Frhrr. E. W., Vorschläge z. Auseinandersetzung der Grundeigenthümer mit ihren Gläubigern wegen d. Kriegsschäden. 1e u. 2e Aufl. 8. Berl. 814. (Sander). 14 gr

— Vorschläge f. das Großherzogth. Posen zur Auseinandersetzung d. Grundeigenthümer mit ihren Gläubigern; nebst e. Beleuchtung des Edicts vom 3. Juni 1814, u. neuen Vorschlägen f. die übrigen Preuß. Staaten, veranlaßt durch das Edict vom 1. März 1815. 8. Berl. 815. (Sander). 14 gr

Reibnitz, Georg Wilhelm von (Schlesischer Adel) De paribus sententiis judicum et arbitrorum. Diss. jur. Präs. Caspar Heinrich Horn. Wittenberg (Gerdes) Juni 1717. 38 S. (4.50) 27924

— — Dasselbe. Wittenberg (Gerdes) Juni 1717. 38 S. (4.50) 27925
Gew.: Johann Anton von Schafgotsche. — Widm. v.: Caspar Heinrich Horn.

Reibnitz, Kurt Frhr. v., Familienfideikommisse. Ihre wirtschaftl., sozialen u. polit. Wirkgn. (IV, 114 S.) gr. 8. Berlin 908. C. Heymann. 3. —

Reibnitz, Kurt Frh. von, Rechtskand.: Der öffentliche Glaube des Erbscheins im Vergleich mit dem öffentlichen Glauben des Grundbuchs. *Berlin 1902: W. Pilz.* (x, 86 S.) 8⁰
Rostock, Jur. Diss. v. [20. Febr.] 1902

Reibnitz, Kurt Frhr. v., der öffentliche Glaube des Erbscheins im Vergleich m. dem öffentl. Glauben des Grundbuchs. Eine Studie. gr. 8. (X, 86 S.) Berlin 902. Struppe & Winckler. n. 2. 80

— Torso. 8. (237 S.) Berlin 900. Schuster & Loeffler. 3. —; geb. 4. 50

Reibnitz, M. v., Nachtrag zu den Allerhöchst am 9. Decbr. 1885 bestätigten Regeln über die Bereitung und den Verkauf von Destillaturfabrikaten u. s. w., enthaltend: 1. die vom Herrn Finanzminister am 17. Jan. 1886 erlassene Instruktion für die Accise-verwaltungen und Zollämter über die Anwendung dieser Regeln, 2. Circulärvorschrift des Herrn Finanzministers über die Unterscheidungsmerkmale von Eau de Cologne u. s. w., 3. eine Erläuterung des Art. 32 der Regeln vom 9. Decbr. 1885 und 4. die Circulärvorschrift des Herrn Finanzministers vom 23. Jan. 1886, Nr. 1900, über die Anwendung der Regeln vom 9. Decbr. 1885. gr. 8. (18 S.) (Ebendas.) 886. *

Reibnitz, M. v., Regeln über die Bereitung und den Verkauf von Destillatur-Fabrikaten, von gereinigtem Branntwein und Spiritus und von Spiritus enthaltenden Säften (Allerhöchst bestätigt am 9. Decbr. 1885) und die vom Herrn Finanzminister erlassenen Übergangsmaßregeln zu diesen Regeln. gr. 8. (16 S.) Mitau 886, (Felsko.) *

Reibnitz, Paul Frhr. v., Geschichte der Herren u. Freiherren v. Reibnitz. 1241 bis 1901. Mit 31 Abbildgn., 13 Stamm- u. 4 Uebersichtstaf. Lex.-8. (XVI, 397 S.) Berlin 901. E. S. Mittler & Sohn. n. 16.—; geb. n. n. 17.—

Reiboldsgrün [Schlagwort]

Reiboldsgrün, s.: Sachsen. Karte.

Reibrach, Jean, die neue Schönheit. Roman in 4 Tln. Aus dem Franz. übers. v. Wolfg. Reinhard. 1. u. 2. Aufl. (à 387 S.) 8. Stuttgart 905. Deutsche Verlags-Anstalt. n. 3. 50; geb. n. 4. 50

Reibschwamm, A., Hannover an Sonn- u. Alltagen. 1. Hft. Polizeidiener. Mit 1 Titelkupfer. 8. Grimma 845, Verlags-Compt. 6 ngl

Reibstein, A. Ueber Leben und Schriften Philipps de Commines. Bielefeld, G., 1868. 21 S. 4. Progr.

Reibstein, Ad. [Oberl.]: Zur Geschichte des Stader Gymnasiums. . . . Stade, Druck v. A. Pockwitz, 1888; 40 S., 4 Bl. 4°
Stade, k. G, OP 1889 (304)

Reibstein, E.: Nekrolog des Directors Dr. E. G. C. Nöldeke. Bingen 1867. 11 S. 4°
Schul-/Univ.-Schrift

Reibstein, Eduard, aus Stade: Heinrich Vorrath, Bürgermeister von Danzig, als hansischer Diplomat. *Marburg 1900: (A. W. Kafemann in Danzig).* (67 S.) 8°
Marburg, Phil. Diss. v. [14. Juli] 1900

Reich. – Das Reich. –
Berlin. – 1.X.1904 – 30.VI.(?) 1910.

Das altperuanische Reich und sein Verkehrswesen. (Archiv für Post und Telegraphie. Ergänzungsheft. September 1888. S. 577—594.) Berlin 1888. 18 S. 8°.

Reich und Arm, s. a Jugend-Bibliothek, in einer Auswahl vorzüglicher englischer Jugendschriften.

Reich und Arm. Ein *Gespräch zweier Arbeiter.* (S.-A. aus d. bayer. Gewerbfreunde, Nr. 1, S. 2.) O. O. u. J. Roy.-8°. 4 S. Cart.

Reich und arm, oder Tugend und Laster. Berlin [1848]. V: *Massoch.* (BrMm)

Reich und Arm verbunden in Christo; oder christliche Wohlthätigkeit, wie sie ausgeübt wird vom weiblichen Verein für Armen- und Krankenpflege in Hamburg. 8°. Bern 1847.

Reich der Blumenkönigin, das. Sinnreiches Unterhaltungsspiel. Folio. Neuhaus, Karl Jansky. 1865 3 fl. 50 kr.
— — Dasselbe böhmisch u. d. T. Říše Květény. Důmyslná zábava. Ebds. 3 fl. 50 kr.

Reich, Das britische, in America . . . Lemgo 1744. V: *Oldmixon, John.* (EB)

Reich, das Brittische in Amerika, oder vollständ. Geschichte aller Colonien das. a. d. Engl. m. Landch. 4. Lemgo, Meyer. 744.

das Brittische Reich in Amerika, sammt dem eroberten Canada, mit d. Inseln Guadaloupe, Martinique u. den Kriegen mit den Frantzosen. 4. M. 3 Krt. Sorau 1761.

— — in Amerika, oder Beschr. engl. Pflanzstädte in Amerika. 4. Sorau, Hebold. 762.

Das Brittische Reich in America, Oder Kurzgefaßte Beschreibung der Engländischen Pflanzstädte sammt ihrer Macht, Geschichte und Handlung in Nord-America, Nebst zuverläßiger Nachricht von den Gränzstreitigkeiten und Kriege mit Frankreich, durch eine sauber illuminirte Landkarte aller Engländischen Provinzen erläutert.
Sorau: Hebold. 1771. 48 S. 8°.
Harvard University Library Cambridge, Mass.
Sabin 8136. Palmer: mit Vf. John Oldmixon; Angabe unbewiesen, vgl. Nr. 110.

— das Brittische u. Spanische. 4. Ebd. 764. 16 gl

— das, Christi. Zeitschrift f. Verständnis u. Verkündigg. d. Evangeliums. Nebst Beiblatt: Aus der Arbeit des armen. Hilfswerkes. Hrsg.: Johs. Lepsius. 1. Jahrg. 1898. 12 Nrn. (à ca. 50 Sp. m. Abb.) gr. 4. Berlin, Wiegandt & Grieben. n. 4. —

Reich, das, Christi. Zeitschrift f. Verständnis u. Verkündigg. des Evangeliums. Hrsg.: Joh. Lepsius. 2. u. 3. Jahrg. 1899 u. 1900. à 12 Nrn. gr. 4. (à ca. 32 Sp.) Berlin [Wiegand & Grieben.] Reich Christi-Verlag. à Jahrg. n. 4. —

— dasselbe. 4. u. 5. Jahrg. 1901 u. 1902. à 12 Nrn. gr. 4. (à ca. 32 Sp.) Berlin, Reich Christi-Verlag. à Jahrg. n. 5. —

Reich, das, Christi. Monatsschrift f. Verständnis u. Verkündigg. des Evangeliums. Hrsg.: Johs. Lepsius. 6. bis 9. Jahrg. 1903—1906. à 12 Nrn. (IV, 569 S. m. 4 Karten; IV, 570; IV, 593 u. IV, 563 S.) Lex.-8. Groß-Lichterfelde-West, Tempel-Verlag. à Jhrg. n. 6. —; Erschien bis April 1904 noch in Berlin. geb. n. 8. —

—, das, Christi. Monatsschrift f. Verständnis u. Verkündigg. des Evangeliums. Hrsg.: Johs. Lepsius. 10. u. 11. Jahrg. 1907 u. 1908. à 12 Nrn. (à Jahrg. ca. 550 S.) Lex. 8. Potsdam, Tempel-Verl. à Jahrg. 6. —

— dein, komme! Predigten f. die Sonn- u. Festtage des Kirchenjahres. Hrsg. vom Verein f. innere Mission in Schleswig-Holstein (Gemeinschaftsverein). gr. 8. (640 S.) Neumünster 902. Vereinbuchh. G. Ihloff & Co. n. 4.—; geb. in Leinw. n. 5. —

„Reich, dein, komme zu uns"! Konvertitenbilder, den Katholiken zur Erbaug., den redlich such. Protestanten als Leitstern treuherzig erzählt. 1.—6. Bdchn. 16. Heiligenst. 890—92, Cordier. à Bdchn. — 15; — 90
1. Eine protestant. Pfarrers-Familie auf dem Wege zur kathol. Kirche. (63 S.)
2. In Sturm u. Not oder Prof. Dr. Ernst Koch u. seine Rückkehr zur kathol. Kirche. (62 S.)
3. Sieg der Wahrheit od. die Rückkehr der protestant. Pfarrerstochter Luise Hensel zur kathol. Kirche. (64 S. m. Bild.)
4. 5. Geschichte der Konversion d. Grafen Friedr. Leopold zu Stolberg-Stolberg. (103 S.)
6. Wie wurde ich katholisch? od. Rückkehr d. Kaufmannes Ed. Eckersdorf zur kathol. Kirche. (62 S.)

Reich: Das Deutsche Reich
s.a. Das Deutsche Reich.

Reich, das deutsche. Ein Ideen-Entwurf für jetzt u. künftig. 8. (40 S.) Hamburg 848, Hoffmann & Campe. ¼ ℛ

Reich, das deutsche. Fol. (55 S. mit 1 Farbendruckbild.) Bremen 871, Müller's Verlag. geb. *

Reich. – Für's deutsche Reich! Jahrbuch deutscher Dichter und Gelehrter. Jg. 1. Berlin, Leipzig: Heinersdorff 1873. 4°

Reich, das deutsche, dargestellt im Maasstabe von 1 : 3,000,000 nach Kluu's Hand- und Schul-Atlas. Fol. Freiburg i. Br. 873, Herder'sche Verlagsh.
aufgez. in Mappe *

Reich, das deutsche. Fol. (55 S. m. 1 Farbendruckbild.) Bremen 874. Müller. geb. n. 9. —

—— das Deutsche. Deutschnationale Monatsschrift. Hrsg. v. Edm. Miller u. Curt Abel. 1. Jahrg. 1891. 1. Sem. 6 Hefte. gr. 8. (384 S.) Zürich 890, [Miller's Verlag]. C. Schmidt.
à Heft einzeln * 1 —; [* 5 —] * 3 —
Nicht weiter erschienen.

Deutsche Reich: Das Deutsche Reich
① Deutsch-nationale Monatsschrift ⑤ Januar 1891—Juni 1891 ⑥ 8° ⑦ Monatsblatt ⑧ Zürich: Ed. Leemann (Januar 1891—April 1891). Buchs (SG): J. Kuhn (Mai 1891—Juni 1891) ⑩ Edmund Müller und Curt Abel ⑪ die Herausgeber ⑫ liberal; gegen den preußischen Militarismus ⑬ Be: L.

— das Deutsche, 1871—1896. E. histor. Rückblick auf d. ersten 25 Jahre. (Von Vict. v. Strantz.) gr. 8. (CIII, 562 S.) Berlin 895. R. v. Decker. n. 5. 50; geb. in Leinw. n. 6. 75

— dasselbe, 2. Aufl., s. Strantz, Vict. v.

Reich, das Deutsche, in gesundheitlicher u. demographischer Beziehung. Festschrift, den Teilnehmern am XIV. internat. Kongresse f. Hygiene u. Demographie Berlin 907 gewidmet vom kaiserl. Gesundheitsamte u. vom kaiserl. statist. Amte. (VII, 331 S. m. 30 z. Tl. farb. Taf.) Lex. 8. Berlin 907. Puttkammer & Mühlbrecht. Geb. in Leinw. 12.

— das Deutsche, wider den deutschen Bund. Mit K. 8. Leipz. 815. Brockhaus. 4 Gr

Reich, Das Deutsche, nach dem Pressburger Friedensschlusse entworfen, u. nach den Besitzungen der Kur- u. Fürstlichen Häuser u. der Freystädte genau abgetheilt. M. 1 : 2100000. Nürnberg 1806. Imp.-Fol. Kpfrst. u. kolor.

Das teutsche Reich üb. Krieg u. Frieden mit Frankreich. 795. 8.

— das Deutsche, über Krieg u. Frieden mit Frankreich. 8. Frkf. a. M. 797. Andreä. 4 Gr

Das Deutsche **Reich** und die Sklaverei in Afrika! Stenogr. Bericht d. am 18. Jan. 1895 zu Berlin auf Veranlassung d. ev. Afrikavereins abgehaltenen Versammlung. Leipzig: Akad. Buchh. 1895. 25 S. 8° [Umschlagt.] [II. 4181]

— das Deutsche, u. die Sklaverei in Afrika! Stenographischer Bericht der am 18. Jan. 1895 in der Tonhalle zu Berlin auf Veranlassg. d. ev. Afrikavereins abgeh. Versammlg. gr. 8. (25 S.) Leipzig 895. Berlin, Deutsche Evang. Buch- u. Traktatgesellschaft. n. — 40

Reich, Das Deutsche, und das Tabakmonopol. Stuttgart 1878. V: *Mayr, Georg.* (Kat. d. Bibl. d. dtsch. Reichstages. Berl. 1882.) (WFM) (CBH) (Tübz 25, 15) (Kat. d. stat. Bureaus. Dresden 1890.)

Reich, das deutsche, u. das Tabaksmonopol. (Von G. Mayr.) 8. (167 S.) Stuttgart 878. Cotta. n. 3. —

— das deutsche, u. seine Universitäten. Gedanken e. alten Burschen. 8. (12 S.) Passau 874. Bucher. n. — 20

Deutsches Reich und Volk. E. nat. Handb. Im Auftr. d. Kyffhäuser-Verb. d. Ver. Dt. Studenten hrsg. v. Alfred Geiser. Mchn '06. VIII, 304 S.

— — 2. Aufl. '10. VIII, 386 S.

Das **Reich** der Erfindungen. Hrsg. von Dr. Heinrich Samter unter Mitw. ... Mit 570 Abb. In 1 Bde komplett. 86. verm. u. verb. Aufl. Berlin: W. Herlet 1906. (XI, 1059 S.) 8° [F.] 107. 1906

— das, der Erfüllung. Flugschriften zur Begründg. e. neuen Weltanschaug., hrsg. v. Heinr. Hart u. Jul. Hart. 1. u. 2. Hft. gr. 8. Leipzig, E. Diederichs. à n. 1. —
1. Vom höchsten Wissen. — Vom Leben im Licht. — Ein vorläufig Wort an die Wenigen u. an Alle. Von Heinr. Hart u. Jul. Hart. (IV, 94 S.) (899.)
2. Die neue Gemeinschaft, e. Orden vom wahren Leben. Vorträge u. Ansprachen, geh. bei den Weihefesten, den Versammlungen u. Liebesmahlen der neuen Gemeinschaft. Von Heinr. Hart, Jul. Hart, G. Landauer, F. Holländer. (88 S.) 901.

— das ewige, unseres HErrn Jesu Christi. Verhandlungen der 9. allgemeinen deutschen Gnadauer Pfingstkonferenz zu Schönebeck a. E. vom 24.—26. V. 1904. Im Auftrage des deutschen Verbandes f. Evangelisation u. Gemeinschaftspflege im Wortlaute hrsg. v. Sartorius. (141 S.) 8. Stuttgart 904. Buchh. des deutschen Philadelphiavereins. n. — 80
Verhandlungen der 8. Konferenz, s.: Verhandlungen; die der 10. Konferenz, s.: Bericht der Gemeinschaftskonferenz.

Reich, Das, der Finsterniss. Zeitklänge. Leipz. 1832. V: *Gross-Hoffinger, Anton Johann.* (EE)

Reich, das, der Finsterniß. Zeitklänge (Gedichte), dem Dichter der „Spaziergänge e. Wiener Poeten" geweiht v. † Hans Normann. 8. (3¼ B.) Leipzig 832, [Schreck.]

Reich, Das, der Flora . . . Berlin 1844. V: *Symanski, Joh. Daniel.* (GGr)

Reich, das, der Flora. Vom Verf. des Werkes: Der Selam des Orients. 1.—7. Bd.: I. II. Die Huldigung der Flora. 2 Thle. III. Der Hain u. seine Mysterien. IV. Blumenspiele. V. Der Schönheit Blumenflor. VI. VII. Das Blumen-Album der Liebe, Freundschaft und Erinnerung. 2 Thle. 12. Berlin 844, Hayn. (à 1 ℛ) 7 ℛ

Reich. – Das Reich der Frau, s. National-Zeitung.

— das, der Geister. Eine strenge Auswahl des Interessantesten und Glaubwürdigsten, was von Ahnungen und Geistererscheinungen bis jetzt bekannt geworden ist, für Menschen, die mehr als gewöhnlich denken, gesammelt von A. L. 1s u. 2s Hft. 8 Blaubeuren 839, 40. Mangold. à 1/4 ₰

— das, der Geister. Interessante Ahnungen und Geistererscheinungen aus allen Zeiten, gesammelt für Freunde des innern Lebens. 2. verm. Aufl. gr. 12. Blaubeuren 843, Mangold'sche Buchh. 1/3 ₰

Reich der Geister, das. 50 glaubwürdige Zeugnisse von Träumen, Ahnungen u. Geistererscheinungen aus alter u. neuer Zeit gesammelt für Freunde des inneren Lebens. 3. Aufl. Stuttgart 864. Lubrecht & Co. 8. (IV, 116 S.) n. 10 ngr.

Reich, das, der Geister. 50 glaubwürd. Zeugnisse von Träumen, Ahnungen, Geistererscheinungen aus alter u. neuer Zeit gesammelt für Freunde des inneren Lebens. 4. (Titel-)Aufl. Stuttgart 867. Lubrecht. 8. (IV, 116 S.) n. 10 ngr.

Reich, das, der Geister, nach d. Ansichten, Beobachtn. u. Erfahrn. aller Zeiten u. Völker. Zur Annäherung d. Menschheit an die Geisterwelt. Bearb. u. hrsg. v. Grafen ***. 8 Thle. 8. (95 1/2 B.) Leipzig 839—41, Kollmann. à 1/2 Thlr.

Reich, Das, der Geister, der Wunder, des Priestertruges und der Zauberey. Leipzig 1834. V: *Becker, Gfr. Wilh.* (Engel, Bibl. Faustiana. 2. Aufl. Oldenb. 1885.) (ErGr) (Ky)

Reich, das, der Geister, der Wunder, des Priestertrugs und der Zauberei. (Nach d. Franz. des Eus. Salverte: Des sciences occultes, ou Essai sur la magie etc.) Von *r. 2 Thle. 8. Leipzig 834. Volckmar. 2 1/4 ₰

— vom, Gottes; e. Katechismus, zunächst f. seine Katechumenen, von dem Verfass. d. Briefe über das Christenthum. 12. Zwickau, Schumann. 1 ₰

— Gottes, das. Christliches Volksblatt für das Rheinland. Herausgeber: K. Mann. 1844. 52 Numm. (1/2 Bog.) 4. Karlsruhe 844, Groos. n. 2/3 ₰

— das, Gottes. Christl. Volksblatt f. das Rheinland. Hrsg.: K. Mann. Jahrg. 1848. 52 Nrn. 4. (à 1/2—1 B.) Karlsruhe. (Groos.) n. 2/3 ₰

— das, Gottes. Christliches Volksblatt für das Rheinland. Herausgbr.: K. Mann. Jahrg. 853—58. à 52 Nrn. (à 1/2 Bgn.). Karlsruhe. (Groos.) 4. Jeder Jahrg. n. 20 ngr.

— Gottes, das. Christliches Volksblatt für das Rheinland. Herausg.: K. Mann. Jahrg. 1859—64. à 52 Nrn. (à 1/2 Bgn.) Karlsruhe, (Groos.) 4. Jeder Jahrg. n. 20 ngr.

— das, Gottes. Christliches Volksblatt für das Rheinland. Hersg.: K. Mann. Jahrg. 1865. 52 Nrn. (1/2 Bgn.) Carlsruhe, (Groos.) 4. n. 20 ngr.

— — Hersgbr.: K. Mann. Jahrg. 1866—69. à Jahrg. 52 Nrn. (1/2 Bgn.) Mit: Blätter über Schule u. Erziehung. 3—6. Jahrg. 1866—69. à Jahrg. 26 Nrn. (1/2 Bgn.) Ebend. 4. Jeder Jahrg. 22 1/2 ngr.

— das, Gottes, s. Konferenz, die 7. Eisenacher.

Das Reich Gottes. Reden geh. auf d. 7. Eisenacher Konferenz ... [Mitarb.:] Gen.Sup. [Wilhelm] Zoellner [u. a.] Bethel bei Bielefeld: Anst. Bethel 1908. 102 S. 8°
(Die siebente Eisenacher Konferenz 1908.) Ieg. 16822

—— das, Gottes auf Erden, s. Baldauf, Pet.

Reich, Das, Gottes auf Erden. Biblische Geschichts-Predigten . . . Regensburg 1847—48. V: *Baldauf, Peter.* (Ky)

— das, Gottes auf Erden. Biblische Geschichts-Predigten aus dem alten u. neuen Bunde, mit beigefügten Glaubens- Sitten- u. Heilsmittel-Lehren, auf alle Sonn- u. Festtage des ganzen Jahres [von Pet. Baldauf]. 1. Jahrg.: Altes Testament. 2 Thle. 2. Jahrg.: Neues Testament. 1. Thl. 8. (626. 736 u. 324 S.) Regensburg 847. 48, Manz. (I. 1: 1 1/4 ₰ 2: 1 7/12 ₰ II. 1: 5/8 ₰) 4 ₰ 13 3/4 ngr.

Reich, Das, Gottes auf Erden in Aphorismen. Luzern 1817. V: *Geiger, Franz.* (schmal) (Th)

Reich, das, Gottes auf Erden, in Aphorismen. 8. Luzern, Unich. (Leipzig, Schmidt in Comm.) 818.

— Gottes, das, u. seine Gerechtigkeit. Ein Jahrgang Predigten üb. die freien Texte der bad. Perikopenreihe v. G. Hafner, A. Eisenlohr, F. W. Schmidt, W. Riehm u. Anderen. 1.—3. Tl. gr. 8. Karlsruhe 889. 890. Reiff. à n. 1. 50; geb. 2. —
1. Dein Reich komme! Predigten von Advent bis Septuagesimä, geh. in der Anstaltskirche zu Illenau v. G. Hafner. (88 S.)
2. Mein Reich ist nicht v. dieser Welt. Predigten von Sexagesimä bis Exaudi v. A. Eisenlohr. (158 S.)
3. Trachtet am ersten nach dem Reich Gottes! Predigten vom Pfingstsonntag bis 14. Sonntag nach Trinitatis v. F. W. Schmidt. (186 S.)

— Gottes, das, ist nahe herbeikommen im J. 1799. Ein Anh. zu d. Schrift d. Hrn. Superint. Typke zu Dobrilugk: „Welche Zeit ist es im Reiche Gottes?" allen Gläubigen ꝛc. mitgetheilt von Kornelius Capido. 8. Leipz. 799. Rein. 2 ₰

— Gottes in d. Seele. 4. Halle. 750.

— das, Gottes, und Staat und Kirche. Eine populäre christlich-histor. Antwort auf des Herrn Dom-Dekan Dr. Hirscher neueste Flugschrift: zur Orientirung über den derzeitigen Kirchenstreit. Für Katholiken u. Nicht-Katholiken. Jena 854. Frommann. gr. 8. (IV, 104 S.) n. 16 ngr.

— das, Gottes, nach altem u. neuem Testament oder Weissagg. u. Erfüllg. E. biblisch-theolog. Untersuchung z. Erweise dessen, daß Jesus v. Nazareth der von den israelit. Propheten geweissagte Messias Israels u. d. v. ihm gepredigte Reich d. verheiß. Königsherrschaft Jahves ist. V. e. Theologen. I. u. II. Thl. I. Thl.: D. Reich Gottes nach dem alten Testament. II. Thl.: D. Reich Gottes nach d. neuen Testament. gr. 8. (V, 402 S.) Jurjew (Dorpat) 897. (E. J. Karow.) n. 8. —

— das, Gottes in der Wirklichkeit, oder die organisirte Freiheit. Eine Prophetenstimme aus dem J. 1845. Genf 845. (Hamburg, O. Meißner.) 8. (IV, 144 S.) 15 ngr.

Reich, Das grosse, der Buchhändler von Sonst und Jetzt. Nebst Anhang: enthaltend Kladderadatsche und humoristische Nachdrücke. Leipzig 1856. V: *Wengler, Eduard.* (cb)

Reich, das große, der Buchhändler von Sonst und Jetzt. Nebst Anh.: enthltd. Kladderadatsche — und humoristische Nachdrücke. Leipzig 856. Wengler. 16. (72 S.) 7½ ngr.

— des Herzens Jesu. Kalender f. d. J. 1891. Hrsg. v. e. Mitliede der Priester-Oblaten d. heil. Herzen Jesu in Sittard. 4. (112 S. m. Text-Abbildgn., 1 Farbendr. u. 1 Wandkalender.) Neuß 890. (Schnura.) n. — 50

— des Herzens Jesu. Neuer Herz-Jesu-Kalender auf d. J. 1892. 4. (202 S. m. Text-Abbildgn., 1 Farbendr. u. 1 Wandkal.) Aachen, (Schweitzer). + — 50
Nicht weiter erschienen. Jahrg. 1891 erschien bei Schnura in Neuß.

— das himmlische. Oder China's Leben, Denken, Dichten u. Geschichte. In 4 Bdn. 1. Bd. A. u. d. T.: Die Chinesen wie sie sind. Neue Uebers. u. Bearb. des Werkes v. T. Lay: The Chinese as they are. Von J. Wilfert. Mit (20) Bildern. Herausgeg. v. Jh. Cramer. 18. Crefeld 844, Funcke'sche Buchh. 1 ℛ

— dass. 2. Bd. A. u. d. T.: Confucius und Mencius. Die 4 Bücher der Moral- u. Staatsphilosophie China's. Aus d. Chines. nach der französ. Uebers. des M. G. Pauthier. Herausgeg. von Jh. Cramer. 16. Ebend. 844. 1 ℛ

— dass. 3. Bd. A. u. d. T.: Schi-King, oder chinesische Lieder, gesammelt von Confucius. Neu u. frei nach P. La Charme's latein. Uebertragung bearb. Herausgeg. von Jh. Cramer. 18. Ebend. 844. 1 ℛ

Reich, Das, Jesu auf Erden. Betrachtungen über die Schicksale unserer Religion ... Aarau 1819. V: *Zschokke, Johann Heinrich Daniel.* (AarK)

— das, Jesu auf Erden. 8. Aarau, Sauerländer. 819. (Ist d. 8te Band d. Stunden d. Andacht.)

— das, der Kindheit. Ein Album für Groß u. Klein. Gedichte frei nach dem Engl. d. Frederic E. Weatherly v. M. Meyer. Illustr. v. Jane M. Dealy. qu. 4. (48 S. m. Buntdr.) Berlin 889. Brachvogel & Ranft. geb. n. 6. —

REICH, Das, der Kypris. 16 Novellen (9 von *Matteo Bandello* und 7 von *Girolamo Morlini*) aus dem Italienischen mit Einleitung und Anmerkungen hrsg. und zum erstenmal ins Deutsche übertragen von Dr. Alfred Semerau. O. O. 1906. 8⁰. (Mk. 15—, gebd. 18—.) (25 Mk., Damastbd., Dieterich, Göttingen, 1907.)
Privatdruck, nur in 600 in der Maschine nummer. Exemplaren für Subskribenten gedruckt. — Bildet auch Bd. III der Sammlung: Curiosa der Weltliteratur .... hrsg. von Dr. Georg Cordesmühl.

Reich, d., d. Leidenschaften u. Begebenh. d. Hrn. v. Gersan, durch d. Hrn. v. Perin, a. d. Franz. 8. Altenburg, Richter, 759.

— an Liebe, s. Theater, das, des Auslandes. 18. Lfg.

REICH der Liebe. — General-Karte von der Moralischen Welt. — Karte d. Stadt d. Selbstliebe. — Karte d. Reiches d. Liebe — d. Reiches d. Erwerbes — d. Reiches d. Ehre — d. Herrschaft — d. Wissens — d. Müssiggangs — d. Spekulation — d. Wissensaufklärung. 10 außerordentlich interessante colorierte Doppelkarten. Wien, o. J. Sehr selten (25 Mk. Hugo Streisand. Berlin, c 1908, ohne nähere Angabe.

— das, der Liebe. Mit e. Karte (auf dem Umschlag), enth. unter anderem: Seufzerflur — Küßfeld — vergnügtes Hölzchen — Schwelgerfluß — Land der Lüste etc. 2. Aufl. (4 S.) 8. Leipzig (903). Dyk. — 25

— das, d. Meinungen unter d. Gelehrten älterer u. neuerer Zeit. 8. Zwickau 805. Schumann. 16 ℊ

§ REICH, Das, der Meinungen. Zwickau u. Leipzig 1806 8⁰. (In München: L. eleg. m. 644 m.)

Reich, das, der Mode; od. das künftige Jahrhundert. Lustsp. 8. Wien, Gräffer. 781.

Reich, das, muß uns doch bleiben. Sammlung v. Vorträgen evangel. Geistlicher zur Wahrg. der deutsch-protestant. Interessen im Kampf m. Rom. Ein Handbuch f. Freunde des evangel. Bundes. Hrsg. v. Frz. Blanckmeister. Wohlfeile [Titel-]Ausg. (VIII, 423 S.) 8. Dresden [896] 909. C. L. Ungelenk. 2. —

Reich, Das, der Natur und Sitten. Halle 1757—62. H: *Meyer, Georg Friedrich & Andere.* (ErschDL)

— der Natur u. der Sitten; e. moral. Wochenschrift. 12 Bde. gr. 8. Halle 757—62. Gebauer. (à 1 ℛ) 12 ℛ

Reich, Das, der Natur und Sitten, ein Lehr- und Lesebuch ... Schwerin 1795—97. V: *Fischer, Gottlob Nathanael* (Ky) (MGT) & *Sam. Ghold Lange.* (JL) »Halberstadt 1798« (ML) »Reiche, Die, der Natur, ein Lehr- und Lesebuch ...« V: *Fischer, Heinrich Ludwig.* (Rotermund, Gel. Hannover. Bremen 1823.)

Reich, Das neue Deutsche. Berlin 1871. V: *Gerlach, Ernst Ludw. v.* (JStBbH)

— das neue deutsche. Vom Verf. der Rundschauen. 2. Aufl. gr. 8. (60 S.) Berlin 871. van Muyden. n. 1. 20

— das neue deutsche, u. die kleineren deutschen Staaten. 8. (VI u. 40 S.) Frankfurt a. M. 849, Brönner. 6 ngr

Aus dem neuen Reich. 1871—1878. Epigramme eines Malcontenten. 2 Hfte. (in 1 Bdchn.). München, Carl Merhoff (1878). Kl. 8⁰. Cart. 45 S. I. Politisches u. Sociales. II. Kirchliches u. Religiöses. — Schmähliches Produkt eines verrannten Ultramontanen, der sein deutsches Vaterland u. dessen grosse Männer auf jeder Seite mit Schmutz bewirft.

Im neuen Reich. Wochenschrift für das Leben des deutschen Volkes in Staat, Wissenschaft und Kunst. (Herausgeber: A. Dove, später W. Lang.) Jahrgang 1 (1871) bis 11 (1881). Jeder Jahrgang in 2 Semesterbänden. Leipzig. 8.

Reich, Das norddeutsche. Eine politische Studie. Berlin 1867. V: *Stöpel, Carl Frz.* (Kat. d. Bibl. d. dtsch. Reichstages. Berl. 1882.)

— das norddeutsche. Eine polit. Studie. Berlin 867. Eichhoff. gr. 8. (28 S.) 5 ngr.

Osmanische Reich — Das — in Europa. Nach den neuesten geographischen Ortsbestimmungen, besten Karten und Reisebeschreibungen verfasst von Iwan Danielow. Vienne chez Tranquillo Mollo 1815. Uebersehen und berichtigt vom Verfasser 1820. 1: 1,400,000. 6 Bl.

Osmanische Reich — Das — in Europa mit einem Theile desselben in Asien nebst den angränzenden österreichischen und russischen Gebieten in dem Stande vom Jahre 1828. Bearbeitet in VI Blättern nach den besten Quellen in der J. G. Cotta'schen geographischen Anstalt in München. 1: 1,000,000. 6 Bl.

§ **REICH** der Todten, Das Poëtische, Oder Sammlung sinnreicher Grab- und Uberschriften Gekrönter Häupter, Durchlauchtiger und Hoher Standes-Personen, Auch anderer Durch ihr Leben und Thaten Berühmter Leute in kurtzen und auserlesenen Epigrammatibus vorgestellt. Eröffnung 1—2 (soviel ersch.). Mit Titelkpfr. Berlin und Leipzig, bey J. J. Rembold. O. J. (c. 1725). 8°. (In München: P. o. germ. 1496 k. 3; Eröffnung 1 auch in Stuttgart.) (1—2: 4 Mk. Baer & Co., 1893.) Selten!

94 fortlaufend gez. S. (Stück 2 beginnt mit S. 47.) Auf Rückseite des Titels zu Stück 1 zwei kleine Holzschnitte. Darin deutsche u. latein. Epigramme von Joh. Chp. Wenzel, A. Gryphius, Ziegler v. Kliphausen, Benj. Neukirch u. A., deren Namen meist nur mit den Anfangsbuchstaben unterzeichnet sind. — Sehr wenig Erotisches. (Der Verleger scheint auch Herausgeber zu sein.)

— **der Todten, d. poetische, 8. 730.**

Reich, Das politische, Gottes. Jacobi 5, v. 1—9. — 3. Mose 19, v. 12—18. — Liebe deinen Nächsten, wie dich selbst, das ist das vollkommene Gesetz ... Frankfurt a. M. 1849. V: *Kutt, Johann Jacob.* (wen S. 132)

— das preußische, deutscher Nation. Ein Beitrag zum Aufbau. Braunschweig 866. Wagner. gr. 8. (32 S.) 5 ngr.

— römisches od. deutsches?, s.: Michel.

— **das Russische, e. Darstell. sr. Bevölkerung, Bewohnung, Kultur etc. Mit 1 Karte. 8. Berl. 812. Hayn. 16 gr.**

Reich, Das Russische. Stammverschiedenheit. — Religionsverschiedenheit. — Standesverschiedenheit ... Leipzig 1851. V: *Wagner, Carl Theod.* (EngG)

— das russische. Polnische Ansicht über die russ. Staatsfrage. (In russ. Sprache.) gr. 8. (XV, 417 S.) Berlin 882. Stuhr's Verl. n. 9. —

Reich, das russische, in Europa. Eine Studie. Lex.-8. (XVIII, 436 S.) Berlin 884. Mittler & Sohn. n. 9. —

Aus dem Reich der Schminke und der Tinte. Aphorismen und **Karikaturen.** 4°. (108 S.) Wien: Szellinski 1907. geb. K 6.—

— **das, des Schönen u. Nützlichen; e. Wochenschrift. 52 Stcke. 8. Leipz. 758. Schneider. 1 Rthlr. 4 gr.**

Reich, das, Bismarck'scher Schöpfg. u. d. deutsche Frage. (Verhandlgn. d. deutschen Rechtspartei auf d. 3. Congreß am 11. Septbr. 1895 in Frankfurt a. M. 12. (122 S.) Hannover 895. (H. Feesche.) n. — 50

Reich. – Das selige Reich der Liebe. Ein Wochenblatt. Altona 1770.

— **das Spanische, in Amerika, oder: Beschreib. d. Span. Pflanzstädte in Amerika. 4. Sorau 763. Hebold. 12 gr.**

— **das tausendjährige.** Gedicht zur Augustfeier 1843. gr. 8. Hamburg 843, Hoffmann u. Campe. 1/6 Rthlr.

(—) — **Das tausendjährige Reich gehört nicht der Vergangenheit,** sondern der Zukunft an. Beweis gegen Dr. E. W. Hengstenberg auf Grund der betreffenden Schriftstellen, der Lutherischen Symbole u. der Geschichte geführt von π. Gütersloh 860. Bertelsmann. gr. 8. (143 S.) 18 ngr.

Reich der Todten. –
Frankfurt/M., sp. [ab I.1816] Neuwied. –
1808 – 31.(?)XII.1810.
1.(?)I.1814 – 31.(?)XII.1817.
Vorh. u.d.T.: Aus dem Reiche der Todten.
Fortges. u.d.T.: Neuwieder Zeitung (Neuwied).

* **REICH,** Das, der Todten, enthaltend politische Gespräche der Todten, politische Reden nebst geheimen (!) Briefwechsel zwischen den Lebendigen und den Todten. (Zeitschrift.) 24 Jahrgänge. O. O. 1786—1809 (soviel ersch.?). 8°. (In Berlin nur Jahrg. 12—18: 1797—1803: Ac 6595.) Cplt. ungemein rar! (20 Kr., nur 4 unvollst. Jahrgg., Franz Malota, Wien, 1910.)

Wichtig auch zur Chronique scandaleuse.

— **d. Türkische, nach s. Gesch., Relig. u. Staatsverfass. etc. 8. Stuttg. Gräff. 788.**

Reich, Das Türkische, nach seiner Geschichte, Religions- und Staatsverfassung ... Stuttg. 1789. V: *Hausleutner, Philipp Wilhelm.* (MGT) (MS) (Ky) (EngG)

— **das Türkische, nach sr. Geschichte, Religions- u. Staatsverfassung etc., (v. Ph. W. Hausleutner). 16 Bdchn. 8. Stuttg. 789. Gräff. 10 gr.**

— das türkische, und die Türken. Freiburg im Br. 854. Ramsperger. 8. (117 S.) u. 18 ngr.

— das, des Ubersinnlichen. Monatliche Litteraturberichte. Red. v. Frz. Unger. Jahrg. 1901 u. 1902. à 12 Nrn. gr. 8. (à ca. 16 S.) München, F. C. Mickl. à Jahrg. n. 2. —

— das, des Uebersinnlichen. Monatliche Literaturberichte. Red. v. Frz. Unger. 4. Bd. März—Dezbr. 1903. 8 Nrn. (à ca. 16 S.) gr. 8. München, Wien. F. C. Mickl. n. 2. —

Nicht mehr im Handel.

Reich, Ein, Ein Volk, Ein Gott! Kleiner Beitrag zur Erziehung treuer deutscher Vaterlandsliebe . . Berlin [1899]. V: *Ecila, v.* (Berl)

„**Reich, ein, ein Volk, ein Gott!**" Kleiner Beitrag zur Erziehung treuer deutscher Vaterlandsliebe im Heer u. Volk. gr. 8. (67 S.) Berlin (SW., Johanniterstr. 11) 899. A. Block. n. 1. —

Reich: Commentationum in N.T. crit. spec. Göttingen 1863.
Schul-/Univ.-Schrift

Reich, the **English Library.** — Engl. Bibliothek, s. Library.

Reich, ..., Predigten. 16 Hft. gr. 8. Clausthal 824. (Hannov., Hahn).

Reich, Das Turnen im Dienste der Erziehung und des Unterrichts, Leipzig 1896, 3 S., 4°.

Reich, A., die Entwässerung der Städte, **sa Bibliothek** der gesamten Technik.

Die Entwässerung der Städte. Von A. **Reich**, Dir. Mit 120 Abb. Hannover: M. Jänecke 1908. (VI, 138 S.) 8°
= **Bibliothek** d. gesamten Technik. Bd 79. (08. 11074 7

-- Der Erdbau, **sa Bibliothek** der gesamten Technik.

Der Erdbau. Von A. **Reich**, Dir. Mit 80 Abb. Hannover: M. Jänecke 1907. (101 S.) 8°
= **Bibliothek** d. gesamten Technik. Bd 50. (08. 11633 7

Reich, A., u. J. **Fert,** Grundzüge der Heeres-Administration. Systematisch dargestellt. gr. 8. (VIII, 372 S.) Wien 885. Seidel & Sohn. n. 4. —

Reich, A., die Hauptlehren der Mathematik m. e. Sammlung ausführlich gelöster u. Anhängen ungelöster Aufgaben m. ihren Resultaten. Zum allgem. Gebrauch f. Schüler, Studierende, Lehrer, Militärs, Techniker jeder Art etc., m. besond. Berücksicht. d. Staatsexamina u. d. praktisch Notwendigen. (In ca. 90 Lfgn.) 1.—49. Lfg. gr. 8. Hanau 889. 890. Reich. à n. — 25

1—9. Hft. I. Arithmetik. (IV, 136 S.) n. 2. 25
10—18. Hft. II. Planimetrie. (IV, 133 S.) n. 2. 25
19—24. 48 u. 49. Hft. III. Stereometrie. (IV, 132 S.) n. 2.
25—27. Hft. IV. Ebene u. sphärische Trigonometrie. (IV, 48 S. m. Fig.) n. — 75
28—34. Hft. V. Algebraische Analysis. (IV, 112 S.) n. 1. 75
35—41. Hft. VI. Analytische Geometrie der Ebene u. des Raumes. (IV, 112 S. m. Fig.) n. 1. 75
42—47. Hft. VII. Differentialrechnung. (IV, 96 S.) n. 1. 50

Reich, A., das Meliorationswesen. Ein Lehrbuch f. techn. u. landwirtschaftl. Fachschulen, den Selbstunterricht u. die Praxis. Mit 132 Textabbildgn. u. ausführl. Sachregister. (VII, 107 S.) Lex.-8. Leipzig 905. W. Engelmann. n. 4. —; geb. in Leinw. n. 5. -

— die geodätischen Rechnungen u. ihre mathematischen Grundlagen, m. besond. Berücksichtigung der neuen Landmesser-Prüfungsordnung f. das Königr. Preussen als Einführung in die Vermessungs-Anweisung IX u. als Vorschule zu den Werken der höheren Geodäsie. Allgemein verständlich dargestellt. 1. Tl. Vorstudien. gr. 8. (XV, 542 S. m. Fig.) Ebd. 889. n.n. 11. —

— Reinigung u. Beseitigung städtischer u. gewerblicher Abwässer, **sa Bibliothek** der gesamten Technik.

Reinigung und Beseitigung städtischer und gewerblicher Abwässer. Von A. **Reich**, Dir. Mit 32 Abb. Hannover: M. Jänecke 1907. (139 S.) 8°
= **Bibliothek** d. gesamten Technik. Bd 55. (08. 11630 7

— der städtische Tiefbau, **sa Handbuch** des Bauingenieurs.

Reich A, der städtische Tiefbau. (223 S 5 T) (Hdb. d. Bauingenieurs III) Leipzig 1907

Reich, Adph., der politische Barbier, s.: Kühling's, A., Album für Liebhaberbühnen.

Reich, Adph., Berlin wie es lacht — u. lachte. Geschichten aus dem alten u. neuen Berlin. 6 Hfte. 8. Berlin 885. 86. Cronbach. à n. — 50

1. Der „Souveräne Lindenklub" im J. 1848. In der Damen-Conditorei. (37 S.)
2. Der alte Berliner Eckensteher. Geflügelte Berliner Phantasieen. Eine nächtliche Fastnachtsfahrt. (30 S.)
3. Was sich der „Fischer'sche Kunst steller" erzählte. Bei Mutter Gräbert. (47 S.)
4. Das Spuk-Haus in Berlin im J. 1848. (46 S.)
5. Ein Stündchen im Redaktionszimmer. Eine Sylvesternacht. (29 S.)
6. Aus den Memoiren e. Dienstmannes. Die Eselsdemonstration vor der einsamen Pappel. 1848. (47 S.)

Reich, A., **Berlin, wie es lacht — u. lachte.** Geschichten aus dem alten u. neuen Berlin. 2. (Titel-)Aufl. 8. (236 S.) Berlin 888. Cronbach. n. 2. —

Reich, Adph., **Chassepot** oder Zündnadel?, s. **Bloch's,** E., Dilettanten-Bühne.

Reich, Aph., Berliner **Dramaturgie.** 1. u. 2. Heft. Berlin 861. 62. Lassar. 8. (78 S.) 1.: n. 6 ngr; 2.: n. 10 ngr.

Reich, Adph., der **Gratulant.** Gratulations-Gedichte für alle Gelegenheiten mit besond. Berücksicht. der Kinderwelt, nebst einer Sammlung von Gratulations-Telegrammen. 8. (124 S.) Berlin 884, Cronbach.

— **Kinder-Comödien.** 1—6. Hft. gr. 8. (30, 36, 32, 32, 24 u. 19 S.) Berlin 872. Cronbach. à n. — 50; 1—6. in 1 Bde. 3. —

—— **Kinder-Comödien.** Nr. 7—12. gr. 8. Berlin 878, Cronbach. à Nr. 60 Pf.

Inhalt:
Nr. 7. Der gebesserte Raubritter. Eine Ritter-Comödie. (24 S.)
" 8. Der Schmidt von Gretna-Green. (28 S.)
" 9. Preciosa. (24 S.)
" 10. Der Mutter Geburtstag. (20 S.)
" 11. Der Kanarienvogel. (22 S.)
" 12. Der Herr Unter-Tertianer. (22 S.)
Nr. 1—6. Ebendas. 1872. à 50 Pf.;

Reich, Adph., **Kinder-Comödien.** Nr. 6. 8. Berlin 892. S. **Cronbach.** — 60

Des Vaters Geburtstag. [Ein allegor. Festspiel.] 2. Aufl. (19 S.)

— die **Kokette,** s.: **Kühling's,** A., Album für Liebhaberbühnen.

—— die **Kokette,** s. **Kühling's,** A., Album für Solo-Scenen.

— **Nekropolis.** Grabschriften auf noch lebende Personen. Berlin 868. Lassar. gr. 16. (37 S.) n. 10 ngr.

Reich, Adph., **Orientalica.** Skizzen aus dem jüdischen Leben. 1. Heft. Berlin (856.) Bieler u. Co. 8. (32 S.) 5 ngr.

— **Orientalia.** Skizzen aus dem jüdischen Leben. 2. Heft. Die Blume des Ghetto, oder der Schammes u. sein Kind. Ebend. 864. 8. (S. 33—80.) 7½ ngr.

— **Orientalia.** Skizzen aus dem jüdischen Leben. 3. Heft. Rothschild. Schauspiel in 3 Akten. Ebend. 865. 8. (S. 81—151.) 15 ngr.

— eine neue **Penelope,** s.: **Bühnenfreund,** der. — **Kühling's,** A., Album für Liebhaberbühnen.

Reich, Adph., **Phantastikon.** Märchen, Novellen u. ästhet. Briefe. 8. (III, 362 S.) Berlin 885. Cronbach. n. 5. —

— **Polterabend-Album.** Orig.-Dichtungen. Ebend. 864. qu. 8. (2 Bl., 87 S.) 12½ ngr.

— **Polterabend-Album.** Orig.-Dichtgn. 2. Aufl. br. 8. (84 S.) Berlin 873. Lassar. n. 1. 25

-- der **Polterabend-Dichter,** Einzel-Vorträge u. Szenen. Original-Dichtungen. Berlin 869. Cronbach. 8. (IV, 114 S.) 12½ ngr.

— die **Räthsel,** s.: **Bühnenfreund,** der.

Reich, Adolph. Polens Recht und Deutschlands Pflicht. Ein Wort an das Volk. Berlin, A. Bath 1848. 12 S. 8.

— **Reineke Fuchs, dessen Reisen u. Abenteuer.** Der Jugend erzählt. Mit Bildern v. J. König. qu. Fol. (44 S. m. 8 Chromolith.) Berlin 871. Cronbach. geb. 3. —

— **neuer Salon-Declamator.** Humoristische Original-Vorträge. 8. (IV, 76 S.) Berlin 877. Kühling. n. 1. 20

— **der Salonhumorist.** Humoristische Original-Vorträge u. Vorlesgn. br. 8. (IV, 133 S.) Ebend. 871. 1. 25

— **der Salon-Humorist.** Humoristische Orig.-Vorträge u. Vorlesgn. 3. Aufl. 8. (IV, 132 S.) Ebend. 886. 1. 25

— **die Sprechstunde,** s. Bloch's, E., Dilettanten-Bühne.

Reich, A., **Kranich's Sprechstunde,** s.: Bloch's, E., Theater-Correspondenz.

— **der Tafel-Redner.** Humoristische u. ernste Tafel-Toaste, Tischreden u. Tafelscherze. Original-Dichtungen. Berlin 869. Cronbach. 8. (VII, 119 S.) 12⅓ ngr.

—— der Tafel-Redner. Humoristische und ernste Tafel-Toaste, Tischreden und Tafelscherze. Orig.-Dichtungen. 2. und 3. stark verm. Aufl. 8. (VII, 130 S.) Ebendas. 880,83.

— **der Tafel-Redner.** Ernste u. humorist. Tafel-Toaste, Tischreden u. Tafelscherze. Orig.-Dichtgn. 4., verm. Aufl. 8. (VIII, 154 S.) Ebd. 888. 1. 50

— **der patriotische Tafelredner.** Toaste u. Trinksprüche zu patriot. Festen. 16. (48 S.) Ebend. 871. — 75

— **die Theaterprinzessin,** s.: **Bühnenfreund,** der.
— **Kühling's,** A., Album für Liebhaberbühnen.

— **ein Tischgast,** s.: **Bloch's,** E., Dilettanten-Bühne.

Reich, Alfred

— Über die Einwirkung von Säureamiden auf Aldehyde. S. 113. Bd. 65 . . . . . vgr.
Separatabdruck

Reich Alfred: Synthetische Versuche in der [illegible] S. 105. Bd. [illegible] . . . . . vgr.
Separatabdruck

Reich, Anton

Reich, Ant., Handbuch der Organisation des k. k. Heeres. Mit Berücksicht. auf die Bedürfnisse des Studiums bearb. gr. 8. (II, 282 S.) Wien 883, Seidel und Sohn. *

Reich, Anton, approb. Arzt aus Rottenburg a. N.: Ueber **Leukocytenzählungen** und deren **Verwertbarkeit** bei chirurgischen Affektionen. *Tübingen 1904: H. Laupp jr.* (54 S.) 8° (Aus: Beiträge zur klinischen Chirurgie Bd 41, H. 2.)
Tübingen, Med. Diss. v. 1904

Reich, Ant., dio Organisation der Kriegsmacht der östorroichisch-ungarischon Monarchie. Mit Rücksicht auf dio Bedürfnisso d. Studiums bearb. 2. Aufl. gr. 8. (XII, 303 S.) Wien 884. Soidol & Sohn. n. 4. —

Reich, Arthur, aus Königsberg i. Pr.: Die **Landarbeiterfrage** der Provinz Ostpreußen. *Königsberg (1903): Königsb. Allg. Zeitungs-Druckerei.* (88 S.) 8°
Leipzig, Phil. Diss. v. 1903

Reich, Bernardus *(geb. [illegible] in Oberschles. 21. 7. 1811)*: Disquisitiones microscopicae de finibus nervorum in glandulis salivalibus. Vratislaviae (1864). (32 S.) 8° *(Breslauer gekr. Preisschr.)*
Breslau, Med. Diss. v. 17. Dez. 1864

Reich, C: Rauchverzehrende Regulier-Füll-Feuerung. Hannover 1904

Reich C: Rauchverzehrende Regulier-Füllschacht-Feuerung. Hannover 1905

Reich, Carl, s. Reich, Karl

Reich, Carl Ernst, s. Reich, Karl Ernst

Reich, Carl Gottlob, s. Reich, Karl Gottlob

Reich, Carl W., s. Reich, Karl W.

Reich, Chr. Hnr., Rechnungs-Taschenbuch v. Waaren u. Wechseln, od. Erklär. d. Münzen, des Wechselcurses, Vergleichung d. Ellenmaaßes rc. **2 Thle. 8. Königsb. u. Leipz. 786.**

Rechnungstaschenbuch von Waaren und Wechseln, oder Erklärung der Münzen, des Wechselcourses, Vergleichung des Ellenmaasses und Gewichts und Berechnung der Wechselarbitragen, welche für alle Handelsplätze in ganz Europa allgemein sind. Für diejenigen, die sich der Handlung widmen; in 2 Theilen. Herausgegeben von *Ch. H. Reich.* Königsberg und Leipzig, auf Kosten des Verf. 11. B. 1786

Reich, Curt, s. Reich, Kurt

Reich, E., die ländl. Fortbildungsschule als notwendiger Faktor unsrer Volksbildung, s.: **Beiträge zur Lehrerbildung.** 42. Heft.

Reich, E., dio Theorie der Formalstufen. Untor Berücksicht. dor nouoren Angriffe auf dieselbo dargestellt. gr. 8. (VII, 180 S.) Langensalza 889. Beyer & Söhne. n. 2. 50

Reich, Edg., Grundsätze betr. einheitliche gesetzliche Regelung des Verkehrs m. Milch. Ein Entwurf, welcher dazu bestimmt ist, bei dem Erlaß e. allgemeinen Milch-Gesetzes als Material verwendet zu werden, u. welcher auch solche Erläutergn. umfaßt, die nicht in das Gesetz, sondern in die gleichzeitig zu erlass. Ausführungs-Bestimmgn. hineingehören, od. mehr als Kommentare aufzufassen sind, im Auftrage des Verbandes deutscher Milchhändler-Vereine nach Beratgn. m. den Verbands-Vereinen u. m. Unterstützg. v. Fachgenossen verf. (36 S.) gr. 8. Berlin 904. G. Siemens. n. — 60

Reich, E[dmund]: Die Aufgabe des Unterrichts abgeleitet aus dem Bildungsstreben der Gegenwart. *Eisenach 1898: Hofbuchdr.* (3—32 S.) 8° [F.]
Eisenach, Schullehrer-Sm. OP 1898**

Reich, Eduard

Reich, Ed., **medicinische Abhandlungen.** 1. u. 2. Bd. gr. 8. (XV, 399 u. 267 S.) Würzburg 871. 74. Stuber. n. 11. —

Reich, Ed., die Abhängigkeit der Civilisation v. der Persönlichkeit d. Menschen u. v. der Befriedigung der Lebensbedürfnisse. 2 Bde. gr. 8. Minden 883. Bruns. n. 12. 50
1. Die persönliche Entwickelung d. Menschen u. die Civilisation. (XXII, 291 S.) n. 6. 50
2. Die Lebensbedürfnisse d. Menschen u. die Civilisation. (XIII, 224 S.) n. 6. —

Reich, Dr. Ed., Arbeit und Lebensnoth aus dem Gesichtspunkte des Humanismus. 8°. Berlin 1881.

— social-medicinische Aufsätze. gr. 8. (XIII, 254 S.) Grossenhain 883. Baumert & Ronge. n. 5. —

Reich, Ed., Beiträge zur Anthropologie u. Psychologie, mit Anwendungen auf das Leben der Gesellschaft. 2., verm. Ausg. gr. 8. (XIII, 375 S.) Braunschweig 878. Vieweg & Sohn. n. 6. —

Reich, Ed., hygieinische Betrachtungen über Lebensalter u. Geschlecht. Ein Beitrag zur rationellen Erziehung der Jugend u. zur Conservirung des normalen Gesundheitszustandes. [Aus: Oesterreichischer Reform-Kalender.] Prag 865. Seinhauser. 8. (67 S.) 5 ngr.

— philosophische Betrachtungen u. social-hygien. Studien. III. 8. Amsterdam. Ebd. 895. n. 1. 50
Fragen d. persönl. u. socialen Hygiene. (171 S.)

— Blicke in das Menschenleben. Leidenschaften, Laster u. Verbrechen, deren Entstehg., Heilg. u. Verhütg. gr. 8. (XVI, 400 S.) Schaffhausen 886. Rothermel & Co. 10. —; geb. 12. —

Reich, Eduard.
Medicinische Chemie. Mit Berücksichtigung der österreichischen und preussischen Pharmakopoe. In zwei Bänden. Erlangen, 1858. 8vo. Vol. I, pp. xvi–314; vol. II, pp. xvi–465.
With an additional title-page running "Lehrbuch der Chemie," etc.

— üb. d. Cholera. [Aus: „Philosoph. Betrachtgn. u. social-hygiein. Studien I."] 12. (49 S.) Ebd. 895. n. — 50

— üb. d. Einfluss d. Syphilis auf das Familienleben. [Aus: „Philosoph. Betrachtgn. u. social-hygien. Studien".] 12. (92 S.) Ebd. 895. n. — 80

— menschliches Elend. gr. 8. (98 S.) Löbau Wpr. 879. Skrzeczek. n. 1. 50

Reich, Eduard: Die Emancipation der Frauen, das Elend und die geistige Überspannung. — Grossenhain u. Leipzig: Baumert & Ronge 1884. 105 S. 8°

Reich, Ed., über die Entartung des Menschen, ihre Ursachen u. Verhütung. Erlangen 868. Enke. Lex.-8. (VIII, 530 S.) n. 3 Thlr. 6 ngr.

Reich, Ed., die persönliche Entwickelung des Menschen und die Civilisation. (Auch u. d. Titel: Die Abhängigkeit d. Civilisation von d. Persönlichkeit des Menschen u. von der Befriedigung der Lebensbedürfnisse. Bd. 1.) Minden i. W. 1883. Gr. 8°. Eleg. Hfrzb.
XXII,–291 S.

— d. Entwickelg. d. Religiosität u. d. Werk d. Religion. 1. u. 2. Bd. gr. 8. Zürich, H. Wortmann. à Bd. n. 5. —
1. Die Entwickelg. d. Religiosität u. d. Recht d. Religion. (XI, 353 S.) 896.
2. A. u. d. T.: D. Werk d. Religion u. d. Kampf gegen d. Verhängniss. (X, 496 S.) 898.

— der Epilepsismus, aus dem Gesichtspunkte der Medicin, Straf-Rechtspflege u. Staatskunst betrachtet. gr. 8. (VIII, 91 S.) Berlin 886. Zimmer. n. 2. —

— die Erblichkeit der Gebrechen des Menschen u. die Verhütung der Gebrechlichkeit. gr. 8. (VII, 235 S.) Neuwied 882. Heuser's Verl. 4. 50; geb. n. 5. 60

— die Erblichkeit der Gebrechen d. Menschen u. die Verhütung der Gebrechlichkeit. 2. Ausg. gr. 8. (VI, 235 S.) Ebend. 886. 4. 50; geb. n. 5. 60

— die Fortpflanzung u. Vermehrung des Menschen aus dem Gesichtspunkte der Physiologie u. Bevölkerungslehre betrachtet. gr. 8. (XIII, 370 S.) Jena 880. Costenoble. n. 12. —

— Kalte u. Schweiß-Füße, deren Verhütung u. Heilung. gr. 8. (100 S.) Stuttg. 891, Zimmer. * 2 —

— Gedanken u. Betrachtgn. über mancherlei Dinge der Welt u. Angelegenheiten des Menschen. gr. 8. (VIII, 462 S.) Ebd. 899. n. 7. —

— Gelehrte u. Literaten, wie auch studirte Geschäftsleute. Beiträge zur Sitten- u. Cultur-Geschichte, nebst Versuchen, grosse Uebelstände zu beseitigen u. deren Entstehg. zu verhüten. gr. 8. (XXIII, 412 S.) Minden 885. Bruns. n. 9. —

— Geschichte u. Gefahren der Frucht-Abtreibung. Culturgeschichtlich-medicin. Studie. 1. u. 2. Aufl. 8. (92 S.) Leipzig 893. H. Barsdorf. 2. —

Reich, Ed., Geschichte, Natur- u. Gesundheitslehre des ehelichen Lebens. Cassel 864. Krieger. gr. 8. (VIII, 568 S.) n. 3 Thlr. 15 ngr.

— die Geschichte der Seele, die Hygieine des Geisteslebens u. die Civilisation. gr. 8. (XX, 472 S.) Ebend. 884. n. 10. —

Reich, E., Gesittung u. Krankheit. gr. 8. (III, 110 S.) Berlin 889. H. & H. Zeidler. n. 2. —

— die Gestalt des Menschen u. deren Beziehungen zum Seelenleben. gr. 8. (XII, 360 S.) Heidelberg 878. C. Winter. n. 10. —

— Grundriss der Hygieine. gr. 8. (X, 261 S.) Würzburg 872, Stuber. *

— das Heilbestreben der Natur im Organismus der Gesellschaft. gr. 8. (IV, 105 S.) Karlsruhe 888. Verlagsverein f. Wissenschaften. n. 2. —

— die Hygieine u. ihr Studium. A. u. d. T. System der Hygieine. Einleitung. Ebend. 868. Lex.-8. (IV, 48 S.) n. 9 ngr.

— die Hygieine, deren Studium u. Ausübung. gr. 8. (IX, 72 S.) Ebend. 874. n. 3. —

—— die Kirche der Menschheit. gr. 8. (VI, 88 S.) Neuwied 873, Heuser's Verlag. *

— die Kirche der Menschheit. Neue Ausg. gr. 8. (VI, 88 S.) Nordhausen 874. Leipzig, Scholtze. n. 1. 50

— Kritik der Vertheidigung Dr. M. Mackenzie's. gr. 8. (52 S.) Neuwied 888. Heuser's Verl. n. 1. —

— der Kosmos d. Uebersinnlichen u. d. Entwickelung d. Wesen. (I. Thl.) gr. 8. (VIII, 302 S.) Prag 897. Spandau, A. Flemming. 5. —

Reich, Ed., Criminalität u. Altruismus. Studien üb. abnorme Entwickelg. u. normale Gestaltg. d. Lebens u. Wirkens der Gesellschaft. 2 Bde. gr. 8. Arnsberg 900. F. W. Becker. n. 16. —
1. Die Entwickelung des Verbrecherthums u. das System d. Verhütg. (XVII, 400 S.)
2. Die Entwickelung der national-ökonomischen Idee u. das System der Gegenseitigkeit. (XLII, 424 S.)

—— s. Kühn, Jul. Die Prostitution im 19. Jahrh.

— das Leben des Menschen als Individuum. Die Leibes- u. Seelen-Beschaffenheit der menschlichen Persönlichkeit u. deren Beziehung zu Gesundheit u. Wohlfahrt im gesellschaftlichen Zusammenleben. gr. 8. (XIV, 368 S.) Berlin 881. Hempel. n. 7. —

Reich, Ed., Lehrbuch der allgemeinen Aetiologie und Hygieine. 2 Hälften. Lex.-8. (XXII und 550 S.) Erlangen, Enke's Verlagsbuchh. [1. Hälfte. 858. * 2 Thlr., 2. Hälfte. 859. * 1 Thlr. 6 Ngr.] *

— Lehrbuch der Chemie. Für Studirende u. prakt. Aerzte bearb. Mit Berücksichtigung der österreich. u. preuss. Pharmakopoe. 1. u. 2. Bd. A. u. d. T.: Medicinische Chemie. 1. Bd. Allgemeine u. anorganische Chemie. Mit 20 in den Text gedr. Holzschn. — 2. Bd. Organische Chemie. Mit 10 in den Text gedr. Holzschn. Erlangen 858. Enke. Lex.-8. (XVII, 314; XVI. 468 S.) 1.: n. 1 Thlr. 22 ngr.; 2.: n. 2 Thlr. 20 ngr.

— sociale Medicin der Scrophel-Krankheit. gr. 8. (VIII, 152 S.) Berlin 890. Ad. Klein's Verl. 3. 60; geb. n. 4. —

—— der Mensch und die Seele. Studien zur physiolog. Anthropologie und zur Physik des tägl. Lebens. 5 Lfgn. gr. 8. (VIII, 642 S.) Berlin 872,73, Nicolai's Verlag. *

— die Nahrungs- und Genussmittelkunde historisch, naturwissenschaftlich u. hygyeinisch begründet. 2 Bde. Göttingen 860, 61. Vandenhoeck & Ruprecht. Lex.-8. (XIX, 356 S.; VI, 624 S.) n. 5 Thlr 10 ngr.

— die allgemeine Naturlehre des Menschen in ihrem Wesen u. in ihrer Anwendung auf die medicinischen, hygieinischen u. politisch-moralischen Wissenschaften. Giessen 865. Roth. gr. 8. (XIV, 682 S.) n. 3 Thlr

— — 2. (Titel-)Ausg. Ebend. 868. gr. 8. (XII, 684 S.) 1 Thlr 15 ngr.

— die Nervosität bei den Frauen, ihre Ursachen u. Verhütung. 2., verb. u. verm. Aufl. gr. 8. (VIII, 145 S.) Neuwied 882. Heuser's Verl. n. 3. —

— Pathologie der Bevölkerung. Studien über menschl. Gebrechen u. deren Bedeutung für das Leben des Einzelnen u. der Gesellschaft. gr. 8. (XI, 399 S.) Leipzig 879. Grieben. n. 6. —

— Physiologie d. Magischen. gr. 8. (XIII, 354 S.) Leipzig 890. Rauert & Rocco. n. 10. —

— Physiologie des Magischen. 2. [Titel-]Aufl. gr. 8. XIII, 354 S.) Leipzig (890.) 899. Neu-Weissensee. H. W. Th. Dieter. n. 10. —

—— Rath und erste Hülfe bei plötzlichen Erkrankungen und Unglücksfällen bis zur Ankunft des Arztes. Nebst Bemerkungen über diätet. Behandlung und Krankenpflege. 1. und 2. Aufl. 8. (VIII, 119 S.) Berlin 881, Hempel.

— Rath u. erste Hülfe bei plötzlichen Erkrankungen u. Unglücksfällen bis zur Ankunft des Arztes. Nebst Bemerkungen über diätetische Behandlung u. Krankenpflege. 2. Aufl. 8. (VIII, 119 S.) Berlin 882. Hempel. 1. 50

Reich, Eduard, Religion u. Seelsorge als Faktoren der innern Kultur u. allgem. Wohlfahrt. 2 Bde. (XLVII, 478 u. XXI, 334 S.) gr. 8. Wittenberg 910. A. Ziemsen. 25.—; geb. in Halbfrz. 30.—; Japan-Luxus-Ausg., geb. in Ganzldr. 100.—

— kleine Schriften. 1. Abth. 1. u. 2. Bd. 12. Ebd. 895. à n. 1. 50
I. Philosoph. Betrachtgn. u. social-hygieu. Studien. 1. Bd. Blicke in d. vorbauende u. heil. Medicin. (209 S.)
II. Dasselbe. 2. Bd. Philosophie, Seele, Dasein u. Elend. (232 S.)

— der Staat der Zukunft. Gedanken über die natürlichen Grundlagen des gesellschaftlichen Lebens. gr. 8. (VIII, 64 S.) Leipzig 879. Schlicke. n. 1. 80

—— zur Staats-Gesundheitspflege. Ernste Worte an die bürgerl. Gesellschaft. gr. 8. (III und 148 S.) Leipzig 861, O. Wigand.

— Studien zur Aetiologie der Nervosität bei den Frauen. 2., verb. u. verm. Ausg. gr. 8. (VIII, 145 S.) Neuwied 877. Heuser's Verl. n. 3. —

— Studien u. Betrachtungen üb. Oesterreich. [Aus: „Das 20. Jahrhundert".] 8. (45 S.) Grossenhain 884. (Baumert & Ronge.) n.n. 1. 20

— Studien üb. die Feiertage. gr. 8. (IV, 78 S.) Nordhausen 874. Leipzig, Scholtze. n. 2. —

Reich, Ed., Studien über die Feiertage. 2. (Titel-) Aufl. gr. 8. (78 S.) Leipzig (1874) 877. Scholtze. n. 2. —

— Studien üb. die Frauen. gr. 8. (XIV, 471 S.) Jena 875. Costenoble. n. 12. —

— Studien üb. die epidemischen Krankheiten u. deren Verhütung. gr. 8. (397 S.) Leipzig 894. K. F. Pfau. n. 6. —

— Studien üb. Creolin. Aus dem Gesichtspunkte der Medicin u. Hygiene u. d. allgemeinen Nutzens unternommen. gr. 8. (XIV, 152 S.) Berlin 890. Adf. Klein. n. 3. —

— Studien üb. die Volksseele. gr. 8. (XVIII, 426 S.) Ebend. 876. n. 12. —

— Studien über die Volksseele aus dem Gesichtspunkte der Physiologie u. Hygieine. 2., verm. Aufl. gr. 8. (XXI, 447 S.) Jena 879. Costenoble. n. 12. —

— System der Hygieine. 1. Bd. Moralische u. sociale Hygieine. Leipzig 870. Fr. Fleischer. gr. 8. (XXIV, 480 S.) n. 3 Thlr

-- System der Hygieine. 2. (Schluss-)Bd. Diätetische u. polizeil. Hygieine. gr. 8. (XVIII, 526 S.) Leipzig 871. Fr. Fleischer. n. 9. — (cplt.: n. 18. —)

— Universitas. Orig.-Schrift f. Hygieine, Anthropologie u. sociale Medicin. 2. Bd. gr. 8. (224 S.) Berlin 891. Ad. Klein's Verl. n. 6. 50
s. in Bd. XXVI: Universitas.

— über Unsittlichkeit. Hygieinische u. politisch-moral. Studien. Neuwied 866. Heuser's Verl. 8. (III, 255 S.) 1 Thlr

— über Unsittlichkeit. Hygieinische u. politisch-moralische Studien. 2. (Titel-)Ausg. 8. (254 S.) Neuwied (1866) 877. Heuser's Verl. 3. —

— immaterielle Ursachen der Krankheiten. Die Anlässe der Uebel u. Leiden in der Welt des Geistes, des Gemüthes u. der Gesittg. 6 Hfte. gr. 8. (III, 114 S.) Gr.-Lichterfelde 894. Wallmann. à n. 1. —

— die Ursachen der Krankheiten, s. Bibliothek f. Wissenschaft u. Literatur.

— die Ursachen der Krankheiten, der physischen u. der moralischen. Leipzig 867. Fr. Fleischer. gr. 8. (IV, 492 S.) 2 Thlr 22½ Ngr

— die Ursachen der Krankheiten, der physischen u. moralischen. 2. Ausg. gr. 8. (IV, 492 S.) Leipzig 870. E. Fleischer. n. 4. 50

Reich, Ed., die Ursachen der Krankheiten. 2. vollständig umgearb. Aufl. 3 Lfgn. 8. (XVI, 654 S.) Berlin 875, Grieben. à Lfg. *M. 4. *

— die Ursachen der Krankheiten. 2., völlig umgearb. u. verm. Aufl. Neue (Titel-)Ausg. gr. 8. (XVI, 654 S.) Berlin 879. Th. Hofmann. n. 12. —

— über Ursachen u. Verhütung der Nervosität u. Geistes-Störung bei den Frauen. gr. 8. (VIII, 132 S.) Neuwied 872. Heuser. n. 2. 50

— dasselbe, s.: Archiv der deutschen Gesellschaft f. Psychiatrie.

— die Verhütung von Krankheiten des Leibes u. der Seele bei dem Einzelnen u. der Gesellschaft. Studien zur Gesundheitslehre. gr. 8. (VIII, 470 S.) Jena 882. Costenoble. n. 10. —

—— Volks-Gesundheits-Pflege. 8 Lfgn. gr. 8. (VIII und 325 S.) Coburg 862, Streit's Verlag. à Lfg. 7½ Ngr.

— Volks-Gesundheits-Pflege. 2., verm. Ausg. Coburg 866. Streit's Verlag. gr. 8. (VII, 358 S.) n. 1 Thlr 10 Ngr

— Vortrag üb. die Reform der Ernährung u. ihren Einfluß auf Körper u. Geist d. Menschen. Nach dem stenograph. Wortlaut referirt v. Eug. Liebich. [Flugblatt Nr. 1 d. Vereins f. naturgemäße Lebensweise (Vegetarier-Verein) zu Hamburg.] 12. (8 S.) Hamburg 885. (Martens.) — 10

—— Die Wahrheit üb. Lungenschwindsucht, deren Entstehung u. Verhütung. gr. 8. (VI, 98 S.) Berl. 892, Aug. Schultze's Verl. 1 50

— grosse u. kleine Welt, Geist u. Medicin. Abhandlungen, Bruchstücke u. Gedanken. gr. 8. (VIII, 359 S.) Berlin 894. M. Driesner. n. 6. —

— Weltanschauung u. Menschenleben, Religion, Sittlichkeit u. Sprache. Betrachtungen üb. die Philosophie J. Frohschammer's. gr. 8. (V, 64 S.) Grossenhain 883. Baumert & Ronge. n. 1. 20

Reich, Ed., gesammte Werke. 1. Abth. 1. u. 2. Bd. gr. 8. Leipzig 896. C. F. Tiefenbach. à n. 6. —; geb. in Hlbfrz. à n. 7. —
1. Gesellschaft, Religion u. Verbrechen. 1. Bd. Politik d. Bevölkerg. u. Gesellschaft. (XVI, 383 S.)
2. Dasselbe. 2. Bd. Berufs-Arbeit u. Gesittg. (XII, 304 S.)

Reich, Ed., wie man der Diphtheritis vorbeugt. [Aus: „R., philosoph. Betrachtgn. u. social-hygien. Studien. I."] 12. (12 S.) Amsterdam 894. A. Dieckmann. n. — 30

Reich, Elis., geb. Sieveking, s.: Gäste, unsere.

Reich, Elis., geb. Sieveking, Kaiser- u. Kanzlerwort aus dem J. 1888. Zur bleib. Erinnerg. in Blumenschmuck dargeboten. Fol. (4 Farbendr.-Taf.) Hamburg 889. Herold'S Verl. In Mappe. 6. —; einzelne Blätter à 2. —

Reich, Em., das gratulierende Kind. Wunsch- und Gratulations-Büchlein für Kinder. 16. (48 S.) Oberhausen 884, Spaarmann.

Reich, Em., das gratulierende Kind. Wunsch- u. Gratulations-Büchlein f. Kinder. Neue Aufl. 12. (48 S.) Oberhausen 886. Spaarmann. — 25

Reich, Emil, s.: Audiatur et altera pars.

Reich, Emil, Franz Grillparzers Dramen. 15 Vorlesgn. gr. 8. (XI, 257 S.) Dresden 894. E. Pierson. n. 3. —; geb. in Leinw. n. 4. —

Reich, Emil, Franz Grillparzers Dramen. 15 Vorlesgn., geh. an d. Universität Wien. 3. verm. Aufl. (IX, 322 S.) gr. 8. Dresden 909. [E. Pierson.] Berlin, Verlag Berlin-Wien. 3.—; geb. n 4. —

— Henrik Ibsens Dramen. 16 Vorlesgn. gr. 8. (IX, 288 S.) Ebd. 894. n. 3. —

Reich, Emil, Henrik Ibsens Dramen. 16 Vorlesgn. 2. [Umschlag-] Aufl. gr. 8. (IX, 288 S.) Dresden (894) 896. E. Pierson. n. 3. —

Henrik Ibsens Dramen. 20 Vorlesungen geh. an d. Univ. Wien von Dr. Emil Reich. 3. verm. Aufl. *Dresden & Leipzig: E. Pierson 1900.* (XI, 421 S.) 8° [J.]

— Henrik Ibsens Dramen. 20 Vorlesgn., geh. an der Universität Wien. 4. verm. Aufl. gr. 8. (XVII, 515 S.) Dresden 903. E. Pierson. n. 3. —; geb. n. 4. —
3. Aufl. (XI, 421 S.) 900. n. 3. —; geb. n. 4. —.

Reich, Emil, Henrik Ibsens Dramen. 20 Vorlesgn., geh. an der Universität Wien. 5. verm. Aufl. (XV, 528 S.) gr. 8. Dresden 906. E. Pierson. n. 3. —; geb. n. 4. —

Henrik Ibsens Dramen. Zwanzig Vorlesungen geh. an d. Univ. Wien von Emil **Reich**, Prof. 6. verm. Aufl. Dresden: E. Pierson 1908. (XV, 547 S.) 8° [F.] [o8. 13337 5

— Henrik Ibsens Dramen. 20 Vorlesgn., geh. an der Universität Wien. 7. u. 8. verm. Aufl. (XV, 535 S.) gr. 8. Berlin 910. S. Fischer, Verl. 3.50; geb. n 5.-

Reich, E., Gian Vincenzo Gravina als Aesthethiker. Ein Beitrag zur Geschichte der Kunstphilosophie. [Aus: „Sitzungsber. d. k. Akad. d. Wiss."] Lex.-8. (74 S.) Wien 890. (Tempsky.) n. 1. 40

—— Ibsen u. das Recht der Frau, s. Jahresbericht d. Vereines f. erweiterte Frauenbildung in Wien.

—— Die bürgerliche Kunst u. die besitzlosen Volksklassen. (Panem et Circenses!) gr. 8. (IX, 276 S.) Lpz. 892, W. Friedrich. * 2 —

— dasselbe. 2., verm. Aufl. gr. 8. (V, 306 S.) Ebd. 894. n. 2. —

— Kunst u. Moral. Eine ästhet. Untersuchung. gr. 8. (VIII, 248 S.) Wien 901. Manz. n. 4. 40

— die Kunst u. das Volk, s.: Zusammenkunft, die Eisenacher, etc.

— Grillparzer's Kunstphilosophie. gr. 8. (VI, 146 S.) Wien 890. Manz. n. 2. 40

— Aus Leben u. Dichtung. Aufsätze u. Vorträge. (VIII, 512 S.) gr. 8. Leipzig 911. Dr. W. Klinkhardt. 4.--; geb. 4. 80

— Schopenhauer als Philosoph der Tragödie. Eine kritische Studie. gr. 8. (IV, 139 S.) Wien 888. Konegen. n. 2. —

— volkstümliche Universitätsbewegg., s. a Vortragskurse, ethisch-socialwissenschaftl.

[F.] Volkstümliche Universitätsbewegung. Von Dr. Emil Reich, Privatdoz. ... a. d. Univ. Wien. *Bern: Steiger & C. 1897.* (30 S.) 1 Bd 8.
— Vortragskurse, Ethisch-socialwissenschaftliche. Bd V. [97-31]

Reich Emil: Die sittliche Weltordnung in der Tragödie und Schopenhauer.
H. 1886 PN 447 Diss. Wien, Un... 33

— **Ephr. Gottfried**, Electa forensia. Präs. Joh. Balth. Werner. Wittenberg (S. Kreusig) 7. I. 1715. (—.—) 27932

U. a.: Fall Beate Sophie Thoß contra Joh. Joach. Kolbe (Ölsnitz, Jac. Giese contra Mart. Steffler (Magdeburg), Joh. Ostermann (Oberauditeur d. Poln. Garde), Hans Wolf Carl contra Barb. Marie Zöllner (Arnstadt), Joh. Gottlob Erffurth contra Anna Christine Vögelmann (Dresden.)

Reich d. J., Erasmus, s.: Streiflichter zur Geschichte des Buchhandels.

Reich, Ernst (geb. am 21 Aug. 1853 in Mülheim a. Rh.): Ueber progressive perniciöse Anaemie ... Bonn, Druck v. J. F. Carthaus (1878). 43 S., 1 Bl. 8.
Bonn, Med. Fak., Diss. v. 19 Jan. 1878

Reich, Ernst, erste Blüten. (63 S.) 8. Heidelberg 910. J. Hörning. 1. 20

Reich, F., Beobachtungen üb. d. Temperatur d. Gesteins in verschied. Tiefen in den Gruben d. Sächs. Erzgebirges in d. J. 1830 bis 1832, angestellt auf Anord. E. K. S. Hochverord. Oberbergamtes. Nebst 2 Beil.: I. Ueber d. Churprinzer lauwarme Quelle. II. Ueber d. perennirende Eis im Sauberge. gr. 8. (13¼ B.) Freiberg 834, Engelhardt.

Reich, F., Fallversuche üb. d. Umdrehung d. Erde, angestellt auf hohe Oberbergamtl. Anordnung in d. Drei Brüderschachte bei Freiberg. M. 5 lith. Taf. (qu. gr. Fol.) Breit Lex.-8. (3 B.) Freiberg 832, Engelhardt. Thlr.

Reich, F.: Leitfaden für den Unterricht über Magnetismus pp. Freiberg 1853.

Reich, F., Leitfaden zu den Vorlesungen über Physik an der Bergakademie zu Freiberg. 1. Thl. 2. Aufl. gr. 8. (72 S.) Freiberg 851(52,) Craz und Gerlach.

Reich, F., Leitfaden zu den Vorlesungen über Physik an der Bergakademie zu Freiberg. 2 Thle. gr. 8. 1. Thl. 2. Aufl. (72 S.) 2. Thl. A. u. d. T.: Leitfaden f. den Unterricht über Magnetismus, Elektricität u. Licht. (102 S.) Freiberg 852. 53, Craz & Gerlach. (à n. ½ Thlr) n. 1 Thlr

Reich, F., Präparation zu Ovids Metamorphosen. 1. u. 2. Hft. 8. Gotha 902. F. A. Perthes. n. 1. —
1. I. u. II. Buch. (IV, 57 S.) n. — 60
2. III. Buch. (Kadmus. Pentheus u. Bacchus.) (29 S.) n. — 40

Reich, F., Ueber die Regenmenge zu Freiberg. (Ber. über die Verhandl. der Kgl. sächs. Gesellsch. der Wissensch. zu Leipzig. Math.-phys. Kl., 1852, I.) Leipzig 1853.

Reich, F., die bisherigen Versuche zu Beseitigung des schädlichen Einflusses des Hüttenrauches bei den fiskalischen Hüttenwerken zu Freiberg. (Abdr. aus der Berg- u. Hüttenmännischen Zeitung.) Freiberg 858. Engelhardt. 8. (29 S. m. Holzschn. im Text.) n. 6 ngr.

Reich, F., Versuche üb. d. mittlere Dichtigkeit d. Erde mittelst d. Drehwage. Lex.-8. (4⅛ B. u. 2 Stnt.) Freiberg 838, Engelhardt.

— neue Versuche mit der Drehwage. [Aus den Abhandlungen d. math. phys. Classe der K. Sächs. Gesellsch. der Wissensch. zu Leipzig.] hoch 4. (48 S.) Leipzig 852, Weidmann (jetzt: Hirzel). n. ⅔ Thlr

Reich, Franciscus [Badensis]: De compositione epirrhematica ... Argentorati, ex offic. „Strassb. Neueste Nachr.", 1896; 2 Bl., 43 S. 8.
Strassburg, Phil. Fak., Inaug.-Diss. v. 1896

Reich, Franz, Referendar: Der Handlungsagent nach dem Handelsgesetzbuche vom 10. Mai 1897. Weida i. Th. 1910: Thomas & Hubert. 87 S. 8°
Leipzig, Jur. Diss. v. 3. Aug. 1910
[Geb. 11. Jan. 79 Biehla b. Kamenz i. Sa.; Wohnort: Leipzig; Staatsangeh.: Sachsen; Vorbildung: Fürstensch. Meißen Reife O. 98; Studium: Leipzig 8, Freiburg i. B. 1, München 1 S.; Rig. 13. Febr. 04.] [U 10. 2840

Reich, Friedrich *Ludwig Carl* [pr. Arzt]: Ueber Arteriosclerosis nodosa m. bes. Berücks. d. Verhaltens d. elast. Elemente d. Gefässwand ... Königsberg i. Pr., Druck v. M. Liedtke, 1896; 1 Bl., 32 S., 2 Bl. 8.
Königsberg, Med. Fak., Inaug.-Diss. v. 3. Dez. 1896

Reich, Frdr., üb. Arteriosclerosis nodosa m. bes. Berücksicht. d. Verhaltens d. elastischen Elemente d. Gefässwand. Diss. gr. 8. (32 S.) Königsberg 896. (W. Koch.) n. 1.—

Reich, Friedrich, a. Bielitz, österr. Schles.: Die Kulturphilosophie Friedrich Theodor Vischers. Kamenz i. Sa. (1907): H. Baßler. (81 S.) 8° [J.]
Leipzig, Phil. Fak., Ref. Volkelt-Heinze, Diss. v. 20. Sept. 1907
[Geb. 4. Jan. 84 Bielitz; Wohnort: Bielitz; Staatsangeh.: Österreich; Vorbildung: Gymn. Bielitz Reife M. 02; Studium: Berlin 3, München 3, Leipzig 3 S.; Rig. 27. Juni 07.]

Reich, Friedrich Oskar, s. Reich, Oskar

Reich, Fritz, über operative Therapie der Retroflexio uteri. Inaugural-Dissertation. gr. 8. (44 S. mit 1 Tab.) Jena 888, (Pohle.) *

Reich, G., de collationibus. 4. Götting 820. Brose. 5 gl

— — Acad. Georgiae Augustae prorector cum senatu Sacra Pentecostalia anni 1834 indicunt. — Commentarii in N. T. critici adornandi aliquot specimina. Göttingen (Dieterich) 1834. 29 S. (3.50) 27934

—, G., Acad. Georgiae Augustae prorector cum senatu Sacra Christi Natalitia anni 1832 indicunt. — Observationum in κτίσιν gemebundam Rom. VIII. 19. Pars altera. Göttingen (Dieterich) 1832. 31 S. (3.50) 27933

Reich, G., die Runkelrübenzucker-Fabrikation in Frankreich, s. Schubarth, E. L.

Reich, Georg, die Auferstehung des Herrn als Heils-Thatsache mit besond. Rücksicht auf Schleiermacher. Eine histor.-exeget.-dogmat. Erörterung. gr. 8. (21½ B.) Darmstadt 845, Leske.

— der deutsch-kathol. Gottesdienst zu Offenbach a. M. am 3. Oct. 1845 durch Ronge und Begleiter. Ein Zeitbild, zugleich eine ernste Frage an die Gemeinde. gr. 8. Frankfurt a/M. 845, Zimmer. 1/8 ℛ

Reich, Geo., die evangelisch-lutherische Kirche im Großherzogthum Hessen, ihre Entstehung, Recht u. gegenwärtige Lage. Eine Denkschrift. Stuttgart 855. S. G. Liesching. gr. 8. (X, 226 S.) n. 24 ngr

Reich, Georg, die Lehrfortbildung in der evangel.-protestant. Kirche auf dem Grund der Augsburg. Konfession. Ein Versuch, als Beitrag zur Verständigung üb. die dogmat. Aufgabe der Gegenwart. gr. 8. (158 S.) Hamburg u. Gotha 847, Fr. u. A. Perthes. n. 24 ngr

Reich, Georg Fried. Ottom., de Membrana pupillari. Dissertatio inaug. anatomica. (Mit 1 Steintaf.) 4 maj. Berolini 833. (Hirschwald.) n. 1/2 ℛ

Reich, Gottfried Christian (Übers.u.Comm.):

s.: Aitken, John: Über Beinbrüche und Verrenkungen. (Essay on fractures and on luxations. Dt.) Th.1. Nürnberg: 1793

JB 3.280

Neue Aufschlüsse über die Natur und Heilung des Scharlachfiebers. Von Gottfried Christian Reich. Halle & Berlin: Buchh.d.hall.Waisenhauses 1810. XXVIII,276 S. 8°

Reich, Gottfried Christian: Richtige und gewissenhafte Belehrung für den Landmann über die Rindviehseuche und die Inokulation derselben. Nürnberg 1797. 143 S.
— 2. verm. u. verb. Aufl. 1798. 152 S.

— Belehr. f. den Landmann über die Rindviehseuche u. die Inoculation derselben. 8. Nürnb. 797. 2e Aufl. 798. Bauer u. M. 8 gl

— Beschreib. der mit seinen neuen Mitteln behandelten Krankheitsfälle. 1r Bd. 8. Nürnb. 800. Bauer u. M. 20 gl

Reich, Gtfr. Chrstn., die Cholera in Berlin, mit Andeutungen zu ihrer sichern Abwehr u. Heilung. gr. 8. (9½ B.) Berlin 831, Dümmler.

– s. Coote, Geschichte.

— Erläuter. d. Fieberlehre. 2 Bde. Vorber. gr. 8. Berl. Frölich. (Dunker u. H.) 805, 806. (1r 2 Thlr. 8 gr. 2ter 2 Thlr. 20 gr.)

— de febre, ejusque quoad universum tractatione; lat. versioni trad. a G. F. Koelreuter. Adjunctae ejusd. de vi vitali meditationes. 8maj. Karlsr. 802. (Braun). 16 gl

Reich, Gottfried Christian: Vom Fieber und dessen Behandlung überhaupt. 78 S., gbd.

Berlin: Maurer 1800

JB 2.366

Reich, Gottfr. Chr., vom Fieber u. dessen Behandlung überhaupt. 8. Eßling. Firdorff u. K. 812.

– s. Foot, Abhandl.

— neuer vollständ. Gartenkalender, od. Anweis., was jeder Gärtner u. Gartenliebhaber in jedem Monate d. Jahres in sm. Gemüse-, Obst- u. Blumengarten ꝛc. zu thun habe; nach Mawe u. Abercrombie bearb. u. hrsgg. 3 Thle. 8. Nürnb. 798—802. Felßecker. 2 ℛ 8 gl

— die Grundlage der Heilkunde. Ein Spiegel für Aerzte. gr. 8. Berl. 828. Duncker u. H. 1 ℛ 8 gl

Reich, Gottfr. Christ., Lehrbuch der practischen Heilkunde nach chemisch-rationellen Grundsätzen. 1. Bd. (7 Lfgn.) A. u. d. Ttl.: Das Leben u. Athmen des Menschen in der wahren Bedeutung als Ausgabe u. nicht als Einnahme, für Aerzte u. Nichtärzte erwiesen. gr. 8. (53 B.) Berlin 842, 43, Oehmigke's Buchh. (à Lfg. 20 Ngr.)

Reich, Gfried. Chrn., Lehr-Versuch der Lebenskunde in Berichtigung ihrer Rechnungsfehler u. möglichst richtiger Beantwortung der allerwichtigsten Lebensfragen. 2 Bde. gr. 8. 1. Bd.: Grundzüge der allgem. Lebenskunde. (416 S.) 2. Bd.: Grundzüge der besonderen Lebenskunde aller lebenden Wesen. (776 S.) Berlin 847, A. v. Schröter (jetzt: Gury). 5 ℛ

– s.a. Magazin d. Pflanzenreichs.

Reich (G. C.). Magazin des Pflanzenreichs . . . Erlangen, 1793. 4°.
Vol. i. containing Filices; not continued. Translations from the Linn. Soc. Transactions, London.

– s. Magazin d. Thierreichs.

Reich, Ritter Gl. Chr., mantissae insectorum iconibus illustratae species novas aut nondum depictas exhib. Fasc. I. c. fig. 8maj. Nürnb. 797. Felssecker. 9 gr.

— mémoires sur la peste, trad. de l'allem. 12. Metz 801. (Pott u. C. in Lausanne). 8 gr.

Reich, G. C., s. Miß Robinson, Angelina.

– s. J. Edw. Smith, Reise.

Reich, Gottfr. Christ., das Streckfieber und dessen Behandlung, im Umriß dargestellt. 8. Berlin 835. Hirschwald. 5/12 Thlr

– s. G. Wallis, Kunst.

— Gottlob August (Bischofswerda/Meißen), De conatu veneficii. Präs. Augustin von Leyser. Wittenberg (J. Fr. Schlomach) April 1749. 28 S. (4.50) 27935

Reich, H., Abschiedspredigt, am 15. Sonntag nach Trinitatis 1890 geh. in der Friedenskirche. gr. 8. (13 S.) Hamburg 890. Herold's Verl. — 30

Reich, Heinrich

Reich, Heinrich *Wilhelm* [Dr.]: Die Frage der sogenannten zweiten Redaktion der Reden vom Kranze. München, Druck v. H. Kutzner. 1891; S. 1–51; 8°
München, k. Wilhelms-G. P 1891 x

Reich, Heinrich, Oberlieut.-Rechnungsführer im 6. Inft.-Reg. Coronini-Cronberg. Hilfs-Buch für den ökonomisch-administrativen Dienst über die Gebühren der Personen des k. k. Heeres sowie der Truppen-Abtheilungen. In tabellarischen Uebersichten zusammengestellt. Mit einem Anhang und Formularien. (8 Blätter Tabellen.) 8. Wien 1875.

Nekrolog auf Dr. Karl Hoffmann, G.-R. — Von Dr. Heinr. Reich, G.-R. — Jahresbericht p. 43 u. 44. — 1903, Landau (Pfalz).
Progr. Landau (Pfalz), K. Gymn.

Reich, Heinr., Übungsbuch der lateinischen Elementarstilistik, s.: Buchner's Sammlung lateinischer Übungsbücher.

Reich, Heinr., Übungsbuch der griech. Syntax. 1. Tl.: D. Syntax d. Kasus, nebst Materialien zur Wiederholg. d. Formenlehre. 8. (XI, 168 S.) Bamberg 897. C. C. Buchner Verl. Geb. in Leinw. n. 2.—

— Übungsbuch der griechischen Syntax. 2 Tle. 8. Bamberg 904. C. C. Buchner's Verl. Geb. à 2.—
1. Die Syntax des Kasus, nebst Materialien zur Wiederholung der Formenlehre. 3. Aufl. (XI, 154 S.)
2. Die Syntax des Verbums. 2. Aufl. (VII, 142 S.)

Reich, Heinr. L. Zur Genesis d. Talmud. (1. Bd.) Der Talmud u. die Römer. Culturhistorische Studie. gr. 8. (VIII, 133 S.) Wien 892, Braumüller. * 4 —

— dasselbe. Culturhistorische Skizze. 2. Aufl. gr. 8. (VIII, 136 S.) Ebd. 893. n. 4.—

Reich, H. L., Kol Jehuda. Kritische Beiträge zu der Exegese der Psalmen. (In hebr. Sprache.) gr. 8. (XII, 104 S.) Pressburg 888. (Wien, Lippe.) n. 1.40

Reich, Heinr. Leo, Modernismus u. Judentum. Eine Apologie. (VII, 63 S.) gr. 8. Wien 908. W. Braumüller. 2.—

Reich, H. L., gottesdienstliche Vorträge. 1.—3. Heft. gr. 8. Preßburg 874. (Wien, Löwy.) *
Inhalt:
Heft 1. Neujahrsrede [5633]. (13 S.) * 40 Pf.
" 2. Versöhnungsfestrede [5634]. (14 S.) * 40 Pf.
" 3. (45 S.) * 80 Pf.

Reich, Heinr. Wilh., die Beweisführung des Aeschines in seiner Rede gegen Ktesiphon. Ein Beitrag zum Verständnis des Redners und seiner Zeit. 1. Hälfte: [Programm der königl. Studienanstalt zu Nürnberg]. 8. (84 S.) Nürnberg 884, (Ballhorn.)

Die Beweisführung des Aeschines in seiner Rede gegen Ktesiphon. Ein Beitrag zum Verständnis des Redners und seiner Zeit. Zweite Hälfte. — Von Dr. Heinrich Wilhelm Reich, Stdl. — 1885, Nürnberg, Fr. Campe und Sohn. S. 3—68. (Herrn Kgl. Oberstudienrat Dr. Heinrich Heerwagen bringt zum 50jährigen Doktor-Jubiläum die innigsten Glückwünsche verehrungsvollst dar das Kollegium des Egydien-Gymnasiums.)
Progr. Nürnberg, K. Gymn.

Reich, Hermannus [Regimontanus]: . . . De Alciphronis Longique aetate . . . Regimonti, ex offic. Hartungiana, *1894*. Bl., 68 S., 1 Bl. 8.
Königsberg, Phil. Fak., Inaug.-Diss. v. 3. Apr. 1894

Reich, Herm., de Alciphronis Longique aetate. Diss. gr. 8. (68 S.) Königsberg 894. (W. Koch.) n. 1.20

Reich, Hermann [Dr.]: Die ältesten berufsmässigen Darsteller des griechisch-italischen Mimus. Königsberg i. Pr., Hartungsche Buchdr., 1897; 36 S. 8.
Königsberg i. Pr., k. Wilhelms-G, P 1897 (7)

Reich, Herm., der König m. der Dornenkrone. (31 S. m. 5 Abb.) Lex.-8. Leipzig 905. B. G. Teubner. n. 1.—
Sonderabdruck aus: „Neue Jahrbb. f. d. klass. Altert., Gesch. u. deut. Lit."

Reich, Herm., der Mimus. Ein litterar-entwicklungsgeschichtl. Versuch. I. Bd. 2 Tle. gr. 8. (XII, 900 S. m. 1 Tab.) Berlin 903. Weidmann. n. 24.—

Reich, Herm., üb. die Quellen der ältesten röm. Geschichte u. d. römische Nationaltragödie, s.: Festschrift, zum 70. Geburtstage Oskar Schade dargebracht.

Reich, H., Ueb. die Quellen d. ältesten röm. Geschichte u. d. röm. Nationaltragödie. 1896. 17 S.

Reich, J., Leitfaden der Erdbeschreibung für den ersten Unterricht. I. Cursus: Allgemeine Erdbeschreibung. 8. (VIII und 88 S.) Dorpat 848, Gläser's Verlag.

Reich, J. G., s. Reiche, Johann Georg

Reich, Jakob: Elektrolytische Reduktion von Nitrokörpern mit Molybdän als Wasserstoffüberträger. 1910. 74 S., 1 Taf. 8°
München, Dr.-Ing.-Diss. v. 15. 3. 1910

Reich, Ignaz — Beth-el. Ehrentempel verdienter ungarischer Israeliten. Von — —. 1tes Heft. (Mit einem Porträte.) Pest, 1856. Druck von Alois Bucsánsky. (80 S. gr. 8. Mit dem Bildnisse des Dr. Josef Manes Oesterreicher.)
Inhalt: Oesterreicher Josef Manes. (Geboren 17.6, gest. 1832.) — Benedikt Markus. (1753—1829.) — Rózsavölgyi Márkus. (1787—1848.) — Guttmann Jakob. (1811.) — Bach Josef. (1784.) — Singer Edmund. (1830.) — Holitscher Wolfgang. — Weiß Gabriel. (1800.) — Matzel Ascher. (1763—1842.) — Joachim Josef. (1831.) — Löwisohn Salomon. (1789—1822.) — Mandel (Mandelli) David. (Gest. 1836.)

Reich, Ignaz, Beth-el. Ehrentempel verdienter ungarischer Israeliten. 5. Heft. Pest 865. Lampel. gr. 8. (72 S. mit 2 Portr.) n. 12 ngr.

— **Johann**, Diss. apolog.-votiva qua Calphurnia Sapientissima inter mortales femina à conuitiis Ulpiani vindicatur. O. O. u. Jahr. (4.50) 27938
Gew.: Jakob Otto.

Reich, Johann [Praes.], s. Ohlenroth, Jo. Andreas: De virtutibus cardinalibus, ad viri Johann Franz Buddei elementa philos. pract. Part. I. cap. IV a §. 50. ad fin. Disput. moralis.

Reich, Johann Chr. Fr.

Reich, J. C. F., Beschäftigung. d. Herzens, s. Beschäftigungen.

– s. Betrachtt. üb. die Religion, u. der bessere J. L. in Jh. Chr. Fr. Reich.

– s. Geschichte e. Freidenkenden.

– s. Jesus Christus durch seine Toleranz e. Muster.

Reich, Jh. Chr. Fr., († d. 28. März 1795.) u. ***, die Sprache. 8. Berl. 789. (Reimer). 18 gr

— **Joh. Dan.** (Schaumburg/Lippe), De matre illustri legitimae liberorum successionis experte cum corollariis quoad matris heredes inde deductis. Disquis. jur. German. Lemgo (Meyer) 1785. 44 S. mit Namen. (4.75) 27937

Reiche, J. Dn.: Chronolog. systemat. Verzeichniss. z. Erläut. d. deutschen Privat-Fürstenrechts vorzügl. gehöriger Urkunden. *Bückeb. (Hann.)*, Hellwing. 785. 8. (12 Gr.)

— chronolog.-systemat. Verzeichniß z. Erläuter. d. deutschen Privatfürstenrechts vorzügl. gehöriger Urkunden. 4. Lemgo 786. Meyer. 12 gr

Reich, Joseph (geb. Loslau in Schles. 27.3.1832): De aneurysmate, maxime eius divisione. Berolini (1858). (28 S.) 8°
Berlin, Med. Diss. v. 20. Jan. 1858

Reich, Jos., liturgische Wandtafeln, s.: Swoboda, Heinr.

Reich, geb. Schul, Julie, Köchin u. Küche. Umfassendes Kochbuch der neuesten Zeit. Nebst e. Anleitung, größere u. kleinere Tafeln mit Geschmack zu verzieren, sowie die Gerichte kunstgemäß zu ordnen. gr. 8. (17 B. u. 4 Kpfrt.) Siegen 844. [Wiesbaden,] Friedrich'sche Verlagsb. —

Reich K.: Uber die Analoga des Euler'schen Polyedersatzes für Gebilde von irgendwelchen, insb. von 4 Dimensionen. 8. Wien R. II. 82.
Progr.

Reich, K. L., gottesdienstliche Vorträge. 1—3. Hft. gr. 8. Preßburg 874. (Wien, Brüder Winter.) n. 1. 60
1. Neujahrsrede [5638]. (18 S.) n. — 40
2. Versöhnungsfestrede [5634]. (14 S.) n. — 40
3. (45 S.) n. — 80

Reich, Karl

Reich, Carl, praktische Anleitung zum sichern Erlernen des Schnell-Schönschreibens der deutschen Current-, englischen Cursiv- u. französischen Rondeschrift in 24 Lectionen, nebst 4 Planschriften für Seminarien, Handwerker-, Handels- u. Fortbildungsschulen, sowie zum Selbstunterricht. Mit 28 lith. Vorschrifttaf. u. 10 Liniaturtaf. qu. gr. 4. (VIII, 91 S.) Holzmindon 878. Müller. n. 4. 50

Reich, Carl, das Ausgleichsverfahren in Oesterreich. Nach der Paragraphenfolge des Gesetzes vom 17. Dezbr. 1862 u. mit Rücksicht auf das frühere Gesetz vom 18. Mai 1859 erläutert. Wien 865. Manz' Verl. gr. 8. (VIII, 148 S.) n. 1 thlr

Reich, Karl *(geb. Loslau in Oberschles. 13. 4. 1849)*: Beitrag zur Resektion des Unterkiefers. Breslau 1873. (29 S.) 8°
Breslau, Med. Diss. v. 24. Okt. 1873

Reich, Karl: Der Einfluss der griechischen Poesie auf Gorgias, den Begründer der attischen Kunstprosa. Entwicklungsgeschichtl. Untersuchung. T. 1. Munchen (1908): Straub. 36 S. 8°
Ludwigshafen a. Rh., k. G P 1908* [S 08. 368

Reich, Karl: Der Einfluss der griechischen Poesie auf Gorgias, den Begründer der attischen Kunstprosa. Entwicklungsgeschichtl. Untersuchung. T. 2. Würzburg 1909: Stürtz. 58 S. 8° ¶ [Forts. d. P-Beil. 1908.]
Ludwigshafen a. Rh., k. G P 1909* [S 09. 379

Reich Karl: Über die Löslichkeit von Natriumkarbonat und -Bikarbonat in Kochsalzlösungen (mit 2 Taf.). S. 100. IIb. 433 . . . . vgr.
Separatabdruck

Reich, Karl Anton, Dr., Assistenzarzt d. Chir. Klinik zu Tübingen: Die Amputationen im Kindesalter und ihre Folgen für das Knochenwachstum. Tübingen 1910: Laupp. S. 260—378. 8° ¶ (Aus: Beiträge z. klin. Chirurgie. Bd 68.)
Tübingen, Med. Hab.-Schr. v. 1910 [U 10. 4259
(Nicht für den Austausch)

Reich, Carl Ernst (Leipzig), De diphtheritide laryngotracheali infantum. Diss. med. Leipzig (Staritz) 7. IV. 1846. 54 S. (3.25) 27928
Gew.: Seinem Vater u. Carl Friedrich Doering.

Reich, Carl Otto., Blicke auf d. Taubstummenbildung, u. Nachricht üb. d. Taubstummenanstalt zu Leipzig, bei ihrem 50jähr. Bestehen, nebst e. Anh. üb. d. Articulation. 2. Aufl. gr. 8. (6½ B.) Leipzig 828, Voß.
Die 1. Aufl. kam nicht in den Buchhandel.

Reich, C. G., Nachrichten von dem Taubstummen-Institute zu Leipzig, nebst einigen vorausgeh. dring. Wünschen für unsere Taubstummen vor u. nach ihrer Schulbildung. (Programm.) gr. 8. (4½ B.) Leipzig 844, Teubner.

—— der erste Unterr. des Taubstummen, mit angefügt. Declinations-, Conjugationstabellen u. e. Zeittafel. (Letzt. lith. Roy.-Fol.) gr. 8. (27¾ B.) Leipzig 834, Voß.

Reich, Karl Hnr., s. *Dizionario* ital.-tedesco.

Reich, Carl W., Musterbeispiele m. Lösungen f. die Handwerksmeisterprüfung in d. Buchführung u. Wechsellehre. (1. Aufl. 1.—2. Taus.) (78 S.) gr. 8. Stuttgart (910). (Holland & Josenhans.) 1.—

Reich, Curt: Beitrag zur Kenntnis der hämatogenen Pigmentbildung. *Halle a. S. 1898: E. Karras.* (30 S.) 8°
Halle, Med. Diss. v. 13. Aug. 1898

Reich, L., Leitfaden der Erdbeschreibung f. den ersten Unterricht. 1. Cursus: Allgemeine Erdbeschreibung. 8. (VIII u. 88 S.) Dorpat 848, Gläser. 9 ngr.

Reich, Lucian

— s.: Aus Wald u. Grund.

REICH, Lucian. Die Bürgschaft. Genrebild. 8°. Karlsruhe 1891.

Reich, Lucian. Die Bürgschaft. Genrebild. 12. (24 S.) Karlsruhe 892, Bielefeld's Hofbuchh. * — 50

— Hieronymus. Lebensbilder aus der Baar u. dem Schwarzwalde, entworfen u. geschildert, mit der Feder auf Stein gez. von J. Nep. Heinemann. Karlsruhe 853. Herder. 4. (4 Bl., 176 S. u. 25 Lithogr.) n. 5 rℬ.

Reich, Lucian, Hieronymus. Lebensbilder aus der Baar und dem Schwarzwalde. 25 Tonbilder mit der Feder auf Stein gezeichnet von J. Nepom. Heinemann. 2. Aufl. 14 Lfgn. Lex.-8. (233 S.) Karlsruhe 875,76, Creuzbauer's Verlag.
à Lfg. 80 Pf.; compl. *
geb. *

Reich, Lucian, Hieronymus. Lebens-Bilder aus der Baar u. dem Schwarzwalde, entworfen u. geschildert. Mit 25 Tonbildern v. J. Nepomuk Heinemann. 2. Aufl. gr. 8. (233 S.) Karlsruhe 884. 85. Bielefeld's Verl. 6. 25

— die Insel Mainau und der Badische Bodensee. Mit Berücksichtigung der angrenzenden Gebietstheile. Im Allerhöchsten Auftrage Sr. Kgl. Hoh. des Regenten Friedrich von Baden bearb. Mit 10 Ansichten, auf Stein gez. von J. N. Heinemann. Karlsruhe 856. Müller. gr. 16. (IX, 289 S.) n. 1 rℬ. 20 ngr.

Reich, Lucian, Bruder Martin. Ein Hausbüchlein für die Jugend. Mit (9) Bildern von H. Fink, Lucian Reich u. A. Auf Stein gezeichnet von J. N. Heinemann. Nebst 1 (lith.) Musikbeilage von J. W. Kalliwoda. Freiburg im Br. 855. Herder. gr. 16. (2 Bl., 76 S.) n. 22 ngr.

Reich, Lucian, Bruder Martin. Eine Erzählg. f. die Jugend. Mit e. Musikbeilage v. J. W. Kalliwoda. 2. verm. u. verb. Aufl. 8. (III, 83 u. 2 S. m. Titelbild.) Emmendingen 899. Druck- u. Verlagsgesellschaft vorm. Dölter. n. 1.—

Reich, Lucian, Novellen u. Skizzen. 8. (III, XVII, 510 S. m. Abb. u. Bildn.) Karlsruhe 896. Tauberbischofsheim, J. Lang. Geb. in Leinw. n. 3.—

— Wanderblüthen aus dem Gedenkbuche eines Malers. Mit 1 Titelblatt von Rud. Gleichauf u. (6) Bildern von L. Reich, mit der Feder auf Stein gez. von Joh. Nep. Heinemann. Karlsruhe 855. Herder. gr. 16. (7 Bl., 308 S.) n. 1 rℬ. 24 ngr.

Reich, Ludw., der praktische Brennerei-Leiter, oder: Wie muß gearbeitet werden, um den höchsten Zuckergehalt aus den Rohstoffen zu entwickeln, denselben immer gleichmäßig auf ½—0° Sacharometer zu vergähren u. daher die vollkommenste Ausbeute an Alkohol u. Preßgarm zu gewinnen etc. Durch langjähr. Erfahrung gesammelt, erprobt u. hrsg. Prag 865. Lehmann. 8. (34 S. mit 1 Steintaf. Abbild.) n. 1 rℬ 10 ngr.

Reich, Margaretha, erstes National-Kochbuch, s. Karl Teuber.

Reich Max: Über die Einwirkung von Azetamid auf Aldehyde und von Formamid auf Azetophenon. S. 113. 115. 5?. . . . . Ngr.
Separatabdruck

Reich, M., Erasmus v. Rotterdam, s. Zeitschrift, westdeutsche, f. Geschichte u. Kunst.

Reich, Max *Friedrich Christian Theodor* [aus Prov. Posen]: Erasmus von Rotterdam. Untersuchgn zu seinem Briefwechsel u. Leben in d. Jahren 1509 bis 1518 ... (Enth. nur Abschn. 3: Erasmus in Brüssel. Verhandlungen mit Rom. (1516—1517.) — Erscheint vollst. in: Westdeutsche Zeitschr. f. Gesch. u. Kunst, Ergänzungsheft IX.) Trier, F. Lintz'sche Buchdr., 1895; 2 Bl., IV, 32 S., 2 Bl. 8.
Berlin, Phil. Fak., Inaug.-Diss. v. 24. Juni 1895

Reich, Max, Dr.: Über Größe und Temperatur des negativen Lichtbogenkraters. Leipzig 1905: A. Pries. (45 S.) 8°
Jena, Phil. Fak., Hab.-Schr. v. 1905

Reich, Max [pr. Arzt aus Berlin]: Zur Casuistik der Schädelbasisbrüche. ... Berlin, Buchdr. v. Gustav Schade (Otto Francke) (1889); 30 S. + 1 Bl. 8°
Berlin, Med. Fak., Inaug.-Diss. v. 16. Jan. 1889

Reich, Max, aus Görlitz: Ueber elektrische Leitung reiner Substanzen. *Berlin (1900): E. Ebering.* (38 S.) 8°
Berlin, Phil. Diss. v. 31. Jan. 1900

Reich, Max, Leoben. Wanderungen durch Stadt u. Umgebg. nebst geschichtl. Streifzügen. Mit 1 Plane der Stadt u. der nächsten Umgebg. gr. 8. (130 S.) Leoben 901. L. Nüßler. Geb. in Leinw. n. 2. 20

Reich, Max, österreichisches Notariats-Handbuch f. Berufsarbeit u. Unterricht. (VIII, 734 S.) gr. 8. Leoben 907. 08. L. Nüßler. 18.—; geb. in Halbfrz. n 20.50; auch in 10 Lfgn. à. 1. 80

Reich, Michail, einige mikroskopische Studien m. Silbersalpeterlösung besonders an Gefässen d. Auges u. anderer Organe. [Aus: „Sitzungsber. d. k. Akad. d. Wiss."] Lex.-8. (16 S.) Wien 873. (Gerold's Sohn.) n. — 30

Reich, M., Das Geschäftsgebaren der gewerkschaftlichen Arbeiter-Consumvereine in Oberschlesien. fol. Beuthen 1892.

Reich, M. An der Grenze, s. Universal-Bibliothek Nr. 2690.

Reich, Mor., An der Grenze. Aus dem Nachlasse herausg. von Alfr. Meißner. Prag 858. Bellmann. 8. (239 S.) n. 1 ⁄ß. 10 ngr.

Reich, Moritz. Das Jägerhaus. Aus dem deutsch-böhmischen Volksleben. 40 S. 8. Aarburg, Buchdr. Aarburg, 1902.
Schweizer Familien-Bibliothek. Band 9. 123 S. (fr. —.20.) S. 1—40.

Reich, Moritz, Der Konsumvereinsspiegel. Ein treu nach der Wirklichkeit aufgenommenes Bild der eigenartigen Fürsorge für die Arbeiter der Montanindustrie und des ritterlichen Kampfes der Grossindustriellen gegen den kleinen Handel- und Gewerbetreibenden. 8°. Rosdzin (Ober-Schlesien), Selbstverlag, 1893.

Reich, Moritz: Noch mehr Licht über das Geschäftsgebaren der gewerkschaftlichen Konsumvereine. Rosdzin 1890.

Reich, Mor., Predigten. 1. Thl.: Homilien zu den Wochenabschnitten des 1. Buches Mosis. 1. Hälfte. 8. (28 S.) Trenczin-Baan 886. (Wien, Ch. D. Lippe.) n. — 60

— gottesdienstliche **Vorträge. 2. Folge.** Sabbath-Reden, geh. in der Synagoge der israel. Cultusgemeinde Trencsén-Baán. 1. Hft. gr. 8 (33 S.) Ebd. 893. n. — 80

Reich, Mor., ausgewählte Werke, s.: Bibliothek deutscher Schriftsteller aus Böhmen.

Reich Nathaniel: Papyri juristischen Inhalts in hieratischer und demotischer Schrift aus dem British Museum. D 55 3. Noch nicht erschienen.
Separatabdruck

Reich Nathaniel: Prolegomena zu einer historischen Grammatik des Aegyptischen und seiner Dialekte.
H. 1904 PN 1725 **Diss.** Wien, Univ 2886

Reich, N., demotische u. griechische Texte auf Mumientäfelchen in der Sammlung der Papyrus Erzherzog Rainer, s.: Studien zur Palaeographie u. Papyruskunde. VII.

Reich, O., die Salpetersäure im Brunnenwasser u. ihr Verhältniss zur Cholera u. ähnlichen Epidemien. Ein Beitrag zur Canalisationsfrage. Berlin 868. Voss. gr. 8. (VI, 103 S.) 15 ngr.

Reich, O., das neue freie hydro-elektrische See-, Fluss- od. Bassin-Bad. In gemeinverständl. Darstellg. u. m. Erläuterg. der dabei zur Verwendg. komm. Vorrichtgn. gr. 8. (16 S. m. Abbildgn.) Linden-Hannover 889. Manz. n. — 50

Reich, O. F. G., die plastische Chirurgie, s. Fritze, H. E.

Reich, Oskar: Beiträge zur Kenntnis des Bauernlebens im alten Frankreich auf Grund der zeitgenössischen Literatur. Göttingen 1909: Haensch. XII, 132 S. 8°
Göttingen, Phil. Diss. v. 10. Nov. 1909, Ref. Stimming
[Geb. 29. Aug. 85 Linden b. Hannover; Wohnort: Hannover; Staatsangeh.: Preußen; Vorbildung: Leibnizsch. Hannover Reife O. 03; Studium: Grenoble 1, Göttingen 2, Berlin 1, Göttingen 6 S.; Rig. 5. Aug. 08.] [U 10. 1455

Reich, (Friedr.) Osk. (geb. Berlin 24. 11. 1848): Die Entwickelung der kanonischen Verjährungslehre von Gratian bis Johannes Andreä. Berlin (1880). (130 S.) 8°
Berlin, Jur. Diss. v. 12. Okt. 1880

Reich, Osk., die Entwickelung der kanonischen Verjährungslehre von Gratian bis Johannes Andreä. Inaugural-Dissertation. gr. 8. (181 S.) Berlin 880. C. Heymann's Verl. in Comm. n. 2. —

Reich, Oscar: Ueber Audoens Lebensbeschreibung des heiligen Eligius. Halle 1872: Waisenhaus. 47 S. 8°
Halle-Wittenberg, Phil. Diss. v. 12. Nov. 1872
Geb. Berlin 24. 11. 1848. V.

Reich, Osk., Liebesvariationen. 8. (VII, 99 S.) Dresden 902. E. Pierson. n. 2. —; geb. n. 3. —

— zwanzig Skizzen u. Erzählungen. gr. 8. (VII, 218 S.) Ebd. 901. n. 3. 50; geb. n. 4. 50

Reich, Otto: Karl Ernst Adolf von Hoff, der Bahnbrecher moderner Geologie. Sein Leben und seine wissenschaftlichen Verdienste. Leipzig: Veit & Co. 1905. (71 S.) 8° ¶[Ersch. vollst. (144 S.) in gleichem Verlage.]
Leipzig, Phil. Fak., Ref. Ratzel u. Zirkel, Diss. v. 25. Febr. 1905
[Geb. 30. Apr. 72 Ohrdruf; Wohnort: Pirna; Staatsangeh.: S.-Coburg-Gotha; Vorbildung: Seminar Gotha Wahlfähigkeitsprüfung 96; Studium: Jena 1, Leipzig 8 S.; Rig. 26./27. Juli 04.]

Reich, Otto, approb. Arzt: Aus d. Laboratorium d. Kgl. med. Klinik zu Breslau. Zur **Methodik** der Bestimmung des Ammoniaks im Harn. *Breslau 1902: Th. Schatzky.* (32 S.) 8°
Breslau, Med. Diss. v. 2. Aug. 1902

Reich Otto: Das Verhältnis Friedrichs des Schönen von Oesterreich zu Italien und zur Kurie. **Diss.** Wien, Univ.
H. 1903 PN 1600 864

Reich, P[aul], Dr. med., Zahnarzt in Marburg a. d. Lahn: Das irreguläre Dentin der Gebrauchsperiode. Eine histologisch-topographische Studie über normale und pathologische Dentinbildung. Aus dem pathologischen Institute zu Marburg. Mit 3 lithogr. Tafeln und 20 farbigen Figuren. Marburg 1906: (A. Kämpfe, Jena). (57 S.) 8°
Marburg, Med. Fak., Hab.-Schr. v. 1906

Das irreguläre Dentin der Gebrauchsperiode. Eine histolog.-topogr. Studie über normale u. patholog. Dentinbildung. Von Dr. P[aul] **Reich**, Zahnarzt. Mit 3 Taf. u. 20 Fig. Jena: G. Fischer 1907. (57 S.) 4°(8°) [07. 1993]

Reich, Paul, zur Ernährung der Magenkranken. Eine diätet. Skizze. 2. Aufl. gr. 8. (15 S.) Stuttgart 876. Enke. n. — 40

Reich, Paul [pr. Zahnarzt aus Lissa '(Prov. Posen)']: Quantitative Pental-Bestimmungen im Blute pentalisirter Tiere ... Würzburg, P. Scheiner's Buchdr., 1894; 19 S. 8.
Würzburg, Med. Fak., Inaug.-Diss. v. 1894

Reich, Paul, cand. med. aus Loslau OS.: Aus d. pharmakol. Institut. Ueber die **Wirkung** des Arsens auf die roten Blutkörperchen. *München 1899: Kastner & Lossen.* (37 S.) 8°
München, Med. Diss. v. 1899

Reich, Reinhold

Reich, Rhold., nach Bethlehem. Dichtung vom Verfasser der „Lyra passionis“. In Musik gesetzt f. Chor u. Solostimmen m. Begleitg. der Orgel, d. Harmonium od. Pianoforte. 2. Aufl. 8. (24 S.) Basel, Jaeger & Kober. n. — 30

Reich, R., nach Bethlehem. Dichtung vom Verf. der „Lyra passionis“. In Musik gesetzt f. den Chor u. Solostimmen m. Begleitg. der Orgel, des Harmoniums od. Pianoforte v. R. Textbuch. 3. u. 4. Aufl. (24 S.) kl. 8. Basel 907. 10. Kober. — 30

Reich, Rhold., Blauveilchen. Lieder f. Schule u. Haus. 16. (16 S.) Leipzig 877. Siegismund & Volkening. n.n. — 15

Reich, Rhold. Christbaum-Lieder. Dichtungen v. G. Weikert. Für 1 Singstimme m. Begleitg. d. Pianoforte komp. 8. (30 S.) Basel 891, Jaeger u. Kober. * — 30

Reich, Rhold., Christbaum-Lieder. Für 1 Singstimme m. Begleitg. d. Pianoforte komponiert. 2. Hft. 8. (30 S.) Basel 898. Kober. n. — 30

Reich, Rhold., Christbaum-Lieder. Dichtungen v. G. Weikert. Für e. Singstimme m. Begleitg. des Pianoforte komp. v. R. (2. Aufl.) 8. (30 S.) Basel 902. Kober. n. — 30

—— Christblumen. Zehn einfache Lieder u. Gesänge auf die kirchl. Festzeiten, f. gemischten Chor komp. Op. 46. 8. (16 S.) Ebd. 892. * — 25

Reich, Rhold., Christblumen. Zehn einfache Lieder u. Gesänge auf die kirchl. Festzeiten. Ausg. B f. Männerchor. Op. 46. 8. (16 S.) Basel 894. Jaeger & Kober. n. — 25

— Gesangübungen ein- u. zweistimmig zum Gebrauch beim 1. Unterricht in Singen nach Noten componirt. 16. (16 S.) Ebend. 876. n. — 15

Reich, Rhold., 6 Kinderlieder von G. Chr. Dieffenbach. Einstimmig mit leichter Pianofortebegleitung componirt. gr. 8. (8 S.) Leipzig 877. Siegismund & Volkening. n. — 30

— 9 Lieder für Männerstimmen. Gedichtet von Fr. Oser u. Rob. Reinick. gr. 8. (16 S.) Ebend. 878. n. — 50

Reich, Rhold., Liedersträußchen. Eine Sammlung zweistimm. Lieder für Schule und Leben. 8. (16 S.) Halle 875, (Schmidt's Verlag.)

— Liedersträußchen. Eine Sammlg. zweistimm. Lieder f. Schule u. Leben. 2. Aufl. 16. (16 S.) Ebend. 876. n. — 15

Reich, R., s.: Nach Bethlehem.

— kleine Sängerhalle. Uebungen u. Lieder für Männerstimmen. gr. 8. (16 S.) Ebend. 879. n. — 50

Reich, Rhold., deutsches Sprachbuch. Für einfache Schulverhältnisse sowie zur Benutzung bei häusl. Aufgaben bearb. 2. und 3. Aufl. 8. (32 S.) Bernburg 885,86, Bacmeister. *
—— dass. — 4. Aufl. 8. (32 S.) Gotha 888, Behrend. *

— praktische Winke für Gesangvereinsleiter. Nebst Anhang: Kleine Sängerhalle. Uebungen u. Lieder für Männerstimmen. gr. 8. (24 S.) Ebend. 879. n. — 80

Reich, R(ichard), aus Herrnhut: Beitrag zur Kenntnis der Filixgerbsäure. *Leipzig 1900: B. Georgi.* (53 S.) 8°
Leipzig, Phil. Diss. v. [19. Febr.] 1900

Reich, Siegmund. Beitrag zur Kenntnis der Silicovanadinmolybdate. Diss. Phil. Bern. 32 S. 8. Bern, Unionsdruckerei, 1909.

Reich, W., Bericht über die Frage: Worin liegen die Ursachen zu der Klage, daß d. Gewerbestand in unserer Zeit immer mehr zurückkomme? nebst einigen Ansichten zur zeitgemäßen Verbesserung d. Gewerbestandes ꝛc. gr. 8. Karlsr. 834. Groos. 1/6 ₰

Reich, W. E., romant. Taschenbuch. 12. Prag 816. Krauß. 10 ℊ

Reich, Walter *Carl Theophil* [app. Arzt]: Die Laparotomie bei inneren Einklemmungen durch Ligamente … Königsberg i. Pr., Druck v. M. Liedtke, 1892; 2 Bl., 81 S., 1 Bl. 8.
Königsberg, Med. Fak., Inaug.-Diss. v. 30. Dez. 1892

Reich, Walt., die Laparotomie bei inneren Einklemmungen durch Ligamente. Diss. gr. 8. (81 S.) Königsberg i/Pr. 892. (W. Koch.) n. 1. 20

— Wilhelm (Hessen), De collationibus. Diss. jur. Göttingen (C. Herbst) 1820. 44 S. (4.25) 27939

Reich, Wilhelm, Medizinalprakt.: Ein Fall von angeborenem Lymphangioma cysticum des Nackens. München 1907: Wolf. 32 S. 8°
München, Med. Diss. v. 1. Sept. 1908, Ref. v. Winckel
[Geb. 30. Okt. 83 Preungesheim; Wohnort: Preungesheim; Staatsangeh.: Preußen; Vorbildung: Kaiser-Friedrichs-Gymn. Frankfurt a. M. Reife O. 02; Studium: Marburg 5, Gießen 1, Marburg 1, Berlin 1, München 2 S.; Coll. 1. Sept. 08; Approb. 31. Juli 08.] [U 09. 3382

Reich, Wilh., die Farbenmischung für Druckereien. Steindruck. Buchdruck. Lichtdruck. Gegen 250 verschiedene Farbentöne, reine, gemischte und gebrochene Farben, nebst genauer Angabe, aus welchen Grundfarben dieselben gemischt sind. Mit Text, enthaltend das Wichtigste aus der wissenschaftl. Farbenlehre, etwas von der Farbenchemie und kurze Erklärung der Farbentaf. (In 16 Heften.) 1. Heft. gr. 8. (4 S. mit 4 Farbentaf.) Berlin 887, Wilh. Reich. *

Reich, Wilh. (II.). Die Farbenmischung f. Druckereien. Steindruck, Buchdruck, Lichtdruck. 2.—15. (Schluss-)Heft. gr. 8. (S. 5—66 m. 58 Farbentaf.) Berl. 887, W. Reich. à * 1 50; * 21 —
1. Heft. Ebd. 1887. * 1 50.

Reich, W., „Culturfragen“, vom biblisch-talmudischen, socialen u. geschichtlichen Standpunkte aus beleuchtet. gr. 8. (VII, 55 S.) Baden 889. Wien, Lippe. n. 1. 20

Reich, Wilh. (III.). Die Liqueur-Fabrikation, wie sie ist u. wie sie sein soll. 4. Aufl. gr. 8. (124 S.) Bochum 890. (Berl., Polytechn. Buchh.) 3 —

Reich, W., „Misrachah“. Nach Ostern! Eine jüd. Gesellschaftsreise nach Palästina. Reisebericht. (VI, 60 S.) kl. 8. Frankfurt a/M. 905. J. Kauffmann. n. 1. —

— patriotische Reden. Hrsg. zum 40jähr. Regierungs-Jubiläum Sr. Maj. d. Kaisers Franz Josef I. gr. 8. (86 S.) Ebd. 888. n. 1. —

Reich, Wilh., das prophetische Schrifttum. Exegotisch-krit. Studien vorzüglich auf histor. Grundlage. 1. Bd. Jesaias. gr. 8. (XII, XII, 277 S.) Wien 892. O. Frank's Nachf. n. 5. —

— **Trauerweiden.** 2 Gedächtnissreden auf Sr. k. k. Hoh. den durchlauchtigsten Kronprinzen Erzherzog Rudolf. gr. 8. (15 u. 16 S.) Ebd. 889. n. — 40

REICH-BIEBRICH. Geschichte und Gefahren der Fruchtabtreibung. Kulturgeschichtl. medizinische Studien. 4. Aufl. 1900. 8⁰. (3 Mk., eleg. br. O. Rauthe, Friedenau, 1912, ohne Ortsangabe:)

Dieses Werk, welches der Geschichte der Fruchtabtreibung von den Urvölkern bis zur heutigen Zeit nachforscht, bringt in anschaulicher Weise alles, was auf dies Erbübel der Menschheit Bezug hat. Es zeigt, welche Mittel zu allen Zeiten angewandt wurden, welche Gesetze dagegen erlassen sind etc. Vor allem aber macht es auf die großen sozialen Schäden aufmerksam, welche im Gefolge der Frucht-Abtreibung sind.

Reicha, Ant. Die Kunst der dramatischen Composition . . . ins Deutsche übersetzt und mit Anmerkungen versehen von Carl Czerny. Wien.

— Vollständiges Lehrbuch der musikalischen Composition. Aus dem Französischen ins Deutsche übersetzt und mit Anmerkungen versehen von Carl Czerny. 1. 2. 3. 4. Band. Wien (1832).

Reichank, Heimeran (Pseud.), s. Ackermann, Christian Georg

REICHANK, Heimeran (d. i. *Chrn. Georg Ackermann*, Buchhändler in Dessau, geb. daselbst am 25. Sept. 1788), Veronika oder die Mönche vom Libanon. Eine Geschichte aus der Zeit vor den Kreuzzügen. 2 Bde. Dessau, Chrn. Geo. Ackermann, 1823. 8⁰. (3 Mk. Frdr. Klüber, 1905.

Stellenw. etw. freie Liebesgesch. 2 gestoch. Tit., 240 u. 224 SS. — A. G. Schmidt, Gallerie etc.

Reichank, Heimeran, Veromka, od. die Mönche in Libanon. 2 Thle. 8. Dessau 823. Ackermann. (Krappe in Leipz.) 2 ℛ 6 g.

Reichard

— s. a. **Reichardt, Reichart, Reichert.**

Reichard, Begräbnißrede, s.: Zur Erinnerung an Friedrich Cranz.

Reichard, . . . , die einfache Bereitung einheimischer Stellvertreter des ausländ. Zuckers, od. die häusl. Zuckerbereitung. 8. Weim. 812. (Ind.-Compt.) 8 g.

Reichard, Magazin d. Philosophie u. schönen Wissenschaften. 2 Bde. 8. Autor in Heilbronn. (Claß in Commission.) 795.

Reichard, A., patriotischer Liederstrauß. Enthltd.: Lieder zu König's Geburtstag, nebst einigen Soldatenliedern für die Schule. Wiesbaden 868. Limbarth. 16. (16 S.) n. 1 ngr.

Reichard, Adolf, aus Frankfurt a. M.: Über Cuticular- und Gerüst-Substanzen bei wirbellosen Tieren. *Frankfurt a. M. 1902: C. Naumann.* (46 S.) 8°
Heidelberg, Naturw.-math. Diss. v. 1902

Reichard, A., über Cuticular- u. Gerüst-Substanzen bei wirbellosen Tieren. (46 S.) gr. 8. Heidelberg 903. G. Koester. n. 1. —

Reichard, Bruno, Bruder Iwo. Lustspiel in 1 Aufzug. (24 S.) 8. Dresden 903. (O. V. Böhmert.) n. — 20

— deutsche Pioniere. Schauspiel in 1 Aufzug. (25 S.) 8. Ebd. 903. n. — 20

— ein schwaches Werkzeug. Drama in 1 Akt. (22 S.) 8. Ebd. 902. n. — 20

Reichard, C. Geschichte der Kriege u. der Bürgerbewaffnung Ulms v. d. ältesten bis auf die jetzigen Zeiten. 8. Ulm 1832.

Reichard, C. F., Erzählungen u. Gespräche z. Erweck. u. Belebung sittl.-relig. Gefühle. Zunächst f. d. unterste Klasse d. Elementarschulen bestimmt. 12. (4 B.) Coblenz 840, Hölscher.

Reichard, C. F., prakt. Sprachlehre, dargestellt in Aufgaben für d. Schüler in Elementarschulen. 8. (Mit 1 Taf. Schreibschrift.) Neuwied 844, Steiner. geb. n. 6 ngr.

Reichard, C. H. G.

— Predigt: Warum sich der Christ vorzügl. bestreben müsse, seine Fähigkeiten u. Kräfte zu erforschen ꝛc. 8. Gotha 786. Ettinger. 2 g.

Reichard, C. H. G., Predigten. 8. Gera, Haller. 775.

Reichard, C. H. G., Predigten üb. den Katechismus. 8. Leipz. 774. Rothe. 8 g.

Reichard, Carl, s. Reichard, Karl

Reichard, Carl Ludwig, s. Reichard, Karl Ludwig

Reichard, Christian, s. Reichardt.

Reichard, Christian Gottlieb

Reichard, C. G., Atlas antiquus. Tom. I-IX. nebst Text. Norimb. 818-20. f. 6 rthl. 8 gr. (I. Aegyptus et Arabia Petraea. 12 gr. II. Palaestina. 16 gr. III. Graeciae pars meridionalis sive Peloponnesus. 16 gr. IV. Graeciae pars borealis. 16 gr. V. Asia minor, Syria, Mesopotamia, Armenia et Assyria. 1 rthl. VI. Britannia antiqua. 12 gr. VII. Thracia et Illyricum. 16 gr. VIII. Hispania. 16 gr. IX. Gallia. 16 gr.) Ist noch nicht vollendet.

Ueber den Atlas des ganzen Erdkreises nach den neuesten astronomischen Bestimmungen und mit den neuesten Entdeckungen, in der Central-Projection auf 6 Charten entworfen von Christ[ian] Gottl[ieb] Reichard. Weimar: Landes-Industrie-Compt. 1803. 44 S. 8°

Reichard, Ch. Gtli., Deutschland in Albers Proj. M. 1 : 2500000. Gest. von C. Trummer. Nürnberg, Homann's Erben. 1811. Fol.

Reichard, C. G., Geographischer Entwurf von Kleinasien. Nürnb. 820. 8. 1 rthl. 4 gr.

Reichard, Chr. Gli., Erdcubus od. Atlas des ganzen Erdkreises in Roy.-Fol. Mit Erläuterung in 8. Weimar 803. Geograph. Instit. 6 ℛ

Reichard, (C. G.,) Germanien unter den Römern, geographisch bearbeitet. Mit 1 Charte. gr. 8. Nürnb. 824, Campe.

Reichard, Chrn. Gli., Germanien unter den Römern. Graphisch bearb. Nebst 1 (in Kpfr. gest.) Karte (in Imp.-Fol.). Neue (Titel-)Ausg. Nürnberg (824.) 855. Lotzbeck. gr. 8. (IV, 376 S.) 1 ℛ. 15 ngr.

— Graeciae pars borealis. Ed. nova emend. Norimb. 822. f. Graeciae pars meridionalis sive Peloponnesus. Ed. nova emend. Ibid. 822. f. Italia superior, Rhaetia, Noricum, Pannonia, Daciae et Illyrici partes occidentales. Ibid. 822. folio.

Reichard, (C. G.,) neuer Hand-Atlas über alle Theile d. Erde. 11e Aufl. qu. Fol. Nürnb. 827, Campe. Rthlr.

— neuer Hand-Atlas üb. alle Theile d. Erde nach d. besten Hülfsmitteln u. mit steter Rücksicht auf d. neuesten polit. Ereignisse. 29 Bl. 14e Ausg. qu. Fol. Nürnb. 832. Campe. 3 ℛ (Vergl. auch Hand-Atlas.)

— neuer Hand-Atlas über alle Theile der Erde. 15e umgearb. Aufl. gr. 4. Nürnberg 838. Campe. 3 ℛ

Reichard, Chr. Glieb, Neue Karte von Deutschland, in seine Bundesstaaten eingetheilt. Nürnberg, Fr. N. Campe, 1821. gr. Fol. (1/3 ℛ)

—— geograph. Nachweisungen d. Kriegsvorfälle Caesars u. sein. Truppen in Gallien, nebst Hannibals Zug üb. d. Alpen. (M. 1 lith. u. ill. Karte v. Gallien, Fol.) gr. 8. (1½ B.) Leipzig 832, Köhler.
Die Karte befindet sich auch in Caesaris „Comment. de bello Gallico, erläut. v. C. G. Herzog."

— Orbis terrarum antiquus. Tab. I—XIX. Mit Text. gr. Fol. Nürnb. 818—31. Campe. 17 ℛ

Reichard, G. C., Orbis terrarum antiquus. fol. maj. N. I—IX. Norimb. Campe. 819 et 20.

— Orbis terrarum antiquus, cum Thesauro topographico, cont.: Indices tabular. geograph. topogr. eosdemque criticos. fol. Nurnberg 824, Campe.

— Orbis terrarum antiquus. Tab. I—XV. gr. Fol. Nürnb. 827, Campe.

—— Orbis terrarum antiquus a Fr. Campio edit. Tab. XVI —XIX (et ult.). Imp.-Fol. Norimbergae 829—31, Campe.
Tab. I—XV. Ebendas. 1822—27. 13 Thlr.

—— Orbis terrarum veteribus cognitus. In us. juventut. exaratus atque descript. Fol. (21 Karten, Kpfrst.) Norimbergae 830, Campe.

Reichard, Chr. Gli., Orbis terrarum veteribus cognitus. In usum juventutis exaratus atque descriptus. (Neue Ausg.) gr. 4. Nürnberg 833. Campe. 4 ℛ

Reichard, Chrn. Theoph., Orbis terrarum veteribus cognitus. In usum juventutis exaratus et descriptus. Editio IV. Fol. (21 Bl. in Kpfrst.) Norimbergae 848, Campe et fil.

—— id. — Editio V. Fasc. 1—4. Fol. (15 Bl. in Kpfrst.) Ibid. 851. à Fasc. 5 Ngr.
ill. à Fasc. 0 Ngr.

Reichard, Chrn. Theoph., († d. 11. Sept. 1837), orbis terrarum veteribus cognitus. In usum juventutis exaratus et descriptus. Editio IV. Fol. (21 Bl. in Kpfrst.) Norimbergae 848, F. Campe. 1 ℛ — Editio V. Denuo delineavit et commentario illustravit Albert Forbiger. V fascli. Fol. (II u. 20 S. m. 20 Bl. in Kpfrst.) Norimbergae 851—53, Campe & fil. (à 6 ngr) 1 ℛ; color. (à 9 ngr) 1½ ℛ

Reichard, Chrn. Theoph., Orbis terrarum antiquus, quondam in usum juventutis descriptus. Editio VI. Denuo delineavit et commentario illustravit Alb. Forbiger. gr. Fol. (20 ill. Kpfrt. mit II und 20 S. Text.) Nürnberg 861, Lotzbeck. *

Reichard, Chrn Glieb, Reise- und Eisenbahn-Karte von Deutschland und den Nachbarstaaten bis Rheims, Königsberg, Bynlystock u. Mantua. Nürnberg, Lotzbeck, 1856. Imp.-Fol. Kupferst. u. kolor.
——, —— Ebda. [1859?] . . . . (Br. Mus.)
——, —— Ebda. [1874?] . . . . (Br. Mus.)

Reichard, C. G., Sammlung kleiner Schriften aus d. Gebiete d. mathemat. u. alten Geographie. gr. 8. (35 u. 3 Stnt.) Güns 836, [Reichard u. Söhne.]

Türkischen Reichs — Der Europäische Theil des — von C. G. Reichard. Nürnberg bey Friedrich Campe 1821. E. Knittel sc. In Alberscher Projection. 1 : 2,000.000. 1 Bl.

Reichard, C. G. Die Herzoglich Sächsischen Fürstenthümer Weimar, Gotha und Meiningen, die Fürstenthümer Schwarzburg und Reuss und die benachbarten Königlich Sächsischen Aemter. Nürnberg 1811. 1 Bl. K. K. v.

Reichard, Ch. G. Weltkarte in Mercator's Projection. Nürnberg 1824. 4 Bl. K. Ff.

Reichard, C. G., Königreich Württemberg, Grossherzogth. Baden und die Preuss. Fürstenth. Hohenzollern-Hechingen und Hohenzollern-Sigmaringen. Revidirt von Dan. Völter. 1 : 329,000. Fol. Nürnberg 870, Beyerlein. In Carton *

Reichard, Christian Theophil = Reichard, Christian Gottlieb.

Reichard, Domin.: Gratitudo litteraria qua capitulum rurale Haussmansburgense excipit anti-probabilismum pastoribus animarum oblatum. o. O. 1709.

Reichard's, G., praktisches Hand- u. Hülfsbuch für angehende Kaufleute. Erklärung u. Verdeutschung aller im Gesammt-Gebiete des Handels vorkommenden eigenthümlichen Ausdrücke u. Fremdwörter. Dessau (856.) Baumgarten u. Co. 8. (86 S.) 10 ngr.

Reichard, Edm., de interpolatione fabulae Sophocleae quae inscribitur Aiax. Dissertatio inauguralis. gr. 8. (42 S.) Bremen 880. (Jena, Deistung.) n. — 60

Reichard, Elias Kaspar

Reichard, Elias Casp., juristische Abhandlung von Erziehung der Kinder. 8. Hamburg, Bohn. 745 Rthlr.

Reichard, El. Ksp., († d. 18. Sept. 1791.) vermischte Beitrr. zu e. nähern Einsicht in das gesammte Geisterreich. 2 Bde. 8. Helmst. 780, 88. Fleckeisen. 2 ℛ 8 ℊ

Reichard, El. Ksp., komische Beschreib. e. Reise v. Magdeburg nach Hamburg, in deutschen Versen. 8. Magdeb. 773.

— deutsche Bibel, mit kurzen Erklärr. u. Berichtigungen, sowohl d. alten Wörter, als d. undeutschen u. unrichtigen Ausdrücke ꝛc. 8. Braunschw. 756.

— s. Cicero, Briefe an Atticus.

— s. K. H. Dörrien, Anweisung.

— Encænia templi evang.-lutherani Altonæ recens exstructi carmine celebrata. Altonæ. 1743. 4. P.

De finibus licentiae poeticae constituendis ad illustrandam M. A. Senecae controversiam X. disserit simulque lectiones suas in Collegio Carolino ab autumno a. 1745 ad tempus vernum a. 1746 publice habendas indicit Elias Caspar Reichard, prof. publ. ord. (Dat. a. d. V. Id. Oct. 1745.) XII S. 8⁰ *Br StB*

— Germani et Angli in litterarum studiis aemuli. Altonæ. 1743. 4. P. (Skoleprogr.).

— **Elias Caspar,** Indicum libb. prohibitorum et expurgandorum historiam propediem edendam primis velut lineis. Braunschweig (Keitel) (19. XII. 1746.) 16 S. (4.50) 27911
Gratulationsschrift für Johann Heinrich Blanke

— s. L. v. Holberg, moral. Gedanken.

— s. Jahrbücher d. Brockens.

— Cantate bey der 28. Sept. 1743 geschehenen feyerlichen Einweihung der von Grund aus neu erbaueten evangelischlutherischen Hauptkirche in Altona. Altona. 4. P.

— s. Kenner, der; eine Wochenschrift.

— Lehre von d. Vorwörtern der deutschen Sprache. 8. Hamb. 752. Bohn. 8 gr.

LEIDEN und Freuden der Herren Belville und Kameron (von *Elias Caspar Reichard*). Helmstädt 1781. 8°. (10 ggr.)
Anon.-Lex. III. p. 43 (nach Meusel): „O. O. (17??)."

Natalitia auspicatissima ... Caroli regentis Brunsvicensium ac Luneburgensium ducis ... ipsis Kalendis Augusti 1746 recurrentia ... celebrat **Elias Caspar Reichard,** Collegii Carolini prof. p. o. 6 Bl. 2°

— Ode auf die Geburt Jesu Christi nebst einer aus dem Englischen übersetzten Ekloge. Altona. 1740. 4.

Ode auf das höchsterfreuliche Geburtsfest des ... Herrn Carl, regierenden Herzogs zu Braunschweig und Lüneburg &c. ... aufgesetzet von **Elias Caspar Reichard.** Den 1. Aug. 1745. 4 Bl. 4° *Br LandschB*

— — (Magdeburg), Animi per turbationes ex mente potissimum Stoicorum in tabula delineatas proponit simulque ad orationes quae in gymnasii Magdeburgensis de animi adfectionibus habebuntur audiendas patronos ac fautores rei litterariae scholasticae invitat. Magdeburg (J. Chr. Pansa) 11. IX. 1761. 24 S. u. Verzeichniß der Reden und Gespräche. 4 Seiten mit Namen. (4.25) 27915

REICHARD, El. Casp. — *Elias Kaspar Reichards,* ... Proben deutscher Gedichte. Nebst einigen Uebersetzungen. ALTONA, bey den Gebr. Burmester. O. J. (c. 1740). 8°.
W. v. Maltzahn III. p. 396. no. 207, Beibd.

— Proben deutscher Gedichte, u. einig. Uebersetz. gr. 8. Alt. Korte. 744.

— De nonnullis, quæ poesin latinam conspurcant, quadam. Altonæ. 1741. 4. P. (Skoleprogr.).

Rede auf die hohe Vermählung des ... Herrn Friedrich V., Erbköniges zu Dännemark, Norwegen ... mit ... Juliana Maria, gebornen Herzoginn zu Braunschweig und Lüneburg &c. &c. den 8. des Augustmonats 1752 in dem grössern Hörsaale des Collegii Carolini zu Braunschweig geh. von **Elias Caspar Reichard,** öff. ord. Lehrer am gedachten Collegio. 8 S. 4°

— s. Carafa, Kunst fröhlich zu seyn.

Reichard, Elias Caspar. Matthaus und Veit Konrad Schwarz nach ihren merkwürdigsten Lebensumständen und vielfältig abwechselnden Kleidertrachten aus zwey im Herzoglich-Braunschweigischen Kunst- und Naturalienkabinette befindlichen Originalien ausführlich beschrieben und mit Anmerkungen erläutert von Elias Caspar Reichard ... Ein Beytrag zur Geschichte der Kleidermoden, zur Beförderung der Menschenkunde und zur Kenntniß der deutschen Sprache des 16ten Jahrhunderts. Magdeburg 1786.
Tit., 14 Bl., 194 S. 8°.
Enthält die Beschreibung der beiden aquarellierten Trachtenbücher des Matthäus und Veit Konrad Schwarz aus Augsburg (Braunschweig, Herzog Anton Ulrich-Museum) mit ihren die Zeit von 1499 bis 1561 umfassenden 178 Kostümbildern.

— s. Staat v. Rußland.

Der Dänen Trost in ihren allerdurchlauchtigsten Königinnen. Eine Abhandlung, womit zu ... Anhörung seiner auf die ... den 8. Jul. 1752 ... vollzogene Vermählung des ... regierenden dänischen Monarchen Friederichs V. mit der ... Prinzeßinn von Braunschweig-Lüneburg Juliana Maria im Collegio Carolino zu Braunschweig den 2. Aug. 1752 zu haltenden feyerlichen Rede ... einladet **Elias Caspar Reichard,** öff. ord. Lehrer am gedachten Collegio. [Beigedr.:] Singgedicht, welches bey der Rede musikalisch wird aufgeführet werden. 14 S., 1 Bl. 4° *Br LandschB*

— etymolog. Untersuchung der Namen Ulrich oder Udalrich. 4. Magdeb. 756.

Reichard, Elias Kasp., Versuch einer Historie der deutschen Sprachkunst. Hamburg 1747. 8. . . . . (D.)

— Verzeichniß e. ausführl. Beschreib. d. Bröselischen Münz- u. Medaillensammlung. 8. Magdeb. 763.

— s. J. Waat's Lehre v. d. Gemüthsbewegung.

REICHARD, EL. CASP., Das Wachsthum und der Flor der Wissenschaften als ein Grund der Glückseeligkeit der Länder ... in gebundener Rede erwiesen. Hamburg. 1740. 4. P.

Reichard, Emil *Adolf* [app. Arzt aus Strassburg im Els.]: Über einen Fall von Leukaemie m. Bemerkgn z. patholog. Anatomie u. Pathogenese d. Leukaemie ... Leipzig, Druck v. A. Edelmann, Univ.-Buchdr., *1894*; 28 S., 1 Bl. 8.
Leipzig, Med. Fak., Inaug.-Diss. v. 5. Juli 1894

Reichard, Geo., Falkenauge, s.: Cooper, J. F.

— Onkel Toms Hütte, s.: Beecher-Stowe, Harriet.

Reichard, Geo., Lederstrumpf, s.: Cooper, James Fenimore.

— der Wildsteller, s.: Cooper, J. F.

Reichard, Geo. Andr., Commentarius prodrom. ad Part. II. Tit. I. juris statuarii Palat. von Contrakten insgemein, ad Part. II. Tit. II. vom Leihen u. Entlehnen, mutuum genannt, ad Part. II. Tit. III. von der andern Art des Leihens, commodum genannt. Fol. Manh. 760—71.

Reichard, Gertr., die Waise v. Lowood, s.: Bell, Currer.

Reichard, Gust., während des Kommune-Aufstandes 1871 in Paris. Erinnerungen e. evangel. Geistlichen aus bedrängter Zeit. 2. Aufl. (48 S.) gr. 8. Nördlingen 908. (C. H. Beck.) — 75

Reichard, Gust., die Methodisten. Warnung u. Belehrung an die evangel.-luther. Gemeinden. 8. (24 S.) Nürnberg 887. Löhe. n. — 25

Reichard, H., wie schützen wir uns vor Hochwassergefahren? Allgemeine Bemerkgn. üb. die Ursachen d. Hochwässer &c. m. e. statist. Tabelle u. Vorschlägen zur Verbesserg. des Meldewesens, auf Grund dreißigjähr. Erfahrgn. bezügl. der Elbe hrsg. gr. 8. (16 S.) Dresden 890. (Morchel.) — 30

Reichard, H. Th., principes germanici collapso Westphaliae regno terris suis redditi, quatenus domania occupatione hostili alienata revocare possint. 8maj. Gera, Heinsius. 817.

Reichard, Hans, aus Feuchtwangen: **Radikaloperation bei doppelseitigem Leisten- und Schenkelbruch.** *Erlangen 1904: Junge & Sohn.* (22 S.) 8°
Erlangen, Med. Diss. v. 25. Jan. 1904

Reichard, Heinrich August Ottokar

— s. Abhandl. üb. d. Litt. d. Orients.

AMOR vor Gerichte, eine Nouelle aus den Götter-Annalen. (Poet. Erzählung von *Heinr. Aug. Ottokar Reichard.*) O. O. 1772. 8°. Rar!
W. v. Maltzahn's Bücherschatz, S. 445; Anon.-Lex. I, S. 46 (nach Goedeke).

— s. Aufsätze e. Dame v. Stande.

— s. Auszüge aus d. Tagebuche e. Reisenden.

— s. Bertha, d. Ungetreuen.

Reichard, Hnr. Aug. Ott., Beschreib. v. Candia u. einigen andern Inseln des Archipelagus. 8. Leipz. 788. Weygand. 8 ℊ

— s. Bibliothek der Romane.

— s. Blauauge.

— s. Bourrit, Reise.

— s. Bridel, Reise.

— s. Briefe auf e. Reise durch d. Provence.

— s. Briefe auf e. Reise nach Rom.

Reichard, Heinr. Aug. Ottokar (Hrsg.), s. Buch der Liebe.

— s. Cahier de Lecture.

— s. Choiseul-Gouffier, Reise.

Reichard, H. A. O., Emma u. Edgar. Duodrama. 8. Karlsr. 781. Macklot. 1 ℊ

— Erinnerungen, Ueberblicke u. Maximen aus der Staatskunst des Alterthums, in Gemälden aus d. städtischen Leben u. aus den Geschichten u. Verfassungen der Phönizier, Griechen, Karthaginenser u. Römer. gr. 8. Leipz. 829. Weidmann. 3 ℛ 8 ℊ

— s. Familie auf Isle de France.

— s. Für Reisende nach Paris.

— s. Geschichte v. Tunkin.

— s. Gonzaga, Briefe.

— s. Goudin, Reise.

— s. Graf v Grammont, Memoiren

Reichard, H. A. O., Guide des Voyageurs en Allemagne. Faisant partie de la septième Edition originale du Guide des Voyageurs en Europe etc. Avec Chartes et Plans. gr. 12. Weimar, Landes Industrie Comt. 813.

Reichard, J. P. C., Guide des Voyageurs en Allemagne, en Hongrie et à Constantinople. 8me Edit. Avec Cartes. gr. 12. le même 817.

Reichard, (H. A. O.,) Guide des Voyageurs en Allemagne, en Hongrie et à Constantinople. 9e Aufl. Mit 1 Charte. gr. 12. Weimar 822, Ind.-Compt.

— guide des voyageurs en Europe, avec II cartes itinér. etc. II Vols. gr. 8. Weim. 793. Ed. VIII. III Vols. av. les Panoramas des XIII villes capitales et un Atlas portatif composé de IX gr. cartes itinér. gr. 8. Ebd. 818—20. Ind.-Compt. 9 ℛ Die besonderen Itineraires sind in folg. Abtheill. auch einzeln zu haben: Guide des voyageurs en Allemagne, en Hongrie et à Constantinople. 9me Edit. Av. cart. gr. 12. 822. 2 ℛ Guide des voyageurs en France. Avec IV cart. gr. 12. 9e Edit. 824. 1 ℛ 12 ℊ Guide des voyageurs en Italie et en Suisse. Av. II cart. gr. 12. 819. 2 ℛ Supplément. 825. 9 ℊ Guide des voyageurs dans le Nord, comprénant le Danemarc, la Suède, la Russie. gr. 12. 818. 1 ℛ 6 ℊ Guide des voyageurs en Portugal et en Espagne, dans la Grande Brétagne et dans les Pays-Bas. Av. III cart. gr. 12. 820. 1 ℛ 12 ℊ Mannel instructif du voyageur. Nouv. Edition. gr. 12. 818. 18 ℊ

Reichard, conseiller de guerre. Guide des voyageurs en Europe. (2 Bde.) 8. Weimar 1802.

— Guide des Voyageurs en Europe av. 3 cartes itinér. et les panoramas des Curiosités de 13 Villes princ. III Vol. gr. 8. Weim. Land. Ind. Comt. 805.

— — les Supplém. sépar. p. les Possesseurs de la IIme Edit. gr. 8. ibid. 805.

— introduction au Guide des Voyageurs en Europe. gr. 8. ibid.

— — le même, en Europe, septième Edition originale totalement refaite, avec Chartes et Plans. III Vol. avec un Atlas. gr. 12. la même. 813.

— Supplément en Forme des Cordons contenant les corrections et les additions principales de la septième édition du Guide des Voyageurs en Europe. gr. 12. la même. 813.

Reichard, J. P. C., Guide des Voyageurs en Europe. VIIIme édition originale, considérablement et totalement revue et refaite. 3 Vol. avec les Panoramas des 13 villes capitales et un Atlas portatif composé de 9 grandes Cartes itinéraires. gr. 12. Weimar, Indust.-Comt. 818—820. Rthl.

— Guide des Voyageurs en France faisant partie de la Guide des Voyageurs en Europe av. deux Cartes et les Panoramas. gr. 12. ibid. 810.

— — le même, en France. Faisant partie de septième Edition originale du Guide Voyageurs en Europe etc. Avec la Charte des postes impériales, la Charte gastronomique, la Charte Environs et le Panorama de curiosités de Paris. gr. 12. la même. 813.

— Guide des Voyageurs en France. gr. 12. le même. 818.

— Guide des Voyageurs en france. 9e Aufl. Mit 4 Chart. gr. 12. Weimar 824, Ind.-Compt.

— Guide des Voyageurs en Italie et en Suisse fais. part. de la Guide des Voyageurs en Europe, av. Cartes et Panoramas. gr. 12. ibid. 810.

— — le même, en Italie et en Suisse. Faisant partie de la septième édition originale du Guide des Voyageurs en Europe etc. Avec 2 Chartes itinéraires et les Panoramas des villes capitales. gr. 12. la même. 813.

— Guide d. Voyageurs en Italie et en Suisse. gr. 12. le même. 819.

— Guide des Voyageurs en Italie et en Suisse. Supplement à la 9me Edit. gr. 12. Weimar 825, Ind.-Compt.

— Guide des Voyageurs dans le Nord, comprenant le Danemark, la Suède, la Russie faisant partie de la Guide des Voyageurs en Europe etc. av. cartes et Panoramas. gr. 12. ibid. 811.

— — le même, dans le Nord, comprenant le Danemarc, la Suède, la Russie. Faisant partie de la septième édition originale du Guide des Voyageurs en Europe etc. Avec 2 Chartes routieres et le Panoramas de Capitales. gr. 12. la même. 813.

— Guide d. Voyageurs dans le Nord, comprénant le Danemarc, la Suède, la Russie. gr. 12. le même. 818.

— — le même, en Portugal et en Espagne; dans la grande Brétagne et dans les Départements de la Hollande. Faisant partie de la septième édition du Voyageurs en Europe par le même auteur etc. avec Chartes et Plans. gr. 12. la même. 813.

— Guide des Voyageurs en Portugal et en Espagne, dans la Grande Brétagne et dans les Pays-bas. gr. 12. le même. 820.

— s. Handbuch f. Reisende.

— s. Jauffret, Reisen.

— s. Journal de Lecture.

—Itinéraire de poche de l'Allemagne et de la Suisse avec les routes de Paris et de Petersbourg trad. de l'Allem. 8. Frankf. a. M. 809. Fr. Wilmans. 2 ß

Vierstimmiger Canon mit Chören zur Feyer des Stiftungstags der Loge Ernst zum Kompass im Or. von Gotha den 30. Jan. 1808 vom Br. [Heinr. Aug. Ottokar] R[eichar]d. [Gotha 1808.] 2 Bl. 8° [Umschlagtit.]
Ohne Noten: „Dem Maurer Heil! ihm strahlet ..."

— s. Kunde fremder Völker.

LAUNEN an meinen Arzt als er mir die Diaet empfahl. (Gedichte von *Heinr. Aug. Ottokar Reichard.*) O. O. 1772. 8°. Rar!
W. v. Maltzahn p. 445. no. 1035.

LAUNEN und Einfälle (von *Heinr. Aug. Ottokar Reichard*). O. O. 1773.
Anon.-Lex. III. p. 11 (nach Goedeke u. der Allg. Dtsch. Biographie).

— s. Leben Helvetius.

— s. Levesque, Gemälde.

— manuel instructif du Voyageur (faisant partie d. la Guide du Voyageur en Europe.) gr. 12. ibid. 811.

— Manuel instructif du Voyageurs, ou renseignemens, observat. et notices d'une utilité générale et reconnue pour les Voyageurs. Faisant partie de la septième édition originale du Guide des Voyageurs en Europe. gr. 12. la même. 813.

— Manuel instructif du Voyageur. Nouv. Edition. gr. 12. le même. 818.

— s. Mercier, Paris.

— s. Mercure de France.

s. Nacht u. Ohngefähr.

NONNENLIEDER mit Melodien .... (Verf.: *Heinr. Aug. Ottokar Reichard*, 1751—1828.) O. O. (Jena) 1772. 8°. Selten!
Anon.-Lex. III. p. 215 (nach d. Allg. dtsch. Biogr., Meusel u. Goedeke).

Reichard, Novellen. 8. Leipz. Weygand. 781.

Ode auf Se. Durchlaucht den Herzog Ferdinand zu Braunschweig und Lüneburg, Grossmeister der vereinigten Freymaurer-Logen, bey seiner Anwesenheit in der ger. und gesetzmässigen Loge zum Rautenkranz zu Gotha, von der Constitution der Grossen Landes-Loge zu Berlin: von einem Mitgliede dieser Loge [d. i. Heinr. Aug. Ottokar Reichard]. [Gotha 1777.] 2 Bl. 4° [Umschlagtit.]

Abgedr. in: Frmr-Bibliothek. 1 (1778) S. 195 bis 197; 2. Aufl. 1782; 3. Aufl. 1792; Hase, R.: D. Kiste in Dobitschen. [2] (1909) S. 56—57. cf. Hase, R.: D. Kiste. [2] (1909) S. 53—55. Kl. 1736. Selten. „Lasst andre Seines Schlachten-Ruhms Trophåen . . .“

— s. Olla Potrida.

— s. Paris in Miniatur.

—der Passagier auf d. Reise in Deutschland u. einigen angränzenden Ländern 2c. Ein Reisehandbuch f. Jedermann. Mit 1 groß. Postkarte. gr. 8. Weim. 801. 2e A. 803. 3e A. gr. 8. Berl. 806. Gädicke. 2 ℛ 16 gℛ 4e Aufl. 811. 5e A. 820. 6e verm. A. 826. 7e A. ganz umgearb., berichtigt u. verm. von Fr. W. Streit. 2 Bde. Mit 1 Postkarte. 8. Ebd. 831. Herbig. 3 ℛ 6 gℛ

Reichard, (Heinr. Aug. Ottokar,) Passagier auf d. Reise in Deutschland, der Schweiz, nach Venedig, Amsterdam, Paris u. St. Petersburg. Mit besond. Berücksichtig. d. vorzügl. Badeörter, d. Gebirgsreisen, d. Donau- u. Rheinfahrt. Ein Reise-Handb. f. Jedermann. 7. Aufl., ganz umgearb., bericht. u. verm. v. Fr. W. Streit. 2 Bde. (43 B. u. 1 Postkarte.) 831. 3 Thlr. 6 Gr., 8. A., bericht. u. verb. durch d. Mitwirk. Mehrerer u. um 64 Reiserouten verm. Nebst 1 neuen ill. Postkarte (Roy.-Fol.) gr. 8. (45¼ B.) Berlin 834, Herbig.
Mit einer Beilage von 4 Kärtchen: Die sächs. Schweiz u. d. böhm. Bäder mit Umgegend, 3 Thlr. 12 Gr.

Reichard's (Heinr. Aug. Ottokar,) Passagier auf der Reise in Deutschland u. d. Schweiz, nach Amsterdam, Brüssel, Kopenhagen, London, Mailand, Paris, St. Petersburg, Pesth, Stockholm, Venedig u. Warschau. Von Neuem durchges. v. F. A. Herbig. 9. Aufl. gr. 12. (31¼ B. u. 1 ill. Postkarte.) 837., 10. A. gr. 12. (33 B. u. 1 ill. Postk.) 839., 11. A. gr. 12. (31¼ B. u. 1 ill. Postk.) 841., 12. A. 8. (49 B., 1 Postk., 2 kl. Kärtchen u. 4 Städtepläne.) Berlin 843, Herbig. à
Aufl. 9—11. weichen in den Titeln hiervon etwas ab.

Reichard's (Heinr. Aug. Ottokar,) Passagier auf der Reise in Deutschland u. der Schweiz nach Amsterdam, Brüssel, Kopenhagen, London, Mailand, Paris, St. Petersburg, Pesth, Stockholm, Venedig u. Warschau. 12. u. 13. Aufl. 843, 46. 3 Thlr. 10 Ngr. u. 14. Aufl. berichtigt u. ergänzt v. F. A. Herbig. 2 Thle. Nebst 1 ill. Postkarte, 2 Kärtchen u. 10 Städte-Plän. (in 4.) 8. (48½ B.) Berlin 847, Herbig. Thlr.

Reichard's (Heinr. Aug. Ottokar,) Passagier auf der Reise in Deutschland und der Schweiz nach Amsterdam, Brüssel, Kopenhagen, London, Mailand, Paris, St. Petersburg, Pesth, Stockholm, Venedig und Warschau. Mit besond. Berücksicht. der vorzüglichsten Badeörter und Gebirgsreisen, der Donau- und Rheinfahrt. Ein Reisehandbuch für Jedermann. 15. Aufl., nebst einem Routenverzeichnisse, durchweg berichtigt und ergänzt bis zum Mai 1851. 2 Thle. 8. (VIII und 711 S. mit 1 neuen lithogr. Postkarte in Fol., 2 kleinen lithogr. Karten, 10 lithogr. Städte-Plänen in 8. und 4. und Routen-Verzeichniss 61 S.) Berlin 851, Herbig.

Reichard, [Heinrich August Ottokar]. Reichard's Passagier auf der Reise in Deutschland und der Schweiz, nach Amsterdam, Brüssel ..., Venedig und Warschau. Mit besonderer Berücksichtigung der vorzüglichsten Badeorte und Gebirgsreisen. der Donau- und Rheinfahrt.... 16. Aufl., gänzlich umgearb., berichtigt und verbessert von Adolph Herbig. 2 Theile. 8. Berlin.
Theil 1: mit einer Eisenbahnkarte und den Städteplänen von Berlin, Brüssel, Cöln, Dresden, Frankfurt a. M., Hamburg, Kopenhagen, Mailand, München, Prag, Wien und einer Spezialkarte der sächsischen Schweiz. 1854.
Theil 2: mit den Plänen von London, Paris, St. Petersburg und einer Spezialkarte von Karlsbad. [1854.]

Reichard's (Heinr. Aug. Ottokar,) Passagier auf der Reise in Deutschland und der Schweiz. Mit besond. Berücksichtigung der vorzüglichsten Badeorte und Gebirgsreisen, der Donau- und Rheinfahrt. Ein Reisehandbuch für Jedermann. 16. Aufl., gänzlich umgearb., berichtigt und verb. von Adph. Herbig. 2 Thle. 8. (XII und 740 S. mit 1 lithogr. Eisenbahnkarte in Fol., 14 lithogr. Städteplänen in 8. und 4., 1 lithogr. Specialkarte der sächs. Schweiz und von Karlsbad in qu. 8.) Berlin 855, Herbig.
Die 17. Aufl. erschien unter dem Titel:

— Passagier auf der Reise in Deutschland und der Schweiz, Holland und Belgien. Nach Paris, London, Kopenhagen, Stockholm, St. Petersburg, Warschau, Pesth, Venedig, Mailand u. Genua. Mit besond. Berücksicht. der vorzüglichsten Badeorte u. Gebirgs-Reisen, der Donau- u. Rheinfahrt. 17. Aufl., nach eigenen Anschauungen u. den besten Quellen neu bearb. Herausg. von Ad. Herbig. 3 Thle. Berlin 856, 57. Herbig. 8. n. 4 ℛ. 10 ngr.
1. Thl.: Die Rheinlande, Holland u. Belgien. Paris, London u. Schweizerreise. Mit 1 (lith.) Eisenbahnkarte, den (lith.) Specialkarten des Rheinlaufes, des Mosellaufes, der Schweiz, des Berner Oberlandes u. 13 (lith.) Plänen (in 8., 4. u. Fol.). (XIV, 266 S.) n. 1 ℛ. 15 ngr.
2. Thl.: Nord- u. Mittel-Deutschland. Kopenhagen, St. Petersburg u. Stockholm. Mit 1 (lith.) Eisenbahnkarte, den (lith.) Karten des Harzes, des Riesengebirges, der Insel Rügen, der sächsischen Schweiz, des Thüring. Waldes u. den (lith.) Plänen von Berlin, Potsdam, Sans-souci, Breslau, Dresden, Hamburg, Hannover, Kopenhagen, St. Petersburg u. Stockholm (in 8., 4. u. Fol.). (XII, 196 S.) n. 1 ℛ. 10 ngr.
3. Thl.: Süddeutschland, Tyrol, Ober-Italien u. Oesterreich. Reise nach Krakau, Ofen u. Pesth. Mit 1 (lith.) Eisenbahnkarte, 7 (lith.) Specialkarten u. 13 (lith.) Planen (in 8., 4. u. Fol.). (XIV, 300 S.) n. 1 ℛ. 15 ngr.

— — 18. Aufl., nach eigenen Anschauungen u. den besten Quellen neu bearb. Herausg. von Ad. Herbig. 2 Thle. Berlin 858. Herbig. 8. n. 2 ℛ. 25 ngr.
1. Thl.: Die Rheinlande, Holland u. Belgien. Paris, London u. Schweizerreise. Mit 1 (lith.) Eisenbahnkarte (in Fol.), 7 (lith.) Specialkarten (in 8. u. 4.) u. 14 (lith.) Planen (in 8., 4. u. Fol.). (XIV, 302 S.) n. 1 ℛ. 15 ngr.
2. Thl.: Nord- u. Mittel-Deutschland. Kopenhagen, Stockholm u. St. Petersburg. Mit 1 (lith.) Eisenbahnkarte (in Fol.), 5 (lith.) Specialkarten (in 8. u. 4.) u. 9 (lith.) Planen (in 8. u. 4.). (XII, 223 S.) n. 1 ℛ. 10 ngr.

Reichard's Passagier auf der Reise in Deutschland, Ober-Italien u. der Schweiz, Holland u. Belgien. Nach Paris, London, Kopenhagen etc. Mit besonderer Berücksichtigung der vorzüglichsten Badeorte u. Gebirgs-Reisen, der Donau u. Rheinfahrt. 2 Thle. 19. Aufl. nach eigenen Anschauungen u. den besten Quellen neu bearb. Herausg. von Ad. Herbig. Berlin 861. Herbig. 8. 3 ℛ
1. Theil: Nord- u. Mittel-Deutschland. Die Rheinlande. Holland u. Belgien. Reise nach Paris, London, Kopenhagen, Stockholm, Warschau, St. Petersburg. Mit 1 (lith.) Eisenbahnkarte, 10 (lith.) Specialkarten u. 22 (lith.) Planen (in 8., 4. u. Fol.) (XIV, 514 S.) einzeln 1 ℛ 25 ngr.
2. Theil: Süddeutschland, Oesterreich, Tyrol, Schweiz u. Ober-Italien. Reise nach Krakau, Ofen u. Pesth. Mit 1 (lith.) Eisenbahnkarte, 12 (lith.) Specialkarten u. 14 (lith.) Plänen (in 8. u. 4.) (XIV, 472 S.) einzeln 1 ℛ 25 ngr.

— s. Petit, Zustand d. Negersclaven.

POESIEN, Kleinere. Von Mir; allen Geistern der Liebe, Freundschaft und Freude heilig. (Vf.: *Heinr. Aug. Ottokar Reichard,* 1751—1828.) O. O. 1773. 8°.
Anon.-Lex. III. p. 283 (nach Meusel, Goedeke u. der Allg. Deutsch. Biogr.).

POT-POURRI (von *Heinr. Aug. Ottocar Reichardt*). 4 Thle. Gotha 1775. 8°. (2 fl. 24 xr. Scheible, vor 1870.)
Viele Jocosa. — Anon.-Lex. III. p. 289 (nach d. Allg. Dtsch. Biogr.).

—die Promenade in die großen Gärten. 8. Gotha 774.

Rede auf den Tod des Brs. Schierschmid gehalten in der ger. und gesetzmåssigen Freymåurer-Loge zum Rautenkranz zu Gotha, den 31. Jänner 1778 von H[einr.] A[ug.] O[ttokar] R[eichard]. Gotha [1778]: Reyher. 4 Bl. 4° [Umschlagtit.]
Kl. 1343. Üb. den Tod als wohltätigen Freund.

— das deutsche Reich. Gest. von Müller. Imp. Fol. Col. Nürnberg 848, F. Nap. Campe. 1 ß

— malerische Reise durch e. großen Theil d. Schweiz, vor u. nach der Revolution. Mit 56 Kpf. gr. 8. Jena 805. Seidler. 9 ß Neue Ausg. Mit 56 Kpf. gr. 8. Gotha 827. Hennings. 4 ß Zusätze u. Nachtrr. bis zum J. 1826 zur Berichtigung der In Ausg. seiner malerischen Reise durch die Schweiz. (Jena 804.) Mit 2 Steintaf. gr. 8. Gotha 827. Hennings. 16 K

– s. Reisen, kl., Taschenbuch.

[REICHARD, Heinrich August Ottokar] 1751 -
Kleine Reisen. Lektüre für Reise-Dilettanten.
Erster [- Achter] Band.
Berlin: Unger. 1785 [- 1791]. 8°.
Universitätsbibliothek Bonn: Bd. 1-3; Universitätsbibliothek Marburg: Bd. 4-7; Württembergische Landesbibliothek Stuttgart: Bd. 8
Palmer: mit Verfasser.
Darin u. a. enthalten:
Benjamin FRANKLIN; Hrn Frankleins Bemerkungen über die Höflichkeit der Wilden in Nordamerika [in Bd. III [1786], S. 346-359].
Gemählde eines Winters im Lande der Mohawks, in Nordamerika [in Bd. IV [1787], S. 141-69].
Reise zu Fuss eines amerikanischen Pflanzers [in Bd. V [1788], S. 95 ff.]
Benjamin Franklin, 1706-1790

– s. Reisen e. französ. Offiziers nach d. Inseln Frankreich.

— f. Reisende nach Paris, a. d. Papieren d. Grafen S. m. e. Reisekarte. gr. 8. Berl. Gädicke. 810.

– s.a. Revolutions-Almanach.

Revolutions-Almanach [v. Heinrich August Ottokar Reichard] von 1793—95. Göttingen. 8°.

H[einr.] A[ug.] O[ttokar] Reichard. (1751—1828.) Seine Selbstbiographie überarb. und hrsg. von Herm. Uhde. Stuttgart: Cotta 1877. VI, 553 S. 8°
S. 44—51: Reichards Zugehörigkeit zum Amicistenorden in Leipzig; S. 165 ff: seine Ansichten üb. Illuminaten, Weishaupt, Bode; S. 367 ff.: die üb. Frmrei.

— kleiner deutscher Städte-Atlas; enthalt. die Grundrisse von 30 Städten. Nebst Text. (35 Bl.) 8. Hamb. 806. (Campe). 5 ß 12 K

—— Taschenbuch f. Reisende durch Deutschland etc., s. Engelmann u. Reichard.

– s. Taschenbuch f. d. Schaubühne.

– s. Theaterjournal.

– (Hrsg.), s. Theater-Kalender auf das Jahr ...

– s. Thiery de Menonville, Reise.

– s. Ursprung, Verfassung x.

Versuch einer Geschichte d. g. u. v. □ Ernst zum Kompass und ihrer ältern Schwestern im Or. von Gotha. Vom Br. [Heinr. Aug. Ottokar] **Reichard.** An ihrem Jubelfeste den 21. Oct. 1824. [Gotha 1824: Engelhard-Reyher.] 55 S. 8° [Umschlagtit.]
Selten. Kl. 2997, Tt. 573. S. 34 handelt von Bodes Bund deutscher Frmr.

Reichard, (Heinr. Aug. Ottokar,) le voyageur en Allemagne et en Suisse, à Amsterdam, à Bruxelles, à Copenhague, à Londres etc. 8. édit. trad. de l'Allemand. gr. in-12. (31¼ B. u. 1 ill. Karte) 835., 9—11. édit. (...), 12. édit. De nouv. rectifié, corr. et compl. p. F. A. Herbig. 2 Ts. 8. (53⅞ B. u. 1 Reisekarte.) Berlin 844, Herbig. à Thlr.
Der Titel d. 8. Aufl. weicht hiervon etwas ab.

—— le Voyageur en Allemagne et en Suisse, à Amsterdam, à Bruxelles, à Copenhague, à Londres, à Milan, à Paris, etc. 12. et 13. édit. Revue, corrig. et augm. par F. A. Herbig. 2 Vol. Avec 1 carte itineraire col. gr. in-12. (à 53½ B.) Berlin 843, 46, Herbig. à

—— le voyageur en Allemagne et en Suisse, à Amsterdam, Bruxelles, Copenhague, Londres, Milan, Paris, St. Pétersbourg, Pesth, Stockholm, Venise etc. avec une description des bains, des voyages aux Montagnes, de la navigation sur le Danube et sur le Rhin. 14. Édit. revue, corrigée et augmentée. Traduit en français par C. Ploetz. 2 Tomes. 8. (VIII und 801 S. mit 1 lithogr. Karte und lithogr. Städteplänen.) Berlin 848, Herbig.

—— le voyageur en Allemagne et en Suisse, avec une description des bains, des voyages aux montagnes, de la navigation sur le Danube et sur le Rhin. Manuel à l'usage des voyageurs et touristes. 16. Edition, revue, corrigée et augmentée. 2 Vols. 8. (XII und 742 S. avec une carte lithogr. des chemins de fer in Fol., 14 plans de villes, une carte topographique de la Suisse saxonne et des environs de Carlsbad in 8. et 4.) Berlin 855, Herbig.

Reichard, le voyageur en Allemagne et en Suisse, en Hollande et en Belgique, à Paris, à Londres, à Copenhague, à Stockholm, à St. Pétersbourg, à Varsovie, à Pest, à Venise, à Milan et à Gênes. 17. édit., entièrement refondue et améliorée, publiée par Ad. Herbig. 2 parties. Ebend. 857. 8. n. 4 ß.
Partie I.: Allemagne du Nord et du Centre. Copenhague, St.-Pétersbourg, Stockholm. Le Rhin, Hollande et Belgique, Paris et Londres. Avec 1 carte (lith.) des chemins de fer (in Fol.), 8 cartes spéciales et 23 plans de villes (lith. in 8., 4. u. Fol.). (XVI, 448 S.) n. 2 ß. 10 ngr.
Partie II.: Allemagne du Sud. Tyrol, Italie septentrionale. Autriche, Styrie, Carinthie, Carniole, Bohême et Moravie, Cracovie, Ofen (Bude) et Pesth. Suisse. Avec 1 carte (lith.) des chemins de fer (in Fol.), 8 cartes spéciales et 13 plans de villes (lith. in 8., 4. u. Fol.) (XVI, 374 S.) n. 2 ß.
— — Avec une description des bains, des voyages aux montagnes, de la navigation sur le Danube et sur le Rhin. 18. édit. entièrement refondue et corrigée, publiée par Ad. Herbig. 2 parties. Berlin 858. Herbig. 8. n. 4 ß.
Partie I.: Allemagne du Nord et du Centre. Copenhague, Stockholm, St.-Pétersbourg. Le Rhin, la Hollande et la Belgique, Paris et Londres. Avec 1 carte (lith.) des chemins de fer (in Fol.), 9 cartes spéciales et 24 plans de villes (in 8. et 4.). (XVI, 488 S.) n. 2 ß. 10 ngr.
Partie II.: Allemagne du Sud. Tyrol, Italie Septentrionale. Autriche, Styrie, Carinthie, Carniole, Bohême et Moravie, Cracovie, Ofen (Bude) et Pesth. Suisse. Avec 1 carte (lith.) des chemins de fer (in Fol.), 9 cartes spéciales et 13 plans de villes (lith. in 8. u. 4.). (XVI, 413 S.) n. 2 ß.

— le voyageur en Allemagne, en Italie septentrionale, en Suisse, Hollande et en Belgique etc. Avec une description des bains, des voyages aux montagnes, de la navigation sur le Danube et sur le Rhin. 19. édit., entièrement refondue et corrigée, publiée par Ad. Herbig. 2 Parties. Ebend. 861. 8. 4 ℛ
Partie I.: Allemagne du Nord et du Centre. Le Rhin. Hollande et Belgique. Voyages à Paris, Londres, Copenhague, Stockholm, Varsovie et St.-Pétersbourg. Avec une carte (lith.) des chemins de fer (in Fol.), 10 cartes spéciales et 22 plans de villes (in 8. u. 4.). (XIV, 518 S.) einzeln 2 ℛ 5 ngr.
Partie II.: Allemagne du Sud. Autriche, Tyrol, Suisse, Italie septentrionale. Voyage à Cracovie, Ofen [Bude] et Pesth. Avec une carte (lith.) des chemins de fer (in Fol.), 12 cartes spéciales et 14 plans de villes (in 8. u. 4.) (XVI, 488 S.) einzeln 2 ℛ 5 ngr.

Reichard, [Heinrich August Ottokar]. Zuruf eines Deutschen an patriotische Schweizer, von N. R'.... 8. Deutschland 1790.

Reichard, Heinrich Gottfried

– s. v. Archenholz, histor. septennii.

— ad Jo. Godofr. Hermannum, Carmen. 4. Leipz. (Berl., List). 2 gl

— commentat. de causis magnit. veter. ac recent. in omni liberaliori doctrina effectricibus. 4. Leipz. 766.

— von dem Einflusse des guten Geschmacks auf die Religion. 8. Leipz. 768.

– s. Ernesti, über.

Reichard, Hnr. Gf., Gustaviadus, libri XII, poëma epicum: der Grenadier, od. Gustav Schnurbart; e. Heldengedicht in 12 Büchern. 8. Leipz. 790. (W. Vogel). 6 gl

Reichard, H. G., initia disciplinae christianae. 8. Lips. Crusius. (F. C. W. Vogel.) 784.

— initia doctrinae christ. in us. stud. juvent. 8. Leipz. 778. Ed. II. 794. (W. Vogel). 7 gl

– s. Lycophron, Cassandra.

— — (Schleiz/Vogtland), Monumentum pietatis, quod viro Johann Gottlob Koch, lycei Neustadiensis quondam rectori optime merito, avunculo suo, memoriae caussa posuit. Schleiz (J. M. Goderitsch) (5. VII. 1764.) 11 S. (4.25) 27947

— Nachahmung von Lykophrons Cassandra, zu mehrer Empfehlung des Originals. gr. 8. Leipz. 788. (W. Vogel). 1 gl

— — u. Christian Gottlieb Viebig (Zschopau/Meißen), De artis bene scribendi origine et fatis usque ad a. c. 1453. Leipzig (Langenheim) 19. IV. 1766. 44 S. (5.—) 27948

— Phaethontis libri quinque e germanico F. G. Zachariae latino carmine expr. 8. Lips. Jacobäer. 780.

— Φιλανθρωπος, sive de institutione puerili dialogus, in quo nova linguarum tradendarum ratio, nuperrime commendata, expenditur. 8. Leipz. 777.

– s. Plethonis, de iis.

– s.a. Sylloge opusculor.

— syll. opusculor. poet. lat. c. annotat. 8. maj. Lipsiae, Schwickert. 793.

– s. Testamentum novum.

— de adornanda N. Test. Versione lat., ejusq. difficult., adj. quibusdam ej. specim. 8. maj. Lipsiae, Crusius. (F. C. W. Vogel.) 796.

— Heinrich Gottfried (Grimma), Ad virum Johann Gottfried Hermann theologum Saxoniae primarium de quinquagesimo munerum sacrorum anno feliciter exacto, carmen gratulatorium. — In quo simul nonnulla saeculi vitia commemorantur. Leipzig (Sommer) 1782. 16 S. (3.75) 27946

– s. F. W. Zachariae, Phaëton.

Reichard, Heinrich Gottlieb

Reichard, H. G., histor.-polit. Ansichten u. Untersuchungen, betreffend die Frage von der prakt. Ausbildung der städtischen Verfassungen in Deutschland. Zum Behuf der vaterländ. Gesetzgebung zusammengestellt. gr. 8. Leipz. 830. Weidmann. 2 ℛ 12 gl

Reichard, Heinr. Gtl., Monarchie, Landstände u. Bundesverfassung in Deutschland, nach d. histor. Entwickelung u. auf d. gegenwärt. Standpunkten der Staaten- u. Bundesgesetzgeb. beleuchtet. 1. Thl. gr. 8. (39 B.) Leipzig 836, Fr. Fleischer.

Reichard, Hnr. Gtl., Statistik und Vergleichung der jetzt geltenden städtischen Verfassungen in den monarch. Staaten Deutschlands. Ein Beitrag zur Kenntniß des bisher Geschehenen und zur Auffassung künftiger Fortschritte. gr. 8. Altenburg 844, Pierer. $1^3/_4$ ℛ

Reichard, Hugo, Rechtsanwalt a. Frankfurt a. M.: Die Gegenzeichnung und die Verantwortlichkeit des Reichskanzlers auf rechtsvergleichender Grundlage. Marburg a. d. L. 1907: (Gebr. Knauer, Frankfurt a. M.) (X, 87 S.) 8° [J.]
Marburg, Jur. Fak., Ref. Westerkamp, Diss. v. 12. April 1907
[Geb. 1. Dez. 79 Frankfurt a. M.; Wohnort: Frankfurt; Staatsangeh.: Preußen; Vorbildung: Kaiser-Friedrichs-Gymn. Frankfurt Reife O. 98; Studium: Gießen 2, Marburg 3, Leipzig 1, Straßburg 1 S.; Rig. 1. März 02.]

Reichard, J.

Reichard, J., ABC-, Lautir- u. Lesebuch, zum Gebrauche in katholischen Schulen. 15e Aufl. 8. Coblenz 840. Hergt. 100 Exemplare $2^2/_3$ ℛ

— lehrreiche Erzählungen für Kinder. 16. Ebd. 840. $^1/_8$ ℛ

Reichard, J. P. C., s. Reichard, Heinrich August Ottokar

Reichard, J. Pet., 20jähr. Reisen in West- u. Ostindien, in alle 4 Theile d. Welt. 8. Nürnb. 756. (Gassert in Ansb.) 12 gl

Reichard, J. Pet., zwanzigjährige Reisen in West- u. Ostindien, in alle 4 Theile der Welt. 8. Nürnberg, Posch. 756.

Reichard, Jakob

Reichard, J., Deutschlands regierende Fürsten 1896. 22 photograph. Bildnisse in Heliogravüre. Mit Allerhöchster Unterstützg. entstanden u. hrsg. M. e. Vorwort v. Adf. Rosenberg. Fol. (25 Bl. Text.) Berlin 896. P. Kittel. Geb. in Leinw. m. Goldschn., Ausg. m. d. Schrift n. 35. —; Ausg. vor d. Schrift n. 100. —

— **Jo. Gottlieb** (Gera u. Frankenthal), De laudibus boni doctoris scholastici commentatio epistolaris. Neustadt/Orla (Kath) 22. VI. 1781. 14 S. (4.25) 27949
Gratulationsschrift für Heinrich August Zeibich.

— **Johann David** (Frankfurt/Main), De praescriptione restitutionis in integrum. Diss. jur. Präs. Jo. Christoph Koch. Gießen (J. J. Braun) Juli 1780. Rec. 1785. 40 S. (4.75) 27951

Reichard, Johann Friedrich, s. Reichardt.

Reichard, **Jh. Jak.**, enumeratio stirpium horti botan. Senkenbergiani etc. 8. Frkf. 782. Varrentrapp. 4 gr

***Reichard*, Jh. Jak.**, († d. 21. Jan. 1782.) **flora Moeno-Francofurtana. II Prts. 8maj. Frkf. a. M. 772—78.** Brönner. 1 Th

Reichard, Johann Jakob (Ed.):

s.: Linné, Karl von: Genera plantarum eorumque characteres naturales... Editio novissima. Francofurti ad Moenum: 1778

JB 22

— **Johann Jakob** (Frankfurt / Main), De peruviani corticis in plurium generum febribus exhibendi opportunitate. Disput. med. Göttingen (Schulz) 16. IV. 1768. 16 S. (3.75) 27952
Gew.: Johann Philipp Burggravius.

— **sylloge opusculorum botanicor. c. adject. annotation. P. I. 8maj. Frkf. a. M. 782. Varrentrapp. 12 gr Schrbp. 16 gr**

— **medicin. Wochenblatt f. Aerzte u. Wundärzte. 11 Jahrgg. zu 4 Quartl. 8. Frankf. a. M. 780—91. Brönner. 22 Th**

Reichard, K.

— s. 1) Biographien, moderne. 2) J. G. A. Galletti, Weltkunde.

Reichard, K., neueste Gemälde von Persien. Mit Kpf. gr. 8. **Wien 810. Ant. Doll. 1 Th**

Reichard, Karl, Abhandll. üb. einige wichtige Gegenstände des Criminal- u. Civilrechts; mit Bemerkk. üb. Deutschlands Zustand in rechtl. Hinsicht. gr. 8. Gera 830. Heinsius. 2 Th 12 gr

Reichard, C., Adreßkalender für Carlsruhe, s. Adreßkalender.

Reichard, Karl Ludwig

Reichard, C. L., verständliche Anweisung z. Benutzung d. Kartoffeln auf Stärke u. Zucker-Syrup, mit K. gr. 8. Ulm. (Nördlingen, Beck in Comm.) 815.

Reichard, K. L., Beitrr. zur Geschichte der Apotheken, unter vorzügl. Berücksichtigung d. Apotheker u. Apotheken in Ulm, mit urkundl. Belegen. gr. 8. Ulm 825. **Stettin. 21 gr**

Reichard, Konr. (geb. Chemnitz 16. 4. 1841): De domus Habsburgicae in mare Balticum intentionibus. Part. I. Berolini (1866). (30 S.) 8°
Berlin, Phil. Diss. v. 1. Dez. 1866

Reichard, Konr., de domus Habsburgicae in mare balticum intentionibus. Part. I. Dissertatio inauguralis. Berlin 867. (Calvary & Co.) 8. (32 S.) n. 8 ngr.

— **die maritime Politik der Habsburger im 17. Jahrh. Berlin 867. Hertz. gr. 8. (VII, 191 S.) n. 1 Th**

Reichard, L. G., 40 lithogr. Blätter f. die Uebung im Schön- u. Rechtschreiben, nebst allgem. Bemerkk. über den sämmtl. Schreib-Unterricht rc. **8. Stuttg. 825. (Metzler). 10 gr**

— **Schulvorschriften, nach d. neuesten Grundsätzen der Carstair'schen Schreibmethode, in Verbindung mit der Pestalozzi'schen u. den vorzügl. Regeln der Sprach- u. Rechtschreiblehre in 66 lithogr. Blättern. Nebst einer Handzeichnung f. die Federhaltung nach amerikan. Manier. qu. gr. 8. Stuttg. (831.) Neff. In Umschlag. 1 Th**

Reichard, Max, s.: Bundespredigten, evangelische.

Reichard, Max, zur Erinnerung an Emil Frommel. 8. (39 S. m. Bildn.) Straßburg 897. Buchhandlg. d. Evang. Gesellschaft. n. — 40

Reichard, Max, Erinnerungen eines evangelischen Feldpredigers im französischen Lager vor Sewastopol 1855—1856. Bielefeld 867. Velhagen & Klasing. 8. (III, 177 S.) 18 ngr.

— **Festpredigt.** Geh. am 9. X. 1901 beim Festgottesdienst in der Elisabethkirche zu Breslau, anläßlich der XIV. Generalversammlg. des evangel. Bundes. 8. (11 S.) Leipzig (901). Buchh. d. ev Bundes v. C. Braun. n.n. — 10

— **Franz Haerter.** Ein Lebensbild aus dem Elsaß. 8. (135 S. m. Abb. u. Bildn.) Ebd. 897. n. 1. 20; geb. n. 1. 75; m. Goldschn. n. 2. —

Reichard, Max, in Christo Jesu gilt nur der Glaube, der durch die Liebe thätig ist. Eröffnungspredigt, geh. auf dem XXX. Kongreß f. innere Mission am 2. X. 1899 in der Neuen Kirche zu Straßburg i. E. gr. 8. (12 S.) Straßburg 899. Buchh. d. ev. Gesellschaft. n. — 20

Reichard, M., christliche Lebensbilder. 8. (VII, 438 S.) Gütersloh 889. Bertelsmann. n. 5. —; geb. n. 6. —

Reichard, Predigt bei der 28. Hauptversammlung d. evangel. Vereins der Gustav-Adolf-Stiftung, s.: Gerok, v.

[F.] Drei Predigten bei der 49. Hauptversammlung des Evangel. Vereins d. Gustav-Adolf-Stiftung in Dessau am 15. u. 16. Sept. 1896 gehalten v. Oberkonsistorialr. D. [Max] **Reichard** aus Posen, Oberconsistorialr. u. Hofpred. Dr. [Friedrich] Braun aus Stuttgart u. Prof. D. [Georg] Rietschel aus Leipzig. *Leipzig: Selbstv. des Centralvorst. d. Ev. Ver. d. Gustav-Adolf-Stiftg; (Dr. v. G. Kreysing) 1896.* (39 S.) 1 Bd 8.
= **Bericht** üb. d. 49. Hauptversammlung des Ev. Vereins d. Gustav-Adolf-Stiftg. [Anh.] (98. 1407

— **A. Cordes, v. Braun, A. Stöcker,** vier Predigten, geh. auf dem XXX Kongreß f. Innere Mission vom 2.—5. X. 1899 zu Straßburg i. Els. gr. 8. (35 S.) Straßburg 899. Buchh. der ev. Gesellschaft. n. — 60

Reichard, Max, aus den Tagen der Belagerung Straßburgs August u. Septbr. 1870. 8. (IV, 195 S.) Bielefeld 873. Velhagen & Klasing. n. 2. 25

Reichard, Max. Alexander Vinet (1797–1847). [A.] 8. (Bremen 1882.)

Reichard, Mea, Andrée. Sozialer Roman. 8. (266 S.) Dresden 890. Minden. n. 2. —; geb. n. 3. —

Reichard, Mea, s.: Kunsttheater, das.

Reichard, Mea, vom Opernball u. andere Novellen. 8. (300 S. m. Bildnis.) Berlin 893. P. Moedebeck. n. 3. —

Reichard, Mea, reiche Töchter. Roman. 8. (V, 248 S.) Berlin 895. Freund & Jeckel. n. 3. —

— die Unzufriedenen. Moderner Roman. 8. (279 S. m. Bildnis.) Ebd. 893. n. 4. —

Reichard, N = Reichard, Heinrich August Ottokar.

Reichard, Paul, a. Wiesbaden: Über eine neue Darstellungsweise von Aminoaldehyden und Aminosäuren. Kiel 1905: H. Fiencke. (37 S.) 8°
Kiel, Phil. Fak., Ref. Harries, Diss. v. 4. Aug. 1905
[Geb. 16. Okt. 80 Wiesbaden; Wohnort: Wiesbaden; Staatsangeh.: Preußen; Vorbildung: Realgymn. Wiesbaden Reife O. 00; Studium: Hannover T.H. 5, Berlin 4, Kiel 1 S.; Rig. 15. Juli 05.]

Reichard, Paul, Deutsch-Ostafrika. Das Land u. seine Bewohner, seine polit. u. wirtschaftl. Entwickelg. Mit 36 Vollbildern nach Orig.-Photogr. gr. 8. (524 S.) Leipzig 892. O. Spamer. n. 8. —; geb. in Leinw. n.n. 9. 50

Reichard, Paul, Deutsch-Ostafrika. D. Land u. s. Bewohner, s. polit. u. wirtschaftl. Entwickelg. M. 36 Vollbild. nach Orig.-Photographien. Wohlf. [Titel-] Ausg. gr. 8. (VI, 524 S.) Leipzig (892) 898. O. Spamer. n. 5. —; geb. in Leinw. n. 6. —

Reichard, Paul: Das afrikanische Elfenbein und sein Handel. (Deutsche Geographische Blätter. Bd. 12. Heft 2. S. 132–168.) Bremen 1889. 37 S. 8°.

Reichard, Paul, Dr. Emin Pascha, ein Vorkämpfer der Kultur im Innern Afrikas. Mit Orig.-Abbildgn. v. R. Hellgrewe. gr. 8. (VIII, 314 S.) Leipzig 891. Spamer. n. 5. —; geb. n. 9. —

— Emin Pascha, e. Vorkämpfer der Kultur im Innern Afrikas. Mit Orig.-Abbildgn. v. R. Hellgrewe. 2., erweit. Aufl. gr. 8. (IV, 391 S.) Ebd. 895. n. 6. —; geb. in Leinw. n.n. 7. 50

— Stanley, s. Geisteshelden, Bd. 25.

Stanley. Von Paul Reichard ... *Berlin: E. Hofmann & C. 1897.* (VI S., 1 Bl., 214 S., 1 Portr.) 1 Bd 8.
= Geisteshelden. Bd 24. (Sammlg IV. Bd 6.)

— Vorschläge zu e. praktischen Reiseausrüstung f. Ost- und Centralafrika. Mit 46 Abbildgn. im Text. [Aus: „Zeitschr. d. Gesellsch. f. Erdkunde zu Berlin".] gr. 8. (IV, 80 S.) Berlin 889. D. Reimer. n. 2. —

Reichard, W., Liederbaum. 50 volkstümliche Lieder für Schule, Haus u. Leben. Hömberg 862. (Wiesbaden, Feller & Gecks.) 8. (52 S.) n. 10 ngr.

Reichard, W. v., Luft, Licht u. Schall in Bezug auf Schulhygiene. gr. 8. (VI, 96 S. m. 1 Steintaf.) Riga 884. (Kymmel.) n. 2.

Reichard, W., die Schule, die christliche Erzieherin der Familien. Ein Zwiegespräch. gr. 8. (56 S.) Dessau 858. Baumgarten und Comp.

— die Schule, die christliche Erzieherin der Familien. Ein Zwiegespräch. Dessau 859. Baumgarten u. Co. 8. (56 S.) 6 ngr.

Reichards Hochverrathsprozess. Anklageakte, errichtet durch den kgl. General-Staatsprokurator der Pfalz, nebst Urtheil der Anklagekammer des kgl. Appellations-Gerichtes der Pfalz in Zweibrücken vom 29. Juni 1850 in der Untersuchung gegen Martin Reichard und 332 Consorten wegen bewaffneter Rebellion gegen die bewaffnete Macht, Hoch- und Staatsverraths etc. 4°. Zweibrücken 1850.

Reichardt, Gertrud, d. erste Diakonissin d. Neuzeit, s.: Geschichten u. Bilder fürs deutsche Volk, Nr. 8.

(Reichardt. Luise R', 1780–1826.) Njbl. Zürich s.a. [Weber, Heinrich].

[Biographie von] Luise Reichardt. (68. Neujahrsstück der allgem. Musik-Gesellschaft in Zürich 1880.) Zürich.

Reichardt's Berliner illustrirte Blätter. Unterhaltungs-Bibliothek für Leser aller Stände. 1—5. Bd. à 12 Liefgn. (à 5 Bgn. mit Holzschn.) Berlin 859—63. Reichardt & Zander. gr. 4. Jeder Bd. n. 2 ℛ

Reichardt, s.: Felddienst-Ordnung, russische.

Reichardt, Kant's Lehre von den synthetischen Urtheilen a priori in ihrer Bedeutung für die Mathematik, s. Studien, philosophische.

Reichardt, ..., Magazin der Philosophie u. schönen Wissenschaften. 2 Bde. 8. Frkf. u. Leipz. 795. Autor in Heilbronn. (Class.) 1 ℛ 4 ℊ

Reichardt's Polterabend-Scherze. 1. Bdchn. Berlin 865. Reichardt & Zander. 8. (156 S.) n. 10 ngr.

Reichardt, A., Anno 1870. Geschichte d. deutsch-französ. Krieges bis zum Friedensschlusse. Dem deutschen Volk erzählt. Mit 74 Porträts, 47 Kriegsbildern u. Scenen, 8 Karten (in eingedr. Holzschn.) gr. 16. (256 S.) Stuttgart 871. Maier. 1. —

— dasselbe. 2. Aufl. gr. 16. (256 S.) Ebend. 873. 1. 50

Reichardt, A., des Bellamy Zeitalter 2001—2010, Erfindungen, Entdeckungen u. Begebnisse. Der Gegenwart zur Belustigg. aufgezeichnet. 12. (175 S.) Berlin 893. R. v. Decker. n. 1. 50

Reichardt, Alb., die Entwicklungsgeschichte der Gera u. ihrer Nebengewässer. (112 S. m. 3 eingedr. Profilen, 2 farb. Karten u. 2 Bl. Erklärgn.) gr. 8. Leipzig 910. Quelle & Meyer. 3. --
Sonderabdruck aus: „Ztschr. f. Naturwiss."

Reichardt (Alb.). Die orohydrographischen Verhältnisse des Stadt- und Landkreises Erfurt mit Berücksichtigung des geol. Aufbaues. M. 1 geol. Kt. u. 3 Taf. geol. Prof. Erfurt 1910. S. 276—342. [Umschlagt.]
Aus: Jahrbücher d. Kgl. Akademie gemeinnütz. Wissenschaften zu Erfurt. N. F. H. 36.

Reichardt, Alexander [Saxo e vico Neudorf]: De Q. Ennii annalibus. . . . Halis Saxonum, *Lipsiae, typ. B. G. Teubneri*, 1889; 11 S. + 1 Bl. 8°
Halle, Phil. Fak., Inaug.-Diss. v. [27. Jun.] 1889

Reichardt, Alex., der saturnische Vers in der römischen Kunstdichtung. [Aus: „Jahrbb. f. class. Philol."] gr. 8. (S. 205—253.) Leipzig 892. B. G. Teubner. n. 1. 20

Reichardt, August [Praes.], s. Lindheimer, Friedr. Marc.: De cane maleficorum indagatore.

Reichardt, *August:* Ueber die Prognose der Glaucom-Iridectomie ... [o. O.], *1895;* 34 S., 1 Bl. 8.
Leipzig, Med. Fak., Inaug.-Diss. v. 21. Dez. 1895

Reichardt, Bernh., ein Hundert Gesänge für Männerstimmen. Für den Gesangunterricht in höheren Lehranstalten ausgewählt, bearb. u. hrsg. 2., verb. u. durch einen Anhang von 20 Volksliedern verm. Aufl. gr. 8. (IV, 192 S.) Leipzig 880. Klinkhardt. n. 2. 40

Reichardt, Bernh. 100 Gesänge f. Männerstimmen. Nebst e. Anh. v. 20 Volksliedern. Für den Gesangunterricht in den Oberklassen höherer Lehranstalten ausgewählt. 3. verb. Aufl. Lex.-8. (IV, 192 S.) Lpz. 891, Klinkhardt. * 2 —; geb. * 2 40

Reichardt, Bernh., 100 Gesänge für Männerstimmen. Nebst e. Anh. v. 20 Volksliedern. F. d. Gesangunterricht in d. Oberklassen höh. Lehranst. ausgewählt, bearb. u. hrsg. 4., verb. Aufl. gr. 8. (IV, 192 S.) Leipzig 899. J. Klinkhardt. n. 2. —

— Gesangsstudien für Lehrerbildungsanstalten. gr. 8. (47 S.) Ebend. 882. n. — 60

— theoretisch-praktische Harmonielehre, s.: Heinze, Leop

— die Kirchentonarten, m. Bezugnahme auf das sächsische Landeschoralbuch dargestellt. Mit e. Notenbeilage. gr. 8. (32 S.) Leipzig 894. J. Klinkhardt. n — 50

Reichardt, Bernh., vollständiges Präludienbuch zunächst zu dem Choralbuch f. die evangelisch-lutherische Landeskirche d. Königr. Sachsen. Eine Auswahl kirchlich-würdiger, kurzer u. leichtausführbarer Orgelsätze, aus Kompositionen bewährter Meister d. Choralvorspiels u. aus eigenen Arbeiten zusammengestellt u. hrsg. qu. gr. 4. (148 S.) Leipzig 883. Teubner. n. 4. 40

— über Schätzung u. Gebrauch d. Landeschoralbuchs. Vortrag, in der Diöcesan-Versammlg. der Ephorie Glauchau geh. am 17. Octbr. 1883. gr. 8. (19 S.) Glauchau 883. (Peschke.) n. — 30

Reichardt, Bernh., Schlüssel für angehende Sänger. Leichtfaßliche Darstellung des Nothwendigsten zum Verständniß der musikalischen Schrift. Eine Zugabe zu jedem Liederbuch. Leipzig 869. Klinkhardt. 8. (8 S.) 1½ ngr.

— Schul-Liederbuch. Für den Gesangunterricht in der Volksschule ausgewählt u. geordnet. 1. u. 2. Heft. Plauen 867. Neupert. qu. 4. Jedes Heft n. 2½ ngr.
1. Heft. Die gebräuchlichsten Choralmelodien zum Dresdner Gesangbuche. (32 S.)
2. Heft. 48 bewährte Lieder u. Canons im ein- u. vierstimmigen Satze. (36 S.)

Reichardt, Bernh., Schul-Liederbuch. Für den Gesangunterricht in der Volksschule. Suppl. 36 dreistimmige Gesänge. Für die Oberklassen gehobener Bürgerschulen u. f. Chorschüler. 8. (49 S.) Plauen 871. Neupert. n. — 40 (cplt.: n. — 90)

Reichardt, C. [stud. phil.]: Landeskunde von Skythien nach Herodot. . . . Halle a/S., Druck v. Ernst Schneider, Eisleben, 1889; 3 Bl. + 134 S. + 1 Bl. u. 2 Kart. 8°
Halle, Phil. Fak., Inaug.-Diss. v. [11. Jan.] 1890

Reichardt, C. F., die angebahnte Befreiung der Volksschule aus den vermeintlichen Ketten der Kirche mit besonderer Beziehung auf das Königr. Sachsen. gr. 8. (24 S.) Leipzig 849, Klinkhardt. 3 ngr.

Reichardt, C. F., zur Begründung einer allgemeinen Bauordnung in Sanitäts-, Sicherheits-, Verkehrs- u. aesthetischer Beziehung. Hamburg 863. O. Meißner. gr. 8. (VIII, 155 S.) 18 ngr.

— Centro-Amerika. Nach den gegenwärt. Zuständen des Landes u. Volkes, in Beziehung auf die Verbindung d. beiden Oceane, u. im Interesse der deutschen Auswanderung bearb. Mit 1 (lith.) General- u. 3 Special-Karten (in Fol.) gr. 8. (IV u. 256 S.) Braunschweig 851, Vieweg & Sohn. n. 1⅔ ℛℊ

— Nicaragua. Nach eigener Anschauung im Jahre 1852 und mit besonderer Beziehung auf die Auswanderung nach den heißen Zonen Amerika's beschrieben. Mit 1 General- u. 1 Special-Karte in Stahlst. (in gr. 4. u. Fol.). Braunschweig 854. Vieweg. gr. 8. (XXVI, 296 S.) n. 2 ℛℊ. 10 ngr.

Reichardt, C. F., Hamburg's Staats-Bauwesen in seinen gegenwärtigen Zuständen beleuchtet. Hamburg 857. O. Meißner. 8. (VIII, 110 S.) n. 12 ngr.

Reichardt, C. F., poetisches Westentaschen-Räthselbuch. 32. (62 S.) Leipzig 847, H. Fritzsche. n. ⅙ ℛℊ

Reichardt, C. F., einige Worte über die Wahl des Plans zum Wiederaufbau Hamburgs. 2. Aufl. gr. 8. Hamburg 842, Nestler u. Melle. n. ⅙ ℛℊ

Reichardt, Carl August, s. Reichardt, Karl August

Reichardt, Carl Heinrich, s. Reichardt, Karl Heinrich

Reichardt, Christian

Reichardt, Chr., († d. 30. Juli 1775.) Abhandl. v. allerhand Saamenwerke. 8. Erfurt 751. Hernach unt. d. Titel:

— Anweisung z. Erziehung d. Apothekergewächse, bearbeitet v. H. L. W. Völker. 8. Erfurt, Keyser.

— Anweis. z. Feldbau, bearb. v. Völker. 8. Ebd. Ebd.

— Anweis. z. Küchen-Gartenbau, bearb. v. Völker. 8. Ebd.

— Anweis. z. Obstbau, bearb. v. Völker. 8. Ebd. 819, Ebd. (NB. Obige 5 Werke sind aus Reicharts Land- u. Gartenschatz. 6e Aufl. besond. abgedruckt.)

— Anweis. z. Pflanzen-Kultur im Allgemeinen, bearb. v Völker. 8. Ebd.

— allerbeste Art, den Hopfen anzulegen u. zu bauen. 8. Düsseld. 772. N. A. 775.

— Einleit. in den Garten- u. Ackerbau. 2 Thle. Mit Kpf. 8. Erfurt 758, 59. N. A. 769. Ronne. 20 gr

Reichart, Christ., Einleit. in d. Garten- u. Ackerbau. 2 Thle. Mit Kpf. 8. Erfurt, 1758 u. 59. Neue Ausg. 1789. — 25

— Deutschlands Gartenschatz, nach d. Grundlage d. ältern Reichardtischen Gartenschatzes, mit d. neuest. Entdeck. u. Erfindd. prakt. Gärtner u. Landwirthe bereichert u. bearb.; hrsgg. v. J. V. Sickler, E. H. Göring u. J. B. Trommsdorf. (A. u. d. T.: die deutsche Landwirthschaft ꝛc.) 8. Ebd. 802—3. 5e Aufl. 6 Thle. Mit e. Anh. 8. Ebd. 814. (5r Thl. neue verb. Ausg. Auch u. d. T.: Unterricht in d. vieljähr. Benutzung d. Aecker ohne Brache u. wiederholte Düngung ꝛc. 4e Aufl. verbess. v. J. S. Ramann). 8. Ebd. 816. 8 gr Ferner unt. d. Titel:

— Land- u. Gartenschatz. 1r Thl., v. allerhand Saamenwerke ꝛc. 2r Thl., v. d. Baumzucht ꝛc. Mit 2 Kpf. 3r Thl., von dem zur Speise dienl. Kohl, Wurzeln u. Zwiebeln. Mit 3 Kpf. 4r Thl., worinnen v. Küchen-, Specerei- u. Arzneigewächsen gehandelt wird. Mit 3 Kpf. 5r Thl., von Nutzung der Aecker ohne Brache u. wiederholte Düngung. Mit 4 Kpf. u. e. Vorrede v. J. G. Darjes. 6r Thl., vom Hopfenbau u. Blumengewächsen ꝛc. Mit 3 Kpf. 8. Erf. 753—55. Universalregister u. Anh. zu d. 6 Thlen. 8. Ebd. 762—74. Ronne. 1 ℛ 16 gr Bis 1776 4 Auflagen. Umgearb. unter folg. Titel:

— Land und Gartenschatz, Reg. u. Anh. 8. Ebendaselbst. 793.

Reichard, Chr., Land- u. Gartenschatz. 6 Theile, mit einem Anhange. 5te Auflage. 8. Erfurt, Keyser. 814. Rthlr.

— — dass. 5r Theil, neue verb. Ausg. 8. Ebend. 816. Auch unt. d. Titel:
Unterricht in d. vieljähr. Benutzung d. Aecker ohne Brache u. wiederholte Düngung ꝛc. 4te Aufl. verbess. von S. J. Ramann.

Reichart, (Chr. Fr.,) Land- u. Gartenschatz. 1r—5r Bd. 8. Erfurt 818—20, Keyser, ist d. Pr. 2 Rthl. 16 gr. Schrbp.

— Land- u. Gartenschatz. 6 Thle. Neue Ausg., od. 6e umgearb. Aufl. In Verbind. mehrerer Sachverständiger hrsgg. v. H. L. W. Völker. Mit Kpf., Holzschn. u. 1 petrogr. Karte. 8. Ebd. 819—821. Keyser. 7 ℛ Hbg. Pr. 4 ℛ 4 gr 1r—5r Thl. Schrbp. Hbg. Pr. 3 ℛ 12 gr 6r Thl. A. u. d. T.: H. L. W. Völker, hauswirthschaftl. Technologie. 1 ℛ 12 gr

— gemischte Schriften. 8. Erfurt 762. Ronne. 18 gr

Reichardt, Christian. Unterricht in der vieljährigen Benutzung der Äcker ohne Brache und wiederholte Düngung ... 4. Aufl. 1816. H: *Ramann, Silvester Jac.* (Ky)

Reichardt, Curt, s. Reichardt, Kurt

Reichardt, E. [Militärkarikaturen.] Rostock, lith. Anstalt v. F. H. Dethleff o. J. [um 1830]. 6 Bl. in Lithogr. 4°.

Reichardt, Ed.

Reichardt, E., Ackerbauchemie oder die Chemie in ihrer Anwendung auf Agricultur. Erlangen 861. Enke. Lex.-8. (VI, 636 S. u. 1 Tab. in Fol.) n. 3 ℛ 18 ngr.

Reichardt, Ed., s. Ausleerungen d. menschl. Körpers.

Reichardt, Ed., über die chemischen Bestandtheile der Chinarinden. Eine chemisch-physiolog. Abhandlung. Gekrönte Preisschrift der philosoph. Facultät zu Jena. (Mit 13 Abbildgn. in Steindr.) Braunschweig 855. Schwetschke. gr. 8. (XI, 165 S. u. 4 lith. Taf.) 1 ℛ.

Reichardt, E., Desinfection u. desinficirende Mittel. In gemeinnütz. Interesse besprochen für Jedermann. Erlangen 867. Enke's Verl. gr. 8. (IV, 48 S.) n. 9 ngr.

Reichardt, E., Desinfection u. desinficirende Mittel zur Bekämpfung gesundheitsschädlicher Einflüsse, wie Erhaltung der Nahrungsstoffe, in gemeinnützigem Interesse besprochen für Behörden, Aerzte, Apotheker u. Laien. 2., stark verm. u. umgearb. Aufl. Mit 2 lith. Taf. gr. 8. (V, 126 S.) Stuttgart 881. Enke. n. 3.—

Reichardt, E., Elemente u. Atomgewicht. Hülfstabellen zur Kenntniss d. Atomgewichtes, d. chem. Werthes u. Verhaltens der Elemente. gr. 8. (19 S.) Halle 876. Buchh. d. Waisenh. n. — 60

— Grundlagen zur Beurtheilung des Trinkwassers, zugleich mit Berücksichtigung seiner Brauchbarkeit für gewerbl. Zwecke. Für Behörden, Aerzte, Apotheker etc. Jena 869. Doebereiner. gr. 8. (27 S.) n. 5 ngr.

— Grundlagen zur Beurtheilung d. Trinkwassers, zugleich m. Berücksicht. seiner Brauchbarkeit f. gewerbl. Zwecke, nebst Anleitg. zur Prüfg. d. Wassers. Für Behörden, Aerzte, Apotheker u. Techniker veröffentlicht. 2., verm. u. verb. Aufl. Mit e. (lith.) Taf. Abbildgn. gr. 8. (VIII, 64 S.) Jena 872. Mauke. n. 1. 50

— dasselbe. 3., sehr verm. Aufl. Mit 1 (lith.) Taf. Abbildgn. u. zahlreichen (eingedr.) Holzschn. gr. 8. (VIII, 107 S.) Ebend. 875. n. 2. 40

— Grundlagen zur Beurtheilung des Trinkwassers zugleich mit Berücksichtigung der Brauchbarkeit für gewerbliche Zwecke u. der Reinigung von Abfallwasser, nebst Anleitung zur Prüfung des Wassers. Für Behörden, Aerzte, Apotheker u. Techniker. 4., sehr verm. u. ergänzte Aufl. Mit 33 eingedr. Holzschn. u. 2 lith. Taf. gr. 8. (VIII, 170 S.) Halle 880. Buchh. des Waisenhauses. n. 2. 80

— ist es nothwendig, dass die Professur der Pharmacie nur durch e. Pharmaceuten vertreten werde? gr. 8. (IV, 15 S.) Halle 875. Buchh. d. Waisenh. n. — 50

—— de plantarum partibus anorganicis. Dissertatio chemica. gr. 8. (36 S.) Jenae 856(57), (Doebereiner.) *

—— Steinsalzbergwerk Stassfurth bei Magdeburg. gr. 4. (58 S. mit 2 Stndrt. in Buntdr. in gr. Fol. und qu. gr. Fol.) Jena 860, Frommann. *
Aus: Acta acad. Caes. Leop.-Carol. naturae curiosorum, besonders abgedruckt.

— Tabelle der Aequivalente der einfachen Körper. Alphabetisch nach den chemischen Zeichen geordnet u. mit den Namen derselben in latein., deutscher, engl. u. französ. Sprache versehen für Pharmaceuten, Mediciner, Landwirthe, Real- u. Gewerbsschulen. Jena 855. Doebereiner. (1 Bgn. in Fol.) n. 4 ngr.

— die Theorie der Wärme, ein Versuch zur Erklärung der Erscheinungen von Wärme, Licht u. Electricität. Jena 857. Doebereiner. gr. 8. (IV, 88 S.) n. 15 ngr.

— chemische Untersuchung der Mineralquelle zu Liebenstein im Herzogthum Sachsen-Meiningen. Nebst einem Vorwort von H. Doebner. Hannover 859. Hahn. gr. 8. (51 S.) n. 8 ngr.

Reichardt, E. Untersuchungen von Butter u. Wein. (S.-A.) 1877.

— die chemischen Untersuchungen der Brunnen- u. Quellwasser in Beziehung auf die Gesundheitspflege. [Aus: „Zeitschrift f. Epidemiologie u. öffentl. Gesundheitsdflege."] gr. 8. (29 S.) Darmstadt 871. Zernin. n. — 50

— die chemischen Verbindungen der anorganischen Chemie, geordnet nach dem electro-chemischen Verhalten, mit Inbegriff der durch Formeln ausdrückbaren Mineralien. Erlangen 858. Enke. gr. 8. (VI, 326 S.) n. 1 ᵲ. 26 ngr.

— agricultur-chemischer Vortrag, gehalten im land- und forstwirthschaftlichen Verein zu Hettstädt am 13. April 1858. Hettstädt, Hüttig. gr. 8. (17 S.) n. 5 ngr.

Reichardt, Edinhard, Ernst Koch u. Thdr. Storch, d. Wasunger Mundart, s.: Schriften des Vereins für Meiningische Geschichte u. Landeskunde.

Reichardt, Erich, Referendar, Kaltennordheim (Rhön), Grh. Sachs.: Das kaufmännische Zurückbehaltungsrecht. *Kaltennordheim 1902: F. Naumann.* (IV, 35 S.) 8° [F.]
Jena, Jur. Diss. v. (15. Sept.) 1902

Reichardt, Erwin, die Grundzüge der Arbeiterwohnungsfrage m. besond. Berücksicht. der Unternehmungen, die Arbeiter zu Hauseigenthümern zu machen. gr. 8. (VI, 74 S.) Berlin 885. Puttkammer & Mühlbrecht. n. 1. 40

Reichardt, F. Das höhere Mädchenschulwesen in der französischen Schweiz. In-8°. 39 S. Dresden. Programm. 1897.

SCHAUMBURG, J. Gf.: Principia prax. jurid. judiciar., quae modum procedendi in jud. regular. continet. *Jena*, Cröker. (738 u. f. J.) Cura *F. Aug. Reichardti. Jen.*, 769—75. 8. Ed. 3a. *Jena*, Gabler. 794—804. 2 T. 8. (2 Thl.)

Reichardt, Felix, Medizinalprakt.: Ein Fall von angeborener infantiler Myxidiotie. München 1907: Kastner & Callwey. 72 S. 8°
München, Med. Diss. v. 1. Okt. 1908, Ref. v. Bauer
[Geb. 4. März 83 Geithain; Wohnort: Bautzen; Staatsangeh.: Sachsen; Vorbildung: Fürstensch. St. Afra Meißen Reife O. 02; Studium: Leipzig 6, München 4 S.; Coll. 1. Okt. 08; Approb. 22. Sept. 08.] [U 09. 3383

Reichardt, Ferdinand. Des Herrn von Hinkeldey Polizeipräsidenten von Berlin Stellung zur Presse und seine jüngsten Maßregeln. Berlin 1849. 16 S. 8.

Reichardt, Fr., Antwortsschreiben in Betreff der Frage des protest. Deutschlands: Was versteht der Christ unter den Lehren von der Offenbarung, Inspiration, heil. Schrift u. d. Worte Gottes? (4. Hft.) gr. 8. Magdeburg 845, Falckenberg u. Comp. 1/8 ᵲ

Reichardt, Fr., Beweis f. das Dasein d. Satans u. seiner bösen Geister. (3. Heft.) gr. 8. Magdeburg 845, Falckenberg u. Comp. n. 1/6 ᵲ

— Bileam u. sein Esel u. der Stater im Maule des Fisches. Versuch einer wissenschaftl. Erklär. als Beitrag zur Beantwortung der beiden Wislicenus'schen Fragen: „Glaubet ihr an den redenden und Engel sehenden Esel Bileam's? an den Stater im Fischmaule?" (2. Hft.) gr. 8. Ebend. 845. 3 ngr

— über Rationalismus der Gegenwart und Josua X., V. 12—15. Diese Broschüre gehört dem wissenschaftlich Gebildeten unserer Zeit. gr. 8. Ebend. 845. n. 1/12 ᵲ

— Was ist Mysticismus? Was ist Pietismus? Sendschreiben an alle gebildete Christen unserer Zeit. (5. Hft.) gr. 8. Ebend. 845. 3 ngr

Reichardt, G., Generalregister, s.: Zeitschrift, elektrotechn.

Reichardt, G., der Hausthier-Arzt od. zweckmäßige Wartung u. Pflege der Hausthiere in allen Krankheitsfällen. Mit 2 Abbildgn. 8. (95 S.) Reutlingen 883. Bardtenschlager. geb. — 75

Reichardt, G., der Hausthier-Arzt oder zweckmäß. Wartg. u. Pflege der Hausthiere in allen Krankheitsfällen. Mit 2 Abbildgn. 8. (96 S.) Reutlingen 887. Bardtenschlager. — 60; cart. — 70

Reichardt, Hans, die Gliederung d. Philologie. gr. 8. Tübingen 846, Fues. n. 1/2 ᵲ

Reichardt, Heinr., der deutsche Lehrer in England. Eine Warnung für die deutsche Lehrer- und Studentenschaft, sowie eine Mahnung an die englische Nation. (64 S.) 1883; 2. Aufl. gr. 8. (66 S.) Berlin 884, Weidmann'sche Buchh. *

— the ornaments of language. Arranged as a text-book for students and schools with a series of exercises and numerous quotations from celebrated authors. 8. (52 S.) Ebend. 885. n. 1. 20

Reichardt, Heinrich August Ottocar, s. Reichard.

Reichardt, Heinrich Ernst (Weimar), De renunciatione portionis statutariae tacita. Diss. jur. Präs. Carl Friedrich Walch. Jena (Strauss) 4. X. 1760. 42 S. (4.75) 27953
Widm. v.: Carl Friedrich Walch, Christ. Erdmann Conta, I. E. I. Heyligenstaedt u. eine Widm. ohne Unterschrift.

Reichardt, Heinrich Wilhelm

Reichardt, H. W., Aecidium Anisotomes, ein neuer Brandpilz. [Aus den Sitzungsber. der k. Akad. der Wiss.] Wien 865. (Gerold's Sohn.) Lex.-8. (7 S. mit 1 Steintaf.) n. 4 ngr.

Reichardt, Heinr. Wilh., üb. die botanische Ausbeute der Polar-Expedition d. J. 1871. [Aus: „Sitzungsber. d. k. Akad. d. Wiss."] Lex.-8. (4 S.) Wien 872. (Gerold's Sohn.) — 15

Reichardt, H. W., Beitrag zur Kryptogamenflora der hawaiischen Inseln. Lex.-8. (30 S.) Wien 877, (Gerold's Sohn.) **

Reichardt, H. W., Beitrag zur Kryptogamenflora der hawaiischen Inseln. [Aus: „Sitzungsber. d. k. Akad. d. Wiss."] Lex.-8. (30 S.) Wien 878. (Gerold's Sohn.) n.n. — 50

— Beitrag zur Phanerogamenflora der hawaiischen Inseln. [Aus: „Sitzungsber. d. k. Akad. d. Wiss."] Lex.-8. (14 S.) Ebend. 877. n.n. -- 30

— fungi hepaticae et musci frondosi, s.: Reise der österreich. Fregatte Novara um die Erde.

Reichardt, Heinr. Wilh., über das centrale Gefässbündel-System einiger Umbelliferen. Ein Beitrag zur anatom. Kenntniss dieser Familie. Mit 3 (lith.) Taf. (in 4.). (Aus den Sitzungsberichten der k. Akad. d. W.) Wien 856. Gerold. gr. 8. (24 S.) n. 20 ngr.

Reichardt, H. W., über die Gefässbündel-Vertheilung im Stamme und Stipes der Farne. Ein Beitrag zur anatom. und systemat. Kenntniss dieser Familie. gr. 4. (28 S. mit 8 Stnt. in Tondr.) Wien 859, (Gerold's Sohn.) *
Aus: Denkschriften der k. Akademie der Wissenschaften zu Wien, besonders abgedruckt.

— Carl Clusius' Naturgeschichte der Schwämme Pannoniens. [Aus: „Festschr. d. k. k. zool.-botan. Ges. in Wien"] gr. 4. (42 S.) Wien 876. (Braumüller — Leipzig, Brockhaus' Sort.) n. 3. —

Reichardt, J. C., die Bestimmung des Volkes Israel. Ein Wort über u. für Israel. 2. Aufl. Berlin 860. (Beck.) 8. (16 S.) n. 2 ngr.

— der Alte u. der Neue Bund oder Mosaismus u. Christenthum. 3. Aufl. Ebend. 859. 8. (60 S.) n. 4 ngr.

Reichardt, J. C., s. Jakob, Karl, das Licht der Welt.

Reichardt, J. M., Peter's Schicksale od. Lebenslauf e. Pferdes. qu. gr. 4. (12 farb. Taf. m. 12 Bl. Text.) Halle 896. J. M. Reichardt. Kart. n. 3. 75

Reichardt, Jo. August (Remda/Thüringen), De auctoritate vetustae possessionis in causis praesertim illustrium. Diss. jur. Präs. Jo. August Hellfeld. Jena (Schill) 20. IV. 1763. 34 S. (4.75) 27958

Reichardt, Johann August [Praes.], s. Buder, Christian Gottlieb: Programma quo observ. part. formulam ducatus Saxoniae et Westphaliae etc. imperante Friderico Ahenobarbo Aug. ac sub Bernhardo Ascanio et Philippo archiepisc. Coloniensi. II.

(—). — Ordinis jureconsultorum in academia Jenensi decanus **Jo. August Reichardt** sollemnia inaug. candidati Friedrich Markus Lindheimer (Frankfurt/Main) habenda indicit. — Praemissa est Commentatio De cane maleficorum indagatore. Jena (Goepferdt) 6. II. 1796. 24 S. mit Biogr. v. Lindheimer (M.: A. M. Ruprecht.) (3.75) 27956

(—). — Ordinis jureconsultorum in academia Jenensi decanus **Jo. August Reichardt** sollemnia inaug. candidati Friedrich Ernst Carl Mereau (Gotha) habenda indicit. — Praemissa est Disquisitio, utrum actus legitimi Romanis fuerint sollemniores? ad L. 77. D. de R. I. Jena (Göpferdt) 29. VIII. 1789. 15 S. mit Biogr. v. Mereau. (M.: J. S. Fr. Gasterstaedt.) (3.75) 27955

Reichardt, Johann August [Praes.], s. Domrich, Chn. Heinr.: Quaestionem explicans, quatenus articulorum impertinentia ante definitivam sententiam consideranda sit?

— **Jo. August**, De fideicommisso eius quod superfuturum erit eiusque differentia a debitis quibus accepta reddenda sunt in eodem genere ad nov. CVIII. Diss. Jena (Mauk) 12. XI. 1785. 44 S. (4.25) 27954

Reichardt, Johann August [Praes.], s. Hoenniger, Christoph Christian Ludwig: Selecta de jure statuum provincialium concurrenti circa legislatoriam potestatem.

Reichardt, Johann August [Praes.], s. Huttern, Michael von: De statibus provincialibus eorumque variis juribus. Selecta quaed. ad materiam part. I.

Reichardt, Johann August [Praes.], s. Kerner, Jo. Georg: De nomine Augustanae confessioni addictorum, secundum art. VII. instr. pac. Osnabrug. protestantibus non communi, sed. Lutheranis proprio.

Reichardt, **Jh. Aug., († d. 23. Jan. 1808.) f. J. E. J. *Müller*, promptuarium.**

(—). — Ordinis jureconsultorum in academia Jenensi ex-decanus **Jo. August Reichardt** solemnia inaug. candidati Carl Friedrich Mueller (Cunreuth/Franken) habenda indicit. — Insunt Nonnulla de germanismis pandectarum. Jena (Prager) 16. XI. 1805. 11 S. mit Biogr. v. Mueller (M.: Chr. Fr. L. Goeckel.) (3.75) 27957

— s. J. G. *Schaumburg*, principia praxeos.

Reichardt, Johann August [Praes.], s. Schoenburg, Friedrich Ernst Gf. von: Theses iuris criminalis quae probant, delinquentem, neque confessum neque convictum, condemnari posse.

Reichardt, Johann August [Praes.], s. Speshardt, Georg Wilhelm von: De operis venaticis.

Reichardt, Johann Friedrich

Reichardt, J.F. (Hrsg.), s.a. Almanach, Musikalischer.

Reichardt, J. F., musikal. Almanach. 16. Berlin, Unger. 796.

– s. Briefe d. v. d. Eiche.

– s.a. Briefe e. reisenden Nordländers.

Reichard, J. F., Briefe eines reisenden Nordländers in d. J. 807—9. 8. Leipz. Brockhaus. 815.

§ **BRIEFE**, Offne, des Freiherrn Arminius von der Eiche und seines Leibjägers Hans Heidekraut. Während ihres Leid- und Freudelebens in Frankreich, zu Ende des Consulats und zu Anfange des Kaiserthums geschrieben (von *Joh. Friedr. Reichardt*, dem bekannten Liedercomponisten und Freund Goethe's. 1751—1814). 2 Thle. Germanien (Hamburg) 1806. (Auch titulo: Haupt- und Staatssittenspiegel fur Groß' und Kleine.) 8°. (20 Mk.. L. Rosenthal, 1910.)

— Briefe über die Pflichten eines Violin-Ripienisten. 8. Berl. 776. Rottmann. 10 K

– s.a. Briefe e. aufmerksamen Reisenden.

[Reichardt, Joh. Friedr.] Briefe eines aufmerksamen Reisenden die Musik betreffend. 1. 2. Theil. Frankfurt und Leipzig 1774. Frankfurt und Breslau 1776.

— Briefe e. Reisenden, d. Musik betr. 2 Thle. 8. Braunschweig, Waisenh. (Schulbuchh.) 774–76.

BRIEFE, Vertraute, über Frankreich. Auf einer Reise im Jahr 1792 geschrieben (von *Joh. Friedr. Reichardt*, dem berühmten Liederkomponisten und Freund Goethe's). (Hrsg. v. J. Frei.) 2 Bde. Berlin, bei Johann Friedrich Unger. 1792–93. 8⁰. XIV, 354 u. 445 S. (10 Mk. Max Perl, 1906.) (Im British Museum.)
Anon.-Lex. I. p. 275.

Reichardt, Jh. Fr., († d. 27. Juni 1814.) vertraute Briefe aus Paris, geschrieben in d. J. 1802 u. 3. 3 Thle. 8. Hamb. 804 u. 5. (Campe). 4 ꝑ 12 gr

REICHARDT'S, Joh. Friedr., Vertraute Briefe aus Paris, geschrieben in den Jahren 1802–3. 3 Bde. Hamburg, bei B. G. Hoffmann, 1804–5. 8⁰. (In Berlin: Bibl. Lipperheide no. 1153.) 490, 424, 390 S. (12 Mk. H. Streisand, Berlin, 1909; 15 Mk. Wilh. Heims, Lpz., 1911.)

— vertraute Briefe, geschrieben auf e. Reise nach Wien ꝛc. zu Ende d. J. 1808 u. Anf. 1809. 2 Bde. 8. Amsterd. (Leipz.) 810. (Brockhaus). 3 ꝑ Velinp. 4 ꝑ 12 gr

— vertraute Briefe geschrieben auf einer Reise nach Wien ꝛc. zu Ende d. Jahres 1808 u. Anfang 1809. 2 Bde. 8. Amsterd. Kunst- u. Industr.-Compt. 810.
Velinp.

– s. J. H. Campe, kl. Kinderbibliothek.

– s. Deutschland; e. Journal.

Musikalische Feyer zum Andenken Friedrichs des Grossen des Stifters der Königlichen Akademie der Wissenschaften. In Kompositionen von Johann Friedrich Reichardt. Am 24. Januar 1799. Berlin.

– s. Frankreich im J. 1795.

– s. Geist d. musikal. Kunstmagazins.

— deutsche Gesänge, mit Clavierbegleitung. 8. Leipz. 788. Göschen. 20 gr

— Händels Jugend dargestellt. 8. Dessau, Gelehrt. Buchh. 785.

— musikal. Kunstmagazin. 2 Bde à 4 Stcke. gr. 4. Berl. 782 —91. Verf. 8 ꝑ

– s. A. Kunze, Studien.

– s. Leben Guldens.

– s. Legende e. Musikheiligen.

Reichardt, Jh. Fr., Liebe nur beglückt. Deutsches Singspl. 8. Dessau 781. 8 gr

— s. Liebe u. Treue.

— Lieder gesellig. Freude, mit Musik. 2 Thle. Mit Kpf. u. Mus. 8. Leipz. 796, 97. Gr. Fleischer. (à 2 ꝑ) 4 ꝑ

— Lieder geselliger Freude, ohne Musik. Mit 2 Kpf. 4. Leipz., Gr. Fleischer. 2 ꝑ Hbg. Pr. 1 ꝑ

— Lieder f. d. Jugend. 2 Hfte. gr. 8. Leipz., Gr. Fleischer. 2 ꝑ

— Lieder der Liebe u. Einsamkeit. 2 Hfte. 4. Leipz., Gr. Fleischer. (1s 2 ꝑ, 2s 2 ꝑ 12 gr) 4 ꝑ 12 gr Hbg. Pr. 1 ꝑ

— neue Lieder geselliger Freude, Text allein. 2 Hfte. Mit 2 Kpf. 4. Leipz. 799, 804. Gr. Fleischer. 2 ꝑ Hbg. Pr. 1 ꝑ

— Liederspiele, mit Musik. 4. Tübingen, Cotta. 804.

– s. Löhlein's Anweisung.

— Monolog aus Goethe's Iphigenia. Leipz., Gr. Fleischer. 12 gr (Aus d. 2n Thl. d. Lieder d. Liebe u. Einsamkeit abgedr.)

– s. Napoleon u. das französ. Volk.

Reichardt, J. Fr. Siehe: „Neujahrsgeschenk der allgemeinen Musikgesellschaft in Zürich".

— üb. die deutsche komische Oper; nebst e. Anh. 8. Hamb. 774. (Schnuphase in Altenb.) 8 gr

— üb. d. Pflichten d. Ripienviolinisten. 8. Berlin, Kottmann. 776.

– s. Karol. Rudolphi, Gedichte.

– s. Schändlichkeit d. Angeberei.

— Schreiben an Mirabeau, Lavater betreffend. 8. Hamb. 786. Hoffmann. 8 gr

— Schr. über die Berliner Musik. 8. Hamburg, Bohn. 775.

— Schreiben an das musikalische Publikum. 8. Hamburg, Hoffmann. 786.

— Schreiben an Sch. im M. üb. die Berliner Musik. 8. Hamb. 775. (Schnuphase in Altenb.) 2 gr

Trauercantate auf den Tod Sr. Majestät des Königs Friedrich II. und Te Deum auf die Krönung Sr. Majestät des Königs Friedrich Wilhelm II. In Musik gesetzt von Johann Friedrich Reichardt. den XI. Septemb. 1787. Berlin 8.

— der Weltbürger. Lstspl. nach Goldoni. 8. Berl. 780. Sander. 6 gr

REICHARDT, JOH. FRIEDR. *Wiegenlieder* für gute deutsche Mütter von Joh. FRIEDR. REICHARDT. Leipzig, bey Gerhard Fleischer d. Jüngern, o. J. [c. 1798]. Gestochener Titel mit schöner Vignette, (SCHNORR V. KAROLSFELD, inven. et sc. 1798), VIII, 40 S. und 20 gestoch. Musikbeilagen. Kl.-8⁰. Leicht berieb. hübsches Halblederbändchen d. Z. mit Rsch. u. Rv. 35.—
Reizende Lieder für Klavier gesetzt. Schönes Ex. der ★ Erstausgabe; Eitner VIII, 168.

– s. Wochenblatt, musikalisches.

— berlin. musikal. Zeitung 1r Jahrg. 1705. 12 Monate. gr. 4. Berlin, Frolich. (Dunker u. H.)

— Berliner musikal. Zeitung. 1r Jahrg. 1805. 12 Hfte. u. J. 1806. 1s–6s Hft. gr. 4. Berl., (Duncker u. H.) 7 ꝑ 12 gr Hbg. Pr. 4 ꝑ

— **Johann Ludwig** (Altenburg u. Eisenberg), Comment. jur., qua prooemii loco quibusdam de ipsius instituto praemissis quaestiones: I. An jusjurandum irrelevans, delatum, et per rem judicatam injunctum absque praejudicio recuseri queat? II. Quatenus exceptio ordinis actioni obstet hypothecariae? Eisenberg (Schoen) 1819. 82 S. (1.75) 27959

Reichardt, Juliane, geb. Benda, Lieder u. Clavier-Sonaten. 4. Hamb. 782. (Campe). 20 *ℊ*

[J.] Peter's Schicksale oder Lebenslauf eines Pferdes. Von J[ulius] M. **Reichardt.** *Halle a. S.: J. M. Reichardt [1896].* (12 Bl., 12 Taf.) 1 Bd quer-8. [97. 126

Reichardt, Karl August

Der Ewige Osten: **Des Maurers Aufblick zur Sonne des ewigen Morgens. Gedichtet von [Karl] Back, und in Musik gesetzt von [Karl Aug.] Reichardt.** [Altenburg 1843.] 1 Bl. 8⁰ [Kopftit.]
Lied ohne Noten: „Sonne du in Maurers Leben . . ."

Gruss aus der Ferne. In Musik gesetzt von C[arl] A[ug.] **Reichardt.** [Unterz.:] Georg Grohmann. Leipzig o. J.: Kramer. 1 Bl. 8⁰ [Kopftit.]
Lied ohne Noten: „Aus der Ferne sanft und leise . . ."

[Lied.] Den besuchenden Br. Br. Ged. von [Joh. Jak.] Ihlée, comp. v. C[arl] A[ug.] **Reichardt.** Altenburg o. J.: Hofbuchdr. 1 Bl. 8⁰ [Kopftit.]
Ohne Noten: „Traute Brüder aus der Ferne . . ."

[Dasselbe u. d. Tit.:]
[Lied.] Den besuchenden Br. Br. Ged[ichtet] v[on Joh. Jak.] Ihlée, comp. v[on] C[arl] A[ug.] Reichardt. Altenburg [1856]: Hofbuchdr. 1 Bl. 8⁰ [Kopftit.]
Ohne Noten.

Nach oben! Gedicht von K[arl] Back. Weise von K[arl] A[ug.] **Reichardt.** o. O. u. J. 1 Bl. 2⁰ [Lithogr.] [Kopftit.]

[Dasselbe.] o. O. u. J. 24,6×35,5 cm.

[Dasselbe.] o. O. u. J. 2 Bl. quer 2⁰

[Dasselbe.] [Ohne Noten.] Altenburg o. J.: Hofbuchdr. 1 Bl. 8⁰

[Dasselbe.] Gedicht von Karl Back. Tonweise von Karl Aug. Reichardt. o. O. u. J. 2 Bl. quer 4⁰
Ohne Noten abgedr. in: Bach, K.: Vorläufer d. Zeichnungen f. Brr u. Freunde. 3 (1860) S. 8.
Für Gesang u. Physharm. oder Pianoforte. Mit Noten: „Mag des ird'schen Lebens Wage . . ."

Des Maurers Sonne. Gedicht von K[arl] Back. Weise von K[arl] A[ug.] **Reichardt.** [Altenburg: 1853.] 1 Bl. 2⁰ [Lithogr.] [Kopftit.]

[Dasselbe.] Ebendas. [1853]. 1 Bl. 4⁰
Abgedr. in: A. 17 (1853—1854) S. 360—363. Tt. 2396. Mit Noten. Für Singstimme u. Pianoforte od. Physharm: „Sonne, du in Maurers Leben, . . ."

Reichardt, Karl Heinrich

Reichardt, Carl Heinr., Logik, Stilistik u. Rhetorik. Ein theoretisch-praktisches Lehrbuch für die oberen Klassen höherer Lehranstalten u. zum Selbstunterricht. 1. Thl. Logik u. allgemeine Stilistik. gr. 8. (VIII, 296 S.) Leipzig 877. Hahn's Verl. 2.70

Reichardt, Kurt

Reichardt, Curt: Einfluss der Bromierung auf den kristallinisch-flüssigen Zustand aromatischer Verbindungen. Halle a. S. 1909: Schulze, Gräfenhainichen. 49 S. 8⁰
Halle, Phil. Diss. v. 12. Juni 1909, Ref. Vorländer
[Geb. 18. Dez. 81 Bitterfeld; Wohnort: Bitterfeld; Staatsangeh.: Preußen; Vorbildung: Oberrealsch. Weißenfels a. S. Reife O. 02; Studium: Halle 1, Freiburg i. B. 4, Halle 8 S.; Rig. 19. Mai 09.] [U 09. 1691

Reichardt, Kurt, Ref. in Dessau: Das Geschäftsguthaben des Genossen. Borna-Leipzig 1900: R. Noske. (VII, 47 S.) 8⁰ [J.]
Leipzig, Jur. Fak., Diss. v. 27. Juli 1906
Geb. 24. Aug. 81 Dessau; Wohnort: Dessau; Staatsangeh.: Anhalt, Preußen; Vorbildung: Friedr.-Gymn. Dessau Reife O. 01; Studium: Genf 1, Freiburg i. B. 4, Berlin 1, Halle 2 S.: Rig. 28. Juli 05.]

Reichardt, Curt, approb. Arzt aus Leipzig: Zur **Kasuistik** des Leberabscesses. *Leipzig 1903: B. Georgi.* (48 S.) 8⁰
Leipzig, Med. Diss. v. (24. Juni) 1903

Reichardt, L. G., Schulvorschriften, nach d. neuesten Grundsätzen d. Carstair'schen Schreibmethode, in Verbind. mit d. Pestalozzischen u. den vorzügl. Regeln d. Sprach- u. Rechtschreiblehre in 66 (lith.) Blättern. Nebst e. Handzeichn. f. d. Federhaltung nach amerikan. Manier. qu. gr. 8. Stuttgart (831), Neff.

Reichardt, M., Müller u. Schulze am Rhein. Großes Potpourri in 3 Abthlgn. Reisebeschreibung. (Text.) Dresden 869. Bock. gr. 8. (8 S.) 1½ ngr.

Reichardt, Martin, approb. Arzt aus Altenburg ⟨S.-A.⟩: **Ein Beitrag** zur Argyriefrage. *Leipzig: G. Fock 1900.* (42 S.) 8⁰
Leipzig, Med. Diss. v. 30. Apr. 1900

Reichardt, Mart., Bemerkungen üb. Unfallbegutachtg. u. Gutachterwesen. (Aus der psychiatr. Klinik zu Würzburg.) (31 S.) gr. 8. Jena 910. G. Fischer. — 75

— Zur Lehre vom Muskelsinn. s.: Arbeiten aus der psychiatr. Klinik zu Würzburg. 4. Heft.

Reichardt, Mart., Leitfaden z. psychiatrischen Klinik. (VIII, 211 S. m. 74 Abb.) Lex. 8. Jena 907. G. Fischer. 5.—; geb. 6. —

– Schädel u. Gehirn, s.a. Arbeiten aus der psychiatr. Klinik zu Würzburg. 4. Heft.

M[artin] **Reichardt**: Schädel und Gehirn. T. 1. – M. Reichardt: Zur Lehre v. Muskelsinn. Eine Entgegnung. Mit 6 Abb. Jena: Fischer 1909. 8°
(Arbeiten aus d. psychiatr. Klinik zu Würzburg H. 4.) [11. 15377

Reichardt, Martin, Dr. med.: Über die Untersuchung des gesunden und kranken Gehirnes mittels der Wage. Jena: G. Fischer 1906. (IV, 101 S.) 8°
Würzburg, Med. Fak., Hab.-Schr. v. 1906

Reichardt, Mart., über die Untersuchung des gesunden u. kranken Gehirnes mittels der Wage, s.a. **Arbeiten aus der königl. psychiatr. Klinik zu Würzburg. 1. Hft.**

Über die Untersuchung des gesunden und kranken Gehirnes mittels der Wage. Von Dr. Martin **Reichardt**. Mit 5 Abb. Jena: G. Fischer 1906. (VI, 101 S.) 4°(8°)
= **Arbeiten** aus d. Kgl. psychiatr. Klinik zu Würzburg. H. 1. [08. 4439

Reichardt, Mathilde, lebende Bilder. 1. Bdchn. A. u. d. T.: Eine Mutter u. ihr Kind. 16. (X u. 234 S.) Bremen 851, Schlodtmann. ⅔ ♃

Reichardt, Mathilde, Wissenschaft und Sittenlehre. Briefe an Jacob Moleschott. Gotha 856. Scheube. 8. (192 S.) n. 28 ngr.

Reichardt, Max, ein Abenteuer im Wittwen-Verein, s.a. **Album f. Liebhaber-Bühnen.**

Ein Abenteuer im Wittwen-Verein. Schwank in 1 Akt von Max **Reichardt**. *Berlin: Kühling & Güttner [1899].* (30 S.) 8° [F.]
= Album f. Liebhaber-Bühnen. No 349. [00. 1234

Reichardt, Max, s.: Album f. Liebhaberbühnen.

Reichardt, Max, der Deserteur, s.: Bloch's, Ludw., Herren-Bühne.

Reichardt, Max, du ahnst es nicht!, s.a. **Album f. Liebhaberbühnen.**

Reichardt, Max: Du ahnst es nicht! Orig.-Schwank in 1 Akt von –. Berlin: Kühling & Güttner [1897]. (18 S.) 8°
= Album f. Liebhaber-Bühnen. No. 326.

— **der Hausdrache,** s.a. **Album f. Liebhaber-Bühnen.**

Reichardt, Max: Der Hausdrache. Schwank in 1 Akt von –. Berlin: Kühling & Güttner [1901]. (22 S.) 8°
= Album f. Liebhaber-Bühnen. No. 356.

Reichardt, Max, Madame Sherlock Holmes, s.: Album f. Liebhaberbühnen.

— **beim Kantinenwirt,** s.a. **Bloch's, Ludw., Herren-Bühne.**

[F.] Beim Kantinenwirt. Militärposse m. Gesang in 1 Akt v. Max **Reichardt**. *Berlin: E. Bloch (1893).* (28 S.) 1 Bd 8.
= **Herren-Bühne,** Ludwig Blochs. No 16. [96. 5598

— **in der Klemme, s.: Gaben, humoristische, f. Vergnügungs-Vereine.**

— **die Compagnieschraube,** s.a. **Danner's, G., Herren-Bühne.**

— **die Kompagnieschraube,** s.a. **Kühling's, A., Theater-Specialität.**

[F.] Die Kompagnieschraube. Militär. Schwank in 1 Akt v. Max **Reichardt**. *Berlin: Kühling & Güttner [1894].* (18 S.) 1 Bd 8.
= **Theater-Specialität,** A. Kühling's. No 57. [96. 5597

Reichardt, Max: Die Compagnieschraube. Militär. Schwank in 1 Akt von –. Mühlhausen i. Thür.: G. Danner [1900]. (32 S.) 8°
= Herrenbühne, G. Danners. No. 28.

— **der Mann m. den drei Frauen,** s. Album f. Liebhaber-Bühnen.

— **Manöverliebe,** s.a. **Vereinstheater.**

Manövertage. Schwank in 1 Akt von Max **Reichardt**. *Minden i. W.: W. Köhler [1896].* (16 S.) 8° [F.]
= **Theater-Bibliothek,** Köhlers, f. Vereine. [2.] [01. 9415

— **der Herr Nachtwächter, s.: Gaben, humoristische, f. Vergnügungs-Vereine.**

— **Vater Jahn's Neffe,** s.a. **Gaben, humoristische, f. Vergnügungs-Vereine.**

Reichardt, Max, Vater Jahns Neffe, Schwank in 1 Akt, Zwickau, 40 S., 8°.

O diese Frauen! Turner-Schwank in 1 Akt von Max **Reichardt**. *Minden i. W.: W. Köhler [1896].* (15 S.) 8° [F.]
= **Theater-Bibliothek,** Köhlers, f. Vereine. [4.] [01. 9417

— **Humoristische Orig.-Vorträge. Eine Sammlg. v. Orig.-Vorträgen u. Couplets der besten Humoristen. Mit Beiträgen v.: Otto Reutter, Rob. Steidl, Henry Bender u. vielen anderen. (384 S.) 8. Berlin 909. R. Wichert.** Geb. in Leinw. 3. —

— **u. Max Pütz, Familie Pannemann, s.: Gaben, humoristische, f. Vergnügungs-Vereine.**

— **d. Regimentsnummer,** s.a. **Album f. Liebhaber-Bühnen.**

Die Regimentsnummer. Posse mit Gesang in 1 Akt von Max **Reichardt**. Musik von Leo Fall. *Berlin: Kühling & Güttner [1897].* (27 S.) 8° [F]
= **Album** f. Liebhaber-Bühnen. No 320. [00. 13098

— **die Spritzenmänner v. Treuenbrietzen,** s.a. **Album f. Liebhaber-Bühnen.**

[F.] Die Spritzenmänner von Treuenbrietzen. Posse m. Ges. in 1 Akt v. Max **Reichardt**. *Berlin: Kühling & Güttner [1894?].* (21 S.) 1 Bd 8.
= **Album** f. Liebhaber-Bühnen. No 298. [96. 6031

— **humoristisches Theater-Lexicon. 12. (59 S.) Wilmersdorf-Berlin 895. Belletrist. Theater-Verlag.** 2.—; geb. in Leinw. 3.—

— **Der Vergnügungsrat. Ein prakt. Führer durch d. Fest- u. Gesellschaftsleben. (382 S.) 8. Ebd. 910.** Geb. in Leinw. 3.—

— **Wovon die jungen Mädchen träumen, s.: Vereinstheater.**

Reichardt, Osc., Blicke in das Pflanzenleben. Einleitung in das Studium der Botanik mit Beziehung auf die von Zürn u. Reichardt in Jena gefertigten mikroskop. Präparate für Studirende u. Freunde der Pflanzenwelt. Mit 8 Steintaf. Leipzig 869. Wilfferodt. br. 8. (XII, 128 S.) n. 26 ngr.

Reichardt, Osc., Hermann. Drama in 5 Akten. 8. (112 S.) Herford 877. Essmann jun. n. 2. —

— u. Carl **Stürenburg**, Lehrbuch der mikroskopischen Photographie mit Rücksicht auf naturwissenschaftl. Forschungen. Mit 4 phot. Abbildungen. Leipzig 868. Quandt & Händel. gr. 8. (XVI, 79 S.) n. 1 ℳ

Reichardt, Osc., Widukind der Sachsenherzog. Drama in 5 Akten. (89 S.) 8. Berlin 902. Jena, H. Costenoble. n. 1. —

Reichardt, (Otto), die Granitsteinindustrie in Demitz-Thumitz, Schmölln u. Tröbigau od. an u. auf dem Klosterberge. (20 S. m. 14 Abb.) 31,5×24 cm. Berlin 910. A. Seydel. 1. 50

— Verschiedenes üb. Staubabsaugung in d. Flachsgarnspinnerei. (8 S. m. 10 Abb. u. 2 Taf.) 31,5×24 cm. Ebd. 909. 1. 50
2 Sonderabdrucke aus: „Sozial-Technik".

Reichardt, Paul. Drei Fürsten aus dem Hause Wettin. Mit e. kurzen Überblick üb. die Geschichte der Albertin. Linie. Eine Gabe zum Wettiner-Jubiläum. gr. 8. (III, 76 S.) Chemnitz 889, Focke. * 1 —

Reichardt, Paul Emil, welche Bande trägt bei seinem Scheiden der Diener des Herrn um seines Herrn willen? Abschiedspredigt über Apostelgeschichte 21, 8—14. am 22. Sonntage nach Trinitatis gehalten in der Kirche zu Oberpesterwitz. Potschappel 868. (Engelmann.) 8. (16 S.) 2½ ngr.

[Kopft.:] **Reichardt**, Paul Friedrich Karl: Versuch einer Geschichte der Meissnischen Lande in den ältesten Zeiten. *Annaberg, 1895*; 28 S. 4.
Annaberg, k. RG nebst PG, OP 1895 (500)

Reichhardt, R., Erinnerungen eines alten Saxo-Thüringers, Festschrift zum 25jährigen Stiftungsfest der Turnerschaft Saxo-Thuringia zu Halle a. S., 23.—26. 7. 1900, Leipzig 1900, 52 S., Gr.-8°.

Reichardt, Rob., methodische Anleitung zur Ertheilung d. Unterrichts in der einfachen Volksschule. gr. 8. (VI, 149 S.) Dresden 873. Meinhold & Söhne. 2. —

Reichardt, Rob., methodische Anleitung zur Ertheilung des Unterrichts in der einfachen Volksschule, mit speciellen Lehr- u. Stundenplänen für 2—6 klassige Schulen. 2., verm. u. verb. Aufl. gr. 8. (VIII, 240 S.) Dresden 877. Meinhold & Söhne. n. 2. 50

— **Entwurf zu e. Localschulordnung** f. Landgemeinden in Gemäßheit der Bestimmungen d. Volksschulgesetzes vom 26. April 1873 u. der Ausführungsverordng. vom 25. Aug. 1874. Lex.-8. (16 S.) Dresden 875. Ebend. — 60

— **Luther's kleiner Katechismus u. Sprüche zu demselben.** [Aus: „Method. Anleitg. zur Ertheilg. d. Unterrichts in der einfachen Volksschule."] 16. (32 S.) Dresden 876. Meinhold & Söhne. — 15

— **deutsches Lesebuch f. einfache Volksschulen.** 3 Thle. gr. 8. Ebend. 874. n. 2. 35
1. Für das erste Schuljahr. (40 S.) geb. n. — 40
2. Für das 2. bis 4. (5.) Schuljahr. (IX, 128 S.) n. — 60; geb. n.n. — 80
3. Für das 5. (6.) bis 8. Schuljahr. (VIII, 219 S.) n. — 90; geb. n.n. 1. 15

— **Materialien f. den gesammten Unterricht in der einfachen Volksschule.** 1. u. 2. Bdchn. 8. Leipzig 875. Oehmigke. n. 1. 60
1. Die Naturgeschichte f. die Oberklasse. (XVI, 160 S.) n. 1. —
2. Der Weltkundliche Unterricht f. die Mittelklasse. (VIII, 98 S.) n. — 60

— **Materialien für den gesammten Unterricht in der einfachen Volksschule.** 1—3. Bdchn. 8. Leipzig 877. Oehmigke. n. 2. 30
1. Die Naturgeschichte für die Oberklasse. 2. Aufl. (XVI, 166 S.) n. 1. —
2. Der weltkundliche Unterricht für die Mittelklassen. 2. Aufl. (VIII, 98 S.) n. — 60
3. Der Anschauungsunterricht für die Unterklasse. (VIII, 109 S.) n. — 70

— **erläuternder Text zu den Bildern zur deutschen Geschichte.** 1. Sammlg. Nach Bülau, Brandes u. Flathe bearb. gr. 8. (64 S.) Ebend. 876. — 75

Reichardt, Rob., erläuternder Text zu den Bildern zur deutschen Geschichte. 2. Sammlung. Nach Bülau, Brandes und Flathe bearb. gr. 8. (53 S.) Dresden 879, Meinhold und Söhne.
1. Sammlung. Ebendas. 1876. 75 Pf.
Vgl.: Bilder zur deutschen Geschichte.

Reichardt, Rob. De Agathonis poetae tragici vita et poesi. 16 S.
Ratibor, Progr. 1853

Reichardt, Theodorus [Rotenburgensis]: De metrorum lyricorum Horatianorum artificiosa elocutione. Observatio historica. . . . Marpurgi Cattorum, typ. Friederici typogr. acad., 1889; 2 Bl. + 74 S. + 2 Bl. 8°
Marburg, Phil. Fak. Inaug.-Diss. v. [24. Mai] 1889

Reichardt, Theodor: Friedlicher Krieg mit Holland. (Vf.: Theodor Reichardt, Kakao-Versand-Co, Halle a. S.) Halle a. S.: F. Rode 1896. (63 S.) 1 Bd. 8°

Reichardt, W., üb. die Darstellung der Kummer'schen Fläche durch hyperelliptische Functionen. [Aus: „Nova Acta d. ksl. Leop.-Carol. deutschen Akad. d. Naturforscher".] gr. 4. (111 S.) Halle 887. (Leipzig, Engelmann.) n. 5. —

Reichardt, W., Predigt üb. I. Chronika XVIII, 16, geh. bei dem Festgottesdienste zum 60 jähr. Regierungsjubiläum Sr. Hoh. des regier. Herzogs Ernst v. Sachsen-Altenburg in der herzogl. Schloßkirche zu Altenburg am 3. VIII. 1903. (8 S.) gr. 8. Altenburg 903. O. Bonde. n. — 25

Reichardt, W., Predigt üb. 1. Maccabäer II, 50 u. 51, geh. bei dem Festgottesdienste z. Feier d. 100 jähr. Bestehens des 8. Thür. Inf.-Regts. Nr. 153 in d. herzogl. Schloßkirche zu Altenburg, am 18. II. 1907. (8 S.) 8. Altenburg 907. O. Bonde. — 25

Reichardt, Gvaltervs [Vimariensis]: De Artemidoro Daldiano librorvm onirocriticorvm avctore ... (Aus: Commentat. Ien., V.) Lipsiae, typ. B. G. Tevbneri, 1893; 1 Bl., 111—152 S. 8.
Jena, Phil. Fak., Inaug.-Diss. v. 1893

Reichardt, Walth., die Briefe des Sextus Julius Africanus an Aristides u. Origines, s.: Texte u. Untersuchungen zur Geschichte der altchristlichen Literatur. III, 4. III.

Reichardt, Wilh., 100 Gesänge f. Männerstimmen. Für den Gesangunterricht in höheren Schulen ausgewählt, theilweise bearb. u. hrsg. gr. 8. (IV, 172 S.) Leipzig 875. Klinkhardt. n. 2. 40

Reichardt, Wilh., geistliche Lieder u. Gesänge für Männer-Stimmen zum kirchlichen u. Vereins-Gebrauche. Op. 6. Berlin 859. Fr. Schulze. gr. 8. (2 Bl., 32 S.) n. 4 ngr.

Reichardt, Wilibald. Ueber die Darstellung der Kummer'schen Fläche durch hyperelliptische Functionen . . . (Sep.-Abdr. aus: Nova Acta der Kais. Leop.-Carol. Deutschen Akad. d. Naturforscher. Bd. L.) Halle, Druck v. E. Blochmann & Sohn in Dresden, 1887; 1 Bl. + 111 S. + 1 Bl. 4°.
Leipzig, Phil. Fak., Inaug.-Diss. v. 20. Jun. 1887.

Reichardt, Wilib., über die Darstellung der Kummer'schen Fläche durch hyperelliptische Functionen. gr. 4. (111 S.) Halle 887. (Leipzig, Engelmann.) *
Aus: Acta, nova, der kaiserl. Leop.-Carol. deutschen Akademie der Naturforscher, besonders abgedruckt.

Reichardt, Wilibald, Dr.: Über verallgemeinerte Picardsche Differentialgleichungen im Gebiete der hyperelliptischen Funktionen erster Ordnung. *Dresden 1902: B. G. Teubner.* (42 S.) 4°
Dresden, Wettiner G, OP 1902 (596)

Reichardt, Wolf, Referendar, bacc. jur. in Leipzig: Das Recht an Briefen. Borna-Leipzig 1905: R. Noske. (IX, 99 S.) 8° [Ä.]
Leipzig, Jur. Fak., Diss. v. 28. Juli 1905
[Geb. 10. Aug. 80 Schmölln, S.-A.; Wohnort: Leipzig; Staatsangeh.: Sachsen; Vorbildung: Thomasschule Leipzig Reife O. 00; Studium: Lausanne 1, Leipzig 1, München 1, Berlin 1, Leipzig 3 S.; Rig. 20. Jan. 04.]

Reichardt Stromberg, Mathilde, Frauenrecht u. Frauenpflicht. Eine Antwort auf Fanny Lewald's Briefe: „Für u. wider die Frauen." Bonn 870. Cohen & Sohn. 8. (102 S.) 15 *ngr.*

Reichardt-Stromberg, Mathilde, Frauenrecht u. Frauenpflicht. Eine Antwort auf Fanny Lewald's Briefe „Für u. wider die Frauen." 2. Aufl. gr. 8. (102 S.) Bonn 871. Weber's Verl. n. 1. 50

Reichardt-Stromberg, Mathilde, Frauenrecht u. Frauenpflicht. Eine Antwort auf Fanny Lewald's Briefe „Für u. wider die Frauen". 8., durchgeseh. Aufl. 8. (V, 130 S.) Leipzig 888. T. O. Weigel. n. 1. 80; geb. n.n. 2. 40; in feinerem Einbd. n.n. 3. —

— die Staatsbürgerin. 8. (VII, 100 S.) Leipzig 880. O. Wigand. n. 1. —

Reichardt-Stromberg, Mathilde, das Weib als Wehr gegen alle Vaterlandsfeinde. Ein offener Brief an e. Freund. gr. 8. (27 S.) Leipzig 892. O. Wigand. n. — 50

Reichardt's, Luise, Leben, s.: Brandt, M. G. W.

Reichardts, Unsern lieben, zur frohen Feier ihres silbernen Ehejubelfestes am 8. Juli 1859. »Dir treuer Gefährte der pilgernden Welt ...« Altenburg 1859. V: *Höfler, Johann Gottfried.* (Kl 2483) (Wolfstieg I, 901)

Reichardts, Unsern lieben, zur frohen Feier ihres silbernen Ehejubelfestes am 8. Juli 1859. O.O. V: *Höfler, J.* (Tt)

Reichart, der Vieh-Doktor oder die wichtigsten Krankheiten unserer Hausthiere. Eine Lehre für Landwirthe und Viehbesitzer. Nebst einem Anhang über die gesetzl. Hauptmängel, von einem prakt. Thierarzte. 12. (64 S.) Reutlingen 887, Bardtenschlager.
Vgl.: Reichardt, G., der Hausthier-Arzt.

Reichart, A., die sittliche lebensanschauung des P. Ovidius Naso. Potsdam 867. (Gropius'sche Buchh.) gr. 8. (58 S.) n. 10 *ngr.*

Reichart, A. J., Die sittl. Lebensanschauung d. Ovid. Diss. 1867. 58 S.

Reichart, Basilius, das Maria-Kulmer Muttergottesbild od. Die Räuber auf Maria-Kulm, s.a. Esser's, J., Sammlung leicht aufführbarer Theaterstücke. 8. Heft.

Reichart, Basilius. Das Maria-Kulmer Muttergottesbild od. die Räuber auf Maria-Kulm. Schauspiel in 5 Akten. Für kathol. Vereine geschrieben. Hrsg. v. J. Mehler. 8. (56 S.) Paderb. 892, Esser. * — 80

— St. Josef. Dramatisches Zeitgemälde in 5 Bildern. Zum Besten der kathol. Volksvereine. 8. (66 S.) Ebd. 892. n. — 80

Reichart, Chr. Fr., s. Reichardt, Christian Friedrich

Reichart, G., s. Reichardt.

REICHART, Georg (Scheidegg): Von der Vergiftung.- Lindau: Stoffel & Wechter 1855. 19 S.
30.7.1855 - Urk (Titel: De intoxicatione.); F 68
Diss.Ingolst.-Landsh.-Mchn.

[J.] **Reichart,** Joseph [Rechtspraktikant in München]: Historische und dogmatische Darstellung des Strafbaren Bankerotts unt. besonders eingehender Untersuchg d. Schuldfrage ... Stuttgart, Druck d. Union Deutsche Verlagsges., 1893; 1 Bl., 192 S. 8.
München, Jur. Fak., Inaug.-Diss. v. 1893

Reichart, Max, Beitrag zur Anatomie d. Ganglion ophthalmicum. Mit 4 lith. Taf. gr. 4. (28 S.) München 875. Stahl. n. 4. —

Reichau. Ueber das Geschlecht der französischen Hauptwörter, als Anhang zur Hirzel'schen Grammatik. Marienburg, G., 1843. 11 S. 4. Progr.

Reichau, G., Leitfaden zum Unterrichte in der Geschichte. — Geschichte des Alterthums. gr. 8. Elbing 839. Levin. 1/8 ℔

Reichau, Henr., de fontium delectu, quem in Tiberii vita moribusque describendis Vellejus, Tacitus, Suetonius, Dio habuerunt. Dissertatio inauguralis historica. Königsberg 865. (Akadem. Buchh. von Schubert & Seidel.) gr. 8. (40 S.) n. 5 *ngr.*

Reichau, Heinrich, Prof. Dr.: Die Entwicklung der Plastik bei den Griechen. (Erweit. Vortrag.) *(Magdeburg 1901: E. Baensch jun.)* (37 S.) 8° [Kopft. J.]
Magdeburg, Guericke-S (OR u. RG), P 1901 (289)

[J.] Reichau, Heinrich [Dr., Oberl.]: Der Ursprung der Schule. Magdeburg, Druck v. E. Baensch jun., 1891; 1 Bl., 24 S. 4°
Magdeburg. Guericke-S (OR u. RG), OP 1891 (259)

Reichau, Heinr., Ursprung u. Wesen der Schule. gr. 8. (III, 87 S.) Magdeburg 891. E. Baensch jun. 2. —

Reichau, Heinr., Williram, Abt zu Ebersberg in Oberbaiern. 4. (25 S.) Magdeburg 877. (Heinrichshofen's Buchverl.) — 75

Reichau, Karl: Die Radioaktivität der schlesischen Heilquellen. Halle a. S. 1908: Kaemmerer. 63 S. 8°
Halle, Phil. Diss. v. 15. Okt. 1908, Ref. Dorn
[Geb. 2. Jan. 81 Magdeburg; Wohnort: Berlin; Staatsangeh.: Preußen; Vorbildung: Domgymn. Magdeburg Reife O. 99; Studium: Halle 4, Berlin 3 S.; Rig. 28. Febr. 08.] [U 09. 1692

Reichau, Rudolf, Referendar in Kalkberge ⟨Mark⟩: Der Vertragsschluß durch Fernsprecher insbesondere beim Eintreten von Mittelspersonen. Berlin 1908: W. Pilz. (V, 49 S.) 8°
Jena, Jur. Fak., Ref. Thon, Diss. v. 21. Jan. 1908
[Geb. 27. Mai 86 Düsseldorf; Wohnort: Kalkberge; Staatsangeh.: Preußen; Vorbildung: Joachimsth. Gymn. Berlin Reife O. 04; Studium: Grenoble 1, München 2, Berlin 3 S.; Rig. 3. Dez. 07.]

Reichau, Werner, Köpenick b. Berlin: Ist die Kommanditgesellschaft auf Aktien ein 'rechtsfähiger Verein'? *Berlin 1902: W. Pilz.* (VI, 72 S.) 8°
Rostock, Jur. Diss. v. [28. Nov.] 1902

Reichau, Wern., die Kommanditgesellschaft auf Aktien u. der „rechtsfähige Verein". gr. 8. (VI, 72 S.) Berlin 903. Struppe & Winckler. n. 2. —

Reiche, Die d r e i

— — d. Mineralr. 1ste 2te Ausg. mit illum. K. 4. Ebd. 781.

Reiche, Die drei, der Natur; eine Wochenschrift. Nürnberg 1775—81. V: *Heppe, Johann Christoph.* (Ky)

—die drei, der Natur; e. Wochenschrift, (v. J. C. Heppe). 4 Bde. Mit Kpf. 4. Nürnb. 775—81. Bauer. 6 ℛ

Reiche, die drei, der Natur. In 3 Abthlgn. Mit 8000 Abbildgn. (Holzschn. im Text.) 1—7. Heft. Leipzig 858. O. Wigand. 4. Jedes Heft n. 10 ngr.
Inhalt: 1. Abth.: Die Naturgeschichte des Thierreichs. Von C. G. Giebel. 1—7. Heft. (S. 1—448.)

Reiche, die drei, der Natur. In 3 Abthlgn. Mit 8000 Abbildgn. (Holzschn. im Text.) Leipzig 859—64. O. Wigand. 4. Jedes Heft n. 10 ngr.
1. Abthlg.: Die Naturgeschichte des Thierreichs. Von C. G. Giebel. 8—36. Heft.
1. Bd.: Die Säugethiere. Mit 926 Abbildgn. (VIII, S. 449—522.)
2. Bd.: Die Vögel. (XVI, 447 S.)
3. Bd.: Die Amphibien u. Fische. (XXI, 408 S.)
4. Bd.: Die Gliederthiere. (XX, 550 S.)
5. Bd.: Die Weichthiere. (XIV, 339 S.)

— d. drey d. Natur, d. Thierreichs 1ste 2te Ausg. m. illum. K. 4. Nürnb. Bauer. 781.

— — d. Pflanzenreich. 1ste 2te Ausg. mit illum. K. 4. Ebd. 781.

Im **Reiche** der Geister. Sammlung okkultist. Träumereien u. Visionen. Lfg 1. Dresden: L. C. Engel (Bad Schmiedeberg: F. E. Baumann) [1904]. 8° [07. 13490

Reiche der heil. drei Könige, ihr Sterndienst, ihre Reise nach Bethlehem etc. Nach den Geschichten d. gottseligen Katharina Emmerich im Vergleiche mit d. Aussag. d. Geographie etc. 2. Aufl. 8. (VI u. 102 S. mit Karte.) Laibach, *Kathol. Buchh. 80 kr. 1885

Aus dem mitteleuropäischen Reiche der Knute. Ein Kulturgemälde in 8 Bildern von einem deutschen Sklaven. 8°. (VIII, 119 S.) Wien: Moderner Verlag 1904. K 2 40

Reiche, die, der Natur, e. Lehr- u. Lesebuch f. Kinder, (v. H. L. Fischer). 3 Thle. 8. Schwerin 795—97. Bödner. 1 ℛ 16 gr

—die, der Natur, e. naturhistor. Lesebuch f. die erwachsene Jugend. Mit 19 groß. nach d. Natur ausgemalt. Kpf. 4. Hamb. 814. (Herold jun.) 1 ℛ 16 gr

Aus dem **Reiche** der T o d t e n. –
Neuwied, sp. [ab 1797] Frankfurt/M. – 1795 – 1808.
• Vorh. u.d.T.: Gespräche der Todten.
Fortges. u.d.T.: Reich der Todten. (Frankfurt/M.)

AUS dem Reiche der Todten. Politische Gespräche, 1799 bis 1808 = 7 Bde. 8°. (60 Mk. Ernst Frensdorff, Berlin, 1906.) **Sehr selten!**
Handelt u. a. über Mirabeau, Rabelais, Dr. Bahrdt, Dorat, Joseph II., Friedrich d. Gr., Dr. Faust, B e r l i n, Theater, „an die Fabrike der Kritler in der Litteratur", etc. etc.

Reiche der alten Welt. 1. u. 2. Bd. 8. Calw u. Stuttgart 891. Vereinsbuchhandlg. à n. 3. —; geb. à n.n. 3. 75
1. Geschichte v. Alt-Ägypten. Von A. W i e d e m a n n. Hrsg. vom Calwer Verlagsverein. (320 S. m. 40 Abbildgn.)
2. Geschichte Babyloniens u. Assyriens. 2. Aufl. d. gleichnam. Werkes v. F. M ü r d t e r, rev. u. größtenteils neu bearb. v. Frdr. D e l i t z s c h. (IV, 264 S. m. Karte, Königstab. u. 25 Abbildgn.)

Reiche der alten Welt. 3. Bd. 8. Calw u. Stuttgart, Vereinsbuchh. n. 3. —; geb. n. 3. 75
Israels Geschichte von Alexander dem Großen bis Hadrian. Von A. S c h l a t t e r. (343 S.) 901.

(Reiche, k. k. FML.) E r i n n e r u n g e n aus dem Leben eines Veteranen. 8. Wien 1861.

[**Reiche.** Preussische Generalstabsreise. Berlin um 1815.]
13 Taf. in Lithogr. 4°.
Folge von Bildnissen. Zeichner: Major Reiche.

REICHE, Die Schlesische Gesellschaft für vaterländische Kultur, was will, was ist, was kann sie? Ein Vortrag, gehalten am 29. November 1844. Breslau s. a. Druck von Grass, Barth und Comp. 8°.

Reiche, Karte der Streblener Berge. Fol. Lith. Breslau 850, Gosohorsky in Comm. n. 1/6 ℛ

Reiche. M e m o i r e n des k. preuss. General der Inft. Ludwig v. . . . . . 1775—1855. Herausgegeben von Louis v. W e l t z i e n, oldenburg. Hauptm. (2 Bde.) 8. Leipzig 1857.

(REICHE), An die Mitglieder der Gesellschaft zur Beförderung der Naturkunde und Industrie in Schlesien und an sämmtliche Schlesier. Breslau 1809. Gedr. bey Grass und Barth. 8°.

v. Reiche. Lithographische Proben in verschiedenen Manieren. Berlin 1817. Fol.

Reiche, a.: Psychiatrie etc.

REICHE, Rede, gehalten am Stiftungsfeste der Schlesischen Gesellschaft für vaterländische Cultur, im December 1819. (Ohne bes. Titelblatt.) 8°.*)

Zwey Reden, gehalten von dem Regiments-Quartiermeister MÜLLER und dem Professor REICHE, bey der ersten Feyer des Stiftungstages der Gesellschaft zur Beförderung der Naturkunde und Industrie Schlesiens, am 17ten December 1804. Breslau. Gedr. bey Grass und Barth. 8°.

v. R e i c h e, Vers. e. vollst. Bau-Praktik. Ist Verl. v. Bolke in Berlin.

Reiche, Ad. Ldw. Geo., Beitrr. zur Rechtsgelehrsamkeit u. Geschichte. 8. Bayr. 798. Lübecks Erb. (Grau in Hof). 16 gr

—comment. ad tit. Pandectarum L. XXVIII. T. I. etc. 8maj. Götting. 796. Vandenhöck u. R. 8 gr

Reiche, Ad. Lud. Ge. de: Exploratio quaestionis: An quis nocturno tempore facere possit testamentum? Goettingae 1795.

Reiche, Adalbert, a. Königsberg N-M.: Über abnorme paralytische Kontrakturen an der unteren Extremität nach spinaler Kinderlähmung. Langensalza 1905: J. Beltz. (16 S.) 8°
Freiburg i. B., Med. Fak., Ref. Kraske, Diss. v. 1905
[Geb. 15. Jan. 82 Königsberg N-M; Wohnort: Königsberg; Staatsangeh.: Preußen; Vorbildung: Friedrich-Wilhelmsgymn. Königsberg Reife O. 99; Studium: Berlin 2, Freiburg 2, Kiel 1, Berlin 2, Freiburg 3 S.; Coll. 13. Jan. 05.]

Reiche, Adalb., über abnorme paralytische Kontrakturen an der unteren Extremität nach spinaler Kinderlähmung. (16 S.) gr. 8. Leipzig 905. B. Konegen. n. — 50

Reiche, Alfred: Die Sterilität, durch Anomalien des weiblichen Organismus. Halle (1875): Plötz. 30 S. 8°
Halle-Wittenberg, Med. Diss. v. 24. März 1875
Geb. Poduren bei Königsberg (Ostpr.) 27. 11. 1850. V.

Reiche, Alfred, Tierarzt a. Borna (Leipzig): Aus der Klinik der Königlichen tierärztlichen Hochschule zu Dresden. Klinik für große Haustiere: Medizinalrat Professor Dr. Röder. Klinisch-experimentelle Untersuchungen über den Mercurialismus bei Schweinen. Borna-Leipzig 1905: R. Noske. (99 S.) 8°
Gießen, Verein. Med. Fak., Ref. Olt, Diss. v. 31. Jan. 1905
[Geb. 8. Okt. 77 Borna; Wohnort: Borna; Staatsangeh.: Sachsen; Vorbildung: Realgymn. Borna Reife O. 97; Studium: München u. Dresden 8 S.; Coll. 7. Nov. 04.]

Reiche, Armin [aus Braunschweig]: Die künstlerischen Elemente in der Welt- und Lebens-Anschauung des Gregor von Nyssa ... Jena, Druck v. A. Kämpfe, 1897; 60 S. 8.
Jena, Phil. Fak., Inaug.-Diss. v. [22. Juli] 1896

Reiche, Armin, die künstler. Elemente in d. Welt- u. Lebens-Anschauung des Gregor v. Nyssa. E. Beitrag zur Philosophie d. Patristik. gr. 8. (60 S.) Jena 897. O. Rassmann. n. 1. —

Reiche, Armin, Dr.: Die Entwicklung des Realschulwesens in Bremen insbesondere der Realschule in der Altstadt. Ein geschichtlicher Rückblick. Bremen 1905: A. Guthe. (105 S.) 8°
Bremen, R in der Altstadt P 1905 (870)

Reiche, [Berthold]. Die Bibliothek der Korporation der Kaufmannschaft von Berlin. O. O. u. J. 8°.

Reiche, Berthold [aus Berlin]: Die politische Litteratur unter Friedrich Wilhelm II. Ein Ueberblick. . . . Halle a. S., 1891; 2 Bl., 32 S., 2 Bl. 8°
Halle, Phil. Fak., Inaug.-Diss. v. 9. Jan. 1891

Reiche, C., die grösseren Brücken der Muldenthalbahn, insbesondere deren Fundirung. Mit 46 Abbildungen u. 2 Taf. [Aus: „Glaser's Annalen für Gewerbe u. Bauwesen".] gr. 4. (23 S.) Berlin 880. Polytechn. Buchhandlung in Comm. n. 2. —

Reiche, C., das Orientiren, od. das Zurechtfinden auf freiem Felde. Zur Selbsterlernung bearb. Mit 10 Figuren. 8. Neisse 830. Hennings. 6 gr

Reiche, C. F., s. Reiche, K. Friedrich

Reiche, Carl, s. Reiche, Karl

Reiche, Caroline v., s. Reiche, Karoline

Reiche, Ed. Der deutsche Krieg 1866. (124.) 8. Wittenberg 1866. 0.90.

Reiche, Gr. Karl, Beobachtt. u. Gedanken über Erziehung u. üb. Volksschulen 2c. 8. Hannov. 810. Helwing. 2 rß 8 gr

Reiche, F., Arteritis pulmonalis. [Aus: „Jahrbb. d. hamburg. Staatskrankenanstalten" 3. Bd.] gr. 8. (14 S. m. 5 eingedr. Kurven.) Hamburg 894. L. Voss. n. 1. —

Reiche, F., die Banknoten-Frage u. e. Antwort darauf. 8. (14 S.) Itzehoe 872. Nusser. n. — 50

Reiche, F., Beiträge zur Kenntnis der Diphtherie, s.: Jahrbücher d. hamburg. Staatskrankenanstalten.

Reiche, F., weitere Beiträge zur Kenntnis der Plaut-Vincentschen Angina, s.: Mitteilungen aus den hamburg. Staatskrankenanstalten. XI, 4.

— zur Beleuchtung d. neuen Bankgesetz-Entwurfs. gr. 8. (8 S.) Ebend. 874. n. — 20

— u. M. **Wilckens,** die therapeutischen Bestrebungen während der Choleraepidemie 1892. [Aus: „Jahrbb. d. hamburg. Staatskrankenanstalten" 3. Bd.] gr. 8. (13 S. m. 1 graph. Taf.) Ebd. 894. n. 1. 50

Reiche, F., der zweite December u. das Kaiserreich. Nach Kinglake's Geschichte des Krimkrieges aus dem Engl. übertragen. Itzehoe 870. (Nusser.) gr. 8. (VII, 72 S.) n. 15 ngr.

Reiche, F., Die deutsche Flotte. Itzehoe 1870. 8. . . . . 0.60

Reiche, F., die Folgen der Goldwährung u. die Legalisirung des Silbers. gr. 8. (68 S.) Hamburg 879. Grüse. n. 1. —

— symmetrische periphere Gangrän im Verlauf e. Cholera gravis. [Aus: „Jahrbb. d. hamburg. Staatskrankenanstalten" 3. Bd.] gr. 8. (4 S.) Ebd. 894. n. — 50

— das Papiergeld des norddeutschen Bundes. Ebend. 870. 8. (16 S.) n. 5 ngr.

— Zur Pathogenese u. Klinik der Phylephlebitis acuta, s.: Mitteilungen aus den hamburg. Staatskrankenanstalten. X, 6.

— u. A. **Schomerus,** die durch d. Diplococcus lanceolatus hervorgerufenen Rachen- u. Kehlkopferkrankungen nebst Bemerkungen üb. das Erysipelas cutis pneumococcicum, s.: Mitteilungen aus den hamburg. Staatskrankenanstalten VIII, 12.

Reiche, F., über den ärztlichen Stand u. die nothwend. Reform der ärztlichen Verhältnisse. gr. 8. (74 S.) Magdeburg 848, Heinrichshofen. 1/3 rß

Reiche, F. Zur Steuerreform. 3 Hefte. 8°. Dresden 1878.

Reiche, Fr., Familien-Bibel für wahrhaft Gebildete reiferen Alters, ohne Unterschied des Glaubens und Geschlechts. Ein Buch zur Beförderung ächter Religiosität. gr. 8. Glogau 835. (Berlin, Heymann.) 1 2/3 rß

Reiche, Fr., Familien-Bibel f. wahrhaft Gebildete, ohne Unterschied des Glaubens u. Geschlechts zur Beförderung ächter Religiosität. (Neue Titel-Ausg.) 8. (X u. 352 S.) Berlin (835) 849, C. Heymann. 1 rß; In Engl. Einb. 1 1/2 rß

Reiche, Fr., der Führer auf d. Lebenswege, s. a. Führer 2c.

Reiche, Fr., u. K. Fr. R., der Führer auf dem Lebenswege in klassisch. Lehren der Moral. Ein Geburtstags- u. Weihnachtsgeschenk f. jedes Alter u. Geschlecht; e. Führer f. die Jugend 2c. gr. 12. Glogau 831. Heymann. 1 rß

Reiche, Fr., der Führer auf dem Lebenswege, in klassischen Lehren der Moral. Ein Geschenk für jedes Alter u. Geschlecht. 3. verb. u. verm. Aufl. 16. (Mit 1 Kpfr.) Berlin 843, Heymann. geb. 1 rß

— der Führer auf dem Lebens-Wege in classischen Lehren der Moral. Ein Geschenk für jedes Alter u. Geschlecht. 4. verm. u. verb. Aufl. gr. 16. (XVIII u. 315 S. m. 1 Lith.) Ebd. 849. n. 1 Thlr.; mit color. Initialen, in Engl. Einbd. n. 2 Thlr. — 5. verm. u. verb. Aufl. Mit 1 Titelkpfr. 16. (XVIII u. 283 S.) Ebd. 852. In Engl. Einb. n. 1 1/6 Thlr.; mit 4 Lith. in Engl. Einb. m. Goldschn. n. 2 Thlr.

Reiche, Fr., der Führer auf dem Lebens-Wege in klassischen Lehren der Moral. Ein Geschenk für jedes Alter u. Geschlecht. 6. verm. u. verb. Aufl. Berlin 859. C. Heymann. 8. (XII, 324 S. u. 1 Lithogr. in Farbendr.) 1 Thlr. 10 ngr.
Prachtausg. mit 5 Lithogr. in Farbendr. n. 2 Thlr.

Reiche, Fr., der Führer auf dem Lebens-Wege. Eine Sammlung klass. Aussprüche für jedes Alter u. Geschlecht. 7. Aufl. 1865 u. 8., verm. Aufl. Berlin 868. C. Heymann's Verl. gr. 8. (XII, 250 S. mit 2 Steintaff. in Tondr.) geb. mit Goldschn. 2 Thlr.

— der Führer auf dem Lebens-Wege in klassischen Lehren der Moral. Ein Geschenk für jedes Alter u. Geschlecht. 9. (Miniatur-)Aufl. Ebend. 870. 16. (X, 245 S.) In engl. Einb. mit Goldschn. 1 Thlr.

Reiche, Fr., der Führer auf dem Lebens-Wege in klassischen Lehren der Moral. Ein Geschenk f. jedes Alter u. Geschlecht. 11. [Min.-]Aufl. 16. (X, 245 S.) Berlin 875. Bichteler & Co. geb. m. Goldschn. n. 3. —

— dasselbe. 12. (Pracht-)Aufl. 8. (X, 246 S. m. Holzschn.-Titel.) Ebend. 876. geb. m. Goldschn. n. 6. —

Reiche, Fr., der Führer auf dem Lebens-Wege in klassischen Lehren der Moral. Ein Geschenk für jedes Alter u. Geschlecht. 13. [Min.-]Aufl. gr. 16. (X, 297 S.) Berlin 878. Straßburg, Schultz & Co. geb. m. Goldschn. n. 3. 50; Pracht-Ausg. geb. n. 6. —; in Ldr. n. 8. —

Reiche, Fr., der Führer auf dem Lebens-Wege in klassischen Lehren der Moral. Ein Geschenk für jedes Alter und Geschlecht. 14. Aufl. 8. (X, 246 S.) Straßburg 882, Schultz und Comp. geb. mit Goldschn. **

Reiche, Fr., der Führer auf d. Lebens-Wege in klassischen Lehren der Moral. Ein Geschenk f. jedes Alter u. Geschlecht. 16. [Min.-]Aufl. 12. (XII, 294 S.) Straßburg 887. Straßburger Druckerei u. Verlagsanstalt. geb. m. Goldschn. n.n. 3.50

Reiche, Fr., der Führer auf dem Lebens-Wege in klassischen Lehren der Moral. Ein Geschenk f. jedes Alter u. Geschlecht. 17. (Min.-)Aufl. gr. 8. (XII, 294 S. m. 3 Bildern.) Straßburg i/E. 892. Straßburger Druckerei u. Verlagsanstalt. Geb. in Leinw. m. Goldschn. n.n. 3. 50

Reiche, Fr., Deutschlands Vorzeit, s.a. Deutschlands Vorzeit.

Reiche, Fr., Deutschlands Vorzeit. Historische Unterhaltungen, Gemälde und Sagen der Vergangenheit von Städten, Burgen, Schlössern etc. Im Verein mit mehreren Geschichtsfreunden herausg. Mit Stahlst. Bd: 1—5. Berlin 1835. 8.
—, — Neue Aufl. (Titelaufl.) Berlin 1852—54. 8.

— Preußens Vorzeit, s. Preußens Vorzeit.

Reiche. Franz [prakt. Arzt aus Lübeck]: Zur Therapie der Inversio vesicae .... Greifswald. Druck v. Julius Abel, 1888; 34 S. 8°
Greifswald, Med. Fak. Inaug.-Diss. v. 1. Febr. 1888

Reiche, Frz. Arn., comment. sistens explorationem quaestionis, quaenam sit vis investiturae eventualis etc. 4mai. Götting. 797. Dieterich. 6 gr.

Reiche, Friedrich: Chronologie der letzten 6 Bücher des Ammianus Marcellinus. ... Liegnitz, Druck v. Adolf Niegisch, 1889; 76 S. 8°
Jena, Phil. Fak., Inaug.-Diss. v. 1889

Reiche, Frdr., Chronologie der letzten 6 Bücher des Ammianus Marcellinus. Inaug.-Diss. gr. 8. (76 S.) Liegnitz 889. Rudolstadt, Dabis. n. — 80

Reiche, F[riedrich], Dr.: Über die Teilung der Zivil- und Militärgewalt im dritten Jahrhundert der römischen Kaiserzeit. *Breslau (1900): O. Gutsmann.* (16 S.) 8°
Breslau, k. Friedrichs-G, OP 1900 (191 [vielm. 187])

Reiche, Friedrich: Der Untergang der antiken Welt. Zsfassende krit. Betrachtung. Schrimm 1908: Schwantes. S. 43—65. 4°
Schrimm, k. G, in Festschr. z. Feier d. 50-j. Bestehens, OP 1908 (226)**
[S 08. 309

A. Hansen aus Grumbye in Angeln (Mitglied d. Schleswig'schen Ständeversammlung) im Reichsrath zu Kopenhagen im October 1859 [v. Friedrich Heinrich Jens Reiche]. Hamburg. 1860. 8°.

A. Hansen aus Grumby in Angeln im Reichsrath zu Kopenhagen im October 1859 [v. Friedrich Heinrich Jens Reiche]. Hamburg. 1860. 8°.

Rückblick auf die fünfundzwanzigjährige Tätigkeit des Provinzial-Ausschusses für Innere Mission in der Provinz Brandenburg. Bericht ... von F[riedrich] W[ilhelm] Reiche, Pfarrer. Berlin: Geschäftsstelle (d. Prov.-Auschusses f. Inn. Mission) 1908. (36 S.) 8° [F.] [08. 12331

Rückblick auf die zehnjährige Thätigkeit des Provinzial-Ausschusses für innere Mission in der Provinz Brandenburg. Bericht ... von F[riedrich] W[ilhelm] Reiche, Pastor. (Hamburg 1892: Druckerei d. Rauhen Hauses.) (19 S.) 8° [F.] [08. 12332

[F.] Übersicht über den Stand der Innern Mission in der Provinz Brandenburg '(ausschliessl. Berlin)' auf Grund der im J. 1892 eingegangenen statist. Tabellen. Im Auftr. d. geschäftsführ. Vorstandes des Prov.-Aussch. f. Inn. Miss. in d. Prov. Brandenburg bearb. v. F. W. Reiche, Pastor ... *Berlin: Dr. v. Gebr. Unger 1893.* (IV, 149 S., 1 Tab.) 1 Bd 8. [97. 2274

Reiche, Fritz, a. Berlin: Gesetze der Kompression einer Hohlraumstrahlung durch eine „semipermeable" Platte. (Berlin 1907: E. Ebering.) (145 S.) 8°
Berlin, Phil. Fak., Ref. Planck, Diss. v. 23. Nov. 1907
[Geb. 4. Juli 83 Berlin; Wohnort: Berlin; Staatsangeh.: Preußen; Vorbildung: Französ. Gymn. Berlin Reife M. 01; Studium: München 2, Berlin 9 S.; Rig. 20. Juni 07.]

Reiche, G., die Prosodie oder richtige Silbenbetonung der französischen Sprache, gegründet auf die Quantität der Silben nach Lévizac u. Dubroca. Eine unentbehrliche Zugabe für alle französischen Grammatiken. Nebst einer Geschichte der Entstehung der französischen Sprache; Bemerkungen über die französischen Gedichte u. Erklärung der Accente, des Apostroph, der Cédille, des Tréma, Bindestrichs u. der Interpunktionszeichen. Aus dem Nachlasse. Bearb. von Erwin Martin. gr. 8. (86 S.) Böhm.-Leipa 880. Künstner. n. 1. —

Reiche, G. Ph. H., vollständige theoretisch-praktische, für jedes Alter u. jeden Stand passende, Grammatik der französischen Sprache, für den Schul- u. Privatgebrauch ausgearb. gr. 8. Lemgo 841, Meyer'sche Hofbuchh. n. 1 1/3 Thlr.

Reiche, Gust., der Ausstopfer, s.: Miniatur-Bibliothek.

Reiche, H. v., Anlage u. Betrieb der Dampfkessel. Handbuch f. Ingenieure, Kesselbesitzer u. Kesselwärter. Mit 82 eingedr. Holzschn. hoch 4. (X, 202 u. VIII, 30 S.) Leipzig 872—74. Felix. n. 13. —

— dasselbe. 2., umgearb. u. stark verm. Aufl. Mit 122 in den Text gedr. Holzschn. u. e. Atlas v. 18 lith. Taf. (in qu. gr. Fol.) gr. 8. (XV, 317 S.) Ebend. 876. n. 18. —

Reiche, H. v., Anlage u. Betrieb der Dampfkessel. Lehrbuch f. angeh. u. Handbuch f. ausüb. Ingenieure, Rathgeber f. Industrielle u. Anweisg. f. Kesselwärter. [In 2 Bdn.] 1. Bd. Theorie der Dampfkessel-Anlagen u. Construction ihrer Feuergn. 3. Aufl. Nach d. Verf. Tode bearb. v. J. Reintgen. gr. 8. (XV, 212 S. m. Holzschn. u. 1 lith. Taf.) Leipzig 886. Felix. n. 7. —

Reiche, H. v., Anlage und Betrieb der Dampfkessel. Lehrbuch f. angeh. u. Handbuch f. ausüb. Ingenieure, Rathgeber f. Industrielle. [In 2 Bdn.] 2. Bd. Construction d. Dampfkessel-Anlagen u. Betrieb derselben. 3. Aufl. Bearb. v. R. Weinlig. 2 Lfgn. gr. 8. Leipzig 888. Felix. n. 13. — (cplt.: n. 20. —)
1. Lfg. Mit 1 Atlas v. 11 lith. Taf. (in gr. 4). (128 S.) n. 6. —
2. Lfg. Mit 1 Atlas v. 10 lith. Taf. (in gr. 4). (VIII u. S. 129—288.) n. 7. —

—— die Dampfkessel der Wiener Weltausstellung 1873, mit Berücksicht. überhaupt der neueren Fortschritte und Richtungen in Dampfkesselanlagen. Bericht an Ingenieure und Rathgeber für Industrielle. Zugleich 2. Bd. zur Anlage und Betrieb der Dampfkessel. gr. 8. (VIII, 79 S. mit 6 lithogr. Taf. in gr. Fol. und vielen eingedr. Holzschn.) Ebendas. 874. *

Reiche, H. v., der Dampfmaschinen-Constructeur. Lehrbuch für angehende u. Handbuch für ausübende Ingenieure zur Berechnung u. Construction der Dampfmaschinen. 1. Thl.: Die Transmissions-Dampfmaschinen. Mit einem Atlas von 31 lith. Taf. (in qu. Fol.). gr. 8. (IX, 187 S.) Aachen 880. Mayer. n. 16. —

— der Dampfmaschinen-Constructeur. Lehrbuch f. angeh. u. Handbuch f. ausüb. Ingenieure zur Berechng. u. Construction der Dampfmaschinen. 1. u. 2. Thl. gr. 8. Aachen, Mayer. à n. 16. —
1. Die Berechng. u. Construction der Transmissions-Dampfmaschinen. Mit e. Atlas v. 31 lith. Taf. 2., verb. Aufl. (IX, 187 S.) 886.
2. Die Berechnung u. Construction der wichtigsten Werkzeug-Dampfmaschinen u. zwar der Fördermaschinen, der Wasserhaltungen u. Pumpen u. der Gebläsemaschinen u. Compressoren. Mit e. Atlas v. 22 lith. Taf. (in qu. Fol.). (VIII, 258 S.) 883.

Reiche, H. v., der Dampfmaschinen-Constructeur. Lehrbuch für angehende und Handbuch für ausübende Ingenieure zur Berechnung und Construction der Dampfmaschinen. 1. Thl. A. u. d. T.: Die Berechnung und Construction der Transmissions-Dampfmaschinen. 2. verb. Aufl. gr. 8. (IX, 187 S. mit einem Atlas von 31 lithogr. Taf.) Aachen 886, Mayer. *

Reiche, H. v., der Dampfmaschinen-Constructeur. 1. Tl. Die Berechng. u. Construction der Transmissions-Dampfmaschinen. Lehrbuch f. angeh. u. Handbuch f. ausüb. Ingenieure. Mit e. Atlas v. 31 lith. Taf. in 4. 3., verb. Aufl. gr. 8. (IX, 192 S.) Aachen 893. C. Mayer's Verl. n. 16. —

— Neue Dampfmaschinen-Präcisions-Steuerung. Mit 2 lith. Taf. (in gr. qu. Fol.) gr. 8. (10 S.) Ebend. 874. n. 3. —

— die directe, momentane u. sichere Einwirkung d. Regulators auf die Meyer'sche Schieber-Steuerung f. variabele Expansion. Patentirt f. Preussen, Oesterreich-Ungarn u. Frankreich. gr. 4. (3 S. m. 2 Taf. in Aubeldr.) Ebend. 876. n. 3. —

— die Gesetze des Turbinen-Baues. Mit 24 in den Text gedr. Holzschn. gr. 8. (XII, 120 S.) Leipzig 877. Felix. n. 10. —

Reiche, H. v., die Maschinenfabrication. Entwurf, Kritik, Herstellung u. Veranschlagung der gebräuchlichsten Maschinen-Elemente. (In 2 Bdn.) 1. Bd. Mit 18 lith. Taff. (in qu. Fol.) Leipzig 869. Felix. gr. 8. (XIV, 193 S.) n. 2 ₰

— — 2. Bd. 1. Hälfte. Mit 12 lith. Taff. (in qu. Fol.) Ebend. 870. gr. 8. (103 S.) n. 1 ₰ 10 ngr.

— die Maschinenfabrication. Entwurf, Kritik, Herstellung u. Veranschlagg. der gebräuchlichsten Maschinen-Elemente. 2. Bd. 2. Hälfte. Mit 22 lith. Taf. (in qu. Fol.) gr. 8. (IV, 225 S.) Ebend. 871. n. 6. — (cplt.: n. 16. —)

— dasselbe. 2. umgearb. u. stark verm. Aufl. Mit in den Text gedr. Holzschn. u. e. Atlas v. 70 lith. Taf. (in qu. Fol.) Lex.-8. (XXI, 579 S.) Ebend. 876. n. 40. —

Reiche, H., Perlen aus der heiligen Schrift. 1. Heft. 8. (4 Chromolithogr.) [Neu-Erkerode 876, Buchh. der Idioten-Anstalt.] Leipzig, Böhme. (* ℳ 1,50.) *
Nicht weiter erschienen.

— die Untersuchungen an Dampfmaschinen u. Dampfkesseln u. an einigen rheinischen u. westfälischen Kohlensorten auf der Gewerbe-Ausstellung für Rheinland, Westfalen u. benachbarte Bezirke in Verbindung mit einer allgemeinen deutschen Kunst-Ausstellung in Düsseldorf 1880. Im Auftrage des Vorstandes der Ausstellung hrsg. unter besonderer Mitwirkung von F. Böcking. Mit 18 lith. Taf. Fol. (III, 28 S.) Aachen 881. Mayer. n. 12. —

REICHE, HENRY VON. Ueber zwei Azodisulfobenzolsäuren und deren Derivate. (Freiburg im Breisgau) Hamburg *n. d.* [1880].

Reiche, Hugo [aus Pollychen (Brandenburg)]: **Ein Fall von Crises gastriques mit vorzugsweiser Betheiligung des Darmes bei Tabes dorsualis** .... Würzburg, Becker's Univ.-Buchdr., 1886: 39 S. 8°.
Würzburg. Med. Fak., Inaug.-Diss. v. 1886.

Reiche, Hugo, ein Fall von Crises gastriques mit vorzugsweiser Betheiligung des Darmes bei Tabes dorsualis. Diss. Würzburg 1886, Stahelsche Univ.-Buchh. 8°. 39 S.

Reiche, Jenny, Berliner Mädel. Kleine böse Geschichten u. Lieder. (96 S.) 8. Gross-Lichterfelde (904). Friedrichshagen, W. Donny & Sohn. 1. —

Reiche, Jobst Christoph Er.

Reiche, J. C. E. v., Bayreuth geschildert, m. K. 4. Bayreuth, Lübeck. 795.

— das erste Bedürfniß des Kriegers, zur Festgründung fr. Ehre. 8. Bayr. 794. (Hahn in Hannov). 12 gl

v. Reiche, Jobst Cph. Er., Beschreib. von Bayreuth. Mit 2 Kpf. 4. Bayr. 795. (Grau). 20 gl

— die Fantaisie, e. Gemälde d. Natur u. Tugend. Mit Kpf. u. 1 Plan. gr. 4. Bayr. 796. (Grau). 20 gl

— Culmbach u. Plassenburg, geschildert. 4. Bayr. 796. Autor. 6 gl

— militär. Lesebuch. 1r Thl. gr. 8. Bayr. 801. Lübecks Erb. 16 gl

Jobst Cp. E. v. Reiche's unterricht. Leseb. f. Unteroffic. u. diejenigen, denen die Veredl. ihrer Untergebnen am Herzen liegt. 1r Th. *Bayr.*, Lübecks E. 800. 8° 12 Gr

— unterrichtendes Lesebuch f. Unterofficiere. 1r Thl. 8. Bayr. 801. Lübecks Erb. 12 Gr

Reiche, J. E. L. v., Unterhaltung mit Gott. 2 Thle 8. Bayreuth, Autor. 796. (à 4 gr.) Rthlr.

— meine Unterhaltung mit Gott; e. Samml. geistl. Lieder u. Gebete ꝛc. 2 Thle. 8. Bayr. 796, 97. Autor. (à 4 Gr) 8 Gr

— **Johann**, De crimine magiae. Theses inaug. Präs. Christian Thomasius. Halle/Magdeburg (Chr. Salfeld) 12. XI. 1701. 40 S. (5.—) 27968
Widm. v.: Christian Thomasius.

— — Dasselbe. Halle/Magdeburg (Chr. Salfeld) 12. XI. 1701. 40 S. (5.—) 27969

— — **Dasselbe. Halle/Magdeburg (Salfeld) 12. XI. 1701. 1722. 40 S. (5.—) 27970**
Widm. v.: Christian Thomasius.

Reiche, Joh., Unterschiedliche Schrifften Von Unfug Des Hexen-Processes . . . . Th. 2. Halle, Renger, 1704. 4°

Reiche, Johann Daniel, s. Reich.

— **Johann Georg**, Academiae Georgiae Augustae prorector cum senatu Sacra Paschalia anni 1836 indicit. — Commentarii in N. T. critici specimina. Part. II. Göttingen (Dieterich) (2. IV.) 1836. 33 S. (3.75) 27971

— **J. G.**, Acad. Georgiae Augustae prorector cum senatu Sacra Paschalia anni 1839 indicunt. — Commentarii in N. T. critici specimen tertium. Göttingen (Dieterich) 1839. 28 S. (3.50) 27936

Reiche, J. G., commentarius criticus in N. T. quo loca graviora et difficiliora lectionis dubiae accurate recenseantur et explicantur. Tom. I. Epistolas Pauli ad Romanos et ad Corinthios datas continens. Gottingae 853. Vandenhoeck et Ruprecht. 4. (VI, 409 S.) n. 2 Thlr. 20 ngr.

Reiche, J. G., Commentarius criticus in N. T. quo loca graviora et difficiliora lectionis dubiae accurate recensentur et explicantur. Tom. II: Epistolas apostoli Pauli minores continens. gr. 4. (445 S.) Göttingen 859, Vandenhoeck und Ruprecht's Verlagsh. *
Tom. I. Ebendas. 1853. * 2 Thlr. 20 Ngr.

—— Commentarius criticus in N. T. quo loca graviora et difficiliora lectionis dubiae accurate recensentur et explicantur. Tom. III. Epistolam ad Hebraeos et epistolas catholicas continens. gr. 4. (376 S.) Göttingen 862, Vandenhoeck und Ruprecht's Verlag. *
Tom. 1. et 2. Ebendas. 1853.59. * 5 Thlr. 10 Ngr.

Reiche, J. G., commentarii in N. T. critici specimen. Göttingen 862. (Dieterich.) gr. 4. (48 S.) n. 16 ngr.

Reiche, J. G., codicum mss. N.T. Graecorum aliquot insigniorum in biblioth. regia Parisiensi asservatorum nova descriptio et cum textu vulgo recepto collatio, praemissis quibusdam de neglecti codicum mss. N. T. studii causis observationibus. gr. 4. (73 S.) Gottingae 847, Vandenhoeck & Ruprecht. $^2/_3$ Thlr.

— **I. G.**, Rationis, qua Fr. H. Jacobi e libertatis notione Dei existentiam evincit, expositio et censur. Pars Prior expositionem exhibens. Göttingen (C. Herbst). 1821. 67 S. (4.25) 27966
Gew.: Wilhelm Conr. Sanders.

— rationis, qua Fr. H. Jacobi e libertatis notione dei existentiam evincit, expositio et censura. Pars I. 8maj. Götting. 822. Vandenhöck u. R. 6 Gr

— de baptismi et origine et necessitate nec non de formula baptismali. 8maj. Götting. 816. Vandenhöck u. R. 15 Gr

Reiche, Jh. Geo, Versuch einer ausführlichen Erklärung des Briefes Pauli an die Römer, mit histor. Einleitungen u. exegetisch-dogmatischen Excursen. 2 Thle. gr. 8. Göttingen 833, 34. Vandenhoeck u. Ruprecht. (à 2 Thlr) 4 Thlr

Reiche, Jh. Geo., authentiae posterioris ad Thessalonicenses epist. vindiciae. 4maj. Götting. 829. Vandenhöck u. R. 6 Gr

— **Johann Justus** (Hildesheim), De jure principis libertatem commerciorum restringendi in utilitatem subditorum. Diss. jur. Präs. Georg Ludwig Boehmer. Göttingen (J. Chr. L. Schulz) Nov. 1753. 59 S. (5.—) 27972
Gew.: Gerlach Adolph von Munchhausen, Ernst Friedrich von Steinberg.

— — Dasselbe. Göttingen (J. Chr. L. Schulz) Nov. 1753. 59 S. (5.—) 27973
Gew.: Gerlach Adolph von Munchhausen, Ernst Friedrich von Steinberg. — Widm. v.: Georg Ludwig Boehmer, Andreas Rudolph von Ramdohr, Aug. Rud. Jes. Bünemann, Friedrich Wilhelm Klaerich, Friedrich Philipp Strube.

Reiche, K., geologische Urgeschichte des mittleren Sachsen. Einführung in die Geologie u. Bodenkunde des Gebietes der Amtshauptmannsch. Meißen u. der angrenz. Gebiete m. besond. Berücksicht. d. Meißner Umgebg. (III, 50 S.) S. Meißen (910). Sächsische Schulbuchh. -- 75

Reiche, K. Friedrich

Reiche, K. F., Friedrich der Große und seine Zeit. Nach d. besten Quellen dargestellt. 12 Lfrgg. Jede mit 2 Stahlst. breit gr. 8. Leipzig 839, 40. Kollmann. (à n. $^1/_3$ Thlr) 4 Thlr

Reiche, C. F. [R. E. J. Rauer], Friedrich der Große und seine Zeit. Nach den besten Quellen dargestellt. 2. Ster.-Ausg. 12 Lfgn. gr. 8. (VIII und 558 S. mit Stahlst.) Leipzig 859. 60, Kollmann. à Lfg. * 10 Ngr.

Reiche, K. F., Friedrich der Große u. seine Zeit. Nach den besten Quellen dargestellt. 2. Stereot.-Ausg. Leipzig 860. Kollmann. gr. 8. (VIII, 558 S. u. 24 Stahlst.) n. 4 Thlr

— — 3. oder Doppel-Jubel-Fest-Ausg. Mit 24 Stahlst. Ebend. 861. gr. 4. (VIII, 557 S.) n. 8 Thlr

Reiche, K. F., das Leben u. Wirken Jesu. Allgemein faßlich dargestellt. Mit 20 Holzschn. gr. 8. Berlin 841, 42. (Büchting in Nordhausen.) $1^2/_3$ Thlr

Reiche, C. Frdr.: Napoleon und seine Zeit. Leipzig 1841. 8°

— Peter der Große u. seine Zeit. Nach d. besten Quellen dargestellt. Mit 14 Stahlst. Lex.-8. Leipz. 841, Kollmann. n. $2^1/_3$ Thlr

— Peter der Große und seine Zeit. Nach den besten Quellen dargestellt. 2. Ster.-Ausg. 2 Hälften. gr. 8. (VIII und 327 S. mit 14 Stahlst.) Leipzig 857. 58, Kollmann. 1

Reiche, K. F., Deutschlands Vorzeit, s. Deutschlands Vorzeit.

Reiche, K. F., s. Zaun, der todte.

Reiche, Karl

Reiche, Carl, üb. habituelle Aehnlichkeiten generisch verschiedener Pflanzen. [Aus: „Verhandlgn. d. deutschen wissenschaftl. Ver. zu Santiago".] gr. 8. (5 S. m. 1 Lichtdr.-Taf.) Santiago 892. (Berlin, R. Friedländer & Sohn.) n. — 60

Reiche, K., Balsaminaceae, s.: Warburg, O.

— Cistaceae,
— Geraniaceae, Oxalidaceae, Tropaeolaceae, Linaceae, Humiriaceae, Erythroxylaceae, s.: Engler, A., u. K. Prantl, d. natürl. Pflanzenfamilien, III. Tl.

Reiche, Karl, Grundzüge der Pflanzenverbreitung in Chile, sa Vegetation. die, der Erde. VIII.

Grundzüge der Pflanzenverbreitung in Chile, von Dr. phil. Karl **Reiche**, Santiago. Mit 55 Fig. im Text u. auf 33 Taf., sowie 2 Karten. Leipzig: W. Engelmann 1907. (XIV, 374 S.) 4°(8°)
= **Vegetation**, Die, d. Erde. 8. 108. 900

Reiche, Car. (geb. Magdeburg 6. 9. 1827): De vesicae urinariae inversione. Berolini (1854). (22 S.) 4°
Berlin, Med. Diss. v. 29. Dez. 1854

v. Reiche, Carl, die Landwirthschaftsgesetze des Herzogthums Gotha. 8. (VIII u. 175 S.) Gotha 847, Müller. 1/3 ₰

Reiche, K., kleiner Leitfaden der Mineralienkunde f. Schulen. gr. 8. (32 S.) Dresden 885. Huhle. n. — 20

— Limnanthaceae, s. Engler, A. u. K. Prantl, d. natürl. Pflanzenfamilien, III. Tl.

— üb. polster- u. deckenförmigwachsende Pflanzen. [Aus: „Verhandlgn. des deutschen wissenschaftl. Vereins zu Santiago".] gr. 8. (14 S.) Ebd. 893. n. — 60

— Plantaginaceae, s.: Harms, H.

Reiche, Carl [aus Dresden]: Ueber anatomische Veränderungen, welche in den Perianthkreisen der Blüten während der Entwickelung der Frucht vor sich gehen .... Berlin, Druck v. G. Bernstein, 1885: 51 + 1 S. u. 2 Taf. 8°.
Leipzig, Phil. Fak., Inaug.-Diss. v. 31. Dez. 1885.

Reiche, Carl, anatomische Veränderungen, welche in den Perianthkreisen der Blüthen während der Entwickelung der Frucht vor sich gehen. Diss. Leipzig 1885, Gustav Fock. 8°. 51 S. mit 2 Taf.

— u. P. Taubert, Violaceae, s. Engler, A. u. K. Prantl, d. natürl Pflanzenfamilien, III. Tl.

Reiche, Karl Christoph

– s. Betrachtt. u. Gebete d. Landleute ꝛc., u. setze hinzu: (v. K. Cph. Reiche)

Reiche, Karl Cph., († ...) getreue Darstell. d. Umstände, unter welchen J. G. Basedow Schläge bekommen u. seinen Rock verloren hat. 8. Dessau 783. Gel. Buchh. 10 gr

– s. Geschichte Roms.

– s. Gespräche zw. Töllner, Abraham, u. Sokrates.

– s. Gewissenhaftigkeit u. Einsicht.

— üb. d. seligmachend. Glauben. gr. 8. Berl. 774. Rottmann. 8 gr

— Carl Christoph, De Misericordia Dei nonnulla exhibens. Diss. philos. Göttingen (Hager, cur. E. D. Alberti) 15. IV. 1767. 38 S. (4.50) 27965
Gew.: Johann Gottlieb Toellner.

– s. Predigten e. Landgeistlichen.

— die wahre Religion eines freien Geistes. gr. 8. Berl. 774. Rottmann. 1 ₰ 16 gr

– s. Schädliche, d., d. Predigerordens.

— über die Taufe d. Christen, eine nähere Erklärung u. Zurechtweisung Hrn. Troschels. gr. 8. Berl. 774. Rottmann. 10 gr

— die Taufe d. Christen, ein ehrwürd. Gebrauch. gr. 8. Berl. 774. Rottmann. 12 gr

– s. Unterredung üb. d. Unterr. Liebermanns.

Reiche, Karl Cph., sokrat. Unterricht in d. christl. Lehre d. evangel. Kirche. gr. 8. Berl. 774. Rottmann. 18 gr

– s. Weltgeschichte, synchronistische.

— üb. d. Werth u. zur Berichtigung d. Gefühle v. Theater herab. gr. 8. Berl. 774. Rottmann. 8 gr

– s. Wesen, über das schuchterne.

Karl Friedrich Wilhelm Reiche

Carol(us) Frid(ericus) Guilelm(us) Reiche: De maxillae superioris Fractura. ([Berlin] 1822:) Brüschcke. 31 S. 8°
Berlin, Med. Diss. v. 27. Dez. 1822

Reiche, Caroline v., Erzählungen u. Bilder aus der Spielschule. Mit einer Widmung an Mütter u. Kinderpflegerinnen von Doris Lütkens, geb. v. Cassel. 2., verm. Aufl. 16. (XVI, 116 S.) Hamburg 877. Agentur des Rauhen Hauses. cart. n. 1. 20

Reiche, Caroline v., Erzählungen aus der Spielschule. Mit einer Widmung an Mütter ꝛc. von Doris Lütkens, geb. v. Cossel. Hamburg 856. Agentur des Rauhen Hauses. 16. (132 S.) 15 ngr

Reiche, Caroline v., die Großmutter unter ihren Enkeln. Kindergeschichten mit Bildern (Holzschn.). Hamburg 860. Agentur des Rauhen Hauses. 16. (128 S.) n. 15 ngr

— die Großmutter unter ihren Enkeln. Kindergeschichten mit (eingedr. Holzschn.-)Bildern. 2. Aufl. 16. (139 S.) Ebend. 877. cart. n. 1. 20

— die Reise ins Geschichtenland. Ein Buch für Kinder und Eltern. Mit Bildern (Holzschn. im Text) von L. Richter, Peschel, Andreä u. A. Hamburg 858. Agentur des Rauhen Hauses. 16. (121 S.) n. 15 ngr.

— die Reise in's Geschichtenland. Ein Buch für Kinder u. Eltern. Mit (eingedr. Holzschn.-)Bildern von Ludw. Richter, Peschel, Andreä u. A. 2., verm. Aufl. 16. (122 S.) Ebend. 877. cart. n. 1. 20

Reiche, L. v. Bemerkungen zu einigen Stellen des Buches: Zur Geschichte des Feldzuges von 1815 bis nach der Schlacht von Belle-Alliance, von dem General von **Hofmann.** Berlin 1849. 24 S.

v. **Reiche,** Bemerkungen zu einigen Stellen des Buches „Zur Geschichte des Feldzuges von 1815 bis nach der Schlacht von Belle-Alliance, von dem General v. Hofmann." gr. 8. (24 S.) Berlin 850. Mittler's Sort.-Buchh. n. 4 ngr.

Reiche, Frau Laura, s.: Frel, Leonore.

Reiche, L. C. v.

— die Befestigungskunst, hergeleitet aus d. gegenwärt. Art des Angriffs u. d. Vertheidigung d. Festungen, als Grundlage e. verbess. Befestigungsmethode. Mit 3 Kpf. u. 6 Holzschn. gr. 4. Berl. 812. Dümmler. 2 ℛ Schrbp. 2 ℛ 12 ₰

Die **Feldfortifikation** aus theoret. und prakt. Gründen hergeleitet ꝛc. (Von L. C. v. Reiche.) Mit Taf. Halle 1804. 636 S.

v. Reiche, L. C., Versuch e. vollständ. Baupraktik f. Feld-Ingenieur- u. Infanterie-Officiere insbesondere. Mit 15 Kpft. gr. 8. Berl. 805. Himburg. 3 ℛ 2e Aufl. Mit 15 Kpf. gr. 8. Ebd. 820. (Duncker u. H.) 3 ℛ

Reiche, Leonh., Gesetz u. Evangelium nach Luthers kleinem Katechismus. Spruchbuch m. Leitfaden f. den Konfirmandenunterricht. 8. (130 S.) Gütersloh 891. C. Bertelsmann. n. 1. 20

Reiche, Leonh. Phil. Aug., de Kanti antinomiis quae dicuntur theoreticis. Dissertatio inaug. 4 maj. Goettingae 838. Dieterich. 5/6 ℛ

— **Leonhard Philipp August** (Uelzen/Hannover), De Kanti Antinomiis quac dicuntur theoreticis. Diss. inaug. Göttingen (H. C. Seemann) **1838. 60 S.** (4.50) **27975**

Reiche, Ludw. v., Memoiren. Herausg. von seinem Neffen L. v. Weltzien. 2 Thle. Leipzig 857. Brockhaus. gr. 8. (XIV, 353; VIII, 444 S.) n. 4 ℛ. 20 ngr.

Reiche, Ludwig von, Referendar: Die Untermiete. Borna-Leipzig 1908: R. Noske. (VI, 112 S.) 8°

Breslau, Jur. Fak., Ref. Schott-Meyer, Diss. v. 28. Febr. 1908

[Geb. 30. Aug. 79 Breslau; Wohnort: Breslau; Staatsangeh.: Preußen; Vorbildung: Friedrichs-Gymn. Breslau Reife O. 99; Studium: Breslau 1, München 1, Berlin 2, Breslau 2 S.; Rig. 22. Mai 03.]

Reiche, Max, aus Dresden: Ueber Diketonaphtophenazin. Erlangen 1904: E. Th. Jacob. (33 S.) 8°.

Erlangen, Phil. Fak., Ref. Fischer, Diss. v. 23. Juli 1904

[Geb. 29. Apr. 78 Dresden; Staatsangeh.: Sachsen; Vorbildung: Annen-Realgymn. Dresden Reife O. 99; Studium: Dresden T.H. 8, Erlangen 2 S.; Rig. 23. Juli 04.]

Reiche, O., methodischer Leitfaden zur Förderung des bewußten Singens nach Ziffern u. Noten in d. einfachen Volksschule. gr. 8. (30 S.) Meißen 890. Hansen. n. — 80

Reiche, Otto, Predigt f. den 1. Sonntag nach Trinitatis üb. Ev. Luc. 16, 19—31, an seinem Todestage niedergeschrieben. gr. 8. (11 S.) Oels 875. Grüneberger & Co. — 30

Reiche, Otto, 144 alte u. neue deutsche Volkslieder, d. Oberklassen deutscher Volksschulen in 2 stimm. Bearbeitg. gewidmet. Neue Ausg. 8. (128 S.) Meißen 897. H. W. Schlimpert. n. — 60

— 140 alte u. neue deutsche Volkslieder, den Oberklassen deutscher Volksschulen in gemischt 3 stimm. Bearbeitg. gewidmet. 4. u. 5. Aufl. 8. (112 S.) Ebd. 894. n. — 40

— 132 alte und neue deutsche Volkslieder, den Oberklassen deutscher Volksschulen in gemischt dreistimm. Bearbeitg. gewidmet. Ausg. A f. die Lehrer, dreistimmig bearb. gr. 8. (IV, 144 S.) Meißen 888. Schlimpert. n. 1. 25

— dasselbe. Ausg. B f. die Schüler, zweistimmig bearb. gr. 8. (IV, 108 S.) Ebd. 888. n. — 40

Reiche, Otto, 70 alte u. neue deutsche Volkslieder, den Unterklassen deutscher Volksschulen in 1- u. 2 stimm. Bearbeitg. dargereicht. 3. Aufl. 8. (40 S.) Meißen 894. H. W. Schlimpert. n. — 20

— 210 alte u. neue deutsche Volkslieder f. deutsche Volksschulen in 2- u. gemischt 3 stimm. Bearbeitung. (Riesaer Ausg.) 8. (40 u. 112 S.) Ebd. 894. Kart. n.n. — 70

Reiche, Otto Frid. Arth. (geb. Niebusch in Schles. 12. 1. 1840): De erysipelate. Berolini (1863). (31 S.) 8°

Berlin, Med. Diss. v. 31. März 1863

Reiche, Paul: Beiträge zu Artur Långfors' Ausgabe des Regret Nostre Dame. (Berlin: Mayer & Müller 1909.) 62 S. 8°

Berlin, Phil. Diss. v. 25. Sept. 1909, Ref. Tobler

[Geb. 2. Sept. 85 Altenburg S.-A.; Wohnort: Berlin; Staatsangeh.: Preußen; Vorbildung: Realgymn. Altenburg Reife O. 05; Studium: Straßburg 3, Berlin 5 S.; Rig. 29. Juli 09.] [U 10. 233

Reiche, Paul, approb. Arzt aus Berlin: Ueber den **Nachweis** und die Bestimmung von Aceton und Acetessigsäure im Urin. *Leipzig 1901: B. Georgi.* (30 S.) 8°

Leipzig, Med. Diss. v. (24. Jan.) 1904

Reiche, R., Mobiliar bergischer Bürgerhäuser, s.: Bredt, F. W.

Reiche, Richard: Das Portal des Paradieses am Dom zu Paderborn. Ein Beitrag zur Geschichte der deutschen Bildhauerkunst des dreizehnten Jahrhunderts. Münster 1905: Regensberg. (76 S.) 8°

Straßburg, Phil. Fak., Ref. Dehio, Diss. v. 21. Nov. 1903

[Geb. 2. Dez. 76 Barmen; Wohnort: Barmen; Staatsangeh.: Preußen; Vorbildung: Gymn. Barmen Reife M. 95; Studium: Bonn u. Berlin 3, München 4, Bonn 1, Straßburg 6 S.; Rig. 21 Nov. 03.]

Reiche, Robert: **Bausteine** zur Geschichte der Stadt Königsberg in der Neumark während des Mittelalters. *Königsberg Nm. 1898: J. G. Striese.* (159 S.) 8°

Königsberg i. d. N., Friedrich-Wilhelms-G, OP 1898 (79)

Reiche, [Robert]: Bericht über die Einweihung des neuen Schulgebäudes. S. 20—26. 4. Kgl. Schillergymn. *Münster i. W.* 1908 (464). Progr.

Reiche, Rob., s.: Cammermeister's, Hartung, Chronik.

Reiche, Sam. Gottf.

— d. Belagerung v. Breslau, s. J. W. Oelsner.

Reiche, S. G. Beschreibung der Feier (der Einweihung des neuen Schulgebäudes) nebst den gehaltenen Reden. 30 S. 8. . . .
Breslau, E., Progr. 1835

Reiche, S. G., Elementarwerk der lateinischen Sprache, s. a M. A. Guttmann.

Reiche, S. G., Elementarwerk d. latein. Sprache. gr. 8. Bresl. 821. W. G. Korn. (1r Curs. 12 gr, 2r Curs. 20 gr) 1 rℓ 8 gr

Reiche, S. G. Ergänzungen und Zusätze zu dem geordneten Verzeichnisse der von 1825—1840 erschienenen Progr. der Preuss. Gymnasien und einiger Gymnasien u. s. w. Programm derselben Anstalt. 1841. Progr.

Reiche, S. G. Ueber Freiheit der religiösen Ueberzeugung. Zur Feier der Augsburger Confession 26. Juni. 5 S. . . . . . .
Breslau, E., Progr. 1830

Reiche, Sam. Gottf. Geschichte des Gymnasiums zu St. Elisabeth. Erste Periode. Von der Errichtung der Elisabetschule bis zu deren Erhebung zu einem Gymnasium. 1293 — 1562. 46 S.
Breslau, Elis., Progr. 1843

— die Glaubenslehre des Evangeliums. Zum Gebrauch in den höhern Klassen der Gymnasien u. zum Selbstunterricht für die erwachsenere christliche Jugend. gr. 8. Breslau 839. Graß, Barth u. Comp. 1/2 rℓ

Reiche, S. G. Haben wir gegründete Ursachen, das Uebergewicht des scheinbar eindringenden Obskurantismus zu fürchten. Eine im J. 1824 gehaltene Schulrede. 13 S. . . . .
Breslau, E., Progr. 1827

— Handb. d. Rechenkunst f. Lehrer u. Kaufleute ꝛc., s. A. Feist, drei nützl. Dinge.

Reiche, S. G. Können höhere Bürgerschulen gedeihen, ohne daß die bestehenden Gymn., jedoch unbeschadet ihrer Grundverfassung, eine Veränderung erfahren? Erstes Fragment. Zweites Fragment. (Lorinser u. d. Gymn.) I. 38 S. 4. II. 68 S. 8.
Progr. Breslau E. 1834, 1837

— Leitfaden in der gemeinen Rechenkunst, in 2 Abthll. 2e Aufl. 8. Ebd. 839. 1/2 rℓ

— Leitfaden f. den Unterricht in d. reinen Mathematik. 1r Lehrgang. 8. Bresl. 825. Gosohorsky. 8 gr

Reiche, S. G. Leitfaden für den Unterricht in der reinen Mathem. . . .
Progr. Breslau E. 1835

Reiche, S. G. Leitfaden für den Unterricht in der gemeinen Rechenkunst. II. Anwendung der Theorie. . . . .
Progr. Breslau E. 1830

Reiche, S. G. Lorinser u. d. Gymnasien. (S. oben: Können höhere Bürgerschulen u. s. w. S. 3.) 68 S. 8. . . . .
Progr. Breslau E. 1837

— Methodenbuch u. Rechentafeln zu d. Rechenbuche ꝛc. 8. Bresl. 797.

PREUSSEN über Alles, wenn es will. Von einem Preussen *(Sam. Gottfr. Reiche).* Germanien (Brockhaus in Amsterdam). 1817.
Anon.-Lex. III. p. 298 (nach Nowack, Schles. Schriftst.-Lex. Breslau 1836—43. IV, 13; Brockhaus' Verlagscat.; Neuer Nekrolog); Weller, fing. Dr.

Reiche, S. G. De ratione tradendor. mathematum in gymn. 8 S.
Progr. Breslau E. 1826

— Schlesisches Rechenbuch zum Unterr. in Stadt- u. Landschulen 8. Bresl. 797. W. G. Korn. 9 gr

— neue Rechentafeln, s. F. W. Oelsner.

Reiche, S. G. Rede beim Säcularfeste der Augsburger Confession. 19 S. .
Breslau, E., Progr. 1832

— Schlesien wie es ist, s. J. W. Oelsner.

Reiche, S. G. Gedrucktes Verzeichniß der seit 1825 bis 1840 erschienenen Programme der Preußischen Gymnasien und einiger Gymnasien anderer deutscher Staaten, welche dem Programmentausche beigetreten sind. IV u. 66 S. . . . .
Breslau, E., Progr. 1840

Ders. Ergänzungen und Zusätze zu obigem. II u. 24 S. . . .
Breslau, E., Progr. 1841

Reiche, T., Ueb. die solonische Verfassung des Aristoteles. Pr. 1912. 27 S. 4°. 2.—

Reiche, Th., en jeder dahen, wor'e henhört. 5 Bilder aus dem braunschweig. Bauernleben. 12. (51 S.) Braunschweig 892. (O. Salle.) n. — 50

— ernste Klänge in plattdeutscher Mundart [niedersächsisch-ostfälisch]. 8. (VIII, 72 S.) Ebd. 891. n. 1. —

Reiche, Th., heitere Reimereien in plattdeutscher Mundart [niedersächsisch-ostfälisch]. Vorträge f. gesell. Kreise. 3., verm. Aufl. 8. (IV, 96 S.) Braunschweig 891. Salle. n. 1. —

Reiche, W. v. Kurzgefaßte Erzählung der defensiven Kampagne des rechten Flügels d. kombinierten Armee in Flandern, Belgien und Holland, i. d. J. 1793—1795.
Berlin 1806. 324 S.

v. Reiche, W., kurzgefaßte Erzähll. der defensiven Campagne des rechten Flügels der combinirten Armee in Flandern, Belgien ꝛc. 8. Berl. 806. Hamburg. (Recht). 1 rℓ 12 gr Hbg. Pr. 1 rℓ

Reiche, W. v., Erzählung der defensiven Campagne des rechten Flügels der combinirten Armee in Flandern, Belgien u. Holland in den Jahren 1793 bis 1795. 8. Berlin, 806. Hat jetzt Liebeskind in Leipzig.

— die Feldfortification, aus theoret. u. prakt. Gründen hergeleitet. Mit Kpf. gr. 8. Halle 804. Schimmelpfennig. 4 rℓ

— der kleine Partheigänger u. Krieger, vorzügl. für d. junger Scharfschützen u. leicht. Infanterie-Ober- u. Unterofficiere. Mit 8 Pl. 8. Leipz. 804. Mit n. Titel 817. (Taubert). 1 rℓ 20 gr

Reiche, Wilh., Chronik des preuß. Volkes seit der Thronbesteigung Friedrich Wilhelm IV. Eine ausführl. Darstellung alles Dessen, was seit dem 7. Juni 1840 in u. f. Preußen geschehen ist. Für alle Stände. 1. Bd.: Das Jahr 1840. (4 Lfgn.) gr. 8. (21 1/2 B.) Danzig 842, 43, Gerhard'sche Bh. (à Lfg.) 7 1/2 Nar.

Reiche-Frei, Frau L., s.: Frei, Leonore.

Reiche-Grotze, Empfängnistabelle. (§ 1592, § 1717 B. G.-B.) (1 Bl.) 29,5×39 cm. Dresden (904). Holze & Pahl. n. — 60; auf Pappe n. — 80

Reiohel. Ueber eine neue Aufnahme der Françoisvase. S.-A. 1888. 24 S.

Reichel: Beiträge für den Unterricht in der Geometrie. 16 S. u. Fgt.–Thorn, Progr. 1866

Reichel, Bericht üb. die am 9., 10. u. 11. Febr. 1893 in Berlin vorgenommenen Prüfungen feuersicherer Baukonstruktionen, s.: Stude.

Reichel: Ueber den Chor des sophokleischen Philoktet. 10 S.–Laibach, Progr. 1855

Reichel: Zur theoretischen Herleitung der Gesetze der Doppelbrechung in zweiaxigen Krystallen. 15 S. 4° – Charlottenburg, G., Progr. 1871.

Reichel, Progr. de ineruditis voluptatibus ad locos quosd. Quintiliani. Altenb. 786. 4.

Okak und Nain in Labrador von Reichel. 200,000. G. M. 1863.

Reichel's Volkskalender f. d. J. 1895. 4. (24 u. 40 S. m. Abbildgn. u. 1 farb. Wandkalender.) Augsburg, Gebr. Reichel. n. — 25

Reichel's Volkskalender f. d. J. 1899. gr. 4. (48 u. XVI S. m. Abb. u. farb. Wandkal.) Augsburg, Gebr. Reichel. n. — 25

Reichel's Volkskalender f. d. J. 1903. gr. 4. (48 u. XVI S. m. Abbildgn. u. farb. Wandkalender.) Augsburg, Gebr. Reichel. n. — 25

Reichel's Volkskalender f. d. J. 1907. (48 u. XVI S. m. Abbildgn. u. farb. Wandkalender.) gr. 4. Augsburg, Gebr. Reichel. n. — 25

Reichel's Volkskalender f. d. J. 1911. 17. Jahrg. (48 u. XVI S. m. Abb. u. farb. Wandkalender.) Lex. 8. Augsburg, Gebr. Reichel. — 25

Reichel, A., landwirthschaftliche Aehrenlese, s. Aehrenlese.

Reichel, A., Harmonielehre, s. Harmonielehre.

Schärer, K. Vollständige Sammlung v. Musteraufsätzen für alle im bürgerlichen Leben vorkommenden Rechtsgeschäfte, z. B.: Käufe, Bürgschaften, Mieth- u. Pachtverträge, Schuldschriften, letzte Willensverordnungen, Gesuche an Behörden, Betreibungsvorkehren u. s. w., als nothwendige Ergänzung der Sammlung der Civil- u. Civilprozessgesetze d. Kts. Bern v. N. Niggeler u. Dr. Emil Vogt. Vierte, nach dem schweiz. Obligationenrecht umgearb. Aufl. v. A. Reichel. In-8°. Bern, R. Jenni. 1884. 2 —

Reichel, Abrah., gründl. u. deutliches Rechenbuch. 2 Thle. 8. Leipz. 785, 86. Schwickert. 2 ß

Reichel, Ad. Fr. Wilh., die Klassensteuer in Preußen nach dem Gesetze vom 1. Mai 1851. Ein Handbuch für Verwaltungs-Beamte, Orts-Vorstände u. Steuer-Erheber. 2. verm. Aufl. Danzig 868. Kafemann. 8. (XV, 115 S. mit 4 Tabb. in 4.) n. 16 ngr.

Reichel, Albert [aus Münchberg]: Über die Beteiligung des Trigeminus und Vagus bei Tabes dorsalis ... Erlangen, kgl. bayer. Hofbuchdr. v. A. Volrath [!], 1896; 37 S., 1 Bl. 8.
Erlangen, Med. Fak., Inaug.-Diss. v. 1. Dez. 1896

Reichel, Albr. Gl., sichere und bewährte Mittel wider das Gliederweh, Podagra u. d. Stein. 4. Dresden, Drachstädt. 744.

Reichel, Alex[ander]. Bemerkungen zu der Stellung der öffentlichen Verurkundung im Entwurfe eines schweizerischen Civilgesetzbuches. Separatabdruck aus der Monatsschrift für Bernisches Verwaltungsrecht und Notariatswesen, Heft Nr. 5, 1905. 15 S. 8. [Bern, Genossenschafts-Buchdr.]

Reichel, Alexander (Komm.), s.a. Bundesgesetz, Das, über die Organisation der Bundesrechtspflege.

Reichel, Alex., d. Bundesgesetz üb. d. Organisation d. Bundesrechtspflege, kommentiert. gr. 8. (XXXIII, 338 S.) Bern 896. W. Goepper. Geb. in Leinw. n. 6. 80
Erschien auch in 8 Lfgn. à n. — 75.

Reichel, Alex., das Bundesgesetz üb. Schuldbetreibung u. Konkurs, s.: Weber, Leo.

Reichel, Alex., Gesetz, betr. Vereinfachung u. Abkürzung d. Civilprozeßverfahrens vom 2. Apr./3. Juni 1883. Textausg. m. Beifügg. der durch dieses Gesetz abgeänderten Bestimmgn. d. Verfahrens in Civilrechtsstreitigkeiten vom 31. Juli 1847. 8. (IV, 163 S.) Bern 884. Jenni. n. 3.

Reichel, Prof. Alex., Der Gesetzentwurf über das Armenwesen im Kanton Bern. (Aus: Schweiz. Blätter f. Wirtschafts- und Soz.-Pol.) gr. 8°. Bern, A. Siebert, 1896.

[F.] Die Gründung der Stadt Bern. D. bernische Twingherrnstreit. Zwei Vorträge geh. in Bern v. Prof. A[lex.] Reichel. *Bern: W. Goepper 1898.* (52 S.) 1 Bd 8. [98. 0999]

Reichel, A., siehe: *Juristen-Kalender.*

Reichel. Alex., s. Kommentar zum schweizer. Zivilgesetzbuch.

Reichel, A. Prozessrecht, s. Civil- u. Civilprozessgesetze, bernische.

Reichel, Alex[ander]. Variationen über O du fröhliche, o du selige, gnadenbringende Weihnachtszeit für Klavier und Violine <oder Flöte>. [4 S.] 4. Bern, Komm. Gilgien, Notendruck Stalder & Sieber, [1904]. [fr. 1. 60]

Kreuzwegandacht, welche unsere Vorsätze auf die Haltung der zehn Gebote hinlenkt. Von Alfred Reichel, Pfarrer. 2. Aufl. *Breslau: Aderholz in Comm. (1902).* (16 S.) 8° [F.] [03. 6...

Reichel, Alfr., Kreuzwegandacht, welche unsere Vorsätze auf die Haltung der zehn Gebote hinlenkt. 2. Aufl. (16 S.) gr. 16. Breslau (903). (G. P. Aderholz.) — 20

— die Lehre der katholischen Kirche in 160 Fragen u. gereimten Antworten. (Unterhaltend u. lehrreich.) (XXI, 152 S. m. Abbildgn.) 8. Steyl 903. Missionsdruckerei. Geb. in Leinw. n. 1. 20

Reichel, Alfr., das Schwimmen in 2 Zeiten u. s. Vorzüge vor dem Pfuelschen u. d'Argyschen Schwimmen in 3 Zeiten. Nebst drei bildl. Darstellgn. gr. 8. (16 S.) Breslau 897. G. P. Aderholz. n. — 50

REICHEL, Anton: Über den Ursprung der künstlerischen Qualitäten in der mykenischen Kunst. — 1905. 105 Bl., 51 Taf. Diss. Graz, Univ.

Reichel, Augustus (*geb. Körnitz bei Oberglogau 16. 3. 1837*): De nova ratione auxilii naturae dystocias e situ infantis vitioso ortas absolvente. Vratislaviae (1863). (28 S.) 8°
Breslau, Med. Diss. v. 7. Nov. 1863

Reichel, B., System d. Schnellzeichnens in 72 Vorlegeblättern oder die Kunst, in 36 Stunden alle Kunstformen sowohl schnell und sicher konstruiren u. erfinden, als auch schnell, sauber und schön zeichnen zu lernen. Mit dazu gehör. Apparate. qu. 4. Breslau 846, Trewendt. n. 1⅓ ₰

Reichel, B. Gtl., Leben d. Gr. v. Zinzendorf. 8. Leipzig, Köhler. 790.

Reichel, Berthold [aus Polnischdorf]: Über Localisation der Typhus-Infection m. Benutzg e. Falles v. Laryngo-Typhus . . . Wohlau, Buchdr. Dr. Schulze, 1892; 1 Bl., 21 S., 1 Taf. 8.
Erlangen, Med. Fak., Inaug.-Diss. v. 1892

Reichel, C. F., die Basalte u. säulenförmigen Sandsteine der Zittauer Gegend in Sachsen u. Böhmen beschrieben. Mit 5 Ansichten in Buntdr. (u. qu. Fol.) gr. 8. (25 S.) Leipzig 852, W. Engelmann. n. 4 ₰

Reichel, C. F., über China-Rinden und deren chem. Bestandtheile. Leipzig 856. Engelmann. gr. 8. (56 S.) 7½ ngr

Reichel, Carl August, s. Reichel, Karl August

Reichel, Charlotte, d. Dienstvertrag d. Krankenpflegerinnen unter Berücksicht. d. sozialen Lage. (IV. 102 S.) 8. Jena 910. G. Fischer. 1.40

Reichel, Chr. Heinrich

– s. E. Abilgaard, Beschreibung.

– s. J. Chr. Adelung, Abrégé de la Grammaire.

– s.a. Anfangsgründe d. franzöſ. Sprache ꝛc.

• Reichel, C. H., Anfangsgründe d. franz. Sprache, in leichten Gesprächen mit Erklärung d. Wörter. Französisch Englisch u. Deutsch, f. Schulen nach J. Perrin, m. Anmerk. 8. Leipz. Weidmann. 792.

– s. Anweis., alte u. neue Sprachen ꝛc.

– s. Ash, grammat. Anweis.

Reichel, Chr. Hnr., s. Bagatellen.

– s. Combrüne, Theorie.

– s. Entick, Einleitung.

– s. Rob. Lowth, engl. Sprachlehre.

Reichel, Chr. Hnr., († d. 21. April 1807.) le nouv. maître allem.; ou abrégé de la grammaire allem. d'Adelung, av. remarq. à l'us. des étrangers. 8. Leipz. ... N. Aufl. 802. Jacobäer. (Aue in Altona). 1 ₰

– s. Muttersöhnchen, das.

– s. Racines Dictionnaire.

– s. Rahbecks Briefe.

– s. Reise durch Holland.

– s. T. Rothe, Nordens Staatsverfassung.

– s. Rupie, die.

– s. Schulz v. Schulzenheim, Gedächtnißrede.

– s. Selection of A. Walls Novels.

– s. Pt. Fr. v. Suhm, die 3 Freunde.

Reichel, Chr. Hnr., s. Theater, dänisches.

– s. Tode, der Eheteufel.

– s. Verbesserung d. äußerl. Gottesdienstes.

Reichel, Chr. Karl

Langguth, G. A., resp. Ch. C. Reichel, De immoderata tabaci abusione, communi juvenilis aetatis pernicie, ad *Hippocratis* Aphor. II, XXXIX. quaedam commendatus diss. 34 pp. Viteb. 4°. 1750

Reichel, Chr. Car., De tabaco, ejusque usu medico. 34 pp. Witteb. 4°.
Erl. Nachr. 1750, p. 212.
1751

— **Christian August** (Dresden), De rite constituendis quatuor casibus circa mandata sine clausula vulgo Auf die Vier Fälle quae coram summis tribunalibus Sacri Romani Imperii frequentantur. Diss. jur. camer. Erfurt (J. Chr. Hering) 16. III. 1746. 30 S. (4.75) 27977

— **Christoph Gottlieb** (Dresden), De qualitate possessionis in processu possessorio summariissimo. Präs. Gottfried Ludwig Mencke. Leipzig (Langenheim) 11. VI. 1744. 48 S. (4.25) 27980
Gew.: Christian Gottlieb von Holzendorf.

Reichel, Christoph Karl

— — De citatione symbolica per tesseram fissam Kerbholz, Bergholz. Diss. jur. Präs. Augustin von Leyser. Wittenberg (Schlomach) 12. VI. 1748. 34 S. (4.25) 27979

— **Christoph Carl** (Dresden), De numo Dionis. Präs. Theophil Grabener. [Dresden] (J. W. Harpeter) 14. III. 1743. 7 S. (4.25) 27978

Reichel, Cph. Karl, († 1762.) Diatribe de vegetabilibus petrefactis. 4. Wittenb. 750. Zimmermann. 8 gr

Reichel, Curt, s. Reichel, Kurt

Reichel, E., s.a. Leyden, E.

Reichel, E., Maschinenarbeit u. Ausnutzung der Naturkräfte in Amerika, s.: Gutermuth, M. F.

Reichel, E., Tesoro poético. Coleccion de poesías españolas. 64. (188 S.) Leipzig 883, Lenz. 75 Pf.; geb. *

Reichel, Frl. Emma, s.: Rühl, Edela.

Reichel, Ernst, allein durch den Glauben. Predigten. (IV, 226 S.) gr. 8. Herrnhut (903). Missionsbuchh. n. 1.80; geb. n. 2.50; m. Goldschn. n. 3.—

Reichel, Ernst, allein durch d. Glauben. Predigten. 2. Aufl. (VIII, 267 S.) 8. Herrnhut 907. Missionsbuchh. Geb. in Leinw. 2.80

Reichel Ernst: Beiträge zur Erläuterung der kulturgeschichtlichen Stellung der mykenischen Altertümer. II. 1890 PN 621 Diss. Wien, Univ. 2583

Reichel, Ernst, Bekehrung. Zwei Predigten, geh. am 10. u. 24. VIII. 1902 in Königsfeld. I. Die Bekehrung e. Gotteswerk. II. Der Gehorsam des Glaubens. gr. 8. (24 S.) Herrnhut (902). Missionsbuchh. n. —25

— die Gaben u. Aufgaben der Brüdergemeine im Licht des 16. IX. u. 13. XI. 1741. Rede, geh. in Königsfeld am 13. XI. 1899. 8. (18 S.) Leipzig 900. F. Jansa. —15

Reichel, E., s.: Leitfaden f. den Konfirmandenunterricht.

Reichel, E., der Turbinenbau auf der Weltausstellung in Paris 1900, neue Bearbeitg, s.a. Wagenbach, Wilh., neuere Turbinenanlagen.

Reichel, E., der Turbinenbau auf der Weltausstellung in Paris 1900. gr. 4. (44 S. m. 146 Fig.) Berlin 902. J. Springer. n. 2.—
Sonderabdruck aus: „Zeitschr. d. Vereins deutsch. Ingen."

— unser Zeugenberuf. Joh. 20, 19—23. Predigt, geh. am Sonntag Quasimodogeniti den 6. IV. 1902 in Königsfeld. gr. 8. (16 S.) Herrnhut (902). Missionsbuchh. n. —15

— **Ernst Hermann (Eibau), Syntaktische Studien zu Villon. Diss. Leipzig-Reudnitz (J. Mäser) 1891. 62 S. u. Biogr. 27981**

Reichel, Eug., Aberglaube. Lustspiel in 1 Akt. 8. (27 S.) Berlin 883. Lassar. n. 2.—

— dasselbe, s.a. Bloch's, E., Theater-Correspondenz.

Der Biedermann von Johann Christoph Gottsched. Herausgegeben von EUGEN REICHEL. Bd. 1. ib. —. A. u. d. T.: Gesammelte Schriften von Johann Christoph Gottsched. (Ausgabe der Gottsched-Gesellschaft.) (Bd. 3.)[3]) ib. —

Reichel, Eug., die Bildhauer, s.: Universal-Bibliothek.

— Brüder u. Schwestern. Roman. 8. (III, 390 S.) Berlin 898. F. Dümmler's Verl. n. 4.—; geb. n. 5.—

— der Eisbär, s. Theater, neues Wiener.

— Gedichte. 3., verb. u. reich verm. Aufl. 8. (165 S.) Leipzig 896. G. J. Göschen. Geb. in Leinw. n. 3.—

— Gottsched. Ein Kämpfer f. Aufklärg. u. Volksbildg., s.a. Sammlung gemeinverständl. wissenschaftl. Vorträge.

Gottsched. Ein Kämpfer f. Aufklärung u. Volksbildung. Vortrag, geh. am 6. März 1900 zu Berlin. Von Eugen Reichel. *Hamburg: Verlagsanst. u. Dr. 1900.* (25 S.) 8° [F.]
— Sammlung gemeinverständl. wiss. Vorträge. N.F. Ser. 15. H. 353. [04. 158]

Reichel, Eug., Gottsched. Biographische Skizze. gr. 8. (81 S.) Berlin 900. Gottsched-Verlag. n. 2.—

Reichel, Eugen: Gottsched. Von Eugen Reichel. Mit Bildn. Gottscheds. Bd 1. 2. [nebst] Namen- u. Sachreg. Berlin: Gottsched.-Verl. 1908-12. 8°
1. Mit den Abb. seines Juditter Geburts- u. Leipz. Wohnhauses ... 1908.
2. 1912. Namen- u. Sachreg. 1912.

Reichel, Eug., Gottsched. 1. Bd. Mit d. Bildnis Gottscheds aus seinen ersten Mannesjahren, d. Abb. seines Juditter Geburts- u. Leipziger Wohnhauses u. dem Bildnis der jungen Gottschedin. (XIII, 760 S.) gr. 8. Berlin 908. Gottsched-Verlag. 8.50

— Gottsched der Deutsche. Dem deutschen Volke vor Augen geführt. hoch 4. (XIX, 115 S. m. 1 Bildnis.) Berlin 901. Gottsched-Verlag. n. 12.—; geb. n. 20.—

— ein Gottsched-Denkmal. Den Manen Gottscheds errichtet. Lex.-8. (XI, 293 S. m. 1 Bildnis u. 3 Faksim. S. in gr. 4.) Ebd. 900. n.n. 30.—

— kleines Gottsched-Denkmal. Dem deutschen Volke zur Mahng. errichtet. 1. u. 2. Tausd. gr. 8. (XVI, 136 S.) Ebd. 900. n. 2.—; Prachtausg., Lex.-8. n. 10.—

Reichel, Eug., s.: Gottsched-Halle, kleine.

Gottsched-Wörterbuch. Ehrenstätte f. alle Wörter, Redensarten u. Redewendungen in d. Schriften d. Meisters. [Verf.: Eugen **Reichel**.] Bd 1, Lfg 1. A–D. [Mehr nicht erschienen.] Berlin: Gottsched-Verl. 1904. (96 S.) 4° [F.] [04. 3366]

Gottsched-Wörterbuch. Ehrenstätte f. alle Wörter, Redensarten u. Redewendungen in d. Schriften d. Meisters. [Verf.: Eugen **Reichel**. Neue Ausg.] H. 1 u. 2. Berlin: Gottsched-Verl. 1906. 4° [F.] [06. 3367]

Reichel, Eugen: Gottsched-Wörterbuch. Ehrenstätte f. alle Wörter, Redensarten u. Redewendungen in d. Schriften d. Meisters. Von —. Bd 1. Berlin: Gottsched-Verl. 1909. 4° (8°)

— kleines Gottsched-Wörterbuch. gr. 8. (XIII, 94 S.) Ebd. 902. 5.—

— zehn Jahre. Dichtungen. gr. 8. (XII, 232 S.) Wien 881, Konegen. *M 6.; geb. *

Reichel, E., aus dem Leben. Novellen. 8. (247 S.) Stuttgart 887. Bonz & Co. n. 3.60; geb. n. 4.80

— Lebensbilder. Neue Novellen. 8. (XVI, 259 S.) Ebd. 888. n. 4.—; geb. n. 5.—

— die Meisterkrone. Eine Märchentragödie in 3 Handlgn. 8. (VIII, 168 S.) Berlin 899. F. Dümmler's Verl. n. 2.—

Reichel, Eug., die Ostpreußen in der deutschen Litteratur. Eine Studie. 8. (53 S.) Leipzig 892. Dresden, E. Reißner. n. 1.—

— Shakespeare-Litteratur. gr. 8. (IX, 502 S.) Ebend. 887. n. 8.50

— wer schrieb das „Novum organon“ v. Francis Bacon? Eine krit. Studie. gr. 8. (32 S.) Stuttgart 886. Bonz & Co. n. 1. 20

Reichel F, Denkschrift, betr. d. Unterricht in d. prakt. Gewerbehygiene. Aachen 1884

Reichel, F., Kegel-Lieder (e. alten Kommilitonen). (24 S. m. Bildnis.) 20,5×11,5 cm. Mühlhausen i/Th. (908). G. Danner. p nn — 40

Reichel, F., die Sicherung von Leben u. Gesundheit im Fabrik- u. Gewerbe-Betriebe auf der Brüsseler Ausstellung vom Sommer 1876. Bericht im Auftrage des Ministers für Handel, Gewerbe etc. erstattet. Mit 30 (eingedr.) Holzschn. gr. 8. (84 S.) Berlin 877. Kortkampf. n. 3. —

Reichel F, die Sicherung von Leben und Gesundheit im Fabrik- und Gewerbebetrieb auf der Brüsseler Ausstellung 1876. Berlin 1877

Reichel F, gewerblicher Staub. 12 Photographien. 4° In Mappe. Aachen 1883

Reichel, Fedor: Die Beobachtung der Regel von den Einheiten bei Racine. Löwenberg i. Schl., Druck v. P. Müller, 1893; 3—19 S. 4.
Löwenberg i. Schl., RPG, OP 1893 (118 [vielm. 218])

— Florian August (Dresden), De numero et pondere in nummis aestimando. Diss. Leipzig (Langenheim) 1. V. 1777. 24 S. (4.25) 27982
Gew.: Christian August Reichel (Vetter).

Reichel, Fr.

— das Dorf- u. Bauernrecht im Königr. Böhmen, mit Rücksicht auf die übrigen k. k. Erbstaaten im Grundrisse. 8. Prag 817. Widtmann. 1 ℛ 8 𝒳

Reichel, Fr., d. Justiziar, od. vollständ. Anleit. z. Verwaltung d. Gerichtsbarkeit in ihrem ganzen Umfange. gr. 8. Prag ... 2e Aufl. 801. Kramer. 12 𝒳 Mit Jahrz. 1814. bei Enders das. 20 𝒳

Reichel, Fr. Dn., Darstellung d. Heilquellen Sachsens, s. Ew. Chr. W. Dietrich. s. Umgebungen Dresdens, die.

Reichel, F. D., Standorte d. seltneren u. ausgezeichn. Pflanzen in d. Umgegend v. Dresden. 16. (5 B.) Dresden u. Leipzig 837, Arnoldische Buchh.

Reichel, Frz. Ed., Zittau u. dessen Umgegend. Ein Führer durch das Lausitzer Oberland u. das angrenzende Böhmen mit besonderer Berücksichtigung der Geschichte von Schlössern, Klöstern u. Burgruinen. 862. n. 6 ngr. — 2. verm. Aufl. Bautzen 863. Reichel. 16. (100 S. u. 1 Lithogr.) n. 7½ ngr.
Ausg. mit 9 Lithogr. n. 10 ngr.

Reichel Friedrich: Studien zur Verwendung des Problems vom Leben und Tod in modernen deutschen Dramen.
1909 PN 2803 Diss. Wien Univ. 321

Reichel, Friedrich Gustav. Untersuchungen über die Schwefelverbindungen des Magnesiums und Aluminiums. Leipzig, 1875.

Reichel, Fritz, Assistenzarzt am Diak.-Krankenh. zu Elbing: Ein Beitrag zur Lehre von den strichförmigen Dermatosen. *Königsberg i. Pr. 1903: O. Kümmel.* (42 S.) 8°
Königsberg, Med. Diss. v. 15. Juli 1903

Reichel, Fritz, Referendar in Buchholz i. S.: Der Werklieferungsvertrag nach § 651 des BGB. unter Berücksichtigung des § 981 Abs. 2 des HGB. Borna-Leipzig 1907: R. Noske. (VIII, 60 S.) 8° [F.]
Leipzig, Jur. Fak., Diss. v. 6. Juli 1907
[Geb. 22. Okt. 82 Buchholz; Wohnort: Buchholz; Staatsangeh.: Sachsen; Vorbildung: Fürsten- u. Landessch. St. Afra Meißen Reife O. 02; Studium: Leipzig 1, München 2, Leipzig 4 S.; Rig. 4. Juli 05.]

Reichel, Georg: Aus dem pathologischen Institut zu Breslau. Über die ursächliche Beziehung zwischen Trauma und Tuberculose. *Oels 1898: A. Ludwig.* (32 S.) 8°
Breslau, Med. Diss. v. 25. Juli 1898

Reichel, Georgius: Quaestiones progymnasmaticae. Lipsiae 1909: Noske, Borna. 135 S. 8°
Leipzig, Phil. Diss. v. 31. Dez. 1909, Ref. R. Heinze, Bethe
[Geb. 30. März 85 Aue, Erzgeb.; Wohnort: Aue; Staatsangeh.: Sachsen; Vorbildung: Gymn. Schneeberg Reife O. 04; Studium: Greifswald 2, Leipzig 7 S.; Rig. 9. Juli 09.] [U 10. 3214

Reichel, Geo., Studien zu der schottischen Romanze The history of Sir Eger, Sir Grime and Sir Gray-Steel. I.—IV. Diss. gr. 8. (30 S.) Darmstadt 893. (Breslau, L. Köhler.) n. 1. —

Reichel, Georg [aus Breslau]: Studien zu der schottischen Romanze The History of Sir Eger, Sir Grime and Sir Gray-Steel. I—IV ... (Aus: Engl. Studien, Bd. XIX Heft 1.) Darmstadt. G. Otto's Hof-Buchdr., 1893; 30 S., 1 Bl. 8.
Breslau, Phil. Fak., Inaug.-Diss. v. 5. Juli 1893

Reichel, Georg Christian [Praes.], s. Baersch, Christian Friedrich: De capitis tumoribus tunicatis post cephalalgiam exortis.

Georg Christian Reichel

De Epiphysium ab ossium diaphysi diductione. Lipsiae (1759:) Breitkopf. 50 S. 8°
Leipzig, Med. Diss. v. 27. Apr. 1759

Reichel, Georg Christian [Praes.], s. Hoffmann, Johann Christian: De ossium cylindraceorum fissura.

Reichel, Georg Christian (Ed.):

s.: Huxham, John: Opera physico-medica. Tom.1 - 3. Lipsiae: 1764

JB 2.128

Reichel, Georg Christian (Ed.):

s.: Huxham, John: Opera physico-medica. Editio nova...aucta. Vol.1 - 3. Lipsiae: 1773

JB 2.129

Reichel, Georg Christian, De sanguine eiusque motu experimenta refert et ad orationem solennem novi muneris adeundi caussa recitandam invitat. Leipzig (Breitkopf) 2. X. 1767. 29 S. (4.—) 27984

Georg Christian Reichel

De capitis Tumoribus tunicatis post cephalalgiam exortis. [Resp.:] Christianus Fridericus Baersch. Lipsiae (1765:) Breitkopf. 36 S. 8°
Leipzig, Med. Diss. v. 13. Dez. 1765

— Georg Ehrenfried (Kamenz/Lausitz), De processu per mandatum, in Lusatia superiori Bey Verbriefeten und unverbriefeten Schulden. Diss. inaug. Präs. Johann Peter von Ludewig. Halle/Saale (J. Grunert) 8. VIII. 1731. 50 S. (5.—) 27985

Reichel, G[erhard]. Calvin als Unionsmann. Vortrag gehalten ... zu Gnadenfeld ‹10. Juli 1909›. 42 S. 8. Tübingen, J. C. B. Mohr, 1909. (M. —. 80)

Reichel, Gerh., August Gottlieb Spangenberg, Bischof der Brüderkirche. (XVI, 291 S.) gr. 8. Tübingen 906. J. C. B. Mohr. n. 5. —; geb. n.n. 6. 50

— s.: Zeitschrift f. Brüdergeschichte.

Reichel, Gottfr., vier Predigten, geh. in Zeist. (56 S.) 8. Herrnhut 908. Missionsbuchh. — 50

Reichel, Gottlieb Benjamin

— s. Caraccioli, Leben Joseph II.

— s. L. Fontaine, Reise.

Reichel, Gtl. Benj., Leben u. Charakter G. F. N. Morus. 8. Leipz. 797. Köhler. 4 gr

— Leben d. Grafen v. Zinzendorf, Stifters d. Brüdergemeinen. 8. Leipz. 790. Köhler. 20 gr

— s. G. F. N. Morus kleine Schriften.

Reichel, Gust. Adph., allgemeines Handbuch für den gesammten schriftlichen Verkehr. Zum Selbstunterrichte für das deutsche Volk verfaßt. 1. Lfg. 8. (S. 1 — 48.) Pirna 852, Diller und Sohn.

Reichel, Gustav Adolf, Referendar: Das Safegeschäft. Borna-Leipzig 1910: Noske. IX, 45 S. 8°
Leipzig, Jur. Diss. v. 15. Juni 1910
[Geb. 30. Mai 86 Freiberg i. S.; Wohnort: Pirna; Staatsangeh.: Sachsen; Vorbildung: Kgl. Gymn. Dresden-N. Reife O. 05; Studium: Grenoble 1, Freiburg i. B. 2, Leipzig 4 S.; Rig. 18. Jan. 09.] [U 10. 2841

Sonnenstrahlen aus Thal und Höhen. Aphorismen u. Ill. von Gusti **Reichel.** *(Berlin: Selbstverl. [1899].)* (2 Bl., 10 Taf.) 2° [Deckelt.] (01. 3439

Reichel, H., Weltgeschichte in Poesie, s. Meyer, R.

Reichel, H. L., Beleuchtung der Schrift des Pastor Maydorn: „der Giftbegriff der Alkoholgiftgegner, biblisch-theologisch entwickelt." 8. (32 S.) Oels 852. (Berlin, J. A. Wohlgemuth.) 3 gr

Reichel, Hans, Med.-Prakt.: Aus d. orthop. Univ.-Poliklinik zu München. Zur Aetiologie der kongenitalen und juvenilen Skoliose. München 1909: Erlacher. 26 S. 8°
München, Med. Diss. v. 21. Juni 1910, Ref. v. Angerer
[Geb. 31. März 84 Kaubeuheim; Wohnort: München; Staatsangeh.: Bayern; Vorbildung: Wilhelms-Gymn. München Reife Juli 03; Studium: München 11 S.; Coll. 21. Juni 10; Approb. 24. Mai 10.] [U 10. 3568

Reichel, Hans, d. Gewerbegericht. Anh.: Kaufmänn. „Schiedsgerichte". gr. 8. (52 S.) Herrnhut 898. G. Winter. — 50

Reichel, Hans, üb. forensische Psychologie. (VI, 64 S.) gr. 8. München 910, C. H. Beck. 1. 80

Reichel, Hans, die Schuldmitübernahme (kumulative Schuldübernahme), s.a. Abhandlungen zum Privatrecht und Zivilprozeß des Deutschen Reiches. XIX.

Reichel, Hans: Die Schuldmitübernahme (kumulative Schuldübernahme). Von Hans Reichel, Dr., Prof. München: C. H. Beck 1909. XVIII, 588 S. 8°
(Abhandlungen z. Privatrecht u. Zivilprozeß d. Deutschen Reiches. Bd 19.)

Reichel, Hans, Dr. iur., Referendar: Die **Sozietätsphilosophie** Franz von Baaders: Seine Lehren über Geschichte u. Gesellschaft, Staat u. Kirche. *Tübingen 1901: H. Laupp jr.* (VII, 74 S.) 8° ¶ Aus: Zeitschrift f. d. ges. Staatswissenschaft, Jg. 57, H. 2.
Leipzig, Phil. Diss. v. [13. Mai] 1901

Reichel, Hans, die Umschreibung der Vormerkung. Ein Beitrag zum Reichsgrundbuchrecht. (59 S.) gr. 8. Leipzig 905. [C. L. Hirschfeld.] Tübingen, J. C. B. Mohr. n. 1. 60

Reichel, Heinr., Beobachtungen üb. Luftionisation, s.a. Ergebnisse, physiologische, der im J. 1906 durchgeführten Monte Rosa-Expedition.

Reichel, H., Beobachtungen über Luftionisation. Besonders abgedruckt a. d. LXXXVI. Bde. d. Denkschriften d. mathem.-naturw. Klasse d. kais. Akad. d. Wiss. 4°. (ill. 7 S. mit 1 Tafel † Wien: Hölder 1910. K — 0

— Über die Dauer einfacher psychischer Vorgänge unter dem Einflusse des Höhenklimas u. üb. die psychische Alkoholwirkung in grossen Höhen, s.a. Ergebnisse, physiolog., der im J. 1906 durchgeführten Monte Rosa-Expedition.

Reichel, H., Über die Dauer einfacher psychischer Vorgänge unter dem Einflusse des Höhenklimas und über die psychische Alkoholwirkung in großen Höhen. [Besonders abgedruckt a. d. LXXXVI. Bd. d. Denkschriften d. math.-naturw. Klasse d. kais. Akad. d. Wiss.] 4°. (35 S. mit 4 Tafeln) † K 3.90
Wien: Hölder 1909.

Reichel H., Dr.: Physiologische Ergebnisse der im Jahre 1906 durchgeführten Monte Rosa-Expedition. Über die Dauer einfacher psychischer Vorgänge unter dem Einflusse des Höhenklimas und über die psychische Alkoholwirkung in großen Höhen (mit 4 Taf. und 4 Tabellen). D 86. 29 . . . . 3.90
— — Beobachtungen über Luftionisation (mit 1 Tabelle und 1 Kurventaf.). D 86. 23 . . —.80
Separatabdruck

Freimaurerei, Christentum und Theosophie. Von Heinr. **Reichel.** Lorch: Rohm.
Cit. im Verlagsverzeichn. d. Firma Lorch in Rohm. Vgl. W. 23014.

Reichel, Heinr., Freimaurerei, Christentum, Theosophie. (III, 141 S.) 8. Schweidnitz 903. P. Frömsdorf. n. 1.80

Reichel, Heinr., I. Weltentstehen u. Weltvergehen, e. Bestimmung unseres Selbst. — II. Ein Kapitel z. Beurteilg. des Selbstmords. — III. Buchner, Gottfr., Zur Frage der Willensfreiheit. (16 S.) kl. 8. Lorch 908. K. Rohm. — 10

Reichel, Hermann: Farbreaktionen bei der Hydrolyse von Säureanhydriden. Weida i. Th. 1910: Thomas & Hubert. 65 S. 8°
Leipzig, Phil. Diss. v. 30. Juni 1910, Ref. Hantzsch, Beckmann
[Geb. 28. Nov. 86 Grimma; Wohnort: Grimma; Staatsangeh.: Sachsen; Vorbildung: Gewerbeakad. Chemnitz Reife M. 05; Studium: Leipzig 7 S.; Rig. 3. Mai 10.] [U 10. 3215

Reichel, Herm. (II.). Die Geschichte der Mädchen-Anstalt zu Gnadenfrei v. 1791 bis 1891. Vortrag, geh. bei der 100jähr. Jubelfeier der Anstalt den 1. Juli 1891. gr. 8. (23 S.) Bresl. 891, (Dülfer). — 20

Reichel, Hermann: Die Geschichte der Mädchen-Anstalt zu Gnadenfrei von 1791 bis 1891. Vortr., geh. bei d. 100jähr. Jubelfeier d. Anst. — Breslau (1891): Gutsmann. 22 S. 8°

Reichel, H.: Der menschliche Körper und seine Pflege. Dresden 1883. 20 S. m. Abb.

Reichel, Herm., der menschliche Körper und seine Pflege. gr. 8. (29 S. mit 8 eingedr. Abbild.) Dresden 884, Meinhold und Söhne.

Reichel, Herm., der menschliche Körper u. seine Pflege. Mit 8 Abbildgn. 2. Aufl. gr. 8. (31 S.) Dresden 886. Meinhold & Söhne. — 15

Reichel, Herm., der menschliche Körper u. seine Pflege. 3., verm. u. verb. Aufl. gr. 8. (32 S. m. 11 Abbildgn.) Dresden 891. C. C. Meinhold & Söhne. n. — 20

Reichel, Herm., der menschliche Körper u. seine Pflege. 4. verm. u. verb. Aufl. gr. 8. (32 S. m. 11 Abbildgn.) Dresden 899. C. C. Meinhold & Söhne. n. — 20

Reichel, Herm., der menschliche Körper u. seine Pflege. 5., vielfach verm. u. verb. Aufl. (82 S. m. 16 Abbildgn. u. 2 farb. Taf.) 8. Dresden (901). C. C. Meinhold & Söhne. n. — 20

Reichel, Hermann, a. Gnadenfrei in Schlesien: Über Lehrlingszüchtung im Handwerk. Greifswald 1907: J. Abel. (120, 31 S.) 8°
Greifswald, Phil. Fak., Ref. Oldenberg, Diss. v. 18. Dez. 1907
[Geb. 14. Jan. 85 Gnadenfrei; Wohnort: Berthelsdorf (Prov. Sachsen); Staatsangeh.: Preußen; Vorbildung: Oberrealsch. Gleiwitz Reife O. 03; Studium: Halle 4. Greifswald 4 S.; Rig. 23. Okt. 07.]

— Lesebuch f. Fortbildungsschulen, s.: Rasche, E.

Reichel, Herm., Uebungsbuch zum Uebersetzen aus dem Deutschen in das Französische, s.: Oeser, Gust.

Reichel, Hugo, a. Kemberg: Die Ereignisse an der Saone im August und September des Jahres 1162. Ein Beitrag z. Geschichte d. Kirchenspaltung unter Friedrich I. Halle a. S. 1908: C. A. Kaemmerer & Co. (VIII, 66 S.) 8°
¶ (Erscheint vollst. im gleichen Verlage.)
Halle, Phil. Fak., Ref. Lindner, Diss. v. 4. Juli 1908
[Geb. 10 März 86 Kemberg (Prov. Sachsen); Wohnort: Halle a. S.; Staatsangeh.: Preußen; Vorbildung: Gymn. Pforta Reife O. 05; Studium: Tübingen 1. Leipzig 3. Halle 3 S.; Rig. 21. Mai 08.]

Reichel, J. C., Anweis. zu einem elementar-methodischen Lese-Unterrichte, zunächst f. Volksschullehrer. 8. Königsb. 815. (Tilsit, Glöckner). 4 gr

Reichel, J. Leonh.

Reichel, J. L., († ...) Enchiridion institution. Justinianear. c. fig. 12. Götting. 759. Vandenhöck u. R. 6 gr

Reichel, Joh., die am häufigsten vorkommenden Arten der Unterleibsbrüche zur Beachtung u. Belehrung für Jedermann, in's Besondere für Bruchkranke dargestellt u. durch Abbildgn. (Holzschn. im Text) erläutert. Leipzig 854. Magazin für Literatur. 8. (3 Bl., 66 S.) 15 ngr

Reichel, Joh., die Reposition der Unterleibsbrüche u. richtige Anlegung der Bruchbandagen. Zur nöthigen Kenntniß Bruch-Kranker kurz u. faßlich dargestellt. gr. 8. (1½ B.) Bautzen 843, Reichel.

Reichel Johann: Altherzog Wilhelm V. von Bayern und die Heiratsentwürfe der Erzherzoge Matthias und Leopold.
II. 1908 PN 2440 **Diss.** Wien, Univ. 988

Reichel, Johann Daniel [Praes.], s. L u d w i g, Christian: De magnetismo in corpore humano.

Reichel, M. Jo. Dan., resp. Chr. **Ludwig,** De magnetismo in corpore humano. 40 pp. Lps. 4°. *Weiz*, N. Ausg. 1776, IV, 12—20.
1776

— **Johann Daniel** (Leipzig), De modo cavendae corruptionis corporum naturalium in museis. Auctor. disput. Johann Gotthelf Herrmann (Chemnitz / Meißen). Leipzig (Breitkopf) 19. XI. 1766. 60 S. (4.50) 27986
Gew.: Christian Gottlieb Ludwig.

— — Observationes de calculis renalibus. Leipzig (Langenheim) 20. XI. 1772. 40 S., 1 Taf. (4.50)
Gew.: Christian Gottlieb Ludwig. 27987

— **Johann David** (Görlitz / Lausitz), De incusatione morientium et complicum. Präs. Augustin von Leyser. Wittenberg (E. G. Eichsfeld) 30. VI. 1746. 15 S. (4.25) 27988

— **Johann Gottlieb** (Kamenz/Lausitz, Leipzig), De eo, quod justum est circa aeraria privata Vom Recht der Societäts-Cassen. Diss. jur. Präs. Christian Gottfried Hoffmann. Leipzig (Takkian) 13. III. 1721. 42 S. (4.75) 27989
Widm. v.: Christian Gottfried Hoffmann.

— — Dasselbe. Leipzig (Takkian) 13. III. 1721. 42 S. (4.75) 27990
Gew.: Abraham Christoph Plaz. — Widm. v.: Christian Gottfried Hoffmann.

Reichel, Johann Gottlieb [Praes.], s. F i e b i g e r, Christian Friedrich: De genuina ratione arbitrii judicis circa testimonia maxime si veritas aliter haberi nequit.

— — (Kamenz/Lausitz), De subhastatione nominum Vom Rechte Wechsel, Erbe-Gelder, Tage-Zeiten und andere Actio-Schulden zu subhastiren. Disput. jur. Leipzig (H. Chr. Takk) 19. X. 1724. 40 S. (4.75) 27991
Gew.: Michael Heinrich Gribner.

REICHEL, JOH. NATHANAEL. Schriften vor den Wiz und das Herz. Leipzig, J. Chr. Langenheim, 1756. 8°. 160 S. und 2 Bl. *Mit schön von Crusius gestochenem Titel (mit Umrahmung und Vignette), 1 Kupfervignette von Fritzsch* auf dem 3. Bl. und mehreren hübschen Holzschnittzierstücken. Moderner Ldbd.
G. IV1. 94. 17. H.-G. VI. 391.

Reichel, Johann Wolfgang: Über Cervicalgonorrhoe. *Strassburg i. E. 1897: C. & J. Goeller.* (28 S.) 8°
Strassburg, Med. Diss. v. 1897

Reichel, Johannes (Paul), a. Chemnitz: Die Hufenverfassung zur Zeit der Karolinger. Weida i. Th. 1907: Thomas & Hubert. (69 S.) 8°
Leipzig, Phil. Fak., Ref. Seeliger-Brandenburg, Diss. v. 15. April 1907
[Geb. 19. Dez. 77 Chemnitz; Wohnort: Leipzig; Staatsangeh.: Sachsen; Vorbildung: Gymn. Wurzen Reife 02; Studium: München 2, Leipzig 8 S.; Rig. 12. Dez. 06.]

Reichel, Johannes, aus Eisleben: Synthetische und analytische Versuche über das Pseudocumenoltribromid und seine Derivate. *Heidelberg 1899: J. Hörning.* (48 S.) 8°
Heidelberg, Naturw.-math. Diss. v. 1899

Reichel Jos.: Festode. Graz I. 74.
Progr.

Reichel, Jos.: Die Sprache als Kunst. 27 S.– Czernowitz, Progr. 1858.

REICHEL, Julius (Neila): Physikalische Diagnostik der Pneumonie.- München: Stahl 1861. 17 S.
19.11.1860 - Urk (Titel: De diagnosi pneumoniae physica.); F 70
Diss. Ingolst.-Landsh.-Mchn.

Reichel, Julius. Die Stellung des Dt-anischen Lehrerbundes zur Frage der Erziehung wahrhaft freier anischer Staatsbürger. Newark, 1873.

Reichel, Karl

Programm und Jahresbericht des k. k. akademischen Gymnasiums zu Laibach für das Schuljahr 1855, womit zu der auf den 1. August festgesetzten Feierlichkeit der Prämienvertheilung und des Jahresschlusses alle P. T. Herren Vorgesetzten, Aeltern, Gönner und Freunde der Anstalt ergebenst einladet der k. k. Director Johann Nečásek. Laibach. 1855. Druck von Ignaz von Kleinmayr und Fedor Bamberg. (30 S. 4.)
Inhalt: Ueber den Chor des Sophokleischen Philoktet. Von Dr. K. Reichel.

REICHEL, Karl: M. Tullius Cicero und das Ackergesetz des Volkstribunen P. Servilius Rullus. — 1906. 144 S. Diss. Graz, Univ.

Reichel, Car.: De Isidis apud Romanos cultu. Berolini 1849 (74 S.).

Reichel: Horatius und die ältere römische Poesie. 14 S. 8° –Pressburg kath., Progr. 1852

Reichel, K., mittelhochdeutsches Lesebuch. Glossarium, s. Glossarium.

Reichel, Karl, mittelhochdeutsches Lesebuch für Gymnasien. Wien 858. Gerold. gr. 8. (VII, 239 S.) n. 24 ngr.

Reichel, Karl, mittelhochdeutsches Lesebuch m. Glossar f. Gymnasien. 2. durchgeseh. u. verm. Aufl. besorgt v. Rud. Reichel. gr. 8. (VIII, 264 S.) Wien 871. Gerold's Sohn. n. 3. —

— dasselbe. 3. Aufl. besorgt v. Rud. Reichel. gr. 8. (VIII, 264 S.) Ebend. 877. n. 2. 80

Reichel, Karl, mittelhochdeutsches Lesebuch mit Glossar für Gymnasien. 4. Aufl., besorgt von Rud. Reichel. gr. 8. (VIII, 275 S.) Wien 881. Gerold's Sohn. n. 3. —

Reichel, Karl, *Dr.* Studien zu Wolframs Parzival. Der zu Wien tagenden achtzehnten Versammlung deutscher Philologen, Schulmänner u. Orientalisten zum Grusse dargebracht. *Wien* 1858. *C. Gerold's S.* 25 S. 8°.

Reichel, Karl: Die geschichtlichen und jetzigen **Verkehrswege** (Umschlagt.: Verkehrsstrassen) aus dem Euphrat-Tigris-Becken nach den angrenzenden Ländern. ⟨Mit 2 Kartensk.⟩ *Charlottenburg 1900: R. Kühn.* (S. 3—20.) 4°
Charlottenburg, st. h. Lehr-A ⟨in Entwickl.⟩, P 1900 (130)

— **war die österreichische Regierung berechtigt, das Concordat vom J. 1855 ausser Kraft zu setzen?** gr. 8. (91 S.) Wien 871. (Fr. Beck's Verl.) n. 1. 60

Reichel, Karl August

Reichel, Carl August (Löbau), De erysipelate neonatorum. Diss. med. Leipzig (Staritz) 29. XI. 1836. 30 S. (3.50) 27976
Gew.: Johann August Christian Clarus, Carl August Kuhl, Gottfried August Gebauer.

Reichel, Karl Gtthld., s. **Geographie zum Gebrauch der Schulen.**

Reichel, Karl Glieb. Wilh., Handbuch der medizinischen Chemie nach den neuesten u. besten Quellen, mit Berücksichtigung ihrer technischen Anwendung, bearb. für Aerzte, Wundärzte und Studirende, so wie zum Selbststudium und zur Vorbereitung zum Examen. Bevorwortet von Heinr. Ficinus. 2 Abthll. 8. Leipzig u. Baltimore Md. 837. Scheld u. C. (Einhorn.) 1 1/4 ₰

Reichel, Karl Rud.

— **Bücher d. heil. Schrift Alt. Testam.** 12 **Bde.** 8. Barby. (Kummer, Leipz.) 774.

— die Bücher d. heil. **Schrift** Alt. Testam. in e. harmon. Zeitrechnung gebracht ɔc. u. erläutert. 12 Thle. 8. Frankf. u. Leipz. 777, 78. (Barby). (Kummer in Leipz.) 4 ₰

Reichel, Karl Rud., († d. 25. Oct. 1794). evangel. Denksprüche an den Sonn- u. Festtagen vorgetragen. 2 Thle. 4. Leipz. 779. 2e A. 781. 3e A. 793. Hilscher. 1 ₰ 20 gr

— evangel. Denksprüche auf d. J. 1779, in Sonntags-, Fest- u. Bußpredigten zu Neukirch vorgetragen; z. Besten d. Schuljugend, v. Jh. Geo. Pech. 8. Bautzen 779.

Reichel, Karl Rud., evangelische Denk-Sprüche, in den Sonntags- und Festtags-Predigten der Jahre 1777 u. 1778 vorgetragen u. zu einer erbaulichen Hausandacht in Druck gegeben. Von einigen christl. Familien zum 4tenmal aufgelegt. 2 Bde. gr. 8. Gnadau 834. Burkhard, (Leipz., Kummer.) n. 1 1/4 ₰

— Geographie f. Schulen d. evangel. Brüdergemeine. 2 Thle. 8. Leipz. 785. (Kummer). 16 gr

— s. Jesaias.

— eigen abgefaßter Lebenslauf, herausgg. von J. G. Pech. 8. Herrnh. 797. (Göthe in Leipz.) 10 gr

— **Predigten üb. die Sonn- u. Festtags-Episteln, enthalt. die evangel. Sittenlehre. 4. Leipz. 787. Kummer. 1 ₰**

— **biblische Wahrheiten v. d. Erkenntniß Gottes in dem Angesichte Jesu Christi, in e. kurzen Uebersicht dargestellt. 8. Bautzen 793.**

Reichel, Karl Theophil

Reichel, Car. Theoph. (geb. Liegnitz 7. 11. 1791): De usu epiglottidis. Berolini (1816). (26 S.) 8°
Berlin, Med. Diss. v. 21. Dez. 1816

Reichel, Konrad [aus Fürth '(Bayern)']: Über das Contagium des Ulcus molle und Ulcus serpiginosum ... Strassburg i. E., Buchdr. C. & J. Gœller, 1896; 45 S. 8.
Freiburg i. B., Med. Fak., Inaug.-Diss. v. 1806

Reichel, Kurt

Reichel, Curt, die mittelenglische Romanze Sir Fyrumbras u. ihr Verhältnis zum altfranzösischen u. provenzalischen Fierabras. Diss. gr. 8. (86 S.) Trebnitz 892. (Leipzig, G. Fock.) n. 1. 50

Reichel, Curt [aus Breslau]: Die mittelenglische Romanze Sir Fyrumbras und ihr Verhältnis zum altfranzösischen und provenzalischen Fierabras ... Trebnitz i. Schl., Buchdr. Maretzke & Märtin, *1892;* 2 Bl., 86 S., 1 Bl. 8.
Breslau, Phil. Fak., Inaug.-Diss. v. 15. März 1892

Reichel, Curt, aus Breslau: Über den Grössenkontrast. Eine experimental-psycholog. Studie. *Oels (Schlesien) (1899): A. Ludwig.* (40 S.) 8°
Breslau, Phil. Diss. v. 28. Juli 1899

Reichel, Kurt, u. Magnus Blümel, kurzgefaßtes Lehrbuch der englischen Sprache. (VI, 268 S.) 8. Breslau 908. Trewendt & Granier. Geb. 2.50

Lehrgang der englischen Sprache von Dr. Kurt Reichel, Oberl. zu Breslau, u. Dr. Magnus Blümel, Oberl. [1. 2.] Breslau: Trewendt & Granier 1905. 2 Bde 8° [F.]
[1.] Schulgrammatik. [2.] Lese- u. Übungsbuch. Mit 1 Pl. von London u. 1 Karte d. brit. Weltreiches. [05. 11975

— — Lehrgang der englischen Sprache. Lesebuch für die oberen Klassen. (XI, 319 S. m. 1 Stammtafel, 1 Plan u. 1 Karte.) 8. Ebd. 908. Geb. 3. —

Englischer Lektüre-Kanon. Verzeichnis aller bis z. 31. März 1908 v. Kanon-Ausschuss d. allg. deutschen Neuphilologen-Verbandes f. brauchbar erklärten Schulausgaben engl. Schriftsteller. Zsgest. von Dr. Curt Reichel. 3. Aufl. Marburg i. H.: N. G. Elwert 1908. (32 S.) 8° [Umschlagt.]
Aus: Die Neueren Sprachen. Bd 16. [08. 15553 a

Reichel, L., System des Schnellzeichnens in 72 Vorlegeblättern od. die Kunst, in 36 Stunden alle Kunstformen sowohl schnell u. sicher konstruiren u. erfinden, als auch schnell, sauber u. schön zeichnen zu lernen. Mit dazu gehör. Apparate. qu. 4. (1 B. Text.) Breslau 846, Trewendt. In Mappe. *

Reichel, Leopold von: Die lex Treuenfels. Das Gesetz betreffend Änderung des § 833 des Bürgerlichen Gesetzbuchs. Vom 30. Mai 1908. (RGBl. 1908, Nr. 31 S. 313.) Guben 1909: Koenig. VIII, 43 S. 8°
Heidelberg, Jur. Diss. v. 29. Nov. 1909, Ref. Heinsheimer
[Geb. 26. Juli 79 Mahldeuten; Wohnort: Berlin; Staatsangeh.: Preußen; Vorbildung: Gymn. Osterode Opr. Reife M. 00; Studium: Königsberg 2, Berlin 1, Freiburg i. B. 1, Berlin 4, Münster 3 S.; Rig. 5. Aug. 09.] [U 10. 1981

Reichel, Leop. v., wie haftet man für seine Tiere nach dem neuen Gesetz vom 30. V. 1908? Unter besond. Berücksicht. der Verhandlgn. des deutschen Reichstages bearb. (VIII, 43 S.) gr. 8. Berlin 910. F. Vahlen. 1.20

Reichel, Levin Thdr., Missions-Atlas der Brüder-Unität. Hrsg. vom Missions-Departement der Unitäts-Aeltesten-Conferenz. qu. Fol. (15 chromolithogr. Karten in qu. Fol. und gr. Fol. mit 44 S. Text.) Herrnhut 860. Berlin, Trautwein'sche Buchh. * * 1 Thlr. 10 Ngr.; geb. * *
Ohne Text * *

Reichel, Ludwig [aus Breslau]: Ueber die Bildung des Byssus der Lamellibranchiaten . . . . Aus: Schneider, Zoolog. Beiträge II. 2) Breslau, Druck v. Robert Nischkowsky, 1888: 3 Bl. + S. 107 — 132 + 1 Bl. 8°
Breslau, Phil. Fak., Inaug.-Diss. v. 18. Mai 1888

Reichel, Ludw., acht Geheimnisse aus dem Orient. 2., mit wesentl. Zusätzen verm. Aufl. Breslau 857. Aland. 8. (56 S.) n. 10 ngr.

Reichel, M., zum Andenken an den Tag der ersten Communion. Psalmodien. gr. 8. (54 S.) Bromberg 877. (Brieg, Kroschel.) n. 1. —; geb. m. Goldschn. n. 2. —

Reichel, M., der Automobil-Löschzug der Berufsfeuerwehr Hannover. (VI, 86 S. m. 25 Abb.) gr. 8. Berlin 903. J. Springer. Kart. n. 3. —

Reichel, M., Stimmen aus dem Erzgebirge. Poesien, m. Illustr. (Orig.-Steinzeichngn.) v. E. Munscheid. (16 S. m. 6 Taf.) gr. 4. Altenberg (904). (Dresden, E. Weiske.) Geb. in Leinw. n. 3. 50

Reichel, M., Versuch einer kurz. Gesch. u. Beschr. des adelichen Magdalenstifts in Altenburg, mit Beylagen u. Kpfrn. gr. 8. Altenb. (Akadem. Buchh. in Jena.) 791. Schreibp.

Reichel, Magda, dunkele Bilder zu sonnigen Liedern. Text aus „Rheinreise". Ein Cyclus lyr. Gedichte von Max Liebermann v. Sonnenberg. In Holz geschn. v. Peter Meurer. gr. 4. (10 Holzschntaf. m. eingedr. Texte.) Leipzig 880. Denicke's Verl. n. 10. —

— dasselbe. Neue Ausg. gr. 4. (10 Holzschntaf. m. eingedr. Text.) Ebend. 882. n. 6. —

Der Automobil-Löschzug der Berufsfeuerwehr Hannover. Von M[ax] Reichel, Branddir. Mit 25 Abb. *Berlin: J. Springer 1903.* (VI, 86 S.) 8°
[03. 7080

Reichel, Max, Beiträge zur Geschichte der Politik Katharinas von Medici. Diss. Königsberg i. Pr. 1886, Graefe & Unzer. 8°. 64 S.

Reichel, Max [aus Drengfurt]: Beiträge zur Geschichte der Politik Katharinas von Medici . . . . Königsberg i. Pr., Hartungsche Buchdr. (1886): 64 S. 8°.
Königsberg, Phil. Fak., Inaug.-Diss. v. 31. März 1886.

Bericht über das Ergebnis der mit Kraftfahrzeugen bei der Berliner Feuerwehr vorgenommenen Versuche. Verf.: Branddir. [Max] Reichel. ([Berlin] 1907.) (57 S.) 8° [08. 9134

Reichel, Mor., Motive zu Holz-Gittern aller Art, sowie Balkon- u. Brüstungs-Geländern, niedrigen Zäunen, Hof- u. Gartenthüren, offenen u. bedeckten Eingängen, Balkonen u. Häusern im sogenannten Schweizerstil aus Holz. Fortsetzung der „Praktischen Holz-Architektur". Hrsg. v. Hittenkofer. 1—3. Hft. gr. 4. (à 8 Steintaf.) Leipzig 880. Scholtze. à n. 2. 40

Reichel, Otto Darstellung der Grundbegriffe der Arithmetik. 40 S. Progr. *Charlottenburg* 1882.

Reichel, Otto, approb. Arzt aus Müncheberg: Zwei Fälle von Aktinomykose der Mamma. *München 1903: C. A. Seyfried & Co.* (26 S.) 8°
München, Med. Diss. v. 1903

Reichel, Otto, die Grundlagen der Arithmetik, unter Einführung formaler Zahlbegriffe dargelegt. Hülfsbuch für den Unterricht. 1. Tl.: Natürliche, algebr., gebrochene Zahlen. gr. 8. (32 S.) Berlin 886, Haude und Spener. cart. *

Reichel, Otto, die Grundlagen der Arithmetik, unter Einführg. formaler Zahlbegriffe dargelegt. Hülfsbuch f. d. Unterricht. 2. Tl. Die irrationalen Zahlen. gr. 8. (43 S.) Berlin 890. Haude & Spener. cart. n. 1. —

Reichel, Otto, Jolantha. 8. (102 S.) Dresden 902. E. Pierson. n. 2. —; geb. n. 3. —

Reichel, Otto, Vorstufen der höheren Analysis u. analytischen Geometrie. (X, 111 S. m. 30 Fig.) gr. 8. Leipzig 904. B. G. Teubner. Geb. in Leinw. n. 2. 40

— Otto Friedrich (Königsberg/Preußen), De malis ex adipe nimio oriundis. Diss. med. Berlin (J. Fr. Starck) 22. X. 1824. 29 S. mit Biogr. (3.—) 27992
Oppon.: Bennewitz, Zimmermann, Klewitz. — Gew.: Ferdinand Behr, Conr. Fr. Schroeder.

Reichel, Paul, d. Abschätzg. d. Erwerbsfähigkeit. Aus d. Invaliditäts- u. Alters-Versicherungsanstalt d. Prov. Schlesien. gr. 8. (87 S.) Wiesbaden 898. J. F. Bergmann. n. 1. —

Reichel, Paul, der Anus praeternaturalis und seine Behandlung, s. Sonderabdrücke der Deutschen Medicinal-Zeitung.

Reichel, Paul: Ueber Beckenabscesse. Halle (1869): Plötz. 31 S. 8°
Halle-Wittenberg, Med. Diss. v. 9. Okt. 1869
Geb. Meissen 21. 11. 1840. V.

Reichel, Paul *(geb. Breslau 23. 12. 1858)*: Beiträge zur Morphologie der Mundhöhlendrüsen der Wirbelthiere. Leipzig: W. Engelmann 1882. (71 S.) 8° *(Aus: Morphol. Jahrbuch. Bd 8. (1882/83.) — Breslauer gekr. Preisschr.)*
Breslau, Med. Diss. v. 27. Jan. 1882

Reichel, P., Chirurgie der unteren Extremitäten, s.: Borchardt, M.

Reichel, P., s.: Chirurgie der Extremitäten.

— zur Diagnostik u. Therapie d. Ileus, s.: Sonderabdrücke der Deutschen Medicinal-Zeitung.

Reichel, Paul, die Entwicklung der Harnblase u. Harnröhre. [Aus: „Verhandlgn. der physikal.-medicin. Gesellsch. zu Würzb."] gr. 8. (48 S. m. 3 lith. Taf.) Würzburg 893. Stahel. n. 2. —

— **Lehrbuch d. Nachbehandlung nach Operationen. In Vorlesgn. f. Studirende u. Aerzte bearb. Lex.-8. (XVI, 486 S.) Ebd. 897.** n. 8. 60

Reichel, Paul, Lehrbuch d. Nachbehandlung nach Operationen. In Vorlesgn. f. Studierende u. Ärzte. 2. umgearb. u. verm. Aufl. (XVIII, 557 S. m. 67 Abbildgn.) Lex. 8. Wiesbaden 909. J. F. Bergmann.
Geb. in Leinw. 12. —

—— die Lehre von der Brucheinklemmung. Klin.-experimentelle Studie unter Benutzung von 160 in der königl. chirurg. Klinik zu Breslau beobachteten Fällen von Brucheinklemmung. gr. 8. (III, 278 S.) Stuttgart 886, Enke. *

Reichel, Paul. Zur Pathologie d. Ileus u. d. Pseudoileus. gr. 8. (7 S.) Würzb. 892, Stahel. * — 50
Aus: Sitzungsber. d. Würzb. phys.-med. Gesellsch., besonders abgedruckt.

Reichel, Richard [aus Bartenstein '(Ostpr.)']: Zur Litteraturgeschichte der antiken Arzneimittellehre nebst e. Teil d. Revocativum memoriae d. Johannes de Sancto Amando. '(XIII. Jh.)' . . . (Th. 1.) Berlin, C. Vogts Buchdr., *1894*; 32 S., 1 Bl. 8.
Berlin, Med. Fak., Inaug.-Diss. v. 22. Juni 1894

Reichel, R.: Die deutschen Geschlechtsnamen mit besonderer Rücksicht auf Marburger Namen. S. 13 - 39. 8°.– Marburg, Progr. 1867. Nachträge dazu Prg. 1869 S. 47 f.

Reichel: Germanistische Kleinigkeiten: 1. Zeugnisse zur deutschen Heldensage aus steirischen Urkunden. 2. Eine Bemerkung zur Kudrun. 3. 60 Uebernamen und Geschlechtsnamen aus steirischen Urkunden. 43-46 S. 8°– Marburg, Progr. 1869

Reichel: Marburger Namenbüchlein.– Marburg i/St. OG, Progr. 1870.

Reichel, Rud., kurzer Abriß der steirischen Landesgeschichte. Für die Schüler steirischer Mittelschulen. 8. (79 S. mit 4 Stammtaf.) Marburg 869, Leyrer's Buchh.

Reichel, Rud., Abriss der steirischen Landesgeschichte. Für die Schüler höherer Lehranstalten u. f. Freunde der Geschichte entworfen. 2., gänzlich umgearb. u. verm. Aufl. Mit 7 Stammtaf. gr. 8. (IV, 173 S.) Graz 884. Leuschner & Lubensky. geb. n. 2. 40

Reichel, S., aus Liebe, s.: Miniatur-Bibliothek.

— **Salomon Gottfr.** (Bernst./Laus.), Quaestio an vota rescindere liceat? Diss. phil. Pertractur a Friedrich Wilhelm Lemhauß (Leipzig). Leipzig (Schede) 26. IV. 1721. 20 S. (4.75) 27993

Reichel, Samuel

— — Commentatio de diebus lustricis. Chemnitz (Stoessel) (16. I.) 1759. 12 S. (4.—) 28001
Gew.: Daniel Gottfried Liebe.

— — (Jena), De diebus lustricis commentatiuncula. Neustadt/Orla (Kath) (Nov.) 1782. 16 S. (4.25) 27995
Gew.: Jo. Gottlob Schwarz, Luther Lebrecht Philippi.

— **Samuel,** De sponsaliorum ex jure naturae, civili ac Germanico differentia. Jena (Strauss) 28. IX. 1761. 22 S. (4.—) 27991
Gratulationsschrift für Friedrich Amadeus Daniel Liebe (Stollberg).

— — De injuriis sibi ipsi illatis liber singularis. Wittenberg (E. G. Eichsfeld) 1764. 26 S. (4.25) 28004

— — Dasselbe. Wittenberg (E. G. Eichsfeld) (August) 1764. 26 S. (4.25) 28005
Gew.: Johann Tobias Richter, Martin Gottlieb Pauli.

— — De libris Sibyllinis ad Tarquinium Priscum regem Romanum venum allatis. Comment. philol. Chemnitz (Stoessel) (19. I.) 1760. 20 S. (4.—) 28002
Gew.: Jonathan Heller, Daniel Gottfried Liebe.

— — De officio interpretis circa sectam scriptoris. Diss. Präs. Georg Stephan Wiesand. Leipzig (Langenheim) 13. X. 1756. 24 S. (3.50) 27998

— — De officio tutorum circa religionem pupillorum disserit. Leipzig (Langenheim) 13. XI. 1760. 20 S. (3.75) 28003
Gratulationsschrift für Georg Stephan Wiesand.

— — De officio tutorum circa religionem pupillorum. Commentatio. Dresden (H. W. Harpeter) (Jan.) 1790. 23 S. (4.—) 28008
Gew.: Johann Friedrich Dietrich.

— — De origine ac definitione Morgengabae. Comment. jur. German. Leipzig (Langenheim) (Jan.) 1757. 12 S. (4.—) 27999
Gew.: Rudolph Otto von Phul.

— — (Leipzig), Selectiora juris principia ad ordinem digestorum exposita libri XVIII. specimen I. continens. Disput. jur. vigesima quinta. Präs. Jo. Tobias Richter. Leipzig (Langenheim) 4. V. 1756. 20S . (3.75) 27996

— — Dasselbe. Leipzig (Langenheim) 4. V. 1756. 20 S. (3.75) 27997
Gew.: Otto Rudolph von Phul.

— — Problema juris civilis utrum legitima ex filii testamento a patre condito competat matri? Leipzig (J. Chr. Langenheim) (18. IV.) 1757. 20 S. (4.—) 28000
Gew.: Carl Friedrich Trier.

— — De diversa principis se obligandi ratione brevis commentatio qua in nuptiis Kuttnero-Faciis neonuptis in primis. Chemnitz (C. Fr. Gebhard) (Juli) 1777. (3.75) 28006
Gew.: Johann Christian Facius.

— — De Tiberio imperatore callido patris sui Augusti in regendo imperio aemulatore comment. phil.-histor. Freiberg (Barthel) (5. VIII.) 1789. 15 S. (—.—) 28007
Gratulationsschrift für Christian Friedrich Damm.

— **Samuel Benjamin,** De hodiernis summorum aeque principum ac clarissimorum virorum in rem scholasticam meritis praefatus lectiones publicas privatasque in gymnasio ill. quod Altenburgi est Fridericiano. Altenburg (Richter) (7. V. 1771.) 15 S. (4.—) 28009

— — Sollemnia natalicia Ernestina in ill. gymnasio Fridericiano indicit simul de literariis muneribus veterum nataliciis pauca disserit et carminum suorum nonnulla adjungit. Altenburg (Richter) 1782. 16 S. mit Namen. (4.—) 28010

Reichel, Sam. Benj., († d. 9. Sept. 1792.) Versuch e. kurzen Geschichte u. Beschreib. d. adelichen Magdalenenstifts in Altenburg, mit Beilage u. Kpfrn. gr. 8. Altenb. 791. (Hennings in Neisse). 1 ß 4 ℊ Schrbp. 1 ß 12 ℊ

— — De ineruditis voluptatibus ad locosquosdam M. Fab. Quinctiliani praefatus tabulam scholarum in Ill. gymnasio Fridericiano inde ab auctumnali lustratione. Altenburg (Richter) (7. X.) 1786. 27 S. (4.—) 28011

Reichel, Vict. Jos., Dagon das Götzenbild unserer Tage, dargestellt in 6 Fasten-Predigten im J. 1845. gr. 8. Gratz 846, Damian u. Sorge. n. 5/12 ß

Reichel, Vinc.

— quatuor sacra Evangelia, in pericopas simplices harmonico-chronologico ordinatus dispertita, pericopis parallelis e regione collatis. Lex.-8. Prag 840. (Borrosch et A.) n. 2 ß

—— Introductio in Hermeneuticam biblicam. 8maj. (9¾ B.) Viennae 839, C. Doll. (Lipsiae, Liebeskind.)

Reichel, W., über das Entwickelungsgesetz d. magnetischen Lebens im Menschen. Nebst d. Geschichte zweier merkwürd. Somnambulen. gr. 8. Leipz. 829. Lehnhold. 16 ℊ

Reichel, W. (Hrsg.), s. Veteranen-Kalender, Bayerischer.

Reichel, Walter

Reichel, W., Beiträge zur stenographischen Theorie. I. Einteilung der Satzkürzung. II. Der Vorgang des Lesens. (59 S.) 8. Wolfenbüttel 906. Heckner. nn 1.—

Reichel, Walther [aus Dresden]: Von der deutschen Betonung ... Jena, Frommannsche Buchdr. (Hermann Pohle), 1888; 2 Bl. + 85 + 1 S. 8°
Leipzig, Phil. Fak., Inaug.-Diss. v. 2. Okt. 1888

Reichel, Walter: Betrachtungen und Versuche über die Verwendung des Drehstromes für den Betrieb elektrischer Bahnen, insbesondere des hochgespannten Drehstromes. 1903. 73 S., 8 Taf. 4° ¶ Um einen Abschnitt C erw. bei Oldenbourg in München u. d. T.: Die Verwendung des Drehstroms insbesondere des hochgespannten Drehstroms für den Betrieb elektrischer Bahnen.
Berlin, Dr.-Ing.-Diss. v. 13. 2. 1903

Reichel, Walt., die Denkschrift des kgl. bayer. Staatsministeriums f. Verkehrsangelegenheiten üb. d. Einführung des elektrischen Betriebes auf den bayer. Staatseisenbahnen. Nach dem amtl. Text mitgeteilt u. besprochen. (S. 263—305 m. 8 [1 farb.] Taf.) 32×24 cm. München 908. R. Oldenbourg. 4.—
Sonderabdruck aus: „Elektr. Kraftbetriebe u. Bahnen".

Reichel, Walth., Entwurf e. deutschen Betonungslehre f. Schulen m. besond. Rücksicht auf Gedichte. gr. 8. (IV, 78 S.) Leipzig 899. E. Wunderlich. n. 1. 60; geb. n. 2.—

Reichel, Walth., Entwurf e. Systemurkunde d. Gabelsbergerschen Stenographie als Grundlage f. die Wiedervereinigung d. Gabelsbergerschen Schule. In Anlehng. an die Systemurkunde des deutschen Stenographenbundes „Gabelsberger" ausgearbeitet und begründet. (VIII, 47 S.) gr. 8. Leipzig 906. E. Zehl. n. 1.—

Reichel, Walter, a. Gnadenfrei in Schlesien: Über trilineare alternierende Formen in sechs und sieben Veränderlichen und die durch sie definierten geometrischen Gebilde. Leipzig 1907: B. G. Teubner. (59 S.) 8°
Greifswald, Phil. Fak., Ref. Engel, Diss. v. 10. April 1907
[Geb. 3. Nov. 83 Gnadenfrei; Wohnort: Greifswald; Staatsangeh.: Preußen; Vorbildung: Gymn. Schweidnitz Reife O. 02; Studium: Leipzig 3, Halle 2, Greifswald 5 S.; Rig. 1. Nov. 06.]

— s.: Jahrbuch der Schule Gabelsbergers.

— s.: Kraftbetriebe u. Bahnen, elektrische.

Reichel, Walth., sprachpsychologische Studien. Vier Abhandlgn. üb. Wortstellg. u. Betong. d. Deutschen in d. Gegenwart, Sparsamkeit, Begründg. d. Normalsprache. gr. 8. (V, 337 S.) Halle 897. M. Niemeyer. n. 8.—

— Vernunft u. Regel. Ein Beitrag zur Lehre v. der stenograph. Gesetzgeb. (XI, 116 S.) gr. 8. Ebd. 904. n. 2.—; geb. in Leinw. n.n. 2. 50

Reichel, W., die Verwendung des Drehstroms insbesondere des hochgespannten Drehstroms f. den Betrieb elektrischer Bahnen. Betrachtungen und Versuche. (VIII, 158 S. m. Abbildgn. u. 7 Taf.) gr. 8. München 903. R. Oldenbourg. Geb. in Leinw. n. 7. 50

Reichel, Wenzel Jos., ist die Lehre v. der Unfehlbarkeit d. römischen Papstes katholisch? Eine Frage, gestellt u. beantwortet im Namen d. hierüber noch nicht gehörten kathol. Volkes. gr. 8. (48 S.) Wien 871. Zamarsky in Comm. n. 1.—

—— War die österreichische Regierung berechtigt, das Concordat vom J. 1855 ausser Kraft zu setzen? gr. 8. (91 S.) Wien 871, (Fr. Beck's Verlag.) *

Reichel, Wilh., über die Eigenthümlichkeiten der Stahlquellen Stebens, in pharmako-dynamischer Hinsicht dargestellt. 8. Hof 838. (Grau.) n. 2/3 ₰

—— Stebens Heilquellen, besond. in genauer Bezieh. auf ihre Anwendung u. auf ihren zweckmäß. Gebr. dargest. Mit e. Vorr. v. C. M. Marc. 8. (18½ B.) Hof 829, Grau.

Reichel, Wilhelm, bacc. iur.: Der Kaufmann des § 5 HGB. Augsburg 1909: Reichel. 59 S. 8°
Leipzig, Jur. Diss. v. 29. Jan. 1909
[Geb. 8. Febr. 82 Augsburg; Wohnort: Augsburg; Staatsangeh.: Bayern; Vorbildung: St.-Anna-Gymn. Augsburg Reife Juli 01; Studium: München 2, Tübingen 3, Leipzig 5 S.; Rig. 21. Juli 06.] [U 09. 2635

Reichel, Wilh., die Mineralquellen zu Steben in pharmakodynamischer Hinsicht dargestellt. Erlangen 859. Enke in Comm. gr. 8. (132 S.) n. 18 ngr.

Reichel, Wilh., über das Wesen der Gicht, ihre verschiedenen Formen u. die Behandlung derselben. Lex. 8. (IV u. 140 S.) Erlangen 850, Enke. n. 21 ngr.

— **Wilhelm Gottlieb,** De gravitate muneris scholastici, multiplici jucunditate compensata prolusio qua solemnia inaug. gymnasii Mulhusini rectoris indicit. [Mülhausen] (Müller) 17. X. (1785.) 19 S. (3.75) 28012

Reichel, Wilh. Valentin, sechszig Predigten auf alle Sonntage u. Festtage, gehalten in verschiedenen Brüdergemeinen. gr. 8. Bautzen 839. Reichel. n. 1 1/2 ₰

Reichel, Willy, animal. od. Heilmagnetismus, s. a. Miniatur-Bibliothek.

Reichel, Willy. Der Heilmagnetismus. 12. (17 S.) Berl. 891, K. Siegismund. — 60

— **d. Heilmagnetismus,** s. Beziehgn. zum Somnambulismus u. Hypnotismus. 3., gänzl. umgearb. Aufl. (der im J. 1891 resp. 1892 erschien. Broschüren „Der Heilmagnetismus" u. „Der Magnetismus u. s. Phänomene"). gr. 8. (216 S. m. Bildn.) Berlin 896. K. Siegismund. n. 2. 50

Reichel, Willy, kreuz und quer durch die Welt. Okkultistische Reiseerlebnisse. (XXII, 215 S. m. Bildnis.) 8. Leipzig 906. O. Mutze. n. 3. —; geb. n. 4. —

—— Der Magnetismus u. seine Phänomene. gr. 8. (84 S.) Ebd. 892. 1 —

Reichel, Wolfg., üb. vorhellenische Götterculte. Lex.-8. (V, 98 S. m. 39 Abb.) Wien 897. A. Hölder. n. 4. —

Reichel, Wolfg., üb. homerische Waffen, s. **Abhandlungen des archäologisch-epigraphischen Seminars der Universität Wien.**

Reichel, Wolfgang. Über Homerische Waffen. Archäologische Untersuchungen von Wolfgang Reichel . . . Wien 1894, Alfred Hölder . . .
Haupttit., Untertit., 152 S. m. 63 Abb. 8°
(Abhandlungen des archäologisch-epigraphischen Seminares der Universität Wien. Herausgegeben von O. Benndorf und E. Bormann. Heft 11.)
Außerdem S. 133—139: O. Benndorf: Über das Alter des Trojaspieles.

— Dasselbe. 2. völlig umgearb. u. erweiterte Aufl. Wien 1901. Alfred Hölder.

Reichel, Wolfgang. Homerische Waffen. Archäologische Untersuchungen. 2. Aufl. Wien 1901. H: *Heberdey, Rud.* (Berl)

Reichel, Wolfg., homerische Waffen. Archäologische Untersuchgn. 2. völlig umgearb. u. erweit. Aufl. gr. 4. (X, 172 S. m. 92 Abb.) Wien 901. A. Hölder. n. 7. —

Reichelt. Alfr., die Prüfung der Konstruktionsstoffe f. den Maschinenbau. s. a. **Bibliothek der gesamten Technik.**

Reichelt, Alfred: Die Prüfung der Konstruktionsstoffe für den Maschinenbau. Kurzgef. Handbuch f. d. prakt. Gebrauch. Von –. Mit 99 Abb. Hannover: Jänecke 1909. X, 223 S. 8°
(Bibliothek d. gesamten Technik. Bd 110.)

— Die Zuckerfabrikation, s.: **Uhland's Handbuch für den praktischen Maschinen-Konstrukteur.** IV, 2.

Reichelt, Auguste

— u. Olof **Winkler,** Blumen und Landschaftliches. 6 Blatt. Chromolith. gr. 4. Ebd. 887. n. 6. —; einzelne Blätter à 1. 50

Reichelt, Auguste, Blumen-Sträusse. Unsere Lieblingsblumen aus der Studienmappe von A. R. Fol. (8 Farbendr.-Taf.) Leipzig 890. Baldamus' Sep.-Cto. n. 8. —; einzelne Blätter à 1. 50

Reichelt, Auguste, Blumenstudien. 24 (chromolith.) Blatt in 4 Lfgn. gr. 4. Leipzig 883. 84. (Baldamus' Sep.-Cto.) à n. 6. —; einzelne Blätter à n. 1. 50
Eine Ausg. mit dem französ. Titel „Etudes de fleurs" ist zu gleichem Preise erschienen.

— dasselbe. 18 Chromolith. 2. Aufl. gr. 4. Ebend. 883. In Leinw.-Mappe. 22. —

— dasselbe. Kleine (Cabinet-)Ausg. 3 Lfgn. Lex.-8. (à 6 Chromolith. u. 6 Bl. Vorzeichngn. zum Nachmalen.) Ebend. 885. à n. 2. 50; einzelne Blätter à n. — 60

— Blumenstudien. 60 Bl. in 10 Lfgn. Fol. (à Lfg. 6 Chromolith.) Ebd. 887—889. à Lfg. n. 6. —

Reichelt, Auguste, Blumenstudien in Halbkranzform. Kleine Ausg. gr. Fol. (4 farb. Taf.) Leipzig 893. E. Baldamus, Sep.-Cto. n. 5. —; einzelne Blätter n. 2. —

— neue grosse Blumenvorlagen [Rosen]. qu. gr. Fol. (4 Chromolith.) Ebend. 884. n. 20. —

— aus der Blumenwelt. Studien. 2 Lfgn. gr. Fol. (à 4 Chromolith.) Ebend. 884. à n. 10. —; einzelne Blätter à n. 3. 75

— Farren-Gruppen. 4 Blatt. Chromolith. qu. Fol. Ebend. 884. n. 4. —

— Rosen-Studien. 2 Lfgn. gr. Fol. (à 4 Chromolith.) Ebend. 884. à n. 10. —; einzelne Blätter à n. 3. 75

Reichelt, C. „Hallymetrische Milchuntersuchungen". pg. 3—17. 4°. Brügel. Ansbach, Progr. 1859/60

Reichelt, C., die Muttersprache. Lehrbuch der deutschen Wort- u. Satzformen für den Schulgebrauch bearb. Leipzig 858. Hannel. 8. (XV, 189 S.) n. 15 ngr.

Reichelt, C. „Ueber das Verhalten von Blei und Zinn und deren Legirungen zu Kochsalz". pg. 3—17. 4°. Carl Brügel & Sohn. Ansbach, Progr. 1862/63

Reichelt, C. „Versuche über die Anwendung der ballymetrischen Methode zur Bestimmung des Wassergehaltes der Milch". pg. 3—17. 4°. Mit einer Tafel. Brügel.
Ansbach, Progr. 1858/59

Reichelt, Carl, s. Reichelt, Karl

Reichelt, Constantin, s. Reichelt, Konstantin

Reichelt, E., Bericht üb. die IV. Konferenz f. Idioten-Heil-Pflege. Hamburg, am 4—6. Septbr. 1883. gr. 8. (76 S.) Dresden 883. (Warnatz & Lehmann.) n. 1. —

Reichelt, E., s. Zeitschrift für die Behandlung Schwachsinniger und Epileptischer.

Reichelt, E. (Hrsg.), s. Zeitschrift für das Idiotenwesen.

Teplitz-Schönau St. ROG.: Katalog der Lehrerbibl. 99. 00. v. Eduard Reichelt. 26. 82.
Progr.

Reichelt, G., Gesanglehren u. Gesangunterricht der Volksschule in 2 Thln. bearb. gr. 8. (VI, 118 S.) Leipzig 874. Breitkopf & Härtel. 2. 25

Reichelt, G. Th., die Himalaya-Mission der Brüdergemeine. gr. 8. (87 S. m. 19 Abb.) Gütersloh 896. C. Bertelsmann. n. 1. —; geb. n. 1. 60

Reichelt, G. Th., das vatikanische Concil. Eine kurzgefaßte Darlegg. der Veranlassgn., d. Verlaufs u. der Folgen dieser Kirchenversammlg. gr. 8. (IV, 108 S.) Bautzen 872. Rühl in Comm. n. 1. —

Reichelt, G. Th., die Ueberschwemmung der Lausitz am 14. Juni 1880. Nebst Gedächtnißrede am Grabe der Ertrunkenen v. Gust. Adf. Bröſel. 8. (16 S.) Chemnitz 880. Hager. — 15

Reichelt, H. M., Bergmannsleben. Bergmännische Dichtungen. 16. (VI, 97 S.) Schneeberg 870, (Goedsche'sche Buchh.) *

Reichelt, Hans, awestisches Elementarbuch, s.a. Bibliothek, indogermanische. I. 5.

Reichelt, Hans: Awestisches Elementarbuch von Dr. Hans Reichelt, Privatd. Heidelberg: Winter 1909. XXIV, 516 S. 8°
(Indogermanische Bibliothek. Abt. 1, Reihe 1, Bd 5.)

Reichelt, Hans, aus Baden b. Wien: Der Frahang i oim. Th. 1: Einleitung und Text. *Wien: (A. Hölder) 1900.* (37 S.) 8° (4°)
¶ (Aus: Wiener Zeitschrift f. d. Kunde d. Morgenlandes, Bd 14, H. 3. — Th. 2 erscheint in einem folg. Heft.)
Giessen, Phil. Diss. v. 1900

Reichelt, Heinr., die Arbeitsverhältnisse in e. Berliner Grossbetrieb der Maschinenindustrie, s.a. Untersuchungen üb. die Entlöhnungsmethoden i. d. deutschen Eisen- u. Maschinenindustrie

Reichelt, Heinrich, a. Schmölln in Sachs.-Altenburg: Die Arbeitsverhältnisse in einem Berliner Großbetrieb der Maschinenindustrie. (Kap. 4.) (Berlin: L. Simion Nf. 1906.) (58 S.) 8° ¶ (Das Ganze erscheint als „Untersuchungen über Entlöhnungsmethoden in der deutschen Eisen- u. Maschinenindustrie" H. 4.)
Berlin, Phil. Fak., Ref. Schmoller, Diss. v. 28. Juli 1906
[Geb. 15. Jan. 83 Schmölln; Wohnort: Charlottenburg; Staatsangeh.: Sachsen-Altenburg; Vorbildung: Herz. Ernst-Realgymn. Altenburg Reife O. 02; Studium: Jena 3, Berlin 4 S.; Rig. 5. März 06.]

Die Arbeitsverhältnisse in einem Berliner Großbetrieb der Maschinenindustrie. Von Dr. Heinrich **Reichelt**. Berlin: L. Simion Nf. 1906. (VIII, 143 S.) 8°
= **Untersuchungen über d. Entlöhnungsmethoden in d. deutschen Eisen- u. Maschinenindustrie. H. 4.** [06. 1901]

Reichelt, Hugo, die rechtl. Natur des Jagdwildes u. d. Wildergutes. Eine Studie f. Jäger u. Juristen. gr. 8. (61 S.) Breslau 897. München, L. Köhler. n. 1. —

Reichelt, Hugo, Rechts-Zeittafeln. Historisch-chronologische Uebersicht der Gesetzgebg. des gesammten Privat- u. Verwaltungsrechts. gr. 8. (VII, 137 S.) Berlin 899. C. Heymann's Verl. n. 3. —

Reichelt, J. Elementale mathematicum. Argentorati 1704. 4.

Reichelt, Johann Carl (Eibenst./Meißen), De distinctione sponsaliorum, in publica et clandestina et hac occasione emergente quaestione: Utrum absque consensu parentum, vel testium contracta, per concubitum tamen confirmata, sint pro publicis, an clandestinis habenda? Diss. jur. Präs. Tobias Jak. Reinharth. Erfurt (Grosch) 30. VIII. 1729. 22 S. (4.25) 28013

Reichelt, Johannes, Referendar a. D.: Die Entwicklung und Statistik des Halleschen Armenwesens. Halle a. S. 1910: Gebauer-Schwetschke. 95 S. 8° ¶ (Teilw. ersch. in: Beiträge z. Statistik d. Stadt Halle a. S. H. 9.)
Halle, Phil. Diss. v. 7. Febr. 1910, Ref. Conrad
[Geb. 22. Mai 86 Muschwitz, Kr. Merseburg; Wohnort: Osnabrück; Staatsangeh.: Preußen; Vorbildung: Latina Halle Reife M. 00; Studium: Halle 7, Leipzig 1 S.; Rig. 27. Okt. 09.] [U 10. 1788

Reichelt, Johs., aus Heimat u. Fremde. Eine Tierkunde zur Vorbereitg. f. Lehrer- u. Seminaristen, besonders beim Gebrauche v. Meinholds Wandbildern. (VII, 264 S. m. Abbildgn.) gr. 8. Dresden 904. C. C. Meinhold & Söhne. Geb. in Leinw. n. 3. 20

Reichelt, Karl „Einige Beispiele über die Wichtigkeit der Berücksichtigung der Gewichtsverhältnisse in der Chemie". pg. 3—11. 4°. Brügel.
Ansbach, Progr. 1853/54

Reichelt, Karl, Beiträge zur Geschichte d. ältesten Weinbaues in Deutschland u. dessen Nachbarländern bis zum J. 1000 n. Chr. Mit 1 Holzschn. gr. 8. (IV, 91 S.) Reutlingen 886. Kocher. n. 1. 20

Reichelt, Carl: De dativis in οις et ῃς '(αις)' exeuntibus. Breslau, Druck v. Grass, Barth & C., *1893;* 22 S. 8.
Breslau, st. ev. G zu St. Elisabet, OP 1893 (175)

Reichelt, Karl Ottomar

Reichelt, d. neue königl. Frauenklinik i. Dresden, s. Leopold, G

Reichelt, Konstantin

Reichelt, Constantinus *(geb. Bernstadt in Schles. 2. 3. 1834)*: Tumores laryngei. Vratislaviae (1861). (41 S.) 8°
Breslau, Med. Diss. v. 26. März 1861

Reichelt, Leonhard, Referendar: Das beschränkte Wechselakzept nach geltendem Reichsrechte. Borna-Leipzig 1910: Noske. IX, 75 S. 8°
Leipzig, Jur. Diss. v. 23. Mai 1910
[Geb. 3. Dez. 85 Chemnitz i. S.; Wohnort: Dresden; Staatsangeh.: Sachsen; Vorbildung: Kreuz-Gymn. Dresden Reife O. 06; Studium: Freiburg i. B. 1, München 1, Leipzig 5 S.; Rig. 23. Juni 09.] [U 10. 2842

Reichelt, Louise, echtes Gold wird klar im Feuer, s.: Vereinsbühne.

Reichelt, M., Europa für große und kleine Kinder. (1 Bl.) 37,5×46,5 cm. Farbdr. Berlin (910). Fußinger. — 30

Reichelt, Max [app. Arzt aus Kietzig]: Ueber foetale Hydrocephalie. . . . Halle a. S., Hofbuchdr. v. C. A. Kaemmerer & Co., 1890; 28 + 1 S. + 2 Bl. 8°
Halle, Med. Fak., Inaug.-Diss. v. 22. März 1890

Reichelt, P. [pract. Arzt aus Kietzig, Pommern]: Ueber Prolaps der Uretralschleimhaut beim Weibe . . . . Halle a. S., Hof-Buchdr. v. C. A. Kaemmerer & Co., 1886; 30 S. 8°.
Halle. Med. Fak., Inaug.-Diss. v. 20. Jul. 1886.

Reichelt, Paul, Festschrift zum 25. Stiftungsfest des Turnklubs zu B e r n a u, Bernau 1895, 16 S., 8°.

Reichelt, Paulus, Heimatkunde v. B a y r e u t h f. d. 2. Schulj. Mit 8 Plänchen d. Stadt Bayreuth u. 1 Plan d. Umgebg. v. Bayreuth. 8. (8 S.) Bayreuth 892. H. Heuschmann jun. n.n. — 30

— Heimatkunde v. O b e r f r a n k e n. Mit e. Handkärtchen v. Oberfranken. 8. (82 S.) Ebd. (898). n.n. — 80

Reichelt, Paulus, Methode u. Stoff zur Erteilung e. systematischen Rechtschreibunterrichts f. das 2. u. 3. Schuljahr. 8. (36 S.) München 893. M. Kellerer. n. — 60

Reichelt, T. G.

— u. K. J. **Stübner,** Lesebuch, s.a. S t ü b n e r, K. J.

Reichelt, T. G., und K. J. **Stübner,** Lesebuch für Mittelklassen deutscher Volksschulen. 2., verb. u. verm. Aufl. Chemnitz 858. May. 8. (VI, 352 S.) nn. 18 ngr

Reichelt, T. G., Lesebuch für Mittelklassen deutscher Volksschulen. 4., verm. Aufl. Chemnitz 867. Focke. gr. 8. (IV. 301 S.) n. 12 ngr

R e i c h e l t, T. G., Lesebuch für Mittelklassen deutscher Volksschulen. 5. verb. und verm. Aufl. gr. 8. (VI, 303 S.) Chemnitz 871, Focke. *

Reichelt, T. G., Lesebuch f. Mittelklassen deutscher Volksschulen. 6., verb. u. verm. Aufl. gr. 8. (VI, 296 S.) Chemnitz 875. Focke. n. 1. 20

Reichelt, T. G., siehe: P e r l e n oder ausgewählte Sprüche der Bibel ꝛc.

Reichelt, Victor [pr. Arzt]: Über acute Intoxicationen. (Aus d. med. Klinik d. Herrn Geheimrat Prof. Dr. Biermer zu Breslau.) . . . Breslau, Buchdr. A. Schreiber, 1891; 3 Bl., 57 S., 1 Bl. 8°
Breslau, Med. Fak., Inaug.-Diss. v. 10. Febr. 1891

Reichelt, Vict., üb. acute Intoxicationen. Diss. gr. 8. (57 S.) Breslau 891. (L. Köhler.) n. 1. —

Reichen. – Aus a l l e n Reichen der Natur. Monatsschrift für Kenner und Freunde der Naturwissenschaften. Bd. 2. 3 (zu je 4 Hftn). Frankfurt a. M.: Meidinger (Berlin: Hirsch) 1859. 4°
Hrsg.: Leop. Besser, Ludw. Brehm, Alfr. u. Reinh. Brehm, Louis Büchner u. a.
Bd 1. u. d. T.: Mittheilungen aus der Werkstätte der Natur. Frankfurt a. M. 1858.

R e i c h e n. Luise R'.... Gestorben... 9. Dezember 1896. ([Gedicht von] F E. . i.) 8. *o. O. u. J.* [1896/97].

Reichen, Albert

Reichen, Alb., Auskunfts- u. Fürsorgestellen für Lungenkranke, s.a. **Z e i t f r a g e n, sozialpolitische, der Schweiz.**

R e i c h e n, Albert. Auskunfts- und Fürsorgestellen für Lungenkranke. [Illustriert.] 64 S. 8. Zürich, Buchh. des Schweiz. Grütlivereins, 1909. (fr. 1. —)
Sozialpolitische Z e i t f r a g e n der Schweiz.... Heft 4/5.

REICHEN, Bernard

Lob und Dank Rede, | Da die Erneuerung des Wahl-Tags der großen Himmels | Königin unter dem Titul | MARIA | Trösterin der Betrübten, | Zur Beschützerin dieser Haupt-Stadt | und des ganzen Herzogthums Lutzemburg in der Kirchen der | Patrum Societatis Jesu, gewöhnlicher Weise auf das | Feyerlichste begangen wurde. | ... Vorgetragen | Von BERNARDO REICHEN, S. J. des Löblichen Fürst Salm | Salmischen Regiments Capellan. | Mit Genehmhaltung der Obern. | Lutzemburg, | Bey der Wittib J. B. Kleber, Ihro Kayserlichen, Koniglichen | Apostolischen Majestät Buchdrucker. [1768] |
14 S., 8° (190 × 165 mm).

[REICHEN, Bernard]

Lob- und Trostrede auf die Mutter Jesu, Trösterinn der Betrübten, Schutzfrau des Lützemburger Landes, gehalten bei jährlicher deroselben höchstfeierlicher Verehrung und Erneuerung der Gelübden zu Lutzemburg in der neuen Pfarrkirche der heiligen Nikolaus und Theresia, vor einer fast unzählIgen Menge Volkes, vorgetragen durch einen Pfarrherrn aus dem Herzogthvm Lützemburg den 24 Tag des Maymonates 1778. Lützemburg [Witwe J. B. Kleber] 1778.
Folio (?).

Reichen, Jo., Unterschiedliche Schrifften von Unfug des Hexen-Processes, zu fernerer Untersuchung der Zauberey herausgegeben. 774 S. Halle 1703. 4°.

R e i c h e n a u, Carl; od. Stolz u. Liebe. Lustsp. in 2 Aufz. 8. Wien, Wallishäußer. 798.

Reichenau, A., der G r a u p a p a g e i oder Jaco in seinem Freileben u. in der Gefangenschaft. (43 S. m. Abb.) 8. Leipzig (907). J. Büttmann. — 40

— Der G r ü n - o d e r A m a z o n e n p a p a g e i in seinem Freileben u. in der Gefangenschaft. (52 S. m. Abbildgn.) 8. Ebd. (907). — 40

Reichenau, August (Marienwerder), De pleuritide. Diss. med. Halle (Ploetz) 29. VIII. 1835. 48 S. u. Biogr. (M.: Fr. J. Weichel.) (3.50) 28014
Adversar. part. susceper.: Ed. Mayer, A. Liévin. — Gew.: Eduard Arth. John.

Reichenau, Auguste v., der neue B u r s c h e, — G a s t f r e u n d s c h a f t, } s.: B l o c h's, E., Theater-Gartenlaube.

R e i c h e n a u, Auguste v., G e d i c h t e und Uebersetzungen. 8. (VIII, 216 S.) Frankfurt a. M. 885, Mahlau und Waldschmidt. *
geb. mit Goldschn. *

—— dramatische G e n r e - B i l d e r. Der neue Bursche. Rosenketten. Gastfreundschaft. gr. 8. (40 S.) Berlin 885, Lassar's Buchh. *

— R o s e n k e t t e n, s.: B l o c h's, E, Theater-Gartenlaube.

R e i c h e n a u, Berno v., St. Ulrichs Leben, s.a. **B e r n o.**

Berno v. Reichenau,
St. Ulrichs Leben, (im XI. Jahrh.) lateinisch beschrieben von —, und um das Jahr 1200 in deutsche Reime (1065 Verse) gebracht von *Albertus*. Hrsg. von *Joh. Andr. Schmeller*. München, literar.-artist. Anstalt, 1844. 8°. Ppb.*)
XXV—70 S. Lat. Lett. — Gœdeke, Grundriss, 2. A., I. S. 44.

Reichenau, Ed., Erinnerungen aus dem Leben e. Westpreußen. gr. 8. (IV, 336 S.) Gotha 890. F. A. Perthes. n. 5. —; geb. n. 6. —

Reichenau, Ed., Fortbildungs-Unterricht im Anschluß an die Volksschule als Mittel der Volkserziehung. Berlin 870. Hertz. gr. 8. (36 S.) n. 5 ngr

Reichenau, Ernst v.

Reichenau, Hauptm. v., Disciplin und Humanität, s. Zeit- und Streitfragen, neue militärische.

Reichenau, von: Disciplin und Humanität. Vortrag. Berl. 1880.

Reichenau, v., Einfluß der Kultur auf Krieg u. Kriegsrüstg. gr. 8. (III, 87 S.) Berlin 897. E. S. Mittler & Sohn. n. 1. 75

Reichenau, v., Einfluss der Schilde auf die Entwickelg. des Feldartillerie-Materials u. der Taktik. gr. 8. (62 S.) Berlin 902. Vossische Buchh. n. 1. 60

— dasselbe. Ergänzung: Versuchs-Ergebnisse. gr. 8. (82 S.) Ebd. 902. n. 2. 25

Reichenau, s.: Entscheidungen des kgl. preuß. Oberverwaltungsgerichts.

— üb. d. weit. Entwickelung d. Kriegsgeschichte, s. a. Beiheft z. Militär-Wochenblatt 1898, Hft. 9.

Ueber die weitere Entwickelung der Kriegsgeschichte. Vortrag, geh. 1897 von [Ernst] v. Reichenau, Generalm. *Berlin: E. S. Mittler & Sohn 1898.* (S. 395–428.) 8° [J.]
= Militär-Wochenblatt. 1898. Beiheft 9, [...]

Reichenau, E. v. Die wachsende Feuerkraft u. ihr Einfluß auf Taktik, Heerwesen u. nationale Erziehung. Berlin 1894. 147 S.

Reichenau, v., die wachsende Feuerkraft u. ihr Einfluss auf Taktik, Heerwesen u. nationale Erziehung. (147 S.) gr. 8. Berlin 904. Vossische Buchh. n. 4. 50

Reichenau, Hauptm. v., ewiger Frieden und Abrüstung, s. Zeit- und Streitfragen, militärische.

— über Handhabung u. Erweiterung des Kriegsspiels. Vortrag, geh. in der „Wissenschaftl. Unterhaltg." der Garde-Feld-Artillerie-Brigade am 28. Febr. 1879. 2. Aufl. gr. 8. (48 S.) Berlin 879. Luckhardt'sche Verlagsh. n. 1. 60

— die Munitionsausrüstung der modernen Feldartillerie. (73 S.) gr. 8. Ebd. 905. n. 2. —

— Stahlgeschoss u. Schutzschild. Eine neue Phase in der Entwickelg. des Feldgeschützes. gr. 8. (51 S.) Ebd. 902. n. 1. 60

— Studie üb. d. kriegsmäß. Ausbildg. d. Feldartillerie. gr. 8. (III, 140 S.) Berlin 896. E. S. Mittler & Sohn. n. 2. 75

— neue Studien üb. die Entwickelung d. Feldartillerie. (76 S.) gr. 8. Ebd. 903. n. 2. —

Reichenau, Rud., die Alten. Letzte Bilder aus unsern vier Wänden. gr. 16. (VI, 283 S.) Leipzig 876. Grunow. n. 3. —; geb. n. 4. —

Reichenau, Rud., am eigenen Herde. Aus den neuen vier Wänden. 16. (III, 167 S.) Leipzig 873, Grunow. cart. * geb. *

§ REICHENAU, Rudolph (ps.?), Liebesgeschichten. Neues aus den alten 4 Wänden. 2. Auflage. Leipzig 1868. 12°. (1 Thlr. 6 Sgr.) (1 Mk. 20 Pfg. Völcker, vor 1885.)
Ed. I. c. 1865? — Nicht in Weller's Lex. Ps.

Reichenau, Rud., aus unsern vier Wänden. Bilder aus dem Kinderleben. 1—8. Aufl. 16. (VI und 175 S.) Leipzig 859—61, Grunow. * 25 Ngr.; geb. Thlr. *

Reichenau, Rud., Aus unsern vier Wänden. Bilder aus dem Jugend- u. Familienleben. 3 Abtheilungen. Leipzig, Grunow. n. 2 *Thlr* 18 *ngr*; in engl. Einb. n. 3 *Thlr* 15 *ngr*
1. Abth.: 1. Bilder aus dem Kinderleben. 1—4. Aufl. 860. n. 28 *ngr* — 5—8. Aufl. 860, 61. n. 25 *ngr* — 9. Aufl. 864. (VI, 175 S.) n. 24 *ngr*; geb. n. 1 *Thlr*
2. Abth.: Knaben u. Mädchen. 864. (VIII, 196 S.) n. 24 *ngr*; geb. n. 1 *Thlr*
3. Abth.: Auswärts u. daheim. 864. (VIII, 286 S.) n. 1 *Thlr*; geb. n. 1 *Thlr* 10 *ngr*

— — 1. Abth.: Bilder aus dem Kinderleben. 10. Aufl. Mit 66 Orig.-Zeichnungen von Osc. Pletsch in Holzschn. ausgeführt von H. Bürkner. Ebend. 865. 4. (2 Bl., 118 S.) n. 3 *Thlr* 10 *ngr*

Reichenau, Rud., aus unseren vier Wänden. Bilder aus Jugend- u. Familienleben. 3 Abthlgn. Leipzig 870. Grunow. 16. cart. n. 1 *Thlr* 22 *ngr*
1. Bilder aus dem Kinderleben. 10. Aufl. (VI, 175 S.) n. 16 *ngr*
2. Knaben u. Mädchen. 2. (Titel-)Aufl. (VI, 196 S.) (864.) n. 16 *ngr*
3. Auswärts u. Daheim. 2. (Titel-)Aufl. (VI, 286 S.) (864.) n. 20 *ngr*

— — 11. Aufl. Ebend. 868. gr. 16. (342 S.) geb. n. 1 *Thlr*; geb. mit Goldschn. n. 1 *Thlr* 15 *ngr*

Reichenau, Rud., aus unsern vier Wänden. 1. Gesammtausg. gr. 8. (638 S.) Leipzig 877. Grunow. n. 6. —; geb. n. 8. —

Reichenau, Rud., aus unsern vier Wänden. 2. Aufl. der Gesamtausg. 8. (VI, 696 S.) Leipzig 890. Grunow. n. 4. 50; geb. in Leinw. n. 5. 50; in Atlas n. 10. —

Reichenau, Rud., aus unsern vier Wänden. Neue Volksausg. (3. Aufl. der Gesamtausg.) Unter Mitwirkg. der freien Lehrervereinigg. f. Kunstpflege zu Berlin hrsg. v. Carl Meyer-Frommhold. (VIII, 536 S.) 8. Leipzig 909. F. W. Grunow. 3.—; kart. 3. 50

Aus unsern vier Wänden. Bilder aus dem Kinderleben. Von Rudolf Reichenau. Mit e. Einl. von Josephine Siebe. Leipzig: Reclam [1910]. 93 S. 8°
(Universal-Bibliothek. 5101.) [...]

— dasselbe. Bilder aus dem Kinderleben, s. a. Universal-Bibliothek.

Reichenau, Steph., der Tapezierer als Zimmer-Decorateur. Vorlagen zu Fensterbehängen, Kamin- und Spiegel-Draperien, Portièren etc. 1. Reihenfolge. 32 (lithogr.) Taf. (in qu. 4.) Weimar 867, Voigt.

Reichenau, Steph., der Tapezierer als Zimmer-Decorateur. Vorlagen zu Fensterbehängen, Kamin- u. Spiegel-Draperien, Portièren etc. im modernsten Style. 2—4. Reihenfolge. à 32 (lith.) Taf. qu. 4. Weimar 871—77. B. F. Voigt. à 4. 50

Reichenau, Steph., der Tapezierer als Zimmer-Decorateur. Vorlagen zu Fensterbehängen, Kamin- u. Spiegel-Draperien, Portieren etc. im modernsten Style. 5—7. Reihenfolge. à 32 (lith.) Taf. qu. gr. 4. Weimar 878—82. B. F. Voigt. à 4. 50

Reichenau, Steph., der Tapezierer als Zimmer-Decorateur. Vorlagen zu Fensterbehängen, Kamin- u. Spiegel-Draperien, Portieren, Bett-Dekorationen, Toiletten, Fauteuils, Stühlen, Tabourets etc. im modernsten Stile. 8. u. 9. Reihenfolge. à 32 (lith.) Taf. qu. gr. 4. Weimar 884. 86. B. F. Voigt. à 4. 50

Reichenau, St., der Tapezierer als Zimmer-Dekorateur. Vorlagen zu Fensterbehängen, Kamin- u. Spiegel-Draperien, Portieren, Bett-Dekorationen, Toiletten, Fauteuils, Stühlen, Tabourets rc. im modernsten Stile. 10. Reihenfolge. 32 (lith.) Taf. qu. gr. 4. Weimar 889. B. F. Voigt. 4. 50 (1.—10. Reihenfolge: 45. —)

Reichenau, Steph., der Tapezierer als Zimmer-Dekorateur. Vorlagen zu Fensterbehängen, Kamin- u. Spiegel-Draperien, Portieren, Bett-Dekorationen, Toiletten, Fauteuils, Stühlen, Tabourets rc. im modernsten Stile. 11. Reihenfolge. 32 (lith.) Taf. qu. gr. 4. Weimar 892. B. F. Voigt. 4. 50 (1—11.: n. 49. 50)

— der Zimmer-Dekorateur. 2., wohlfeilere Ausg. der VII., VIII. u. IX. Reihenfolge d. „Tapezierers als Zimmer-Dekorateur". qu. gr. 4. (96 Taf.) Ebd. 891. In Mappe. 7. 50

Reichenau, Steph., d. Zimmer-Dekorateur. Vorlagen zu Fensterbehängen, Kamin- u. Spiegel-Draperien, Portieren, Bett-Dekorationen, Toiletten, Fauteuils, Stühlen, Taburetts rc. im modernsten Stile. Neue Folge. 2., wohlfeilere Ausg. d. X. u. XI. Reihenfolge d. „Tapezierers als Zimmer-Dekorateur". 64 Taf. qu. 4. Weimar 896. Leipzig, B. F. Voigt. In Mappe 5. — (1. u. 2.: 12. 50)

Judentum und Deutschtum. Ueber d. Einfluss der jüdischen auf d. deutsche materielle u. bes. höhere Kultur von Walther v. Reichenau. *Stuttgart: D. Ochs 1902.* (32 S.) 8° [F.] [02. 13900]

Reichenau, Walth. v., Judentum u. Deutschtum. Ueber den Einfluß der jüd. auf die deutsche materielle u. besonders höhere Kultur. gr. 8. (III, 32 S.) Stuttgart 902. Süddeutsche Verlagsbuchh. n. n. — 50

Reichenau, Wilh. v., die Abstammung der Vögel u. Vogelleben in den oberbairischen Voralpen. gr. 8. (74 S.) Mainz 876. Diemer. n. 1. 50

Reichenau, Wilh. v., über e. neue fossile Bären-Art Ursus Deningeri mihi aus den fluviatilen Sanden v. Mosbach. (11 S.) gr. 8. Wiesbaden 904. J. F. Bergmann. n. — 60
Sonderabdruck aus: „Jahrbb. d. nass. Ver. f. Naturkde."

— Beiträge zur näheren Kenntnis der Carnivoren aus den Sanden v. Mauer u. Mosbach, s.a. Abhandlungen der grossherzogl. hessischen geolog. Landesanstalt zu Darmstadt.

Beiträge zur näheren Kenntnis der Carnivoren aus den Sanden von Mauer und Mosbach von Wilhelm v. **Reichenau.** Mit 14 Taf. Darmstadt: A. Bergsträsser in Komm. 1906. (S. 189–313.) 4°(8°)
= **Abhandlungen** d. grossh. hessischen geol. Landesanstalt zu Darmstadt. Bd 4, H. 2. [06. 10456]

Reichenau, W., die Bepflanzung der Straßen mit Obstbäumen. Ein Beitrag zur Förderung d. Obstbaues, an Behörden, Vereine u. alle Freunde des Obstbaues gerichtet. Mit 12 Illustr. 8. (32 S.) Bern 887. Wyß. n. — 40

Reichenau, W. v., Bilder aus dem Naturleben. Nach eigenen Erfahrgn. als Jäger u. Sammler geschildert. gr. 8. (IV, 286 S. m. Bildern.) Leipzig 891. E. Günther. n. 5. —; geb. n. 6. —

— Einiges üb. die Macrolepidopteren unseres Gebietes, unter Aufzählung sämtlicher bis jetzt beobachteter Arten, zugleich als Ergänzg. v. „Die Schuppenflügler (Lepitopteren) des kgl. Reg.-Bez. Wiesbaden u. ihre Entwicklungsgeschichte v. Dr. Adolf Rössler" (Jahrb. 1880 u. 1881, Jahrg. 33 u. 34). 1. u. 2. Tl. gr. 8. Wiesbaden, J. F. Bergmann. n. 3. 40
1. Die Tagfalter, Schwärmer u. Spinner. (S. 109—169.) 904. n. 1. 80
2. Die Eulen u. Spanner. (S. 241—294.) 905. n. 1. 60
Sonderabdrucke aus: „Jahrbb. d. nass. Ver. f. Naturkde."

Reichenau, Wilh. v., Mainzer Flora. Beschreibung der wilden u. eingebürgerten Blütenpflanzen von Mainz bis Bingen u. Oppenheim m. Wiesbaden u. dem Rheingau nebst dem Walde v. Grossgerau. 12. (XXXVI, 532 S. m. 125 Abbildgn. u. 2 Taf.) Mainz (900). H. Quasthoff. Geb. in Leinw. n. 4. 80

(B) **Reichenau,** W. v., Mainzer Flora. 900. (KBL 32.) Stuttgart, H. Quasthoff. Erm. Pr. 3. –

Reichenau, W. v, die Nester und Eier der Vögel in ihren natürlichen Beziehungen betrachtet, s.a. Schriften, Darwinistische, 1. Folge.

Reichenau, Wilh. v., die Nester u. Eier der Vögel in ihren natürlichen Beziehungen betrachtet. Ein Beitrag zur Ornithopsychologie, Ornithophysiologie u. zur Kritik der Darwin'schen Theorieen. gr. 8. (V, 110 S.) Leipzig 880. E. Günther's Verl. n. 2. —

Reichenau, Wilh. v., die monistische Philosophie von Spinoza bis auf unsere Tage. Gekrönte Preisschrift. gr. 8. (XX, 348 S.) Köln 881. Mayer. n. 7. —

Reichenau, Wilh. v., die monistische Philosophie von Spinoza bis auf unsere Tage. Gekrönte Preisschrift. 2. Ausg. gr. 8. (XX, 348 S.) Leipzig 884. Mayer. n. 7. —

Reichenau, Wilh. v., über e. Schädel der Hyaena arvernensis Croizet et Jobert aus dem Mosbacher Sande. (S. 175—182 m. 1 Taf.) gr. 8. Wiesbaden 905. J. F. Bergmann. n. 1. —
Sonderabdruck aus: „Jahrbb. d. nass. Ver. f. Naturkde."

Reichenauer v. Reichenau, Const., Géza v. Csergheö u. Osc. v. **Báreczy,** der Adel v. Siebenbürgen, s.: Siebmacher's, J., Wappenbuch IV, 12.

Reichenbach [Sachliches OW]

Reichenbach i. V., unsere Heimatstadt, in Charakterbildern. gr. 8. (IV, 86 S.) Reichenbach i. V. 894. Haun & Sohn. Geb. in Leinw. n. — 60

— dasselbe. Ein Anh. zum Lesebuch fürs 3. Schulj. gr. 8. (86 S.) Leipzig 894. J. Klinkhardt. n. — 15

Georg v. Reichenbach; ein Lebensbild. München, 1883.

Reichenbach, Heinr. Gustav. Eine Skizze seines Lebens, s. Dilling, Gust.

Reichenbach. – Der Kreis Reichenbach. (Regierungsbezirk Breslau.) Bearb. von Mitgliedern d. Pestalozzivereins. Reichenbach i. Schl.: Pestalozziverein 1907. 36 S. 8°

Reichenbach [Schlagwort]

Reichenbach, Kreis, s.: Kreiskarten.

Reichenbach, Kreis, s.: Schweidnitz. Hansi, G.

Reichenbach (Oberlausitz), s.: Sachsen. Karte.

Reichenbach i. d. Oberlausitz, s.: Sachsen. Messtischblätter.

Reichenbach i. Schl. [Schlagwort]

— s. a.: Breslau, Reg.-Bez. — Kreiskarten.

Reichenbach i. Schl. Verkehrskarte von Reichenbach in Schlesien m. seiner weiteren Umgebung. 26 × 33 cm. Farbdr. Nebst Abgangs- u. Ankunftszeiten d. Eisenbahnzüge. 12. (1 Bl.) Reichenbach (900). Heege & Güntzel. n. — 20

Reichenbach i. V. Plan der Stadt Reichenbach i. V. 28 × 30 cm. Farbdr. Nebst Strassen-Verzeichniss. 12. (4 S.) Reichenbach (900). Haun & Sohn. n.n. — 30

Reichenbach [Verfasser]

Reichenbach, s.a. Stromer v. Reichenbach.

v. Reichenbach, Ritter ..., statist.-topograph. Alterthumskunde d. Stadt Freienwalde (Brienwalde) a. d. O. 8. Berl. 824. L. Oehmigke. 4 gl

— kurmarkische Alterthumsmerkwürdigkeiten im Jahr 1820 entdeckt. 8. Berl. 821, (Maurersche B.)

Reichenbach, v., einige Bemerk. über d. Gärten in d. Mark-Brandenburg. gr. 8. Berlin, Himburg. 790.

(R.(eichenbach),
Bemerkungen über den Nachtheil des Abbauens der Aemter.
Berlin, 1800.

Reichenbach. Mein politisches Glaubensbekenntniß. Druck von C. Schultze. 1 Bl. 4.
Flugblatt. Berlin, 30.Jan.1849.

— Obstkörbe mit d. köstlichsten Birnen, Aepfeln, Kirschen, Pflaumen, Pfirschen u. Aprikosen, befindl. im Reichenbachschen Garten in Freinwalde a. d. Od. durch unentgeldl. Vertheilung v. Pfropf-, Okulier- u. Kopulierreißern z. allgemeinen Verbreitung anempfohlen. 8. Berl. 822. Maurers B. 6 gl Neue Obstkörbe 824. 9 gl

— neueste Obstkörbe, enthaltend vorzüglichste, wenig bekannte neue Obstsorten v. Birnen, Aepfeln, Kirschen, Pflaumen, zur unentgeltl. Vertheilung von Pfropf-Reisern. 8. Berl. 830. L. Oehmigke. 10 gl

Reichenbach, Graf, die Unfehlbarkeit d. Papstes vom protestantischen Standpunkte u. nach ihren politischen Folgen betrachtet. gr. 8. (34 S.) Breslau 874. Maruschke & Berendt. n. — 60

Reichenbach. Volksthümliches politisches und Zeitungswörterbuch, mit Randglossen. Ein jetzt unentbehrliches Noth- und Hülfsbüchlein für Viele, die jetzt mehr hören und lesen, weil sie dürfen und wollen, manches aber noch nicht verstehen und für fremdartige Wörter verständliche Ausdrücke suchen. Berlin, Gurth 1848. 34 S. 8.

Reichenbach, A., die Arbeit in ihrem Wesen, ihrer Entwicklg. u. kulturgeschichtl. Bedeutg. gr. 8. (VII, 160 S.) Zürich 898. Buchh. d. schweiz. Grütlivereins. 1. 25

REICHENBACH, A. Des ersten Menschenpaares Adam und Eva Bedenken und Betrachtungen über die Fortpflanzung des Menschengeschlechts. Mit Anhang. München 1895. 8°. 39 S.

Reichenbach, A., Martin Behaim. Ein deutscher Seefahrer aus dem 15. Jahrh. Mit e. Portr. Martin Behaim's u. 1 Karte: Die beiden Hemisphären nach Behaim's Erdapfel. 8. (VII, 69 S.) Wurzen 889. Kiesler. n. 1. 50

Reichenbach, A., Dank dem Dank gebührt. Rede geh. am Friedens-Dankfeste [18. Juni] im freireligiösen Erbauungssaale zu Braunschweig. gr. 8. (15 S.) Braunschweig 871. (Buch.) n. — 10

— Joh. Jos. Ign. v. Döllinger u. K. J. v. Hefele. 2 Kirchenhistoriker u. das Unfehlbarkeitsdogma. gr. 8. (20 S.) Magdeburg 871. Demcker. — 30

Reichenbach, A., die morganatische Ehe Kaiser Alexander II. v. Rußland, s.: Zeit- u. Cultur-Bilder.

Reichenbach, A., der Eid u. die Eidesfrage in Deutschland, s.a. Fragen, zeitbewegende.

— der Eid u. die Eidesfrage in Deutschland. 2. (Titel-) Aufl. gr. 8. (56 S.) Leipzig 890. Levien. — 50

Reichenbach, A., der Eid in seinem Wesen u. seiner formalen Bedeutung, die bez. gesetzl. Bestimmungen u. die Reformforderung. Im Auftrage der schles. Prov.-Synode freier religiöser Gemeinden [6. Juni 1876] bearb. gr. 8. (50 S.) Berlin 877. Rubenow in Comm. n. — 50

— Erinnerungen aus dem Jesuiten-Seminar. Ein Beitrag zur Kenntniß jesuit. Erziehg. 3. neu durchgeseh. Aufl. gr. 8. (76 S.) Braunschweig 874. Häring & Co. n. 1. —

— Erinnerungen aus der Klosterzelle. Ein Beitrag zur Kenntniß jesuit. Erziehg. 2. Aufl. gr. 8. (88 S.) Braunschweig 871. Graff & Müller. n. 1. —

— die zehn Gebote in ihrer ursprünglichen u. heutigen Bedeutung. Betrachtungen vom Standpunkte d. Humanismus. gr. 8. (VIII, 205 S.) Braunschweig 872. Häring & Co. n. 3. —

— kleines Gemälde d. Welt. Leichtfaßliche Darstellg. d. Grundzüge d. Naturkunde m. bes. Rücksicht auf d. Werden u. Sein uns. Erde. 2 Bde. Wohlf. (Titel-) Ausg. gr. 8. Leipzig (885) 896. O. Spamer. à n. 1. 20; geb. in Leinw. à 1. 60
1. Rundschau auf d. Gebieten d. Physik, Chemie, Astronomie u. Naturgeschichte. Mit 139 Text-Illustr. u. 1 Titelbilde. (XIV, 254 S.)
2. Entstehg. d. Weltalls u. Entwickelg. d. Erdoberfläche. Mit 95 Text-Illustr. u. 1 Titelbilde. (VIII, 210 S.)

— nach der Hatz. Kritische Betrachtung der letzten Judenhetze in Deutschland als der neuesten Krankheitserscheinung des deutschen Volkes. gr. 8. (68 S.) Zürich 881. Verlags-Magazin. n. 1. —

— Ulrich v. Hutten. Der deutsche Dichter u. Kämpfer für Geistesfreiheit. Für das deutsche Volk bearb. gr. 8. (VII, 155 S.) Leipzig 877. O. Wigand. 1. 50

— Ulrich v. Hutten. Der deutsche Dichter u. Kämpfer f. Geistesfreiheit. Für das deutsche Volk bearb. 2. Aufl. 8. (VI, 154 S.) Leipzig 888. O. Wigand. 1. —

— u. E. Kattner, der Jugend-Führer zum edlen Menschenthum. Ein Leitfaden für Lehrende u. Lernende. 1. u. 2. Stufe. gr. 16. Leipzig 878. 79. Foltz. à n. — 60
1. Kindesweisheit. (IV, 86 S.)
2. Vorbilder aus der Geschichte. (IV, 121 S.)

— Kaiser u. Papst. Der Kampf der deutschen Kaiser m. dem röm. Papstthume u. seinem Anhange v. Karl d. Gr. bis heute. Für das deutsche Volk gemeinverständlich dargestellt. 8. (320 S.) Lahr 877. Schauenburg. 1. 50 (cplt.: 2. 50)

—— Kraft-Sprüche Dr. Martin Luthers. Aus der Orig.-Ausg. seiner Tischreden von Johs. Aurifaber zusammengestellt und mit erläut. Anmerkungen versehen. 8. (IV, 67 S.) [Leipzig 883, Rühle und Rüttinger.] Reudnitz, Rühle.

— die Lehre des Rabbi Jesua v. Nazareth. Nach den Evangelien u. m. Aussprüchen aus dem Alten Testamente u. dem Talmud zusammengestellt. gr. 8. (VII, 104 S.) München 882. Merhoff. n. 1. 30

—— Die Leichenverbrennung, vorzugsweise vom gesundheitlichen u. religiösen Standpunkte aus betrachtet. Vortrag. gr. 8. (16 S.) Münch. 892, Ronninger. — 20

—— Martin Luther und seine Zeit. Ein Geschichtsbild für Unbefangene. 8. (V, 254 S. mit 1 Holzschn.-Portr.) [Leipzig 883, Rühle und Rüttinger.] Reudnitz, Rühle.

—— Pflicht und Recht. Zwei Vorträge. 8. (23 S.) Harburg 869, Reichenau. *

Religion, Kirchenthum und Sozialismus. 8°. Solingen, Genoss.-Buchdr., s. a.

— die Religionen der Völker. Nach den besten Forschungs-Ergebnissen bearb. (In 5 Büchern.) 1—3. Buch. 8. (230 u. 368 S.) München 886. Ernst. n. 6. 80

— die Religionen der Völker. Nach den besten Forschungs-Ergebnissen bearb. 4. u. 5. Buch. (Schluß.) 8. München 887. Ernst. n. 3. 50 (cplt.: n. 10. —)
Judenthum, Christenthum, Islam. Die Religionen der alten Mexikaner, Peruaner und anderer Naturvölker. Schlußwort. (348 S.)

— die Religionen d. Völker. Nach d. besten Forschungsergebnissen bearb. 2., verb. Aufl. (In 25 Lfgn.) 1. Lfg. gr. 8. (XX u. S. 1—10.) Straßburg 898. Berlin, H. Bermühler. n. — 60; erm. Pr. n.n. — 50

— Karl Freiherr von Stein. Das Leben eines deutschen Mannes, dem deutschen Volke dargestellt. Mit dem (Holzschn.-)Bilde Stein's. 8. (118 S.) Bremen 880. Nordwestdeutscher Volksschriftenverlag. cart. n. 1. —

Reichenbach, A., der Vegetarianismus im christlichen Mönchthum. gr. 8. Braunschweig 871. Rudolstadt, Hartung und Sohn.

Reichenbach, A., der Vegetarismus im christlichen Mönchtum. (26 S.) kl. 8. Lorch 909. K. Rohm. — 30

Reichenbach, A. (II.), die deutsche Volksschule in Vergangenheit, Gegenwart und Zukunft dargestellt. 8. (IV, 161 S.) Cöthen 886, Paul Schettler's Erben. *

—— Welt und Mensch. Vorträge und Aufsätze. 1.—3. Heft. 8. (S. 1—96.) Leipzig 888, Fest. à Heft * à Bd. von 10 Heften *

Reichenbach, A., Welt u. Mensch. Vorträge u. Aufsätze. 1. Bd. Die Unhaltbarkeit der alten Weltanschaug. 10 Hfte. 8. (VII, 349 S.) Leipzig 889. Nabelli. n. 3. —

Reichenbach, A., die einheitliche Weltanschauung u. die Grundzüge d. menschlichen Gesellschaftslebens. gr. 8. (IV, 267 S.) Berlin 881. Issleib. n. 6. —; geb. n. 7. 50

Reichenbach, Alexander

— Buddhismus u. Christentum. Eine Auseinandersetzg. gr. 8. (20 S.) Rathenow 896. M. Babenzien. — 75

Reichenbach, Ant., der Amsterdamer Coupletsänger. 31 der beliebtesten Theatercouplets. Mit leichter Clavierbegleitung versehen von A. v. Knaak. Amsterdam 858. Gilbers. 16. (2 Bl., 125 S.) n. 15 ngr.

Reichenbach, Anton, med. pract. von St. Gallen: Aus dem Kinderspital Zürich. Über Tuberkulose des Herzens im Kindesalter. sowie über ein tuberkelähnliches Knötchen in der Mitralklappe. Zür. Orell Füssli Dr. 1896. 52 S. 8°.
Zürich, Med. Diss. [v. 10. Sept. 1896].

Reichenbach, Anton Benedict, Abbildungen der Pflanzenorgane u. ihrer verschiedenen Formen. Ein Bilderatlas zu A. B. Reichenbach's „Examinatorium der Botanik" u. „Naturgeschichte des Pflanzenreiches rc.", so wie zu jedem anderen botanischen Handbuche. (Aus dem Examinatorium der Botanik abgedr.) gr. 8. (8 Holzschntaf. u. 9 Bl. Erklärung.) Leipzig 852, Kollmann. 1/3 ℛ

Reichenbach, A. B., Abbildungen der Pflanzenorgane u. ihrer verschiedenen Formen. Ein Bilderatlas zu Dr. A. B. Reichenbach's „Examinatorium der Botanik" u. „Naturgeschichte des Pflanzenreichs für Gymnasien, Realschulen rc.", sowie zu jedem anderen botan. Handbuche. 3. Abdr. Leipzig 870. Kollmann. gr. 8. (8 Steintaff. u. 20 S. Text.) 15 ngr.

— declamatorische Abendunterhaltungen: Eine Auswahl ernster u. heiterer Gedichte u. Aufsätze in Prosa, die sich zum Vortrage in gesell. Zirkeln vorzüglich bewährt haben. Nebst einer Anleitung zum deklamator. Vortrage. Leipzig 869. Fr. Voigt. gr. 16. (VIII, 335 S.) cart. 15 ngr.

Reichenbach, A. B., Anthropologie oder die Lehre vom leiblichen u. geistigen Leben des Menschen nebst einer Einleitung in die Naturwissenschaften u. die Naturgeschichte in's Besondere. Ein Lehrbuch für höhere Lehranstalten u. zum Selbstunterrichte mit besond. Berücksichtigung der weiblichen Jugend. Mit zahlreichen Holzschn. (im Text) u. 2 lith. Taf. (Neue Titel-Ausg.) Leipzig (856.) 858. Teubner. gr. 8. (VII, 120 S.) 27 ngr.; mit color. Taf. 1 ℛ. 6 ngr.

Reichenbach, A. B., Atlas der Naturgeschichte für Schule und Haus. 2., umgearb. und verm. Aufl. 15 Lfgn. hoch 4. (60 ill. Kpfrt. und Text XV und 246 S.) Leipzig 864,65, Baensch. à Lfg. * 10 Ngr. *

—— Atlas der Naturgeschichte für Schule und Haus. 3. umgearb. und verm. Aufl. 15 Lfgn. hoch 4. (XV, 246 S. mit 60 color. Kpfrt.) Leipzig [Dresden] 869, Baensch. à Lfg. * ℳ 1. *

Reichenbach, A(nt). B(ened.), naturhistor. Bilderatlas f. Schule u. Haus, od. Wandtafeln z. Unterr. in d. Naturgeschichte d. Thierreichs. 1—10. Lfg. (à 5 Blätt.) qu. Fol. Leipzig 841, 42, Baumgärtners Buchh. à * 1/4 Thlr., col. *

Reichenbach, A(nt.) B(ened.), naturhistorischer Bilderatlas f. Schule u. Haus, od. Wandtafel zum Unterrichte in d. Naturgeschichte d. Thierreichs. 11—24. Lfg. (Schluß.) qu. Fol. (66 Taf. m. eingedr. Texte u. 1 Uebersichtstafel.) Leipzig 843—45, Baumgärtners Buchh. à L. * 7 1/2 Ngr. ill. à Thlr. * -
1—10. Lfg. Ebendas. 1841, 42, à 7 1/2 Ngr., ill. à * 12 1/2 Ngr.

Reichenbach, A. B., Bildergallerie d. Thierwelt od. Abbildd. d. Interessantesten aus d. Thierreiche. 1s—12s Heft. Mit 48 Steindr. gr. 4. Leipz. 832, 33. Pönicke u. S. 3 ℛ ill. 6 ℛ

Reichenbach, (A. B.), Bildergallerie der Thier-Welt, oder Abbildungen des Interessantesten aus dem Thierreiche, mit ausführl. Beschreibung. 1s—20s Hft. (Jedes mit 4 ill. Steintaf.) gr. 4. Leipzig 833—35. Pönicke u. Sohn. (à Hft. 1/2 ℛ, schwarz à 1/4 ℛ) — dass. complet, mit 940 Abbildd. auf 80 Steintaf. gr. 4. Ebd. 835. 3 1/3 ℛ, ill. 7 1/2 ℛ

— Bildergallerie der Thierwelt, oder Abbild. des Interessantesten aus dem Thierreiche, mit ausführl. Beschreibung. 2. Ausg. Mit 80 lith. u. ill. Taf. gr. 4. Leipzig 842, Pönicke u. Sohn. geb. 10 ℛ

— Blumengewinde in Vater Rosenfelds Lieblingslaube, od. Unterhaltungen üb. Gegenstände aus d. Natur, Kunst u. Menschenleben; ein neues u. lehrreiches ABC- u. Lesebuch. Mit 25 ill. Kpf. 8. Leipz. 830. Taubert. 1 ℛ

— Blumengewinde in Vater Rosenfelds Lieblingslaube, oder Unterhaltungen über Gegenstände aus d. Natur-, Kunst- und Menschenleben; ein neues u. lehrreiches Lesebuch für Knaben und Mädchen von 8 bis 12 Jahren. Mit 25 ill. Kpfrn. 2e Ausg. gr. 12. Leipzig 835. Krappe. 1 ℛ

— Botanik für Damen oder allgemeine u. besondere Pflanzenkunde anschaulich, leicht faßlich u. mit besond. Beziehung auf den edeln Beruf der Frauen dargestellt. Mit 1 Stahlst., 1 (lith.) Widmungsblatte u. zahlreichen Holzschn. im Texte. 854. (2 Bl., 729 S.) — 2. verm. Aufl. Leipzig 854. Matthes. 16. (XXVI, 729 S.) 1 ℛ. 15 ngr.

—— dass. — Register hierzu besonders.

Reichenbach, A. B., das Buch der Thierwelt, s. a. Jugend- u. Hausbibliothek, illustrirte.

— das Buch der Thierwelt, s. a. Kinderbuch, das illustrirte goldene.

Reichenbach's Buch der Tierwelt. Erzählgn. u. Schildergn. v. der Lebensweise, den Sitten u. Gewohnheiten der Tiere. In 5 Aufl. gänzlich umgestaltet u. vollständig neubearb. v. Rich. Roth. 2 Bde. gr. 8. (VIII, 283 u. VIII, 270 S. m. 100 u. 78 Illustr.) Leipzig 894. O. Spamer. à n. 2. 50; geb. in Leinw. à n. 3. 20

Reichenbach's, (A. B.), Buch der Tierwelt. Erzählgn. u. Schildergn. v. der Lebensweise, den Sitten u. Gewohnheiten der Tiere. Neu bearb. v. Rich. Roth. 6. Aufl. 2 Bde. gr. 8. Leipzig (899). O. Spamer. à n. 2. 50; geb. in Leinw. à n. 3. 20
1 (VII, 283 S. m. 100 Illustr. — 2. (VIII, 270 S. m. 78 Illustr.)

— Examinatorium der Botanik, ein neuer Katechismus der allgem. Botanik zum Gebrauche auf Universitäten u. anderen höheren Lehranstalten, sowie zum Selbstunterrichte. Mit vielen Abbildungen. gr. 8. (VIII u. 339 S. m. 8 Taf. in Holzschn. u. 10 Bl. Erklärung.) Ebd. 852. $1\frac{5}{6}$ Thlr.

— Examinatorium der Botanik. Ein neuer Katechismus der allgemeinen Botanik zum Gebrauche auf Universitäten u. anderen höheren Lehranstalten, sowie zum Selbstunterrichte. Mit vielen Abbildungen auf 8 (Stein-)Taff. 2., unveränd. (Titel-)Aufl. Leipzig (852)870. Kollmann. gr. 8. (VIII, 359 S.) 1 Thlr. 25 ngr.

— die Fische, s. Naturgeschichte in getreuen Abbildungen.

— Flora oder die Blumengärtnerin im Garten u. im Zimmer. Leipzig 868. R. Schäfer. 8. (561 S. mit eingedr. Holzschn. u. 6 Chromolith.) n. 3 Thlr.

—— dass. — Neue billige (Titel-)Ausg. 10 Lfgn. gr. 8. (561 S. mit vielen Holzschn. und prachtvollen Bildern in Farbendr. und 6 Chromolithogr.) Meerane (868)71, Send. [München, Th. Ackermann.] (à Lfg. 50 Pf.)

— Flora od. die Blumengärtnerin im Garten u. im Zimmer. Handbuch f. Frauen zur Kenntniß der Geschichte u. symbol. Bedeutg. (Blumensprache) der beliebtesten Zierpflanzen sowie ihre Zucht u. Pflege im Garten u. im Zimmer. Mit vielen (eingedr.) Holzschn. u. prachtvollen Bildern in Farbendr. 2. Aufl. 8. (II, 561 S.) Altona 873. Send. 5. —

— Deutschlands Giftpflanzen, s. K. G. Plato.

Reichenbach, A. B., Grundriß der Pflanzenkunde oder allgemeine Botanik. Eine Anleitung zum Studium der Pflanzenkunde für Schulen u. zum Selbstunterricht. Mit 3—400 Abbildgn. der Pflanzenorgane u. ihrer Theile. (21 Liefgn.) Leipzig 854, 55. Dyk. gr. 4. (LVI, 499 S. u. 109 lith. u. color. Taf.) Jede Liefg. n. 15 ngr.
1—7. Liefg. wurden u. d. T.: „Neueste Volks-Naturgeschichte des Pflanzenreichs" ausgegeben.

— der Käferfreund. Anleitung die Käfer zu sammeln u. zu bestimmen, nebst Aufzählung u. Beschreibung der bekanntesten europäischen, vorzüglich deutschen Arten mit Andeutung ihres Nutzens oder Schadens u. der Mittel, die schädlichen zu vertilgen. Ein Handbuch für Freunde der Käferkunde, so wie für Landwirthe u. Forstleute insbesondere. Mit 204 Abbildgn. auf 12 (lith.) naturgetreu color. Taf. Leipzig 857. Thomas. gr. 8. (XVI, 244 S.) 1 Thlr. 21 ngr.

Reichenbach A. B.: Der Kaffeebaum ... Berl. 1867. 92 S. 1 kol. Tvl.
(=: Die Pflanzen im Dienste der Menschheit ... III).

—— die Künstler unter den Thieren, s. Belehrungen, unterhaltende.

— die Land-, Süßwasser- u. See-Conchylien, nebst den übrigen Weichthieren u. den Ringelwürmern u. Pflanzenthieren, dargestellt in getreuen Abbild. und mit ausführlicher Beschreibung. Mit 68 Taf., mehr als 800 Abbild. enthaltend. gr. Lex.-8. Leipzig 842, Eisenach. Subscr.-Pr. n. $2\frac{5}{6}$ Thlr. Colorirt n. $6\frac{5}{6}$ Thlr.

— Lehrbuch der Naturwissenschaften mit besond. Berücksichtigung der weiblichen Jugend, für höhere Lehranstalten u. zum Selbstunterrichte. Mit zahlreichen Abbildgn. Leipzig 856—58. Teubner. gr. 8. 3 Thlr. 12 ngr.; color. 4 Thlr. 18 ngr.
1. Thl. 1. Bd.: Einleitung in die Naturwissenschaften u. die Naturgeschichte in's Besondere. Anthropologie oder die Lehre vom leiblichen u. geistigen Leben des Menschen. (VII, 120 S. m. Holzschn. im Text u. 2 lith. Taf.) 27 ngr.; color. 1 Thlr. 6 ngr.
1. Thl. 2. Bd.: Naturgeschichte des Thierreichs. (XIV, 546 S. m. Holzschn. im Text u. 10 lith. Taf.) 2 Thlr. 15 ngr.; color. 3 Thlr. 12 ngr.
2. Thl. 1. Bd.: Naturgeschichte des Pflanzenreichs. Mit zahlreichen Abbildgn. (Holzschn. im Text.) (XVI, 373 S. u. 10 lith. Taf.) 1 Thlr. 24 ngr.; color. 2 Thlr. 12 ngr.
2. Thl. 2. Bd.: Mineralogie (Oryktognosie, Geognosie u. Geologie). Mit zahlreichen Abbildgn. (Holzschn. im Text) u. 2 lith. Taf. (VIII, 288 S.) 1 Thlr. 10 ngr.; color. 1 Thlr. 15 ngr.

— Leitfaden der Naturkunde. 5. völlig umgearb. m. Abbildgn. verm. Aufl. [H. F. F. Sickel's Leitfaden d. Naturkunde diente als Grundlage.] gr. 8. (VI u. 99 S. m. 6 lith. Taf.) Leipzig 851, Baensch. $\frac{1}{4}$ Thlr.

— Leitfaden zum ersten Unterrichte in der Naturkunde. 6., völlig umgearb. u. erweiterte Aufl. des H. F. Sickel'schen Leitfadens. 2 Abthlgn. Leipzig 859. Gräbner. gr. 8. (XII, 266 S.) n. 20 ngr.; mit 7 Holzschntaf. n. 26 ngr.
1. Abth.: n. 7 ngr.; mit 4 Holzschntaf. n. 10 ngr. — 2. Abth. n. 13 ngr.; mit 3 Holzschntaf. n. 16 ngr.

— Leitfaden zum Unterricht in der Naturgeschichte. Für höhere Schulen. 7. mit einem Register verm. Aufl. des Sickel'schen Leitfadens. Mit ca. 200 Abbildgn. auf 7 Taf. in Holzschn. Ebend. 863. gr. 8. (XII, 284 S.) n. $22\frac{1}{2}$ ngr.

— das illustrirte Lesebuch für Schule u. Haus, oder Lesestücke aus d. Gebiete der Naturwissenschaft, Kunst u. Mechanik rc. Mit 1 Stahlst. u. zahlreichen Holzschn. Lex.-8. (Mit 3 Holzschnitttaf.) Leipzig 846, Baumgärtner. n. $\frac{2}{3}$ Thlr.

— s. Naturgeschichte, die, in getreuen Abbildungen.

— u. Ferd. Reuter, Naturgeschichte für Gymnasien, Real-, Handels- u. Gewerbschulen, sowie für andere höhere Lehranstalten u. zum Selbstunterrichte. 1r Bd. A. u. d. T.: Naturgeschichte des Thierreichs. Von Reichenbach. gr. 8. Leipzig 840. Kollmann. $\frac{2}{3}$ Thlr. — 2r u. 3r Bd. A. u. d. T.: Naturgeschichte d. Pflanzenreichs, von Reichenbach. — Naturgeschichte des Mineralreichs, von Reuter. gr. 8. Ebd. 840. $\frac{11}{12}$ Thlr.

—— Naturgeschichte f. d. Jugend, s. a. Vogel, K., deutscher Kinderfreund, 2. Abthl.

— Naturgeschichte für die Jugend. Mit 80 Abbildd. auf 5 Taf. gr. 12. Leipzig 838. Fr. Fleischer. $\frac{3}{4}$ Thlr., ill. $1\frac{1}{8}$ Thlr. (Vergl. K. Vogel, deutscher Kinderfreund 2e Abthl.)

— Naturgeschichte für die Jugend, zugleich als Lehrbuch für die oberen Classen höherer Bürgerschulen. 2. gänzlich umgearb. Aufl. gr. 12. (X u. 517 S.) Leipzig 847, Fr. Fleischer. $\frac{3}{4}$ Thlr.

— Naturgeschichte des Pflanzenreichs, oder Abbildung u. Beschreibung der wichtigsten in- und ausländischen Pflanzen. Nach d. besten Quellen bearb. 16—18s Hft. (Mit Steintaf.) gr. 4. Leipzig 837—39. Franke. à $\frac{1}{4}$ Thlr., ill. à n. $\frac{1}{2}$ Thlr.

— dass. Schlußheft, (ohne Abbildd.). gr. 4. Ebd. 839. $\frac{1}{3}$ Thlr.

— Naturgeschichte des Pflanzenreichs od. Abbildung u. Beschreibung der wichtigsten in- u. ausländischen Pflanzen mit vorzüglicher Berücksicht. ihres Nutzens. Nach dem Linné'schen Systeme geordnet, von einer Aufzählung der Gattungen nach natürl. Anordnung begleitet u. nach den besten Quellen bearb. 2. (Titel-)Aufl. Mit 80 (lith.) Taf. Abbildgn. gr. 4. (LII u. 392 S.) Leipzig (837) 850, Voigt. Halb color. n. 6 ℛ; ganz col. 10⅔ ℛ

— Naturgeschichte des Pflanzenreiches. Ein Lehrbuch für höhere Lehranstalten u. zum Selbstunterrichte mit besond. Berücksichtigung des weiblichen Geschlechts. Mit zahlreichen Holzschn. (im Text) u. vielen Abbildgn. auf 10 lith. Taf. (Neue Titel-Ausg.) Leipzig (857.) 858. Teubner. gr. 8. (XVI, 373 S.) 1 ℛ. 24 ngr; mit color. Taf. 2 ℛ. 12 ngr

—— praktische Naturgeschichte des Menschen 2c., s. Reichenbach: Universum.

— praktische Naturgeschichte des Menschen u. der Säugethiere. Für Gebildete aller Stände. Mit in Stahl gest. u. naturgetreu color. Abbildgn. auf 91 Taf. Neue (Titel-)Ausg. in 30 Heften. Leipzig (845—50.) 855. Gebhardt u. Reisland. 4. (IV, 807 S.) Jedes Heft n. 4 ngr

— praktische Naturgeschichte der Vögel. Für Gebildete aller Stände. Mit in Stahl gest. u. naturgetreu color. Abbildgn. auf 89 Taf. Neue (Titel-)Ausg. in 30 Heften. Leipzig (845—50.) 855. Gebhardt u. Reisland. 4. (IV, 740 S.) Jedes Heft n. 6 ngr

— Naturgeschichte der dem Menschen unmittelbar schädlichen od. ihn doch sehr belästigenden Thiere. Zur Belehrung und Warnung für Jung und Alt. Mit 10 ill. Kpfrn. gr. 8. Leipzig 846, Hunger. 1 ℛ

— Naturgeschichte des Thierreichs zur Belehrung u. Unterhaltung für Jung u. Alt. Mit 8 Taf. in Stahlst. Lex.-8. Leipz. 847, (846,) Baumgärtner. 1 ℛ 12 ngr Col. 1 ℛ 21 ngr

— Naturgeschichte des Thierreiches. Ein Lehrbuch für höhere Lehranstalten u. zum Selbstunterrichte mit besond. Berücksichtigung des weiblichen Geschlechts. Mit zahlreichen Holzschn. (im Text) u. vielen Abbildgn. auf 10 lith. Taf. (Neue Titel-Ausg.) Leipzig (857.) 858. Teubner. gr. 8. (XIV, 546 S.) 2 ℛ. 15 ngr; mit color. Taf. 3 ℛ. 12 ngr

— Naturgeschichte für Volksschulen u. die untern Klassen höherer Bürgerschulen. Mit 150 Abbildd. aus dem Thierreiche (auf 8 Steintaf.). gr. 8. Leipzig 834. Hermann. 5/12 ℛ — Mit ill. Abbildd. ⅔ ℛ

—— vollständige Naturgeschichte der drei Reiche. Für Lehranstalten und zum Selbstunterricht. 2 Bde. Neue (Titel-)Ausg. des Lehrbuchs der Naturwissenschaften. gr. 8. (XLV und 1327 S. mit vielen eingedr. Holzschn. und 24 Stnt.) Leipzig (856—59)63, L. Zander. 2 Thlr.; ill.

Reichenbach, A(nt.). B(ened.)., Naturgeschichte d. Würmer, s. Naturgeschichte, die, in getreuen Abbildungen.

—— neuester Orbis pictus, s. a. Orbis pictus.

Reichenbach, Anton Benedict, neuester Orbis pictus oder die sichtbare Welt in Bildern, ein Universalbilderbuch mit Stahlst. Neue wohlf. (Titel-) Ausg. 20 Lfgn. Lex. 8. (1. Bd. 552 S. 2. Bd. 512 S. 3. Bd. XII u. 248 S. Mit 100 Stahlst. in gr. 4.) Leipzig 850. 51, Baumgärtner. (à ⅓ ℛ) 6⅔ ℛ

— die Pflanzen im Dienste der Menschheit. Monographien der wichtigsten Nutzpflanzen des In- u. Auslandes in ihrer geschichtl., botan., chem. 2c. Beziehung. 1—3. Bdchn. 1. Aufl. 1866,67. Jedes Bdchn. n. 15 ngr u. 2. (Titel-) Aufl. Berlin 868. Grieben. 8. Jedes Bdchn. n. 7½ ngr

1. Bdchn. Der Tabak, seine Verbreitung, Kulturgeschichte u. natürliche Beschaffenheit, sein Anbau, seine Fabrikation zu Rauch- u. Schnupftabak u. s. w. (V, 108 S. mit 1 color. Stahlst.)

2. Bdchn. Der Weizen, seine natürliche Beschaffenheit, seine Arten u. Abarten, sein Anbau 2c. (116 S. mit 1 color. Stahlst.)

3. Bdchn. Der Kaffeebaum, seine Verbreitung, Kulturgeschichte u. natürliche Beschaffenheit, sein Anbau u. die Gewinnung der Kaffeebohnen, der Kaffeehandel u. die Konsumtion des Kaffee's 2c. (92 S. mit 1 color. Stahlst.)

—— allgem. Pflanzenkunde, od. Einleit. in d. Botanik, mit besond. Berücksichtigung d. Physiologie, Terminologie u. Systematik. Für Schulen u. z. Selbstunterr. bearb. gr. 4. (7½ B. u. 8 Stnt.) Leipzig 837, [Voigt u. Fernau.] ⅔ Thlr., col. Thlr.

— allgemeine Pflanzenkunde, oder Einleitung in die Botanik, mit besond. Berücksichtigung der Physiologie, Terminologie und Systematik. Für Schulen u. zum Selbstunterrichte bearb. u. durch mehr als 400 Abbildd. erläut. Mit 8 lith. Bl. gr. 4. Leipzig 838. Franke. Illum. 1⅙ ℛ

—— die Pflanzenuhr, od. Beschreib. d. Pflanzen, an welchen zu bestimmt. Stunden d. Tages eine auffall. Veränderung wahrzunehmen ist. Nebst kurzer Anleit. z. Behandl. ders. im Zimmer od. im Freien, u. d. Angabe einiger Gewächse, welche die Veränderung d. Witterung anzeigen. 16. (3½ B.) Leipzig 840, [Voigt u. Fernau.]

— die Pflanzen-Uhr oder Beschreibung der Pflanzen, an welchen zu bestimmten Stunden des Tages eine auffallende Veränderung wahrzunehmen ist. Nebst kurzer Anleitung zur Behandlung derselben im Zimmer od. im Freien. 16. Leipzig 846, Voigt u. Fernau. ⅙ ℛ

—— die Pflanzenwelt in Garten, Feld und Wald. Ein Taschenbuch für Damen. 3. (Titel-) Aufl. 16. (757 S. mit 1 Stahlst., 1 lithogr. Widmungsblatt und zahlreichen Holzschn. im Text.) Leipzig (854)60, Matthes. *

— Reisebilder aus allen Zonen d. Erde, oder Naturgemälde, auf Reisen gesammelt. Mit 6 ill. Kpfrn. gr. 8. Leipzig 835. Wagner'sche Buchh. (Krappe.) n. 1⅓ ℛ

— Schilderungen der Jagd und des Fanges der Thiere 2c., s. Kinderbuch, das illustrirte goldene.

— der Schmetterlingsfreund. Ausführliche Beschreibung der deutschen Schmetterlinge, ihrer Raupen u. Puppen nebst faßl. Anweisung, sie auf zweckmäßige Weise zu fangen, zu erziehen, zu tödten, aufzuspannen, systematisch zu ordnen u. aufzubewahren, u. einem systemat. Verzeichnisse der bekanntesten europäischen Schmetterlinge. Mit 118 (color.) Abbildungen auf 8 (lith.) Taf. gr. 8. (VI u. 169 S.) Leipzig 852, Hartung. n. 1⅓ ℛ; in Engl. Einb. n. 1½ ℛ

Reichenbach, A. B., Terminologie der Botanik, s. Reichholdt.

— Universum des Thierreichs. Prakt. Naturgeschichte des Menschen und der Thiere, für Gebildete aller Stände. Mit meist in Stahl gest. u. naturgetreu col. Abbild. 1.—20. Hft. gr. Lex.-8. (Mit 14 lith. u. col. Taf. u. 66 Stahlstichen.) Leipzig 845, 46, Gebhardt u. Reisland. à n. 12 ngr

— Universum des Thierreichs. Praktische Naturgeschichte des Menschen u. der Thiere. 21—50. Hft. hoch 4. 21—25. Hft. A. u. d. T.: Die Naturgeschichte des Menschen u. der Säugethiere. 21—25. Hft. (S. 553—813.) 26—50. Hft. 2. Abth A. u. d. T.: Praktische Naturgeschichte der Vögel. (IV u. 740 S. m. 89 color. Stahltaf.) Leipzig 847—50, Gebhardt & Reisland. à n. 12 ngr (1—50: n. 20 ℛ) Prakt. Naturgeschichte der Vögel, 25 Hfte., besonders (à n. 16 ngr) n. 13⅓ ℛ

— die Völker der Erde nach ihrer Eigenthümlichkeit in Regierungsform, Sitten u. Nationaltracht durch Wort u. Bild geschildert nach den Werken eines Barrow, H. Barth, Catlin, Davy, Gerstäcker, A. v. Humboldt ꝛc. 1. u. 2. Liefg. Leipzig 858. Schäfer. Lex.-8. (S. 1—32.) Jede Liefg. mit 2 lith. u. color. Taf. n. 6 ngr.

—— die Völker der Erde nach ihrer Eigenthümlichkeit in Regierungsform, Sitten und Nationaltracht durch Wort und Bild geschildert nach den Werken eines Barrow, H. Barth, Catlin, Davy, Gerstäcker, A. v. Humboldt ꝛc. (In 25 Lfgn.) 1—23. Lfg. gr. Lex.-8. (à Lfg. 2 theilweise ill. Stnt. und 16 S. Text.) Leipzig 859—62, E. Schäfer. à Lfg. * 6 Ngr. *

—— die Völker der Erde nach ihrer Eigenthümlichkeit in Regierungsform, Sitten und Nationaltracht durch Wort und Bild geschildert nach den Werken eines Barrow, H. Barth, Catlin, Davy, Gerstäcker, A. v. Humboldt ꝛc. 24. und 25. (Schluß-) Lfg. gr. Lex.-8. (S. 369—430 mit 4 ill. Taf. Abbild.) Leipzig 863, E. Schäfer. à Lfg. * 6 Ngr. *
1.—23. Lfg. Ebendas. 1859—62. * 4 Thlr. 18 Ngr.

—— neueste Volks-Naturgeschichte des Pflanzenreiches für Schule und Haus oder 2., völlig umgearb., verb. und verm. Aufl. der 1837 zuerst erschienenen ꝛc. Naturgeschichte des Pflanzenreiches. Nebst einer Einleitung in die Pflanzenkunde. (21 Lfgn.) gr. 4. (490 S. mit 92 ill. Stnt. und: Grundriß der Pflanzenkunde oder allgemeine Botanik. LVI S. mit 6 ill. Stnt.) Leipzig 855, Dyk'sche Buchh. *

— neueste Volks-Naturgeschichte des Thierreiches für Schule u. Haus. Mit mehreren Tausend naturgetreuen Abbild. (In 2 Bdn. oder 55—60 Hftn.) Heft 1—14. 4. (Mit 70 Kupfertaf. u. gest. Titel.) Leipzig 845, 46, Pönicke u. Sohn. à n. 1/4 ℛ Col. à n. 1/3 ℛ

— neueste Volks-Naturgeschichte des Thierreichs für Schule u. Haus. 15—56. Hft. hoch 4. (1. Bd. S. 225—567 m. ... lith. Taf. 2. Bd. 336 S. m. 112 lith. Taf.) Leipzig 847. 48, Slawische Buchhandl. à n. 1/4 ℛ; color. à n. 1/3 ℛ (cmplt. n. 14 ℛ; color. n. 18 2/3 ℛ Bd. 1. u. d. T.: Säugethiere u. Vögel m. 1 lith. Taf. 3 ℛ) — 2. Stereot.-Ausg. m. color. Kpfrn. 1. Bd. Säugethiere. 1—3. Hft. hoch 4. (S. 1—112 m. 24 color. Taf.) Leipzig u. Prag 850. 51, Expedition. (à n. 12 ngr) n. 1 ℛ 6 ngr

—— neueste Volks-Naturgeschichte des Thierreichs für Schule und Haus. Neue Text-(Titel-)Ausg. 2 Bde. Leipzig 854, Dyk'sche Buchh., Separat-Conto. [1. (567 S.) 2. (412 S.)] *

—— dass. — Ausg. mit 272 ill. Stnt. (in 40 Lfgn.) Ebds. 854. *

— — Ausg. mit (272) color. Tafeln in 40 Liefgn. Ebend. 854. Jede Liefg. n. 7 1/2 ngr
Inhalt: 1. Bd.: Säugethiere und Vögel. Mit 152 Taf. — 2. Bd.: Amphibien, Fische, Weich-, Glieder- u. Strahlthiere. Mit 120 Taf.

—— neue Wanderungen durch die Thierwelt. Ein Buch für Knaben und Mädchen. Mit ill. und schwarzen Holzschn. nach Orig.-Zeichnungen von J. Kirchhoff u. A. br. 8. (156 S.) Leipzig 847, E. Kretzschmar.

— neue Wanderungen durch die Thierwelt. Ein Buch f. Knaben u. Mädchen. Mit color. u. schw. Holzschn. nach Orig.-Zeichnungen v. J. Kirchhoff u. A. br. 8. (156 S.) Ebd. 848. 1 ℛ

— Wanderungen durch die Thierwelt. Ein Buch f. Knaben u. Mädchen. Mit col. u. schw. Holzschn. nach Originalzeichn. v. J. Kirchhoff u. A. 8. (159 S.) Leipzig 847, E. Kretzschmar. 1 ℛ

— Wegweiser in die allgemeine Botanik. Ein Leitfaden f. angeh. Botaniker u. Freunde der Pflanzenkunde überhaupt. Mit vielen (eingedr.) Holzschn. gr. 16. (XVI, 206 S.) Leipzig 872. Matthes. 1. 50

—— neuester Wegweiser durch Leipzig und seine Umgegend. Mit einem alphabetisch geordneten Verzeichniss der städt. Institute und Gebäude, aller Sehenswürdigkeiten sowie der bemerkenswerthesten Privat-Anstalten, nebst den nöthigsten statist. und histor. Notizen. Nach den besten Quellen und nach eigener Erfahrung bearb. gr. 16. (III und 200 S. nebst einem Plane von Leipzig in Kpfrst. und gr. 4.) Leipzig 854, Rocca. *

Reichenbach, Auguste, die Reichenbach'sche Münz- u. Medaillensammlung, nach d. verstorbenen Besitzers Aufzeichngn. zusammengestellt. Die Neuzeit. 4.—7. Thl. gr. 8. Dresden, W. Baensch. n. 10. 10
4. Böhmen, Mähren, Schlesien [nach Abzug d. im 3. Thle. Behandelten], Ungarn, Dalmatien, Siebenbürgen, Donaufürstenthümer, Griechenland. (V, 48 S. m. 1 Lichtdr.-Taf.) 890. n. 2. 70
5. Niedersächsischer Kreis, westfälischer Kreis. (IV, 60 S. m. 1 Lichtdr.-Taf.) 892. n. 2. 70
6. Niederrheinischer, oberrhein. u. schwäb. Kreis. (IV, 50 S. m. 1. Lichtdr.-Taf.) 893. n. 2. 70
7. Dänemark, Norwegen, Schweden, Polen, Schweiz, Miscellan-Medaillen, mittelalterl. Goldmünzen, Anh. (III, 28 S. m. 1 Lichtdr. u. Preisliste.) 894. n. 2. —
1.—3. Thl. s.: Reichenbach, Thdr.

Reichenbach, Benjamin Friederich (Calbe/Magdeburg), De matrimonio coacto. Diss. jur. Präs. Justus Henning Böhmer. Halle/Magdeburg (J. Chr. Zahn) 9. XI. 1717. 60 S. (5.—) 28015
Widm. v.: Justus Henning Böhmer, Christian Friedrich Hunold (dtsch.), Carl Gottlieb Knorre (dtsch.).

— — Dasselbe. Halle/Magdeburg (J. Grunert) 9. XI. 1717. Rec. 1728. 62 S. (5.—) 28016
Widm. v.: Justus Henning Böhmer, Christian Friedrich Hunold (dtsch.), Carl Gottlieb Knorre (dtsch.).

— — Regularum juris privati quo utimur naturalis, Romani, canonici, patrii lib. I. tit. I. II.. Präs. Carl Otto Rechenberg. Leipzig (I. Titius) 3. IX. 1718. 28 S. (4.25) 28017
Gew.: Carl Otto Rechenberg.

Reichenbach, Bogdan Graf, die Krisis in Nord-Amerika. Auf Grund eines im Evangel. Verein für kirchliche Zwecke am 23. März 1863 gehaltenen Vortrags. Berlin 863. Beck. gr. 8. (40 S.) n. 6 ngr.

Reichenbach, Bogdan Graf, der Staat ein Zuchtmeister auf Christum. Rechtsphilosophischer Versuch. Halle 861. Mühlmann. gr. 8. (VII, 68 S.) 15 ngr.

Reichenbach, Carl, s. Reichenbach, Karl

Reichenbach, Curt, s. Reichenbach, Kurt

Reichenbach, E., der Pfadfinder am Binnensee, s.: Cooper, J. Fenimore, Lederstrumpf-Erzählungen. 3. Bd.

Reichenbach, E., über Seidenraupenzucht u. Cultur des Maulbeerbaumes in China, aus e. engl. Uebersetzung chines. Originalwerke ins Deutsche übertragen nebst einer Abhandlung über die Zusammensetzung der Maulbeerblätter u. ihre Beziehung zur Seidenraupenkrankheit. Mit e. Vorwort von J. v. Liebig. München 867. Literarisch-artist. Anstalt. gr. 8. (XXXI, 97 S. mit 8 Lith. nach chines. Zeichnungen.) n. 1 ℛ

Reichenbach, Ed., die Dichtungsarten der deutschen Poesie. Kurz beschrieben u. in Beispielen vorgeführt. Wien 863. Braumüller. 8. (VII, 171 S.) n. 24 ngr.

Reichenbach, Ed., étude de l'expert médico-légal en France, en Allemagne et en Suisse. 8. Berne, Huber & Co. 1875 1. 50

Reichenbach, Ed. Graf, zur Grundsteuer-Regulirungs-Frage. Breslau 861. Schletter. gr. 8. (12 S.) 3 ngr.

Reichenbach, Elisab., Register, s.: Zeitschrift f. Hygiene u. Infektionskrankheiten.

Reichenbach, Emil. Kurzer Rückblick auf die 25-jhr Vergangenheit der Ev-Luth Dreieinigkeits-Gemeinde zu Boston. Boston, 1896.

Reichenbach, Eug., ABC-Bilderbuch. 4. (12 S. m. z. Tl. farb. Abb.) Nürnberg (900). Th. Stroefer. Geb. — 60

— Karnickels Abenteuer, s.: Jugend-Bücher-Schatz, 4.

Reichenbach, Eug., auf u. ab! Ein Wandelbuch m. Texten. 4. (12 farb. Taf. m. 9 S. illustr. Text.) Nürnberg 898. Th. Stroefer. Kart. n. 2. —

— alte Bekannte. qu. 4. (12 S. m. z. Tl. farb. Abbildgn.) Ebd. (899). Geb. — 60

Reichenbach, Eug., unser Buzzi. (Ausgestanzt.) schmal Fol. (16 S. m. z. Tl. farb. Bild.) Nürnberg 895. Th. Stroefer. — 75

— der kluge Emil. 8. (12 S. m. z. Tl. farb. Abbildgn.) Ebd. (900). — 40

— d. Farbenkasten. Ein Malbuch. qu. gr. 8. (22 S. m. z. Tl. farb. Bild.) Ebd. 895. — 75

— lustige Gesellschaft. Ein Wandelbilderbuch m. Versen. gr. 4. (8 farb. Taf. m. eingedr. u. 12 S. illustr. Text.) Ebd. 894. Kart. n. 4. 50

— unseres Kindes Guckkasten. Verse v. R. 4. (16 S. m. Abbildgn. u. 6 farb. Drehbildern.) Ebd. (902). Geb. 2. —

— unser Guckkasten. M. Versen v. R. 4. (14 S. m. eingedr. u. 3 farb. Aufstellbild.) Ebd. 897. Geb. 2. —

— das Heim der Tauben. schmal gr. 8. (12 S. m. z. Tl. farb. Abbildgn.) Ebd. (900). — 30

— unsere Hunde. gr. 4. (14 S. m. z. Tl. farb. Bild.) Ebd. 896. 1. 50

— im Kreis herum. Ein neues Bilderbuch m. Versen. 4. (16 S. m. Abbildgn. u. 6 farb. Drehbildern.) Ebd. (901). Geb. 3. —

— Kasperl u. seine Frau. gr. 4. (16 S. m. z. Tl. farb. Abbildgn.) Ebd. (901). — 75

— für brave Kinder. Etwas Neues f. d. kleinen Leute. M. Versen. 4. (16 S. m. Abb. u. 6 farb. Klappbild.) Nürnberg 898. Th. Stroefer. Kart. 3. —

— komm u. geh! Ein Wandelbuch m. Versen v. R. gr. 4. (16 S. m. z. Tl. farb. Bild.) Ebd. 895. Kart. 3. —

— die kluge Lisi. schmal gr. 8. (12 S. m. z. Tl. farb. Abbildgn.) Ebd. (899). — 40

— Lust u. Scherz. qu. gr. 4. (14 S. m. z. Tl. farb. Bild.) Ebd. 897. — 75

— zehn kleine Mizi-Kätzchen. gr. 8. (12 S. m. z. Tl. farb. Abbildgn.) Ebd. (899). — 30

— Nikolaus. (Ausgestanzt.) schmal Fol. (14 z. Tl. farb. S. m. eingedr. Text.) Ebd. 894. n. — 75

— Panorama-Bilder. Ein neues Bilderbuch m. farb. Gruppenbild. u. Verschen v. R. Fol. (32 S. m. z. Tl. farb. Bild.) Ebd. 895. Kart. 4. 50

— das Pferde-Bilderbuch. qu. gr. 4. (16 S. m. farb. Abbildgn.) Ebd. (902). 1. 50

— die Spielkameraden. qu. 4. (12 S. m. z. Tl. farb. Abbildgn.) Ebd. (901). Geb. — 60

— glückliche Stunden. E. neues Wandelbilderbuch m. Versen v. R. 4. (16 S. m. z. Tl. farb. Bild.) Ebd. 895. Kart. 3. —

Reichenbach, Eug., heitere Stunden. Ein Wandelbuch m. Reimen. gr. 4. (16 farb. Taf. m. 12 S. illustr. Text.) Nürnberg 893. Th. Stroefer. Kart. n. 4. 50

— wilde Tiere aus fernen Ländern. qu. gr. 4. (14 S. m. z. Tl. farb. Bild.) Ebd. 897. 1. 50

— Ueberraschungen aller Art. Verse v. R. 4. (16 S. m. Abbildgn. u. 6 farb. Ziehbildern.) Ebd. (900). Geb. 3. —

— lustige Überraschungen. Ein Wandel-Bilderbuch m. Text. 4. (12 farb. Taf. m. 10 S. illustr. Text.) Ebd. 893. Kart. n. 3. —

Reichenbach, Eug., Untersuchung über Isomerie in der Benzoereihe. Inaug.-Dissert. Göttingen 864. (Rente.) gr. 8. (35 S.) n. 8 ngr.

— im Wunderland u. was dort allbekannt. Eine Reihe v. neuen Wandelbildern m. heit. Verschen. gr. 4. (20 S. m. Abb. u. 8 farb. Drehbild.) Ebd. 896. Kart. 4. 50

— zum Zeitvertreib. Ein Wandelbilderbuch m. Text v. R. 4. (6 farb. Taf. m. eingedr. u. 10 S. illustr. Text.) Ebd. 894. Kart. n. 2. —

— unser Zeitvertreib. Mit Versen. 4. (16 S. m. Abbildgn. u. 6 farb. Ziehbildern.) Ebd. (901). Geb. 2. —

Reichenbach, F(erdinand), aus Leipzig: Über die **Bildung** des Bromwasserstoffgases aus den Elementen. *Leipzig 1903: E. Glausch.* (45 S.) 8°
Leipzig, Phil. Diss. v. [17. Aug.] 1903

Reichenbach, Fr. Chr.

— Auszüge aus Luthers Erbauungsschriften. 2 Thle. gr. 8. Altona 784, 85. Hamb. 792. Bachmann. 1 ₰ 4 gr

— Betrachtt. üb. d. Geschichte d. Leidens, d. Todes u. d. Auferstehung Jesu Christi; in Entwürfen der Fasten- u. Osterpredigten. 8. Altona 768.

Reichenbach, Fr. Chr., († d. 15. März 1786.) Hauptlehren des Christenthums nach d. apostol. Glaubensbekenntniß. 8. Hamb. 786. (Herold jun.) 3 gr

— Hauptstücke d. christl. Religion. 8. Altona 774.

— Lehrbuch z. Unterweisung im Christenthum. 8. Halle 778. Schwetschke u. S. 6 gr

— 2 Predigten, bei d. Amtsveränderung gehalten. gr. 8. Hamb. 782. Hoffmann. 4 gr

— **Friedrich Aug. Ludwig** (Dresden), **Nonnulla ad diagnosin graviditatis inprimis de Kyesteino. Diss.** med. Leipzig (W. Staritz) 24. V. 1845. 31 S. mit Biogr. (M.: Fr. C. Cl. Wagner.) (3.—) **28019**
Gew.: Heinrich Theophil Ludwig Reichenbach (Vater), Justus Radio, Armin Eberhard Richter.

Reichenbach, Fritz, über Gasmaschinen. (13. S. m. 27 Fig.) 4. Berlin 905. Boll & Pickardt. n. 1. 60
Sonderabdruck aus: „Die Gasmotorentechnik".

Reichenbach, G. H. Ludwig, s. Reichenbach, Ludwig

Reichenbach, G. L., s. Reichenbach, Ludwig

Reichenbach, Georg

— Erklärung d. v. Hrn. v. Baader hrsgg. Bemerkk. üb. meine Verbesserungen d. Dampfmaschine. 8. Münch. 816. Lindauer's B. 2 gl

Reichenbach, Geo., Französisch-Deutsche Handels-Correspondenz mit Mustern von Quittungen, Anweisungen, Wechseln rc. für junge Kaufleute. A. u. d. T.: Correspondance mercantile franç.-allemande avec modèles de quittances etc. Cannstatt (855.) Bosheuyer. 8. (XII, 216 S.) n. 20 ngr.

Reichenbach, G., Theorie der Brückenbögen u. Vorschläge zu eisernen Brücken in jeder beliebigen Grösse. Mit 5 Kpfrn. München 1811. 4°.

v. Reichenbach, Geo., Theorie d. Brückenbögen u. Vorschläge zu eisernen Brücken in jeder beliebigen Größe. Mit 5 Kpf. gr. 4. o. O. (Münch.) 812. J. Lindauer. 2e unveränd. Aufl. 833. (Finsterlin). 6 fl

Reichenbach, Gottfried. Der Sänger vom Wildhorn. Fünfzig Gedichte. 74 S. 8. Thun, Stüssy & Muntwyler, 1910. [geb. fr. 2.—]

Reichenbach, Gust., gründliche Anleitung zur Conto-Corrent-Stellung mit 3 Conto-Corrent-Mustern u. verschiedenen Zeit-Tabellen. gr. 16. (33 S.) Cannstatt 851, Bosheuyer. 1/3 fl

Reichenbach, G(ust.), Correspondance mercantile française-allemande avec modèles de quittances, d'avis, de pleinpouvoirs, de lettres de voiture et de change, suivie d'une collection des expressions les plus usitées dans la correspondance, la tenue de livres et le commerce en général. Pour les jeunes négociants. A. s. l. t.: Französisch-deutsche Handels-Correspondenz mit Mustern von Quittungen, Anweisungen, Wechseln rc. für junge Kaufleute. 8. (XII und 216 S.) Canstatt 855, Bosheuyer. *

Reichenbach, H., Beweis aus der jüdischen Religion, daß die Juden in d. christl. Staaten nicht emancipirt werden können, wenn d. Christen nicht dadurch sich ihnen zinsbar u. unterthan machen wollen. Hervorgerufen durch die Meditationen des Herrn Dr. Steinheim. gr. 12. Altona 842. (Blatt.) 6 1/4 ngl

Reichenbach, H., zur Frage der Tageslichtmessung. (12 S.) gr. 8. Jena 905. G. Fischer. n. — 50
Sonderabdruck aus: „Klin. Jahrb".

Reichenbach, H., Grundriß der Naturgeschichte, s.: Schilling, Sam.

Reichenbach, H., Mitteilungen aus der syphilitischen Abteilung d. Ernst-August-Hospitals zu Göttingen. Inaug.-Diss. gr. 8. (30 S.) Göttingen 889. (Vandenhoeck & Ruprecht's Verl.) n. — 80

— Naturgeschichte, s.: Baumann, J.

— Naturgeschichte des Menschen, s.: Noll, F. C.

— Naturgeschichte f. Schule u. Haus, s.: Baumann, J.

— die Tageslichtmessung in Schulen, s.: Gotschlich, F.

Reichenbach, H. P. D., de consecandis membrorum sive artuum nervis, supplementum parvum ad hanc operationem tractandam, dissertatio inaug. 12. Altona 845, Blatt. n. 1/3 fl

Reichenbach, H. P. D., über die Entstehung des Menschen. Ein kleiner Beitrag zur Anthropologie u. Philosophie. Vorgetragen in einer allgem. Versammlung der 28. Versammlung der deutschen Naturforscher u. Aerzte zu Gotha. Altona 854. Wendeborn in Comm. 12. (24 S.) n. 4 ngr.

Reichenbach, Hans [aus Lüneburg]: Mitteilungen aus der syphilitischen Abteilung des Ernst-August-Hospitals zu Göttingen. . . . Göttingen, Druck d. Univ.-Buchdr. v. W. Fr. Kästner, 1889: 30 S. 8°
Göttingen, Med. Fak., Inaug.-Diss. v. 24. Jul. 1889

Reichenbach, Hans. Mitteilungen aus der syphilitischen Abteilg. d. Ernst-August-Hospitals zu Göttingen. Diss. gr. 8. (30 S.) Gött. 889, (Vandenhoeck u. Ruprecht). — 80

Reichenbach, (Hans), s.: Zentralblatt für allgemeine Gesundheitspflege.

Reichenbach, [Heinrich]: [Ansprache an Direktor Prof. Dr. Paul Bode bei der Übernahme des Direktorats der Klinger-Oberrealschule.] S. 19—20. 4.
Adlerflychtschule (Realschule mit Vorschule) *Frankfurt am Main* Progr. 1902 (460).

Reichenbach, [Heinrich], Prof. Dr.: [Bericht über die Abschiedsfeier für den Dir. Dr. Paul Bode.] *Frankfurt a. M. 1902: C. Adelmann.* (S. 19—20.) 4°
Frankfurt a. M., Adlerflycht-S ⟨R m. VS⟩, OP 1902 (460)

Urkundliche Geschichte der Grafen Reichenbach in Schlesien von Heinrich Grafen **Reichenbach**. Bd 1.2 [nebst] Stammtafeln. Breslau 1906–07: Schles. Dr.-Genossensch. 3 Bde 2°(4°) [F.]
1. Urkundenbuch. 1906. 2. Geschichtl. Darstellung. 1907.
[3.] Stammtafeln. [1907.] [08. 901

Reichenbach, [Heinrich]: [Professor Wilhelm Seibt † 25. Oktober 1901.] S. 20—21. 4.
Adlerflychtschule (Realschule mit Vorschule) *Frankfurt a. M.* Progr. 1902 (460).

Reichenbach, Heinr., Studien zur Entwickelungsgeschichte d. Flusskrebses. Mit 11 Quart- u. 8 Doppeltaf. in Ton- u. Farbendr. gr. 4. (VI, 137 S.) Frankfurt a. M. 886. (Diesterweg.) n. 36. —

Reichenbach, Heinrich [Dr., Oberl.]: Ziele und Wege des naturwissenschaftlichen Unterrichts. Frankfurt a. M., Druck v. C. Adelmann, 1892; 3—50 S. 4.
Frankfurt a. M., Adlerflycht-S '(R m. VS)', OP 1892 (407)

Reichenbach, H(einr.) Gottlieb Ludw., Abbildungen kryptogamischer Gewächse als erstes Hilfsmittel für deren Einsammlung und Selbststudium. gr. 8. (IV und 16 S. mit 12 Kpfrt.) Dresden 863, Türk's Verlag. *

Reichenbach, (Heinrich Gottlieb) Ludwig: Naturgetreue Abbildungen der vorzüglichsten essbaren, giftigen und verdächtigen Pilze mit besonderer Rücksicht auf die verschiedenen Altersstufen von der ersten Entwickelung bis zum ausgebildeten Wachsthume. Dresden: 1842

s.: Harzer, Karl August Friedrich

JB 6.382

Reichenbach, Hnr. Glieb Ldwg. Agrostographia Germanica sistens icones Graminearum et Cyperoidearum quas in flora german. rec. auctor. Cent. I. Die Gräser u. Cyperoideen der deutschen Flora, in getreuen Abbildungen auf Kupfertafeln dargestellt Leipzig 1841. 4.
A. u. d. T.: H. G. L. Reichenbach, Plantae criticae. Bd. 1.

— Amoenitates botanicae Dresdenses. Specim. I. observat. in Myosotidis genus cont. quae rei herbariae studiosis offert. 8maj. Dresd. 820. Arnold. 4 gl

Reichenbach, H(einr.) G(tli.) L(udw.), Anatomia Mammalium. Pars I. Cetacea et Pachydermata. — Anatomie der Säugethiere. 1. Thl. Wallthiere u. Dickhäuter durch 65 Platten erläutert. Lex.-8. (2 B.) Lipsiae 845, Hofmeister.
Aus dess. die vollständigste Naturgeschichte rc., besond. abgedruckt.

Reichenbach, H. G. L., Blicke in das Leben der Gegenwart und in die Hoffnung der Zukunft aus dem Verhältniss der Naturwissenschaft zur Religion und Erziehung. Allen Gebildeten, insbesondere Aeltern, Lehrern u. Erziehern gewidmet. Dresden 856. Türk. 8. (VIII, 240 S. u. 1 Tab. in 4.) 22 1/2 ngr.

— Blicke in das Leben der Thierwelt, verglichen mit d. Leben des Menschen. 8. Dresden 843, Arnold. 1/2 fl

Reichenbach, H(einr.). G(tli.). Ludw., Botanik f. Damen, Künstler u. Freunde d. Pflanzenwelt überh., enthalt. e. Darstellung d. Pflanzenreichs in sein. Metamorphose, e. Anleit. z. Studium d. Wissenschaft, u. z. Anlegen v. Herbarien. Ein Versuch. 8. (37½ B. u. 2 B. Tab.) Leipzig 828, Cnobloch.

— der deutsche Botaniker. 1. Bd. Das Herbarienbuch. (1. u. 2. Abthl.). — A. u. d. T.: Repertorium herbarii, sive Nomenclator generum plantarum systematicus, synonymicus et alphabeticus, ad usum practicum accommodatus, quo affinitas naturalis et locus cuiusque generis in herbario citissime explorentur. 8. Dresden u. Leipzig 841, Arnold. 2¼ ß

— ders. 2. Bd. 1. u. 2. Abthl. — A. u. d. T.: Flora Saxonica. (Flora v. Sachsen, ein botanisches Excursionsbuch 2c. 1. u. 2. Abtheil.) 8. Ebend. 842. 1½ ß — 2. Ausg. mit vollständ. Register der deutschen u. latein. Namen und ihrer Synonymen. gr. 8. Ebend. 844. n. 2 ß — Das Register apart. gr. 8. Ebend. 844. n. ⅓ ß

(——) Florae Germanicae clavis synonymica, s. Reichenbachianae Florae German. clavis etc.

— conspectus regni vegetabilis per gradus naturales evoluti tentamen. Prs. I. Inest Clavis herbariorum hortorumque. seu dispositio regni vegetabilis sec. classes, familias, ordines, tribus, formationes, genera et subgenera, adjecto indice locupletiss. generum, subgenerum, synonymorum et nominum Francogallicorum. — Auch mit d. deutschen Tit.: Uebersicht d. Gewächsreichs in seinen natürl. Entwickelungsstufen. Ein Versuch. 1r Thl. Schlüssel f. Herbarien u. Gärten, od. Anordn. des Gewächsreichs nach Classen, Familien, Ordnungen u. s. w. gr. 8. Leipz. 828. Cnobloch. 1 ß 12 gl

—— Einleitung in die Flora von Sachsen, s. Gäa.

— üb. die Erhaltung d. Welt. Physiko-theolog. Betrachtung. gr. 8. Dresd. 821. Arnold. 4 gl

— Erinnerung an die Stunden der Muse Sr. Majestät des höchstsel. Königs Friedrich August, bei Auslegung von Reliquien im Namen der Gesellschaft Isis gesprochen. Dresden 855. Kuntze. gr. 8. (IV, 25 S.) 6 ngr.

Reichenbach, Heinr. Gtl. Ludw., Deutschlands Fauna, oder praktisch-gemeinnützige Naturgeschichte der Thiere des Inlandes. 1r Thl. Die Säugethiere, mit 100 Abbildd. Lex.-8. Leipzig... Wagner's Buchh. 1 ß, ill. 2 ß — 2r Thl. Die Vögel, mit 716 Abbildd. Ebd.... 5 ß, ill. 10 ß — Ausführl. Text dazu. à Bog. 1/12 ß

— Deutschlands Fauna, oder prakt.-gemeinnütz. Naturgeschichte der Thiere des Inlandes, mit naturgetreuen Abbild. aller Arten. Für gebildete Leser aller Stände, so wie für Schulen. 2. Thl. Die Vögel. Mit 730 Abbild. auf 57 (in 1 besond. Bd. geb.) Kupfertaf. Lex.-8. Leipzig 842, Wagner. In Leinw. geb. der Text 3 ß Die Kpfrtaf. n. 5 ß col. 10 ß

—— Deutschlands Flora, mit höchst naturgetreuen charakteristischen Abbildungen aller ihrer Pflanzenarten in natürlicher Grösse. und mit Analysen auf Kupfertafeln, als Beleg für die Flora germanica excursoria, und zur Aufnahme und Verbreitung der neuesten Entdeckungen innerhalb Deutschlands und der angränzenden Länder: Belgien und Holland, Holstein und Schleswig, Ostpreussen, Galizien und Siebenbürgen, Ungarn, Dalmatien, Istrien, Oberitalien, der Schweiz und Piemont. Bd. 1—22. Nr. 1—292. Leipzig 1834—65.

REICHENBACH, Heinr. Gottlieb Ludwig u. a.: Deutschlands Flora mit höchst naturgetreuen charakteristischen Abbildungen aller ihrer Pflanzenarten in natürlicher Größe und mit Analysen auf Kupfertafeln als Beleg für die Flora Germanica excursoria und zur Aufnahme und Verbreitung der neuesten Entdeckungen innerhalb Deutschlands und der angrenzenden Länder etc... - Leipzig 1837-1913. 25 Bd. ersch. i. einz. H.

— dass. Werk* mit deutschem Texte u. d. T.: Deutschlands Flora, mit höchst naturgetreuen, charakteristischen Abbildd. aller ihrer Pflanzen-Arten in natürl. Größe u. mit Analysen auf Kpfrtaf. Heft 1—21. Mit 211 Taf. gr. Lex.-8. Ebd. 837—40. à n. ⅚ ß, color. à n. 1½ ß

* Iconographia botanica

— dass. mit deutsch. Text unt. d. T.: Deutschlands Flora, mit höchst naturgetreuen Abbild. aller ihrer Pflanzenarten in natürl. Größe 2c. in Heften mit à 10 Taf. 22.—96. Heft. gr. Lex.-8. Ebend. 841—47. à n. ⅚ ß Color. à n. 1½ ß

— dies. m. Deutschem Texte u. d. T.: Deutschlands Flora mit höchst naturgetreuen, charakteristischen Abbildungen aller ihrer Pflanzen-Arten in natürl. Größe u. mit Analysen auf Kupfertaf. als Beleg für die Flora Germanica excursoria u. zur Aufnahme u. Verbreitung der neuesten Entdeckungen innerhalb Deutschlands u. d. angrenzenden Länder: Belgien u. Holland, Holstein u. Schleswig, Ostpreußen, Galizien, Siebenbürgen, Ungarn, Dalmatien, Istrien, Ober-Italien, der Schweiz u. Piemont. Nr. 59—65. 7. Bd. Isoëteae Zosteraceae, Aroideae, Lemneae et Potamogetoneae, Alismaceae, Hydrocharideae et Nymphaeaceae. Lex. 8. (IV u. 51 S. m. 71 Kpfrtaf.) Ebd. 845. n. 6 ß; color. n. 10 ß 24 ngl

— dies. Nr. 66—77. 8. Bd. Familie der sämmtl. Riedgräser u. Binsen-Gewächse: Cyperoideae. A. u d. T.: Die Cyperoideen oder die sämmtl. Riedgräser u. Binsengewächse der deutschen u. mitteleuropäischen Flora nach den neuesten Entdeckungen bearbeitet. Lex. 8. (51 S. m. 126 Kupfertaf.) Ebd. 846. n. 10½ ß; color. n. 18 ß 27 ngl

— dies. Nr. 78—87. (9. Bd.) Typhaceae, Irideae, Narcisseae, Juncaceae. Lex. 8. (IV u. 29 S. m. 100 Kpfrtaf.) Ebd. 847. n. 8⅓ ß; color. n. 15 ß

— dies. Nr. 88—97 u. Supplem. (10. Bd.) Veratreen u. Colchiceen, Smilaceen u. Liliaceen. Veratreae et Colchiceae, Smilaceae et Liliaceae. Lex. 8. (44 S. m. 102 Kpfrtaf.) Ebd. 848. n. 8⅓ ß; color. n. 15 ß 9 ngl

— dies. Nr. 98—112. (11. Bd.) Familie der Zapfenbäume, Eiben, Cytineen, Santelgewächse, Seideln u. weidenartigen Kätzchenblüthler. Coniferae, Taxineae, Cytineae, Santalaceae, Elaeagneae, Thymelaeaceae et Amentacearum Salicineae. Lex. 8. (47 S. m. 100 Kpfrtaf.) Ebd. 849. n. 8⅓ ß; color. 15 ß

— dies. Nr. 113—123. u. Suppl. (12. Bd.) Familie der Kätzchenblüthler: Birken- u. Eichengruppe, dann Nesseln, Osterluzeigewächse, Lorbeeren u. Dipsaceen, nebst den Baldriangewächsen. Amentaceae: Betulineae et Cupuliferae, tunc Urticeae, Aristolochiaceae, Laurineae et Dipsaceae cum Valerianeis. Lex. 8. (40 S. m. 111 Kpfrtaf.) Ebd. 849—50. n. 9¼ ß; color. n. 16⅔ ß

— dies. Nr. 124—140. 13. u. 14. Bd. Die Orchideen. A. u. d. T.: Die Orchideen der deutschen Flora nebst denen des übrigen Europa, des ganzen russischen Reichs u. Algiers also ein Versuch einer Orchideographie Europas v. H. G. Reichenbach. Lex. 8. (XII u. 240 S. m. 170 Kpfrtaf.) Ebd. 851. n. 14⅙ ß color. n. 25½ ß

— dies. Nr. 141—156. (15. Bd.) Die Cynarocephalen u. Calendulaceen der deutschen Flora von H. G. Reichenbach fil Mit 160 Kpfrtaf. Lex. 8. (122 S.) Ebd. 852. 53. n. 13⅓ ß color. n. 24 ß

— — (mit deutschem Text u. d. T.:) Deutschlands Flora. Herausg. von (H. G.) L. Reichenbach u. dessen Sohne H. G. Reichenbach. Nr. 157—201. oder 16—18. Bd. (I. Serie 9—11. Bd.) Leipzig 853—58. Abel. gr. 4. (Text: 16. Bd.: 97 S.; 17. Bd.: 128 S.; 18. Bd.: 122 S.) Jede Nr. mit 10 Kpfrtaf. n. 25 ngr.; color. n. 1 ß. 15 ngr.

— — (mit deutschem Text u. d. T.:) Deutschlands Flora. Herausg. von (H. G.) L. Reichenbach u. dessen Sohne H. G. Reichenbach. Nr. 202—256. 19. Bd. oder 1. Serie 12. Bd. (Nr. 202—228). — 20. Bd. oder 1. Serie 13. Bd. (Nr. 229—248). — 21. Bd. oder 1. Serie 14. Bd. Nr. 1—11. Ebend. 859—64. Lex.-8. (19. Bd.: 2 Bl., 158 S.; 20. Bd.: 2 Bl., 162 S.; 21. Bd.: S. 1—40.)

— — Deutschlands Flora mit höchst naturgetreuen Abbildungen. Nr. 257—280. Ebend. 865—70. gr. 4. (240 Kpfrtaff. mit 96 S. Text in Lex.-8.) Jede Nr. n. 25 ngr.; color. n. 1 ß 15 ngr.

Reichenbach, H. G. L., u. H. G. Reichenbach, Deutschlands Flora m. höchst naturgetreuen, charakteristischen Abbildungen in natürlicher Größe u. Annalysen. Als Beleg f. die Flora germanica excursoria u. zur Aufnahme u. Verbreitg. der neuesten Entdeckgn. innerhalb Deutschlands u. der angrenzenden Länder. Nr. 281—286. gr. 4. (60 Kpfrtaf. m. 20 S. Text.) Leipzig 870—76. Abel. à n. 2. 50; color. à n. 4. 50

—— —— Deutschlands Flora mit höchst naturgetreuen, charakteristischen Abbildungen in natürlicher Größe und Analysen. Als Beleg für die Flora germanica excursoria und zur Aufnahme und Verbreitung der neuesten Entdeckungen innerhalb Deutschlands und der angrenzenden Länder. Nr. 287—290. gr. 4. (40 Kpfrt. mit 24 S. Text in gr. 8.) Ebendas. 883,84. à Nr. *ℳ 2,50. * color. à Nr. *ℳ 4,50. *

Reichenbach, H. G. Ludwig, und H. Gust. Reichenbach fil., Deutschlands Flora mit höchst naturgetreuen, characteristischen Abbildungen in natürl. Größe und Analysen. Als Beleg für die Flora germanica excursoria und zur Aufnahme und Verbreitung der neuesten Entdeckungen innerhalb Deutschlands und der angrenzenden Länder. Nr. 291 und 292. gr. 4. (20 Kpfrtaf. mit 8 S. Text in gr. 8.) Leipzig 885, Abel. à Nr. * color. à Nr. *

——, —— Wohlf. Ausg., halbkolor. Ser. 1—2. Heft 1—224. Berlin 1834—76.

— dass. Wohlfeile Ausg. Die Kupfer color. in Heften mit à 10 Tafeln u. Text. (à Heft n. 16 ngr) I. Serie: Acroblasten (Spitzkeimer.) 1. Bd. Isoëtes, Zostera, Arum, Lemna, Potamogeton, Alisma, Hydrocharis u. Nymphea. 72 Taf. — 2. Bd. Alle Gräserarten. 121 Taf. — 3. Bd. Alle Cypergräser. 126 Taf. — 4. Bd. Die Schwerteln u. Binsen. 100 Taf. — 5. Bd. Liliengewächse. Mit 102 Taf. gr. Lex.-8. Ebend. 844—47. I. n. 4 1/6 ngr II. n. 6 2/3 ngr III. n. 7 ngr IV. n. 5 1/3 ngr V. n. 5 1/3 ngr

— dass. Serie II. (In Hftn. à n. 16 ngr) Phalamanten (Stielblüthner.) 1. Bd. Alle Schotengewächse. 102 Taf. — 2. Bd. Alle Mohn-, Veilchen-, Cisten- u. Ranunkelgewächse. 188 Taf. — 3. Bd. Alle Wolfsmilch-, Rauten-, Malven-, Storchschnabel-, Sauerklee- u. Nelkengewächse. 185 Taf. gr. Lex.-8. Ebend. 845—47. I. n. 5 1/3 ngr II. n. 10 1/6 ngr III. n. 10 ngr

— dies. Wohlfeile Ausg. Halbcolorirt. Serie I. Acroblastae. Hft. 42—88. Serie II. Thalamanthae. Hft. 52—68. Lex. 8. Ebd. 847—52. à n. 16 ngr

— — (Wohlfeile Ausg., halbcolor. A. u. d. T.:) Deutschlands Flora als Beleg für die Flora germanica excursoria u. zur Aufnahme u. Verbreitung der neuesten Entdeckungen innerhalb Deutschlands u. der angrenzenden Länder: Belgien u. Holland, Dänemark rc. Heft 89—133. oder 16—18. Bd. (I. Serie 9—11. Bd.). Leipzig 853—58. Abel. Lex.-8. (Text: 16. Bd.: 97 S.; 17. Bd.: 128 S.; 18. Bd.: 122 S.) Jedes Heft mit 10 Kpfrtaf. n. 16 ngr

— — (Wohlfeile Ausg., halbcolorirt. A. u. d. T.:) Deutschlands Flora als Beleg für die Flora germanica excursoria und zur Aufnahme und Verbreitung der neuesten Entdeckungen innerhalb Deutschlands und der angrenzenden Länder: Belgien u. Holland, Dänemark rc. Heft 134—192. oder 19—21. Bd. oder I. Serie. 12—14. Bd. Ebend. 859—64. Lex.-8. (Text: 19. Bd.: 2 Bl., 158 S.; 20. Bd.: 2 Bl., 162 S.; 21. Bd.: S. 1—40.) Jedes Heft mit 10 Kpfrtaf. n. 16 ngr

Der Inhalt der beiden letzteren Ausgaben ist mit dem der vorhergehenden „Icones etc." gleichlautend.

— — Wohlfeile Ausg.; halbcolor. I. Serie. Heft 193—212. Ebend. 865—70. Lex.-8. (240 Kpfrtaff. mit 148 S. Text.) Jedes Heft n. 16 ngr

— dasselbe. Wohlf. Ausg.; halb color. 213—218. Hft. Lex.-8. (60 Kpfrtaf. m. 20 S. Text.) Ebend. 870—76. à n. 1. 60

—— —— dass. — Wohlf. Ausg., halbcolor. 1. Serie. 219.—222. Heft. Lex.-8. (40 Kpfrt. mit 24 S. Text.) Ebendas. 883,84. à Heft *ℳ 1,60. *

—— —— dass. — Wohlfeile Ausg., halbcolor. 1. Serie. 223. und 224. Heft. Lex.-8. (20 Kpfrtaf. mit 8 S. Text.) Ebendas. à Heft *

Reichenbach, H. G. Ludw., u. H. Gust. Reichenbach fil., Deutschlands Flora m. höchst naturgetreuen charakterist. Abb. in natürl. Größe u. Analysen. Als Beleg f. d. Flora germanica excursoria u. zur Aufnahme u. Verbreitg. d. neuesten Entdeckgn. innerhalb Deutschlands u. d. angrenz. Länder. Begründet v. R. u. R. fil. D. Fortsetzung hrsg. v. F. G. Kohl. Wohlf. Ausg., halbcolor. I. Serie. 225.—236. Hft. (16. Bd. 1.—12. Lfg.) Lex.-8. (Text S. 1—80 m. je 10 Kpfr.-Taf. in gr. 4.) Leipzig 896—898. Gera, F. v. Zezschwitz. à Lfg. n. 3. —

Reichenbach, H. G. Ludw., u. H. Gust. Reichenbach fil., Deutschlands Flora m. höchst naturgetreuen, charakteristischen Abbildgn. in natürlich. Größe u. Analysen. Als Beleg f. die Flora germanica excursoria u. zur Aufnahme u. Verbreitg. der neuesten Entdeckgn. innerhalb Deutschlands u. der angrenz. Länder. Begründet v. R. u. R. fil., fortgeführt von G. Ritter Beck v. Mannagetta. Wohlf. Ausg., halbcolor. 237.—246. Hft. (23. Bd. I. Serie. 16. Bd. 13. u. 14. Lfg. u. I. Serie 15. Bd. 23.—30. Lfg.) (Text S. 81—103 m. 20 Kpfr.-Taf. in gr. 4 u. S. 89—184 m. 62 Kpfr.-Taf.) gr. 4. Gera (898—902). F. v. Zezschwitz. à Hft. n. 3. —; (23 Bd. kplt. n. 27. —)

Reichenbach, H. G. Ludw., u. H. Gust. Reichenbach fil., Deutschlands Flora m. höchst naturgetreuen, charakteristischen Abbildungen in natürlicher Größe u. Analysen. Als Beleg f. die Flora germanica excursoria u. zur Aufnahme u. Verbreitg. der neuesten Entdeckgn. innerhalb Deutschlands u. der angrenz. Länder. Begründet v. R. u. R. fil., fortgeführt von G. Ritter Beck v. Mannagetta. Wohlf. Ausg., halbcolor. 247.—260. Heft. (1. Serie 15. Bd. 31.—33. Lfg., 24. Bd 1.—11. Lfg.) (Text S. 185—290 m. 2 Taf., S. 73—104 m. 85 Taf.) gr. 4. Gera 903—906. F. v. Zezschwitz. à Heft n. 3. —

— — dasselbe. Bd. 19 II. 1.—11. Lfg. Des ganzen Werkes Nachtrag 1.—10. Lfg. Hieracien II, bearb. v. J. Murr, H. Herm. Zahn, J. Pöll. (Text IV u. S. 1—134 m. 89 Taf.) gr. 4. Ebd. (904—906). à Lfg. n. 3. —

Reichenbach, H. G. Ludw., u. H. Gust. Reichenbach, Deutschlands Flora m. höchst naturgetreuen, charakteristischen Abbildungen in natürlicher Größe und Analysen. Als Beleg f. die Flora germanica excursoria und zur Aufnahme u. Verbreitg. der neuesten Entdeckgn. innerhalb Deutschlands u. der angrenz. Länder. Begründet v. R. u. R. fil., fortgeführt von G. Ritter Beck v. Mannagetta. Wohlf. Ausg., halbcolor. 261.—279. Heft. (24. Bd. 12. bis 22. Lfg. u. 25. Bd. 1.—8. Lfg.) (Text S. 105—213 m. 81 Taf. u. S. 1—32 m. 51 Taf. 31,5×24 cm.) Lex. 8. Gera (907—10). F. v. Zezschwitz. 261.—273. Heft à 3. —; 274.—279. Heft à 4. —

— — dasselbe. Bd. 19 II. 12.—34. Lfg. Hieracien II, bearb. v. J. Murr, H. Herm. Zahn, J. Pöll. (Text S. 135 bis 334 m. 179 Taf. 31,5×24 cm.) Lex. 8. Ebd. (907 bis 910). à Lfg. 3. —

—— Flora exotica, s. a. Flora.

Reichenbach, Heinr. Gottl. Ludw., Flora exotica, od. d. Prachtpflanzen d. Auslandes, in naturgetreuen Abbild. Hrsg. v. e. Gesellschaft v. Gartenfreunden in Brüssel, mit erläuterndem Texte u. Anleit. z. Cultur. 5 Bde. Mit 360 Taf. Fol. Leipzig, 1834—36. (Abel.) 120. —

—— Flora germanica, s. Flora.

—— Flora Germanica excursoria ex affinitate regni vegetabilis naturali disposita, sive principia synopseos plantarum in Germania terrisque in Europa media adjacentibus sponte nascentium cultarumque frequentius. Insunt plantae Acroblastae et Phylloblastae. III Sect. et Index. 12. (49 B. u. 2 Karten.) Lipsiae 830—33. Cnobloch.
Index (9 B.) apart. 12 Gr.

Reichenbach, H(einr.). G(ttl.). Ludw., Flora Germanica exsiccata, s. Flora.

— Heinrich Theophil Ludwig (Leipzig), Florae Lipsiensis pharmaceuticae specimen. Diss. med. Leipzig (J. B. Hirschfeld) 24. I. 1817. XII, 68 Seiten. (3.50) 28021
Gew.: Joh. Christ. Aug. Clarus, Carl Friedrich Gustav Klug.

— Flora Lipsiensis pharmaceutica, sistens plantarum agri Lipsiensis nunc et olim officinalium venenatarumque diagnoses, descriptiones, synonyma, locos natales, qualitates, vires et usum. 8maj. Leipz. 818. (Taubert). 1 ß

REICHENBACH, G. H. Ludwig: Flora Saxonia. Die Flora von Sachsen, ein botanisches Excursionsbuch für das Kgr. Sachsen, das Großherzogthum Sachsen-Weimar-Eisenach etc. Nebst Schlüssel zum erleichterten Bestimmen der Gattungen nach Linné's Sexualsystem etc. - Dresden, Leipzig 1842. 461 S. - (Der dtsch. Botaniker Bd. 2)

—— Flora saxonica. Die Flora von Sachsen, ein botan. Excursionsbuch rc. Nebst Schlüssel zum erleichterten Bestimmen der Gattungen nach Linné's Sexualsystem. 2. Ausg. m. vollständ. Register der deutschen u. latein. Namen u. ihrer Synonymen. gr. 8. (34⅝ B.) Dresden u. Leipzig 844, Arnoldische Buchh. *

—— Register zur Flora von Sachsen, enthaltend die deutschen u. latein. Namen der Gattungen u. Arten nebst Synonymen. gr. 8. (3⅝ B.) Ebds. 844. *

—— Freunde und Kenner der Natur. I. König Friedrich August. II. Wolfgang Göthe. Zwei Vorträge. gr. 8. (IV und 39 S.) Dresden 856, Kuntze. *

— Handbuch des natürl. Pflanzensystems nach allen seinen Classen, Ordnungen u. Familien, nebst naturgemäßer Gruppirung der Gattungen oder Stamm und Verzweigung des Gewächsreiches, enthaltend eine vollständ. Charakteristik u. Ausführung der natürlichen Verwandtschaften d. Pflanzen in ihrer Richtung aus d. Metamorphose u. geograph. Verbreitung, wie die fortgebildete Zeit deren Anschauung fordert. schmal gr. 4. Dresden u. Leipzig 837. Arnold. 3¾ ß

— Handbuch des natürlichen Pflanzensystems nach allen seinen Classen, Ordnungen u. Familien, nebst naturgemäßer Gruppirung der Gattungen, oder Stamm u. Verzweigung des Gewächsreiches rc. 2. (Titel-) Ausg. hoch 4. (X u. 346 S.) Leipzig (837) 850, Arnold. ¾ ß

—— Herbarien-Etiketten, od. Uebersicht aller natürl. Pflanzen-Familien, Zünfte u. Gruppen Jussieu's u. aller neuerer Autoren, mit fortlauf. Numerirung aller Gattungen. — Schedulae herbariorum, sive Synopsis omnium plantarum familiarum, tribuum et gregum naturalium Jussieui et singul. recent. auctorum, cum omnium generum numeris continuatis. Fol. (7 Bl.) Ibid. 842. *

—— der Hund in seinen Haupt- u. Neben-Raçen, durch 139 naturgetr. Abbildn. in Stahlst. dargest., f. Forstbeamte, Oekonomen, Thierärzte u. Freunde jenes nützl. Thieres überhaupt. Schmal gr. 4. (1 B. u. 18 Taf.) Leipzig 835. [Dresden, Expedit. d. vollst. Naturgesch.] * 1⅓ Thlr., ill. *

— der Hund in seinen Haupt- u. Neben-Racen, durch 139 naturgetreue Abbildd. in Stahlstich dargestellt. (Mit 18 Tafeln.) gr. 4. Leipzig 835. Wagner. n. 1⅓ ß, ill. n. 2⅓ ß — 2e, mit 56 Abbildd. verm. Ausg. Ebd... 2½ ß, ill. 5 ß

Reichenbach H. G. L.: Der Hund in seinen Haupt- u. Neben-Racen ... dargestellt ... Leipz. 1835. 18 sorte Tvl. m. 8 S. Tekst. (Særtr.). 4°.
(Skrevet Titelbl.).
— — 2. ... verm. Ausg. Sst. 1836. 24 kol. Tvl. m. (90) S. Tekst. (Særtr.). 4°.

Reichenbach, H. G. L., Icones florae germanicae et helveticae, simul pedemontanae, istriacae, dalmaticae, hungaricae, transsylvanicae, borussicae, holsaticae, belgicae, hollandicae, ergo mediae Europae, exhibens nuperrime detectis novitiis additis, collectionem compendiosam imaginum characteristicarum omnium generum atque specierum, quas in sua Flora germanica excursoria recensuit auctor. Vol. 1—22. Mit 2800 kolor. Taff. Lipsiae 1834—84. 4. . . . . (D.; TStLA., teilweise.)

Reichenbach, Heinr. Gottlieb Ludw., Icones florae Germanicae et Helveticae simul Pedemontanae, Tyrolensis, Istriacae, Dalmaticae, Austriacae, Hungaricae, Transylvanicae, Moraviecae, Borussicae, Holsaticae, Belgicae, Hollandicae ergo mediae Europae. Iconographia et Supplementum ad opera Wildenowii, Schkuhrii, Persoonii, Decandollei, Gaudini, Kochii aliorumque. Exhibens nuperrime compendiosam imaginum characteristicarum omnium generum atque specierum quas in sua Flora Germanica excursoria recensuit. Vol. I. Editio II. emendata et aucta. A. u. d. T.: Agrostographia Germanica sistens icones graminearum quas in flora Germanica recensuit. Editio II. emendata et aucta. — Die Gräser der Deutschen Flora in getreuen Abbildgn. auf 121 Kupfertaf. dargestellt. gr. 4. (IV u. 90 S.) Leipzig 850, Hofmeister (jetzt: Abel). n. 10 ß

— dies. Vol. XI. A. u. d. T.: Coniferae, Taxineae, Cytineae, Santalaceae, Elaeagneae, Thymelaeaceae et Amentacearum Salicineae in Flora Germanica recensitae. 10 Dec. gr. 4. (32 S. m. 100 Kupfertaf. Nr. 521—620.) Ebd. 849. (à n. ⅚ ß; color. à n. 1½ ß) n. 8⅓ ß; color. n. 15 ß

— dies. Vol. XII. A. u. d. T.: Amentaceae: Betulineae et Cupuliferae, Urticaceae, Aristolochiaceae, Laurineae et Dipsaceae cum Valerianeis in Flora Germanica excursoria recensitae. 11 Dec. et Supplem. gr. 4. (34 S. m. 110 Kpfrtaf. Nr. 621—730.) Ebd. 850. (à n. ⅚ ß; color. à n. 1½ ß Suppl. n. 1/12 ß; color. n. ⅙ ß) n. 9¼ ß; color. n. 16⅔ ß

Reichenbach, Heinr. Gottlieb Ludw., Icones florae Germanicae et Helveticae etc. Vol. XIII et XIV. A. u. d. T.: Orchideae in Flora Germanica recensitae, additis Orchideis Europae reliquae, reliqui Rossici imperii, Algerii ergo tentamen Orchidiographiae Europaeae iconibus illustratum auctore H. G. Reichenbach. 17 Dec. gr. 4. (X u. 194 S. m. 170 Kpfrtaf. Nr. 353—512.) Leipzig 851, Hofmeister. (à n. ⅚ ß; color. à n. 1½ ß) n. 14⅙ ß; color. n. 25½ ß

— dies. auctoribus L. Reichenbach et H. G. Reichenbach. Vol. XV. A. u. d. T.: Cynarocephalae et Calendulaceae in flora Germanica recensita auct. H. G. Reichenbach. 16 Dec. gr. 4. (106 S. m. 160 Kpfrtaf. Nr. 732—891.) Ebd. 853. (à n. ⅚ ß; color. à n. 1½ ß) n. 13⅓ ß; color. n. 24 ß

— et H. G. Reichenbach fil., icones florae Germanicae et Helveticae simul terrarum adjacentium ergo Mediae Europae. Lipsiae 853—58. Abel. gr. 4. Jede Decas mit 15 Kpfrtaf. n. 25 ngr.; color. n. 1 ß. 15 ngr.
Vol. XVI. auct. H. G. Reichenbach fil. Corymbiferae. Decas 1—15. (88 S.)
Vol. XVII. auct. H. G. Reichenbach fil. Gentianaceae, Apocyneae, Asclepiadeae, Oleaceae, Styraceae, Diospyreae, Ilicineae, Primulaceae, Plumbagineae, Ericaceae, Vaccinieae, Caprifoliaceae, Rubiaceae. Decas 1—15. (113 S.)
Vol. XVIII. auct. H. G. Reichenbach fil. Labiatae, Verbenaceae, Boragineae, Convolvulaceae et Polygalaceae. Decas 1—15. (103 S.)

— et H. G. Reichenbach fil., icones Florae Germanicae et Helveticae simul Pedemontanae, Lombardovenetae, Istriacae, Dalmaticae, Hungaricae etc. ergo Mediae Europae. Leipzig 859—64. Abel. gr. 4. Jede Decas mit 10 Kpfrtaf. n. 25 ngr.; color. n. 1 ß 15 ngr.
Vol. XIX. Cichoriaceae, Ambrosiaceae, Campanulaceae, Lobeliaceae in flora german. recensitae etc. Auct. H. G. Reichenbach fil. (Decas 1—26.) Mit 260 Kpfrtaf. (2 Bl., 135 S.)
Vol. XX. Solanaceae, Personateae, Orobancheae, Acanthaceae, Globulariaceae, Lentibularieae etc. Auct. H. G. Reichenbach fil. (Decas 1—20.) Mit 220 Kpfrtaf. (2 Bl., 135 S.)
Vol. XXI. Decas 1—11. (S. 1—36.)

Reichenbach, H(einr.) Gottlieb Ludw., u. H(einr.) Gust. **Reichenbach,** Iconographia botanica. Tom. XX. Decas 21 et 22. Tom. XXI. Decc. 12—21 et Tom. XXII. Decc. 1—10.) Icones florae germanicae et helveticae simul terrarum adjacentium ergo mediae Europae. Tom. XX. Decas 21 et 22. Tom. XXI. Dec. 12—21 et Tom. XXII. Dec. 1—10. Leipzig 865—70. Abel. gr. 4. Jede Decas (mit 10 Kpfrtaff.) n. 25 ngr.; color. n. 1 ß 15 ngr.

— — [Iconographica botanica.] Icones florae germanicae et helveticae simul terrarum adjacentium ergo mediae Europae. Tom. XXII. Decas 11—16. gr. 4. (60 Kpfrtaf. m. 20 S. Text in Lex.-8.) Ebend. 870—76. à n. 2. 50; color. à n. 4. 50

— — icones florae germanicae et helveticae simul terrarum adjacentium ergo mediae Europae. Tom. XXII. Decas 17—28. gr. 4. (60 Kpfrtaf. m. 32 S Text.) Ebend. 883—85. à n. 2. 50; color. à n. 4. 50

— — **icones florae germanicae** et helveticae simul terrarum adjacentium ergo mediae Europae. Tom. XXIII. Decas 1—12. Lex.-8. (80 S. deutscher od. latein. Text m. je 10 Kpfr.-Taf.) Ebd. 896—898. M. schwarzen Taf. à n. 4. —; m. kolor. Taf. à n. 6. —

— — dasselbe. Tom XXIII. Decas 13 u. 14. Lex.-8. (Deutscher u. latein. Text S. 69—83 m. je 10 Kpfr.-Taf. in gr. 4.) Ebd. 899. Mit schwarzen Taf. à n. 4. —; m. kolor. Taf. à n. 6. —; Taf. 74a n. — 40; kolor. n. — 60; (XXIII. Bd. kplt. mit schwarzen Taf. n. 40. —; m. kolor. Taf. n. 66. —)

— — **Icones florae** germanicae et helveticae simul terrarum adjacentium ergo mediae Europae. Opus auctoribus R. et R. fil. conditum, nunc continuatum auctore G. Equito Beck de Mannagetta. Tom. XXII. Decas 23—30. (Deutscher od. latein. Text S. 97—168 m. 62 Kpfr.-Taf.) gr. 4. Ebd. (900—902). Mit schwarzen Taf. à n. 4. —; m. kolor. Taf. à n. 6. —

— — Icones florae germanicae et helveticae simul terrarum adjacentium ergo mediae Europae. Opus auctoribus R. et R. fil. conditum, nunc continuatum auctore G. Equite Beck de Mannagetta. Tom. XXII. Decas 31—33. (Deutscher od. latein. Text S. 169—230 m. 2 Kpfr.-Taf.) gr. 4. Ebd. (903.) Mit schwarzen Taf. à n. 4. —; m. kolor. Taf. à n. 6. —

— — dasselbe. Tom. XXIII. Decas 1—5. (Deutscher oder latein. Text S. 1—40 m. 40 Kpfr-Taf.) gr. 4. Ebd. (903. 904). Mit schwarzen Taf. à n. 4. —; m. kolor. Taf. à n. 6. —

— — dasselbe. Tom XXIV. 6.—11. Lfg. (Deutscher od. latein. Text S. 41—88 m. 45 Taf.) gr. 4. Ebd. (904—906). Mit schwarzen Taf. à n. 4. — m. kolor. Taf. à n. 6. —

— — dasselbe. Tom. XIX, II. 1.—11. Lfg. Hieracium II. conditum, nunc continuatum auctore. J. Murr, H. Zahn, J. Pöll. (Deutscher od. latein. Text II. u. S. 1—104 m. 89 Taf.) gr. 4. Ebd. (904—906). Mit schwarzen Taf. à n. 4. —; m. kolor. Taf. à n. 6. —

— — **Icones florae germanicae et helveticae simul terrarum adjacentium ergo mediae Europae. Opus auctoribus R. et fil. R. conditum, nunc continuatum auctore G. Equite Beck de Mannagetta. Tom. XXIV. 12.—22. Lfg. (Deutscher od. latein. Text S. 89—296 m. 95 Taf.) Lex. 8. Ebd. 907—09. Mit schwarzen Taf. à Lfg. 4.—; m. kolor. Taf. à Lfg. 6. —**

— — dasselbe. Decas XXV. 1.—8. Lfg. (Deutscher oder latein. Text S. 1—32 m. 37 Taf. 31,5×24 cm.) Lex. 8. Ebd. (909.10). Mit schwarzen Taf. à Lfg. 5. —; m. kolor. Taf. à Lfg. 7. —

— — dasselbe. Tom. XIX II. 12.—34. Lfg. Hieracium II. conditum nunc continuatum auctore J. Murr, H. Zahn, J. Pöll. (Dtsch. od. latein. Text S. 105—288 m. 181 Taf. 31,5×24 cm.) Lex. 8. Ebd. (907—10). Mit schwarz. Taf. à Lfg. 4.—; m. kolor. Taf. à Lfg. 6.—

— **Icones plantarum rariorum et minus recte cognitarum etc. (Iconographia botanica seu plantae criticae.) — Abbildungen seltener u. wenig genau bekannt. Gewächse d. In- u. Auslandes etc. (Kupfersamml. krit. Gewächse.) Cent. VI—XI. à 10 Hfte. mit erläut. Texte. gr. 4. Leipzig 828—34, Hofmeister. à Cent. 6 Thlr. 16 Gr., col. Thlr.**
Cent. XI. a. u. d. T.: Agrostographia German., sistens icones Graminear. et Cyperoidear. quas in flora german. rec. auctor. Cent. I. — Die Gräser u. Cyperoideen d. deutschen Flora in getreuen Abbild. auf Kupfertaf. dargest.
Cent. I—V. Ebendas. 1823—27. à 6 Thlr. 16 Gr., col. 13 Thlr. 8 Gr.

— **Iconographia botanica exotica, sive hortus botanicus etc.; cum commentario succincto editus. A. u. d. T.: Kupfersamml. d. neuesten, od. bisher weniger gekannten ausländ. Gewächse, nebst Angabe ihrer Kultur f. Gartenfreunde. Mit 250 Kpft. 4. Leipz. 827—30. Hofmeister. 16 ß 16 gr color. 33 ß 8 gr**

— **Iconographia botanica seu plantae criticae etc.,** s.a. dess. „**Icones plantar. rarior. etc.**"

Reichenbach (H. G. L.). Iconographia botanica seu plantae criticae. Lips. 1823-32. 10 vols. 4°.

— **Iconographia botanica, seu plantae criticae. — Icones plantarum rariorum et minus rite cognitarum Europae. — Abbildungen seltener und wenig genau bekannter Gewächse Europas. Centuria XI. A. u. d. T.: Agrostographia Germanica, sistens icones Graminearum et Cyperoidearum, quas in flora germanica rec. auctor. Cent. I. — Die Gräser u. Cyperoideen d. deutschen Flora, in getreuen Abbildd. auf Kupfertaf. dargestellt. (Mit 110 Taf.) gr. 4. Leipzig 834. Hofmeister. n. 8 ß, color. $16^1/_2$ ß**

— **ead. Cent. XII. Tetradynamia germanica sistens Monographiam cruciferarum. (Cent. II.) Mit 102 Taf. 4 maj. ibid. 837, 38. n. $8^1/_3$ ß, color. n. 15 ß**

Reichenbach, Heinr. Glj. Ludw., Iconographia botanica etc. Cent. XIII. Tetradynamae. Cent. III. sistens familias Papaverceae, Violoceae, Cistcae et Ranunculaceae. Decas I — X. et Cent. XIV. Decas I — VIII. (Schluss.) (Et. s. tit.: Icones florae Germanicae et Helveticae. Vol. III. et IV.) Mit 169 Kupfertafeln u. Text. 4 maj. ibid. 839, 40. (à n. $^5/_6$ ß) 15 ß, color. (à $1^1/_2$ ß) 27 ß

— **Iconographia botanica. Icones Florae Germanicae etc. Et. s. t.: Icones Florae Germanicae et Helveticae. Tom. V—X. Mit 641 Taf. 4 maj. Leipzig 842—47, Hofmeister. Tom. V. n. $8^2/_3$ ß Color. n. 16 ß Tom. VI. n. $10^1/_3$ ß Color. n. $18^3/_4$ ß Tom. VII. n. 7 ß Color. n. $12^1/_3$ ß Tom. VIII. n. $10^1/_3$ ß Color. n. $18^3/_4$ ß Tom. IX. n. $8^1/_3$ ß Color. n. 15 ß Tom. X. n. $8^1/_3$ ß Color. n. 15 ß**

— **illustratio generis Aconiti atque Delphini. Neue Bearb. d. Gattung Aconitum u. Delphinium 1s — 12s Heft. Mit ill. Kpf. Fol. Leipz. 823—27, Hofmeister. à 1 Rthl. Rthlr.**

— illustratio specierum Aconiti generis. Neue Bearbeit. d. Gattung Aconitum u. d. Delphinien. 12 Hfte. Mit 72 ill. Kpf. Fol. Leipzig, 1823—27. Abel. 12. —

— s. **Katechismus d. Botanik.**

— s. **G. Th. Klett, Flora.**

— s. **J. Chr. Klett, Handbuch d. Gewächskunde.**

Reichenbach, H(einr.). G(ttl.). L(udw.)., Kupfersammlung z. prakt. deutschen Botanisirbuche. 1. Lfg. Enth.: Keimung u. Knospung u. 294 Gattungen d. deutschen Flora mit ihren Analysen. gr. 8. (12 Kpfr. u. 1 B.) Leipzig 836. [Dresden, Expedit. d. vollst. Naturgesch.]

— **Kupfersammlung** zum prakt. deutschen Botanisirbuche. 1e Lfrg. Enthält: Keimung u. Knospung und 294 Gattungen der deutschen Flora mit ihren Analysen und 12 Kpfrtaf. gr. 8. Leipzig 836. Wagner'sche Buchh. $\frac{3}{4}$ ℛ

— u. C. Schubert, Lichenes exsiccati etc. Die Flechten. 1s—6s Heft. in 25 Exemplaren gesammelt u. beschrieben. 4. Dresd. (Leipz.) 822—26. (Hofmeister). (à 1 ℛ 8 ℊ) 8 ℛ

— **Magazin d. ästhetischen Botanik, deutsch u. latein. 1r u. 2r Bd. od. 1s—12s Heft mit 72 ill. Kpft. gr. 8. Leipz. 821—24. Baumgärtner. (à 1 ℛ) 12 ℛ 13s—16s Heft. A. u. d. T.: Magazin d. Garten-Botanik, od. Abbildd. u. Beschreib. der f. die Gartenkultur empfehlungswerthen Gewächse, nebst Angabe ihrer Erziehung. 1s—4s Heft. Mit deutsch. u. latein. Texte u. 24 ill. Kpft. gr. 4. Leipz. (824.) Baumgärtner. 4 ℛ**

— — Dass. 13—16. Hft a. u. d. T.: Magazin d. Garten-Botanik. (Deutsch u. latein.) 1—4. Hft à 6 ill. Kpf. gr. 4. Ebend. 1826. 4. —

—— Mittheilungen aus d. Gebiet d. Flora u. Pomona, s.a. Abend-Zeitung.

— Mittheil. aus d. Gebiete d. Flora u. Pomona. (Beilagen z. Abendzeitung). kl. Fol. Dresden, 1829. Arnold. 1. 10

***Reichenbach*, Hnr. Gli. Ldw., Monographia generis Aconiti omnium specierum iconibus coloratis illustrata. Fasc. Ius—IVus. Fol. maj. Leipz. 820 u. 21. W. Vogel. 11 ℛ 12 ℊ A. u. d. T.: Monographie d. Gattung Aconitum mit v. Verfass. nach d. Natur gezeichneten Abbildungen aller Arten. Mit ill. Kpf. 4 Hefte.**

— — u. Soz. **Gustav Kunze** (Leipzig), Monographia pselaphorum diss. entomol. Leipzig (J. B. Hirschfeld) 1. VI. 1816. 77 S. u. 2 Taf. (4.—) 28022

— **Diss. philosoph. Monographia Pselaphorum. Cum Tab. II. aen. color. XXIII Specierum icones exhibentibus. 8maj. Leipz. 816. Voss. 18 ℊ**

—— **der Naturfreund, od. prakt.-gemeinnütz. Naturgeschichte d. In- u. Auslandes, durch e. vollständ. Samml. mit größter Sorgfalt ausgeführt., v. vorzügl. Künstlern gezeichn. u. in Kupfer u. Stahl gestoch. treuer Naturgemälde erläut., f. gebild. Leser aller Stände, so wie f. Schulen bearb. 1—12. Lfg. Schmal gr. 4. (14¾ B. u. 49 Stahltaf.) Leipzig 834, 35, [Wagner.] à 8 Gr., ill.**

—— der Naturfreund, od. prakt.-gemeinnütz. Naturgeschichte d. In- u. Auslandes rc. 13—34. Lfg. Schmal gr. 4. ($25\frac{3}{4}$ B. u. 53 Kpfr.- u. Stahltaf.) Leipzig 835—42. [Dresden, Expedit. d. vollst. Naturgesch.] à * $\frac{1}{3}$ Thlr., ill. à *

Bei Lfg. 33. beginnt die 1. Folge. — 1—12. Lfg. Ebendas. 1834, 35. à * 8 Gr., ill. * 16 Gr.

Reichenbach, H(einr.) G(ttl.) L(udw.), der Naturfreund od. praktisch gemeinnützige Naturgeschichte des In- u. Auslandes. 1. Folge. Lfg. 35—38, erste Hälfte. (Schluß zum Bande der Sumpfvögel.) Lex.-8. (14 Kpfrt. u. $\frac{5}{8}$ B. Text.) Dresden 841, Expedition der vollständ. Naturgeschichte. (Leipzig, Hofmeister.) à Lfg. * 10 Ngr., ill. Thlr. *

1—34. Lfg. Ebendas. 1834—42. à Lfg. * 10 Ngr., ill. à * 20 Ngr.

— praktisch-gemeinnützige Naturgeschichte der Säugethiere des In- und Auslandes. Kupfersammlung. 1r Thl., mit 633 Abbildd. der Raubsäugethiere. Mit Erläuterung. Lex.-Form. Ebd... $5\frac{1}{2}$ ℛ, ill. 11 ℛ — Ausführl. Text à Bog. $\frac{1}{12}$ ℛ

— praktisch-gemeinnützige Naturgeschichte der Vögel des In- und Auslandes. Kupfersammlung. 1r Thl., mit 416 Abbildd. der Schwimmvögel. Mit Erläuterung. Lex.-Format. Ebd.... $3\frac{1}{3}$ ℛ, ill. $6\frac{2}{3}$ ℛ — Ausführl. Text dazu à Bog. $\frac{1}{12}$ ℛ

—— die vollständigste Naturgeschichte der Affen. Lex.-8. (VIII und 212 S. mit einem Atlas mit 500 ill. Abbild. auf 38 Kpfrt.) Dresden 863, (Türk's Verlag.) *

— die vollständigste Naturgeschichte des In- u. Auslandes, eine durch die reichste Kupfersammlung ausgestattete, auch die neuesten Entdeckungen darbietende Anleitung zum gründl. Selbststudium der Natur. I. Abthl. Classification u. Characteristik. No. 1. und II. Abthl. Synopsis der Gattungen u. Arten. No. 1—29. Lex.-8. (Mit à 10 Kpfrtaf.) Ebend. 841—46. à $\frac{5}{6}$ ℛ illum. à $1\frac{1}{3}$ ℛ Velin-Ausg. in gr. 4. illum. à $1\frac{2}{3}$ ℛ

— die vollständigste Naturgeschichte des In- u. Auslandes. Nr. 30—57. Lex. 8. (344 S. m. 289 Kpfrtaf.) Dresden 847—52, Expedition. (Leipzig, Hofmeister.) à n. $\frac{5}{6}$ ℛ color. à n. $1\frac{1}{3}$ ℛ Velinpap. in gr. 4. u. color. à n. $1\frac{2}{3}$ ℛ

Daraus apart:

— die vollständ. Naturgeschichte des In- u. Auslandes. Der Vögel 2. Bd. Die neuentdeckten Vögel Neuhollands nach Vergleichung von Exemplaren beschrieben u. in ihrer zum Theil höchst merkwürdigen Lebens- u. Fortpflanzungsgeschichte nach den neuesten Beobachtungen von Gould, Gilbert u. A. geschildert. Lex.-8. Ebend. 845. 2 ℛ 12 ngl

— dies. 1. Bd. Die Cetaceen od. Walthiere nach den neuesten Entdeckungen monog. zusammengestellt. Lex.-8. Ebend. 846. à $1\frac{1}{2}$ ℛ

— dies. Der Säugethiere 2. Bd. Der Hufthiere 1. Abtheil. Die Pachydermen oder Dickhäuter und die Schweinthiere. Lex.-8. Ebend. 846. $\frac{1}{2}$ ℛ

— dies. II. Abth.; Synopsis der Gattungen u. Arten. Nr. 3. Novitiae der Schwimmvögel. Lex. 8. (5 S. m. 49 Kpfrtaf.) Ebd. 851. n. $3\frac{1}{3}$ ℛ; color. n. $6\frac{1}{6}$ ℛ; Velinpap. in gr. 4. u. color. n. $8\frac{1}{3}$ ℛ

—— die vollständigste Naturgeschichte des In- u. Auslandes, eine durch die reichste Kupfersammlung ausgestattete, auch die neuesten Entdeckungen darbietende Anleitung zum gründl. Selbststudium der Natur. I. Abthl. Classification u. Charakteristik, u. II. Abthl. Synopsis der Gattungen u. Arten. Nr. 1—39. Lex.-8. ($53\frac{3}{4}$ B. u. 386 Kpfrtaf.) Dresden 844—47, Expedition der vollständ. Naturgesch. (Leipzig, Hofmeister.) à Nr. 25 Ngr., ill. à 1 Thlr. 10 Ngr., Velin-Ausg. gr. 4. ill. à

—— dass. 1. Bd. Die Cetaceen od. Walthiere nach den neuesten Entdeckungen monographisch zusammengestellt rc. (Text.) Lex.-8. Ebds. 845.

—— dass. Der Säugethiere 2. Bd. Der Hufthiere 1. Abthl. A. u. d. Tl.: Die Pachydermen oder Dickhäuter u. die Schweinthiere nach den neuesten Entdeckungen monograph. zusammengestellt rc. (Text.) Lex.-8. (4 B.) Ebds. 845.

—— dass. Der Säugethiere 3. Bd. (Wiederkäuer.) Lex.-8. ($10\frac{3}{4}$ B.) (22 B.) Ebds. 846.

Vgl. dess. Anatomia u. Synopsis Mammalium.

—— die vollständigste Naturgeschichte des In- und Auslandes. Nr. 40—57. Lex.-8. (189 Kpfrt. und 304 S. Text.) Dresden 849—50, Expedition. à Nr.
ill. à Nr.
Blnp. in gr. 4. und ill. à Nr.

—— dass. — 2. Abthl.: Synopsis der Gattungen und Arten. Nr. 3. Novitiae der Schwimmvögel. Lex.-8. (49 Kpfrt. und 5 S. Text.) Ebds. 851. *
ill. *
Vlnp. in gr. 4. und ill. *

— die vollständigste Naturgeschichte des In- und Auslandes. II. Abth.: Vögel. 4. Bd.: Baumvögel. A. u. d. T.: Handbuch der speciellen Ornithologie. 1—5. Liefg. Dresden (852.) Expedition. (Leipzig, Hofmeister.) 4. (XIX, 403 S. u. 249 Kpfrtaf.) n. 22 Thlr. 17½ ngr.

Inhalt: 1. Liefg. Alcedinae. Mit 50 Kpfrtaf. n. 4 Thlr.
2. Liefg. Meropinae. Mit 61 Kpfrtaf. 5 Thlr.
3—5. Liefg. Scansoriae. A. Sittinae. B. Tenuirostres. Mit 138 Kpfrtaf. n. 11 Thlr. 17½ ngr.
Text dazu. n. 2 Thlr.

—— die vollständigste Naturgeschichte des In- und Auslandes. II. Abthl.: Vögel. 4. Bd.: Baumvögel. 1—5. Lfg. Lex.-8. Mit Text: Handbuch der speciellen Ornithologie. 1—5. Lfg. 4. (XIX und 403 S.) Dresden 854, Expedition. * 22

Inhalt:
Lfg. 1. Alcedinae (Eisvögel.) (50 Kpfrt.) * 4 Thlr.
„ 2. Meropinae (Bienenfresser.) (61 Kpfrt.) * 5 Thlr.
„ 3., 4. Scansoriae (Klettervögel.) (111 Kpfrt.) * 9 Thlr. 10 Ngr.
„ 5. Picinae. (27 Kpfrt.) * 2 Thlr. 7½ Ngr.

Die frühere Eintheilung dieses Werkes war nach Angabe wie folgt:
I. Section: Säugethiere. 1. Bd.: Wallthiere mit 25 Taf. * 2 Thlr., ill. * 4 Thlr. 5 Ngr. — 2. Bd.: Hufthiere. 1—3. Abthl. mit 94 Taf. * 6 Thlr. 20 Ngr., ill. * 15 Thlr. 4 Ngr. — 4. Bd.: Vielzähner. 1. Abthl. mit 102 Taf. * 8 Thlr., ill. * 16 Thlr. 20 Ngr. — 5. Bd.: Anatomie der Säugethiere mit 65 Taf. * 3 Thlr. 24 Ngr., ill. * 6 Thlr.
II. Section: Vögel. 1. Bd.: Schwimmvögel mit 116 Taf. * 7 Thlr. 15 Ngr., ill. * 19 Thlr. 5 Ngr. — 2. Bd.: Sumpfvögel mit 75 Taf. * 6 Thlr., ill. * 12 Thlr. 5 Ngr. — 3. Bd.: Rallen, Taubenvögel und Hühnervögel. 3 Abthlgn. mit 209 Taf. * 16 Thlr. 25 Ngr., ill. * 34 Thlr. 20 Ngr. — Die Vögel Neuhollands. (60 Bog. Text.) * 3 Thlr. 20 Ngr. — Das natürl. System der Vögel mit 100 Taf. * 7 Thlr. 15 Ngr. — Deutschlands Vögel mit 62 Taf. Textband. * 6 Thlr. 15 Ngr.

Reichenbach, H(einr.) Gottlieb Ludw., die vollständigste Naturgeschichte der Tauben und taubenartigen Vögel: Wallnister, Erdtauben, Baumtauben, Hocco's. Columbariae Megapodinae, Peristerinae, Columbinae, Alectorinae. gr. Lex.-8. (III und 162 S.) Dresden 862, (Türk's Verlag.) *

— s. C. F. Naumann, Encyklopädie.

REICHENBACH, H.G. Ludwig: Das Pflanzenreich in seinen natürlichen Classen und Familien entwickelt etc. für Anfänger und Freunde der Botanik. - Leipzig 1834 u. 1835. 95 S. - (Universum d. Natur Lfg. 1 u. 4)

—— Regnum animale iconibus exquisitissimis in tabulas chalybaeas incisis, illustratum cum commentar. succincto edit. Class. I. Mammalia. Fasc. I—III. Icones 1—202. Schmal gr. 4. (2¼ B.) Lipsiae 834, [Wagner.] à 16 Gr., ill.

—— Regnum animale iconibus aeneis specier. et characteribus gener. illustrat. Compend. c. commentario succincto editum. Vol. I. Mammalia. Ps. I. Fasc. IV—VIII. Icones 203—633. Schmal gr. 4. (3 B.) Lipsiae 835, 36. [Dresden, Expedit. d. vollst. Naturgesch.] à Fasc. * ⅔ Thlr., ill. *
Vol. I. Ps. I. Fasc. 1—III. Ibid. 1834. à Fasc. * 16 Gr., ill. * 1 Thlr. 8 Gr.

Reichenbach, H(einrich) G(ottlieb) L(udwig): Resultate geologischer, anatomischer und zoologischer Untersuchungen über das unter dem Namen Hydrarchos von Dr.A.C.Koch zuerst nach Europa gebrachte und in Dresden aufgestellte grosse fossile Skelett. Dresden u. Leipzig: 1847

s.: Carus, K(arl) G(ustav)

JB 6.342

REICHENBACH (L.). Selectus e sem. . . . 1871. [Dresden, 1872.] 4°.

—— Synopsis Mammalium Iconibus illustrata. Fasc. I. Cetacea, Pachydermata, Suilla tabulae aeneae XLV. XLIV. et II. b. Icones 200; 1—107 et t. II. b. 26. 19 b. Lex.-8. (2¼ B.) Lipsiae 845, Hofmeister.
Aus dess. die vollständigste Naturgesch. etc., besond. abgedruckt.

— Taschenbuch f. Gartenfreunde. Eine Erläuterung von 1960 Zierpflanzen nach natürl. Familien geordnet etc. 8. Dresden 827. (Grimmer). 2 Thlr. Hbg. Pr. 1 Thlr.

— Taschenbuch für Gartenfreunde. 8. Dresden 827, jetzt L. Schumann in Leipzig. 1 Thlr., Velinp. 1½ Thlr.

— Taschenbuch f. Gartenfreunde. Eine Erläuter. v. 1960 Zierpflanzen nach natürl. Familien geordnet etc. 8. Dresden, 1827. 2. Ausg. 1836. (Zeh.) (2. —) — 22½

Reichenbach, Hnr. Gli. Ldw., Uebersicht der Gattung Aconitum, als Beilage z. botan. Zeitung. 8. Regensb. 810. (Nürnb., Riegel u. W.) 12 gr.

H. G. LUDWIG REICHENBACH, Uebersicht der Gattung Aconitum, Grundzüge einer Monographie derselben. (Nach einem Beschlusse der K. B. bot. Gesellschaft zu Regensburg, als Beilage der von derselben herausgegebenen Flora oder botan. Zeitung besonders abgedruckt.) Regensburg, 1819. 8°.

Reichenbach, Heinr. Gottl. Ludw., Uebersicht d. Gattung Aconitum u. ihrer Arten. 8. Regensburg, 1819. (Nürnberg, Mainberger.) — 15

— — Uebersicht der Gattung der Aconitum, als Beylage zur Botan. Zeitung. 8. Regensburg. (Nürnberg, Riegel u. W. in Comm.) 819. —

—— Uebersicht d. Gewächsreichs etc., s. dess. „Conspectus regni vegetabilis" etc.

— das Universum der Natur. Zur Unterhaltung u. Belehrung über Vor- u. Mit-Welt. 1e Lfrg. A. u. d. T.: Das Pflanzenreich, in seinen natürlichen Classen u. Familien entwickelt u. durch mehr als 1000 in Kupfer gestoch. übersichtlich-bildliche Darstellungen für Anfänger und Freunde der Botanik erläut. (Mit 1 Kupfertaf.) schmal gr. 4. Leipzig 834. Wagner's B. Subscr.-Preis n. 1⅓ Thlr.

— dass. 2e Lfrg. A. u. d. T.: Das Meer. Eine im naturhistor. Hörsaale in Dresden gehaltene öffentl. Vorlesung. schmal gr. 4. Ebd. 834. n. ⅓ Thlr.

— dass. 3e Lfrg. Das Thierreich. Mit 4 Kpfrtaf. 835. n. ⅓ Thlr.

— dass. 4e Lfrg. A. u. d. T.: Das Pflanzenreich etc. 1e Fortsetzung: Gesetze für die natürlichen Verwandtschaften der Pflanzen. — Die Entfalt. der Stufen des Pflanzenreichs selbst. Zusammenstell. der Entwickelungsstufen. schmal gr. 4. Ebd. 835. n. ½ Thlr.

— dass. 5e Lfrg. A. u. d. T.: Das Königlich Sächs. Naturhistor. Museum in Dresden. Ein Leitfaden bei Beschauung d. Schätze desselben. schmal gr. 4. Ebd. 835. n. ½ Thlr.

—— und Herm. Eberh. Richter, der naturwissenschaftliche Unterricht auf Gymnasien. Mit besond. Rücksicht auf die Zustände im Königr. Sachsen. — Zwei Denkschriften der Gesellschaften „für Natur und Heilkunde" und „Isis" in Dresden. Nebst Aphorismen von Reichenbach und mehren Beilagen. gr. 8. (X und 187 S.) Leipzig 847, Arnoldische Buchh.

Reichenbach, Hnr. Gtlieb Ldwg. Die Vergissmeinnichtarten Deutschlands. (Aus Sturm's Flora. II. 1—12.) Mit 17 kolor. Taff. Nürnberg 1822. 12.

—— die neuentdeckten Vögel Neuhollands nach Vergleichung von Exemplaren beschrieben u. in ihrer zum Theil höchst merkwürdigen Lebens- u. Fortpflanzungsgeschichte nach den neuesten Beobachtungen von Gould, Gilbert u. A. geschildert. Ein Beitrag zur Naturgeschichte Australiens. (Der Naturgeschichte der Vögel 2. Bd.) Lex.-8. (6¾ B. u. 10 Kpfrt.) Dresden 845, Expedition der vollständ. Naturgesch. (Leipzig, Hofmeister.) 25 Ngr., der 2. Bd. der Naturgeschichte vollständig ohne die Abbildungen.

—— Central-Atlas für zoologische Gärten und für Thierfreunde. Handbuch zu Bestimmung und Pflege lebendiger Thiere nebst Feuilleton. 21 Lfgn. gr. Lex.-8. (XIV und 401 S. mit 108 ill. Kpfrt.) Dresden 862,63, (Türk's Verlag.) à Lfg. * 25 Ngr. *
Ausg. in 4. à Lfg. * 1 Thlr. *

— Zoologie. 1s u. 2s Bdchn. 8. Dresd. 828—30. Hilscher. 18 gl

— Zoologie oder Naturgeschichte des Thierreichs. 2 Bdchn. ... Dresden 828, 30; jetzt Ernst in Quedlinburg. 2/3 ß

—— Zoologie od. Naturgeschichte d. Thierreichs, nach eigenen Ansichten bearb. 1. Bdchn. 8. (7 3/8 B.) Dresden 828. [Zittau, Nauwerck.] 9 Gr., hrbgs. Pr.
Aus der „Taschenbibliothek d. Naturwissenschaften" besond. abgedr.

Reichenbach, Heinrich Gustav

Reichenbach, H. G., Beiträge zur Orchideenkunde. Mit 6 (lith.) Taf. gr. 4. (19 S.) Dresden 869. (Jena, Fr. Frommann.) n. 4. —

— Beiträge zu e. Orchideenkunde Central-Amerikas. gr. 4. (112 S. m. 10 Steintaf.) Hamburg 866. (Leipzig, Abel.) n. 12. —

— Beiträge zur systematischen Pflanzenkunde. gr. 4. (74 S.) Ebend. 871. n. 6. —

Reichenbach, Heinr. Gust., de pollinis Orchidearum genesi ac structura et de Orchideis in artem ac systema regendis. Commentatio. gr. 4. (IV u. 38 S. m. 2 Kpfrtaf.) Lipsiae 852. (Abel.) n. 2/3 ß

Leguminosae florae Germaniae simul terrarum adjacentium ergo Europae mediae auctoribus H[einrich] G[ustav] Reichenbach filio et G[ünther] equite Beck de Mannagetta. Tab. aeneae 284. *Lipsiae et Gerae: F. de Zezschwitz 1903.* (230 S., 284 Taf.) 4°
— Reichenbach, Heinr. Gottlieb Ludw.: Icones florae Germanicae et Helveticae ... Vol. 22. 103. 8109

Reichenbach, Heinr. Gust., Ernst Ferdinand Nolte, ein hamburger Botaniker. Eine Skizze. gr. 4. (38 S.) Hamburg 881. (Nolte.) n. 1. —

— otia botanica Hamburgensia. Fasc. 1. gr. 4. (68 S.) Hamburgi 878. (Leipzig, Abel.) n. 4. —

—— Otia botanica Hamburgensia. Fasc. 2. pars 1. VI. Orchideae Hildebrandtianae. VII. Novitiae Orchideaceae Warmingianae. VIII. Novitiae africanae. gr. 4. (S. 69—119.) Hamburg 881. (Leipzig, Abel.) *
Fasc. 1. (Ebendas.) 1878. * M 4.

—— Xenia Orchidacea. Beiträge zur Kenntniss der Orchideen. 1—9. Heft. gr. 4. (S. 1—216 mit 45 schw. und 45 ill. Kpfrt.) Leipzig 854—56, Brockhaus. à Heft * 2 Thlr. 20 Ngr. *

Reichenbach, Heinr. Gust., Xenia Orchidacea. Beiträge zur Kenntniss der Orchideen. 10. Heft. gr. 4. (1. Bd. X und S. 217—246 mit 5 schw. und 5 ill. Kpfrt. Schluss.) Leipzig 858, Brockhaus. *
1—9. Heft. Ebendas. 1854—56. * 24 Thlr. Der 1. Bd. gebunden kostet * 30 Thlr.

—— dass. — 2. Bd. 1. und 2. Heft. gr. 4. (S. 1—48 mit 10 schw. und 10 ill. Kpfrt.) Ebendas. 862. à Heft * 2 Thlr. 20 Ngr. *

Reichenbach, Heinr. Gust., Xenia Orchidacea. Beiträge zur Kenntniss der Orchideen. 2. Bd. 3.—6. Heft. gr. 4. (S. 49—144 mit 20 schw. und 20 ill. Kpfrt.) Leipzig 863—68, Brockhaus. à Heft * 2 Thlr. 20 Ngr. *
1. Bd. 10 Hefte und 2. Bd. 1. und 2. Heft. Ebendas. 1854—69. * 32 Thlr.

—— Xenia Orchidacea. Beiträge zur Kenntniss der Orchideen. 2. Bd. 7.—10. Heft. gr. 4. (VII, S. 145—232 mit 40 Kpfrt., wovon 20 color.) Leipzig 870—74, Brockhaus. à Heft * M 8. *
1. Bd. 10 Hefte und 2. Bd. 1.—6. Heft. Ebendas. 1854—68. * M 128.

—— Xenia orchidacea. Beiträge zur Kenntniss der Orchideen. 3. Bd. 1. Heft. gr. 4. (S. 1—24 mit 10 Kpfrt., wovon 5 color.) Leipzig 878, Brockhaus. *
1. und 2. Bd. à 10 Hefte. 1854—74. à * M 8.

—— Xenia orchidacea. Beiträge zur Kenntniss der Orchideen. 3. Bd. 2. und 3. Heft. gr. 4. (S. 25—64 mit 20 Kpfrt., wovon 10 color.) Leipzig 881,83, Brockhaus. à Heft * M 8. *
1., 2. und 3. Bd. 1. Heft. Ebendas. 1854—78. à Heft * M 8.

Reichenbach fil., Heinr. Gust., Xenia Orchidacea. Beiträge zur Kenntniss der Orchideen. Fortgesetzt durch F. Kränzlin. 3. Bd. 4.—8. Hft. gr. 4. (S. 65—140 m. 50 Kpfrtaf., wovon 25 kolor.) Leipzig 890—894. F. A. Brockhaus. à Hft. n. 8. — (I—III, 8.: n. 224. —)

Reichenbach fil., Heinr. Gust., Xenia Orchidacea. Beiträge zur Kenntniss d. Orchideen. Fortges. durch F. Kränzlin. 3. Bd. 9. Hft. gr. 4. (S. 141—156 m. 10 [5 kolor.] Kpfrtaf.) Leipzig 896. F. A. Brockhaus. n. 8. — (I—III, 9.: n. 332. —)

Reichenbach fil., Heinr. Gust., Xenia Orchidacea. Beiträge zur Kenntnis der Orchideen. Fortgesetzt durch F. Kränzlin. 3. Bd. 10. Hft. (Schluss.) gr. 4. (VI u. S. 157—192 m. 10 [4 kolor.] Kpfr.-Taf.) Leipzig 900. F. A. Brockhaus. n. 8. — (kplt. n. 240. —; geb. n. 250. —)

Reichenbach, Herm., Hochwasser. Drama in 4 Akten. 8. (94 S.) Hamburg (902). Weitbrecht & Marissal. n. 2. —; geb. n. 3. —

Reichenbach, Herm., Ketten. Drama in 4 Akten. 4. Aufl. (116 S.) 8. Hambg. 909. (M. Glogau jr.) 2. —; geb. 3. —

— Strömungen. Ein Zeitbild. 2. Aufl. (4. Taus.) Bibliothek mod. Dramen. (89 S.) 8. Berlin-Ch. (907). Rita. 2. —

Reichenbach, Hugo Graf, Suum cuique! Semper fides immuta. Eine Antwort an den anonymen Verf. der Flugschrift: „Das Herrenhaus u. der ritterschaftliche Grundbesitz in Preußen." Breslau 860. Max & Co. 8. (26 S.) 5 ngr.

Reichenbach, J. A. Amerika; eine kurze Beschreibung d VS sowie ein Ratgeber für Auswanderer. Nördlingen, 1870.

Reichenbach, Jh. Benj., ABC-, Buchstabir- u. Lesebuch für Bürger- u. Landschulen, auch z. Hausunterricht zu gebrauchen. 8. Bautzen 812. 2e verb. Aufl. 8. Görlitz 816. Anton in Halle. 2 gl

Reichenbach, Jh. Benj., Beschreib. der bisherigen Lesemethoden, nebst einer Anweis. z. Gebrauch d. ABC-Buchs. 8. Görlitz 816. Anton in Halle. 5 gl

v. Reichenbach, Jh. Dav., patriot. Beitrr. z. Kenntniß v. Schwedisch-Pommern, 8 Stücke. 8. Greifsw. 784—87. Röse. 4 ß

Johann Friedrich Reichenbach

Io(annes) Fridericus Reichenbach: Cautelae et observationes circa extractionem cataractae novam methodum synizesin operandi sistentes. Tubingae (1767:) Fues. 29 S. 8°

Tübingen, Med. Diss. v. Nov. 1767

Reichenbach, Johann Friedrich Jakob

— Friedolin, od. d. Kind d. Vorsehung; e. Lesebuch f. die gebildete Jugend. 8. Coblenz 810.

Reichenbach, Jh. Fr. Jak., allgem. griech.-deutsches Handwörterbuch z. Schulgebrauche. 2 Thle. gr. 8. Leipz. 801, 2. 2e neu umgearb. Aufl. 825. 6 ₰ u. 3r Thl. deutsch-griech. 818. 2 ₰. Barth. 8 ₰

Reichenbach, Jh. Fr. Jak., s. a. Kunigunde v. Ravenswalde.

RABENSWALDE, Cunigunde v. Eine Scene aus dem 12. Jahrhundert. (von *Joh. Fr. Jac. Reichenbach*). Leipzig, bey Johann Gottlob Beygang, 1790. 8⁰. 132 S.
Zahmer dialogisirter Roman.

— s. G. E. Lessing, Observationes.

— **Johann Friedr. Jakob** (Leipzig), De ritu populorum sacra faciundi in locis excelsis. Diss. Leipzig (Sommer) 1798. 16 S. (4.—) 28024
Gratulationsschrift für Joh. Friedrich Fischer.

— s. a. Romane, kleine, aus d. mittlern Zeitalter.

ROMANE, Kleine, aus dem mittlern Zeitalter (von *Joh. Friedr. Jac. Reichenbach*). Mit Titelvignette. Leipzig, Walther, 1788. Kl. 8⁰. Zahm.
Tit. u. 276 S. Inh.: 1. Otto und Caba. 2. Mudara Gonsalez. 3. Die Ritter von Rabeswalde. (!) 4. Romanus Diogenes. (Sämtlich dialogisirt.) — Kayser p. 104 hat „Halle Ruff". (?)
Anon.-Lex. III. p. 391 (nach dem Neuen Nekrolog, Kayser u. Meusel).

Reichenbach, Jh. Gotthlf., († d. 19. Juli 1767.) Betrachtt. üb. die ganze Heils- u. Gnadenlehre. 2 Thle. gr. 8. Altona 766. (Gebauer in Halle). 2 ₰ 16 gr

— Inh. d. Vormittagspredigten. 5 Jahrgänge. gr. 8. Hamb. Burmester. 765.

Reichenbach, Imm., wie lebte u. starb Ganganelli? Mit steter Rücksicht auf d. neuesten Behauptungen d. Freunde u. Gegner Ganganelli's aus Quellen beantwort. gr. 8. ... Neustadt a. d. O. 831, Wagner.

Reichenbach, Karl Frhr. v.

Reichenbach, (Carl) Frhr. v., Aphorismen über Sensitivität u. Od. Wien 866. Braumüller. gr. 8. (V, 75 S. mit 3 Steintaff. in qu. gr. 4.) n. 20 ngr.

Reichenbach, K. v., odische Begebenheiten zu Berlin in den Jahren 1861 u. 1862. Berlin 862. Schröder. gr. 8. (VII, 92 S. mit Holzschn. u. 1 lith. Taf.) n. 20 ngr.

v. Reichenbach, Carl Frhr., odisch-magnetische Briefe. 8. (XII u. 199 S.) Stuttgart 852, Cotta. 27 ngr

Reichenbach, Karl v., odisch-magnetische Briefe. Erste Reihe. 2. Ausg. Stuttgart 856. Cotta. 8. (XVI, 201 S.) 27 ngr.

Reichenbach, (K.) Frhr. v., Odischmagnetische Briefe. Hrsg. u. red. v. A. Weber. (VI, 169 S.) 8. Leipzig (904.) [Jaeger] Theosoph. Centralbuchhandlg. n. 3. —

Reichenbach K. v.: Über die Echtheit des dem V. zugeschriebenen „Moretum" nebst einigen kritischen und sachlichen Bemerkungen. 14. Znaim 83. Progr.

— odische Erwiederungen an die Herren Prof. Fortlage, Schleiden, Fechner u. Hofrath Carus. Wien 856. Braumüller. gr. 8. (2 Bl., 118 S.) n. 16 ngr.

Ritter von Reichenbach, Karl: Geschichte des Gymnasiums zu Iglau. III. Teil. Geschichte des Gymnasiums von seiner Übernahme in die Staatsverwaltung 1773 bis zur Reorganisation 1848. S. 3—34. 8. ... III. Teil ... (Fortsetzung und Schluß.) S. 3—37. 8. Progr. K. k. Staatsgymn. *Iglau* 1902. 1903

— Geschichtliches. — Gesetze des Odlichtes. — Anweisung zur Anlage einer tragbaren Dunkelkammer. (Bericht IV.) Berlin im Juli 1862.

Reichenbach, Carl v., ist die Copa ein Jugendgedicht des Vergil? gr. 8. (18 S.) Znaim 884, Fournier und Haberler. *

— Köhlerglaube und Afterweisheit. Dem Herrn C. Vogt in Genf zur Antwort. Wien 855. Braumüller. 8. (48 S.) n. 10 ngr.

Reichenbach, Karl Frhr. v., e. schwerer sensitiv-somnambuler Krankheitsfall, geheilt ausschliesslich mittelst einfacher Anwendung der Gesetze d. Odes. Für Physiker, Physiologen, Psychologen, Psychiatriker u. insbesondere f. Aerzte. Hrsg. u. m. besond. Berücksicht. der Suggestionslehre bearb. v. A. Frhrn. v. Schrenck-Notzing. gr. 8. (VIII, 160 S.) Leipzig 891. J. A. Barth. n. 6. —

Reichenbach, Karl, das Kreosot, ein neuentdeckter Bestandtheil des gemeinen Rauches, des Holzessigs u. aller Arten von Theer. gr. 8. Halle 833. Ed. Anton. n. 1/3 ₰ — Anhang: Einige Beispiele schätzbarer Heilwirkungen des Kreosots u. einige Bemerkungen über die Aqua Binelli (v. Schweigger-Seidel. Aus dem Neuen Jahrbuch der Chemie u. Physik abgedruckt.) gr. 8. Ebd. 833. 1/8 ₰

— das Kreosot, in chemischer, physischer u. medicin. Beziehung. 2e, mit Nachträgen u. Zusätzen von Schweigger-Seidel verm. Aufl. gr. 8. Leipzig 835. Barth. 2 ₰

— die odische Lohe u. einige Bewegungserscheinungen als neuentdeckte Formen des odischen Princips in der Natur. 6 Vorträge, gehalten in der k. Akademie der Wissenschaften zu Wien vom 11. Mai bis 20. Juli 1865, in freiem Auszuge u. durch Zusätze vervollständigt. Ebend. 867. gr. 8. (VI, 151 S.) n. 26 ngr.

Reichenbach, Frhr. Carl v., die odische Lohe und einige Bewegungserscheinungen als neuentdeckte Formen des odischen Prinzips in der Natur. Neue Ausg. m. e. Einführg. v. G. W. Surya. (XIII, 164 S.) 8. Leipzig 909. M. Altmann. 2.—; geb. 2.80

— der sensitive Mensch und sein Verhalten zum Ode. Eine Reihe experimenteller Untersuchungen über ihre gegenseitigen Kräfte und Eigenschaften mit Rücksicht auf die prakt. Bedeutung, welche sie für Physik, Chemie, Mineralogie, Botanik, Physiologie, Heilkunde, gerichtliche Medicin, Rechtskunde, Kriegswesen, Erziehung, Psychologie, Theologie, Irrenwesen, Kunst, Gewerbe, häusliche Zustände, Menschenkenntniß u. das gesellschaftliche Leben im weitesten Umfange haben. 2 Bde. Stuttgart 854, 55. Cotta. gr. 8. (LV, 838 S.; XXX, 758 S.) Jeder Bd. 3 ₰.

Reichenbach, Frhr. Carl v., der sensitive Mensch u. sein Verhalten zum Ode. Eine Reihe experimenteller Untersuchgn. üb. ihre gegenseit. Kräfte u. Eigenschaften m. Rücksicht auf die prakt. Bedeutung, welche sie für Physik, Chemie, Mineralogie, Botanik, Physiologie, Heilkunde, gerichtliche Medizin, Rechtskunde, Kriegswesen, Erziehg., Psychologie, Theologie, Irrenwesen, Kunst, Gewerbe, häusliche Zustände, Menschenkenntnis u. das gesellschaftl. Leben i. weitesten Umfange haben. Neue Ausg. m. e. Einführg. v. G. W. Surya. 2 Bde. (LV, 838 u. XXX, 758 S. mit 1 Tab.) gr. 8. Leipzig 910. M. Altmann. 20.—; geb. 24.—

Reichenbach, Karl, geolog. Mittheilungen aus Mähren. Geognost. Darstellung d. Umgegenden v. Blanska. M. 8 Kpfrt. (Roy.-Fol. incl. 2 ill.) gr. 8. (14½ B.) Wien 834. Heubner Thlr.

Reichenbach, Carl. med. pract., aus St. Gallen: Ueber Nigrismus partialis. Zür. Zürcher u. Furrer Dr. 1879. 43 S., 2 Taf. 8°.
Zürich, Med. Diss. [v. 22. Febr. 1879].

— Das Od. Bericht I—III. Berlin im März—Juni 1862. (Mit 1 Taf.) (S. 5692)

Reichenbach, (Carl) Frhr. v., die Pflanzenwelt in ihren Beziehungen zur Sensitivität und zum Ode. Eine physiolog. Skizze. gr. 8. (VIII und 122 S.) Wien 858, Braumüller's Verlags-Conto. *

— Die Pflanzenwelt in ihren Beziehungen zur Sensitivität u. zum Ode. Neue Ausg. m. e. Einführg. v. G. W. Surya. (XII, 97 S.) 8. Ebd. 909. 1.40; geb. 2.—

Reichenbach, Karl R. v. Die Satyrpoesie des Euripides. 8 (S. 3—19). Progr. K. k. G. *Znaim* 1889.

Reichenbach, C. Frhr. v., kleine Schriften über Sensitivität und Od. Neue Ausg. 2 Thle. gr. 8. Mit 3 lithogr. Taf. Wien 870, Braumüller. *

— physikalisch-physiologische Untersuchungen üb. die Dynamide des Magnetismus, der Electricität, der Wärme, des Lichtes, der Krystallisation, des Chemismus in ihren Beziehungen zur Lebenskraft. 2 Bde. 2. verb. Aufl. gr. 8. (XXIV u. 458 S. m. 2 lith. Taf. in qu. 4.) Braunschweig 849, Vieweg & Sohn. n. 1½ ₰

Reichenbach (K. v.), Physikalisch-physiologische Untersuchungen über die Dynamide des Magnetismus, der Electricität, der Wärme, des Lichts etc. in ihren Beziehungen zur Lebenskraft. 2. Aufl. 2 Bände. Braunschweig 1850. 8.

— Physikalisch-physiologische Untersuchungen üb. die Dynamide d. Magnetismus, der Elektrizität, d. Wärme, des Lichtes, der Kristallisation, des Chemismus in ihren Beziehungen zur Lebenskraft. 2 Bde. Neue Ausg. — 3. Aufl. — m. e. Einführg. von G. W. Surya. (XXIV, 232 u. IV, 256 S. m. 24 Abb. u. 2 Taf.) 8. Ebd. 910. 5.—

— Wer ist sensitiv, wer nicht? Oder Kurze Anleitung, sensitive Menschen mit Leichtigkeit zu finden. Wien 856. Braumüller. 8. (X, 70 S.) n. 16 ngr.

— Wer ist sensitiv, wer nicht? Oder Kurze Anleitung, sensitive Menschen m. Leichtigkeit zu finden. (Neue Ausg., m. e. Einführg. v. G. W. Surya.) (XIV, 70 S.) 8. Ebd. 908. 1.—

Reichenbach, Kurt

Reichenbach, Curt, Untergegangen! Geschichte e. Schauspielerin. Eine wahre Erzählg. aus der Reichshauptstadt. 8. (80 S.) Greifswald 894. J. Bindewald. n. — 50

Reichenbach, L., u. Alex. G. **Lachmann,** allgemeine Farbenwaaren-, Chemikalien- u. Droguen-Kunde, s.: **Lachmann,** Alex. G.

Reichenbach's, L., ornithologische Werke, Index dazu, s.: **Meyer, A. B.**

Reichenbach, Ludwig, s.a. Reichenbach, Heinrich Gottlieb Ludwig

Reichenbach, Ludw., homöopathischer Haus- und Schiffsarzt. Darstellung der wichtigsten Krankheiten und deren Behandlung nach homöopath. Grundsätzen. Nebst einem Anh.: Die wichtigsten Krankheiten der Hausthiere u. deren homöopath. Behandlung von Karl Böhme. (Vollständige Ausg. der Schrift: Die Homöopathische Hausapotheke.) Leipzig 856. Spamer. gr. 8. (XII, 261 S.) 20 ngr

Reichenbach, Lud., homöopathischer Haus- und Schiffsarzt. Darstellung der wichtigsten Krankheiten und deren Behandlung nach homöopath. Grundsätzen. Nebst einem Anhang: Die wichtigsten Krankheiten der Hausthiere und deren homöopath. Behandlung von Carl Böhme. 2. Aufl. gr. 8. (XII und 261 S.) Leipzig 860. [Hamm, Grote'sche Buchh.] *

Reichenbach, Ludwig [app. Arzt aus Tiflis]: Über Immunisierungsversuche gegen Staphylococcus pyogenes aureus ... (Aus: Beitr. z. klin. Chir., Bd XVIII Heft 1.) Tübingen, H. Laupp, 1897; 2 Bl., 11 S. 8.
Heidelberg, Med. Fak., Inaug.-Diss. v. [24. Juli] 1896

Reichenbach, Ludw., ein zweifelhafter Triton u. eine ausgezeichnete Varietät von Euprepia u. Villica. Dresden 865. (Jena, Fr. Frommann.) gr. 4. (15 S. mit 1 chromolith. Taf.) n. 16 ngr.

Reichenbach, M., Die Mazzinisten. 8°. Hamburg 1860.

Reichenbach, Marie v.

Reichenbach, Marie v., Album der Blumenmalerei. Musterblätter für Lehrer u. Schüler. 1. Heft. Leipzig 870. Arnoldische Buchh. 4. (6 lith. Bl. in Farbendr.) n. 1 ₰ 10 ngr.

Reichenbach, Marie v., Album der Blumen-Malerei. qu. Fol. (12 Bl. in Farbendr.) Leipzig 872. Arnold. 25 —

— Album der Blumenmalerei. Musterblätter f. Lehrer u. Schüler. Farbendruck v. J. G. Bach in Leipzig. 1. Grösse. 2—8. Hft. 4. (à 6 Bl.) Ebend. 871. 72. à n. 4. —

— dasselbe. 2. Grösse. 1—3. Hft. 4. (à 4. Bl.) Ebend. 871—74. à n. 4. —

— dasselbe. 3. Grösse. 1. Hft. Imp.-4. (4 Bl.) Ebend. 871. n. 7. 20

— dasselbe. 4. Grösse. 1. Hft. Imp.-4. (4 Bl.) Ebend. 871. n. 10. 80

Reichenbach, Marie v., **Album** für Blumenmalerei. Musterblätter für Lehrer und Schüler. Farbendr. von J. G. Bach in Leipzig. 1. Heft 6. Aufl.; 2. Heft 5. Aufl.; 3. Heft 4. Aufl. à Heft 6 Blatt. 4. Leipzig 878,79, Arnoldische Buchh. à Heft * *M.* 4. *

—— dass. — s.a. **Arnold's Vorlagen-Mappen.**

— Bibelworte im Blumenschmuck. 23 (chromolith.) Spruchbilder nach Aquarellen. Farbendr. v. J. G. Bach in Leipzig u. G. W. Seitz in Wandsbeck. gr. 4. (1 Bl. Text.) Ebend. 882. In Leinw.-Mappe. n. 30. —

— u. Hermine **Stilke,** Bibelworte in Blumenschmuck. 12 Spruchbilder in Aquarelldr. (Neue Ausg.) gr. 4. Ebend. 886. In Leinw.-Mappe. 9. —

— Bleameln. Deutsche Volkslieder aus Kärnten illustrirt. Imp.-4. (9 Chromolith. m. 10 Bl. Text.) Ebend. 870. geb. n. 30. —; in Leder geb. n. 37. 50

— kleine Blumen, kleine Blätter. Vorlagen f. Blumenmalerei. 1. u. 2. Hft. gr. 4. (12 Bl. in Farbendr.) Ebend. 872. 73. à n. 5. —

— kleine Blumen, kleine Blätter. Vorlagen für Blumenmalerei. 2. Hft. 2. Aufl. gr. 4. (6 Chromolith.) Ebend. 877. n. 5. —

— Blumen-Kränze. Musterblätter f. Gouache-, Aquarell- u. Porzellanmalerei. 4 Blatt. Chromolith. Fol. Ebend. 876. n. 12. —; einzelne Blätter à n. 3. 60

— Blumen-Kränze. Musterblätter für Gouache-, Aquarell- u. Porzellanmalerei. 2. Lfg. 4 Blatt. Chromolith. Fol. Ebend. 878. n. 12. —; einzelne Blätter à n. 3. 60

— u. E. Leistner-Beckendorff, das Jahr in Bild u. Spruch. 12 (chromolith.) Monatsbilder nach Aquarellen. 4. Ebend. 886. In Umschlag. n. 4. —; in Papp-Mappe n. 4. 50

—— Musterblätter für Blumenmalerei, s. Arnold's Vorlage-Mappen.

— goldene Sprüche. Lieder u. Bilder für's Haus. Dichtung u. Bibelwort in 12 (chromolith.) Illustr. gr. 4. (44 S.) Ebend. 874. geb. m. Goldschn. n. 24. —; in Ldr. geb. n. 30. —

—— goldene Sprüche. Lieder und Bilder für's Haus. 2. Aufl. 4. (44 S. Text mit 12 Aquarellen.) Leipzig 877, Arnoldische Buchh. geb. * geb. in Leder *

— goldne Sprüche. Lieder u. Bilder für's Haus. 2. Reihe. Dichtung u. Bibelwort in 12 (chromolith.) Illustr. gr. 4. (50 S.) Ebend. 881. geb. m. Goldschn. n. 24. — (1. u. 2.: n. 48. —)

— dasselbe. 21 (chromolith.) Illustr. 2 Reihen in 1 Bde. (Neue Gesammt-Ausg.) gr. 4. (IV, 44 u. 50 S.) Ebend. 882. geb. in Goldschn. n. 40. —

Reichenbach, Marie v., goldne Sprüche. Lieder und Bilder für's Haus. Dichtung und Bibelwort in 12 Illustr. (2. Reihe.) 2. Aufl. Farbendr. von G. W. Seitz in Wandsbeck. 4. (50 S.) Leipzig 885, Zehl's Verlag. geb. mit Goldschn. *

Reichenbach, Marie v., s.a. Tagebuch.

— Tagebuch. Blätter der Erinnerg. u. Lebensweisheit. Mit 12 (chromolith.) Illustr. 16. (408 S.) Ebend. 872. geb. in Leinw. m. Goldschn. n. 9. —; in Ldr. m. Goldschn. n. 12. —

—— Tagebuch. Blätter der Erinnerung und Lebensweisheit. 2. verb. Aufl. kl. 8. (416 S. mit 12 Farbendr.-Illustr.) Ebendas. 877. geb. * geb. in Leder *

—— und Th. Weber, Vorlagen für Blumenmalerei. 18 Blatt in Farbendr. kl. 4. Ebendas. 876. à Blatt * M 1. *

—— grössere Vorlagen für Blumenmalerei, s. Arnold's Vorlagen-Mappen.

—— neue Vorlagen für Blumenmalerei. kl. 4. 8 Blatt in Farbendr. Leipzig 879, Arnoldische Buchh. In Mappe * Einzelne Blätter à *

— Waldeszauber der Heimath. Neue Aquarellen. Mit Dichtg. v. Buddeus, Geibel, F. Hemanns rc. Farbendr. v. J. G. Bach in Leipzig. 4. (38 S. Text.) Ebend. 871. geb. m. Goldschn. n. 30. —

—— Waldeszauber der Heimath. gr. 4. 9 Aquarellen. Ebendas. 879. In Leinw.-Mappe *

Reichenbach, Mathilde v., Arndt u. Follen. Zeitgemälde aus dem deutschen Befreiungskriege. 8. (311 S.) Leipzig 862. Matthes. 8. (311 S.) 1 Thlr 15 ngr.

Reichenbach, Mathilde Gräfin v, Arndt u. Follen. Zeitgemälde aus dem deutschen Befreiungskriege. 2. Aufl., hrsg. vom neuen Dresdner Tierschutz-Verein in Dresden. (276 S.) 8. Dresden 903. E. Pierson. n. 5. —; geb. n. 6. —

(B) Reichenbach, Math. v., Arndt u. Follen. 903. (KBL 34.) Jetzt: Berlin, Verlag Berlin-Wien.

Reichenbach, Mathilde v., Faustine. Novelle. Mit 1 Stahlst. Leipzig 855. Matthes. 8. (147 S.) 1 Thlr.

Reichenbach, Mathilde Gräfin, Graf Talleyrand's Jugendliebe. Historischer Roman aus der französ. Revolutionzeit. Dresden 866. Wolf. (Leipzig, Stangel.) 8. (III, 220 S.) 1 Thlr

— Wechselwirkungen. Novelle. 2 Bde. Leipzig 856. Matthes 8. (2 Bl., 164; 2 Bl., 139 S.) 2 Thlr.

— ein Zeitspiegel in der Familie. Roman. 2 Bde. Ebend. 859. 8. (251 S.) 1 Thlr 15 ngr.

Reichenbach, Moritz

Reichenberger, Mor. v., s. a.: Bethusy-Huc, V. Gräfin.

Reichenbach, Mor., 1840. Ein Jahr im Orient. Historisch-romantische Zeitbilder in Novellenform. 2 Bde. kl. 8. Leipzig 841, Melzer. $2^1/_2$ Thlr — Mit Jahrz. 1846. Leipzig, Berger's Buchh. $1^1/_2$ Thlr

Reichenbach, Mor. v. (Valeska Gräfin Bethusy-Huc), Amor in Perücke, s.: Eckstein's Reise-Bibliothek.

— Amor in Perrücke. Rococo-Geschichten. 8. (161 S.) Berlin 894. R. Eckstein Nachf. n. 2. —

— Die Ballnacht v. Robitz. Roman. (222 S.) 8. Berlin 904. E. Trewendt. n. 3. 60; geb. in Leinw. n. 4. 60

(B) — Die Ballnacht v. Robitz. 904. (KBL 34.) Jetzt: Schweidnitz, L. Heege. Erm. Pr. 1.50; geb. 2. —

Reichenbach, Mor., die Blume von Granada. Ein historisch-romant. Gemälde aus dem 15n Jahrh. 2 Thle. 8. Leipzig 835. Kollmann. $2^1/_4$ Thlr

— der Bummelzug u. anderes, s.: Roman-Gallerie f. Salon u. Reise.

Reichenbach, Mor., der Bund mit dem Bösen, od.: der Fluch d. Meineids. Novelle aus d. 19. Jahrh. 2 Thle. 8. ($24^1/_2$ B.) Leipzig 833, Kollmann.

Reichenbach, Mor. v., Coeurdamen. 2 Novellen. 8. (290 S.) Stuttgart 885. Deutsche Verlags-Anstalt. n. 5. —

—— der Dal-Junker. Ein schwed. Revolutions-Gemälde aus d. 16. Jahrh. Seitenstück zu den „drei Gräbern auf d. Haide." 3 Thle. 8. (46 B.) Leipzig 834, Kollmann.

— oberschlesische Dorfgeschichten, s.: Universal-Bibliothek.

— zwischen den Dünen. Novelle. Illustr. v. Willy Werner. 1.—3. Taus. schmal 12. (126 S.) Berlin 897. Leipzig, G. Müller-Mann. n. 1. —

— „Durch!" Roman. 2 Bde. 8. (257 u. 260 S.) Ebend. 884. n. 8. —

— „Durch!" Roman. Wohlf. Ausg. 2 Thle. in 1 Bd. 8. (257 u. 260 S.) Stuttgart 891. Deutsche Verlags-Anstalt. Geb. n. 1. 75

Reichenbach, Mor. v., die Eichhofs. Roman. 8. (269 S.) Berlin 881. Janke. n. 4. —

—— Um die Ehre. Roman. 2 Bde. gr. 8. (152; 194 S.) Lpz. 891, Reißner. * 6 —; geb. in 1 Bd. * 7 —

— Erzählungen und Novellen. 3 Bde. A. u. d. T.: Das Crocodil. Humorist. Erzählung. — Ehefesseln. Novelle. — Herzensläuterung durch Flammen. Novelle aus Hamburgs Schreckenszeit, 1842. 8. Leipzig 845, Kollmann. 3 ℛ

— dies. 4. Bd. A. u. d. T.: Die Erscheinung am Grabe, nebst zwei andern Novellen. 8. Ebend. 846. 1 ℛ 6 ngl (1—4. 4 ℛ 6 ngl

— um die Ehre. Roman. 2 Bde. gr. 8. (152 u. 194 S.) Leipzig 891. Dresden, C. Reißner. n. 6. —; geb. in 1 Bd. n. 7. —

— der schöne Erwin. Roman. gr. 8. (281 S.) Dresden 899. C. Reißner. n. 3. —; geb. n. 4. —

— Frau Eva. — Luttka, s.: Eckstein's Reisebibliothek.

Reichenbach, M. v., Eva in allerlei Gestalten. Novellen. 8. (253 S.) Leipzig 890. Reißner. n. 3. —

Reichenbach, Mor., die Flucht. 8. Quedlinb. 824. Basse 1 ℛ

Reichenbach, Mor. v. (Valeska Gräfin Bethusy-Huc), gnädige Frau, s.: Kürschner's Bücherschatz.

— Seine Frau. Roman. 8. (249 S.) Ebd. 889. * 3 —; geb. * 4 —

— d. Freier d. Wittwe. Erzählg. Illustr. v. E. Zimmer. 12. (209 S.) Berlin 895. Leipzig, O. Müller-Mann. n. 2. —; geb. in Celluloid m. Goldschn. n.n. 3. 50

—— Freischützfunken. Erzählungen. 3 Bdchn. 8. (55½ B.) Leipzig 829, 30, Kollmann.

Reichenbach, Mor., Garibaldi, s. Volksbibliothek, romantische.

Reichenbach, Gräfin M. v., böse Geister. Humoristische Erzählg. 2. Aufl. 8. (371 S.) Dresden 886. Pierson's Verl. n. 4. —

—— die drei Gräber auf der Halde, od.: der schweb. Bauernkrieg. Ein Revolutionsgemälde a. d. 16. Jahrh. 3 Thle. 8. (55 B.) Leipzig 832, Kollmann.

Reichenbach, Mor., die Hamburger in Amerika, s. Volksbibliothek, romantische.

— verwaiste Herzen. Erzählung. 8. (196 S.) Glogau 891. C. Flemming. Geb. in Leinw. 3. —

— Verwaiste Herzen. Erzählung f. junge Mädchen. Mit Titelbild. (191 S.) 8. Berlin (909). Verlag Jugendhort. Geb. 4. —

— Josefa, s.: Kürschner's Bücherschatz.

— nach stillen Inseln. Roman. (229 S.) 8. Berlin (903). O. Janke. n. 3. —

—— Julitage en miniature. Humoristisch-satirische Bilder in Novellenform. 2 Bde. 8. (41¾ B.) Leipzig 845, Kollmann.

— Julitage en miniature. Humoristisch-satirische Bilder in Novellenform. 2 Bde. 8. Leipzig 845, Kollmann. 2½ ℛ

Schleswig-Holsteins Kampf durch Nacht zum Licht. Romantisch-politisches Gemälde aus den Zeiten der ersten Erhebung Schleswig-Holsteins 1848/49 v. Moritz **Reichenbach**. Hamburg. o. J. 8°.

⊙ Schleswig-Holsteinische Kampflieder v. Moritz **Reichenbach**. H. 3. Inhalt: Schleswig-Holsteins Ma[r]seillaise. Schleswig-Holsteins wilde Jagd. Kampfeslust. St. Pauli. 1848. 8°.

— die Kinder Klingströms. Roman. 2 Bde. 8. (194 u. 196 S.) Leipzig 892. Dresden, C. Reißner. n. 6. —; in 1 Bd. geb. n. 7. —

— der König v. Polnischecken. 8. (112 S.) Ebd. 893. n. 1. —

—— die Lazinskys. Roman. 2 Bde. 8. (256; 276 S.) Berlin 888, Janke. *

Politische Lieder aus Schleswig-Holstein. v. M. R. [d. i.: Moritz **Reichenbach**]. Hamburg. 1843. 8°.

— ein reiches Mädchen. Roman. gr. 8. (252 S.) Dresden 896. C. Reißner. n. 3. —; geb. n. 4. —

— Hamburgs verhängnißvolle Maitage, oder: Ausführliche Beschreibung der verheerenden Feuersbrunst, vom 5. bis zum 9. Mai 1842 u. ihre Folgen, mit 1 Plane nach dem Brande vom 8. Mai. gr. 8. Hamburg 842. (Leipzig, Fort.) n. ¼ ℛ

— Conrad von Marburg der erste deutsche Ketzerrichter. Historisch-romant. Gemälde aus dem 13. Jahrh. 2 Thle. 8. Ebend. 841. 2¼ ℛ

— unter d. Maske, s. a. Eckstein's Reisebibliothek.

— unter der Maske. 8. (III, 214 S.) Berlin 893. R. Eckstein Nachf. n. 2. 50

— zwei Novellen. [Röszö. Sillery monsieur.] 8. (293 S.) Ebend. 883. n. 5. —

— das Paradies d. Teufels. Roman. 8. (234 S.) Leipzig 890. Reißner. n. 3. —; geb. n. 4. —

— die Prinzessin. Roman. 2 Bde. gr. 8. (212 u. 249 S.) Leipzig 892. Dresden, C. Reißner. n. 7. —; in 1 Bd. geb. n. 8. —

— der Roman e. Bauernjungen, s.: Universal-Biblioth.

— ein Roman aus den Zeiten der Schleswig-Holsteinischen Kriege. 1. Abth. 2 Thle. Hamburg 864. J. P. F. E. Richter. 8. (640 S.) n. 2 ℛ

Reichenbach, Mor., ein Roman aus den Zeiten der Schleswig-Holsteinischen Kriege. 2. Abthl. 2 Thle. Hamburg 865. J. F. Richter. 8. (640 S.) n. 2 ℛ

— die Schloßfrau v. Dromnitz. Roman. 2 Bde. 8. (215 u. 209 S.) Stuttgart 882. Deutsche Verlags-Anstalt. n. 6. —

— sie liebten sich. (Mit Blut verschrieben. Wilma), s.: Kürschner's, Jos., Bücherschatz.

Der deutschen Adler Siegesflug in Schleswig-Holstein 1864. 2. Abt. des romantisch-politischen Gemäldes „Schleswig-Holsteins Kampf durch Nacht zum Licht" v. Moritz **Reichenbach**. Hamburg. o. J. 8°.
(Romantische Volks-Bibliothek. N. F. Bd. 2.)

—— Der älteste Sohn. Roman. 8. (232 S.) Stuttg. 890, Deutsche Verlags-Anstalt. * 3 —; geb. * 4 —

— der älteste Sohn. Roman. (Wohlf. [Titel-] Ausg.) 8. (232 S.) Stuttgart (890) 896. Deutsche Verlags-Anstalt. n. 1. —; geb. n. 1. 25

— der Sohn des Flüchtlings. Roman. 2 Bde. 8. (192 u. 169 S.) Breslau 882. Schottländer. n. 7. —; geb. n. 9. —

— Sternenklar u. and. Novellen. 8. (230 S.) Dresden 899. E. Pierson. n. 3. —

—— Teufelsstreiche. Sagen a. d. Harzgebirge. 2 Bdchn. 8. (27 B.) Leipzig 840, Kollmann.

— auf Umwegen. Roman. 8. (209 S.) Leipzig 884. Friedrich. n. 3. —

——, Mephisto's Verwandlungen. Mährchen aus unserer Zeit. 8. (19½ B.) Leipzig 841, Kollmann.

— wanderndes Volk. Ein schles. Adelsroman. (274 S.) 8. Breslau 903. Berlin, E. Trewendt. n. 2. —
geb. in Leinw. n. 3. —

(B) — Wanderndes Volk. 903. (KVL 34.) Jetzt: Schweidnitz, L. Heege. Erm. Pr. 1,50; geb. 2. —

— Graf W. 62. Roman. 8. (272 S.) Ebd. 892. n. 4. —; geb. n. 5. —

—— Wehmutter u. Todtengräber. Ernste u. humorist. Bilder in Novellenform. 2 Bde. 8. (23½ B.) Leipzig 843, Kollmann. 1

— Monsieur Xaver, s.: Goldschmidt's Bibliothek f. Haus u. Reise.

Reichenbach, O., einige Gedanken eines Nichtgelehrten bei Lesung des Kosmos. 12. (138 S. mit eingedr. Holzschn.) Philadelphia 857, (Schäfer und Koradi.) geb. *

Reichenbach, O., die Gestaltung der Erdoberfläche nach bestimmten Gesetzen. Mit einer (lith.) Karte (in qu. 4.) Berlin 870. Lüderitz' Verlag. gr. 8. (70 S.) n. 15 ngr.

Reichenbach, Osk., Beiträge zur Kritik der Staatswirthschaft. 1. Reihe. Oldenburg 854. Stalling. 12. (2 Bl., (367 S.) n. 1 Thlr.

—— über den Entwurf des Ehescheidungs-Gesetzes mit Berücksichtigung der Motive. gr. 8. (20 S.) Berlin 855, [Schneider.]

Garnison-Uebung der Standorte Insterburg, Gumbinnen, Goldap, Darkehmen und Stallupönen v. 4. bis 6. Febr. 1908. Leit.: Generallt. [Oskar] v. **Reichenbach**. Insterburg 1908: A. Bittner. (34 S.) 8° [F. u. Ant.] 08-47970

Reichenbach, Oscar Graf, meine Wahl zum landständischen Deputirten. gr. 8. (11 S.) Leipzig 847, G. Mayer. 1 ngr

— Wahrheiten eines Volksfreundes! Ein periodisches Flugblatt. Nr. 1 u. 2. gr. 4. (18 S.) Oppeln 848. (Brieg, Ziegler.) (1 : n. 3 ngr 2 : n. 1/12 Thlr) n. 5½ ngr

Reichenbach, Oskar Graf, das Weltgebäude. 16. Charlottenburg 846, Bauer. n. ⅓ Thlr

—— das Weltgebäude. 1. (Heft neue Titelausg.) und 2. (Heft.) gr. 16. (168 S.) Frankfurt a. M. 849, Literarische Anstalt.
Das 2. Heft einzeln

Reichenbach, Paul, der Sieg der Wahrheit. Zeitbild in 4 Aufzgn. Nach d. Erzählg. A. Otto Walster's: „Das Patent". Für die Bühne bearb. 8. (60 S.) Bielefeld 894. Schumann & Co. n. — 40

Reichenbach, Rud., der Gebrauch des französischen Verbums zum Ausdrucke des Adverbiums. Ein sprachvergleich. Versuch. Colberg 865. (Berlin, Calvary & Co.) 4. (26 S.) n. 1 Thlr 10 ngr.

Reichenbach, Rud., Revanche! Die friedensgefährl. Tendenzen der französ. Volkserziehung in Schule u. Heer. (97 S.) 8. Leipzig (909). Dieterich. 1. 20

Reichenbach, Rud[olphus] Eg[inhardus] W[aldamarus]: *Commentationis de linguae doctrina universali pars 1, repetita ex historia philosophiae. 78 S. 4° (2°)
Halle-Wittenberg, Phil. Diss. v. 25. Apr. 1842
Geb. [Sorau 10. 3. 1818]

Reichenbach, Thdr., die Reichenbach'sche Münz- u. Medaillensammlung, angelegt u. beschrieben v. Th. R. Die Neuzeit. 1.—3. Thl. gr. 8. Dresden, W. Baensch. n. 15. 50

1. **Deutsche Kaiser. Deutsches Reich. Österreichischer Kreis. Bayerischer Kreis. Fränkischer Kreis. (IV, 126 S. m. 3 Taf.) 887. n. 6. —**
2. **Obersächsischer Kreis. Die Lande beider Hauptlinien d. Hauses Sachsen, sowie deren Nebenlinien. (IV, 105 S. m. 2 Taf.) 887. n. 3. 50**
3. **Fortsetzung u. Schluss d. obersächsischen Kreises, ferner v. Polen u. Schlesien abgetretene Landestheile unter der Regierung der Hohenzollern. (IV, 100 S. m. 3 Taf.) 889. n. 6. —**

Fortsetzung s.: Reichenbach, Auguste.

Reichenbach, Thdr., die Reichenbach'sche Münz- u. Medaillensammlung. Angelegt u. beschrieben von Th. R. Die Neuzeit. 1. Thl.: Deutsche Kaiser. Deutsches Reich. Oesterreichischer Kreis. Bayrischer Kreis. Fränkischer Kreis. gr. 8. (IV, 126 S. m. 2 Lichtdr.-Taf.) Dresden-Plauen 887. Selbstverlag. n.n. 6. —

— dasselbe. 2. Thl.: Obersächsischer Kreis. Die Lande beider Hauptlinien d. Hauses Sachsen, sowie deren Nebenlinien. gr. 8. (IV, 105 S. m. 2 Lichtdr.-Taf.) Dresden 887. Baensch. n.n. 3. 50

— dasselbe. 3. Thl.: Obersächsischer Kreis [Schluss]. Die v. Polen u. Schlesien abgetretenen Landestheile unter der Regierung der Hohenzollern. gr. 8. (IV, 100 S. m. 3 Taf.) Dresden-Plauen 889. Selbstverlag. n.n. 5. —

Reichenbächer, Ernst, aus Magdeburg: Über **Transformation** unendlicher Reihen. *Halle a. S. 1903; C. A. Kaemmerer & Co.* (63 S.) 8°
Halle, Phil. Diss. v. 1903

Reichenbächer, *Wilhelm* [aus Magdeburg]: Die Geschichte der athenischen und makedonischen Politik vom Frieden des Philokrates bis zum korinthischen Bund '(346—338)' ... Halle a. S., Druck d. Buchdr. d. Waisenhauses, 1897; 2 Bl., 69 S. 8.
Halle, Phil. Fak., Inaug.-Diss. v. [22. Apr.] 1897

Reichenbachianae Florae Germanicae clavis synonymica, simul enumeratio generum, specierum et varietatum, sive index herbariorum ad sublevandum commercium botanophilorum editus. — Die Flora v. Deutschland nach ihren Gattungen, Arten u. Abarten aufgezählt u. mit Synonymregister vers., als Herbarien-Catalog z. Besten d. Sammler hrsg. gr. 12. (9 B.) Lipsiae 833, Cnobloch.
Hat gleichen Inhalt mit d. Index zu Ludov. Reichenbach „Flora German. excursor."

Reichenbecher, Fritz, s.: Weimar, Goethe- u. Schiller-Stätten.

Reichenberg [Sachliches OW]

Reichenberg. Statistischer Bericht über die wichtigsten demographischen Verhältnisse. Verfasst vom Magistrate von Reichenberg. Lex.-8. (28 S.) Wien 887, Gerold's Sohn. *
Aus: Städtebuch, österreichisches, besonders abgedruckt.

Reichenberg u. die deutschböhmische Ausstellung 1906. (47 S. m. Abbildgn. u. 1 Taf.) qu. 16. Reichenberg i/B. 906. Deutschböhm. Ausstellg. n. — 40

Reichenberg und die deutschböhmische Ausstellung. 1906. (Reichenberg 1906: Gebr. Stiepel.) (35 S.) quer-8° [Umschlagt.] [illegible]

Reichenberg, der Kurort — in Steiermark. mit Plan und Ansicht. Gratz, 1857. Gedruckt bei Josef A. Kienreich. (15 S. 8)

Reichenberg in der Zeit der Selbstverwaltung vom Jahre 1850 bis 1900. Ein geschichtl. Rückblick und Verwaltungsbericht, hrsg. vom Stadtrate. — Reichenberg: Selbstverl. des Stadtrates 1902. 579 S. mit Titelb.

Reichenberg [Schlagwort]

Reichenberg, s.a. Radfahrerkarten. Freytag. Mittelbach.

Reichenberg-Pardubitzer Bahn, Karte d., Prag, F. A. Credner's k. k. Hofbuchhandlung. 1860. In Carton 20 kr.

Reichenberg. Moment-Orientierungsplan der Stadt Reichenberg. Augenblickliche Auffindg. aller Strassen, Plätze, öffentl. Gebäude, Sehenswürdigkeiten, empfehlenswerter Hotels, Restaurants, Geschäftshäuser etc. etc. 1:12,000. 36,5×49,5 cm. Farbdr. Nebst Verzeichnis der Strassen usw. (20 S.) 8. Reichenberg (909). P. Sollors Nachf. — 45; Ausg. m. Strassenverzeichnis an den Seiten, ohne Umschlag, 39,5×52,5 cm. — 20

Reichenberg, Bez. Stelzig, Heinr., Karte des Bez. Reichenberg. 1:100,000. 29×45 cm. Farbdr. Sternberg (903). (A. R. Hitschfeld.) n.n. — 20

Reichenberg. Stelzig, Heinr., Stadtplan v. Reichenberg. 1:7,500. 42×38 cm. Farbdr. Mit Strassenverzeichnis an den Seiten. Reichenberg (903). P. Sollors Nachf. n. — 30

Reichenberg [Verfasser]

Reichenberg, Karl Otto [Praes.], s. Schroeter, Johann Martin: De mendacio et in specie eo, quod in foro humano punitur.

Reichenberger, Andr., Erbauungsbuch f. Kranke u. Sterbende. 8. Wien 795. Schaumburg u. C. 14 Gr. 2e verm. u. verb. Ausg. 8. Linz 828. Haslinger. 22 Gr.

Reichenberger, A., Erbauungsbuch für Kranke und Sterbende. 2te verm. u. verb. Ausg. 8. Linz, Haslinger. 820.

— Erziehungsbüchlein, od. Anweis. f. Landleute, wie sie ihre Kinder zu guten, nützl. u. glücklichen Menschen erziehen können. 8. Wien 793. Rehm. 16 Gr.

Reichenberger, Andre, Leben Jesu f. die Jugend, mit sittl. Anmerk. begleitet. 8. Wien Rehm. 798.

Reichenberger, (A.,) das Leben Jesu f. die Jugend. Mit sittlichen Anmerkk. 2e Ausg. 8. Wien 826, Wimmer.

— Pastoralanweisung nach d. Bedürfnissen unsers Zeitalters. 6 Thle. gr. 8. Wien 805—8. 2e A. 818 ff. Wimmer. 8 Thlr.

— — Pastoralanweisung nach den Bedürfnissen unsers Zeitalters. 2 Thle. 2te Aufl. gr. 8. Wien. (Leipzig, Friedr. Fleischer in Comm.) 818.

— Dies. z. academ. Gebrauche. 2 Thle. gr. 8. Wien 813, 14. 2e Aufl. gr. 8. Ebd. 823. Wimmer. 2 Thlr. 8 Gr. — Dass. in latein Sprache. 2 Thle. Ebd. 818. 2 Thlr.

Reichenberger, Andre, Pastoral-Anweisung nach den Bedürfnissen unseres Zeitalters. 2r (Haupt-) Thl., (des ganzen Werkes 4r Thl.) 2e verb. u. verm. Aufl. gr. 8. Wien 833. Wimmer. 2 1/6 Thlr. — 3r Thl. 2e verb. u. verm. Ausg. gr. 8. Ebd. 835. 2 1/3 Thlr.

— sechs vaterländ. Predigten nach d. Bedürfnisse unsers Zeitalters. 8. Wien 797.

— Rede üb. d. wohlthätigen Einfluß d. geistl. Standes. 8. Wien 801. (Wimmer). 6 Gr. Hbg. Pr. 3 Gr.

— christkathol. Religionsunterricht. 2 Bde. gr. 8. Wien 795. Schaumburg u. C. 1 Thlr. 16 Gr. 2e Aufl. 814. 3e Aufl. 2 Bde. gr. 8. Ebd. 825. Wimmer. 1 Thlr. 16 Gr.

— — derselbe. gr. 8. Wien, Rehm. 799.

Reichenberger, Johann Nep.

Reichenberger, I. Nep., cursus biennal. philosophiae et matheseos univ. IV Part. 8. Regensburg', Montag et W. 774.

Reichenberger, Jh. Nep., († 1805.) philosophia et mathesis universa, quam in suos suorumque discipulorum usus conscripsit. II Tomi. 8 Regensb. 775—78. Montag u. W. 2 Thlr. 18 Gr.

Reichenberger, Moritz, s. Reichenbach.

Reichenberger, Rob., s.: Nuntiaturberichte aus Deutschland.

Reichenberger, Rob., Wolfgang v. Salm, Bischof v. Passau (1540—1555), s.a. Studien u. Darstellungen aus dem Gebiete der Geschichte. II. 1.

Reichenberger, Robert: Wolfgang von Salm, Bischof von Passau 1540—1555. Ein Beitrag zur Geschichte d. 16. Jhs. *Freiburg i. B: Herder 1902.* (VI, 84 S.) 8° [illegible] (= Studien u. Darstellungen aus d. Geb. d. Gesch., II, 1.)
München, Phil. Diss. [illegible]

Reichenberger, Sigmund: Die Entwicklung des metonymischen Gebrauchs von Götternamen in der griechischen Poesie bis zum Ende des alexandrinischen Zeitalters ... Karlsruhe, G. Braun, 1891; 3 Bl., 118 S., 1 Bl. 8.
Heidelberg, Phil. Fak., Inaug.-Diss. v. [11. Mai] 1891

Demosthenis de collectione prooemiorum. — Scrips. Dr. Silvanus Reichenberger. — 1886, Landshut, ebenda. — S. 3—61.
Progr. Landshut, K. Gymn.

Reichenberger, S., Demosthenis III. contra Aphobum orationem esse genuinam. Diss. 1881. 66 S. 1.—

[Ant. u. F.] Reichenberger, Silvan [Dr.]: Hauptregeln der griechischen Syntax. Landshut, Druck d. J. Thomann'schen Buchdr., 1891; 1 Bl., 120 S. 8°
Landshut, k. StA, P 1891 •

Reichenberger, Hauptregeln der griechischen Syntax. gr. 8. (5 u. 120 S.) München 891. R. Oldenbourg, Abteilg. f. Schulbücher. n.n. 1. 75

Reichenberger, Wunibald, Anleitung z. e. glückseligen Leben. 8. Augsb. J. Wolf. 789.

REICHENBERGER, WUNIBALD: Ausgang aus Egypten in das versprochene Land durch acht Tagreisen der geistlichen Einöde oder geistlichen Übungen allen geistlichen Ordenspersonen . . . eröffnet und angewiesen. Pressburg 1771: Franz Augustin Patzko. 236 (4) S. - 170 mm

— Paradies der wahren Glückseligkeit auf Erden. 8. Ebend. 780.

Reichenberger, Wunib., († d. 20. Dec. 1769.) f. *Scraphini.*

— der beschauende Theophilus. 8. Augsburg, Wolf. 749.

Reichenbücher, W., Die Geschichte d. athen. u. makedon. Politik vom Frieden d Philokrates bis z. korinth. Bund. (846—888.) Diss. 1897. 69 S. 1.20

Reichenburg, W(illi), aus Bruchsal (Baden): Ueber die Einwirkung von Diazobenzol auf Glutakonsäureester. *Erlangen 1902: E. Th. Jacob.* (30 S.) 8°
Erlangen, Phil. Diss. v. 26. Juni 1902

Reichenecker's Karte der Rübenzuckerfabriken des österreich. Kaiserstaates mit vollständigem Verzeichniß der Rübenzuckerfabriken nebst Angabe des Besitzers u. der nächsten Post- u. Eisenbahnstation, u. einem nach den Hauptrouten eingetheilten Verzeichniß der durch Böhmen, Mähren u. Schlesien führenden Eisenbahnen. Prag 865. André'sche Buchh. 1 Blatt in Fol. color. n. 1 ₰

Reichenecker, Alb., Aufbereitung der geschwefelten Golderze in den Rocky-Mountains in den Colorado Territorium der Vereinigten Staaten. Mit 2 lith. Taf. (in Fol.) [Aus: „Berg- u. Hüttenmänn.-Zeitg."] gr. 8. (VIII, 80 S.) Prag 871. André. n. 2. —

Reichenecker, J. M., f. Saint-Pierre, Bernh., Paul und Virginie.

Reichenecker, J. M., geograph.-statist. Tabellen üb. sämmtl. Theile d. Erde, mit einer speciellen tabellar. Uebersicht d. Königr. Würtemberg. gr. Fol. Stuttg. 181.. 2e verm. A. 820. (Steinkopf). 1 ₰ 12 gl

Reichenecker, K. M., f. Cottin, Mdame, Elisabeth.

Reichenhall [Sachliches OW]

Reichenhall, Bad, u. seine Heilmittel. Hrsg. vom ärztl. Verein. 4. (67 S. m. Abbildgn.) Bad Reichenhall (900). H. Bühler, Verl. n. 1. 50

Reichenhall, bath, and its surroundings, s.: Towns and landscapes of the whole world.

Reichenhall, Bad, u. Umgebung, s.: Städtebilder u. Landschaften aus aller Welt.

Reichenhall et les environs, s.a. Villes et paysages du monde entier.

Reichenhall et ses environs. Publié à l'instigation de la Société d'embellissement des bains de R'. [Avec des illustrations, 7 planches, 2 tableaux et 1 panorama.] – Villes et paysages du monde entier. No. 103. 8. Zürich *s. d.* [ca. 1891].

Reichenhall [Schlagwort]

— s. a.: Bayern, Atlas, — Deuschland, Karte. (Abt. Bayern.)

— dasselbe, s.a. Woerl's Reisehandbücher.

Reichenhall. Brunn's Spezial-Karte der Umgebung v. Reichenhall, Traunstein u. Salzburg, einschliessend die Berchtesgadener Alpen m. dem Königsee, die Loferer Steinberge, die Reiteralpe, das Lattengebirge, den Untersberg u. das Hagengebirge. 1 zu 100,000. 46×55 cm. Farbdr. Ebd. München (909). O. Brunn. 1. 50

Reichenhall, Karte von, und Umgebung mit Uebersichtskärtchen von Reichenhall, Salzburg und Berchtesgaden. Gezeichnet v. Adolf Bühler, k. bayr. Oberlieut. Salzburg. Mayrische Buchhandlung. In steifem Umschlag 1865 80 kr.

Reichenhall. Bühler, Adph., Vogelschaukarte der Umgebungen v. Reichenhall, Salzburg u. Berchtesgaden. Terrain in Gouache von F. Kulstrunk. 84×45 cm. Autotyp. Reichenhall (902). H. Bühler, Verl. n. 1.50

Reichenhall. Plan der Stadt Bad Reichenhall m. den im Kurrayon gelegenen Villen, Hôtels u. Pensionen. 1 : 7500. 28,5 × 33 cm. Farbendr. Mit Text am Rande. Bad Reichenhall 896. H. Bühler. n. — 75

Reichenhall — Forstwirthschafts-Karte der königlichen Salinen-Waldungen im dem Forstamte — (aus den Steuerblättern reducirt.) Die Gebirge auf Stein gezeichnet durch den Königl. Oberlieut. Jos. Schwarzmann. 1:10,000. 20 Bl.

Reichenhall [Verfasser]

Reichenhall, E., Fische-Atlas, s.: Mück's prakt. Taschenbücher.

Reichenhaller, K., u. Ferd. Stiasny, die Spiritus-Presshefen- u. Essig-Fabrikation. Mit besond. Berücksicht. auf die Spiritussteuer-Controle. Für Spiritus-Fabrikanten, Brennerei-Techniker, Finanzwach-Beamte u. Finanz-Organe. Mit 53 in d. Text eingedr. Holzschn. gr. 8. (IV, 168 S.) Wien 890. (Arming.) n. 5. —

Reichenhart, Emil [Dr., Prof.]: Beiträge zum Unterricht im deutschen Aufsatz. '(Siebente Klasse.)' Nürnberg, gedr. bei U. E. Sebald, 1896; 30 S., 1 Bl. 8.
Nürnberg, k. Altes G, P 1896•

Die subordinierenden causalen Conjunctionen bei Lucretius. 1. Quod, Quia, Quando, Quandoquidem, Quatenus. — Von Emil Reichenhart, Stdl. — 1881, Frankenthal, Fr. Albeck. — S. 3—16⁴.
Progr. Frankenthal (Pfalz), Isol. lat. Schule

Reichenhart, Emil, die lateinische Schule zu Roth a. Sand unter der markgräfl. Regierung. Progr. (50 S.) gr. 8. Nürnberg 903. (J. L. Schrag.) n.n. 1. 30

Die lateinische Schule zu Roth a. Sand unter der Markgräflichen Regierung. -- Von Dr. Emil Reichenhart, G.-P. – 1903, Nürnberg, U. E. Sebald. -- P. 3—50.
Progr. Nürnberg, K. Altes Gymn.

Reichenhart, Frdr., o Land, Land, Land, höre d. Herrn Wort! Predigt üb. Jer. 22, 29, geh. am Bibelfeste zu Nürnberg in der St. Aegidienkirche den 19. Juni 1889. gr. 8. (11 S.) Nürnberg 889. Raw. n. – 20

Reichenhart, Frdr., wie sollen wir das Werk der inneren Mission treiben? Predigt üb. Offenbarung Joh. 3, 8 in der St. Lorenzkirche zu Nürnberg geh. am 8. Jahresfest d. Landesvereins f. innere Mission in der evangel. luth. Kirche Bayerns am 11. Septbr. 1894. gr. 8. (11 S. m. 2 Abbildgn.) Nürnberg 894. (G. Löhe.) — 30

Reichenheim, Ernst, Gedichte. 8. (VIII, 143 S.) Berlin 879. Teschner & Rosenhauer. n. 2. —

Reichenheim, Georg (geb. Berlin 2. 4. 1842): De methyli jodati in praecipitatum album vi et efficacia. Berolini (1863). (36 S.) 4°
Berlin, Phil. Diss. v. 31. Jan. 1863

Reichenheim, L.: „Die sociale Frage und die Mittel zu deren Lösung", als Ms. gedruckt, Potsdam 1848. — Vorh.: Com. Bibl. Hamburg.

Reichenheim, Leonor., Entwurf eines Gewerbegesetzes für Preußen, mit Motiven. Berlin 860. (Springer'sche Sortbdlg.) gr. 8. (VI, 56 S.) n. 5 ngr.

— das Preußische Handels-Ministerium u. die Gewerbe-Freiheit. Berlin 860. Wagner. gr. 8. (32 S.) 3 ngr.

Reichenheim, M., Bericht üb. die Pariser Gewerbe-Ausstellung im J. 1849, s.: Meybrink, A. Fr.

Reichenheim, Max, über das Rückenmark u. den electrischen Lappen von Torpedo. [Aus dem Laboratorium für vergleichende Anatomie u. Physiologie in Rom. 9. Mittheilung.] Mit 3 Kpfrtaf. gr. 4. (24 S.) Berlin 878. Hirschwald. n. 4. —

Reichenheim, Otto, a. Berlin: Über die Elektrizitätsleitung einiger natürlich-kristallisierter Oxyde und Sulfide und des Graphits. Freiburg i. Br.: Speyer & Kaerner 1906. (46 S.) 8°
Freiburg i. B., Phil. Fak., Ref. Himstedt, Diss. v. 25. März 1906
[Geb. 15. Febr. 82 Berlin; Wohnort: Freiburg i. B.; Staatsangeh.: Preußen; Vorbildung: Askan. Gymn. Berlin Reife O. 00; Studium: Gent 1. Berlin 4. Freiburg i. B. 4 S.; Coll. 19. Dez. 05.]

Reichenheim, Otto: Über die Elektrizitätsleitung in elektronegativen Dämpfen und A_1-Strahlen. Braunschweig 1909 (Mitteil. a. d. Physik.-Techn. Reichsanst.)

Reichenheim, Otto: Über die Erzeugung von Fluoreszenz durch Kathodenstrahlen. Braunschweig 1909

Reichenheim, Otto: Einfacher Quarzspektrograph. Berlin 1908 (Mitteil. a. d Physik.-Techn. Reichsanst.)

Reichenlechner, Cyprian,
s.a. Reichenlechner, Joh. Bapt.

Reichenlechner, Cyprian, der Karthäuser-Orden in Deutschland od. Lebens- u. Leidensbilder aus den deutschen Karthausen. 12. (V, 237 S.) Würzburg 885. Bucher. n. 1. 20

Reichenlechner, Cypr., O. Carm., Lilie der Unschuld. Ein Gebet- u. Erbauungsbuch. 4. Aufl. (VI, 456 S. m. Titelbild.) 16. Würzburg 908. Göbel & Scherer.
Geb. in Leinw. 1.50; m. Goldschn. 2.—; in Ldr. m. Goldschn. 3.—

Reichenlechner, C., das Luitgardenbuch od. Leben der heil. Cistercienser-Nonne Luitgard v. Brabant u. Leben u. Offenbarungen nebst Gebetsweise der sel. Luitgard, Schwester d. III. Ordens d. heil. Vaters Franziskus u. Stifterin d. bad. Klosters Wittichen im Schwarzwalde. 2., verb. Aufl. gr. 8. (IX, 299 S. m. 2 Farbendr.) Passau 889. Abt. n. 2. 50; geb. n.n. 3. 50

— der Sühne- u. Gebets-Verein der seligen Luitgard u. das Gebet d. himmlischen Hofes. [Aus: „Luitgardenbuch".] 32. (16 S.) Ebd. 890. — 6; 100 Explre. n. 5. —

Reichenlechner, Joh. Bapt.,
s.a. Reichenlechner, Cyprian

— der himmlische Hof der heil. Luitgard. Auszug aus dem Luitgardenbuch. 16. (47 S.) Passau 883. Bucher. n. — 15

Reichenlechner, Joh. Bapt., der himmlische Hof od. die Gebetsweise der heil. Luitgard. 16. (64 S.) Würzburg 885. Bucher. n. — 15

Reichenlechner, Joh. Bapt., Lilie der Unschuld. Ein Gebet- u. Erbauungsbuch für katholische Christen, insbesondere für die Jugend. 16. (XIV, 316 S. m. 1 Stahlst. u. Farbendr.-Titel.) Passau 877. Bucher. — 60

— das Luitgarden-Buch oder Leben u. Offenbarungen nebst Gebetsweise des himmlischen Hofes der heiligen Luitgard. 8. (XV, 392 S. m. 1 Stahlst.) Ebend. 878. 1. 50; geb. n. 2. —; in Ldr. m. Goldschn. n. 2. 50

Reichenow, Anton (Red.), s. Acclimatisation, Deutsche.

Reichenow, A.: Die Begrenzung zoogeographischer Regionen vom ornithologischen Standpunkt. ([S.-A.] Zoologische Jahrbücher. Abth. für Systematik, Geographie und Biologie der Thiere. Bd. 3. S. 671—704.) (Jena 1887.) 34 S., 1 Tf. 8°.

Reichenow, A., s.: Bericht üb. die Leistungen in der Naturgeschichte der Vögel.

Reichenow, Ant. (Hrsg.), s. Centralblatt, Ornithologisches.

— die Goldküste u. ihre Bewohner, s.: Universal-Bibliothek, geographische.

— s.: Handwörterbuch der Zoologie, Anthropologie u. Ethnologie.

Reichenow, Ant., s.: Journal f. Ornithologie.

Reichenow, Anton: Die deutsche Kolonie Kamerun. Landesbeschaffenheit, Pflanzen- und Tierleben, Jahreszeiten, Eigenschaften und Sitten der Eingeborenen und europäischer Handel in Kamerun. Nach eigener Anschauung geschildert. Berlin 1884. 51 S., 1 Krt. 8°.

— die deutsche Kolonie Kamerun. Landesbeschaffenheit, Pflanzen- u. Tierleben, Jahreszeiten, Eigenschaften u. Sitten der Eingeborenen u. europ. Handel in Kamerun. Nach eigener Anschaug. geschildert. Mit 1 (lith. u. color.) Karte. 2. Aufl. gr. 8. (51 S.) Berlin 885. Behrend. n. 1. —

— u. Paul **Matschie**, die Kennzeichen der deutschen Enten-, Schnepfen- und Raubvögel. Anleitung zur sicheren Bestimmg. der Arten vorgenannter Vogelgruppen. Im Auftrage der allgemeinen deutschen ornitholog. Gesellschaft zu Berlin verf. gr. 8. (16 S.) Naumburg 890. (Neudamm, J. Neumann.) n. — 50
Sonderabdruck aus: „Cabanis' Journal f. Ornithologie".

— die Kennzeichen der Vögel Deutschlands. Schlüssel zum Bestimmen, deutsche u. wissenschaftliche Benenngn., geograph. Verbreitg., Brut- u. Zugzeiten der deutschen Vögel. Mit erläut. Abbildgn. gr. 8. (IV, 150 S. m. 8 Taf.) Neudamm 902. J. Neumann. n. 3.—; geb. in Leinw. n. 4. —

— Liste der Vögel Australiens u. des malayischen Archipels, s.: Denkschriften der medicinisch-naturwissenschaftlichen Gesellschaft zu Jena.

— Mammalia, aves, reptilia, amphibia, pisces, s.: Süsswasser-fauna, die, Deutschlands. I. (Matschie, P.)

— s.: Monatsberichte, ornithologische.

Reichenow, Ant. Nomenclator musei Heineani ornithologici, s. Heine, Ferd.

— Skizzen aus Afrika, s.: Universal-Bibliothek, geographische.

— Terminologie d. Vogelkörpers, s.: Tierreich, das.

— Uebersicht der auf der deutschen Tiefsee-Expedition gesammelten Vögel, s.a. Ergebnisse, wissenschaftliche, der deutschen Tiefsee-Expedition. VII, 5.

Uebersicht der auf der deutschen Tiefsee-Expedition gesammelten Vögel. Von Ant. Reichenow. Mit Taf. 23 u. 24. ⟨Taf. 1 u. 2.⟩ *(Jena: G. Fischer 1904.)* (S. 345—358.) 4°
= Ergebnisse, Wissenschaftl., d. deutschen Tiefsee-Expedition auf d. Dampfer Valdivia 1898—1899. Bd 7, Lfg 5. [illegible]

— systematisches Verzeichniss der Vögel Deutschlands u. d. angrenzenden Mittel-Europas. gr. 8. (IV, 68 S.) Berlin 889. (Friedländer & Sohn.) n. 1. —

Reichenow, Ant., Systematisches Verzeichniss der Vögel Deutschlands und des angrenzenden Mittel-Europas. Berlin 1890. gr. 8.

— H. Graf v. Berlepsch u. A. Voeltzkow, Verzeichnis der v. Voeltzkow in West-Madagaskar gesammelten Vogelarten. Nach den Bestimmgn. v. R., B. u. V. — Berlepsch, H. Graf v., Systematisches Verzeichnis der v. Alfred Voeltzkow in Ost-Afrika u. auf Aldabra (indischer Ocean) gesammelten Vogelbälge. gr. 4. (24 S.) Frankfurt a/M. 898. (M. Diesterweg.) n. 1. 50
Sonderabdruck aus: „Abhandlgn. d. Senckenberg. naturforsch. Gesellsch."

— die Vögel Afrikas. I. Bd. 2 Hälften u. II. Bd. 1 Hälfte. Lex.-8. Neudamm, J. Neumann. n. 150. —
I. 1. (XCIII u. S. 1—320 m. Bildnis. 900. n. 50. —
2. (XCVII—CIV u. S. 321—706.) 901. n. 50. —
II. 1. (3. Halbbd.) (S. 1—384 u. 43 S. m. 8 farb. Karten u. 5 farb. Taf.) 903. n. 50. —

— die Vögel Afrikas. II. Bd. 2. Hälfte u. III. Bd. 1. u. 2. Hälfte. (4.—6. Halbbd.) Lex.-8. Neudamm, J. Neumann. n. 170. — (Kplt. n. 320. —)
II. 2. (XVI u. S. 385—752 m. 6 farb. Taf.) 903. n. 50. —
III. 1. (416 S. m. 4 farb. Taf.) 904. n. 50. —
2. (XXV u. S. 417—830 m. 15 farb. Taf.) 905. n. 70. —

— die Vögel der Bismarckinseln, s.a. Mitteilungen aus der zoolog. Sammlung des Museums f. Naturkunde in Berlin. I. 3.

Die Vögel der Bismarckinseln. Von Ant. Reichenow. Berlin: Friedländer & Sohn in Komm. 1899. (106 S.) 4° (8°) (Mitteilungen a. d. Zoolog. Sammlung d. Museums f. Naturkunde in Berlin. Bd 1, H. 3, I.)

— die Vögel Deutsch-Ost-Afrikas. Mit üb. 100 in den Text gedr., schwarzen u. farb. Abbildgn., nach der Natur gezeichnet von Anna Held. [Aus: „Deutsch-Ost-Afrika", III. Bd.] Lex.-8. (250 S.) Berlin 894. D. Reimer. n. 12. —; geb. n. 14. —

Reichenow, Ant., die Vögel der zoologischen Gärten. Leitfaden zum Studium der Ornithologie, mit besonderer Berücksichtigung der in Gefangenschaft gehaltenen Vögel. Ein Handbuch für Vogelwirthe. (In 2 Thln.) 1. Thl. gr. 8. (XXX, 278 S. m. e. eingedr. Vogel-Stammbaum.) Leipzig 882. Kittler. n. 8. —

— die Vögel der zoologischen Gärten. Leitfaden zum Studium der Ornithologie m. besond. Berücksicht. der in Gefangenschaft gehaltenen Vögel. Ein Handbuch f. Vogelwirthe. 2. Thl. gr. 8. (XIX, 456 S.) Leipzig 884. Kittler. n. 10. — (cplt.: n. 18. —)

— Die jagdbaren Vögel Deutsch-Ostafrikas, s.: Fauna, die, der deutschen Kolonien. III, 1.

— Vögel v. den Inseln Ostafrikas, s.: Reise in Ostafrika. II, 3.

— d. Vögel Ost-Afrikas, s.: Deutsch-Ost-Afrika, III.

— Vögel des Weltmeeres. Die Meeresvögel d. östl. Erdhälfte, s.a. Südpolar-Expedition, deutsche.

Reichenow, Ant., Vögel des Weltmeeres. (Die Meeresvögel d. östlichen Erdhälfte. Zeichnungen von G. Krause.) Mit Taf. 45—50 u. 32 Abb. Berlin: G. Reimer 1908. (S. 437—535.) 4° [Umschlagt.]
= Südpolar-Expedition Deutsche, 1901—1903. Bd 9, H. 6, [2.] [illegible]

Reichenow, Ant., Vogelbilder aus fernen Zonen. Atlas der bei uns eingeführten ausländischen Vögel, mit erläuterndem Text. Allen Naturfreunden, insbesondere den Liebhabern ausländischer Stubenvögel u. Besuchern zoologischer Gärten gewidmet. 1. Thl.: Papageien. 1—9. Lfg. Aquarelle von G. Mützel. Fol. (à 3 Chromolith. u. 3 Bl. Text.) Kassel 878—82. Fischer. In Mappe. à n. 5. —; einzelne Tafeln à n. 2. —; Pracht-Ausg. gr. Fol. (Taf. auf Cartonpap.) à n. 8. —; einzelne Tafeln à n. 3. —

— Vogelbilder aus fernen Zonen. Atlas der bei uns eingeführten ausländ. Vögel, m. erläut. Text. Allen Naturfreunden, insbesondere den Liebhabern ausländ. Stubenvögel u. Besuchern zoolog. Gärten gewidmet. 1. Thl.: Papageien. 10. u. 11. Lfg. Aquarelle v. G. Mützel. Fol. (à 3 Chromolith. m. 3 Bl. Text.) Kassel 882. 83. Fischer. In Mappe. à n. 5. —; einzelne Tafeln à n. 2. —; Pracht-Ausg. gr. Fol. (Taf. auf Cartonpap.) à n. 8. —; einzelne Taf. à n. 3. —

Reichenow, Eduard: Die Rückbildungserscheinungen am Anurendarm während der Metamorphose und ihre Bedeutung für die Zellforschung. Hierzu 5 Textfig. Bonn: Cohen 1908. S. 671—717. 8° [Umschlagt.] ¶(Aus: Archiv f. mikroskop. Anatomie u. Entwicklungsgesch. Bd 72.)
München, Phil. Diss. v. 3. Juni 1908, Ref. Hertwig
[Geb. 7. Juli 83 Berlin; Wohnort: Berlin; Staatsangeh.: Preußen; Vorbildung: Realgymn. Charlottenburg Reife O. 04; Studium: Heidelberg 3, Berlin 1, München 4 S.; Rig. 3. Juni 08.] [U 09. 3504

Reichensperger — Janssen u. der Kunsthistoriker Wilhelm Lübke, s.: Broschüren, Frankfurter zeitgemäße.

Reichensperger [Geldern] in der Polenfrage ein offenes Sendschreiben von einem katholischen Priester polnischer Nationalität. Hamburg 863. Hoffmann & Campe. Lex.-8. (22 S.) n. 4 *ngr.*

(Reichensperger), das verfassungsmässige Recht d. Kirchen in Preussen. Mainz 864.

Reichensperger, Ant., Beispielsammlung für den katechetischen Unterricht unter Zugrundelegung des größeren Katechismus der Diöcese Augsburg, sowie des Katechismus von Deharbe. 2. Aufl. Augsburg 867. (Kranzfelder'sche Buchh.) 8. (IV, 164 S.) geb. n.n. 4 ngr.

— Bildungsschule für's Leben. Ein Buch für Haus u. Welt. (Auszug aus der Fortbildungsschule für deutsches Volk u. deutsche Jugend.) Ebend. 866. gr. 8. (367 S. mit eingedr. Holzschn.) n. 15 ngr.

— der christliche Unterricht in Beispielen. Für die Jugend gesammelt. Ebend. 866. 8. (IV, 56 S.) n. 2 ngr.

Reichensperger, August

Reichensperger, Aug., Allerlei aus dem Kunstgebiete. Brixen 867. Theologische Verl.-Anstalt. Lex.-8, (III, 92 S. mit 1 Steintaf.) n. 25 ngr.

Reichensperger, August: Zur Anatomie von Pentacrinus decorus Wy. Th. Mit 3 Taf. u. 1 Fig. im Text. Leipzig: W. Engelmann 1905. (36 S.) 8° ¶ (Aus: Zeitschrift für wiss. Zoologie, Bd 80, H. 1.)

Bonn, Phil. Fak., Ref. Ludwig, Diss. v. 28. Juni 1905

[Geb. 8. Jan. 78 Coblenz; Wohnort: Coblenz; Staatsangeh.: Preußen; Vorbildung: Gymn. an Aposteln Cöln Reife O. 98; Studium: Bonn 2, Berlin 2, Münster 2, Bonn 4 S.; Rig. 18. Jan. 05.]

Zur Anatomie von Pentacrinus decorus Wy. Th. Von August **Reichensperger**. Mit 3 Taf. Cambridge, Mass., U. S. A.: Museum 1905. (S. 169–200.) 8°

Erschien auch in: Zeitschrift f. wissensch. Zoologie. Vol. 80, P. 1.

— Reports on the results of dredging ... 1877 to 1880 by the Steamer 'Blake'. 41.

= **Bulletin** of the Museum of Compar. Zoölogy at Harvard Coll. Vol. 46, No 10. 106. 13334

Reichensperger, Aug., L'art et l'archéologie en Allemagne. 1854. 4.

—— und Peter Frz., Deutschlands nächste Aufgaben. gr. 8. (VIII und 174 S.) Paderborn 860, Schöningh. *

Die Bauhütten des Mittelalters. Von A. Reichensperger. [Köln ca 1851: Bachem.] 8 S. 8° [Kopftit.]

Aus: Kölner Domblatt. 1851 Nr 73, 75.
Abgedr. in: FZ. 12 (1858) S. 217—221.

Die Bauhütten des Mittelalters. Ein Vortrag von Aug. Reichensperger. Köln: Bachem 1879. 22 S. 8°

Reichensperger, Aug., die christlich-germanische Baukunst u. ihr Verhältniß zur Gegenwart. Nebst einem Berichte Schinkel's aus dem J. 1816, den Cölner Dombau betreffend, als Anhang. 8. Trier 845, Lintz. 1/2 Thlr.

Reichensperger, Aug., die christlich-germanische Baukunst u. ihr Verhältniß zur Gegenwart. Nebst zwei auf den Kölner Dombau bezügl. Anlagen. 2. bedeutend verm. Ausg. gr. 8. (127 S.) Trier 852, Lintz. 18 ngr.

Reichensperger, Aug., die christlich-germanische Baukunst u. ihr Verhältniß zur Gegenwart. 3. umgearb. Ausg. Trier 860. Lintz. Lex.-8. (XVIII, 143 S.) n. 25 ngr.

Reichensperger, Aug., zur Characterisirung des Baumeisters Friedrich Freiherrn v. Schmidt. [Zum Thl. aus: „Zeitschr. f. christl. Kunst".] gr. 8. (22 S.) Düsseldorf 891. L. Schwann. n. — 80

Reichensperger, A., Erinnerungen an Eduard Ritter v. Steinle, s.: Broschüren, Frankfurter zeitgemäße.

—— Erlebnisse eines alten Parlamentariers im Revolutionsjahre 1848. gr. 8. (VII, 263 S.) Berlin 882, Springer. * geb. *

– Dass., s.a. Reichensperger, Peter Franz

Reichensperger, Aug., Fingerzeige auf dem Gebiete der kirchlichen Kunst. Nebst 31 (lith.) Taf. mit 125 Abbildgn. Leipzig 854. T. O. Weigel. gr. 8. (V, 138 S. u. 1 Stahlst.) n. 3 Thlr. 20 ngr.

— — Besondere Ausg. mit 3 (lith.) Taf. Abbildgn. Ebend. 855. gr. 8. (XIII, 148 S.) n. 1 Thlr.

— zur neueren Geschichte des Dombaues in Köln. Mit einer (lith.) Bildtaf. gr. 8. (IV, 65 S.) Ebend. 881. 1. —

Reichensperger, Aug., üb. deutsche Kunst m. besond. Beziehung auf Dürer u. die Renaissance. Nebst e. Briefe v. Wilibald Pirkheimer an Johann Tscherte als Anh. Eine Replik u. e. Triplik gerichtet an Herm. Grimm in Berlin. gr. 8. (27 S.) Köln 876. Bachem. — 60

—— die Kunst Jedermanns Sache, s.a. Broschüren-Verein, katholischer.

— die Kunst Jedermanns Sache. 2. Aufl. 8. (XX, 41 S.) Wegberg 891. J. Floitgraf. n. 1. —

— über das Kunsthandwerk. Vortrag, geh. zu Köln in der Wolkenburg am 4. März 1875. [Stenographische Aufzeichnung.] [Aus: „Köln. Volkszeitung."] gr. 8. (27 S.) Ebend. 875. — 60

— die Liebfrauenkirche zu Trier u. deren Restauration. Eine Rede. Trier 865. Lintz' Verlag. gr. 8. (34 S.) n. 4 ngr.

— über monumentale Malerei. Vortrag, geh. zu Köln in der Wolkenburg am 16. März 1876. [Aus: „Köln. Volkszeitg."] gr. 8. (21 S.) Ebend. 876. — 60

Eine neue Myzostoma-Art. Von August **Reichensperger**. Cambridge, Mass., U. S. A.: Museum 1906. (S. 199–201.) 8°

= **Bulletin** of the Museum of Comparative Zoölogy at Harvard Coll. Vol. 43, No 5. 108. 4811

— Parlamentarisches über Kunst u. Kunsthandwerk, nebst Glossen dazu. gr. 8. (96 S.) Ebend. 880. 1. —

Reichensperger, Aug., Phrasen u. Schlagwörter. Ein unentbehrliches Not- u. Hilfsbüchlein für Zeitungsleser. Motto: „Man muß den Worten ihre Bedeutung wiedergeben." Pius IX. Paderborn. Schöningh. 1872. 8°, 196 S., 5. Aufl., 1,35 Mk.

1. Aufl. 1862, 80 S.

— Phrasen u. Schlagwörter. Ein Noth- u. Hülfsbüchlein f. Zeitungsleser. 3., bedeutend verm. Ausg. gr. 16. (XVI, 180 S.) Paderborn 872. Schöningh. 1. 35

Reichensperger, Aug., zur Profan-Architektur. Mit besond. Berücksicht. der Erweiterg. der Stadt Köln. gr. 8. (86 S.) Köln 886. Bachem. n. 1. 20

— Augustus Welby Northmore Pugin, der Neubegründer der christlichen Kunst in England, s.: Sammlung historischer Bildnisse.

— eine kurze Rede u. eine lange Vorrede über Kunst. Aus Veranlassung der an das preuß. Abgeordneten-Haus gelangten Künstler-Petitionen. Paderborn 863. Schöningh. 8. (128 S.) 10½ ngr.

— und Pet. Frz. Reichensperger, Gebrüder, parlamentarische Reden. Als Material zu einer Charakteristik der großdeutschen u. kathol. Fraktion. 1848—1857. Mit Genehmigung der Autoren herausg. Regensburg 858. Manz. gr. 8. (XXIII, 1087 S.) n. 3 ₰.

— die Renaissance im heutigen Kunstgewerbe. Aus Anlaß einer unter obenstehendem Titel erschienenen Schrift von Dr. Jul. Lessing, Director des Deutschen Gewerbemuseums zu Berlin. gr. 8. (43 S.) Aachen 879. Barth. n. 1. —

— s. Roriczer, M., das Büchlein v. d. Fialen Gerechtigkeit.

—— ein Rückblick auf die letzten Sessionen des Preußischen Abgeordnetenhauses und ein Wort über die deutsche Verfassungsfrage. 2 Abthlgn. gr. 8. Paderborn 864, Schöningh. [1. Abthl. (119 S.) 13⅓ Ngr., 2. Abthl. (173 S.) 15 Ngr.]

— vermischte Schriften über christliche Kunst. Nebst 8 (lith.) Taf. mit Abbildgn. Ebend. 866. gr. 8. (VIII, 586 S.) n. 3 ₰. 10 ngr.

— William Shakespeare, insbesondere sein Verhältniß zum Mittelalter u. zur Gegenwart. [Aus: „zeitgemäße Broschüren."] gr. 8. (49 S.) Münster 872. Russell. — 60

— die vierzehn Standbilder im Domchore zu Köln. (Eine Beigabe zu den Abbildungen derselben von D. Levy-Elkan.) gr. 4. Köln 842. (Eisen.) n. 5/12 ₰

—— Georg Gottlob Ungewitter und sein Wirken als Baumeister zumeist aus Briefen desselben dargestellt. 8. (X und 230 S.) Leipzig 866, T. O. Weigel. *

Reichensperger, Peter, s. Reichensperger, Peter Franz

Reichensperger, Peter Frz., die Agrarfrage aus dem Gesichtspunkte der Nationalökonomie, der Politik u. des Rechts u. in besond. Hinblicke auf Preußen u. die Rheinprovinz. gr. 8. (679 S. m. 2 Tab. in Fol.) Trier 847, Lintz. 3⅓ ₰

– s.a. Agrarverfassung, Die freie.

Reichensperger, Pet. Frz., die freie Agrarverfassung. Regensburg 856. Manz. 8. (83 S.) 12 ngr.

Reichensperger, Pet. Fr., gegen die Aufhebung der Zinswuchergesetze. Berlin 860. Guttentag. gr. 8. (76 S.) n. 12½ ngr.

Reichensperger, Peter Fr., Beleuchtung des Commissions-Berichtes des Abgeordneten Dr. Gneist betr. die Aufhebung der Klöster in Preussen. Mainz 870. Kirchheim. gr. 8. (19 S.) 3 ngr.

Reichensperger, Peter Franz. Keine Einkommensteuer. Berlin 1850. 12 S. 8.

— Entwurf eines Hypothekengesetzes f. den Bezirk des Rhein. Appellations-Gerichts-Hofes nebst Motiven. Im Auftrage des Königl. Justizministeriums ausgearb. gr. 8. (124 S.) Köln 851. (J. & W. Boisserée.) n. ⅙ ₰

Reichensperger, Pet., Erlebnisse eines alten Parlamentariers im Revolutionsjahre 1848. gr. 8. (VII, 263 S.) Berlin 882. Springer. n. 5 —; geb. n. 6. —

– Dass., s.a. Reichensperger, August

— Eröffnungs-Rede der 10. General-Versammlung kathol. Vereine zu Köln. Berlin 858. (Leipzig, Friese.) 8. (27 S.) 2½ ngr.

Reichensperger, P., die Gemeinschädlichkeit der in Aussicht gestellten Erhöhung der Kornzölle. gr. 8. (35 S.) Berlin 887. Springer. n. — 80

Reichensperger, Peter, Kulturkampf od. Friede in Staat u. Kirche. 4. Aufl. gr. 8. (99 S.) Berlin 876. Springer's Verl. n. 1. 80

—— die preuß. National-Versammlung und die Verfassung vom 5. Dezbr. Beleuchtung der Ansprache des Abgeordneten Rodbertus an seine Wähler. gr. 8. (50 S.) Berlin 849, Besser'sche Sortimentsb. *

Reichensperger, Peter Franz. Die preußische National-Versammlung und die Verfassung vom 5. Dezember. Beleuchtung der Ansprache des Abgeordneten Rodbertus an seine Wähler. Berlin, Hertz 1849. 50 S. 8.

— über das Verhältniß d. Staates zur Kirche im Hinblick auf die Jesuitendebatte im deutschen Reichstage. gr. 8. (36 S.) Berlin 872. Moeser. In Comm. — 50

— die Zins- u. Wucherfrage. gr. 8. (III, 89 S.) Berlin 879. Guttentag. n. 1. 60

Reichenstein, A. G., „Beherrsche dich selbst!" Beitrag zur Sittlichkeitsfrage. gr. 8. (20 S.) Heidelberg 900. (Ev. Verlag). — 30

Reichenstein, Frz., die große Schlacht bei Langensalza. Geschlagen am 27. Juni 1866, zwischen der königl. hannoverschen Armee u. den königl. preuß. Truppen. Eine wahrheitsgetreue Schilderung nach den besten Quellen. Kassel 866. (Meßner'sche Buchh.) 8. (40 S.) 3 ngr.

Reichensteiner-Gebirge [Schlagwort]

Reichensteiner-Gebirge, s.: Glatz, Hansi, G.

Reichenthal, August von, u. Wilhelminens v. Steinfeld, Geschichte, 8. Augsburg, 786. Stage. 10 sgl.

Reicher, Heinr., Zur Armenreform der Städte in Steiermark. Mit besonderer Berücksichtigung der Landeshauptstadt Graz. 8⁰. Graz 1893.

Reicher, Heinrich. Bibliographie der Jugendfürsorge. Heft 1: Frankreich, Schweiz, England, Belgien, Amerika nebst Anhang. Zusammengestellt von Dr. H' R'. VIII + 126 S. 8. Wien, Manz, 1909. [M. 2. 10]
Die Fürsorge für die verwahrloste Jugend. Von Dr. Heinrich Reicher. Teil 3. Band 2.

Bibliographie der Jugendfürsorge. Zsgest. von Heinrich Reicher. H. 1. 2. Wien: Manz 1909–10. 8°
(Reicher: Die Fürsorge f. d. verwahrloste Jugend. T. 3, Bd 2.) [10. 9605]

Reicher, Heinr., der Erziehungsnotstand d. Volkes u. die Beschlüsse des Herrenhauses betr. Jugendstrafrecht u. Fürsorgeerziehung. (III, VIII, 44 S.) gr. 8. Wien 910. Manz. — 85

Reicher, Heinr., die Fürsorge f. die verwahrloste Jugend. I. Tl.: 1–3 u. II. Tl. gr. 8. Wien, Manz. n. 13. 50
I, 1. Deutsches Reich. Die Zwangserziehg. im Großherzogt. Baden. (XVI, 182 S.) 904. n. 2. 50
2. Der Kinderschutz in England. (211 S.) 904. n. 2. 50
3. A. Der Schutz der Kinder gegen Mißhandlung u. Verwahrlosung in Frankreich. B. Die Fürsorge f. die landstreich., bettelnde u. straffäll. Jugend in Belgien. C. Die Versorgg. verwahrloster Kinder in der Schweiz. Anh.: I. Das norweg. Gesetz, betr. die Fürsorge f. verwahrloste Kinder. II. Die „George Junior Republic" in Amerika. (224 S.) 904. n. 2.50
II. Pflegschaftsschutz u. Besserungsanstalt in Oesterreich. (IV, 496 S.) 906. n. 6. –

— Die Fürsorge f. die verwahrloste Jugend. III. Tl. 1. Bd. u. 2. Bd. 1. u. 2. Heft. 8. Wien, Manz. 14. 10
III. I. Die Theorie der Verwahrlosg. u. das System d. Ersatzerziehg. (VIII, 388 S.) 908. 6. 80
III. 2. I. Bibliographie der Jugendfürsorge. 1. Heft: Frankreich, Schweiz, England, Belgien, Amerika nebst Anh. (VII, 126 S.) 909. 2. 10
III. 2. III. Dasselbe. 2. Heft: Die Bibliographie der Gesetzgebg. der Schweiz, des Deutschen Reiches u. seiner Bundesstaaten, v. England, Frankreich, Österreich, Ungarn u. Schweden. — Die Literatur der Jugendfürsorge im Deutschen Reiche, in Österreich u. Ungarn. Zusammengestellt m. e. Schlußwort. (VII, 282 S.) 910. 5. 20

— Die Fürsorge f. uneheliche Kinder, s.: Ergebnisse d. Säuglingsfürsorge. 2. Heft. (Keller, Arth.)

Reicher, Heinr., Heimatrecht u. Landes-Armenpflege, m. besond. Berücksicht. der Natural-Verpflegsstationen in Steiermark. Ein Beitrag zum österreich. Armenrecht. gr. 8. (85 S.) Graz 890. Leuschner & Lubensky. n. 1. 80

— Das Mindestmaß an Erziehung. (IV, 118 S.) gr. 8. Wien 909. Manz. — 85

(Reicher, Heinrich. Reisebericht *betr.* Fürsorge der verwahrlosten Kinder in der Schweiz. Beilage *zum*) Bericht des steiermärkischen Landes-Ausschusses in Angelegenheit der Ausgestaltung der Fürsorge für verwahrloste Jugend (1901 Juni). 41 S. 4. (Graz, Druckerei «Leykam».)
Steierm. Landtag, VIII. Landtagsperiode, 5. Session, Beilage Nr. 5, 1900/1901. — Reisebericht: S. 5–41.

Reicher, Heinr., Schutz und Hilfe für arme Kinder in Oesterreich. 8°. Wien 1890.

Die Theorie der Verwahrlosung und das System der Ersatzerziehung. Von Dr. Heinrich **Reicher**. Wien: Manz 1908. (VIII, 388 S.) 8°
— **Reicher**: Die Fürsorge f. d. verwahrloste Jugend. T. 3, Bd 1. [08. 9011

— **die Verwahrlosung des Kindes u. das geltende Recht, s.a. Beiträge zur Kinderforschung u. Heilerziehung. 21. Heft.**

Die Verwahrlosung des Kindes und das geltende Recht. Vortrag ... Von Dr. Heinrich **Reicher**, Priv.Doz. Langensalza: H. Beyer & Söhne 1906. (32 S.) 8°
— **Beiträge** z. Kinderforschung u. Heilerziehung. H. 21. [07. 5710 3

Reicher, Joseph. (geb. Leer 1820): De spina bifida. Berolini (1847). (36 S.) 8°
Berlin, Med. Diss. v. 30. Sept. 1847

(**Reicher,** Joseph, k. k. Major im Generalstabe.) Ein Wehrgesetz für das konstitutionelle Oesterreich, sowie Vorschläge zur Reorganisation des Heeres. Den Reichsvertretern und der Armee gewidmet. Wien 1868. 8°

REICHER, MORITZ MAXIMILIAN. Ueber das Harz des galizischen Erdwachses. Bern, 1888.

Reicher, M. M., üb. das Harz d. galizischen Erdwachses. Inaug.-Diss. gr. 8. (30 S.) Bern 888. (Huber & Co.) n. — 60

Reicher, Tila, aus Winnitza (Russland): **Beitrag zur** Ureterenchirurgie. Bern 1910. 41 S. 8°. [VI. 10.]
Bern. Med. Diss. 1909/10.

Reicher, Tila. Beitrag zur Ureterenchirurgie. Diss. Med. Bern. 41 S. 8. Bern, Verlag «zum Zytglogge», 1910.

Reicher-Kindermann, Hedwig, Erinnerungsblatt an dieselbe, s.: Bornhardt, A.

Reichermann, Wilhelm

Reichermann, W., de Dreiendreiß'ger önn Köln am Rhein. Plattdeutsches Gedicht im natangschen Dialekt. gr. 8. (8 S.) Königsberg i/Pr. 892. (Gräfe & Unzer, Verl.) n.n. — 15

[F.] Natangische Geschichten aus alter und neuer Zeit v. W. **Reichermann.** *(Creuzburg): Selbstv. d. Vfs; [Königsberg: Bon] 1897.* (3 Bl., 66 S.) 1 Bd 8. [97. 1503

— ut Noatange. Plattdütsche Spoaßkes. 1.—4. Bandke. 8. Ebd. à n.n. — 50
1. (V, 67 S.) 891. — 2. (VI, 67 S.) 892. — 3. (V, 72 S.) 893. — 4. (VI, 81 S.) 894.

— dasselbe. 1. Bandke. 2. Aufl. gr. 8. (VIII, 68 S. m. farb. Titelbild.) Ebd. 892. n.n. — 60

— ut Noatange. Plattdütsche Spoaßkes. 4 Bandkes. 4. Aufl. gr. 8. Königsberg, Gräfe & Unzer's Sort. à. n.n. — 60
1. (VIII, 68 S.) 894. — 2. (VIII u. S. 69–140.) 895. 3. (VII u. S. 141–212.) 896. — 4. (VII u. S. 213–293.) 895. Vergriffen.

— dasselbe. 5.—7. Bandke. gr. 8. (VIII u. S. 295—362; VI u. 363—430 u. IV, 72 S.) Königsberg 895—897. Bon's Buchh. à n.n. — 60

— dasselbe. 1. Bandke. 5. Aufl. gr. 8. (VIII, 68 S.) Königsberg 898. (F. Beyer. — Bon's Buchh.) n. — 60

Reichermann, W., ut Noatange. Plattdütsche Spoaßkes. 8 Bandkes. gr. 8. Königsberg, F. Beyer. à n. — 60
1. 6. Aufl. (VIII, 68 S.) 902. — 2. 5. Aufl. (VI u. S. 69—140.) 899. — 3. 5. Aufl. (V u. S. 141–212.) 899. — 4. 6. Aufl. (VI u. S. 213—293.) 902. — 5. 2. Aufl. (VIII u. S. 295 —362 m. 1 Abbildg.) 899. — 6. 2. Aufl. (VI u. S. 363—430.) 899. — 7. 2. Aufl. (IV u. S. 431—502.) 900. — 8. (VI, 68 S.) 901.

Ut Noatange. Plattdütsche Spoasskes vertellt von W[ilhelm] **Reichermann,** Creuzburg. 6. Opploag. Bandke 1. *Königsberg i. Pr.: Thomas & Oppermann [1902].* 8° [F.] [04. 9701 10

— ut Noatange. Plattdütsche Spoaßkes. 2. 3. 5.—7. u. 9.—11. Bandke. gr. 8. Königsberg, F. Beyer. à n. — 60
2. 6. Aufl. (VI u. S. 69—140.) (904.) — 3. 6. Aufl. (V u. S. 141–212.) 904. — 5. 3. Aufl. (VIII u. S. 295—362 m. 1 Abbildg.) 906. — 6. 3. Aufl. (VI u. S. 361—430.) 904. — 7. 3. Aufl. (IV u. S. 431—502.) 905. — 9. (II. Reihe. 1. Heft.) (VI, 65 S.) (903.) — 10. (II. Reihe. 2. Heft.) (VI u. S. 67 bis 135.) (905.) — 11. (II. Reihe. 3. Heft.) (VI u. S. 137 bis 207.) 905.

Reichermann, W., ut Noatange. Plattdütsche Spoaßkes. 12.—15. Bandke. (II. Reihe. 4.—7. Heft.) (VI, VI, XVI, u. S. 209—458 m. Bildnis.) 8. Königsberg 907—09. F. Beyer. à — 60 (1—15 in 3 Bde. geb. à n 3.75)

— dasselbe. 16. Bandke. (VII, 64 S.) 8. Ebd. 911. — 70

Reichermann, W., op e Doktor öff kein Verloat. Plattdeutsche Bauernposse in 1 Akt. (26 S.) kl. 8. Königsberg (903). Bon's Buchh. n. 1.—

Doktraptökersch Suh! [Verf.: W. Reichermann.] *(Königsberg i. Pr.: Bon 1902.)* (2 Bl.) 8° [Kopft. F.] [02. 1313] 10

W. Reichermann. Doktraptökersch Suhl [2. Druck.] *(Königsberg i. Pr.: Bon (1903).)* (7 S.) 8° [Kopft. F.] [04. 1905] 10

Reicherspergensis, A., s.: Arnonis Reicherspergensis apologeticus contra Folmarum.

Reichert

— s. a. **Reichard, Reichardt, Reichart.**

Reichert, Geschichte des schlesischen Train-Bataillons Nr. 6. Unter Benutzg. amtl. Quellen auf dienstl. Veranlassg. bearb. Mit 1 Bildnis. (107 S.) gr. 8. Berlin 903. E. S. Mittler & Sohn. n. 3.—; geb. n.n. 4.50

Ueber Höhenmessung mit Aneroid-Barometern und deren Verwendbarkeit bei militärischen Aufnahmen. Mit 11 Holzschnitten. [Von **Reichert.**] (Aus: Neue Militärische Blätter. 1879.) Berlin. (1879.) 8° m.

Johannisfestrede gehalten den 26. Juni 1870 im Or.·. Freiburg von **Reichert.** [Freiburg 1870.] 1 Bl. 4° [Kopftit.]

[Beigedr.:] Adam: Betrachtungen am Johannistag 1870.
Gelegenheitsworte.

Reichert. Karte der Stadt Solingen. 1 : 10 000. 1 Bl. Hz.

Reichert, Karte der Umgebung von Strassburg. Im Anschluss an die französ. Generalstabs-Karte für den Gebrauch der felddienstübenden Truppen croquirend bearb. 1 : 25,000. 6 Bl. Fol. Strassburg 874, Bielefeld's Hofbuchh. [Astmann.] *

Reichert. Die Untersuchung der Aneroide. Berlin 1880. 8°. (Aus: Jahrbücher f. d. deutsche Armee und Marine. 36.)

Reichert, A., Richard Wahrlieb u. die Insel Friedland. Gegenwart u. Zukunft. In zwei Bildern. 8. (IV, 79 S.) Dresden 898. E. Pierson. n. 1.50

Reichert, Alex., die Gross-Schmetterlinge des Leipziger Gebietes. Hrsg. vom entomolog. Verein Fauna zu Leipzig zur Feier seines 25jähr. Bestehens. 3. Aufl. Im Auftrage des Vereins in gemeinsamer Arbeit m. Max Fingerling u. Ernst Müller zusammengestellt. (XII, 81 S.) kl. 8. Leipzig 900. (M. Oelsner.) n.n. 1.50

Reichert, Alphons, appr. Tierarzt: Arbeiten aus d. med. Veterinärklinik d. Univ. Gießen. Dir.: Gmeiner. Klinische Untersuchungen über die normale Pulsfrequenz unserer Haustiere. Gießen 1909: v. Münchow. 63 S. 8°
Gießen, Veterinär-Med. Diss. v. 16. Dez. 1909, Ref. Pfeiffer
[Geb. 21. Sept. 84 Hohentengen; Wohnort: München; Staatsangeh.: Württemberg; Vorbildung: Oberrealsch. Ravensburg Reife Juli 05; Studium: Stuttgart Tierärztl. Hochsch. 5, Gießen 2 S.; Rig. 5. Nov. 09.] [U 10. 1245

Reichert, Anna, der Roman der Marianne Bammeer. (446 S.) 8. Berlin 909. E. Fleischel & Co. 6.—; geb. 7.50

Reichert, Arno, 50 Jahre Sinfonie-Konzerte! Übersicht der vom Oktbr. 1858 bis April 1908 v. der königl. musikal. Kapelle zu Dresden aufgeführten Werke. Alphabetisch nach den Komponisten geordnet. (30 S.) 8. Dresden 908. C. A. Klemm. —50

Reichert, Beda, der kranke u. sterbende kathol. Christ. 8. Ulm 785 Wohler. 2 ℊ

Reichert, Bened. Maria, s.: Acta capitulorum generalium ordinis Praedicatorum.

— s.: Gerardi de Fracheto vitae fratrum ordinis praedicatorum.

Reichert, Bened. Maria, s.: Monumenta ordinis fratum Praedicatorum historica.

— s.: Quellen u. Forschungen zur Geschichte d. Dominikanerordens in Deutschland.

Reichert, C: Neues photographisches Universal-Objektiv »Combinar«. Wien 1904

Reichert, C: Neues klinisches Ferrometer nach Ad. Jolles als Completirung des Hämometers. Wien 1902

Reichert, C: Gebrauchs-Anweisung für das Azotometer. Wien (1904?)

Reichert, C: Das Haemometer nach Professor Ed. Fleischl v. Marxow. Wien 1889

Reichert, C: Hämometer nach Fleischl. Wien 1904

Reichert, C: Katalog über Polarisations-Apparate für wissenschaftliche und technische Zwecke. 2. Aufl. Wien 1901

Reichert, C: Katalog über Projections-Apparate für mikroskopische und makroskopische Präparate. Wien 1899
Nebst: Nachtrag. 1901

Reichert, C: Mikroskope zur Untersuchung von Metallen. Wien 1904

Reichert, C: Phosphometer nach Adolf Jolles. Wien 1899

Reichert, C: Preis-Courant über Mikroskope. Wien (1890)

Reichert, C: Preisverzeichnis über Mikroskope. Wien 1904

Reichert, C: Neuer Taschen-Haemometer. Wien 1900

Reichert, C., üb. den 2. Teil der Odyssee. gr. 8. (IV, 92 S.) Berlin 889. Mayor & Müller. n. 2.40

Reichert, C. v., Versuch einer Richard Wagner-Studie. gr. 8. (24 S.) München 884, Franz'sche Buchh. *
Aus: Deutsches Archiv für Geschichte der Medicin und medicinischen Geographie, besonders abgedruckt.

Reichert, C. B., s. Reichert, Karl Bogislaus

Reichert, C. H., s.: Kegel-Ordnung, neueste.

Reichert, Carl, s. Reichert, Karl

Reichert, E., s. Hellmuth's, J. H., Elementar-Naturlehre.

Reichert, Felix, Postassessor: Die civilrechtliche Haftung der Post- und Telegraphen-Beamten. Tübingen 1909: Laupp. (Aus: Archiv f. öffentl. Recht. Bd 25, H. 2.)
Tübingen, Jur. Diss. v. 5. Juli 1909, Ref. Rietschel
[Geb. 1. Okt. 78 Ludwigsburg; Wohnort: Stuttgart; Staatsangeh.: Württemberg; Vorbildung: Realgymn. Stuttgart Reife Juli 02; Studium: Tübingen 6, Berlin 1, Tübingen 2 S.; Rig. 11. März 09.] [U 09. 3915

Reichert, Franz [prakt. Tierarzt aus München]: Die Bedeutung der sexuellen Psychopathie des Menschen für die Tierheilkunde. München 1902. 46 S. 8°.
Bern. Vet.-med. Diss. 1902/1903.

Reichert, **Franz**. Die Bedeutung der sexuellen Psychopathie des Menschen für die Tierheilkunde. Diss. Vet.-Med. Bern. 46 S. 8. München, J. Schön, 1902.

Reichert, Frz., die Bedeutung der sexuellen Psychopathie des Menschen f. die Tierheilkunde. (56 S.) gr. 8. München 903. H. Hugendubel. n. 1. 50

Reichert, Friedrich, aus Vonhausen (Grh. Hessen): **Einiges über die Beziehungen zwischen Klebergehalt und Backfähigkeit.** *Halle a. S. 1902: (Ungeheuer & Ulmer, Ludwigsburg).* (70 S.) 4°(8°) [ℨ.]
Halle, Phil. Diss. v. 6. Aug. 1902

Reichert, Friedrich, aus Schwäbisch-Hall: **Über die Einwirkung von Stickstofftetroxyd auf Phenylisocrotonsäure.** *Straßburg i. E. 1903: M. DuMont-Schauberg.* (24 S.) 8°
Straßburg, Math.-naturw. Diss. v. 1902

Geschichte des Schlesischen Train-Bataillons Nr. 6. Unter Benutzung amtl. Quellen auf dienstl Veranlassung bearb. von [Fritz] **Reichert**, Rittm. Mit 1 Bildn. *Berlin: E. S. Mittler & Sohn 1903.* (107 S.) 8° [ℨ.]

Reichert, G., Schloss und Domkirche zu Marienwerder, s. Hermann, H.

Reichert, G. W.: De mutua uteri cum ventriculo consensione, s. Buechner, Andr. El. [Praes.]

Reichert, Georg, Gerichtsass.: Die l. 20 §§ 4, 5 D. de condictione indebiti 12, 6. Ein Beitr. z. Lehre d. datio in solutum u. condictio indebiti. Borna-Leipzig 1909: Noske. XI, 47 S. 8°
Rostock, Jur. Diss. v. 15. Juli 1909, Ref. Bernhöft
[Geb. 2. Nov. 77 Berlin; Wohnort: Berlin; Staatsangeh.: Preußen; Vorbildung: Gymn. [illegible] i. P. Reife M. 98; Studium: München 2, Leipzig 2, Berlin 2 S.; Rig. 28. Mai 09.] [U 09. 3087

Reichert, Gust. **Michel's de Montaigne Gedanken über Erziehung und Unterricht.** 23 S. **Progr.** Rg. *Magdeburg* 1878.

Reichert, Gustav, Tierarzt: Arbeiten aus d. med. Veterinärklinik d. Univ. Giessen. Dir.: Gmeiner. Über Linimente (Kreolin-, Kresol- und Wiener Teerliniment) und deren klinische Bedeutung. Giessen 1910: v. Münchow. 76 S. 8°
Gießen, Veterinär-Med. Diss. v. 1. März 1910, Ref. Pfeiffer
[Geb. 30. Jan. 81 Posen; Wohnort: Hofheim a. Taunus; Staatsangeh.: Preußen; Vorbildung: Realgymn. Frankfurt a. O. Reife O. 99; Studium: Berlin Tierärztl. Hochsch. 7 S.; Rig. 21. Dez. 09.] [U 10. 1246

Reichert, Hermann [app. Arzt in Nürtingen]: **Über Endometritis polyposa.** . . . Tübingen, Druck v. Heinrich Laupp jr., 1889; 16 S. 8°
Tübingen, Med. Fak., Inaug.-Diss. v. 1889

Reichert, H., üb. **Endometritis polyposa.** Inaug.-Diss. gr. 8. (16 S.) Tübingen 889. (Fues.) n. 1. --

Reichert, Herm., die deutschen Familiennamen nach Breslauer Quellen des 13. u. 14. Jahrh., s. a. Wort u. Brauch. I.

Die deutschen Familiennamen nach Breslauer Quellen d. 13. u. 14. Jhs von Dr. Hermann **Reichert**. Breslau: M. & H. Marcus 1908. (IX, 192 S.) 8°
— **Wort** u. Brauch. H. 1.

Reichert, Hermann: Die Breslauer Personennamen des 13. und 14. Jahrhunderts. Breslau 1907: H. Fleischmann. (2 Bl.) 8° (Nur Titelblatt u. Vita.)
Breslau, Phil. Fak., Ref. Siebs, Diss. v. 20. März 1907
[Geb. 27. Mai 82 Breslau; Wohnort: Breslau; Staatsangeh.: Preußen; Vorbildung: Elisabeth-Gymn. Breslau Reife M. 01; Studium: Breslau 11 S.; Rig. 27. Febr. 07.]

Reichert, Hermann: Die Breslauer Personennamen des 13. und 14. Jahrhunderts. Breslau: Marcus 1908. 37 S. 8° (Ersch. vollst. u. d. T.: Die deutschen Familiennamen nach Breslauer Quellen des 13. u. 14. Jhs, nicht u. d. T., den die Diss. angibt: Studien zur Geschichte der deutschen Familiennamen. Die Breslauer Personennamen u.s.w. als: Wort u. Brauch. H. 1.) (Vgl. Jg. 22, Br. 120.)
Breslau, Phil. Diss. v. 20. März 1907, Ref. Siebs
[Geb. 27. Mai 82 Breslau; Wohnort: Breslau; Staatsangeh.: Preußen; Vorbildung: Elisabeth-Gymn. Breslau Reife M. 01; Studium: Breslau 11 S.; Rig. 27. Febr. 07.] [U 08. 620

Reichert, J.: Beiträge zur Geschichte Siciliens unter der Herrschaft der römischen Republik. 8 S. 4°.– Zengg OG., Progr. 1872.

Reichert, J. Die Geschichte der Gutehoffnungshütte in Oberhausen. Zur Erinnerung an das 10. jährige Bestehen. **Berlin, 1910. 35 S. mit 7 Abb.**

Reichert, Ignaz [cand. med. aus Aschaffenburg]: **Ueber die Behandlung der Oesophaguscarcinome** . . . . Aschaffenburg, Buchdr. J. W. Schippner Wo., 1886; 42 S. + 1 Bl. 8°.
Würzburg. Med. Fak., Inaug.-Diss. v. 1886.

Reichert, Ignaz, über die Behandlung der Oesophaguscarcinome. Diss. Würzburg 1886, Stahelsche Univ.-Buchh. 8°. 30 S.

Reichert, Ignatius Anton, Ordo equestris a leone Palatino dictus, carmine epico. (Heidellerg 15. XII.) 1770. (—.—) 28025

Reichert, Ign. Ant. Otto factis et meritis merito illustris. 4. Monachi, s. a.

Reichert, Joh., deutsche Aufsätze, s.: Unterkofler, Pet.

Reichert, Joh. Friedr., Hortus Reichertianus, od. vollständ. Catalog f. Handelsgärtner u. Liebhaber d. Gärtnerei. 8. Weimar, 1804. 2. Aufl. 1807. Landes-Ind.-Compt. — 10

Reichert, J. F., hortus Reichertianus, oder Katalog für Handelsgärtner ꝛc. 8. Weimar u. Leipzig, Industr. Compt. 804.

— Johann Valentin (Bürgstadt am Main), De exclusione **filiarum illustrium ab allodio legitime ex jure et patriae moribus vane ex renunciationibus quibuscunque petenda. Diss. jur. Präs. Johann Philipp Hahn. Mainz (Haeffner) Dez. 1755. 72 S.** (4.75) 28026
Gew.: Friedrich Carl Joseph von Ehrthal, Friedrich von Stadion.

Reichert, K., „Gieb mir, mein Kind, dein Herz!" Etliche Predigten f. Kinder u. solche, die es werden wollen. gr. 8. (48 S.) Berlin 900. F. Rühe. n. — 80

Reichert, Karl

Reichert, Car. (geb. Rastenburg 1811): De embryonum arcubus sic dictis branchialibus. Berolini (1836). (36 S.) 4°
Berlin, Med. Diss. v. 30. Juli 1836

Reichert, Carl, Einst u. Jetzt. Album Steiermarks. 2. verb. Aufl. 1. Bd. 1. Heft. Graz 864. (Leuschner & Lubensky.) qu. 4. (4 S. u. 7 Lithogr.) n. 20 *ngr.*

Reichert, Carl, Einst u. Jetzt. Album Steiermarks; sämmtl. interessante Schlösser, Burgruinen, Städte, Kirchen u. Klöster enthltd. Ein vaterländisches Bilderwerk. Nach der Natur aufgenommen. Text von Mitgliedern des historischen Vereins. 2., verb. Aufl. 1. Bd. 2—12. Heft u. 3. Bd. 12 Hefte. Graz 865. (Leuschner & Lubensky.) qu. 4. Jedes Heft (7 Steintaf. in Tondr. u. 4 S. Text.) n. 20 *ngr.*

Reichert, Karl, 12 Gravuren nach Gemälden des Künstlers. (Katzen-Bilder.) gr. 8. Wien (900). J. Löwy. In Leinw.-Mappe 10. —

— 12 Gravuren nach Gemälden des Künstlers. (Hundedarstellungen.) gr. 8. Ebd. (900). In Leinw.-Mappe 10. —

Reichert, Carolus [Marchicus]: De libris Odysseae N et Π .... Halis Saxonum, *typ. express. Granert fratres, Berolini*, 1887; 30 S. 1 Bl. 8°
Halle, Phil. Fak., Inaug.-Diss. v. [3. Dez.] 1887

Reichert, Carolus, de libris Odysseae N et Π. Diss. Halle 1887, Lippertsche Buchh. 8°. 30 S.

Reichert, Karl: Über die Sichtbarmachung der Geisseln und die Geisselbewegung der Bakterien. (Jena: Fischer 1909.) 83 S. 8° ¶ (Aus: Centralblatt f. Bakteriol. Abt. 1, Bd 51, H. 1.)
Berlin, Phil. Diss. v. 9. Okt. 1909, Ref. Schwendener
[Geb. 20. Aug. 83 Wien; Wohnort: Wien; Staatsangeh.: Österreich; Vorbildung: Oberrealsch. im 3. Bezirk Wien Reife Juli 00; Studium: Berlin Techn. Hochsch. 3, Univ. 4 S.; Rig. 3. März 09.] [U 10. 234

Reichert, Karl Bogislaus

Reichert, K. B., zur Anatomie d. Schwanzes d. Ascidien-Larven [Botryllus violaceus]. [Aus: „Abhandlgn. d. k. Akad. d. Wiss. zu Berlin".] Mit 5 (zum Thl. color. Kpfr.-) Taf. gr. 4. (42 S.) Berlin 875. Dümmler's Verl. in Comm. n. 4. —

Reichert, Karl Bogisl., der Bau des menschlichen Gehirns durch Abbildungen mit erläuterndem Texte dargestellt. 1. Abth. Mit 24 Kpfrtaf. — 2. Abth. Mit 9 Kpfrtaf. u. 17 in den Text aufgenommenen Kpfrst. Leipzig 859, 61. Engelmann. gr. 4. (IX, 42 S. u. 1 Tab. in Fol.; VIII, 192 S.) Jede Abthlg. n. 5 ℛ

Reichert, Karl Bogislaus: Beitrag zur feineren Anatomie der Gehörschnecke des Menschen und der Säugethiere. Mit 3 Taf. Berlin 1864. 59 S. 4°
Aus: Abhandl. d. Königl. Akademie d. Wissenschaften zu Berlin. 1864.

Reichert, Karl Bogisl., Beitrag zur feineren Anatomie der Gehörschnecke des Menschen und der Säugethiere. gr. 4. (60 S. mit 3 Taf. in Kpfrst.) Berlin 864, (Dümmler's Verlag.) cart. *

—— Beiträge zur Entwickelungsgeschichte des Meerschweinchens. 1. Abthl. gr. 4. (120 S. mit 8 Kpfrt.) Berlin 862, (Dümmler's Verlag.) cart. *

Reichert K. B.: Beiträge z. Kenntniss d. Zustandes d. heutigen Entwickelungs-Geschichte. Berl. 1843. 137 S.

Reichert, K. B., Beiträge zur Kenntniß des Zustandes der heutigen Entwickelungs-Geschichte. Lex.-8. Berlin 843, A. Hirschwald. n. 5/6 ℛ

—— Bemerkungen zur vergleichenden Naturforschung im Allgemeinen u. vergleichende Beobachtungen über das Bindegewebe u. die verwandten Gebilde. gr. 8. (11 1/8 B.) Dorpat 845, Gläser's Verl.

Reichert, K. B., Beschreibung e. frühzeitigen menschlichen Frucht im bläschenförmigen Bildungszustande nebst vergleich. Untersuchgn. üb. die bläschenförm. Früchte der Säugethiere u. d. Menschen. [Aus: „Abhandlgn. d. k. Akad. d. Wiss. zu Berlin".] Mit 5 Kpfrst. 4. (92 S.) Ebend. 873. n. 5. —

Reichert C. B.: Ueber das vordere Ende d. Chorda dorsualis bei frühzeitigen Haifisch-Embryonen (*Acanthias vulgaris*). Berl. 1877. (74) S. 2 Tvl. (Særtr.). 4°.

Reichert, C. B., über das vordere Ende der Chorda dorsualis bei frühzeitigen Haifisch-Embryonen [Acanthias vulgaris]. [Aus: „Abhandlgn. d. kgl. Akad. d. Wiss."] Mit 2 (chromolith.) Taf. 4. (74 S.) Berlin 878. Dümmler's Verl. in Comm. cart. n. 4. 50

Reichert, Carl Bogislaus, vergleich. Entwickelungsgeschichte d. Kopfes d. nackten Amphibien, nebst d. Bildungsgesetzen d. Wirbelthier-Kopfes im Allgem. u. seinen hauptsächl. Variationen durch d. einzelnen Wirbelthier-Klassen. gr. 4. (36 B., 2 Kpfr.- u. 1 Stnt.) Königsberg 838, Gebr. Bornträger. *

Reichert K. B.: Das Entwickelungsleben im Wirbelthier-Reich. Berl. 1840. 261 S. 5 Tvl. 4°.

—— das Entwickelungsleben im Wirbelthier-Reich. gr. 4. (34 B. u. 5 Kpfrt.) Berlin 840, A. Hirschwald. *

Reichert, C. B., die monogene Fortpflanzung. (Zur Jubelfeier der kaiserl. Universität Dorpat am 12. und 13. Decbr. 1852.) gr. 4. (III und 151 S.) Dorpat 853, (Gläser's Verlag.) *

Reichert, C. B., Ueber die neueren Reformen in der Zellenlehre. Berlin 1863.

—— Studien des physiologischen Instituts zu Breslau, s. Studien.

Reichert, Karl Bogisl., über die contractile Substanz, (Sarcode, Protoplasma) u. ihre Bewegungs-Erscheingn. bei Polythalamien u. einigen anderen niederen Thieren. [Aus den Abhandlungen der k. Akad. der Wiss.] Berlin 867. (Dümmler's Verlag.) gr. 4. (145 S. mit 7 Taff. in Kpfrst.) cart. n. 2 ℛ 12 ngr.

— vergleichende anatomische Untersuchungen über Zoobotryon pellucidus (Ehrenberg). [Aus den Abhandlungen der k. Akad. der Wiss.] Mit 6 Taff. in Stahlst. Ebend. 870. gr. 4. (338 S.) n. 2 ℛ 10 ngr.

REICHERT, Karl W. G. Ritter von (München): Ein Beitrag zur Geschichte der Moxa.- Leipzig: Hirschfeld 1879. 3 Bl.,69 S.- S.-Abdr.aus: Archiv für Geschichte der Medicin und medic. Geographie. Bd.2.
10.7.1878 - Urk (Titel: Symbola ad moxae historiam.); Chr 1878/79,11
Diss.Ingolst.-Landsh.-Mchn.

Reichert, L., Katechismus für die Prüfungen der Heildiener und Chirurgengehülfen. Nach Anleitung des Werks: Der fertige Landwundarzt, Chirurgengehülfe, Heildiener u. Bader ꝛc. Berlin 856. L. Oehmigke. 8. (VIII, 104 S.) 15 ngr.

REICHERT, Ludwig (Eimersdorf): Über die Luxation des sternalen Endes der Clavicula nach vorn. (Titel nach der Urkunde)
21.12.1903 - Urk; Chr 1903/04,17
Diss. Ingolst.-Landsh.-Mchn.

Reichert, Martin, approb. Arzt aus Lübben N.-L.: **Beiträge** zur Symptomatologie der Kleinhirnerkrankungen. *Halle a. S. 1903: Wischan & Wettengel.* (22 S.) 8°
Halle, Med. Diss. v. 10. Juli 1903

Reichert, Max (geb. Bromberg 7. 6. 1845): Beiträge zur Entwicklungsgeschichte der Zahnanlage. Berlin (1869). (38 S.) 8° * Aus: Archiv für Anatomie, Physiol. u. wissensch. Medicin Jg 1869.
Berlin, Med. Diss. v. 14. Aug. 1869

Reichert, Max, eine neue Methode zur Aufrichtung des Kehldeckels bei laryngoskopischen Operationen. Ein Beitrag zur Mechanik des Kehlkopfes. [Mit (eingedr.) Holzschn.] [Aus: „v. Langenbeck's Archiv".] gr. 8. (54 S.) Berlin 879. Hirschwald. n. 1. 20

REICHERT, Michael (Bamberg): Zwei Fälle von Resection des Pylorus. Operirt auf der chirurgischen Abteilung des Krankenhauses zu Bamberg.- München: Wolf 1884. 32 S.
27.6.1884 - Urk (Titel: De pylori carcinomatosi resectione.); Chr 1884/85,18
Diss.Ingolst.-Landsh.-Mchn.

Reichert, Moritz von

Reichert, Mor. Ritter v., das königl. bayerische 2. Infanterie-Regiment „Kronprinz" 1682—1902. (XII, 277 S. m. Abbildgn.) 8. München 902. (J. Lindauer.) Kart. n.n. 1. 40; geb. in Leinw. n.n. 2. —

Reichert, O., D. Martin Luthers deutsche Bibel, s.a. Volksbücher, religionsgeschichtliche.

D. Martin Luthers deutsche Bibel. Von Pfarrer Lic. O. **Reichert**, Mit e. Faks.-Taf. Tübingen: Mohr 1910. 44 S. 8°
(Religionsgeschichtliche Volksbücher f. d. deutsche christl. Gegenwart. Reihe 4, H. 13.) A 12. 5390 11

Reichert, Oscar: 30 Fälle von Extrauteringravidität und Hämatocele retrouterina aus der Universitäts-Frauen-Klinik zu Heidelberg. *Heidelberg 1900: J. Witzler.* (49 S.) 8°
Heidelberg, Med. Diss. v. 1900

Reichert, Otto, Stadtrat, Gerichtsassessor a. D. in Liegnitz: Beiträge zum Recht des Tarifvertrages. Liegnitz 1907: O. Heinze. (42 S.) 8° [F.]
Rostock, Jur. Fak., Ref. Hübner, Diss. v. 10. März 1907
[Geb. 9. Okt. 76 Meseritz; Wohnort: Liegnitz; Staatsangeh.: Preußen; Vorbildung: Gymn. Meseritz Reife O. 95; Studium: Freiburg i. B. 1, Berlin 3, Breslau 2 S.; Rig. 31. Jan. 07.]

Reichert, Otto, Predigtamtskandidat, Rothwasser, Kreis Görlitz: Die Wittenberger Bibelrevisionskommissionen von 1531 bis 1541 und ihr Ertrag für die deutsche Lutherbibel. Liegnitz 1905: C. Seyffarth. (II, 40 S.) 8° [F.] ¶(Nur ein Teil der eingereichten Arbeit, die vollst. erscheinen soll.)
Breslau, Ev.-theol. Fak., Ref. Kawerau, Diss. v. 19. Dez. 1905
[Geb. 18. Aug. 79 Ida-Marienhütte bei Saarau i. Schl.; Wohnort: Rothwasser O. L.; Staatsangeh.: Preußen; Vorbildung: Gymn Görlitz Reife O. 00; Studium: Marburg 1, Halle 2, Berlin 2, Breslau 2 S.; Rig. 27. Okt. 05.]

Reichert, Otto, d. Bürgermeister. Eine Geschichte aus Leipzigs alten Tagen. 2 Bde. 8. (VII, 274 u. III, 296 S.) Dresden 897. E. Pierson. 6. —; geb. n. 8. —

Reichert, W., wohlfeile Ein- u. Zweifamilienhäuser u. Landhäuser in moderner Bauart. Photographische Aufnahmen. geometr. Darstellgn., Grundrisse, Schnitte u. z. Tl. Innendetails. 10 Lfgn. (87 [3 farb.] Taf.) 4. Ravensburg (905). O. Maier. à n. 2. —; Mappe dazu n. 1. —

Reichert, Wilhelm, aus Nagold, Württemberg: Über anomale Ammoniumsalze und analog konstituirte Halogenaminverbindungen. Zürich 1909. 57 S. 8°. [22. V. 09.]
Zürich. Phil. Diss. II. S. 1908/09.

Reichert, Wilhelm. Über Anomale Ammoniumsalze und analog konstituierte Halogenaminverbindungen. Diss. Phil. [II.] Univ. Zürich. 57 S. 8. Zürich, J. J. Meier, 1909.

Reicherter, A., Ronde. qu. gr. 4. (6 Bl.) Stuttgart 873. Wittwer. — 75

Reicherter, E., neues, illustr. Haus-Tierarzneibuch, s.: Mangold, P.

Reicherter, E., neues, illustriertes Haus-Tierarzneibuch, s.: Strebel, B.

Reicherz, Rudolphus (geb. am 4 [nicht 6] Sept. 1812 in Elberfeld): De hypertrophia cerebri ... Bonnae, typ. C. Georgii (1837). 2 Bl., 50 S., 1 Bl. 8.
Bonn, Med. Fak., Diss. v. 2 Sept. 1837

Reiches, d. Deutschen, regierende Fürsten. 12. (22 Bildn. m. 1 Bl. Text.) Wien 897. G. Freytag & Berndt. Kart. n. 1. —

Reiches, d. Deutschen, Kolonial-Litteratur der letzten zehn Jahre. Festschrift zur Hauptversammlg. der deutschen Kolonialgesellschaft in Nürnberg 1891. gr. 8. (41 S. m. 3 Illustr.) Nürnberg 891. J. Ph. Raw. n. — 20

Reiches, des Deutschen, Wappen, Flaggen, Orden u. Ehrenzeichen. (9 farb. Taf.) kl. 8. Wien (903). G. Freytag & Berndt. n. — 50

Reichesberg, Julian, die Arbeiterwohnungsfrage u. die Vorschläge zu ihrer Lösung. gr. 8. (29 S.) Bern 901. Scheitlin. Spring & Co. n. — 80

Reichesberg, Julian. Die Arbeiterwohnungsfrage und die Vorschläge zu ihrer Lösung. Separatabzug aus den «Schweiz. Blättern für Wirtschafts- u. Socialpolitik». Heft 13 und 14, Jahrg. 9, 1901. 29 S. 8. Bern, C. Sturzenegger, 1901.

Reichesberg, Julian. Zur Frage des Arbeiterschutzes bei öffentlichen Submissionen. Separatabzug aus den «Schweiz. Blättern für Wirtschafts- u. Socialpolitik». Hefte 7, 8, 9, Jahrg. 10, 1902. II + 39 S. 8. Bern, C. Sturzenegger, 1902.

Reichesberg, Julian. Schulen (Volksschulen). Sonderabdruck [aus:] Handwörterbuch der Schweizerischen Volkswirtschaft, Sozialpolitik und Verwaltung.... Band 3. II S. + S. 503—539. 8. Bern, Verlag Encyklopädie, 1907.

Reichesberg, Julian, der internationale Sozialistenkongreß in Stuttgart. (38 S.) 8. Bern 907. (A. Francke.) — 80
Sonderabdruck aus: „Schweiz. Blätter f. Wirtschafts- u. Sozialpolitik".

Reichesberg, Julian. Der internationale Sozialistenkongress in Stuttgart. Separatabdruck aus Heft 12, 16, u. 17, Jahrg. 15, 1907, der «Schweizer. Blätter für Wirtschafts- und Sozialpolitik».... 38 S. 8. Bern, Scheitlin, Spring & Cie., 1907. [fr. —. 80]

Reichesberg, Julian. Die Volksschule der Schweiz. (Aus dem B. 3 des «Handwörterbuch der Schweizerischen Volkswirtschaft, Sozialpolitik und Verwaltung».) 61 S. 8. Bern, Scheitlin, Spring & Cie., 1908. (fr. 1. 50)

Reichesberg, N[aum]. Die Anwendung des eidgenössischen Fabrikgesetzes. Separatabzug aus den «Schweiz. Blättern für Wirtschafts- u. Socialpolitik.» Heft 7, Jahrg. 9, 1901. 17 S. 8. Bern, C. Sturzenegger.

Reichesberg, Naúm, d. Arbeiterfrage einst u. jetzt. Ein akadem. Vortrag. 8. (55 S.) Leipzig 897. G. H. Wigand. n. — 50

(Reichesberg, N[aum].) Arbeiterschutz: c) Internationaler Arbeiterschutz. (Sonderabzug [aus:] Handwörterbuch der Schweizerischen Volkswirtschaft, Socialpolitik und Verwaltung. Hrg. von Dr. jur. N. Reichesberg.... Band 1.) II + 21 S. 8. (Bern-Berlin, Dr. John Edelheim & Co., 1901.)

Reichesberg (Naum), der internationale Arbeiterschutzkongreß in Paris, s.: Vereinigung, schweizerische, zur Förderung d. internationalen Arbeiterschutzes.

Reichesberg, N[aum]. 1. Arbeitersekretariate: (b) Die lokalen Arbeitersekretariate. — 2. Arbeitskammern. Sonderabdruck [aus:] Handwörterbuch der Schweizerischen Volkswirtschaft, Socialpolitik und Verwaltung. Hrg. von Dr. jur. N. Reichesberg.... Band 1. II S. + S. 23—33. 8. Bern, Verlag Encyklopädie, 1902.

Reichesberg, N[aum]. 1. Arbeitslosenversicherung. — 2. Arbeitslosigkeit. Sonderabdruck [aus:] Handwörterbuch der Schweizerischen Volkswirtschaft, Socialpolitik und Verwaltung. Hrg. von Dr. jur. N. Reichesberg.... Band 1. II S. + S. 35—78. 8. Bern, Verlag Encyklopädie, 1902.

Reichesberg, N[aum]. Die Arbeitslosenversicherung in der Schweiz. Aus dem ersten Band des vom Verfasser herausgegebenen «Handwörterbuch der Schweizerischen Volkswirtschaft, Sozialpolitik und Verwaltung». 40 S. 8. Bern, Scheitlin, Spring & Cie., 1906. [fr. —.60]

Reichesberg, N[aum]. Arbeitsnachweis: d) Oeffentlicher Arbeitsnachweis. Sonderabdruck [aus:] Handwörterbuch der Schweizerischen Volkswirtschaft, Socialpolitik und Verwaltung. Hrg. von Dr. jur. N. Reichesberg.... Band 1. II S. + S. 79—93. 8. Bern, Verlag Encyklopädie, 1902.

— Bestrebungen u. Erfolge der internat. Vereinigung f. den gesetzl. Arbeiterschutz u. des internat. Arbeitsamtes, s.a. Vereinigung, schweizer., zur Förderg. d. internat. Arbeiterschutzes. 11. Hft.

Reichesberg, N[aum]. Bestrebungen und Erfolge der Internationalen Vereinigung für den gesetzlichen Arbeiterschutz und des Internationalen Arbeitsamtes. 45 S. 8. Bern, Scheitlin Spring & Cie., 1905. [fr. 1. 50]
Schweizer(ische) Vereinigung zur Förderung des internationalen Arbeiterschutzes. Heft 11.

Reichesberg, Naum, s.: Blätter, schweizer., f. Wirtschafts- u. Socialpolitik.

Reichesberg, N[aum]. Die 4. Delegiertenversammlung der Internat. Vereinigung für den gesetzlichen Arbeiterschutz. ⟨Genf, vom 27.—29. September 1906⟩. Bericht von N. R', Bern. Separatabdruck aus den «Schweiz. Blätter für Wirtschafts- u. Sozialpolitik». Heft 18, Jahrg. 14, 1906.... 15 S. 8. Bern, Scheitlin Spring & Cie.

— Die 4. Delegiertenversammlung der internationalen Vereinigung f. gesetzlichen Arbeiterschutz, s.a. Vereinigung, schweizerische, zur Förderung des internationalen Arbeiterschutzes.

Reichesberg, N[aum]. Die 4. Delegiertenversammlung der Internationalen Vereinigung für gesetzlichen Arbeiterschutz. ⟨Genf, 27.—29. September 1906.⟩ Bericht von Professor Dr. N. R', Bern. 8.
Schweiz. Vereinigung zur Förderung des internationalen Arbeiterschutzes. Heft 18. Bern, Scheitlin, Spring & Cie., 1907. [2:] S. 7—21.

(Reichesberg, N[aum].) Die Einkommensteuer in der Schweiz. (Separat-Abdruck aus dem Handwörterbuch der Staatswissenschaften.... 3. ... Aufl. Band 3.) II S. + S. 753—760. 8. (Jena, Gustav Fischer, 1909.)

Reichesberg, N[aum]. Ergebnisse der Arbeitslosenversicherung in der Schweiz. Separatabdruck aus Nr. 7 vom Jahre 1906 der vom k. k. Arbeitsstatistischen Amte im Handelsministerium herausgegebenen «Sozialen Rundschau». II + 20 S. 8. Wien, k. k. Hof- und Staatsdruckerei, 1906.

Reichesberg, N[aum]. Zur Errichtung eines Eidgen. Sozialstatistischen Amtes. Eine Antikritik. 36 S. 8. Bern, Scheitlin, Spring & Cie., 1908. (fr. —.60)

Reichesberg, N[aum]. Soziale Gesetzgebung und Statistik. Ein Beitrag zur Frage der Errichtung eines Eidgenössischen Sozialstatistischen Amtes. VIII S. + S. 3—138. 8. Bern, Scheitlin Spring & Cie., 1908.
Ausg. A: [fr. —.60.] — (Schweizerische Vereinigung zur Förderung des internationalen Arbeiterschutzes. Heft 24.)
Ausg. B, sep.: [fr. 3. —]

— dasselbe, s.a. Vereinigung, schweizerische, zur Förderung des internationalen Arbeiterschutzes. 24. Heft.

— s.: Handwörterbuch der schweizer. Volkswirtschaft, Socialpolitik u. Verwaltung.

Reichesberg, N., Das Hausierwesen in der Deutschen Schweiz. Schriften d. Vereins f. Sozialpol., Bd. 83. gr. 8⁰. Leipzig 1899.

— (Hrsg.), s. Imboden, Johann Heinrich: Finanzdepartement.

Reichesberg, N[aum]. Der Kampf gegen den Alkoholismus und die Socialpolitik. Bericht, erstattet in der vom Alkoholgegnerbund veranstalteten öffentlichen Versammlung am 2. Mai 1901 im Grossratssaale zu Bern. Separatabzug aus den «Schweiz. Blättern für Wirtschafts- u. Socialpolitik». Heft 9, Jahrg. 9, 1901. 9 S. 8. Bern, C. Sturzenegger.

Reichesberg, Naum, der Kampf gegen die Arbeitslosigkeit in der Schweiz. gr. 8. (80 S.) Bern 899. Scheitlin, Spring & Co. n. 1. 50

— Der Kampf gegen die Arbeitslosigkeit in der Schweiz. gr. 8⁰. Bern, Steiger u. Co., 1899.

Reichesberg. N. Dr. Der Kampf gegen die Arbeitslosigkeit in der Schweiz. Gr. 8⁰. 80 S. Bern, C. Sturzenegger. 1899. 1 50

Reichesberg, N[aum]. Konsularwesen. Sonderabdruck [aus:] Handwörterbuch der Schweizerischen Volkswirtschaft, Sozialpolitik und Verwaltung.... Band 2. II S. + S. 115—131. 8. Bern, Verlag Encyklopädie, 1905.

Reichesberg, Naum, Friedrich Albert Lange als Nationalökonom, s.: Beiträge, Berner, zur Geschichte der Nationalökonomie.

— d. berühmte Statistiker Quételet. S. Leben u. s. Wirken. Eine biograph. Skizze. [Aus: „Zeitschr. f. schweiz. Statistik".] gr. 8. (142 S.) Bern 896. (Schmid & Francke.) n. 2. 20

Reichesberg, N., Der berühmte Statistiker Adolf Quételet. Sein Leben u. sein Wirken. Ein biograph. Versuch. [Aus: „Zeitschr. f. schweiz. Statistik".] Neue [Titel-] Ausg. gr. 8. (142 S.) Bern [1896], C. Sturzenegger. 2. —

Reichesberg, Naum. Der berühmte Statistiker Adolf Quételet (1796—1874). Sein Leben und sein Wirken. Ein biographischer Versuch. 8. Bern 1899 ⟨1896⟩.

Der berühmte Statistiker Adolf Quételet. Sein Leben u. sein Wirken. Ein biogr. Versuch von Dr. Naum Reichesberg, Prof., Bern. *Bern: C. Sturzenegger 1899.* (142 S.) 8° (... 1935)

Reichesberg, N[aum]. Das Recht auf Arbeit in der Schweiz. (Aus dem ... Handwörterbuch der Schweizerischen Volkswirtschaft, Sozialpolitik und Verwaltung. B[and] 3.) 28 S. gr.-8. Bern, Scheitlin, Spring & Cie, 1907. [fr. —. 80]

— s.: Schriften aus d. statistischen Seminar d. Universität Bern.

— Sozialismus und Anarchismus. gr. 8⁰. Bern, A. Siebert, 1895.

— Sozialismus u. Anarchismus. 1. u. 2. Aufl. gr. 8. (40 S.) Bern 895. C. Sturzenegger. n. — 60

[J.] Die Sociologie, die Sociale Frage und der sogen. Rechtssocialismus. E. Auseinandersetzg m. Herrn Prof. Dr. Ludwig Stein, Vf. d Buches: 'Die soz. Frage im Lichte d. Philos.' Von Dr. jur. N[aum] Reichesberg, a. o. Prof. ... an d. Univ. Bern. *Bern: Steiger & C. 1899.* (129 S., 1 Bl.) 1 Bd 8. (99. 410)

Reichesberg, N[aum]. Die amtliche Statistik in der Schweiz. ⟨Geschichte und Organisation.⟩ [SA. aus: Schweizerische Blätter für Wirtschafts- und Sozialpolitik.... Jahrg. 17, 1909, Heft 22/23.] 48 S. 8. Bern, Scheitlin, Spring & Cie., 1910. [fr. 1.—]

— die Statistik u. die Gesellschaftswissenschaft. gr. 8. (116 S.) Stuttgart 893. F. Enke. n. 3. —

Reichesberg, N[aum]. Internationale Vereinigung für gesetzlichen Arbeiterschutz. Separatabzug aus den «Schweiz. Blättern für Wirtschafts- u. Socialpolitik». Heft 20, Jahrg. 9, 1901. 24 S. 8. Bern, C. Sturzenegger, 1901.

— Wesen und Ziele der modernen Arbeiterschutz-Gesetzgebung. (Aus: Zeitschrift f. schweiz. Statistik.) gr. 8°. Bern, Schmid u. Francke, 1897.

— Wesen u. Ziele der modernen Arbeiterschutz-Gesetzgebung. Neue [Titel-]Ausg. gr. 8. (76 S.) Ebd. [897]. 899. n. 1. —
2 Sonderabdrucke aus: „Zeitschr. f. schweiz. Statistik".

Reichetzer, Franz

Reichetzer, F., Anleitung z. Geognosie, insbesond. z. Gebirgskunde. gr. 8. Wien, Camesina. 812.

Reichetzer, Franz, Anleitung zur Geognosie, insbesondere zur Gebirgskunde; nach Werner für die k. k. Bergakademie bearbeitet. 2te umgearb. Aufl. gr. 8. Wien, Heubner. 820.

Reichgottesarbeiter, der. Organ der Vereinigg. v. Reichgottesarbeitern in Deutschland. In Verbindg. m. mehreren Brüdern hrsg. v. G. Ihloff. 1.—3. Jahrg. 1904—1906. à 12 Nrn. (à Jahrg. 240 S.) gr. 8. Neumünster, Vereinsbuchh. G. Ihloff & Co. à Jhrg. n. 3. —

Reichgottesarbeiter, der. Organ der Vereinigg. v. Reichgottesarbeitern in Deutschland. In Verbindg. m. mehreren Brüdern hrsg. v. G. Ihloff. 4.—7. Jahrg. 1907—1910. à 12 Nrn. (à Jahrg. 288 S.) gr. 8. Neumünster, Vereinsbuchh. G. Ihloff & Co. à Jahrg. 3. —; geb. 3. 60

Reich-Gottes-Bote. Gemeinschaftsblatt des evangelischen Vereins für innere Mission augsb. Bekenntnisses in Baden. Hersg. von Hofert. Jahrg. 1870. 52 Nrn. (½ Bgn). Carlsruhe 870. (Groos.) gr. 4. 15 ngr.

Reich-Gottes-Bote. Gemeinschaftsblatt d. evangel. Vereins f. innere Mission augsb. Bekenntnisses in Baden. Hrsg. v. Hofert u. A. Stern. Jahrg. 1871—1876 à 52 Nrn. (½ B.) gr. 4. Karlsruhe, (Groos.) à Jahrg. 1. —

Reich-Gottes-Bote. Gemeinschaftsblatt des evangelischen Vereins für innere Mission augsburgischen Bekenntnisses in Baden. Besorgt von Gust. Stern. Jahrg. 1877. 52 Nrn. (à ½—¾ B.) gr. 4. Karlsruhe, Groos in Comm. n. 1. —

— dasselbe. Jahrg. 1880—1882. à 52 Nrn. (½ B.) gr. 4. Karlsruhe, (Reiff). à Jahrg. n. 1. 50

Reich-Gottes-Bote, Gemeinschaftsblatt d. evang. Vereins f. innere Mission augsb. Bekenntnisses in Baden. Red.: Gust. Stern. Jahrg. 1883. 52 Nrn. (½ B.) gr. 4. Karlsruhe 883. Reiff. n. 1. 50

— dasselbe. Jahrg. 1884—1886. à 52 Nrn. (½ B.) gr. 4. Karlsruhe, Reiff. à Jahrg. n. 2. —

Reich-Gottes-Bote. Gemeinschaftsblatt d. evang. Vereins f. innere Mission augsb. Bekenntnisses in Baden. Red.: G. Stern. 43.—45. Jahrg. 1887—1889. à 52 Nrn. (½ B.) gr. 4. Karlsruhe, Reiff. à Jahrg. n. 2. —

— dasselbe. 46. Jahrg. 1890. 52 Nrn. (½ B.) gr. 4. Ebd. n. 1. 50

Reich-Gottes-Bote. Gemeinschaftsblatt d. evangel. Vereins f. innere Mission augsburg. Bekenntnisses in Baden. Red.: G. Stern. 47. u. 48. Jahrg. 1891. 1892. à 52 Nrn. (½ Bog.) gr. 4. Karlsruhe, (J. J. Reiff). à Jahrg. n. 1. 50

— dasselbe. 49. u. 50. Jahrg. 1893. 1894. à 52 Nrn. (½ Bog.) gr. 4. Ebd. à Jahrg. n. 2. —

Reich-Gottes-Bote. Gemeinschaftsblatt d. evang. Vereins f. inn. Mission augsburg. Bekenntnisses in Baden. Red.: G. Stern. 51.—54. Jahrg. 1895—1898. à 52 Nrn. (Bog.) Fol. Karlsruhe (J. J. Reiff). à Jahrg. n. 2. —

Reich-Gottes-Bote. Gemeinschaftsblatt des evangel. Vereins f. innere Mission augsburg. Bekenntnisses in Baden. Red.: G. Stern. 55.—58. Jahrg. 1899—1902. à 52 Nrn. Fol. (à ca 4 S.) Karlsruhe (J. J. Reiff). à Jahrg. n. 2. —

Reich-Gottes-Bote. Gemeinschaftsblatt des evangel. Vereins f. innere Mission Augsb. Bekenntnisses in Baden. Red.: G. Stern. 59.—62. Jahrg. 1903—1906. à 52 Nrn. (207, 216, 416 u. 424 S.) Fol. Karlsruhe (Amalienstr. 77), Ev. Verein f. innere Mission.
1903 u. 1904 à n. 2. —; 1905 u. 1906 à n. 2. 80

Reich-Gottes-Bote. Gemeinschaftsblatt d. evangel. Vereins f. innere Mission. Augsb. Bekenntnisses in Baden. Red.: Böhmerle. 64.—66. Jahrg. 1908—1910. à 52 Nrn. (à ca. 8 S.) 31×23 cm. Karlsruhe (J. J. Reiff). à Jahrg. 1.50

Reichhardt, Ed.

Reichhardt, E., s. a. Ausleerungen, d., des menschl. Körpers.

Reichhardt, Ed., die Ausleerungen des menschlichen Körpers; od. wohlgemeinter Rath, wie man durch Regelmäßigkeit der verschiedenen Ausleerungen fast alle Krankheiten verhüten u. die bereits entstandenen heilen kann. Gemeinverständliche, medizinisch-diätetische Belehrungen. Nebst Anweisung die regelwidrigen Ausleerungen zu heilen, die naturgemäßen im Gange zu erhalten rc. Aus d. Engl. übers. 12. Nordhausen 846, Fürst. ⅔ ngr

Reichhardt, Max, der Schlangenmensch, s.: Schmasow, Alfr.

Reichhardt, Rud., Abenteuer im fernen Westen. Nach W. O. v. Horn f. die Jugend neu bearb. (224 S. m. 5 Farbdr.) 8. Berlin (907). Globus Verlag. Geb. in Leinw. 1.50

Beiträge zur Geschichte der Kirchengemeinde Rotta. Ein Gedenkblatt z. 200j. Jubiläum d. Kirche am 7. Nov. 1904. Von Pastor Rudolf Reichhardt. Kemberg: L. Breuer (1904). (24 S.) 8° [J.] [c3. 1336 3

Reichhardt, Rud., Jane Eyre, die Waise v. Lowood. Nach Currer Bell aus dem Engl. übers. u. f. die Jugend bearb. (240 S. m. 5 Farbdr.) gr. 8. Berlin (906). Globus Verlag. Geb. in Leinw. n.n.n. 1. 10

— Die deutschen Feste in Sitte u. Brauch. (VIII, 200 S.) gr. 8. Jena 908. H. Costenoble. 4. —; geb. 5. —

Reichhardt, Rudolf: Die Grafschaft Hohenstein im 16. und 17. Jahrhundert. Festschr. z. 200j. Jubelfeier d. Vereinigung d. Grafsch. Hohenstein mit d. brandenb.-preuss. Staate am 12. Dec. 1899 von R[udolf] Reichhardt, Pastor zu Rotta. (Nordhausen:) Verl. d. Kreis-Aussch. d. Kr. Hohenstein (1899). (115 S.) 8°

Reichhardt, R., die Grafsch. Hohenstein im 16. u. 17. Jahrh. Festschrift zur 200jähr. Jubelfeier der Vereinigung der Grafsch. Hohenstein m. dem brandenburgisch-preuß. Staate am 12. XII. 1899. gr. 8. (116 S. m. 5 Taf.) Nordhausen (900). (C. Haacke.) Geb. in Leinw. n.n. 1. 25; bessere Ausg. n.n. 2. —

— Onkel Toms Hütte. Nach Harriet-Beecher-Stowe f. die Jugend bearb. (240 S. m. 5 Farbdr.) gr. 8. Ebd. (906). Geb. in Leinw. n.n n. 1. 10

Reichhardt, Rud., Jack, der lustige Seekadett. Nach Marryat f. die Jugend bearb. (240 S. m. 5 Farbdr.) gr.8. Berlin (906). Globus Verlag. Geb. n.n n. 1. 10

— Der kleine Lord. Nach Frances Hodgson Burnett aus dem Engl. f. die Jugend bearb. Mit 4 Bunt- u. 32 Textbildern v. Willy Planck. 3. Aufl. (III, 153 S.) 8. Stuttgart 910. Loewe. Geb. in Leinw. 3. —

— dasselbe. Mit 32 Textbildern v. W. Planck. Volksausg. 4. Aufl. (III, 153 S.) 8. Ebd. (910). Kart. 1. 80

Reichhardt, Rud., der Pflanzenschmuck des Grabes, s.: Heinemann's, F. C., Garten-Bibliothek. Nr. 25.

Reichhardt, Rud., Rübezahl. Deutsche Volksmärchen vom Berggeist u. Herrn des Riesengebirges. Für die Jugend bearb. Mit 5 (farb.) Illustr. nach Originalen v. Eug. Siegert. gr. 8. (IV, 206 S.) Berlin (902). Globus-Verlag. Geb. n. — 80

— Sigismund Rüstig od. der Schiffbruch des „Pacific". Nach Kapit. Marryat f. die deutsche Jugend bearb. Mit Illustr. (5 Farbdr.) u. 1 Plan der Insel. (240 S.) gr. 8. Ebd. (904). Geb. in Leinw. n. 1. 50

Sigismund Rüstig oder der Schiffbruch des 'Pacific'. Nach Kapitän Marryat f. d. deutsche Jugend bearb. von Rudolf **Reichhardt**. Mit Ill. u. 1 Plan d. Insel. Berlin: Globus-Verl. [1905]. (239 S.) 8° [F.] [06. 9,01

Die schönsten Sagen des klassischen Altertums. Nach Gustav Schwab ausgewählt u. f. d. Jugend bearb. von Rudolf **Reichhardt**. Mit 5 Ill. von E. Siegert. *Berlin: Globus Verl. [1903].* (240 S.) 8° [F.] [04. 11,59

Deutsche Volkssagen. Nach Gustav Schwabs deutschen Volksbüchern f. d. Jugend bearb. von Rudolf **Reichhardt**. Mit 5 Ill. von Max Wulff. *Berlin: Globus Verl. [1903].* (255 S.) 8° [F.] [04. 11,60

Reichhart, Gfr., Beiträge zur Incunabelnkunde, s.: Centralblatt f. Bibliothekswesen.

Reichhart, Paul Gfr., die Druckorte des XV. Jahrhunderts nebst Angabe der Erzeugnisse ihrer erstjährigen typographischen Wirksamkeit. Mit einem Anhange: Verzeichniss der je ersten Typographen u. jener Druckorte deren allererste Drucker bis jetzt unbekannt geblieben sind. Aus den zuverlässigsten Quellen zusammengestellt u. alphabetisch geordnet. Augsburg 853. Butsch in Comm. gr. 4. (1 Bl., X, 37 S.) 21 ngr.; Schreibp. 1 ₰. 6 ngr.; Velinp. 1 ₰. 15 ngr.

Reichhelm, Christus, die rechte Speise und der rechte Trank. Predigten über das 4. und 7. Kap. des Evangeliums St. Johannes. 8. (X und 207 S.) Frankfurt a. O. 857, Harnecker und Comp.

Reichhelm, das leere Grab des Auferstandenen. Predigt über 1. Cor. 15, Vers 17—20 gehalten am 2. Ostertage 1860. Frankfurt a. O., Harnecker in Comm. gr. 8. (14 S.) n. 3 ngr.

Reichhelm, drei Osterworte in drei Predigten während der Osterzeit 1862 gesprochen. 8. (50 S.) Frankfurt a. O. 862, Harnecker und Comp.

— drei Predigten v. der Kirche im Anschluß an die kirchl. Gemeindewahlen während d. Januar 1874. gr. 8. (46 S.) Ebend. 874. n. — 80

Reichhelm (Schulr.) Rede bei Einführ. des Direkt. Ribbeck, am 18. Okt. 1828. 4 S. Berlin, W., Progr. 1829

— Sinai. Predigten über das Gesetz, gehalten zu Belzig, während des Kirchenjahres 1850—1851. Belzig 855. (Brandenburg, Müller.) gr. 8. (XII, 283 S.) 1 ₰.

Reichhelm, wie feiern wir das Andenken der Entschlafenen recht? Predigt üb. das Evangelium am 26. Sonntag nach dem Trinitatisfest, geh. bei der Gedächtnißfeier der Verstorbenen 26. p. trin., 24. Novbr. 1872. gr. 8. (8 S.) Frankfurt a. O. 873. Harnecker & Co. — 30

Reichhelm (Schulr.) Worte bei d. Einführ. des Direkt. August. 4 S. Berlin, K., Progr. 1827

Reichhelm, August Theodor (Halle), De imputatione facti alieni. Disput. inaug. Präs. Samuel Strykius. Halle/Magdeburg (Orphanotroph.) 8. VI. 1688. Denuo edita 1704. Vol. VI. Disp. I. 71 S. (4.75) 28027

Reichhelm, C. Probe eines etymologischen Wörterbuches der romanischen Sprachen. Stargard, G., 1847. 13 S. 4. Progr.

Reichhelm, Carl, s. Reichhelm, Karl

Reichhelm, D. K., s. Reichhelm, Karl

— **Friedrich Arnold** (Halle/Sachsen), De renunciatione juris sui tacita. Von stillschweigender Begebung seines Rechts. Disput. jur. Leipzig (H. S. Scipio) 4. XII. 1693. 1705. 56 S. (5.—) 28032
Widm. v.: Alexand. Arnold Pagenstecher, D. Huguenini.

— **Friedrich August** (Halle/Magdeburg), De aditione hereditatis per alium. Diss. jur. Präs. Conrad Friedrich Reinhard. Halle/Magdeburg (Chr. Salfeld) 27. XI. 1720. 45 S. (4.75) 28033

Reichhelm, Karl

Reichhelm, Carl, Lucas an Theophilus. Nachgelassene letzte Predigten über freie Texte aus dem Evangelium St. Lucae. 8. (VI, 241 S. m. Portr. in Lichtdr.) Frankfurt a/O., Waldmann. n. 3. —; geb. m. Goldschn. n.n. 4. 25

— s. Successionsordnung.

— Versuch e. Auslegung dunkler, f. die Theoretiker u. Praktiker gleich wichtigen Gesetze aus dem Civil- u. Lehnrecht. 8. Halle 799. Renger. 18 gr.

Reichhelm, Karl, Versuch e. Beweises, daß d. Römer nur 2 Arten ungenannter Contracte kannte: do ut des u. do ut facias. 8. Halle 800. Renger. 6 gr.

— **Carl Dietrich** (Hildesheim), De origine querelae inofficiosi testamenti. Halle (Bathe) 31. VII. 1795. 16 S. (4.—) 28028

Reichhelm, Karl Fr.

— die Hoffnung besserer Zeiten. Eine Predigt. gr. 8. Berl. 808. Maurers B. 3 gr.

Reichhelm, K. F., Confirmations-Lieder. 4te Aufl. 8. Prenzlau, Ragoczy. 815.

Reichhelm, (K. F.,) Confirmationslieder, ein Geschenk f. vollendete Katechumen, 6e verb. u. verm. Aufl. 8. Prenzlau 823, Ragoczy.

— Predigt zur Feier d. Auszugs unserer Krieger am 28. März 1813 an die Gemeinde zu Prenzlau. Nebst e. Rede bei d. Vereidigung d. Landwehr am 15. April 1813. gr. 8. Berl. 813. Maurers B. 6 gl

— Rede zur Einführung d. Predigers Schartow in Prenzlau, nebst dessen Antrittspredigt. gr. 8. Berl. 812. Maurers Buchh. 4 gl

— von Reizmitteln f. die Jugend z. Fleiß u. Tugendsinn. Nebst d. Chronik d. Gymnasiums v. .. Paalzow. gr. 8. Prenzlau 823. Ragoczy. 3 gl

— **Carl Friedrich** (Uckermark), Declaratio et assertio doctrinae ecclesiarum evangelicarum de fide tamquam fonte bonorum operum veraeque virtutis. Präs. Johann August Noesselt. Halle/Magdeburg (J. Chr. Hendel) 17. VII. 1766. 34 S. (4.25) 28029
Gew.: Friedrich August Reichhelm (Oheim.) — Widm. v.: Jo. August Noesselt, Carl Rachell (Opp.), Friedrich Nathanael Gründler.

Das Flachornament des Altertums. Von Karl Reichhold, Reallehrer zu München. Mit 48 Taf. *Berlin: G. Siemens 1895.* (67 S.) 8°
= **Reichhold**: Kunst u. Zeichnen an d. Mittelschulen. 2. [04. 13973

Reichhold, Karl, Kunst u. Zeichnen an den Mittelschulen. I. Das 1. Jahr d. Zeichenunterrichts. Einführung in die Geschichte der Künste. Mit 10 Taf. in Photolith. gr. 8. (51 S.) Berlin 894. G. Siemens. n. 1.60

Reichhold, Karl, Kunst u. Zeichnen an den Mittelschulen. II. u. IIIa. u. b. gr. 8. Berlin, G. Siemens. n. 7.80 (I.—IIIb. n. 9.40)
II. Das Flachornament d. Altertums. (67 S. m. 48 photolith. Taf.) 895. n. 3.60
IIIa. Methodik d. Unterrichts. Darstellg. d. plast. Form. (48 S. m. 8 Taf.) 896. n. 1.40
IIIb. D. Tektonik d. Geräte u. d. plast. Ornament d. Altertums. M. 30 Taf. in Photolith. (78 S.) 896. n. 2.80

Reichhold, Karl, Lehrbuch der räumlichen Anschauung. Ein Versuch zur Reform d. Linearzeichenunterrichts. Mit Zeichngn. v. Gust. Lutz, Alois Donhauser u. Pet. Reill. (140 S.) kl. 8. München 910. M. Kellerer. Geb. in Leinw. 2.—

— Meisterzeichnungen deutscher Künstler. Für den Kunstunterricht hrsg. Mit Text v. G. J. Kern, M. Lehrs, H. Pallmann u. J. Vogel. (48 Taf. m. 27 S. Text.) 34,5×26 cm. München 910. F. Bruckmann. 5.—; geb. in Leinw. 6.50

Methodik des Unterrichts. Darstellung d. plastischen Form. Von Karl Reichhold, Reallehrer zu München. Mit 8 Taf. *Berlin: G. Siemens 1896.* (48 S.) 8°
= **Reichhold**: Kunst u. Zeichnen an d. Mittelschulen. 3a. [04. 13974

Reichhold, K., geometrisches Ornament. 1. Lfg. gr. 4. (10 Steintaf.) Würzburg 886. Stuber's Verl. n. 1.—

Reichhold, K., geometrisches Ornament. 2. u. 3. Lfg. gr. 4. (à 10 Taf. m. eingedr. Text.) Würzburg 887. 889. Stuber's Verl. à Lfg. n. 1.—

— geometrisches Ornament. 4. Lfg. hoch 4. (10 lith. Taf.) Würzburg 894. A. Stuber's Verl. n. 1.— (1—4.: n. 4.—)

— Projections- u. Schattenkonstruktions-Lehre f. den Schüler der Mittelschule. gr. 8. (16 S. m. Illustr.) Ebd. 889. n. —50

Reichhold, Karl: Schule und Museum. München 1910: Obernetter. 14 S., 37 Taf. 8° [Umschlagt.]
München, RG P 1910* [S 10. 351

— Schule u. Museum. (14 S. m. 37 Taf.) 8. München 910. M. Kellerer. 1.20

— Systeme der Baustile. Bearb. f. den Zeichenunterricht an Mittelschulen u. zum Selbstunterricht. 1. u. 2. Abtlg. gr. 8. (à 11 Taf. m. eingedr. u. 1 resp. 2 Bl. Text.) Ebd. 889. 890. à n. 1.50

Die Tektonik der Geräte und das plastische Ornament des Altertums. Von Karl Reichhold, Kgl. Reallehrer, München. Berlin: G. Siemens 1896. (78 S.) 8°
(Reichhold: Kunst u. Zeichnen an d. Mittelschulen. 3 b.)

Reichhold, K., griech. Vasenmalerei, s.: Furtwängler, A.

— das Zeichnen nach der Natur in der Schule. Ein prakt. Versuch im Hinblick auf die Hirth'schen Ideen üb. den Zeichenunterricht m. 30 vervielfältigten Schüllerarbeiten. gr. 8. (12 S. m. 11 Taf.) Ebd. 887. n. 1.—

Reiching, F. W., Predigt für gebildete Katholiken über die deutsch-kathol. Sekte. gr. 8. Wiesensteig 846, Schmid. (Leipzig, Stadler.) n. 1/12 Thlr

Reiching, Karl, s. Ratisbonne, Geschichte des heil. Bernhard. — Ravignan, von der Existenz d. Jesuiten.

Reiching, Karl Borromäus

Reiching, C. Borromäus, große illustrirte Heiligen-Legende, s. Heiligen-Legende.

Reiching, C. B., das Leben des heiligen Philipp Neri, s. Leben, das &c.

— Dramaika, s. Lesekranz.

— neue Siegespalmen katholischer Martyrer. Mit einer Vorrede von Wiseman. Regensburg 862. Manz. gr. 8. (220 S.) 22½ ngr.

Reichinstein, D(avid), Dipl.-Ing.: Das Amphoteritätsproblem und die elektromotorische Wirksamkeit. Frankfurt a. M. 1908: Knauer. 40 S. 8°
Leipzig, Phil. Diss. v. 1908, Ref. Le Blanc, Hantzsch
[Geb. 9. Juni 82 Mohilew; Wohnort: Kiew; Staatsangeh.: Rußland; Vorbildung: 5. Gymn. Kiew Reife Juni 00; Studium: Kiew 3, München Univ. u. Techn. Hochsch. 2, Karlsruhe Techn. Hochsch. 7, Leipzig 4 S.; Rig. 31. Juli 08.] [U 09. 3046

Reichius, s. Reich

— s. Reiche

Reichl, das Dorf- und Bauernrecht im K. Böhmen, mit Rücksicht auf die übrigen kais. kön. teutschen Erbstaaten im Grundrisse. 8. Prag, Widtmann. 817.

Reichl, Anton

— Der symmetrische Aufbau einzelner Balladen und Romanzen Schillers, Goethes und Uhlands. 15. Teplitz-Schönau 01. Progr.

Reichl, Dr. A.: Über die Benützung älterer deutscher Literaturwerke in Ludwig Achim v. Arnim's 'Wintergarten'. I. Th. 35. Arnau 89. Progr.

Reichl Dr. Anton: Über die Benützung älterer deutscher Literaturwerke in Ludwig A c h i m v. Arnims Wintergarten. II. T. (I. T. Arnau 89. (8). Arnau 90.
Progr.

— Die Beziehungen zwischen Th S c h e r n b e r k s „spil von fraw Jutten" und dem niederdeutschen Theophilus. (15). ibd. 90.
Progr.

Reichl, Anton Der Bundesstaat der Magneten und das Orakel des *Ἀπόλλων Κοροπαῖος.* 8 (S. 3—31).
Progr. K. k. deutsch G. der Kleinseite *Prag* 1891.

Anton REICHL — **Erklärung und Herstellung der von Solling in den Mitteilungen der deutschen Institutes für Archeologie und Epigraphik herausgegebenen Zuschrift über das Orakel der *Ἀπόλλων Κοροπαιοσ***
Phil. Diss., Prag 1882-1886.

— Die Symmetrie im Aufbau von B ü r g e r s Balladen und Romanzen. 14. Brüx 96.
Progr.

Reichl C.:
— Über eine neue Classe von Phenolfarbstoffen. 6. Prag R. I. 77.
Progr.

Reichl, C.: Mittheilungen aus dem chem. Laboratorium der Anstalt. 8 S. – Prag, Progr. 1883.

Reichl Cyrill und **Mikosch** Dr. Karl: Über Eiweißreactionen und deren mikrochemische Anwendung. (35). Wien II. I. St. R. 90.
Progr.

Reichl, Cyrill: Professor Wenzel Knobloch, *gestorben am 26. Juli 1898.* (Umschlagtitel: Nachruf an ...) 8 (S. 39—42).
Progr. Erste Staatsrealschule in dem zweiten Bezirke *Wien* 1899.

Reichl, Cyrill: Versuche für den chemischen Unterricht an Mittelschulen. (Absorptionsversuche. Analyse der Luft. Volumetrische Bestimmung gasförmiger Bestandtheile von Verbindungen.) (Umschlagtitel: ... Mittelschulen.) 8 (S. 3—34).
Progr. I. Staatsrsch. in d. II. Bezirke *Wien* 1896.

Reichl, Ed., L. v. Salix, u. V. Kosovel, Warenkunde u. Technologie unter Zugrundelegg. d. österr.-ungar. Zolltarifes u. d. ämtlichen Warenverzeichnisses. Mit zahlreichen, von L. v. Salix ausgearb. in den Text gedr. Abbildgn. (In ca. 12 Hftn.) 1.—4. Hft. gr. 8. (S. 1—192.) Triest 894. (J. Dase.) à n. 1.—

Reichl, Ed., L. v. Salix u. V. Kosovel, Warenkunde u. Technologie unt. Zugrundelegg. d. österr.-ungar. Zolltarifes u. d. ämtl. Warenverzeichnisses. M. zahlr., v. L. v. Salix ausgearb. in d. Text. gedr. Abb. 5.—19. (Schluss-) Hft. gr. 8. (XXX u. S. 193—912.) Triest 895. (J. Dase.) à Hft. n. 1.—

REICHL Franz. Der Justiziar oder vollständige Anleitung zur Verwaltung der Gerichtsbarkeit ... auf Herrschaftsämtern der k. k. Staaten ... von –. Diesbach, Prag 1789. 2 Tle. in 1 vol.

Reichl, Josef, Führer auf der Steyrthalbahn und im Ennsthale. Herausgegeben von der Section Steyr des deutschen und österreichischen Alpenvereines. Mit einer Karte der Umgebung von Steyr. 12. (86 S.) Steyr: Sandböck 1889. —.60

Reichl, Jos., Reisehandbuch für Salzburg, das Salzkammergut Tirol, Vorarlberg und das südbairische Gebirgsland. Nebst d. wichtigsten Seitenrouten durch Oesterreich bis Wien u. Triest. Mit besond. Rücksicht auf die Heilbäder. Mit 1 Reisek. 8. Berlin 845, Gumprecht. geb. n. 1 1/3 ℛ

Reichl, Jos., Reisehandbuch für Tirol u. Salzburg, Salzkammergut, Vorarlberg u. das südbair. Gebirgsland. Nebst den wichtigsten Seitenrouten durch Oesterreich bis Wien u. Triest. Mit besonderer Rücksicht auf die Heilbäder. Mit 1 (lith. u. color.) Reisekarte (in Fol.) 2. vielfach verb. u. bericht. Aufl. 8. (XII u. 312 S.) Danzig 848, Gerhard'sche Buchhandlung. In Engl. Einb. n. 1 1/3 ℛ

Reichl, J., Stadt Steyr, Oberösterreich, m. dem Enns- u. Steyrtale. Hrsg. v. Komitee zur Hebg. d. Fremden-Verkehres. (56 S. m. Abb. u. 1 farb. Karte.) gr. 8. Steyr (908). (K. Lintl.) nn —60

Reichl, Karl: Neue E i w e i ß r e a k t i o n e n. S. 99. IIb. 173.
Separatabdruck

Reichl, Karl: Eine neue R e a k t i o n auf Eiweißkörper. S. 98. IIb. 308
Separatabdruck

Reichle und **Thiesing**: Versuche mit dem Schlammschleuderapparat Schäfer-ter Meer (D. R. P.) in der Schlammschleuderanlage in Harburg a. E. Berlin 1908

Reichle, Carl, s. R e i c h l e, Karl

Der triumphirende Name Jesus. In Druck gegeben von Franciskus Antonius **Reichle,** S. S. Theol. Lic. p. t. Dechant und Pfarrer in Scheer. Costanz 775. cum facultate superiorum. 8.

Reichle, Frz. Ant., großer kathol. Katechismus. gr. 8. Augsb. M. Riger. 782.

Reichle, Frz. Ant., kleiner katholischer Katechismus. 8. Augsb. 788. (M. Rieger). 4 K

Reichle, Karl

Reichle, Carl, Kgl. Bauinsp. zu Berlin: Die Behandlung und Reinigung der Abwässer. Leipzig: Hirzel 1910. 107 S. 4°
Dresden, Dr.-Ing.-Diss. v. 2. 6. 1910

Reichlen, Alfr., L'economie alpestre du Canton de Fribourg, s.: **Blaig.**

Reichlen, F. et J., voir: *Gruyère illustrée.*

Reichlen, F[rançois]

Reichlen, F. Archéologie fribourgeoise. Première livraison. Période anté-romaine. In-8°. IV, 62 p. Fribourg, Imprimerie Fragnière. 1894. 1 —

Reichlen, F. Archéologie fribourgeoise. Deuxième livraison. Période helvéto-romaine. Gr. in-8°. 78 p. Fribourg, librairie de l'université. 1894. 1 50

Reichlen, F. Archéologie fribourgeoise. 3e livraison. In-8°. 70 p. Fribourg, Librairie de l'Université (B. Veith). Période post-romaine. 1895. 1 50

Reichlen, F[rançois]. Notice sur l'abbaye d'Humilimont. E. 8. Fribourg 1898.

Reichlen, F[rançois]. Une promenade à Pompéi. [Avec 2 planches.] 19 p. 8. Fribourg, Fragnière Frères, 1901.

Reichlen, F. Les sépultures celtiques. Avec 3 pl. In-8°. 19 p. Fribourg (Suisse), Libr. de l'Université. 1895. — 75

Reichlen, G., Gesetz über Feldwege, Trepp- u. Ueberfahrtsrechte vom 26. März 1862, bearb. u. vollständig erläutert auf den Grund des Entwurfs der K. Centralstelle für Landwirthschaft, des Gesetzentwurfs des K. Ministeriums des Innern, der Gutachten der volkswirthschaftlichen Commissionen beider Kammern u. der ständischen Verhandlungen, mit besonderer Rücksicht auf die zunächst betheiligten Gutsbesitzer, landwirthschaftlichen Vereine rc. Handausg. mit alphabetischem Sachregister. Stuttgart 862. Metzler. gr. 8. (IV, 96 S.) n. 12 ngr.

Reichlen, G.: Das allgemeine Staatsrecht u. das gemeine deutsche Staats- u. Bundesrecht. Abth. 1. 2. Regensburg 1862. 63.

Abth. 2. Corpus iuris publici acad.: Die Grundgesetze des deutschen Bundes u. der deutschen Staaten mit Einl. u. Erl.

Reichlen, G., das allgemeine Staatsrecht u. das gemeine deutsche Staats- u. Bundesrecht. 2 Abthellgn. Regensburg 862, 63. Manz. gr. 8. (XXV, 742 S.) 2 Rthlr 24 ngr.

Reichlen, Joseph s.a. Gruyère. La G' Illustrée. 1890–1903.

Reichlen, J. La Gruyère illustrée. Avec 8 pl. 3e livr. In-fol. 30 p. Fribourg, Libr. de l'Université. 6 — 1892.

Reichlin, Frhr. v., die Gemeindegesetzgebung in Elsaß-Lothringen. Zusammenstellung der betr. Gesetze, Verordnungen, Ministerialverfügungen rc. übers. u. hrsg. 8. (X, 244 S) Straßburg 881. Trübner. n. 3. 50

Reichlin, Frhr. v., die Gemeindegesetzgebung in Elsaß-Lothringen. Zusammenstellung der betr. Gesetze, Verordngn., Ministerialverfüggn. rc. übers. u. erläutert. 2. Aufl. 8. (XII, 404 S.) Straßburg 885. Trübner. n. 5. —

Reichlin, F. A. von, s. Reichlin von Meldegg

v. Reichlin's, Ludw. Fr., Sonette. 8. (56 S.) München 852, Kaiser. n. 1/3 Rthlr

Reichlin, Martin, lic. jur., aus Schwyz: Die schwyzerische Oberallmende bis zum Ausgang des 15. Jahrhunderts. Ein Beitrag zur schwyzerischen Rechts-Geschichte. Schwyz 1908. VIII + 180 S. 8°.
Freiburg i. Schw. Jur. Diss. 1908/09.

Reichlin, Martin. Die schwyzerische Oberallmende bis zum Ausgang des 15. Jahrhunderts. Ein Beitrag zur schwyzerischen Rechts-Geschichte. Diss. Jur. Freiburg i. Ue. IV + IV + 180 S. 8. Schwyz, Emil Steiner, 1908.

Reichlin, Phil. v., s. Reichlin von Meldegg, Philipp von

Reichlin v. Meldegg, Frhr. v., s.a. Geschichte d. Husaren-Regiments Landgraf Friedrich II. v. Hessen-Homburg.

Geschichte des Husaren-Regiments Landgraf Friedrich II. von Hessen-Homburg (2. Hessisches) No 14. Bd 2: Vom 1. Jan. 1887 ab. Zsgest. von Frh. **Reichlin** v. Meldegg, Oberltn. *Leipzig: A. Dürr 1901.* (72 S.) 8° [F.]
— **Geschichte** d. kgl. Preuß. 2. Hess. Husaren-Regiments No 14. Bd 2.
[→ 1901: 4

Reichlin v. Meldegg, Adolfine Freiin, s.: Volkssagen, Regensburger.

Reichlin von Meldegg, Friedrich August

WALTERS, Eduard von, Briefe an seinen Freund, oder der reisende Philosoph (von *Fr. Aug.* Frhrn. *Reichlin v. Meldegg*). Augsburg 1791.
Anon.-Lex. I. p. 271 (nach Meusel); Kayser hat „Wallers".

– Geschichte

— — Augusts v. Reichenthal und Wilhelminens von Steinfeld (von *August* Frhrn. *Reichlin v. Meldegg*). Augsburg, Stage, 1786. 8°.
Anon.-Lex. II. p. 187 (nach Meusel).

Reichlin v. Meldegg, Frhrr. Fr. Aug., († d. 18. Febr. 1820.) philosoph. Inbegriff d. Geschichte des Menschen, in Briefen. 8. Augsb. 803. v. Jenisch u. St. 1 Rthlr 16 gr

– s.a. Lindenhain. – Karl von Lindenhain.

LINDENHEIM, Karl v., eine Geschichte in Briefen. Verfasset von *Friedrich August* Frhrn. *v. R — n* (d. i. *Reichlin-Meldegg*). 2 Thle. Mit 1 Titelvign. Frankfurt und Leipzig 1790. 8°. Zahm. (1 Mk. 80 Pfg. Lehmann & Lutz, 1884.)

– s. Waller, Eduard von: Briefe an seinen Freund ...

Reichlin-Meldegg, Herm. Frhr. v., Geschichte der Familie Reichlin von Meldegg. Ergänzt u. hrsg. von Herm. Frhr. v. Reichlin-Meldegg. Für die Familie als Mscr. in Druck gegeben. gr. 8. (XIV, 200 S. m. Tab.) Regensburg 881. (Wunderling.) n. 6. —

Reichlin v. Meldegg, Joh. Frhr., Anleitung zur Führung der Unterpfandsbücher im Großherz. Baden. gr. 8. (X u. 99 S.) Karlsruhe 847, Groos. n. 16 ngr.

Reichlin-Meldegg, Joseph Freiherr v., grossherzoglich-badischer Geheimer Regierungsrath. Der Rastatter Gesandtenmord nach den Quellen dargestellt und beleuchtet. Mit 12 urkundlichen Beilagen. 8. Heidelberg 1869.

Reichlin-Meldegg, Jos. Frhr. v., der Rastatter Gesandtenmord nach den Quellen dargestellt u. beleuchtet. Mit 12 urkundl. Beilagen. Heidelberg 869. C. Winter. gr. 8. (IV, 52 S.) n. 12 ngr.

Reichlin-Meldegg, K. von, s. Reichlin-Meldegg, Philipp von

Reichlin-Meldegg, Karl Alex. Frh. v., theolog. Abhandlungen. 8. (11 B.) Greiz 829. (Leipzig, Kollmann.)

v. Reichlin-Meldegg, Karl Alex. Frhr., die Autolatrie oder Selbstanbetung, ein Geheimniß der Jung-Hegel'schen Philosophie. Humorist.-krit. Versuch in Form eines offenen Sendschreibens an Dr. L. Feuerbach. gr. 8. Pforzheim 843, Dennig, Finck u. Comp. (Stuttg., Scheible, R. u. S.) 3/4 Rthlr

Bedenken

— eines Süddeutschen Krebsfeindes über Schellings erste Vorlesung in Berlin (15. Nov. 1841), in Form eines offenen Sendschreibens an Herrn Geheimrath Schelling in Berlin. gr. 8. Stuttgart 842, Cast'sche Buchh. 1/4 Rthlr

— abgedrungene Beleuchtung der Angriffe gegen den Zustand der Philosophie in Heidelberg in der 35. Sitzung der zweiten Kammer der großherz. Bad. hohen Ständeversammlung im August 1842, mit einigen Betrachtungen über die Aufgabe der Philosophie in unserer Zeit. gr. 8. Heidelberg 842, Hoffmeister. 1/4 Rthlr

—— Erwiederung auf e. sogen. Recension meiner „Geschichte d. Christenthums" in d. Tübinger Quartalschr. 1831. Ein Beitr. zur Gesch. der in neuester Zeit gegen mich in Anregung gebracht. Verketzerungen. gr. 8. (1½ B.) Freiburg 831, [Gebr. Groos, Brls.-Expedit.]

Reichlin-Meldegg, Carl Alexander von. Johann Gottlieb Fichte (1762–1814). Eine akademische Festrede, zur Fichtefeier der Universität Heidelberg am 19. Mai ... gehalten von Dr. K' A' Freiherrn von R'-M' ... 4. Heidelberg 1862.

Reichlin-Meldegg, Karl Alex. v., Johann Gottlieb Fichte. Eine akademische Festrede, zur Fichtefeier der Universität Heidelberg am 19. Mai in der Aula gehalten. Heidelberg 862. J. C. B. Mohr. 4. (37 S.) n. 6 ngr.

— Geschichte d. Christenthums v. seinem Ursprunge bis auf die neueste Zeit; z. Gebrauch bei akadem. Vorlesungen über allgem. christl. Religions- u. Kirchengeschichte. 1r Bd. (in 2 Abtheill.) Mit 2 Steintaf. gr. 8. Freiburg 830 u. 31. Groos. 4 ℛ 12 gℊ

Reichlin-Meldegg, Carl Alex. v., und Friedr. Kortüm, Geschichte Europa's, s. Kortüm, Friedr.

Reichlin-Meldegg, K. A. von, Die mosaische Geschichte vom brennenden Dornbusche (K. 3, 1—4, 18) im Urtexte mit einer neuen deutschen Übersetzung, einem fortlaufenden Kommentar, den verschiedenen Erklärungsarten und einem eigenen Erklärungsversuche des Verfassers. Freiburg i. B., Groos, 1831, gr. 4°, 6 Bogen, 1 Mk. Akadem. Programm.

—— die Grundsätze d. hebr. Formenbildung, nebst e. Anh., welcher den Versuch e. Erklärung d. mosaischen Dornbuschgeschichte enthält. gr. 8. (9½ B.) Freiburg 831, [Gebr. Groos, Vrls.-Expedit.]

—— Gutachten e. aufrichtigen Canonisten, s. Wiber.

—— s. Hautz, Joh. Friedr., Geschichte der Universität Heidelberg.

Reichlin-Meldegg, C[arl] A[lexander] von. Friedrich Kortüm (1788–1858). Nach seinem Leben und Wirken in Umrissen dargestellt von K. A. Freiherrn von R-M.... Mit Kortüm's Portrait. 8. Leipzig 1858.

Reichlin-Meldegg, Karl Alex. v., Friedrich Kortüm. Nach seinem Leben u. Wirken in Umrissen dargestellt. Mit Kortüm's Portr. (in Holzschn.). Leipzig 858. Weber. gr. 8. (19 S.) 5 ngr.

Reichlin-Meldegg, Karl Alex. Frhr. v., das Leben e. ehemaligen römisch-katholischen Priesters. Eine Jubelschrift. gr. 8. (XI, 207 S.) Heidelberg 874. Bassermann. n. 2. 80

Reichlin-Meldegg, Karl Alex. v., das Leben Heinrich Schmid's, Drs. u. ausserord. Prof. d. Philos. zu Heidelberg, in kurzem Umrisse dargest. gr. 8. (2 B.) Heidelberg 836, Groos. Thlr.

— Heinrich Eberhard Gottlob Paulus und seine Zeit, nach dessen literarischem Nachlasse, bisher ungedrucktem Briefwechsel u. mündlichen Mittheilungen dargestellt. 1. Bd., welcher Paulus' Leben von der Geburt (1. Septbr. 1761) bis zur Anstellung in Heidelberg (13. Decbr. 1810) umfaßt. Stuttgart 853. Verlags-Magazin. gr. 8. (XVI, 431 S.) n. 1 ℛ. 18 ngr.

Reichlin-Meldegg, Karl Alex. v., Heinrich Eberhard Gottlob Paulus u. seine Zeit, nach dessen literarischem Nachlasse, bisher ungedrucktem Briefwechsel und mündlichen Mittheilungen dargestellt. 2. Bd., welcher Paulus' Leben von der Anstellung in Heidelberg (13. Decbr. 1810) bis zum Tode (10. Aug. 1851) enthält. Stuttgart 853. Verlags-Magazin. gr. 8. (VIII, 444 S.) n. 1 ℛ. 18 ngr.

—— Programm z. akadem. Feier d. hohen Geburtsfestes Sr. K. H. uns. gnäd. Grossh. Leopold. Enth.: Die Mosaische Geschichte v. brennenden Dornbusche (Exod. III, I—IV, 18.) im Urtexte mit e. neuen deutsch. Uebersetz., e. fortlauf. Commentar, den verschied. Erklärungsarten u. e. eigenen Erklärungsversuche des Verf. gr. 4. (6 B.) Freiburg 831, [Gebr. Groos, Vrls.-Expedit.]

v. Reichlin-Meldegg, Karl Alex. Frhr., Psychologie des Menschen, mit Einschluß der Somatologie und der Lehre von den Geisteskrankheiten, zum Gebrauche bei Vorlesungen über Psychologie u. Anthropologie u. zum Selbststudium. 2 Abthll. gr. 8. Heidelberg 837, 38. Groos. 4 ℛ

— Sendschreiben an d. Hrn. Erzbischof v. Freiburg, Bernh. Boll, in Beziehung auf das bei d. röm.-kathol. Priesterweihe zu beschwörende Glaubensbekenntniß. Mit 6 Beill. gr. 8. Freiburg 832. Groos. 8 gℊ

Reichlin-Meldegg, Dr. Karl Alexander Freiherr v.: System der Logik nebst Einleitung in die Philosophie. Zum Gebrauche bei akademischen Vorlesungen und zum Selbststudium. II Abtheilungen. Wien: Braumüller 1870. 8°
Inhalt: I. Abthlg. Einleitung zur Philosophie (IV u. 307 S.) – II. Abthlg. System der Logik. (VII u. 281 S.)

Reichlin-Meldegg, Karl Alex. Frhr. v., System der Logik nebst Einleitung in die Philosophie zum Gebrauche bei akadem. Vorlesungen u. zum Selbstunterricht. Wien 870. Braumüller. gr. 8. (XIII, 588 S.) n. 3 ℛ 10 ngr.

Reichlin v. Meldegg, (K. A. Frhr.,) die Theologie des Magiers Manes u. ihr Ursprung. Aus den Quellen bearb. 8. Frankf. 825, Hermann.

v. Reichlin-Meldegg, K. A. Frhr., die deutschen Volksbücher von Joh. Faust, s.: Scheible, J., der Schatzgräber. 6—8. Thl.

Reichlin-Meldegg, Kuno Frhr. v., der Parallelismus der alten u. neuen Philosophie. Leipzig 866. C. F. Winter'sche Verlagsh. gr. 8. (78 S.) n. 15 ngr.

Reichlin von Meldegg, Philipp von

— Anleit. zur Perpendicularmethode, od. die Art, mit rechten Winkeln aufzunehmen, als Handbuch für prakt. Feldmesser. Mit 11 Kpf. gr. 8. Augsb. (805.) v. Jenisch u. St. 1 ℛ 20 gℊ

Reichlin v. Meldegg, Philipp Freiherr v., k. bayer. Oberst. Ueber die Anordnung und das Verhalten der Patrouillen. (Donation Liechtenstein.) 8. München 1818.

— — über die Anordnung u. das Verhalten der Patrouillen. Mit Kpf. München 1818. 600 S.

Reichlin von Meldegg, Freyh. P., über die Anordnung u. das Verhalten d. Patrouillen. 2te Aufl. 8. Wien, Schaumburg u. C. 820.

Reichlin-Meldegg, Ph. Frh. v. über die Anordnung u. das Verhalten der Vorposten, zunächst in Beziehung auf Feldstellungen. München 1817. 269 S.
— — 2. Aufl. Wien 1819.

Reichlin-Meldegg, Ph. Frh. v. über Krieger-Bildung im Allgemeinen. Mit einiger Anwendung auf Fußvolk und Reiterey. Wien 1822. 352 S.

Reichlin v. Meldegg, (Ph.,) üb. Kriegerbildung im Allgemeinen, mit einiger Anwendung auf Fußvolk u. Reiterei. gr. 8. Wien 822, Schaumburg u. C.

v. **Reichlin-Meldegg,** F. Ph. Ueber Lagerstellungen und einige damit in Verbindung stehende Bewegungen. (XXII. 350) 8. Wien 1831. 4,00.

Reichlin-Meldegg, Phil. Frh. v., über Lagerstellungen; u. einige damit in Verbind. stehende Bewegungen. 8. (23½ B.) Wien 831, Schaumburg u. Comp.

v. **Reichlin-Meldegg, F. Ph.** Ueber Quartierstellungen und einige hierauf bezügliche Bewegungen. (XXII. 242) 8. Stuttgart 1834. 4,00.

—— über Quartier-Stellungen u. einige hierauf sich bezügl. Bewegungen. gr. 8. (16½ B.) Stuttgart 834, [Beck u. Fränkel.]

Reichlin-Meldegg, Ph. Frh. v. über Terrain-Gestaltungen u. deren nächste Beziehungen zu den Hauptmomenten der Taktik. Wien 1826. 608 S.

— üb. Terrain-Gestaltungen, u. deren nächste Beziehungen zu den Hauptmomenten der Taktik. gr. 8. Wien 826, Schaumburg u. Comp.

Reichlin-Meldogg, R. v. Ueber neoprovenzalische Literatur. Offenbach, R., 1867. **Progr.**

(Reichling, Freifrau v., Obersthofmeisterin I. K. H. der Prinzessin *Adalbert von Bayern*) *Allräunchens Kräuterbuch*. darinnen in 3 gesonderten Theilen (Th. 3 in 2 Abthlgn.) enthalten sind die *getreulichen Conterfeitungen verschiedener Kräutlein u. Blumen*, so in besonderer Beziehung zum Menschengeschlecht stehen, sei es nun ihrer Wirkung od. ihrem Namen nach. München, literar. Institut von Dr. M. Huttler (Signet am Schluss), 1882, 83. 84. 85. Cart.*)

Alle 4 Titel, sowie die Orig.-Umschl., in Roth- u. Schwarzdruck. Imitirt-altdeutsche Ausstattung. — Das anmuthige Werk enth. Pflanzen-Sagen und Heiligen-Legenden und bringt Interessantes in Bezug auf heidnische (besonders altdeutsche) Mythologie u. die christl. hohen Feste. Wegen der zahlreichen nach d. Natur gez. u. color. Pflanzen-Abbild. auch naturwissenschaftlich von Werth. Heiligenbilder, Initialen etc. in vortreffl. Farbendr. schmücken die 4 Hefte.

I: 3 Bll., 69 S. II: 2 Bll., 108 S. III. 1: VIII—70 S. III. 2: 3 Bll., 123 S., 1 S. Err.

Reichling, D. Ausgewählte Gedichte des Johannes Murmellius. Urtext und metrische Übersetzung. VII, 87 SS. 8. *Heiligenstadt* 1881 **Progr.**

Reichling, D., Ortwin Gratius. Sein Leben u. Wirken. Eine Ehrenrettg. gr. 8. (V, 107 S.) Heiligenstadt 885. Delion. n. 2. —

Reichling, D., Johannes Murmellius. Sein Leben u. seine Werke. Nebst einem ausführlichen biographischen Verzeichniß sämmtlicher Schriften u. einer Auswahl von Gedichten. Hrsg. mit Unterstützung der Görres-Gesellschaft. gr. 8. (XIX, 184 S.) Freiburg i/Br. 880. Herder. n. 3. —

D. REICHLING. Johannes Murmellius. Sein Leben und seine Werke. Nebst einem ausführlichen bibliographischen Verzeichniss sämmtlicher Schriften und einer Auswahl von Gedichten. Herausgegeben mit Unterstützung der Görres-Gesellschaft. ib. 1880. — 8°.

Appendices ad Hainii-Copingeri Repertorium bibliographicum. Additiones et emendationes ed. Dietericus **Reichling**. Fasc. 1–6. [Nebst] Indices. Monachii: J. Rosenthal 1905–11. 8°

1. 1905. 2. 1906. 3. 1907. 4. 1908. 5. 1909. 6. 1910. Indices fasciculorum 1–6. 1911. [11. 3267 B

Reichling, Dieter., Appendices ad Hainii-Copingeri repertorium bibliographicum. Additiones et emendationes. Fasc. I et II. (III, 206 u. III, 208 S.) gr. 8. München 905. 906. J. Rosenthal. à n.n. 10. —

Reichling, Dieter., Appendices ad Hainii-Copingeri repertorium bibliographicum. Additionis et emendationes. Fasc. III—VI. (III, 219; III, 208; III, 199 u. III, 190 S.) gr. 8. München 907—10. J. Rosenthal. à nn 10. —

Reichling, Thdr., Alexandri de Villa-Dei doctrinalis codices manu scripti et libri typis impressi, quos e potioribus Europae bibliothecis collectos, disposuit, descripsit, illustravit Th. R. [Aus: „Monumenta Germ. paed. XII. Bd."] gr. 8. (VIII, 189 S.) Berlin 894. (A. Hofmann & Co.) n. 5. —

Reichling, D[ietrich]: Zur Geschichte der Münsterschen Domschule in der Blütezeit des Humanismus. *Münster i. W. 1898: Aschendorff.* (1—12 S.) 8°

Münster i. W., k. Paulinisches G, Festschr. 1898

Reichling, Dietr., die Reform der Domschule zu Münster im J. 1500, s. a. Texte u. Forschungen zur Geschichte der Erziehung u. des Unterrichts. II.

Die Reform der Domschule zu Münster im Jahre 1500. Zur Erinnerung an d. 400j. Bestehen d. Anstalt als humanist. Gymn. Ostern 1900. Von Prof. Dr. Dietrich **Reichling**. *Berlin: J. Harrwitz Nachf. 1900.* (86 S.) 8°
= Texte u. Forschungen z. Geschichte d. Erziehung u. d. Unterr. in d. Ländern deutscher Zunge. 2. [00. 7283

Reichling, Dietrich, Gerichtsreferendar in Münster i. W.: Die Schutzmittel des Bürgen nach römischem und bürgerlichem Recht mit einander verglichen. Münster i. W. 1907: Westf. Vereinsdruckerei. (67 S.) 8°

Leipzig, Jur. Fak., Diss. v. 2. Aug. 1907

[Geb. 25. Juni 81 Heiligenstadt; Wohnort: Münster i. W.; Staatsangeh.: Preußen; Vorbildung: Gymn. Paulinum Münster i. W. Reife O. 02; Studium: Münster 7 S.; Rig. 8. Mai 06.]

Reichling, Dietr., s.: Villa-Dei, Alex. de, Doctrinale.

Reichling, Theodoric., de Joannis Murmellii vita et scriptis. Commentatio literaria. Münster 870. Russell. gr. 8. (III, 67 S.) n. 12 *ngr.*

Reichling, Jean. Bapt., Histoire de l'ancienne Abbaye de Clairefontaine près d'Arlon depuis sa fondation par Ermesinde, en 1214, jusqu'à sa destruction par l'armée républicaine, en 1794, précédée d'un essai historique sur l'ancien château de Bardenbourg. Luxembourg 866. Bück. gr. 8. (XXIX, 184 S.) n. 24 *ngr.*

Reichling, Theodor, s. Reichling, Dietrich

Reichmann, *Albert* [app. Arzt aus Landemert]: Versuche über intravenöse Transfusion von Hämoglobinlösungen ... Malstatt-Burbach, Druck v. A. Spiess, *1892*; 34 S. 8.

Heidelberg, Med. Fak., Inaug.-Diss. v. [22. Juli] 1892

Reichmann, Chrn., die Philosophie des wahren Glaubens im Gegensatz der Lüge und des Wahnglaubens. Gedenkschrift der biblischen Wahrheit den Wirren der Zeit gegenüber. Allen evangel. Christen dargeboten. 2 Thle. Cassel 855. Bertram. gr. 8. (X, 50; X, 94 S.) 1.: 7½ *ngr.*; 2.: n. 10 *ngr.*

Reichmann, E., Gedichte. (VI, 142 S.) 8. Dresden 903 E. Pierson. n. 2. 50; geb. n. 3. 50

Reichmann, Ed., percussorische Auscultation, Phonendoscopie u. Stäbchenauscultation, s.a. Klinik, Berliner. 181. Hft.

Percussorische Auscultation, Phonendoscopie und Stäbchenauscultation. Eine krit. Studie. Von Dr. Ed. **Reichmann**, Arzt in Berlin. Mit 8 Abb. *Berlin: Fischer 1903.* (25 S.) 8°
— **Klinik**, Berliner. H. 181. [03. 8987

Reichmann, Eduard: Ueber alternirende Mittelohr-Eiterungen .... Oberhausen, Buchdr. v. Bauer & Witzler, 1886; 37 S. 8°.

Bonn, Med. Fak., Inaug.-Diss. v. 24. Jul. 1886.

Reichmann, Eduard, über alternirende Mittelohr-Eiterungen. Diss. Bonn 1886, Emil Strauss. 8°. 37 S.

Reichmann, F. W., Betrachtungen üb. d. Strafrecht d. Staats. 8. (7½ B.) Wiesbaden 836, Ritter'sche Buchh.

Reichmann, Friedrich, gepr. Praktikant der Medizin a. Dürrmenz Mühlacker ⟨Württemberg⟩: ⟨Aus der Augenklinik zu Jena.⟩ Über einen Fall von Sarcom der Aderhaut mit Blutungen in und auf dem Tumor, sowie mit hämorrhagischer Pigmentierung des Opticus. Mit 1 Tafel. Jena 1905: A. Kämpfe. (29 S.) 8°

Jena, Med. Fak., Ref. Wagenmann, Diss. v. 16. Dez. 1905

[Geb. 27. Nov. 78 Dürrmenz-Mühlacker; Wohnort: Dürrmenz-Mühlacker; Staatsangeh.: Württemberg; Vorbildung: Gymn. Pforzheim Reife O. 00; Studium: Tübingen 4, Erlangen 1, München 1, Berlin 1, Jena 2 S.; Coll. 28. Sept. 05; Approb. 31. März 05.]

Reichmann, Fritz, der Rudersport. (40 S. m. 9 Abb.) kl. 8. Leipzig (910). S. Schnurpfeil. — 30

— **Georg Benjamin** (Spandau), De itinere armato et curioso quorundam principum Guelphicorum in Palaestinam. Diss. histor.-geogr. Präs. Adolph Wilh. Henich. Helmstedt (P. D. Schnorr) 14. X. 1724. 46 S. (5.—) 28037

Reichmann, Gustavus *Adolphus* [Brombergensis]: De Anaximenis Lampsaceni vita . . . (Erscheint vollst. in: Berliner Beitr. z. klass. Philol.) Berolini, typ. C. Vogtii, *1894*; 28 S., 1 Bl. 8.

Berlin, Phil. Fak., Inaug.-Diss. v. 5. Juli 1894

Reichmann, Gust., de Anaximonis Lampsaceni vita ot scriptis, s. a. Beiträge, Berliner, zur klass. Philologie.

De Anaximenis Lampsaceni vita et scriptis scripsit Dr. Gust. **Reichmann**. *Berolini: C. Vogt 1895.* [S. 1—28 erschien als Berl. Diss. 1894.] (91 S.) 1 Bd 8.

= **Beiträge**, Berliner, z. klassischen Philologie. (H.) 1. [97. 4530

Reichmann, Hans, Rieselrauschen. Gedichte. (VIII, 76 S.) 8. Dresden 903. E. Pierson. n. 1.—; geb. n. 2. —

Reichmann, Hugo: Die Eigennamen im Orrmulum. Göttingen 1905: Dieterich. (117 S.) 8°

Göttingen, Phil. Fak., Ref. Morsbach, Diss. v. 18. April 1906

[Geb. 15. Mai 82 Mollenfelde; Wohnort: Göttingen; Staatsangeh.: Preußen; Vorbildung: Gymn. Göttingen Reife O. 01; Studium: Göttingen 9 S.; Rig. 28. Juni 05.]

Reichmann, Hugo, die Eigennamen im Orrmulum, s. a. Studien zur englischen Philologie, XXV.

Die Eigennamen im Orrmulum von Hugo **Reichmann**. Halle: M. Niemeyer 1906. (117 S.) 8°

— **Studien** z. englischen Philologie. H. 25. [06. 1999 8

Reichmann, I. A., de eo quod justum est in caussis pauperum. 4. Strasb. Spoor. •

Reichmann, J. G., Leitfaden zum Unterricht in der deutschen Sprache, für untere Classen höherer Bürgerschulen und für Landschulen. gr. 12. Leipzig 841, Polet. 6½ ngr

Reichmann, J. G., Leitfaden zum Unterricht in der deutschen Sprache, für untere Classen höherer Bürgerschulen und für Landschulen. 3. (Titel-)Ausg. 12. (VIII und 95 S.) Leipzig 853, Polet.

Reichmann, Iac., collect. concionatorium. 8 Tmi. 4. Plauen, Meisse. 711.

— geistl. Vorrathskammer zu Predigten über Hochzeit-Buß- u. Leichentexte. 4 Thle. 4. Ebend. 715.

Reichmann, M., Katholizismus u. Protestantismus im heutigen Frankreich, s. a. Zeitfragen des christl. Volkslebens. 184. Hft.

Katholizismus und Protestantismus im heutigen Frankreich. Von M. **Reichmann**. *Stuttgart: Ch. Belser 1899.* (75 S.) 8° [F.]

= **Zeitfragen** d. christlichen Volkslebens. Bd 24, H. 8. [99. 1236

Reichmann, M., die Kirche u. Gemeinde zu St. Nicolai in Zerbst. gr. 8. (32 S. m. Abbildgn.) Zerbst 894. (E. Luppe.) n. 1. —

Reichmann, Matthias

Reichmann, M., die Jesuiten u. das Herzogthum Braunschweig. Ein offener Brief an Hrn. Prof. Friedrich Koldewey. gr. 8. (III, 55 S.) Freiburg i/Br. 890. Herder. n. 1. —

Reichmann, Matthias, S. J., der Zweck heiligt die Mittel, s. a. Stimmen aus Maria Laach. 86. Erg.-Hft.

Reichmann, Matthias. Der Zweck heiligt die Mittel. Ein Beitrag zur Geschichte der christlichen Sittenlehre. Von Matthias Reichmann S. J. VIII + 160 S. 8. Freiburg im Breisgau, Herder, 1903. [M. 2. 20]

Erschien auch als: Stimmen aus Maria-Laach. Ergänzungshefte. Nr. 86. *Darin S. 15—17. 56 f. 61—65. 67 f. 89. 98 f. 107 f. 141 etc.* Schweizer *betr.*

Reichmann, Max, die evangelischen u. die vaterländischen Arbeitervereine u. ihre Stellung in der christlich-nationalen Arbeiterbewegung, s. a. Zeitfragen des christlichen Volkslebens.

Die evangelischen und die vaterländischen Arbeitervereine und ihre Stellung in der christlich nationalen Arbeiterbewegung. Von Max **Reichmann**, Hoym. Stuttgart: Belser 1909. 60 S. 8°
(Zeitfragen d. christlichen Volkslebens. Bd 34, H. 6.)

Reichmann, Max, Festpredigt zur Feier d. 100. Geburtstages Kaiser Wilhelms I., am Sonntag Okuli, 21. III. 1897, in d. St. Nikolaikirche zu Zerbst geh. gr. 8. (8 S.) Zerbst 897. E. Luppe. n. — 10

— Die christlichen Gewerkschaften, s. a. Zeitfragen des christlichen Volkslebens.

Die christlichen Gewerkschaften. Ihr Werden, ihr Wesen u. ihre Ziele. Von Max **Reichmann**, ⟨Hoym in Anhalt⟩. Stuttgart: Ch. Belser 1907. (60 S.) 8° [F.]

— **Zeitfragen** d. christlichen Volkslebens. Bd 32, H. 3. [07. 10337

— d. Sonntagsschule u. d. christliche Haus, s.: Allotria, ernste.

Reichmann, Max, 20 Jahre schwindsüchtig!! Volksthümliche Betrachtgn. zur Heilg. der Lungen-Tuberkulose. Selbsterlebtes. gr. 8. (70 S.) Berlin 900. Herm. Walther. n. 1. —

Reichmann, N., die Speisereste in den Faeces. Ein Beitrag zur Mikroskopie der Darmexcrete. Mit 3 chromolith. Taf. gr. 8. (15 S.) Leipzig 885. Stauffer. n. 1. —

Reichmann, P(aul): Neue Berechnung der Fläche des Kontinentalabhanges. Göttingen 1909: Dieterich. IV, 56 S. 8°

Göttingen, Phil. Diss. v. 23. Juli 1909, Ref. Wagner

[Geb. 7. Mai 85 Danzig; Wohnort: Danzig; Staatsangeh.: Preußen; Vorbildung: Kgl. Gymn. Danzig Reife O. 03; Studium: Freiburg i. B. 1, Leipzig 2, Danzig Techn. Hochsch. 1, Leipzig 2, Göttingen 6 S.; Rig. 12. Mai 09.]
[U 09. 1393

Reichmann, Vict., üb. das sporadische Auftreten der Meningitis cerebrospinalis epidemica. Nach Beobachtgn. in Tübingen. Inaugural-Dissertation. gr. 8. (42 S.) Tübingen 876. (Fues.) n. — 60

Reichmann, Victor, appr. Arzt a. Dürrmenz-Mühlacker: ⟨Aus d. Augenklinik zu Jena.⟩ Beitrag zur Kenntnis der direkten Sehnervenverletzungen. Jena 1905: H. Costenoble. (21 S.) 8°

Jena, Med. Fak., Ref. Wagenmann, Diss. v. 29. Juni 1905

[Geb. 8. Jan. 81 Dürrmenz-Mühlacker, Württ.; Wohnort: Dürrmenz; Staatsangeh.: Württemberg; Vorbildung: Karls-Gymn. Stuttgart Reife O. 01; Studium: Tübingen 4, Erlangen 2, Berlin 2, Jena 1 S.; Coll. 23. März 05; Appr. 20. März 05.]

Reichmann von Hochkirchen, Augustin: Zirkulare der k.k.Landesregierung im Erzherzogthume Oesterreich unter der Enns. Die Verpflegungsbeiträge in dem hiesigen allgemeinen Krankenhause werden bestimmt. Wien: 1811

s.: Saurau, Franz Graf von

JB 5.854

Reichmayer, P. J. Evang., tägliche Andachtsübungen eines kathol. Christen zu Gott u. der heil. Jungfrau Walburga 2c. 9. Aufl. 12. (Mit 1 Abbild.) Eichstätt 843, Brönner. 1/8 ₰

— s. Lebensbeschreibung d. heil. Walburga.

Reichmayr, Hans, die Zwangszahlung aus fremden Mitteln. Nach österreich. Rechte m. Bezugnahme auf das deutsche Reichsrecht. (VII, 199 S.) gr. 8. Wien 910. F. Deuticke. 5. —

Reichmayr, Jh. Evangelist, Beobachtt. üb. die Erschütterung d. Berge in d. Gegend v. Schwebelweis am 18. Mai 1783. 8. Regensb. 783.

v. Reichmeister, ..., (... Böttcher), Gethsemane u. Golgatha, od. Jesus d. Hohepriester. Mit 1 Titelvign. 8. Leipz. 829. Kummer. 1 ₰ 8 gl

Reichmeister, F., s. 1) A. Combe, Grundsätze der Physiologie. 2) J. A. Comte, Physiologie für Schulen. 3) Dupuitren, Abhandlung über die Steinoperation. 4) T. Irving, Indianische Skizzen. 5) Sonntags-Magazin. 6) J. Wilson, die Heilkraft der Wasserdämpfe.

Reichmeister, Fr. F., s. Billing, A., die Grundlehren der Medicin. — Curling, T. B., die Krankheiten d. Hodens. — Wilson, W. J. E., die Heilkraft d. Wasserdämpfe.

Reichmeister, Franziskus Friedrich (Meuselwitz), De hydrocephalo congenito. Diss. med. Leipzig (D. Sturm) 11. V. 1832. 26 S. (3.25) 28038

Reichmeister, J. C., unentbehrl. Hilfsbuch beim Orgelbau. Ein treuer Rathgeber f. Communen, Kirchenbeamten u. alle die, welche bei dem Neubau od. der Hauptreparatur e. Orgel wesentl. Obliegenheiten zu erfüllen haben. Nebst e. alphabet. geord. Beschreib. d. bekannt. Orgelstimmen, u. e. Anh. v. 29 Dispositionen verschied. berühmt. Orgeln. gr. 8. (5 B.) Leipzig 832, Fest. Thlr.

—— die Orgel in e. guten Zustande u. reiner Stimmung zu erhalten. Ein unentbehrl. Handb. f. angeh. Organisten u. Schullehrer, nebst Beschreib. der Orgel nach ihren Theilen. M. 1 Stndr. 8. (6 B.) Leipzig 828, Fest.

Reichmeyer, Blumen- u. Pflanzenlabyrinth 2c. Mit Kpf. gr. 8. Leipz., Joachim. 12 gl

Reichmuth, Erich, Referendar a. Ilfeld a. Harz: Das Recht der Forstbeamten zum Waffengebrauch in Deutschland. Neudamm [1908]: J. Neumann. (63 S.) 8° [F.]

Göttingen, Jur. Fak., Ref. v. Hippel, Diss. v. 9. Jan. 1908

[Geb. 4. Febr. 83 Mansfeld; Wohnort: Ilfeld; Staatsangeh.: Preußen; Vorbildung: Klostersch. Ilfeld Reife O. 03; Studium: Tübingen 1, München 1, Göttingen 4 S.; Rig. 14. Juni 07.]

Reichmuth, Erich, das Recht der Forstbeamten zum Waffengebrauch in Deutschland. Eine Darstellg. des in sämtl. deutschen Bundesstaaten gelt. Waffenrechts der Forstbeamten m. besond. Berücksicht. des preuß. Rechts. (63 S.) 8. Neudamm 908. J. Neumann. 1.50

Reichmuth, Jos[eph], med. pract. von Schwyz: Aus der Universitäts-Augenklinik Basel, Prof. Dr. C. Mellinger. Experimentelle Untersuchungen über die gewebsschädigenden Eigenschaften der gebräuchlichen Lokalanästhetika: Kokain, Holokain, β Eukain, Tropakokain, Akoin, Alypin. Berlin 1906. 20 S. 8°. S.-A. a. d. Zeitschrift für Augenheilkunde. Bd. 16.

Basel Med. Diss. 1906/1907.

Reichmuth, Jos[eph]. Experimentelle Untersuchungen über die gewebsschädigenden Eigenschaften der gebräuchlichen Lokalanästhetika: Kokain, Holokain, β-Eukain, Tropakokain, Akoin, Alypin. Diss. Med. Basel. (Sonder-Abdruck aus der Zeitschrift für Augenheilkunde. Band 16.) *Kopftitel:* Aus der Universitäts-Augenklinik Basel, Prof. Dr. C[arl] Mellinger. 20 S. 8. Berlin, S. Karger, 1906.

Reichnau, Johann Volrath (Berlin), De pulmonum structura. Diss. med.-anatom. Präs. Andreas Elias Büchner. Halle/Magdeburg (J. Chr. Hendel) Okt. 1747. 52 S. (4.75) 28039
Gew.: Johann Theodor Eller.

Reichner, Adolf [Pseud.], s.a. Jochner, Alfred

Reichner, Adf., Clotilde. Original-Roman aus der Gegenwart. 16. (IV, 201 S.) München 872. (Leipzig, Werner.) 1. 50

Reichner, Adolf (d. i. Alfr. Jochner), die Geheimnisse von München. Originalroman aus der Gegenwart. 2 Thle. 2. Ausgabe. München, Ehegartner, 1867. Breit-8°. Eleg. Hsrsbde.
I: 3 Bll., 131 S. II: 2 Bll., 126 S.

— Patchouly, } s.: Eisenbahn-Unterhaltungen.
— Soubretten-Ehe, }

— Stürme im Wasserglas. Ein humorist. Roman. 3 Bde. gr. 8. (174, 168 u. 164 S.) Leipzig 875. R. Schaefer. n. 9. —

Reichner, C., durch e. Blick, s.: Weichert's Criminal-Bibliothek.

Reichner, Gustav Martin: Die Verträglichkeit der Zeugen und der Sachverständigenrolle mit anderen Rollen im Strafprozesse. Tübingen 1905: O. Riecker. (62 S.) 8°

Tübingen, Jur. Fak., Ref. Beling, Diss. v. 15. Dez. 1904

[Geb. 4. Nov. 70 Bautzen; Wohnort: Zittau i. S.; Staatsangeh.: Sachsen; Vorbildung: Gymn. Zittau Reife O. 92; Studium: Leipzig 8 S.; Coll. 15. Dez. 04.]

Reichner, K., der schlagfertige Redner in der Westentasche. Allerlei Toaste, Trinksprüche u. Rundtoaste zu allerlei festl. Gelegenheiten. 2. verm. Aufl. (88 S.) 16. Mühlhausen i. Thür. (909). G. Danner. — 40

Reichner, Klara, Aschenbrödel, s. Jugendschatz, deutscher.

Reichner, Klara, gute Beispiele f. die Jugend, aus der Geschichte aller Zeiten u. Länder gesammelt. Mit 4 Farbendr.-Bildern nach Aquarellen v. Rob. Leinweber. gr. 8. (IV, 116 S.) Stuttgart 891. G. Weise. Kart. 3. —

Reichner, Klara, Blüten aus dem Märchengarten. Illustr. durch 6 Farbendr.-Bilder von W. Schäfer. 8. (95 S.) Wesel 882. Düms. geb. 2. —

– Erzählungen, s. Jugendschatz, Deutscher.

— Erzählungen einer alten Muhme für Kinder im Alter von 10—12 Jahren. Mit 4 (chromolith.) Illustr. 8. (III, 195 S.) Kattowitz 882. Siwinna. geb. n. 2. 50

— der Freischütz, mit 6 Farbendr.-Bildern von Th. v. Pichler. gr. 4. (10 S.) Stuttgart 881. G. Weise. geb. 1. 50

— die Geschichte v. Wilhelm Tell. Mit 6 Farbendr.-Bildern v. G. Franz. gr. 4. (12 S.) Stuttgart 883. G. Weise. geb. n. 1. 50

Reichner, Klara. *Die Geschichte von Wilhelm Tell.* Mit [6] Farbdruckbildern. Stuttgart, G. Weise [c. 1900]. 12 S. Gr.-4°. Farb. Or.-Karton. 6.—

— Gold u. Ehre, s.: Bibliothek, rothe.

— Gretchen u. Bella, s.: Kinderbibliothek, neue.

— Hans u. Grete. Ein Märchen, neu erzählt. Mit 6 Farbendr.-Bildern nach Orig.-Zeichnungen v. W. Düms. gr. 4. (8 S.) Wesel 880. Düms. cart. — 75

—— s. Hausthiere, unsere.

— der rote Hof; die Schicksale e. Kindes, s.: Jugendschatz, deutscher.

Reichner, Klara, die Jahreszeiten in Bildern aus dem Kinderleben. Mit 6 Farbendr.-Bildern von Th. v. Pichler. gr. 4. (12 S.) Stuttgart 882. G. Weise. geb. 1. 50

– s. In der Frühlingszeit

Reichner, Klara, s.: Jugend, der, Wundergarten.

— die guten Kameraden. Mit 6 Farbendr.-Bildern v. F. Lipps. gr. 4. (12 S.) Stuttgart 884. G. Weise. geb. n. 1. 50

— Kinderfrühling. Erzählungen m. 6 Farbendr.-Bildern v. F. Lipps. gr. 4. (12 S.) Ebend. 884. geb. n. 1. 50

— der Kinder Königreich. Märchen. 2 Bdchn. 8. (à 64 S.) Hamburg 882. Kramer. à — 25; in 1 Bd. cart. — 40

— im Kriege, s.: Kinderbibliothek, neue.

Reichner, Klara, Märchen f. große Kinder. gr. 8. (103 S.) München 872. Homolatsch. n. 2. 40; geb. m. Goldschn. n. 4. —

Reichner, Klara (Frau Klara Jochner), Märchen aus 1001 Nacht, s.: Goebel, Ferd.

— das Märchen v. der Zauberflöte. Mit 6 Farbendr.-Bildern v. Th. v. Pichler. gr. 4. (10 S.) Ebend. 883. cart. 1. 50

— aus der goldenen Märchenwelt. 50 Märchen, gesammelt. Mit 4 Farbdr.-Bildern nach Aquarellen v. P. Wagner. gr. 8. (IV, 118 S.) Stuttgart 890. G. Weise. cart. n. 3. —

Reichner, Klara (Klara Jochner), s.: Miniatur-Bibliothek f. junge Mädchen.

— s.: Neues aus der Märchenwelt.

Reichner, Klara (Frau Klara Jochner), s.: Neues aus dem Zauberlande.

— Perlen, für brave Kinder aufgereiht. Mit (4 Holzschn. u. 1 chromolith.) Illustr. v. L. A. Lamche. 8. (V, 242 S.) Kattowitz 881. Siwinna. geb. 3. —

— Preciosa. Eine Zigeunergeschichte. Mit 6 Farbendr.-Bildern von Th. v. Pichler. gr. 4. (12 S.) Stuttgart 882. G. Weise. geb. 1. 50

— Robinson Crusoes Reisen u. Abenteuer. Neu erzählt. Mit 6 Bildern in Farbdr. u. zahlreichen Holzschn. 8. (119 S.) Ebd. 891. Kart. n. 1. —

— auch e. Schatzkästlein. 50 Erzählgn. f. Kinder von 6—11 Jahren. gr. 8. (IV, 118 S. m. 4 Farbendr.) Stuttgart 889. G. Weise. geb. 3. —

— auch e. Schatzkästlein. 50 Erzählgn. f. Kinder von 6—11 Jahren, gesammelt v. R. Mit 4 Farbdr.-Bildern nach Aquarellen v. P. Wagner. 2. Aufl. gr. 8. (IV, 118 S.) Ebd. 894. Geb. in Leinw. 3. —

— auch e. Schatzkästlein. 50 Erzählgn. f. Kinder v. 6 bis 11 Jahren. Mit 4 Farbdr.-Bildern nach Aquarellen v. P. Wagner. 6.—8. Taus. (IV, 180 S.) gr. 8. Stuttgart (903). G. Weise. Geb. in Leinw. 2. —

—— Jakob Ehrlichs Schicksale. Nach Kapit. Marryat's Roman f. die Jugend erzählt. Mit 6 Farbendr.-Bildern. 8. (118 S.) Ebd. 891. cart. * 1 —

—— die Schicksale eines Kindes, s. Jugendschatz, deutscher.

— unser Singvögelchen. Ein Liederschatz für die deutsche Jugend. Mit 8 Bildern in Farbdr., 100 Text-Illustr. u. 79 Melodien. gr. 8. (VI, 290 S.) Ebend. 882. geb. 7. 50

— unser Singvögelchen. Ein Liederschatz, f. die deutsche Jugend gesammelt. 2. Aufl. Mit 100 Text-Illustr. u. 79 Melodieen. gr. 8. (IV, 290 S.) Ebd. 890. geb. n. 3. —

— Sommertage, mit 6 Farbendr.-Bildern v. F. Lipps. gr. 4. (12 S.) Ebend. 881. geb. 1. 50

— eine dunkle That, s.: Bibliothek, rothe.

— was das gute Mütterlein den braven Kindern erzählt. 4. (6 S. m. 6 Chromolith.) Wesel 881. Düms. geb. — 60

—— Ferd. Goebel und Karl Zastrow, der Jugend Wundergarten. Allerlei Märchen. 8. (119 S. mit 6 feinen Farbendr.-Bildern nach Aquarellen von W. Schäfer.) Wesel 887, Düms. geb. 1 —

— Ferd. Goebel u. **Klara Jastrow**, der Jugend Wundergarten. Allerlei Märchen. Mit 6 feinen Farbendr.-Bildern nach Aquarellen v. W. Schäfer. (42.–43½. Tauf.) 8. (119 S.) Wesel (900). W. Düms. Geb. 1.—

—— der Kinder Zeitvertreib. Kleine Erzählungen und Gedichte. gr. 4. (6 Bl. Text mit 6 Farbendr.-Bildern von F. Lipps.) Stuttgart 885, G. Weise. cart. [*M* 1.50.] * 1 20
Unzerreißbar, geb. 2 50

Reichner, Mart., die Hexe. Trauerspiel in 8 Akten m. e. Vorspiele. 8. (96 S.) Zittau 902. A. Graun. n. 1.50; geb. n. 2.—

Reichner, Wilhelm D. Juan der weiße Sklave; oder, Die Tochter des Rebell Pflanzers. Phila. 1861.

De reichnographica, cujus hodierna praxis exponitur, et propriis exemplis pluribus illustratur, inque varias, quae contingere possunt, ejusdem aberrationes, posito quoque calculo inquiritur. Viennae Austriae, prostat apud Leop. Kaliwoda, aulae imperialis typographum, 4 maj. 1 Alph. 16 Bog. mit Kupfern. 1751.

Reichold, Albert [aus Sulzkirchen]: Ueber Phenyltolylamin und Paraoxydiphenylamin. . . . Erlangen, Druck v. Aug. Vollrath's k. b. Hofbuchdr., 1890; 25 S. 8°
Erlangen, Phil. Fak., Inaug.-Diss. v. 1890

Reichold, Ernst, die Früchte des Liberalismus in Baden. Eine conservative Stimme. gr. 8. (60 S.) Heidelberg 879. C. Winter. n. 1.20

Reichold, Hans [Assistenzarzt]: Ueber Digitalinum verum. Würzburg, Druck v. F. Fromme, 1895; 52 S., 1 Taf. 8.
Erlangen, Med. Fak., Inaug.-Diss. v. [11.] Juni 1894

(Reichold, N.) Der Soldaten-Sohn und das Kriegsleben 1805—1815. München 1851. 8°.

Reicholdt, Christoph

Reicholdt, Cph., und **Jak. Gr. v. Reider**, die pharmaceut. Waarenkunde und Waarenbereitung aus dem Pflanzenreiche in der Auffindung, Erkennung, Cultur und Zurichtung aller officinellen Pflanzen zum Verbrauche in Apotheken. Nebst einer Terminologie der Botanik v. A. B. Reichenbach. gr. 8. Leipzig 844, Schwickert. 1¼ ₰

Reichsabgaben-Stundungsordnung f. Preußen. (49 S.) Lex. 8. Berlin 908. Trowitzsch & Sohn. 1.—

Reichsabschied, jüngster, de ao. 1654. zu Regensb. Fol. Wetzlar. 717.

— jüngster, de ao. 1654 zu Regensburg. Frankf. a. M. 784. Brönner. 6 ₰

Reichsabschied, d. Cölner, v. 1512, od. Kaiser Maximilian I. Ordnung d. Notarien; nach d. Gerstlacherschen Texte mit e. histor. Einleit. u. Anmerkk. von J. M. Starck. 8. Frankf. a. M. 799.

Reichsabschied, der Cölner, von 1512., oder Kaiser Maximilian I. Ordnung d. Notarien; nach d. Gerstlacherschen Texte, mit e. histor. Einleit. u. Anmerkk. v. J. M. Starck. *Frankfurt*, 799. 8. Neue Ausg. *Ebend.* 801. Guilhauman. (Fr. Wilmans.) gr. 8. (8 Gr.)

Reichsabschiede des heil. römisch. R., bis auf jetz. Zeiten, verm. v. G. A. Koch. Fol. Frankf. 746.

Reichsabschluss, neuester, v. 1788. *Wetzlar*, Winkler. 788. 4. (3 Gr.)

Reichsadel, vom deutschen, (von F. L. v. Botzheim). 8. Wiesbaden 790.

Reichsadler, der. Ein belehrendes Unterhaltungsblatt für den Sonntag der Frankfurter Familie. 1. Jahrg. 1858. 52 Nrn. (à 1 Bgn.) Frankfurt a. M., Meidinger. gr. 4. n. 4 ₰.

Reichsadler, der. Allgemeiner deutscher Kalender auf d. Schaltj. 1872. 1. Jahrg. gr. 8. (XXIII, 304 S.) Berlin 871. Burmester & Stempell in Comm. n. 1.25

Unter dem **Reichsadler.** Zeitschrift d. Verbandes d. dt. Reichs-Post- u. Telegraphenbeamtinnen (1–4: Zeitschrift f. d. Gesamtinteressen d. Verkehrsbeamtinnen Deutschlands). Jg. 1 ff. — Berlin: Verkehrs-Verl. Union 1908 09 ff. 4°

Reichsadler und Reichskrone. (1 Bl 2 T) 4° Berlin

Reichs-Adressbuch, Allgemeines Deutsches. 1876—82. Jhg. 1—7. Strassburg. 8.
(LIII. 1. T.)

Reichs-Adressbuch, allgemeines deutsches. 1877 und 1878. 2. und 3. Jahrg. gr. 8. (VIII, 479; VII, 496 S.) Strassburg, (Bensheimer.) à Jahrg. ** 10 —
—— dass. — 1879. 4. Jahrg. gr. 8. (VIII, 501, 24 S.) (Ebendas.) ** 10 —

Reichs-Adressbuch, allgemeines deutsches, 1880—1882. 5.—7. Jahrg. gr. 8. (...; XXXI, 976; XLVII, 1122 S.) Strassburg, Expedition. à Jahrg. (**M* 12.) *
Nicht weiter erschienen.

Reichs-Adreßbuch, allgemeines deutsches, auf d. J. 1883. gr. 8. (VI, 337 S.) Hoyerswerda, Wenzel. n. 10.—

Deutsches Reichs-Adressbuch für Industrie, Gewerbe u. Handel. Unter Benutzg amtl. Quellen ... Bd 1 u. *Berlin: Verl. d. Deutschen Reichs-Adressbuchs 1898/99.* 2 Bde 4.(8.)
I Adressen-Verz I Tl (4 Bl., 2048 S.)
II. Adressen-Verz II Tl. Branchen-Verz nebst Reg Schutzmarken-Reg., Industrie- u. Handels-Anzeiger. Volkswirtschaftl Tl (1 Bl., 2049—3328. 544. 40. 384. 720. 82 S.)
(99. 178)

Reichs-Adressbuch, deutsches, f. Industrie, Gewerbe u. Handel. Unt. Benutzg. amtl. Quellen. Enth. in e. nach Staaten geordn. Adressen-Verzeichnis mehr als 1½ Millionen Adressen d. Industriellen, Gewerbetreibenden, Kaufleute, ferner der Aerzte, Rechtsanwälte etc. aus ca. 35,000 Orten d. deutschen Reichs — Specialkarten — e. Branchen-Verzeichnis m. sechssprach. Register — e. Schutzmarken-Verzeichnis — e. illustr. Industrie- u. Handelsanzeiger — e. volkswirtschaftl. Tl., unter besond. Berücksicht. des deutschen Export-Verkehrs. 2 Bde. Lex.-8. (VIII, 3328, 534, 40, 384, 720 u. 82 S.) Berlin 898. 99. Verlag d. Deutschen Reichs-Adressbuchs.
Geb. in Leinw. n.n. 30.—

Reichs-Adreßbuch, Deutsches, für Industrie, Gewerbe und Handel. 2. Aufl. Bd 1. 2. Berlin 1900/1901

Deutsches Reichs-Adressbuch für Industrie, Gewerbe u. Handel. Unter Benutzung amtl. Quellen hrsg. von Rudolf Mosse. (3. Aufl.) Bd 1. 2. *Berlin: Deutsches Reichs-Adressbuch 1902/03.* 2 Bde 4°(8°)
1. Adressen-Verz. 1. T.
2. ... 2. T. Branchen-Verz. nebst. Reg. Schutzmarken- u. Wortzeichen-Reg., Industrie- u. Handels-Anzeiger, Volkswirtschaftl. T., Orts-Reg.

Reichs-Adressbuch, deutsches, f. Industrie, Gewerbe u. Handel. Unter Benutzung amtl. Quellen. Inhalt: Adressen-Verzeichnis m. ca. 1¾ Millionen Adressen der Industriellen, Kaufleute, Aerzte, Rechtsanwälte etc. aus ca. 35000 Orten des Deutschen Reichs u. seiner Kolonien — Speciallandkarten — Branchen-Verzeichnis m. 6 Sprachen-Registern — Schutzmarken- und Wortzeichen-Register — Illustrierter Industrie- und Handels-Anzeiger — Volkswirtschaftlicher Tl. (3. Aufl.) 2 Bde. hoch 4. (VIII, 4240; 672, 72, 216, 88 u. 112 S.) Berlin 902. 903. Verlag des Deutschen Reichs-Adressbuchs. Geb. in Leinw. n.n. 30. --

Reichs-Adreßbuch, Deutsches, für Industrie, Gewerbe und Handel. Hrsg. von R. Mosse. 4. Ausg. Bd 1. 2. Berlin 1904

Reichs-Adressbuch, deutsches, f. Industrie, Gewerbe u. Handel. Unter Benutzg. amtl. Quellen hrsg. v. Rud. Mosse. 2 Bde. (IV, 112. 4548, 824, 132, 208 u. 92 S.) Lex.-8. Berlin 907. Verlag des deutschen Reichs-Adressbuchs. Geb. in Leinw. n.n. 30. —

— dasselbe. Sonderbd. I—VIII. Lex.-8. Ebd. 907. Geb. in Leinw. à n.n. 7.50
I. Brandenburg, Anhalt, Mecklenburg-Schwerin, Mecklenburg-Strelitz. (20, 590, 372 u. 208 S.)
II. Provv. Pommern, Posen, Ostpreussen, Westpreussen, Schlesien. (52, 640, 372 u. 208 S.)
III. Lippe-Detmold, Schaumburg-Lippe, Königr. Sachsen, Thür. Staaten, Waldeck. (22, 590, 372 u. 208 S.)
IV. Braunschweig, Bremen, Hamburg, Lübeck, Hannover, Schleswig-Holstein, Kolonien des Deutschen Reiches. (24, 582, 372 u. 208 S.)
V. Prov. Hessen-Nassau, Prov. Sachsen, Prov. Westfalen. (28, 664, 372 u. 208 S.)
VI. Grossherzogt. Oldenburg, Prov. Rheinpreussen. (28, 544, 372 u. 208 S.)
VII. Königr. Bayern, Grossherzogt. Hessen. (36, 632, 372 u. 208 S.)
VIII. Baden, Elsass-Lothringen, Hohenzollern, Württemberg. (28, 536, 372 u. 208 S.)

Deutsches **Reichs-Adressbuch** v. Rudolf Mosse. Sonderbd. 4: Braunschweig, Bremen, Hamburg, Lübeck, Hannover, Schleswig-Holstein, Kolonien des Deutschen Reiches. Adressen von Industrie, Gewerbe, Handel u. Landwirtschaft. Berlin. 1910. 4°
[Umschlagt.:] Deutsches Reichs-Adreßbuch für Industrie, Gewerbe und Handel.

Reichs-Adressbuch, deutsches, f. Industrie, Gewerbe u. Handel. Unter Benutzg. amtl. Quellen hrsg. v. Rud. Mosse. 3 Bde. Ausg. 1911. (VI, 5432, 124, 1004, 184, 144, 16 u. 106 S. m. eingedr. Karten.) Lex. 8. Berlin, R. Mosse. Geb. in Leinw, nn 30, —
Aus Reichs-Adressbuch einzeln:
1. Berlin, Brandenburg, Anhalt, Mecklenburg-Schwerin, Mecklenburg-Strelitz. (22, 739, 484 u. 144 S.) Geb. nn 7.50
2. Provv. Pommern, Posen, Ostpreussen, Westpreussen, Schlesien. (58, 760, 484 u. 144 S.) Geb. nn 7.50
3. Lippe-Detmold, Schaumburg-Lippe, Königr. Sachsen, Thür. Staaten, Waldeck. (22, 699, 484 u. 144 S.) Geb. nn 7.50
4. Braunschweig, Bremen, Hamburg, Lübeck, Hannover, Schleswig-Holstein, Kolonien des Deutschen Reiches. (28, 696, 484 u. 144 S.) Geb. nn 7.50
5. Prov. Hessen-Nassau, Prov. Sachsen, Prov. Westfalen. (30, 789, 484 u. 144 S.) Geb. nn 7.50
6. Grossherzogt. Oldenburg, Prov. Rheinpreussen. (20, 652, 484 u. 144 S.) Geb. nn 7.50
7. Königr. Bayern, Grossherzogt. Hessen. (44, 740, 484 u. 144 S.) Geb. nn 7.50
8. Baden, Elsass-Lothringen, Hohenzollern, Württemberg. (30, 626, 484 u. 144 S.) Geb. nn 7.50

Reichs-Adressbuch deutscher Industrie- u. Handelsfirmen. Kaufmännisch-techn. Handbuch, auf Anregg. d. kaiserl. deutschen Reichsamts d. Innern im Auftrage d. Centralverbandes deutscher Industrieller, d. deutschen Handelstages, d. Vereins deutscher Eisen- u. Stahlindustrieller bearb. v. W. Annecke, H. A. Bueck, H. Rentzsch. 1. u. 2. Bd. Lex.-8. Leipzig, O. Spamer. à n. 18. —; geb. à n. 20. —
1. Montan- u. Metallindustrie, Maschinen, Apparate u. Instrumente. Bearb. von H. Rentzsch. Mit alphabet. Firmen- u. Ortsregistern, sowie ausführl. Sachregister in deutscher, französ., engl., italien. u. span. Sprache. (XCII, 1686 Sp. m. Abbildgn.) 892.
2. Textil-Industrie, Leder- u. Bekleidungs-Industrie. Bearb. v. H. A. Bueck. Mit alphabet. Firmen- u. Ortsregistern, sowie ausführl. Sachregister in deutscher, französ., engl., italien. u. span. Sprache. (CXX, 1540 Sp. m. eingedr. Fabrikmarken.) 893.

Reichs-Almanach für die Session 1891—1892. Herausgegeben von Sigmund Hahn. 8. (297 S.)
Wien: Alfred Hölder 1891. 1.60

Reichsanzeiger. – Der Reichsanzeiger. –
Gotha. – 1.VII.1793 – 18.IX.1806.
Vorh. u.d.T.: Der Anzeiger.
Fortges. u.d.T.: Allgemeiner Anzeiger der Deutschen.

Reichsanzeiger der Deutschen, der öffentlichen Unterhaltung über gemeinnützige Gegenstände aller Art gewidmet. (1. Januar 1849 bis 29. Juni 1850.) Gotha, Becker'sche Verlags-Buchhandlung. 3 Bde. 4.

Reichsanzeiger der Deutschen. Red.: F. G. Becker u. Ad. Bock. Jahrg. 1849 u. 1850. à 300 Nrn. gr. 4. (½ Bog.) Gotha, Becker. à Jahrg. n. 4 ₰ (Fortsetzung vom „Allgemeinen Anzeiger".)

Reichsanzeiger der Deutschen. –
Gotha. – 2.I.1850 – 29.VI.1850.
Vorh. u.d.T.: Allgemeiner Anzeiger und National-Zeitung der Deutschen.

Reichs-Anzeiger, Deutscher, und königlich preussischer Staats-Anzeiger. 1871, vom 2. Mai an — Ende 1874. (Frühere Bde. siehe „Staats-Anzeiger".) (20 Bde.) 4. und Fol. Berlin 1871—1874.

Deutscher Reichs-Anzeiger und Königl. Preussischer Staats-Anzeiger, Berlin. Jahrgang 1875 (vom 1. April an), 1876–89. Berlin 1875-89. gr. Fol.

— gemein. Auff. als Beytr. z. R. Anz. v. R. Z. Becker. 2 Samml. 8. Ebend. 797-98. (à 12 gr.)

— — Fortsetzung desselben, s. Anzeiger, allgemeiner, der Deutschen.

Reichsanzeiger, kaiserl. privilegirter, s.a. **Anzeiger d. Deutschen.**

Reichsanzeiger, kaiserl. privilegirt., v. 1791-1806. 4. Gotha, Becker. (d. Jahrg. à 2 Rthlr.)

Reichsanzeiger, Kaiserl. privileg., oder allgemeines Intelligenzblatt ... Gotha 1793—1806. H: *Becker, Rudolph Zacharias.* (StAt)

Reichs-Arbeitsblatt. Hrsg. vom kaiserl. statist. Amt, Abteilg. f. Arbeiterstatistik. 1. Jahrg. April 1903—März 1904. 12 Nrn. (XX, 1070 S.) hoch 4. Berlin, C. Heymann. n. 1. —; geb. n. 3. —

— dasselbe. 2. Jahrg. April—Dezbr. 1904. 9 Nrn. (XVIII, 876 S.) hoch 4. Ebd. n. — 75; geb. n. 2. 75

— dasselbe. 3. u. 4. Jahrg. 1905 u. 1906. à 12 Nrn. (XVI, 1116 u. XVIII, 1191 S.) hoch 4. Ebd. à Jhrg. n. 1. —; geb. n. 3. —

— dasselbe, Beiheft, s.: Atlas u. Statistik der Arbeiterversicherung des Deutschen Reichs.

Reichs-Arbeitsblatt. Hrsg. vom kaiserl. statist. Amte, Abtlg. f. Arbeiterstatistik. 5.—8. Jahrg. 1907—1910. à 12 Nrn. (1910. XX, 962 S. m. Fig.) 30,5×22 cm. Berlin, C. Heymann. à Jahrg. 1.—; geb. 3. 50

— dasselbe. Gesamtregister f. die Jahrgänge 1903—1907. (79 S.) Lex. 8. Ebd. 908. — 50

— dasselbe. 1. u. 2. Sonderheft. Lex. 8. Ebd. 4. 60
1. Statistik der Frauenorganisationen im Deutschen Reiche. Bearb. im kaiserl. statist. Amte, Abteilg. f. Arbeiterstatistik. (28 u. 70 S.) 909. 1. —
2. Erhebung v. Wirtschaftsrechnungen minderbemittelter Familien im Deutschen Reiche. Bearb. im kaiserl. statist. Amte, Abteilg. f. Arbeiterstatistik. (77 u. 229 S.) 909. 3. 60

Reichs-Archiv. Sammlung des gesamten Reichsrechts in seiner heute gültigen Gestalt. Von Adolf Weissler. Bd. 1 ff. Leipzig 1907 ff. 8°.
1, 1907. 2, 1908. 3, 1909. 4, 1910.

Reichs-Armee, die deutsche. Uebersichts-Tabelle ihrer Eintheilg. u. Standquartiere. 3. Aufl. ergänzt u. berichtigt bis Septbr. 1872. Nach amtl. Quellen. qu. gr. Fol. Berlin 872. Gerstmann'sche Buchh. — 50

Reichsarmee, Die, in ihrer wahren Gestalt, oder: Schilderung der heutigen Reichsarmee . . . Leipzig 1796. V: *Lauckhard, Frdr. Chn* (MGT) (HS) (Ky) (Adel)

Reichs-Armee, die, in ihrer wahren Gestalt, od. Schilderung d. heutigen Reichsarmee &c. (v. F. C. Laukhardt). 8. (Lpz.) 796.

Reichsbahn und Staatsbahnen. Dresden [1876]. V: *Petermann, Theod.* (Kat. d. stat. Bureaus. Dresden 1890.)

Reichsbank, die, s. a. Währungs-Bibliothek.

Die Reichsbank. Verhandlungen der Plenarversammlung des deutschen Handelstags vom 14. März 1898. Mit einer Einleitung von K. Helfferich. Stuttgart 1898. (Währungs-Bibliothek Heft 9.)

Reichsbank, die. (Historisch-biograph. Blätter. Industrie, Handel u. Gewerbe. Hrsg. u. Red.: Jul. Eckstein.) gr. Fol. (12 S. m. 2 Heliogr.) Berlin (W. 9, Königgrätzerstr. 22) 901. Eckstein's biograph. Verlag. n. 5. —

Die **Reichsbank** 1876–1900. *Berlin (1900): Reichsdr.* (XI, 485 S.) 4° [F.]
[01. 4311]

— die, 1876—1900. gr. 4. (XI, 485 S. m. 1 farb. Karte.) Berlin (901). (Jena, G. Fischer.) n. 10. —

Die **Reichsbank** 1876—1900. [Jubiläumsdenkschr.] ([Mit] 83 Tab. [u.] 5 Anl.) Berlin [1901]: Reichsdr. XI,485 S. 4°

„Reichs-Bank", die sogenannte deutsche, e. privilegirte Aktien-Gesellschaft. v. u. f. Juden. Nebst Betrachtgn. üb. Lasker'hafte u. Bamberger'liche Politik. Von Hilarius Bankberger, Mitglied d. deutschen Reiches. gr. 8. (V, 92 S.) Berlin 876. Niendorf. n. 1. 50

„Reichs-Bank", die sogenannte deutsche, eine privilegirte Aktien-Gesellschaft v. u. f. Juden. Nebst Betrachtungen über Lasker'hafte u Bamberger'liche Politik Von Hilarius Bankberger. 2., verm. u. verb. Aufl. gr. 8. (118 S.) Berlin 877. Verlagshandlung (F. Graf Behr). n. 1. 50

Reichsbankbeamte, der. Vorbereitung zur Annahme und Prüfg. bei der Reichsbank. Methode Rustin. Selbst-Unterrichts-Briefe hrsg. vom Rustinschen Lehrinstitut. Red. v. C. Jlzig. Bearb. v. Gust. Behrendt, Max Baumann, Frz. Bußler u. v. a. 1.—119. Lfg. Lex.-8. (4025 u. Formulare 112 S. m. Abbildgn., 1 Tab., 12 farb. Karten u. 38 farb. Kartens. in gr. 4.) Potsdam (900—902). Bonneß & Hachfeld. Subskr.-Pr. à n. — 90; Einzelpr. à n. 1. 25

Reichsbankbeamte, der. Vorbereitung zur Annahme u. Prüfg. bei der Reichsbank. Methode Rustin. Selbst-Unterrichts-Briefe in Verbindg. m. eingeh. Fernunterricht. Hrsg. vom Rustinschen Lehrinstitut f. briefl. Unterricht. Bearb. v. Gust. Behrendt, Max Baumann, Bayer u. v. a. 120.—211. Lfg. (2932 S. m. Abb., 88 S. Formularen u. 6 farb. Karten.) Lex.-8. Potsdam (903—906). Bonneß & Hachfeld. Subskr.-Pr. à n. — 90; Einzelpr. à n. 1. 25

Reichsbankbeamte, der. Vorbereitung zur Annahme und Prüfg. bei der Reichsbank. Methode Rustin. Selbst-Unterrichts-Briefe in Verbindg. m. eingeh. Fernunterricht. Hrsg. vom Rustinschen Lehrinstitut f. briefl. Unterricht. Bearb. v. Gust. Behrendt, Max Baumann, Bayer u. v. a. 212.—230. Lfg. (640 S. m. 5 z. Tl. farb. Karten u. 5 Tab.) Lex. 8. Potsdam (907. 08). Bonneß & Hachfeld. Subskr.-Pr. à — 90; Einzelpr. à 1. 25

Reichsbankblätter, deutsche. Illustrierte Monatsschrift f. Bank- u. Münzwesen. Organ f. finanzielle u. volkswirtschaftl. Interessen. Hrsg. v. Paul Grotowsky. Schriftleitung: Paul Grotowsky. 1.—4. Jahrg. 1903—1906. à 12 Nrn. (à ca. 16 S.) gr. 8. Leipzig, (E. Stock's Verl.) à Jhrg. n. 6. —

Reichsbankblätter, deutsche. Illustr. Monatsschrift f. Bank- u. Münzwesen. Hrsg. Grotowsky. 2. Jahrg. 1904. 12 Nos. gr. 8. Leipzig, B. Franke. 1904. halbjährl. 3. —

Reichsbankblätter, deutsche. Monatsschrift f. Bank- u. Münzwesen. Mit jährl. 6 Lichtdr.-Beilagen. Hrsg. v. Paul Grotowsky. 5.—8. Jahrg. 1907—1910. à 12 Hefte. (à ca. 16 S.) 8. Leipzig-Oetzsch, Verlag der Reichsbankblätter. à Jahrg. 6. —

Reichsbankdienst, der. Anstellungs- u. Besoldungsverhältnisse, m. e. Anh.: Bedingungen f. die Aufnahme in den Dienst bei der königl. Seehandlg. (preuß. Staatsbank), preuß. Zentral-Genossenschaftskasse u. bei der kgl. bayer. Bank. (40 S.) kl. 8. Berlin 910. E. S. Mittler & Sohn. — 80

Reichsbankgeld und neue Geldwesen, Das, in den Dänischen Staaten. Altona und Flensburg [1812]. V: *Jensen, Thom. Hoyer.* (Bruun, Bibl. Danica II, 855.) (Collin, Anonymer. Kiobenh. 1869.)

Das Reichsbankgesetz. Mit geschichtlicher Einl. u. kurzer systematischer Darstellung ... hrsg. von Moriz Ströll. — Nördlingen: Beck 1875. 64 S. 8° (Deutsche Reichsgesetze.) 9. 12: Merc. 198e. 18. 19. 25. 27. 31. 203. 208.
10.12197

Deutsches Reichs-Bankgesetz. Ausführlich ergänzt u. erl. durch d. amtl. Materialien d. Gesetzgebung von R. Höinghaus. — Berlin: Mecklenburg 1875. 148 S. 8° 3. 4. 12: Merc. 198 d. 17. 18. 20. 25. 26. 27. 46. 203. 208.
10.12196

Deutsches Reichsbankgesetz. Ausführlich ergänzt u. erl. durch d. amtl. Materialien d. Gesetzgebung von einem bewährten Juristen [d. i. Richard Höinghaus]. — Berlin: Hohorst 1878. 148 S. 8° (Gesetze für d. Deutsche Reich. 1.) **1: Gv 15225-1. 41.**
10.12108

Das Reichsbankgesetz vom 14. März 1875 in der durch d. Gesetze vom 18. Dez. 1889, 7. Juni 1899, 19. März 1900 u. 1. Juni 1909 bewirkten Fassung, nebst d. Reichsbankstatut, eingel. u. erl. von Gunz u. S. Merzbacher. — München: Beck 1910. XLIX, 191 S. 8° (Deutsche Reichsgesetze.) **6. 12: J. publ. G. 637 rc-88. 16. 19. 24. 26. 30. 38. 203. 208.**
10.12202

Das Reichsbeamtengesetz [**Gesetz**, betr. d. Rechtsverhältnisse der Reichsbeamten]. Beamten-Unfallfürsorgegesetz und Beamtenhinterbliebenengesetz, erl. von Rechtsanw. Dr. [Karl] Görres in Berlin. 1.–16. Aufl. Nebst e. Anh. Berlin: H. Bahr 1908. (VIII, 152 S.) 8° [F.] [08.14983

Reichsbeamtengesetz vom 18. V. 1907, **Besoldungsgesetz** vom 15. VII. 1909, **nebst Gehaltsvorschriften, Diätenordng., Unfallfürsorgegesetz vom 18. VI. 1901, Beamtenhinterbliebenengesetz vom 17. V. 1907 u. Pensions-Berechnungstabellen m. Umrechng. auf Witwen- u. Waisengeld.** (VIII, 325 S.) kl. 8. **Stuttgart, J. Hess.** 1910. 2. —

[F.] Das **Reichsbeamtengesetz** v. 31. März 1873, u. s. Ergänzgn, erläut. v. J. Pieper, Geh. Ober-Regiergs- ... Rath ... *Berlin: J. Guttentag 1896.* (XV, 507 S.) 1 Bd 8.
— Sammlung, Guttentag'sche, Deutscher Reichsgesetze. No 10. [96. 2119

Das Reichsbeamtengesetz vom 31. März 1873 u. s. Ergänzungen, erl. von J. Pieper, Geh. Ober-Reg.R. 2. Aufl. *Berlin: J. Guttentag 1901.* (XXXVIII, 696 S.) 8° [F.]
— Sammlung, Guttentag'sche, Deutscher Reichsgesetze. No 10. [01. 231

Das Reichsbeamtengesetz [**Gesetz**, betreffend die Rechtsverhältnisse der Reichsbeamten] v. 31. März 1873 nebst Erläuterungen u. Erg. Von Dr. Brand, Amtsrichter. *Berlin: O. Häring 1902.* (XII, 344 S.) 8° [F.]
— **Gesetze**, Die, d. Deutschen Reiches in kurzgef. Komment. 1. [03. 8304

Das Reichsbeamtengesetz [**Gesetz** betr. d. Rechtsverhältnisse d. Reichsbeamten] vom 31. März 1873 in d. Fassung d. Bekanntmachung v. 18. Mai 1907 u. seine Ergänzungen, erl. von Dr. Adolf Arndt in Königsberg/Pr. Berlin: J. Guttentag 1908. (XVI, 327 S.) 8° [F.]
— **Sammlung**, Guttentag'sche, Deutscher Reichsgesetze. No 82. [08. 8307

Reichsbeamten-Gesetz, das neue, vom 17. V. 1907. Amtliche Fassg. (59 S.) 16. Berlin (907). L. Schwarz & Co. — 75

Reichsbeamten-Hinterbliebenen-Gesetz v. 17. Mai 1907
s. Beamten-Hinterbliebenen-Gesetz. [09. 11991

Reichsbeamten-Hinterbliebenen-Gesetz, das neue, vom 17. V. 1907. Amtliche Fassg. (15 S.) 16. Berlin, L. Schwarz & Co. 1908. —. 50.

Reichs- und Staatsbeamten-Zeitung. Wochenschrift für den gesamten deutschen Beamtenstand. Jahrg. 1896. Berlin 1896

Reichsbefestigung, Die neue, der Niederlande. Wien 1874. V: *Molnár, Hugo von.* (PT) (KA)

Reichsbefestigung, unsere. Betrachtungen üb. dieselbe m. darauf bezügl. Reminiscenzen an die letzt abgelaufenen Dezennien. Aus der Feder e. höheren Offiziers vom Geniestabe. [Aus: „Militärzeitg."] gr. 8. (84 S.) Wien 875. (Seidel & Sohn.) n. 2. —

Reichsbehörden, die deutschen. Zusammengestellt auf Grund des Handbuchs f. das Deutsche Reich. Hrsg. vom Verein der Finanz-Beamten zu Dresden. gr. 8. (31 S.) Dresden (901). C. Weiske. n. — 60

— dasselbe, s. a. Vorträge f. Gesetzeskunde u. Verwaltung.

Reichs-Besoldungsgesetz, das neue, m. den Besoldungsordnungen f. Reichsbeamte, Gesandschaftspersonal, Offiziere u. Unteroffiziere, nebst Ortsklassentarif. Mit ausführl. Registern versehen v. L. Schwarz. (123 S.) 16. Berlin, L. Schwarz & Co. 1909. 1. —

Reichsblatt, Deutsches. Jg. 1. Berlin: R. Mosse 1881. 4°

[F.] Das **Reichs-Börsengesetz** v. 22. Juni 1896 m. d. Ausführgsbestimmgn u. d. Makler-Ordng sowie d. Neuen Börsen-Ordng f. Berlin unt. eingehender Berücks. d. Börsen-Ordngn f. Frankfurt a. M. u. Hamburg erläut. v. Dr. Hans Hoffmann, Rechtsanw. ... in Berlin ... *Berlin: Haude & Spener 1897.* (4 Bl., 151 S.) 1 Bd 8. [97. 3608

Reichsbothe, der, ein Industrie- u. Adreßblatt. 4. Leipz. 805. Joachim. 2 ß

Reichsbote. – Der Reichsbote. –
München. – 15.VII.1848 – 30.VI.1849.

Reichsbote, der. Ein Gemeindeblatt in zwanglosen Heften für Christen deutscher Zunge in Süd u. Nord herausg. von F. A. Löwe. 1. Heft. Zürich 862. Meyer & Zeller in Comm. gr. 8. (32 S.) n. 5 ngr.

— — II. — V. (à 2 Bgn.) Zürich 863. Höhr in Comm. gr. 8. Jede Nr. n. 5 ngr.

Reichsbote. – Der Reichsbote. –
Berlin. – 1.VII.1873 – 31.V.(?)1936.

Der Reichsbote Kalender für Stadt und Land: 1875–? Reading, PA
Published by Pilger Buchhandlung (Wackernagel-Hendel).

Reichsbote, der. Illustrirter, humorist. Volks-Kalender für das J. 1875. 1. Jahrg. 16. (XL, 180 S.) Prenzlau, Mieck. *

Reichsbote, der. Illustrirter deutscher Volks-Kalender für die J. 1876—1880. 2.—6. Jahrg. 16. (XLVII, 163; 272; 208; 218 S. mit eingedr. Holzschn.) Prenzlau, Mieck. à Jahrg. * — 50

Reichsbote, der. Illustrirter deutscher Volks-Kalender für das Jahr 1881. 7. Jahrg. 12. (207 S. m. eingedr. Holzschn.) Prenzlau, Mieck. n. — 50

Der Reich's-Bote: Jahrgang 1–2, Feb.? 1876–1878?
Semi-monthly. „Ein unabhängiges religiöses halbmonatliches Blatt [das] arbeitet für die Verbreitung des wahren Christenthums ohne partikularistisch kirchlich zu sein." Sub-title: Eine Zeitschrift zur Förderung der Sache des Reiches Gottes. Large quarto, each issue 4 pages. Place of publication varies? Zoar, Ohio. Edited & published by Friedrich Kies.
Jackson, MO

Reichsbote

—— der, für die J. 1880—1885 (1.—6. Jahrg.) für die Provinzen Brandenburg, Pommern, Ost- und West-Preußen, Posen, Schlesien, Sachsen, nebst den angrenzenden Landestheilen: Altenburg, Anhalt, Bremen, Hamburg, Koburg-Gotha, Lübeck, Mecklenburg rc. 8. (à Jahrg. 160 S. mit 1 chromolithogr. Titelbilde und zahlreichen Illustr.) Landsberg a. d. W., Volger und Klein. à Jahrg. — 50

Reichsbote, der, für die J. 1886—1889. 12. (160; 144; 176; 160 S. mit je 1 chromolithogr. Titelbilde und zahlreichen Illustr.) Landsberg a. W., Volger und Klein. à Jahrg. * — 50

Reichsbote, Der, Illustr. Kalender f. Stadt- u. Land a. d. J. 1886. 8. (104 S.) Wien, Edmund Schmid. 20 kr.

Reichsbote. Der Illustrirter Kalender für Stadt und Land, auf das Jahr 1887. II. Jahrgang. Wien: Edmund Schmid 1887. 114 S. 8°

—— der. Illustrirter Kalender für Stadt und Land auf das J. 1888. 8. (128 S.) Wien, Stedler. * — 20

Reichsbote, der. Kalender f. Stadt u. Land. 1889 u. 1890. 8. (à Jahrg. ca. 80 S. m. Abbildgn.) Wien, Steckler. à Jahrg. * — 40

—— der. Illustrirtes Familienblatt für Stadt und Land. Redact.: Otto Freitag. 1. und 2. Jahrg. à Jahrg. 60 Nrn. (à Nr. 2 Bog.) gr. 4. Leipzig 887,88, F. E. Fischer. à Jahrg. 6 — à Nr. 10 Pf.; à Heft — 20
Erscheint nicht mehr.

Reichsbote. Zeitschrift f. soziale, wissenschaftl. u. Cultus-Interessen d. Judenthums. Hrsg.: W. Reich. Red.: H. L. Reich. 1. Jahrg. April 1894—März 1895. 52 Nrn. (2 Bog.) 4. Baden b/Wien. (Wien, Ch. D. Lippe.) n. 12. —

—— deutscher. Kalender für Stadt und Land auf das J. 1875. Mit einem Oeldruckbilde: Wilhelm I., Kaiser von Deutschland, gemalt von Emil Hünten. 4. (64 S. mit eingedr. Holzschn.) Bielefeld 874, Velhagen und Klasing. *

—— deutscher. Kalender für Stadt und Land auf das J. 1876. Mit einem Oeldruckbilde: „Unser Fritz", Kronprinz des deutschen Reichs, gemalt von Emil Hünten. 4. (72 S. mit eingedr. Holzschn.) Bielefeld, Velhagen und Klasing. * — 30
—— dass. — auf die J. 1877—1880. 4. (à 79 S. mit 1 Oeldruckbilde und eingedr. Holzschn.) Ebendas. Jahrg. 1877 * — 30 Jahrg. 1878—1880 à * — 40

— deutscher. Kalender f. Stadt u. Land auf d. J. 1877. Mit e. Oeldruckbilde: Fürst Bismarck, Kanzler d. deutschen Reichs. 4. (79 S. m. eingedr. Holzschn.) Bielefeld, Velhagen & Klasing. n. — 30

Reichsbote, deutscher. Kalender für Stadt und Land auf das J. 1881. 4. (79 S. mit 2 Farbendr.-Bildern.) Bielefeld, Velhagen und Klasing. * — 40
—— dass. — auf die J. 1882—1885. 4. (à Jahrg. 78 S. mit eingedr. Holzschn. und 1 Farbendr.-Bild.) Ebendas. à Jahrg. * — 40

— deutscher. Kalender für Stadt u. Land auf das Jahr 1883. Mit dem Farbendr.-Bilde: Der alte Fritz, u. einem Wandkalender als Gratisprämie. 4. (78 S.) Bielefeld, Velhagen & Klasing. n. — 40

—— deutscher. Kalender für Stadt und Land auf das J. 1886. 4. (78 S. mit 1 farb. Bismarckportr., zur Erinnerung an das 70jähr. Jubiläum des Reichskanzlers, 1 Wandkalender als Gratisbeigaben und eingedr. Holzschn.) Bielefeld, Velhagen und Klasing. * — 40
—— dass. — auf das J. 1887. 4. (78 S. mit dem Farbendr.-Bilde „Lasset die Kindlein zu mir kommen" von Händler und 1 Wandkalender als Gratisbeilagen.) Ebendas. * — 40
—— dass. — auf das J. 1888. 4. (78 S. mit dem Farbendr.-Bilde „Unsere Hohenzollern" und 1 Wandkalender als Gratisbeilagen.) Ebendas. * — 40
—— dass. — auf das J. 1889. 4. (79 S. mit dem Farbendr.-Bilde „Friedrich III., Deutscher Kaiser, König von Preußen" und 1 Wandkalender als Gratisbeigaben.) Ebendas. * — 40
Erscheint auch u. d. T.: Hauskalender, westfälischer, für Stadt und Land.

—— deutscher. Kalender f. Stadt u. Land auf d. J. 1890—1893. 4. (à Jahrg. ca. 80 S. m. Abbildgn., 1 Farbendr. u. 1 Wandkalender.) Bielef., Velhagen u. Klasing. à Jahrg. * — 40

— deutscher. Kalender f. Stadt u. Land auf d. J. 1894. 4. (78 S. m. Text-Bildern, 1 Farbendr. u. 1 Wandkalender.) Bielefeld, Velhagen & Klasing. n. — 40

Reichsbote, deutscher. Kalender f. Stadt u. Land auf d. J. 1899. 4. (77 S. m. Abb., 1 Farbdr. u. 1 Wandkalender.) Bielefeld, Velhagen & Klasing. n. — 40

Reichsbote, deutscher. Kalender f. Stadt u. Land auf d. J. 1903. Ausg. A—D. 4. (à 72 S. m. Abbildgn., 1 Farbdr. u. Wandkalender.) Berlin, Schriftenvertriebsanstalt. à n. — 40

Reichsbote, deutscher. Kalender f. Stadt u. Land auf d. J. 1907. 33. Jahrg. Ausg. A—D. (Je 79 S. m. Abbildgn., 1 Farbdr. u. Wandkalender.) gr. 8. Berlin, Schriftenvertriebsanstalt. n. — 40

— dasselbe. Ausg. f. Rußland. 31. Jahrg. (16 u. 72 S. m. Abbildgn. u. 1 Farbdr.) gr. 8. Ebd. n. — 40

Reichsbote, deutscher. Kalender f. Stadt u. Land. 37. Jahrg. 1911. (88 u. 16 S. m. Abb., 1 Farbdr. u. Wandkalender.) gr. 8. Berlin, Schriftenvertriebsanstalt. — 40
In Ausg. f. Nordostdeutschland, Nordwestdeutschland, Süddeutschland u. Rußland. (Ausg. A—D.)

Reichsbote, evangelischer. Missionsblatt. Hrsg. vom Berliner Missionsverein f. China. 1. Jahrg. 1851. — Missionsblatt des Berliner Hauptvereins f. die evangel. Mission in China. Red.: Erdmann. 2. Jahrg. 1852. à 12 Nrn. gr. 4. (B.) Berlin, Wiegandt & Grieben. à Jahrg. n. ½ ₰

Reichsbote, evangelischer. Missionsblatt des Berliner Hauptvereins für die evangel. Mission in China. Red.: Erdmann. 3—6. Jahrg. 1853—56. à 12 Nrn. (à 1 Bgn.) Berlin, Wiegandt und Grieben. 4. Jeder Jahrgang n. 10 ngr.

— — Organ des Evangelischen Gesammtvereins für die Chinesische Mission, des Berliner und des Pommerschen Haupt-Vereins für China und der Chinesischen Stiftung. Red.: L. Grieben. 7. u. 8. Jahrg. 1857 u. 58. à 12 Nrn. (à 1 Bgn.) Berlin, Wiegandt u. Grieben. gr. 4. Jeder Jahrg. n. 10 ngr.

— evangelischer. Organ des evangelischen Gesammtvereins für die chinesische Mission des Berliner u. des Pommerschen Haupt-Vereins für China. 9—12. Jahrg. 1859—62. Red.: L. Grieben. — 13. u. 14. Jahrg. 1863 u. 64. Red.: W. Ziethe. à 12 Nrn. (à 1 Bgn.) Berlin, Wiegandt & Grieben. 4. Jeder Jahrg. n. 10 ngr.

Reichsbote, evangelischer. Organ des evangel. Gesammtvereins für die chines. Mission, des Berliner u. des Pommerschen Haupt-Vereins für China. Redact.: W. Ziethe. 15—19. Jahrg. 1865—69. à Jahrg. 12 Nrn. (Bgn.) Berlin, Wiegandt & Grieben. gr. 4. Jeder Jahrg. n. 10 ngr.

— evangelischer. Organ d. evangel. Gesammtvereins f. die chinesische Mission, d. Berliner u. d. pommerschen Haupt-Vereins f. China. Red.: W. Ziethe. 20. u. 21. Jahrg. 1870 u. 1871. à 12 Nrn. (B.) gr. 4. Berlin, Wiegandt & Grieben. à Jahrg. n. 1. —

— dasselbe. 22. u. 23. Jahrg. 1872 u. 1873 à 12 Nrn. (B.) 4. Ebend. à Jahrg. n. 1. 25

Reichs-Bote, Illustrirter, s. Reichs-Bote, Illustrirter österreichischer.

—— illustrirter, österreichischer. Kalender für das gemeine J. 1862. 4. (167 S. mit mehr als 100 Illustr.) Neutitschein 861, Enders.

— illustrirter (österreichischer). Kalender für die Jahre 1863—67. Neutitschein, Enders. 4. Jeder Jahrg. (ca. 130 S.) cart. 5 ngr.

Reichs-Bote, Illustrirter (österreichischer). Kalender für das gemeine 1871. Hrsg. von Johann von Hradisch. 10. Jahrgang. Neutitschein: Enders 1870. 112 S.

— illustrirter. Kalender f. d. J. 1877. Mit dem Titelbilde: Anastasius Grün (in Holzschn.) Hrsg. von Joh. v. Hradisch. 15. Jahrg. 4. (110 S. m. eingedr. Holzschn.) Neutitschein, Enders. n. 1. —

— illustrirter. Kalender für das Jahr 1878. Hrsg. von Joh. v. Hradisch. 16. Jahrg. 4. (120 S. m. eingedr. Holzschn. u. 1 Holzschntaf.) Wien, Enders. cart. n. 1. —

Reichsbote, Israelitischer. Jg. 8. 10–9. Frankfurt a. M.: Expedition 1882–1883. 8⁰ Red.: Moritz Baum.
Vorh. u. d. T.: Israelitischer Bote. Jg. 1–7, 9. 1875–1882.

— kleiner. Kalender für das J. 1877. 4. (46 S. mit 1 Holzschntaf.) Neutitschein, Enders. * — 50
Nicht weiter erschienen.

— kleiner. Kalender f. d. J. 1877. 4. Jahrg. 4. (46 S. m. 1. Holzschntaf.) Ebend. n. — 50

— neuer. Illustrirter deutscher Volks-Kalender für 1879. gr. 16. (241 S. mit eingedr. Holzschn. und 1 Holzschntaf.) Berlin, v. Kamptz und Comp. — 50
Andere Jahrgänge sind nicht erschienen.

— neuer deutscher. Deutscher Haus- und Geschichts-Kalender. 1888 und 1889. Große Ausg. 4. (70 S. mit Illustr., 1 Chromolithogr. und 1 Wandkalender; 100 S.) Meißen, Schlimpert. à Jahrg. * — 50
Mittlere Ausg. (60; 56 S.) à Jahrg. — 38
Kleine Ausg. (42; 32 S.) à Jahrg. — 20
Erschien früher (ca. 20 Jahrgänge) bei Hanzsch in Stolpen.

— neuer deutscher. Deutscher Haus- u. Geschichts-Kalender. 1890—1893. Große Ausg. 4. (à Jahrg. 90—96 S. m. Text-Bildern, 1 Farbendr. u. 1 Wandkal.) Meißen, Schlimpert. à Jahrg. * — 50

— dass. — Mittle Ausg. 4. (à Jahrg. 75—80 S. m. Text-Bildern u. 1 Wandkalender.) Ebd. à Jahrg. * — 40

— dass. — Kleine Ausg. 4. (à Jahrg. 30—40 S. m. Text-Bildern.) Ebd. à Jahrg. * — 20

— neuer deutscher. Deutscher Haus- u. Geschichts-Kalender. 1895. Große Ausg. 4. (86 S. m. Bildern, 3 Taf., 1 Farbendr. u. Wandkalender.) Meißen, H. W. Schlimpert. n. — 50

— dasselbe. Mittle Ausg. 4. (70 S. m. Bildern, 2 Taf. u. Wandkalender.) Ebd. n. — 40

— dasselbe. Kleine Ausg. 4. (42 S. m. Bildern.) Ebd. n. — 20

— neuer deutscher. Deutscher Haus- u. Geschichts-Kalender. 1899. Große Ausg. 4. (76 u. 4 S. m. Bild., 4 Taf., 1 Farbdr. u. 1 Wandkal.) Meißen, H. W. Schlimpert. — 50

— dasselbe. Mittle-Ausg. 4. (60 S. m. Bild., 4 Taf. u. 1 Wandkal.) Ebd. — 40

— dasselbe. Kleine Ausg. 4. (44 S. m. Bild.) Ebd. — 20

— neuer deutscher. Deutscher Haus- u. Geschichts-Kalender. 1903. Große Ausg. 4. (80 u. 5 S. m. Abbildgn., 1 Taf., 1 Farbdr. u. 1 Wandkalender.) Meißen, H. W. Schlimpert. — 50

— dasselbe. Mittle Ausg. 4. (65 u. 5 S. m. Abbildgn., 1 Taf. u. 1 Wandkalender.) Ebd. — 40

— dasselbe. Kleine Ausg. 4. (41 u. 5 S. m. Abbildgn.) Ebd. — 20

— neuer deutscher. Deutscher Haus- u. Geschichts-Kalender. 1907. Große Ausg. (71 u. 5 S. m. Abbildgn., 2 Taf., 1 Farbdr. u. Wandkalender.) gr. 8. Meißen, H. W. Schlimpert. — 50

— dasselbe. Mittle Ausg. (55 u. 5 S. m. Abbildgn., 2 Taf. u. Wandkalender.) gr. 8. Ebd. — 40

— dasselbe. Kleine Ausg. (39 u. 5 S. m. Abbildgn.) gr. 8. Ebd. — 20

— neuer deutscher. Deutscher Haus- u. Geschichts-Kalender. 1911. Große Ausg. (80 u. 5 S. m. Abbildgn., 3 Taf., 1 Farbdr. u. Wandkalender.) gr. 8. Meißen, H. W. Schlimpert. — 50

— dasselbe. Mittle Ausg. (64 u. 5 S. m. Abb., 2 Taf. u. Wandkalender.) gr. 8. Ebd. — 40

— dasselbe. Kleine Ausg. (40 u. 5 S. m. Abb.) gr. 8. Ebd. — 20

Reichs-Bremse, Deutsche. (Satyr.-polit. Wochenschr., red. v. *Ernst Keil* in Leipzig.) Beiblatt zum Leuchtthurm (c. 1849). 31 Nrn. (in 1 Bde.). 4°. Hsrsb., gebr.
Enth. Nr. 1—4. 6—10, 13—29. 31, 33—36. Mit vielen sehr komischen Holzschnitten. — Selten!

Reichs-Bremse, Deutsche. 1. Jahrg. März—Decbr. 1849. 44 Nrn. — (2.) Jahrg. 1850. 52 Nrn. gr. 4. (1/2 Bog. mit eingedr. Holzschn.) Leipzig, Keil & Co. 1849: n. 1 ß 18 ngr 1850: n. 2 ß

Reichsbücherschatz. – Ein Reichsbücherschatz der Germanen in . . . Lübeck, s.a. Gläser, W.

Reichsbücherschatz, Ein, der Germanen in der freien Reichs- und Hansestadt Lübeck. [Lübeck 1904.] V: *Gläser, W.* (Berl)

Reichsbücherschatz, e., der Germanen in der freien Reichs- u. Hansestadt Lübeck. (40 S.) 8. Lübeck (Augustenstr. 9) (904). W. Gläser. n. 1. —

Reichsbudget für das Jahr 1908, aufgest. in Gemässheit d. Beschlüsse d. Reichsrats u. d. Reichsduma, sowie auf Grund d. Art. 13 d. Reglements üb. d. Modus d. Prüfung d. Reichsbudgets (Ges.-Kod., Bd 1, 2. Tl Ausg. von 1906.) St Petersburg 1908. 4°.
[Fortses. u. d. Tit.:]
Reichsbudget der Staatseinnahmen und -Ausgaben für d. J. 1909 ff. Bestät. von Sr. Kais. Maj. d. 17. Juni 1909. St. Petersburg 1909 ff. 4°.
1909. 1910

Reichsbürger (Der). Leipzig. 1879, Probenummer 11. Mai 1879; Nr. 1 (15. Mai) — Nr. 66. 1880, 105 Nrn. 1881, Nr. 1 — Nr. 14 (15. Sept.), cpl.

Reichsbürger-Kalender, deutscher, für 1886—1889. 1.—4. Jahrg. gr. 16. (à Jahrg. ca. 260 S. mit 1 Bild.) Hildburghausen, Gadow und Sohn. geb. à Jahrg. *

Reichsbürgerkalender, neuer, f. 1890—92. 5.—7. Jahrg. gr. 16. (à Jahrg. ca. 19 Bog. m. 1 Bild.) Hildburgh., Gadow u. Sohn. geb. à Jahrg. * — 80

Reichsbürger-Kalender, neuer, f. 1894. 9. Jahrg. gr. 16. (263 S.) Hildburghausen, F. W. Gadow & Sohn. Geb. in Leinw. n. — 80

REICHS-CHEMIKER-KALENDER, 1896[-97]. Herausgegeben von Karl Hoffmann. Leipzig, 1895-96.

Reichs-Chemiker-Kalender f. d. J. 1898. Hrsg. v. Karl Hoffmann. 2 Thle. gr. 16. (Schreibkal. u. 227 S.) Leipzig, E. Baldamus. Geb. in Leinw. n. 4. 25

REICHS-CHEMIKER-KALENDER für das Jahr 1902. Leipzig, 1902.

Reichsda-Wahle, Unseri. Der Ys're Mann an syni Mitbürjer. Strassburg 1874. V: *Pick, Alphons.* Vgl. (Mohr) Littér. du dial. alsacien. Strassburg 1877. S. 18. (DARP)

Reichsdeputations-Rezeß, der, (officieller Abdruck). 8. Regensb. 803. 12 gr

Reichsdruckerei, die, in Berlin. [Von Franck.] gr. 4. (28 mit weissem Papier durchsch. S. mit in den Text gedr. Holzschn.) Berlin 885, Verlag der Reichsdruckerei.
Nicht im Handel.

Reichs-Eisenbahnen! Materialien zur Beurtheilg. der deutschen Eisenbahnfrage, zusammengestellt v. der Red. d. „Berliner Actionair," : J. Neumann, E. Freystadt. gr. 8. (122 S.) Berlin 876. Verl. d. „Berliner Actionair." n. 2. —

Reichsenquête für die Baumwollen- und Leinenindustrie. Stenographische Protokolle 1-35 und statistische Ermittelungen 1-3. Berlin (1878)

Reichs-Enquête für Baumwollen- und Leinen-Industrie. Berlin (1879). Fol. Th. 1. Stenographische Protokolle über die mündliche Vernehmung der Sachverständigen. Th. 2. Bericht der Enquête-Commission. — Statistische Ermittelungen. H. 1—5.

Reichs-Enquête f. d. Eisenindustrie 1878. Bericht d. Commission. Fragebogen f. d. Sachverständigen. Protok. üb. d. Vernehmg. d. Sachverst. Ein starker Bd. von etwa 1000 Seiten. Nicht im Handel. Selten.

Reichserbmarschall, Der, in älteren Zeiten . . . Ulm 1793. V: *Widenmann, Benedict.* (MGT) (Ky)

Reichserbmarschall in ältern Zeiten; nach e. Manuscript aus d. 15. u. 16. Jahrh. (v. B. Wiedemann). 8. Ulm 793. Wohler. 3 ⁄

Reichserbschaftssteuergesetz,
s.a. Erbschaftssteuergesetz.

Das **Reichs-Erbschaftssteuergesetz** vom 3. Juni 1906 nebst d. Ausführungsbestimmungen d. Bundesrats sowie d. Vollzugsvorschriften d. Königreiche Preußen, Bayern, Sachsen u. Württemberg, d. Großherzogt. Baden u. Hessen u. d. Herzogt. Braunschweig. Erl. von Dr. F. W. R[ud.] Zimmermann, Geh. Finanzrat. München: J. Schweitzer 1906. (XII, 547 S.) 8° [F.] [06. 10437

Das Reichs-Erbschaftssteuergesetz [**Erbschaftssteuergesetz**] vom 3. Juni 1906 nebst den Ausführungsbestimmungen des Bundesrats u. d. badischen Vollzugsverordnung. Erl. von Emil Zimmermann, Geh. Finanzrat. Karlsruhe: G. Braun 1907. (142 S.) 8° [F.] [07. 11567

Reichs-Erz-Pannerherrn-Amt, üb. das, (v. Sph. Fr. Gotta). 8. Wetzlar 785. Winkler. 4 ⁄

Reichsfama. Frankf. u. Leipzig 1727. V: *Moser, Johann Jacob.* (Myl)

Reichs-Fama oder das merckwürdigste vom Reichs-Convent, Kayserlichen Hof und Ständen des Reichs, mit historischen Erläuterungen. 23 Theile. Frankfurt und Nürnberg 1727—1736. H: *Moser, Joh. Jacob.* (Joh. Jacob Moser, Lebensgeschichte von ihm selbst beschrieben. Frankfurt u. Leipzig 1777. III, 139)

Reichs-Fama, welche das merkwürdigste von demjenigen so sich ganz kürzl. auf den Reichs-Convente an den Kayserl. u. andern Höfen, auch mit den übrigen Ständen des heil'g. röm. R. zugetragen u. besonders das, so in das Jus publicum Germaniae etc. einschläget etc., mittheilet. *Frankf.* u. *Leipz.* 727 — 33. 14 Thle. 8.

Reichsfama, w. d. Merkw., so s. a. d. Reichsconvente zugetr., aufricht. mittheilet. 25 Thle. 8. Frankfurt, Knoch. 727 – 738.

Reichsfechtschule, deutsche. Familien-Unterhaltungsblatt u. Organ des gleichnam. Wohlthätigkeits-Vereins. Hrsg. v. der deutschen Reichs-Oberfechtschule, red. v. H. Nabermann. 1. Jahrg. April—Decbr. 1881. 18 Nrn. (B.) gr. 4. Magdeburg, (Wennhacke & Zincke). n. 3. —

— dasselbe. 2. Jahrg. 1882. 24 Nrn. (B.) gr. 4. Magdeburg, Faber in Comm. n. 4. —

Reichsfechtschule, deutsche. Familien-Unterhaltungsblatt u. Organ d. gleichnam. Wohlthätigkeits-Vereins. Hrsg. v. der deutschen Reichs-Oberfechtschule, red. v. Carl Rode, K. Gosewitsch u. W. Forke. 3—6. Jahrg. 1883—1886. à 24 Nrn. (B.) gr. 4. Magdeburg, Faber. à Jahrg. n. 4. —

Reichsfechtschule, deutsche. Familien-Unterhaltungsblatt u. Organ des gleichnam. Wohlthätigkeits-Vereins. Hrsg. von der deutschen Reichs-Oberfechtschule. Red.: A. Thiem. 7. u. 8. Jahrg. 1887. 1888. à 52 Nrn. (B.) gr. 4. Magdeburg, Faber. à Jahrg. n. 4. —

Reichsfechtschule, deutsche. Vereins- u. Familienblatt der deutschen Reichsfechtschule, Wohlthätigkeits-Verein zum Zwecke der Waisenpflege. Im Namen der Oberfechtschule hrsg. von J. R. Kannegiefer. 11. Jahrg. 1891. 52 Nrn. (Bog.) gr. 4. Magdeburg, (Faber'sche Buchdruckerei). n. 4. —

Reichsfechtschule, deutsche. Vereins- u. Familienblatt der deutschen Reichsfechtschule, Wohlthätigkeits-Verein zum Zwecke der Waisenpflege. Im Namen der Oberfechtschule hrsg. v. Gust. Riesenstahl. 12. Jahrg. 1892. 52 Nrn. (Bog.) gr. 4. Magdeb., Reichs-Oberfechtschule. * 4 — Früher im Commissionsverlage der Faber'schen Buchdruckerei in Magdeburg. — Jahrg. 1889 redig. v. A. Thiem u. J. R. Kannegießer; 1890 u. 1891 v. Letzterem allein.

Reichsfechtschule, deutsche. Vereins- u. Familien-Blatt d. deutschen Reichsfechtschule, Wohlthätigkeit-Verein z. Zwecke d. Waisenpflege. Red.: A. Schlickum. 16.—18. Jahrg. 1896—1898. à 52 Nrn. (à ca. 1 Bog.) gr. 4. Magdeburg, Verl. d. Oberfechtschule Magdeburg. à Jahrg. n.n.n. 4. –

[F.] **Reichsfinanzen.** '(Reichssteuerreform. Reichshaushalt. Reichsschuld.)' . . . *Berlin: Centralbur. d. nationallib. Partei 1893.* (20 S.) 1 Bd 8. = **Flugschriften** d. nationalliberalen Partei. H. 16. [98. 4131

Reichsfinanzen, die deutschen, s.a. Volksbibliothek, soziale.

Reichsfinanzen, Die deutschen. M.-Gladbach [1903]. 8°. (Soziale Volksbibliothek. Nr 10.)

Die Reichsfinanzen am Ende des Jahrhunderts. Berlin 1900: Nationalzeitung. (15 S.) 8°
Aus: Nationalliberale Correspondenz.

Reichsfinanzfrage 1909, s.a. Antworten auf sozialdemokratische Schlagwörter.

Reichsfinanzfrage 1909. M.Gladbach: Volksvereins-Verl. [1910]. 67 S. 8°
(Antworten auf sozialdemokrat. Schlagwörter H. 2.) [10. 6334

Reichsfinanzgesetze vom 15. VII. 1909 einschließlich der Reichsstempelgesetze u. des Erbschaftssteuergesetzes, s.a. Guttentag's Sammlg. v. Text-Ausgaben.

Reichsfinanzgesetze vom 15. Juli 1909, einschließl. d. Reichsstempelgesetze u. d. Erbschaftssteuergesetzes. Text-Ausg. ohne Anm. mit Sachreg. Berlin: Guttentag 1909. 414 S. 8°
(Guttentag'sche Sammlung von Text-Ausgaben ohne Anm. mit Sachreg.) [09. 12017

Die Reichsfinanzreform. Ein Führer. Unter Mitw. von Gen.Lt. z. D. [Georg] v. Alten [u. a.] . . . hrsg. von d. Vereinigung z. Förderung d. Reichsfinanzreform. Mit 8 Taf. u. graph. Darstellungen. Bd 1. 2. Berlin: Hillger 1909. 8° [09. 6668

Reichsfinanzreform, die. Ein Führer. Unter Mitwirkg. von v. Alten, Otto Arendt, Ballod u. a. m. hrsg. v. der Vereinigg. zur Förderg. der Reichsfinanzreform. Mit 8 Taf. u. graph. Darstellgn. 2 Bde. (XII, IV, 508 S.) 8. Berlin 909. H. Hillger. à — 60

DIE REICHSFINANZREFORM. Ein Führer. Unter Mitwirkung von von ALTEN, OTTO ARENDT, BALLOD, BÖHME, A. DIX, EICKHOFF, GÖRCKE, von HECKEL, HOEFFEL, A. KRÜGER, LAMPRECHT, LISSNER, von MAYR, NEUMANN-HOFER, von RASP, von ROËLL, GRAF von SCHWERIN-LÖWITZ, SEIDEL, SEVIN, WEBER, FREIHERR von ZEDLITZ-NEUKIRCH, W. ZIMMERMANN u. a. m. herausgegeben von der Vereinigung zur Förderung der Reichsfinanzreform. Mit 8 Tafeln und graphischen Darstellungen.
Bd. I. Berlin 1909. Hermann Hillger Verlag. 8°. — II. ib. 1909. —

Reichsfiscalsrecht, in Anseh. d. Büchercensur, wie w. gebet es? 4. Berlin. 757.

Reichs-Fleischbeschaugesetz v. 3. Juni 1900, s. Gesetz betr. d. Schlachtvieh- u. Fleischbeschau.

Reichsfreiheit, Die, der Gerichte und Gemeinen Sulzbach und Soden . . . erwiesen und vertheidigt. O. O. 1753. V: *Moser, Frdr. Carl Freih. v.* (Holz) (ML)

Der **Reichsfreund**. Neues Wochenblatt für Stadt und Land. Jg. 1–7. Berlin: Expedition 1882–1889. 8° (Hrsg. v. H. Hervus, L. Parisius ...)

Reichsfriede, Der, 1795 (Juli). O. O. V: *Müller, Johannes von.* (GGr)

D. Reichsfriedenscongress zu Rastadt in d. Mon. Juli, Aug., Sept., Oct. u. Nov. *Rast.* u. *Basel.* 798. 8.

Reichs-Fürsten-Raths-Protocoll. Vom Montag den 2. May 1757. (56 Seiten). (Angehängt ist: Im Reichs-Fürsten-Rath. Freytags den 6. May 1757 Seite 57—62. — Im . . . Rath. Montags den 9. May 1757. Seite 63—79. -- Dictatum Regensburg den 17. Maji 1757 per Moguntinum. Unterzeichnet: Freyherr von Gemmingen. 4 Bl. — Dictatum Regensburg den 26. Maji 1757 per Moguntinum. Unterzeichnet . . . Freyherr von Plotho. (Seite 1—16) 4.

Reichs-Fürsten-Raths-Protocoll. Freytags, den 15. Augusti 1758. 4. (54 S.)

Reichsgeld. Ein Beitrag zur Waehrungsfrage. gr. 8. (46 S.) Berlin 880. Puttkammer & Mühlbrecht. n. 1. 50

Reichsgericht, Das, Berlin oder Leipzig? Berlin 1877. V: *Sonnenschmidt, Friedrich Hermann.* (KGBerlin I, 861)

Reichsgericht, das. Berlin oder Leipzig? gr. 8. (14 S.) Berlin 877. Guttentag. n. -- 50

Reichsgerichts, die Praxis des, in Civilsachen, s. Bolze, A.

Reichsgerichtsentscheidungen aus den Beiträgen zur Erläuterung des Deutschen Rechts (Red.: Dr. Rassow, Dr. Küntzel u. Dr. Eccius), Bd 24 bis 43 (1880 bis 1900), soweit sie f. d. geltende Recht von Bedeutung sind, zsgest. von Dr. [Friedrich] Rassow, Reichsger.R. a. D. Bd 1. 2. *Berlin: F. Vahlen 1902.* 2 Bde 8° [F.]
1. (Nr. 1 bis 650.) 2. (Nr. 651–1177 u. Reg.) [03. 2087

Reichsgerichts-Correspondenz. [R. G. C.] Hrsg. v. Hans Blum. 1. Jahrg. 1879/80. 52 Nrn. (à 1—3 autogr. B.) gr. 4. Leipzig, Duncker & Humblot in Comm. n. 80. —

Reichsgerichts-Correspondenz [R. G. C.]. Hrsg. von Hans Blum. 2. Jahrg. 1880. 1. und 2. Quartal. 26 Nrn. (à Nr. 1—3 autogr. Bog.) gr. 4. Leipzig, (Duncker und Humblot.) 40 — Nicht weiter erschienen.

Reichs-Geschäft- u. Börsen-Kalender, allgemeiner f. das Gemeinj. 1875. 16. (417 S.) Berlin, Rosenthal. geb. 1. 50

Reichsgeschichte, die, nach der Bibel f. Confirmanden, Eltern u. Lehrer v. dem Verf. der Schriften: Der reine unbefleckte Gottesdienst, Vom Gebet, Der verlorene Sohn etc. 8. (74 S.) Straßburg 872. (Bomhoff.) — 75

Reichsgeschichte, Deutsche. Eine Darstellung der Geschichte u. Verfassung des deutschen Volkes u. Reiches von den ältesten Zeiten bis zur Neugestaltung Deutschlands im J. 1849. Nebst den Resultaten der Verhandlgn. in der Frankfurter National-Versammlung. gr. 16. (IV u. 156 S.) Leipzig 849, Matthes.

— 2. mit besond. Berücksicht. der jüngsten Ereignisse bearb. Ausg. gr. 16. (IV u. 158 S.) Ebd. 851. n. 1/3 Thlr

Reichsgeschichte, deutsche. Eine Darstellung der Geschichte und Verfassung des deutschen Volkes, Reiches und Bundes von den ältesten Zeiten bis zu dem J. 1851. 1. Aufl. (IV und 156 S.) 1849. und 2., mit besond. Berücksicht. der jüngsten Ereignisse bearb. Ausg. gr. 16. (IV und 158 S.) Leipzig 851, Matthes. *

Reichsgesetz

— v. 27. VII. 1897 üb. d. Abänderg. d. Gewerbeordnung samt d. bad. Vollzugsverordngn. gr. 8. (16 S.) Karlsruhe 898. G. Braun'sche Hofbuchdruckerei u. Verlag. — 15

Reichs-Gesetz, das, vom 23. Juni 1880 zur Abwehr u. Unterdrückung von Viehseuchen, m. den sämmtlichen dazu gehörigen Gesetz- u. verordnungsmäßigen Ausführungsbestimmungen, mit Inhaltsverzeichniß u. praktisch eingerichtetem alphabet. Sachregister. Taschen-Ausg. zum handl. Gebrauche für Distrikts- u. Ortspolizei-Behörden, Thierärzte u. sonst. Betheiligte. 16. (III, 188 S.) Freising 881. Datterer. cart. n. 1. 20

— dasselbe, nebst der Ausführungs-Instruktion des Bundesraths, dem bayer. Ausführungsgesetze vom 21. März 1881 u. den sonst. bayer. Vollzugsvorschriften. Mit Anmerkungen für den prakt. Gebrauch von einem Juristen. 12. (VII, 168 S.) München 881. Franz. n. 1. 60

Reichsgesetz, das, üb. d. Abwehr u. Unterdrückg. v. Viehseuchen v. 23. Juni 1880 / 1. Mai 1894, nebst d. zu dessen Ausführg. ergangenen reichs- u. landesrechtl. Vorschriften: d. Reichs-Instruktion v. 27. Juni 1895, d. großherzogl. hess. Ausführungs-Verordng. v. 12. März 1881, d. großherzogl. hess. Ausführungs-Gesetz v. 13. Juli 1883, d. Ministerialausschreiben v. 18. März 1881 (Amtsblatt Nr. 4), d. Ministerialausschreiben v. 19. Dezbr. 1881, d. Ministerialausschreiben v. 10. Juli 1895, Maßregeln z. Abwehr u. Unterdrückg. d. Maul- u. Klauenseuche betr., d. Ministerialausschreiben v. 27. Juli 1895, Maßregeln z. Abwehr u. Unterdrückg. d. Schweinepest etc. betr., u. d. Bestimmgn. üb. d. unschädl. Beseitigg. v. Thierkadavern. Amtl. Handausg. gr. 8. (132 S.) Darmstadt 895. (G. Jonghaus.) n.n. — 90

— dasselbe, nebst d. v. Bundesrath erlass. Ausführungs-Instruktion u. d. Anweisgn. üb. d. Desinfektions- u. d. Obduktions-Verfahren, sow. d. anhalt. Ausführungsgesetz zu d. gen. Reichsgesetze. gr. 8. (III, 100 S.) Dessau 881. C. Dünnhaupt. Kart. n. 1. --

[F.] Das **Reichs-Gesetz** betreffend die Abzahlungsgeschäfte, v. 16. Mai 1894, gemeinverständl. dargest. v. Georg Becker, Rechtsanw. . . . zu Berlin. *Berlin: Th. Thiele [1894].* (1 Bl., 47 S.) 1 Bd 8. [95. 5590

Das **Reichsgesetz**, betreffend die Abzahlungsgeschäfte. Vom 16. Mai 1894. Mit Einl., Anm. u. Sachreg. von I[mmanuel] Hoffmann, Oberverw.Ger.R. 2. verm. u. verb. Aufl. besorgt von Dr. Ernst Wilke, Landger.R. in Berlin. *Berlin: H. Spamer (1900).* (96 S.) 8° [F.]
— Sammlung Kaufmännischer Fach- u. Lehrbücher. No 34. [01. 8341

Das **Reichsgesetz**, betreffend die **Abzahlungsgeschäfte**. Vom 16. Mai 1894. Mit Einl., Anm. u. Sachreg. von I[mmanuel] Hoffmann, Oberverw.Ger.R. 2. verm. u. verb. Aufl. besorgt von Dr. Ernst Wilke, Landger.R. in Berlin. *Berlin: J. Guttentag 1901.* (96 S.) 8° [F.]
— **Sammlung**, Guttentag'sche, Deutscher Reichsgesetze. No 34. [01. 9588

Reichs-Gesetz über die Angelegenheiten der freiwilligen Gerichtsbarkeit ... Ergänzt u. erläut. durch d. amtl. Materialien d. Gesetzgebg. v. R[ich.] Höinghaus. M. ausführl. Sachreg. Berlin: F. Dümmler 1898. (104 S.) 1 Bd 8°

[F.] **Reichsgesetz** über die Angelegenheiten der freiwilligen Gerichtsbarkeit. Text-Ausg. m. Einleitg, Anm. u. Sachreg. v. Hermann Jastrow, Amtsgerichtsr. in Berlin. *Berlin: J. Guttentag 1898.* (XIII, 253 S.) 1 Bd 8.
— **Sammlung**, Guttentag'sche, Deutscher Reichsgesetze. No 46. [98. 10490

[F.] **Reichsgesetz** über die Angelegenheiten der freiwilligen Gerichtsbarkeit. Vom 17. Mai 1898. M. d. Materialien u. ausführl. Registern. *Berlin: C. Heymanns 1898.* (IV, 430 S.) 1 Bd 8. [98. 6408

— üb. d. Angelegenheiten d. freiwill. Gerichtsbarkeit. V. 17./20. V. 1898. M. d. Materialien u. ausführl. Registern. 2. Aufl. 8. (IV, 430 S.) Berlin 898. C. Heymann's Verl. Kart. n. 3. —

[F.] **Reichsgesetz** über die Angelegenheiten der freiwilligen Gerichtsbarkeit vom 17. Mai 1898. Textausg. m. Einl., Anm. u. Sachreg. v. Landgerichtsr. Dr. [Manfred] Haidlen. *Berlin, Stuttgart, Leipzig: W. Kohlhammer 1898.* (103 S.) 1 Bd 8. [98. 9370

Reichsgesetz über die Angelegenheiten der freiwilligen Gerichtsbarkeit vom 17. Mai 1898. Textausg. mit Einl., Anm. u. Sachreg. von Landgerichtsr. Dr. [Oskar] Haidlen. *Berlin, Stuttgart, Leipzig: W. Kohlhammer 1898.* (103 S.) 8° [F.] [00. 2753

[F.] Das **Reichsgesetz** über die Angelegenheiten der freiwilligen Gerichtsbarkeit v. 17. Mai 1898. M. Anm. u. Sachreg. bearb. v. Ernst Dronke, Amtsrichter. *Düsseldorf: L. Schwann 1898.* (3 Bl., 228 S.) 1 Bd 8.
— **Handausgaben**, Schwann'sche, deutscher u. preuss. Gesetze. H. 6. [98. 10098

[F.] Das **Reichsgesetz** über die Angelegenheiten der freiwilligen Gerichtsbarkeit v. 17. Mai 1898, erl. v. Emil Dorner, Geh. Oberregiergsr. im bad. Justizminist. (In 5 Abth.) *Karlsruhe: J. Lang 1898.* (7 Bl., XIV S., 3 Bl., 681 S.) 1 Bd 8. [99. 1121

[F.] Das **Reichsgesetz** über die Angelegenheiten der Freiwilligen Gerichtsbarkeit. Vom 17. Mai 1898. '(In d. Fassung v. 20. Mai 1898)'. M. Erläut. v. Georg Wellstein, Oberlandesgerichtsr. *Berlin: H. W. Müller 1899.* (4 Bl., 205 S., 1 Bl.) 1 Bd 8. [98. 11914

Das Reichsgesetz **(Gesetz)** über die Angelegenheiten der freiwilligen Gerichtsbarkeit vom 17. Mai 1898, erl. von Emil Dorner, Geh. Oberreg.R. Karlsruhe: Lang 1899. XIV, 681 S. 8° [11. 1092 11

Das **Reichsgesetz** über die Angelegenheiten der freiwilligen Gerichtsbarkeit vom 17. Mai 1898 und das Preussische Gesetz über die freiwillige Gerichtsbarkeit vom 21. Sept. 1899 erl. von Julius Rausnitz, Rechtsanw. in Berlin. *Berlin: F. Vahlen 1900.* (VIII, 834 S.) 8° [F.] [00. 8296

Das **Reichsgesetz** über die Angelegenheiten der freiwilligen Gerichtsbarkeit vom 17. Mai 1898 unter Berücks. d. Preuss. Gesetzes ... vom 21. Sept. 1899. Erl. von A[ugust] Fuchs, Landger.R in Cassel. (In 2 Hälften.) *Leipzig: C. Hirschfeld 1900.* (XXX, 724 S.) 8° [F.] [00. 5894

Reichsgesetz **[Gesetz]** über die Angelegenheiten der freiwilligen Gerichtsbarkeit. Vom 17. Mai 1898. In d. Fassung d. Bekanntmachung vom 20. Mai 1898. *Berlin: Deutscher Verl. 1902.* (59 S.) 8° [F.]
Kroon, S.: Deutsches Bürgerl. u. Gewerberecht. No 12. [02. 1504

Das Reichsgesetz **[Gesetz]** über die Angelegenheiten der freiwilligen Gerichtsbarkeit mit Anm. u. e. Anh. enth. d. hierzu ergang. preuß. u. bayr. Ausführungs- u. Ergänzungsgesetze. Von Eckart Frh. v. Aufseß, Amtsrichter. Leipzig: C. L. Hirschfeld 1901 (auf d. Umschl.: Tübingen: J. C. B. Mohr 1907). (344 S.) 8° [F.]
= **Taschen-Gesetzsammlung**, Hirschfeld's, f. Justiz u. Verwaltung. No 18. [08. 358 11

Das Reichsgesetz **[Gesetz]** über die Angelegenheiten der freiwilligen Gerichtsbarkeit vom 17. Mai 1898 unter Berücks. d. Preuß. Gesetzes über d. freiwillige Gerichtsbarkeit v. 21. Sept. 1899. Erl. von A[ugust] Fuchs, Landger.R., Cassel. ⟨Ersch. 1900⟩. 2. ⟨Titel-⟩Ausg. Tübingen: J. C. B. Mohr 1907. (XXX, 724 S.) 8° [F.] [08. 1746 11

Das Reichsgesetz **[Gesetz]** über die Angelegenheiten der freiwilligen Gerichtsbarkeit unter Mitw. von Eugen Ebert, Oberl.Ger.R., erl. v. Heinrich Dudek, Oberl.Ger.R., Otto Lindemann, Landrichter. 2. verm. u. verb. Aufl. Breslau: M. & H. Marcus 1908. (XVIII, 535 S.) 8° [F.] [08. 10315 2

Das Reichsgesetz **[Gesetz]** über die Angelegenheiten der freiwilligen Gerichtsbarkeit unter Mitw. von Eugen Ebert, Oberlandesger.R., erl. von Heinrich Dudek, Oberlandesger.R., [&] Otto Lindemann, Landrichter. 2. verm. u. verb. Aufl. Breslau: Marcus 1908. XVIII, 535 S. 8° [11. 1020 7

Reichsgesetz, betr. die Ausdehnung der Unfall- u. Krankenversicherung vom 28. Mai 1885. Textausg. m. ausführl. Sachregister. 16. (16 S.) Berlin 885. Vahlen. n. — 20

-- nebst der Ausführungsinstruktion des Bundesrats, dem bayrischen Ausführungsgesetze vom 21. März 1881 u. den sonstigen bayrischen Vollzugs-Vorschriften. Mit Anmerkung f. d. prakt. Gebrauch von einem Juristen. München 81. M. 1.60

Reichs-Gesetz betr. die Ausprägung v. Reichsgoldmünzen. Mit den amtl. Motiven u. vollständ. Reduktionstabelle zur Umrechng. aller seither. deutschen Münzwährgn. in die neue Reichswährg. gr. 8. (15 S.) Leipzig 872. Schneider. — 15

[F.] Das **Reichsgesetz** über das Auswanderungswesen v. 9. Juni 1897 nebst Ausführgsverordngn unter Benutzg amtl. Quellen erläut. v. P. Goetsch, Kgl. Preuss. Regiergsassess. ... *Berlin: C. Heymanns 1898.* (VIII, 359 S.) 1 Bd 8.
= **Taschen-Gesetzsammlung**. [No] 37. [98. 6924

Das **Reichsgesetz** über das Auswanderungswesen vom 9. Juni 1897 nebst Ausführungsverordnungen u. Anlagen. Nach d. Materialien ... erl. von Dr. Felix Stoerk, Prof. in Greifswald. *Berlin: J. Guttentag 1899.* (XI, 292 S.) 8° [F.]
= **Sammlung**, Guttentag'sche, Deutscher Reichsgesetze. No 44. [00. 3127

[F.] Das **Reichsgesetz** zur Bekämpfung des unlauteren Wettbewerbes. Vom 27. Mai 1896. Textausg. m. Anm. u. Sachreg. v. [Ferd.] Birkenbihl, Amtsrichter. *Berlin: Siemenroth & Troschel 1896.* (VII, 91 S.) 1 Bd 8.
= **Gesetzsammlung**. Bd 15. [96. 8524

[F.] Das **Reichsgesetz** zur Bekämpfung des unlauteren Wettbewerbes. Vom 27. Mai 1896. Kommentar v. Dr. jur. Heinrich Kunreuther, Rechtsanw. *Berlin: Siemenroth & Troschel 1896.* (VIII, 78 S.) 1 Bd 8. [96. 8825

[F.] Das **Reichsgesetz** zur Bekämpfung des unlauteren Wettbewerbes v. 27. Mai 1896. Gemeinverständl., insbes. f. d. Handels- u. Gewerbestand, erl. v. Christiani, Amtsgerichtsr. 2. Abdr. *Berlin: F. Vahlen 1896.* (VIII, 66 S.) 1 Bd 8. [97. 127

[F.] Das **Reichsgesetz** zur Bekämpfung des unlauteren Wettbewerbes v. 27. Mai 1896. Commentar v. Dr. Ernst Müller — Nürnberg. *Fürth i. B.: G. Rosenberg 1896.* (VI S., 1 Bl., 215 S.) 1 Bd 8. [96. 7383

[F.] Das **Reichsgesetz** zur Bekämpfung des unlauteren Wettbewerbs v. 27. Mai 1896. Erläut. v. Dr. Ludwig Fuld, Rechtsanw. in Mainz. *Hannover: Helwing 1896.* (187 S.) 1 Bd 8. [96. 5334

— zur Bekämpfg. d. unlaut. Wettbewerbes, s.a. Meyer's Volksbücher.

Reichsgesetz [Gesetz] zur Bekämpfung des unlauteren Wettbewerbes (vom 27. Juni 1896). Textausg. mit Anm. u. Sachreg. Von e. prakt. Juristen. Leipzig & Wien: Bibliogr. Inst. (1896). 23 S. 8°
(Meyers Volksbücher. Nr 1137.) A 12. 5550

[F.] **Reichsgesetz** zur Bekämpfung des unlauteren Wettbewerbes v. 27. Mai 1896. Auf Grund d. amtl. Materialien unt. Berücks. d. Lit. u. Rechtsprechg erl. v. Chr. Finger, Amtsrichter. *Berlin: F. Vahlen 1897.* (VI S., 1 Bl., 358 S.) 1 Bd 8. [97. 6452

[F.] Das **Reichsgesetz** z. Bekämpfung d. unlauteren Wettbewerbes v. 27. Mai 1896. Commentar v. Dr. Ernst Müller, Staatsanw. 2. u. 3. verm. u. verb. Aufl. *Fürth i. B.: G. Rosenberg 1897.* (XI, 236 S.) 1 Bd 8. [97. 8371 Lr

Reichs-Gesetz betr. die Beschäftigung v. Gehülfen u. Lehrlingen in Gast- u. Schankwirtschaften nach der Bekanntmachung v. 23. I. 1902 u. die Reden im deutschen Reichstage in der Sitzung vom 31. I. 1902. 8. (20 S.) Flöha 902. A. Peitz & Sohn. — 25

— betr. Beschränkungen d. Grundeigenthums in der Umgebg. v. Festungen. Vom 21. Dezbr. 1871. Nebst vollständ. amtl. Motiven, dem Commissions-Berichte u. den Verhandlgn. d. deutschen Reichstags. 8. (III, 80 S.) Berlin 872. C. Heymann's Verl. n. 1. —

Reichsgesetz, das, betr. d. Besteuerung d. Branntweins v. 24. Juni 1887 in d. neuen Besteuerg., nebst d. Gesetz v. 16. Juni 1895, betr. d. Abänderg. d. Branntweinsteuergesetzes; ferner m. d. Bestimmgn. zur Ausführg. d. Gesetzes v. 16. Juni 1895, betr. d. Abänderung des Branntweinsteuergesetzes v. 24. Juni 1887. 12. (V, 102 S.) Ansbach 896. C. Brügel & Sohn. Geb. in Leinw. n. 1. —

— das, betr. die Besteuerung d. Zuckers vom 21. Mai 1891, nebst Vollzugs- u. Ausführungs-Bestimmgn., sowie Formularien. Für den Gebrauch d. kgl. bayer. Zoll- u. Aufschlags-Personals hrsg. gr. 16. (VI, 144 S.) Ansbach 893. C. Brügel & Sohn. Geb. in Leinw. n. 1.20

— das, vom 6. Febr. 1875 üb. die Beurkundung d. Personenstandes u. die Eheschließung nebst den dazu erlassenen Ausführungs-Verordngn., versehen m. vielen Anmerkgn., Verweisgn. u. e. vollständ. Register. [Verm. Sep.-Abdr. aus „Bayerns Gesetze u. Gesetzbücher."]

— dasselbe. Wörtlicher Abdr. der Orig.-Ausg. m. den, den einzelnen betr. Paragraphen angedr., bundesrathl. Motiven praktisch wicht. Erklärgn. v. Bundesraths-Bevollmächtigten im Reichstage u. e. erschöpf. Repertorium. Bearb. v. e. höheren Justizbeamten. 8. (79 S.) Leipzig 875. Fues. — 75

— dasselbe. 8. (16 S.) Königssee 875. (Leipzig, Schneider.) — 10

Reichsgesetz, deutsches, über die Beurkundung des Personenstandes und die Eheschließung. Vom 6. Febr. 1875. 16. (32 S.) Stuttgart 875, Levy und Müller. cart. — 20

—— dass. — nebst den dazu erlassenen Ausführungs-Verordnungen, versehen mit vielen Anmerkungen, Verweisungen und einem vollständ. Register. Verm. Sep.-Abdr. aus „Bayerns Gesetze und Gesetzbücher. 1. und 2. verm. Aufl. 8. (124 S.) Bamberg 876, Buchner'sche Buchh. 2 —

— das, vom 6. Febr. 1875 üb. die Beurkundung d. Personenstandes u. die Eheschließung nebst den dazu erlassenen Ausführungs-Verordngn., versehen m. vielen Anmerkgn., Verweisgn. u. e. vollständ. Register. [Verm. Sep.-Abdr. aus „Bayerns Gesetze u. Gesetzbücher."] 2. Aufl. 8. (124 S.) Bamberg 876. Buchner. 2. —

— dasselbe, nebst den hierauf bezügl. im Großherzogth. Hessen gelt. Gesetzen, Verordng. rc. Amtliche Handausg. gr. 8. (132 S.) Darmstadt 876. Jonghaus in Comm. n.n. 1. 60

— dasselbe, nebst der Vollzugs-Instruktion vom 5. Dezbr. 1875 u. der Min. Entschl. vom 27. Dezbr. 1875. Mit Anmerkgn. u. Erläutergn. Zum Handgebrauch. 8. (IV, 48 S.) Erlangen 876. Deichert. — 60

— dasselbe u. die zur Ausführg. desselben erlassenen Verordngn., sowie Nachweis der 18 Standesämter im Hamburg. Staate u. der zu denselben gehör. Straßen u. Ortschaften. Auf Veranlassg. der Aufsichtsbehörde f. die Standesämter u. unter Benutzg. amtl. Materials hrsg. Mit e. Karte in Farbendr. (in qu. 4.) u. e. alphabet. Straßenregister. gr. 16. (58 S.) Hamburg 876. Berendsohn. n. 1. —

— dasselbe. [Nebst bundesräthl. Ausführungs-Instruction vom 22. Juni 1875.] 2. Aufl. 8. (48 S.) Magdeburg 876. Faber. — 50

— dasselbe, m. sämmtl. Vollzugsvorschriften bis zum 1. April 1876. [Mit allerhöchster Genehmigg.] 8. (96 S.) München 876. Franz. — 75

— dasselbe, nebst den Ausführungsbestimmgn. f. Württemberg. Hand-Ausg. m. gemeinverständl. Anmerkgn., Einleitg. u. Sachregister. gr. 8. (V, 92 S.) Stuttgart 876. Metzler. n. 1. 20

Zu dem Reichsgesetze üb. die Beurkundung des Personenstandes u. die Eheschliessung. Freiburg i/S. 893.

Das **Reichsgesetz** über die Beurkundung des **Personenstandes** und die Eheschliessung vom 6. Februar 1875 (R.G.Bl. S. 23). Auf d. Grundl. des v. 1. Jan. 1900 an geltenden Rechts bearb. von M[ath.] Schollen. Mit Sachreg. *Berlin: F. Dümmler 1900.* (155 S.) 8° [F.] [00. 8814

Das **Reichsgesetz** vom 6. Februar 1875, über die Beurkundung des Personenstandes und die Eheschliessung, in der vom 1. Jan. 1900 an geltenden Fassung, nebst Ausführungsverordnung v. 25. März 1899, erl. von Otto Kotze, Bürgermeister a. D. Breslau: Preuss & Jünger 1900. (114 S.) 8°

Das **Reichsgesetz** über die Beurkundung des **Personenstandes** und die Eheschliessung mit allen für das Reich und für Preussen ergangenen Nebengesetzen, Verordnungen u. Ministerialerlassen ... hrsg. von Adalbert Hoffmann, Landrichter. *Oppeln: G. Maske 1900.* (VIII, 131 S.) 8° [F.]
= **Hoffmann**: Die durch d. BGB. abgeänd. preuss. Landes- u. Reichsgesetze. 3. [01. 8452

— das, üb. die Beurkundung des Personenstandes u. die Eheschließung in der v. 1. I. 1900 an geltenden Fassung, nebst der Ausführungsverordng. des deutschen Bundesrats u. den einschläg. sonstigen Reichsgesetzen u. kaiserl. Verordngn. Textausg. m. einleit. Uebersicht üb. das nunmehr. Eheschließungsrecht u. ausführl. alphabet. Sachregister. gr. 8. (XIX, 116 S.) Stuttgart 900. W. Kohlhammer. n. 1. 80

— dasselbe. Mit e. Anh., enth. die württemberg. Ausführungsvorschriften. gr. 8. (XXI, 240 S.) Ebd. 900. n. 2.80; geb. n. 3.50

Reichs-Gesetz über die Beurkundung des **Personenstandes** und die Eheschliessung vom 6. Febr. 1875 in der v. 1. Jan. 1900 an geltenden Fassung nebst d. Preuss. Ergänzungsvorschriften. Textausg. mit Einl., Anm. u. Sachreg. von Dr. F[ranz] Fidler, Amtsger.R. *Berlin: J. Guttentag 1901.* (212, 31 S.) 8° [F.]
= **Sammlung**, Guttentag'sche, Deutscher Reichsgesetze. No 59. [02. 736

Das bevorstehende Reichsgesetz über den Versicherungsvertrag. Eingabe der Vereinigung der in Deutschland arbeitenden Privat-Feuerversicherungs-Gesellschaften an das Reichs-Justizamt vom 15. XII. 1901. Berlin 1901.

Das bevorstehende Reichsgesetz über den Versicherungsvertrag. Eingabe des Verbandes deutscher Feuerversicherungs-Gesellschaften auf Gegenseitigkeit an das Reichs-Justizamt vom 17. IX. 1902.
Desgl. die Eingabe vom Sept. 1903.
Desgl. Eingabe betr. die Präventivkontrolle v. 29. V. 1904. Z. 1904 23.
Desgl. Eingabe an den Reichstag Dez. 1906 und März 1907.
Desgl. des Verbandes der in Deutschland arbeitenden Unfall-Versicherungs-Gesellschaften vom 7. XI. 1903.
*Desgl. des Verbandes deutscher Lebensversicherungs-Gesellschaften vom Sept. 1903.
Desgl. des Vereins Hamburger Assekuradeure, Havarie-Bureau. Nov. 1903.
Desgl. der Deutschen Rückversicherungs-Gesellschaften vom 25. I. 1904.

[F.] Das deutsche **Reichsgesetz** v. 24. Juni 1887 betr. die **Besteuerung** des Branntweins mit d. Ausführgsvorschriften d. Bundesraths sowie den f. d. abgeänd. Gesetz von Bedeutg gebliebenen Verfüggn d. Kgl. Preuss. Finanz-Ministeriums. Unt. Benutzg amtl. Quellen hrsg. v. Tessmer, Kgl. Zoll-Einnehmer I in Greifswald. *Greifswald: L. Lehmann 1895.* (144 S.) 1 Bd 8. [96. 3293

[F.] Das Deutsche **Reichsgesetz** v. 24. Juni 1887 betreffend die Besteuerung des Branntweins m. s. Abänderg v. 16. Juni 1895 nebst d. Ausführgsvorschr. ... Unt. Benutzg amtl. Quellen hrsg. v. [Robert] Tessmer, Kgl. Zoll-Einnehmer I zu Greifswald. 2. bedeut. verm. u. verb. Aufl. *Greifswald: J. Abel 1898.* (2 Bl., 308 S.) 1 Bd 8. [97. 6196

[F.] Das Deutsche **Reichsgesetz,** betreffend d. Schutz von Erfindungen und von Gebrauchsmustern unter ausdrückl. Bezugnahme auf die in- u. ausländ., sowie besond. auch auf d. Marken- u. '(Geschmack-)' Musterrechts-Gesetzgebg. Erl. nebst ausführl. Sachreg. zunächst f. d. Handels- u. Gewerbebestand v. Dr. Jos. Landgraf, Syndikus d. Handelskammer f. d. Kreis Mannheim ... 2. vollständ. umgearb. Aufl. *Berlin: Verl. f. Sprach- u. Handelswiss. 1892.* (2 Bl., 202 S.) 1 Bd 8. [92. 3134

— **das deutsche,** vom 14. Mai 1879, betr. den Verkehr m. Nahrungsmitteln, Genußmitteln u. Gebrauchsgegenständen 2c. Anh.: Untersuchungsanstalten f. Nahrungs- u. Genußmittel. Kgl. bayer. Verordng. vom 27. Jan. 1884 u. Bekanntmachg. vom 2. Febr. 1884. 8. (14 S.) Würzburg 884. Stahel. n. — 20

[F.] Das Deutsche **Reichsgesetz** betr. d. Wechselstempelsteuer nebst d. Ausführgsbestimmgn des Bundesraths ... Text-Ausg. m. Anm. ... Früher hrsg. v. B[erthold] Gaupp ... 6. verm. u. umgearb. Aufl. Bearb. v. P[aul] Loeck, Regiergsass. a. d. Kgl. Prov.-Steuer-Direktion zu Berlin. *Berlin: J. Guttentag 1897.* (1 Bl., 122 S., 1 Tab.) 1 Bd 8.
= **Sammlung,** Guttentag'sche, Deutscher Reichsgesetze. No 5. [2.] [97. 3715

Reichsgesetz, Deutsches, über die Beurkundung des Personenstandes ..., s. Reichsgesetz über die Beurkundung ...

Reichs-Gesetz, deutsches, betr. die Erwerbs- u. Wirthschafts-Genossenschaften. Vom 1. Mai 1889. gr. 8. (46 S.) Bielefeld 889. Helmich. n. — 50

— **dasselbe.** Nach den Beschlüssen d. Reichstags in 3. Berathung. 8. (50 S.) Karlsruhe 889. Braun. n. — 60

— **dasselbe,** sammt der Bekanntmachg. d. Bundesrathes v. 11. Juli 1889 u. der bad. Vollzugsverordng. vom 27. Septbr. 1889, sowie Musterstatuten u. Formularen f. landwirthschaftl. Consumvereine m. unbeschränkter u. beschränkter Haftpflicht. 8. (207 S.) Ebd. 890. n. 1. 20

— **deutsches,** üb. die Schaumwein-Steuer vom 9. V. 1902. Textausg. nebst Einleitg. u. Inhaltsverzeichnis. 8. (19 S.) Flöha 902. A. Peitz & Sohn. — 25

— **deutsches,** zum Schutz der Warenbezeichnungen. Vom 12. V. 1894. Nebst Verordngn., Bestimmgn. üb. die Anmeldg. v. Warenzeichen u. Verzeichnis der Einteilg. der Warenklassen. (24 S.) gr. 8. Schöneberg-Berlin (Albertstr. 10) (903). Frdr. Pfau. n. — 50

Reichsgesetz

— **Durchführungs-Verordnung** betr. den Militärvorspann im Frieden. Gesetz vom 22. V. 1905, betr. den Militärvorspann im Frieden (R.G. Bl. Nr. 86). (Redaktionelle Beilage des kärntner. Gemeindeblattes v. Juli 1905.) (18 S.) 8. Klagenfurt (905). (J. Heyn.) n. — 50

— **das,** vom 26. Novbr. 1871 betr. die Einführung der Maaß- u. Gewichtsordng. f. den norddeutschen Bund vom 17. August 1868 in Bayern m. den zugehör. Verordngn., Bekanntmachgn. u. Instruktionen. Amtlich rev. Ausg. gr. 8. (IV, 243 S.) München 871. Oldenbourg. n. 3. 60

[F.] **Reichsgesetz** über den Erwerb und Verlust der Reichs- und Staatsangehörigkeit nebst d. gesetzl. Bestimmgn üb. d. Beurkundg d. Personenstandes ... in der z. Zeit u. nach d. Inkrafttreten des Bürgerl. Gesetzb. gült. Form. Textausg. m. Anm. u. Sachreg. ... v. W[ilh.] Assmann. *Mülheim a. d. Ruhr: J. Bagel 1896.* (IV S., 2 Bl., 204 S.) 1 Bd 8. [97. 5240

— **betr. d. Erwerbs- u. Wirthschaftsgenossenschaften** (Genossenschaftsgesetz), s. Meinhold's jurist. Handbibliothek.

—— betr. die Erwerbs- u. Wirthschaftsgenossenschaften vom 1. Mai 1889, sammt der Bekanntmachg. d. Bundesrathes v. 11. Juli 1889 u. der bad. Vollzugsverordng. vom 27. Septbr. 1889, sowie Musterstatuten u. Formularen f. landwirthschaftl. Consumvereine m. unbeschränkter u. beschränkter Haftpflicht. 8. (207 S.) Ebd. 890. + 1 20

Reichsgesetz, betr. die Erwerbs- und Wirtschaftsgenossenschaften vom 1.5.1889. Leipzig 1896. - Leipziger juristische Handbibliothek. 76.

Reichsgesetz betreffend die Erwerbs- und Wirtschaftsgenossenschaften vom 1.5.89. nach der Fassung von 1896. (98 S) Leipzig 1896

[F.] Das **Reichsgesetz,** betr. die Erwerbs- und Wirthschaftsgenossenschaften. V. 1. Mai 1889 nebst d. Novelle v. 12. Aug. 1896. Text-Ausg. m. Anm. u. Sachreg. v. Ludolf Parisius. 7. verb. Aufl. *Berlin: J. Guttentag 1897.* (190 S.) 1 Bd 8.
= **Sammlung,** Guttentag'sche, Deutscher Reichsgesetze. No 29. [97. 3744

[F.] Das **Reichsgesetz** betreffend die Erwerbs- und Wirthschafts-Genossenschaften erläut. v. Dr. Maurer, Landrichter in Stolp i. P. 2., durchaus neubearb. Aufl. nebst e. Anh. ... besorgt v. F[erdinand] Birkenbihl, Amtsrichter. *Berlin: F. Vahlen 1898.* (X S., 1 Bl., 523 S., 1 Tab.) 1 Bd 8. [98. 9140

[F.] Das **Reichsgesetz** betreffend die Erwerbs- und Wirthschafts-Genossenschaften. Text-Ausg. m. Anm. u. Sachreg. nebst ... e. Ausz. aus d. Ges. üb. d. Angelegenheit d. freiwill. Gerichtsbarkeit v. Amtsrichter [Ferdinand] Birkenbihl. *Neuwied am Rh.: Raiffeisen & Cons. 1899.* (4 Bl., 90 S.) 1 Bd 8. [98. 8899

Das **Reichsgesetz,** betreffend die Erwerbs- und Wirthschaftsgenossenschaften. In der Fassung des nach Massgabe des Artikels 13 des Einführungsgesetzes zum Handelsgesetzbuch vom 11. Mai 1897 festgestellten Textes. Text-Ausg. mit Anm. u. Sachreg. von Ludolf Parisius und Dr. Hans Crüger. 8. verb. Aufl. *Berlin: J. Guttentag 1900.* (195 S.) 8° [F.]
= **Sammlung,** Guttentag'sche, Deutscher Reichsgesetze. No 29. [00. 7397

Das **Reichsgesetz,** betr. die Erwerbs- und Wirthschaftsgenossenschaften. Text-Ausg. mit Anm. u. Sachreg. von Ludolf Parisius u. Dr. Hans Crüger. 9. Aufl. bearb. von Dr. Hans Crüger. *Berlin: J. Guttentag 1901.* (195, 31 S.) 8° [F.]
= **Sammlung,** Guttentag'sche, Deutscher Reichsgesetze. No 29. [01. 754

— **betr. d. Erwerbs- u. Wirtschaftsgenossenschaften.** Neueste Ausg. (60 S.) 16. Ebd. 907. 1. —

Das **Reichsgesetz** über die Erwerbung und den Verlust der Bundes- und Staatsangehörigkeit vom 1. Juni 1870 in d. Fassung d. Einführungsgesetzes z. BGB. erl. u. nebst einem die bayer. Vollzugsvorschriften ... enthaltenden Anh. hrsg. von Heinrich Rauchalles. *Ansbach: C. Brügel & Sohn 1901.* (VIII, 192 S.) 8° [F.] [01. 159

— das, üb. den **Feingehalt** der Gold- u. Silberwaaren. Vom 16. Juli 1884. Mit Erläutergn. u. den Materialien der Gesetzgebg. gr. 8. (29 S.) Schw. Gmünd 884. Schmid. n. — 60

Reichsgesetz, das, betreffend die *Fürsorge für Beamte und Personen des Soldatenstandes*, in Folge von Betriebsunfällen, vom 15. März 1886. Auf Grund der Motive, des Kommissionsberichts und der Reichstagsverhandlungen erläut. von *C. Graef* (kgl. Regierungs-Assessor). Ansbach, C. Brügel u. Sohn, 1886. 8⁰. Orig.-Cart.-Bd. m. Lwdr.
3 Bll., 53 S. — Auch m. d. Tit.: Die Reichsgesetzgebung auf d. Gebiete d. Arbeiter-Versicherung. Bdchn. 2: Die Unfallversicherung. Th. 2.

—— vom 9. Juni 1884 gegen den verbrecherischen und gemeingefährlichen **Gebrauch** von Sprengstoffen. Hrsg. und erläut. von A. Marschall v. Biberstein. 8. (III, 56 S.) Berlin 885, Puttkammer und Mühlbrecht. cart. *

— das, gegen den verbrecherischen u. gemeingefährlichen Gebrauch v. **Sprengstoffen** vom 9. Juni 1884. Nebst den zur Ausführg. desselben ergangenen preuß. Ministerial-Verordngn., -Erlassen u. Cirkularen, sowie den v. dem Reichsgericht angenommenen Rechtsgrundsätzen. 8. (24 S.) Neuwied 887. Heuser's Verl. — 30

Reichsgesetz betreffend die Gesellschaften mit beschränkter Haftung vom 20.4.92
Text mit Anmerkungen. München 1892

[F.] Das **Reichsgesetz** betreffend die Gesellschaften mit beschränkter Haftung v. 20. April 1892. M. e. Einl. üb. d. Entstehgsgesch. des Ges. u. d. Charakteristik d. neuen Gesellschaftsform. Erläut. v. Th[eodor] Hergenhahn, † Oberlandesgerichtsr. a. D. 3., verm. u. wesentl. veränd. Aufl. bearb. v. Dr. J. Liebmann, Rechtsanw. in Frankfurt a. M. *Berlin: O. Liebmann 1895.* (XXXII, 164 S.) 1 Bd 8. {96. 3808

[F.] Das **Reichsgesetz** betr. die Gesellschaften mit beschränkter Haftung v. 20. April 1892 nebst den in dem Einführgsges. z. Handelsgesetzb. enthaltenen, m. d. 1. Jan. 1900 eintretenden Aendergn erläut. v. Robert Esser, Geh. Justizr. in Köln. 2. verm. Aufl. *Berlin: J. Springer 1898.* (VIII, 128 S.) 1 Bd 8. {98. 1931

Das **Reichsgesetz**, betreffend die Gesellschaften mit beschränkter Haftung vom 20. April 1892 in der auf Grund der durch Artikel 13 des Einführungsgesetzes z. Handelsgesetzbuch v. 10. Mai 1897 erfolgten Ermächtigung vom Reichskanzler bekannt gemachten Fassung. Text-Ausg. mit Anm. u. Sachreg. von Ludolf Parisius u. Hans Crüger. 4. verm. u. verb. Aufl. Berlin: J. Guttentag 1899. (132 S.) 8⁰
(Sammlung, Guttentag'sche, Deutscher Reichsgesetze. No 32.)

Das **Reichsgesetz**, betreffend die Gesellschaften mit beschränkter Haftung, vom 20. April 1892 in d. ... vom Reichskanzler bekannt gemachten Fassung. Text-Ausg. mit Anm. u. Sachreg. von Ludolf Parisius u. Hans Crüger. 5. Aufl. ⟨Unveränd. Abdr. d. 4. verm. Aufl.⟩ *Berlin: H. Spamer (1900).* (132 S.) 8° [F.]
= **Sammlung** Kaufmännischer Fach- u. Lehrbücher. No 32. {01. 8540

Das **Reichsgesetz**, betreffend die Gesellschaften mit beschränkter Haftung. Vom 20. April 1892 in der auf Grund der durch Art. 13 der Einf.-Ges. z. HGB. v. 10. Mai 1897 erfolgten Ermächtigung vom Reichskanzler bekannt gemachten Fassung. Syst. Darstellung u. Kommentar nebst Entwürfen v. Gesellschaftsverträgen u. prakt. Anleit. f. d. Registerführung. Von Ludolf Parisius u. Dr. Hans Crüger. 3. verm. Aufl. bearb. von Crüger. *Berlin: J. Guttentag 1901.* (XII, 390 S.) 8° [F.] {01. 6330

Das **Reichsgesetz**, betreffend die Gesellschaften mit beschränkter Haftung, vom 20. April 1892 in der auf Gr. der durch Art. 13 d. Einf.Ges. z. HGB. v. 10. Mai 1897 erfolgten Ermächtigung vom Reichskanzler bekannt gemachten Fassung. Text-Ausg. mit Anm. u. Sachreg. von Ludolf Parisius u. Hans Crüger. 5. Aufl. ⟨Unveränd. Abdr. d. 4. verm. Aufl.⟩ *Berlin: J. Guttentag 1901.* (132 S.) 8° [F.]
= **Sammlung**, Guttentag'sche, Deutscher Reichsgesetze. No 32. {01. 9365

Das **Reichsgesetz** betreffend die Gesellschaften mit beschränkter Haftung v. 20. Apr. 1892 in d. Fassung d. Bekanntmachung v. 20. Mai 1898. Erl. von Dr. Ernst Neukamp, Oberl.Ger.R. in Köln. 2. umgearb. Aufl. *Berlin: C. Heymann 1901.* (XXIV, 208 S.) 8° [F.]
= **Taschen-Gesetzsammlung**. 7. {01. 10034

Reichsgesetz [**Gesetz**] betr. die Gesellschaften mit beschränkter Haftung in d. Fassung d. Bekanntmachung v. 20. Mai 1898, erl. u. mit Entwürfen v. Gesellschaftsverträgen hrsg. v. Sigmund Merzbacher, Rechtsanw. 3. neubearb. Aufl. München: C. H. Beck 1907. (XI, 221 S.) 8° {08. 12544

Das Reichsgesetz [**Gesetz**] betr. die Gesellschaften mit beschränkter Haftung vom 20. April 1892 in der am 1. Jan. 1900 in Kraft getretenen neuen Fassung, erl. von Robert Esser, Köln. 4. verb. Aufl. Berlin: J. Springer 1908. (VIII, 144 S.) 8° [F.] {08. 9479

Das **Reichsgesetz**, betreffend die Gewerbegerichte. Vom 29. Juli 1890. Text-Ausg. mit Anm. u. Sachreg. von Leo Mugdan, Stadtr. zu Berlin. 4. verm. Aufl. bearb. von Cuno, Stadtr. zu Königsberg i. Pr. Berlin: J. Guttentag 1899. (266 S.) 8⁰
(Sammlung, Guttentag'sche, Deutscher Reichsgesetze. No 31.)

Das **Reichsgesetz** betreffend Die Gewerbegerichte vom 29. Juli 1890. Text-Ausg. mit Erl. d. ergänzenden Bestimmungen u. Sachreg. von Kurt Fredrich, Bürgerm. zu Liegnitz. Berlin-Gr.-Lichterfelde: Schulze & Co 1901. (V, 79 S.) 8⁰
(Gesetzsammlung, Brandis. No 22.)

Das **Reichsgesetz** betreffend Die Gewerbegerichte vom 29. Juli 1890 in d. Fassung vom 29. September 1901. Text-Ausg. mit Hervorhebung d. Neuerungen, d. ergänz. Bestimmungen d. Gewerbeordnung u. Sachreg. von Dr. jur. [Ch.] Suffert, Gerichts-Ass. in Berlin. *Berlin-Gr.-Lichterfelde: Schulze & Co. 1901.* (32 S.) 8° [F.]
= **Gesetzsammlung**, Brandis. No 27. {02. 3835

Reichsgesetz v. 7/4. 76. betr. d. eingeschrieb. Hilfskassen. Mit Novelle v. 1/6. 84. Berlin 884.

Mit Erläuterungen von:

Feldmann. Eisenach 877.	1	80	**Parey.** 2. Aufl. Berlin 886.
Haagen. Schw. Gmünd 884.	1	50	**Rohleder.** München 884.
Kehl. Gotha 876.	1	50	**Schicker.** Stuttgart 884.
Marcinowski. Berlin 884.	2	50	**Zeller.** Nördlingen 884.
Mittentzwei. Leipz. 884.	—	60	

Reichsgesetz über die eingeschriebenen Hülfskassen vom 7. Apr. 1876 unter Berücksicht. der Novelle vom 1. Juni 1884. 8. (19 S.) Leipzig 884. Roßberg. — 30

Das Reichsgesetz [**Gesetz**] betr. die Invaliditäts- und Altersversicherung. vom 22. Juni 1889. Erl. von Dr. R[obert] Bosse u. E[rich] v. Woedtke. Nach amtl. Quellen. Nachtrag z. 1. bis 3. Aufl. bearb. von E[rich] v. Woedtke, Geh. Oberreg.R. Mit 1 Sachreg. Leipzig: Duncker & Humblot 1893. V, 174 S. 8° {11. 10494

Reichsgesetz, das, betr. die Invaliditäts- u. Altersversicherung. Vom 22. Juni 1889. 16. (112 S.) Langensalza 894. Wendt & Klauwell. n. — 35

— **dasselbe.** Amtliche Ausg. f. das Großherzogth. Baden. gr. 8. (167 S.) Karlsruhe 891. Braun. n. 2. —

Reichsgesetz [**Gesetz**] betr. Kaufmannsgerichte. Vom 6. Juli 1904. Text-Ausg. mit Anm. u. Sachreg. von Dr. Max Apt, Syndikus, Berlin. [Nebst] Preuß. Ausführungsbestimmungen z. Reichsges. ... Berlin: J. Guttentag 1904. 2 Bde 8° [F.]
Text. 2. Aufl. ⟨unveränd. Abdr. d. 1. Aufl.⟩
= **Sammlung**, Guttentag'sche, Deutscher Reichsgesetze. No 74. {05. 2194

Reichsgesetz [**Gesetz**] betr. die Kinderarbeit in gewerblichen Betrieben vom 30. März 1903 ⟨Kinderschutzgesetz⟩ nebst den dazu ergang. Bekanntmachungen d. Bundesrats u. der f. Preußen erlassenen Ausführungsbestimmungen. Für Lehrer, Geistl., Schulinsp. u. Behörden. Dargest. u. erl. von E[mil] Bauch. Potsdam: A. Stein 1906. (125 S.) 8° [F.] {08. 1605

Reichsgesetz betr. die Krankenversicherung der Arbeiter.

— dasselbe, vom 29. Mai 1883. gr. 8. (24 S.) Landsberg a/W., Volger & Klein. — 30

— dasselbe, vom 15. Juni 1883. Mit Inhaltsangaben üb. die einzelnen Paragraphen u. e. vollständ. Sachregister. 2. Aufl. 8. (III, 48 S.) Leipzig 883. Roßberg. n. — 40

— vom 15. Juni 1883 betr. die Krankenversicherung der Arbeiter m. erläuternden Noten u. den einschlägigen Vollzugsbestimmungen. 8. (48 S.) Bamberg 884. Buchner. — 75

— dasselbe, nebst der ministeriellen Anweisg. zur Ausführg. dieses Gesetzes. gr. 8. (41 S.) Berlin 884. Haack. n. — 50

— dasselbe, nebst der Bad. Vollzugsverordnung u. den Musterstatuten f. e. Orts- u. e. Betriebs-[Fabrik-] Krankenkasse. Amtliche Ausg. gr. 8. (112 S.) Karlsruhe 884. Braun. n — 80

— dasselbe, nebst e. Anh. enth. das Hülfskassengesetz vom 7. Apr. 1876. Text-Ausg. m. Erläutergn. u. ausführl. Sachregister. 8. (75 S.) Neuwied 884. Heuser's Verl. cart. — 75

— dasselbe. Nebst dem Gesetz betr. Abänderg. vom 28. Jan. 1885. Textausg. m. Angabe der Parallelstellen u. e. ausführl. Sachregister. 16. (II, 64 S.) Berlin 885. Vahlen. cart. — 60

Reichsgesetz

—— die Maßregeln gegen die Rinderpest betr., s.a. Gesetzsammlung für Landwirthe.

— Massregeln gegen die Rinderpest betreffend, s.a. Rinderpest.

Reichsgesetz die Maßregeln gegen die Rinderpest betr. vom 7. April 1869 u. Reichsgesetz betr. Beseitigung von Ansteckungsstoffen bei Viehbeförderung auf Eisenbahnen vom 25. Febr. 1876 nebst Ausführungsbestimmungen. Berlin 1877.

— vom 7. Apr. 1869, betr. Maßregeln gegen die Rinderpest, nebst der revidirten Instruktion vom 9. Juni 1873 u. dem Reichsgesetz vom 21. Mai 1878, betr. Zuwiderhandlgn. gegen die zur Abwehr der Rinderpest erlassenen Vieh-Einfuhrverbote. 16. (32 S.) Nördlingen 881. Beck. n. — 40

— das, betr. die Organisation der Gewerbegerichte, vom 29. Juli 1890 u. das Verfahren vor denselben, nebst den mit demselben in Verbindg. steh. Gesetzen u. alphabet. Sachregister. 8. (34 S.) Düsseldorf, Schwann. n. — 20

Reichs-Gesetz, das, betr. die Organisation der Gewerbegerichte, vom 29. Juli 1890 u. das Verfahren vor denselben, m. e. Anh., alle in dem Gesetz erwähnten u. m. demselben in Verbindg. steh. §§ der Civilprozeßordng., d. Gerichtskostengesetzes, d. Gerichtsverfassungsgesetzes, der Gewerbeordng. u. d. Gesetzes betr. Krankenversicherg. der Arbeiter enth., nebst alphabet. Sachregister. 8. (37 S). Elberfeld 890. Lucas. n. — 20

— das, betr. die Patentanwälte. Vom 21. V. 1900. Text-Ausg. m. Materialien. gr. 8. (IV, 187 S.) Berlin 900. C. Heymann's Verl. n. 2. —

Das Reichsgesetz betreffend die Patentanwälte vom 21. Mai 1900. Für d. prakt. Gebr. syst. dargest. von Dr. jur. F[elix] Damme, Reg.R. *Berlin: O. Liebmann 1900.* (VIII, 196 S.) 8° [01. 6039

—— vom 7. Mai 1874 über die Presse mit Erläuterungen. 8. (19 S.) München 874, Franz'sche Buchh. *

—— dass. — und das badische Gesetz, die Einführung des Reichspreßgesetzes betr. vom 20. Juni 1874 nebst einschläg. Gesetzesbestimmungen. Mit Erläuterungen nach den amtl. Motiven. gr. 8. (IV, 16 S.) Tauberbischofsheim 874, Lang. *

Reichsgesetz [Gesetz], betr. die gemeinsamen Rechte der Besitzer von Schuldverschreibungen, vom 4. Dez. 1899. Erl. von Sigmund Merzbacher. München: C. H. Beck 1900. (XVII, 118 S.) 8° [F.]
(Deutsche Reichsgesetze.) [08. 7247 7

Reichsgesetz betreffend die Schlachtvieh- und Fleischbeschau. Vom 3. Juni 1900. Nach amtl. Materialien bearb. u. durch d. einschläg. Gesetze u. Verordnungen erg. u. erl. von Otto Kotze, Bürgerm. a. D. (Mit Sachreg.) Berlin: F. Dümmler 1900. (64 S.) 8°

Reichsgesetz betr. die Schlachtvieh- u. Fleischbeschau. Vom 3. VI. 1900. Textausg. m. Ausführungsvorschriften, Einleitg. u. Sachregister. (VIII, 190 S.) 12. Ansbach 902. C. Brügel & Co. Kart. n. — 80

Reichsgesetz [Gesetz] betreffend die Schlachtvieh- und Fleischbeschau nebst d. Ausführungsbestimmungen d. Bundesraths u. d. preuss. Ausführungsgesetz. *Berlin: Allg. Fleischer-Zeitung [1902].* (196 S.) 8° [F.] [03. 3700 11

— dasselbe m. den Ausführungsbestimmungen des Bundesrats in der abgeänderten Fassung vom 27. III. 1903 u. den preußischen Ausführungsbestimmungen vom 20. III. 1903 nebst allen zugehörigen Materialien. Ergänzte u. bericht. Textausg. 13. Aufl. (VIII, 381 S.) gr. 16. Berlin (903). C. Heymann. n. 1. 60

— dasselbe nebst den Ausführungsbestimmungen des Bundesraths u. dem preußischen Ausführungsgesetz. (196 S.) gr. 8. Berlin (903). M. Zuelzer & Co. 1. 30

— dasselbe nebst den Ausführungsbestimmungen des Bundesrats u. sämtlichen f. Elsaß-Lothringen erlassenen Verordnungen. (VII, 211 S.) 8. Straßburg 903. Straßburger Druckerei u. Verlagsanstalt. Geb. in Leinw. n. 2. —

Das Reichsgesetz zum Schutz der Waarenbezeichnungen v. 12. Mai 1894. Unt. Berücks. in- u. ausländ. Lit. u. Rechtsprechg sowie d. Praxis d. Patentamts erl. v. Dr. Paul Kent, Rechtsanw. in Frankfurt a. M. *Berlin: C. Heymanns 1897.* (XXXV, 660 S.) 1 Bd 8. [97. 4931

Reichsgesetz über d. Sicherung d. Bauforderungen v. 1. Juni 1909 s.a. Gesetz über d. Sicherung d. Bauforderungen. [09. 11751

Reichsgesetz üb. die Sicherung der Bauforderungen. Vom 1. VI. 1909. Mit Erläutergn. (42 S.) 16. Berlin (909). L. Schwarz & Co. 1. —

Reichsgesetz, das, über die privatrechtl. Stellung der Erwerbs- u. Wirthschafts-Genossenschaften. Nach den Motiven und Komissionsberichten, unter Berücksichtigung d. neuesten Gesetzgebung and der Entscheidungen d. Reichsoberhandelsgerichts zu Leipzig, dargest. von Dr. *W. Zeller* (grossherzogl. hess. Kreisassessor). Nördlingen, Beck, 1880. 12°. 85 S. Orig.-Ppb.

Reichs-Gesetz, das, über die privatrechtliche Stellung der Erwerbs- u. Wirthschaftsgenossenschaften vom 4. Juli 1868, mit den durch die neuere Gesetzgebung daran vorgenommenen Abänderungen u. Zusätzen. 12. (36 S.) Stuttgart 882. Kohlhammer. n. — 30

— betr. die Unfallversicherung der Arbeiter vom 6. Juli 1884, nebst sämmtl. Ausführungsbestimmgn. Text-Ausg. m. vielen Anmerkgn., Inhaltsübersicht u. ausführl. Sach-Register. 8. (V, 135 S.) Neuwied 884. Heuser's Verl. cart. — 90

Reichsgesetz v. 5/5. 86 betr. d. Unfall- u. Krankenversicherung der in land- u. forstwirthschaftl. Betrieben beschäft. Personen. Textausg. **Vahlen.** Berlin 886.

Mit Erläuterungen von:

Eberts. Trier 886.	1 —	**Rasp.** Nördlingen 889.	
Engelmann. Erlangen 886.	2 20	**Rumpelt.** Dresden 888.	
Fuld. Berlin 886.	2 80	**Schmitz.** Neuwied 887.	
Haagen. Tübingen 888.	2 80	**Woedtke.** 2. Aufl. Berlin 889.	
Ausg. **Heymann.** 2. Aufl. Berl 887.	1 20	— kl. Ausg. Berlin 887.	
Hölnghaus 2. Aufl. Berl. 887.	1 50	**Trutzer.** Ansbach 889.	
Just. Berlin 888.	7 —	**Zeller.** Nördlingen 886.	
Lange. Berlin 887.	1 50		

Reichsgesetz betreffend die Unfall - und Kranken- Versicherung der in land- und forstwirthschaftlichen Betrieben beschäftigten Personen. Vom 5. Mai 1886. Berlin o. J. 8°
– Mit Erläuterungen etc. hrgg. v. E. Lange. Berlin 1886. 8°

— betr. die Unfall- u. Krankenversicherung der in land- u. forstwirthschaftlichen Betrieben beschäftigten Personen. Vom 5. Mai 1886. Text-Ausg. m. Sachregister. 16. (IV, 99 S.) Berlin 886. Vahlen. cart. n. - 60

— betr. die Unfall- u. Krankenversicherung der in land- u. forstwirthschaftlichen Betrieben beschäftigten Personen [5. Mai 1886], sammt dem bad. Gesetz vom 24. März 1888, der Vollzugsverordng. vom 25. Juni 1888 u. dem Genossenschaftsstatut. 8. (VIII, 180 S.) Karlsruhe 888. Braun. n. 1. 20

[F.] Das **Reichsgesetz,** betreffend die Unfallversicherung der bei Bauten beschäftigten Personen. Vom 11. Juli 1887. Text-Ausg. m. Anm. u. Sachreg. 2. Aufl. Unter Berücks. d. Rechtsprechgd. Reichs-Versichergsamts vollständ. neu bearb. u. hrsg. v. R. Chrzescinski, Kaiserl. Regiergsr. ... Hrsg. d. 1. Aufl.: L[eo] Mugdan, Stadtr. zu Berlin. *Berlin: J. Guttentag 1898.* (XXIII, 213 S.) 1 Bd 8.
= Sammlung, Guttentag'sche, Deutscher Reichsgesetze. No 28.
[98. 10487

—— üb. die Unterstützung v. Familien der zu Friedensübungen einberufenen Mannschaften vom 10. Mai 1892, nebst Ausführungs-Vorschriften vom 2. Juni 1892. Text-Ausg., m. e. Tabelle üb. die zu zahlenden Unterstützungsbeiträge versehen v. H. Hartmann. 8. (16 S.) Freiberg i. S. 892, Mauckisch. — 20

Reichsgesetz, das, über den Unterstützungswohnsitz vom 6.6.70 mit dem preuss. Ausführungsgesetz vom 8.3.71. (Volksausgabe deutscher Reichsgesetze.) Berlin 1871

Reichs-Gesetz, das, üb. den Unterstützungswohnsitz vom 6. Juni 1870. Mit dem preuß. Ausführungsgesetz vom 8. März 1871 u. der Instruktion d. Ministers d. Innern vom 10. April 1871. Nach amtl. Quellen. Mit Sachregister. gr. 8. (88 S.) Berlin 871. Kortkampf. n. — 75

Das **Reichsgesetz** über den Unterstützungswohnsitz vom 6. Juni 1870. erläut. v. Wohlers. Berlin. 1876. 8°.
—— 3. Aufl. Berlin. 1884.

Das Reichs-Gesetz über den Unterstützungswohnsitz v. 6. Juni 1870 in d. Fassung v. 12. März 1894 u. unter Berücks. d. Bestimmungen d. Bürgerl. Gesetzb. erl. von Dr. jur. Georg Eger, Regierungsr. Nebst e. Anh. enth. alle wichtigeren bezügl. Gesetze, Verordnungen u. Erlasse. 4. verm. Aufl. Breslau: J. U. Kern 1900. (XX, 448 S.) 8°

Reichsgesetz über den Unterstützungswohnsitz und den Erwerb u. Verlust der Staatsangehörigkeit vom 6. 6. 70 u. Novelle vom 12. 3. 94.

Textausgaben und Erläuterungen von:

Assmann. Mülheim 897.	3 —	**Kelch.** Berlin 894.
Cahn. 2. Aufl. Berlin 895.	12 —	**Koppe.** Berlin 894.
Decker. Berlin 894.	— 40	**Krech.** 4. Aufl. Berlin 891.
Eger. 4. Aufl. Breslau 899.	11 —	**Rossberg.** Leipzig 894.
Grill. München 893.	2 —	**Wohlers.** 8. Aufl. Berlin 898.

— das, betr. das Urheberrecht an Schriftwerken, Abbildungen, musikalischen Kompositionen u. dramatischen Werken, u. die Reichsgesetze über das Urheberrecht an Werken der bildenden Künste u. üb. den Schutz der Photographieen gegen unbefugte Nachbildung, nebst der Berner Litterar-Konvention u. den Reichsgesetzen üb. den Marken- u. Musterschutz. 2. Aufl. 8. (IV, 58 S.) Leipzig 889. Roßberg. cart. n. — 75

— üb. das Verbot der Anwendung gesundheitsschädlicher Farben. gr. 8. (8 S.) Nürnberg 889. (Verlagsanstalt d. bayer. Gewerbemuseums [C. Schrag].) — 30

Reichsgesetz betr. d. privatrechtl. Verhältnisse der Binnenschiffahrt u. Flösserei v. 15. 6. 95.

Textausgaben u. Erläuterungen von:

Förtsch. 2. Aufl. Lpzg. 900.	8 —	**Mittelstein.** Leipzig 896.
— Handausg. Leipzig 895.	1 20	**Pannier.** Leipzig. Reclam.
Hayn's Erben. Berlin 895.	— 50	**Pfafferoth.** Berlin 895.
Decker. Berlin 895.	— 60	**Roth.** Giessen 899.
Goldmann. Berlin 896.	5 —	**Zander.** Leipzig 895.
Landgraf. 2. Aufl. Mannheim 895.	9 —	**Entwurf** d. Ges. Reichstagsvorlage.
Makower u. **Löwe.** 2. Auflage. Berlin.	2 —	**Gutachtl.** Aeusserungen darüb.

[F.] Das **Reichsgesetz,** betreffend die privatrechtlichen Verhältnisse der Binnenschiffahrt, v. 15. Juni 1895, unt. Berücks. d. ergänz. Bestimmgn d. Gewerbeordng u. des Handelsgesetzb., erl. v. S[am.] Goldmann, Justizr. ... in Danzig. *Berlin: F. Vahlen 1896.* (X, 344 S.) 1 Bd 8.
[97. 109

[Umschlagt.:] [F.] **Reichs-Gesetz** betr. den Verkehr mit Butter, Käse, Schmalz u. deren Ersatzmitteln nebst Ausführgs-Bestimmgn. Textausg. m. Anm. u. Sachreg. v. W[ilh.] Assmann, Polizei-Comm. zu Bochum. 1. Aufl. *Bochum: Ecken, Schaefers & C. 1897.* (11 S.) 1 Bd 8. [98. 1659

— betr. den Verkehr mit blei- u. zinkhaltigen Gegenständen, mit e. Verzeichnis der unter die Bestimmgn. dieses seit dem 1. Octbr. 1888 in Kraft getretenen Gesetzes fall. Gegenstände. Veröffentlicht durch das Bayer. Gewerbemuseum zu Nürnberg. gr. 8. (14 S.) Ebd. 889. — 30

Reichsgesetz über den Verkehr mit Kraftfahrzeugen v. 3. Mai 1909 s.a. **Gesetz** über d. Verkehr mit Kraftfahrzeugen. [10. 13159

— üb. den Verkehr m. Kraftfahrzeugen vom 3. V. 1909 nebst Bundesratsverordnung vom 2. II. 1910 sowie Ausführungs-Anweisung des Hrn. Ministers der öffentlichen Arbeiten u. der Bekanntmachung d. Polizei-Präsidiums Berlin vom 31. III. 1910. (94 S.) kl. 8. Berlin (910). A. Weinholtz. — 75

— das, üb. den Verkehr m. Kraftfahrzeugen v. 3. V. 1909 (RGBl. 437) nebst der Verordnung des Bundesrats üb. den Verkehr m. Kraftfahrzeugen in der Fassung der Bekanntmachung, betr. die Regelung des Verkehrs mit Kraftfahrzeugen vom 3. II. 1910 u. e. Anh., enth. Musterformulare, die Anweisungen üb. die Prüfung d. Kraftfahrzeugen u. üb. die Prüfung der Führer v. Kraftfahrzeugen. Textausg. m. alphabet. Sachregister. (VII, 119 S.) kl. 8. Leipzig 910. C. L. Hirschfeld. — Stuttgart, W. Kohlhammer. Geb. in Leinw. 1. 20

— dasselbe, sowie internationales Abkommen üb. den Verkehr m. Kraftfahrzeugen vom 11. XI. 1909, nebst der am 1. V. 1910 in Kraft getretenen Verordng. üb. den internationalen Verkehr v. Kraftfahrzeugen in der Fassg. der Bekanntmachung des Reichskanzlers vom 21. IV. 1910. Textausg. m. alphabet. Sachregister. 2. Aufl. (VII, 119 u. 48 S.) kl. 8. Stuttgart 910. W. Kohlhammer. Geb. in Leinw. 1. 20

— dasselbe, s. a. Günther's Gesetzsammlung. 1.

Reichsgesetz v. 14/5. 79, betr. d. Verkehr m. Nahrungsmitteln.
Mit Erläuterungen von:

Baer. Erlgn. 879.	2	60	**Meyer** u. **Finkelnburg.** 2. Aufl. Berlin 885.
Bauer. Leipz. 890.	1	50	**Ortloff.** Neuwied 882.
Hölnghaus. Berlin 879.	1	20	**Schwarze.** Stuttg. 879.
Landgraf. Stuttg. 879.	1	50	**Zinn.** 2. Ausg. Nördl. 885.
Marcinowsky. Berl. 884.	1	50	

[F.] **Reichsgesetz** betr. den Verkehr mit Nahrungsmitteln, Genussmitteln u. Gebrauchsgegenständen v. 14. Mai 1879, die auf Grund desselben erlass. Verordnungen sowie das amtl. Gutachten des Kaiserl. Gesundheitsamtes üb. Verfälschungen v. Nahrungsmitteln u. Gebrauchsgegenständen. Unter bes. Berücks. d. amtl. Gesetzmaterialien u. d. Rechtsprechg d. Reichsgerichts erl. u. z. prakt. Gebr. hrsg. v. Dr. C[arl] D[egenhard] Menzen ... Nebst d. ... Reichsges. v. 25/6 1887 betr. d. Verkehr m. Blei- u. zinkhalt. Gegenständen, v. 5/7 1887 betr. d. Verwendung gesundheitsschädl. Farben, v. 12/7 1887 betr. d. Verkehr m. Ersatzmitteln f. Butter, v. 20/4 1892 betr. d. Verkehr m. Wein, weinhalt. u. ähnl. Getränken, v. 15/6 1897 betr. d. Verkehr m. Butter, Käse, Schmalz u. deren Ersatzmitteln. 3. mit Rücks. auf d. neuere Gesetzgebg ... verm. Ausg. *Paderborn: F. Schöningh 1898.* (IV, 283 S.) 1 Bd 8. [98. 400 Mr

[F.] **Reichsgesetz** betreffend den Verkehr mit Nahrungsmitteln, Genussmitteln u. Gebrauchsgegenständen v. 14. Mai 1879, die auf grund dess. erlassenen Verordngn sowie das amtl. Gutachten d. Kais. Gesundheitsamtes üb. Verfälschgn ... Unter bes. Berücks. d. amtl. Gesetzmaterialien u. d. Rechtsprechg d. Reichsgerichts erl. u. z. prakt. Gebr. hrsg. v. Dr. C[arl] D[egenhard] Menzen, Amtsgerichtsr. in Frankfurt am Main. Nebst d. Reichsgesetzen v. 25/6. 1887 ... 3. m. Rücksicht auf d. neuere Gesetzgebg ... verm. Ausg. *Paderborn: F. Schoningh 1898.* (IV, 283 S.) 1 Bd 8. [98. 1139

Reichsgesetz betr. den Verkehr mit Wein, weinhaltigen u. weinähnlichen Getränken. Vom 24. Mai 1891. In Verbindung mit d. bisher zum Schutz d. Nahrungsmittel ergang. Ges. u. Ausführungsbestimm. erg. u. erl. durch d. amtl. Materialien von Otto Kotze, Burgerm. a. D. Mit Sachreg. (2. Ausg.) *Berlin: F. Dummler 1901.* (93 S.) 8° [F.] [01. 12..

Das **Reichsgesetz** über das Verlagsrecht. Vom 19. Juni 1901. Textausg. mit Einl., Anm. u. Sachreg. von Justizr. Ernst Heinitz, Rechtsanw. in Berlin. *Berlin: J. Guttentag 1901.* (XVI, 123 S.) 8° [F.]
= **Sammlung**, Guttentag'sche, Deutscher Reichsgesetze. No 61. [01. 758

•**Reichsgesetz über den Versicherungsvertrag mit zugehörigem Einführungsgesetz und Gesetz betr. Änderung der Vorschriften des H. G. B. über die Seeversicherung vom 30. V. 1908, veröffentlicht in der No. 30 des Reichs-Gesetzblattes vom 5. VI. 1908.**

Reichsgesetz über den Versicherungsvertrag. Nebst e. zugehörigen Einführungsgesetze, mit Einl., ausführl. Erl. u. Sachreg., bearb. von Dr. P[aul] Hager u. Dr. R[ichard] Behrend, Reg.Räten. Berlin: J. Guttentag 1908. (VIII, 446 S.) 8° [F.]
— **Sammlung**, Guttentag'sche, Deutscher Reichsgesetze. No 83. [08. 9287

— üb. den Versicherungsvertrag nebst dem zugehör. Einführungsgesetz vom 30. V. 1908. Textausg. m. alphabet. Sachregister. (IV, 120 S.) kl. 8. Leipzig 908. C. L. Hirschfeld. Geb. in Leinw. 1. 20

Reichsgesetz [**Gesetz**] über den Versicherungsvertrag. Erl. von Konrad Schneider, Oberl.Ger.R. in Stettin. München: C. H. Beck 1908. (VIII, 555 S.) 8° [F.] [08. 10316

Hager P u R Behrend, Reichsgesetz uber den Versicherungsvertrag vom 30.5.08. 2. Auflage von P Hager u E Bruck. (453 S) (Guttentag 83) 16° Berlin 1910

Reichsgesetz über die Wahlen der Abgeordneten zum Volkshause. Frankfurt a. M. 1849. 14 S. 8.

Reichsgesetz gegen d. unlauteren Wettbewerb v. 7. Juni 1909, s. Gesetz gegen d. unlauteren Wettbewerb.

—— betr. den Wucher, vom 24. Mai 1880, nebst dem Bundes-Gesetze, betr. die vertragsmäßigen Zinsen. Mit Anmerkung veri. Ausg. 12. (11 S.) Neuwied 881, Heuser's Verlag. — 30

Reichsgesetz, betr. die Zuständigkeit des Reichsgerichts, vom 22. Mai 1910, in Kraft getreten am 1. Juni 1910, mit Erl. Berlin 1910.
(Sydow: Zivilprozeßordnung. 12. Aufl. von Busch. Nachtrag.)

[F.] Das **Reichsgesetz** über die Zwangsversteigerung und die Zwangsverwaltung v. 24. März 1897 nebst d. Einführgsgesetze. Text-Ausg. m. Einl., Anm. u. Sachreg. v. Dr. J[ohannes] Krech, Kais. Geh. Regiergsr. in Berlin, [u.] Dr. O[tto] Fischer, o. ö. Prof. ... in Breslau. *Berlin: J. Guttentag 1897.* (VIII, 182 S.) 1 Bd 8.
= **Sammlung**, Guttentag'sche, Deutscher Reichsgesetze. No 43. [97. 7589

[F.] **Reichsgesetz** über die Zwangsversteigerung und Zwangsverwaltung nebst d. Einführgsgesetze. Vom 24. März 1897. M. Materialien ... sowie ausführl. Registern. *Berlin: C. Heymanns 1897.* (IV, 240 S.) 1 Bd 8. [97. 5215

[F.] **Reichsgesetz** über die Zwangsversteigerung u. Zwangsverwaltung nebst d. Einführgsges. Vom 24. März 1897. Mit Materialien '(der Denkschrift z. Entwurfe u. d. Berichte d. Kommission)' sowie ausführl. Registern. 3. Aufl. *Berlin: C. Heymanns 1897.* (IV S., 1 Bl., 240 S.) 1 Bd 8. [97. 5613

[F.] **Reichsgesetz** über die Zwangsversteigerung und die Zwangsverwaltung v. 24. März 1897 nebst d. Einführgsges. Textausg. m. Einl., Anmerkgn u. Sachreg. z. prakt. Gebr. v. Dr. Paul Jaeckel, Reichsgerichtsr. *Berlin: F. Vahlen 1897.* (2 Bl., 137 S.) 1 Bd 8. [98. 650

Reichsgesetz über die Zwangsversteigerung und Zwangsverwaltung vom 24. März 1897 nebst Erläuterungen. Handbuch z. prakt. Gebrauch von R[udolf] Masche, Calculator in Berlin, [u.] H[ermann] Balla, Sekretär in Berlin. Berlin: F. Dümmler 1899. (118 S.) 8°

Das **Reichsgesetz** über die Zwangsversteigerung und Zwangsverwaltung nebst d. Einführgsges. v. 24. März 1897. Mit Anmerk. von Dr. Th[eodor] Wolff, Oberlandesgerichtsr. in Hamm. Berlin: C. Heymann 1899. (VII, 148 S.) 8°
(Taschen-Gesetzsammlung. 40.)

Das **Reichsgesetz** über die Zwangsversteigerung und Zwangsverwaltung nebst d. Einführungsgesetze v. 24. März 1897. Erl. v. Dr. Th. Wolff ... Berlin: C. Heymann 1899. (XVI, 356 S.) 1 Bd 8°
(Kommentar z. Bürgerl. Gesetzbuche u. s. Nebengesetzen. Abth. II. Th. 6.)

Reichsgesetz über die Zwangsversteigerung und die Zwangsverwaltung nebst dem Einführungsgesetz v. 24. März 1897. Für d. Praxis erl. von J. Günther, Landger.Präs. T. 1. 2. *Berlin: O. Liebmann 1899–1900.* 2 Bde 8° [F.]
1. Die Zwangsversteigerung z. Zwecke d. Befried. d. Gläubigers aus d. Grundstück. 1899.
2. Die Zwangsverwaltung, d. Zwangsversteigerung von Schiffen, d. Zwangsversteig. u. Zwangsverw. in bes. Fällen nebst d. Preuss. Ausf.Ges. vom 23. Sept. 1899. [01. 6040

Das **Reichsgesetz** über die Zwangsversteigerung und die Zwangsverwaltung vom 24. März 1897 ⟨Fassung v. 20. Mai 1898⟩ nebst d. Einführungsgesetz u. dem f. Preussen ergangenen Ausführungsgesetz v. 23. Sept. 1899 u. Kostenbestimmungen. Mit e. ausführl. Komm. in Anm. von Dr. Paul Jaeckel, Reichsger.R. (In 4 Lief.) *Berlin: F. Vahlen 1899–1901.* (VI, 720 S.) 8° [F.] [00. 13347

Reichsgesetz über die Zwangsversteigerung und die Zwangsverwaltung vom 24. März 1897 nebst dem Einführungsgesetz u. dem f. Preussen ergang. Ausführungsgesetz vom 23. Sept. 1899 u. Kostenbestimmungen. Textausg. mit Einl., Anm. u. Sachreg. z. prakt. Gebr. von Dr. Paul Jäckel, Reichsger.R. 2. Aufl. *Berlin: F. Vahlen 1900.* (IV, 161 S.) 8° [F.] [00. 1318

Das **Reichsgesetz** über die Zwangsversteigerung und Zwangsverwaltung nebst d. Einführungsgesetze v. 24. März 1897. Erl. von Dr. Th[eodor] Wolff, Oberlandesger.R. in Hamm. 2. verb. Aufl. *Berlin: C. Heymann 1901.* (XX, 427 S.) 8° [F.]
= **Kommentar** z. Bürg. Gesetzbuche u. s. Nebenges. 2, [6.] [01. 8913

Reichs-Gesetz-Blatt. Ausgegeben Frankfurt a. M. 29. Sept. 1848 bis 7. Juni 1849. 160 S. 4.

Reichs-Gesetz-Blatt.
Stück 1—17. Frankfurt a. M. d. 29. Sept. 1848—d. 5. Mai 1849 4°.

Reichs-Gesetz-Blatt. Stück 1—18 (1 vol.), vom 29. Septbr. 1848—7. Juni 1849 (nicht mehr erschienen). Frankfurt a. M. (C. Naumann's Druckerei). 4°. Ppb.
160 fortl. S. — Selten!

Reichs-Gesetz-Blatt. Stück 17—19. Ausgegeben Stuttgart, den 8.—10. Juni 1849.

Reichs-Gesetzblatt. 1871, Nr 19—1911. Berlin 1867—1911. 48 Bde
Haupt-Sachreg. zum Bundes- bezw. Reichs-Gesetzbl. von 1867—1876. 1877. Desgl. von 1867—1886. 1887. Desgl. von 1867—1896. 1897.

Reichsgesetzblatt (von 1867—1870 Bundes-Gesetzblatt des norddeutschen Bundes), dann Reichsgesetzblatt 1871—1876. 4.

Reichsgesetzblatt. 1871-1900. 4° Nebst systematischem Register zum Bundes- und Reichsgesetzblatt 1867-93 v. F v Hugo. 2. A. (Hannover 1894) Berlin 1871-1900

—— General-Register, s. Kleinschmidt.

Reichsgesetzblatt. Hrsg. im Reichskanzler-Amt. Jahrg. 1872—1876. gr. 4. Berlin, (Seelhaar. — Kortkampf — Putkammer & Mühlbrecht.) à Jahrg. n. 2. —

Reichs-Gesetzblatt. Hrsg. im Reichskanzler-Amt. Jahrg. 1877—1882. gr. 4. (à Nr. ca. 1 B.) Berlin. (Seelhaar. — Kortkampf. — Puttkammer & Mühlbrecht.) à Jahrg. n.n. 2. —

Reichs-Gesetzblatt. Hrsg. im Reichsamt d. Innern. Jahrg. 1883—1886. gr. 4. (Nr. 1. 1/4 B.) Berlin, (Kortkampf. — Münnich. — Puttkammer & Mühlbrecht). à Jahrg. n.n. 2. —

—— s. Haupt-Nachrichten zum Bundes-, bezw. Reichs-Gesetzblatt.

—— s.a. Haupt-Sachregister zum Bundes-, bezw. Reichs-Gesetzblatt.

*Reichs-Gesetzblatt. 1871 ff. (Nr. 602 ff.) Berlin. (1871 ff.) 4°.
Haupt-Sachregister zum Bundes- bezw. Reichs-Gesetzblatt von 1867 bis 1883 einschliesslich. Hagen i. W. (1886.) 4°.

Reichs-Gesetzblatt. Hrsg. im Reichsamt d. Innern. Jahrg. 1887—1889. gr. 4. (à Nr. ca. 1/4 B.) Berlin, (Münnich. — Puttkammer & Mühlbrecht). à Jahrg. n.n. 2. —

— dasselbe. Jahrg. 1890. (à Nr. ca. 1/4 B.) gr. 4. Ebd. n.n. 2. 50

—— Systemat. Register zu d. Jahrg. 1867—1890 d. Bundes- u. Reichsgesetzblattes, s. Hugo, Ferd. v.

Reichs-Gesetzblatt. Hrsg. im Reichsamt d. Innern. Jahrg. 1891—1894. gr. 4. Berlin, (Puttkammer & Mühlbrecht). à Jahrg. n.n. 2. 50
Erscheint in zwanglosen Nrn.

Reichs-Gesetzblatt. Hrsg. im Reichsamt d. Innern. Jahrg. 1895—1898. gr. 4. Berlin (Puttkammer & Mühlbrecht). à Jahrg. n.n. 2. 50
Erscheint in zwanglosen Nummern.

— Register, s.: Haupt-Sachregister.

Reichs-Gesetzblatt. Hrsg. im Reichsamt des Innern. Jahrg. 1899—1902. 4. (VIII, 736 u. 29; VIII, 1038 u. 55; VIII, 507 u. 25 u. VIII, 441 u. 28 S.) Berlin (Puttkammer & Mühlbrecht). à Jahrg. 2. 50

— Chronologisch-alphabetisches Hauptregister zum Bundes- bezw. Reichsgesetzblatt 1867-1901. Bearbeitet von H Huber. 4° Stuttgart 1902

Reichs-Gesetzblatt. Hrsg. im Reichsamte des Innern. Jahrg. 1903—1906. (1903—05 820, 15; 450, 20 u. 798, 24 S.) 4. Berlin, (Puttkammer & Mühlbrecht). à Jhrg. n.n. 2. 50

Reichs-Gesetzblatt. Hrsg. im Reichsamt d. Innern. Jahrg. 1907—1910. (XI, 774 u. 47 S.; XIII, 676 u. 45 S.; XIII, 1000 u. 43 S. u. XII, 1111 u. 31 S.) Lex. 8. Berlin, (Puttkammer & Mühlbrecht. — Leipzig, O. Weber.) à Jahrg. nn 2. 50

Reichs-Gesetzblatt. *[Wird fortges.]*
Haupt-Sachregister zum Bundes- und Reichs-Gesetzblatte von 1867—1906. Berlin 1907. 8° (1°.)

Allgemeines **Reichs-Gesetz- und Regierungsblatt** für das Kaiserthum Oesterreich. Wien.
Erg. Bd. umf. die Gesetze u. Verordnungen vom 2. 12. 1848 ab.
Abth. 1. Die Gesetze . . . vom 2. 12. 1848 bis Ende Jan. 1849 (Nr 1—109).
Abth. 2. . . . von den Monaten Febr. u. März 1849 (Nr 110—201).
(3.) vom 1. 4. 1849 ab (Nr 202—262).
Stück 1—10, Nr 1—49. (Ausgegeb. 1. 11.—31. 12. 1849.)
Jg. 1850, Th. 1. 2 -- Jg. 1869.
[Fortges. u. d. Tit.:]
Reichsgesetzblatt für die im Reichsrathe vertretenen Königreiche und Länder. Jg. 1870—1912. Wien. 42 Bde

— für die im Reichsrathe vertretenen Königreiche u. Länder. Jahrg. 1874 u. 1875. gr. 8. (XXVIII, 500 u. XXVIII, 417 S.) Wien, k. k. Hof- u. Staatsdr. à Jahrg. n. 7. —

— für die im Reichsrathe vertretenen Königreiche u. Länder. Jahrg. 1876. gr. 4. (XXII, 341 S.) Wien, k. k. Hof- u. Staatsdruckerei. n. 7. —

— dasselbe. Jahrg. 1877—1880. gr. 4. (XVI, 239 S.) Ebend. à Jahrg. n. 5. —

— dasselbe. Jahrg. 1881 u. 1882. gr. 4. (Nr. 1. 1 S.) Ebend. à Jahrg. n. 6. 65

— für die im Reichsrathe vertretenen Königreiche u. Länder. Jahrg. 1884—1886. gr. 4. (Nr. 1. 3/4 B.) Wien, Hof- u. Staatsdruckerei. à Jahrg. n. 6. 65

— für die im Reichsrathe vertretenen Königreiche u. Länder. Jahrg. 1887. ca. 50 Nrn. gr. 4. (1/2 B.) Wien, Hof- u. Staatsdruckerei. n.n. 5. —

— dasselbe. Jahrg. 1888—1890. à ca. 50 Nrn. (1/2 B.) gr. 4. Ebd. Subscr.-Pr. à Jahrg. n.n. 6. 70; Ladenpr. à n.n. 8. —

— f. die im Reichsrathe vertretenen Königreiche u. Länder. Jahrg. 1891—1894. gr. 4. Wien, (Hof- u. Staatsdruckerei). à Jahrg. n. 8. —
Erscheint in zwanglosen Nrn.

Reichsgesetzblatt für die im Reichsrathe vertretenen Königreiche und Länder. (Fortsetzung.) Jahrgang 1895—1903. (9 Bde.)
4. Wien 1896—1904.

(F) Reichsgesetzblatt für die im Reichsrathe vertretenen Königreiche und Länder. Jahrgang 1899. Wien. 1899. Hof- und Staatsdruckerei. 4°. erscheint nach Bedarf. compl. fl. 4.—

(F) **Reichsgesetzblatt für die im Reichsrathe vertretenen Königreiche und Länder. Jahrgang 1900.** Wien. 1900. Hof- und **Staatsdruckerei. 4°. erscheint nach Bedarf.** compl. K 8.—

(F) **Reichsgesetzblatt** für die im Reichsrathe vertretenen Königreiche und Länder. Jahrg. 1902. Lex. 8°. erscheint nach Bedarf Wien: Hof- u. Staatsdruckerei 1902.

(F) **Reichsgesetzblatt** für die im Reichsrate vertretenen Königreiche und Länder. Jahrg. 1903. 1. Stück. erscheint in allen Landessprachen Wien: Hof- und Staatsdruckerei 1903. K —.02

Reichs-Gesetz-Blatt für das Kaiserthum Oesterreich. Aus der *k. k. Hof- u. Staatsdruckerei.* Erscheint in **Wien**, in zwangloser Folge, in 4°. mit chronol. und alphab. Registern und monatl. Uebersichten. In deutscher Sprache allein.
Wie in diesem Kronlande, erscheinen auch in allen übrigen ähnliche Ausgaben von Gesetzblättern für Ober-Oesterr. — Salzburg — Steierm. — Krain — Kärnten — Küstenland und Triest — Tirol — Böhmen — Mähren — Schlesien — Galizien u. Krakau im Lemberger Verwaltungs-Gebiet; im Krakauer Verwaltungs-Gebiet — Bukowina — Lombardie — Venedig — Ungarn — Wojwodina — Siebenbürgen — Dalmatien, u. z. in jenen Sprachen, welche in den betreffenden Kronländern die vorherrschenden sind.

Reichsgesetzblatt f. d. Kaiserth. Oesterreich, deut. Jahrg. 1849—91. **Amtliche Ausgabe. Wien.**

Reichs-Gesetz-Blatt für das Kaisertum Österreich v. 31. I. 1855, enth. Kais. Patent v. 15. I. 1855 betreff. ein neues Milit.-Strafgesetzbuch. Wien 1855. 155 S. 4°

Reichs-Gesetz-Blatt für das Kaiserth. Oesterreich. Jahrg. 1857—60, in ca. 80 Nrn. 4. Wien, Hof- und Staatsdruckerei. [1857. 1 Thlr. 27 Ngr., 1858. 1 Thlr. 18 Ngr., 1859. 1 Thlr. 10 Ngr., 1860. 1 Thlr. 4 Ngr.]

—— dass. — Jahrg. 1861: LII. Stück und Repertorium. 4. (XXVIII und 510 S.) Ebendas.

Reichsgesetz-Blatt für das Kaiserthum Oesterreich. Jahrg. 1862—67. (à ca. 400 S.) Wien, Hof- u. Staatsdruckerei. 4. [1862—64. à n. 28 ngr., 1865. n. 1 ℛ 6 ngr., 1866. n. 1 ℛ 14 ngr.] n. 6 ℛ 28 ngr.

—— für das Kaiserthum Oesterreich. Jahrg. 1868—1875. (à Jahrg. ca. 400 S.) 4. Wien, k. k. Hof- und Staatsdruckerei. [Jahrg. 1868 *ℳ 5.; 1869 *ℳ 7.; 1870 *ℳ 5.; 1871 *ℳ 6.; 1872 und 1873 à *ℳ 8.; 1874 und 1875 à *ℳ 7.] *
Jahrg. 1849—1875 zusammengenommen *ℳ 116,90.

—— alphabet. Sachregister zum, für das Kaiserth. Oesterreich, s. Frank, W.

Reichs-Gesetz- und Regierungs-Blatt für das Kaiserthum Oesterreich. Jahrgang 1848—1849; 1850, 1., 2. u. Beilage-Heft; 1851—1852. — Fortgesetzt unter dem Titel: Reichs-Gesetz-Blatt für das Kaiserthum Oesterreich. Jahrgang 1853—1869. — Fortgesetzt unter dem Titel: Reichsgesetzblatt für die im Reichsrathe vertretenen Königreiche und Länder. Jahrgang 1870—1895. (49 Bde.)
4. Wien 1850—1895.

Reichsgesetz- und Regierungsblatt für das Kaiserthum Oesterreich, Sachregister dazu, s. Moser.

[F.] Das Deutsche **Reichsgesetzbuch.** Gesetzsammlg f. Stadt u. Land. Neu bearb. v. Johannes, Amtsrichter. Zuverläss. Ratgeber ... nebst Briefsteller, Fremdwörterb. u. e. ausführl. Formularb. ... Bd (I)—III. *Berlin: A. Weichert [1897].* 3 Bde 8.
(I.) (VIII, 752, 48 S.) (II.) (XI, 49—721 S., 1 Bl. 148 S.)
III. [M. Sondert.] (2 Bl., 249, 64, 109, 71, 55, 5, 56, 27, 36, 16, 28, 31, 26, 23 S.)
[97. 5480

Reichs-Gesetzbuch, Deutsches, für Industrie, Handel und Gewerbe, s. Reichs-Gesetzbuch für Industrie, Handel und Gewerbe.

Reichs-Gesetzbuch für Industrie, Handel und Gewerbe. Ein prakt. Nachschlagebuch über unsere heutige Gesetzgebung. gr. 8. (XIX, 1023 S.) Berlin 879, Bruer und Comp. geb. 12 —

Reichs-Gesetzbuch für Industrie, Handel und Gewerbe. Ein prakt. Nachschlagebuch über unsere heutige Gesetzgebung. 2.—4. Aufl. gr. 8. (à Aufl. ca. XIX, 1039 S.) Berlin 880, Bruer und Comp. geb. 12 —
—— dass. — 5.—10. Aufl. gr. 8. (à Aufl. ca. XIX, 1023 S.; Anhang: Formularbuch und Postversendungsbestimmungen. 22 S.) Ebendas. 880—84. geb. 12 —
—— dass. — Ein prakt. Nachschlagebuch über alle heute gültigen, sich auf das Geschäftsleben beziehenden Gesetzes-Bestimmungen. 11. Aufl. gr. 8. (XIX, 1067 S.) Ebendas. 884. geb. 12 —

Reichs-Gesetzbuch für Industrie, Handel und Gewerbe. Ein prakt. Nachschlagebuch über alle heute gült., sich auf das Geschäftsleben beziehende Gesetzes-Bestimmungen. 12. Aufl. (XX, 1097 S.); 885; 13. Aufl. (XX, 1001, 108 S.) 887; 14. Aufl. (XXIII, 1234, 101 S.) 887; 15. Aufl. gr. 8. (XXIII, 1234, 101 S.) [Berlin 888.] Hamburg, Bruer und Comp. geb. *

Reichs-Gesetzbuch, deutsches, f. Industrie, Handel u. Gewerbe. Ein prakt. Nachschlagebuch f. alle heute gült., sich auf das Geschäftsleben bezieh. Gesetzes-Bestimmgn. 16. Aufl. (XXIII, 1234 S. u. Sachreg. 101 S.) 889; 17. Aufl. (XXIII, 1268 S. u. Reg. 101 S.) 889; 18. Aufl. (XXIII, 1278, 101 S.) 891; 19. Aufl. (XXIII, 1289, 101 S.) 891; 20. Aufl. gr. 8. (XXVI, 1289, 101 S.) [Hamb. u.] Berl. 892, Bruer u. Comp. geb. * 12 —

—— dass. — u. Der Rechtsbeistand im Geschäft u. Haus. Nachtrag 1888—89. gr. 8. (VI, 94 S.) Ebd. 889. 1 50

— dasselbe. Ein prakt. Nachschlagebuch f. die deutsche Geschäftswelt in allen Angelegenheiten d. geschäftl. u. gewerbl. Lebens, d. Verkehrs m. den Behörden rc. rc. Mit allen zur Anwendg. komm. Formularen. Für den prakt. Gebrauch nach amtl. Quellen bearb. u. hrsg. v. der Red. d. Reichs-Gesetzbuches. 20.—25. Aufl. gr. 8. (XXVIII, 1289, Formulare 195 u. Register 101 S.) Ebd. 892—894. Geb. in Halbfrz. n. 15.—; Ausg. ohne Formulare n. 12.-

— dasselbe u. der Rechtsbeistand im Geschäft u. Haus. Nachtrag 1890—1891. gr. 8. (31; II, 24, 25, 23 u. 16 S.) Ebd. 891. Kart. n. 2.—

— **dasselbe u. der Rechtsbeistand im Geschäft u. Haus.** Nachtrag 1892. gr. 8. (23, 45, 20 u. 45 S.) Ebd. 892. Kart. n. 1. 50

Mit dem „Reichsgesetzbuch" ist identisch: Rechtsbeistand, der, in Geschäft u. Haus (s. d.).

— **dasselbe u. der Rechtsbeistand im Geschäft u. Haus.** Nachtrag 1893/94. gr. 8. (198 S.) Ebd. 894. Kart. u. 3. —

— **dasselbe.** Nachtrag 1894. gr. 8. (III, 54 S.) Ebd. Kart. n. 1. 25

[F.] Deutsches **Reichs-Gesetzbuch** für Industrie, Handel und Gewerbe. E. prakt. Nachschlagebuch f. d. Deutsche Geschäftswelt ... M. allen z. Anwendg komm. Formularen. F. d. prakt. Gebr. nach amtl. Quellen bearb. u. hrsg. v. d. Redaktion d. Reichs-Gesetzbuches. 28. Aufl. ... *Berlin: Bruer & C. 1897.* (XXIII S., 4 Bl., 5—1289 S. m. 195 S. Formul., 101 S.) 1 Bd 8. [97. 6197

[F.] Deutsches **Reichs-Gesetzbuch** für Industrie, Handel und Gewerbe. E. prakt. Nachschlagebuch f. d. Deutsche Geschäftswelt ... M. allen z. Anwendg komm. Formularen. F. d. prakt. Gebr. nach amtl. Quellen bearb. u. hrsg. v. d. Redaktion d. Reichs-Gesetzbuches. 29. Aufl. ... *Berlin: Bruer & C. 1897.* (XXIII S., 5 Bl., 5—1289 S. m. 283 S. Formul., 101 S.) 1 Bd 8. [97. 6198

Reichs-Gesetzbuch, deutsches, f. Industrie, Handel u. Gewerbe. E. prakt. Nachschlagebuch f. d. deutsche Geschäftswelt in allen Angelegenheiten des geschäftl. u. gewerbl. Lebens, d. Verkehrs m. d. Behörden ꝛc. M. allen zur Anwendg. komm. Formularen. F. den prakt. Gebrauch nach amtl. Quellen bearb. u. hrsg. v. d. Red. d. Reichs-Gesetzbuches. 30. Aufl. gr. 8. (XXXIII, 1586; Formulare IX, 283 u. Sachreg. 101 S.) Berlin 898. Bruer & Co. Geb. in Halbfrz. 15. —; Ausg. ohne Formulare 12. —

— **dasselbe.** Abth. II.: Bürgerliches Gesetzbuch u. d. m. diesem am 1. I. 1900 gleichzeit. in Kraft tret. Gesetze: Handelsgesetzbuch. — Konkursordng. — Civilprozeßordng. — Ueb. d. Angelegenheiten d. freiwill. Gerichtsbarkeit. — Grundbuchordng. — Zwangsversteigergg. u. Zwangsverwaltg. u. a. m. Ausg. m. Anmerkgn. nach d. amtl. Gesetzesmaterialien u. f. die prakt. Anwendg. im tägl. Geschäftsleben bestimmten Formularen, Eingaben, Vertragsentwürfen ꝛc., hrsg. v. d. Red. d. Reichsgesetzbuches f. Industrie, Handel u. Gewerbe. gr. 8. (LXXVI, 826, Formulare 297 u. Sachregister 63 S.) Ebd. 898. Geb. 10. —

— **dasselbe u. d. Rechtsbeistand im Geschäft u. Haus.** Nachtrag 1896. gr. 8. (III, 117 S.) Ebd. 896. Kart. n. 1. 50

Deutsches **Reichs-Gesetzbuch** für Industrie, Handel u. Gewerbe einschliessl. Handwerk u. Landwirtschaft mit dem Bürgerl. Gesetzbuch u. den ges. das bürgerl. u. öff. Recht betr. Reichsgesetzen, Verordnungen, Ausführungsbestimmungen etc. ... Bearb. u. hrsg. v. d. Redaction des Reichs-Gesetzbuches ... unter Leitung v. W[ilh.] Maraun ... Mit einem einleitenden Wort v. Dr. jur. Conrad Bornhak ... 34. Aufl. Bd 1. 2. *Berlin: Bruer & Ko. 1900.* 2 Bde 8° [F.] [... 11

Reichs-Gesetzbuch, deutsches, f. Industrie, Handel u. Gewerbe einschliesslich Handwerk u. Landwirtschaft m. dem bürgerlichen Gesetzbuch u. den gesammten das bürgerliche u. öffentliche Recht betr. Reichsgesetzen, Verordnungen, Ausführungsbestimmungen etc. Bearb. u. hrsg. unter Leitg. v. W. Maraun. 34. Aufl. gr. 8. (XXXVI, 1604 u. XXII, 910, Formulare 184 u. 278 u. Register 316 S.) Berlin, Bruer & Co. 1900 Geb. in Halbfrz. 20. — ; ohne Formulare 15. —

Reichs-Gesetzbuch, deutsches, f. Industrie, Handel u. Gewerbe, einschliesslich Handwerk u. Landwirthschaft. Bearb. u. hrsg. v. der Red. des Reichs-Gesetzbuches f. Industrie, Handel u. Gewerbe unter Leitg. v. W. Maraun. M. e. einleit. Wort v. C. Bornhak. 3. Bd. gr. 8. Berlin, Bruer & Co. 1900. Geb. in Halbfrz. 15. —

3 Preussisches Gesetzbuch. Sammlung der neben dem Reichsrechte Anwendg. find. preuss. Gesetze, Verordngn., ministeriellen Ausführungsanweisgn., Erlasse etc. etc. auf dem Gebiete der Industrie, des Handels u. Gewerbes, einschliesslich des Handwerks u. der Landwirthschaft u. sonst. Bestimmgn. allgemeinen Interesses, m. Erläutergn. u. Hinweisen, nebst Inhaltsverzeichniss, alphabet. Sachregister u. chronolog. Gesetznachweis. 12. Aufl. des preuss. bürgerl. u. öffentl. Gesetzbuches. (XXXII, 1721, 153 u. 18 S.)

Reichs-Gesetzbuch, deutsches, etc. 3. Bd. Preussisches Gesetzbuch. 13. Aufl. des preuss. bürgerl. u. öffentl. Gesetzbuches. gr. 8. (XXXVI, 1748 u. Formulare 174 S.) Ebd. '01. Geb. in Halbfrz. 15. —

— dasselbe. Nachtrag 1899—1900. gr. 8. (XI, 460 S.) Ebd. 1900. Geb. in Halbleinw. 4. —

— dasselbe. Nachtrag 1900. gr. 8. (X, 355 S.) Ebd. 1900. Geb. in Halbleinw. 3. —

Reichs-Gesetzbuch, deutsches, f. Industrie, Handel u. Gewerbe, einschliesslich Handwerk u. Landwirthschaft m. dem bürgerlichen Gesetzbuch u. den gesammten das bürgerliche u. öffentliche Recht betr. Reichsgesetzen, Verordnungen, Ausführungsbestimmungen etc. Bearb. u. hrsg. v. der Red. des Reichs-Gesetzbuches. unter Leitg. v. Bürgermstr. a. D. W. Maraun. 2 Bde. 35. Aufl. gr. 8. (XXXVI, 1712 u. XXII, 910, Formulare 184 u. 278 u. Register 320 S.) Berlin, Bruer & Co. Geb. in Halbfrz. 20. —; ohne Formulare 15. — 1901.

Reichs-Gesetzbuch, deutsches, f. Industrie, Handel u. Gewerbe, einschliesslich Handwerk u. Landwirthschaft. Vollständige Sammlg. aller einschläg. Reichsgesetze, Verordngn., Ausführungsbestimmgn. etc., m. Erläutergn., Formularbuch u. Sachregister. Bearb. u. hrsg. v. der Red. des Reichs-Gesetzbuches f. Industrie, Handel u. Gewerbe, W. Maraun, E. Grünewald. Mit e. einleit. Wort v. C. Bornhak. 2 Bde. 36. Aufl. (XXXII, 1784 u. XX, 910, Formulare 186 u. 278 u. Register 321 S.) gr. 8. Berlin, Bruer & Co. 1902. Geb. in Halbfrz. 20. —; in Lex.-8., geb. in eleg. Halbfrz. 25. —

Reichs-Gesetzbuch, deutsches, f. Industrie, Handel u. Gewerbe, einschließlich Handwerk u. Landwirtschaft. Vollständige Sammlg. aller einschläg. Reichsgesetze, Verordgn., Ausführungsbestimmgn. ꝛc. m. Erläutergn., Formularbuch u. Sachregister. Bearb. u. hrsg. v. der Red. des Reichs-Gesetzbuches f. Industrie, Handel u. Gewerbe W. Maraun, E. Grünewald u. Mitarbeit v. W. Metterhausen, O. Schumpelick, C. Dingeldey u. v. a. Mit e. einleit. Wort v. Conr. Bornhak. 2 Bde. 37. Aufl. gr. 8. (XXII, 1860 u. XX, 910, Formulare 184 u. 278 u. Register 322 S.) Berlin 902. Bruer & Co. Geb. in Halbfrz. 20. —; in Lex.-8. 25. —

— **dasselbe.** Nachtrag 1901. gr. 8. (VIII, 335 u. 49 S.) Ebd. 902. Geb. in Halbleinw. n. 3.50

— **dasselbe.** Sammlung der gesammten das bürgerliche u. öffentl. Recht betr. Reichsgesetze, Verordngn., Ausführungsbestimmgn. ꝛc. m. erläut. Anmerkgn., orientir. Hinweisen, Formularen, Entwürfen zu Verträgen ꝛc. ꝛc. Mit e. einleit. Wort v. Conr. Bornhak. 3. Bd. gr. 8. Ebd. Geb. in Halbfrz. n. 15. —

Preußisches Gesetzbuch. Sammlung der neben dem Reichsrechte Anwendg. findenden preuß. Gesetze, Verordngn., ministeriellen Ausführungsanweisgn., Erlasse ꝛc. ꝛc. auf dem Gebiete der Industrie, des Handels u. Gewerbes, einschließlich des Handwerks u. der Landwirthschaft u. sonst. Bestimmgn. allgemeinen Interesses, m. Erläutergn. u. Hinweisen, nebst Inhaltsverzeichniß, alphabet. Sachregister u. chronolog. Gesetzesnachweis. 14. Aufl. des preuß. bürgerl. u. öffentl. Gesetzbuches. (XXXVI, 1830 u. 173 S.) 902.

— **dasselbe.** Nachtrag 1901. gr. 8. (VI 258 u. 17 S.) Ebd. 902. Geb. in Halbleinw. n. 3. —

— **dasselbe.** Ergänzungsbd.: Die neuen Reichs-Justizgesetze: Konkursordnung. — Civilprozeßordnung. — Angelegenheiten der freiwill. Gerichtsbarkeit. — Grundbuchordnung. — Zwangsversteigerungs-Gesetz u. a. m. Ausg. m. Anmerkgn. nach den amtl. Gesetzesmaterialien u. f. die prakt. Anwendg. im tägl. Geschäftsleben bestimmten Formularen, Eingaben ꝛc. hrsg. v. der Red. des Reichs-Gesetzbuches f. Industrie, Handel u. Gewerbe. gr. 8. (V, 52; X, 174; V, 38; VI, 54, 25 u. Formulare 6 u. 93 S.) Berlin 898. Bruer & Co. Geb. in Halbfrz n. 5. —

— **-Gesetzbuch,** deutsches, f. Industrie, Handel u. Gewerbe, einschliesslich Handwerk u. Landwirtschaft. Bearb. u. hrsg. v. der Red. des Reichs-Gesetzbuches f. Industrie, Handel u. Gewerbe. Nachtrag 1903/1904. (VIII, 189 u. 26 S.) gr. 8. Berlin '04, Bruer & Co. Geb. 3. —

Deutsches **Reichs-Gesetzbuch** für Industrie, Handel und Gewerbe, einschließl. Handwerk u. Landwirtschaft. Vollst. Sammlung aller einschläg. Reichsgesetze ... mit Erl., Formularbuch u. Sachreg. Bearb. u. hrsg. von ... W[ilhelm] Maraun, Bürgermeister a. D., E[duard] Grünewald, Geh. Just.R., und Mitarb. von ... Mit einl. Wort von Dr. jur. Konrad Bornhak, Prof., Berlin. Berlin: Bruer & Co. 1904–05. 3 Bde 8° [F.]

1. 2. Reichsgesetzbuch. 39. Aufl. 1905.
3 = Preuß. Gesetzbuch. 15. Aufl. 1904. (o4. 6869

Reichs-Gesetzbuch, deutsches, f. Industrie, Handel u. Gewerbe, einschliesslich Handwerk u. Landwirtschaft. Bearb. u. hrsg. v. der Red. des Reichs-Gesetzbuches f. Industrie, Handel u. Gewerbe. 2 Bde. 39. Aufl. (XXIV, 1849 u. XIX, 904, Formulare 184 u. 278, Register 324 u. XXII S.) gr. 8. Berlin '05, Bruer & Co. Geb. in Halbfrz. 25. —

Reichs-Gesetzbuch, deutsches, f. Industrie, Handel u. Gewerbe, einschließlich Handwerk u. Landwirtschaft. Vollständige Sammlg. aller einschläg. Reichsgesetze, Verordngn., Ausführungsbestimmgn. ꝛc. m. Erläutergn., Formularbuch u. Sachregister. Bearb. u. hrsg. v. der Red. des Reichs-Gesetzbuches f. Industrie, Handel u. Gewerbe W. Maraun — E. Grünewald u. Mitarbeit v. W. Metterhausen, O. Schumpelick, C. Dingeldey u. v. a. Mit e. einleit. Wort v. Conr. Bornhak. 2 Bde. in 4 Tln. 40. Aufl. (XX, 1840 u. XXVI, 940, Formulare 184 u. 278 u. Register 328 S.) gr. 8. Berlin 906. Bruer & Co. Geb. in Halbfrz., 2 Bde. 25.—; 4 Bde. 30.—; Nachtrag 1905/1906. (V, 382 u. 13 S.) Geb. in Halbfrz. 4.—

Deutsches **Reichs-Gesetzbuch** für Industrie, Handel und Gewerbe, einschließl. Handwerk u. Landwirtschaft. Vollständ. Sammlung aller einschläg. Reichsgesetze, Verordnungen, Ausführungsbestimmungen etc. mit Erl., Formularbuch u. Sachreg. Bearb. u. hrsg. von d. Red. d. Reichs-Gesetzbuches f. Industrie ... W[ilhelm] Maraun, Bürgermeister a. D., E[duard] Grünewald, Geh. Justizrat ... Mit e. einl. Wort von Dr. Conrad Bornhak, Prof. 2 Bde in 4 Tlen. 41. Aufl. Bd 1. 2. Berlin: Bruer & Co. 1907. 2 Bde 8° [F.] (o8. 9970

Reichs-Gesetzbuch, deutsches, f. Industrie, Handel u. Gewerbe, einschliesslich Handwerk u. Landwirtschaft. Mit e. einleit. Wort v. C. Bornhak. 2 Bde. in 4 Tln. 41. Aufl. (XXXII, 2144 u. XXII, 904, Formulare 184 u. 278 u. Register 324 S.) gr. 8. Berlin, Bruer & Co. 1907. Geb. in Halbfrz., 2 Bde. 25. —; 4 Bde. 30. —

— dasselbe f. Gewerbe, einschliesslich Handwerk u. Landwirtschaft. Nachtrag 1906/1907. (IV, 208 u. 10 S.) gr. 8. Ebd. Geb. 3. —

Reichs-Gesetzbuch, deutsches, f. Industrie, Handel u. Gewerbe, einschliesslich Handwerk u. Landwirtschaft. Vollständige Sammlg. aller einschläg. Reichsgesetze, Verordngn., Ausführungsbestimmgn. etc. m. Erläutergn., Formularbuch u. Sachregister. Bearb. u. hrsg. v. der Red. des Reichs-Gesetzbuches f. Industrie, Handel u. Gewerbe H. Klentzan — E. Grünewald u. Mitarbeit v. W. Metterhausen, O. Schumpelick u. v. a. Mit e. einleit. Wort v. C. Bornhak. 2 Bde. in 4 Tln. 42. Aufl. (XX, 1268; XIV, 940; XVIII, 602; VI, 302, Formulare 110, 74, 254, 24 u. Register 327 S.) gr. 8. Berlin, Bruer & Co. 1909. Geb. in Halbfrz., 2 Bde. 25. —; 4 Bde. 30. —

— dasselbe. Nachtrag 1908/1909. (IV, 430 u. 26 S.) gr. 8. Ebd. Geb. 5. —

Reichs-Gesetzbuch, deutsches, f. Industrie, Handel u. Gewerbe, einschließlich Handwerk u. Landwirtschaft. Vollständige Sammlg. aller einschläg. Reichsgesetze, Verordngn., Ausführungsbestimmgn. ꝛc. m. Erläutergn., Formularbuch u. Sachregister. Bearb. u. hrsg. v. d. Red. des Reichs-Gesetzbuches f. Industrie, Handel u. Gewerbe H. Klentzan, E. Grünewald u. Mitarbeit v. W. Metterhausen, O. Schumpelick u. v. a. Mit e. einl. Wort v. Conr. Bornhak. 2 Bde. in 4 Tln. 43. Aufl. (XVI, 1334; XIV, 898; XX, 907, Formulare 110, 184, 178 u. Register 328 S.) gr. 8. Berlin 910. Bruer & Co. Geb. in Halbfrz. 30. —

— dasselbe. Nachtrag 1909/1910. (IV, 174 u. 10 S.) gr. 8. Ebd. 910. Geb. 3. —

— dasselbe. Ergänzungsbd. gr. 8. Ebd. Geb. in Halbfrz. 15. —
Entscheidungen des Reichsgerichts f. Industrie, Handel u. Gewerbe in Rechtssätzen nach dem Stande des jetzt geltenden Rechts. II. Bd. (1902—1907), bearb. v. H. Klentzan, hrsg. v. der Red. des Reichsgesetzbuches f. Industrie, Handel u. Gewerbe. (XI, 738 u. 66 S.) 908.

— **kleines**, für das deutsche Volk. Enthält die wichtigsten deutschen u. preuß. Gesetze aus den Jahren 1867—1879. gr. 16. (171 S.) Berlin 879. Leipzig, Mertens. — 60

— ein, üb. das Privatrecht In 7 Büchern entworfen v. ***. 1. Hft. gr. 8. (160 S.) Berlin 895. C. Heymanns Verl. n. 3. —

— ein, üb. das Privatrecht. In 7 Büchern entworfen v. ***. 2.—4. (Schluß-) Hft. gr. 8. (X u. 161—504 S.) Berlin 895. 96. C. Heymann's Verl. n. 7. — (Kplt. n. 10. —)

Reichsgesetze, Zu dem ... s. Reichsgesetz...

Reichsgesetze vom 24/6. 87, 8/7. 68, 19/7. 79 u. 27/9. 87 betreffend die Besteuerung d. Branntweins.

Textausgaben:

Verlag v. **Decker**. Berlin 887.	— 30	Verlag v. **Worms**. Berlin 888.
„ „ **Heymann**. Berl. 887.	4 —	„ „ **Bruer**. Berlin 887.
„ „ **Teich**. Dresd. 888.	1 —	

Mit Erläuterungen von:

Blum. Stuttg. 887.	— 50	**Kirsch**. Karlsruhe 887.
Boll u. Zippel. Berlin 888.	3 50	**Schneider**. Berlin 890.
Guttmann. Breslau 888.	4 —	**Schönfeld**. Berlin 888.
Heukeshoven. Gera 888.	1 60	**Stammler**. 2. Aufl. Berlin 891.
Höinghaus. 2. Aufl. Berl. 891.	1 —	**Troje**. 2 Thle. Harburg 888—90.
Keilwagen. Berl. 888. M. Nachtr.	5 60	

Reichs-Gesetze, betr. die Besteuerung d. Branntweins, vom 24. Juni 1887 u. vom 8. Juli 1868 u. betr. die Steuerfreiheit d. Branntweins zu gewerblichen Zwecken vom 19. Juli 1879, nebst vorläuf. Bestimmgn. zur Ausführg. 3 Bde. gr. 8. (48 u. 299 S. m. 1 Taf.) Berlin 887. (Drewitz' Verl.) n. 4. —

Reichs-Gesetze, betr. d. Besteuerg. d. Branntweins vom 24. Juni 1887 u. v. 8. Juli 1868 u. betr. d. Steuerfreiheit d. Branntweins zu gewerbl. Zwecken v. 19. Juli 1879. gr. 8. (52 S.) Berlin 895. (O. Drewitz' Verl.) — 75

—— deutsche, s. a. Gareis, C., deutsche Reichsgesetze.

Reichsgesetze, Deutsche, s. a. Parlaments-Bücher.

Reichsgesetze, Deutsche. 1. Hft. 16. (72 S.) Wien 849, Lendler & Co. Leipzig, Spamer. n. 7 ngr.

Reichsgesetze, deutsche, betr.: I. das neue Münzwesen, II. Maaß- u. Gewichts-Ordng., III. Eich-Ordng. u. Eich-Gebühren-Taxe. Nebst Ausführungs-Verordngn., Tabellen u. Einführungs-Gesetz f. Bayern. Ergänzt u. erläut. durch die amtl. Materialien der Reichs-Gesetzgebg. v. A. Höinghaus. 16. (III, 168 S.) Berlin 872. deutsches Verl.-Inst. n. 1. —

— **deutsche**. Sammlung der f. das Königr. Bayern gilt. Gesetze d. deutschen Reiches nebst den hiezu ergangenen Vollzugs-Bestimmgn. unter Benützg. der Reichtagsverhandlgn. u. anderer Erläuterungsbehelfe. 1. Bdchn. 1—7. Lfg. gr. 8. (XXI, 636 S.) München 871. 72. Franz. à. 1. —

— **dasselbe**. 2. Bdchn. 1—3. Lfg. gr. 16. (VIII, 96 u. XXVII, 146 S.) Ebend. 872. à n. — 75

— dasselbe. 3. Bdchn. 1—8. Lfg. Die Eichordng. enth. gr. 16. (XXVI, 744 S.) Ebend. 873. 74. 7. 85

— dasselbe. 4. Bdchn. 1—9. Lfg. gr. 16. (XXVI, 861 S.) Ebend. 875. 76. n. 8. 5

— dasselbe. 5. Bd. 1. u. 2. Lfg. 8. (S. 1—192.) Ebend. 876. à Lfg. — 90

Reichsgesetze, deutsche. Sammlung für das Königr. Bayern gilt. Gesetze des Deutschen Reiches, nebst den hierzu ergangenen Vollzugs-Bestimmungen, unter Benützung der Reichstagsverhandlungen u. anderer Erläuterungsbehelfe. 5. Bd., 3—8 Lfg. 8. (XXVI u. S. 193—790.) München 877. 78. Franz. à Lfg. — 90

— deutsche. 1. Abth. Gesetze üb. Staats u. Verwaltungsrecht. 1—15. Lfg. 8. (600 S.) Würzburg 871—76. Stahel. 6. 35

— deutsche. 1. Abth.: Staats- u. Verwaltungsrecht. 16. u. 17. Lfg. 8. Würzburg 877. Stahel. à n. — 50
16. Die Außerkurssetzung von Scheidemünzen der Thalerwährung. Bekanntmachung vom 12. April 1876. — Die Beseitigung von Ansteckungsstoffen bei Viehbeförderungen auf Eisenbahnen. Gesetz vom 25. Febr. 1876. — Die Kautionen der bei der Militär- u. der Marine-Verwaltung angestellten Beamten. Verordnung vom 16. Aug. 1876. — Internationale Meterkonvention. Vom 20. Mai 1875. — Die Außerkurssetzung der Zweithalerstücke u. Eindrittelthalerstücke deutschen Gepräges. Bekanntmachung vom 2. Novbr. 1876. (S. 601—631.)
17. Gerichtsverfassungsgesetz vom 27. Jan. 1877. Nebst Einführungsgesetz u. ausführlichem Sachregister. (54 S.)

Reichsgesetze, deutsche 1. Abth. Staats- u. Verwaltungsrecht. 18. u. 19. Lfg. 8. Würzburg 884. Stahel. — 45
18. Die Krankenversicherung der Arbeiter. Gesetz vom 15. Juni 1883. (31 S.) u. — 30
19. Feingehalt der Gold- u. Silberwaaren. Gesetz vom 16. Juli 1884. Abänderung der Maaß- u. Gewichts-Ordng. vom 17. Aug. 1868. Gesetz vom 11. Juli 1884. (4 S.) — 15

— dasselbe. 2. Abth. Finanzgesetze. 1—4. Lfg. gr. 8. (S. 1—160.) Ebend. 871—73. 2. 20

— dasselbe. 2. Abth.: Finanzwesen. 5—10. Lfg. 8. Ebend. 880—82. 1. 85
5. 6. Zolltarif des deutschen Zollgebietes u. Ertrag der Zölle u. der Tabaksteuer. Gesetz vom 16. Juli 1879, nebst Gesetz, die Statistik des Waarenverkehrs des deutschen Zollgebietes mit dem Ausland betr. vom 20. Juli 1879, sowie einem ausführlichen Waarenverzeichnisse. 2 Lfgn. (S. 161—228.) — 85
7. 8. (S. 229—260.) à — 25
9. Die Erhebung von Reichsstempelabgaben. Gesetz vom 1. Juli 1881. (S. 261—276.) — 20
10. Ausführungs-Vorschriften des Bundesraths vom 7. Juli 1881 zu dem Gesetze vom 1. Juli 1881 betr. die Erhebung von Reichsstempelabgaben. (S. 277—304.) — 30

— dasselbe. 2. Abth. Finanzgesetze. 9. u. 11. Lfg. 8. Ebend. 885. 86. — 60
9. Die Erhebung v. Reichsstempelabgaben. Gesetz vom 1. Juli 1871 in seiner Aenderg. vom 29. Mai 1885, nebst Bekanntmachg. d. Reichskanzlers vom 3. Juni 1885. [Ausg. B.] (S. 261—275.) — 20
11. Ausführungsvorschriften zu dem Gesetze betr. die Erhebung v. Reichs-Stempelabgaben. (S. 305—332.) — 40

— dasselbe. 3. Abth. Privatrecht, Handelsrecht u. Civilprozeß. 1—6. Lfg. (129 S.) 8. Ebend. 871—76. 2. 10

— dasselbe. 3. Abth.: Privatrecht, Handelsrecht u. Civilprozeß. 7—15. Lfg. 8. Ebend. 877—81. 4. 65
7. Konkurs-Ordnung vom 10. Febr. 1877. Nebst Einführungsgesetz u. ausführl. Sachreg. (S. 135—188.) — 60
8. Civilprozeßordnung vom 30. Jan. 1877. Nebst Einführungsgesetz u. ausführl. Sachreg. (S. 189—314.) 1. 60
9. Patentgesetz vom 25. Mai 1877. Die Uebereinkunft mit Luxemburg, wegen gegenseitigen Markenschutzes. Deßgleichen mit Brasilien. Titel u. Inhaltsverzeichniß zur III. Abth. 1—9. Lfg. [1. Bd.] (S. 315—330.) — 20
10. Ausführungs-Verordnung des Bundesraths zum Gesetz über die Beurkundung des Personenstandes u. die Eheschließung vom 6. Febr. 1875 (40 S.) — 50
11. Die Rechtsanwaltsordnung für das deutsche Reich. Gesetz vom 1. Juli 1878. Nebst ausführlichem Sachregister. (S. 41—70) — 40
12—14. Gerichtskostengesetz nebst Gebührenordnung für Gerichtsvollzieher, Zeugen u. Sachverständige. Mit einem Sachregister. (S. 71—156.) 1. 20
15. Abänderungen v. Bestimmungen des Gerichtskostengesetzes u. der Gebührenordnung für Gerichtsvollzieher. Gesetz vom 29. Juni 1881. (7 S.) — 15

— dasselbe. 3. Abth. Privatrecht, Handelsrecht u. Civilprozeß. 16—20. Lfg. 8. Ebend. 883—84. 1. 95
16. Die Anfechtung von Rechtshandlungen e. Schuldners außerhalb d. Konkursverfahrens. Gesetz vom 21. Juli 1879. (2. Bd. S. 157—160.) — 15
17. Die Unfallversicherung f. das deutsche Reich. Gesetz vom Juli 1884, nebst den Bekanntmachgn. d. Reichsversicherungsamtes, der bayer. Verordng. vom 14. u. 19. Juli 1884, u. der bayer. Ministerial-Entschließg. vom 23. Juli 1884. Mit Sachregister. (IV u. S. 165—229.) — 70
18. Die eingeschriebenen Hülfskassen. Gesetz vom 7. Apr. 1876 u. 1. Juni 1884. (S. 231—248.) — 25
19. Einführungsgesetz zum Allgemeinen deutschen Handelsgesetzbuche, sowie zur Allg. deutschen Wechselordnung u. den Nürnberger Wechselnovellen. Gesetz vom 5. Juni 1869. Die Kommanditgesellschaften auf Aktien u. die Aktiengesellschaften. Gesetz vom 11. Juni 1870 u. 18. Juli 1884. 2. Aufl. (S. 249—307.) — 70
20. Die Ausdehnung der Unfall- u. Krankenversicherung. Gesetz vom 28. Mai 1885. (8 S.) — 15

— deutsche. 3. Abth. Privatrecht, Handelsrecht u. Civilprozeß. 21.—23. Lfg. 12. Würzburg 888. Stahel. n. 1. 85
21. Die Unfallversicherung der bei Bauten beschäftigten Personen. Gesetz vom 11/7. 1887, nebst den Bekanntmachgn. vom 22/1. 1885, 27/5. 1886, 14/1. 1888 u. den Verordngn. vom 25/9. 1885 u. 24/6. 1886, sowie d. Beilagen: B. Vollzugsverordng. vom 12/5. 1885 u. Ausführungsgesetz vom 3. März 1888. (IV u. S. 9—40.) — 40
22. Die Unfall- u. Krankenversicherung der in land- u. forstwirthschaftl. Betrieben beschäftigten Personen. Gesetz vom 5/5. 1886. Mit den Verordngn. vom 28/3., 26/6., 21/7., 2/10. 1888, sowie als Beilage das bayer. Einführungsgesetz hierzu vom 5/4. 1888 u. bayr. Bekanntmachgn. vom 13/6., 5/7. u. 3/8. 1888. (IV u. S. 41—112.) — 75
23. Die Unfallversicherung der Seeleute u. anderer bei der Seeschifffahrt betheiligten Personen. Gesetz vom 13/7. 1887. Nebst Verordng. vom 26/12. 1887, die Inkraftsetzg. desselben betr. (IV u. S. 113—153.) n. — 70

— dasselbe. 4. Abth. Strafrecht u. Strafproceß. 1. Lfg. (90 S.) Ebend. 871. — 50

Reichsgesetze, deutsche. 4. Abth.: Strafrecht u. Strafprozeß. 1—4. Lfg. 8. Würzburg 878—82. Stahel. 2. 18
1. Strafgesetzbuch für das deutsche Reich vom 15. Mai 1871 in neuer Fassung. Mit ausführlichem Sachregister. 4. Aufl. (93 S.) n. — 73
2. 3. Strafprozeßordnung für das Deutsche Reich vom 1. Febr. 1877. Nebst Einführungsgesetz u. ausführlichem Sachregister. (S. 97—230.) 1. 35
4. Strafgesetzbuch für das Deutsche Reich vom $\frac{\text{15. Mai 1871.}}{\text{16. Febr. 1876.}}$
2. Lfg. Das Wuchergesetz vom 24. Mai 1880. (2 S.) — 10

Reichsgesetze, deutsche. 4. Abth. Strafrecht u. Strafprozeß. 5—7. Lfg. 8. Würzburg 883. 84. Stahel. 1. 70
5. Verkehr m. Nahrungsmitteln, Genußmitteln u. Gebrauchsgegenständen. Gesetz vom 14. Mai 1879. (S. 237—240.) — 15
6. Verkehr m. Nahrungsmitteln, Genußmitteln u. Gebrauchsgegenständen, Gesetz vom 14. Mai 1879, nebst der Verordg. vom 24. Febr. 1882, das Verkaufen u. Feilhalten v. Petroleum betr. u. der Verordnung vom 1. Mai 1882, die Verwendung giftiger Farben betr. Erläuterungen nach den Motiven, Commissions- u. stenograph. Berichten d. Reichstags u. d. Reichsgerichts, sowie den Materialen zur techn. Begründg. d. Gesetzes, ausgearb. vom kaiserl. Gesundheitsamt u. e. ausführl. Sachregister. (III, 111 S.) 1. 40; cart. 1. 80
7. Der verbrecherische u. gemeingefährliche Verbrauch v. Sprengstoffen. Gesetz vom 9. Juni 1884. (4 S.) — 15

— dasselbe. 5. Abth. Militärwesen. 1—8. Lfg. 8. (27 S.) Ebend. 871—76. 2. 26

— dasselbe. 5. Abth.: Militärwesen. 9. u. 10. Lfg. 8. Ebend. 879—80. — 70
Ausführung des Gesetzes v. 13. Juni 1878 über die Kriegsleistungen. Verordnung vom 1. April 1876. (S. 303—356.)

— dasselbe. 6. Abth. Postwesen. 1—6. Lfg. 8. Ebend. 872—75. 2. 25

— deutsche. 1.—9. Bd. gr. 8. Berlin 896. A. Weichert. 4. 30
1. Gewerbeordng. f. d. deutsche Reich nach d. Fassg. v. 1. Juli 1883. Gesetz, betr. Abänderg. d. Gewerbeordng. v. 1. Juni 1891. Verordng., betr. d. Inkrafttreten d. auf d. Sonntagsruhe im Handelsgewerbe bezügl. Bestimmgn. der Gewerbeordnungs-Novelle v. 1. Juni 1891. V. 28. März 1892. (71 u. 36 S.) — 75
2. Gesetz, betr. d. Invaliditäts- u. Altersversicherg. V. 22. Juni 1889. (56 S.) — 50
3. D. Unfall-Versicherungs-Gesetz v. 6. Juli 1884. (47 S.) — 50
4. Patent-Gesetz v. 7. Apr. 1891. Gesetz, betr. den Schutz v. Gebrauchsmustern v. 1. Juni 1891. Gesetz z. Schutz d. Waarenbezeichngn. v. 12. Mai 1894. Nebst Verordng. z. Ausführg. f. das Gebrauchsmuster- u. Waarenbezeichnungs-Gesetz vom 30. Juni 1894. (31 S.) — 30
5. Gesetz, betr. d. Gesellschaften m. beschränkter Haftg. v. 12. Apr. 1892. Gesetz üb. d. Einnahmen u. Ausgaben d. Schutzgebiete v. 30. März 1892. Gesetz üb. d. Telegraphenwesen d. Deutschen Reichs v. 6. Apr. 1892. Gesetz, betr. d. Abzahlungsgeschäfte v. 16. Mai 1894. Gesetz, betr. d. Abänderg. d. Gesetzes üb. d. Besteuerg. d. Branntweins v. 24. Juni 1887. V. 8. Juni 1891. Gesetz, betr. d. Abänderg. d. § 87 d. Unfallversicherungsgesetzes v. 6. Juli 1884 u. d. § 95 d. Gesetzes betr. die Unfall- u. Krankenversicherg. d. in land- u. forstwirtschaftl. Betrieben beschäft. Personen v. 5. Mai 1886. V. 16. Mai 1892. Gesetz, betr. d. Anwendg. d. f. d. Einfuhr nach Deutschland vertragsmässig besteh. Zollbefreiungen u. Zollermässiggn. gegenüber d. nicht meistbegünst. Staaten v. 24. Novbr. 1892. Gesetz, betr. d. Geltg. d. Gerichtsverfassungsgesetzes in Helgoland v. 4. Juni 1893. Gesetz, betr. d. Einführg. e. einheitl. Zeitbestimmg. v. 12. März 1893. Gesetz, betr. d. Abänderg. d. § 41 d. Konkursordng. v. 9. Mai 1894. (28 u. 16 S.) — 50
6. Gesetz, betr. d. Unterstützg. v. Familien d. zu Friedens-Übgn. einberuf. Mannschaften v. 10. Mai 1892. Gesetz, betr. ein. Abändergn. u. Ergänzgn. d. Militärpensionsgesetze, v. 27. Juni 1871 u. v. 4. Apr. 1874, sow. d. Reichsbeamtengesetzes vom 31. März 1873 u. d. Gesetzes üb. d. Reichs-Invalidenfond v. 11. Mai 1877. V. 22. Mai 1893. Gesetz, betr. die Ersatzverteilg. v. 26. Mai 1893. Gesetz, betr. d. Gewährg. v. Unterstützgn. an Invalide aus d. Kriegen vor 1870 u. an deren Hinterbliebene v. 14. Jan. 1894. Gesetz gegen den Verrat militär. Geheimnisse v. 3. Juli 1893. (26 S.) — 25
7. Das Kranken-Versicherungs-Gesetz in d. Fassung d. Novelle v. 10. Aug. 1892. (55 u. 5 S.) — 50
8. Das deutsche Reichsstempelgesetz u. Gesetz betr. d. Gewerbegerichte. (23 u. 27 S.) — 50
9. Das deutsche Strafgesetzbuch. (126 S.) — 50

Reichs-Gesetze, deutsche, in Einzel-Abdrücken, s.a. Gareis, C.

Reichsgesetze, Deutsche, in Einzelabdrücken, hrsg. von Gareis. Giessen. Jede Nr. –, 20 (Die Zahlen in Klammern bezeichnen die Nummern).

Abänderungen infolge d. Bürgerlichen Gesetzbuches (205/206).
Abänderung des § 137 des Gerichtsverfasungsgesetzes. Prisengerichtsbarkeit. Ergänzung d. § 800 d. Civilprozessordnung. 1886. (26.)
— der Gewerbeordnung. 1886. (40.) 1887. (66.)
— der Gewerbeordnung vom 1. Iuni 1891. (134/135.) 1886. (201.)
Abgaben. Ueber den Beistand bei Einziehung von und Vollstreckung von Vermögensstrafen 1895. (195.)
— v. d. Flösserei 1870. (77.)
Abzahlungsgeschäfte 1894. (79.)
Aichordnung. Aichgebühren - Taxe. Zahlungsfristen f. ältere Maasse etc. Aeussere Grenze d. zu duldenden Abweichungen bei Maassen; Gewichte u. Waagen von absoluter Richtigkeit. 1887. (36—39.)
— Abänderung der. 1888. (100.)
— Abänderung derselben und der Aichgebührentaxe. Aichung des Getreideprobers. 1891. (141.)
— Abänderung derselben vom 6. Mai 1892 und 14. Januar 1893. Aichung von Messwerkzeugen f. Mineralöle vom 23. Dezember 1891. (158.)
Aichung der Brückenwaagen 1898. (256.)
— chem. Messgeräthe. 1893. (170.)
Altersversicherung. 1889. Zweite Aufl. (103/104.)
— Schiedsgerichte 1890. (131.)
— betr. das Reichsversicherungsamt 1890. (136.)
Anfertigung u. Verzollung von Zündhölzern. Schutz d. zur Anfertigung von Reichskassenscheinen zu verwendenden Papiers geg. unbefugte Nachahmung. 1884. (27.)
Angelegenheiten der freiwilligen Gerichtsbarkeit. 1898. (225/226.)
Arbeiter, gewerbl. Verhältnisse. Gew.-Ord. 1885. (183/190.)
Arbeiterinnen etc. in Ziegeleien 1898. (249.)
Arbeiterschutzgesetz. 1894. (134/135.)
Arbeits- und Dienstlohn, Beschlagnahme. 1869. (117.)
Arzneimittel, Verkehr mit. 1890. (121.)
— — s. Gew.-Ord. 1885. (183/190.)
Aufbewahrung fremder Werthpap. 1896. (203/204.)
Ausdehnung der Unfall- u. Krankenversicherung 1885. (7.) 1885. (40.)
Ausführungsvorschriften über Familienunterstützung der zu Friedensübungen einberufenen Mannschaften. 1898. (254.)
Auswanderungswesen. 1897. (213.)
Bahnpolizei-Reglement f. d. Eisenbahnen Deutschlands vom 30. November 1885. Unzulässigkeit der Pfändung von Eisenbahnfahrbetriebsmitteln. 1886. (30 u. 31.)
Bankgesetz vom 14. März 1875, nebst Abänderg. u. d. ergänz. Bestimmungen. 1899. (260.)
Beamte des Soldatenstandes, Fürsorge für 1886. (24.)
— in Schutzgebieten. 1887. (83.)
Bekämpfung des unlauteren Wettbewerbs. 1896. (201.)
Bekanntmachung betr. Cigarrenfabrikation. 1891. (132.)
Bergwerke, Haftpflicht 1871, 1896. (207).
Bergwesen in Deutsch-Ostafrika. 1898 (248.)
— im südwestafrikan. Schutzgebiete. 1889. (65.)
Berufungsverfahren beim Reichsger. in Patentsachen vom 6. Dez. 1891. (157.)
Beschlagnahme des Arbeits- und Dienstlohnes. 1869. (117.)
Beseitigung der Doppelbesteuerung. 1870. (75.)

Besteuerung des Branntweins. 1887. (52/53.)
— des Zuckers. 1886. (35.)
— des Zuckers. Gesetz vom 11. Juli 1887. (59.)
— des Zuckers vom 31. Mai 1891. (138.)
Bestrebungen, Gemeingefährliche, d. Socialdemokratie. 1889. (81.)
Betriebs-Unfälle b. Beamten und Personen des Soldatenstandes. 1886. (24.)
Beurkundg. d. Personenst. 1875. (11.)
Beurlaubtenstand, Controle über Personen des. 1875. (44/51.)
Binnenschifffahrt. 1895. (196/198). 1898. (246/247.)
Blei- und zinkhaltige Gegenstände. Verkehr mit dens. 1887. (57.)
Bleifarben u. Bleizuckerfabriken. 1893 s. Gew.-Ordn. 1895. (183/190.)
Bleierzbergwerke. Beschäftigung von Arbeiterinnen etc. s. Gew.-Ordg. 1895. (183/190.)
Börsengesetz 1896. (203/204.)
Börsenhandel, Zulassung von Werthpapieren. 1896. (211.)
Börsensteuergesetz 1894. (177.)
Branntweinsteuer 1887. (52/53.) 1895. (193/194.)
Brieftaubengesetz u. Brieftaubenverkehr im Kriege. 1894. (192.)
Brückenwaagen. 1898. (256.)
Bundeskonsulate. 1867. (82.)
Bundes- u. Staatsangehörigkeit 1870. (16.)
Butter, Ersatzmittel 1887. (79.) 1897. (212.)
Bürgerliches Gesetzbuch. 2. Aufl. broschirt 3.—, geb. 4.—.
— — Abänderungen der bestehenden Reichsgesetze durch das B. G. B. (206/206.)
Choleragesetz. 1893. (191.)
Cichorienfabriken. Beschäftigung von Arbeiterinnen etc. 1892, s. Gew.-Ordn. 1895. (183/190.)
Cigarren-Fabrikation, Bekanntmach. 1888. (182.)
— Betrieb d. Anlagen 1893, s. Gew.-Ordng. 1895. (183/190.)
Civilehegesetz 1875. Eheschliessung im Auslande. 1870. (11.)
Civilprozessordnung m. Einführungsgesetz. 1877. (107/114.) 1898. (227/234.)
Concursordnung 1877. (118/120). 1898. (235/237.)
Concursverfahren. Rechtsanfechtung ausserhalb dess. 1879. (85.)
Consulargerichtsbarkeit. 1879. (33.)
Controle über Personen des Beurlaubtenstandes. 1875. (44/51.)
Dampfkesselanlagen. 1890. (133.)
— — s. Gew.-Ordn. 1895. (183/190.)
Depotgesetz. 1896. (203/204.)
Disziplinargesetz f. Militärgerichtsbeamte 1898 s. Mil.-Str.-Ger.-Ordn. (250/253.)
Doppelbesteuerung. Beseitigung derselben 1870. (75.)
Drahtziehereien mit Wasserbetrieb. Besch. v. Arbeiterinnen etc. 1892 s. Gew.-Ordn. 1895 (183/190.)
Dynamitgesetz 1887. (15.)
Eheschliessung im Auslande 1875, s. Civilehegesetz u. Beurkundung des Personenstandes 1875. (11.)
— in Kamerun u. Togo 1886. (40.)
Eigenthumserwerb im Schutzgebiete der Marschall-Inseln. 1889. (106.) Der Neu-Guinea-Kompagnie 1887. (69.)
Einziehung von Abgaben. 1895. (195.)
Eisenbahnbetriebsmittel. Unzulässigkeit der Pfändung derselben 1886. (30/31.)
Eisenbahnfrachtverkehr. Internation. Uebereinkommen 1890, 1892, 1893. (160/164.)
Eisenbahn, Haftpflicht 1871, 1869. (207.)
Eisenbahnpolizeireglem. 1885. (30/31.)
Electr. Masseinheiten 1898. (257.)
Entschädigung der im Wiederaufnahme-Verfahren Freigesprochenen 1898 s. Str.-Ges.-B. (143/146.)
Ersatzmittel für Butter [Margarine]. 1887. (79.) 1897. (212.)
Ersatz-Vertheilung 1893. (169.)
Erwerbs- und Wirthschaftsgenoss. Privatrechtl. Stellung 1868. (41.). 1889. (101/102.) 1898. (244/245).
Erwerbung u. Verlust d. Bundes- u. Staatsangehörigkeit 1870. (16.)
Familien-Unterstützung der zu Friedensübungen einberufenen Mannschaften 1892. (165.)
— Ausführungsvorschrift. 1898. (254.)
Farben, Gesundheitsschädliche, bei Herstellung von Nahrungs- u. Genussmitteln 1887. (78.)
Fassung, Neue, d. Schutzgebietsges. 1889. (68.)
Feingehalt d. Gold- u. Silberwaaren, mit Verordn. vom 7. Jan. 1886, betr. die Form der Stempelzeichen (25.)
Firmenlöschung. 1889. (64.)
Flösserei, Abgaben von derselben. 1870. (77.)
— Privatrechtliche Verhältnisse 1875. (196/198.)
Flottengesetz 1898. (255.)
Frachtverkehr, Internat. Uebereinkommen etc. 1890, 1892, 1893. (160 bis 164.)
Freigesprochene s. Entschädigung s. Str.-Ges.-B. (143/146.)
Freiw. Gerichtsbarkeit 1898. (225/226.)
Freizügigkeit, Gesetz über 1867. (17.)
Friedenspräsenzstärke 1887. (44/51.)
— des deut. Heeres. Vom 3. Aug. 1893. Ersatz-Vertheilg. v. 26. Mai (169.) 1899. (271.)
Friedensübungen vide Familien.
Fürsorge f. Beamte und Personen d. Soldatenstandes in Folge von Betriebsunfällen 1886. (24.)
— für Wittwen u. Waisen des Reichsheeres u. d. Marine 1887 (72.) 1895. (200.)
Gebrauchsgegenstände. Verwendung gesundheitsschädlicher Farben bei Herstellung von. 1887. (78.)
Gebrauchsmustersch. 1891. (122/123.)

Gebührenordnung für Gerichtsvollzieher 1898. (265.)
— für Rechtsanwälte 1898. (267.)
— für Zeugen und Sachverständige. 1898. (266.)
Geheimnisse. Verrath milit. 1893. (167.)
Gemeinden, Kriegsleistung 1876. (139 bis 140.)
Genossenschaftsgesetz 1868. (41.)
— Neues, vom 1. Mai 1889. (101 u. 102.) 1898. (244/245.)
Genossenschaftsregister, Führung des, und die Anmeldungen zu demselben vom 11. Iuli 1889. (105.)
Genussmittel, Verkehr mit dens. 1879, 1887. (32.)
— Verwendung von gesundheitsschädlichen Farben bei der Herstellung 1887. (78.)
Gerichtsbarkeit, Freiwillige, 1898. (225/226.)
Gerichtskostengesetz 1898, 1899. (263 bis 264.)
Gerichts - Verfassungsgesetz 1898. (261/262.)
Gerichtsvollzieher. Gebührenordnung derselben 1878, 1881. (97.)
Geschäftsgang des Reichsversicherungsamtes 1887. (67.)
Gesellschaft mit beschr. Haftpflicht. 1892. (153.)
Gesetzbuch, Bürgerliches, 2. Aufl. brosch. 3.—, geb. 4.—.
— Abänderungen von Reichsgesetzen d. d. B. G. B. (205/206.)
Gesetzabänderung u. Rechtsverhältnisse der deutschen Schutzgebiete 1889. (69.)
Getreideprober, Aichung derselben 1891. (141.)
Gewerbebetrieb im Umherziehen s. Gew.-Ordn. 1895. (183—190.)
— d. Ausländer im Umherziehen s. Gew.-Ordn. 1895. (183/190.)
Gewerbegerichte. 1890. (115 u. 116.)
Gewerbeordnung. 1883. (3 u. 4.)
— Abänderung v. 23. IV. 1886. (40.)
— — vom 6. VII. 1887. (66.)
— — vom 1. VI. 1891. (134/135.)
— Neue Ausgabe 1895, ergänzt bis August 1896. (183/190.)
— Abänderung vom 6. VIII. 1896. (201.)
Gewichte und Waagen 1885. (36/39.) 1898. (256.)
Glashütten, Besch. von Arbeiterinnen u. jugendl. Arbeitern 1892, s. Gew.-Ordn. 1895. (183/190.)
Gold- und Silberwaaren. Feingehalt derselben 1884, 1886. (25.)
— — Geschäftsbetrieb der Fabrikanten, s. Gew.-Ordn. 1895. (183/190.)
Grossjährigkeitsgesetz 1875. (87.)
Grundbuchordnung 1897. (208.)
Grundeigenthum. Beschränkung desselben in der Umgebung von Festungen, s. Militärwesen I. 1871. (47/51.)
Gummiwaarenfabriken, Beschäftig. v. Arbeiterinnen u. jugendl. Arbeitern 1888, s. Gew.-Ordn. 1895. (183/190.)
Haftpflicht, Gesetz, betr. Gesellschaften mit beschränkter Haftpflicht v. 20. April 1892. (153.)
— beschränkte, s. Gesellschaften 1892. (153.)
— der Eisenbahn etc. u. Abänderung. 1871, 1896. (207.)
Hammerwerke, Beschäft. v. Arb. etc. 1892, s. Gew.-Ordn. 1895. (183/190.)
Handelsgesetzbuch I. §§ 1—473. m. Einf.-Ges. 1897. (214/218.)
— II. Seehandelsrecht §§ 474—905, m. Einf.-Ges.1897. (219/222.)
Handelsvertrag mit Russland 1897. (171/173.)
— mit Rumänien 1890. (174/176.)
Handwerkergesetz 1897. (223/224.)
Hausirhandel 1896. (201.)
Hechelräume, Beschäft. von Arb. etc. im H. 1892, s. Gew.-Ordn. 1895. (183/190.)
Helgoland Ver. m. Deutsch. 1890. (124.)
Hilfskassen, s. Gew.-Ordnung. 1895. (183/190.)
Impfgesetz 1874. (20.)
Inhaberpapiere m. Prämien 1871. (76.)
Innungs- u. Handwerkergesetz 1897. (223/224.)
Innungen von Gewerbetreibenden, s. Gew.-Ordn. 1895. (183/190.)
Internationales Uebereinkommen vide Frachtverkehr 1890, 1892, 1893. (160/164.)
Invaliditäts- u. Altersversicherung v. 22. Juni 1889. Verordng. betr. die Inkraftsetzung d. §§ 18 u. 140 d. Gesetzes vom 30. Dez. 1889. Verordnung üb. d. Inkraftsetzung des Gesetzes v. 25. Nov. 1890. 2. Aufl. 1892. (103 u. 104.)
— Schiedsgerichte 1890. (131.)
— f. Hausgewerbetreibende d. Tabakfabrikation v. 16. Dez. 1891. (159.)
Kolonialgesetze (33, 34, 40, 65, 68, 69, 83, 92, 106, 137, 139, 140, 156, 243, 248).
Konkursordnung mit Einführungsgesetz 1877. (118—120.) 1898. (235 bis 237.)
Konkursverfahren, Rechtsanfechtung ausserhalb dess. 1879. (85.)
Konsulargerichtsbarkeit 1879. (33.)
Konsumanstalten 1889. (101/102.)
Krankenversicherung der Arbeiter. 1883. (5.)
Krankenversicherungsgesetz vom 15. Juni 1883 in neuer Redaktion vom 10. April 1892, nebst Einführungsgesetz v. 14. Dez. 1892. (147/148.)
Kriegsdienstverpflichtung 1867. (19.)
Kriegsleistungen 1873. (44/51, 139/140.)
Kriegsverhältnisse, Form d. Marschrouten 1882. (139/140.)
Kunstvertrag, Berner 1887. (88/89.)
Landsturm, Gesetz über 1875. (44/51.)
Literatur- und Kunstvertrag, Berner Ausführungsges. desselben u. Verordnung betr. d. Ausführung derselben 1887. (88 u. 89.)
Margarine, s. Butter 1887. (79.) 1897. (212.)

Marken- u. Musterschutz 1874. (13.)
Marktverkehr s. Gew.-Ordnung 1895. (183/190.)
Marschall-Inseln, Rechtsverhältnisse 1890. (137.) 1886. (40.) Eigenthumserwerb 1889. (106.)
Maasse. Grenze der zu duldenden Abweichungen ders. 1885. (36/39.)
— ältere Zulassungsfrist für dieselben 1884. (36/39.)
Maasseinheiten elect. 1898. (257.)
Massregeln gegen die Cholera 1893. (191.)
Meiereien und Molkereien. Besch. v. Arbeiterinnen, s. Gew.-Ordn. 1895. (183/190.)
Messgeräthe, chemische 1893. (170.)
Messwerkzeuge, Mineralöle 1891. (158.)
Militär-Familien-Unterstützung 1888. (74.) 1898. (254.)
Militärgerichtsbeamte. Unfreiwillige Versetzung derselben in eine andere Stelle oder in den Ruhestand 1898 s. Mil.-Str.-Ger.-Ordn. (250/253.)
Militärpensionsgesetz, Neues, von 1893. (168.)
— unfreiwillige Pensionirung 1898 s. Mil.-Str.-Ger.-Ordn. (250/253.)
Militärstrafgerichtsordnung 1898. (250 bis 253.)
Militär- u. Marinewesen. I. 1874, 1880. (44/51.) (Vide auch 72, 73, 74, 165, 167, 168, 169.)
— II. 1876. (139/140.)
Milit. Geheimn., Verrath 1893. (167.)
Mitnahme hilfsbedürftiger Seeleute 1876. (84.)
Musterschutz 1874. (13.) 1891. (122/123.) 1891. (179.)
Nahrungs- u. Genussmittel 1879, 1887. (32.) 1887. (78.) 1887. (79.) 1897. (212.)
Naturalleistungen für die bewaffnete Macht im Frieden 1868. (70/71.) 1875. (44/51.)
Patentgesetz 1877. (1.)
— Neues, nebst Verordn., betr. Ausführung u. Schutz von Gebrauchsmustern, vom 7. April 1891. (122 u. 123.)
Patentsachen, Berufungsverfahren b. R.-G. 1891. (157.)
Pensionsgesetz, militär. 1893. (168.)
Pfändung von Eisenbahnfahrbetriebsmitteln. Unzulässigkeit 1886. (30/31.)
Postordnung für das Deutsche Reich 1892. (149/150.)
Pressgesetz 1874. (21.)
Prisengerichtsbarkeit 1884. (26.)
Quartier- und Naturalleistung für die Armee im Frieden u. Ausführungsgesetz 1868. (70/71.)
Rechtsanfechtung ausserhalb des Konkurs-Verfahrens 1879. (268.)
Rechtsanwaltsordnung. Gebührenordnung f. Rechtsanwälte. 1878, 1879. (93/94.)
Rechtsverhältnisse in Kamerun und Togo, in Neu-Guinea u. Südwestafrika 1887, 1888. (92.)
— d. deutsch. Schutzgebiete. Rechtsverhältnisse d. Neu-Guinea-Kompagnie 1886. (34.) 1887. (69.)
Rechtsverhältnisse im Schutzgebiete der Marschall-, Brown- und Providence-Inseln 1886. (40.)
— im Schutzgebiete der deutschen Ostafrikanischen Gesellschaft 1887. (69.)
— im Schutzgebiete der Marschall-Inseln u. Deutsch-Ostafrikas. 1890, 1891. (137.)
— an unbeweglichen Sachen in Südwestafrika 1898. (243.)
Reichsbeamtengesetz, nebst zwei Verordnung., betr. Reichsbeamte 1875, 1886. (42/43.). 1893. (168.)
Reichs-Civilprozessordnung mit Einführungsgesetz 1877. (107/114.) 1898. (227/234.)
Reichkassenscheine 1885. (27.)
Reichsmilitärgesetz 1871, 1880. (44/51.)
— Abänderung 1873. (169.) 1893. (139/140.) 1899. (270.)
Reichsschuldbuch 1891. (142.)
Reichsstempelgesetz 1894. (177.)
Reichsstempelabg. 1881 u. 1885. (10.)
Reichstagswahl 1871. (54/56.)
Reichsverfassung vom 16. April 1871, nebst den späteren ergänzenden und abändernden Reichsgesetzen 1887. (54—56.)
Reichsversicherungsamt. Geschäftsgang 1895 (14.) 1887 (67.)
Reichsversicherungs-Amt. Verordnung, betr. Form d. Verfahrens u. den Geschäftsgang in der Invaliditäts- und Altersversicherung. 1889. (136.)
Rohrzuckerfabriken. Beschäft. v. Arb. etc. 1892. s. Gew.-Ordn. 1895. (183 bis 190.)
Rumän. Handelsvertrag 1893. (174 bis 176.)
Russ. Handelsvertrag 1894. (171/173.)
Sachen, unbewegliche, Rechtsverhältnisse in Südwestafrika 1898. (243.)
Salomons-Inseln. Rechtsverhältnisse. 1887. (69.)
Schiedsgerichte bei Alters- u. Invaliditäts-Versicherungen. 1890. (131.)
— bei Unfallversicherung. Inkraftsetzung d. Unfall- und Krankenversicherung. Verfahren u. Geschäftsgang d. Reichsversicherungsamtes. 1885. (14.)
Schiffahrt, Binnen-, 1898. (246/247.) 1895. (196/198.)
Schutz d. Waarenbezeichnung. 1891. (179.)
— d. Brieftauben 1894. (192.)
Schutzgebiete, Beamte ders. 1887. (83.)
— Rechtsverhältnisse 1886. (34.) 1886. (69.) 1887, 1888. (92.)
— Marschallinseln 1890. (137.) Eigenthumserwerb 1889 (106.)
— Gesetz, Neue Fassung 1888 (68.)
Schutztr. in Ostafrika 1891. (139/140.)
— Militärverfahren 1891. (156.)
Seehandelsrecht 1898. (219/222.)
Seeleute. Mitn. hilfsbed. 1872. (84.)
— Unfallversich. 1887. (60/61.)
Seemannsordnung 1872. (62/63.)
Sklavenraub 1895. (199.)
Socialistengesetz 1878, 1880, 1888. (81.)

Sonntagsarbeit, Ausnahmen v. d. Verbote im Gewerbebetrieb 1895 s. Gew.-Ordn. 1895. (183/190.)
Sonntagsruhe 1891. (134/135.)
Spielkartenstempel 1878. (99.)
Spinnereien. Besch. v. Arbeiterinnen etc. in, 1893 s. Gew.-Ordn. 1895 (183/190.)
Spionagegesetz 1893. (167.)
Sprengstoffe 1884. (15.)
Staatsangehörigkeit, Erwerbung und Verlust derselben 1870. (16.)
Steinkohlenbergwerke. Beschäft. v. Arbeiterinnen etc. (i. R.-G. Oppeln) 1892, s. Gew.-Ordn. 1895. (183/190.)
— Beschäft. v. jugendl. Arb. 1895. s. Gew.-Ordn. 1895. (183/190.)
Stempelzeichen. Form derselben z. Ang. d. Feingehalts auf goldenen u. silbernen Geräthen. 1886. (25.)
Strafgesetzbuch 1871. (143/146.)
Strafprozessordnung mit Einf.-Ges. 1877. (125/130.)
Strandungsordnung 1874. (86.)
Subhastation 1897. (209/210.)
Tabakfabrikation, Invaliditäts- und Altersversicherung 1891. (159.)
Tabaksteuer 1879 s. Zolltarif (22/23.)
Taxen, Gew.-Ordn. 1895 (183/190.) Aichgebühren 1884. (36/39.) 1891. (141.)
Telegraphengesetz 1892. (154.)
Uebereinkommen, Internation. üb. d. Eisenbahnfrachtverkehr v. 14. Okt. 1890, nebst Vereinbarg. v. 15. Nov. 1892 u. 18. Jan. 1893. (160/164.)
Uebereinkunft, Internationale, betr. Massregeln gegen die Cholera 1893. (191.)
Unfallversicherung d. Arbeiter 1884 (6.), b. Bauarb. 1886. (28/29.), d. b. Bauten beschäft. Pers. 1887. (53.) Seeleute 1887. (60/61.)
Unfall- u. Krankenversicherung, Ausdehnung ders. 1885. (7.) 1886. (40.) Schiedsger. 1885 (14), für Forst- u. Landw. 1886. (28/29.)
Unlauterer Wettbewerb 1896 (201.)
Unterstützung vide Familien 1892. (165.) 1898. (254.)
Unterstützungswohnsitz 1870. (18.)
— Redaktion von 1894. (178.)
Urheberrecht 1870. (12.)
Verfahren, strafgerichtliches gegen Militärpersonen d. kais. Schutztruppe f. Deutsch-Ostafrika 1891. (156.)
Verfassung d. deutschen Reichs 1871. (54/56.)
Verkehr mit Butter, Käse, Schmalz u. deren Ersatzmitteln 1892 (212.)
— mit Arzneimitteln 1890 (121.) s. a. Gew.-Ordn. 1895 (183/190.)
— mit blei- u. zinkhaltigen Gegenständen 1887. (57.)
Verkehr mit Wein etc. 1892. (155.)
Vermögensstrafen 1895. (195.)
Verrath militär. Geheimnisse 1893. (167.)
Viehseuchengesetz 1894. (180.) 1895. (181/182.)
Vogelschutz 1888. (80.)
Waarenbezeichnungen, Schutz der 1891. (179.)
Wahlgesetz 1871. (54/56.)
Walzwerke, Beschäft. von Arb. etc. s. Gew.-Ordn. 1895 (183/190.)
Wechselordnung 1898. (240/240.)
Wechselstempelsteuer 1869, 1879. (9.)
Wehrpflicht d. Geistl. 1876. (139/140.)
Wehrpflicht, Aenderung derselben. 1888. (73.)
Wein, Verkehr mit Wein etc. 1892. (155.)
Weltpostvertrag 1892. (151/152.). 1898. (238/239.)
Werthpapiere 1896. (203/204.) 1896. (211.)
Wettbewerb, unlauterer 1896. (201.)
Wiederaufnahmeverfahren, Entschädigung Freigesprochener s. Str.-Ges.-Buch. (143/146.)
Wittwen u. Waisen der Armee. Fürsorge für dieselben 1887. (72.) 1895. (200.)
Wuchergesetz 1880. (8.)
Zeugen und Sachverständige. Gebührenordnung 1878. (98.)
Ziegeleien, Beschäft. von Arbeit. s. Gew.-Ordn. 1895. (183/190.) 1898. (248.)
Zink, Bleierzbergwerke u. Kokereien. Beschäft. v. Arbeiterinnen 1892, s. Gew.-Ordn. 1895. (183/190.)
Zinsen, vertragsmässige 1867. (2.)
Zolltarif 1879. 1886. (22/23.)
Zuckerraffinerie. Besch. v. Arb. etc. 1892, s. Gew.-Ordn. 1895. (183/190.)
Zuckersteuer 1886. (35.), 1887. (59.), 1891. (138.), 1896. (202.)
Zulassung von Werthpapieren z. Börsenhandel 1898. (211.)
Zündhölzer. Anfertigung und Verzollung derselben 1884. (27.)
— Anfertigung mit weissen Phosphor 1839 s. Gew.-Ordn. 1895. (183 bis 190.)
Zwangsversteigerung und Zwangsverwaltung 1897. (209/210.)

Einzel-Preis pro Nummer, in gelbem Umschlag, geheftet 20 Pf. **Abonnements-Ausgabe**: Preis der bis jetzt erschienenen ca. 260 Nummern 26 Mk. Hochelegante und solide Aufbewahrungskasten dazu, Serie I., II., III., IV., V. à 2.50 Mk.

Reichsgesetze, deutsche, in Einzel-Abdrucken. Hrsg. v. K. Gareis. S. Giessen, E. Roth. 1909.

Gesetzbuch, bürgerliches, nebst Einführungsgesetz. Mit einführ. Einleitg., kurzen erläut. Anmerkgn. u. ausführl. Sachregister. 2. Aufl. (Neue [Titel-]Ausg.) (XXIV, 508 S.) [1897.] 3. —; geb. 4. —. — Reichsteuer-Gesetze, die neuen, vom 15. VII. 1909. Schaumweinsteuergesetz — Brausteuergesetz — Leuchtmittelsteuergesetz — Branntweinsteuergesetz — Zündwarensteuergesetz — Wechselstempelgesetz — Reichsstempelgesetz — Tabak- u. Zigarettensteuergesetz. (2, 24, 12, 33, 12, 10, 59 u. 36 S.) 2. —; geb. 2. 50.

Reichsgesetze, deutsche, in Einzel-Abdrucken. Hrsg. v. Karl Gareis. 8. Gießen, E. Roth.

Gesetzbuch, bürgerliches, nebst Einführungsgesetz. Mit einführ. Einleitg., kurzen erläut. Anmerkgn. u. ausführl. Sachregister. 3. bis 1910 ergänzte Aufl. (Neue [Titel-]Ausg.) (XXIV, 508 S.) [897] 910. 3.—; geb. 4.—

Reichssteuer-Gesetze, die neuen, vom 15. VII. 1909. Schaumweinsteuergesetz — Brausteuergesetz — Leuchtmittelsteuergesetz — Branntweinsteuergesetz — Zündwarensteuergesetz — Wechselstempelgesetz — Reichsstempelgesetz — Tabak- u. Zigarettensteuergesetz. (2, 24, 12, 33, 12, 10, 59 u. 36 S.) (909.) 2.—; geb. n 2. 50

Zivilprozeßordnung nebst Einführungsgesetz in der Fassung der Bekanntmachung vom 20. V. 1898 m. den Aenderungen vom 5. VI. 1905, 1. VI. 1909 u. 22. V. 1910. 5. Aufl. (IV, 215 S.) 910. Geb. in Leinw. 2.—

— dasselbe. Nr. 9. 13. 16. 17. 75. 80. 117. 121. 154. 178. 183—190. 201. 214—218. 225. 226. 226a. 227—234. 240—242. 261—264. 267. 268. 280—283. 286. 292. 310—312. 322. 322a. 324. 325. 342—427. 8. Gießen, E. Roth. à Nr. — 20

9. Wechselstempelsteuer. Textausg. m. Einleitg., erläut. Anmerkgn. u. ausführl. alphabet. Sachregister. 2. Aufl. (18 S. m. 1 Tab.) (908.)

13. Gesetz, betr. das Urheberrecht an Mustern u. Modellen. (Geschmacksmusterschutzgesetz.) Vom 11. I. 1876. 2. Aufl. (11 S.) 910.

16. Gesetz üb. die Erwerbung u. den Verlust der Bundes- u. Staatsangehörigkeit. Textausg. m. Einleitg., erläut. Anmerkgn. u. ausführl. alphabet. Sachregister. Von Karl Gareis. 2. veränd. Aufl. (8 S.) (908.)

17. Gesetz üb. Freizügigkeit. Textausg. m. Einleitg., erläut. Anmerkgn. u. ausführl. alphabet. Sachregister. 2., bis auf die Neuzeit ergänzte Aufl. (5 S., 1 u. 1 Bl.) (909.)

75. Gesetz zur Abänderung des Reichsgesetzes wegen Beseitigg. der Doppelbesteuerung vom 13. V. 1870 nach der Fassung vom 22. III. 1909. Textausg. m. Einleitg., erläut. Anmerkgn. u. ausführl. alphabet. Sachregister. 3. Aufl. (4 S.) (910.)

80. Vogelschutzgesetz. Vom 30. V. 1908. Textausg. m. Einleitg., erläut. Anmerkgn. u. ausführl. alphabet. Sachregister. 2., abgeänd. u. ergänzte Aufl. (6 S.) (908.)

117. Gesetz betr. die Beschlagnahme des Arbeits- od. Dienstlohnes. 1910. Textausg. m. Einleitg., Kernworten u. erläut. Anmerkgn. 3. Aufl. (7 S.) 910.

121. Verordnung betr. den Verkehr m. Arzneimitteln. Textausg. m. Einleitg., erläut. Anmerkgn. u. ausführl. alphabet. Sachregister. 2., bis auf die Neuzeit ergänzte Aufl. Von Karl Gareis. (9 S.) (908.)

154. Gesetz üb. das Telegraphenwesen des Deutschen Reiches vom 6. IV. 1892 u. 16. VII. 1908. 2. Aufl. (4 S. u. 2 Bl.) (909.)

178. Unterstützungswohnsitzgesetz. Vom 30. V. 1908. Textausg. m. Einleitg., erläut. Anmerkgn. u. ausführl. alphabet. Sachregister. 2., bis auf die Neuzeit ergänzte Aufl. (19 S.) (908.)

183—190. Gewerbeordnung f. das Deutsche Reich nebst allen Verordnungen bis 1909. 5., gänzlich neubearb. u. bis 1. IV. 1910 ergänzte Aufl. (IV, 128 S.) (910.) 1.60; geb. in Leinw. 2. —

201. Gesetz gegen den unlauteren Wettbewerb vom 7. VI. 1909. Textausg. m. Einleitg., erläut. Anmerkgn. u. ausführl. alphabet. Sachregister. (Neuausg.) 3.—8. Aufl. (15 S.) (909.)

214—218. Handelsgesetzbuch f. das Deutsche Reich nebst allen Verordngn. bis 1909. Textausg. m. Einleitg., erläut. Anmerkgn. u. ausführl. Sachregister. 3. bis 1909 ergänzte Aufl. (121 S.) (909.) Geb. in Leinw. n 1. 20

225. 226. 226a. Gesetz üb. die Angelegenheiten der freiwilligen Gerichtsbarkeit vom 17. V. 1898 in der Fassung der Bekanntmachung vom 20. V. 1898 m. Berücksicht. des Gesetzes vom 5. III. 1906 (R.-G.-Bl. 1906, S. 387) u. des Gesetzes, betr. die Zuständigkeit des Reichsgerichts vom 22. V. 1910 (R.-G.-Bl. 1910, S. 770 f.). Neubearb. im Aug. 1910. (42 S.) (910.)

227—234. Zivilprozeßordnung m. Einführungsgesetz. Mit sämtl. Nachträgen u. den Aendergn. vom 1. VI. 1909. Textausg. m. Einleitg., erläut. Anmerkgn. u. ausführl. alphabet. Sachregister. 4. bis auf die Neuzeit ergänzte Aufl. (186, 4 u. 15 S.) (909.) Geb. 2. —

240—242. Wechselordnung in der Fassung vom 3. VI. 1908 m. den Vorschriften üb. die Wechselstempelsteuer. Textausg. m. Einleitg., erläut. Anmerkgn. u. ausführl. alphabet. Sachregister. (VIII, 48 S. m. 1 Tab.) (908.)

261. 262. Gerichtsverfassungs-Gesetz. Vom 27. I. 1877 m. den Abändergn. vom 17. III. 1886, 5. IV. 1888, 17. V. 1898, 20. III. 1905, 5. VI. 1905 u. 1. VI. 1909, u. Einführungsgesetz zum Gerichtsverfassungsgesetz vom 27. I. 1877 m. den Aendergn. vom 17. V. 1898. Textausg. m. Einleitg., erläut. Anmerkgn. u. ausführl. alphabet. Sachregister. 3.—6. Aufl. (42 S.) (910.)

263. 264. Gerichtskosten-Gesetz. In der Fassg. der Bekanntmachg. vom 20. V. 1898 m. den Aendergn. vom 1. VI. 1909, gültig seit 1. IV. 1910. Textausg. m. Einleitg., erläut. Anmerkgn. u. ausführl. alphabet. Sachregister. 3.—6. Aufl. (32 S.) (910.)

267. Gebührenordnung f. Rechtsanwälte. Vom 17. V. 1898 m. den Aendergn. vom 1. VI. 1909, gültig seit 1. IV. 1910. Textausg. m. Einleitg., erläut. Anmerkgn. u. ausführl. alphabet. Sachregister. 2.—5. Aufl. (21 S.) (910.)

268. Gesetz, betr. die Anfechtung v. Rechtshandlungen e. Schuldners außerhalb des Konkursverfahrens in der Fassung der Bekanntmachg. des Reichskanzlers vom 20. V. 1898. (R.G.Bl. 1898, S. 709 ff.) Textausg. m. Kernworten, erläut. Anmerkgn. u. ausführl. alphabet. Sachregister. 2.—5. Aufl. (5 S.) (910.)

280—283. Eisenbahn-Verkehrsordng. f. das Deutsche Reich vom 23. XII. 1908. Text-Ausg. m. Vorwort, Einleitg., erläut. Anmerkgn. u. ausführl. alphabet. Sachregister. Mit 2 Beilagen. 1.—4. Aufl. (128 S.) 909. Geb. n 1. 10

286. Telegraphengesetz vom 18. XII. 1899 m. den Ausführungsbestimmungen vom 26. I. 1900 u. der Bekanntmachung vom 16. VII. 1908. Textausg. m. Einleitg., erläut. Anmerkgn. u. ausführl. alphabet. Sachregister. 2. Aufl. (9 S.) (909.)

292. Münzgesetz. Vom 1. VI. 1909. 2. Neu-Ausg. (7 S.) (909.)

310. 311. Gesetz, betr. das Urheberrecht an Werken der Literatur u. der Tonkunst vom 19. VI. 1901 in der Fassung des Gesetzes vom 22. V. 1910. 2. Aufl. (28 S.) 910.

312. Gesetz üb. das Verlagsrecht vom 19. VI. 1901 in der Fassg. vom 22. V. 1910. 2. Aufl. (16 S.) 910.

322. 322a. Erbschaftssteuergesetz. Vom 3. VI. 1906. 2. Aufl. (22 S.) 910.

324. 325. Gesetz, betr. das Urheberrecht an Werken der bildenden Künste u. der Photographie vom 9. I. 1907 in der Fassung des Gesetzes vom 22. V. 1910. (24 S.) 910.

342. 343. Scheckgesetz, Reichsgesetz vom 11. III. 1908, u. Postscheckordnung vom 6. XI. 1908. Textausg. m. Einleitg., erläut. Anmerkgn. u. ausführl. alphabet. Sachregister. 6. Aufl. (IV, 12 S.) (909.)

344—346. Das deutsche Reichsvereinsgesetz. Textausg. m. Vorwort, Einleitg., erläut. Anmerkgn. u. ausführl. alphabet. Sachregister. Von Puschmann. Mit Anh.: Die landesrechtl. Ausführungs-Bestimmgn. v. Anhalt, Baden, Bayern, Elsaß-Lothringen, Hessen, Mecklenburg-Schwerin, Oldenburg, Preußen, Sachsen, Sachsen-Weimar, Württemberg. 4.—8. Aufl. (IV, 48 S.) (908.)

347—350. Börsengesetz f. das Deutsche Reich nach dem Reichsgesetz vom 8. V. 1908 in der Fassung vom 27. V. 1908. Textausg. m. Einleitg., erläut. Anmerkgn. u. ausführl. alphabet. Sachregister. 8. Aufl. (43 S.) (909.) Geb. in Leinw. n 1. 10

351. Gesetz betr. die Bestrafung der Majestätsbeleidigung. Vom 17. II. 1908. 2. Aufl. (3 S.) (908.)

352—355. Gesetz üb. den Versicherungsvertrag vom 30. V. 1908, einschließlich Seeassekuranz. Textausg. m. Einleitg., erläut. Anmerkgn. u. ausführl. alphabet. Sachregister. (64 S.) (908.)

356. Maß- u. Gewichtsordnung. Vom 30. V. 1908. Textausg. m. Einleitg., erläut. Anmerkgn. u. ausführl. Sachregister. (7 S.) (908.)

357. Gesetz betr. Tierhalter-Haftung vom 30. V. 1908. Textausg. m. Einleitg., erläut. Anmerkgn. u. ausführl. alphabet. Sachregister. Von Karl Gareis. 3. Aufl. (2 S.) (908.)

358. Gesetz betr. Abänderung der Gewerbeordnung (kleiner Befähigungsnachweis) vom 30. V. 1908. Von Karl Gareis. 2. Aufl. (5 S.) (908.)

359. Postscheckordnung. Vom 6. XI. 1908. Textausg. m. Einleitg., erläut. Anmerkgn. u. ausführl. alphabet. Sachregister. 2. Aufl. (9 S.) (909.)

360. 361. Funkentelegraphenvertrag, internationaler, vom 3. XI. 1906. Textausg. m. Einleitg., erläut. Anmerkgn. u. ausführl. alphabet. Sachregister. 1.—3. Aufl. (26 S.) (909.)

362. Gesetz üb. den Verkehr m. Kraftfahrzeugen (sogen. Automobilgesetz) vom 3. V. 1909. Textausg. m. Einleitg., erläut. Anmerkgn. u. ausführl. alphabet. Sachregister. 1.—6. Aufl. (12 S.) (909.)

363. 364. Gesetz üb. die Sicherung der Bauforderungn. Vom 1. VI. 1909. Text-Ausg. m. Einleitg., erläut. Anmerkgn. u. ausführl. alphabet. Sachregister. (R.G.Bl. 1909 Nr. 28 S. 449—468.) 1.—8. Aufl. (27 S.) (909.)

365—368. Weingesetz vom 7. IV. 1909 m. den Ausführungsbestimmgn. vom 9. VII. 1909. Textausg. m. Einleitg., erläut. Anmerkgn. u. ausführl. alphabet. Sachregister. 1.—7. Aufl. (55 S.) (909.) Geb. n 1. 10

369. Gesetz betr. Aenderung des Bank-Gesetzes vom 1. VI. 1909. 1.—3. Aufl. (Je 4 S.) (909.)

370. 371. Viehseuchengesetz. Vom 26. VI. 1909. 1.—4. Aufl. (23 S.) (909.)

372. Gesetz zur Abänderung des Schaumweinsteuergesetzes vom 15. VII. 1909. (Reichs-Gesetzbl. 1909 S. 714.) 1.—4. Aufl. (2 S.) (909.)

373. 374. Brausteuergesetz. Vom 15. VII. 1909. (R.-G.-Bl. 1909, S. 695). 1.—4. Aufl. (24 S.) (909.)

375. Gesetz betr. die Besteuerung der Beleuchtungsmittel vom 15. VII. 1909. (Reichs-Gesetzbl. Nr. 45. S. 880—890.) 1.—4. Aufl. (12 S.) (909.)

376. 377. Branntweinsteuergesetz. Vom 15. VII. 1909. (R.-G.-Bl. 1909, S. 661—695.) 1.—4. Aufl. (33 S.) (909.)

378. Gesetz üb. die Besteuerung der Zündwaren vom 15. VII. 1909. (Reichs-Gesetzbl. 1909. S. 814.) 1.—4. Aufl. (12 S.) (909.)

379. Wechselstempelgesetz vom 15. VII. 1909. (Reichs-Gesetzbl. 1909. S. 825.) 1.—8. Aufl. (10 S.) (909.)

380—384. Reichsstempelgesetz vom 15. VII. 1909. (Reichs-Gesetzbl. 1909. Nr. 45. S. 833—879.) 1.—8. Aufl. (59 S.) (909.) Geb. 1. 30

385. 386. Tabaksteuergesetz u. Zigarettensteuergesetz vom 15. VII. 1909. (Reichs-Gesetzbl. 1909. S. 783, resp. 1906. S. 631 ff. u. 1909 S. 705 ff.) 1.—7. Aufl. (36 S.) (909.)

387—392. Besoldungsgesetz vom 15. VII. 1909. Nebst den Besoldungsordngn. (Reichs-Gesetzbl. 1909. S. 573.) 1.—4. Aufl. (88 S.) (909.) Geb. 1. 50

393—396. Ausführungsbestimmungen u. Ordnung f. die Nachverzollung zum Tabak- u. Zigarettensteuergesetz vom 15. VII. 1909. 1.—3. Aufl. (59 S.) (909.)

397—400. Zündwarensteuer-Ausführungsbestimmungen. Zündwaren-Kontingentierungs-Ordnung. Zündwaren-Lagerordng. zum Gesetz vom 15. VII. 1909. 1.—3. Aufl. (67 S.) (909.)

401—404. Ausführungsbestimmungen zum Gesetz betr. die Besteuerung der Beleuchtungsmittel vom 15. VII. 1909. (75 S.) (909.)

405—414. Ausführungsbestimmungen zum Brausteuer-Gesetz vom 15. VII. 1909. 1.—3. Aufl. (Je IV, 169 S.) (909.)

415—418. Dasselbe zum Wechselstempelsteuergesetz u. zum Reichsstempelsteuergesetz vom 15. VII. 1909. 1. u. 2. Aufl. (76 S.) (909.)

419–423. Verordnung üb. den Verkehr m. Kraftfahrzeugen, m. Anweisung üb. die Prüfung v. Kraftfahrzeugen. Vom 3. II. 1910. (R.G.Bl. 1910 Nr. 5 S. 389–448.) Textausg. m. Einleitg., erläut. Anmerkgn. u. ausführl. alphabet. Sachregister. (IV, 61 S.) 910. Geb. 1. 30
424. Gesetz üb. die Haftung des Reichs f. seine Beamten. Vom 22. V. 1910. (3 S.) 910.
425. Stellenvermittlergesetz. Vom 2. VI. 1910. (7 S.) 910.
426. Gesetz üb. den Absatz v. Kalisalzen. Vom 25. V. 1910. (16 S.) 910.
427. Übereinkunft, revidierte Berner, zum Schutze v. Werken der Literatur u. Kunst. Vom 13. XI. 1908. (16 S.) 910.

Reichsgesetze, deutsche, in Einzel-Abdrucken. Bd.-Ausg. XXII–XXXV. 8. Gießen, E. Roth. Geb. in Leinw. 23.80

XXII. Das deutsche Reichsvereinsgesetz. Textausg. m. Vorwort, Einleitg., erläut. Anmerkgn. u. ausführl. alphabet. Sachregister. Von Puschmann. Mit Anh.: Die landesrechtl. Ausführungs-Bestimmgn. v. Anhalt, Baden, Bayern, Elsaß-Lothringen, Hessen, Mecklenburg-Schwerin, Oldenburg, Preußen, Sachsen, Sachsen-Weimar, Württemberg. 8. Aufl. (IV, 48 S.) (908.) Geb. in Leinw. — 80
XXIII. Börsengesetz. Nach dem Reichsgesetz vom 8. V. 1908 in der Fassg. v. 27. V. 1908. Von K. Gareis. (R.G.Bl. 1908 Nr. 24 S. 183 u. Nr. 27 S. 215.) (43 S.) (908.) Geb. in Leinw. 1. 10
XXIV. Das deutsche Vereins- u. Gesellschaftswesen nach der Reichsgesetzgebung m. dem Reichsvereinsgesetz vom 19. IV. 1908 u. den landesrechtlichen Ausführungs-Bestimmungen v. Anhalt, Baden, Bayern, Elsaß-Lothringen, Hessen, Mecklenburg-Schwerin, Oldenburg, Preußen, Sachsen, Sachsen-Weimar, Württemberg. Ein Hand- u. Nachschlagebuch. Von Puschmann. 4. verm. Aufl. unter Berücksicht. der Motive u. der Entscheidgn. des Reichsgerichts. (XII, 262 S.) (908.) Geb. in Leinw. 3. —
XXV. Gesetze üb. den Versicherungsvertrag. Von K. Gareis. Vom 30. V. 1908. R.G.Bl. S. 263, 305, 307. (64 S.) (908.) Geb. in Leinw. 1. 10
XXVI. Eisenbahn-Verkehrsordnung f. das Deutsche Reich vom 23. XII. 1908. Mit 2 Beilagen. 1.–4. Aufl. (128 S.) 909. Geb. in Leinw. 1. 10
XXVII. Jagd-, Forst- u. Vogelschutz im Königr. Preußen m. den Bestimmungen üb. Vorbereitung u. Anstellung im Forstverwaltungs- u. Forstschutzdienst. Ein Handbuch nach der Reichs- u. Landesgesetzgebg., sowie Rechtsprechg., namentlich des Reichsgerichts, unter Berücksicht. der Partikularrechte Anhalts, Bayerns, Badens, Braunschweigs, Hessens, Mecklenburg-Schwerins, Mecklenburg-Strelitz', Oldenburgs, Sachsens, Sachsen-Altenburgs, Sachsen-Weimars u. Württembergs. Von Puschmann. (XV, 216 S.) (909.) 2. 40; geb. in Leinw. 3. —
Erschien ohne Band-Bezeichnung.
XXVIII. Weingesetz vom 7. IV. 1909. (RGBl. 1909. Nr. 20. S. 393–402.) (55 S.) (909.) Geb. in Leinw. 1. 10
XXIX. Reichsstempelgesetz. Vom 15. VII. 1909. Reichs-Gesetzbl. 1909. Nr. 45. S. 833–879. (59 S.) (909.) Geb. in Leinw. 1. 30
XXX. Reichssteuergesetze, die neuen. (2, 24, 12, 33, 12, 10, 59 u. 36 S.) (909.) Geb. in Leinw. 2. 50
XXXI. Besoldungsgesetz. Vom 15. VII. 1909. Reichs-Gesetzbl. 1909. S. 573. (88 S.) 909. Geb. in Leinw. 1. 50
XXXII. Tabaksteuergesetz u. Zigarettensteuergesetz vom 15. VII. 1909. (36 u. 59 S.) (909.) Geb. in Leinw. 1. 50
XXXIII. Brausteuergesetz vom 15. VII. 1909. (169 S.) (909.) Geb. in Leinw. 2. 80
XXXIV. Verordnung üb. den Verkehr m. Kraftfahrzeugen. Vom 3. II. 1910. (IV, 61 S.) 910. Geb. in Leinw. 1. 30
XXXV. Verlagsrecht, Urheberrecht, Berner Übereinkunft. Hrsg. v. Karl Gareis. (16, 28, 24 u. IV, 16 S.) 910. Geb. in Leinw. 1. 60

— deutsche, u. preußische Landesgesetze, hrsg. v. Riedel 1881. Nr. 8–11. gr. 8. Berlin 881, C. Heymann's Verl. n. 1. —
8. 9. (12 u. 16 S.) à n. — 20. — 10. 11. (17 u. 20 S.) à — 30

— dasselbe. 1882. 2. Jahrg. Nr. 1—9. gr. 8. Ebend. n. 4. 50
1. (14 S.) — 25. — 2. Entwurf eines Innungsstatuts auf Grund d. Reichsgesetzes vom 18. Juli 1881. Mit Sachregister. (48 S.) n. — 60. — 3. (58 S.) n. — 80. — 4. (22 S.) — 30. — 5. Gesetz, betr. die Abänderung des Pensionsgesetzes vom 27. März 1872, vom 31. März 1882, u. Gesetz, betr. die Fürsorge f. die Wittwen u. Waisen der unmittelbaren Staatsbeamten, vom 20. Mai 1882. (12 S.) n. — 20. — 6. (35 S.) n. — 60. — 7. (16 S.) — 25. — 8. (19 S.) — 30. — 9. Gesetz, betr. die Fürsorge f. die Wittwen u. Waisen der unmittelbaren Staatsbeamten, vom 20. Mai 1882, mit den von den Verwaltungschefs u. der königl. Ober-Rechnungskammer erlassenen Ausführungsbestimmungen, den Bekanntmachungen der Militär- u. Staatsbeamten-Wittwenkassen [§ 23 d. Gesetzes], Tabellen zur Berechnung der Pensions-, sowie der Wittwen- u. Waisengeldsätze u. Sachregister. (111 S.) n. 1. 20

— deutsche, u. preußische Staatsgesetze betr. das Staatskirchenrecht. 2. Aufl. 8. (93 S.) Berlin 883. Moeser. 1. 25

— die deutschen. Billige Volks-Ausg. 1.—5. Hft. gr. 8. (160 S.) Hainichen 890. Sächs. Verlagshaus. à — 10

Reichsgesetze, die deutschen. 3 Bde. 2. Aufl. gr. 8. (2182 S.) Hainichen 892. (Leipzig-Neustadt, C. F. Rudolph.) Geb. in Leinw. 12. —
Die 1. Aufl. erschien im Verlag d. Sächsischen Verlagshauses in Hainichen. 890—892.

Die deutschen Reichsgesetze über das Bankwesen. Textausgabe mit kurzen Anmerkungen und Sachregister. Herausgegeben von G. Sanftenberg. (Reclams Universal-Bibliothek Nr. 4692/93.) 2. Auflage. Leipzig (1908).

Die deutschen **Reichsgesetze** über Bundes- und Staatsangehörigkeit, Passwesen, Freizügigkeit, Armenwesen und Unterstützungswohnsitz, sowie über Eheschliessungen. Erläut. v. R. Höinghaus. 2. Aufl. Berlin. 1871. 8°

— die deutschen, einschließlich der deutschen Reichsverfassung. Eine Sammlung aller f. das Königreich Bayern giltigen Gesetze d. deutschen Reiches sammt den dazu ergangenen k. bayer. Verordngn. u. Instructionen. [Aus: „Bayern's Gesetze u. Gesetzbücher."] 1. Abth. 1—9. Lfg., 2. Abth. 1—8. Lfg. u. 3. Abth. 1—6. Lfg. 8. (XII, 718; VIII, 679 u. 466 S.) Bamberg 871—76. Buchner. à n. 1. —
Aus: Bayerns Gesetze und Gesetzbücher, besonders abgedruckt.

— die deutschen, einschließlich der deutschen Reichsverfassung. Eine Sammlung aller f. das Königreich Bayern giltigen Gesetze des deutschen Reiches sammt den dazu ergangenen k. bayer. Verordnungen u. Instruktionen. 3. Bd. 7—11. Lfg. 8. (S. 467—845.) Bamberg 877. Buchner. à n. — 90

—— die deutschen, einschließlich der deutschen Reichsverfassung. Eine Sammlung aller für das Königr. Bayern giltigen Gesetze des deutschen Reiches sammt den dazu ergangenen k. bayer. Verordnungen und Instruktionen. 3. Bd.: Die Reichsgesetze von 1873—1876. 11 Lfgn. 8. (845 S.) Bamberg 876, Buchner'sche Buchh. *

—— dass. — 4. Bd. 8 Lfgn.: Die weiteren Reichsgesetze von 1876 bis August 1877. 8. (624 S.) Ebendas. 876,77. *

—— dass. — 5. Bd.: Die Reichs-Justizgesetze. 3 Abthlgn. 8. Ebendas. *
Inhalt:
Abthl. 1. Gerichtsverfassungs-Gesetz. Civil-Proceßordnung. Konkursordnung. Straf-Proceßordnung mit den Einführungsgesetzen. (515 S.) 878. *M. 6,60.
" 2. Die Ausführungs-Gesetze und Vollzugs-Verordnungen zu den Reichs-Justizgesetzen. 1. Thl. (736 S.) 879. *M. 9,40.
" 3. —— dass. — 2. Thl. (VII, 989 S.) 880. *M. 13.

— dasselbe. 5. Bd. 1. Abth. 7. Lfgn. 8. (515 S.) Ebend. 877. n. 6. 60

— dasselbe. 5. Bd. 2. Abth. 1—7. Lfg. 8. (568 S.) Ebend. 878. 79. à n. 1. —

— dasselbe. 5. Bd. 3. Abth. 13 Lfgn. 8. (VII, 989 S.) Ebend. 879. 80. à n. 1. —

—— dass. — 6. Bd.: Die neuesten Reichsgesetze von 1878—1880. 7 Lfgn. 8. (VIII, 485 S.) Ebendas. 880. *

—— die deutschen, einschließlich der deutschen Reichsverfassung Eine Sammlung aller für das Königr. Bayern giltigen Gesetze des deutschen Reiches, sammt den dazu ergangenen königl bayr. Verordnungen und Instruktionen. 7. Bd. 6 Lfgn. 8. (VIII, 479 S.) Bamberg 880,81, Buchner'sche Buchh. à Lfg. *M 1. *
Aus: Bayerns Gesetze und Gesetzbücher, besonders abgedruckt.

—— dass. — 8. Bd. 14 Lfgn. 8. (XVI, 1064 S.) Ebendas. 882. à Lfg. *M 1. *

— dasselbe. 9. Bd. 1. u. 2. Lfg. 8. (S. 1—144.) Ebend. 882. à n. 1. —

— die deutschen, einschließlich der deutschen Reichsverfassung. Eine Sammlg. aller f. das Königr. Bayern gilt. Gesetze d. deutschen Reiches, sammt den dazu ergangenen k. b. Verordngn. u. Instruktionen. 9. Bd. 3—6. [Schluß-] Lfg. 8. (VII, u. S. 145—466.) Bamberg 883. Buchner. Subscr.-Pr. à n. 1. —

— dasselbe. 10. Bd. 7 Lfgn. (VIII, 549 S.) 8. Ebend. 884. Subscr.-Pr. à Lfg. n. 1. —

— dasselbe. 11. Bd. 8 Lfgn. 8. (VIII, 693 S.) Ebend. 884. 85. Subscr.-Pr. à Lfg. n. 1. —

—— die deutschen, einschließlich der deutschen Reichsverfassung. Eine Sammlung aller für das Königr. Bayern gilt. Gesetze des deutschen Reiches, sammt den dazu ergangenen k. bayer. Verordnungen und Instruktionen. 12. Bd. 9 Lfgn. 8. (VIII, 717 S.) Bamberg 886, Buchner'sche Buchh. Subscr.-Pr. à Lfg. *ℳ 1.—. *

— dasselbe. 13. Bd. 1—6. Lfg. 8. (488 S.) Ebend. 886. à n. 1. —

— die deutschen, einschließlich der deutschen Reichsverfassung. Eine Sammlg. aller f. das Königr. Bayern gilt. Gesetze des Deutschen Reiches, sammt den dazu ergang. k. b. Verordngn. u. Instruktionen. [Aus: „Bayerns Gesetze u. Gesetzbücher ꝛc."] 13. Bd. 7.—10. Lfg. 8. (XII u. S. 489—768.) Bamberg 887. Buchner, Verl. Subscr.-Pr. à n. 1.— (13. Bd. cplt.: n. 10.—)

— dasselbe. 14. Bd. 8 Lfgn. 8. (IX, 611 S.) Ebd. 888. à Lfg. n. 1. —

— dasselbe. 15. Bd. 8 Lfgn. 8. (XIII, 683 S.) Ebd. 889. à Lfg. n. 1. —

— dasselbe. 16. Bd. 1.—10. Lfg. 8. (912 S.) Ebd. 889. à Lfg. n. 1. —

— die deutschen, einschließlich der deutschen Reichsverfassung. Eine Sammlg. aller f. das Königr. Bayern gilt. Gesetze d. deutschen Reiches sammt den in Bayern ergangenen Gesetzen, Verordngn. u. Instructionen. [Aus: „Bayern's Gesetze u. Gesetzbücher ꝛc."] 16. Bd., enth. die im J. 1889 ergangenen Reichs- u. Landesgesetze, Verordngn. u. Ministerial-Anordngn. 11.—14. (Schluß-) Lfg. 8. (VIII u. S. 913—1174.) Bamberg 890. C. C. Buchner's Verl. à Lfg. n. 1. — (16. Bd. kplt.: n. 14. —)

— dasselbe. 17. Bd., enth. die im J. 1890 ergangenen Reichs- u. Landesgesetze, Verordngn. u. Ministerial-Anordngn. 10 Lfgn. 8. (XIII, 811 S.) Ebd. 891. à Lfg. n. 1. —

— dasselbe. 18. Bd., enth. die im J. 1891 ergangenen Reichs- u. Landesgesetze, Verordngn. u. Ministerial-Anordngn. 10 Lfgn. 8. (XII, 782 S.) Ebd 892. à Lfg. n. 1. —

— dasselbe. 19. Bd., enth. die im J. 1892 ergangenen Reichs- u. Landesgesetze, Verordngn. u. Ministerial-Anordngn. 16 Lfgn. 8. (XVI, 1239 S.) Ebd. 892—894. à Lfg. n. 1. —

— dasselbe. 20. Bd., enth. die im J. 1893 ergangenen Reichs- u. Landesgesetze, Verordngn. u. Ministerial-Anordgn. Mit ministerieller Genehmigg. 5 Lfgn. 8. (XXI, 391 S.) Ebd. 894. à Lfg. n. 1. —

— dasselbe. 21. Bd., J. 1894. 1.—4. Lfg. 8. (S. 1—320.) Ebd. 894. à Lfg. n. 1. —

— die deutschen, einschließl. d. deutschen Reichsverfassg. E. Sammlg. aller f. d. Königr. Bayern gilt. Gesetze d. deutschen Reiches sammt d. in Bayern ergang. Gesetzen, Verordngn. u. Instructionen. [Aus: „Bayern's Gesetze u. Gesetzbücher ꝛc."] 21. Bd., enth. d. im J. 1894 ergang. im Königr. Bayern gelt. Reichs- u. Landesgesetze, Verordngn. u. wichtigsten Ministerial-Bekanntmachgn. 5.—9. (Schluß-) Lfg. 8. (XII u. S. 321—686.) Bamberg 895. C. C. Buchner, Verl. à Lfg. n. 1. —

Reichs-Gesetze, d. deutschen, einschließl. d. deutschen Reichsverfassg. E. Sammlg. aller f. d. Königr. Bayern gilt. Gesetze d. deutschen Reichs sammt d. in Bayern ergang. Gesetzen, Verordngn. u. Instructionen. [Aus: „Bayern's Gesetze u. Gesetzbücher ꝛc."] 22. Bd., enth. d. im J. 1895 ergang. Reichs- u. Landesgesetze, Verordngn. u. Ministerial-Anordngn. 10 Lfgn. 8. (XIII, 818 S.) Bamberg 896. C. C. Buchner, Verl. à Lfg. n. 1. —

— dasselbe. 23. Bd., enth. d. im J. 1896 ergang. Reichs- u. Landesgesetze, Verordngn. u. Ministerial-Anordngn. 8 Lfgn. 8. (XIV, 688 S.) Ebd. 897. 98. n. 8. 80

— dasselbe. 24. Bd., enth.: Bürgerl. Gesetzbuch für das Deutsche Reich v. 18. VIII. 1896 u. dessen Einführungsgesetz v. 18. VIII. 1896. M. genauen systemat. u. gemeinschaftl. alphabet. Registern. 7 Lfgn. 8. (LXXXVIII, 489 S.) Ebd. 898. n.n. 7. 30

— dasselbe. 25. Bd., enth. d. im J. 1897 ergang. Reichs- u. Landesgesetze, Verordngn. u. Ministerial-Anordngn. 1.—8. Lfg. 8. (S. 1—640.) Ebd. 898. à Lfg. n. 1. —

Reichsgesetze, die deutschen, einschließlich d. deutschen Reichsverfassg. Eine Sammlg. aller f. das Königr. Bayern gilt. Gesetze des deutschen Reiches sammt den in Bayern ergangenen Gesetzen, Verordnungen u. Instructionen. [Aus: „Bayern's Gesetze u. Gesetzbücher" ꝛc.] 25. Bd., enth. die im J. 1897 ergangenen Reichs- u. Landesgesetze, Verordngn. u. Ministerial-Anordngn. 9. u. 10. Lfg. 8. (XIII u. S. 641—821.) Bamberg 898. C. C. Buchner Verl. n. 2. 25; (25. Bd. kplt. n. 10. 25)

— dasselbe. 26. Bd., enth. die im J. 1898 ergangenen Reichs- u. Landesgesetze, Verordngn. u. Ministerial-Anordngn. 8 Lfgn. 8. (XII, 660 S.) Ebd. 899. n. 8. —

— dasselbe. 27. Bd., Ausführungs- u. Nebengesetze zum bürgerl. Gesetzbuche, nebst den hiezu ergangenen Verordnungen u. Instruktionen. 16 Lfgn. 8. (X, 1249 S.) Ebd. 899. 900. n. 16. —

— dasselbe. 28. Bd., enth. die im J. 1899 ergangenen Reichs- u. Landesgesetze, Verordngn. u. Ministerial-Anordngn. 16 Lfgn. 8. (XIV, 1284 S.) Ebd. 900. 901. n. 16. —

— dasselbe. 29. Bd., enth. die im J. 1900 ergangenen Reichs- u. Landesgesetze, Verordngn. u. Ministerial-Anordngn. 20 Lfgn. 8. (XV, 1606 S.) Ebd. 901. n. 20. —

— dasselbe. 30. Bd., enth. die im J. 1901 ergangenen Reichs- u. Landesgesetze, Verordngn. u. Ministerial-Anordngn. 14 Lfgn. 8. (XV, 1084 S.) Ebd. 902. n. 14. —

— dasselbe. 31. Bd. J. 1902. 17 Lfgn. 8. (XXII, 1393 S.) Ebd. 902. 903. n. 17. 70

Mit „Bayern's Gesetze u. Gesetzbücher" vereinigt.

Reichsgesetze

— die, vom 7. u. 8. April 1876 über die eingeschriebenen Hülfskassen u. über Abänderung d. Titels VIII der Gewerbe-Ordnung, nebst Erläuterungen u. Anleitung zur Ausarbeitung von Kassen- u. Ortsstatuten. Zum prakt. Gebrauch bearb. im Auftrage der königl. Landdrostei zu Hildesheim. 2. Aufl. gr. 8. (40 S.) Hildesheim 877. Lax. n. — 80

Reichs- u. Landesgesetze, die, üb. die Krankenversicherung der Arbeiter u. die eingeschriebenen Hülfskassen, nebst den bad. Vollzugsverordngn., sowie Entwürfen f. Statuten u. Verwaltungsvorschriften. Amtliche Ausg. f. das Großherzogth. Baden. gr. 8. (III, 253 S.) Karlsruhe 892. G. Braun. n. 2. 40

—— und Ministerial-Verordnungen zum Gebrauche für die k. k. Gendarmerie. Jahrg. 1880—1884. gr. 8. (S. 486—718.) Wien, Hof- und Staatsdruckerei. à Jahrg. *

Reichsgesetze und Ministerial-Verordnungen zum Gebrauche für die k. k. Gendarmerie. Jahrg. 1885. gr. 8. (S. 721—800.) Wien, Hof- und Staatsdruckerei. * — 40

—— u. Ministerial-Verordnungen zum Gebrauche f. die k. k. Gendarmerie. Jahrg. 1886 u. 1887. gr. 8. (S. 801—868.) Wien 887, 88, Hof- u. Staatsdruckerei. à Jahrg. * — 20
Jahrg. 1888. * — 20; 1889/90. * — 40; 1891/92. * — 40. Ebd. — Die näheren Angaben fehlen.

Reichsgesetze und Ministerial-Verordnungen zum Gebrauche für die k. k. Gendarmerie. Jahrgang 1888. 8. (16 S.) —.10
Wien: Hof- u. Staatsdruckerei 1889.

— dasselbe. Jahrg. 1889/90 u. 1891/92. gr. 8. (S. 886—1006.) Ebd. 891. 893. à n. — 40

— dasselbe. Jahrg. 1893. gr. 8. (24 S.) Ebd. 894. n. — 20

— u. Ministerial-Verordnungen z. Gebrauche f. die k. k. Gendarmerie. Jahrg. 1894 u. 1895. gr. 8. (S. 1031—1139.) Wien 895. 96. Hof- u. Staatsdruckerei. à n. — 20

Reichs- und preußischen Staatsgesetze, die neueren deutschen, betr. das Staatskirchenrecht. 8. (89 S.) Berlin 880, Moeser.

Reichsgesetze u. preuss. Staatsgesetze betr. d. Staatskirchenrecht. 2. Aufl. Berlin 883.

— für das Kaiserthum Oesterreich. 1 — 53. Hft. (od. 1 — 18. Bd.) u. Neue Folge. Jahrg. 1852. 1. Bd. 16. 18. Bd. A. u. d. T.: Der allgemeine österreich. Zolltarif f. die Ein-, Aus- u. Durchfuhr. (231 S.) Neue Folge 1. Bd. (388 S.) Wien 849—52, Tendler & Co. (1 — 17. Bd. à n. 24 ngr 18. Bd. n. 18 ngr Neue Folge 1. Bd. n. 24 ngr) n. 13 ₰ (s.: Gochnat, Karl, General-Index.)

Reichs-Gesetze für das Kaiserthum Oesterreich. Taschen-Ausg. Nr. 1—24. Prag 868, 69. Linnekogel & Funk. 16. n. 5 ₰ 19 ngr.

1. Vereins- u. Versammlungsrecht vom 15. Novbr. 1867. (32 S.) n. 4 ngr.
2. Verfassungs- u. Staatsgrund-Gesetze vom 21. Decbr. 1867. (63 S.) 6 ngr.
3. Ehegesetz, Schulgesetz, interconfessionelles Gesetz vom 25. Mai 1868. (59 S.) 6 ngr.
4. Gesetz betr. die Disciplinarbehandlung richterlicher Beamten vom 21. Mai 1868. (36 S.) n. 4 ngr.
5. Gesetz über die Einrichtung der politischen Verwaltungsbehörden vom 19. Mai 1868. (47 S.) n. 5 ngr.
6. Handels- u. Zollvertrag vom 9. März 1868 zwischen Oesterreich u. dem deutschen Zollverein. (114 S.) n. 10 ngr.
7. Vollzugs-Verordnung vom 1. Juli 1868 zu dem Gesetz in Ehesachen vom 25. Mai 1868 u. Gesetz über unmittelbare Wahlen in das Abgeordnetenhaus vom 29. Juni 1868. (56 S.) 6 ngr.
8. Gesetz über die Organisirung der Handels- u. Gewerbekammern vom 29. Juni 1868 u. die Advocaten-Ordnung vom 6. Juli 1868 rc. (120 S.) n. 10 ngr.
9. Durchführungs-Verordnung vom 10. Juli 1868 zum Gesetze über die Einrichtung der polit. Verwaltungsbehörden vom 19. Mai 1868. (68 S.) 6 ngr.
10. Oesterreichisches Preßgesetz u. Gesetz über das Strafverfahren in Preßsachen ergänzt durch die Preßgesetznovelle vom 15. Octbr. 1868, sammt Amtsinstruction u. den Gesetzen über Abänderungen u. Ergänzungen zum Strafgesetze vom 17. Decbr. 1862 u. 15. Novbr. 1867. (63 S.) 6 ngr.
11. Gesetz betr. die Hintanhaltung u. Unterdrückung der Rinderpest vom 29. Juni 1868, dann kaiserl. Verordnung vom 7. Octbr. 1868, wodurch die Befugnisse der Regierungsgewalt zur Verfügung zeitweil. u. örtl. Ausnahmen von den besteh. Gesetzen provisorisch bestimmt werden, ferner: Concessions-Urkunde zum Baue u. Betriebe einer Locomotiv-Eisenbahn von St. Michael nach Leoben vom 20. Juli 1868 rc. (124 S.) n. 10 ngr.

12a. Wehrgesetz u. Gesetz, womit die Art u. Weise der Erfüllung der Wehrpflicht geregelt wird, vom 5. Decbr. 1868 rc. (71 S.) n. 5 ngr.

12b. Durchführungs-Bestimmungen zum Wehrgesetze vom 5. Decbr. 1868. (53 S.) n. 4 ngr.

13. Concurs-Ordnung sammt Einführungs-Gesetz vom 25. Decbr. 1868. Mit einem alphabet. nach Schlagwörtern abgefaßten Materien-Register. (IV, 107 S.) n. 8 ngr.
14. Gesetz betr. die Einführung von Schwurgerichten in Preßsachen u. die Bildung von Geschwornenlisten vom 9. März 1869. — Gesetz über die Rechte u. das Verfahren bei der grundbücherlichen Zertheilung einer Liegenschaft vom 6. Febr. 1869 rc. (92 S. mit 1 Tab. in 4.) n. 8 ngr.
15. Volksschul-Gesetz vom 14. Mai 1869 mit einem Anh. enthltd.: Gesetz vom 25. Mai 1868, ferner das Finanzgesetz für das Jahr 1869 rc. (104 S.) n. 8 ngr.
16. Landwehr-Gesetz vom 13. Mai 1869. — Gesetz über die Errichtung von Gewerbe-Gerichten vom 14. Mai 1869. — Gesetz betr. den Wirkungskreis der Militär-Gerichte vom 20. Mai 1869 rc. Mit einem alphabet. nach Schlagwörtern abgefaßten Materien-Register zu den Gesetzen über die Errichtung von Gewerbegerichten u. über die Volkszählung. (IV u. S. 307—388.) $7^1/_2$ ngr.
17. Gesetz über die Regelung der Grundsteuer vom 24. Mai 1869. — Gesetz über die der Reichsgesetzgebung vorbehaltenen Bestimmungen des Wasserrechts vom 30. Mai 1869. — Bestimmungen, weitere, über die Aufnahme der Einjährig-Freiwilligen vom 24. April 1869 rc. (S. 389—484.) $7^1/_2$ ngr.
18. Uebergangsbestimmungen zur Durchführung des Volksschulgesetzes vom 12. Juli 1869. — Instruction für prov. Bezirksschul- u. k. k. Landschul-Inspectoren vom 18. Mai u. 11. Juli 1869 rc. (S. 485—562.) 6 ngr.
19. Verordnung des Ministers des Innern betr. die Vornahme der Volkszählung im Jahre 1870 vom 15. Aug. 1869. — Gesetz über die Erfordernisse der Executionsfähigkeit der vor Vertrauensmännern aus der Gemeinde abgeschlossenen Vergleiche u. über die von denselben zu entrichtenden Gebühren, vom 21. Septbr. 1869 rc. (S. 563—674.) n. 8 ngr.
20. Gesetz betr. die Bewilligung von Steuerfreijahren bei Neu-, Um- u. Zubauten, vom 24. Decbr. 1869. — Verordnung betr. die Prüfungen der Lehrer an Volks- u. Bürgerschulen vom 15. Novbr. 1869 rc. (XXVI u. S. 675—756.) n. 8 ngr.
21. Das Coalitions-Gesetz vom 7. April 1870. — Gesetz zum Schutze des Brief- u. Schriftengeheimnisses vom 6. April 1870. — Verordnung des Ministeriums für C. u. U. betr. die Aufnahms-Prüfungen für die unterste Classe der Mittelschulen vom 14. März 1870 rc. (XXVI u. S. 1—95.) 9 ngr.
22. Verordnung des Ministers für C. u. U. vom 6. April 1870. Fortbildungskurse der Volksschullehrer. — Verordnung vom 8. April 1870 über die Diätenclassen für die Lehrerpersonale an staatlichen Lehrerbildungsanstalten. — Pensions-Gesetz vom 9. April 1870 für das Lehrpersonal der vom Staate erhaltenen Lehranstalten rc. (S. 96—190.) n. 7 ngr.
23. Erlaß des Finanz-Ministeriums über die Einbekennung des dem Gebühren-Aequivalente unterliegenden Vermögens für das 3. Decennium (1871—1880) vom 18. Mai 1870. — Verordnung der Leiter des Ministeriums für C. u. U. u. des H. betr. die Prüfung der Candidaten für das Lehramt der Handelswissenschaften vom 17. Mai 1870. Kundmachung des F.-M. über den Zinsentermin für die mit Coupons verseh. Obligationen des zur Conservirung bestimmten National-Anlehens vom 26. Juni 1854, vom 23. Juni 1870 rc. (S. 191—270.) n. 6 ngr.
24. Verordnung des Ministers für C. u. U., womit eine Schul- u. Unterrichtsordnung für die allgemeinen Volksschulen erlassen wird, vom 20. Aug. 1870. Mit einem alphabet. nach Schlagwörtern abgefaßten Materienregister. (S. 277—314.) n. 4 ngr.

—— für das Kaiserth. Oesterreich. Taschenausg. Nr. 1—12. 12b, 13—71. 16. Prag, Mercy. *

Inhalt:

Nr. 1. Vereins- und Versammlungsrecht vom 15. Novbr. 1867. (32 S.) 868. * 40 Pf.

„ 2. Verfassungs- und Staatsgrund-Gesetze vom 21. Decbr. 1867 mit einem Anhange enth.: Die Gesetze zum Schutze der persönlichen Freiheit und des Hausrechts. (63 S.) 868. 60 Pf.

„ 3. Ehegesetz. Schulgesetz. Interconfessionelles Gesetz vom 25. Mai 1868, ferner Ministerverantwortlichkeitsgesetz ꝛc. (59 S.) 868. 60 Pf.

„ 4. Gesetz betr. die Disciplinarbehandlung richterlicher Beamten und die unfreiwillige Versetzung derselben vom 21. Mai 1868. (36 S.) 868. * 40 Pf.

Nr. 5. Gesetz über die Einrichtung der politischen Verwaltungsbehörden vom 19. Mai 1868 ꝛc. (47 S.) 868. * 50 Pf.

„ 6. Handels- und Zollvertrag vom 9. März 1868 zwischen Oesterreich und dem deutschen Zollverein. (114 S.) 868. * M 1.

„ 7. Vollzugs-Verordnung vom 1. Juli 1868 zu dem Gesetz in Ehesachen vom 25. Mai 1868 und Gesetz über unmittelbare Wahlen in das Abgeordnetenhaus vom 29. Juni 1868. (56 S.) 868. 60 Pf.

„ 8. Gesetz über die Organisirung der Handels- und Gewerbekammern vom 29. Juni 1868 und die Advocaten-Ordnung vom 6. Juli 1868 ꝛc. (120 S.) 868. * M 1.

„ 9. Durchführungs-Verordnung vom 10. Juli 1868 zum Gesetze über die Einrichtung der polit. Verwaltungsbehörden vom 19. Mai 1868. (68 S.) 868. 60 Pf.

„ 10. Oesterreichisches Preßgesetz und Gesetz über das Strafverfahren in Preßsachen ergänzt durch die Preßgesetznovelle vom 15. Octbr. 1868, sammt Amtsinstruction und den Gesetzen über Abänderungen und Ergänzungen zum Strafgesetze vom 17. Decbr. 1862 und 15. Novbr. 1867. (63 S.) 868. 60 Pf.

„ 11. Gesetz betr. die Hintanhaltung und Unterdrückung der Rinderpest vom 29. Juni 1868, dann kaiserl. Verordnung vom 7. Octbr. 1868, wodurch die Befugnisse der Regierungsgewalt zur Verfügung zeitweil. und örtl. Ausnahmen von den besteh. Gesetzen provisorisch bestimmt werden, ferner: Concessions-Urkunde zum Baue und Betriebe einer Locomotiv-Eisenbahn von St. Michael nach Leoben vom 20. Juli 1868 ꝛc. (124 S.) 869. * M 1.

„ 12. Wehrgesetz und Gesetz, womit die Art und Weise der Erfüllung der Wehrpflicht geregelt wird, vom 5. Decbr. 1868 ꝛc. (71 S.) 869. * 50 Pf.

„ 12b. Durchführungs-Bestimmungen zum Wehrgesetze vom 5. Decbr. 1868. (53 S.) 869. * 40 Pf.

„ 13. Concurs-Ordnung sammt Einführungs-Gesetz vom 25. Decbr. 1868. Mit einem alphabet. nach Schlagwörtern abgefaßten Materien-Register. (IV, 107 S.) 869. * 80 Pf.

„ 14. Gesetz betr. die Einführung von Schwurgerichten in Preßsachen und die Bildung von Geschwornenlisten vom 9. März 1869. Gesetz über die Rechte und das Verfahren bei der grundbücherl. Zertheilung einer Liegenschaft vom 6. Febr. 1869 ꝛc. (92 S. mit 1 Tab. in 4.) 869. * 80 Pf.

„ 15. Volksschul-Gesetz vom 14. Mai 1869 mit einem Anh. enth.: Gesetz vom 25. Mai 1868, ferner das Finanzgesetz für das J. 1869 ꝛc. (104 S.) 869. * 80 Pf.

„ 16. Landwehr-Gesetz vom 13. Mai 1869. Gesetz über die Errichtung von Gewerbe-Gerichten vom 14. Mai 1869. Gesetz betr. den Wirkungskreis der Militär-Gerichte vom 20. Mai 1869 ꝛc. Mit einem alphabet. nach Schlagwörtern abgefaßten Materien-Register zu den Gesetzen über die Errichtung von Gewerbegerichten und über die Volkszählung. (87 S.) 870. 75 Pf.

„ 17. Gesetz über die Regelung der Grundsteuer vom 24. Mai 1869. Gesetz über die der Reichsgesetzgebung vorbehaltenen Bestimmungen des Wasserrechtes vom 30. Mai 1869. Weitere Bestimmungen über die Aufnahme der Einjährig-Freiwilligen vom 24. April 1869 ꝛc. (95 S.) 870. 75 Pf.

„ 18. Uebergangsbestimmungen zur Durchführung des Volksschulgesetzes vom 12. Juli 1869. Instruction für prov. Bezirksschul- und k. k. Landschul-Inspectoren vom 18. Mai und 11. Juli 1869 ꝛc. (79 S.) 870. 60 Pf.

„ 19. Verordnung des Ministers des Innern betreffend die Vornahme der Volkszählung im J. 1870 vom 15. Aug. 1869. Gesetz über die Erfordernisse der Executionsfähigkeit der vor Vertrauensmännern aus der Gemeinde abgeschlossenen Vergleiche und über die von denselben zu entrichtenden Gebühren, vom 21. Septbr. 1869 ꝛc. (110 S.) 870. * 80 Pf.

„ 20. Gesetz betr. die Bewilligung von Steuerfreijahren bei Neu-, Um- und Zubauten, vom 24. Decbr. 1869. Verordnung betr. die Prüfungen der Lehrer an Volks- und Bürgerschulen vom 15. Novbr. 1869 ꝛc. (107 S.) 870. * 80 Pf.

„ 21. Das Coalitions-Gesetz vom 7. April 1870. Gesetz zum Schutze des Brief- und Schriftengeheimnisses vom 6. April 1870. Verordnung des Ministeriums für C. und U. betr. die Aufnahms-Prüfungen für die unterste Classe der Mittelschulen vom 14. März 1870 ꝛc. (122 S.) 870. 90 Pf.

„ 22. Verordnung des Ministeriums für C. und U. vom 6. April 1870. Fortbildungscurse der Volksschullehrer. Verordnung vom 8. April 1870 über die Diätenclassen für die Lehrerpersonale an staatl. Lehrerbildungsanstalten. Pensions-Gesetz vom 9. April 1870 für das Lehrpersonal der vom Staate erhalt. Lehranstalten ꝛc. (95 S.) 870. * 70 Pf.

„ 23. Erlaß des Finanz-Ministeriums über die Einbekennung des dem Gebühren-Aequivalente unterlieg. Vermögens für das 3. Decennium [1871—1880] vom 18. Mai 1870. Verordnung der Leiter des Ministeriums für C. und U. und des H. betr. die Prüfung der Candidaten für das Lehramt der Handelswissenschaften vom 17. Mai 1870. Kundmachung des F.-M. über den letzten Zinsentermin für die mit Coupons verseh. Obligationen des zur Conservirung bestimmten National-Anlehens vom 26. Juni 1854, vom 23. Juni 1870 ꝛc. (87 S.) 870. * 60 Pf.

„ 24. Verordnung des Ministers für C. und U., womit eine Schul- und Unterrichtsordnung für die allgemeinen Volksschulen erlassen wird, vom 20. Aug. 1870. Mit einem alphabet. und nach Schlagwörtern abgefaßten Materienregister. (39 S.) 870. * 40 Pf.

Nr. 25. Verordnung des Ministers des J. und des H. betr. die Rekursfrist-Abkürzung gegen landesf. Expropriations-Erkenntnisse bei Eisenbahnbauten vom 27. Aug. 1870. Verordnung des H.-M. vom 30. Aug. 1870 betr. die Sicherheits-Rücksichten beim Baue eiserner Brücken für Eisenbahnen, mit einem Anh. enth. die Eisenbahnbetriebs-Ordnung vom 16. Novbr 1851 ꝛc. (108 S.) 870. * 80 Pf.

„ 26. Instruction zur Ausführung des Wehrgesetzes vom 15. Juli 1869 sammt allen dazu gehör. Formularen und Beilagen nebst dem Wehrgesetze vom 5. Decbr. 1868 und einem Anh. enth. das Landwehrgesetz vom 13. Mai 1869 ꝛc. (319 S.) 870. * M 2.

„ 27. Erlaß des Finanz-Ministeriums über das bei der gegen Verzehrungssteuer-Rückvergütung erfolgenden Ausfuhr von gebrannten geist. Flüssigkeiten zu beobachtende Verfahren, vom 5. Decbr. 1870. Verordnung des Ministers für C. und U. betr. prov. Anordnungen betreffs der Ort- und Bezirksaufsicht über die Volksschulen in Galizien, vom 1. Decbr. 1870. Verordnung des Ministers für C. und U. betr. eine Schul- und Unterrichtsordnung für Volksschulen in Istrien vom 13. Octbr. 1870 ꝛc. (XXVII, 54 S.) 871. * 60 Pf.

„ 28. Verordnung des H.-M. vom 4. Febr. 1871 betr. die Verfassung und Vorlage von Eisenbahnprojecten und die damit zusammenhängenden Amtshandlungen, mit einem Anh., enth. Abänderungen der Instruction zum Wehrgesetze vom 28. Octbr. 1870 und 13. Decbr. 1870 und einigen Bestimmungen des Landwehr-Statutes vom 22. Juli 1870 ꝛc. (88 S.) 871. * 70 Pf.

„ 29. Gesetz vom 23. Mai 1871 betr. die Ausübung der Gerichtsbarkeit über die Landwehr. Verordnung des Ministers des J. und der F. in Betreff der Competenz der Steuerämter bei Durchführung von Real-Executionen, vom 24. April 1871. Erlaß des F.-M. vom 30. April 1871 betr. die Steuerrückvergütungs-Anweisungen von gebrannten geist. Flüssigkeiten ꝛc. (87 S.) 871. 70 Pf.

„ 30. Gesetz vom 25. Juli 1871 betr. die Einführung einer neuen Notariats-Ordnung. Commentirt von einem prakt. Juristen und mit einem alphabet., nach Schlagwörtern abgefaßten Materienregister versehen. Gesetz vom 25. Juli 1871 betr. das Erforderniß der notariellen Errichtung einiger Rechtsgeschäfte. (87 S.) 871. 70 Pf.

„ 31. Die Gesetze über die Einführung eines allgemeinen Grundbuchs-Gesetzes und das Verfahren bei Anlegung, Ergänzung, Wiederherstellung oder Aenderung von Grund- oder Bergbüchern vom 25. Juli 1871. Commentirt von einem prakt. Juristen. Mit einem alphabet., nach Schlagwörtern abgefaßten Materien-Register. (III, 67 S.) 871. 60 Pf.

„ 32. Gesetz in Betreff der Regelung der polizeil. Abschaffung und des Schubwesens, vom 27. Juli 1871. Gesetz über Beschränkung der außerordentl. Berufung und Beschwerde gegen gerichtl. Entscheidungen in Strafsachen und über Regelung der gerichtl. Competenz bei Behandlung der Strafaufschubs- und Gnadengesuche, vom 23. Juli 1871. Gesetz über die Einrichtung und den Wirkungskreis der Bergbehörden, vom 21. Juli 1871 ꝛc. (88 S.) 872. * 70 Pf.

„ 33. Gesetz vom 7. Juli 1871 betr. die Erprobung und period. Untersuchung der Dampfkessel sammt Verordnung vom 12. Octbr. 1871 betr. die Sicherheitsvorkehrungen gegen Dampfkessel-Explosionen sammt den Bestimmungen vom 15. Septbr. 1858 über die Prüfung der zur Bedienung oder Ueberwachung einer Dampfmaschine oder eines Dampfkessels zu verwend. Individuen. (34 S.) 872. * 50 Pf.

„ 34. Die Post-Verordnungen vom 12., 13., 14. und 15. Octbr. 1871 betr. die Einführung von Postnachnahmekarten, die Aenderungen in den Bestimmungen über die Postnachnahmen, die Fahrpostsendungen und die Postanweisungen. Gesetz über die Erwerb- und Einkommensteuer von an bestimmte Standorte gebund. Erwerbsunternehmungen, vom 29. Juli 1871. Erlaß des Finanzministeriums betr. das Verfahren bei der Zuckerausfuhr gegen Steuerrückvergütung vom 9. August 1871 ꝛc. (48 S.) 872. * 70 Pf.

„ 35. Handels- und Schiffahrts-Vertrag zwischen der österreichisch-ungar. Monarchie und Spanien vom 24. März 1870. Tarif für die Einhebung der Einfuhrzölle von den aus dem Auslande und den überseeischen Provinzen nach der Halbinsel und den balear. Inseln gelang. Waaren. Concessions-Urkunde zum Bau und Betriebe einer Locomotiv-Eisenbahn von Lieboch nach Wies ꝛc. (XXVII, 96 S.) 872. * 90 Pf.

„ 36. Instruction zum Vollzuge des allgem. Grundbuchsgesetzes vom 12. Jan. 1872 ꝛc. (64 S.) 872. * 60 Pf.

„ 37. Die neue Maß- und Gewichts-Ordnung vom 23. Juli 1871. Punzirungs-Gesetz vom 26. Mai 1866 ꝛc. (72 S.) 872. * 60 Pf.

„ 38. Das Disciplinar-Statut für Advocaten und Advocatur-Candidaten vom 1. April 1872 sammt der Advocatur-Ordnung vom 6. Juli 1868. (43 S.) 872. * 40 Pf.

„ 39. Die Gesetze betr. die Nothwahlen in die Reichsvertretung vom 13. März 1872, die Vollstreckung von Expropriationserkenntnissen in Eisenbahnangelegenheiten vom 29. März 1872, die Regelung der Gehalte des Lehrpersonals ꝛc. (84 S.) 872. * 70 Pf.

„ 40. Die Gesetze und Verordnungen betr. die Lehrerprüfungen an Volks- und Bürgerschulen vom 5. April 1872, die Lehrbefähigungszeugnisse für Mittelschulen vom 5. April 1872, die Bezüge der Landesschulinspectoren ꝛc. (100 S.) 872. * 80 Pf.

„ 41. Die Rigorosen-Ordnung vom 15. April 1872. Mit einem Anh. enth. die Studien-Ordnung ꝛc. (75 S.) 872. * 70 Pf.

„ 42. Die Verordnungen vom 16. Juni und 1. Juli 1872 betr. die einheitl. Signalvorschrift und das neue Betriebsreglement auf den Eisenbahnen. (88 S.) 874. * 80 Pf.

„ 43. Gesetz über Klagerecht der Parteien, Abänderung des Landwehrgesetzes, und Verleihung von Anstellungen an gediente Unteroffiziere ꝛc. (92 S.) 874. * 80 Pf.

Nr. 44. Bestimmungen über Kindergärten, Organisations-Statut für die Academie der bild. Künste, Zoll- und Verzehrungssteuer-Vorschrift. Zuweisung einzelner Amtshandlungen in Eheangelegenheiten der polit. Bezirksbehörden ꝛc. (100 S.) 874. * 80 Pf.

„ 45. Internationaler Telegraphen-Vertrag. Erweiterung der Reclamationsfrist, Hinausgabe gestämpelter Wechselblanquette ꝛc. (121 S.) 874. * M 1.

„ 46. Aichordnung. Schutz von Weltausstellungs-Gegenständen. Neue österreich. Arzneitaxe ꝛc. (XXXII, 181 S.) 874. * M 1,20.

„ 47. Reichsraths-Wahlordnung ꝛc. (76 S.) * 70 Pf.

„ 48. Die Gesetze vom 27. April 1873 über das Bagatell- und Mahnverfahren sammt Vollzugs-Verordnungen vom 5. und 6. Juni 1873, nebst dem Gesetze vom 24. Mai 1873 über die in diesem Verfahren zu entricht. Stempelgebühren. Ergänzt durch einschläg. Verordnungen und aus den Motiven erläutert. 1. Aufl. (57 S.) 874. * 60 Pf., und 2. Aufl. Mit einem ausführl. alphabet., nach Schlagwörtern abgefaßten Materienregister. (126 S.) 875. * M 1,04.

„ 49. Gesetz über die Erwerbs- und Wirthschaftsgenossenschaften. (114 S.) 874. * 90 Pf.

„ 50. Strafproceß-Ordnung vom 23. Mai 1873 ꝛc. (VIII, 392 S.) 874. * M 4.

51. Gesetz betr. die Sicherstellung und Execution auf die Bezüge aus dem Arbeits- oder Dienstverhältnisse. Erlässe, betr. Durchführung der Gesetze über das Bagatell- und Mahnverfahren. (155 S.) 874. * M 1,60.

„ 52. Polizeistrafrechtliche Bestimmungen wider Arbeitsscheue und Landstreicher vom 10. Mai 1873 ꝛc. (123 S.) 874. * M 1,20.

„ 53. Gesetze und Verordnungen über die Rinderpest. (84 S.) 874. * 80 Pf.

„ 54. Gesetz über die Deckung des Pferdebedarfs in Mobilisirungsfällen vom 16. April, 7. Mai und 1. August 1873 ꝛc. (52 S.) 874. * 60 Pf.

„ 55. Das allgemeine bürgerliche Gesetzbuch ꝛc. (XXIV, 563 S.) 874. * M 5,60.

• 56. Die Vollzugsvorschrift vom 19. Novbr. 1873 zur Strafproceßordnung nebst den Instructionen vom 16. Juni 1854 und 3. Aug. 1854 über die Geschäfts-Ordnung der Strafgerichte und Staatsanwaltschaften. Ergänzt durch die einschläg. Verordnungen. Mit alphabet., nach Schlagwörtern abgefaßtem Materien-Register. (S. 1023—1169.) 874. *ℳ 1,40.

• 57. Das Gesetz über die Staatsvorschußcassen vom 18. Decbr. 1873 sammt dem Statut der Centralleitung, der allgemeinen Instruction für die Leitung und Geschäftsgebahrung und dem Erlaß des Finanz-Ministeriums über die diesbezügl. Anwendung der Stämpel- und Gebührenvorschriften vom 27. Decbr. 1873. (XXXVI, S. 1170—1251.) 874. *ℳ 1,20.

• 58. Die Reichsgesetze und Verordnungen über das Volksschulwesen und die damit zusammenhäng. Materien erläut. aus den Erlässen des Ministeriums für Cultus und Unterricht und der Schulbehörden nebst den das Unterrichtswesen betr. Bestimmungen der Staatsgrundgesetze. Mit alphabet., nach Schlagwörtern abgefaßtem Materien-Register. (IV, 257 S.) 874. *ℳ 2.

• 59. Das Gesetz über die Gebührenbehandlung der von Handels- und Gewerbekammern und von öffentl. Börsen gefällten Schiedssprüche, vom 23. März 1874, erläut. aus den Motiven. (58 S.) 874. * 80 Pf.

• 60. Die Gesetze über Vereins- und Versammlungsrecht vom 26. Novbr. 1852 und 15. Novbr. 1867, sammt Formularien, Musterstatuten und einem alphabet. Materienregister. (54 S.) 874. * 80 Pf.

• 61. Die neuen confessionellen Gesetze sammt den erläut. Motiven. Mit alphabet., nach Schlagwörtern abgefaßtem Materien-Register. (137 S.) 874. *ℳ 1,40.

• 62. Die Gesetze betr. die Wahrung der Rechte der Besitzer von Pfandbriefen und die gemeinsame Vertretung der Rechte der Besitzer von Theilschuldenverschreibungen vom 24. April 1874 erläut. aus den Motiven nebst den im Reichsgesetzblatt unter Nr. 42—49 im Zeitraum vom 23. April bis 8. Mai 1874 erschienenen Gesetzen und Verordnungen und mehreren von den verschiedenen Ministerien administrativen Erlässen. (73 S.) 874. * 80 Pf.

• 63. Das neue Betriebs-Reglement für die Eisenbahnen Oesterreich-Ungarns vom 10. Juni 1874. Mit einem Anh. enth. 2 Frachtbrief-Formularien. Mit alphabet., nach Schlagwörtern abgefaßtem Materien-Register. (79 S.) 874. * 90 Pf.

• 64. Das Gesetz betr. die Abänderung der Bestimmungen über das mündl., das schriftl. und das summar. Verfahren in Civilrechtsstreitigkeiten vom 16. Mai 1874, dann das Gesetz über die Anlegung von Eisenbahnbüchern, die Wirkung der an einer Eisenbahn eingeräumten Hypothekarrechte und die bürgerl. Sicherung der Pfandrechte der Besitzer von Eisenbahn-Prioritätsobligationen vom 19. Mai 1874, sammt Vollzugs-Vorschrift vom 31. Mai 1874 ergänzt durch einschläg. Verordnungen und erläut. aus den Motiven. Mit 2 alphabet., nach Schlagwörtern geordneten Materienregistern. (117 S.) 874. *ℳ 1,20.

• 65. Die neuen Lehrpläne für Volks- und Bürgerschulen vom 18. Mai 1874 und das Organisationsstatut für Lehrerbildungsanstalten vom 26. Mai 1874. (VII, 214 S.) 874. *ℳ 1,60.

• 66. Die Grundbuchsordnung nebst allen auf das Grundbuchswesen sich bezieh. Gesetzen und Verordnungen, mit Einschluß der Reichs- und Landesgesetze über die innere Einrichtung der Grundbücher sammt Motiven und Entscheidungen des obersten Gerichtshofes. Abgeschlossen am 15. Decbr. 1874. Mit einem alphabet. Sachregister. (VI, 254 S.) 874. *ℳ 2,40.

Nr. 67. Die Erlässe des J.-M. betr. das unredliche Gebaren der Schuldner, vom 28. April 1874, die Handhabung der Concursordnung vom 6. Aug. 1874 und die Gebührenbehandlung der Abschriften und Auszüge im Concursverfahren vom 2. Aug. 1874. Verordnung des Ministers des Innern vom 3. Mai 1874 betr. den Transport und die Ausgrabung von Leichen. Verordnung des Handels-Ministers vom 18. Juli 1874 enth. Nachträge zur Aichordnung und zum Aichgebührentarif. Nebst den im Zeitraume vom 13. Mai bis 30. Decbr. 1874 im Reichsgesetzblatt unter Nr. 50—153 erschienenen Gesetzen und Verordnungen und mehreren von den verschiedenen Ministerien ergangenen administrativen Erlässen. (XI, S. 1051—1269.) 874. *ℳ 2.

• 68—73. Oesterreichische Reichsgesetze m. Motiven u. Erläutergn. Jahrg. 1875. (XLVI, 848 S.) n. 5. 92

74—78. — dasselbe. Jahrg. 1876. 1—5. Hft. (S. 1—600.) n. 4. 52

Reichs-Gesetze für das Kaiserthum Oesterreich. Chronologisches u. alphabetisches Inhaltsverzeichniß über Nr. 1—22. Prag 870. Linnekogel & Funk. 16. (64 S.) 1½ ngr.

Reichsgesetze für das Kaiserthum Oesterreich. Taschen-Ausg. Chronologisches u. alphabet. Inhalts-Verzeichniß üb. Nr. 21—27. [Jahrg. 1870.] 8. (27 S.) Prag 871. Mercy. 4. 50

— dasselbe. Chronologisches u. alphabet. Sachregister üb. die österr. Reichsgesetze u. Verordngn. aus der Periode 1868 bis Ende 1874. Inhalts-Verzeichniß zu Nr. 1—67. gr. 8. (144 S.) Ebend. 875. n. 1. 20.

— für das Kaiserth. Oesterreich. Taschen-Ausg. Nr. 79—124. 8. Prag 876—82. Mercy. n. 68. 64

79. Oesterreichische Reichs-Gesetze m. Motiven u. Erläuterungen. Jahrg. 1876. Suppl. enth. a) die Lehrpläne f. das Zeichnen an den, den Landesschulbehörden unterstehenden Lehranstalten vom 9. Aug. 1873, sammt Instructionen vom 6. Mai 1874, b) die auf das Volksschulwesen Bezug nehmenden, in der Zeitperiode v. 25. März 1873 bis 18. Juni 1876 erlassenen Verordnungen d. Ministeriums f. Cultus u. Unterricht. (III, 110 S.) n. — 98

80. Oesterreichische Reichs-Gesetze m. Motiven u. Erläuterungen. Jahrg. 1876. 6. Hft. (LIII u. S. 691—866.) n. 2. —

81—84. — dasselbe, Jahrg. 1877. 4 Hfte. (XLII, 352; XXVI, 182 u. XIX, 196 S.) n. 7. 36

85—94. — dasselbe. Jahrg. 1878. 10 Hfte. (XLVIII, 852; XXXVIII, 420 u. XXXIV, 227 S.) n. 16. —

95—99. — dasselbe. Jahrg. 1879. 5 Hfte. (XLVII, 639; XX, 156 u. XXIII, 163 S.) n. 10. 20

100—107. — dasselbe. Jahrg. 1880. 8 Hfte. (LIV, 671; XXII, 82 u. XLI, 296 S.) n. 11. 84

108—117. — dasselbe. Jahrg. 1881. 10 Hfte. (LIV, 544; XXIV, 220 u. XXXV, 336 S.) n. 11. 8

118—124. — dasselbe. Jahrg. 1882. 1—7. Hft. (S. 1—700, 1—194 u. 1—132.) n. 9. 20

Reichsgesetze für das Kaiserth. Oesterreich. Inhaltsverzeichniß zum Jahrg. 1877. (Nr. 81—84.) gr. 8. (55 S.) Prag 878. Mercy. — 30

— dasselbe. Chronologisches u. alphabet. Inhaltsverzeichniß zu Nr. 85 bis 94. [Jahrg. 1878.] gr. 8. (80 S.) Ebend. 879. n. — 20

— für das Kaiserth. Oesterreich. Taschen-Ausg. Nr. 125—155. 8. Prag 883—86. Mercy. n. 28. 54

125 u. 126. Oesterreichische Reichs-Gesetze m. Motiven u. Erläuterungen. Jahrg. 1882. 8. u. 9. (Schluß-)Hft. (LXII u. S. 701—766, XXI u. S. 105—124 u. XX u. S. 133—246.) n. 2. 88

127—134. Dasselbe. Jahrg. 1883. (LV, 700; XV, 144 u. XVII, 200 S.) n. 7. —

135—143. Dasselbe. Jahrg. 1884. (LVI, 656; XX, 168 u. XVIII, 163 S. m. 2 Steintaf.) n. 7. —

144—150. Dasselbe. Jahrg. 1885. (VIII, 462; XV, 402 u. XVI, 151 S.) n. 6.

151—155. Dasselbe. Jahrg. 1886. 1—5. Hft. (S. 1—468, 1—112 u. 1—56.) n. 5. 66

—— für das Kaiserthum Oesterreich. Taschen-Ausg. Nr. 144—176. Oesterreich. Reichsgesetze mit Motiven und Erläuterungen. Jahrg. 1885—1888. 8. Prag, Mercy. [Nr. 144. Jahrg. 1885. 1. Heft. (S. 1—16; 1—16; 1—16.) * 88 Pf.; Nr. 145—148. 2.—5. Heft. (S. 65—402; 17—64; 17—48 mit 1 Taf.) *ℳ 4.40.; Nr. 149—150. 6. und 7. Heft. (XVIII, S. 403—462; XV, 65—402; XVI, 69—151.) *ℳ 4.80.; Nr. 151. Jahrg. 1886. 1. Heft. (S. 1—104; 1—20; 1—16.) * 70 Pf.; Nr. 152—155. 2.—5. Heft. (S. 105—468; 21—112; 17—56.) *ℳ 4.96.; Nr. 156—157. 6. und 7. Heft. (L, S. 469—526; XIX, 113—241; XIII, 57—120.) *ℳ 3.16.; Nr. 158. Jahrg. 1887. 1. Heft. (S. 1—148; 1—20; 1—16.) *ℳ 1.30.; Nr. 159—163. 2.—6. Heft. (S. 149—584; 21—200; 17—88.) *ℳ 6.64.; Nr. 164—165. 7. und 8. Heft. (XLIV, S. 585—688; XII, 201—219; XIII, 89—164.) *ℳ 2.60.; Nr. 166—67. Jahrg. 1888. 1. und 2. Heft. (S. 1—64; 1—16; 1—16.) *ℳ 1.92.; Nr. 168—175. 3.—10. Heft. (S. 149—1496; 17—136; 33—96.) *ℳ 15.28.; Nr. 176. 11. Heft. (S. 1497—1628.) *ℳ 1.20.] Jahrg. 1885—1887 à Jahrg. * Jahrg. 1888 *

— f. das Kaiserth. Oesterreich. Taschen-Ausg. Nr. 156—193.) 8. Prag, [Mercy] Höfer & Klouček. n. 31. 32

156. 157. Oesterreichische Reichs-Gesetze, nebst Erlässen u. Verordngn. Jahrg. 1886. 6. u. 7. (Schluß-)Hft. (L u. S. 469—526; XIX u. S. 113—241 u. XIII u. S. 57—120.) n. 3. 16 (Jahrg. 1886 cplt.: n. 6. —)

158—165. — dasselbe. Jahrg. 1887. 8 Hfte. (XLIV, 658, XII, 219, XIII, 164 S.) n. 6. —

166—177. — dasselbe. Jahrg. 1888. 12 Hfte. (XLVIII, 1496, XVI, 164, XVI, 159 S.) n. 10. —

178—187. — dasselbe. Jahrg. 1889. 10 Hfte. (XXXVI, 880; VIII, 136; XIII, 168 S.) n. 6. —

188—193. — dasselbe. Jahrg. 1890. 1.—6. Hft. (S. 1—454; 1—80 u. 1—64.) n. 6. 16

— für das Kaiserth. Österreich. Taschen-Ausg. Nr. 194—228. Prag, Höfer & Klouček. n. 34. 60

194—196. Österreichische Reichs-Gesetze, nebst Erlässen u. Verordngn. Jahrg. 1890. 7.—9. Hft. (LVIII u. S. 455—614; XIV u. S. 65—264; XXII u. S. 81—180.) 890. 891. n. 6. 52 (1890 kplt.: n. 8. —)

197—203. — dasselbe. Jahrg. 1891. 7 Hfte. (XXXIX, 648, VIII, 92, X, 88 S.) 891. 892. n. 6. —

204—214. — dasselbe. Jahrg. 1892. 11 Hfte. (LX, 1379, IX, 231, VIII, 160 S.) 892. 893. n. 9. —

215—222. — dasselbe. Jahrg. 1893. 8 Hfte. (LII, 676, VII, 120, XI, 104 S.) 893. 894. n. 6. —

223—228. — dasselbe. Jahrg. 1894. 1.—6. Hft. (568, 116. 48 S. m. 1 Abbildg.) 894. n. 8. 8

— für d. Kaiserth. Österreich. Taschen-Ausg. Nr. 229—265. 8. Prag, Höfer & Klouček. n. 63. 24

229—232. Österreichische Reichs-Gesetze, nebst Erlässen u. Verordngn. 27. Jahrg. 1894. 7.—10. Hft. (LV u. S. 569—908; XVI u. S. 117—143 u. XX u. S. 49—144.) 894. n. 6. 36 (1894 kplt. n. 14. 44)

233—242. Dasselbe. Jahrg. 1895. 10 Hfte. (XLI, XIX, XVIII, 572, 164 u. 152 S.) 895. 96. n. 17. 28

243—255. Dasselbe 1896. 13 Hfte. (XLVI, 838; IV, 406; VII, 411; VII, 96 u. XV, 152 S.) 896. 97. n. 22. 76

256—265. Dasselbe. Jahrg. 1897. 1.—10. Hft. (S. 1—914; VI, 329, S. 1–44 u. 1—16; X, 265 u. VIII, 224 S.) 897. 98. n. 16. 84

—— österreichische. Commentirte Handausg. 1. und 2. Bd. mit Suppl., 3. und 4. Bd. 8. Ebendas. *

Inhalt:

Bd. 1. Das allgemeine bürgerliche Gesetzbuch sammt den dazu erflossenen Nachtragsverordnungen und ein Anh. enth.: die mit dem bürgerl. Rechte zusammenhäng. Materien. Für die Bedürfnisse des Studiums und der Anwendung aus den Entscheidungen des obersten Gerichtshofes erläutert. (XXIV, 563 S.) 874. *M 5,60. [Taschen-Ausg. Nr. 55.]

" 2. Die Strafproceß-Ordnung vom 23. Mai 1873 und die Gesetze betr. die zeitweil. Einstellung der Geschwornen-Gerichte und die Bildung der Geschwornenlisten. Aus den Motiven erläutert und ergänzt durch alle auf das Strafverfahren sich bezieh. Gesetze und Verordnungen. Mit eingefügten Formularien und einem alphabet. Sachregister. (XII, 363 S.) 874. *M 4. [Taschen-Ausg. Nr. 50.]

" 2. [Suppl.] Die Vollzugsvorschrift vom 19. Novbr. 1873 zur Strafproceß-Ordnung nebst den Instructionen vom 16. Juni 1854 und 3. Aug. 1854 über die Geschäfts-Ordnung der Strafgerichte und Staatsanwaltschaften. Ergänzt durch die einschläg. Verordnungen. Mit alphabet., nach Schlagwörtern abgefaßtem Materien-Register. (145 S.) 874. *M 1,40. [Taschen-Ausg. Nr. 56.]

" 3. a) Ausg. für Böhmen. Die Reichs- und Landesgesetze über das Volksschulwesen mit Einbeziehung der neuen Landes-Gesetze vom 24. Febr. 1873 über die Schulaufsicht und über die Bestreitung des Aufwandes für Volksschulen nebst allen auf dasselbe sich bezieh. Verordnungen erläutert aus den Erlässen des Ministeriums für Cultus und Unterricht und des Landschulrathes. Mit alphabet., nach Schlagwörtern abgefaßtem Materien-Register. (407 S.) 874. *M 4.

" 3. b) Die Reichsgesetze und Verordnungen über das Volksschulwesen und die damit zusammenhäng. Materien erläutert aus den Erlässen des Ministeriums für Cultus und Unterricht und der Schulbehörden, nebst den das Unterrichtswesen betr. Bestimmungen der Staatsgrundgesetze. 2. Aufl., verm. und ergänzt durch: a) Das Organisations-Statut für Lehrerbildungsanstalten vom 26. Mai 1874, und b) Die Lehrpläne für Volksschulen, Bürgerschulen und Lehrerbildungsanstalten vom 18. und 26. Mai 1874, in 12 Tab. (in gr. Fol.). Mit alphabet., nach Schlagwörtern abgefaßtem Materien-Register. (257 S.) 875. *M 2,40. [Taschen-Ausg. Nr. 58.]

" 4. Die Grundbuchsordnung und sämmtl. Reichs- und Landesgesetze über die Neuanlegung und innere Einrichtung der Grundbücher nebst allen auf das Grundbuchswesen sich bezieh. Gesetzen und Verordnungen. Erläutert aus den Motiven und den Entscheidungen des obersten Gerichtshofes. Mit einem alphabet., nach Schlagwörtern abgefaßtem Materien-Register. (X, 438 S.) 875. *M 4.

— dasselbe. Ausg. f. Böhmen. 3. Bd. 8. Ebend. 875. n. 4. — Die Reichs- u. Landesgesetze üb. das Volksschulwesen, m. Einbeziehg. der neuen Landes-Gesetze vom 24. Febr. 1873 üb. die Schulaufsicht u. üb. die Bestreitg. d. Aufwandes f. Volksschulen, nebst allen auf dasselbe sich bezieh. Verordngn., erläutert aus den Erlässen d. Ministeriums f. Cultus u. Unterricht u. d. Landesschulrathes. 2. Aufl., verm. u. ergänzt durch: a) Das Organisations-Statut f. Lehrerbildungsanstalten v. 26. Mai 1874, u. b) Die Lehrpläne f. Volksschulen, Bürgerschulen u. Lehrerbildungsanstalten vom 18. u. 26. Mai 1874, in 12 Tabellen. (in gr. Fol.) Mit alphabet. nach Schlagwörtern abgef. Materien-Register. (407 S.)

—— die österreichischen. Commentirte Handausg. 5. Bd.: Die österreich. Verfassungs- und Staatsgrundgesetze und die zur Ausführung erlassenen Gesetze und Verordnungen sammt den Landesverfassungen. 8. (XII, 551 S.) Ebendas. 876. *M 5,10.; geb. * 1.–4. Bd. Ebendas. 1874,75. *M 21,40.

—— die österreichischen. Commentirte Handausg. 6. Bd.: Das allgemeine Strafgesetz vom 27. Mai 1852. Ergänzt durch die einschläg. Gesetze und Verordnungen und erläut. aus den grundsätzl. Entscheidungen des obersten Gerichts- und Cassationshofes. Mit einem ausführl. alphabet. Sachregister. 8. (VIII, 499 S.) Ebendas. 883. *
geb. *

— österr., Commentirte Handausgabe. II. Bd. Inh.: Strafproceßordnung. 2. Aufl. 8. (407 S.) geh. 2 fl., geb. 2 fl. 40 kr.
Prag: Mercy 1882.

Reichsgesetze, Oesterreichische. Commentirte Handausgabe. VII. Band. Inhalt: Die Gesetze und Verordnungen über das österreichische Gewerbewesen, sammt den Gesetzen über die Sonntagsruhe und Ausverkäufe ꝛc Zusammengestellt und erläutert von Dr. Friedrich Duschenes. 1. Liefrg. 8. (S. 1—48) —.30
Prag: Höfer & Klouček 1895.

Reichsgesetze, Oesterreichische. Commentirte Handausgabe. VIII. Band. Inhalt: Die neue Civilproceßordnung und Jurisdictionsnorm sammt Einführungsgesetzen. Erläutert und zusammengestellt von Dr. Friedrich Duschenes. Mit einem ausführlichen alphabetischen Sachregister. Erste Abtheilung: Civilproceß-Ordnung. 8. (VIII, 478 S.) Ebd. 1895. 3.—

Reichsgesetze, Oesterreichische. Commentirte Handausgabe. VIII. Band. Inhalt: Die neue Civilproceßordnung und Jurisdictionsnorm sammt den Einführungsgesetzen. Erläutert und zusammengestellt von Dr. Friedrich Duschenes. II. Abthlg. Jurisdictionsnorm. 8. (S. 479—661) 1.—
Ebd. 1895.

Reichsgesetze, Oesterreichische. Commentirte Handausgabe. VII. Band. Inhalt: Die Gesetze und Verordnungen über das Gewerbewesen ꝛc. I. Theil: Die Gewerbeordnung. 8. (VI, 517 S.) 3.20
Ebd. 1896.

— Commentirte Handausgabe. XI. Bd. Inhalt: Die neue Gerichtsorganisation vom 27. November 1896 von Dr. Friedrich Duschenes. 8. (172 S.) Ebd. 1897. 1.20

— österreichische, nebst Erlässen u. Verordngn., s.a. Gesetze f. d. Königr. Böhmen.

Reichsgesetze, Oesterreichische, nebst Erlässen und Verordnungen. Taschenausgabe. Nr. 182. (Jahrgang 1889. 5. Heft.) 8. (Reichsgesetzblatt S. 401 bis 480 und Administrations-Verordnungen S. 33 bis 72) Prag: Mercy 1889. —.60

Reichsgesetze, Oesterreichische, nebst Erlässen und Verordnungen Nr. 184. (Jahrg. 1889. 7. Bdchn.) 8. Inh. wie vorher —.56
Prag: Höfer & Klouček 1890.

Reichsgesetze, Oesterreichische, nebst Erlässen und Verordnungen. Taschenausgabe. Nr. 186. Jahrgang 1889. 9. Bändchen. Inhalt: Publicationen des Reichsgesetzblattes. Nr. 193. Organisation des Landsturmes. 8. (S. 681—855) —.84
Ebd.

Reichsgesetze, Oesterreichische, nebst Erlässen und Verordnungen. Jahrg. 1889. 10. Heft. (Taschenausgabe. Nr. 187.) Inhalt wie vorher 1.—
Ebd.

— Nr. 188. Jahrgang 1890. 1. Bändchen. Inhalt: a) Publicationen des Reichsgesetzblattes. Nr. 1–19. b) Administrative Verordnungen bis 15. Februar 1890. c) Erkenntnisse aus den Monaten September und October 1888. 8. (Reichsgesetzblatt. S. 1—60. Administrative Verordnungen. S. 1—16 und Erkenntnisse. S. 1—16)
Ebd. —.44

Reichsgesetze, Oesterreichische, nebst Erlässen und Verordnungen. Taschen-Ausgabe. Nr. 189. (Jahrgang 1890. 2. Bändchen.) Inh.: Publicationen des Reichsgesetzblattes Nr. 20—59, vom 28. Februar bis 15. April 1890. 8. (Reichsgesetzblatt S. 61—180) Ebd. —.60

Reichsgesetze, Oesterreichische, nebst Erlässen und Verordnungen. Jahrg. 1890. 3. Heft. (Taschen-Ausgabe Nr. 190.) Inhalt wie vorher —.56
— 1890. 4. Heft. (Taschen-Ausgabe Nr. 191.) Inhalt wie vorher —.50
Ebd.

Reichsgesetze, Oesterreichische, nebst Erlässen und Verordnungen. Taschen-Ausgabe. Jahrg. 1890. 5. Heft. Inhalt: wie Gesetze für das Königreich Böhmen. Nr. 243 —.50
— Jahrg. 1890. 6. Heft. Inhalt: wie Gesetze für das Königreich Böhmen. Nr. 244 —.48
Ebd.

Reichsgesetze, Oesterreichische, nebst Erlässen und Verordnungen Jahrgang: 1890. Achtes Heft. Inhalt wie Gesetze für das Königreich Böhmen. (Nr. 246.) 8. Ebd. 1.—

Reichsgesetze, Oesterreichische, nebst Erlässen und Verordnungen Jahrg. 1891. 4. Heft. Inhalt wie oben. 8. Ebd. —.48

Reichsgesetze, Oesterreichische, nebst Erlässen und Verordnungen. Jahrgang 1891. Fünftes Heft. Inhalt wie oben. 8. Ebd. —.44

Reichsgesetze, Oesterreichische, nebst Erlässen und Verordnungen. Jahrg. 1891. 6. Bändchen. 8. (Inhalt wie Oben) Ebd. —.72

Reichsgesetze, Oesterreichische. Taschen-Ausgabe. Jahrg. 1891 7. Bdchn. 8. (Inhalt wie Oben.) 1.20
Prag: Höfer & Klouček 1892.

Reichsgesetze. Oesterreichische, nebst Erlässen und Verordnungen. Jahrg. 1892 4. Heft. 8. (Inhalt wie Oben) Ebd. —.56

Reichsgesetze. Oesterreichische, nebst Erlässen und Verordnungen. Jahrgang 1892 5. Heft. (Inhalt wie Oben) Ebd. —.72

Reichsgesetze. Oesterreichische, nebst Erlässen und Verordnungen. Jahrgang 1892 6. Heft. (Inhalt: a) Publicationen des Reichsgesetzblattes Nr. 106 bis 137 vom 15. Juli bis 20. August 1892. b) Erkenntnisse des Verwaltungsgerichtshofes aus den Monaten März und April 1892. 8. (Reichsgesetzblatt S. 761—832 u. Erkenntnisse S. 48 bis 80) Ebd. —.52

Reichsgesetze, Oesterreichische, nebst Erlässen und Verordnungen. Jahrg. 1892. 7. Heft. 8. Inh. wie oben Ebd. —.80

Reichsgesetze, Oesterreichische, nebst Erlässen und Verordnungen. Jahrg. 1892. 8. Heft. 8. Inhalt wie oben Ebd. —.88

Reichsgesetze, Oesterreichische, nebst Erlässen und Verordnungen. Jahrg. 1892. 11. Heft. (Inhalt wie oben) Ebd. —.96

Reichsgesetze, Oesterr. Jahrg. 1893. 1. Bändchen (Inhalt wie oben) Ebd. —.40

Reichsgesetze, Oesterreichische, nebst Erlässen und Verordnungen Jahrgang 1893. 4. Heft. 8. Inhalt wie oben Ebd. —.64

Reichs-Gesetze, Oesterreichische, nebst Erlässen und Verordnungen. Jahrg. 1893. 6. Heft. 8. Inhalt wie oben. (Reichs-Gesetz-Blatt S. 445—540.)
— — 1893. 7. Heft. Inhalt wie oben. 8. (Reichs-Gesetz-Blatt S. 541—644) Ebd. —.52

Reichs-Gesetze, Oesterreichische, nebst Erlässen und Verordnungen. Jahrg. 1894. 1. Bändchen. Inhalt: a) Publicationen des Reichsgesetzblattes Nr. 1 bis 6 vom 2. bis 10. Januar 1894. b) Administr. Verordnungen u. Kundmachungen bis 21. Januar 1894. c) Erkenntnisse des Verwaltungs-Gerichtshofes vom Monate Januar 1893. 8. (Reichsgesetzblatt S. 1—48, administr. Verordnungen S. 1—48 u. Erkenntnisse S. 1—16)
Ebd. —.56

Reichsgesetze, Oesterreichische, nebst Erlässen und Verordnungen. Jahrg. 1894. 5. Bändchen. 8. (Inhalt wie oben) Ebd. —.60

Reichsgesetze, Oesterreichische, nebst Erlässen und Verordnungen. Jahrgang 1894. 6. Heft. Inhalt wie oben Ebd. —.80

Reichsgesetze, Oesterreichische. Taschen-Ausgabe. Jahrgang 1894. 7. Heft. Inhalt wie Gesetze für das Königreich Böhmen Nr. 287 —.80
Ebd. 1894.

Reichsgesetze, Oesterreichische, nebst Erlässen und Verordnungen. Jahrgang 1894. 8. Heft. 8. Inhalt wie Oben Ebd. —.70

— — Jahrgang: 1895. Drittes Heft. Inhalt: a) Publicationen des Reichsgesetzblattes Nr. 29 bis 63, vom 25. Februar bis 11. Mai 1895. b) Administr. Verordnungen und Kundmachungen bis 1. April 1895. 8. (Reichsgesetzblatt S. 137 bis 212. Administrative Verordnungen S. 17 bis 40) Ebd. —.50

Reichsgesetze, Oesterreichische, nebst Erlässen und Verordnungen. Jahrgang 1895. 4. Heft. Inhalt: a) Publicationen des Reichsgesetzblattes, Nr. 64 bis 99, b) Administrative Verordnungen und Kundmachungen bis 1. Mai 1895. 8. (Reichsgesetz-Blatt S. 213—300 und Administrative Verordnungen S. 41—54) Ebd. —.80

Reichsgesetze, Oesterreichische, nebst Erlässen und Verordnungen. Nr. 237. (Jahrg. 1895. 5. Heft.) Inhalt: a) Publicationen des Reichsgesetzblattes, Nr. 100—109, vom 16. Juli bis 7. August 1895. b) Administrative Verordnungen und Kundmachungen bis 10. August 1895. c) Erkenntnisse des Verwaltungsgerichtshofes aus den Monaten April und Mai 1894. 8. (Reichsgesetzblatt, S. 301 bis 332. Administrative Verordnungen, S. 105 bis 120. Erkenntnisse, S. 49—80) —.44

— — Nr. 238. (Jahrgang 1895. 6. Heft.) Inhalt: Publicationen des R.-G.-Bl. Nr. 110 bis 113, vom 9. August 1895. 8. (VIII, 661 S.) 3.40 Ebd.

Reichsgesetze, Oesterreichische, nebst Erlässen und Verordnungen. Jahrg. 1895. 7. Heft. Inhalt: Publicationen des Reichsgesetzblattes Nr. 114 bis 145 vom 14. August bis 21. September 1895. 8. (S. 333—428) Ebd. —.50

Reichsgesetze, Oesterreichische, nebst Erlässen und Verordnungen. Jahrg. 1896. VII. Heft. Inhalt wie oben. 8. (S. 329—428) Ebd. —.56

Reichsgesetze, Oesterreichische, nebst Erlässen und Verordnungen. Jahrg. 1896. VIII. Heft. Inhalt wie oben. 8. (Reichsgesetze S. 429—536) —.64 Ebd.

Reichsgesetze, österr. nebst Erlässen und Verordnungen. Jahrg. 1896. 9. Heft. 8. Inhalt wie Oben —.72

10. Heft. 8. Inhalt wie Oben 1.— Ebd.

Reichsgesetze, österreichische, nebst Erlässen und Verordnungen. Jahrg. 1896. 11. Heft. Inhalt wie Oben. 8. (VII, 411 S.) Ebd. 2.20

Reichsgesetze, Oesterreichische, nebst Erlässen und Verordnungen. Jahrgang 1896. 13. Heft. 16. Inhalt wie Oben Ebd. —.72

Reichsgesetze, Oesterreichische, nebst Erlässen und Verordnungen. Jahrgang 1897. 1. Heft. 16. Inhalt wie Oben Ebd. —.40

Reichsgesetze, Oesterreichische, nebst Erlässen und Verordnungen. Jahrg. 1897. 4. Heft. Inhalt wie Oben. 8. (Reichsgesetze. S. 115—230) —.64 Ebd.

Reichsgesetze, Oesterreichische, nebst Erlässen und Verordnungen. Jahrg. 1897. 5. Heft. Inhalt wie Oben. 8. (Reichsgesetze. S. 231—294 und Admin. Verordnungen. S. 21—44) —.50

— 1897. 6. Heft. Inhalt wie Oben. 8. (Reichsgesetze X, 265 S.) 1.80 Ebd.

Reichsgesetze, Oesterreichische, nebst Erlässen und Verordnungen. Jahrgang 1897. 7. Heft. Inhalt wie Oben. 8. (S. 297—650) Ebd. 1.80

Reichsgesetze, Oesterreichische, nebst Erlässen und Verordnungen. Jahrgang 1897. 8. Heft. Inhalt wie Oben. 8. (VIII, 224 S.) Ebd. 1.20

Reichsgesetze, Oesterreichische, nebst Erlässen und Verordnungen. Jahrgang 1897. 10. Heft. Inhalt wie Oben. 8. (S. 819—914) Ebd. .52

Reichsgesetze, Oesterreichische, nebst Erlässen und Verordnungen. Jahrgang 1897. 11. Heft. Inhalt wie oben. 8. (S. 915—1058) Ebd. —.80

Reichsgesetze, Oesterreichische, nebst Erlässen und Verordnungen. Jahrg. 1897. 12. 13. Heft. Inh: wie oben. 8. (S. 1059—1338 und Erkenntnisse S. 17—64) Ebd. —.80

Reichsgesetze, Österreichische, für die im Reichsrathe in Wien vertretenen Länder. 1. Jahrgang. Enthaltend die Gesetze, kaiserlichen Patente, Staatsverträge, Concessionsurkunden, Verordnungen und Kundmachungen des Jahres 1868. Mit einem chronologischen und einem alphabetischen Materien-Index und mehreren Special-Registern. (XXX u. 895 S.) Prag: Mercy 1870. 8°

— Dasselbe. 2. Jahrgang. Enthaltend die Gesetze, kaiserlichen Patente, Staatsverträge, Concessionsurkunden, Verordnungen und Kundmachungen des Jahres 1869. Mit einem chronologischen und einem alphabetischen Materien-Index. (XXXI u. 981 S.) Ebd. 1870. 8°

— für die im Reichsrathe in Wien vertretenen Länder. 13. Jahrg. 1880. 1. Abth.: Sämmtl. im Reichsgesetzblatte publicirte Gesetze, Staatsverträge, Verordn. rc. (LIV u. 671 S.), 2. Abth.: Ministerielle u. administrative Verordnungen u. Kundmachungen. (XXII u. 82 S.), 3. Abth.: Die Entscheidungen des Verwaltungsgerichtshofes. (XLI u. 295 S.) in 1 Bande. 8. geh. 3 fl. 50 kr. Prag: H. Mercy 1881.

Reichsgesetze, Österreichische, u. Verordnungen f. die im Reichsrathe vertret. Länder. XV. Jahrg. 1882. Inh.: I. Abth. Sämmtl. im Reichsgesetzblatte publicirt. Gesetze, Staatsverträge, Verordnungen etc. II. Abth. Ministerielle u. administrative Verordnungen u. Kundmachungen. III. Abth. Die Erkenntnisse d. Verwaltungsgerichtshofes. Mit e. Uebersicht d. Gesetze etc. nach den Nummern des Reichsgesetzblattes nebst dreifachem chronolog. und alphabet. Materien-Index. Prag: H. Mercy 1883. 8°

Reichsgesetze, Österr., u. Verordnungen für die im Reichsrathe in Wien vertretenen Länder. XVIII. Jahrg. 1885. I. Abth. 8°. (XLVIII, 462 S., XIV, 402 S., XVI, 151 S.) Ebd. 1886. Inh.: Sämmtliche im Reichsgesetzblatte publicirten Gesetze, Staatsverträge, Verordnungen. II. Abth. Ministerielle und administrative Verordnungen und Kundmachungen. III. Abth. Die Erkenntnisse des Verwaltungsgerichtshofes. Mit einer Uebersicht der Gesetze etc. nach den Nummern des Reichsgesetzblattes nebst dreifachem chronolog. und alphab. Materien-Index.

Reichsgesetze, Österreichische, und Verordnungen für die im Reichsrathe vertretenen Länder. XIX. Jahrg. 1886. I. Abtheilung: Sämmtliche im Reichsgesetzblatte publicirten Gesetze, Staats-Verträge und Verordnungen etc. II. Abtheilg.: Ministerielle und adm. Verordnungen und Kundmachungen. III. Abtheilung: Die Erkenntnisse des Verwaltungs-Gerichtshofes. Mit einer Uebersicht der Gesetze nach den Nummern des Reichsgesetzblattes nebst dreifachem chronologischen und alphabetischen Materien-Index. (526, XIX, 241, XIII und 120 S.) Prag: Mercy 1887. 8°

Reichsgesetze, österreichische, und Verordnungen für die im Reichsrathe vertretenen Länder. Taschenausgabe. XXI. Jahrg. 1888. 1.—2. Abthlg. 8. (Reichsgesetzblatt XLVII, [1628 S.], Administr. Verordnungen [XVI, 164], Erkenntnisse [XVI, 159 S.]) Prag: Mercy 1889. 5.—

— und Verordnungen für die im Reichsrathe in Wien vertretenen Länder. XXII. Jahrg. 1889. I. Abth. Sämmtliche im Reichsgesetzblatte publicirten Gesetze, Staatsverträge und Verordnungen. II. Abth. Ministerielle und administrative Verordnungen und Kundmachungen. III. Abth. Die Erkenntnisse des Verwaltungsgerichtshofes. Mit einer Uebersicht der Gesetze &c. nach den Nummern des Reichsgesetzblattes, nebst dreifachem chronologischen und alphabetischen Materien-Index. 8. (Reichsgesetzblatt XXXV, 880 S. Administrative Verordnungen VIII, 136 S. Erkenntnisse XIII, 168 S.) Prag: Höfer & Klouček 1890. 3.—

— — und Verordnungen für die im Reichsrathe in Wien vertretenen Länder. 23. Jahrg. 1890. I. Abtheilung: Sämmtliche im Reichgesetzblatte publicirten Gesetze, Staatsverträge, Verordnungen. II. Abtheilung: Ministerielle und administrative Verordnungen und Kundmachungen. III. Abtheilung: Die Erkenntnisse des Verwaltungsgerichtshofes. Mit einer Uebersicht der Gesetze &c. nach den Nummern des Reichsgesetzblattes nebst dreifachem chronologischen und alphabetischen Materien-Index. 8. (Reichsgesetzblatt LVII, 614. Administrative Verordnungen XIV, 254. Erkenntnisse XXII, 180 S.) Ebd. 1891. 3.—

— — Oesterreichische, und Verordnungen für die im Reichsrathe in Wien vertretenen Länder. XXIV. Jahrg. 1891. I.—III. Abtheilung. Mit einer Uebersicht der Gesetze &c., nebst dreifachem chronologischen u. alphabetischen Materien-Index. 8. (Reichsgesetzblatt XXXVIII, 648 S., Administrative Verordnungen 92 u. Erkenntnisse 88 S.) Ebd. 1892. 3.—

Reichsgesetze, Oesterreichische, und Verordnungen für die im Reichsrathe in Wien vertretenen Länder. XXVI. Jahrgang. 1894. 1. Abtheilung: Sämmtliche im Reichsgesetzblatte publicirten Gesetze, Staatsverträge und Verordnungen. II. Abtheilung: Ministerielle und administrative Verordnungen und Kundmachungen. III. Abtheilung: Die Erkenntnisse des Verwaltungsgerichtshofes. Mit einer Uebersicht der Gesetze &c. nach den Nummern des Reichsgesetzblattes nebst dreifachem chronologischen und alphabetischen Materien-Index. 8. (Reichsgesetzblatt, LI u. S. 1—676 Administrative Verordnungen, VII u. S. 81—120 Erkenntnisse, XI u. S. 49—104) Ebd. 1894. 3.—

Reichsgesetze u. Verordnungen für die im Reichsrathe vertretenen Länder. XXVII. Jahigang 1894. I. Abtheilung: Sämmtliche im Reichsrathe publicirten Gesetze, Staatsverträge und Verordnungen. II. Abtheilung: Ministerielle und administrative Verordnungen und Kundmachungen. III. Abthlg: Die Erkenntnisse des Verwaltungs-Gerichtshofes. Mit einer Uebersicht der Gesetze &c, nach den Nummern des Reichsgesetzblattes nebst dreifachem chronologischen und alphabetischen Materien-Index. 8. (LIV, Reichsgesetzblatt 1894, 908 S., Administr. Verordnungen XVI, 143 S. Erkenntnisse XX, 144 S.) Ebd. 1895. 3.60

Reichsgesetze, Oesterreichische, und Verordnungen für die im Reichsrathe in Wien vertretenen Länder. XXVIII. Jahrg. 1895. Inhalt: I. Abtheilung: Sämmtliche im Reichsgesetzblatte publicirten Gesetze, Staatsverträge und Verordnungen. II. Abtheilung: Ministerielle und administrative Verordnungen und Kundmachungen. III. Abtheilung: Die Erkenntnisse des Verwaltungsgerichtshofes. Mit einer Uebersicht der Gesetze &c. nach den Nummern des Reichsgesetzblattes, nebst dreifachem chronologischen u. alphabetischen Materien-Index. 8. (Reichsgesetzblatt XLIV, 572, Civilproceßordnung VIII, 661, Administrative Verordnungen XIX, 161, Erkenntnisse XVIII, 152 S.) Ebd. 1896. 4.20

Reichsgesetze, Oesterreichische, und Verordnungen für die im Reichsrathe zu Wien vertretenen Länder. XXIX. Jahrg. 1896. I.—III. Abthlg nebst Ergänzungsband. Mit chronologischem und alphabetischem Materien Index und ausführlichen alphabetischen Sachregistern. 8. (I. Abtheilung: Reichsgesetze 838 S. II. Abtheilung: Administrative Verordnungen 96 S. III. Abtheilung: Erkenntnisse des Verwaltungsgerichtshofes 152 S Ergänzungsband, enthaltend: die neue Executionsordnung sammt Einführungsgesetz; die Gesetze, betreffend die neuen directen Personalsteuern. IV, 411 S.) Ebd. 1897. 1.20

— — XXX. Jahrgang. 1897. Complet. I. Band. 1. bis 3. Abtheilung, nebst dreifachem chronologischen und alphabetischen Materien-Index. II. Ergänzungsband. 2. bis 4. Abtheilung, enthaltend Vollzugs-Vorschriften zu den neuen directen Personalsteuern. 8. (I. Band LXVI, 1343, XI, 80 u. XIII, 136 S. II. Band VI, 329, X, 267 u. VIII, 224 S.) 6.—
Ebd. 1898.

(F) Oesterreichische Reichs-Gesetze und Verordnungen für die im Reichsrathe in Wien vertretenen Länder. XXXI. Jahrgang. compl. fl. 3.50

Enthält als 1. Abtheilung:

(F) Oesterreichische Reichs-Gesetze und Verordnungen für die im Reichsrathe in Wien vertretenen Länder. XXXI. Jahrgang. 1898. Publicationen des Reichsgesetzblattes: Gesetze, kaiserliche Patente, Staatsverträge, Concessionsurkunden, Verordnungen, Kundmachungen und Erlässe des Jahres 1898. Mit einer Uebersicht der Gesetze etc. nach den Nummern des Reichsgesetzblattes nebst dreifachem chronologischen und alphabetischen Materien-Index. I. Abtheilung der Taschen-Ausgabe der Reichsgesetze. Prag. 1899. Höfer & Klouček. 8°. L, 590 S.

Als 2. Abtheilung:

(F) Administrative Verordnungen, Kundmachungen und Erlässe nach den Ministerial-Verordnungsblättern vom Jahre 1898. Mit einem chronologischen und einem alphabetischen Materien-Index. II. Abtheilung der Taschen-Ausgabe der Reichsgesetze. Prag. 1899. Höfer & Klouček. 8°. XII, 262 S.

Als 3. Abtheilung:

(F) Erkenntnisse des Verwaltungs-Gerichtshofes vom 2. Juli bis 31. December 1896. Grundsätze aus der staatlichen und autonomen Verwaltungsrechtspflege in gedrängtem Auszuge. Mit einem chronologischen und einem alphabetischen Materien-Index. (III. Abtheilung der Taschen-Ausgabe der Reichsgesetze.) Prag. 1899. Höfer & Klouček. 8°. XIV, 146 S.

(F) Oesterreichische Reichs-Gesetze und Verordnungen für die im Reichsrathe in Wien vertretenen Länder. XXXII. Jahrgang. compl. K 10.—

Enthält als 1. Abtheilung:

(F) Oesterreichische Reichs-Gesetze und Verordnungen für die im Reichsrathe in Wien vertretenen Länder. XXXII. Jahrgang. 1899. Publicationen des Reichsgesetzblattes: Gesetze, kaiserliche Patente, Staatsverträge, Concessionsurkunden, Verordnungen, Kundmachungen und Erlässe des Jahres 1899. Mit einer Uebersicht der Gesetze etc. nach den Nummern des Reichsgesetzblattes nebst dreifachem chronologischen und alphabetischen Materien-Index. I. Abtheilung der Taschen-Ausgabe der Reichsgesetze. Prag. 1900. Höfer & Klouček. 8°. LVI, 1418 S.

Als 2. Abtheilung:

(F) Administrative Verordnungen. Kundmachungen und Erlässe nach den Ministerial-Verordnungsblättern vom Jahre 1899. Mit einem chronologischen und einem alphabetischen Materien-Index. II. Abtheilung der Taschen-Ausgabe der Reichsgesetze. Prag. 1900. Höfer & Klouček. 8°. X, 136 S.

Als 3. Abtheilung:

(F) Erkenntnisse des Verwaltungsgerichtshofes vom 2. Jänner bis 29. December 1897. Grundsätze aus der staatlichen und autonomen Verwaltungsrechtspflege in gedrängtem Auszuge. Mit einem chronologischen und einem alphabetischen Materien-Index. III. Abtheilung der Taschen-Ausgabe der Reichsgesetze. Prag. 1900. Höfer & Klouček. 8°. XVI, 168 S.

Reichsgesetze, Die Österreichischen, s. Reichsgesetze, Österreichische.

— über das Post- u. Posttaxwesen im Gebiete d. deutschen Reiches. Nebst Vorschriften, betr. die Uniformen der Postbeamten ꝛc., sowie die Portofreiheiten u. Reglement d. Reichskanzlers zum Postgesetze. Nach amtl. Materialien bearb. 8. (VIII, 108 S.) Berlin 872. C. Heimann's Verl. n. 1. —

[F.] Die Reichsgesetze zum Schutz des geistigen und gewerblichen Eigentums nebst e. Anh. enth. d. Börsen- u. d. Bankdepotges. 2., veränd. Aufl. Erl. v. Dr. M[elchior] Stenglein, Reichsgerichtsr. a. D. *Berlin: O. Liebmann 1898.* (3 Bl., 223 S.) 1 Bd 8. [98. 2201

Reichsgesetze und preuss. Staatsgesetze ..., s. Reichsgesetze, Die neueren deutschen, und preussischen Staatsgesetze.

[F.] Die Reichsgesetze über den Unterstützungswohnsitz, in der Fassung der Novelle v. 12. März 1894, die Freizügigkeit, den Erwerb und Verlust der Bundes- und Staatsangehörigkeit ... Textausg. m. Anm. u. Sachreg. v. Dr. J[oh.] Krech, Kais. geh. Regiergsr. ... 4., verm. u. verb. Aufl. *Berlin: J. Guttentag 1897.* (388 S.) 1 Bd 8.
= Sammlung, Guttentag'sche, Deutscher Reichsgesetze. No 8. [97. 166

— die, betr. das Urheberrecht an Schriftwerken ꝛc. vom 11. Juni 1870 u. das Urheberrecht an Werken der bildenden Künste vom 9. Jan. 1876, sowie die Reichsgesetze über den Marken-, Muster- u. Patentschutz. Mit einem vollständigen Sachregister. 8. (IV, 64 S.) Leipzig 878. Roßberg. cart. — 75

— die üb. das Urheber- u. Verlagsrecht, s. a. Meyer's Volksbücher.

Reichsgesetze, die, üb. das Urheber- u. Verlagsrecht vom 19. VI. 1901. Textausg. m. Anmerkgn u. Sachregister. Von e. prakt. Juristen. (54 S.) —. 10. 1902. (Meyer's Volksbücher. Nr. 1291. gr. 16. Leipzig, Bibliograph. Institut)

Reichsgesetze, betr. a) das Urheberrecht an Werken der bildenden Künste, b) den Schutz der Photographien gegen unbefugte Nachbildung, c) das Urheberrecht an Mustern u. Modellen, nebst d) Vollzugsvorschriften u. Instruktionen hiezu. 32. (98 S.) Kempten 876. Kösel. — 45

— vom 19. VI. 1901 betr. das Urheberrecht an Werken der Literatur u. der Tonkunst u. über das Verlagsrecht. Mit ausführl. Sachregister. 8. (36 S.) Nürnberg 901. J. Ph. Raw. n. — 50

Reichsgesetze, betreffend die privatrechtlichen Verhältnisse der Binnenschifffahrt und der Flösserei. Vom 15. Juni 1805. F. d. Praxis erläut. v. Dr. Josef Landgraf, Sekr. des Ver. z. Wahrg der Rheinschiff.-Interessen in Frankfurt a. M. *Berlin: Siemenroth & Troschel 1896.* (4 Bl., 423 S.) 1 Bd 8. [96. 428]

Gesamt-Ausgabe der am 1. Januar 1900 in Kraft getretenen Reichsgesetze und Verordnungen nebst den Preuss. Ausführungsgesetzen, Verordn. u. Verfügungen bearb. u. hrsg. von Otto Hentig, Fürstl. Kammerpräs. a. D., in Verbind. mit F[ranz] Siber, Reg. R., R[ichard] Chrzescinski, Reg. R. a. D., K. Klee. *Leipzig: F. Reinboth 1900.* (VI, 997 S.) 8° [F.] [00. 2439 5

Reichsgesetze, Die, und Verordnungen über das Volksschulwesen und die damit zusammenhängenden Materien erläutert aus den Erlässen des Ministeriums für Cultus und Unterricht und der Schulbehörden nebst den das Unterrichtswesen betreffenden Bestimmungen der Staatsgrundgesetze. 2. Auflage, vermehrt und ergänzt durch: a) das Organisations-Statut für Lehrerbildungsanstalten v. 26. Mai 1874, und b) die Lehrpläne für Volksschulen, Bürgerschulen und Lehrerbildungsanstalten v. 18. u. 26. Mai 1874, in 12 Tabellen. Mit alphabetischen nach Schlagwörtern abgefasstem Materien-Register. 8. Prag 1875.

— u. Verordnungen, die, über das Volksschulwesen f. die im Reichsrathe vertretenen Königreiche u. Länder, sowie die diese Gesetze betr. Entscheidungen des Reichsgerichtes u. Verwaltungsgerichtshofes, dann die Erlässe d. böhm. Landesschulrathes. Mit einem ausführl. alphabet., nach Schlagwörtern abgefaßten Materienregister. 4. Aufl. 8. (394 S.) Prag 882. Mercy. n. 2. 40; geb. n. 3. 20

— u. Verordnungen, die, üb. das Volksschulwesen f. die im Reichsrathe vertretenen Königreiche u. Länder einschließlich d. Gesetzes v. 2. Mai 1883, sammt der Durchführungsverordng. vom 8. Juni 1883. Erläutert durch die Entscheidgn. d. Reichsgerichtes u. Verwaltungsgerichtshofes, dann die Erlässe d. böhm. Landesschulrathes. Mit e. ausführl. alphabet., nach Schlagwörtern abgefaßten Materienregister. 4. Aufl. 8. (392 S.) Prag 884. Mercy. n. 2. 40; geb. n. 3. 20

Reichsgesetzentwurf wider die Trunksucht. Verhandlungen des Deutschen Vereins etc. in Bremen am 21. September 1891. Bremen 1891. 43 S. 8°.

Reichsgesetzgebung

—— die, auf dem Gebiete der Arbeiter-Versicherung. Erläutert und mit den für das Reich und für Bayern gült. Vollzugsbestimmungen hrsg. von bayer. Verwaltungsbeamten. 1. Bdchn.: Das Reichsgesetz, betr. die Krankenversicherung der Arbeiter vom 15. Juni 1883, nebst dem bayer. Ausführungsgesetze vom 28. Febr. 1884. Erläut. und mit den hiezu erlassenen Vollzugsschriften, sowie den im Reichskanzleramte ausgearb. Statutenentwürfen hrsg. von A. Reger. 3. durch Beidruck des Hülfskassengesetzes verm. Aufl. 8. (VI, 261 S.) Ansbach 884, Brügel und Sohn. cart. *

Reichsgesetzgebung, die, auf dem Gebiete der Arbeiter-Versicherung. Erläutert und mit den für das Reich und für Bayern gült. Vollzugsbestimmungen hrsg. von bayer. Verwaltungsbeamten. 2. und 3. Bdchn. 8. Ansbach, Brügel und Sohn. cart. * 5 40

Inhalt:

Bdchn. 2. Das Unfallversicherungs-Gesetz vom 6. Juli 1884, nebst dem Reichsgesetz über Ausdehnung der Unfall- und Krankenversicherung vom 28. Mai 1885. Erläutert und mit den hiezu erlassenen Vollzugsvorschriften, sowie dem vom Reichsversicherungsamt festgestellten Normalstatut für Berufsgenossenschaften hrsg. von C. Graef. (VII, 259 S.) 885. *M 2.70.

» 3. Das Reichsgesetz betr. die Unfall- und Krankenversicherung der in land- und forstwirthschaftlichen Betrieben beschäftigten Personen vom 5. Mai 1886. Erläutert von C. Graef. (VII, 205 S.) 886. *M 2.—.

2. Aufl. u. d. T.:

Das Reichsgesetz betr. die Unfall- und Krankenversicherung der in land- und forstwirthschaftlichen Betrieben beschäftigten Personen vom 5. Mai 1886 und das bayerische Ausführungsgesetz vom 5. April 1888. Als 2. Aufl. der von C. Graef verfaßten Ausg. des landwirthschaftl. Unfallversicherungsgesetzes neu bearb. und mit Vollzugsvorschriften hrsg. von K. Trutzer. (VIII, 363 S.) 888. *M 2.70.

1. Bdchn. Ebendas. 1884. cart. *M 2.—. — 2. Aufl., s. Graef, C.

—— dass. — 1. Ergänzungsbdchn.: Ergänzungsgesetze, Vollzugsbestimmungen und sonstige Materialien zum Kranken- und zum Unfallversicherungsgesetze aus der Zeit von Mitte Mai 1884 bis Ende Dezbr. 1885. 8. (VIII, 162 S.) Ebendas. 886. cart. * 1 25

Reichsgesetzgebung, die, auf dem Gebiete d. Arbeiterversicherung. Erläutert u. m. den f. das Reich u. f. Bayern gült. Vollzugsbestimmgn. hrsg. v. bayer. Verwaltungsbeamten. 1., 3.—5. Bdchn. 8. Ansbach, C. Brügel u. Sohn. cart. * 13 —

1. Reger's, A., Handausgabe d. Krankenversicherungsgesetzes vom 15. Juni 1883 / 10. April 1892. Mit dem bayer. Ausführungsgesetze, den bayer. Vollzugsvorschriften, den Statutentwürfen u. e. Anh., enth. Auszüge aus anderen Versicherungsgesetzen u. Abdruck d. Hilfskassengesetzes. In 5. Aufl. neu bearb. von Jul. Henle. (VII, 462 S.) 892. * 4 —.

3. Das Reichsgesetz betr. die Unfall- u. Krankenversicherung der in land- u. forstwirthschaftlichen Betrieben beschäftigten Personen vom 5. Mai 1886 und das bayerische Ausführungsgesetz vom 5. April 1888. Als III. Aufl. der v. Graef verfaßten Ausg. d. landwirthschaftl. Unfallversicherungsgesetzes wiederholt bearb. u. m. Vollzugsvorschriften hrsg. v. K. Trutzer. (VIII, 395 S.) 889. * 3 —.

4. Graef, C. Das Reichsgesetz betr. die Unfallversicherung der bei Bauten beschäftigten Personen. Erläutert u. mit d. Ausführungsvorschriften hrsg. (VII, 190 S.) 890. * 2 40.

5. Das Reichsgesetz, betr. die Invaliditäts- u. Altersversicherung v. 22. Juni 1889. Hrsg. v. K. Trutzer. (XI, 454 S.) 891. * 3 60.

2. Bdchn. Ebd. 1885. * 2 70.

—— dass. — 2. Ergänzungsbdchn.: Ergänzungsgesetze, Vollzugsbestimmungen u. sonstige Materialien zu sämmtlichen Arbeiter-Versicherungsgesetzen aus der Zeit v. Anfangs Jan. 1886 bis Ende Dezbr. 1888. 8. (VIII, 145 S.) Ebd. 889. cart. * 1 20

1. Ergänzungsbdchn. Ebd. 1886. * 1 25.

Reichsgesetzgebung, die, auf d. Gebiete d. Arbeiter-Versicherung. Erläut. u. m. d. f. d. Reich u. f. Bayern gült. Vollzugsbestimmgn. hrsg. v. bayer. Verwaltungsbeamten. 1. Bdchn. 8. Ansbach, C. Brügel & Sohn. Kart. n. 4. 80

Reger's, A., Handausgabe d. Krankenversicherungsgesetzes v. 15. VI. 1883—10. IV. 1892. M. d. bayer. Ausführungsgesetze' d. bayer. Vollzugsvorschriften, d. Statutenentwürfen u. e. Anh.' enth. Auszüge aus and. Versicherungsgesetzen u. Abdruck des Hilfskassengesetzes. In 5. Aufl. neu bearb. u. nunmehr in 6., verm. Aufl. hrsg. v. Jul. Henle. (VIII, 496 S.) 897.

Reichsgesetzgebung, die, auf dem Gebiete der Arbeiter-Versicherung. Erläutert u. m. den f. das Reich u. f. Bayern gült. Vollzugsbestimmgn. hrsg. v. bayer. Verwaltungsbeamten. 3. Ergänzungsbdchn. Vollzugsbestimmungen u. sonst. Materialien zum Krankenversicherungsgesetze (einschließlich der Krankenfürsorge f. die bayer. Staats-Forstarbeiter), sowie zu den Unfallversicherungsgesetzen aus den J. 1888 bis Ende 1898. 8. (VII, 119 S.) Ansbach 899. C. Brügel & Sohn. Kart. n. 1. 60

Reichsgesetzgebung, die, auf dem Gebiete der Arbeiter-Versicherung. Erläutert u. m. den f. das Reich u. f. Bayern gült. Vollzugsbestimmgn. hrsg. v. bayer. Verwaltungsbeamten. 3. Bdchen. 8. Ansbach, C. Brügel & Sohn. Geb. in Leinw. n. 5. —

Das Unfallversicherungsgesetz f. Land- u. Forstwirthschaft, nebst dem Gesetze, betr. die Abänderg. der Unfallversicherungsgesetze vom 30. VI. 1900, u. dem Gesetze, betr. die Ausführg. des Reichsgesetzes vom 5. V. 1886, üb. die Unfall- u. Krankenversicherg. der in land- u. forstwirthschaftl. Betrieben beschäftigten Personen vom 5. IV. 1888. Von K. Trutzer. Handausg., in 3. Aufl. bearb. u. m. den hiezu erlassenen Vollzugsvorschriften hrsg. v. J. Keidel. (IX, 542 S.) 904.

Reichsgesetzgebung, die, auf dem Gebiete der Arbeiter-Versicherung. Erläutert u. m. den f. das Reich u. f. Bayern gült. Vollzugsbestimmgn. hrsg. v. bayer. Verwaltungsbeamten. 8. Ansbach, C. Brügel & Sohn.

Reger's, A., Handausgabe des Krankenversicherungsgesetzes. Mit den Abänderungsgesetzen, den bayer. Ausführungsgesetzen u. Vollzugsvorschriften, den Statut-Entwürfen u. e. Anh., enth. Auszüge aus anderen Versicherungsgesetzen u. Abdruck des Hilfskassengesetzes. In 5. Aufl. neu bearb., sodann in 6., 7. u. nunmehr in 8. Aufl. hrsg. v. Jul. Henle. (VIII, 537 S.) 908. Geb. in Leinw. 6. 50

Trutzer, K., das Invalidenversicherungsgesetz vom 13. VII. 1899. Erläutert u. m. den f. das Reich u. f. Bayern erlassenen Ausführungsvorschriften hrsg. als II. Aufl. des Invaliditäts- u. Alters-Versicherungsgesetzes. (VII, 885 S.) 907. (5. Bd.) Geb. in Leinw. 8. —

Reichsgesetzgebung, deutsche. Text-Ausg. m. Anmerkungen. Civilproceßordnung m. Gerichtsverfassungsgesetz u. Konkursordnung v. R. Sydow. 16. (XVI, 358 u. XXII, 104 S.) Berlin 878, Guttentag. geb. n. 3. —

— dasselbe. Strafprozeßordnung nebst Gerichtsverfassungsgesetz f. das deutsche Reich v. A. Dochow. — Strafgesetzbuch f. das deutsche Reich nebst dem Reichs-Gesetz über die Presse ꝛc. v. H. Rüdorff. 9. Aufl. 16. (XXIV, 75; V, 241 u. XXVIII, 207 S.) Ebend. 878. geb. n. 3. —

— deutsche. Text-Ausg. m. Anmerkgn. Nr. 1. Strafgesetzbuch f. unsere Kleinen. Nebst e. Strafenregister. Text-Ausg. m. Anmerkgn. v. H. Rudolf. 16. (VIII, 84 S.) Frankfurt a/M. 890. Mahlau & Waldschmidt. cart. n. 1. —

— die, üb. Kranken- u. Unfallversicherung. Text-Ausg. m. Sachregister. gr. 8. (XI, 223 S.) Berlin 886. C. Heymann's Verl. n. 3. —

Reichsgesetzgebung, die, in der V. Legislaturperiode 1881—1884. Im Auftrage der nationalliberalen Partei dargestellt. gr. 8. (102 S.) Berlin 884. Puttkammer & Mühlbrecht. n. 1. 40

— die, in der VI. Legislaturperiode 1884—1887. Im Auftrage der nationalliberalen Partei dargestellt. gr. 8. (106 S.) Berlin 887. (Puttkammer & Mühlbrecht.) n. 2. —

— die, in der 3. u. 4. Session der VII. Legislaturperiode 1888/89. Im Auftrage der nationalliberalen Partei dargestellt. gr. 8. (III, 67 S.) Ebd. 889. n. 1.—

— die, in den beiden ersten Abschnitten der I. Session der VIII. Legislaturperiode [6. Mai 1890 bis 9. Mai 1891]. Im Auftrage der nationalliberalen Partei dargestellt. gr. 8. (III, VII, 84 S.) Berlin 891. (Puttkammer & Mühlbrecht.) n. 1. —

— die, in dem 3. Abschnitt der I. Session der VIII. Legislaturperiode [17. Novbr. 1891 bis 31. März 1892]. Im Auftrage der nationalliberalen Partei dargestellt. gr. 8. (III, VII, 118 S.) Ebd. 892. n. 1. —

— die, in der II. Session der VIII. Legislaturperiode [22. Novbr. 1892 bis 6. Mai 1893]. Im Auftrage der nationalliberalen Partei dargestellt. gr. 8. (III, VI, 138 S.) Ebd. 893. n. 1. —

— die, in der I. Session der IX. Legislaturperiode [4. bis 15. Juli 1893]. Im Auftrage der nationalliberalen Partei dargestellt. gr. 8. (III, 46 S.) Ebd. 893. n. — 60

— die, in der II. Session der IX. Legislaturperiode [16. Novbr. 1893 bis 19. Apr. 1894] Im Auftrage der nationalliberalen Partei dargestellt. gr. 8. (III, 179 S.) Ebd. 894. n. 1. 50

Reichsgesetzgebung, die, in d. 2. Session d. IX. Legislaturperiode, Fortsetzg., s.: Reichstags-Session, d., 1894/95.

— die, in Bezug auf persönliche u. sachliche Leistungen f. Militärzwecke. Mit den f. das Reich u. das Königr. Bayern gült. Vollzugsbestimmngn. hrsg. v. bayr. Verwaltungsbeamten. 1. Bdchn. 8. Ebd. Geb. in Leinw. n. 4.80
Militärdienstgesetzgebung des Deutschen Reiches. Von A. Reger. Mit den f. das Reich u. das Königr. Bayern gült. Vollzugsbestimmngn. unter Beifügg. v. erläut. Bemerkgn. in 2. Aufl. hrsg. v. H. Jolas. (VIII, 473 S.) 900.

— die, betr. die persönlichen u. sachlichen Leistungen für Militärzwecke. Mit den f. d. Reich u. f. Bayern gült. Vollzugsbestimmgn. unter Beifügg. v. erläut. Bemerkgn. hrsg. v. bayer. Verwaltungsbeamten. 2. Bdchn. 8. Ansbach 889. Brügel & Sohn. cart. n. 3. —
Die Reichsgesetzgebung betr. die sachl. Leistungen für Militärzwecke. Hrsg. v. C. L. H. Matthaeus. (VI, 361 S.)
Den 1. Bd. bildet: Reger, A., die Militärdienstgesetzgebung d. Deutschen Reiches.

[F.] Die **Reichsgesetzgebung** über **Münz- und Notenbankwesen**, Papiergeld, Prämienpapiere u. Reichsanleihen. Text-Ausg. m. Anm. u. Sachreg. Von Dr. R[ichard] Koch, Präs. d. Reichsbankdirektori ums. 3. Aufl. *Berlin: J. Guttentag 1898.* (XLVI, 357 S.) 1 Bd 8.
= **Sammlung**, Guttentag'sche, Deutscher **Reichsgesetze**. No 26.
[98. 10486

Reichs-Gesetzsammlung, der J. 1877, 1878 u. 1879, nebst Anh.: Formularbuch, enth. die wichtigsten bei dem neuen Prozeßgange vorkommenden Formulare, sowie Zusammenstellung der durch Einführung der Justizgesetze eintretenden Gesetzesänderungen. gr. 8. (VIII, 216 S.) Berlin 879. Bruer & Co. geb. 4. —

Reichsgesetzsammlung. Ausgaben mit gemeinverständl. Erläutergn. Berlin 900. Gesetzverlag Schulze & Co.
1. **Linn**, Invalidenversicherungsgesetz vom 13. VII. 1899.
2. **Brandis**, Miether u. Vermiether nach d. B. G. B.
3. — Recht der Vereine u. Stiftungen nach dem B. G. B.
4. — Bürgerl. Gesetzbuch nebst Einführungsgesetz. 4. Aufl.
5. — Recht d. Grundbesitzes u. d. Landwirthschaft nach dem B. G. B.
6. — Recht der Ehegatten nach dem B. G. B.
7. — Das Vormundschaftsrecht nach d. B. G. B.
8. — Das Erbrecht nach dem B. G. B.
9. — Testamentserrichtung u. gesetzl. Erbfolge des B. G. B.
10. — Recht der unehelichen Kinder nach d. B. G. B.
11. **Voigt**, Der Gemeindewaisenrath nach d. B. G. B.
12. **Cuno**, Recht der Handlungsgehülfen u. -Lehrlinge nach d. B. G. B.
13. — Das Recht der gewerbl. Arbeiter.

Reichs-Gesetzsammlung. Ausgaben m. Anmerkgn. u. Register. Nr. 1—3. 8. Berlin-Gr.-Lichterfelde, Gesetzverlag Schulze & Co. Kart. n. 2.50
1. Invalidenversicherungsgesetz vom 13. VII. 1899. Textausg. m. Hervorhebg. der Neuergn. u. Angabe der bisher. Fassg., m. Inhaltsübers. u. Register. Von Linn. (V, 104 S.) 899. n — 75
2. Miether u. Vermiether, Pächter u. Verpächter, ihre Rechte u. Pflichten nach dem bürgerlichen Gesetzbuche. Text-Ausg. m. Erläutergn., Formularen, den ergänz. Bestimmgn. u. Sachregister. Von W. Brandis. (48 S.) 900. n. — 75
3. Das Recht der Vereine u. Stiftungen nach dem bürgerlichen Gesetzbuche u. den Ausführungsbestimmungen f. Preußen, Bayern, Württemberg, Sachsen, Elsaß-Lothringen, Baden, Hessen, Braunschweig. Gesetzes-Text m. Einleitg., Erläutergn. u. Sachregister. Von Wern. Brandis. (51 S.) 900. n. 1. —

Reichsgesetzsammlung, ungarische, f. d. J. 1906. Authentische Uebersetzg. Hrsg. vom kön. ung. Ministerium des Innern. (Red. des Országos Törvénytár.) 1. Heft. (I—XIX.) (Auch m. ungar. Titel.) (334 S.) gr. 8. Budapest (906). L. Toldi. n. 4. —
Vergl.: Gesetzsammlung. Hrsg. vom kön. ung. Ministerium des Innern.

Reichsgesetzsammlung, ungarische, f. das J. 1906. 2. Heft; 1907. 2 Hefte; 1908. 3 Hefte u. 1909. 2 Hefte. Authentische Übersetzg. Hrsg. vom kgl. ung. Ministeriums des Innern. (Red. des „Országos Törvénytár".) (Auch m. ungar. Titel.) gr. 8. Budapest, L. Toldi. 50. 90
1906. 2. (XX—XXIII.) (VIII u. S. 335—347.) (907.) — 40
1907. 1. (I—XXIII.) (VIII u. S. 1—577.) (908.) nn 7. 50
2. (XXIV—LXI.) (S. 579—1073.) (908.) nn 5. —
1908. 1. 2. (I—XXVII.) (1442 S.) (908.) 18. —
3. (XXVIII—LVIII.) (XIII u. S. 1443—2286 m. 2 Formularen.) (909.) 11. —
1909. 1. (I—XIX.) (S. 1—421.) (909.) 5. 30
2. (XX—XXI.) (VI u. S. 423—703.) (910.) 8. 70

Reichsgewehr, das neue deutsche [Infanteriegewehr Modell 1871.] Mit 4 (lith.) Taf. (in qu. 4. u. qu. Fol.) [Aus: „Organ d. Wiener militär-wissenschaftl. Vereins."] gr. 8. (67 S.) Wien 875. Seidel & Sohn in Comm. n. 2. —

Reichsgewerbeordnung, s. a. Gewerbeordnung für das Deutsche Reich. 1905

Reichs-Gewerbe-Ordnung, die, in der infolge d. Reichsgesetzes vom 1. Juli 1883 festgestellten Fassung, nebst den sämmtl. Ausführungsbestimmngn. Mit vielen erläut. Anmerkgn., sowie ausführl. Inhalts-Übersicht verseh. Text-Ausg. zum prakt. Gebrauche f. Beamte, Kaufleute u. Gewerbetreibende 2c. v. e. Verwaltungsbeamten. 2. Aufl. 12. (IV, 208 S.) Neuwied 884. Heusers Verl. cart. 1. 50

Reichs-Gewerbeordnung. Nachträge nach d. Bekanntmachg. vom 1. Juli 1883. 8. (8 S.) Leipzig 887. Roßberg. n. — 10

[F.] Die **Reichs-Gewerbeordnung** einschliessl. der auf d. preuss. Gewerbewesen bezügl. Gesetze v. [Jul.] Illing, Wirkl. Geh. Ober-Regiergsr. ... 4. Aufl. bearb. v. Dr. jur. Georg Kautz, Regiergsr. ... in Berlin. *Berlin: A. Haack 1895.* (VI, 629 S.) 1 Bd 8. [96. 3809

[F.] **Reichs-Gewerbe-Ordnung** nebst Ausführgsbestimmgn. Text-Ausg. m. Anm. u. Sachreg. v. T. Ph. Berger, Regiergsr. Auf Wunsch d. H. Vfs. fortgef. v. Dr. jur. L[eo] Wilhelmi, Kais. Geh. Ober-Regiergsr. ... 14. verm. Aufl. *Berlin: J. Guttentag 1896.* (XVI, 447 S.) 1 Bd 8.
= **Sammlung**, Guttentag'sche, Deutscher **Reichsgesetze**. No 6. [96. 7817

[F.] Die **Reichsgewerbeordnung** in ihrer neuesten Gestalt nebst Ausführgsvorschriften. Unt. Berücks. d. bürgerl. Gesetzb. erläut. Textausg. m. Sachreg. Von Dr. Ernst Neukamp, Amtsgerichtsr. in Göttingen. 2. verm. Aufl. *Berlin: Siemenroth & Troschel 1896.* (X S., 1 Bl., 498 S.) 1 Bd 8.
= **Gesetzsammlung**. Bd 6. [96. 8994

[F.] Die **Reichsgewerbeordnung** mit der Novelle v. 6. Aug. 1896 u. den Ausführgsbestimmgn f. d. Deutsche Reich u. f. Preussen. F. d. prakt. Gebr. erläut. v. Kurt v. Rohrscheidt, Regiergsr. *Leipzig: C. L. Hirschfeld 1896.* (XIII, 678 S.) 1 Bd 8. [96. 6977

Reichs-Gewerbe-Ordnung nebst Ausführungsbestimmungen. Text-Ausg. mit Anm. u. Sachreg. von T. Ph. Berger [d. i. Arnold Nieberding] Auf Wunsch d. Herrn Verf. fortgef. von Dr. Jur. L[eo] Wilhelmi, vortrag. Rath. im Reichsamt d. Innern. 15. verm. Aufl. Unter besond. Berücks. der Bestimmungen über d. Arbeiterschutz, d. Organisation des Handwerks u. d. Lehrlingswesen. Berlin: J. Guttentag 1899. (VII, 661 S.) 8°
(Sammlung, Guttentag'sche, Deutscher Reichsgesetze. No 6.)

Die **Reichsgewerbeordnung** in ihrer neuesten Gestalt nebst Ausführungsvorschriften. Unter Berücks. d. bürg. Gesetzb. erlt. Textausg. mit Sachreg. Von Dr. Ernst Neukamp, Landger. R. in Göttingen. 3. verm. Aufl. Berlin: Siemenroth & Troschel 1899. (XIII, 621 S.) 8°
(Gesetzsammlung. Bd 6.)

Reichs-Gewerbe-Ordnung in der Fassung der Bekanntmachung vom 26. Juli 1900. Textausg. mit Verweisungen, Abdr. d. einschläg. Stellen anderer Gesetze, sowie e. Verzeichn. d. Ausführungsbestimmungen nebst d. Reichsgesetz betr. d. Gewerbegerichte u. e. ausführl. Sachreg. von Dr. jur. Max Rosenthal, Gerichtsass. 1.– 3. Taus. Leipzig: Dieterich 1901. (VI, 241 S.) 8°

— **deutsche, nebst dem Gesetz, betr. die Einführg. der Gewerbe-Ordng. d. norddeutschen Bundes vom 21. Juni 1869 in Bayern u. die Abänderg.** einiger Strafbestimmgn. der **Gewerbe-Ordng. Textausg. br. 8.** (56 S.) Nördlingen 872. Beck. — 45

— **dasselbe. 2. Abth. Königlich allerhöchste Verordng., den Vollzug der Gewerbeordng. f. den norddeutschen Bund vom 21. Juni 1869 in Bayern betr. Textausg. m. sorgfältig bearb. Reg. zu beiden Abthlgn. br. 8. (S. 57—84.) Ebend. 872.** — 30

Reichsgewerbeordnung, deutsche, vom 21. Juni 1869 nebst dem Reichsgesetze vom 12. Juni 1872, die Einführg. derselben in Bayern u. die Abänderg. einiger Strafbestimmgn. der Gewerbe-Ordng. betreffend. Mit systemat. u. alphabet. Registern. [Aus: „Bayerns Gesetze u. Gesetzbücher.“] 2. Aufl. 8. (46 S.) Bamberg 873. Buchner. — 75

Reichs-Gewerbeordnung, die deutsche, in zusammenhängender übersichtlicher Darstellung u. in Berücksichtigung aller hierauf bis auf die Neuzeit ergangenen Veränderungen 2c., zum prakt. Gebrauch als Handbuch f. den Beamten u. Privatmann nach amtl. Quellen bearb. gr. 8. (VII, 164 S.) Breslau 880. Hirt's Sort. cart. n. 3. —

—— nach den Gesetzen vom 21. Juni 1869, 12. Juni 1872, 2. März 1874, 8. April 1876, 11. Juni 1878, 17. Juli 1878, 28. Juli 1879, 15. Juli 1880, 18. Juli 1881 und den Bekanntmachungen des Reichskanzlers vom 26. Juli 1881, 31. Jan. und 12. Juli 1882, mit Einführungs-Gesetz für Bayern vom 12. Juni 1872 und Vollzugsverordnungen vom 4. Dezbr. 1872, 8. Aug. 1879 und 1. Aug. 1881, sowie Ergänzungs-Bestimmungen und ausführl. Sachregister. 8. (174 S.) Würzburg 888, Stahel'sche Universitäts-Buchh.
cart.

—— deutsche, in der Fassung vom 1. Juli 1883, nebst den bis Ende 1883 dazu ergangenen Ergänzungsbestimmungen u. s. w. und ausführl. Sachregister. 12. (170 S.) Würzburg 884, Stahel'sche Universitäts-Buchh.
cart.

Reichs-Glocke, deutsche. Organ f. Volkswirthschaft, Politik u. sociales Leben. Hrsg. v. H. Joach. Gehlsen. Nr. 19. gr. 8. (48 S.) Charlottenburg 896. Goldau (Schweiz), C. O. Knorr. n. — 50

Reichs-Glocke, deutsche. Organ f. Volkswirtschaft, Politik u. sociales Leben. Begründet anno 1873. Politischer Red.: Joach. Gehlsen. Verantwortlich: Heinr. Joach. Gehlsen, Heinr. Lautensack, J. Schrattenholz, M. Dolorosa Eichhorn, Alfr. Michow. Neue Ausg. Jahrg. 1907. Oktbr. 3 Nrn. (à 8 S.) 47×32 cm. Berlin, A. Michow.
Mehr nicht erschienen. à Nr. — 10

[F.] Die **Reichs-Grundbuchordnung** vom 24. März 1897 m. Anm. u. Sachreg. v. [H.] Willenbücher, Oberlandesgerichtsr. *Berlin: H. W. Müller 1898.* (4 Bl., 143 S.) 1 Bd 8. [98. 4550

Die **Reichsgrundbuch-Ordnung** vom 24. März 1897 mit Sachregister. Erl. nach Inhalt, Zweck u. Zusammenhang von Emil Adamczyk, Amtsger.R. *Berlin: R. v. Decker 1900.* (87 S.) 8° [F.] [00. 66

Die **Reichs-Grundbuchordnung** vom 24. März 1897 mit Anm. u. Sachreg. von [H.] Willenbücher. 2., verm. Aufl. Ausg. f. Preussen. *Berlin: H. W. Müller 1900.* (VI, 235 S.) 8° [F.] [00. 5875

Die **Reichs-Grundbuchordnung** vom 24. März 1897 mit Anm. u. Sachreg. von [H.] Willenbücher. 2., verm. Aufl. Ausg. f. d. Reich. *Berlin: H. W. Müller 1900.* (VI, 148 S.) 8° [F.] [00. 5876

Die Reichs-Grundbuchordnung [**Grundbuchordnung**] vom 24. März 1897 ⟨in d. Fassung d. Bekanntmachung v. 20. Mai 1898⟩ mit Anm. u. Sachreg. von [H.] Willenbücher, Oberl.Ger.R. a. D. 3., verm. Aufl. Ausg. f. Preußen. *Berlin: H. W. Müller 1905.* (VI, 242 S.) 8° [F.] [04. 4478

An Ihro Römisch-Kaiserl. Majestät allerunterthänigstes Reichs-Gutachten, de Dato Regensburg, den 14. Junius 1793. Die auf den Universitäten und Akademien sich verbreitenden geheimen Ordensverbindungen betreffend. Regensburg o. J.: Neubauer. 3 Bl., 4 u. 18 u. 13 u. 4 S., 2 Bl. 2°.
Sehr selten.
teilw. abgedr. in: Polit. Annalen hrsg. von Chph. Girtanner. Bd. 4, 1793, S. 83—85; Magazin zur näheren Kenntniss des ... Zustandes von Europa. Hrsg. v. Friedr. Leop. Brunn. Bd. 3, 1793, S. 70—73; Häberlin, Karl Friedr.: Handbuch des Teutschen Staatsrechts. Neue verb. Ausg. Bd. 1, 1797, S. 508—511.

Reichsgutachten an Ihro Römisch kaiserliche Majestät den ... Chur-Brandenburgischen Einfall in die Chursächsische und Chur-böhmische Lande betreffend. (dat. 17. Januar 1757.) Regensburg 1757. 4. (2 Bl.)

Reichs - Gutachten de dato 26. & dictato 27. Martii 1734. in materia belli Die quaestionem quomodo? ratione quanti militaris betr. Und darauff erfolgtes Kayserliches Ratifications - Decret sub dato et dictato 27. ejusdem. Cöllen 1734.

Reichsgutachten v. 22. Juni 1731, sammt dessen Beilage sub ⊙ u. kaiserl. Commiss.-Decretum ratificatorium obigen Reichsgutachten v. 4. Sept. 1731, der Handwerker abgestellte Mißbräuche betreffend. 4. Jena, Cröker. 2 ℳ

„Reichs-Gutachten vom 22ten Junii 1731. Samt dessen Beylag Sub Signo * Und Kayserliches Commissions-Decretum Ratificatorium obigen Reichs-Gutachtens vom 4ten Septemb. 1731. Der Handwercker Missbräuche betreffend“, Nach dem Regenspurgischen Original gedruckt (Regenspurg) 1731. — Vorh. Industrie- und Handelskammer Leipzig — ferner StB Frankfurt a. M. — Flugschriftensammlung Gustav Freytag — IX, 1.

„Reichs-Gutachten, de dato 13. et dictato 15. April 1737. Das verfallene Müntz-Wesen betreffend". — Vorh.: StB Nürnberg.

Das **Reichs-Haftpflicht-Gesetz** betreffend die Verbindlichkeit zum Schadenersatz für die bei dem Betriebe von Eisenbahnen, Bergwerken, Steinbrüchen. Gräbereien und Fabriken herbeigeführten Tödtungen und Körperverletzungen vom 7. Juni 1871 erläut. v. St. Genzmer. Berlin und Leipzig 1882. 8°

Reichs-Haftpflicht-Gesetz, das, betr. die Verbindlichkeit zum Schadenersatz f. die bei dem Betriebe v. Eisenbahnen, Bergwerken, Steinbrüchen, Gräbereien u. Fabriken herbeigeführten Tötungen u. Körperverletzungen vom 7. Juni 1871. Mit vielen Anmerkgn. verseh. Ausg. unter Berücksicht. der Gesetze betr. die Unfallversicherg. 8. (21 S.) Neuwied 886. Heuser's Verl. cart. — 30

[F.] Das **Reichs-Haftpflicht-Gesetz** betreffend die Verbindlichkeit zum Schadenersatz f. die bei d. Betriebe v. Eisenbahnen, Bergwerken ... herbeigeführten Tödtgn u. Körperverletzgn. Vom 7. Juni 1871. Erläut. m. Benutzg d. Akten der Kgl. preuss. Minist. d. öff. Arb. u. f. Handel u. Gew. v. Dr. Georg Eger, Regiergsr. 4. verm. Aufl. *Hannover: Helwing 1896.* (XVI, 626 S.) 1 Bd 8. [96. 5599

[F.] Das **Reichshaftpflichtgesetz.** Vom 7. Juni 1871. Textausg. m. Anm. u. Sachreg. nebst Anh.: 'D. einschlägigen Bestimmgn anderer Reichsges.' v. W. Coermann, Kaiserl. Amtsrichter in Bolchen '(Lothringen)'. *Berlin: Siemenroth & Troschel 1898.* (IV, 159 S.) 1 Bd 8.
= **Gesetzsammlung.** Bd 14. [98. 4874

Das Reichs-Haftpflichtgesetz [**Gesetz** betr. die Verbindlichkeit zum Schadenersatz für ... Tödtungen u. Körperverletzungen] vom 7. Juni 1871 in d. Fassung des Art. 42 d. Einführungsges. z. BGB. Textausg. mit Anm. von Dr. Georg Eger, Reg.R. *Berlin: J. Guttentag 1903.* (VIII, 376 S.) 8° [F.]
= **Sammlung,** Guttentag'sche, Deutscher Reichsgesetze. No 70. [03. 10014

Genealogisches **Reichs-** und Staats-**Handbuch** auf das Jahr 1800. Th. 1. 2. — Frankfurt a. M.: Varrentropp & Wenner 1800. 8°
[Nebent.:] Des Heiligen Röm. Reichs genealog.- u. schemat. Calender auf d. Jahr 1800.

Reichs-Handbuch, Genealogisches, und Staats-Handbuch für 1803. 1., 2. Theil. Frankfurt: Varrentrapp. 8°

Reichs- und Staats-Handbuch, Genealogisches, auf das Jahr 1805. 1. und 2. Th. (2 Bde.) 8. Frankfurt a. M. 1805.

Reichs- und Staats-Handbuch, Neues genealogisches, auf das Jahr 1793. Thl. 1. 2. Frankfurt 1793. 8.

Neues Genealogisch-Schematisches **Reichs-** und **Staats-Hand-Buch** vor das Jahr ...
Frankfurt am Mäyn: Franz Varrentrapp (später: Varrentrapp & Wenner) 1763—1805. 8°
[Nebent.:] Des Heiligen Römischen Reichs (vollständiger) Genealogisch- und Schematischer Calender Auf das Jahr ...
[Später u. d. T.:] Genealogisches Reichs- und Staats-Handbuch auf das Jahr ...
1763: 14 Bl., 480, 84, 47 S.
1799, Thl 1: 10 Bl., 716 S., 1 Tab.
2: 1 Bl., 402 S.
1801, Thl 1: 10 Bl., 784 S., 1 Tab.
2: 1 Bl., 288 S.
1803, Thl 1: 10 Bl., 779 S., 1 Tab.
2: 2 Bl., 412 S.
1805, Thl 1: 9 Bl., 818 S., 1 Tab.
2: 2 Bl., 540 S.

Reichshandlungen u. Staatsgesch. v. d. Ableben Kaiser Carls VII. bis auf gegenwärtige Zeiten mitgeth. 1r, u. 2n Bds 1r Thl. 8. Frankf. Andreä. 745, 46.

Reichs-Handwerkerzeitung. 1908—11. Graz 1908—11. fol.

Reichsharfe. Liederbuch f. Gemeinschafts- u. Evangelisations-versammlgn., Missions- u. Bibelstunden, Jünglings- u. Jungfrauenvereine, Sonntagsschulen u. häusl. Gebrauch. 12. (XIV, 306 S.) Striegau (901). (R. Urban.) n.n. — 50

Reichsharfe. Liederbuch f. Gemeinschafts- u. Evangelisationsversammlungen, Missions- u. Bibelstunden, Jünglings- u. Jungfrauenvereine, Sonntagsschulen u. häusl. Gebrauch. 2. Aufl. Striegau: R. Urban [1905]. (322 S.) 8° [F.] [06. 11303 2

Reichsharfe. Liederbuch f. christl. Versammlgn. 3. verb. Aufl. (16.—30. Taus.) (276 S.) kl. 8. Striegau (906). Th. Urban. Geb. n. — 50

— dasselbe. Noten-Ausg. (2. Aufl.) zur 3. verb. Text-Aufl. (IV, 408 S.) gr. 8. Ebd. (907). Geb. 3.50

Reichsharfe. Liederbuch f. christl. Versammlgn. (Umschlag: Christliche Lieder.) 4. Aufl. (31.—50. Taus.) (276 S.) kl. 8. Striegau (909). Th. Urban. — 50; geb. — 60; — 75; 1.50 u. 2. —

Reichshaushaltsetat f. d. Etatsjahre 1891/92 bis 1896/97. Berlin. 4° 6 Bde.

Reichshaushalts-Etat nebst Nachtrags-Etat für das Etatsjahr 1892/93. Berlin. 1892. 1893/94 ff. nebst dem Haushalt-Etat für die Schutzgebiete. ebd. 1893 ff. = Stenographische Berichte über die Verhandlungen des Reichstags. 8. u. 9. Legislaturperiode. Besonderer Anlagebd. 4°.

Reichshaushalts-Etat, nebst Nachtrags-Etat f. das Etatsj. 1892/93. gr. 4. (306 S.) Berlin 892. C. Heymanns Verl. n. 12. —

— nebst Haushalts-Etat f. die Schutzgebiete u. dem Nachtrags-Etat f. d. Etatsj. 1893/94. Imp.-4. (XXXIV, 331 S.) Ebd. 893. n. 12. —

— nebst Haushalts-Etat f. die Schutzgebiete u. dem Nachtrags-Etat f. d. Etatsj. 1894/95. gr. 4. (XXX, 339 S.) Ebd. 894. n. 12. —

Reichshaushalts-Etat nebst Haushalts-Etat f. die Schutzgebiete u. d. Nachtrags-Etats f. das Etatsj. 1895/96 u. 1896/97. 4. u. 5. Jahrg. Fol. (XXX, 358 u. XXXII, 358 S.) Berlin 895. 96. C. Heymann's Verl. à n. 12. —

Reichshaushalts-Etat und Haushalts-Etat für die Schutzgebiete für das Rechnungsjahr 1907-12. 4° Berlin 1909-12

Reichshaushalts-Etat f. das Rechnungsj. 1907 nebst Anlagen. 2 Bde. (III, 73, 5, 39, 72, 594, 8 u. III, 192, 11, 16, 46, 5, 6, 5, 30, 12, 74, 9, 59, 18, 27 u. 7 S.) 4. Berlin 906. (W. Moeser.) n. 18. —
Hieraus einzeln:
Entwurf e. Gesetzes betr. die Feststellung des Reichshaushalts-Etats f. d. Rechnungsj. 1907. (73 S.) 1.10. — Anlage II. Etat f. den Reichskanzler u. die Reichskanzlei. (5 S.) — 15. — Anlage III. Etat f. das auswärtige Amt. (39 S.) — 55. — Anlage IV. Etat f. das Reichsamt des Innern. (72 S.) 1. —. — Anlage V. Etat f. die Verwaltung des Reichsheeres. (594 S.) 8. —. — Anlage Va. Etat für das Reichsmilitärgericht. (8 S.) — 15. — Anlage VI. Etat f. die Verwaltung der kaiserl. Marine. (192 S.) 2.60. — Anlage VII. Etat f. die Reichs-Justizverwaltung. (11 S.) — 30. — Anlage VIII. Etat f. das Reichsschatzamt. (16 S.) — 30. — Anlage VIIIa. Etat f. das Reichs-Kolonialamt. (46 S.) — 70. — Anlage IX. Etat f. das Reichs-Eisenbahnamt. (5 S.) — 15. — Anlage X. Etat der Reichsschuld. (6 S.) — 15. — Anlage XI. Etat f. den Rechnungshof d. Deutschen Reichs. (5 S.) — 15. — Anlage XII. Etat üb. den allgemeinen Pensionsfonds. (30 S.) — 50. — Anlage XIII. Etat üb. den Reichs-Invalidenfonds. (12 S.) — 30. — Anlage XIV. Etat der Reichspost- u. Telegraphenverwaltung. (74 S.) 1.10 — Anlage XV. Etat der Reichsdruckerei. (9 S.) — 30. — Anlage XVI. Etat f. die Verwaltung der Reichseisenbahnen. (59 S.) — 90. — Anlage XVII. Einnahmen des Deutschen Reichs an Zöllen, Steuern u. Gebühren. (18 S.) — 35. — Anlage XVIII. Etat f. die Expedition nach Ostasien. (27 S.) — 50. — Anlage XVIIIa. Etat f. die Expedition in das südwestafrik. Schutzgebiet. (7 S.) — 15.

Reichshaushalts-Etat f. d. Rechnungsj. 1908 nebst Anlagen. 2 Bde. (III, 55, 5, 39, 64, II, 620, 8 u. III, 185, 9, 20, 23, 3, 6, 5, 32, 12, 68, 7, 56, 18 u. 27 S.) Berlin '07, W. Moeser. 13. —

Reichshaushalts-Etat f. d. Rechnungsj. 1909 nebst Anlagen. 2 Bde. (III, 59, 5, 39, 58, II, 565, 8 u. III, 167, 9, 20, 19, 3, 6, 5, 32, 12, 60, 7, 55, 18 u. 19 S.) Berlin '08, W. Moeser. 12. 10.

Hieraus einzeln: Entwurf e. Gesetzes, betr. die Feststellung des Reichshaushalts-Etats f. d. Rechnungsj. 1909. (59 S.) —. 65. — Anlage II. Etat f. d. Reichskanzler u. die Reichskanzlei. (5 S.) —. 10. — Anlage III. Etat f. das Auswärtige Amt. (39 S.) —. 40. — Anlage IV. Etat f. das Reichsamt des Innern. (58 S.) —. 65. — Anlage V. Etats f. die Verwaltung des Reichheeres. (II, 565 S.) 5. 70. — Anlage Va. Etat f. das Reichsmilitärgericht (8 S.) —. 10. — Anlage VI. Etat f. die Verwaltung der kaiserl. Marine. (167 S.) 1. 70. — Anlage VII. Etat f. die Reichs-Justizverwaltung. (9 S.) —. 20. — Anlage VIII. Etat f. das Reichsschatzamt. (20 S.) —. 25. — Anlage VIIIa. Etat f. das Reichs-Kolonialamt. (19 S.) —. 25. — Anlage IX. Etat f. das Reichs-Eisenbahnamt. (8 S.) —. 10. — Anlage X. Etat der Reichsschuld. (6 S.) —. 10. — Anlage XI. Etat f. den Rechnungshof des Deutschen Reichs. (5 S.) —. 10. — Anlage XII. Etat üb. den allgemeinen Pensionsfonds. (82 S.) —. 85. — Anlage XIII. Etat üb. den Reichs-Invalidenfonds. (12 S.) —. 20. — Anlage XIV. Etat der Reichs-Post- u. Telegraphenverwaltung. (60 S.) —. 65. — Anlage XV. Etat der Reichsdruckerei. (7 S.) —. 10. — Anlage XVI. Etat f. die Verwaltung der Reichseisenbahnen. (55 S.) —. 60. — Anlage XVII. Einnahmen des Deutschen Reichs an Zöllen, Steuern u. Gebühren. (18 S.) —. 25. — Anlage XVIII. Etat f. die Expedition nach Ostasien. (19 S.) —. 25.

Reichshaushalts-Etat, Der, und der Haushalts-Etat für die Schutzgebiete f. d. Rechn.-J. 1910. Berlin 1910. [Nebst:] Nachträge . . . 1909. (1910.)

Reichshaushalts-Etat f. d. Rechnungsj. 1910 nebst Anlagen. 2 Bde. (III, 78, 5, 41, 67; II, 651, 10, 8 u. III, 184, 9, 22, 27, 5, 13, 7, 37, 12, 62, 9, 49 u. 20 S.) Berlin, W. Moeser. 1909. 13. 50.

Hieraus einzeln: Entwurf e. Gesetzes, betr. die Feststellung des Reichshaushalts-Etats f. d. Rechnungsj. 1910. (78 S.) —. 80. — Anlage II. Etat f. den Reichskanzler u. die Reichskanzlei. (5 S.) —. 10. — Anlage III. Etat f. das Auswärtige Amt. (41 S.) —. 50. — Anlage IV. Etat f. das Reichsamt des Innern. (67 S.) —. 75. — Anlage V. Etat f. die Verwaltung des Reichsheeres. (II, 651 S.) 6. 60. — Anlage Va. Etat f. das Reichsmilitärgericht. (10 S.) —. 20. — Anlage VI. Etat f. die Verwaltung der kaiserl. Marine. (184 S.) 1. 85. — Anlage VII. Etat f. die Reichs-Justizverwaltung. (9 S.) —. 20. — Anlage VIII. Etat f. das Reichsschatzamt. (22 S.) —. 25. — Anlage VIIIa. Etat f. das Reichs-Kolonialamt. (27 S.) —. 35. — Anlage IX. Etat f. das Reichs-Eisenbahnamt. (5 S.) —. 10. — Anlage X. Etat der Reichsschuld. (13 S.) —. 20. — Anlage XI. Etat f. den Rechnungshof des Deutschen Reichs. (7 S.) —. 10. — Anlage XII. Etat üb. den allgemeinen Pensionsfonds. (37 S.) —. 40. — Anlage XIII Etat üb. den Reichs-Invalidenfonds. (12 S.) —. 20. — Anlage XIV. Etat der Reichs-Post- u. Telegraphenverwaltung. (62 S.) —. 65. — Anlage XV. Etat der Reichsdruckerei. (9 S.) —. 10. — Anlage XVI. Etat f. die Verwaltung der Reichseisenbahnen. (49 S.) —. 60. — Anlage XVII. Einnahmen des Deutschen Reichs an Zöllen, Steuern u. Gebühren. (20 S.) —. 25.

Reichshaushalts-Etat f. d. Rechnungsj. 1911 nebst Anlagen. 2 Bde. (III, 48, 3, 28, 51; II, 482, 114, 8 u. III, 161, 7, 18, 19, 3, 11, 5, 34, 54, 7, 42 u. 20 S.) 31×22,5 cm. Berlin 910. (W. Moeser.) nnn 11. 50

Hieraus einzeln:

Entwurf e. Gesetzes, betr. die Feststellung des Reichshaushalts-Etats f. d. Rechnungsj. 1911. (48 S.) nnn — 50
Anlage II. Etat f. den Reichskanzler u. die Reichskanzlei. (3 S.) nnn — 10
Anlage III. Etat f. das Auswärtige Amt. (28 S.) nnn — 35
Anlage IV. Etat f. das Reichsamt des Innern. (51 S.) nnn — 60
Anlage V. Etat f. die Verwaltung des Reichsheeres. (II, 482 S.) nnn 4. 90
Anlage Va. Etat f. die aus Anlaß e. neuen Friedenspräsenzgesetzes eintretenden Änderungen in der Organisation des Reichsheeres. (114 S.) nnn 1. 20
Anlage Vb. Etat f. das Reichsmilitärgericht. (8 S.) nnn — 10
Anlage VI. Etat f. die Verwaltung der kaiserl. Marine. (161 S.) nnn 1. 70
Anlage VII. Etat der Reichs-Justizverwaltung. (7 S.) nnn — 10
Anlage VIII. Etat f. das Reichsschatzamt. (18 S.) nnn — 25
Anlage IX. Etat f. das Reichs-Kolonialamt. (19 S.) nnn — 25
Anlage X. Etat f. das Reichs-Eisenbahnamt. (3 S.) nnn — 10
Anlage XI. Etat der Reichsschuld. (11 S.) nnn — 20
Anlage XII. Etat f. den Rechnungshof des Deutschen Reichs. (5 S.) nnn — 10
Anlage XIII. Etat üb. den allgemeinen Pensionsfonds. (37 S.) nnn — 40
Anlage XIV. Etat der Reichs-Post u. Telegraphenverwaltung. (54 S.) nnn — 60
Anlage XV. Etat der Reichsdruckerei. (7 S.) nnn — 10
Anlage XVI. Etat f. die Verwaltung der Reichseisenbahnen. (42 S.) nnn — 50
Anlage XVII. Einnahmen des Deutschen Reichs an Zöllen, Steuern u. Gebühren. (20 S.) nnn — 25

Reichsheer [Sachliches OW]

Reichsheer, das deutsche, graphisch dargestellt und Armee-Corpsweise geordnet, nebst erläut. u. histor. Bemerkungen. Hrsg. zum Besten der Kaiser-Wilhelm-Stiftung f. deutsche Invaliden. Fol. (60 S. mit 20 Chromolith.) Karlsruhe 879. Hasper'sche Hofbuch- u. Steindr. In Leinw.-Mappe. n.n. 15. —

Reichsheer, das deutsche. Leporello-Album. 40 farb. Taf. qu. kl. 4. Berlin 890. [Toussaint & Co.] Hochsprung. In Leinw.-Decke. n. 4. —

Reichsheer, das deutsche. Leporello-Album. Anhang dazu. Verzeichniss der Regimenter u. selbstständ. Bataillone d. steh. Heeres m. Angabe d. Armee-Corps, zu welchem sie gehören, u. der Garnisonsorte. qu. 8. (11 S.) Berlin 891. M. Hochsprung. Kostenlos.

— das deutsche, u. die kaiserl. **Marine.** Nebst Anh.: Die kaiserl. Schutztruppe f. Deutsch-Ostafrika. Lehr- u. Nachschlagebuch der Organisation des deutschen Heer- u. Marinewesens, bearb. v. Ecke u. Feiland. V. Jahrg. April-Ausg. gr. 8. (IV, 118 u. 24 S.) Kassel 894. M. Brunnemann. n. 1. 50

Reichsheer, d. deutsche, u. d. kaiserl. Marine. Nebst Anh.: D. kaiserl. Schutztruppen f. Deutsch-Ostafrika, Deutsch-Südwestafrika u. Kamerun. Lehr- u. Nachschlagebuch d. Organisation des deutschen Heer- u. Marinewesens, bearb. v. Ecke u. Karge. IX. Jahrg. (Abgeschlossen am 11. IV. 1898.) gr. 8. (155 S.) Kassel 898. Gebr. Gotthelft. n. 1. 50

— dasselbe, s. a.: Einteilung u. Standorte der k. d. Marine.

— dasselbe, s. a.: Einteilung u. Standorte d. d. Reichsheeres.

Reichsheer, das deutsche, u. die kaiserl. Marine. Nebst Anh.: Die ostasiat. Besatzungs-Brigade, die kaiserl. Schutztruppen für Deutsch-Ostafrika, Deutsch-Südwestafrika u. Kamerun. Bearb. v. Ecke. XIII. Jahrg. (Abgeschlossen am 13. V. 1902.) gr. 8. (154 S.) Kassel 902. Gebr. Gotthelft. n. 1. 50

Reichsheer, das, auf mobilem Fuß, vorgeführt vom Pegasus. [Aus: „Soldatenfreund."] gr. 8. (16 S.) Berlin 874. Mittler & Sohn. — 30

— das, auf mobilem Fuß, vorgeführt vom Pegasus. 2. Aufl. Mit 9 (eingedr. Holzschn.-)Illustr. von Lüders. gr. 8. (48 S.) Berlin 877. Mittler & Sohn. n. 1. —

— u. kaiserl. **Marine.** Inhalt: Benennung der Truppentheile, ihrer Garnisonen u. Chefs. — Bezeichnung der höheren Kommando-Behörden, welchen die Regimenter rc. unterstellt sind, m. Angabe der Standorte ersterer. — Beschreibung der Uniformen. Namenszüge in bildl. Darstellg. Eine Belehrungsschrift u. e. Nachschlagebuch. gr. 8. (VIII, 110 S.) Potsdam 894. E. Döring's Erben. n. — 50

Reichsheer [Schlagwort]

Reichsheer, s.: Militärkarten.

Reichs-Herold. Zeitschrift f. d. deutschen Mittelstand. Jg. 1, 1. Cassel: (G. Wallbach) 1907. 2° [J.] [07. 13785 4

Reichshistorie, Teutsche, bis auf das Jahr 1747 fortgesetzt. Frankf. u. Leipzig 1750. V: *Reinhard, Johann Paul.* (BB)

Reichshoffen. (11) 8. Lyon 1875.

Reichshofrath, Der, in Justitz, Gnaden und anderen Sachen ... Augsburg 1791—92. V: *Riefl, Josua Joseph Reichsfreiherr von.* (Ky) (MGT) (EngJ)

Reichshofrath, der, in Justiz-, Gnaden- u. andern Sachen, (v. J. J. v. Riefl). 3 Thle. 8. Augsb. 791, 92. Wolf. 3 ß

Reichshofrath, der, in Justiz- Gnaden- u. andern Sachen. 3 Thle. 8. Augsb. Wolf. 791–94. (à 1 Rthlr.)

Reichs-Hofraths-Conclusa de dat. d. 22. Octobr. d. 19. 23. 24. Novembr. 1756. 1757. 4. 16 S.

Reichs-Hof-Raths-Conclusa, de dato 29. Octobr. 1756. 4. (2 Bl.)

Reichs-Hofraths-Conclusa, de dato d. 23. November, d. 29. Novembr. den 1. 3. 9. . . . December 1756. 4. (20 S.)

Reichshofraths-Conclusa, Auserlesene. Leipz. u. Bayreuth 1740. H: *Moser, Johann Jacob.* (ML)

— **auserlesene, w. in** causis illustribus **ergänz.,** nebst doppelt. Regist. 9 Thle. 8. Leipz. 740.

Reichshofraths-Conclusa, Merkwürdige. Frankfurt 1726—32. H: *Moser, Johann Jacob.* (ML) (Bibl. Rinckiana. Lipsiae 1747.)

Merckwürdige **Reichs-Hof-Raths-Conclusa,** denen so den bey diesem Höchsten Reichs-Gericht tam in agendo, quam in judicando üblichen modum et stylum erlernen wollen, mitgetheilet. Th. 1—8. Franckfurt a. M. 1726—32.

Reichshofrathsconclusa. 8 Thle. 8. Frankf. Eßlinger. 726–32.

„Reichs-Hof-Raths-Conclusum, Das Münzwesen im Reich betreffend. 3. December 1736 bis 7. Januar 1737". — Vorh.: StB Nürnberg.

Merkwürdige **Reichshofrathsgutachten** mit Gesichtspuncten für den Leser. [Hrsg. von Heinr. Wilh. Bergsträsser.] Th. 1—4. Frankfurt a. M. 1792—95.

Th. 4. [Nebentit.:] Merkwürdige **Reichshofrathsgutachten** zur Erläuterung des westphälischen Friedens.

Reichshofrathsgutachten, Merkwürdige, mit Gesichtspunkten für die Leser. Frankfurt 1792—95. V: *Bergsträsser, Heinrich Wilhelm.* (Schletter, Handb. d. jurist. Litt. Grimma 1843. S. 161.) (Ky) (stri) (schz) (EngJ)

Reichshofrathsgutachten, merkwürd., mit Gesichtspuncten f. die Leser, (v. Hnr. Wlh. Bergsträßer). 4 Thle. gr. 8. Frankf. a. M. 792—95. Andreä. 4 ß 4 K

— — **zur Erläuterung des Westphälischen Friedens ist d. vorher. B. 4r Thl.**

Reichshofrathsprotokoll, unter d. Regier. Kaiser Franz I. 1r Bd. 8. Heilbr. 759. Eckebrecht. 12 K

Reichs-Impf-Gesetz, das, vom 8. April 1874, nebst Ausführungs-Bestimmgn. d. Bundesraths u. Nachweis der in Geltg. gebliebenen Landes-Gesetze üb. Zwangs-Impfgn. bei Pocken-Epidemien. 2. Aufl. 8. (19 S.) Berlin 875. Kortkampf. n. — 30

— das, vom 8. April 1874 nebst Impf-Regulativ f. die Prov. Hannover vom 20. Jan. 1875. gr. 8. (16 S.) Hannover 875. Meyer. n. — 40

Reichs-Industrie-Adressbuch, Oesterreichisches. Wien 1900. H: *Hallwich, Herm. & Joseph Grunzel.* (EB)

Reichs-Industrie-Adressbuch, österreichisches. Mit Unterstützg. des k. k. Handels-Ministeriums hrsg. vom Central-Verband der Industriellen Österreichs. Lex.-8. (VIII, 1058 S.) Teschen 900. K. Prochaska. Geb. in Leinw. 30. —

Reichsintegrität, erster Grundzug d. Reichsfriedens, (v. Grafen v. Benzel-Sternau). Hamb., (Herold jun.) 2 K

Reichsintegrität, erster Grundzug des Reichsfriedens. Hamburg 17??. V: *Benzel-Sternau, Carl Chn Ernst Graf v.* (Ky)

Reichsintelligenzzeitung, Allgemeine. O. O. 1773. H: *Schulin, Johann Philipp.* (MGT) (Fiker)

„Reichs-Intelligenz-Zeitung für das deutsche Justiz-, Polizei-, Finanzwirthschafts- und Haushaltungswesen", Gießen 1773 (ging bald wieder ein).

Reichs-Justizgesetze

— die, s. a. Reichsgesetze, die deutschen.

Die Reichsjustizgesetze vom J. 1877.

Ausgaben von:

Beck in Ndlgn.	5 —		**Kortkampf.** Berlin	6	—
Bender. Hersfeld 881.	5 —		**Krah.** 2 Aufl. Frkft. 883.	3	50
Buchner. Brmbg.	6 60		**Meinhold** in Dresden.	5	35
Delius. Lpzg.	4 50		**v. Oesfeld.** 6 Thle. Berl. 879.	19	—
Guttentag. Berlin.	3 50		**Rossberg** in Lpzg.	3	50
Heymann. „ „	3 —		**Schwann.** Düsseld.	5	—
Jonghaus Darmst.	3 —		**Schwarze.** Lpzg.	3	50
Kayser. 4. Aufl. Berlin 887.	18 —		**Sydow.** Berlin.	6	—

Reichs-Justizgesetze. [Rückentit.] Berlin: Guttentag 1877.

[Inhalt:]
Gerichtsverfassungsgesetz — Strafprozeßordnung — Civilprozeßordnung — Konkursordnung.
(Deutsche Reichsgesetzgebung. Text-Ausg.)

Reichs-Justizgesetze, die. Gerichtsverfassungs-Gesetz, Civil-Prozeßordnung, Konkursordnung, Strafprozeßordnung m. den Einführungs-Gesetzen. Mit vielen Anmerkungen u. Verweisungen, systemat. u. alphabet. Register. 1. Abth. 8. (515 S.) Bamberg 877. Buchner. n. 6. 60

Reichs-Justizgesetze, die. Gerichtsverfassungsgesetz, Civilprozeßordnung, Konkursordnung, Strafprozeßordnung m. den Einführungs-Gesetzen. Mit vielen Anmerkungen u. Verweisungen, systemat. u. alphabet. Register. 2. Abth. 1—7. Lfg. 8. (568 S.) Bamberg 878. 79. Buchner. à n. 1. —

— dasselbe. 3. Abth. 18 Lfgn. 8. (VII, 989 S.) Ebend. 879. 80. à n. 1. —

— Text-Ausg. mit Anmerkungen u. Register. Gerichtsverfassungsgesetz für das deutsche Reich von R. Sydow. — Civilproceßordnung für das Deutsche Reich von R. Sydow. — Strafproceßordnung für das Deutsche Reich von A. Dochow. — Konkursordnung für das Deutsche Reich von R. Sydow. 16. (VII, 84; XVI, 358; XXIII, 241 u. XXII, 104 S.) Berlin 878. Guttentag. geb. n. 4. 50

— die, mit den neuen Bestimmungen über die Eintheilung der Gerichte u. den Gang der Prozesse. Zum Nachschlagen für Jedermann mit ausführlichem Sachregister hrsg. von der Red. des Deutschen Rechtsbuchs. Orig.-Ausg. 3. Aufl. gr. 8. (VII, 304 S.) Berlin 879. Dörner. 3. —; geb. 4. —

— dasselbe. 2 Bde. Text-Ausg. mit ausführlichen Sachregistern. 4. Aufl. gr. 16. Pinneberg 879. Beig. 3. —

1. Die Civilprozeß-Ordnung, nebst Einführungs-Gesetz. (XII, 259 S.)
2. Gerichtsverfassungsgesetz, Strafprozeßordnung, Konkursordnung, nebst den betreffenden Einführungs-Gesetzen. Nebst einem Anhang, enthaltend die hauptsächlichsten Bestimmungen des Gerichtskostengesetzes, der Gebührenordnung für Gerichtsvollzieher, für Zeugen u. Sachverständige, sowie für Rechtsanwälte. (VIII, 328 S.)

Reichs-Justizgesetze. Gerichtsverfassungsgesetz, Civilprozeßordng., Konkursordng., Strafprozeßordng. Text-Ausgabe m. Register. (3 Tle. in 1 Bd.) 16. (494; II, 112 u. 197 S.) Berlin 898. J. Guttentag. Geb. in Leinw. 3. 80

— die, als Gerichtsverfassungsgesetz, Civil-Prozeß-Ordng., Konkursordng. (nebst Einführungsgesetzen u. Sachregister), sow. Gesetz üb. d. Anfechtg. v. Rechtshandlgn. e. Schuldners außerhalb d. Konkursverfahrens. Textausgabe m. Anmerkgn. 12. (V, 631 S.) Bonndorf 898. J. A. Binder's Nachf. Geb. in Leinw. n.n. 4. 50

Die **Reichsjustizgesetze** in der Fassung der Bekanntmachung v. 20. Mai 1898 – bezw. auch zuf. Art. 13 d. Einf.-Ges. z. HGB. ⟨R.-G.-Bl. 1898, S. 342 u. S. 369⟩. Steglitz-Berlin: K. Fechner [1899]. (447 S.) 8°
(Fechner, K.: Lexikal. Taschenbuch. Anl. Bd 3.)

Reichs-Justizgesetze. Gerichtsverfassungsgesetz. Civilprozessordnung. Konkursordnung. Strafprozessordnung. Text-Ausg. mit Sachreg. 2. Aufl. *Berlin: J. Guttentag 1901.* (Getr. Pag.) 8° [F.]
[Sondert. 1.] Civilprocessordnung mit Gerichtsverf.Gesetz u. Einf.Gesetzen. 1900.
[2.] Konkursordnung mit Einführungsgesetz.
[3.] Strafprocessordnung f. d. Deutsche Reich. 1900. [03. 133

Reichs-Justizgesetze. Gerichtsverfassungsgesetz. Civilprozeßordnung. Konkursordnung. Strafprozeßordnung. Text-Ausg. m. Sachregister. 2. Aufl. gr. 16. (494, 112 u. 197 S.) Berlin 901. J. Guttentag. Geb. in Leinw. n. 3. 80

Reichsjustizgesetze, s. a. Fechner's, K., Gesetzgebungsbibliothek, II. Bd., 2.

Die **Reichsjustizgesetze** in der Fassung der auf Grund d. Ges. v. 17. Mai 1898 erfolgten Bekanntmachung v. 20. Mai 1898, bezw. auch zuf. Art. 13 d. Einf.-Ges. z. Hand.-Ges.B. – ⟨R.-G.-Bl. 1898, S. 342 u. S. 369.⟩ (u. die Preussischen Ausführungsgesetze). 4. Aufl. *Steglitz-Berlin: K. Fechner 1902.* (Getr. Pag.) 8° [F.]
[Sondert. 1.] Reichsjustizgesetze.
[2.] Preuss. Ausführungsgesetz zum BGB.
[3.] Die Preuss. Ausführungsgesetze, Verordn., Bekanntm. u. Verfügungen zum BGB., s. Nebengesetzen u. zu d. Reichs-Justizgesetzen.
— **Fechner**: Gesetzgebungs-Bibliothek. Bd 2. [03. 4009

Die **Reichsjustizgesetze** in der Fassung der auf Grund d. Ges. v. 17. Mai 1898 erfolgten Bekanntmachung v. 20. Mai 1898, bezw. auch zuf. Art. 13 d. Einf.-Ges. z. Hand.-Ges.-B. u. d. Preuß. Ausführungsgesetze z. BGB., seinen Nebengesetzen u. zu d. Reichsjustizgesetzen. 8. Aufl. Steglitz-Berlin: K. Fechner 1904. (Getr. Pag.) 8° [F.]
[Sondert. 1.] Preuß. Ausführungsgesetz z. BGB.
[2.] Die Preuß. Ausführungsgesetze, Verordn., Bekanntm. u. Verfügungen z. BGB., s. Nebengesetzen u. zu d. Reichs-Justizgesetzen.
— **Fechner**: Gesetzgebungs-Bibliothek. Bd 2. [07. 3363

— die neuen. Eine möglichst populär gehaltene kurze Abhandlung von einem Juristen. 8. (41 S.) Plauen 879. Neupert. — 30

— mit den betreffenden Einführungsgesetzen u. Sachregistern. [Gerichtsverfassungsgesetz vom 27. Jan. 1877. — Concursordnung vom 10. Febr. 1877. — Civilprozeßordnung vom 30. Jan. 1877. — Strafprozeßordnung vom 1. Febr. 1877.] 8. (408 S.) Würzburg 879. Stahel. geb. n. 4. —

Die neuen Deutschen **Reichs-Justizgesetze.** Für den praktischen Gebrauch ausführlich ergänzt und erläutert v. Max von Oelsfeld. Th. 1—6. Berlin. 1879. 8°.
Th. 1: Gerichtsverfassungsgesetz vom 27. Januar 1877. Mit Sachregister.
Th. 2: Gerichtskostengesetz vom 18. Juni 1878; Gebührenordnung für Zeugen und Sachverständige vom 30. Juni 1878; Gebührenordnung für Gerichtsvollzieher vom 29. Juni 1878. Mit Sachregister.
Th. 3: Rechtsanwaltsordnung vom 1. Juli 1878 nebst Gebührenordnung für Rechtsanwälte vom 7. Juli 1879. Nebst Sachregister.
Th. 4: Civilprozessordnung vom 30. Januar 1877. Mit Sachregister.
Th. 5: Konkursordnung vom 10. Februar 1877. Mit Sachregister.
Th. 6: Strafprozessordnung vom 1. Februar 1877. Mit Sachregister.

Reichs-Justizgesetze

— die in Sachsen. Eine Darstellung für Nichtjuristen von einem sächsischen Amtsrichter. 16. (VIII, 76 S.) Zschopau 879. Raschke. cart. — 75

— die, in **Thüringen**, insbesondere in den Fürstenthümern Reuss u. Schwarzburg. gr. 8. (20 S.) Berlin 877. Guttentag. n. — 60

Allgemeiner | Reichs-Kalender, | für das Jahr | christlicher Zeitrechnung | Eintausend Achthundert und Sechse, 1806 welches ein gemeines Jahr von 365 Tagen ist. | Für die Neuwürtembergische Lande berechnet. | Reutlingen, | bei Johann Jacob Fleischhauer, dem jüngern.
20 Bl. n. n., 4°, mit kleinen Holzschnitten illustriert.
StB Reutlingen 17093.

Reichs-, Historien-, genealogischer u. Haushaltungs-Kalender, allgemeiner, auf d. J. 1888. 4. (52 S.) Hildesheim, Gerstenberg. n. — 25

Reichs-, Historien-, genealogischer u. Haushaltungs-Kalender, allgemeiner, auf d. J. 1895. 4. (58 S.) Hildesheim, Gerstenberg. n. — 25

Reichs-, Historien-, genealogischer u. Haushaltungskalender, allgemeiner, auf d. J. 1899. 4. (55 S.) Hildesheim, Gerstenberg. — 25

Reichs-, Historien-, genealogischer u. Haushaltungs-Kalender, allgemeiner, auf d. J. 1903. Nebst e. Wand- u. Portemonnaie-Kalender als Gratisbeilage. Der astronom. u. kirchl. Kalender ist für die Prov. Hannover u. den 52. Parallelkreis in mitteleurop. Zeit nach den Materialien des königl. preuß. statist. Bureaus aufgestellt. 4. (80 S. m. Abbildgn.) Hildesheim, Gerstenberg. — 25

Reichs-, Historien-, genealogischer u. Haushaltungs-Kalender, allgemeiner, auf d. J. 1907. Nebst e. Wand- u. Portemonnaie-Kalender als Gratisbeilage. Der astronom. u. kirchl. Kalender ist f. die Prov. Hannover u. den 52. Parallelkreis in mitteleurop. Zeit nach den Materialien des königl. preuß. statist. Bureaus aufgestellt. (68 S. m. Abbildgn.) gr. 8. Hildesheim, Gerstenberg. — 25; durchsch. n. — 50

Reichs-, Historien-, genealogischer u. Haushaltungs-Kalender, allgemeiner, auf d. J. 1911. Nebst e. Wand- u. Portemonnaie-Kalender als Gratisbeilage. Der astronom. u. kirchl. Kalender ist f. die Prov. Hannover u. den 52. Parallelkreis in mitteleurop. Zeit nach den Materialien des königl. preuß. statist. Bureaus aufgestellt. (67 S. m. Abbildgn. u. Wandkalender.) gr. 8. Hildesheim, Gerstenberg. — 25

Reichs- u. Schreib-Calender, Allgemeiner, a. d. Schalt-Jahr .. 1796. M. Titelk. u. 6 Kpf. Lauenburg.

Reichs-Kalender, Deutscher, für 1849. Deutschlands Revolutionen von 1848. 4. (28 S.) — Für 1850. gr. 8. (33 S.) Gotha, Stollbergsche Buchdruckerei. à n. 2 ngr

Reichs-Kalender, deutscher, auf das Jahr 1871. 1. Jahrg. Dresden 870. Schulbuchh. 16. (64 S. mit 1 Portr. in Holzschn.) 3 ngr.

—— deutscher, für 1872 und 1873. Mit Beiträgen von E. v. Dincklage, Jenny Hirsch, Ferd. Pflug, Ferd. Schmidt ꝛc. 1. und 2. Jahrg. 16. (237; XCII, 140 S., mit zahlreichen in den Text gedr. Holzschn. und Titelbild.) Berlin, Böttcher. à Jahrg. * — 50

—— deutscher, für 1874 und 1875. Mit Beiträgen von Th. Messerer, H. Beta, Th. Fontane, Jenny Hirsch u. A. 3. und 4. Jahrg. 16. (XCVI, 96; XCVI, 124 S., mit zahlreichen in den Text gedr. Illustr., Holzschn. und Titelbild.) Berlin, Haack. à Jahrg. * — 50

Reichskalender, deutscher, für die J. 1876—1878. Mit Beiträgen von S. Ballhorn, H. Beta, Th. Fontane u. A. 5.—7. Jahrg. Mit 1 Kunstfarbendr. und zahlreichen in den Text gedr. Illustr. (Holzschn.). 16. (LXXXII, 158; LXXXIII, 144; 83, 135 S.) Berlin, Haack. à Jahrg. * — 50

—— dass. — für die J. 1879 und 1880. Mit Beiträgen von Alice Kurs, K. Neumann-Strela, Paul Niemeyer u. A. 8. und 9. Jahrg. Mit 2 Farbendruckbildern und zahlreichen in den Text gedr. (Holzschn.-) Illustr. 16. (83, 135; 222 S.) Ebendas. à Jahrg. * — 50

Reichskalender, deutscher, für die J. 1881—1884. Mit Beiträgen von M. Alberti, A. Kurs, Paul Niemeyer u. A. 10.—13. Jahrg. 16. (192; LXXVIII, 119; LXXIII, 120; LXXVIII, 122 S. mit je 2 Farbendr. und zahlreichen in den Text gedr. Illustr.) Berlin, Haack. à Jahrg.
Nicht weiter erschienen.

Reichskalender, deutscher, f. d. J. 1884. Mit novellist. u. populärwissenschaftl., sowie humorist. Beiträgen. 13. Jahrg. Mit 2 imitirten Lichtdr.-Bildern, größeren u. zahlreichen kleineren in den Text gedr. Illustr. 16. (LXXVIII, 122 S.) Berlin, Haack. n. — 50

—— deutscher, für die J. 1873—75. Hrsg. von der Gesellschaft für Verbreitung von Volksbildung. 16. (VIII, 176; 195; 215 S., mit vielen eingedr. Illustr. in Holzschn. und je 4 Holzschntaf.) Berlin, Simion. à Jahrg. * — 50

—— deutscher, für das J. 1876. Hrsg. von der Gesellschaft für Verbreitung von Volksbildung. Mit vielen Illustr. (in eingedr. Holzschn. und 4 Holzschntaf.). 16. (215 S.) Berlin, Simion. * — 50

—— dass. — für die J. 1877—1880. Mit vielen Illustr. (eingedr. Holzschn., 2 Holzschntaf. und 1 Chromolithogr. 16. (200; 216; 216; 212 S.) Ebendas. à Jahrg. * — 50

—— deutscher, für die J. 1881—1884. Hrsg. von der Gesellschaft für Verbreitung von Volksbildung. 16. (186; 198; 207; 202 S. mit vielen Holzschn.-Illustr.) Berlin, Simion. à Jahrg. *
Nicht weiter erschienen.

Reichs-Kalender, deutscher, f. d. J. 1896. Mit zahlreichen (1 farb.) Illustr. hrsg. v. Vict. Laverrenz. 12. (160 u. 36 S. m. Wandkalender.) Berlin, F. L. V. Laverrenz. — 50

—— neuer deutscher, für die J. 1877—1880. Hrsg. von der Gesellschaft für Verbreitung von Volksbildung. 1.—4. Jahrg. Mit vielen Illustr. (in eingedr. Holzschn. und 4 Holzschntaf.) gr. 16. (à Jahrg. ca. 208—216 S.) Berlin, C. Heymann's Verlag. à Jahrg. * — 50
Ausgaben für Süd- und Westdeutschland zu gleichen Preisen.

Reichskalender, neuer deutscher, für das J. 1881. Hrsg. von der Gesellschaft für Verbreitung von Volksbildung. 5. Jahrg. 16. (192 S. mit vielen Holzschn.-Illustr.) Berlin, C. Heymann's Verlag. * — 50
Nicht weiter erschienen.

Reichs-Kalender, neuer deutscher, f. d. J. 1903. Mit 4 Gratisbeilagen: 1 Buntdruckbild, 1 Wand- u. 1 Taschen-Kalender, 1 Markt-Verzeichnis. 4. (100 S. m. Abbildgn.) Dresden-Blasewitz, Gustav Adolf-Verlag. — 50

Reichs-Kalender, neuer deutscher, f. d. J. 1907. Mit 4 Gratisbeilagen: 1 Buntdr.-Bild, 1 Wand- u. 1 Taschen-Kalender, 1 Markt-Verzeichnis. (48 u. 16 S. m. Abbildgn.) gr. 8. Dresden-Blasewitz, Gustav Adolf-Verlag. — 50

Reichs-Kalender, neuer deutscher, f. d. J. 1911. Mit 4 Gratisbeilagen: 1 Buntdr.-Bild, 1 Wand- u. 1 Taschen-Kalender, 1 Markt-Verzeichnis. (81 u. 16 S. m. Abb.) gr. 8. Dresden-Blasewitz, C. Leonhardi. — 50

Neuer verbesserter allgemeiner Reichs-Calender [Reichskalender] auf das Jahr... (1809: Calender) welcher eine richtige Eintheilung des Jahres, einen Haus-u.Geschichts-Calender,wie auch ein genealogisches Verzeichniß...enthält(1846 ff. ein Verzeichniß der Messen u.Märkte nebst der Genealogie enthält)1807. 1809. 1837-1839. 1846-48. 1850. 1851. 1855. 1856. 1860.
Blankenburg: Wesche(1837 ff. Kircher [1806-59.])

1807: [1806.]

1809: [1808.]
1837: [1836.]

1838: [1837.]
1839: [1838.]

1846: [1845.]
1847: [1846.]
1848: [1847.]

1850: [1849.]
1851: [1850.]
1855: [1854.]
1856: [1855.]
1860: [1859.]

Reichskaligesetz. Berlin (1910.) 14 S.
Aus: Kuxen-Zeitung.

Reichs-Kaligesetz (nach den Beschlüssen des Reichstages in 3. Lesung). (16 S.) 8. Hannover (910). Buchh. des Hannoverschen Anzeigers. — 20

[Sammelband u. d. Rückentit.: **Reichs-Cammer-Gerichts-Visitation, aus den Jahren 1705—11.**]

Reichskanzler, der, und die brennenden Fragen der Gegenwart. Eine ernste Mahnung zur Jahreswende an das deutsche Volk. Von einem Liberalen. gr. 8. (39 S.) Leipzig 883, Starke. ** — 50

Reichskanzler, Der, und seine Gegner. Berlin 1890. V: *Robolsky, Hermann.* (Singer, A., Bismarck in d. Literatur. Würzburg 1909. S. 128.)

Reichskanzler, der, u. seine Gegner. 8. (104 S.) Berlin 890. Steinitz' Verl. n. 1. 60

Reichskarte. Der Schwarzwald. In 4 Farben. 1 : 100 000. Berlin.
3. Freiburg — Triberg — Donaueschingen.
4. Basel — Schönau — St. Blasien.
5. Waldshut — Stühlingen — Schaffhausen.

Reichskleinodien, die deutschen, zur Kaiserkrönung. Historischer Nachweis u. Beschreibg. derselben nebst (lith. u.) color. Abbildg. gr. 8. (16 S.) Berlin 871. Goedsche. — 60

Reichs-Kneip-Comment, allgemeiner deutscher. Ein Handbuch, unentbehrlich an jeder Kneiptafel; insbesondere für Turner-, Schützen-, Sänger-, Krieger-, Künstler-, kaufmännische, Handwerker- u. andere Vereine u. Clubs. Hrsg. von Ernst Scherz, Prof. der Kneipologie. 16. (51 S.) Landsberg a/W. 882. Schönrock. n. — 50

Reichs-Knobel-Comment, erster deutscher. Sammlung der interessantesten Würfeltouren m. humoristisch-poet. Einleitg. u. e. Anh. v. Knobel-Liedern. Persönlicher Schutz gegen Langeweile u. Trostbüchlein f. Kneipgenies. Hrsg. v. „Denen von u. zu Knobelsdorf", reichsbürgerl. Würfel-Club m. allen Chicanen. 7., gänzlich umgearb. u. verm. Aufl. 16. (100 S.) Harburg 876. Elkan. 1. —

Reichs-Knobel-Comment, erster deutscher. Sammlung der interessantesten Würfeltouren mit humoristisch-poetischer Einleitung u. einem Anhang von Knobel-Liedern. Persönlicher Schutz gegen Langeweile u. Trostbüchlein für Kneipgenies. Hrsg. von „Denen von u. zu Knobelsdorf", reichsbürgerlicher Würfel-Club mit allen Chicanen. 8., gänzlich umgearb. u. verm. Aufl. 16. (94 S.) Harburg 878. Elkan. n. 1. —; geb. 1. 50

— dasselbe. 8. Aufl. Plakat. Imp.-Fol. Ebend. 879. 1. —

Reichs-Knobel-Comment, erster deutscher. Sammlung der interessantesten Würfeltouren, mit humoristisch-poet. Einleitung und einem Anhang von Knobel-Liedern. Persönl. Schutz gegen Langeweile und Trostbüchlein für Kneipgenies. Hrsg. von „Denen v. und zu Knobelsdorf", reichsbürgerl. Würfel-Club mit allen Chicanen. 8. gänzlich umgearb. und verm. Aufl. 16. (94 S.) Harburg 881, Elkan. geb. 1 50

Reichskobold. Nürnberg: Expedition 1884. 8°
Red.: Adam Weber.

Reichs-Comitial-Address-buch, Compendieuses. Regensburg 1790. V: *Hörschelmann, Friedrich Ludwig Anton.* (MGT)

Reichs-Commersbuch, allgemeines, f. deutsche Studenten. Hrsg. von Müller v. der Werra. 8. (XXII, 658 S. m. e. chromolith. Titelbilde.) Leipzig 875. Breitkopf & Härtel. n. 3. —

Reichs-Commersbuch, allgemeines, für deutsche Studenten. Hrsg. von Müller von der Werra. 4. und 5. Aufl. Mit 1 Titelbild von Ant. v. Werner (Holzschntaf.). 12. (XXII, 656 S.) Leipzig 880,83, Breitkopf und Härtel. * 3 —
geb. * 4 —
Mit Metallfüßen * * 4 25

Reichs-Commersbuch, allgemeines, f. deutsche Studenten. Begründet von Müller v. der Werra. Unter Mitwirkg. v. M. R. neu hrsg. v. Felix Dahn u. Carl Reinecke. 7. Aufl. Mit einem Titelbilde v. Ant. v. Werner. 12. (VIII, 578 S.) Leipzig 885. Breitkopf & Härtel. n. 3. —; geb. n. 4. —; m. Metallfüßen n.n. 4. 25

Reichs-Commersbuch, allgemeines, f. deutsche Studenten. 8. Aufl. 12. (578 u. Beilage 15 S.) Leipzig 890. Breitkopf & Härtel. n. 3. —; geb. n. 4. —; m. Metallfüßen n.n. 4. 25

Reichs-Commersbuch, allgemeines, f. deutsche Studenten. Begründet von Müller v. d. Werra. Unt. Mitwirkg. v. M. Rauprich neu hrsg. v. Fel. Dahn u. Carl Reinecke. 9. Aufl., verm. durch e. Anh. M. 1 Titelbilde von Ant. v. Werner. 8. (VI, 628 S.) Leipzig 896. Breitkopf & Härtel. n. 3. —; geb. n. 4. —; m. Biernägeln n.n. 4. 25

Reichs-Commersbuch, allgemeines, f. deutsche Studenten. Begründet von Müller v. der Werra. Unter Mitwirkg. v. M. Rauprich neu hrsg. v. Fel. Dahn u. Carl Reinecke. 10. Aufl. Mit e. Titelbilde von Ant. v. Werner. (VI, 628 S.) kl. 8. Leipzig 904. Breitkopf & Härtel. n. 3. —; geb. n. 4. —; m. Biernägeln n. 4. 25

Reichs-Konkursordnung, die. Text mit den Entscheidungen des Reichsgerichts in Anmerkungen u. einem Sach-Register. 8. (IV, 88 S.) Oberhausen 881. Forschepiepe. cart. n. — 75

Die **Reichs-Konkursordnung**. M. Erläutergn. v. [H.] Willenbücher, Oberlandesgerichtsr. 2., umgearb. Aufl. Berlin: H. W. Müller 1896. (VII, 384 S.) 1 Bd 8°

Reichs-Konkursordnung, Deutsche,
s.a. Konkursordnung für das Deutsche Reich.

[S.] Deutsche **Reichs-Konkursordnung** erläut. v. Dr. G[ustav] v. Wilmowski, Geh. Justizrath. 5. verb. Aufl. *Berlin: F. Vahlen 1896.* (XII, 630 S.) 1 Bd 8. [97. 130

Deutsche **Reichs-Konkursordnung** f. d. prakt. Verkehr erl. von Max Gottschalk, Dir. d. deutschen Kreditoren-Verb. Berlin: S. Cronbach 1900. (VI, 320 S.) 8°

Reichscontingent, Das Mecklenburgische, in einer Reihe öffentlicher Verhandlungen . . . Schwerin 1793. V: *Rudloff, Frdr. August.* (Ky) (MGT)

Reichskontingent, d. Mecklenburg., gegen Frankr., in e. Reihe öffentl. Verhandl. m. Anmerk. 1ste 2te Lief. 4. Schwerin, Bödner. (Gräff in Leipz.) 793.

Das Mecklenburgische Reichs-Contingent gegen Frankreich. 2 Lief. (152, 94.) 4. Schwerin 1795.

Reichs-Kostengesetze, die. Deutsches Gerichtskostengesetz, Gebührenordnung f. Gerichtsvollzieher, Gebührenordng. f. Zeugen u. Sachverständige, Gebührenordng. f. Rechtsanwälte. In der Fassg. der Bekanntmachg. v. 20. V. 1898. Textausg. m. Anmerkgn., Tab. u. Sachregister. 12. (IV, 155 S.) Berlin 899. A. Nauck & Co. Kart. 1.35

Reichs-Kostengesetze, die. Deutsches Gerichtskostengesetz, Gebührenordng. f. Gerichtsvollzieher, Gebührenordng. f. Zeugen u. Sachverständige, Gebührenordng. f. Rechtsanwälte. In der Fassg. der Bekanntmachg. vom 20. V. 1898 u. der Novelle vom 1. VI. 1909. Textausg. m. Anmerkgn., Tabellen u. Sachregister. 2. Aufl. (IV, 216 S.) 16. Berlin, A. Nauck & Co. 1909. Kart. 2. —

Reichs-Kostengesetze, die. Deutsches Gerichtskostengesetz, Gebührenordng. f. Gerichtsvollzieher, Gebührenordng. f. Zeugen u. Sachverständige, Gebührenordng. f. Rechtsanwälte. In der Fassg. der Bekanntmachg. v. 20. V. 1898 u. der Novellen v. 1. VI. 1909 u. vom 22. V. 1910. Textausg. m. Anmerkgn., Tabellen u. Sachregister. 3. Aufl. (IV, 216 S.) 16. Berlin 910. A. Nauck & Co. Kart. 2. —

— dasselbe, s.a. Taschen-Gesetzsammlung.

Reichskriegsheer u. Reichskrieg, über, (v. Jh. Chr. L. Fresenius). 8. Frankf. a. M. 792. Hermann. 4 ℋ

Über Reichskriegsheer und Reichskrieg. Seufzer und Wünsche der hohen Reichsgeneralität gewidmet. 8. Frankfurt 1793. 0,50.

Reichs-Kursbuch. Übersicht sämmtlicher (der) Eisenbahn-, Post- und Dampfschiff-Verbindungen in Deutschland, Oesterreich-Ungarn, Schweiz, sowie der bedeutenderen Verbindungen der übrigen Theile Europa's und der Dampfschiff-Verbindungen mit aussereuropäischen Ländern. Bearb. vom Kursbureau des Reichs-Postamts. Mit 1 Karte von Deutschland und Skizzen fremder Länder. Berlin 1881—94. 8. Vorher: Kursbuch. . . . . (LHK.; BRg.; D. z. T.)

Reichs-Kursbuch. Uebersicht sämmtl. Eisenbahn-, Post- und Dampfschiff-Verbindungen in Deutschland, Oesterreich-Ungarn, Schweiz, sowie der bedeutenderen Verbindungen der übrigen Theile Europa's und der Dampfschiff-Verbindungen mit aussereuropäischen Ländern. Bearb. im Kursbureau des Reichs-Postamts. Mit 1 (lithogr.) Karte von Deutschland und Skizzen fremder Länder. 1882—1884. à Jahrg. 8 Nrn. gr. 8. (à Nr. ca. 550 S.) Berlin, Springer. à Nr. 2 —
Früher u. d. T.: Kursbuch der deutschen Reichs-Postverwaltung.

Reichs-Kursbuch. Uebersicht der Eisenbahn-, Post- und Dampfschiff-Verbindungen in Deutschland, Oesterreich-Ungarn, Schweiz, sowie der bedeutenderen Verbindungen der übrigen Theile Europas und der Dampfschiff-Verbindungen mit aussereuropäischen Ländern. Bearb. im Kursbureau des Reichs-Postamts. 1885—1888. à Jahrg. 8 Nrn. gr. 8. (à Nr. ca. 600 S. mit je 1 lithogr. Karte von Deutschland und Skizzen fremder Länder.) Berlin, Springer. à Nr. 2 —

Reichs-Kursbuch. Uebersicht der Eisenbahn-, Post- u. Dampfschiff-Verbindgn. in Deutschland, Oesterreich-Ungarn, Schweiz, sowie der bedeutenderen Verbindgn. der übrigen Theile Europas u. der Dampfschiff-Verbindgn. m. aussereurop. Ländern. Bearb. im Kursbureau d. Reichs-Postamts. 1889—1892. à Jahrg. 8 Nrn. gr. 8. (à Nr. 620—660 S. m. 1 doppelseit. Uebersichtskarte u. eingedr. Kartenskizzen.) Berl., Springer. à Nr. 2 —

Reichs-Kursbuch. Uebersicht der Eisenbahn-, Post- u. Dampfschiff-Verbindgn. in Deutschland, Oesterreich-Ungarn, Schweiz, sowie der bedeutenderen Verbindgn. der übrigen Theile Europas u. der Dampfschiff-Verbindgn. m. aussereurop. Ländern. Bearb. im Kursbureau des Reichs-Post-Amts. 1894. 8 Nrn. gr. 8. (Nr. 1. 682 S. m. 1 doppelseit. Uebersichtskarte u. eingedr. Karten.) Berlin 894. J. Springer. à Nr. 2. —

Reichs-Kursbuch. Uebersicht d. Eisenbahn-, Post- u. Dampfschiff-Verbindgn. in Deutschland, Österreich-Ungarn, Schweiz, sow. d. bedeutenderen Verbindgn. der übrigen Theile Europas u. der Dampfschiff-Verbindgn. m. aussereurop. Ländern. Bearb. im Kursbureau d. Reichspostamts. 1899. 8 Nrn. gr. 8. (à Nr. ca. 769 S. m. 1 doppelseit. Uebersichtskarte u. eingedr. Karten.) Berlin, J. Springer. à n. 2. —

Reichs-Kursbuch. Uebersicht der Eisenbahn-, Post- u. Dampfschiff-Verbindgn. in Deutschland, Oesterreich-Ungarn, Schweiz, sowie der bedeutenderen Verbindgn. der übrigen Theile Europa's u. der Dampfschiff-Verbindgn. m. aussereurop. Ländern. Bearb. im Kursbureau des Reichspostamts. 1903. 8 Nrn. (Nr. 1, 92, 154, 184, 144, 60, 144 u. 156 S. m. 1 doppelseit. Uebersichtskarte u. eingedr. Karten.) gr. 8. Berlin, J. Springer. à n. 2. —

Reichs-Kursbuch. Uebersicht der Eisenbahn-, Post- u. Dampfschiff-Verbindgn. in Deutschland, Oesterreich-Ungarn, Schweiz, sowie der bedeutenderen Verbindgn. der übrigen Teile Europas u. der Dampfschiff-Verbindgn. m. aussereurop. Ländern. Bearb. im Kursbureau des Reichs-Postamts. 1906. 8 Nrn. (Nr. 1. 96, 170, 210, 155, 64, 159 u. 180 S. m. 1 doppelseit. Uebersichtskarte u. eingedr. Karten.) gr. 8. Berlin, J. Springer. à n. 2. —

Reichs-Kursbuch. Übersicht der Eisenbahn-, Post- u. Dampfschiff-Verbindgn. in Deutschland, Österreich-Ungarn, Schweiz, sowie der bedeutenderen Verbindgn. der übrigen Teile Europas u. der Dampfschiff-Verbindgn. m. aussereurop. Ländern. Bearb. im Kursbureau des Reichs-Postamts. 1910. 8 Nrn. (Nr. 1. 104, 210, 258, 198, 75, 175 u. 184 S. m. 1 doppelseit. Übersichtskarte u. eingedr. Karten.) gr. 8. Berlin, J. Springer. à nn 2. 50

Reichsland, das. Monatshefte f. Wissenschaft, Kunst u. Volkstum, hrsg. v. G. Kochler. 1. Jahrg. April 1902—März 1903. 12 Hfte. schmal Lex. 8. (à ca. 44 S.) Metz, R. Lupus. n. 10. —
Erscheint nicht mehr.

Reichs-Laterne, die. Politisch-krit. Wochenschrift. Red.: E. Poppe. 1. Jahrg. Febr. 1907—Jan. 1908. 52 Nrn. (à ca. 16 S.) 8. Berlin-Wilmersdorf, Verlag der Reichs-Laterne. à Nr. — 10
Erscheint nicht mehr. Firma erloschen.

Die **Reichslaterne** beleuchtet alles! (No 15ff.: Herold. Wochenschrift f. Politik, Reform u. Geistesleben, 36ff.: Herold ⟨Hammer⟩.) Jg. 1, No 1—43. [Mehr nicht erschienen.] Berlin-Wilmersdorf: Reichs-Laterne (15ff.: Herold; 36ff.: Leipzig: Herold ⟨Hammer⟩) 1907. (768 S.) 8° [F.]
Von Jg. 1, No 43 ab verschmolzen mit: Hammer. Blätter f. deutschen Sinn. [68. 367]

Reichslaterne, deutsche. Hrsg. von Karl Böttcher. 1.—7. Heft. 16. (47; 64; 71; 62; 68; 79; 94 S.) Leipzig 877, Wölfert's Buchh. à Heft * 50 Pf. * 3 50

Reichs-Lied, das, humoristische Volksdichtung mit Fantasiebegleitung auf der Realposaune von 1865. München 864. L. Finsterlin. 8. (24 S.) n. 2 ngr.

Reichs-Lieder. Deutsches Gemeinschaftsliederbuch. 901.—950. Tausend. (Textausg.) (318 S.) kl. 8. Neumünster (909). Vereinsbuchh. G. Ihloff & Co. In Leinw. kart. nn — 50

Reichs-Lieder. Deutsches Gemeinschaftsliederbuch. (Notenausg.) 41.—50. Tausend. (431 S.) gr. 8. Neumünster (909). Vereinsbuchh. G. Ihloff & Co. 3.50; geb. 4. —

Reichs-Lieder f. Evangelisation u. Gemeinschaftspflege. Auch f. Sonntagsschulen u. Jünglingsvereine. 2. Aufl. 12. (159 S.) Neumünster 893. Vereinsbuchh. n. — 30

Reichs-Lieder, f. Evangelisation u. Gemeinschaftspflege. Auch für Sonntagsschulen, Jünglings- u. Jungfrauenvereine. 6. Aufl. 12. (157 S.) Neumünster 896. Vereinsbuchh. G. Ihloff & Co. In Leinw. kart. n. — 30

Reichs-Lieder für Evangelisation und Gemeinschaftspflege. Auch für Sonntagsschulen, Jünglings- und Jungfrauenvereine. 7. Aufl. Neumünster. o. J. 8°

— dasselbe. Noten-Ausg. 8. (VIII, 320 S.) Ebd. 895. n. 1. 80; geb. n. 2. 50

Reichs-Lieder für Evangelisation u. Gemeinschaftspflege. Noten-Ausg. 3. Aufl. gr. 8. (VIII, 320 S.) Neumünster 899. Vereinsbuchh. G. Ihloff & Co. n. 1.80; geb. n. 2.50

— dasselbe. Auch f. Sonntagsschulen, Jünglings- u. Jungfrauenvereine. (Textausg.) 29. Aufl. 12. (160 S.) Ebd. (902). In Leinw. kart. n.n. — 30; dän. Ausg. (98 S.) n. — 20; poln. Ausg. (151 S.) Kart. — 35

— dasselbe, nebst e. Anh., hrsg. v. dem Gemeinschaftsbund f. Posen u. Westpreußen. 12. (IV, 266 S.) Ebd. (902). Geb. in Wachstuch n.n. — 50

Reichs-Mark, die deutsche, nebst Papiergeldverzeichniß. 1.—6. Aufl. gr. 16. (16 S.) Guben 874, König. — 20

Reichsmatrikel, Die, aller Kreise ... Ulm 1796. V: *Gumpelzhaimer, Heinrich Siegmund Georg.* (Schletter, Handb. d. jurist. Litt. Grimma 1843. S. 166.) (Ky) (CBH)

Reichsmatrikel, die, aller Kreise (v. H. G. Gumpelzhaimer). 8. Ulm 796. Stettin. 12 gr

Reichsmatrikularanschläge, der gesammten Chur- u. Fürstl. Sächs. Lande Albert. u. Ernest. Linie, mit Urkunden erwiesen v. C. A. Gotter, hrsgg. u. bericht. durch B. G. Weinart. 8. Altenb. 805. Schnuphase. 20 gr

Reichs-Medicinal-Anzeiger. Red.: Karl Belke u. B. Konegen. 15. Jahrg. 1890. 24 Nrn. (B.) gr. 4. Leipzig, Verl. d. „Reichs-Medicinal-Anzeiger". n. 1. 20

Reichs-Medicinal-Anzeiger. Red. v. B. Konegen. 16.—19. Jahrg. 1891—1894. à 26 Nrn. ($1^1/_2$ Bog.) gr. 4. Leipzig, Verl. d. „Reichs-Medicinal-Anzeigers" B. Konegen. à Jahrg. n. 1. 30

Reichs-Medicinal-Anzeiger. Red. v. B. Konegen. 20. Jahrg. 1895. 26 Nrn. (à ca. 12 S.) gr. 4. Leipzig, Verl. des „Reichs-Medicinal-Anzeigers" B. Konegen. n. 1. 30

— dasselbe. 21. Jahrg. 1896. 26 Nrn. (à ca. 2 Bog.) gr. 4. Ebd. n. 2. —; Schlüssel zur neuen Literatur, d. (Bücher-) Angeboten u. Gesuchen n.n.n. — 80

— dasselbe. Schriftleitg.: H. Fröhlich. 22. Jahrg. 1897. 26 Nrn. (à ca. 2 Bog.) gr. 4. Ebd. n. 2. —; Schlüssel z. neuen Litteratur, d. (Bücher-) Angeboten u. Gesuchen n.n.n. 1. —

— dasselbe. 23. Jahrg. 1898. 26 Nrn. (à ca. 20 S.) gr. 4. Ebd. n. 5. —; Schlüssel zur neuen Litteratur, den (Bücher-) Angeboten u. Gesuchen n.n.n. 1. —

Reichs-Medizinal-Anzeiger. Schriftleitg.: F. Schilling. 24.—27. Jahrg. 1899—1902. à 26 Nrn. gr. 4. (à ca. 20 S.) Leipzig, B. Konegen. à Jahrg. n. 4. —
Die Jahrgge. 24 u. 25 sind v. H. Fröhlich redigiert.

Reichs-Medizinal-Anzeiger. Schriftleitung: F. Schilling. 28.—31. Jahrg. 1903—1906. à 26 Nrn. (XVII, 520; XVII, 520; XV, 520 u. XIV, 520 S.) gr. 4. Leipzig, B. Konegen. à Jhrg. n. 4. —

Reichs-Medizinal-Anzeiger. Schriftleitg: F. Schilling. 32.—34. Jahrg. 1907—1909. à 26 Nrn. (XIV, 520; XIV, 520 u. XV, 520 S.) 31.5×24 cm. Leipzig, B. Konegen. à Jahrg. 4. —

— dasselbe. Neue Folge. 1. Jahrg. Halbmonatsschrift f. Pathologie u. Therapie. Unter Mitwirkg. von L. Blum, Ph. Bockenheimer, A. Brüning u. a. hrsg. von Karl Loening. Schriftleitung: Karl Loening. 35. Jahrg. 1910. 26 Nrn. (XLVIII, 416 u. 568 S.) gr. 8. Ebd. 8. —

Reichs-Medicinal-Kalender für 1878. Hrsg. von Paul Börner. 2 Thle. 16. (IV, 180, 144; 216, 48 S.) Leipzig, Hildebrand und Comp. In Leder-Brieftasche * 6 —
2. Thl.: Schematismus der Aerzte Deutschlands (216, 48 S.) allein * 3 —
Nicht weiter erschienen.

—— deutscher. 1876—1879. 7.—10. Jahrg. à 2 Thle. gr. 16. (à Jahrg. ca. 610 S.) Mannheim, Bensheimer. Jahrg. 1876 * 2 70
Jahrg. 1877 * 3 50
Jahrg. 1878 * 3 70
Jahrg. 1879 * 3 —

—— dass. — für das J. 1880 von E. Wolf. 11. Jahrg. 2 Thle. gr. 16. (366; IV, 315 S. mit lithogr. Portr. des Prof. Virchow.) Lahr, Schauenburg. geb. * 3 —
geb. in 1 Bd. * 3 —

Reichs-Medicinal-Kalender f. Deutschland auf d. J. 1899. Begründ. v. Paul Börner. Hrsg. v. Eulenburg u. Jul. Schwalbe. 2 Thle., nebst 1 brosch. Hft. 12. (Schreibkal., 308, XX, 156 u. 768 S.) Leipzig, G. Thieme. Ausg. A. 1. Normal-Kalender. Kalendertaf. in 4 brosch. Hftn. z. Einhängen, Text d. I. u. II. Thls. geb. n. 5. —; A. 2. Normal-Kalender. Beide Thle. geb. n. 5. —; Ausg. B. 1. Thl. durchsch., beide Thle. geb. n. 5. 50; Ausg. C. 1. Thl. in 5 brosch. Abthlgn. zum Einhängen in Etui, 2. Thl. geb. n. 7. —; Ausg. D. 1. Thl. in 5 brosch. Abthlgn. zum Einhängen in Etui m. Instrumententasche. 2. Thl. geb. n. 7. 50; Ausg. E. 1. Thl. in 5 brosch. Abthlgn., 2. Thl. geb. n. 4. —

Reichs-Medicinal-Kalender f. Deutschland auf d. J. 1903. Begründet v. Paul Börner. Hrsg. v. J. Schwalbe. 2 Thle., nebst 1 brosch. Hft. 12. (Schreibkalender, X, 270 u. 111 u. 94 S. m. Abbildgn. u. XX, 168 u. 886 S.) Leipzig, G. Thieme. Ausgabe A. Normal-Kalender. Kalendertafel in 4 brosch. Hftn. zum Einhängen, Text des I. u. II. Thls. geb. in Ldr. n. 5. —; Ausg. B. Normal-Kalender. Beide Thle. geb. n. 5. —; Ausg. C. 1. Thl. in 5 brosch. Abthlgn. zum Einhängen in Etui, 2. Thl. geb. n. 7. —; Ausg. D. 1. Thl. in 5 brosch. Abthlgn. zum Einhängen in Etui m. Instrumententasche, 2. Thl. geb. n. 7. 50; Ausg. E. 1. Thl. in 5 brosch. Abthlgn., 2. Thl. geb. n. 4. —

Reichs-Medizinal-Kalender f. Deutschland auf d. J. 1907. Begründet v. Paul Börner. Hrsg. v. J. Schwalbe. 2 Tle., nebst 2 brosch. Heften. (XVI S., Schreibkalender, II, 268, 124 u. 107 S. m. Abbildgn. u. XX, 228 u. 928 S.) kl. 8. Leipzig, G. Thieme. Ausg. A. Normal-Kalender. Kalendertafel in 4 brosch. Heften zum Einhängen, Text des I. u. II. Tls. geb. in Ldr. n. 5.—; Ausg. B. Normal-Kalender. Beide Tle. geb. n. 5.—; Ausg. C. 1. Tl. in 5 brosch. Abtlgn. zum Einhängen in Etui, 2. Tl. geb. n. 7.—; Ausg. D. 1. Tl. in 5 brosch. Abtlgn. zum Einhängen im Etui m. Instrumententasche, 2. Tl. geb. n. 7.50; Ausg. E. 1. Tl. in 5 brosch. Abtlgn., 2. Tl. geb. n. 4.—

Reichs-Medizinal-Kalender f. Deutschland auf d. J. 1911. Begründet v. Paul Börner. Hrsg. v. J. Schwalbe. 2 Tle., nebst 2 brosch. Heften. (VIII, VIII, 330, 146 u. 126 S. m. Abbildgn., 2 Tab. u. Schreibkalender u. XXIV, 208 u. 971 S.) kl. 8. Leipzig, G. Thieme. Ausg. A. Normal-Kalender. Kalendertafel in 4 brosch. Heften zum Einhängen, Text des I. u. II. Tls. geb. in Ldr. u. in Leinw. 5.—; Ausg. B. Normal-Kalender. Beide Tle. geb. 5.—; Ausg. C. 1. Tl. in 5 brosch. Abtlgn. zum Einhängen in Etui, 2. Tl. geb. 7.—; Ausg. D. 1. Tl. in 5 brosch. Abtlgn. zum Einhängen in Etui m. Instrumententasche, 2. Tl. geb. 7.50; Ausg. E. 1. Tl. in 5 brosch. Abtlgn., 2. Tl. geb. 4.—

Reichs-Militär-Anzeiger, literarischer. Monatliche Rundschau üb. die literar. Erzeugnisse d. In- u. Auslandes. Hrsg. v. der Deutschen Buchhandlg. [Geo. Lang] Metz. Red.: C. Ziegenhirt. April 1890—März 1891. 12 Nrn. (½ B.) gr. 4. Metz, Deutsche Buchhandlg. n. 2.—

Reichs-Militairgesetz. Vom 2. Mai 1874. gr. 8. (32 S.) Berlin 874, v. Decker'sche Geh. Ober-Hofbuchdr. — 30
—— dass. — Textausg. mit der Rede des Generalfeldmarschall Graf Moltke bei der ersten Lesung des Gesetzes. gr. 8. (40 S.) Berlin 874, Militaria. * — 50
—— dass. — Commentirt nach den Motiven der Regierungsvorlage, den Commissionsberichten und den Plenar-Verhandlungen des Reichstages. gr. 8. (XV, 71 S.) Ebendas. 874. * 1 —

Reichs-Militärgesetz, das, vom 2. Mai 1874, nebst der deutschen Wehr-Ordnung und den sonstigen damit in Verbindung stehenden Gesetzen und Verordnungen. Mit einem ausführl. Sachregister. 8. (IV, 64 und X, 177 S.) Dresden 876, Meinhold und Söhne. cart. * 2 —

Reichs-Militärgesetz, deutsches, vom 2. Mai 1874. Mit Anmerkg. u. Register. [Ausg. f. das Königr. Bayern.] 8. (30 S.) Bamberg 874. Buchner. — 90

— dasselbe. gr. 8. (32 S.) Berlin 874. v. Decker. — 30

— dasselbe. Textausgabe m. der Rede d. Generalfeldmarschall Graf Moltke bei der ersten Lesg. d. Gesetzes. gr. 8. (40 S.) Berlin 874. Militaria. n. — 50

Reichs-Militärgesetz, deutsches, vom 2. Mai 1874. Commentirt nach den Motiven der Regierungsvorlage, den Commissionsberichten u. den Plenar-Verhandlgn. d. Reichstages. gr. 8. (XV, 71 S.) Berlin 874. Militaria. n. 1.—

— dasselbe. nebst der deutschen Wehr-Ordng. u. den sonst. damit in Verbindg. steh. Gesetzen u. Verordngn. Mit e. ausführl. Sachregister. 8. (IV, 64 u. X, 177 S.) Dresden 876. Meinhold & Söhne. n. 2.—

— dasselbe. 8. (36 S.) Nördlingen 874. Beck. — 45

— das neue. 2. Aufl. 16. (30 S.) Potsdam 874. Rentel. n. — 25

Reichs-Militärgesetzgebung, die, in neuer Fassung. Nach den Gesetzen vom 9. Novbr. 1867, 2. Mai 1874, 15. Febr. 1875, 6. Mai 1880, 31. März 1885, 11. März 1887 und 11. Febr. 1888. Mit einem Anhang, enth. das Gesetz vom Febr. 1888, betr. die Unterstützung von Familien in den Dienst eingetretener Mannschaften. Text-Ausg. mit Einleitung, kurzen Noten und Sachregister. 16. (VIII, 94 S.) [Nördlingen 888.] München, Beck'sche Verlagsb. cart. * — 80

Reichsmilitär-Pensions-Gesetz, das, vom 27. Juni 1871 nach seinen Abänderungen vom 4. Apr. 1874, 21. Apr. 1886, 24. März 1887, 22. Mai 1893, 14. u. 25. Jan. 1894. 12. (97 S. m. 2 Tab.) Berlin 894. C. Gerstmann's Verl. n. — 90

Reichs-Militär-Pensions-Gesetz. Ges., betr. d. Pensionirg u. Versorgg d. Militärpersonen d. Reichsheeres u. d. Kaiserl. Marine sowie d. Bewilligg f. d. Hinterbliebenen solcher Personen, v. 27. Juni 1871 . . . M. Erläut. v. Oscar Hahn, Ober-Verwaltgsgerichts-Rath. 2. Aufl. Berlin: R. v. Decker 1897. (113 S.) 1 Bd 8°

Reichs-Militärvorlage, die neue. Unparteiische Betrachtungen von einem Fachmanne. gr. 8. (48 S.) Berlin 880. Puttkammer & Mühlbrecht. n. 1.—

Reichsministerialblatt (Jg. 27—50: Zentralblatt f. d. Deutsche Reich). Hrsg. v. Reichsministerium d. Innern. Jg. 27 ff. — Berlin: Reichs- u. Staatsverl. 1899 ff. 4°

Reichsmünze, die deutsche. Zur Orientirg. üb. das Gesetz vom 4. Dezbr. 1871 f. den unterrichtl. Gebrauch u. im geschäftl. Verkehr. [Aus „kathol. Schulblatt."] 16. (12 S.) Ober-Glogau 872. Handel. — 15

— neue deutsche. Reductions-Tabelle v. Gulden, Thaler u. Franken in Mark u. v. Mark in Gulden, Thaler u. Franken. 6. Aufl. 16. (16 S.) Stuttgart 874. Horster. — 25

Reichsmünzen, die deutschen. Folge zu A. Kummer's gleichnam. Münzwerk. Red.: Rich. Diller. 1. Jahrg. Septbr. 1901—Aug. 1902. 6 Nrn. gr. 8. (à ca. 8 S. m. Abbildgn.) Dresden (E. Weise). n.n. 2.50

Reichsmünzen, die deutschen. Folge zu A. Kummer's gleichnam. Münzwerk. Red.: Rich. Diller. 3.—5. Jahrg. Septbr. 1903—Aug. 1906. à 6 Nrn. (S. 97—143, 144—200 u. 201—256 m. Abb.) gr. 8. Dresden (Johannesstr. 9), R. Diller. à Jhrg. n.n. 2.50

Reichs-Münzen-Rechner, neuer deutscher. gr. 16. (24 S.) Würzburg 874. Gebr. Scheiner. — 20

Reichsmünz-Rechner, neuer, f. die Brieftasche. Umwandlungs-Tabelle v. Gulden u. Kreuzern in Mark u. Pfennige u. umgekehrt. 3. Aufl. 32. (4 S.) Freiburg i/Br. 873. Schmidt. — 10

— für Süddeutschland. gr. Fol. Nördlingen 874. Beck. n. — 40

— dasselbe. (Plakat.) Imp.-Fol. Ebend. 876. n. — 36

Reichsmünztabelle, neue, für Süddeutschland. Umwandlung von Gulden und Kreuzern in Mark und Pfennige und umgekehrt in abgerundeten Werthen. 8. (2 S.) Kempten 873, Kösel'sche Buchh. — 8
Aufgezogen — 18

Reichsmünz-Tabelle, neue, f. Süddeutschland. Umwandlung v. Gulden u. Kreuzern in Mark u. Pfennige u. umgekehrt in abgerundeten Werthen. 8. (2 S.) Kempten 875. Kösel. — 8; aufgezogen — 18

Reichsmünz-Tabelle, neue, für Süddeutschland. Umwandlung von Gulden u. Kreuzern in Mark u. Pfennige u. umgekehrt in abgerundeten Werthen. 8. (2 S.) Kempten 877. Kösel. — 8; auf Pappe gezogen — 18

Reichs-Musterschutzgesetz, deutsches, nebst erläut. Entscheidgn., sowie Bestimmgn. üb. die betr. Sachverständigen-Vereine u. die Führg. des Musterregisters, ferner deutsches Reichs-Markenschutzgesetz m. den ergangenen Ausführungsbestimmgn. 16. (VI, 31 S.) Berl. 889, H. R. Mecklenburg. — 30

Das Reichsoberhaupt. Von einem Uneingeweihten. Frankfurt a. M., C. Krebs-Schmitt, 1848. 11 S. 8°.

Reichsoberhaupt, das, u. die deutsche Einheit. gr. 8. (16 S.) Frankfurt a. M. 849, Brönner. 3 ngr

Reichs-Ober-Post-Amts-Zeitung. – Frankf. Kayserl. Reichs-Ober-Post-Amts-Zeitung. –
Frankfurt a.M. – 1.I.1754 – 10.IX.1806 [Donnerstägige, Freytägige].
Vorh. u.d.T.: Oberpostamtszeitung.
Fortges. u.d.T.: Frankfurter Ober-Post-Amts-Zeitung.

Reichs Ober Post-Amts Zeitung. – Kayserliche Reichs Ober Post-Amts Zeitung zu Cölln. –
1.I.1763 – 10.XI.1763.
Fortges. u.d.T.: Kaiserliche Reichs Ober Post-Amts Zeitung zu Cölln.

Reichs Ober Post-Amts Zeitung. – Kaiserliche Reichs Ober Post-Amts Zeitung zu Cölln. –
11.XI.1763 – 31.XII.1779.
Vorh. u.d.T.: Kayserliche Reichs Ober Post-Amts Zeitung zu Cölln.
Fortges. u.d.T.: Kaiserliche Reichs-Ober-Post-Amts-Zeitung zu Köln.

Reichs-Ober-Post-Amts-Zeitung. – Kaiserliche Reichs-Ober-Post-Amts-Zeitung zu Köln. –
1.I.1780 – 6.X.1794.
Vorh. u.d.T.: Kaiserliche Reichs Ober Post-Amts Zeitung zu Cölln.
Fortges. u.d.T.: Ober-Postamts-Zeitung zu Köln.

Reichs-Ober-Postamts-Zeitung. – Nürnbergische Kaiserl. Reichs-Ober-Postamts-Zeitung. –
3.II.1766 – 19.IX.1806.
Fortges. u.d.T.: Nürnbergische Ober-Postamts-Zeitung.

Reichsplan, der, Gottes m. den Menschen. Freie Auffassg. auf Grund der hl. Schrift v. Sianv. 8. (XII, 107 S.) Stuttgart 886. Greiner & Pfeiffer. n. 1. 50

Reichsplan, der göttliche, von seinem Anfang an bis zu seiner Vollendung v. e. ungenannten Bibelforscher. Zur Selbstbelehrg. u. zum Unterricht in Kirche u. Schule. 8. (III, 60 S.) Tübingen 876. Osiander in Comm. n. — 50

Die **Reichspolitik** in der letzten Legislaturperiode des Reichstages zugleich als Ergänzung der „Materialien zur Reichspolitik" dargest. von d. Büreau d. Deutschen Reichs- und freikonservativen Partei. Berlin 1884. 8°.

Die Reichs-Posaune: 1873?—1890?
Semi-monthly. Sub-title: Organ der Jerusalem-Freunde. A Protestant religious journal, which voiced the interests in the German mission and colonization of Palestine. Circulation: 600 (est.).
Schenectady, NA

Reichs-Post. – Deutsche Reichs-Post. –
Augsburg, sp. Frankfurt/M., sp. (ab 1.X.1880) Stuttgart. –
1.X.1876 – 30.IX.1913.
Vorh. u.d.T.: Süddeutsche Reichspost.

Reichs-Post, deutsche. Blätter f. Belehrg. u. Unterhaltg. Hrsg. v. Fel. Cavael. Red. d. allgem. Tl.: Herm. Pilz. Für d. Frauendaheim: Frau Erna Belten u. Rheiter. 1.—3. Jahrg. Oktbr. 1894—Septbr. 1897. à 24 Hfte. (à ca. 16 S. m. Abb.) gr. 4. Leipzig, Expedition. à Jahrg. 6. —

Reichspost, deutsche. Wochenschrift f. die Unterbeamten im Reichs-Post- u. Telegraphen-Dienst. Schriftleitung: H. Schlichting. 1. Jahrg. Novbr.—Dezbr. 1898. 6 Nrn. gr. 4. (à ca. 8 S.) Berlin. (Leipzig, S. Schnurpfeil.) Unentgeltlich.

Reichspost, deutsche. Organ f. die Unterbeamten der Reichs-Post- u. Telegraphen-Verwaltung. Red.: E. Remmers. 2.—5. Jahrg. 1899—1902. à 52 Nrn. gr. 4. (à ca. 12 S.) Berlin (Leipzig, S. Schnurpfeil.) à Jahrg. n. 4. —

Reichspost, deutsche. Organ f. die Unterbeamten der Reichs-Post- u. Telegraphen-Verwaltung. Red.: E. Remmers. 6. Jahrg. 1903. 52 Nrn. (à ca. 8 S.) gr. 4. Berlin. Leipzig (S. Schnurpfeil). 4. —
N. u. d. T.: Postbote, deutscher. — Erscheint nicht mehr.

Reichspost, neue deutsche. Wochenschrift f. die Interessen d. gesammten Verkehrswesens. Red.: A. Bolm. 1. Jahrg. 1874. 52 Nrn. (B.) Fol. Leipzig 874. Friese in Comm. n. 8. —

Reichspost. – Pommersche Reichspost. –
Stettin. – 1882 – 31.III.1911.
Fortges. u.d.T.: Pommersche Tagespost.

[Umschlagt.:] [S.] Reichspost und Privatpost. *(Hannover: F. Culemann [o. J.])* (16 S.) i Bd 8. [illegible]

Reichs-Post. – Süddeutsche Reichs-Post. –
Karlruhe. – 1.X.1871 – 31.XII.1874(?).
Vorh. u.d.T.: Die Warte.

Reichspost. – Süddeutsche Reichspost. –
Augsburg. – 1.II.1872(?) – 30.IX.1876.
Fortges. u.d.T.: Deutsche Reichspost.

Reichs-Post-Amts-Zeitung. – Kaiserl. Privil. Reichs-Post-Amts Zeitung zu Aachen. –
2.I.1772 – 29.VI.(?)1775.

Reichs-Postgebiet, Das. Topographisch-statistisches Handbuch für die Reichs-Post- und Telegraphen-Anstalten Deutschlands. In 2 Theilen. Berlin 1878. Lex.-8.
(Th. 1. Beschreibung der Länder und Postorte. Th. 2. Übersicht über den Deutschen Reichs-Post- und Telegraphen-Verkehr.) (D.: HC.: RPA.)

Reichs-Postgebiet, das. Topographisch-statistisches Handbuch für die Reichs-Post- u. Telegraphen-Anstalten Deutschlands. In 2 Thln. Lex.-8. (VIII, 935 u. 263 S.) Berlin 878. v. Decker in Comm. n. 15. —

Reichs-Post-Kalender 1876. Mit e. Verzeichniss der sämmtl. höheren Postbeamten u. Postmeister. gr. 16. (VIII, 356 S. m. e. Kalender in Imp.-Fol.) Dresden 875. Baensch. n. 1. —

Reichs-Post-Kalender

— **deutscher**, f. 1875. 1. Jahrg. gr. 16. (187 S.) Berlin, Simion. n. 1. —

Reichs-Postkalender, deutscher. Taschenkalender f. deutsche Post- u. Telegraphen-Unterbeamte auf d. J. 1899. 3. Jahrg. 12. (V, 308 S. m. 1 Bildn.) Berlin, E. Remmers. Geb. in Leinw. n. — 70

Reichs-Postkalender, deutscher. Illustr. Taschenkalender u. Postalmanach auf d. J. 1902. Hrsg. v. Ernst Remmers. 6. Jahrg. 12. (289 S.) Ebd. Geb. in Leinw. n. — 60

Reichs-Postkalender, deutscher. Illustrirter Taschenkalender u. Postalmanach auf d. J. 1904. Hrsg. von Ernst Remmers. 8. Jahrg. (245 S.) 12. Berlin (Leipzig, S. Schnurpfeil. Geb. in Leinw. n. — 75

Reichs-Post-Kalender. – Deutscher Reichs-Post- und Telegraphen-Kalender, s.a. L ü d e m a n n , Gust.

— - Deutscher. (herausg.) von G. Lüdemann. 1872, 73, 75, 76. Leipzig u. Cassel. (RPA.)

—— —— deutscher, für das J. 1886. Von Gust. Lüdemann. 16. Jahrg. 2 Thle. gr. 16. (IV, 183; IV, 128 S.) Berlin, F. Luckhardt. geb. und geh. * 1 50

vereinigt u. d. T.: Reichs-Post- u. Telegraphen-Kalender.

Reichs-Post- u. Telegraphen-Kalender auf d. J. 1877. Bearb. auf Grund amtl. Quellen. gr. 16. (VIII, 463 S.) Dresden, Baensch. n. 1. 50

Reichs-Post- und Telegraphen-Kalender auf die J. 1877—1879. Bearb. auf Grund amtl. Quellen. 8.—10. Jahrg. gr. 16. (VIII, 463; VIII, 316; VII, 326 S.) Ebendas. à Jahrg. *

—— dass. — auf das Schaltj. 1880. Nach amtl. Quellen bearb. von Frhr. v. Puttkamer. Mit einem telegraphisch-techn. Thl., redig. von O. Canter. 11. Jahrg. gr. 16. (IV, 343 S.) Ebendas. *

Reichs-Post- und Telegraphen-Kalender auf die J. 1883—1885. 14.—16. Jahrg. 12. (351; IV, 403; IV, 436 S.) Berlin, L. R. Schwarz. geb. à Jahrg. * 1 50

Die früheren Jahrg. erschienen im Selbstverlage.

Reichs-Post- und Telegraphen-Kalender für das J. 1886. Zum Dienstgebrauche für Post- und Telegraphenbeamte. 17. Jahrg. 12. (448 S.) Berlin, L. R. Schwarz. geb. ** 1 50

Reichs-Post- und Telegraphen-Kalender, vereinigt mit dem seither von G. Lüdemann hrsg. deutschen Reichs-Post- und Telegraphen-Kalender. 1887. Zum Gebrauche für Post- und Telegraphenbeamte. 18. Jahrg. 2 Thle. gr. 16. (à Thl. IV, 236 S.) Berlin, L. R. Schwarz. geb. und geh. ** 1 50

—— dass. — 1889. 20. Jahrg. 2 Thle. gr. 16. (220: 198 S. mit 1 Eisenbahnkarte.) Leipzig, Leopold und Bär. geb. und geh. * 1 80

Reichs-Post- u. Telegraphen-Kalender. 19.—22. Jahrg. 1888 —1891. gr. 16. (à Jahrg. ca. 400 S.) Berl., L. R. Schwarz. à Jahrg. ** 1 50

Nicht weiter erschienen, sondern 1892 mit d. Kalender f. Post u. Telegraphie (s. d.) verschmolzen.

Reichspost-Reuter. –
Hamburg-Altona. – 10.(?)IX.1700 – 1789.
Vorh. u.d.T.: Relations-Courier.

Reichs Postreuter. 1713. Nr. 85. — 1714. Nr. 21. — 1719. Nr. 8 og 150. — 1720. Nr. 39, 76, 86, 97. — 1734. Nr. 141. — 1737. Nr. 56 og 58. — 1746. Nr. 68. — 1747. Nr. 97. Altona.

Reichs Post-Reuter. 1757, Nr. 147, Mittwoch, vom 14. September – Nr. 209, Sonnabends, vom 31. December. 1758-62. (Altona.) 4°

Reichs Post-Reuter. 1760 Nro. 183. Freitag, vom 14ten November, enthält: Kurzgefasste Nachricht von demjenigen, was seit dem Treffen bey Liegnitz bey denen Königl. preussischen Kriegsheeren in Schlesien und Sachsen vorgefallen ist; wie auch von dem herrlichen Siege, welchen Se. Königl. Majestät den 3. Novemb. bey Torgau über die österreich. Armee unter Anführung des Feldmarschalls Daun, erhalten haben. 4.

Reichs Post-Reuter. Ao. 1762. Nro. 125 Freitag, vom 6ten August. enthält: Schreiben eines preussischen Officiers aus dem Lager bey Bögendorf, vom 24. Julii.

Reichs-Post-Tarif. qu. schmal Fol. (1 Bl.) Konstanz (900). (E. Ackermann.) Auf Leinw. — 20

Reichspostverwaltung, Die Deutsche, und ihre Einwirkung auf die Interessen des Handelsstandes. Leipzig, im July 1874. 8. . . . . (LHK.)

Ueber das gemeine Reichs- oder fürstlich Taxische Postwesen gegen Pütter in Göttingen. Hildburghausen 1792. 8. (D.)

Reichs-Postwesen, T a x i s c h e s ,
s. P o s t w e s e n , Reichs - , Taxisches.

Reichs-Post-Zeitung. – O r d e n t l i c h e Wochentliche Kayserliche Reichs-Post-Zeitung. –
Frankfurt/M. – 1.I.1740 – 31.XII.1747.
Vorh. u.d.T.: Ordentliche Wochentliche Kayserliche (Reichs-) Post-Zeitungen.
Fortges. u.d.T.: Oberpostamtszeitung.

(Reichs-) Post-Zeitungen. – O r d e n t l i c h e Wochentliche Kayserliche (Reichs-) Post-Zeitungen. –
Frankfurt/M. – 1706(?) – 31.XII.1739.
Vorh. u.d.T.: Ordentliche Wochentliche Post-Zeitungen.
Fortges. u.d.T.: Ordentliche Wochentliche Kayserliche Reichs-Post-Zeitung.

Reichs-Post-Zeitungen. – W o c h e n t l i c h e Ord. Reichs-Post-Zeitungen. –
Konstanz. – X.1728 – VIII.1745(?).
Fortges. u.d.T.: Wochentliche Ordinari Post-Zeitung.

Reichs-Preßgesetz, das, vom 7. Mai 1874. Mit erläut. Anmerkgn. e. prakt. Juristen. gr. 16. (24 S.) München 874. Weiß. — 25

Reichspressgesetz vom 7. Mai 1874 nebst den einschlägigen Bestimmungen des Reichsstrafgesetzbuchs, der Gewerbeordnung u. s. w. Mit Komm. u. Sachreg. von A. B o r n, Kgl. Polizei-Ass. *Berlin: J. Guttentag 1900.* (144 S.) 8° [F.]
= Sammlung, G u t t e n t a g s c h e, Deutscher Reichsgesetze. No 53. (oo. 7534

— d e u t s c h e s. Vom 7. Mai 1874. Mit Register. 8. (16 S.) Nördlingen 874. Beck. n. — 20

—— das neue deutsche, nach den Beschlüssen des Reichstages vom 25. April 1874. 1.—3. Aufl. 8. (14 S.) Elbing 874, Neumann-Hartmann's Verlag. * — 10

Reichsrath, Der. Am Eröffnungstage den 29. April 1861. Wien. V: *Schmickl, Johann.* (WFM II, S. 196)

Reichsrath, der. Befürchtungen u. Hoffnungen. 8. (IV u. 50 S.) Wien 850, (Jasper, Hügel &) Manz. n. ⅓ ß

Reichsrath, der. Biographische Skizzen der Mitglieder des Herren- u. Abgeordnetenhauses des österreichischen Reichsrathes nebst den von beiden Häusern des Reichsrathes bis 15. April 1862 berathenen u. von Sr. Maj. dem Kaiser sanktionirten Gesetzen, u. dem (lith.) Orientirungsplane für Besucher des Abgeordnetenhauses (in Fol.). 2 Hefte. Wien 861, 62. (Förster &) Bartelmus. gr. 8. (55 S.; 40 S.) Jedes Heft n. 8 ngr.

Dem österreichischen Reichsrath zur Verständigung zwischen Oesterreich u. Ungarn. Von einem conservativen Staatsmann. Leipzig 861. O. Wigand. gr. 8. (45 S.) 7½ ngr.

Reichsrath oder Reichstag? Febr. 1861. Wien, Lechner. 861. gr. 8. (43 S.) n. 8 ngr.

Reichsraths-Almanach, s. a. Hahn, Sigm.

Reichsraths-Almanach für die Session 1867. Herausgegeben von Sigmund Hahn. 1. Jahrg. kl. 8. (219.) Prag, Satow. 1 fl.

Reichsraths-Almanach für die Session 1879—1880. Hrsg. von Sigm. Hahn. 8. (IV, 249 S.) Wien, Hölder in Comm. n. 3. —

Reichsrathsgutachten, Allerhöchst am 15. Jan. 1885 bestätigtes, betr. die ergänzende Besteuerung der Handels- und industriellen Unternehmungen mit einer Procent- und Repartitionssteuer, nebst der vom Finanzminister am 28. Juni 1885 bestätigten Instruction und Allerhöchst am 20. Mai 1885 bestätigtes Reichsrathsgutachten betr. die Capitalrentensteuer. Uebers. von C. Tschernow. 8. (58 S.) Reval 885, (Wassermann.) ** 2 —

Reichsrathsgutachten, Allerhöchst bestätigtes, vom 26. Febr. 1896, d. Waarenzeichen betr. Aus d. Russ. übers. u. m. Anmerkgn. vers. von R. v. Lingen. Nicht offic. Ausg. gr. 8. (26 S.) Berlin 896. Puttkammer & Mühlbrecht. n. — 80

Reichsratswahlen [Sachliches OW]

Reichsrathswahlen, Die österr., im J. 1885. Graphisch dargest. v. Gust. Freytag. Tonfarbendr. in Qu.-Fol. Wien, Moritz Perles. Gefalzt in gr. 8. 50 k. S. 256

Die Reichsrathswahlen in Ostgalizien im Jahre 1897. Verfasst vom Ausschusse des ruthenischen Landeswahlcomités. Wien. 1898. Verlag des ruthenischen Landeswahlcomités. [In Comm. Volksbuchhandlung Brand.] Gr.-8°. 271 S. * fl. 2.—

Reichsrathswahlen, die, in Ostgalizien im J. 1897. Verf. vom Ausschusse des ruthen. Landeswahlcomités. gr. 8. (271 S.) Wien 898. (Wiener Volksbuchh.) n.n. 4. —

Reichsratswahlen [Schlagwort]

Reichsrathswahlen, s.: Österreich-Ungarn. Artaria. — Freytag, G. — Sedlak, K.

Reichsratswahlkarte [Sachliches OW]

Reichsratswahlkarte. Nach den Beschlüssen des Wahlreformausschusses. Vom k. k. Ministerium des Innern genehmigte Ausg. (der Wahlkreis-Einteilg.). 9 Nrn. 1 : 1,000,000. Farbdr. Wien (906). G. Freytag & Berndt. n.n. 4. 30

1. Nieder- u. Oberösterreich. 35×36 cm. n.n. —50. — 2. Salzburg, Steiermark u. Kärnten. 35×36,5 cm. n.n. —50. — 3. Tirol u. Vorarlberg. 33,5×35 cm. n.n. —50. — 4. Böhmen. 35×36 cm. n.n. —50. — 5. Mähren u. Schlesien, deutsche Wahlbezirke. 36,5×33,5 cm. n.n. —40. — 6. Mähren u. Schlesien, böhmische Wahlbezirke. 35,5×36 cm. n.n. —40. — 7. Krain, Görz, Gradiska, Triest, Istrien. 35×36 cm. n.n. —50. — 8. Dalmatien. 35×36,5 cm. n.n. —50. — 9. Galizien u. Bukowina. 36×70 cm. n.n. —50.

Reichsratswahlkarte. Nach d. Beschlüssen d. Wahlreformausschusses. Vom k. k. Minist. d. Innern genehm. Ausg. Maßst. 1 : 1,000,000. 1–9. Wien: G. Freytag & Berndt [1906]. (9 Kartenbl. verschied. Blattgrösse.) [lith.] [kol.]

1. Nieder- u. Oberösterreich. 2. Salzburg, Steiermark u. Kärnten. 3. Tirol u. Vorarlberg. 4. Böhmen. 5. Mähren u. Schlesien, deutsche Wahlbezirke. 6. Mähren u. Schlesien, böhm. Wahlbezirke. 7. Krain, Görz, Gradiska, Triest, Istrien. 8. Dalmatien. 9. Galizien u. Bukowina.

[Rückt.:] Vom k. k. Minist.... genehm. Ausg. der Wahlkreis-Einteilung nach d. Beschlüssen... [07. 5106

Reichsratswahlkarte [Schlagwort]

Reichsraths-Wahlkarte, s. a. Oesterreich-Ungarn, Freytag, G.

Reichsrats-Wahlkarte. Freytag, Gust., (1.) Reichsrats-Wahlkarte v. Österreich auf Grundlage des gleichen u. allgemeinen Wahlrechtes. 71×98 cm. Mit statist. Daten u. e. alphabet. Verzeichnis der neugewählten Abgeordneten f. die Session 1907—1913. (8 S.) 8. Wien, G. Freytag & Berndt. 1.70

Reichsraths-Wahlordnung, die, vom 2. April 1873 mit Berücksicht. der durch das Gesetz vom 4. Octbr. 1882 getroffenen Abänderungen derselben. Die Gesetze über die Geschäftsordnung des Reichsrathes und über die Behandlung umfangreicher Gesetze im Reichsrathe. Richtig gestellt bis in die jüngste Zeit. 8. (III, 59 S.) Wien 885, Manz'sche Hof-Verlags- und Universitäts-Buchh. * — 60

Auch u. d. T.: Manz'sche Gesetz-Ausg. Nr. 31.

Reichsraths-Wahlordnung. 8. (16 S.) —.52
Klagenfurt: Joh. Heyn 1891.

Reichsrathswahlordnung. 3. Aufl. 8. (21 S.) —.21
Klagenfurt: Heyn 1897.

Reichsraths-Wahlordnung. (10. Aufl.) Redaction. Beilage d. kärnt. Gemeindeblattes 1897. gr. 8. (21 S.) Klagenfurt 897. (J. Heyn.) n. — 42

Reichsraths-Wahlordnung nebst Durchführungs-Bestimmungen. Zusammengestellt für Niederösterreich nach dem für die allgemeinen Wahlen des Jahres 1897 giltigen Stande. 8. (55 S.) —.20
Wien: Hof- u. Staatsdruckerei 1897.

(F) Reichsrathswahlordnung nach den Gesetzen vom 2. April 1873, R. G. Bl. Nr. 41, vom 4. October 1882, R. G. Bl. Nr. 142 und vom 14. Juni 1896, R. G. Bl. Nr. 169. [Wien. 1900. Hof- und Staatsdruckerei.] Lex.-8°. 30 S. K —.12

Reichsraths-Wahlordnung, die, u. Einführung der directen Reichsraths-Wahlen vom 2. April 1873, sammt dem Abänderungs-Gesetze vom 4. Octbr. 1882 u. sämmtlichen Aenderungen des Anhanges aus den Jahren 1873 bis 1882. Mit den einschlägigen auf die Ausübung des Wahlrechtes sich beziehenden Verordnungen. Commentirt von einem praktischen Juristen. 8. (87 S.) Prag 882. Mercy. n. — 64

Reichsratswahlordnung, die neue, s. a. Taschenausgabe der mährischen Landesgesetze. 22. Heft.

— dasselbe m. besond. Berücksicht. der Wahlkreiseinteilung in Tirol u. Vorarlberg. Gesetz v. 26. I. 1907. (62 S.) kl. 8. Innsbruck 907. Wagner. — 50

Reichsraths-Wahlordnung, die österr., v. 2. Apr. 1873. Wien 885.

Reichs-Rechenknecht, deutscher. 1. Thl. Kubik-Tabellen f. Metermaass. Zum Handgebrauch f. Forstbeamte, Waldbesitzer, Holzhändler, Bauhandwerker etc. gr. 8. (24 S.) Coburg 874. Sendelbach. — 75

[Das Reichsrecht in Einzeldarstellungen. Eine Sammlung kurzgef. Lehrbücher z. Vorbereitung f. d. erste jurist. Prüfung. 1.] *(Berlin: P. Nitschmann 1896.)* 8° [F.]

[Das Reichsrecht in Einzeldarstellungen. Eine Sammlung kurzgef. Lehrbücher z. Vorbereitung f. d. erste jurist. Prüfung 1. (2., umgearb. Aufl.) [1.] *(Berlin: P. Nitschmann 1900.)* 8° [F.]

Reichsrecht, das, in Einzeldarstellgn. Eine Sammlg. kurzgefaßter Lehrbücher zur Vorbereitg. f. die erste jurist. Prüfg. I—III u. V. 8. Berlin, P. Nitschmann. Geb. in Leinw. n. 17. 10

I. Der Reichscivilproceß. Eine Darstellg. nach Civilproceßordng. u. Gerichtsverfassungsgesetz zur Vorbereitg. für die erste jurist. Prüfg. Von Gotthard Hirschfeld. 3. verm. u. verb. Aufl. (XII, 308 S.) 902. Geb. n. 4.50; u. durchsch. n. 5.50
II. Das deutsche Handelsrecht. Eine Darstellg. nach dem H.G.B. v. 10. V. 1897, nach Genossenschaftsgesetz, Ges. betr. d. Gesellschaften m. beschr. Haftg., Börsengesetz, Bankdepotgesetz, Ges. zur Bekämpfg. des unlauteren Wettbewerbes u. s. w. (unter Ausschluß des Seerechts) m. besond. Berücksicht. des bürgerl. Gesetzbuchs, zur Vorbereitg. f. die erste jurist. Prüfg. Von W. Hahn. (VIII, 367 S.) 901. n. 5. —
III. Der Reichsstrafproceß. Eine Darstellg. nach Strafproceßordng. u. Gerichtsverfassungsgesetz zur Vorbereitg. f. die erste jurist. Prüfg. Von Gotthard Hirschfeld. (VIII, 207 S.) 901. n. 3. 60
V. Das deutsche Strafrecht. Eine Darstellg. unter besond. Berücksicht. der geschichtl. Entwickelg. zur Vorbereitg. f. die erste jurist. Prüfg. Von Gotthard Hirschfeld. (XII, 248 S.) 903. n. 4. —; durchsch. n. 5. —

IV ist noch nicht erschienen.

Reichsrecht, das, in Einzeldarstellungen. Eine Sammlung kurzgefaßter Lehrbücher zur Vorbereitg. f. die erste jurist. Prüfung. I. II u. IV. 8. Berlin, P. Nitschmann. Geb. in Leinw. n. 16. —

I. Der Reichscivilprozeß. Eine Darstellung nach Civilprozeßordng. u. Gerichtsverfassungsgesetz zur Vorbereitg. für die erste jurist. Prüfg. Von Gotthard Hirschfeld. 4., verm. u. verb. Aufl. (XII, 371 S.) 905. n. 6. —
II. Das deutsche Handels- u. Seerecht m. Einschluß der Gesetze zum Schutze d. gewerblichen Eigentums u. des Versicherungsrechts. Eine Darstellg. nach dem H. G. B., Genossenschaftsgesetz, Ges. betr. die Gesellschaften m. beschr. Haftg., Börsengesetz, Bankdepotgesetz, Verlagsgesetz, Binnenschiffahrtsgesetz, Postgesetz, Telegraphengesetz, Ges. zur Bekämpfung des unlauteren Wettbewerbs, Patent-, Marken-, Muster- u. Warenzeichengesetz, Privatversicherungsgesetz u. a. m. besond. Berücksicht. des bürgerl. Gesetzbuchs. Von W. Hahn. 2. verm. Aufl. (VIII, 476 S.) 905. n. 6. —
IV. Das deutsche Wechselrecht. Die allgemeine deutsche Wechselordnung nebst dem Wechselprozeß, nach den Reichs-Justizgesetzen u. dem Wechselstempelsteuergesetz dargestellt. Zur Vorbereitung für die erste jurist. Prüfg. Von W. Hahn. (VIII, 193 S.) 903. n. 4. —; durchsch. n. 5. —

— das, bearb. v. A. Leander u. Heinr. Neumann, s.: Buch, das prakt.

Reichsrecht u. Landesrecht. Abhandlungen. I. gr. 8. Leipzig 882. F. Fleischer. — 75
Ueber den Einfluss der Bestimmungen der Civilprozessordnung § 796 flg. auf die Bestimmungen in § 218 u. 219 der Königlich Sächsischen Verordnung vom 9. Jan. 1865 von Paul Frdr. Heink. (29 S.)

Reichsschluß d. Nationalversamml., wie im ganzen Königr. d. Magistratsverwalter gewählt werden sollen; verdeutscht u. mit Anmerkk. v. J. F. Simon. 8. Straßb. 799. König. 3 ℊ

— neuer, üb. einige Bebesserungen d. kaiserl. u. Reichskammergerichts. 4. Wezlar 785. Winkler. 12 ℊ

— neuester, v. 1788. 4. Wezlar 788. Winkler. 3 ℊ

Reichs-Schul-Chronik, deutsche, od. Geschichte der Schulen u. Unterrichts-Anstalten d. deutschen Reiches. Unter Mitwirkg. von v. Barow, v. Rupprecht, F. Laukhard ꝛc. hrsg. v. e. Schulmanne. 1. Hft. gr. 8. (44 S.) Hirschberg 875. Petzoldt & Pannewitz. n. — 75

Reichsschuldbuch, s.: Gareis, C., deutsche Reichsgesetze in Einzel-Abdrucken.

Reichs-Schwiegermutter, Die. Aus den Geheimnissen einer politischen Ehe geplaudert von einem Hausfreund. 6. Aufl. Leipzig 1892. V: *Hildebrandt, Martin.* (Berl 1904, S. 1074)

Reichs-Schwiegermutter, die, kommt! Aus den Geheimnissen e. polit. Ehe geplaudert v. e. Hausfreund. 1.—6. Aufl. gr. 8. (31 S.) [Berl. 891, F. G. Fricke.] Lpz. 892, C. F. Müller. — 60

Reichsseuchengesetz. Gesetz betr. d. Bekämpfung gemeingefährl. Krankheiten v. 30. Juni 1900. Nebst den vom Reichskanzler z. Einführung empfohlenen Massregeln gegen d. Cholera. Nach amtl. Materialien bearb. u. durch d. einschläg. Gesetze u. Verordn. erg. u. erl. von O[tto] Kotze, Bürgerm. a. D. Mit Sachreg. *Berlin: F. Dümmler 1900.* (120 S.) 8° [F.] [01. 1513

Reichssiegel, Flor., († d. 15. Mai 1793.) Einleit. zur allgem. Wissenschaft d. Erdbeschreibung. 8. Salzb. 773. Mayr. 3 ℊ

Reichssiegel, Flor., Eliezer; e. Singspl. 4. Salzb. 766.

— Etwas z. Lesen u. Singen. 8. Salzb. 777.

— das erschrö(e)ckliche Gesicht, ein poet. Traum. 4. Salzb. 771.

Reichssiegel, Flor., Herrmann, ein Beispiel d. Liebe zum Vaterland; Trspl. in Versen. 4. Salzb. 773.

— die Hochzeit auf der Alm, ein dramat. Schäfergedicht. 4. Salzb. 769. 2e A. 776.

— die Hochzeit in d. Weinlese; dramat. Gedicht. 8. Salzb. 787.

— die gereinigte Magdalena, d. reumüthige Petrus, d. veränderte Joseph v. Arimathia; drei geistl. Singsple. 4. Salzb. 770.

— Piedas in hospidem, oder d. reichlich vergoltene Bewirthung; e. dramat. Fischergedicht. 4. Salzb. 772.

— Predigten auf die meisten Festtage d. Jahres. 2 Bde. gr. 8. Augsb. 785. Wolf. 1 ℛ 8 ℊ

— Rechtschreibung d. lat. u. deutschen Sprache. 8. Ebd. 761.

— Titus, der standhafte Christ; Trspl. in Jamben. 4. Salzb. 774.

— Versuch einer regelmäß. Rechtschreibung in d. latein. u. deutschen Sprache, sammt e. Anhange im Griechischen. 8. Augsb. 764. Wolf. 9 ℊ

— die Wahrheit der Natur in den drei irdischen Grazien, näml. in der Dichtkunst, Musik u. Malerei; ein dramat. Scherz- u. Lehrgedicht. 4. Salzb. 769.

Reichssöhne oder die 4 Facultäten, ein Roman. Görlitz 1805. V: *Gersdorf, Chn Adolph E. von.* (Ky) (MGT)

Reichs-Söhne, od. die 4 Facultäten, (v. Ch. Ad. E. v. Gersdorf). 8. Görlitz 805. Anton in Halle. 16 gr

Reichsspiegel, deutscher. Hrsg.: Gregor Samarow. 1. Jahrg. 1874. 52 Nrn. ($1^1/_2$ B.) Fol. Berlin 874. Janke. n. 9. —

Reichsstaat, Teutscher, oder Grund-Verfassung des heil. röm. Reichs ... O. O. 1704. 2. Ausg. 1710. 4. Ausg. Frankf. u. Leipz. 1738. V: *Krebs, Christian Hnr.* II (4. Aufl.): *Glafey, Adam Frdr.* (AarK) (CHII) II (3. Aufl.): *Bilderbeck, Chph Flor.* (Pütter, Litt. d. Teutsch. Staatsr. Göttingen 1773—81. I, 348 f.)

Der Allerneueste, Verbesserte und zuverlässige Americanische Reichs-Staats-Kriegs-Siegs- und Geschichts-Calender : no. 4—8, 1780—1784.
Title varies. AMERICANISCHE HINKENDE BOT CALENDER. Cover-title: MARYLÄNDISCHER CALENDER: DER HINCKENDE BOT. Cover-title of Baltimore issues: MARYLÄNDISCHER CALENDER. Follows Bärtgis's Almanac published at Lancaster, Pa. Imprint: Friedrich-Stadt, Maryland. Edited & published by Matthias Bärtgis.
Fredericktown, MD

Reichsstaatsrecht, s. Schierlinger, Rechtsbeistand.

Reichsstaatsrecht, Gewerbewesen, Arbeiterversicherung, Heerwesen, Gesundheitswesen dargest. von e. Verwaltungsbeamten. Mit e. ausführl. Sachreg. *München: C. Haushalter 1902.* (204, IV S.) 8° [F.]
— **Rechtsbeistand**, Der praktische. Bd 3. [04. …16

Reichsstände, Welche, scheinen nach dem Geiste des Lüneviller Friedens die künftige Reichsfriedensdeputation ausmachen zu wollen ... März 1801. V: *Gumpelzhaimer, Christian Glieb.* (MGT)

Reichsstandschaft, Die Teutsche, ein Beytrag zur richtigern Würdigung des ... Zustandes von Teutschland. Leipzig [1807]. V: *Gessner, Johann Anton Wilhelm.* (MGT)

Reichsstandschaft, die deutsche. Ein Beitrag z. richtigen Würdigung d. vergangenen u. gegenwärt. Zustandes von Deutschland, (v. J. A. W. Geßner). 8. Leipz. 807. N. Aufl. 810. Schiegg. (Knobloch). 1 ß

Reichsstempelgesetz
s. a. **Gesetz** betr. d. Erhebung von Reichsstempelabgaben. [10. …8

Reichsstempelgesetz vom 1/7. 81. Textausg.

Mit Erläuterungen von:

Freudenstein. 2. Aufl. Mind. 884.	8	—	**Puls.** 3. Aufl. Frankfurt 892.
Ausg. Heuser. Neuwied 882.	1	—	**Reinbold.** Berlin 882.
Hölsghaus. 4. Aufl. Berl. 891.	1	—	**Rottmann.** 13. Aufl. Brem. 882.
Hoyer. Berlin 882.	2	—	**Sankowitz.** Leipz. 881.
Jachow. Düsseld. 882.	1	25	**Schneider**, deut. u. französ. Zabern 883.
Jürgens. Hamburg 883.	3	50	
Krökel. Berlin 883.	7	50	**Stengel.** Nördlingen 881.

Reichs-Stempelgesetz vom 27. Apr. 1894 (Börsensteuergesetz), s. a. Stahel's Sammlung deutscher Reichsgesetze u. bayerischer Gesetze.

[F.] **Reichsstempelgesetz.** Vom 27. Apr. 1894. Mit den dazu erlass. Ausführgsbestimmgn. Hrsg. v. d. Red. d. Reichsgesetzb. ... 2. Aufl. *Berlin: Bruer & C. 1894.* (45 S.) 1 Bd 8.
— **Reichsgesetze**, Deutsche. No 4. [96. 7818

— dasselbe. gr. 8. (23 S.) Berlin 894. R. v. Decker. — 50

— dasselbe. Mit den vom Bundesrath erlassenen Ausführungsbestimmgn. 4. (74 S.) Berlin 894. C. Heymanns Verl. n. 1. 50

— dasselbe. Nebst den Ausführungsvorschriften des Bundesraths u. den Bestimmgn. üb. die Erhebg. u. Verrechng. der nach dem Reichsstempelgesetz zu entricht. Abgaben. gr. 8. (57 S.) Leipzig 894. C. E. M. Pfeffer. n. — 60

Reichsstempelgesetz v. 27. Apr. 1894. M. ausführl. Sachregister. 4. Aufl. 8. (III, 84 S.) Leipzig 895. Roßberg. n. 1. —; kart. n. 1. 20

Reichsstempelgesetz v. 27. Apr. 1894. '(Börsensteuerges.)'. Berlin: A. Weichert [1896]. (23 S.) 8°
(Reichsgesetze, Deutsche. Bd 8. [I].)

[F.] **Reichsstempelgesetz** '(Börsensteuergesetz)' v. 27. April 1894 m. d. Ausführgs-Vorschriften, e. Ausz. aus d. Gesetzes-Materialien u. d. Entscheidgn d. Verwaltgsbehörden u. d. Reichsgerichts. Text-Ausg. m. Anm., Tab. u. Reg. Früher ... bearb. v. Geh. Regiergsr. B[erthold] Gaupp. 7. vollst. umgearb. Aufl. v. P[aul] Loeck, Regiergsass. ... *Berlin: J. Guttentag 1897.* (507 S.) 1 Bd 8.
= **Sammlung**, Guttentag'sche, Deutscher Reichsgesetze. No 18. [97. 3346

— (Börsensteuergesetz) in der Fassung der Bekanntmachg. v. 14. VI. 1900. Text-Ausg. m. Ausführungsbestimmgn., e. Anh., enth. Tabellen zur Berechng. der Reichsstempelabgaben u. Sachregister. gr. 16. (169 S.) Berlin 900. J. Guttentag. Geb. in Leinw. 1. 50

Reichsstempelgesetz vom 14. VI. 1900, nebst Ausführungsbestimmgn. 1. u. 2. Aufl. gr. 8. (à 125 S.) Berlin 900. C. Heymann's Verlag. n. — 80

Das **Reichsstempel-Gesetz** mit Ausführungs-Bestimmungen und kurzen Erläuterungen nebst dem Wechselstempelsteuer-Gesetz und Börsen-Gesetz. Prakt. Hand-Ausg. Hrsg. von Dr. [Joh.] Becker, Oberfinanzr. in Darmstadt. *Mainz: J. Diemer 1900.* (IV, 226 S.) 4° [F.] [00. 8526

Reichsstempelgesetz ⟨Börsensteuergesetz⟩ vom 14. Juni 1900 mit d. Ausführungs-Bestimmungen, e. Auszug aus d. Gesetzes-Materialien u. d. Entscheidungen d. Verwaltungsbehörden u. d. Reichsgerichts. Text-Ausg. mit Anm., Tab. u. Reg. 8. Aufl. von [Paul] Loeck, Reg. R. *Berlin: J. Guttentag 1901.* (XI, 470 S.) 8° [F.]
= **Sammlung**, Guttentag'sche, Deutscher Reichsgesetze. No 18. [01. 6889

Reichsstempelgesetz ⟨Börsensteuergesetz⟩ vom 3. Juni 1906 mit d. Ausführungsbestimmungen unter besond. Berücks. d. Entscheidungen d. Verwaltungsbehörden u. d. Reichsgerichts. Mit e. Anh.: Das Gesetz, betr. d. Wetten bei öffentl. veranstalt. Pferderennen ⟨Totalisatorgesetz⟩ v. 4. Juli 1905 nebst Ausführungsbestimmungen. 9., umgearb. u. verm. Aufl. von Reg. R. P[aul] Loeck. Berlin: J. Guttentag 1906. (VII, 340 S.) 8° [F.]
— **Sammlung**, Guttentag'sche, Deutscher Reichsgesetze. No 18. [06. 14163

Reichsstempelgesetz vom 3. Juni 1906 nebst Ausführungsbestimmungen. Hrsg. im Reichschatzamte. Berlin: C. Heymann in Komm. 1906. (179 S.) 8° [F.] [07. 893

Reichsstempelgesetz vom 15. VII. 1909. Hrsg. im Reichsschatzamte. (62 S.) gr. 8. Berlin 909. C. Heymann. — 60

Das **Reichsstempelgesetz** vom 15. Juli 1909 ⟨RGBl. S. 833⟩ mit Tarif u. Ausführungsbestimmungen. Cöln: Kölner Verl.-Anst. & Dr. 1909. 72, 18 S. 8°
(Zeitschrift f. d. Deutsche Gerichtssekretariat. Beil.) [10. 11974

— das neue, vom 3. VI. 1906. In Kraft vom 1. VII. 1906. (Fahrkartensteuer ab 1. VIII. 1906.) Authentische Ausg. (63 S.) 16. Berlin (906). L. Schwarz & Co. n. 1. 25

Reichsstempelgesetz (Börsensteuergesetz), neues, vom 14.6.1900. (Gareis, Reichsgesetze 291) Giessen 1900

Reichsstempelgesetz und Wechselstempelgesetz vom 15. Juli 1909 nebst den Ausführungsbestimmungen des Bundesrats. Textausgabe mit Einleitung und Sachregister. 3. Abdruck. Berlin 1909. — 4. Abdruck. 1909. (Franz Vahlen.)

— (Effekten — Talons — Schecks — Grundstücksübertragungen) u. Wechselstempelgesetz v. 15. VII. 1909 nebst den Ausführungsbestimmungen des Bundesrats. Mit e. Anh., enth.: Das Erbschaftssteuergesetz vom 3. VI. 1906. Textausg. m. Einleitg. u. Sachregister. 5. Abdr. (VIII, 146 S.) 16. Berlin 909. F. Vahlen. Geb. in Leinw. 1. 40

Auszug aus dem **Reichsstempel**- und dem Wechselstempel-**Gesetz** vom 15. Juli 1909 und den Ausführungsbestimmungen. Leipzig: Poeschel 1909. 8 S. 8°
(Das Buch d. Kaufmanns hrsg. von G. Obst. 3. Aufl. Anh.) (11. 2149 11

Reichssteuergesetze vom 3. Juni 1906. 1. Gesetz, betr. d. Ordnung d. Reichshaushalts u. d. Tilgung d. Reichsschuld. 2. Brausteuergesetz. 3. Zigarettensteuergesetz. 4. Reichsstempelgesetz. ⟨Börsensteuer, Fahrkartenstempel, Automobilsteuer, Tantiemensteuer.⟩ 5. Reichs-Erbschaftssteuergesetz. Textausg. mit alphab. Reg. München: C. H. Beck 1906. (172 S.) 8° [F.] (06. 8767

Reichssteuergesetze vom 15. VII. 1909. I. Gesetz, betr. Aenderg. im Finanzwesen. II. Tabaksteuergesetz. III. Zigarettensteuergesetz. IV. Brausteuergesetz. V. Branntweinsteuergesetz. VI. Schaumweinsteuergesetz. VII. Reichsstempelgesetz (Kuxen-Effekten-, Talon-, Scheck-, Grundstückübertragungs- u. Fahrkartenstempel). VIII. Wechselstempelgesetz. IX. Leuchtmittelsteuergesetz. X. Zündwarensteuergesetz. Textausg. m. alphabet. Sachregister. (III, 299 S.) kl. 8. München 909. C. H. Beck. Geb. in Leinw. 2. —

Die neuen **Reichssteuergesetze**. Automobilsteuer. Börsensteuer. Brausteuer. Erbschaftssteuer. Fahrkartenstempel. Frachtstempel. Tantiemesteuer, Zigarettensteuer, nebst Gesetz, betr. d. Ordnung d. Reichshaushaltes ... Berlin: F. Dümmler [1906]. (272 S.) 8° [F.]
(Dümmlers Gesetz-Sammlung.) (07. 16467

— die neuen, Automobilsteuer — Börsensteuer — Brausteuer — Erbschaftssteuer — Fahrkartenstempel — Frachtstempel — Tantiemesteuer — Zigarettensteuer, nebst Gesetz, betr. die Ordnung des Reichshaushaltes u. die Tilgung der Reichsschuld. (272 S.) kl. 8. Berlin (906). F. Dümmler's Verl. Geb. in Leinw. n. 2. 50

Reichsstrafgesetzbuch, deutsches, nebst den bad. Einführungs- u. Vollzugsbestimmgn., dem Polizeistrafgesetzbuche, den Forst-, Zoll-, Post- u. anderen auf das Strafrecht bezügl. Reichs- u. Landesgesetzen. Textausgabe m. kurzen Anmerkgn., Verweisgn. u. Competenz-Bezeichngn. 2. Aufl. 8. (VI, 323 S.) Mannheim 872. Bensheimer. n. 2. 40

Reichs-Sühne, od. die vier Fakultäten. 8. Görlitz 805. Anton in Halle. 16 gr

v. **Reichstadt**, des Herzogs, einzige Liebe. Nebst einem Anhang (Jos. Haydc, von Cordellier Delanoue). Nach franz. Quellen bearb. 8. Leipzig 834. Literar. Museum, (jetzt Schreck). 1 1/2 ℛ

Reichstadt, Napoleon II. Franz, Herzog von .. .. siehe Bonaparte.

Reichstadt, A., an einem Krankenbette, — die Sclavin vom Kaukasus, } s.: Volks-Bibliothek, christliche.

Reichstag [Sachliches OW]

Reichstag 1874. Die Angelegenheiten v. Elsaß-Lothringen. Sämmtliche bisher geh. Reden v. Teutsch, Bischof Raes, Winterer, Guerber, Bundescomm. Herzog, Fürst Bismarck, v. Puttkammer u. s. w., nach den stenograph. Protokollen. 1. Folge. gr. 8. (92 S.) Straßburg 874. Trübner. — 40

Reichstag, d. deutsche, s. a. Miniatur-Bibliothek.

Reichstag, der deutsche, 1893—1898. Mit ca. 400 Abbildgn. 12. (93 S.) Leipzig 893. C. Minde. n. — 50

— dasselbe. Neue rev. u. ergänzte Ausg. (3. Aufl.) 12. (128 S.) Leipzig 894. J. Milde. n. — 50; kart. — 75; geb. in Leinw. 1. —

Reichstag, der deutsche, u. der Bundesrath. Ein parlamentarisches Handbüchlein für Jedermann. 16. (47 S.) Leipzig 882. Beck & Schirmer. — 25

Reichstag (Der deutsche) als Gerichtshof, oder die angebliche Vernichtung der Sozialdemokratie in den Reichstagsdebatten vom 31. Jan. und 3.—7. Febr. 1893. Von einem durch die „Zukunftsstaats"-Debatten zur Sozialdemokratie Bekehrten. 8°. Nürnberg, Wörlein u. Co., 1893.

— der deutsche, 1906 nach seiner Auflösung am 13. XII. u. 1907? Kartographisch u. tabellarisch dargestellt. Nebst Formularen u. e. Karte zur Eintragg. der Wahlergebnisse 1907. Ein Vademecum zum Wahlkampf am 25. I. (19 S. m. 2 [1 farb.] Karten.) 36×24 cm. Berlin 907. D. Reimer. 1. —

— der deutsche, nach den Wahlen vom 30. Juli 1878. Ein Abdruck der Reichsverfassung in ihrer jetzigen Gestalt, in welchem die aufgehobenen Bestimmungen mit liegenden Lettern u. die Aenderungen mit fetter Schrift gedruckt sind. Nebst einer Zusammenstellung seiner Mitglieder mit Angabe ihrer persönlichen Verhältnisse, sowie einer Wahlstatistik, enthaltend die ortsanwesende Bevölkerung, die Angabe der Wahlberechtigten u. der factischen Wähler, die Zahl der auf die Abgeordneten bei der Wahl, Vor- u. Nachwahl gefallenen Stimmen u. das Stimmen-Verhältniss der unterlegenen Parteien mit Angabe der Gegencandidaten. Nebst einem Anhang: Der Bundesrath nach seiner Zusammensetzung u. seinen wichtigsten Befugnissen. 1. u. 2. Hft. Nach amtlichen Quellen. gr. 8. Frankfurt a/M. 879. Mahlau & Waldschmidt. n.n. 2. 20
1. (III, 32 S.) n. 1. —. — 2. (48 S.) n.n. 1. 20

Reichstag, deutscher. Biographisch-statist. Handbuch, begründet v. Jos. Kürschner. 1903—1908. XI. Legislaturperiode. Hrsg. v. Herm. Hillger. (415 S. m. Bildnissen.) 32. Berlin (903). H. Hillger. n. — 50; geb. n. 1. —

Reichstag (Deutscher) und Lübecker Senat, oder Reichsrecht geht vor Landrecht. Ein lehrreicher Beitrag zur Geschichte der deutschen Arbeiterbewegung. 8°. Lübeck, Aug. Kasch, 1900.

— der dſutſche, od. die aufgeſtochene Eiterbeule. Flugblatt der „Luſt. Blätter“. (2 S. m. Abbildgn.) gr. Fol. Berlin (906). Verlag der „Luſt. Blätter“. — 10

— der neue Deutſche, nebſt Bemerkungen zu den Schriften Biedermanns, Zöpfls u. Welckers üb. die Bundesreform. Von B. M. gr. 8. (15 S.) Leipzig 848. Naumburg. n. 1/6 ₰

Reichstag 1911. Halbmonatsschrift. Verantwortlich: Max Thielert. Septbr. 1910—Aug. 1911. 24 Nrn. (à ca. 12 S.) 31×22,5 cm. Werder a/Havel, Verlag „Reichstag 1911“. 20. --

Reichstag, Oesterreichs gesetzgebender, mit besonderer Berücksichtigung der polnischen Deputirten. Posen 1850. V: *Sanguszko, Wladislaw.* (Ky) (Wa)

Preussens erster Reichstag. Hrsg. von Aug. Theod. Wöniger. 10 Bde. Mit vielen Portraits und 1 Kunstbeil. Berlin: Stuber 1847.

— Preußens erſter. Eine Zuſammenſtellung der ſtändiſchen Geſetze, der Mitglieder u. der Verhandlungen des erſten verein. Landtages ꝛc. Hrsg. v. Aug. Thdr. Woeniger. 65 Hfte. [X Bde.] gr. 8. (472. 591. 551. 470. 624. ..., ..., ..., ..., ... S. m. 37 lith. Portr., 2 lith. Taf. in gr. 8. u. gr. Fol. u. 1 Tab. in gr. Fol.) Berlin 847, Stuhr. (à n. 1/3 ₰) n. 21 2/3 ₰

Der **Reichstag** von 1613. Bearb. von Anton Chroust ... hrsg. durch d. hist. Kommisson bei d. Kgl. Akad. d. Wiss. München: M. Rieger 1909. (XXV, 1106 S.) 8°
= **Briefe** u. Akten z. Geschichte d. 30jähr. Krieges. Bd 11. [08. 17668

Reichstag, der ungariſche, 1861. 1. Bd. 2—6. Heft. u. 2. u. 3. Bd. Peſt 861. Oſterlamm. 8. (1. Bd. VII, S. 81—471; 2. u. 3. Bd. XIV, 926 S.) n. 4 ₰ 16 ngr.
1. Bd. 1. Heft ſ. Landtag.

Reichstag, der vereinigte däniſche, von 1848. Ein Deutſcher an Deutſche. gr. 8. (15 S.) Kopenhagen 848, Höſt. 6 ngr

Reichstag [Schlagwort]

Reichstag, Situationsplan d. Sitzungsſaales, ſ.: Deutſchland. Riſtow, H.

Reichstäge

— aller des H. Röm. Reichs, Abschiede u. Satzungen. Fol. Frankf. Andreä. 720.

Reichstäge, über die polniſchen. 8. Freiburg 782. Graz u. W. 8 K

Reichstag-Rede, die, des Abgeordneten v. Münchhauſen gegenüber der Wahrheit. Berlin 867. C. Duncker. gr. 8. (24 S.) n. 5 ngr.

Deutsche Reichstagsakten. Auf Veranlassung u. mit Unterstützung Sr. Majestät des Königs von Bayern hrsg. durch die Histor. Commission bei der Königl. Akademie der Wissenschaften.

Bd 1—3. Deutsche Reichstagsakten unt. König Wenzel. Hrsg. von Jul. Weizsäcker. Abth. 1—3. München 1867—77.
„ 4—6. Deutsche Reichstagsakten unt. König Ruprecht. Hrsg. von Jul. Weizsäcker. Abth. 1—3. Gotha 1882—88.
„ 7—12. Deutsche Reichstagsakten unt. Kaiser Siegmund. Gotha.
Abth. 1—3. Hrsg. von Dietr. Kerler. 1878—87.
„ 4. Hrsg. von Herm. Herre. 1906.
„ 5. 6. Hrsg. von Gust. Beckmann. 1898. 1901.
„ 13. Deutsche Reichstagsakten unt. König Albrecht II.
Abt. 1, Hälfte 1. Hrsg. von Gust. Beckmann. 1908.
„ 15. Deutsche Reichstagsakten unt. Kaiser Friedrich III.
Abt. 1, Hälfte 1. Hrsg. von Herm. Herre. 1912.

Reichstagsakten, deutsche. Hersg. durch die histor. Commission bei der königl. Akademie der Wissenschaften. München 867. literar.-artist. Anstalt. 4. n. 4 ₰
Deutsche Reichstagsakten unter König Wenzel. 1. Abthl. 1376—1387. Hersg. von Jul. Weizsäcker. (CXI, 648 S.)

Reichstagsakten, deutsche. Hrsg. durch die histor. Commission bei der k. Akad. der Wissenschaften. 2. Bd. 4. München 874. Oldenbourg. n. 16. — (1. u. 2. n. 36. —)
Deutsche Reichstagsakten unter König Wenzel. 2. Abth. 1388—1397. Hrsg. v. Jul. Weizsäcker. (XX, 544 S.)

Reichstagsakten, deutsche. 3. Bd. Hrsg. durch die historische Commission bei der königlichen Academie der Wissenschaften. hoch 4. München 877. Oldenbourg. n. 11. —
Deutsche Reichstagsakten unter König Wentzel. 3. Abth. 1397—1400. Hrsg. von Jul. Weizsäcker. (VIII, V, 335 S.)

— dasselbe. 7. Bd. hoch 4. München 878. Oldenbourg. n. 15. — (1—4. u. 7.: n. 92. —)
Deutsche Reichstagsakten unter Kaiser Sigmund. 1. Abth. 1410—1420. Hrsg. von Dietr. Kerler. (IX, 420 S.)

— dasselbe. 4. Bd. hoch 4. Gotha 882. F. A. Perthes. n. 30. —
Deutsche Reichstagsakten unter König Ruprecht. 1. Abth. 1400—1401. Hrsg. von Jul. Weizsäcker. (XXIII, 631 S.)

Reichstagsakten, deutsche. 5., 8. u. 9. Bd. Auf Veranlassg. Sr. Maj. d. Königs v. Bayern hrsg. durch die histor. Commission bei der königl. Academie der Wissenschaften. hoch 4. Gotha, F. A. Perthes. n. 114. — (1—5. 7—9.: n. 206. —)
5. Deutsche Reichstagsakten unter König Ruprecht. 2. Abth. 1401—1405. Hrsg. v. Jul. Weizsäcker. (XI, 853 S.) 885. n. 48. —
8. Deutsche Reichstagsakten unter Kaiser Sigmund. 2. Abth. 1421—1426. Hrsg. v. Dietr. Kerler. (VII, IV, 550 S.) 883. n. 30. —
9. Deutsche Reichstagsakten unter Kaiser Sigmund. 3. Abth. 1427—1431. Hrsg. v. Dietr. Kerler. (VIII, 645 S.) 887. n. 36. —

— dasselbe. Register zum 9. Bd. hoch 4. (S. 649—708.) Ebd. 887. n. 3. 60 (9. Bd. cplt.: n. 39. 60)

Reichstagsakten, deutsche. Auf Veranlassg. Sr. Maj. d. Königs v. Bayern hrsg. durch die histor. Commission bei der königl. Akademie der Wissenschaften. 6. Bd. hoch 4. Gotha 888. F. A. Perthes. n. 46. — (1—9.: n. 255. 60)
Deutsche Reichstagsakten unter König Ruprecht. 3. Abth. 1405—1410. Hrsg. v. J. Weizsäcker. (VIII, IV, 833 S.)

Reichstagsakten, deutsche. Jüngere Reihe. Auf Veranlassg. Sr. Maj. des Königs v. Bayern hrsg. durch die histor. Kommission bei der königl. Akademie der Wissenschaften. 1. Bd. Lex.-8. Gotha 893. F. A. Perthes. n. 48. —
Deutsche Reichstagsakten unter Kaiser Karl V. 1. Bd. Bearb. v. Aug. Kluckhohn. (IV, 938 S.)

Reichstagsakten, deutsche. Jüngere Reihe. Auf Veranlassg. des Königs von Bayern hrsg. durch die histor. Kommission bei d. kgl. Akademie d. Wissenschaften. 2. Bd. Lex.-8. Gotha, F. A. Perthes. n. 50. — (1. u. 2.: n. 98. -)
Deutsche Reichstagsakten unter Kaiser Karl V. 2. Bd. Bearb. v. Adf. Wrede. (V, 1007 S.)

— dasselbe. Jüngere Reihe. Auf Veranlassg. Sr. Maj. des Königs v. Bayern hrsg. durch die histor. Kommission bei der königl. Akademie der Wissenschaften. 3. Bd Lex.-8. Gotha, F. A. Perthes. n. 50. —
Deutsche Reichstagsakten unter Kaiser Karl V. 3. Bd. Bearb. v. Adf. Wrede. (X, 979 S.) 901. n. 50. —; (1—3 n. 148. —)

Reichstagsakten, deutsche. Auf Veranlassg. Sr. Maj. des Königs v. Bayern hrsg. durch die histor. Commission bei der königl. Academie der Wissenschaften. 10. Bd. 1. Hälfte. 11. u. 12. Bd. hoch 4. Gotha. F. A. Perthes. n. 96. —
10. Deutsche Reichstagsakten unter Kaiser Sigmund. 4. Abtlg. 1. Hälfte. 1431—1432. Hrsg. v. Herm. Herre. (VI, II, 514 S.) 900. n. 30. —
11. Dasselbe. 5. Abtlg. 1433—1435. Hrsg. v. Gust. Beckmann. (LII, 646 S.) 898. n. 40. —
12. Dasselbe. 6. Abtlg. 1. Hälfte. 1435—1437. Hrsg. v. Gust. Beckmann. (VI, LXVIII, 351 S.) 901. n. 26. —;
(1—4, 1, 5 u. 6 n. 183. 60)

Reichstagsakten, deutsche. Auf Veranlassg. S. Maj. des Königs v. Bayern hrsg. durch die histor. Commission bei der königl. Academie der Wissenschaften. IV. Bd. u. X. Bd. 2. Hälfte. hoch 4. Gotha, F. A. Perthes. n. 100. —
IV. Deutsche Reichstagsakten unter Kaiser Karl V. 4. Bd. Bearb. v. Adf. Wrede. (VII u. VI, 828 S.) 905. n. 40. —
X, 2. Deutsche Reichstagsakten unter Kaiser Sigmund. IV. Abteilg. 1431—1433. 2. Hälfte. Hrsg. v. Herm. Herre. (VIII, CXI u. S. 515—1142.) 906. n. 60. —

Reichstagsakten, deutsche. Auf Veranlassg. Sr. Maj. des Königs v. Bayern hrsg. durch die histor. Commission bei der königl. Academie der Wissenschaften. XIII. Bd. 1. Hälfte. Lex. 8. Gotha, F. A. Perthes. 26. ---
Reichstagsaktcn, deutsche. König Albrecht II. 1. Abtlg. 1. Hälfte. 1438. Hrsg. v. Gust. Beckmann. (VIII, 376 S.) 908.

Deutsche **Reichstagsakten** König Albrecht II. Hrsg. von Gustav Beckmann. Auf Veranlass. d. Königs v. Bayern hrsg. durch d. Hist. Comm. bei d. Kgl. Acad. d. Wiss. Abt. 1, Hälfte 1. Gotha: F. A. Perthes 1908. 4°
— **Reichstagsakten,** Deutsche. Bd 13, Hälfte 1. (08. 10.12 2

Reichstags- u. Landtags-Akten. Sammlung der wichtigeren Gesetzentwürfe, Denkschriften u. s. w. Session 1892/93. Hrsg. vom Centralbureau der nationalliberalen Partei in Berlin. 1. Bd. gr. 8. (III, 184 S.) Leipzig 893. Renger. n. 2. 40

Reichstags Almanach für das Jahr ... [Hrsg.: Christian Gottlieb Gumpelzhaimer.]
Stuttgardt: Erhard & Löflund (1796ff.: [Nürnberg: Selbstverl. d. Hrsg., Grattenauer in Komm.]) [1794]—1796. 8°
[Kupfert.]
[Nebent.:] Handbuch zur Kenntniß der teutschen Reichsversammlung und ihrer Geschäfte ingleichen der Kreisversammlungen und Reichsgerichte.
1795 [= Handbuch ... 1]: [1794.] IV S., 8 Bl., 402 S., 1 Titelkupf.
1796 (= Handbuch ... 2): XL, 446 S., 1 Bl., 1 Titelkupf.

Reichstagsalmanach für das Jahr 1795(—97). Stuttgart 1794(—96). H: *Gumpelzhaimer, Chn Glieb.* (Ky) (MGT)

Reichstagsalmanach f. 1795, (v. C. G. Gumpelzhaimer). 8. Stuttg. 794. (Löflund); (a. Hoffmann). 1 Thlr 4 Gr Für 1796. (1 Thlr 8 Gr) Für 1797. (1 Thlr 4 Gr) Nürnb., Grattenauer. 2 Thlr 12 Gr (A. u. d. T.: Handbuch z. Kenntniß d. deutschen Reichsverfassung. 3 Thle.)

Reichstags-Almanach, deutscher, vom J. 1887. 12. (VI, 192 S.) Elberfeld, Lucas. * 2 —
geb. * 3 —

[**Reichstagsaufloesung**]. Gustav Schmoller [u. a.]: Über Reichstagsauflösung und Kolonialpolitik. Offizieller stenogr. Bericht ... Hrsg. vom Kolonialpolit. Aktionskomite. Berlin 1907. 8°.

Reichstags-Bericht erstattet dem 4. Parteitag der Freisinnigen Volkspartei in Görlitz f. d. Jahre 1897 bis 1900. *Berlin: Fortschritt 1900.* (16 S.) 8° [F.] [o3. 0794 11

Reichstagsdiarium, v. Antr. d. Regier. Kais. Franz. 4. Regensb. Montag u. W. 745—65.

Reichstagsdiarium vom Antritt der Regierung Kaisers Franz vom Oct. 1745[—65] ... Regensburg 1756[—65]. H: *Oertel, Christian Gottfried.* (Dn) (ML)

Reichstagsdiarium, od. zuverlässige Nachricht von dem, was unter d. Regierung Kaiser Franz I. auf d. allgem. Reichstage v. 1745 bis 1763 sich ergeben; hrsgg. v. C. G. Oertel. 8 Bde. 4. Regensb. 756—66. Montag u. W. 6 Thlr 16 Gr Neues Reichsdiarium ꝛc. was unter der Regierung Joseph II. von 1766—69. sich ergeben. 7 Bde. 4. Ebd. 766—77. 6 Thlr

Reichstagsdiarium, Neues, vom Jahre 1766—77. Regensburg 1765 [—77]. H: *Oertel, Christian Gottfried.* (ML)

— neues, v. 1766—77. 6 Bd. 4. Ebend.

Reichstags-Faulpelze od. brauchen wir überhaupt noch e. Reichstag? Von Ebenezer Bitterklee. 8. (24 S.) Leipzig (902). Alldeutscher Verlag. — 30

Reichstags-Gallerie. Geschriebene Portraits der hervorragendsten Deputirten des 1. österreich. Reichstages. 4 Hfte. 1. Schmitt. Fischhof. Goldmark. Füster. Pillersdorf. Doblhoff. Mayer. Bach. Schwarzer. Löhner. — 2. Abdr. — 2. Strohbach. Borrosch. Lubomiersky. Violand. Krauß. Rieger. Hornbostl. Klaudy. Stadion. Latour. 3. u. 4. Smolka. Kudlich. Schuselka. Brestel. Umlauft. Palacky. Wessenberg. Borkowski. Losser. Dylewski. Sierakowski. Leop. Neumann. Jos. Neumann. Wildner. Neuwall. Brauner. Jonak. Trojan. Fedorowicz. — Schluß. gr. 8. (113 S.) Wien 848, (Jasper, Hügel &) Manz. n. 2/3 Thlr

Reichstags-Gebäude, das, in 16 Original-Aufnahmen. M. 1 Grundriss d. Hauses, sow. 1 Portr. s. Erbauers Paul Wallot. 4. Berlin 895. Leipzig, Cosmos. Geb. in Leinw. n. 3. —

Reichstags-Handbuch, amtliches. 8. Legislatur-Periode 1890/95. Hrsg. im Reichstags-Bureau. 8. (313 S. m. 1 Portr.) Berlin 890. Trowitzsch & Sohn. n. 2. 40; geb. n. 3. 40; die biographischen u. statistischen Notizen allein (176 S.) n. 1. 20; geb. n. 2. 20

Reichstags-Handbuch, amtliches, s. die 8. Legislatur-Periode 1890/95. Nachtrag, enth. die Verändergn. seit dem Frühjahr 1890 bis zum 6. Febr. 1893. Hrsg. vom Reichstags-Bureau. 8. (51 S.) Berlin 893. Trowitzsch & Sohn. n. — 60 (Hauptwerk u. 1. Nachtrag: n. 3. —; geb. n. 4. —)

— amtliches. 9. Legislaturperiode. 1893/98. Hrsg. vom Reichstags-Bureau. 12. (295 S.) Ebd. 893. n. 2. 40; geb. n. 3. 40; Ausg. auf Büttenpap., geb. n. 4. 50

— dasselbe. Sep.-Abdr. der biograph. u. statist. Notizen. 12. (158 S.) Ebd. 893. n. 1. 20; geb. n. 2. 20

Reichstags-Handbuch, amtliches. 10. Legislaturperiode 1898/1903. Hrsg. v. Reichstags-Bureau. 12. (355 S. m. 4 Plänen u. 1 Bildn.) Berlin 898. (Norddeutsche Buchdr. u. Verlagsanstalt.) Geb. in Leinw. n. 5. —

Reichstags-Handbuch, amtliches. 11. Legislaturperiode 1903/1908. Abgeschlossen am 31. XII. 1903. Hrsg. vom Reichstags-Bureau. (436 S. m. 1 Bildnis.) 8. Berlin 903. (Norddeutsche Buchdruckerei u. Verlagsanstalt.) Geb. in Leinw. 3. —; Nachtrag. Abgeschlossen am 20. XI. 1906. (32 S.) 906. — 20

Reichstags-**Handbuch**. 12. Legislaturperiode. Abgeschlossen am 3. IV. 1907. Hrsg. vom Bureau des Reichstags. (529 S. m. Bildnissen u. 4 Plänen.) kl. 8. Berlin 907. (Norddeutsche Buchdruckerei u. Verlagsanstalt.) Geb. in Leinw. 4. 50

— dasselbe. Nachtrag. Abgeschlossen am 1. II. 1910. Hrsg. vom Bureau des Reichstags. (27 S. u. Bl. 29—33 m. Bildnissen.) kl. 8. Ebd. 910. 1. —

Reichstags-Nachrichten.

[Ulm 1790.] V: *Gumpelzhaimer, Christian Gottlieb.* (MGT)

Reichstags-Protokoll, d. d. Regensburg den 17. Jun. 1757. Oder Ausführliche Nachricht von dem was bey Abfassung des Reichs-Schlusses an besagtem Tag vorgegangen. 4. (30 S.)

Reichstags-Reden, die, des Fürsten Bismarck vom 11. Januar 1887 über die politische Lage Europas. In-8°, 43 S. Zürich, Orell Füssli & Cie. 1887. 1 —

Reichstags-Schlüsse, d. d. Regensburg den 27. Juni und 15. Juli 1757. Schreiben . . . des Herrn Herzog von Sachsen-Hildburghausen . . . an die . . . Reichstags-Versammlung zu Regensburg d. d. Wien den 19. Junii 1757. Extract Stadt Regensburgischer Cassa, über Einnahme und Ausgabe der Krafft . . . ratificirten Reichs Gutachtens vom 9. May 1757 zur Reichs-Kriegs-Operation verwilligten . . . 30 Römer-Monaten. 1757. 4. (8 S.)

Reichstagssession, die, 1884 dargestellt für freisinnige Wähler. [Zugleich als Nachtrag zum Neuen ABC-Buch.] gr. 8. (S. 389—544.) Berlin 884, C. Barthel. ** — 60

Reichstags-Session, die, 1894/95. IX. Legislatur-Periode. III. Session. Im Auftrage d. Nationalliberalen Partei dargest. gr. 8. (V, 247 u. 8 S.) Berlin 895. Puttkammer & Mühlbrecht. n. 2. —

— die, 1895/96. 9. Legislatur-Periode. 4. Session. 1. Abschn.: 3. Dezbr. 1895 bis 2. Juli 1896. Im Auftr. der Nationalliberalen Partei dargest. gr. 8. (386 S.) Ebd. 896. n. 3. —

— die, 1896/97. 9. Legislatur-Periode. IV. Session. 2. Abschn.: 10. XI. 1896 bis 25. VI. 1897. 2 Hfte. gr. 8. Ebd. 897. à n. 1. —

1. I. Einleitung. — II. Reichshaushalt. — III. Finanzwirthschaft. — IV. Besoldungs-, Anstellungs-, Pensionswesen u. s. w. — V. Heerwesen, Befestigungen. — VI. Marine. — VII. Verkehrswesen. Auswanderg. (87 S.)
2. VIII. Auswärt. Beziehgn., Handelsverträge, Schutzgebiete. — IX. Zollwesen, Verbrauchsabgaben. — X. Landwirthschaft, Fischerei, Nahrungsmittelverkehr. — XI. Handel u. Gewerbe. — XII. Arbeitsverhältn., Arbeiterversicherg. — XIII. Rechtspflege. — XIV. Verschiedenes. (S. 89—241.)

— die, 1897/98. 9. Legislatur-Periode. V. Session. Nebst Anh.: Die Reichstagswahlen von 1898. 1. u. 2. Hft. gr. 8. Ebd. 898. n. 2. —

1. I. Reichstag. — II. Reichshaushalt, Reichsfinanzwesen. — III. Beamtenverhältnisse. — IV. Auswärt. Beziehgn. Schutzgebiete. — V. Handelsverträge. Ein- u. Ausfuhr. — VI. Reichsamt d. Innern. — VII. Verkehrswesen. — VIII. Landwirthschaftliche Interessen. — IX. Verbrauchsbesteuerung. Stempelabgaben. — X. Gewerbe u. Handel. — XI. Arbeiterfürsorge. Arbeitsverhältnisse. — XII. Verfassungsrecht, polit. Streitfragen u. A. — XIII. Heeresverwaltung. (100 S.)
2. XIV. Marine. — XV. Postdampfer-Subventionen. — XXI. Rechtspflege (Reform des Militärgerichtswesens, der Justizgesetze u. s. w.). (S. 101—220.)

Reichstags-Session, die, 1898/9. 10. Legislaturperiode. 1. Session. 3 Hfte. gr. 8. Berlin 899. Puttkammer & Mühlbrecht. n. 3. 30

1. (153 S.) n. 1. 50. — 2. (S. 161—245.) n. — 80. — 3. (S. 247—416.) n. 1. —.

— dasselbe. 1899/1900. 10. Legislaturperiode. I. Session. 4 Hfte. gr. 8. Ebd. n. 4. 50

1. (151 S.) 900. n. 1. —. — 2. (S. 153—250.) 901. n. 1. —. 3. (S. 253—427.) 901. n. 1. 50. — 4. (S. 429—516.) 901. n. 1. —.

Die Reichstags-Session 1899/1900. (Vorläufige Zusammenstellung der im Plenum geführten Verhandl. u. gefassten Beschlüsse.) *(Berlin 1900: A. Winser.)* 140 S.) 8° [Kopft. F.]

Die Reichstags-Session. Hrsg. von der Nationalliberalen Partei. 1900/03. X. Legislaturperiode, Session 2: vom 14. November 1900 bis 30. April 1903. 3 T. Berlin, 1903—1904.

T. 1. Finanzwesen. Allgemeine Etatberatung. Expedition nach Ostasien. Heerwesen. Kriegsflotte. 1903. 137 S.
T. 2. Neumann, F. St., Sozial- und Gewerbepolitik. 1903. 147 S.
T. 3. 1. [einziges] H. Neumann, F. St., Schutzgebiete. Verkehrswesen usw. 1904. 180 S.

Dasselbe. 1903/05. XI. Legislaturperiode. Session 1, I. Abschnitt: vom 3. Dezember 1903 bis 16. Juni 1904. 2 T. Ebd., 1904—1905.

T. 1. Reichstag. Finanzwesen. Reichskanzler und Auswärtiges Amt. Reichsamt des Innern. 1904. 147 S.
T. 2. Heerwesen. Kriegsflotte. Schutzgebiete. Justizwesen. Handelspolitik. Verkehrswesen. Verschiedenes 1905. 96 S.

Dasselbe. 1903/05. XI. Legislaturperiode, Session 1, II. Abschnitt: vom 29. November 1904 bis zum 30. Mai 1905. 5 H. Ebd., 1905—1906.

H. 1. Die Handelsverträge. Darstellung ihres Inhalts, mit Benutzung der amtlichen Denkschriften. 1906. 113 S.
H. 2. Schutzgebiete (mit Berücksichtigung der im Winterhalbjahr 1905/06 vorgelegten und erledigten Nachtragsetats). 1906. 82 S.
H. 3. Reichstag. — Reichsfinanzen. — Besoldungswesen. — Allgemeine und staatsrechtliche Fragen. — Heer und Flotte. 1906. 109 S.
H. 4. Innere Verwaltung. — Sozial- und Gewerbepolitik. 1906. 86 S.
H. 5. Handel und Verkehr. — Rechtspflege. — Reichspost- und Telegraphen-Verwaltung — Verschiedenes. 1906. 97 S.

Dasselbe. 1905/06. XI. Legislaturperiode, Session 2, I. Abschnitt: vom 28. November 1905 bis zum 28. Mai 1906. H. 1—3. Ebd., 1906.

H. 1. Reichstag. — Entschädigung der Abgeordneten. — Reichshaushalt und verschiedene Finanzgesetze. — Militärpensionsgesetze. 78 S.
H. 2. Kolonialverwaltung und Schutzgebiete. 176 S.
H. 3. Kriegsflotte. — Heerwesen. 45 S.

Dasselbe. 1905/06. XI. Legislaturperiode, Session 2. I. u. II. Abschnitt: vom 28. November 1905 bis zum 15. Dezember 1906. H. 4. Ebd., [1907]. 137 S.

H. 4. Handel und Verkehr. — Sozial- und Gewerbepolitik. — Verschiedene Gesetzentwürfe. Interpellationen. Initiativanträge. — Nachtrag zum zweiten Heft: Kolonialpolitik.

Dasselbe. 1907/08. XII. Legislaturperiode, Session 1. I. Abschnitt: vom 19. Februar bis 14. Mai 1907. Berlin, 1907. 118 S.

Reichstagssession, die, 1900/1903, s.a. Bibliothek für Politik u. Volkswirtschaft, 7. Hft.

Die Reichstagssession 1900/3. T. 1. *Berlin: W. Baensch 1903.* 8° [F.]
— Bibliothek f. Politik u. Volkswirtschaft. H. 7. [03. 8324

— dasselbe 1903/4, s.: Bibliothek f. Politik u. Volkswirtschaft. 18.

Reichstagssession 1905/6. II. Session der 11. Legislaturperiode. 1. Abschn. Die Tagg. vom 28. XI. 1905 bis zum 28. V. 1906. 1.—3. Heft. gr. 8. Berlin 906. Buchh. der nationalliberalen Partei. 3. 50
1. I. Reichstag. II. Entschädigung der Abgeordneten. III. Reichshaushalt u. verschiedene Finanzgesetze. IV. Militärpensionsgesetze. (80 S.) 1. —
2. V. Kolonialverwaltung u. Schutzgebiete. (178 S.) 1. 50
3. VI. Kriegsflotte. VII. Heerwesen. (47 S.) 1. —

— dasselbe, s.a. Bibliothek f. Politik u. Volkswirtschaft.

— 1907/8, s.: Schriften, nationalliberale.

— 1908/9 u. 1909/10. 1. u. 2. Session der 12. Legislaturperiode. gr. 8. Berlin, Buchh. der nationalliberalen Partei. 6. 50
1. II. Die Tagung vom 4. XI. 1908—13. VII. 1909. (142 S.) 909. 2. 50
2. III. Die Tagung vom 29. XI. 1909—10. V. 1910. (VI, 324 S.) 910. 4. —

Die Reichstagssession vom 6. Dez. 1898 bis zum 22. Juni 1899. Bericht e. Abgeordneten d. Freisinnigen Volkspartei. *Berlin: Fortschritt 1899.* (20 S.) 8° [F.] [02. 9475 11

Reichstagsstenogramme. Musterkürzgn. f. angeh. u. fortgeschritt. Stenographen. Red.: C. Zander. 1.—4. Jahrg. 1895—1898. à 12 Nrn. (à ca. 8 S.) gr. 8. Berlin, Verlag Gabelsberger. à Jahrg. n. 1. —
Wird nur in mindestens 3 Exemplaren geliefert, oder zusammen mit der „Bibliothek Gabelsberger".

Reichstagsstenogramme. Musterkürzungen f. angeh. u. fortgeschrittene Stenographen. Red.: C. Zander. 5. u. 6. Jahrg. 1899 u. 1900. à 12 Nrn. gr. 8. (à ca. 8 S.) Berlin, Verlag Gabelsberger. à Jahrg. n. 1. —

— dasselbe. 7. u. 8. Jahrg. 1901 u. 1902. à 12 Nrn. (à ca. 16 S.) gr. 8. Ebd. à Jahrg. n. 2. —; m. Bibliothek Gabelsberger à Jahrg. n.n. 4. 50

Reichstagsstenogramme. Musterkürzungen f. angeh. u. fortgeschrittene Stenographen. Red.: C. Zander. (Wiener Beschlüsse.) 9. Jahrg. 1903. 12 Nrn. (à ca. 16 S.) gr. 8. Berlin, Verlag Gabelsberger. n. 3. —
Erscheinen nicht mehr.

— dasselbe. Red.: Alb. Neupert. (Berliner Beschlüsse.) 9. Jahrg. 1903. 12 Nrn. (à ca. 16 S.) gr. 8. Ebd. n. 3. —

Reichstags-Stichwahlen, die, am 25. VI. 1903. (14 S.) 12. Leipzig (903). C. Milde. — 10

Reichstags - Theatrum, Neuestes Teutsches, Das ist, ausführlicher Bericht, von allem Demjenigen so ... in der Stadt Regensburg vorgegangen. Nürnberg 1733. H: *Menzel, Carl Philipp.* (ML) (Pütter, Litt. d. Teutsch. Staatsr. Gött. 1773—91. III, 240.) (Bibliotheca Rinckiana. Lips. 1747.)

Reichstagstheatrum, neuestes deutsches, 8. Nürnb. Endter. 733.

Reichstags-Verhandlungen in Korrespondenz-Stenographie, ohne freie Kürzgn., also buchstäblich übertragen. gr. 16. (26 lith. S.) Berlin 893. Haude & Spener. n. 1. —

Reichstagswahl, die, in Bayern am 10. Jan. 1877. gr. 16. (20 S.) Würzburg 877. Wörl. n. — 10

Reichstags-Wahl, die, in Elberfeld-Barmen im März 1871. gr. 8. (20 S.) Elberfeld 871. Lucas in Comm. — 30

— die, in Elberfeld-Barmen am 30. Juli u. 8. Aug. 1878. Ein Beitrag, hrsg. von Mitgliedern des nationalliberalen Wahl-Vereins. 8. (45 S.) Barmen 878. Tabbel. n. — 40

Reichstagswahl, freie! Beleidigungs-Prozeß der kgl. Bergwerks-Direktion Saarbrücken gegen C. Lehnen, Redakteur der Neunkirchener Zeitung, vom 30. u. 31. X. 1903. (62 S.) 8. Trier 903. Paulinus-Druckerei. — 15

Reichstagswahl, Die, im Wahlkreise Friedeberg-Arnswalde ... Reetz [1892]. V: *Paeske, Fr.* (Berl)

Reichstagswahl, die, in Oberhessen. Ein Beitrag zur Naturgeschichte der Kleinstaaterei. Stuttgart 869. Kröner. gr. 8. (56 S.) 5 ngr.

— u. **Reichsverfassung.** Enth. Wahlgesetz vom 31. V. 1869. Wahlreglement vom 28. V. 1870 in der Fassung vom 28. IV. 1903 u. sonst. Vollzugsvorschriften zum Wahlgesetz. Reichsverfassung vom 16. IV. 1871. Bearb. v. e. Verwaltungsbeamten. (62 S.) gr. 8. Ansbach 903. M. Prögel. Kart. — 90

Reichstags-Wahlen, die. Vergleichende Darstellung der Wahlresultate in sämmtl. deutschen Wahlbezirken von 1871—1887. Farbige Tabelle. Imp.-Fol. Karlsruhe 887, Reiff. * — 50

Reichstagswahlen, die, 1898. Statistik d. Reichstagswahlen 1893 u. 1898, nebst Uebersicht üb. d. Stärkenverhältnisse d. Parteien bei d. Wahlen v. 1871—1898. gr. 8. (16 S.) Chemnitz 898. C. Wiechert. — 20

Reichstagswahlen, die, von 1898. (Die Reichstagssession 1897/8. 3. Hft.) gr. 8. (S. 223—362.) Berlin 899. Puttkammer & Mühlbrecht. n. 2. —

Reichstagswahlen, die, seit 1871, s.: Bibliothek f. Politik u. Volkswirtschaft. 10. Hft.

Die Reichstagswahlen von 1871 bis 1903. *Dresden-A.: H.* Schoenfeld *(1903).* (1 Kartenbl. 84×54 cm.) 8° [kol.]
[Umschlagt.:] Tableau d. Reichstags-Wahlen von 1871 bis 1903.
Beilage z. 6. Aufl. von Schoenfeld's Handbuch f. Reichstagswähler. [03. 8003

Reichstagswahlen von 1871—1907. Graphische Darstellg. 1 Bl. 59×43 cm. Bremen (907). Diercksen & Wichlein. nn — 35

— die, u. die **Arbeiterschaft,** v. Parvus. (III, 43 S.) 8. Leipzig 907. Leipziger Buchdruckerei. — 30; erm. Pr. — 10

Reichstagswahl-Ergebnisse, die, d. beiden Wahlkreise Leipzig-Stadt u. Leipzig-Land. Nebst e. Anh. 8. (15 S.) Leipzig 898. Buchdruckerei u. Verlagsanstalt d. Leipz. Volkszeitg. n.n. — 10

Reichstags-Wahlgesetz

— deutsches, vom 31. V. 1869 nebst Wahl-Reglement vom 28. V. 1870/28. IV. 1903. Mit Anmerkgn. versehen entsprechend den von der Wahlprüfungskommission des Reichstags aufgestellten Grundsätzen aus den Ergebnissen der Wahlprüfgn. in der 9. Legislaturperiode von 1893—98. Reichstagsdrucksache Nr. 286 von 1897/98. (27 S.) 8. Stuttgart 903. W. Kohlhammer. n. — 15

Reichstags-Wahlgesetz vom 31. Mai 1869, nebst Reglement zur Ausführg. des Wahlgesetzes rc. vom 28. Mai 1870. gr. 16. (29 S.) Berlin 893. R. v. Decker. — 30

Reichstags-Wahlgesetz vom 31. V. 1869 u. Wahlreglement in der Fassung der Bekanntmachung vom 28. IV. 1903, nebst den Anlagen u. dem Bericht der Wahlprüfungs-Kommission üb. die Ergebnisse der Wahlprüfgn. in der Legislaturperiode 1893 bis 1898. Textausg. m. Sachregister. (IV, 90 S.) gr. 16. München 903. C. H. Beck. Kart. — 60

— dasselbe nach dem Reglement zur Ausführung des Wahlgesetzes usw. vom 28. IV. 1903, s.: Handbibliothek, jurist.

Reichstags-Wahlgesetz vom 31. V. 1869 u. Wahlreglement in der Fassung der Bekanntmachung vom 28. IV. 1903, nebst den Anlagen u. dem Bericht der Wahlprüfungs-Kommission üb. die Ergebnisse der Wahlprüfgn. in der Legislaturperiode 1893 bis 1898. Textausg. m. Sachregister. 2. Abdr. (IV, 90 S.) kl. 8. München 907. C. H. Beck. Kart. — 60

Reichstags-Wahlkarte [Sachliches OW]

Reichstags-Wahlkarte, deutsche. Chromolithogr. qu. gr. Fol. Weimar 886, Geograph. Institut. * 1 —
Vgl.: Karte der Reichstags-Wahlen.

Reichstagswahlkarte [Schlagwort]

Reichstags-Wahlkarte, s.: Deutschland. Freytag, Gust. — Karte d. deutschen Reichstagswahlen. — Kettler, J. I. — Rau, E.

Reichstagswahlkarten [Schlagwort]

Reichstagswahlkarten, s.a. Deutschland, Freytag; Karte d. Reichstagswahlen; Langhans; Rau.

Reichstags-Wahlkarten. Freytag's, Gust., Reichstags-Wahlkarte 1903, m. graphisch-statist. Darstellgn. üb. die Wahlverhältnisse u. Parteigruppiergn. im deutschen Reichstage vom J. 1877—1903. 52,5×76,5 cm. Farbdr. Wien (903). G. Freytag & Berndt. n. — 60

Reichstags-Wahlkarten. Freytag, G., Reichstags-Wahlkarte des Deutschen Reiches. Nach dem Ergebniß der Wahlen vom 21. Februar 1887, m. Berücksicht. der Stich- u. Nachwahlen. VII. dreijähr. Legislaturperiode. Lith. u. color. Imp.-Fol. Wien 889. Freytag & Berndt. n. 1.20

— — dasselbe. Nach dem Ergebniß der Wahlen vom 20. Febr. 1890, m. Berücksicht. d. Stich- u. Nachwahlen. I. fünfjähr. Legislaturperiode. Lith. u. color. Imp.-Fol. Ebd. 890. — 90

Reichstagswahlkarten. Freytag, Gust., Reichstags-Wahlkarte des Deutschen Reichs. Nach dem Ergebnis der Wahlen vom 25. I. 1907, m. Berücksicht. der Stich- u. Nachwahlen. Mit graphisch-statist. Darstellgn. üb. die Wahlverhältnisse u. Parteigruppiergn. im deutschen Reichstage vom J. 1877—1907. 55×77,5 cm. Farbdr. Ebd. (907). — 60

— Haack, Herm., und H. Wiechel, **Kartogramm zur Reichstagswahl. 2 Wahlkarten des Deutschen Reiches in alter u. neuer Darstellg. m. politisch-statist. Begleitworten u. kartograph. Erläutergn. 42×90 cm. Farbdr. Nebst Text. (36 S.) gr. 8. Gotha 903. J. Perthes.** n. 1. —

— Hohoff, Th., Karte d. Deutschen Reichs m. dem Ergebniss d. Reichstagswahlen in Farbendr. 1:2,000,000. gr. Fol. Nebst e. vollständ. Verzeichniss d. Wahlbezirke, Zahl d. Wahlberechtigten, Stimmenzahl der einzelnen Parteien, m. Berücksicht. d. Wahlen v. 1884, Namen der Gewählten u. Namen der Hauptwahl- u. Stichwahl-Kandidaten. Nach amtl. Quellen zusammengestellt. Lex.-8. (32 S.) Berlin 887. Berliner Lithograph. Institut. n. 1.20

— Karte

— — der Reichstagswahlen [Febr. - März 1887], nebst Abgeordneten - Verzeichniss. Chromolith. qu. Fol. Leipzig 887. L. Naumann. — 25

— Karte der Reichstagswahlen (Juni 1903) m. Berücksicht. der Stichwahlen. **Beilage zur illustr. Zeitg. 35×42,5 cm. Farbdr. Mit Text auf der Rückseite. Leipzig 903. J. J. Weber.** — 50

— — dasselbe, v. 1903. **Nebst e. übersichtl. Zusammenstellg. d. Wahlresultate v. 1871 bis 1898. 59×51 cm. Farbdr. Mit Text am Fusse. Leipzig (903). M. Ruhl.** — 30

— — der Reichstagswahlen 1907. 1:2,700,000. 36,5×46,5 cm. Farbdr. Mit Text auf der Rückseite u. 2 S. Text in 8. Leipzig (907). J. J. Weber. — 30

— Karte der deutschen Reichstags-Wahlen 1871, 1878, 1884 u. 1887. Mit Text an den Seiten. Imp.-Fol. Weimar 887. Geograph. Institut. n. 1. —

— — der deutschen Reichstagswahlen im J. 1887. 2. Aufl. Chromolith. qu. Fol. Leipzig 887. Ruhl. — 30

— — der deutschen Reichstagswahlen zur ersten 5jähr. Legislaturperiode. 1:3,500,000. Eine Uebersicht der Wahlergebnisse vom 20. Febr. 1890 [m. Berücksicht. der Stichwahlen], in lith. Farbendr. dargestellt. Bearb. im kartograph. Institut der Verlagshandlg. (Mit Verzeichniss der Gewählten am Rande.) qu. gr. Fol. Glogau 890. Flemming. — 50

— — dasselbe v. 1890. Nebst e. übersichtl. Zusammenstellung der Wahlresultate v. 1871—1887. Chromolith. qu. Fol. Leipzig, M. Ruhl. — 30

— Karte der deutschen Reichstagswahlen von 1907. Nebst e. übersichtl. Zusammenstellg. der Wahlresultate v. 1871 an. 58×51 cm. Farbdr. Leipzig (907). M. Ruhl. — 30

— Karten-Netz der deutschen Reichtagswahl-Kreise. Zum Selbsteinzeichnen der Wahlresultate. 81×40 cm. Lith. Ebd. (903). n. — 20

— Kettler, J. I., u. C. Riemer, Karte der Reichstagswahlen 1887 u. 1890. Farbendr. qu. gr. Fol. Weimar 890. Geograph. Institut. — 60

— Pastänier, Ernst, Hand-Atlas der Reichstagswahlen. 2. Aufl. (Neue Ausg.) (8 farb. Taf. u. 2 Bl. Text in Leporelloform.) 8. Cassel (907). Offenburg, E. Pastänier. — 30

— Übersichtskarte der Reichstagswahl 1907. 81×40 cm. Autogr. Dresden, Holze & Pahl. — 25

— Zusammenstellung der Karten üb. die deutschen Reichstagswahlen in den J. 1884 u. 1887. 2 Blatt. Chromolith. Fol. Leipzig 887. Ruhl. n. — 50

Reichstags-Wahlrecht. Wahlverfahren. Wahlprüfungen. Zusammenstellung d. sämtl. gesetzl. Bestimmungen hierüber, nebst d. Grundsätzen d. Wahlprüfungskomm. betreffs d. Giltigkeit u. Ungiltigkeit von Wahlen u. A. m. *Berlin: W. Baensch 1903.* (52 S.) 8° [J.]

Reichstags-Wahlrecht. Wahlverfahren. Wahlprüfungen. Zusammenstellung der sämtl. gesetzl. Bestimmgn. hierüber, nebst den Grundsätzen der Wahlprüfungskommission betr. der Giltigkeit u. Ungiltigkeit v. Wahlen u. A. m. (53 S.) gr. 8. Berlin 903. C. Nagel. n. 1. —

Reichstags - Zeitungen, Schwedische, in den Jahren 1766 und 1769 in Teutschen Auszügen . . . O. O. u. J. H: *Dähnert, Johann Carl.* (ML)

Reichstagszeitungen, schwedische, in d. Jahren 1766—69, in deutschen Auszügen, nebst d. merkwürdigsten Reichstagsschriften, hrsgg. v. Jh. Karl Dähnert. 4. ...

Reichstag-Verhandlungen, die, vom 4. April 1873 üb. die Interpellation Lasker u. Genossen Handhabung der Gesetze üb. Aktienwesen bei Gründg. u. Verwaltg. v. Aktien-Gesellschaften betr. Sep.-Abdr. der amtl. stenogr. Berichte. 8. (83 S.) Berlin 873. Kortkampf. — 50

Fünf Reichsthaler Schleswig-Holsteinisch Courant. Kopenhagen. 1801.
—— 1802.

Zwey Reichsthaler 24 Schilling Schlesw. Holst. Cour. Copenhagen. 1807.
—— Altona. 1808.

Reichs-Taschen-Kalender, deutscher, für das Jahr 1871. 1. Jahrg. mit der Kriegschronik des Jahres 1870. Dresden, Schulbuchh. 128. (48 S. mit 1 Portr. in Holzschn.) 2 ngr; in engl. Einb. n. 2⅓ ngr.

Reichs-Taschen-Kalender, deutscher, f. d. J. 1872. 2. Jahrg. m. der Kriegs-Chronik 1870/71. 128. (48 S. m. e. Portr. in Holzschn.) Dresden 871. Leipzig, Jenne. n. — 25; m. preuß. Stempel. n. — 30

Reichstein, Gebr.: Brennabor-Räder. Jubiläums-Katalog. 1881 bis 1896. Brandenburg 1896

Reichstein, Gebr.: Katalog über Brennabor-Räder. Brandenburg a. H. 1896

Reichs-Telegraphen-Kalender für das Schaltj. 1872. 8. (151 S.) Leipzig [Dresden], Baensch. geb. *

—— dass. — für die J. 1873 und 1874. 8. (IV, 271; 303 S.) Ebendas. geb. à Jahrg. *

—— dass. — 1875. In Verbindung mit der Rang- und Quartierliste der Telegraphen-Beamten des kaiserl. deutschen Reiches. Nach officiellen Mittheilungen hrsg. von L. Thiemann. 4. Jahrg. (VI, 325 S.) Ebendas. 875. *

Reichs-Telegraphen-Ordnung, die deutsche, vom 21. Juni 1872 enth. die f. die Benutzg. d. Telegraphen gelt. Bestimmgn. u. Dienstvorschriften. Nebst kurzem Commentar. gr. 8. (16 S.) Berlin 872. deutsches Verlags-Institut. — 30

Reichs-Telegraphen-Tarif, deutscher. gr. 4. (264 S.) (Berlin 872. v. Decker.) 3. —

Reichs-Termin-Kalender für die Justizbeamten, Advocat-Anwälte und Notare von Elsaß und Lothringen auf das J. 1874. Nach amtl. Quellen bearb. und mit den genauesten Personal-Notizen. 2. Jahrg. 12. (IV, 283 S.) Straßburg, Seitz und Müller. *
1. Jahrg. vgl.: Termin-Kalender.

—— dass. — auf das J. 1875. 3. Jahrg. 12. (CLXXXIII, 198 S.) Berlin, C. Heymann's Verlag. *

Reichs-Termin-Kalender für die Justizbeamten, Advocat-Anwälte und Notare von Elsaß-Lothringen auf die J. 1876—1878. Nach amtl. Quellen bearb. und mit den genauesten Personal-Notizen. 4.—6. Jahrg. gr. 16. (320; 355; 336 S.) Berlin, C. Heymann's Verlag. geb. à Jahrg. *
Nicht weiter erschienen.

Reichstern, Pauline v., der letzte Bischof v. Lausanne. Histor. Novelle. 8. (14 B.) Braunschweig 830. [Leipzig, Fr. Fleischer.]

—— die Camisarden. Histor. Novelle a. d. Cevennenkriege zu Anfang d. 18. Jahrh. 2 Bdchn. 8. (25½ B.) Braunschweig 830. [Leipzig, Fr. Fleischer.]

Reichstern, Pauline von

Die Camisarden. Hist. Novelle aus dem Cevennenkriege zu Anfang des 18. Jh. Von Pauline von Reichstein [d.i. Isaac Emanuel Louis Develey].
Braunschweig: Verl.-Comtoir 1830. 8°

Reichsthaler, Moritz, appr. Arzt: Ueber einen Fall von Doppelmissbildung (Thoracopagus tetrabrachius). Leipzig 1907: B. Georgi. (50 S.) 8°
Leipzig, Med. Fak., Ref. Zweifel, Diss. v. 21. Nov. 1906
[Geb. 19. Dez. 80 Leipzig; Wohnort: Leipzig; Staatsangeh.: Österreich; Vorbildung: Thomas-Gymn. Leipzig Reife O. 01; Studium: Leipzig 10 S.; Coll. 19. März 07; Approb. 12. Apr. 06.]

Reichstreu, Mich., Sonetten-Sträuße. gr. 16. (VIII, 76 S.) Konstanz 875. Fritz. n. 1. 15; geb. n. 1. 40; geb. m. Goldschn. n. 2. —

Die Reichstrias und Bayerns Mittler-Rolle. Schluß-Vortrag des Abgeordneten von Linck, als Berichterstatters der bayerischen Abgeordneten-Kammer in der deutschen Frage, abgehalten in ihrer zwanzigsten öffentlichen Sitzung am 7. November 1849. München, Chr. Kaiser, 1849. 54 S. 8⁰.

Reichstropfen oder Volks-Wehrmuth? Eine medizin. Zeit- u. Streitfrage, beleuchtet v. Dr. Absynthius, Francofurtanus. gr. 8. (8 S.) Dresden 849. Leipzig, Matthes in Comm. n. 2 ngl

Reichs-Umsturzgesetz, das neue, nach dem Regierungsprogramm: „Festigkeit ohne Reaktion!" 8. (28 S.) Leipzig 897. F. W. Grunow. — 50

Reichs-Unfallfürsorgegesetz f. Beamte u. f. Personen d. Soldatenstandes v. 18. Juni 1901
s.a. Unfallfürsorgegesetz f. Beamte ... (09. 1210)

Reichs-Unfallfürsorgegesetz f. Beamte u. f. Personen des Soldatenstandes v. 18. VI. 1901. (16 S.) kl. 8. Berlin (908). L. Schwarz & Co. — 50

Reichsunmittelbarkeit des Stifts Goslar. Braunschweig 1764. V: *Harenberg, Johann Christoph.* (Ky)

Reichsunmittelbarkeit d. Stifts Goslar. 4. Braunschw. 764. Schröder. 4 gl

Reichsunmittelbarkeit, Reichsstandschaft, Landeshoheit in ihrem genauen Verhältnisse zum Reichsoberhaupte. Germanien [Regensburg] 1798. V: *Klotz, Chn Carl August.* (wr)

Reichsunmittelbarkeit, Vertheidigte, des adelichen Stifts und Gotteshauses Frauenalb ... Wetzlar 1773. V: *Haas, Damian Ferdinand.* (MGT) (Holz)

Das Reichsvereinsgesetz. [**Vereinsgesetz**]. Vom 19. April 1908. Unter Benutzung d. amtl. Quellen bearb. u. erl. von Dr. jur. A[nton] Romen. Nebst e. Anh., enth. d. Vorschriften d. BGB. über d. Vereine. Berlin: J. Guttentag 1908. (104 S.) 8° [F.]
— **Sammlung**, Guttentag'sche, Deutscher Reichsgesetze. No 88. (08. 9288

Reichsvereinsgesetz vom 19. IV. 1908. Textausg. m. der preuß. Ausführungsverordng. vom 8. V. 1908. (16 S.) kl. 8. Berlin 908. C. Heymann. p — 20

Das Reichsvereinsgesetz [**Vereinsgesetz**]. Vom 19. April 1908. Unter Berücks. d. bisher. preuß. Rechtsprechung nach d. amtl. Materialien bearb. von Dr. F[elix] Friedenthal, Rechtsanw. 3. Abdr. Berlin: F. Vahlen 1908. (VII, 123 S.) 8° [F.] (08. 10045

Das Reichsvereinsgesetz [**Vereinsgesetz**] vom 19. April 1908. Text-Ausg. mit erl. Anm., d. Ausführungsbestimmungen f. Preußen u. ausführl. Sachreg. von F[ritz] Goehrke, Bezirkspolizeikommissar. Dortmund [1908]: W. Crüwell. (111 S.) 8° [F.] (08. 9338

— das, v. 19. IV. 1908. (Reichsgesetzblatt S. 151). Textausg. m. Anmerkgn. u. den Vollzugsbestimmgn. von Preußen, Bayern, Sachsen, Württemberg, Baden, Hessen u. Elsaß-Lothringen, sowie den Vorschriften des bürgerl. Gesetzbuches üb. die Vereine. 2. Abdr. (VIII, 140 S.) kl. 8. Leipzig 908. C. L. Hirschfeld. Geb. in Leinw. 1. 50

— das, vom 19. IV. 1908. (Reichsgesetzblatt S. 151.) Textausg. m. Anmerkgn. u. den Vollzugsbestimmgn. v. Württemberg, Preußen, Bayern, Sachsen, Baden, Hessen u. Elsaß-Lothringen. (VIII, 123 S.) kl. 8. Stuttgart 908. W. Kohlhammer. Geb. in Leinw. 1. 20

— vom 19. IV. 1908. Für den prakt. Gebrauch in Vereinen u. Versammlgn. erläutert von e. Mitglied des deutschen Reichstags. (102 S.) 16. M. Gladbach 909. Volksvereins-Verlag. Kart. — 50

— das neue (deutsche), nebst Vollzugsbestimmungen f. das Großherzogt. Baden. In Kraft getreten am 15. V. 1908. (Mit Erläutergn.) (23 S.) kl. 8. Tiengen (908). Greiner & Keser. (Nur direkt.) — 80

Reichsvereinsgesetz und Parteiorganisationen. Köln: Generalsekret. d. Rhein. Zentrumspartei 1908. 20 S. 8°
(Flugschriften d. Rhein. Zentrumspartei. H. 4.) (10. 41..) 5

Reichsverfassung, s.: Meyer's Volksbücher.

Reichsverfassung, die deutsche, seit d. Lüneviller Frieden. 8. Deutschl. 803. (Akad. in Frankf.) 1 ß 8 gl

Reichsverfassung, die deutsche, nach ihrer zweiten Lesung, wie sie jetzt zu Recht besteht, nebst Grundrechten, Reichswahl- u. Einführungsgesetz, mit einer verständigenden u. zur Sühne redenden Einleitung u. erläut. Bemerkungen zu einzelnen Paragraphen, für Jeden, der sich darüber ein richtiges Urtheil bilden will. 16. (68 S.) Grimma 849, Verlags-Compt. 1 ½ ngl

— die deutsche, nach ihrer zweiten Lesung nebst Grundrechten, Reichswahl- u. Einführungsgesetz, u. Entwurf der oktroyirten Verfassung des deutschen Reichs in vergleich. Weise abgedr. 8. (64 S.) Köthen 849, Neubürger. n. ⅙ ß

Reichsverfassung, deutsche, und staatsbürgerliche Rechte und Pflichten betr. Wahlgesetz, Paßwesen, Freizügigkeit. Erwerbung und Verlust der Bundes- und Staatsangehörigkeit 2c. Hrsg. von der Redact. des Reichs-Gesetzbuches. gr. 8. (III, 30 S.) [Berlin 886.] Hamburg, Bruer und Comp. geb. * — 75

Reichsverfassung, deutsche, u. deutscher **Reichstag**, s.a. Arbeiter-Bibliothek, katholische. 1. Heft.

Deutsche **Reichsverfassung** und Deutscher Reichstag. 1.-10. Taus. Berlin: Der Arbeiter in Comm. 1907. 32 S. 8⁰
(Katholische Arbeiter-Bibliothek. 1.)

Reichs-Verfassung, die deutsche, u. das Reichs-Wahlgesetz der Frankfurter Nationalversammlung von 1849 in wörtl. Abdr. Berlin 870. Grosser. gr. 8. (30 S.) 2½ ngr.

Reichs-Verfassung, die deutsche, nebst den Versailler u. Berliner Verträgen. Mit Einleitg. u. Register. gr. 16. (XXVI, 116 S.) Tübingen 871. Laupp. n. 1. —

— die deutsche, nebst Wahlgesetz u. der preuß. Entwurf in vergleichender Zusammenstellg. gr. 8. (40 S.) Frankfurt a. M. 849, Schmerber. n. 4 ngl

— die Frankfurter u. die octroyirte Deutsche, nebst den Wahlgesetzen. Zur Selbstprüfung zusammengestellt. gr. 16. (42 S.) Berlin 849, Weyl & Co. — 2. Aufl. gr. 16. (42 S.) Ebd. 849. 1/12 ß

Die Frankfurter und die octroyirte Deutsche Reichs-Verfassung nebst den Wahlgesetzen. Zur Selbstprüfung zusammengestellt.[1]) Motto: „Prüfet Alles und das Beste behaltet". Berlin, L. Weyl u. Comp., 1849. 42 S. 8⁰. Vierte Auflage.

—— die, der National-Versammlung vom 28. März und die Reichs-Verfassung der drei königl. Regierungen vom 28. Mai mit den Grundrechten und dem Wahlgesetz übersichtlich zusammengestellt soweit sie zusammentreffen oder von einander abweichen. gr. 16. (63 S.) Hamm 849, Wickenkamp.

Die octroyirte österreichische Reichsverfassung, mit stetem Hinblick auf unsre gegebenen Zustände für jeden von wahrer Vaterlandsliebe erfüllten österreichischen Staatsbürger beleuchtet und faßlich dargestellt, von einem ehrlichen und treuen Volksfreunde. Wien, Selbstverlag. (Grimma, Verlags-Comptoir), 1849. II, 65 S. 8⁰.

—— für das Kaiserth. Oesterreich. 8. (23 S.) Wien 849, Gerold, Verlag.

—— dass. — die Grundrechte und das Robot-Patent. br. gr. 8. (35 S.) Wien 849, Lechner's Universitäts-Buchh. *

Die Reichsverfassung für das Kaiserthum Oesterreich, die Grundrechte und das Robot-Patent. Wien, Lechner 1849. 35 S. 8.

Reichsverfassung, die österreichische, und das Landesstatut für Schlesien vom 26. Febr. 1861. (Officieller Text.) 12. (56 S.) Teschen 861, Prochaska.

Reichsverfassungen, die beiden deutschen. Nebst der Denkschrift mit Belehrungen und Erläuterungen vom Herausgeber der Grundrechte in der Geo. Wigand'schen Ausg. 16. (219 S.) Leipzig 849, [Schlicke.]

Die beiden deutschen Reichsverfassungen. Nebst der Denkschrift mit Belehrungen und Erläuterungen vom Herausgeber der Grundrechte in der Georg Wigard'schen Ausgabe. Leipzig, G. Wigard's Verlag, 1849. 219 S. 8⁰.

— u. Reichs-Wahlgesetze, die beiden deutschen, [der Frankfurter National-Versammlung u. der Regierungen von Preußen, Sachsen u. Hannover] in wörtl. Abdruck einander gegenübergestellt mit besond. Hervorhebung aller abweichenden Bestimmungen u. Wortstellungen. Als Anh.: das Preußisch-Hannöverisch-Sächsische Gesetz über das Bundes-Schieds-Gericht u. das neue Preuß. Wahlgesetz. 8. (78 S.) Berlin 849, Hempel. n. 4 ngl

Reichsverordnungen, deutsche, vom 2. VI, 1902. 1. Die Seemannsordng. 2. Gesetz, betr. die Verpflichtg. der Kauffahrteischiffe zur Mitnahme heimzuschaff. Seeleute. 3. Gesetz, betr. die Stellenvermittelg. f. Schiffsleute. 4. Gesetz, betr. Abänderg. seerechtl. Vorschriften des Handelsgesetzbuchs. 5. Zusammenstellung der Bestimmgn. üb. die Militärverhältnisse der seemänn. u. halbseemänn. Bevölkerg. u. die Anmusterg. als Schiffsmann. In der Fassg. vom Juli 1896. 6. Abänderung der Seemannsordng. u. des Handelsgesetzbuchs vom 12. V. 1907. 7. Die Speiserolle. Text-Ausg. nebst Sachregister. (56 S.) kl. 8. Hamburg 905. Eckardt & Messtorff. n. — 50

— die deutschen, üb. das Seestrassenrecht. 1. Seestrassenordnung vom 5. II. 1906. 2. Kaiserl. Verordng. über das Verhalten der Schiffer nach e. Zusammenstosse v. Schiffen auf See. Vom 15. VIII. 1876, nebst Ergänzg. dazu vom 29. VII. 1889. 3. Kaiserl. Not- u. Lotsen-Signalordng. f. Schiffe auf See u. auf den Küstengewässern. Vom 14. VIII. 1876. 4. Kaiserl. Verordng. üb. die Abblendung der Seitenlichter u. die Einrichtg. der Positionslaternen auf Seeschiffen. Vom 16. X. 1900. 5. Bekanntmachung, betr. die Einrichtg. der Positionslaternen auf Seeschiffen. Vom 9. XII. 1900. 6. Verordnung betr. das Ruderkommando. Vom 18. X. 1903. 8. ergänzte Aufl. (28 S.) kl. 8. Ebd. 906. n. — 50

Reichs-Verordnungen, die deutschen, zur Verhütung des Zusammenstoßens der Schiffe auf See, über das Verhalten der Schiffer nach einem Zusammenstoße von Schiffen auf See u. in Betreff der Noth- u. Lootsensignale für Schiffe auf See u. in den Küstengewässern. Zusammengestellt auf Veranlassung des königl. preuß. Ministeriums für Handel u. Gewerbe. 8. (24 S.) Berlin 880. v. Decker. n. — 20

Reichs-Verordnungen, d deutschen, zur Verhütung d. Zusammenstoßens d. Schiffe auf See, betr. d. Lichter- u. Signalführg. d. Fischerfahrzeuge u. d. Lootsendampffahrzeuge, üb. d. Verhalten d. Schiffer nach e. Zusammenstoße v. Schiffen auf See u. in Betr. d. Noth- u. Lootsen-Signale, für Schiffe auf See u. auf d. Küstengewässern. Auf Veranlassg. d. Deputation f. Handel u. Schiffahrt zusammengestellt. gr. 8. (26 S.) Hamburg 897. L. Friederichsen & Co. n. — 50

Reichs-Verordnungen, die deutschen, zur Verhütung des Zusammenstoßens der Schiffe auf See, betr. die Lichter- u. Signalführung der Fischerfahrzeuge u. der Lootsendampffahrzeuge, üb. das Verhalten der Schiffer nach e. Zusammenstoße v. Schiffen auf See u. in Betreff der Noth- u. Lootsen-Signale f. Schiffe auf See u. auf den Küstengewässern. Auf Veranlassung der Deputation für Handel u. Schiffahrt zusammengestellt. 2. Aufl. gr. 8. (23 S.) Hamburg 899. L. Friederichsen & Co. n. — 50

— **die deutschen, 1. zur Verhütg. des Zusammenstossens der Schiffe auf See, vom 9. V. 1897, 2. betr. die Lichter- u. Signalführg. der Fischerfahrzeuge** u. der Lootsendampffahrzeuge, v. 10. V. 1897, 3. üb. das Verhalten der Schiffer nach e. Zusammenstosse v. Schiffen auf See, vom 15. VIII. 1876, nebst Ergänzung dazu vom 29. VII. 1889, 4. in Betreff der Noth- u. Lootsen-Signale f. Schiffe auf See u. in den Küstengewässern vom 14. VIII. 1876. Nachtrag zu den Vorschriften des Deutschen Reichs üb. das Seestrassenrecht. 4. Aufl. 8. (27 S.) Hamburg 902. Eckardt & Messtorff. n. — 40

Verfassunggebende deutsche Reichsversammlung. Verloosung der Mitglieder in die Abtheilung am 31. Juli festgestellt bis zum 9. August 1848. o. O. (1848.) 8⁰.

Reichsversicherungs-Amt, s. a. Gareis, C., deutsche Reichsgesetze in Einzel-Abdrucken.

Reichsversicherungsamt. Verordnung betr. Form d. Verfahrens u d. Geschäftsgang in der Invaliditäts- und Altersversicherung. (Gareis Rges. 136) Giessen 1891

Das **Reichs-Versicherungsamt** und die deutsche Arbeiterversicherung Festschrift d. Reichs-Versicherungsamts z. Jubiläum d. Unfall- u. d. Invalidenversicherung. 1910. Berlin: Behrend 1910. 204 S. 4⁰ [10. 16360

Reichs-Versicherungsamt, das deutsche, u. die internat. Arbeiterversicherungs-Kongresse. Ein Beitrag des Reichs-Versicherungsamts zu dem VIII. internat. Arbeiterversicherungs-Kongress in Rom 1908. (34 S.) gr. 8. Berlin 908. Behrend & Co. 1. —

Reichsversicherungsamt, Deutsches. Alphabet. Verzeichnis der Gewerbezweige, welche zu den bis 1. Oktober 1885 gebildeten Berufsgenossenschaften gehören etc. Berlin

Die **Reichsversicherungsordnung**. Die Erhebungen des Deutschnationalen Handlungsgehilfen-Verbandes über die wirtschaftliche Lage der Handlungsgehilfen. Hamburg: Deutschnat. Handlungsgehilfen-Verband (1909). 51 S. 8⁰ [Umschlagt.]
(Schriften d. Deutschnationalen Handlungsgehilfen-Verbandes. Bd 45.) [10. 12470]10

Das *Reichs-Viehseuchen-Gesetz* in der neuen Fassung v. 1. Mai 1894. M. Anmerk. vers. v. F. Köpping. Neudamm 1894. 132 S.

Das **Reichs-Viehseuchen-Gesetz** vom 23. Juni 1880 / 1. Mai 1894 nebst der Bundesrats-Instruktion vom 27. Juni 1895, den Preuss. Ausf.-Gesetzen u. sonstigen Vorschr. Mit Anm. u. e. Sachreg. versehen von F. Köpping, Kreissekr. 3. Aufl. *Neudamm: J. Neumann 1900.* (IV, 168 S.) 8° [F.]
(J. Neumanns Landwirtschaftl. Büchersammlung.) (01. 9905

Reichs-Viehseuchengesetz. Das, nach d. Beschlüssen d. Reichstages v. 18. Mai 1909
s.a. Gesetz betr. die Abwehr u. Unterdrückung von Viehseuchen. (09 1610)

Reichs-Viehseuchengesetz, das, nach den Beschlüssen des Reichstages v. 18. V. 1909. (32 S.) gr. 8. Berlin 909. R. Schoetz. — 50

— dasselbe. (32 S.) 8. Hannover 909. M. & H. Schaper. — 50

Reichsvogelschutzgesetz,

Das, vom 22. März 1888, bearbeitet von einem Amtsrichter. Leipzig 1892. B: *Pessler, Paul.* (centr XIX, 337)

Reichsvogelschutzgesetz, das, vom 22. März 1888 m. erklärenden Anmerkungen, zum Gebrauch f. Behörden, Polizei-, Forst-, Jagd- u. sonst. Schutzbeamte, sowie f. Landwirthe, Jäger u. alle Vogelliebhaber bearb. v. e. Amtsrichter. 16. (60 S.) Leipzig 892. H. Voigt. Kart. n. — 60

Reichs-Vogelschutzgesetz v. 30. Mai 1908
s. Vogelschutzgesetz (09. 1(?3))

Reichs-Volksschul-Gesetz, nebst Durchführungs-Verordnung. Nachtrag zur Sammlung der Gesetze und Verordnungen betr. die allgemeinen Volksschulen in Kärnten. 8. (40 S.) Klagenfurt 883, (Heyn's Buchh.) * -- 40

—— das durch das Gesetz vom 2. Mai 1883 abgeänderte und ergänzte, vom 14. Mai 1869. Nebst einer Geschichte und Motivirung des neuen Reichs-Volksschul-Gesetzes. 8. (45 S.) Wien 883, Manz'sche Hofverlagsh. * — 60

—— dass. — und die dazu erlassenen Durchführungs-Verordnungen des hohen k. k. Ministeriums für Cultus und Unterricht. Nebst einer Geschichte und Motivirung des neuen Reichs-Volksschul-Gesetzes. 2. Ausg. 8. (64 S.) Ebendas. 883. * — 60

Jahre, 40, Reichsvolksschulgesetz. Die österreich. Volksschule vor u. nach dem J. 1869. Allen Freunden der Volksbildg. gewidmet vom Verein „Freie Schule". (97 S.) 8. Wien, M. Stern. 1909. —. 50.

Reichs-Volksschul-Gesetz

—— das neue. Gesetz vom 14. Mai 1869 mit den durch das Gesetz vom 2. Mai 1883 verfügten Änderungen. gr. 8. (26 S.) Wien 883, Pichler's Wwe. und Sohn. * — 40

Reichs-Volksschul-Gesetz, Das neue. (Schulgesetz-Novelle.) Gesetz vom 14. Mai 1869 mit den durch das Gesetz vom 2. Mai 1883 verfügten Aenderungen, nebst Durchführungs-Verordnung vom 8. Juni 1883, Z. 10618, sowie die Schul- u. Unterrichts-Ord. 2. Aufl. 8. (11 u. 16 S) —.15
Wien: Pichler 1891.

Reichswährung, die neue, in leichtfaßlicher Weise erläutert nebst Reduktionstabellen der Reichsthaler, süddeutschen Gulden, neu-österreichischen Gulden u. französischen Franken in der nunmehrigen Münztarifirung. Von einem Finanzbeamten. St. Gallen 859. Scheitlin & Zollikofer. 16. (14 S.) 3 *ngr.*

Reichswaisenhaus, Das

Lahrer, und die deutschen Dichter und Schriftsteller . . . Lahr [1892]. V: *Guth, Albert.* (Berl)

Reichswaisenhaus, das Lahrer, u. die deutschen Dichter u. Schriftsteller. Verzeichnis v. Büchergaben m. handschriftl. Widmgn. 12. (88 S.) Lahr 892, (Schauenburg). * — 65

Reichswehr, Die. Mit den Beilagen: „Die Vedette" und „Oesterreichisch-ungarische Wehr-Zeitung". Militärisches und politisches Organ. I.—VII. Jahrg. (7 Bde.) Fol. Wien 1889—1895.

Reichswehr, Die. Mit den Beilagen: „Die Vedette" und „Oesterreichisch-ungarische Wehr-Zeitung." Militärisches und politisches Organ. (Fortsetzung.) VIII.—IX. Jahrg. (1896—1897.) (2 Bde.) — (Fortsetzung der Reichswehr, als politisches Tages-Journal (Militärische separat gebundene Beilage derselben:)

„Vedette, Die" 30.—36. Jahrg. 1898—1904. (7 Bde.) Fol. Wien 1896—1904.

Reichswehr, Die. (Seit 1. November 1896 politisches Tages-Journal. die früheren Jahrgänge siehe Gruppe A b.) Separat gebundene Beilagen: Beamtenblatt (nur bis 28. Januar 1898); die Vedette (siehe A b.) Reichswehr Jahrgang 1896 (November und December) 1897—1904 (Morgen- und Abendblatt vierteljährig gebunden.) (Das IV Quartal 1904 reicht nur bis 15. Dezember, da mit diesem Tage das Blatt aufgelassen und zum Teile mit dem „Fremden-Blatt" vereinigt wurde.) Beamtenblatt 1897, 1898. (In einen Band gebunden.) (34 Bde.) Fol Wien 1896—1904

Reichswehr, die. Militärisches u. polit. Organ. Hrsg. u. Red.: F. David. 1. Jahrg. 1889. 52 Nrn. (2 B.) Fol. Wien, (v. Hölzl). n. 22. —

Reichswehr, die. Hrsg.: Gust. David. 5. Jahrg. 1893. 156 Nrn. (à ca. 2 Bog.) Fol. Mit den Sonntagsbeilagen: „Die Vedette". Zeitschrift f. die Militär-Veteranenschaft Oesterreichs. 25. Jahrg. Neue Folge. 3. Jahrg. 26 Nrn. (Bog.) u. Oesterr.-ung. Wehr-Zeitung: Der Kamerad. 26 Nrn. (1/2 Bog.) gr. 4. Wien, Verlags-Anstalt „Reichswehr". Halbjährlich n.n. 14. --; vierteljährlich n.n. 7. 50

— dasselbe. Hrsg. u. Red.: Karl Frdr. Kurz. 6. Jahrg. 1894. 156 Nrn. (à ca. 2 Bog.) Fol. Mit den Sonntagsbeilagen: „Die Vedette". Zeitschrift f. die Militär-Veteranenschaft Oesterreichs u. Oesterr.-ung. Wehr-Zeitung: Der Kamerad. Ebd. Halbjährlich n.n. 14. —; vierteljährlich n.n. 7. 50

Reichs-Weingesetz, d. neue, v. 7. IV. 1909 m. Ausführungsbestimmgn. u. Buchführungsmustern, nebst dem Gesetz gegen den unlauteren Wettbewerb, Gesetz zum Schutz der Warenbezeichngn. u. dem Nahrungsmittelgesetz. Gültig vom 1. IX. 1909 ab. (61 S. u. 16 S. in gr. 8.) 16. Berlin (909). L. Schwarz & Co. 1. —

Reichsweinsteuer. Zur Reichsweinsteuer-Vorlage. Von En. P. 8. (7 S.) Leipzig 894. H. Beyer. n. — 20

Zur Reichsweinsteuer-Vorlage. Von En. P. Leipzig: Beyer 1894. 7 S. --
(Zit. nach Kayser)

Reichsweinsteuervorlage (Zur). Von En. P. 8°. Leipzig, H. Beyer, 1894.

Reichs-Wohnungsgesetz, e. gr. 8. (32 S) Frankfurt a M. 898. (R. Hülsen.) n. 1. —

Reichs-Zeitung. – Deutsche Reichs-Zeitung. – Braunschweig. – 1.VII.1848 – 2.VIII.1866.
Vorh. u.d.T.: Zeitung für das deutsche Volk.

Reichszeitung. – Deutsche Reichszeitung. – Bonn. – 1.I.1872 – 30.IX.1934.
Fortges. u.d.T.: Mittelrheinische Landeszeitung.

Reichs- u. Staats-Zeitung, deutsche, (v. K. Jul. Lange). Jahrg. 1797. 4. Bayreuth 797. 5 ₰ 8 ℊ

Reichs-Zeitung, landwirthschaftliche. Zentral-Organ f. die Gesammt-Interessen der prakt. Landwirthschaft. Hrsg.: H. L. v. Klenze. Chef-Red.: R. Noack. 1. Jahrg. 1876. 104 Nrn. (à 1—2 B. m. eingedr. Holzschn.) gr. Fol. Berlin. Leipzig 876. Schmidt & Günther in Comm. n. 16. —
Nicht weiter erschienen.

Reichs- und Staatszeitung. Bayreuth 1799. H: *Lange*, *Carl Julius.* (MGT) »Reichs- und Staatszeitung, Deutsche. 1797.« (Ky)

Reichs-Civilehe-Gesetz, das deutsche. Gesetz vom 6. Febr. 1875, die Beurkundg. d. Personenstandes u. die Eheschließg. betr. 32. (58 S.) Kempten 875. Kösel. — 25

Reichs-Civilprozeßordnung m. Einführungsgesetz, s.: Gareis, C., deutsche Reichs-Gesetze in Einzel-Abdrucken.

Reichs-Civilprozessordnung u. Konkursordnung vom 23. Febr. 1879. — Gesetz (bayer.) zur Ausführung —. Mit Reg. Nördlingen, Beck, 1879. 12°. Cart. *)
VI—101 S.

Das **Reichszuwachssteuergesetz** in der von der Reichstagskommission beschlossenen Fassung. Mit Erl.... von Dr. iur. [Walter] Boldt, Stadtr. Dortmund: Crüwell (1910). 132 S. 8° [11. 3375

Reichthum, der, des Armen u. die Armuth des Reichen. Frei nach d. Französ. d. Frau Sophie P. 12. Elberf. 831. Weise. 10 ℊ

— dass., eine andere Uebersetzung. 12. Stuttgart 831. (Cöln, Gaul u. Tonger.) 3/8 ₰

— dass., aus d. Franz. übersetzt von Gr. L. M. 8. Tirnau 832. (Wachter.) 1/8 ₰

Reichthum, der, des Armen und die Armuth des Reichen. Betrachtungen über das wirkliche Leben, über den Einfluß der äußern Glücksumstände und über die Möglichkeit, in jedem Verhältniß des Lebens glücklich zu sein. Frei nach Sophie P... von Ferd. Frhrn. von Biedenfeld. 8. Weimar 837. Voigt. 3/4 ₰

— der, des Armen u. d. Armuth d. Reichen. Frei n. d. Franz. (Neue Ausg.) 16. (8 3/4 B.) Leipzig 840, (Polet.)

Reichthum und Armuth, oder des Malers Bild ... Regensburg 1849. V: *Ambach*, *Eduard von.* (Ky)

Reichthum u. Armuth, od. des Malers Bild. Skizzen aus dem Leben u. Treiben unserer Tage. Der reiferen Jugend gewidmet von dem Verf.: „Die Kinder der Wittwe" (Ed. v. Ambach). Mit 1 Stahlst. 8. (200 S.) Regensburg 849, Manz. 1/2 ₰

— der, unserer Haushaltung, od. Vorschläge u. Mittel z. Verbesserung u. Vermehrung d. Wohlstandes ꝛc. aus d. besten ältern u. neuern in- u. ausländischen Schriften gesammelt u. mit eigenen Erfahrr. vermehrt. 1s—3s Hft. 8. Heidelb. 828. Gutmann. (Winter). (à 6 ℊ) 18 ℊ

Reichthum, Der, von Holland, oder Untersuchungen über den Ursprung des Handels und der Macht der Holländer ... A. d. Franz. Leipzig 1778. V: *Luzac*, *Elias.* Ü: *Benzler*, *Johann Lorenz.* (Ky) (MGT)

— der, v. Holland, od. Untersuchung üb. d. Ursprung d. Handels u. d. Macht d. Holländer; aus d. Französ. (des Luzack, v. Jh. Lor. Benzler), 2 Bde. gr. 8. Leipz. 778. Weygand. 2 ₰ 20 ℊ

— der Liebe, dargestellt nach Philipper 1, 9—11. Auf Verlangen e. Freundes hrsgg. 8. Basel 830. (Schneider). 3 ℊ

— über, u. Luxus. 8. Leipz. 788. Weygand. 21 ℊ

Reichthum macht Sorgen. Lustspiel für Kinder in einem Akte von P. M. H. Wien, 1856. Druck und Verlag von M. Auer. (32 S. kl. 8)

Reichthum, der unruhige,. Lustsp. 8. Wien, Trattner. 770.

Reichthum, Der unruhige, Lustspiel in 3 Aufz. nach dem Franz. [des Fagan]. Wien [1771]. V: *Kurz*, *Joseph Felix von.* (GGr)

Reichthume, vom, des Armen; aus d. Französ. v. Gr. L. M. gr. 8. Wien 832. (Beck). 4 ℊ

Reichthums-Quelle, Amerikanische, bestehend in 185 erprobter u. bisher geheimgehaltener Mittel u. Recepte. 8. (125 S.) Schweidnitz 849, Fürst. baar 3 ₰

Reichthums-Quelle, amerikanische. 201 erprobte und bisher geheimgehalt. Mittel und Recepte. 3., verm. Aufl. 8. (131 S.) Leipzig 851, Magazin für Literatur.

— Amerikanische. 201 erprobte u. bisher geheimhaltene Mittel u. Recepte. 3. verm. Aufl. 8. (131 S.) Leipzig 852, Magazin für Literatur. 1/2 ₰

Reichwald, Rudolph, aus Curland, Experimentelle Untersuchungen über Darstellung und Eigenschaften des Fumarins. Mag. Diss. Dorpat. 8°. 44 pp.

Reichwald, Rud., experimentelle Untersuchungen über Darstellung und Eigenschaften des Fumarins. Inaugural-Dissertation. gr. 8. (44 S.) Dorpat 888, (Karow.) * 1 —

Reichwein, Alfred, Das 10. Deutsche Turnfest in Nürnberg 1903, 53 Abb. nach Momentaufnahmen, Berlin, Quer-8°.

Reichwein, Georg: Die neueren Untersuchungen über Psychologie des Denkens nach Aufgabestellung, Methode und Resultaten übersichtlich dargestellt und kritisch beurteilt. Halle a. S. 1910: Kaemmerer. 192 S. 8°
Halle, Phil. Diss. v. 6. Dez. 1910, Ref. Meumann
[Geb. 17. Mai 86 Dorndorf, Kr. Limburg; Wohnort: Münster i. W.; Staatsangeh.: Preußen; Vorbildung: Gymn. Hadamar Reife O. 06; Studium: Würzburg 2, München 1, Berlin 2, Münster 3 S.; Rig. 18. Juli 10.] [U 11. 1891

Reichwein, Philipp, Harmonielehre nach neuen Grundsätzen. (80 S.) 8. Karlsruhe (906). (J. J. Reiff.) n. 2. —

Reichwein, Philipp, Unterricht in der christlichen Religion. (79 S.) 8. Karlsruhe (906). (J. J. Reiff.) n. 1. 50

Reicke, Curt, s. Reicke, Kurt

Reicke, Emil, der Gelehrte in der deutschen Vergangenheit, s. a. Monographien zur deutschen Kulturgeschichte. VII.

Emil Reicke. Der Gelehrte in der deutschen Vergangenheit. Mit 120 Abb. u. Beil. nach d. Originalen aus d. 15. bis 18. Jh. *Leipzig: E. Diederichs 1900.* (143 S.) 4°(8°)
— Monographien z. deutschen Kulturgeschichte. Bd 7.

Reicke, Emil, Geschichte d. Reichsstadt Nürnberg von dem ersten urkundl. Nachweis ihres Bestehens bis zu ihrem Uebergang an d. Königr. Bayern (1806). Mit 210 Illustr., 3 Vollbild., 1 Karte u. 1 Plane. (Bisher u. d. T.: Geschichte d. Stadt Nürnberg von Joh. Paul Priem. 2. Aufl., hrsg. v. Reicke.) gr. 8. (IX, 1078 S.) Nürnberg 896. J. Ph. Raw's Verlag. n. 10. —

Reicke, Emil, Geschichte der Stadt Nürnberg, s.: Priem, Joh. Paul.

— **Lehrer u. Unterrichtswesen in der deutschen Vergangenheit,** s. a. Monographien z. deutsch. Kulturgeschichte. IX.

Reicke, Emil. Lehrer und Unterrichtswesen in der deutschen Vergangenheit. Mit 130 Abbildungen und Beilagen [6 Tafeln] nach Originalen aus dem fünfzehnten bis achtzehnten Jahrhundert. 136 S. gr.-8. Leipzig, Eugen Diederichs, 1901. [M. 4. —, geb. M. 5. 50]
Monographien zur deutschen Kulturgeschichte hrg. von Georg Steinhausen. (Band 9. Moderne Ausgabe.)

Reicke, Emil, die Pflege der Dichtkunst im alten Nürnberg, s.: Mummenhoff, Ernst.

Reicke, Aemilius [Regimontanus]: De rebus post Alexandri Magni mortem Babylone gestis quaestionum particula I. . . . Regimonti, ex offic. Leupoldiana, 1887; 37 S. + 1 Bl. 8°
Königsberg, Phil. Fak., Inaug.-Diss. v. 12. Nov. 1887

Reicke, E., de rebus post Alexandri Magni mortem Babylone gestis quaestionum particula I. Dissertatio inaug. hist. gr. 8. (37 S.) Königsberg 887. (Koch.) n. 1. —

Reicke, Erich: Die Schulorganisation Friedrich Wilhelms I. in den samländischen Hauptämtern Fischhausen und Schaaken. Königsberg i. P. 1910: [Kümmel.] 114 S. 8°
Königsberg, Phil. Diss. v. 14. Febr. 1910, Ref. Krauske
[Geb. 8. April 84 Pillau; Wohnort: Königsberg i. P.; Staatsangeh.: Preußen; Vorbildung: Altstädt. Gymn. Königsberg Reife M. 04; Studium: Königsberg 3, Göttingen 1, Berlin 1, Königsberg 6 S.; Rig. 4. Dez. 09.] [U 10. 2621

Reicke, Georg

Reicke, Geo., das grüne Huhn. Roman. 1.—3. Aufl. 8. (à 473 S.) Berlin 902. 903. Schuster & Loeffler. 5. —; geb. 6. —

Reicke, Geo., das grüne Huhn. Roman. 4. Aufl. (473 S.) 8. Berlin 908. Schuster & Loeffler. n. 5. —; geb. n. 6. —

Reicke, Geo., das grüne Huhn. Roman. 5. Aufl. (473 S.) 8. Berlin 908. Schuster & Loeffler. 4.—; geb. n 5. —

— **Märtyrer.** 3 Einakter. (128 S.) 8. Ebd. 903. n. 2. —; geb. n. 3. —

— **Schusselohen.** Tragikomödie in 4 Aufzügen. (141 S.) 8. Ebd. 905. n. 2. —; geb. n. 3. —

— **im Spinnenwinkel.** Roman aus e. kleinen Stadt. (822 S.) 8. Ebd. 903. n. 3. 50; geb. n. 4. 50

Der Sterngucker. Drama in 1 Akt von Georg Reicke. *Berlin: S. Cronbach 1900.* (30 S.) 8° [Umschlagt. F.]
Aus: Magazin f. Litteratur. No 37–39.

— **der eigene Ton.** Roman. (487 S.) 8. Berlin 907. E. Fleischel & Co. n. 6. —; geb. n. 7. 50

— **Der eigene Ton.** Roman. 2. u. 3. Aufl. (487 S.) 8. Berlin 907. E. Fleischel & Co. 6.—; geb. 7.50

— **Winterfrühling.** Gedichte. 8. (136 S.) Berlin 901. Schuster & Loeffler. 2. —

Reicke, H., und H. Vaihinger, die Kant-Bibliographie des J. 1882 mit Nachträgen zu früheren Jahren. gr. 8. (7 S.) Königsberg 883, (Beyer's Buchh.) * — 40
Aus: Altpreussische Monatsschrift, besonders abgedruckt.

Reicke, H., die Kant-Bibliographie des J. 1883 mit Nachträgen zu früheren Jahren. gr. 8. (8 S.) Königsberg 885, (Beyer's Buchh.) * — 40
Aus: Altpreussische Monatsschrift, besonders abgedruckt.

Reicke, Johannes *Rudolf Immanuel:* Zu Johann Christoph Gottsched's Lehrjahren auf der Königsberger Universität. Th. 1. . . . (Erscheint vollst. in: Altpreuss. Monatsschr. XXIX.) Königsberg i. Pr., Druck v. R. Leupold, 1892; 34 S., 1 Bl. 8.
Königsberg, Phil. Fak., Inaug.-Diss. v. 9. Apr. 1892

Reicke, Johs., zu Joh. Christ. Gottsched's Lehrjahren auf der Königsberger Universität. [Aus: „Altpreuss. Monatsschr."] gr. 8. (81 S.) Königsberg i/Pr. 892. F. Beyer. n. 2. —

Reicke, Kurt

Reicke, Curt, a. Pillau: Untersuchungen über den Stil der mittelenglischen alliterierenden Gedichte Morte Arthure, The Destruction of Troy, The Wars of Alexander, The Siege of Jerusalem, Sir Gawayn and the Green Knight. Ein Beitrag zur Lösung der Huchown-Frage. Königsberg i. Pr. 1906: Hartung. (85 S.) 8°
Königsberg, Phil. Fak., Ref. Kaluza, Diss. v. 14. Aug. 1906
[Geb. 17. Sept. 83 Pillau; Wohnort: Königsberg i. Pr.; Staatsangeh.: Preußen; Vorbildung: Realgymn. auf d. Burg Königsberg i. Pr. Reife O. 01; Studium: Königsberg 6 S.; Rig. 18. Juli 06.]

Reicke, Rud. Lose Blätter aus Kants Nachlass. 1. Heft. gr. 8. (III, 302 S.) Königsb. 889, Beyer. 6 —

Reicke, Rud., lose Blätter aus Kants Nachlass. Mitgeteilt v. R. 2. Hft [Aus: „Altpreuss. Monatsschr."] gr. 8. (375 S.) Königsberg 895. F. Beyer. n. 8. — (1. u. 2.: n. 14. —)

Reicke, Rud., lose Blätter aus Kants Nachlass. 3. Hft. gr. 8. (IV, 93 S.) Königsberg 898. F. Beyer. n. 2. 40
1. u. 2. Hft. Ebd. 889. 895. n. 14. —.

Reicke, Rud., aus Kant's Briefwechsel. Vortrag, geh. an Kant's Geburtstag den 22. April 1885 in der Kant-Gesellschaft zu Königsberg. Mit einem Anhang, enth. Briefe von Jac. Sigism. Beck an Kant und von Kant an Beck. gr. 8. (73 S.) Königsberg 885, Beyer's Buchh. *
Aus: Frankfurter Zeitung und Altpreussische Monatsschrift, besonders abgedruckt.

— Kant-Bibliographie f. d. J. 1890—1894. [Aus: „Altpreuss. Monatsschr."] gr. 8. (60 S.) Ebd. 896. n. 1. 60

Reicke, Rud., Kantiana. Beiträge zu Imman. Kant's Leben u. Schriften. (Abdr. aus den Neuen Preuß. Provinzial-Blättern.) Königsberg 860. Theile. gr. 8. (VII, 83 S.) n. 12 ngr.

— s.: Monatsschrift, altpreussische.

Reicke, Rud., der Kriegsrath Scheffner u. die Königin Louise. Ein Vortrag, gehalten in der königl. deutschen Gesellschaft zu Königsberg. [Aus: Altpreußische Monatsschrift.] Königsberg 865. (Koch.) gr. 8. (31 S.) n. 6 ngr.

Reicke, Viktor

Reicke, V. Buffalo Bill. Seine Erlebnisse u. Abenteuer im wilden Westen. Mit 4 Bildern in Farbendr. v. Fritz Bergen. 8. (176 S.) Stuttg. 891, Schmidt u. Spring. cart. 3 —

Reicke, Vikt., Buffalo Bill. Seine Erlebnisse u. Abenteuer im wilden Westen. M. 4 Bild. in Farbendr. v. Fritz Bergen. 2. Aufl. 8. (188 S.) Stuttgart 898. E. Barth. Geb. 3. —

Reicke, Vikt., die Büffeljäger, s.: Hoffmann, Frz.

— Im Busch, s. Hoffmann, Frz.: Volks- und Jugendbibliothek.

Reicke, Vict., im Busch, s.: Sammlung beliebter Jugendschriften. Bd. 7.

Reicke, Vict., eine gute Tat findet ihren Lohn, s.: Schmidt & Spring's Volks- u. Jugendbibliotheken. Nr. 290.

— unter den Banner's, s.: Schmidt & Spring's Volks- u. Jugendbibliotheken.

— Schwarzhaupt, s. Hoffmann, Frz.: Volks- und Jugendbibliothek.

— Schwarzhaupt, s.: Sammlung beliebter Jugendschriften. Bd. 5.

— d. rote Seeräuber, s.: Hoffmann, Frz.

— Die Stiefbrüder, s. Hoffmann, Frz.: Volks- und Jugendbibliothek.

— Die Stiefbrüder, s.: Sammlung beliebter Jugendschriften. Bd. 6.

Reid

— s. Reith, s. auch Raid.

Reid, A., neue Reise- u. Jagdabenteuer. Nürnberg 866. Koenecke. 8. (VII, 264 S. mit 6 color. Steintaff.) cart. 1 ₰

Reid, B., s. Reith.

Reid, Chrn. Ein Marienkind. Aus dem Engl. v. Herm. Bartol. 8. (299 S.) Frankf. a. M. 891, (Foesser Nachf.). 2 60
Aus: Ave Maria, besonders abgedruckt.

Reid, David Boswell: Vorschule der Chemie, s.a. Wochenbände.

—Vorschule der Chemie in einer Reihe von Versuchen. Mit Erläuterungen über chemische Erscheinungen im täglichen Leben. Für Schule und Haus gemeinfasslich behandelt. Aus dem englischen übersetzt von Kottenkamp. Stuttgart, 1849. 8vo.

Reid, J., Versuche über hypochondrische und andere Nervenleiden. Aus dem Engl. von D. A. Haindorf. 8. Essen, Bädecker. 819.

Reid, James, der Laryngismus der Kinder mit Bemerkungen über die künstliche Ernährung, eine häufige Ursache dieses Leidens und anderer Krampfkrankheiten im Kindesalter. Aus dem Engl. mit Zusätzen und Bemerkungen von C. A. Ed. Lorent. gr. 8. (VI und 250 S.) Bremen 850, Schünemann's Vrlgsh.

Reid, John, Bibliotheca Scoto-Celtica; or, an account of all the books which have been printed in the Gaelic Language. With bibliographical and biographical Notices. (Mit Titelvignette.) Lex.-8. Glasgow 832. Reid and Comp. (London, Black and Armstrong.) n. 3 ₰

Reid, J(ohn) Herbert, a. Birkenhead bei Liverpool (England): Beiträge zur Kenntnis der Aldehydammoniake. Jena 1904: A. Kämpfe. (43 S.) 8°
Jena, Phil. Fak., Ref. Knorr, Diss. v. 21. Nov. 1904
[Geb. 3. Juli 81 Birkenhead (England); Wohnort: Birkenhead; Staatsangeh.: England; Vorbildung: Ashford House School Univ. College Liverpool Reife 98; Studium: Liverpool Victoria Univ. 7, Jena 4 S.; Rig. 2. Aug. 04.]

Reid, Legh Wilber, aus Virginia: Tafel der Klassenanzahlen für kubische Zahlkörper. *Göttingen 1899: Dieterich.* (VIII, 75 S.) 8°
Göttingen, Phil. Diss. v. [7. Mai] 1900

Reid, Legh Wilber, Tafel der Klassenanzahlen f. kubische Zahlkörper. Diss. gr. 8. (VIII, 75 S.) Göttingen 899. (Vandenhoeck & Ruprecht.) n. 2. —

Reid, Mayne, s. Reid, Thomas Mayne

Reid, Thomas: Ueber die Natur und Heilung der Lungensucht, nebst einem Anhang von dem Nutzen und den Wirkungen der öfters gegebenen Brechmittel. (An Essay on the nature and cure of phthisis pulmonalis. Dt.) Übers. von Aug(ust) Friedr(ich) Adr(ian) Diel. 2. verm. Ausg. 356 S., gbd.

Offenbach am Main: Weiß & Brede 1787

JB 2.262

— Uebersicht d. Krankheiten bei d. Armee in Großbritannien v. Amerikan. Kriege bis 1791, aus d. Engl. 8. Bresl. 800. (J. F. Korn). 16 gr

REIDE, Thomas Dickson
Uebersicht der Krankheiten bey der Armee in Grosbritannien, Amerika, Westindien und an Bord der Kriegs- und Transportschiffe, vom Anfang des amerikanischen Krieges her bis zum Jahre 1792.
Von Thomas Dickson Reide ...
Aus dem Englischen.
Breslau-Hirschberg-Lissa: Korn. 1800. 262 S. 8°.
Zentralbibliothek der deutschen Klassik Weimar
Übers. v. A View of the Diseases of the Army, London 1793.

Reid, Thomas: Untersuchung über den menschlichen Geist nach den Grundsätzen des gemeinen Menschenverstandes. (An Inquiry into the human mind on the principles of common sense. Third edition. Dt.) 397 S., gbd.

Leipzig: Schwickert 1782

JB 4.477

— Versuch üb. die Natur u. Heilung d. Lungensucht, übers. v. A. F. A. Diel. 8. Offenb. 786. Brede. 20 ℋ

Reid, Thomas Mayne

Reid, Mayne, s. a.: Mayne-Reid.

Reid, Thomas Mayne: Die Auswanderer des Transvaal. Roman von –. Übers. von Wilhelm Thal [d. i. Lilienthal]. Mit Ill. von W. Roegge. Berlin, Eisenach, Leipzig: H. Hillger [1900]. (128 S.) 8°
(Bücherschatz, Kürschner's. No 173.)

Reid, Mayne, Blanche, s. Bibliothek, amerikanische.

Reid, Mayne, Meister Braun, s.a. Bibliothek, amerikanische.

Reid, Mayne

Meister Braun oder Die große Bärenjagd. Von Capitain Mayne-Reid. Aus dem Englischen. Bd 1-3.
Leipzig: Kollmann 1862. 8°

(Amerikanische Bibliothek. Bd 408-410.)

— die Büffeljäger, s.a. Hoffmann, Frz.

MAYNE-REID. *Die Büffeljäger*. Dieselbe deutsche Ausgabe. Mit 8 Bildern in Farbendruck. 2. Aufl. Stuttgart, Schmidt & Spring, [ca. 1865]. 2 Bl. 323 S. u. 8 Tafeln. 8°. Pbd. Benutztes Ex. Einband beschäd. 8.—

Reid, M., die Büffeljäger am Lagerfeuer, s.a. Hoffmann, Franz

MAYNE REID. *Die Büffeljäger* am Lagerfeuer. Reisebilder und Naturschilderungen aus dem Westen nach Kapitän Maine Reid für die reifere Jugend bearbeitet von FRANZ HOFFMANN. Mit 8 colorirten Bildern [Lithogr.]. Stuttgart, Schmidt & Spring, 1858. Titel, 392 S. Kl.-8°. Lithogr. illustr. rotbrauner Or.-Karton (Rücken beschäd.) — ★ 1. Ausg. Wenige Fleckchen. 18.—

— die Buschknaben, s.a. Bibliothek, europäische.

Reid, Mayne

Die Buschknaben. Ein Jagd- und Thier-Roman. Vom Capitän Mayne Reid. In's Deutsche übertragen von August Kretschmar. Bd 1.
Wurzen: Verl.-Comptoir 1856. 167 S. 8°

Reid, Mayne, die Freischaar, siehe: Bibliothek, Europäische, 589—591. Bd.

— der weiße Häuptling, s. Bibliothek, amerikanische.

Reid, Mayne, der weiße Häuptling, s.: Hoffmann, Otto.

— das Haus in der Wüste, s.a. Lese-Cabinet, belletristisches, 661—664. Lfg.

Reid, Mayne

Das Haus in der Wüste oder Abenteuer einer Familie, die sich in der Wüste verirrte. Von Capitain Mayne-Reid. Aus dem Engl. von Johann August Diezmann. Mit 4 Scenenbildern.
Pest, Wien, Leipzig: Hartleben 1852. 8°

— die Heimath in d. Wüste, siehe: Bibliothek, Europäische, 681 u. 682. Bd.

— die Heimat in der Wüste, bearb. v. Rich. Roth, s.: Universal-Bibliothek f. die Jugend.

Reid, Mayne, die Jagd des wilden Rosses, s.: Fischer, Herm.

Reid, Mayne. Die Jagd d. weißen Rosses, s. Hoffmann, Otto.

—— die wilde Jägerin, s.a. Bibliothek, europäische.

— die wilde Jägerin, s.a. Hoffmann, O.

Reid, Mayne

Die wilde Jägerin. Roman. Von Capitain Mayne-Reid Deutsch von W.E. Drugulin. Bd 4.
Leipzig: Kollmann 1861. 219 S. 8°

— der Jägerschmaus, s. Bibliothek, europäische.

—— Isolina, s. Hoffmann, Otto.

—— die Kriegsfährte, s.a. Bibliothek, amerikanische.

—— die Kriegs-Fährte. Ein Roman aus dem mexicanisch-indianischen Leben. Deutsch von Otfr. Mylius. 2 Bde. oder 5 Lfgn. 12. (1. Bd. III und 287 S., 2. Bd. 258 S.) Stuttgart 857. 58, K. Müller. à Lfg. 7½ Ngr.

Reid, Mayne, die Kriegs-Fährte. Ein Roman aus dem mexikanisch-indianischen Leben. Deutsch von Otfried Mylius. 2 Bde. 2. Ausg. Stuttgart 863. Fischhaber. 12. (545 S.) 1 ℛ 7½ ngr.

Reid, Mayne, die Kriegsfährte. Erzählung aus dem fernen Westen. Für die Jugend bearb. durch Br. Hoffmann. Mit (5) Farbendr.-Illustr. nach Orig.-Zeichngn. v. C. Koch 8. (219 S.) Berlin 883. Drewitz. geb. 2. 50

Reid, Mayne, die Kriegsfährte. Erzählung aus dem fernen Westen. Für die Jugend bearb. durch Br. Hoffmann. Mit (5) Farbendr.-Illustr. nach Orig.-Zeichngn. v. Karl Koch. 4. Aufl. 8. (219 S.) Berlin 887. Drewitz Nachf. cart. n. 2. —

— der Kriegspfad, s.: Hoffmann, Otto.

Reid, Mayne, Am Lagerfeuer, s. Bibliothek, amerikanische.

— am Lagerfeuer od. die Büffeljäger, s.: Universal-Bibliothek f. die Jugend.

— die verlorene Leonore, s. Bibliothek, europäische.

— der Marone oder: Pflanzerleben auf Jamaica. Vom Verf. einzig rechtmäßige autorisirte Uebersetzung für Deutschland von Anna Sievers. 3 Bde. Altona 863. Verlags-Bureau. 8. (857 S.) 2 ℛ

Reid, Mayne

Der Marone oder: Pflanzerleben auf Jamaica. Vom Verf. einzig rechtmäßige autorisirte Uebersetzung für Deutschland von Anna Sievers. Bd 1-3.
Altona: Verlags-Bureau 1864. 8°

—— Oceola, s.a. Bibliothek, amerikanische. — Bibliothek, europäische.

Reid, Mayne

Oceola. Roman. Deutsch von August Kretzschmar. Bd 1-5.
Wurzen: Verl.-Comptoir 1858. 8°

—— die Quadrone, s. Bibliothek, amerikanische.

—— die Quadronin oder Liebesabenteuer in Louisiana. Aus dem Engl. von A. Kretzschmar. 3 Thle. 8. (545 S.) Wien 857, Hartleben's Verlagsexpedition.

— die Reise im Finstern, s. Bibliothek, europäische.

— der Robinson der Wildniß, s. Grube.

Reid, Mayne, d. Scharfschützen, s.: Collection Hartleben, 4. Jahrg. Bd. 21. 22.

— die Scharfschützen, siehe: Lese-Cabinet, belletristisches, 554—559. Lfg.

— die Skalpjäger, s.a. Bibliothek, Europäische, 592—595. Bd.

— dasselbe, s.a. Collection Hartleben.

— dasselbe, s.a. Kümmel, Max

– Dass., s.a. Lese-Cabinet, Belletristisches. 514 - 520. Lfg.

— die Skalpjäger, s.a. Pajeken, Frdr. J.

— die Skalpjäger. Erzählung aus dem fernen Westen. Für die Jugend bearb. von Br. Hoffmann. Mit 5 Farbendr.-Illustr. nach Orig.-Zeichnungen von C. Koch. gr. 8. (218 S.) Ebendas. 880. cart. 4 50

Reid, Mayne, die Skalpjäger. Erzählung aus dem fernen Westen. Für die Jugend bearb. von Br. Hoffmann. Mit Farbendr.-Illustr. nach Orig.-Zeichnungen von C. Koch. 2. Aufl. gr. 8. (219 S.) Berlin 882. Drewitz. geb. 4 50

— die Skalpjäger. Erzählung aus dem fernen Westen. Für die Jugend bearb. v. Br. Hoffmann. Mit (5) Farbendr.-Illustr. nach Orig.-Zeichngn. v. C. Koch. 3. Aufl. gr. 8. (219 S.) Ebend. 883. geb. 4. 50

— die Skalpjäger. Erzählung aus dem fernen Westen. Für die Jugend bearb. durch Br. Hoffmann. Mit Farbendr.-Illustr. nach Orig.-Zeichngn. v. C. Koch. 9.—11. Aufl. gr. 8. (219 S.) Leipzig 893. 894. O. Drewitz Nachf. Geb. 4. 50

— der Skalpjäger. Erzählung aus dem fernen Westen. Für die Jugend bearb. durch Br. Hoffmann. Mit farb. Abb. nach Originalen v. C. Koch. 14. Aufl. gr. 8. (219 S.) Leipzig (899). O. Drewitz Nachf. Geb. in Leinw. 3. —

— Das Steppenroß, s.: Wagner, Eduard.

— zur rechten Stunde, s.: Laicus, Phpp.

— die Verbannten, s. Bibliothek, amerikanische.

Reid, Will., das Blut Jesu. Aus dem Engl. Berlin 865. Buchh. des Missions-Vereins. gr. 16. (XXIV, 80 S.) 3¾ ngr.

Reid, Will., das Blut Jesu. Aus dem Engl. 2. Aufl. 16. (XX, 75 S.) Berlin 873. Prochnow's Selbstverl. n. — 50

Reid, Will., das Blut Jesu. Erste deutsch-amerikan. Ausg. gr. 16. (132 S.) Philadelphia 876, (Schäfer und Koradi.) geb. *

Reid, William, d. Blut Jesu. 2. Aufl. (223 S.) 16. Berlin (907). Deutsche ev. Buch- u. Traktat-Gesellsch. Geb. 1. —

REIDE, R. Beitrag zur Kenntniss der Filixgerbsäure. Leipzig, 1900.

Reide, S., geistliche Oden und Lieder. 8. Jena. 749.

Reide, Thomas Dickson, s. Reid, Thomas

Reidel, Carl J., die kathol. Kirche im Großherzogt. Hessen. Die Gesetze f. Kirche u. Schule, gesammelt u. erläutert. (VII, 276 S.) 8. Paderborn 904. F. Schöningh. Geb. in Leinw. n. 3. 60

Reidel, Karl Philipp

— Andeutung des Unterschieds zwischen dem religiösen und dem philosoph. Standpunkt. Ein vertrauter Brief über „zwei friedliche Blätter von D. F. Strauß." gr. 8. Ebd. 840. 1/3 ₰

Reidel, Karl Phil., die Freiheit der Person als Princip der Zeit und des Rechts. Herausgeg. von Eph. Trefurt. gr. 8. Freiburg 842. (Emmerling.) n. 1½ ₰

Reidel, K. Ph., über die Moral, s. Malebranche.

Reidel, Karl Phil., die Rechtmäßigkeit der Todesstrafe. Als Antwort auf Dr. H. Zöpfl's Denkschrift. gr. 8. Heidelberg 839. Groos. 2/3 ₰

Reidel, Carl Philipp (Mannheim)
De Guidonis Bonati, celeberrimi suo tempore astrologi, vita & scriptis.
MS. 48 S. 8°
Diss. phil. Giessen 27.12.1823. vorh. Univ.-Archiv.

Reidel, Leo: Goethes Anteil an Stillings „Jugend". Phil. Diss., Prag 1904/1905.

Reidelbach, Hans

Reidelbach, s.: Abriß d. deutschen Grammatik.

Reidelbach, Hans, s.: Abriß der deutschen Sprachlehre.

— s.: Abriß der deutschen Verslehre u. Poetik.

— Bayern in Wort u. Bild. Illustr. m. 444 Abb. (VIII, VIII, 448 S.) gr. 8. München 899. (H. Hugendubel.) Geb. in Leinw. 8. —

— Charakterzüge u. Anekdoten als Bilder d. Güte u. Wohlthätigkeit aus d. Leben d. bayerischen Könige Max Joseph I., Ludwig I. u. Max II. Lex.-8. (IX, 199 S. m. Abb. u. Bildn.) München 895. M. Kellerer. Geb. in Halbleinw. n. 3. —; in Leinw. n. 3. 60

— Humorist. Erzählungen f. jung u. alt. (VIII, 244 S. m. 20 Abb.) 8. Regensburg 911. Verlagsanst. vorm. G. J. Manz. 3.—; geb. in Leinw. 4. —

Reidelbach, Hans, Bayern's Geschichte in Bild u. Wort. Nach den Wandgemälden des bayer. alten Nationalmuseums. Mit begleit. Text. (In ca. 8 Lfgn.) 1. Lfg. (18 S.) qu. gr. 8. München (906). Vereinigte Kunstanstalten. n. 2. 50

— Bayern's Geschichte in Bild u. Wort. Nach d. Wandgemälden d. bayer. alten Nationalmuseums. Mit begleit. Text. 2.—9. Lfg. (S. 19—160.) 24,5×34,5 cm. München (906—08). Verein. Kunstanstalten. à Lfg. 2. 50

Reidelbach, Hans, Lehr- und Lesebuch für die gewerblichen Fortbildungsschulen Bayerns. Zugleich als Volksbuch hrsg. gr. 8. (XXVI, 784 S. mit 37 Illustr. und 4 Karten.) München 886, Th. Ackermann's Verlag. * geb. **

Reidelbach, s.: Lesebuch f. höhere Lehranstalten.

— s.: Lesebuch, literarhistorisches.

Reidelbach, H., König Ludwig I. v. Bayern u. seine Kunstschöpfungen. 15 Lfgn. gr. 4. (XIX, 292 S. m. eingedr. Abbildgn. u. 42 Taf.) München 887. 888. Franz' Verl. à Lfg. n. 1. 50; cplt.: n. 22. 50; geb. n. 30. —

— Ludwig I., König v. Bayern, m. besond. Berücksicht. seiner Kunstschöpfgn. geschildert. Volks- u. Schulausg. d. größeren Prachtwerkes: König Ludwig I. v. Bayern u. seine Kunstschöpfgn. Mit 167 Abbildgn. 8. (IV, 368 S.) Ebd. 888. cart. n. 3. 60

— Ludwig, Prinz v. Bayern. Ein Lebens- u. Charakterbild. (III, 92 S. m. Abbildgn.) gr. 8. München 905. E. Pohl. Kart. n. 2. —

Reidelbach, Hans. Luitpold, Prinz-Regent v. Bayern. Ein vaterländ. Geschichtsbild. (Festschrift zu Allerhöchstdessen 70. Geburtstagsfeier.) 14 Lfgn. gr. 4. (VIII, 284 S. m. Text-Illustr. u. 43 photochem. Taf.) Münch. 891,92, Reidelbach. à Lfg. 1 50; compl. geb. * 28 —

— Prinz-Regent Luitpold v. Bayern. E. vaterländ. Geschichtsbild. Mit zahlr. Abb. Volks- u. Schulausg. d. gleichnam. Prachtwerkes. gr. 8. (304 S.) München 896. Reidelbach. n. 3. —; geb. in Leinw. n. 4. —

[F.] Die frommen Sagen und Legenden des Königreichs Bayern. Hrsg. v. Dr. Hans **Reidelbach**. M. zahlr. Ill. *Regensburg: Nationale Verlagsanst. 1897.* (2 Bl., 324 S.) 1 Bd 8. [97. 1953

— die frommen Sagen u. Legenden d. Königr. Bayern. gr. 8. (IV, 324 S. m. Illustr.) Regensburg 897. Verlagsanstalt vorm. G. J. Manz n. 3. —; geb. n. 4. —

— s.: Uebungsaufgaben zum Abriß der deutschen Sprachlehre.

Reidelbach, Hans Dr. „Ueber den Zusammenhang der christlichen Kunst mit der antiken". (Erster Teil der von der philosoph. Fakultät der k. Universität Würzburg gekrönten Preisschrift.) pg. 1—74. 8°. J. Krämer. München, Progr. 1881/82

Reideleiter, Sal., die Schwarz- und Weißbrodbäckerei, s. Schule, die, des Bäckers.

Reidelhuber, Wilhelm, a. Mutterstadt ⟨Rheinpfalz⟩, Rechtspraktikant am Kgl. Landgericht zu Fürth i. B.: Hausrecht und Staatsrecht in Bezug auf die Thronfolge. Borna-Leipzig 1906: R. Noske. (VIII, 59 S.) 8° [F.]
Erlangen, Jur. Fak., Ref. Ricker, Diss. v. 16. Febr. 1906
[Geb. 20. Juli 81 Mutterstadt; Wohnort: Fürth; Staatsangeh.: Bayern; Vorbildung: Gymn. Mannheim Reife Juli 00; Studium: Erlangen 3, Berlin 2, München 1, Erlangen 2 S.; Rig. 10. Nov. 06.]

Reidemeister, eingehende Behandlung d. Elbwassers, s.: Abhandlungen d. naturwissenschaftl. Vereins zu Magdeburg.

Reidemeister, Darstellg. d. Rechnung mit gemeinen Brüchen. Crossen. 4. 15 *p.* 1864.
Schul-/Univ.-Schrift

Reidemeister, Adolf: Über Aebed Jehova. 17 S.– Nordhausen, Progr. 1860.

Reidemeister, Adf. Weyher v., ein Beitrag zur Kenntniss des Levulins, Triticins u. Sinistrins. Inaugural-Dissertation. gr. 8. (61 S.) Dorpat 880. (Karow.) n. 1. —

Reidemeister, Emil Die Mineralien des östlichen Harzes. 4 (12 S.). **Progr.** Guericke-Sch. *Magdeburg* 1887 (248).

Reidemeister, Hans, Jugurtha. Tragödie in 5 Aufzügen. 8. (VII, 151 S.) Braunschweig 886, (Wagner.) *

Reidemeister, Hans [aus Braunschweig]: Der Vorbehalt dinglicher Rechte nach römischem Recht .... Braunschweig, Druck u. Papier v. Friedrich Vieweg u. Sohn, 1887; 3 Bl. + 55 + 1 S. 8°.
Berlin, Jur. Fak., Inaug.-Diss. v. 18. Mai 1887.

Reidemeister, Hans, der Vorbehalt dinglicher Rechte nach römischem Recht. Diss. Berlin 1887, Mayer & Müller. 8°. 55 S.

Reidemeister, Wolfgang, gepr. Nahrungsmittelchemiker: Die Bedingungen der Sklerotien- und Sklerotienringbildung von Botrytis cinerea auf künstlichen Nährböden. Halle a. S. 1908: [Hopfer, Burg b. Magdeburg]. 30 S. 8° (Aus: Annales mycologici. Bd 7. 1909.)
Halle, Phil. Diss. v. 20. März 1909, Ref. Mez
[Geb. 18. Juni 79 Magdeburg; Wohnort: Berlin; Staatsangeh.: Preußen; Vorbildung: Realgymn. Magdeburg Reife M. 97; Studium: Leipzig 6, Halle 3 S.; Rig. 7. Dez. 08.] [U 09. 1093

Reidemeister, W., die Bedingungen der Sklerotien- u. Sklerotienringbildung v. Botrytis cinerea auf künstlichen Nährböden. (30 S. m. 3 Abb.) gr. 8. Berlin 909. R. Friedländer & Sohn. nn 1. 20
Sonderabdr. aus: „Annales mycologici".

Reidenbach, J. A., Amerika. Eine kurze Beschreibung der Vereinigten Staaten, sowie ein Rathgeber für Auswanderer. Nördlingen 870. Beck. 8. (XII, 298 S.) 25 *ngr.*; geb. n. 28 *ngr.*

Reidenbach, J. A., Ernst. Eine wahre Geschichte. Frei nach dem Englischen. 8. (V, 86 S.) Nördlingen 871. Beck. — 80

— Hans, s.: Volks- u. Jugendschriften, deutsche.

Reidenbach, Ph., die Faulbrut od. Bienenpest, ihre Entstehung, Verhütung u. Heilung. gr. 8. (57 S. m. 4 Abb.) Rehborn (902). (Leipzig, R. C. Schmidt & Co.) n. 1. 50

Ⓑ **Reidenbach**, Ph., die Faulbrut. 902. (KVL 32.) Jetzt: Leipzig, C. F. W. Fest.

Reidenbach, Rudolf: Ueber die quantitative Bestimmung des Magnesiums als Magnesiumpyrophosphat nebst einem Anhang: Ueber die Bestimmung des Magnesiums als Magnesiumsulfat. 1910. 109 S. 8°
München, Dr.-Ing.-Diss. v. 20. 12. 1909

Reidenitz, Dn. Eph., Naturrecht, nach Kant. gr. 8. Königsb. 803. Nicolovius. 18 *gr.*

– Dass., s.a. Reidnitz

a **Reider**, Fl. Adm. (i. e. Frc. Ant. Dürr): Diss. de jurib. capitulor. ecclesiar. etc. in Germania sede vacante, praecipue de eorum jure monetandi. *Moguntiac.* 788. 4. (12 Gr.)

Reider, Elias Adam von (Bamberg), De juribus capitulorum ecclesiarum metropoliticarum et cathedralium in Germania sede vacante praecipue de eorum jure monetandi. Mainz (J. J. Alef haered. Haeffner.) 19. XII. 1788. 130 S. (4.75) 28040

v. *Reider*, Eli Adm., († d. 8. Oct. 1807.) Diss. de juribus capitulorum eccles. in Germania sede vacante, praecipue de eor. jure monitando. 4. Mainz. 788. (Erl., Palm). 12 g

Reider, Elias Adam von [Praes.], s. Weber, Georg Michael: De decimis novalibus dissertatio.

— **Georg Adam Franz Aloys Amor von** (Mainz), De justis sacrae, et regalis potestatis finibus. Diss. eccles.-polit.-publ. Präs. Franz Anton Dürr. Mainz (Haeffner) Sept. 1769. (4.75) 28041
Gew.: Friedrich Carl Joseph von Ehrthal.

Reider, J. v., s. Reider, Jakob Ernst von

Reider, Jakob Ernst von

— Abbild. v. 25 u. Beschreib. v. 100 d. neuesten u. merkwürdigsten Pelargonien. 1. u. 2. Jahrg. (à 25 ill. Kpf.) gr. 8. Nürnberg, 1829 u. 30. (Lotzbeck.) à 4. —

Reider, Jak. Ernst v., Abbildung v. 25 u. Beschreib. v. 100 d. neuesten u. merkwürdigst. Pelargonien. 1. u. 2. Jahrg. In Verbind. mit mehr. Blumenfreunden u. Besitzern großer Sammlungen v. Pelargonien hrsg. gr. 8. (à 25 ill. Kpfrt. u. 8½ u. 11 B. Text.) Nürnberg 829, 30, Zeh. à

— Abbild. v. 25 u. Beschreib. v. 100 d. neuesten u. merkwürdigsten Pelargonien. 1r Jahrg. In Verbindung mit mehrern Blumenfreunden u. Besitzern großer Sammll. v. Pelargonien hersgg. 1r u. 2r Jahrg. 1829—31. Mit 50 ill. Kpft. gr. 8. Nürnb. 830, 31. Zeh. (à 4 ß) 8 ß

Reider, J. E. v. Anleitung zur Behandlung von Obstbäumen und Obst. Neue Aufl. Zürich 1847.

—— Anleitung z. Erweiterung d. Tabakbaues u. Veredlung d. Tabaks in d. Kundgebung d. Geheimnisse d. Tabakfabrikation, wie sich Jeder ohne Kosten u. leicht d. edelsten Arten Rauchtabak selbst fabriziren kann. gr. 8. (5¼ B.) Augsburg 838, v. Jenisch u. Stage'sche Buchh.

— Anleitung zur Erweiterung des Tabakbaues, und Veredlung des Tabaks in der Kundgebung der Geheimnisse der Tabak-Fabrikation. 2. Ausg. gr. 8. Ebend. 841. ⅓ ß

— Anleitung zur leichtesten u. zweckmäß. Hyacinthenzucht im Garten u. Zimmer. Sammt d. Beschreibung d. Samenhändlers Falke berühmten Hyacinthensflors. 12. Nürnberg 826, Zeh.

— Anleit. z. leichtesten u. zweckmäss. Hyacinthenzucht im Garten u. im Zimmer. gr. 12. Nürnberg, 1827. (Lotzbeck.) (— 10) — 3

Reider, Jac. Ernst v., Anleitung zur verbess. Kultur aller bekannten, sowie d. neuesten noch sehr seltenen prachtvollen Arten v. Nelken, Aurikeln u. Primeln, systemat.-ration. dargest., sowie Kundgebung d. rechten, unfehlbaren Kultur d. prachtvollsten Blumen, deren Fortpflanz. u. Erhalt. bisher e. Geheimniß war. 8. (15 B.) Leipzig 835, [Jackowitz.]

— siehe: Anleitung für Landleute über die Anlegung rc. der Obstbäume.

— prakt. Anleitung zum richtigen Betriebe des Samen- und Pflanzenhandels. 8. Bamberg 835. Dresch. ⅔ ß

—— vollständ. Anleitung zu Erziehung, Wartung u. Vermehrung d. Oleanders, d. Hortensie, d. Chrysanthemen u. d. Volkamerien, od. die Kunst, diese Blumen nach d. neuest. Erfahrn. vorzügl. schön zu erziehen u. jedes Exemplar z. Vollkommenheit zu bringen. 8. (6 B.) Leipzig 834, Rein.

v. Reider, Jak. Er., Annalen d. Blumisterei f. Blumenfreunde, Gartenbesitzer u. Samenhändler. 1r—8r Jahrg. à 4 Hfte. 1822—32. gr. 8. Nürnb., Zeh. (à J. 1 ß 10 g) 13 ß 8 g, Mit illum. Kpf. (à J. 2 ß 20 g) 22 ß 16 g

— Annalen der Blumisterei, oder Beschreibung seltener und neuer vorzügl. Blumen- u. Ziergewächse, sammt deren Kultur u. Vermehrungsmethoden. 9r — 12r Jahrg. 1833 — 1836. à 4 Hfte., oder Neue Annalen 1r—4r Jahrg. Mit ill. Kupfertaf. gr. 8. Nürnberg, Zeh. (à n. 2⅚ ß) 7⅓ ß, schwarz (à 1 5/12 ß) 5⅔ ß

—— Annalen d. Blumisterei rc. 12. (u. letzt.) Jahrg. — Neue Annalen. 4. Jahrg. 4 Hfte. M. 24 Kpfrtaf. gr. 8. Nürnberg 836, [Lotzbeck.] 1 5/12 Thlr., ill.
Fortsetz., s. Gartenbeobachter.

— die Anpflanzung u. Kultur d. weißen Maulbeerbaumes, zum Behufe der Seidenraupenzucht. 8. Leipzig 835. Jakowitz. ⅓ ß

—— vollständ. Anweisung z. zweckmäß. Anlegen v. Blumen-, Obst-, Gemüse-, Hopfen-, Schul-, Handels-, Haus- u. botan. Gärten; so wie Anlagen nach französ., engl. u. deutsch. Geschmack zu machen, solche auch mit d. passenden Blumen, Bäumen u. Sträuchern, Scenen u. Kunstgegenständen zu zieren, e. Wintergarten einzurichten, zu ordnen u. zu unterhalten. Nach eigenen Ideen u. vieljähr. Erfahr. M. 6 Kpfrt. (Fol.) gr. 8. (25½ B.) Berlin 832, Amelang.

Reider, J. E. v.: Ueber Auszehntung des Hopfens. Passau 1822.

— der Bau des Rosmarins im freien Lande und die Kultur der Erdbeeren im Großen. 8. Leipzig 835. Jakowitz. ⅜ ß

—— die wahre rein-ökonom. Benützung d. Federviehs rc. Aus d. Engl. übers. u. mit Anwend. f. d. Verhältnisse d. deutschen Landwirthschaft dargestellt. 8. (5½ B.) Augsburg 840, v. Jenisch u. Stage'sche Buchh.

— d. Beschreib. u. Kultur d. Azaleen, Cactus, Camelien u. Calla aethiopica. 8. Ulm, 1833. Ebner. — 25

—— die Beschreibung u. Kultur der Azaleen, Cactus, Camellien u. Calla aethiopica. 8. (14 B.) Ulm 834, Ebner.

—— die Beschreib. u. Kultur der Calceolarien, Lilien u. Rhododendra. 8. (10 B.) Ulm 834, Ebner.

— die Beschreibung, Kultur und der Gebrauch aller in Deutschland wildwachsenden u. im Freien zu kultivir. Gewürz- u. Arzneipflanzen, der Kaffee- und Zucker-Surrogate, um Gärten mit dem höchsten Gewinn zu benützen; mit der Lehre, die wildwachsend. Gewürz- u. Arzneipflanzen an ihren Standorten aufzufinden, solche zu erkennen, zu veredeln rc. gr. 8. Augsb. 838. v. Jenisch u. Stage. 1 ß — 2e Ausg. 840. 1 ß

Reider, Jak. Ernst v., die Beschreib. u. Kultur d. Georginen, Päonien u. Amarillis, um sie mit geringen Kosten zu erziehen, sicher zu erhalten u. immer zu vervollkommnen, so wie auch neue Arten zu erzielen u. schnell zu vermehren. 8. (12 B.) Ulm 834, Ebner. Thlr.

— Beschreib. d. Landwirthschaft im Königreiche Baiern. 1r Bd. Bambergs Gartenbau. gr. 8. Leipz., Ind.-Comptr.

— Beschreib. d. Landwirthschaft im Königr. Baiern. 1r Thl. gr. 8. Leipz. 821. (Baumgärtner). 2 ℛ (A. u. d. T.: Bambergs Gartenbau, als die höchste Kultur d. Grund u. Bodens in Deutschland).

— — Beschreibung d. Landwirthschaft im Kön. Baiern. 1r Thl. gr. 8. Leipzig, Industrie-Comt. 821.
Auch unter dem Titel:
Bambergs Gartenbau, als die höchste Kultur d. Grund und Bodens in Deutschland.

Reider J. E. v.: Beschreibung aller bekannten Pelargonien u. Anleitung z. Erkennung u. Kultur derselben, in Verbind. m. mehreren Freunden dieser Blumen herausg. Nürnb. 1829. 383 S.

—— Beschreib. aller bekannt. Pelargonien, u. Anleit. z. Erkennung u. Kultur ders.; in Verbind. mit mehr. Freunden dies. Blumen hrsg. gr. 8. (25 B.) Nürnberg 829, Zeh.

— die vollkommene Beschreibung des Gnadenortes zu Vierzehnheiligen im Frankenlande. Ein Hülferuf an alle fromme Christen zur Ehre des allmächtigen Gottes. Mit Abbildungen des Gnadenortes, der Erscheinungen und des Gnadenaltars (auf 2 Blättern). gr. 12. Augsburg 841, Kollmann'sche Buchh. 4 ngℊ

Reider, J. E., vollständ. Beschreib. d. Gnadenortes zu Vierzehnheiligen im Frankenlande. Ein Hülferuf an alle frommen Christen ꝛc. Mit 2 Kpfrtaf. gr. 12. Augsb. 841. Kollmann. 1/6 ℛ

v. Reider, Jak. Er., das Bienenbüchlein für Jung u. Alt, oder das Ganze der Bienenzucht u. Bienenhaltung, auch die neue verbess. prakt. Lehre der Korbbienenzucht in der Kundgebung der Geheimnisse der Bienennatur ꝛc., nach eigner 30jähr. Erfahrung. gr. 8. Leipzig 842, Schwickert. 3/8 ℛ

Reider J. E. v.: Die rationelle Bienenwirthschaft, od. Theorie u. Praxis d. gesammten Bienenhaltung ... Nürnb. u. Leipz. 1825. (10) 360 S.
(M. kronologisk ordnet Bibliografi (24) S.).

— die rationelle Bienenwirthschaft, od. Theorie u. Praxis der gesammten Bienenhaltung, nach d. ältern u. neuesten Erfahrungen versucht, geprüft u. berichtigt. gr. 8. Nürnb. 825. Zeh. 1 ℛ 8 gℊ

Reider J. E. v.: Der vollkommene Blumengärtner od. die Praxis d. Blumenzucht ... Leipz. 1831. 312 S.

—— der vollkommene Blumengärtner, od. d. Praxis d. Blumenzucht in Anwendung e. verbess. u. erleicht. Kultur aller Blumenpflanzen, d. Anlegung u. Einricht. aller Arten Blumengärten, des Zimmer- u. Fenster-Gartens ꝛc. gr. 8. (20½ B.) Leipzig 831, Rein.

— Blumenkalender, od. die monatl. Verrichtungen bei d. Blumenzucht im Garten, Glas- u. Treibhaus, im Zimmer u. vor d. Fenster. gr. 8. Frankf. a. M. 828. Wesché. 16 gℊ

— Blumen-Calender, od. d. monatl. Verricht. b. d. Blumenzucht im Garten, Glas- u. Treibhaus, im Zimmer u. vor d. Fenstern. 8. Frankfurt, 1829. 2. Ausg. 1833. (Wesché.) — 15

— Blumen-Calender, oder die monatl. Verrichtungen bei der Blumenzucht im Garten, Glas- u. Treibhaus, im Zimmer u. vor den Fenstern. N. Ausg. 8. Frankf. 833. Wesché. 1/2 ℛ

— der schnell unterrichtende Botaniker und Blumist, oder vollständ. Verzeichniß aller Blumen u. Zierpflanzen in der Beschreibung der Arten der Blumen, Vaterland u. Kultur, Höhe und Preise, so wie deren besond. Eigenheiten ꝛc. gr. 8. Nürnberg 835. Zeh. 2 ℛ

—— der schnellunterrichtende Botaniker und Blumist. Vollständiges, alphabet. geordnetes Handbuch aller Blumen und Zierpflanzen. 2. Ausg. gr. 8. (XVI und 696 S.) Nürnberg 847, Lotzbeck. *

v. Reider, Jak. Er., das Geschlecht Cheiranthus u. insbesond. die Zucht u. Cultur d. Lacks u. d. Levkojen. 8. Nürnb. 827. Zeh. 12 gℊ

Reider, J. E. von: „Die neuesten Entdeckungen in den wichtigsten Gegenständen der Landwirthschaft und des Gartenbaues, der Bienen- und Seidenraupenzucht, dem Wein-, Hopfen-, Tabaks- und Hanfbau, dem Versetzen der Bäume, Maulbeerbaumzucht etc.", Hamburg 1831 (Dorsch).

Reider, Jakob Ernst v[on]: Die neuesten Entdeckungen in den wichtigsten Gegenständen der Landwirthschaft und des Gartenbaues, bei der Bienen- und Seidenraupenzucht, dem Weintraubenbau, dem Hopfen-, Tabaks- und Hanfbau, ... Bamberg: Dresch 1835. XVI, 168 S. -- 12°
--- Dass. Neue Ausg. Augsburg 1841. -- [Zit. nach Heinsius]

— die neuesten Entdeckungen in den wichtigsten Gegenständen der Landwirthschaft und des Gartenbaues, bei der Bienen- u. Seidenraupenzucht, dem Weintrauben-, Hopfen-, Tabacks- u. Hanfbau, sowie bei dem Versetzen der Bäume, Acclimatisirung des Feigenbaumes, des Rosmarins, der Zucht u. Kultur der Maulbeerbäume, und Vertilgung einiger schädl. Insekten in den Gärten. 8. Bamberg 835. Dresch. 1/4 ℛ

Reider, Jakob Ernst von: Die neuesten Entdeckungen in den wichtigsten Gegenständen der Landwirthschaft und des Gartenbaues, bei der Bienen- und Seidenraupenzucht, dem Weintraubenbau, ... [Neue Ausg.] Augsburg: Jenisch & Stage'sche Buchhandl. in Comm. 1841. XVI, 168 S. -- 21°

— die neuesten Entdeckungen in den wichtigsten Gegenständen der Landwirthschaft u. des Gartenbaues, bei der Bienen- u. Seidenraupenzucht, dem Weintraubenbau ꝛc. ꝛc. (Neue Ausg.) 8. Augsburg 841, v. Jenisch u. Stage'sche B. 3/8 ℛ

v. Reider, Jak. Ernst, die neuesten Erfahrungen im Anbau der Melonen, Gurken, Kirbisse u. Artischocken auf freiem Felde. 8. Augsburg 840. v. Jenisch u. Stage. 1/4 ℛ

— u. C. W. Hahn, fauna Boica, od. gemeinnützige Naturgeschichte d. Thiere Baierns. 17 Hefte à 12 ill. Steint. gr. 8. Nürnb. 830—32. Zeh. (à 16 gℊ) 11 ℛ 8 gℊ

— und C. W. Hahn, Fauna boica, oder gemeinnützige Naturgeschichte der Thiere Bayerns. 18e, 20e — 27e u. 29e Lfrg. Vögel. 6s — 15s Hft. Mit ill. Kpfrn. gr. 8. Nürnberg 832 — 35. Zeh. (à 3/4 ℛ) 7½ ℛ (Vergl. Thl. IV. S. 465.) — 19e u. 28e Lfrg. Fische. 2s u. 3s Hft. Mit ill. Kpfrn. gr. 8. Ebd. 833, 34. (à 3/4 ℛ) 1½ ℛ — 1e — 29e Lfrg. a. u. d. T.: Amphibien, mit 24 Taf. 1½ ℛ — Fische, mit 36 Taf. 2¼ ℛ — Säugethiere, mit 60 Taf. 3¾ ℛ — Deutschlands Vögel, mit 82 Taf. 11½ ℛ (Zusammen 19 ℛ)

— der Fenster- u. Zimmer-Garten, od. Haltung u. Pflege der vorzügl. Blumen, welche sich im Zimmer ꝛc. ziehen lassen. Sammt sinniger Deutung der Blumen. 12. Nürnb. 816. Zeh. 10 gℊ

— d. Fenster- u. Zimmer-Garten, od. Haltung u. Pflege d. vorzügl. Blumen, welche sich im Zimmer ꝛc. ziehen lassen. Sammt sinniger Deutung d. Blumen. 12. Nürnberg 826, Zeh.

—— der Fenster- und Zimmer-Garten, oder: Haltung und Pflege der vorzüglichsten Blumen, welche sich im Zimmer, vor dem Fenster und in einem Hausgärtchen ziehen lassen. Sammt einem Anhange: Die sinnige Deutung der Blumen. 2. (Titel-) Ausg. 12. (84 S.) Nürnberg 849, Lotzbeck.

— das Ganze der Blumenzucht, oder: die Kunst, in der kürzesten Zeit ein vollkommener Blumengärtner zu werden ꝛc. 8. Nürb. 825, Zeh.

—— das Ganze d. Blumenzucht, od. d. Kunst, in d. kürzesten Zeit e. vollkommener Blumengärtner zu werden, u. zwar alle Pflanzen selbst zu erkennen u. zu benennen ꝛc. Ein nothwend. Handb. f. Gärtner ꝛc. gr. 8. ... Nürnberg 831, Zeh.

— das Ganze der Blumenzucht. Theoret.-prakt. Unterricht in kürzester Zeit ein vollkommener Blumengärtner zu werden. 2. Ausg. gr. 8. (VIII u. 390 S.) Ebd. 847. ⅚ Thlr.

— das Ganze d. Dienstbotenhaltung nach d. Dienstvertrage u. einer allgem. Dienstbotenordnung. 8. Nürnb. 823. Zeh. 5 Gr.

— das Ganze d. Fischerei, als Angel-Netzfischerei u. Teichwirthschaft, sammt d. Naturgeschichte d. deutschen Fischarten. Mit e. Anh., die Zubereitung d. Fische aller Art als Speise. gr. 8. Nürnb. 824. Zeh. 1 Thlr. 8 Gr.

Reider J. E. v.: Das Ganze d. Fischerei als Angel-, Netzfischerei u. Teichwirthschaft sammt der Naturgeschichte d. deutschen Fischarten. M. e. Anh.: die Zubereitung d. Fische aller Art als Speise. Nürnb. u. Leipz. 1825. 335 S.

— das Ganze d. gesammten Gärtnerei, od. die Kunst, in kurzer Zeit ein vollkommener Gärtner zu werden; in d. monatlichen Verrichtungen des Blumen-, Gemüse- u. Obstgartens, des Hopfen- u. Weinbaues. gr. 8. Berl. 821. Trautwein. 1 Thlr. 3 Gr.

—— das Ganze d. gesammt. Gärtnerei, od. d. Kunst, in kurzer Zeit e. vollkomm. Gärtner zu werden; in d. monatl. Verrichtungen d. Blumen-, Gemüse- u. Obst-Gartens, d. Hopfen- u. Weinbaues. Lex.-8. (17½ B.) Berlin 831, Trautwein.

Jakob Ernst von Reider, Das Ganze des Hopfenbaues oder die neue verbesserte Lehre des Hopfenbaues. Augsburg 1837.
(W) 2. Auflage 1840.

—— das Ganze d. Hopfenbaues ꝛc. 1. Aufl. gr. 12. (3⅔ B.) 837. ¼ Thlr., 2., gänzl. umgearb. u. verm. Aufl. 8. (5½ B.) Augsburg 841, v. Jenisch u. Stage'sche Buchh.

—— das Ganze des Hopfenbaues. 3., umgearb. u. verm. Aufl. 8. (5½ B.) Augsburg 844, v. Jenisch u. Stage'sche Bh.

— das Ganze d. Kardendistelbaues. 8. Nürnb. 822. Zeh. 9 Gr.

— das Ganze des Kartendistelbaues. 8. Nürnb. 823, Zeh.

— das Ganze d. Leinbaues, d. Flachsveredlung, d. Flachsspinnens, Webens u. Bleichens. gr. 8. Leipz. 824, Cnobloch.

--- Ders.: Das Ganze der Obstbaumzucht und des Obstbaues im Freien. Das Ganze des Weinbaues, der Topfobstbaumzucht, und die praktische Lehre über Unterhaltung und Vermehrung der Citronen-, Pomeranzen- und Feigenbäume, oder die Orangerie überhaupt, dann die Kunst, Weintrauben, Pflaumen, Kirschen und Pfirschen frühzeitig zu treiben, so wie die zweckmäßigste Verwendung u. Benutzung alles Obstes, dessen Aufbewahrung und Dörren etc. Nürnberg: Zeh 1839. XVI, 372 S. -- 12°
--- Dass. 2. Ausg. 1849. -- [Zit. nach Dochnahl]

—— das Ganze der Obstbaumzucht und des Obstbaues im Freien. Das Ganze des Weinbaues, der Topfobstbaumzucht ꝛc., dann die Kunst, Weintrauben, Pflaumen, Kirschen und Pfirschen frühzeitig zu treiben, sowie die zweckmäßigste Verwendung und Benutzung alles Obstes, dessen Aufbewahrung und Dörren ꝛc. 2. (Titel-)Ausg. gr. 8. (VIII und 372 S.) Nürnberg 849, Lotzbeck.

—— das Ganze d. Rosen-Kultur, od. d. Kunst, in jedem Monat Rosen in Blüte u. in Menge zu haben, alle Rosenarten schnell u. sicher zu vermehren u. neue Rosenarten zu erzielen. gr. 12. (3½ B.) Nürnberg 829, Zeh.

— das Ganze der Schafzucht für Landwirthe, Schafzüchter u. Schäfer; in der Kundgebung eines unfehlbaren Mittels, wie man in jeder Flur ꝛc. ein paar Tausend Schafe sicher halten, gegen Krankheiten verwahren, veredeln ꝛc. kann. 8. Augsburg 840. v. Jenisch u. Stage. ⅓ Thlr.

— das Ganze der Schafzucht für Landwirthe, Schafzüchter u. Schäfer. 2. Ausg. 8. Ebend. 844. ⅓ Thlr.

— das Ganze des Tabaksbaues. Nach eigner u. den besten neuern Erfahrungen, rationell f. Landwirthe bearbeitet. 2e Ausg. gr. 8. Nürnb. 826, Zeh.

— d. Ganze d. Weinbaues. D. Weinbau im Berge u. d. Traubenbau am Spalier. Aus langjähr. Erfahr. u. auf Beobacht. d. Weinbaues am Rhein u. in Franken an Ort u. Stelle geprüft u. berichtigt. 8. Leipzig, 1835. Jackowitz. (1. —) — 10

--- Ders.: Das Ganze des Weinbaues. Der Weinbau und der Traubenbau am Spalier aus langjähriger Erfahrung und auf Beobachtung des Weinbaues am Rhein und in Franken an Ort und Stelle geprüft und berichtiget. Leipzig: Vetter & Rostosky 1835. XVI, 176 S. -- 21°. Frei 100°

J. v. Reider, Bambergs Gartenbau als die höchste Kultur des Grund- und Bodens in Deutschland.
Verf. fruchtbarer landw. u gartenbaulicher Schriftsteller.
Gesamtwerk siehe Dochnahl, Nr. 1119. (W)
Leipzig 1821.

— die Geheimnisse d. Blumisterei, in Beschreibung u. die Kultur aller bekannten Garten-, Glas-, Treibhaus-Blumen u. Ziergewächse ꝛc. gr. 12. Nürnb. 821. 2e A. ... 3e A. 825. Zeh. 2 Thlr. 2r Bd. A. u. d. T.: Beschreib. d. neuesten, noch sehr seltenen u. schönen Blumen- u. Ziergewächse, nebst deren Kultur u. Vermehrung, auch die Kunst, die Blumen ohne Glas- u. Treibhaus im Zimmer u. vor d. Fenster zu ziehen. gr. 12. Nürnb. 828. Zeh. 2 Thlr. 3r u. letzter Bd. Mit Register. A. u. d. T.: Fortsetz. u. Schluß d. Beschreib. d. neuesten noch sehr seltenen u. schönen Blumen ꝛc. 830. 2 Thlr.

— d. Geheimnisse d. Blumisterei m. Beschreib. u. d. Kultur aller bekannten Garten-, Glas- u. Treibhaus-Blumen- u. Ziergewächse etc. 3 Bde. gr. 12. Nürnberg, 1821. 2. Aufl. 1824. 1. Bd 3. Aufl. 1826. 2. u. 3. Bd a. u. d. T.: Beschreibung d. neuesten, noch sehr seltenen u. schönen Blumen- u. Ziergewächse, nebst deren Cultur u. Vermehrung etc. 1828 u. 30. 4. Aufl. 3 Bde. Ebend. 1842 u. 43. (4½ —) 1. 10

—— dass. 3. (letzt.) Bd. Mit vollständ. Register üb. die in den 3 Bdn. beschrieb. Pflanzen, ihre Arten u. Spielarten. — A. u. d. T.: Fortsetz. u. Schluß d. Beschreib. d. neuesten noch sehr selt. u. schönen Blumen u. Ziergewächse ꝛc. gr. 12. (40 B.) Ebds. 830.
1. Bd. 3. Aufl. Ebendas. 1825. 2 Thlr.

—— die Geheimnisse der Blumisterei in Beschreibung u. Kultur aller bekannten Garten-, Glas- u. Treibhaus-, Blumen- u. Ziergewächse ꝛc. 4. Aufl. 3 Bde. (34 Lfgn.) breit 12. (109¼ B.) Nürnberg 842—44, [Lotzbeck.] (à Lfg. 3¾ Ngr.)

—— die Geheimnisse der Kunstgärtnerei in allen Zweigen. Enthaltend: die Kultur, Fortpflanzung u. Vermehrung der Pflanzen, den Gemüsbau, die Obstbaumzucht, die Blumengärtnerei. Nebst Anleit., wie Gärten mit Geschmack anzulegen u. zu verzieren sind. gr. 12. (15 B.) Aarau 843, Sauerländer, Vrlgsh.

Reider, Jac. Ernst v., allgem. prakt. Handbuch d. gesammten Gärtnerei ꝛc. Mit e. Anh.: die Lehre, alle Arten Gärten nach d. französ., engl. u. deutschen Gartengeschmacke anzulegen, Naturanlagen zu machen, u. solche zu verzieren. gr. 8. (36 B.) Augsburg 839, v. Jenisch u. Stage'sche Buchh.

—— Handbuch d. Blumenzucht, oder d. Kunst, alle Pflanzen selbst zu erkennen u. zu benennen, zu kultiviren ꝛc., warme Beete anzulegen, zweckmäß. Gewächshäuser zu erbauen u. einzurichten, alle Pflanzen sicher zu überwintern, Gärten anzulegen u. mit Blumen zu zieren. gr. 8. (25½ B.) Nürnberg 828, Zeh.

J. E. Reider, Handbuch des gesamten Gartenbaues nach monatlichen Verrichtungen. Halle 1838.
(W)

— vollständ. prakt. Handbuch der gesammten Blumengärtnerei ꝛc. gr. 8. Ebend. 843. 1 Thlr.

— der vollkommene Handelsgärtner in Verbindung mit der vollständ. Kunstgärtnerei. Oder d. richtige, gewinnreiche Betrieb des Samen- u. Pflanzenhandels durch Kauf, Tausch, Vermehrung, Vervollkommnung u. Veredlung aller Nutz- u. Zierpflanzen. 8. Weimar 843, Voigt. 3/4 ß

— der gut eingerichtete ökonomische Hausgarten, oder das Ganze des Gemüsebaues, des Obstbaues und der Baumzucht, dann der Blumengärtnerei. gr. 8. Leipzig 842, Schwickert. 5/6 ß

Reider, J. E. von, der Hopfenbau. Für jeden Oekonomen das rechte Mittel bald reich zu werden, in dem entdeckten Geheimnisse sich jährlich eine sichere Hopfenerndte zu verschaffen. 8. (Leipzig, Hinrichs in Comm.) 819.

— — Dasselbe auch Monath u. K. in Comm.

— der Hopfenbau. Für jeden Oekonomen d. rechte Mittel bald reich zu werden, in d. entdeckten Geheimnisse, sich jährl. eine sichere Hopfenerndte zu verschaffen. 8. Leipz. (u. Münch.) 819. (Weber). 3 ℊ

Jakob Ernst von Reider, Der Hopfenbau und die **neuesten Entdeckungen hierin** usw., so wie über die sicheren Merkmale, um den Hopfen ohne Siegel und Züge zu erkennen. Nürnberg 1827. (W)

— d. Hopfenbau u. die neuesten Entdeckungen hierin, um sich jährlich eine sichere Hopfenerndte zu verschaffen. Mit ill. Abbildd. gr. 8. Nürnb. 827. (Zeh). 14 ℊ

Jakob Ernst von Reider, Der Hopfenbau für jeden Ökonomen das rechte Mittel, bald reich zu werden. Hersbruck 1819. (W)

Reider J. E. v.: Hersbrucks Hopfenbau als Beweis, dass der inländische Hopfen den böhmischen ... Hopfen gleich komme. Bamb. u. Leipz. 1819. 190 S.

— Hersbrucks Hopfenbau. Als Beweis, daß der inländ. Hopfen den böhmischen Hopfen wo nicht übertreffe, doch ihm ganz gewiß gleichkomme. gr. 8. Bamb. 819, jetzt Dresch. 5/6 ß

— Hersbrucks Hopfenbau, als Beweis, daß d. inländ. Hopfenbau d. böhm. Hopfen, wo nicht übertreffe, doch ihm ganz gewiß gleichkomme. gr. 8. Bamb. 819. Kunz. 20 ℊ

— Hersbrucks Hopfenbau als Beweis, daß der inländische Hopfen den böhmischen Hopfen wo nicht übertreffe, doch ihm ganz gewiß gleichkomme. Auch das Ganze des Hopfenbaues u. Hopfenhandels. 2. umgearb. Aufl. Mit 1 col. Kupfertaf. gr. 8. Leipzig 843, Schwickert. 2/3 ß

– s. J ä c k , Joachim Heinrich: Pantheon der Literatur und Künstler Bambergs.

— der Küchen-Garten, od. Handbuch d. Gemüsbaues im Garten, auf d. Felde u. in warmen Beeten. Mit e. Anh.: Die Kultur der Ananas, der Melonen, des Safrans u. des Rosmarins. gr. 8. Frankf. a. M. 820. Wesché. 1 ß

— Küchen-Garten, od. Handb. d. Gemüsbaues im Garten, auf d. Felde u. in warmen Beeten. Mit e. Anh.: d. Kultur d. Ananas, d. Melonen, d. Safrans u. d. Rosmarins. 8. Frankfurt, 1829. 2. Ausg. 1833. (Wesché.) — 20

— Küchen-Garten, oder Handbuch des Gemüsebaues im Garten, auf dem Felde u. in warmen Beeten. Mit e. Anhange: Die Kultur der Ananas, der Melonen, des Safrans und des Rosmarins. N. Ausg. 8. Frankfurt 833. Wesché. 2/3 ß

— die Kultur des Beerenobstes, so wie mit einem Anhange: Die Kultur des Rosmarins und die Vermehrung der Pflanzen durch Stecklinge im Freien, grüne Hecken anzulegen rc. 8. Augsburg 840. v. Jenisch u. Stage. 1/4 ß

— die Kultur u. Fortpflanzung des Feigenbaumes im freien Lande und im Topfe, für ganz Deutschland. 8. Leipzig 835. Jakowitz. 3/8 ß

— die höchste Kultur aller Blumenpflanzen, um zu jeder Jahreszeit im Garten, im Zimmer u. vor d. Fenster alle Arten Blumen heranzutreiben u. zu pflegen, vorzüglich die Kunst, die neuesten u. kostbarsten Blumenpflanzen, auch Hyacynthen, Tulpen, Rosen rc., bis Weihnachten z. Blüthe zu bringen, u. d. ganzen Winter Blumen in Menge; dann um Weihnachten Spargel, Salat u. Radies, zu Fastnacht Erdbeeren u. Kirschen, zu Ostern Pflaumen u. Weintrauben, Blumenkohl, Bohnen u. Gurken, dann sicher alle Jahre im Junius, Julius Melonen u. Ananas zu ziehen. Das Resultat 30jähr. Erfahrung eines versuchten prakt. Gärtners. gr. 8. Münch., Stuttg. u. Tübing. 832. v. Cotta. 16 ℊ

— die Kultur des Senftes, Anis u. Fenchels auf dem Felde. 8. Ebd.... 1/6 ß

—— die systemat. Kultur aller bekannt. Blumen- u. Zierpflanzen. 8. (16 B.) Augsburg 833, (n. Tit. 834,) v. Jenisch u. Stage'sche Buchh.

— die systemat. Kultur aller bekannten Blumen- u. Zierpflanzen. 8. Augsburg 834. v. Jenisch u. Stage. 1 1/4 ß

—— die verbess. Kultur d. vorzüglichsten Farbepflanzen, des Krapps, des Waids, des Saflors u. des Safrans. Für große u. kleine Wirthschaften in allen Gegenden. 8. (4 B.) Augsburg 840, v. Jenisch u. Stage'sche Buchh.

—— die verbess. Kultur d. Zuckerrunkeln u. das Ganze d. Fabrikation d. Zuckers aus Zuckerrunkeln rc. 8. (5 B.) Augsburg 840, v. Jenisch u. Stage'sche Buchh.

Reider, Jak. Ernst v., d. treue Kundgebung d. Geheimnisses Ananas im Mistbeete, Spargel v. ungewöhnl. Dicke, d. geschmackhaft. Meerrettig u. d. grössten Scheiben Blumenkohl, Melonen ohne Mistbeet in jeder Gegend auf dem freien Felde in Menge u. höchster Vollkommenheit anzuziehen. Mit d. Anh. Süssholz auf d. geringsten Sandboden z. bauen u. d. Boden damit in Fruchtbarkeit z. setzen. 8. Augsburg, 1839. v. Jenisch u. Stage. — 10

—— die Kunst, Bamberger Bier zu brauen. 8. (3 B.) Cölleda 837. (Weißensee, Großmann.)

— die Kunst, Bamberger Bier zu brauen. 8. Cölleda 837. (Weißensee, Häßler.) 1/3 ß

— die Kunst, Hyacinthen, Tulpen, Veilchen, Maiblumen, Rosen, Springen, Camellien u. Azaleen, dann noch viele andere Pflanzen zu treiben, um den ganzen Winter über Blumen in Menge zu haben. 8. Leipzig 834. Rein. 3/8 ß

— die Kunst, selbst die kostbarsten Blumengewächse ohne Glas- u. Treibhaus sich zu verschaffen. 8. Nürnb. 827. Zeh. 8 ℊ

— die Kunst selbst die kostbarsten perennirenden Blumengewächse ohne Glas- u. Treibhaus sich zu verschaffen. Das Resultat 20jähr. Versuche f. Blumenfreunde. 2. (Titel-)Ausg. 8. (22 S.) Ebd. 849. 1/4 ß

R e i d e r , J. E. von: „Die rationelle Landwirthschaft nach ihrem ganzen Umfange in der Uebersicht der Grundsätze derselben im Allgemeinen, dann der Viehzucht, des Feld- und Gartenbaues, der Holzzucht etc.", 2 Theile, Würzburg 1820 (Stahel).

— die rationelle Landwirthschaft nach ihrem ganzen Umfange in d. Uebersicht d. Grundsätze derselben im Allgemeinen, dann d. Viehzucht, d. Feld- u. Gartenbaues, der Holzzucht 2c. 2 Thle. gr. 8. Würzb. 821. Stahel. 2 ℛ 16 ℊ

Reider, Jak. Ernst v., d. rationelle Landwirthschaft nach ihrem ganzen Umfange etc., d. Feld- u. Gartenbaues etc. 2 Thle. gr. 8. Würzburg, 1821. Neue Aufl. 1834. Stahel. 1. —

—— Lehrbuch d. deutsch. Landwirthschaft nach eignem Systeme. gr. 8. (28 B.) Leipzig 833, [Böhme.]

Reider, J. E. von: „Lehrbuch der deutschen Landwirthschaft nach eigenem System", Leipzig 1833 (Hartmann).

--- Ders.: Die praktische Lehre des gesammten Obst- und Weinbaues in der Kundgebung der neuesten Entdeckungen, wie in jeder Gegend jährlich eine sichere Obsternte erzielt, und der Mißwachs vermieden werden kann. ... Augsburg: v. Jenisch u. Stage 1839. XVI, 110 S. -- 12.21*

—— die prakt. Lehre d. gesammten Obst- u. Weinbaues in d. Kundgebung d. neuesten Entdeckungen, wie in jeder Gegend eine sichere Obsternte erzielt, u. d. Mißwachs vermieden werden kann. — Dann d. erweit. Obstbau, das sicherste Mittel d. drohenden Holzmangel vorzubeugen. 8. (8 B.) Augsburg 839, v. Jenisch u. Stage'sche Buchh.

Reider J. E. v.: Die Lehre d. Tabacksbaues u. d. gesammten Tabacksfabrikation ... Nürnb. u. Leipz. 1824. 132, 208 S. (T.-bau og -fabrikation begge m. særsk. Pag.).

— die Lehre des Tabaksbaues u. d. gesammten Tabaksfabrikation. gr. 8. Nürnb. 824, Zeh.

— die Lehre d. Tabaksbaues u. d. gesammten Tabaksfabrikation. gr. 8. Nürnb. 825. Zeh. 1 ℛ 8 ℊ

—— die verbess. prakt. Lehre d. Flachs- u. Hanfbaues in bess. Elementen, um eine reichere Erndte zu erzielen, sowie d. Kundgebung d. Mittel f. Veredlung d. Flachses u. Hanfes z. Verbrauch u. Verkauf. 8. (6 B.) Augsburg 840, v. Jenisch u. Stage'sche Bh.

— d. Mode-Blumen, od. Kultur d. Camellien, Azaleen, Hortensien etc. f. Blumenfreunde, welche weder Glas- noch Treibhaus besitzen, um ihre Fenster doch d. ganze Jahr über mit d. schönsten Blumen z. zieren. 3 Hfte. gr. 12. Nürnberg. 1829—31. (Lotzbeck.) (1. 12½) — 7

—— die Mode-Blumen, od. Kultur d. Camellien, Azaleen, Hortensien, Nerium, Oleander, Volkamerien, Balsaminen, Aster, so wie aller Basilikum. Für Blumenfreunde, welche weder Glas- noch Treibhaus besitzen, um ihre Fenster doch das ganze Jahr über mit d. schönsten Blumen zu zieren. Auf langjähr. Erfahr. dargest. 3 Hfte. gr. 12. Nürnberg, Zeh. [1. (4½ B.) 829., 2. (5 B.) 830. à 10 Gr., 3. (8 B.) 831. 14 Gr.]

– s. Müller, J. C. F.: Der vollständige Monatsgärtner.

J. E. v. Reider, Nachweis des literarischen Wirkens in Edirung von 100 completen wissenschaftlichen Werken. Ludwigstadt 1852. (W)

Reider, Jak. Er. v. Die Natural-Auszehntung des Hopfens nach rechtl. und wirthschaftl. Ansicht als das höchste Unrecht. 8°. Passau, Pustet, 1822.

— Naturgeschichte f. die Jugend u. z. Selbstunterrichte. 2 Bde. Mit 210 fein illum. Abbildd. auf 16 Kpftaf. gr. 8. Nürnb. 826. Zeh. 3 ℛ

— das einzig richtige Prinzip der Forstwirthschaft. Zur dringenden Berücksichtigung für Finanzbeamte, Forstmänner u. Landwirthe, in dem Nachweise, daß die Beibehaltung der bisherigen Grundsätze der Forstwirthschaft das Verderben der Völker herbeiführen müssen. 8. Ebd. 840. 1/4 ℛ

– s. Rochol, A.

— der verbesserte Spargelbau. Nach eigenen u. den neuesten Erfahrungen. 8. Leipzig 835. Jakowitz. 3/8 ℛ

—— der vollkomm. Stubengärtner, od. Anweis., d. schönsten Blumen im Zimmer u. vor d. Fenster zu ziehen, um d. ganze Jahr über Blumen zu haben. gr. 8. (17½ B.) Leipzig 832, Rein.

— der vollkommene Stubengärtner, oder Anweisung, die schönsten Blumen im Zimmer u. vor dem Fenster zu ziehen, um das ganze Jahr über Blumen zu haben. 2e verm. Aufl. gr. 8. Leipzig 838. Rein. 1 ℛ

— der erfahrne Tabaksfabrikant in Verfertigung aller Sorten In- u. Ausländ. Rauch- u. Schnupftabake. 2e Aufl.. gr. 8. Nürnb. 825, Zeh.

— s. Theuß, Thdr., Handbuch d. gesammt. Gartenbaues.

—— der Treibkasten in sein. Unentbehrlichkeit f. höh. Blumisterei. Mit Abbild. e. Treibkastens. gr. 12. (1½ B.) Nürnberg 829, Zeh.

— der Treibkasten in seiner Unentbehrlichkeit f. höh. Blumisterei. 2. (Titel-)Ausg. Mit einer Abbildung des Treibkastens. 12. (36 S.) Ebd. (829) 849. 1/6 ℛ

— d. Treibkasten in seiner Unentbehrlichkeit f. höhere Blumisterei. Mit d. Abbild. e. Treibkastens. gr. 12. Nürnberg, 1829. 2. Ausg. 1849. (Lotzbeck.) (— 7½) — 5

REIDER, Jakob Ernst v.: Das Verhältniss der Jagd in der Kundgebung der Jagdgeheimnisse, um in der kürzesten Zeit ein vollkommener Jäger, und durch die Jagd reich zu werden. - Augsburg 1840. 124 S.

— das Verhältniß der Jagd in der Kundgebung der Jagdgeheimnisse, um in der kürzesten Zeit ein vollkommener Jäger u. durch die Jagd reich zu werden. 8. Augsburg 840. v. Jenisch u. Stage. 1/2 ℛ

— die landwirthschaftl. Verhältnisse, berechnet f. d. Königreich Baiern. gr. 4. Hersbrück 819. (Kunz in Bamb.) 1 ℛ 10 ℊ

— Verzeichniss d. z. Tausch od. Verkauf vorhand. Blumen- u. Zierpflanzen in d. v. Hepp'schen Garten z. Nürnberg. gr. 8. Ebend. 1830. — 7½

– s. Vothmann, Jh. Geo.: Garten-Katechismus für Landleute.

— pharmaceut. Waarenkunde, s. Reicholdt, Eph.

– s. Weise, J. Chr. G.: Bier- und Essigbrauer.

REIDER, Jakob Ernst v.: Der Wildschaden, die reichste Finanzquelle, das verloren gegangene und wieder aufgefundene Geheimniss, die Renten eines herabgekommenen Gutes zu verzwanzigfachen etc. Zur Ermunterung für Jäger, Gutsbesitzer, Finanzmänner und Jagdfreunde. - Augsburg 1838. 16 S.

— der Wildschaden, die reichste Finanzquelle, das verloren gegangene und wieder aufgefund. Geheimniß, die Renten eines herabgekomm. Gutes zu verzwanzigfachen, um schnell reich zu werden. gr. 12. Ebd. 838. 1/6 ℛ

Reider, J. E. W.: „Die rationelle Wirthschaft nach ihrem ganzen Umfange", Würzburg 1820.

—— die landwirthschaftl. Zeitung, s. Zeitung.

— die Zucht u. Haltung des Rindviehes. Ein treuer Rathgeber f. den Landmann, wie er sich schönes, gesundes Rindvieh erziehen kann 2c. Mit einem Anh.: Der Vieh-Handel, bisher das unfehlbare Mittel, schnell große Reichthümer zu sammeln. gr. 8. (VI u. 152 S.) Leipzig 852, Leiner. n. $^2/_3$ ℛ

— **Jeremias** (Brieg/Schlesien), Selectarum quae ad usum fori spectant observationum sylloges diss. VII. Präs. Jo. Wilhelm Hoffmann. Frankfurt/Oder (S. G. Alex) 27. VIII. 1735. S. 119—128. (—.—) 28042

Reider, J(ohann) Ad(am) von: Abhandlung über das gelbe Fieber, die Ursachen seiner Entstehung, die Gesetze seiner Verbreitung und die Unzweckmäßigkeit der bisher dagegen angewandten Sanitäts-Polizey- und Quarantaine-Gesetze. Als Grundlinien eines grösseren Werkes über diesen Gegenstand. 95 S., gbd.

Wien: typ.Strauss 1828

JB 5.118

v. Reider, Edler J. A., die Cholera zu Wien. Ein Sendschreiben an C. F. v. Gräfe. (Aus Gräfe u. Walthers Journal abgedruckt). gr. 8. Berl. 831. Reimer. 4 ℛ

Reider, J(ohann) Ad(am) von: Untersuchungen über die epidemischen Sumpffieber, die Gesetze ihrer Entstehung, ihrer Verbreitung, die Mittel zu ihrer Verhütung und schnellen Beendigung, mit vorzüglicher Rücksicht auf das gelbe Fieber und die gegen letzteres bisher angewandten unzweckmäßigen Quarantaine-, Polizei- und Sanitätsgesetze. 416 S., gbd.

Leipzig: Voss 1829

JB 5.119

v. Reider, Mart., († d. 28. April 1799.) s. Recht, das peinl.

Reider, Martin J. von (kgl. Lehrer der techn. Zeichnung) „Die Bemühungen der Deutschen in Erforschung der Denkmäler altdeutscher Baukunst, vorzüglich ihrer Bauregeln". pg. 1—16. 4°. Humann.
Bamberg, Progr. 1840/41

Reider, Martin J. v., die Bemühungen der Deutschen in Erforschung der Denkmäler altdeutscher Baukunst, vorzüglich ihrer Bauregeln. gr. 4. ($2^1/_4$ B.) Bamberg 841, (Hohbach'sche Bh.) *

v. Reider, Mart. J., die Bemühungen der Deutschen in Erforschung der Denkmäler altdeutscher Baukunst, vorzüglich ihrer Baurегeln. gr. 4. Bamberg 841. (Literar.-artist. Institut.) n. $6^1/_4$ nℊ

Reider, Martin J. von (Lehrer des techn. Zeichnens) „Die Bemühungen der Teutschen in Erforschung der Denkmäler altteutscher Baukunst, vorzüglich ihrer Bauregeln". (Erste Fortsetzung) nebst einem kurzen Berichte über Schropp's Kölner Dombau-Modell. pg. 3—28. 4°. Humann.
Bamberg, Progr. 1846/47

Reiding, Fovo Sytzes (Friesl.), Ad leg. XIX. De ritu nupt. Diss. jur. Francker/Niederl. 1747. S. 267 bis 302. (4.—) 28043

Reidinger, Hans, s. Reidinger, Johann

Reidinger, Joh., fünfstellige Logarithmen-Tafeln z. Schulgebrauche, s.: Močnik, Frz. Ritter v.

— Logarithmisch-trigonometrische Tafeln, s.: Močnik, Frz. Ritter v.

Reidinger, Johann (Hans) Uebersichtliche Zusammenstellung der meteorologischen Verhältnisse von Weidenau für die Jahresperiode vom 1. Jänner bis 31. December 1891. (Umschlagtitel: Die meteorologischen Verhältnisse von Weidenau im Jahre 1891). 8 (S. 38—41). Uebersichtliche . . . 1892. (Umschlagtitel: Die . . . 1892.) 8 (S. 33—36). Uebersichtliche . . . 1893 bis 31. December 1893. (Umschlagtitel: Die . . . Weidenau und Umgebung im Jahre 1893). 8 (S. 33—36). Übersichtliche . . . vom 1. Jänner bis 31. December 1894. (Umschlagtitel: Die . . . 1894). 8 (S. 35—38).
K. k. Staats-Oberg. *Weidenau* 1891. 1892. 1893. 1894. 1895.
Progr.

Reidinger, *Hans* (Umschlagtitel: Johann): Übersichtliche Zusammenstellung der meteorologischen Verhältnisse von Weidenau für die Jahresperiode von 1. Jänner bis 31. December 1895. (Umschlagtitel: . . . von Weidenau und Umgebung im Jahre 1895.) 8 (S. 71—74). . . . vom . . . 1896 (Umschlagtitel: . . . 1896.) 8 (S. 21—24). . . . 1897. (Umschlagtitel: . . . 1897.) 8 (S. 33—36). . . . 1898. (Umschlagtitel: . . . 1898.) 8 (S. 44—47). . . . 1899. (Umschlagtitel: . . 1899.) 8 (S. 25—28).
K. k. Staats-Oberg. (Staats-G.). *Weidenau* 1896. 1897. 1898. 1899. 1900.
Progr.

Reidinger, Johann: Übersichtliche Zusammenstellung der meteorologischen Verhältnisse von Weidenau für die Jahresperiode vom 1. Jänner bis 30. December 1900. (Umschlagtitel: . . . Weidenau und Umgebung im Jahre 1900.) S. 17—20. 8.
Progr. K. k. Staats-Gymn. *Weidenau* 1901.

Reidl, F. X., Beitrag zur Geschichte v. Dux. 8. (96 S. m. 1 farb. Ansicht.) Dux 886 F. Scheithauer. — 70; geb. 1. 50

Reidlinger, . . ., Ideen üb. unsere Erasmische Aussprache d. Altgriechischen. 8. Wien 818. (Schalbacher). 8 ℛ

Reidnitz, Dr. Cp.: Naturrecht nach *Kant*. *Königsb.*, Nicolovius. 803. 8. (18 Gr.)

– Dass., s.a. Reidenitz

Reidnitz, Geo., der Arbeitsvertrag d. Rechtsanwalts. (38 S.) 8. Mainz 910. Zentralbuchh. deutscher Rechtsanwälte. (Nur direkt.) — 90

Reidt: Themata zu mathematischen Arbeiten für Schüler. 24 S.–Hamm, Progr. 1862

Reidt, F. C.: Ueber die Enveloppen eines Systems von Kreisen oder Kugeln. 1856. 8°
Diss. Marburg.

Reidt, Fr. Über Näherungskonstruktionen. Ein Thema für Schülerarbeiten. S. 15—28. 8. **Progr.** **Hamm* 1880.

Reidt, Friedrich

Reidt, Friedr., Algebra, Arithmetik, Planimetrie, Stereometrie, Trigonometrie, s. Handbuch der Mathematik.

Reidt, Frdr., die trigonometrische Analysis planimetrischer Konstruktions-Aufgaben. gr. 8. (VII, 50 S.) Leipzig 882. Teubner. cart. 1. 20

Reidt, Fr., Anleitung zum mathematischen Unterricht an höheren Schulen. gr. 8. (X, 252 S.) Berlin 886, Grote'sche Verlagsh. *

Reidt, Frdr., Anleitung zum mathematischen Unterricht an höheren Schulen. 2. Aufl. Rev. u. m. Anmerkungen versehen v. Heinr. Schotten. (XIV, 269 S. m. Fig.) 8. Berlin 906. G. Grote. n. 4. —

— planimetrische Aufgaben für den Gebrauch im Schul-, Privat- u. Selbst-Unterricht. 1. u. 2. Tl. gr. 8. Breslau 882. Trewendt. à n. 1. 50
1. Aufgaben, geordnet nach den Lehrsätzen des Systems. (VI, 96 S.)
2. Aufgaben, geordnet nach Auflösungs-Methoden u. mit Anleitung zur Behandlung versehen. (116 S. m. eingedr. Holzschn.)

—— planimetrische Aufgaben für den Gebrauch im Schul-, Privat- und Selbstunterricht. 2. Tl.: Aufgaben, geordnet nach Auflösungs-Methoden und mit Anleitung zur Behandlung versehen. 2. umgearb. Aufl. gr. 8. (VII, 127 S. mit Fig.) Breslau 885, Trewendt. *
1. Tl. Ebendas. 1882. *M 1.50.

Reidt, F., planimetrische Aufgaben f. den Gebrauch im Schul-, Privat- u. Selbst-Unterricht. 1. u. 2. Tl. gr. 8. Breslau, Trewendt. à n. 1. 60
1. Aufgaben, geordnet nach den Lehrsätzen d. Systems. 2. Aufl. (V, 96 S.) 890.
2. Aufgaben, geordnet nach Auflösungs-Methoden u. m. Anleitung zur Behandlung versehen. 2., umgearb. Aufl. (VII, 127 S. m. Fig.) 888.

—— Aufgaben-Sammlung zur Arithmetik und Algebra. gr. 8. (XII, 332 S.) Berlin 884, Grote'sche Verlagsh. * 2 80
Resultate. (III, 84 S.) * — 80

—— Aufgabensammlung zur Arithmetik und Algebra. 2. Aufl. gr. 8. (340 S.) Berlin 888, Grote'sche Verlagsh. geb. *

Reidt, Frdr., Aufgaben-Sammlung zur Arithmetik u. Algebra. 3. Aufl. gr. 8. (XII, 340 S.) Berlin 892. G. Grote. Geb. n.n. 3. 25

Reidt, Frdr., Aufgaben-Sammlung zur Arithmetik u. Algebra. 5. Aufl. gr. 8. (XII, 340 S.) Berlin 897. G. Grote. Geb. in Halbldr. n.n. 3. 25

Aufgaben-Sammlung zur Arithmetik und Algebra hrsg. von Dr. Friedrich Reidt, weil. Prof. zu Hamm. 7., nach d. neuen Rechtschreibung durchges. Aufl. *Berlin: G. Grote 1903.* (XII, 340 S.) 8° [F.] (03. 1611)

— Aufgaben-Sammlung zur Arithmetik u. Algebra. 8. Aufl. (XII, 340 S.) 8. Ebd. 905. Geb. n.n. 3. 25

Reidt, Frdr., Aufgaben-Sammlung zur Arithmetik u. Algebra. 9. Aufl. (XII, 340 S.) 8. Berlin 909. G. Grote. Geb. 3. 25

— dasselbe. Resultate. 3. Aufl. (III, 88 S.) 8. Ebd. 910.
Wird nur direkt an Lehrer abgegeben. 1. —

— Einleitung in die Trigonometrie u. Stereometrie f. die Unter-Sekunda höherer Lehranstalten. 2. unveränd. Aufl. gr. 8. (32 S. m. Fig.) Ebd. 892. n. — 30

— Einleitg. in d. Trigonometrie u. Stereometrie f. d. Unter-Sekunda höh. Lehranst. (nach den neuen preuß. Lehrplänen). 3. Aufl. gr. 8. (32 S.) Ebd. 897. n. — 30

Reidt, Frdr., Einleitung in die Trigonometrie u. Stereometrie f. die Unter-Sekunda höherer Lehranstalten (nach den neuen preuß. Lehrplänen). 5. Aufl. gr. 8. (32 S. m. Fig.) Berlin 901. G. Grote. n. — 30

— Einleitung in die Trigonometrie u. Stereometrie f. die Unter-Sekunda höh. Lehranstalten (nach den neuen preuß. Lehrplänen). 6. Aufl. (32 S. m. Fig.) 8. Ebd. 907. — 30

Reidt, Friedr., die Elemente der Mathematik. Ein Hülfsbuch für den mathemat. Unterricht an höheren Lehranstalten. 4 Thle. Berlin 868. Grote'sche Verlagsh. gr. 8. n. 1 ₰ 15 ngr.
1. Thl. Allgemeine Arithmetik u. Algebra. (VII, 104 S.) n. 10 ngr.
2. „ Planimetrie. (IV, 166 S. mit eingedr. Holzschn.) n. 16 ngr.
3. „ Stereometrie. (III, 88 S. mit eingedr. Holzschn.) n. 10 ngr.
4. „ Trigonometrie. (III, 66 S. mit eingedr. Holzschn.) n. 9 ngr.

Reidt, Friedr., die Elemente der Mathematik. Ein Hülfsbuch für den mathemat. Unterricht an höheren Lehranstalten. 4 Thle. gr. 8. Berlin, Grote'sche Verlagsh. *
Inhalt:
Thl. 1. Arithmetik und Algebra. 2. Aufl. (VII, 104 S.) 873. *M 1.
„ 2. Planimetrie. 2. Aufl. (IV, 169 S. mit eingedr. Holzschn.) 873. *M 1,60.
„ 3. Stereometrie. (III, 88 S. mit eingedr. Holzschn.) 868. *M 1.
„ 4. Trigonometrie. (III, 66 S. mit eingedr. Holzschn.) 868. *M 1.

Reidt, Friedr., die Elemente der Mathematik. Ein Hilfsbuch für den mathemat. Unterricht an höheren Lehranstalten. 4 Thle. gr. 8. Berlin, Grote'sche Verlagsh. *
Inhalt:
Thl. 1. Allgemeine Arithmetik und Algebra. 3. Aufl. (VI, 128 S.) 879. *M 1,20.
„ 2. Planimetrie. 3. Aufl. (VI, 205 S.) 876. *M 1.; 4. Aufl. (VIII, 207 S. mit eingedr. Holzschn.) 879. *M 1,80.
„ 3. Stereometrie. 2. Aufl. (IV, 112 S.) 877. *M 1,20.
„ 4. Trigonometrie. 2. Aufl. (IV, 86 S.) 875. *M 1.

— die Elemente der Mathematik. Ein Hilfsbuch für den mathematischen Unterricht an höheren Lehranstalten. 1—3. Thl. gr. 8. Berlin 879—81. Grote. n. 4. 20
1. Allgemeine Arithmetik u. Algebra. 3. Aufl. (VI, 128 S.) n. 1. 20
2. Planimetrie. 5. Aufl. (VIII, 207 S. m. eingedr. Holzschn.) n. 1. 80
3. Stereometrie. 3. Aufl. (IV, 114 S.) n. 1. 20

—— die Elemente der Mathematik. Ein Hilfsbuch für den mathemat. Unterricht an höheren Lehranstalten. 4 Thle. gr. 8. Ebendas. * 5 20
Inhalt:
Thl. 1. Allgemeine Arithmetik und Algebra. 4. Aufl. (VI, 128 S.) 879. *M 1,20.
2. Planimetrie. 5. Aufl. (VI, 207 S. mit eingedr. Holzschn.) 881; 6. und 7. Aufl. (VIII, 211 S. mit eingedr. Holzschn.) 882,84. *M 1,80.
„ 3. Stereometrie. 3. Aufl. (IV, 114 S.) 881; 4. Aufl. (IV, 118 S.) 884. *M 1,20.
„ 4. Trigonometrie. 3. Aufl. (IV, 87 S.) 880; 4. Aufl. (IV, 88 S.) 883. *M 1.

— die Elemente der Mathematik. Ein Hilfsbuch f. den mathematischen Unterricht an höheren Lehranstalten. 2.—4. Tl. gr. 8. Ebend. 884. n. 4. —
2. Planimetrie. 7. Aufl. (VIII, 211 S. m. Fig.) n. 1. 80
3. Stereometrie. 4. Aufl. (IV, 118 S.) n. 1. 20
4. Trigonometrie. 4. Aufl. (IV, 88 S.) n. 1. —

—— die Elemente der Mathematik. Ein Hilfsbuch für den mathemat. Unterricht an höheren Lehranstalten. 4 Tle. gr. 8. Ebendas. geb. *
Inhalt:
Tl. 1. Allgemeine Arithmetik und Algebra. 5. Aufl. (IV, 140 S.) 886, geb. *M 1.60.
„ 2. Planimetrie. 9. Aufl. (VI, 215 S.) 887. geb. *M 2.25.
„ 3. Stereometrie. 5. Aufl. (IV, 118 S.) 887. geb. *M 1.60.
„ 4. Trigonometrie. 5. Aufl. (IV, 88 S.) 886. geb. *M 1.40.

—— Die Elemente der Mathematik. Ein Hilfsbuch f. den mathemat. Unterricht an höheren Lehranstalten. 4 Tle. gr. 8. Berl., Grote. geb. * 6 85
1. Allgemeine Arithmetik u. Algebra. 6. Aufl. (VI, 140 S.) 889. * 1 60.
2. Planimetrie. 11. Aufl. (VIII, 224 S. m. Fig.) 890. * 2 25.
3. Stereometrie. 6. Aufl. (IV, 123 S. m. Fig.) 890. * 1 60.
4. Trigonometrie. 6. Aufl. (VI, 88 S. m. Fig. 889. * 1 40.

— die Elemente der Mathematik. Ein Hilfsbuch f. den mathemat. Unterricht an höheren Lehranstalten. 4 Tle. gr. 8. Ebd. Geb. n. 6. 85
1. Allgemeine Arithmetik u. Algebra. 6. Aufl. (VI, 140 S.) 889. n. 1. 60
2. Planimetrie. 12. Aufl. (VIII, 256 S. m. Fig.) 893. n. 2. 25
3. Stereometrie. 6. Aufl. (IV, 123 S. m. Fig.) 890. n. 1. 60
4. Trigonometrie. 6. Aufl. (VI, 88 S. m. Fig.) 889. n. 1. 40

— d. Elemente d. Mathematik. Ein Hilfsbuch f. den mathemat. Unterricht an höh. Lehranst. 2. u. 3. Tl. gr. 8. Ebd. Geb. in Halbldr. n. 3. 85
2. Planimetrie. 14., verb. Aufl. (VII, 238 S. m. Fig.) 898. n. 2. 25
3. Stereometrie. 8., verb. Aufl. Neu bearb. v. H. Schotten. (IV, 144 S. m. Fig.) 897. n. 1. 60

— die Elemente der Mathematik. Ein Hilfsbuch f. den mathemat. Unterricht an höheren Lehranstalten. 2. u. 4. Tl. gr. 8. Ebd. Geb. in Halbldr. n. 3. 65
2. Planimetrie. 15. verb. Aufl. (VII, 238 S. m. Fig.) 901. n. 2. 25
4. Trigonometrie. 11. Aufl. Ausg. nach den neuen Lehrplänen f. preuß. Gymnasien. (IV, 86 S. m. Fig.) 901. n. 1. 40

Die Elemente der Mathematik. Ein Hilfsbuch f. d. mathem. Unterr. an höheren Lehranstalten von Dr. Friedrich Reidt, weil. Prof. zu Hamm. Neu bearb. von Dr. H[einrich] Schotten. 10. Aufl. T. 3. *Berlin: G. Grote 1902.* 8° [F.] [04. 411

Die Elemente der Mathematik. Ein Hilfsbuch f. d. mathem. Unterr. an höheren Lehranstalten von Dr. Friedrich Reidt, weil. Prof. zu Hamm. 16., nach d. neuen Rechtschreibung durchges. Aufl. T. 2. *Berlin: G. Grote 1903.* 8° [F.] [04. 412

— die Elemente der Mathematik. Ein Hilfsbuch f. den mathemat. Unterricht an höheren Lehranstalten. 2. bis 4. Tl. 8. Ebd. Geb. n. 5. 25
2. Planimetrie. 17. Aufl. (VII, 238 S. m. Fig.) 905. n. 2. 25
3. Stereometrie. Neu bearb. v. H. Schotten. 11. Aufl. (IV, 144 S. m. 68 Fig.) 905. n. 1. 60
4. Trigonometrie. 13. Aufl. Ausg. nach den neuen Lehrplänen f. preuß. Gymnasien. (VI, 86 S.) 906. n. 1. 40

— Die Elemente der Mathematik. Ein Hilfsbuch f. den mathemat. Unterricht an höh. Lehranstalten. 4 Tle. 8. Ebd. Geb. 6. 85
1. Allgemeine Arithmetik u. Algebra. 10., durchgeseh. Aufl. (VIII, 140 S.) 907. Geb. 1. 60
2. Planimetrie. 19. Aufl. (VIII, 238 S.) 909. Geb. 2. 25
3. Stereometrie. 12. Aufl. (IV, 144 S. m. 68 Fig.) 907. Geb. 1. 60
4. Trigonometrie. 14. Aufl. (VI, 86 S.) 908. Geb. 1. 40

— Sammlung v. Aufgaben u. Beispielen aus der Trigonometrie u. Stereometrie. 1. u. 2. Thl. gr. 8. Leipzig 872. Teubner. n. 5. —
1. Trigonometrie. (XI, 228 S.) n. 3. —
2. Stereometrie. (VIII, 156 S.) n. 2. —

—— Resultate dazu. I. (84 S.) *ℳ 1,80.; II. (43 S.) *ℳ 1. *

— Sammlung von Aufgaben u. Beispielen aus der Trigonometrie u. Stereometrie. 1. u. 2. Thl. 2. Aufl. gr. 8. Leipzig 877. Teubner. n. 7. —
1. Trigonometrie. (VIII, 247 S.) n. 4. —
2. Stereometrie. (VIII, 183 S.) n. 3. —

— dasselbe. Resultate der Rechnungs-Aufgaben. 2 Thle. 2. Aufl. gr. 8. Ebend. 878. n. 2. 80
1. Trigonometrie. (84 S.) n. 1. 80
2. Stereometrie. (48 S.) n. 1. —

Reidt, Friedr., Sammlung von Aufgaben und Beispielen aus der Trigonometrie und Stereometrie. 2 Tle. 3. Aufl. gr. 8. Leipzig, Teubner. *

Inhalt:

Tl. 1. Trigonometrie. (VIII, 250 S.) 884. *ℳ 4.
» 2. Stereometrie. (VIII, 190 S.) 885. *ℳ 3.

—— Resultate der Rechnungsaufgaben in der Sammlung von Aufgaben und Beispielen aus der Trigonometrie und Stereometrie. 2 Tle. gr. 8. Leipzig, Teubner. *

Einzeln:

Tl. 1. Trigonometrie. 3. Aufl. (84 S.) 885. ℳ 1.80.
» 2. Stereometrie. 3. Aufl. (48 S.) 886. ℳ 1.—.

Reidt, Frdr., Sammlung v. Aufgaben u. Beispielen aus d. Trigonometrie u. Stereometrie. 1. u. 2. Tl. 4. Aufl. Neu bearb. v. A. Much. gr. 8. Leipzig, B. G. Teubner. n. 7. —; Auflösgn. d. Aufgaben n. 2. 80
1. Trigonometrie. (X, 250 S.) 895. n. 4. —; Auflösungen d. Aufgaben (88 S.) n. 1. 80
2. Stereometrie. (VIII, 194 S.) 897. n. 3. —; Auflösgn. d. Rechnungs-Aufgaben. (58 S.) n. 1. —

Sammlung von Aufgaben und Beispielen aus der Trigonometrie und Stereometrie von Prof. Dr. Friedrich Reidt. 5. Aufl. Neu bearb. von Dr. H[ermann] Thieme, Prof. T. 1. Leipzig & Berlin: B. G. Teubner 1907. 8° [08. 13354

— Sammlung v. Aufgaben u. Beispielen aus der Trigonometrie u. Stereometrie. I. Tl.: Trigonometrie. 5. Aufl. Neu bearb. v. H. Thieme. (X, 255 S.) 8. Leipzig 907. B. G. Teubner. Geb. 4.80; Auflösgn. (88 S.) 907. 1.80; geb. 2.50

Mathematische Übungshefte. Hrsg. von Friedrich Reidt, Prof. zu Hamm. H. 1. Dreiecksaufgaben f. Konstruktion u. Berechnung. [Mehr nicht erschienen.] *Berlin: G. Grote 1891.* (VII, 53 S.) 8° [F.] [04 13245

— Vorschule der Mineralogie f. Gymnasien. Mit 34 (eingedr.) Holzschn. u. 10 lith. Taf. (in 4.) gr. 8. (42 S.) Ebend. 873. n. 1. —

— Vorschule der Theorie der Determinanten f. Gymnasien u. Realschulen. gr. 8. (VI, 65 S.) Ebend. 874. n. 1. —

Reidt, Heinr., Frauenbilder aus Goethe's Leben. Mit einem Geleitswort von Otto Volger u. dem Jugendportr. Goethe's nach einer Radirung Oeser's von 1768 (in Stahlst.) Bremen 870. Kühtmann. 8. (XI, 231 S.) n. 1 *ℳ*

— das geistliche Schauspiel des Mittelalters in Deutschland. Frankfurt a. M. 868. Winter. gr. 8. (VII, 175 S.) n. 24 *ngr.*

Die Heiligen und die Tierwelt in e. Sammlung von Beispielen bearb. u. dargest. von Johann Peter Reidt, Priester. *Dülmen: A. Laumann 1902.* (174 S.) 8° [F.] [03. 4147

Reidt, Joh. Pet., der hl. Johannes der Täufer in seiner hohen Würde u. Bedeutung bei Gott u. aller Welt. 12. (80 S.) Münster 900. Alphonsus-Buchh. n. — 40

Reidys, den Eltern des Täuflings. (4 S.) 8. Hamburg (910). Agentur des Rauhen Hauses. 100 Stück 1. 50

Reier, O., s.: Heimats-Blätter, schlesische.

Reier, Otto, das Pflichtteilsrecht der Enkel nach dem bürgerl Gesetzbuche. Eine Studie. (VI, 60 S.) gr. 8. Berlin 904. F. Vahlen. n. 1. 20

Reier, Otto: Der rechtliche Schutz des Grundbesitzers gegen die Katzen der Nachbarn, welche den Singvögeln in seinem Garten nachstellen. *Greifswald 1897: J. Abel.* (55 S.) 8° [F.]
Greifswald, Jur. Diss. v. 1897

Reier, Theodor Geschichte des Realgymnasiums zu Landeshut. Festschrift zur fünfzigjährigen Jubiläumsfeier am 1. November 1886. 4 (54 S.). Progr. Rg. *Landeshut* (zu 1887, 204).

Reier, Theodor: Geschichte des städtischen Realgymnasiums zu Landeshut von 1886 ab. Landeshut 1910: Werner. 67 S., 2 Taf. 8° [Nachträglich geliefert.]
Landeshut, RG, Festschr. z. 200j. Jubil. 1910 (304)** [S 11. 377

Reiersen, Andr., hermenevtica per tabulas, s. tabulae synopticae in institutiones hermenevticae sacrae Rambachii. 8. Hannov. (Proft, Copenh.) 741.

Rejewski, Julius Theoph. (geb. Usch in Posen 27. 11. 1836): De ventriculi ulcere chronico perforante. Berolini (1864). (32 S.) 8°
Berlin, Med. Diss. v. 31. Dez. 1864

Reif, Emil

— de originibus typographicis. Progr. I—IV. 4. Ingolst. 785—90. Haberberger.

— Positiones theolog. dogmat. scholasticae ex Prolegomenis. 4. Tegernsee 778.

Reif, Aem., († d. 11. Juni 1790.) systema theologiae moralis christ. justis theorematibus conclusum. II Tom. 8maj. Ingolst. 787, 88. Krüll. 19 ℛ

— meine Verantwortung gegen Würzburger u. Salzburger Kritik. 8. Ingolst. 788.

Reif, Ernst [aus Gotha]: Ueber die locale Behandlung des Hydrops anasarca ... Greifswald, Druck v. J. Abel, 1895; 48 S. 8.
Greifswald, Med. Fak., Inaug.-Diss. v. 29. Juli 1895

Reif, Eugen [cand. med. aus Stuttgart]: Beitrag zur Casuistik der Alkoholneuritis ... München, Buchdr. v. M. Ernst, 1892; 38 S., 1 Bl., 1 Taf. 8.
München, Med. Fak., Inaug.-Diss. v. 1892

Reif, Ferd., Haus und Hof. An hundert bildliche Darstellungen von Geräthschaften für Kinder. (Mit 12 ill. Taf.) qu. 16. Nürnberg 839. Bauer u. Raspe. 5/12 ß

Reif, Georg, a. Nürnberg (Bayern): Beiträge zur Kenntnis der ana-Oxychinolone. Freiburg i. Br.: Speyer & Kaerner 1906. (41 S.) 8°
Freiburg i. B., Phil. Fak., Ref. Gattermann, Diss. v. 5. Mai 1906
[Geb. 21. Nov. 80 Nürnberg; Wohnort: Freiburg i. B.; Staatsangeh.: Bayern; Vorbildung: Realgymn. Nürnberg Reife Juli 00; Studium: Bonn 4, Berlin 2, Freiburg i. B. 5 S.; Rig. 2. März 06.]

Reif, Georg, a. Nürnberg, Rechtsprakt. am Landgerichte Nürnberg: Die Schicksale des Vermögens eines rechtsfähigen Vereins nach der Auflösung oder der Entziehung der Rechtsfähigkeit. Erlangen 1906: Junge & Sohn. (92 S.) 8° [F.]
Erlangen, Jur. Fak., Ref. Binder, Diss. v. 18. Juli 1906
[Geb. 6. April 81 Nürnberg; Wohnort: Nürnberg; Staatsangeh.: Bayern; Vorbildung: Altes Gymn. Nürnberg Reife Juli 99; Studium: Erlangen 5, München 1, Erlangen 4 S.; Rig. 3. Mai 06.]

Reif Gustav: Ivan Franjo Jukić und das südslawische Volkslied.
H. 1910 PN 2907 Diss. Innsbruck Univ. 2759

Reif, Heinr., der ungarische Berggesetzentwurf. (16 S.) gr. 8. Wien 905. Manz. n. — 40
Sonderabdruck aus: „Allg. öst. Gerichts-Zeitg."

Reif, Heinr., die preuss. Berggesetznovelle vom 19. VI. 1906, betr. die Knappschaftsvereine. (44 S.) gr. 8. Wien 908. Manz. — 70
Sonderabdr. aus: „Bergrechtl. Blätter".

— das österreichische Bergschadenrecht. (VII, 112 S.) 8. Ebd. 904. n. 2. 40

Reif, Heinr., Gedichte. (V, 68 S.) 8. Dresden 908. E. Pierson. n. 1. —; geb. n. 2. —

— Grundzüge des ungar. Berggesetzentwurfes samt den v. Verf. dem kgl. ungar. Finanzministerium erstatteten Abänderungsvorschlägen. Ein Beitrag zur Bergrechtsreform. (232 S.) 8. Wien 909. A. Hölder. 3. 60
Sonderabdr. aus: „Ztschr. f. d. Privat- u. öffentl. Recht d. Gegenwart".

— s.: Sammlung v. Entscheidungen der k. k. Gerichts- u. Verwaltungsbehörden in Bergbauangelegenheiten.

— Der Wert der Standesorganisation, s.: Schrift, 21., d. Verbds. deutscher Handlungsgehülfen zu Leipzig.

Reif, Jos., Frauenarbeit im Handel, s. a. Schrift, 18., des Verbds. deutscher Handlungsgehülfen zu Leipzig.

Frauenarbeit im Handel. Was sagen u. was antworten unsere Freunde? ... Bearb. von J. **Reif**. Leipzig: Verband Deutscher Handlungsgehülfen 1907. (16 S.) 8° [F. u. Ant.]
= Schrift d. Verbandes Deutscher Handlungsgehilfen zu Leipzig. 18.
[08. 1813 2

— Kaufmannsgerichtswahlen, s. a. Schrift, 17., des Verbds. deutscher Handlungsgehülfen zu Leipzig.

Kaufmannsgerichtswahlen. Was sagen u. was antworten unsere Freunde? 1. Ein Vortrag über Wesen u. Bedeutung d. Kaufmannsgerichte. 2. Eine Abwehr d. hauptsächlichsten ... erhobenen Angriffe. Bearb. von J. **Reif**. Leipzig: Verband Deutscher Handlungsgehülfen 1907. (32 S.) 8° [F. u. Ant.]
= Schrift d. Verbandes Deutscher Handlungsgehülfen zu Leipzig. 17.
[08. 1814 2

Reif, Jos., die Konkurrenzklausel im Dienstvertrage, s.: Schriften der Gesellschaft f. soziale Reform. 26. Heft.

Der Wert der Standesorganisation. Denkschrift z. Frage d. Beitragserhöhung im V. D. H. von Josef **Reif**. Leipzig: Verband Deutscher Handlungsgehülfen 1908. 40 S. 8°
(Schrift d. Verbandes Deutscher Handlungsgehülfen zu Leipzig. 21.) [10. 3039 2

Reif, L., Anfangsgründe d. prakt. Philosophie od. Sitten- u. Tugendlehre nach J. Kants Grundsätzen f. gebildete Leser, besonders Liebhaber u. Anfänger philosoph. Studien. 2 Thle. gr. 8. Wien 818—20. Tendler. 1 ß 8 gl

L. **Reif's** Anfangsgründe der prakt. Philosophie, od. Sitten- u. Tugendlehre nach *Kantischen* Grundsätzen f. gebild. Leser, bes. Liebhaber u. Anf. philosoph. Studien. *Wien*, Schmid. 820. 2 Thle. 8° 1 ß 8 gl

Reif, M., Grundzüge u. Gesetze der deutschen Akademie der Tanzlehrkunst. gr. 8. (12 S.) Breslau 873. Maruschke & Berendt. n. — 50

Reif, M., die Quadrille française, [die Contretänze], deren Geschichte u. genaue Beschreibung, zugleich eine kritische Beleuchtung der in Norddeutschland, namentlich in Schlesien, unter der obigen Bezeichnung gelehrten Tänze. Breslau 864. Maruschke u. Berendt. 16. (XI, 39 S.) n. 7½ ngr.

— Quadrille française u. Lanciers. Geordnet nach den Bestimmgn. der deutschen Akademie der Tanzlehrkunst. 32. (14 S.) Breslau 874. (Leuckart.) geh. m. Goldschn. — ,50

Reif, M., Quadrille français u. Lanciers. Nach den Bestimmungen der deutschen Akademie der Tanzlehrkunst geordnet, hrsg. von Vict. M. Reif. 64. (14 Bl.) Breslau 881. Leuckart. n. — 50

Reif, M., Der Tanzunterricht als Mittel für körperliche Bildung. 2. Aufl., Breslau 1860, 16 S., 8°.

Reif, Mahmud, Darstellung der neuesten Verordnungen im türkischen Reiche. A. d. Franz. übers. u. m. Anmerk. begleitet von J. H. v. *Menu*. M. 3 Kupfertf. Berlin 1802. 8°.

Reif, Vikt. M., der Tanz als Mittel der körperlichen Erziehung der Jugend. gr. 8. (13 S.) Breslau 885, (Priebatsch.) *

Reif, Walter, Betrachtungen üb. Gott, die Welt u. die Menschen. 8. (59 S.) Berlin 893. Bibliograph. Bureau. n. — 80

Reif, Wilhelm, s.a. Reiff.

Reif, Wilh., wilde Blumen. Gedichte. gr. 16. (VIII, 69 S.) [Breslau 877, Gosohorsky's Buchh.] Freiburg i. Br., Kiepert. * geb. mit Goldschn. *

Reif, Wilh., von Sedan bis Java. Ein Menschenleben in acht poet. Genrebildern. 1. und 2. Aufl. 8. (31 S.) Meiningen 883, Keyßner. cart. *

Reifenberg, Ludw., Mammon. Eine epische Dichtung. 8. (149 S.) Dresden 900. E. Pierson. n. 2.40; geb. n. 3.40

Reifenkugel, Karl, die Gründung der römisch-katholischen Bisthümer in den Territorien Halicz u. Wladimir. Ein Beitrag zur Geschichte dieser Territorien im XIV. Jahrh. [Aus: „Archiv f. österr. Geschichte."] Lex.-8. (83 S.) Wien 874. Gerold's Sohn in Comm. n. 1. 20

Reifenkugel, Karl, die Bukowinaer Landesbibliothek u. die k. k. Universitäts-Bibliothek in Czernowitz. Geschichte u. Statistik. gr. 8. (IV, 65 S.) Czernowitz 885. (Pardini.) n.n. 1. 50

Reifenkugel, Karl, d. k. k. Universitäts-Bibliothek in Czernowitz 1885—1895. gr. 8. (32 S.) Czernowitz 896. (H. Pardini.) n. — 60

Reifenrath, F., die deutsche Theologie des Frankfurter Gottesfreundes. Auf's Neue betrachtet u. empfohlen. [1. Theil eine von der evangelisch-theologischen Fakultät zu Bonn gekrönten Preisschrift.] Mit einem Vorworte von A. Tholuck. Halle 863. Buchhdlg. des Waisenhauses. gr. 8. (VII, 72 S.) n. 10 ngr.

Reifenrath, F.H.H.: Beitrag zur Behandlung des Lebens Jesu Christi auf den Gymnasien. 32 S. – Rössel, Progr. 1852.

Reifenrath, F. H. H. Beitrag zur Behandlung des Lebens Jesu Christi auf den Gymnasien. 32 S.
Halle, Päd., Progr. 1857

Reifenrath, F.H.H.: Bemerkung über religiöse Bildung in Gymnasien. 12 S. – Rössel, Progr. 1852.

Reifenrath, J. J., Berechnung verschied. Geldsorten, vorzügl. f. d. Fürstenthum Siegen rc. Mit Tabell. 4. Hadamar 762. N. A. 797. (Lanz in Weilb.) 8 gr

Reifenrath, Otto, Referendar zu Bielefeld: Ueber die Bedeutung und Wirkung des Frachtbriefes. Bielefeld 1905: E. Siedhoff. (53 S.) 8° [F.]
Rostock, Jur. Fak., Ref. Lehmann, Diss. v. 15. Aug. 1905
[Geb. 9. März 80 Hilchenbach; Wohnort: Berlin; Staatsangeh.: Preußen; Vorbildung: Gymn. Wiesbaden Reife O. 99; Studium: Halle 2, München 1, Berlin 1, Bonn 2 S.; Rig. 19. Juni 03.]

Reifenstuhl, *Christian* H. [pr. Arzt zu Osterwald bei Hannover]: Chorea mit Geistesstörung ... Göttingen, Druck d. Dieterich'schen Univ.-Buchdr., 1897; 44 S. 8.
Göttingen, Med. Fak., Inaug.-Diss. v. [10. Febr.] 1897

Reifenstuhl, C. H., Chorea m. Geistesstörung. Diss. gr. 8. (44 S.) Göttingen 897. (Vandenhoeck & Ruprecht.) n. 1. 20

Reifer, Felix

Reifer, F., Holzbearbeitungs-Maschinen, s.a. Bericht über die Weltausstellung in Philadelphia 1876.

Reifer, Fel., Holzbearbeitungsmaschinen mit einem Anhang über Werkzeugmaschinen für Steinbearbeitung. Mit 28 Illustrationen u. 7 Tfln., und:

Reifer's, Friedr., Reformation des K. Sigmund. Mit Benutzung der ältesten Handschriften nebst einer krit. Einleitung und einem erklär. Commentar hrsg. von Willy Boehm. gr. 8. (IV, 260 S.) Leipzig 876, Veit und Comp. *

Reifer, J. J., einfache Berechnung der Turbinen, auf Grundlage d. v. Reiche'schen Hauptgesetzes u. eigener Erfahrg. im Turbinenbau dargestellt. Mit e. Anh.: Die 800pferd. Turbine in Terni u. die 100pferd. Beleuchtungs-Turbine in Immenstadt. Mit e. Taf. u. 14 Abbildgn. im Texte. gr. 8. (IV, 43 S.) Zürich 890. Meyer & Zeller. n. 2. 50

Reifer, J. J., einfache Berechnung der Turbinen, auf Grundlage d. v. Reiche'schen Hauptgesetzes u. eigener Erfahrg. im Turbinenbau dargestellt. 2., verm. Aufl. Mit e. Anh.: Die 800pferd. Turbine in Terni u. die 100pferd. Beleuchtungs-Turbine in Immenstadt. gr. 8. (IV, 45 S. m. 1 Taf. u. 14 Textabbildgn.) Zürich 891. Meyer & Zeller. n. 2. 50

Reifer, J. J. Einfache Berechnung der Turbinen, auf Grundlage d. v. Reiche'schen Hauptgesetzes u. eigener Erfahrg. im Turbinenbau dargestellt. Mit e. Anh.: Die 800pferd. Turbine in Terni u. die 100pferd. Beleuchtungs-Turbine in Immenstadt. Mit 1 Taf. u. 14 Abbildgn. im Texte. (IV, 43 S.) 890; 2. Aufl. gr. 8. (45 S.) Zür. 892, Meyer u. Zeller. * 2 50

Reifert, Karl: Betrachtungen bei meiner Aufnahme am 8. Dec. 5869. Meinen lieben BBr∴ gewidmet. [Unterz.:] Carl **Reifert.** Frankfurt a. M. [1869]: Mahlau & Waldschmidt. 7 S. 8° [Umschlagtit.]
Gedicht: „Vor allem meinen Gruss! und eine Bitte ..."

Reiff, Diss. de usu mercurii sublim. corros. in pertinacibus ac dubiis symptomatibus malum hypochondriacum subinde comitantibus etc. Erf. 4°.
1797

Reiff, die Wissenschaftlichkeit der Dr. Schüßler'schen Biochemie. 1.—5. Tausd. (27 S. m. 1 Bildnis.) gr. 8. Oldenburg i/Gr. 905. (Leipzig, Fritzsche & Schmidt.) n. — 50

Reiff, Albert [cand. med.]: Beiträge zur reflectorischen Hemmung der Herzthætigkeit ... Strassburg, Buchdr. C. Goeller, 1890; 36 S. 8°
Strassburg, Med. Fak., Inaug.-Diss. v. 1890

Reiff, Alfred, kgl. württ. Oberreallehrer (1. wiss. Hauptl.) an d. Realsch. Mühlacker: Historische Formenlehre der Dialekte von Bournois-Besançon. *Erlangen 1903: Junge & Sohn.* (VIII, 63 S.) 8°
Heidelberg, Phil. Diss. v. 1903

Reiff, Aug., ernste u. heitere Erzählungen f. den deutschen Aufsatz. Ausgewählt u. bearb. (108 S.) 8. Stuttgart 907. Strecker & Schröder. 1.50; geb. 2.20

D'Fahneweih. Bauernkomödie in 3 Akten von August Reiff. 2. Aufl. Stuttgart 1905: Strecker & Schröder. VI, 67 S. 8° A 11. 976

Reiff, Aug., 's Preislied. Schwäbisches Lustspiel in 2 Akten. (52 S.) 8. Stuttgart 904. (C. Grüninger.) n. 1.—

— „Rose'stock, Holderblüet!" Schwäbische Gedichte. Mit 12 Vollbildern nach Aufnahmen des Verf. 1. u. 2. Aufl. (110 S.) 8. Stuttgart 903. R. Lutz. Kart. n. 1.60

— „Rosestock, Holderblüet!" Schwäb. Gedichte. Mit 12 Vollbildern nach Aufnahmen d. Verf. 3. Aufl. (77 S.) kl. 8. Stuttgart (910). R. Lutz. Geb. 1.60

Reiff, Charl. Phil., nouveau Dictionnaire de poche des langues russe, française, allemande et anglaise, à l'usage des quatre nations, redigé d'après les dictionnaires de l'Académie russe, l'Académie française, Adelung, Heinsius, Johnson, Webster etc. 2 Part. gr. in-16. Carlsruhe, Bielefeld. à *

Part. I. Russe-Français-Allemand-Anglais. (57¼ B.) 844.
II. Le français expliqué par le russe, l'allemand et l'anglais. (35 B.) 843.

Reiff, Ch. Ph., Dictionnaire russe-français, dans lequel les mots russes sont classés par familles; ou Dictionnaire etymologique de la langue russe etc. II Ts. gr. in-8. (93¼ B. u. 1 Bl. Vorschriften in Kpfrst.) St.-Pétersbourg 835, 36. (Carlsruhe, Velten.) *

Reiff, Ch. Ph., Dictionnaire Russe-Français, dans lequel les mots russes sont classés par familles; ou Dictionnaire etymologique de la langue Russe, ouvrage dédié a Sa Maj. l'Empereur, et couronné par l'Acad. Impér. des sciences. II Tomes. (Mit 1 Blatt Vorschriften in Kupferst.) gr. in-8. Saint-Pétersbourg 835, 38. (Leipz., Volckmar.) n. 9⅓ ℛ

Reiff, Ch. Ph., nouveaux dictionnaires parallèles des langues russe, française, allemande et anglaise en 4 parties, rédigés d'après les dictionnaires de l'Académie russe, l'Académie française, Adelung, Heinsius, Johnson, Spiers et autres lexicographes. 2. partie. Dictionnaire français. Explication des mots français en russe, en allemand et en anglais. 4. éd. nouvellement stéréotypée, revue, corrigée et augmentée. 18. tirage. br. 8. (XLVIII, 832 S.) Karlsruhe 893. J. Velten. n. 8.—

Reiff, Ch(arles) Ph(il.), Dictionnaires parallèles des langues Russe, Française, Allemande et Anglaise, à l'usage de la jeunesse Russe, rédigés d'après les dictionnaires de l'académie Russe, l'académie Française, Adelung, Heinsius, Johnson etc. [2. part.:] Dictionnaire Français. Explication de mots Français en Russe, en Allemand et en Anglais. 2. édition, revue, corrigée et augmentée de plus de 6000 articles. br. 8. (XLVIII u. 808 S.) St.-Pétersbourg et Carlsruhe 852. (Leipzig, Köhler.) n. 2⅔ ℛ

Reiff, Ch. Ph., grammaire française-russe, ou principes de la langue russe à l'usage des Français, avec des tableaux synoptiques pour les déclinaisons et les conjugaisons, des thèmes ou exercices gradués pour l'application des différentes règles de la grammaire, le corrigé de ces exercices et l'accentuation de tous les mots russes. 2. édit., entièrement refondue. Carlsruhe 853. (Leipzig, Köhler.) gr. 8. (VIII, 192 S. u. 1 lith. Bl.) n. 1 ℛ 2 ngr

— English-Russian grammar, or principles of the Russian language for the use of Englishmen, with synoptical tables for the declensions and conjugations, graduated themes or exercises for the application of the grammatical rules, the correct construction of these exercises and the accentuation of all the Russian words. 2. edit., completely remodelled. Carlsruhe 853. (Leipzig, Köhler.) gr. 8. (VIII, 192 S. u. 1 lith. Bl.) n. 1 ℛ 10 ngr

— s. N. Gretsch, Grammaire.

— parallel-dictionaries of the Russian, French, German and English languages, for the use of Russian youth, based on the dictionaries of the Russian academy, the French academy, Adelung, Heinsius, Johnson, Webster and other lexicographers. 4. part.: English dictionary. With the explanation of the English words in Russian, French and German. gr. 16. (XL u. 848 S.) St.-Pétersbourg et Carlsruhe 850. (Leipzig, Köhler.) n. 2⅔ ℛ

— Parallel-Wörterbücher der Russischen, Französischen, Deutschen u. Englischen Sprache, zum Gebrauche für die russische Jugend, nach den Wörterbüchern der Russ. Academie, der Französ. Academie, so wie denen von Adelung, Heinsius, Johnson, Webster u. A. bearb. 1. Thl. Russisches Wörterbuch. Erklärung der Russ. Wörter durch das Französische, Deutsche und Englische. (Neue Aufl.) Petersburg u. Karlsruhe 853. (Leipzig, Köhler.) gr. 16. (LXXX, 832 S.) n. 2 ℛ 20 ngr

Reiff, Ch. Ph., Parallel-Wörterbücher der Russischen, Französischen, Deutschen und Englischen Sprache, zum Gebrauche für die russische Jugend, nach den Wörterbüchern der Russ. Academie, der Französ. Academie, so wie denen von Adelung, Heinsius, Johnson, Webster u. A. bearb. 3. Thl. Deutsches Wörterbuch. Erklärung der Deutschen Wörter durch das Russische, Französische und Englische. 3., auf's Neue durchges. u. verm. Aufl. St. Petersburg u. Karlsruhe 854. (Leipzig, Köhler.) gr. 16. (LXXX, 800 S.) n. 2 ℛ 20 ngr

Reiff, Ch. Ph., neue Parallel-Wörterbücher der Russischen, Französischen, Deutschen u. Englischen Sprache, in 4 Theilen, nach den Wörterbüchern der Russischen Academie, der Französischen Academie, sowie denen von Adelung, Heinsius, Johnson, Spiers u. Andern bearb. Carlsruhe. — Leipzig, Köhler. gr. 16. Jeder Theil n. 2 ℛ 20 ngr

1. Theil: Russisches Wörterbuch. 3. Aufl. 860. — 2. Abdr. 862. (LXXXVIII, 832 S.)
2. Theil: Dictionnaire français. Explication des mots français en russe, en allemand et en anglais. 3. édit. Soigneusement revue et considérablement augmentée. 859. (XLVIII, 816 S.)
3. Theil: Deutsches Wörterbuch. Erklärung der deutschen Wörter durch das Russische, das Französische u. das Englische. 4., neu bearb. u. sehr verm. Aufl. 861. (LXXX, 816 S.)
4. Theil: English Dictionary. With the explanation of the English words in Russian, French and German. A new edition, carefully revised and corrected. 862. (XL, 848 S.)

Reiff, Ch. Ph., neue Parallel-Wörterbücher der Russischen, Französischen, Deutschen u. Englischen Sprache, in 4 Thln., nach den Wörterbüchern der Russ. Academie, der Französ. Academie, von Adelung, Heinsius, Johnson, Spiers u. Anderen bearb. 2. Thl. Französisches Wörterbuch. 4. Aufl. Carlsruhe 865. (Leipzig, Köhler.) br. 8. (XLVIII, 832 S.) n. 2 ℛ 20 ngr

— neue Parallel-Wörterbücher der russischen, französischen, deutschen u. englischen Sprache in 4 Thln., nach den Wörterbüchern der russ. Akademie, der französ. Akademie, v. Adelung, Heinsius, Johnson, Spiers u. A. bearb. 3. Thl. Deutsches Wörterbuch. Erklärung der deutschen Wörter durch das Russische, das Französische u. das Englische. 4., neu bearb. u. sehr verm. Aufl. 17. Abdr. br. 8. (LXXX, 816 S.) Ebd. 893. n. 8.—

Reiff, Ch. Ph., neue Parallel-Wörterbücher d. russischen, französischen, deutschen u. englischen Sprache, in 4 Thln., nach d. Wörterbüchern d. russ. Akademie, der französ. Akademie, v. Adelung, Heinsius, Johnson, Spiers u. A. bearb. 4., neu bearb. u. sehr verm. Aufl. 1.—3. Thl. 4. Karlsruhe, J. Velten. à n. 8.—

1. Russisch voran. 78. Taus. (LXXXVIII, 832 S.) 890.
2. Französisch voran. 78. Taus. (XLVIII, 832 S.) 895.
3. Deutsch voran. 56. Taus. (LXXX, 816 S.) 895.

— Deutsch-Russische Sprachlehre, oder Grundsätze der Russischen Sprache zum Gebrauche für Deutsche, mit übersichtlichen Tabellen über die Declinationen und Conjugationen, nebst stufenmäßigen Uebungsaufgaben zur Anwendung der verschiedenen grammatischen Regeln, sowie der richtigen Uebersetzung dieser Aufgaben und der Betonung aller russischen Wörter. 2., durchaus umgearb. Aufl. Karlsruhe 853. (Leipzig, Köhler.) gr. 8. (VIII, 192 S. u. 1 lith. Bl.) n. 1 ₰. 2 ngr.

Reiff, Ch(arles) Ph(il.), neues Taschen-Wörterbuch d. russ., franz., deutschen u. engl. Sprache, zum Gebrauche der vier Nationen, nach den Wörterbüchern der russ. Academie, der französ. Academie u. denen v. Adelung, Heinsius, Johnson, Webster u. A., bearb. 3. Thl.: Das Deutsche durch das Russische, Französische u. Englische erklärt. gr. 16. (LXXXIV u. 800 S.) Carlsruhe 847. (Bielefeld.) n. $2^2/_3$ ₰

—— dass. — 4. Part.: English dictionary. With the explanation of the english words in Russian, French and German. gr. 16. (XL und 848 S.) St.-Petersburg and Carlsruhe 850. (Leipzig, Köhler.) *

—— dass. — 2. Aufl. 1. und 2. Thl. Ebds. 851—52. [1. (LXXX und 832 S.) 2. (XLVIII und 808 S.) à * 2 Thlr. 20 Ngr,] *

Reiff, Friedrich

Reiff, Fr., die Arbeit und ihr Segen. Vortrag, gehalten im Saalbau der Evangel. Gesellschaft in Stuttgart. 1. und 2. Aufl. 8. (31 S.) Stuttgart 885, Buchh. der Evangel. Gesellschaft. *

Reiff, Friedr., Joh. Albr. Bengel und seine Schule, s. Sammlung von Vorträgen.

— u. Joh. Hesse, die Oxforder Bewegung u. ihre Bedeutg. f. unsere Zeit. Referat, im Auszug vorgetragen auf e. Conferenz in Stuttgart den 25. Aug. 1875. gr. 8. (60 S.) Ebend. 875. n. — 60

— das Böse, die Nachtseite im Leben der Menschheit, s.: Zeitfragen des christlichen Volkslebens.

Reiff, Fr., das persönliche Christenthum in seiner Bedeutung für unsere Zeit. Ein Vortrag. gr. 8. (32 S.) Stuttgart 877, Buchh. der Evangel. Gesellschaft. *

— über die Hegel'sche Dialektik. Tübingen 866. (Laupp'sche Buchh.) gr. 4. (43 S.) n. 12 ngr.

Reiff, Friedr., die Erzählstunde. Zur Belehrung und Unterhaltung für die Jugend. Mit 2 (lith.) Bildern, gez. von F. C. Klimsch. Frankfurt a. M. 856. Auffarth. 8. (2 Bl., 132 S.) n. 12 ngr.

Reiff, F., das Gewissen, s.: Zeitfragen des christlichen Volkslebens.

—— Gibt es einen lebendigen Gott? Vortrag, gehalten im Nov. 1878 in Stuttgart und Heilbronn. 1. und 2. Aufl. gr. 8. (23 S.) Stuttgart 878. (Leipzig, Matthies.) *

— gibt es einen Weltzweck, s.: Zeitfragen des christlichen Volkslebens.

Reiff, Friedr., Glaube u. Gewissen. Ein Vortrag. Detmold 868. Meyer'sche Hofbuchh. gr. 8. (32 S.) 7½ ngr.

Reiff, Fr., der Glaube der Kirchen u. Kirchenparteien nach seinem Geist u. inneren Zusammenhang. Ein Versuch. gr. 8. (XVI, 603 S.) Basel 875. Bahnmaier. n. 9. —

—— unser Glaube an einen persönlichen Gott, s. Zeitfragen des christlichen Volkslebens.

— die christliche Glaubenslehre als Grundlage der christlichen Weltanschauung. Ein Versuch. 2 Bde. gr. 8. Ebend. 872. n. 9. —

1. Vorhalle. Theologie. Kosmologie. (XX, 503 S.)
2. Soteriologie. Eschatologie. (VIII, 449 S.)

—— die christliche Glaubenslehre als Grundlage der christlichen Weltanschauung. 2 Bde. 2. vielfach verb. und verm. Aufl. gr. 8. (XVI, 490 S.) Basel 876, Bahnmaier's Verlag. *

— die Glaubwürdigkeit der heiligen Schrift. Vortrag. gr. 8. (34 S.) Ebend. 876. n. — 80

— die wahren Jugendideale. Ein Vortrag. 2. Aufl. gr. 8. (28 S.) Elberfeld 883. (Buchh. der Evangel. Gesellschaft.) n. — 35

Reiff, F., wahre Jugendideale. 8. Aufl. 8.—10. Taus. 8. (32 S.) Elberfeld 900. Buchh. des westdeutschen Jünglingsbundes. n. — 25

Reiff, Friedr., Kinderlieder mit leichter Klavierbegleitung. 1. Stufe. 1. Heft u. 2. Stufe. 1. Heft. Frankfurt a. M. 867. Hermann'sche Buchh. qu. 4. (22 u. 18 S.) Jedes Heft n. 7½ ngr.

—— Luther, der deutsche Mann. Ein Vortrag, gehalten in der Liederhalle zu Stuttgart am 24. Oktbr. 1883. 8. (31 S.) Stuttgart 883, Buchh. der Evangel. Gesellschaft. *

Reiff, Fr., die evangelische Rechtfertigungslehre und das moderne Denken. 61 Stn. 8. Basel, Bahnmaier's Verlag. 1871 1.

Reiff, Frdr., Singbuch f. Schule u. Haus. In 3 Abthlgn. 1. Abth. 70 einstimm. Lieder enthalt. 8. (50 S.) Frankfurt a. M. 852, Hermann. n. 6 ngr.

—— dass. — 2. Abthl. 116 Lieder enthaltend. 8. (IV und 96 S.) Ebds. 854. *

Reiff, Frdr., Singbuch für Schule u. Haus. 3. u. 4. Abth. Frankfurt a. M. 859. Hermann'sche Verlhdlg. 12. Jede Abth. n. 6 ngr.

Inhalt: 3. Abth.: Mehrstimmige Lieder. (50 S.) — 4. Abth.: Geistliche Lieder. (45 S.)

— Singbuch für Schule u. Haus. 1. u. 2. Abthl. 2., verm. Aufl. Ebend. 867. gr. 8. [1. Abthl. (70 S.) n. 6 ngr., 2. Abthl. (120 S.) n. 8 ngr.] n. 14 ngr.

Reiff, Friedr., Singbuch f. Schule u. Haus. In 3 Abteilungen hrsg. 3. Abtlg., 60 dreistimm. Gesänge enth. 5. Aufl. (Bearb. v. Carl Süß.) gr. 8. (III, 87 S.) Frankfurt a/M. 898, M. Diesterweg.
Geb. in Halbleinw. n.n. 1. 25

Reiff, Fr., Sinnpflanzen. Christliche Gedanken. 12. (VIII, 387 S.) Stuttgart 891. (Roth.) n. 2. 60; geb. in Leinw. n. 3. —; m. Goldschn. n. 3. 60

— Turnliederbuch. Zum Gebrauche beim Knaben- u. Mädchenturnen nach Spieß'scher Methode. Ebend. 867. gr. 8. (IV, 62 S.) n. 4 ngr.

— — wir brauchen ein volleres Maß des heiligen Geistes. Predigt, am Sonntag Jubilate den 22. April 1888 zu St. Leonhard gehalten. 8. (16 S.) Stuttgart 888, Buchh. der Evangel. Gesellschaft. *

— die geistigen Zeitmächte im Lichte der Ereignisse der Gegenwart. Ein Vortrag im Auszug geh. zu Barmen am 17. Aug. 1871. 16. (III, 72 S.) Barmen 871. Klein. n. — 75

— die Zukunft der Welt. Ein Vortrag, geh. in Stuttgart am 13. Jan. 1875. 2. Aufl. gr. 8. (40 S.) Basel 875. Bahnmaier. n. — 65

Reiff, H., neue allgemeine Bauordnung f. das Königreich Württemberg m. den Vollzugsbestimmungen u. weiteren auf das Bauwesen sich beziehenden Gesetzen, Verordnungen u. sonstigen Vorschriften. Handausg. m. Erläutergn. 8. (VII, 564 S.) Stuttgart 902. W. Kohlhammer. n. 4. —; geb. n. 4. 70

Reiff, (H. C.,) Gesch. d. röm. Bürgerkriege, v. Anfange der Gracchischen Unruhen bis zur Alleinherrschaft des Augustus. 1r u. 2r Bd. gr. 8. Berl. 825, Nicolai.

Reiff, Herm. J., über Elektrometer, s. Sammlung v. Abhandlungen aus dem Gebiete der Instrumentenkunde.

Ueber Elektrometer. Von Herm. J. Reiff. Berlin-Nikolassee: 'Der Mechaniker' 1909. 24 S. 4°
Aus: 'Der Mechaniker'. 1909.
(Sammlung v. Abhandlungen aus d. Geb. d. Instrumentenkunde. H. 14.) (10. 1602)

Reiff, J. F., 100 dictées en texte suivi. Für den Gebrauch in Mittel- u. Oberklassen. gr. 8. (52 S.) Stuttgart 874. Metzler. n. 1. 20

— französische Elementar-Grammatik m. zahlreichen Uebungsbeispielen f. Gymnasien u. Realschulen. 2. gänzlich umgearb. Aufl. gr. 8. (VIII, 191 S.) Ebend. 874. n. 2. 40

— Elementar-Grammatik der französischen Sprache mit zahlreichen Uebungsbeispielen für Latein- u. Realschulen bearb. Ebend. 868. gr. 8. (VI, 258 S.) n. 20 ngr.

Reiff, J. F., englisches Compositionsbuch, enthltd.: Uebungsstücke verschied. Stylformen, einen Abriß der engl. Syntax mit sprachgeschichtl. Noten u. synonym. Anhang. Für vorgerücktere Schüler realist. u. humanist. Anstalten, sowie für das Selbststudium bearb. Stuttgart 866. Metzler's Verlag. gr. 8. (IV, 348 S.) n. 28 ngr.

— französisches Lese- u. Uebungs-Buch. Ein Anh. zur franz. Elementar-Grammatik. gr. 8. (72 S.) Ebend. 874. n. — 90

— Materialien zu Dictées. Für den Gebrauch in Oberklassen. 1. Hft. gr. 8. (32 S.) Ebend. 873. n. — 90

Reiff, J. F., Materialien zu Dictées. 3., reichhalt. Sammlung für Mittel- u. Oberklassen. gr. 8. (IV, 72 S.) Stuttgart 879. Metzler's Verl. in Comm. n. 2. — (1—3.: n. 4. 10)

Reiff, J. Josef

——, Otto v. Rheineck. Trauersp. in 5 Akt. gr. 12. (7½ B.) Coblenz 828, Hölscher.

Reiff, J. J., Panorama von Coblenz u. dessen Umgebungen (Ems u. Bertrich eingeschlossen). Mit 1 Abbild. 12. Coblenz, Hölscher. 821.

Reiff, J. Jos., der schlafende Räuber, od. die Räuberbraut. Oper in 3 Akt. gr. 12. (5 B.) Coblenz 829, Hölscher.

Reiff, (J. J.,) die Todtenfeier. Trauerspiel in 3 Aufz. 8. Coblenz 824, Hölscher.

Reiff, Jac. Friedr., der Anfang der Philosophie, mit einer Grundlegung der Encyclopädie der philosoph. Wissenschaften. gr. 8. Stuttgart 840. Liesching u. Comp. 1⅝ ℳ

Reiff, Jak. Fr., über einige wichtige Punkte in d. Philosophie. Dissertation. gr. 8. Tübingen 843, Fues. ⅜ ℳ

— das System der Willensbestimmungen, oder die Grundwissenschaft der Philosophie. gr. 8. Ebend. 842. 1 ℳ

Reiff, Jh. Gf., († d. 7. Aug. 1807.) s. *Artemidori* oneirocritica.

Reiff, K., zur Kinematik der Potentialbewegung. gr. 8. (8 S.) Tübingen 886, Frz. Fues. *
Aus: Mathematisch-naturwissenschaftliche Mitteilungen, besonders abgedruckt.

Reiff, M., W. Seytter u. Ed. Burkhardt, Übungsschule f. den Unterricht in der deutschen Sprache. Für die Hand des Schülers bearb. 1.—3. Stufe. 12. Stuttgart, A. Bonz & Co. n. 1. 85
1. Von M. Reiff. (IV, 88 S.) 893. n. — 50. — 2. Von W. Seytter. (IV, 128 S.) 892. n. — 75. — 3. Von Ed. Burkhardt. (VI, 121 S.) 893. n. — 60.

Reiff, M., W. Seytter u. E. Burkhardt, Uebungsschule f. den Unterricht in der deutschen Sprache. Für die Hand des Schülers bearb. I. u. III. Stufe. 2., unveränd. Aufl. kl. 8. Stuttgart, A. Bonz & Co. n. 1. 10
I. Von M. Reiff. (IV, 88 S.) 905. n. — 50
III. Von Eduard Burkhardt. (VI, 116 S.) (905.) n. — 60

Reiff, M., W. Seytter u. E. Burkhardt, Übungsschule f. den Unterricht in der deutschen Sprache. Für die Hand des Schülers bearb. II. Stufe v. Wilh. Seytter. 2. verb. Aufl. (IV, 116 S.) 8. Stuttgart 908. A. Bonz & Co. — 75

Reiff, Paul, Herz, Mund u. Hand. Produktive Arbeit im 1. Schulj. Kommentar zur Fibel f. die evangel. Volksschulen Württembergs. (208 S.) 8. Stuttgart (910). Holland & Josenhans. 2.20; geb. in Leinw. 2. 60

Reiff, Paul, prakt. Kunsterziehung. Neue Bahnen im Aufsatzunterricht. 125 Schüleraufsätze, v. den Schülern selbst ausgearbeitet, nebst e. method. Abhandlg. über den Aufsatzunterricht. (VII, 131 S.) 8. Leipzig 906. B. G. Teubner. n. 1. 60

Praktische Kunsterziehung. Neue Bahnen im Aufsatzunterricht. 150 Schüleraufsätze, von d. Schülern selbst ausgearb., nebst e. method. Abhandlung über d. Aufsatzunterr. Von Paul Reiff. Mit Buchschmuck von Fr. Lang. 2. Aufl. (Vorr.: Oberinsp. Dr. [Eduard] Lempp.) Leipzig & Berlin: B. G. Teubner 1907. (VII, 146 S.) 8° [F.] (08. 1358)

— Praktische Kunsterziehung. Neue Bahnen im Aufsatzunterricht, 160 Schüleraufsätze, v. den Schülern selbst ausgearbeitet, nebst e. method. Abhandlg. üb. den Aufsatzunterricht. Mit Buchschmuck v. Fr. Lang. 3. Aufl. (X, 148 S.) 8. Leipzig (910). B. G. Teubner. Geb. in Leinw. 2. —

Reiff, Paul. Der moderne psychophysische Parallelismus. Diss. Phil. Basel. IV + 76 S. 8. Heilbronn, Schell, 1901.

Reiff, Richard

Reiff, R., die Anfänge der Variationsrechnung. Vortrag, gehalten zu Plochingen den 30. Jan. 1886. gr. 8. (9 S.) Tübingen 887, Frz. Fues. *
Aus: Mathematisch-naturwissenschaftliche Mitteilungen, besonders abgedruckt.

Reiff, Rich., über den Einfluss der Capillarkräfte auf die Form der Oberfläche einer bewegten Flüssigkeit. Inaugural-Dissertation. 4. (31 S.) Tübingen 879. (Fues.) n. 1. 20

Reiff, R., Elasticität u. Elektricität. gr. 8. (X, 181 S.) Freiburg i/B. 893. J. C. B. Mohr. n. 5. —

— Geschichte der unendlichen Reihen. gr. 8. (V, 212 S.) Tübingen 889. Laupp. n. 5. —

— über die Principien der neueren Hydrodynamik. gr. 8. (43 S.) Freiburg i/Br. 882. Mohr. n. 1. 20

— über die Probleme der Hydrodynamik. Vortrag. gr. 8. (18 S.) Tübingen 882, Fues. *
Aus: Correspondenzblatt für die Gelehrten- und Realschulen Württembergs, besonders abgedruckt.

Reiff, R., Theorie molekular-elektrischer Vorgänge. gr. 8. (IX, 193 S.) Freiburg i/B. 896. Tübingen, J. C. B. Mohr. n. 6. —

Reiff, T., moderne Ladeneinrichtungen. 30 Taf. Vorlagen f. die Praxis des Bautischlers. Mit Grundrissen, Schnitten u. Details. (10 Bog.) nebst Preisberechngn. (4 S.) 32×25 cm. Ravensburg (908). O. Maier. In Mappe 15. —

— Speisezimmer-Möbel. Fünf Esszimmer-Einrichtgn. in moderner Ausstattg. 26 Taf. Vorlagen u. 6 Detailbog. (II S. Text.) 42×32,5 cm. Ebd. (907). In Mappe 10. —

— dasselbe. 2. Serie. 23 Taf. Vorlagen u. 7 Detailbog. (II S. Text.) 41,5×31,5 cm. Ebd. (908). In Mappe 10. —

— dasselbe, s. Möbel-Mappe, neue.

— Zimmertüren, Vertäfelungen u. Vorplatz-Einbauten. 30 (farb.) Taf. Vorlagen m. Grundrissen, Schnitten u. Preisberechngn. (4 S. Text.) 31,5×24,5 cm. Ravensburg (910). O. Maier. In Mappe 15. —

Reiff, Wilhelm, s.a. Reif, Wilhelm

Reiff, Wilh., wilde Blumen. Gedichte. gr. 16. (VIII, 69 S.) Breslau 877. Gosohorsky. n. 1. 50; geb. m. Goldschn. n. 2. 40

Reiff, Wilhelm, a. Unterhausen b. Reutlingen: Rollen einer Kugel in einem Zylinder ohne Einwirkung der Schwerkraft. Borna-Leipzig 1907: R. Noske. (36 S.) 8°
Tübingen, Naturw. Fak., Ref. v. Brill, Diss. v. 15. Mai 1907
[Geb. 11. Sept. 82 Unterhausen; Wohnort: Kirchheim; Staatsangeh.: Württemberg; Vorbildung: Oberrealsch. Reutlingen Reife O. 00; Studium: Techn. Hochsch. Stuttgart 2, Univ. Tübingen 6 S.; Coll. 15. Mai 07.]

Reiff-Moppert, Karl. Freie Stunden. Poetische Versuche in Freud u. Leid. I. Abth. (Juli 1878). 8°, 63 S. Basel, Krüsi. 1878.

Reiffeng, die Bedeutung der Jünglings-Liebe f. unsere Zeit. gr. 8. (24 S.) Leipzig 902. M. Spohr. n. — 60

Reiffel, G., die Weinfrage, ihre Verwirrung und Vorschläge zu ihrer Lösung. gr. 8. (70 S.) Kaiserslautern 888, (Tascher.) *

Reiffen, Adolf: Über eine neue Holothuriengattung. *Leipzig: W. Engelmann 1901.* (2 Bl.) 8° ¶ [Nur Titelblatt, Vita u. Thesen.]
Bonn, Phil. Diss. v. 9. März 1901
(Nicht für den Austausch)

v. *Reiffenberg* in Sayn, Frhrr. Frz., († 1764.) historia Societatis Jesu ad Rhenum inferiorem. Fol. Colon. 763 (Augsb., Kranzfelder). 4 ₰ 12 gr

Reiffenberg, F., hist. societatis Iesu ad Rhenum infer. e MSS. codicib. fol. Colon. Metternich. 765.

JESUITER-GESCHICHTE, Critische, worinn alles aus ächten Quellen kurz hergeleitet: die sog. Pragmatische Historie des Professor Harenberg stark beleuchtet: und zugleich alles beantwortet wird, was diesem Orden zur Last gelegt worden. Franckfurt und Maynz 1765. 8°. 9 Bl., 750 S. und Register.
[Verfasser: Fr. Reiffenberg.]

Reiffenberg, Fred. Aug. Ferd. Thom. Baron von

de Reiffenberg, Baron, Annuaire de la Bibliothèque Roy. de Belgique. 1re Année. (Mit Titelbild.) gr. in-12. Bruxelles 840. Muquardt. n. $1^1/_2$ ₰

de Reiffenberg, Chevalier, Annuaire de la Bibliothéque Royale de Belgique. 2.—7. année. 1841—1846. gr. in-12. Bruxelles 841—46, Muquardt. à $1^1/_2$ ₰

de Reiffenberg, (Fred. Aug. Ferd. Thom.) Baron, († d. 18. April 1850), Annuaire de la bibliothèque royale de Belgique. 8—11. années. (1847 — 1850.) 12. (8: 294 S. m. 4 Holzschn. 9: 340 S. m. 6 Holzschn. 10: 239 S. m. 5 Holzschn. 11: 249 S. m. 1 Holzschn.) Bruxelles, Muquardt. à n. $1^1/_2$ ₰

— Apologues. (Poésies.) 8. (184 S.) Ebd. 848. n. $^2/_3$ ₰

Reiffenberg, Fr. Frhr. v., Bruchstück über den Kreuzzug Friedrich I., s. Bibliothek des litterarischen Vereins in Stuttgart, Bd. 9.

— siehe: Collection de Chroniques Belges.

— s. Correspondance de Marguerite d'Autriche Duchesse de Parme, avec Philippe II.

— Godefroid de Bouillon, suite du chevalier au cygne, avec des recherches sur la première croisade. gr. 4. (187 S.) Bruxelles 848, Muquardt.

— Histoire de l'Ordre de la Toison d'Or, depuis son institution jusqu'à la cessation de chapitres généraux, tirée des archives mêmes de cet ordre et des écrivains qui en ont traité. (Mit 2 Portraits. Nebst 1 Atlas mit 8 color. Steint.) gr. in-4. Bruxelles 830 (— 38. Muquardt.) n. 32 ₰

— s. van Male, Wih., lettres sur la vie intérieure de l'empereur Charles-Quint.

— nouveaux souvenirs d'Allemagne. Pélerinage à Munich. 2 Vol. gr. in-12. le même 843. n. $2^1/_3$ ₰

— Souvenirs d'un pèlerinage en l'honneur de Schiller. Avec une gravure sur bois. Lex.-8. le même 839. n. $2^1/_3$ ₰

Reiffenberg, Johann Philipp von

Reiffenberg, J. Ph. de, Antiquitates Saynenses, an. MDCLXXXIV collectae. — Zum Erstenmale im Urtexte des Orig.-Mspts. hrsg. mit e. Einleit., kurzen Bemerkn. u. 1 lith. Abbild. 8. (9 B.) Aachen 830, Mayer.

REIFFENSTEIN, Edmund v.: Der umsichtige Forst- und Waidmann in allen seinen Amtsverrichtungen oder: gedrängte etc. nach den Monaten geordnete Übersicht aller mit dem Forst- und Jagdwesen verknüpften Geschäfte. Ein Taschenkalender etc. - Nordhausen 1842. 120 S.

v. Reiffenstein, Edmund, der umsichtige Forst- u. Waidmann in allen seinen Amtsverrichtungen ꝛc. gr. 12. Nordhausen 842, Fürst. 3/8 ₰

Reiffenstein, Karl Theodor

Reiffenstein, Carl Thdr., 82 [2 farb.] Ansichten aus dem alten Frankfurt. (V S. Text.) Imp. 4. Frankfurt a/M. 902. C. Jügel. Geb. in Leinw. n.n. 30. —

Reiffenstein, Carl Thdr., Bilder zu Goethe's Dichtung u. Wahrheit. Blicke auf die Stätten, an denen der Dichter seine Kindheit verlebte. Nach eigenen Forschgn. dargestellt u. m. e. Einleitg. versehen. 4. Aufl. Fol. (16 S. u. 12 Bl. Text m. 12 Heliogravüren.) Frankfurt a/M. 893. H. Keller. Geb. in Callico m. Goldschn. n. 18. —

— Frankfurt am Main, die freie Stadt, in Bauwerken u. Straßenbildern. Nach des Künstlers Aquarellen u. Zeichngn. aus dem städt. histor. Museum u. aus Privatbesitz. (In 5 Hftn.) 1. Hft. Imp.-4. (2 farb. u. 10 Lichtdr.-Taf. m. 12 S. Text.) Frankfurt a/M. 894. C. Jügel's Verl. n. 16. —

Reiffenstein, Carl Thdr., Frankfurt am Main, die freie Stadt, in Bauwerken u. Straßenbildern. Nach d. Künstlers Aquarellen u. Zeichngn. aus d. städt. histor. Museum u. aus Privatbesitz. 2.—5. Hft. Imp.-4. (je 2 farb. u. 10 Lichtdr.-Taf. m. 5 S. Text.) Frankfurt a/M. 895—898. C. Jügel's Verl. à Hft. n. 12. — (1.—5.: n. 64. —)

Reiffenstein, Carl Thdr., Frankfurt am Main, die freie Stadt, in Bauwerken u. Straßenbildern. Nach des Künstlers Aquarellen u. Zeichngn. aus dem städt. histor. Museum u. aus Privatbesitz. 6. Hft. Imp.-4. (8 farb. u. 9 Lichtdr.-Taf. m. 2 S. Text.) Frankfurt a/M. 899. C. Jügel's Verl. n. 12. —; (kplt. n. 76. —)

Reiffenstuhl, Anaklet, s. Reiffenstuel.

Reiffenstuel, Anaclet: Jus canonicum universum, clara methodo juxta titulos quinque librorum decretalium in quaestiones distributum, solidisque responsionibus . . . dilucidatum. T. 1—5. Monachiii 1702—14. 5 Bde fol.

— 2. ed. Ingolstadii 1729. 4 Bde fol.

Reiffenstuhl, Anaclet., ius canon. univ. VI Tmi. fol. Ingolst. Krüll. 739-46.

REIFFENSTUEL, Anaclet.: Jus canon. univ. juxta titt. Decr. VI. Vol. *Ingolst.* (*Monach.* 702—14.) 739—46. (*Regensb.*, Manz.) Fol. (10 Thl.)

Reiffenstuhl, Anaclet., († d. 5. Oct. 1703.) Tractatus de regulis juris. Fol. Ingolst. 733. N. A. 756. Krüll. 1 ₰

— theolog. moralis. 4. Münch. 1692 et 98. Additiones novae ad theolog. moral. Fol. Mutinae 1737 et 39. Nova edit., cum additionibus Matth. Kresslinger. II Tom. Fol. Mut. 747. Nova edit. c. addition. Kresslinger. et Kickh. Fol. Augsb. 762. Doll. 1 ₰ 16 g. Cum appendice. II Tom. Fol. Ingolst. 762. Krüll. 3 ₰ 8 g. Fol. Münch. 762. Lentner. 3 ₰ 8 g. Nova editio etc. ad saniorem doctrinam novissime revocata a P. Flav. Ricci a Cimbria. Fol. Augsb. 778. Rieger. 2 ₰

Reiffenstuhl, Anaclet., theologia moral. fol. Colon. 726. Rthlr.

Reifenstüll, Ign. Reichsherrschende Bildsäule Kayser Josephi I. fol. Wien 1711.

Reiffenstuel, Ign., Libellus controversius pro institutione conversi ad fidem. Wien 1712.

REIFFENSTUEL, IGN(ATIUS) S. J.: Göttlicher Nebel-Sieg, welchen abermahl die unüberwindlichen Kays. Waffen unter heldenmüthigster Anführung Prinzen Eugenii von Savoyen ... den 16. Aug. 1717 wider den Türckischen Erbfeind bey der Haupt-Festung Belgrad erfochten, mit kurzer Red-Verfassung vorgetragen. Regensburg 1717. Gedr. bey J. B. Lang. 4 f. - 4°

Reiffenstuel, Karl, s.: **Bauten, moderne kleine, f. Stadt u. Land.**

Reiffenstuell, Ignaz, s. Reiffenstuel

Reiffer, Georg Conrad, von Bissegg, Ct. Thurgau: Statistische Bemerkungen zu der Lehre von den chronischen Magenkrankheiten. Zür. Zürcher u. Furrer Dr. 1850. 31 S. 8°.

Zürich, Med. Diss. v. 18. Mai 1850.

Reifferscheid, Aug. Ein Lebensabriss, s. Wissowa, Geo.

Neue Bücher (Tageblatt Sept. 1904 bis Okt. 1907). [Verf.: Alexander **Reifferscheid.**] Als Ms. gedr. Greifswald: Kunike 1907. 343, 16 S. 8°

[Enth. Besprechungen neuer Bücher, die zuerst im Greifswalder Tageblatt erschienen u. hier in Buchform vereinigt sind.] (10. 6536 G

Geistliches und Weltliches in mittelniederdeutscher Sprache nach der Emder Hs. No. 64 von Al[exander] **Reifferscheid.** Emden: A. Gerhard. 1904. (271 S.) 8°

Aus: Jahrbuch d. Gesellsch. f. bild. Kunst ... zu Emden. Bd. 14. 15. (07. 17346 G

—— s. Grimm, Wilh., und Jac. Grimm, Freundesbriefe.

Reifferscheid, A., Marcus Evangelion Mart. Luther's. Nach der Septemberbibel m. den Lesarten aller Orig.-Ausgaben u. Proben aus den hochdeutschen Nachdrucken d. 16. Jahrh. hrsg. gr. 8. (XII, 124 S.) Heilbronn 889. [Gebr. Henninger.] Leipzig, Roisland. n. 4. 20

Reifferscheid, Alexander: **Mitteilungen aus Handschriften der St. Nikolaikirchenbibliothek zu Greifswald.** *Greifswald 1902: F. W. Kunike.* (16 S.) 8°
Greifswald, Beil. zum Verz. d. Vorl. f. d. WS 1902/03

Reifferscheid, (Heinrich Max) Alexander *(geb. Bonn 2. 6. 1847)*: Über die untrenbare partikel ge- im deutschen. 1: ge- bei infinitiven. Abt. 1. Breslau (1871). (XII, 35 S.) 8° *(Die Diss. wurde mit Erlaubnis der Fakultät erst nach der Promotion gedruckt.)*

Breslau, Phil. Diss. v. 5. Aug. 1871

— s. a. Quellen zur Geschichte d. geistigen Lebens in Deutschland während d. 17. Jahrh.

Reifferscheid, Alxdr, Quellen zur Geschichte des geistigen Lebens in Deutschland während des 17. Jahrhunderts. Heilbronn 1889. 8. . . . . (D.)

Reifferscheid, Alex., Heinrich Rückert in seinem Leben u. seinen kleineren Schriften dargestellt, s.: Sohr, A.

Reifferscheid, Alexander: Neun Texte zur Geschichte der religiösen Aufklärung in Deutschland während des 14. und 15. Jahrhunderts. Greifswald 1905: J. Abel. (58 S.) 8°
Greifswald, Festschrift zum Rektoratswechsel 1905

— **westfälische Volkslieder, in Wort u. Weise mit Klavierbegleitung u. liedervergleichenden Anmerkungen hrsg.** hoch 4. (XVI, 192 S.) Heilbronn 879. Henninger. n. 8. —

Reifferscheid, Augustus: Analecta critica et grammatica. (Vratislaviae 1877.) (S. 3—15) 4°
Breslau, Ind. schol. WS 1877/78

Reifferscheid, Augustus: Analecta Horatiana. (Vratislaviae 1870.) (S. 3—10) 4° *[Forts. ist Ind. schol. WS 1884/85. vgl. Nr 454.]*
Breslau, Ind. schol. WS 1870/71

— Analecta Horatiana nova. Pr. 1884. 16 S. 4°.

Reifferscheid, Augustus: Anecdota Casinensia. (Vratislaviae 1871.) (S. 1—8) 4°
Breslau, Ind. schol. WS 1871/72

Reifferscheid, Augustus: Anecdotum Fulgentianum. (Vratislaviae 1883.) (S. 3—10) 4° *[Im Buchhandel 1883 bei Köhler in Breslau.]*
Breslau, Ind. schol. WS 1883/84

Reifferscheid, Aug.: Oratio ad natalicia augustissimi imperatoris ac regis nostri d. 22. m. Mart. a. 1882 in hac universitate celebranda habita. [Über die gemeinsamen religiösen Anschauungen der Griechen, Römer und Germanen.] (Vratislaviae 1882.) (S. 3—10) 4°
Breslau, Ind. schol. WS 1882/83

— Apollo, Mars, Wotan. Pr. 1882. 10 S. 4°.

Reifferscheid, Augustus: Oratio ad natalicia augustissimi imperatoris ac regis nostri d. 22. m. Mart. a. 1881 in hac universitate celebranda habita. [Über die pergamenischen Ausgrabungen.] (Vratislaviae 1881.) (S. 3—10) 4°
Breslau, Ind. schol. WS 1881/82

Reifferscheid, Aug., Bibliotheca patrum latinorum italica. I—VI. Die römischen Bibliotheken. [Aus den Sitzungsber. der k. Akad. der Wiss.] Wien, (Gerold's Sohn.) Lex.-8. n. 3 ₰ 3 ngr.
I. Die Capitularbibliothek in Verona. (S. 1—112.) 865. n. 18 ngr.
II. Die römischen Bibliotheken. 1. Die Bibliothek von St. Croce in Jerusalemme. (S. 113—148.) 865. n. 6 ngr.
III. — — 2. Die Capitularbibliothek von St. Peter (Basilicana). 3. Die Bibliothek des Principe Barberini (Bibliotheca Barberina). 4. Die Bibliothek von Sta. Maria sopra Minerva (Bibliotheca Casanatensis). 5. Die Bibliothek des Oratoriums (Bibliotheca Vallicelliana), nebst Nachträgen zum Bericht über die Veroneser Dombibliothek u. über die Sessoriana. (S. 149—196.) 866. n. 6 ngr.
IV. — — 6. Die vaticanische Bibliothek. a. Bibliotheca Palatina. (S. 197—312.) 867. n. 18 ngr.
V. — — 6. Die vaticanische Bibliothek. b. Bibliotheca Reginensis (Bibliotheca Alexandrina.) (S. 313—414.) 869. n. 15 ngr.
VI. — — 6. Die vaticanische Bibliothek. c. Bibliotheca vaticana antiqua. — d. Bibliotheca Urbinas. — e. Bibliotheca Ottoboniana. (S. 415—597.) 870. n. 1 ₰

Reifferscheid, Aug., bibliotheca patrum latinorum italica. 2. Bd. 1—3. Hft. [Aus: „Sitzungsber. d. k. Akad. d. Wiss."] Lex.-8. (104 S.) Wien 871. 72. Gerold's Sohn in Comm. n.n. 7. —
(I—II, 3.: n.n. 14. —)
1. III. Die Ambrosianische Bibliothek in Mailand. (104 S.) n. 1. 60
2. IV. Die Bibliotheken Piemonts. (S. 105—272.) n.n. 2. 60
3. V—IX. Die Bibliotheken v. Venedig, Florenz, Neapel La Cava u. Monte Cassino. (161 S.) n. 2. 80

Reifferscheid, Augustus: De Vaticano librorum Carolinorum codice. (Vratislaviae 1873.) (S. 1—2) 4°
Breslau, Ind. schol. WS 1873/74

Reifferscheid, Augustus: Conjectanea. (Vratislaviae 1879.) (S. 3—10) 4° *[Im Buchhandel 1879 bei Koebner in Breslau; Forts. ist Ind. schol. WS 1880/81, vgl. Nr 446.]*
Breslau, Ind. schol. WS 1879/80

Reifferscheid, Augustus: Conjectanea nova. (Vratislaviae 1880.) (S. 3—12) 4° *[Im Buchhandel 1880 bei Koebner in Breslau; Forts. zu Ind. schol. WS 1879/80, vgl. Nr 444.]*
Breslau, Ind. schol. WS 1880/81

Reifferscheid, Augustus: Conjectanea in Thucydidem. (Vratislaviae 1876.) (S. 3—12) 4°
Breslau, Ind. schol. WS 1876/77

Reifferscheid, Augustus: Euanthius et Donati commentum de comoedia. (Vratislaviae 1874.) (S. 1—12) 4°
Breslau, Ind. schol. WS 1874/75

Reifferscheid, A., Sulle imagini del dio Silvano e del dio Fauno. S.-A. 1866. 18 S. u. 4 Taf.

Reifferscheid, Augustus: Meletemata Aristophania. (Vratislaviae 1869.) (S. 3—8) 4°
Breslau, Ind. schol. WS 1869/70

Reifferscheid, A., Mitteilungen aus Handschriften. S.-A. 1858. 20 S.

Reifferscheid, Augustus: Observationes criticae et archaeologicae. (Vratislaviae 1878.) (S. 3—8) 4° *[Im Buchhandel 1878 bei Koebner in Breslau.]*
Breslau, Ind. schol. WS 1878/79

Reifferscheid, A., Pergamon und seine Kunstschätze. Pr. 1881. 10 S. 4°. —.90

Reifferscheid, Augustus: Donati in commenta Terentiana praefationes. (Vratislaviae 1875.) (S. 3—16) 4°
Breslau, Ind. schol. WS 1875/76

Reifferscheid, Avgvstvs (geb. am 3 Okt. 1835 in Bonn): Quaestionvm Svetonianarvm Particvla ... Lipsiae, form. Tevbnerianis (1859). 34 S., 1 Bl. 8.
Bonn, Phil. Fak., Diss. v. 24 Juni 1859

Index scholarum in univ. litt. Vratislaviensi per hiemem a. 1885-86 a d. XV m. Oct. hab. — Insunt Augusti Reifferscheidii I Quaestiones syntacticae II Schedae Basilicanae. *Vratislaviae*, typ. off. univ. (W. Friedrich) (1885); 24 S. 4°.

Reifferscheid, A., quaestiones syntacticae. Schedae Basilicanae. 4. (11 S.) Breslau 885, (Köhler.) *

Reifferscheid, Augustus: De Latinorum codicum subscriptionibus. (Vratislaviae 1872.) (S. 1—8) 4°
Breslau, Ind. schol. WS 1872/73

Reifferscheid, Avgvstvs (geb. am 3 Okt. 1835 in Bonn): Themata philologica. Exhibita dissertatione De C. Svetoni Tranqvilli praeter libros Caesarvm reliqviis proposvit ... Bonnae, form. Carthavsianis (1859). 2 Bl. 8.
Bonn, Phil. Fak., Thes. v. 24 Juni 1859

Reifferscheid, Augustus: 1. Oratio ad natalicia augustissimi imperatoris ac regis nostri d. 22. m. Mart. a. 1884. in hac universitate celebranda habita. [Über die römische Weltmonarchie und das deutsche Kaisertum.] 2. Analecta Horatiana nova. (Vratislaviae 1884.) (S. 3—16) 4° *[Vgl. Ind. schol. WS 1870/71, Nr 426.]*
Breslau, Ind. schol. WS 1884/85

Reifferscheid, Ferd., Klänge freier Muse. 8. ... Zweibrücken 832, Ritter.

— vollständige, gründl. u. kurzgefaßte italiänische Sprachlehre. gr. 8. Leipzig 835. Baumgärtner. 1/3 ₰

Reifferscheid, Ferd., Stunden der Weihe. Andachtsbuch für gebildete kathol. Christen. gr. 12. Köln 836. Du Mont-Schauberg. 2/3 ₰

Reifferscheid, Heinrich: Der Kirchenbau in Mecklenburg und Neuvorpommern zur Zeit der deutschen Kolonisation. Greifswald 1910: Abel. XV, 185 S. 8° ¶(Ersch. auch als: Pommersche Jahrbücher. Erg. Bd 2.)
Straßburg, Phil. Diss. v. 27. Febr. 1909, Ref. Dehio, Breßlau
[Geb. 20. Aug. 84 Greifswald; Wohnort: Greifswald; Staatsangeh.: Preußen; Vorbildung: Gymn. Greifswald Reife O. 04; Studium: Straßburg 5, Greifswald 4, Straßburg 1 S.; Rig. 27. Febr. 09.] [U 10. 4092

Reifferscheid, Heinrich Max Alexander, s. Reifferscheid, Alexander

Reifferscheid, Karl: Aus d. pathologr. Institut d. Univ. Bonn. Über die Durchwanderung von Kohlepigment durch die Gefässwand ... Bonn, Univ.-Buchdr. v. C. Georgi, 1897; 31 S., 1 Taf. 8.
Bonn, Med. Fak., Inaug.-Diss. v. [31. Juli] 1897

Reifferscheid, Karl, ein Fall v. Zerreissung der Vagina während der Geburt m. Vorfall e. Hydrosalpinx in die Scheide. (5 S.) gr. 8. Leipzig 910. B. Konegen. 1.—
Sonderabdruck aus: „Der Frauenarzt"·

· Die Röntgentherapie in der Gynäkologie, s.: Abhandlungen, zwanglose, aus dem Gebiete der medizinischen Elektrologie u. Röntgenkunde. 9. Heft.

Reifferscheid, Steph. Aug., das Reich der Ideale. Moderner, ernster Roman in humorist. Kleide. Coblenz 857. (Bonn, Wittmann.) 12. (203 S.) n. 10 ngr.

Reifferscheidt, Anton Wilhelm (Linz), De praejudicio tacentis. Diss. jur. Präs. Johann Philipp Hahn. Mainz (Goubler) Dez. 1746. 76 S. (—.—) 28045
Gew.: Johann Wilhelm Ludwig von Hagen.

Reiffert, J. E., zehn Jahre in China. Erlebnisse, Erfahrgn. u. Reisen. Mit zahlr. Illustr. gr. 8. (XVI, 280 S.) Paderborn 896. Junfermann. n. 3. 50; geb. in Leinw. n. 5. 50

Reiffe, J. M., Leben u. Abenteuer e. Missionärs, s.: Familien-Bibliothek.

Reifling, Fr., Ferd. Lassalle. (Volksbibl. des menschl. Wissens.) 8°. Breslau, Geiser, 1891.

Reiflingen, Doktor Schwips, s.: Album f. Liebhaber-Bühnen.

Reifmann, Jac., Te' udath Israel (de Israelis officio.) (In hebr. Sprache.) Berlin 868. (Benzian.) 8. (23 S.) n. 10 ngr.

Reifrock, der, verdient Lob u. Ehr', Er macht etwas, wo sonst nichts wär! Ein altes ergötzliches Gedicht zu Gunsten des Reifrock's wider alle Verläumbungen. Mit neuen Reimen vermehrt. Herausg. zum Besten einer Reifrockstiftung für Kuh- u. Stallmägde. München 859. Lentner. gr. 8. (8 S.) 1 ngr.

Hochzeitsfest, Das beglückte Gottschedische und Scipionische .... (von *Joh. Friedr. Reifstein*). Cassel 1748.
Anon.-Lex. II. p. 295 (nach Meusel u. Strieder).

Der innere und äußere Dienst der Kompagnie. Eine Anleitung z. Erziehung u. Ausbildung von [Willi] v. Reige, Major im Inf.Rgt Nr. 15. Berlin: Voss 1907. (143 S.) 8° [F.]
= Sammlung militärwissenschaftl. Handbücher. Bd 7. 07. 13489

Reigen. Zehn Dialoge. [Wien] 1896 bis 1897 als Ms. gedruckt; nicht anonym (!!). V: *Schnitzler, Arthur.* (BGE VI³, 392)

Reigen, Der. O. O. [1901]. V: *Curti, Theod.* (Zuwachsverz. d. Bibliotheken in Zürich 1898 ff.)

Reigen, lyrischer. 1.—7. Bd. 8. Leipzig, Modernes Verlagsbureau. n. 10. 50
Ficker, Ludw. v., Inbrunst des Stürms. Ein Reigen Verse. (47 S.) 904. (Bd. 7.) n. 1. —
Lichatscheff, Elisab., bunte Fantasien. (72 S.) 904. (Bd. 4.) n. 2. —
Mentz, Luise v., Gedichte. (56 S.) (903.) (Bd. 2.) n. 1. 50
Mühlbaum, Ferd., der Erde — ganz. (64 S.) 904. (Bd. 5.) n. 1. —
Müller, Wilh., Lieder eines Wankelmütigen. (58 S.) 904. (Bd. 6.) n. 1. 50
— Verse, letzte, vom armen Kurtl (Kurt Kamlah). (VI, 112 S.) (903.) (Bd. 1.) n. 2. 50
Weichberger, Konr., Schorlemorle. Studentengedichte. (62 S.) (903.) (Bd. 3.) n. 1. —

(B) **Reigen,** lyrischer. 2. Bd. Mentz, Gedichte. 903.
Jetzt: Zoppot, Deutscher Heimatverlag. Erm. Pr. 1. —

— sieben, f. Turnvereine u. Schulen. (52 S. m. 74 Fig.) 16. Ebd. (903). n. 1. —

Reigen f. das Turnen der Knaben, der Mädchen u. der Erwachsenen, in zwanglosen freien Heften hrsg. 1.—9. Heft. gr. 8. Hof 892, Lion. * 6 20
1. Singer, Herm. Vier Reigen f. das Mädchenturnen, eine Ergänzg. zu W. Jenny's Buch der Reigen. Mit 1 Fig.-Taf. (12 S.) * — 50.
2. Schützer, L. Drei Reigen: I. Stabreigen mit Gesang für Turnvereine und größere Schüler. II. u. III. Tanzreigen [Schottisch u. Ländler]. Mit 1 Fig.-Taf. (16 S.) * — 60.
3. 4. Singer, Herm. Je drei Reigen f. das Mädchenturnen, e. Ergänzg. zu W. Jenny's Buch der Reigen. Mit je 2 Fig.-Taf. (16; 14 S.) à * — 60.
5. Wortmann, Heinr. Keulenreigen, e. Ergänzung zu H. Wortmanns „Keulenschwingen". (16 S.) * — 60.
6. Erbes, Aug. Drei Reigen für Erwachsene. I. Marschreigen mit Stäben. II. Laufreigen. III. Tanzreigen f. Herren u. Damen. (11 S. m. 8 Fig.-Taf.) * — 80.
7. Preller, Glob. Keulenreigen f. Turnvereine. (8 S. m. 8 Fig.) * — 50.
8. Drei Reigen, vorgeführt v. bayer. Turnvereinen zu Ehren Sr. königl. Hoheit d. Prinz-Regenten Luitpold v. Bayern. I. Fackelreigen d. Turnvereins Kaiserslautern v. Hans Mayr. 2. Lampionreigen d. Turnvereins Augsburg v. Jos. G. Groß. 3. Lampionreigen der Turnvereine zu Hof v. Geo. Schödel. (18 S. mit 32 Fig.) * 1 —.
9. Retsch, Adf. B. Ein Reigen f. Erwachsene. (Die Bauernhochzeit.) (19 S. mit 50 Fig.) * 1 —.

Reigen f. d. Turnen der Knaben, der Mädchen u. d. Erwachsenen, in zwanglosen freien Heften hrsg. 10. Hft. gr. 8. Hof 895. R. Lion. n. — 80
Reigen m. Rohrstäben (— Rohrreifen) f. Mädchen v. A. Retsch. (14 S. m. 25 Fig.)

Reigen f. das Turnen der Knaben, der Mädchen u. der Erwachsenen, in zwanglosen freien Heften hrsg. 8. u. 11. Hft. gr. 8. Hof, R. Lion. à n. 1. —
8. Drei Reigen, vorgeführt v. bayerischen Turnvereinen zu Ehren Sr. königl. Hoheit des Prinz-Regenten Luitpold v. Bayern. 1. Fackelreigen des Turnvereins Kaiserslautern am 18. IX. 1885, zusammengestellt u. geleitet v. Hans Mayr. 2. Lampionreigen des Turnvereins Augsburg am 20. IX. 1880, zusammengestellt u. geleitet v. Jos. G. Groß. 3. Lampionreigen der Turnvereine zu Hof am 5. V. 1887, zusammengestellt u. geleitet v. Geo. Schödel. (Neue Ausg.) Mit 32 Fig. (18 S.) 898.
11. Drei Liederreigen. Von Th. Hemmer. Mit 10 Fig. (14 S.) 899.

— f. das Turnen der Knaben, der Mädchen u. der Erwachsenen, in zwanglosen, freien Heften hrsg. VII. Heft. 8. Hof, R. Lion. — 50
Keulen-Reigen (f. Turnvereine). Von Glob. Preller. 2. Aufl. (8 S. m. 8 Fig.) 909.

— f. Turnerinnen. (31 S. m. 50 Fig.) 16. Probstheida (903). Leipzig, Rauh & Pohle. n. 1. —

Reigen, wenn ich e. deutscher Kaiser wäre? Ein neues sozialpolit. u. nationales Programm f. das deutsche Volk. Breslau 899.

Reigensammlung. I. Serie. Nr. 1—13. Reigen f. Turner. kl. 8. Leipzig, Rauh & Pohle. à n. — 50
Amberg, Adf., Stabübungen m. Kreisschwingen v. elektrisch beleuchteten Stäben, von 8 Turnern auf Bühne auszuführen. (6 S.) (904.) (Nr. 8.)
— Reigen-Aufführung verbunden m. Stützel-, Stab-, Frei- u. Keulenübungen. (8 S.) (903.) (Nr. 4.)
Brückelt, Const., Eisenstab-Reigen für 8 Turner. (Auf der Bühne aufzuführen.) (8 S. m. 1 Taf.) (903.) (Nr. 7.)
— Langstab-Reigen f. 12 Turner od. Zöglinge. (10 S. m. 1 Taf.) (906.) (Nr. 13.)

Pohle, E., Keulenreigen m. Schluß-Pyramide f. 8 Turner. (8 S. m. 4 Fig.) Probstheida (902.) (Nr. 3.)
— Stab- u. Gruppierungsreigen f. 8 Turner (auf Bühne aufzuführen). (8 S. m. 9 Fig.) Probstheida (902.) (Nr. 1.)
Sittig, Emil, Fahnen-Reigen f. 8 Turner. (8 S. m. 1 Taf.) (903.) (Nr. 10.)
— Freiübungsreigen f. 12 Turner. (11 S. m. 1 Taf.) (906.) (Nr. 5.)
— Stab- u. Hantelübungsreigen f. 12 Turner. (12 S. m. 1 Taf.) (906.) (Nr. 12.)
— Stabübungs-Reigen f. 16 Turner. (12 S. m. 1 Taf.) (906.) (Nr. 11.)
Thomas, K., Freiübungs-Reigen f. 12 Turner. (6 S. m. 1 Taf.) (903.) (Nr. 6.)
— Langstab-Reigen f. 32 Turner. (12 S. m. 1 Taf.) (903.) (Nr. 9.)
— Stabübungsreigen m. Wurfbewegungen f. 8 Turner (auf Bühne aufzuführen). (8 S. m. 1 Taf.) (902.) (Nr. 2.)

Reigensammlung. I. Serie. Reigen f. Turner. Nr. 14—16. kl. 8. Leipzig, Rauh & Pohle. à — 50
Pohle, E., Reigen m. langen Springstäben f. 20 Turner. (8 S. m. 7 Fig.) (910.) (Nr. 16.)
Strehlau, Frz., Freiübungs-Reigen. Reigen m. Gesang nach dem Liede „Turner auf zum Streite". (7 S. m. 1 Taf.) (908.) (Nr. 15.)
— Des Turners Braut. Stabreigen m. Gesang f. 16 Turner nach dem Liede: „Des Turners Braut". (7 S. m. 1 Taf.) (908.) (Nr. 14.)

— dasselbe, II. Serie. Nr. 1—6. Reigen f. Turnerinnen. kl. 8. Ebd. à n. — 50
Brückelt, Const., Fahnen-Reigen f. Turnerinnen. (8 S. m. 1 Taf.) (904.) (Nr. 3.)
— Tanz-Reigen (Rheinländer) f. Turnerinnen. (8 S. m. 1 Fig.) (904.) (Nr. 4.)
Pohle, Ernst, Stab-Reigen f. Turnerinnen. (8 S.) (904.) (Nr. 5.)
Thomas, Karl, Ballspiel-Reigen f. 16 Turnerinnen. (8 S. m. 1 Taf.) (904.) (Nr. 6.)
— kleinere Tanz-Reigen f. 8 Turnerinnen. (6 S. m. 1 Taf.) (906.) (Nr. 2.)
— Walzer-Reigen f. 8 Damen. (6 S. m. 1 Taf.) Probstheida (904.) (Nr. 1.)

— dasselbe. II. Serie. Reigen f. Turnerinnen. Nr. 3—9. kl. 8. Ebd. à — 50
Brückelt, Const., Fahnen-Reigen f. Turnerinnen. (8 S. m. 1 Taf.) (907.) (Nr. 3.)
— Tanz-Reigen (Rheinländer) f. Turnerinnen. (8 S. m. 1 Fig.) (907.) (Nr. 4.)
Kratky, Karl, Ball-Reigen. Reigen f. 16 Turnerinnen (im Saale aufzuführen). (8 S. m. 1 Taf.) (909.) (Nr. 9.)
— Blumenreifen-Tanzreigen. Reigen f. 16 Turnerinnen, zur Ausführg. im Saale geeignet. (8 S. m. 1 Taf.) (908.) (Nr. 8.)
— Dreifarben-Reigen od. Schwarz-Rot-Gold. Reigen f. 12 Turnerinnen (auf der Bühne aufzuführen). (10 S. m. 1 Taf.) (908.) (Nr. 7.)
Pohle, Ernst, Stab-Reigen f. Turnerinnen. (8 S. m. 1 Taf.) (907.) (Nr. 5.)
Thomas, K., Ballspiel-Reigen f. 16 Turnerinnen. (8 S. m. 1 Taf.) (907.) (Nr. 6.)

— dasselbe, III. Serie. Nr. 1. Reigen f. Turnerinnen u. Turner. kl. 8. Ebd. n. — 50
Dekorations-, Frei- u. Stabübungsreigen f. 16 Turnerinnen u. 16 Turner. Von G. Ranft. (16 S. m. 15 Fig.) Probstheida (904).

— dasselbe. III. Serie. Reigen f. Turner u. Turnerinnen. Nr. 2—4. kl. 8. Ebd. à 1. —
Benedix, Geo., Marsch-, Tanz- u. Gesangs-Reigen, verbunden m. Fahnenschwingen, Stab- u. Keulenübungen f. 32 Turner u. 32 Turnerinnen. (20 S. m. 1 Taf.) (907.) (Nr. 2.)
Kratky, K., Ringer-Reigen. Reigen f. 24 Turner u. 12 Turnerinnen. (16 S. m. 1 Taf.) (908.) (Nr. 4.)
Sittig, Emil, turnerische Gruppenbilder in reigenartiger Ausführung f. 4 Turner u. 4 Turnerinnen. (6 S. m. 1 Taf.) (907.) (Nr. 3.)

— dasselbe, IV. Serie. Nr. 1. Reigen f. Kinder. kl. 8. Ebd. n. — 50
Flaggen-Reigen f. 64 Kinder im Alter von 10 bis 14 Jahren. Von Max Hunger. (4 S. m. 1 Taf.) (904.)

Reiger, A.: „Versuch einer Anleitung zur richtigen Aufnahme und Berechnung des fundus instructus, oder Wirthschafts-Inventars", Leitmeritz 1828 (Leipzig, Leich in Kommission).

Reiger, Henr., Specimen histor.-polit. inaug., de vi et efficacitate foeminarum in res politicas, earumque juribus civicis. 8 maj. (12½ B.) Groningae 829, van Boekeren.

Reiger, Jo. Christoph (Regensburg), De literis dimissoriis appellationum, vulgo von Aposteln. Diss. jur. pract. Präs. Ephraim Gerhard. Jena (Werther) Febr. 1713. 37 S. (4.75) 28046
Widm. v.: Ephraim Gerhard, Gottlieb Stolle (dtsch.), Augustin Preuße (dtsch.), Ernst Gottfried Scultetus (dtsch.)

— — Dasselbe. [Jena] (Müller) Febr. 1713. Rec. 1736. 37 S. (4.75) 28047
Widm. v.: Ephraim Gerhard, Gottlieb Stolle (dtsch.), Augustin Preuße (dtsch.), Ernst Gottfried Scultetus (dtsch.)

Reiger, Johann Friedrich

Reiger, J. F., ausgelöschte Churpfalz-Simmersche Stammlinie. 8. Frankfurt, Brönner. 735.

Reiger, Joh. Frid.: Theatrum juridicum theoretico-practicum. Opus posthumum. Tiguri 1705.

— theatrum iuridicum theor. pract., ins Deutsche übers. v. Sam. Oberländer. gr. 4. Nürnberg, Grattenauer. 740.

Reiger, Rudolf, aus Nördlingen: Innere Reibung plastischer und fester Körper. *Braunschweig 1901: F. Vieweg & Sohn.* (55 S.) 8°
Erlangen, Phil. Diss. v. 16. Jan. 1901

Reiger, Rudolf, Dr. phil.: Untersuchungen über Entladungen. Erlangen 1905: Junge & Sohn. (130 S.) 8°
Erlangen, Phil. Hab.-Schr. v. [5. Mai] 1905

Die Stadt Bocholt während des neunzehnten Jahrhunderts. Von Friedrich **Reigers**. Bocholt: J. & A. Temming 1907. (340 S.) 8° [F.] 08, 3637

Reigers, Friedr., geschichtliche Nachrichten über die Kirche Unserer Lieben Frau [jetzt Peterskirche genannt] und das Minoritenkloster in Bocholt von der Gründung der Kirche bis zur Aufhebung des Klosters. 1310 bis 1811. Mit Urkunden. gr. 8. (VII, 229 S.) Münster 885, (Regensberg.) *

Reigersberg, Heinrich Alois Graf von

v. Reigersberg, Graf ..., Bericht üb. die Justizverwaltung im Königr. Baiern f. das Etatsjahr 1818 u. 19. Sr. Maj. d. Könige vorgelegt. gr. 8. Münst. 820. Finsterlin. 14 gr

Reigersberg, Staats-Min. Graf v., Bericht über die Justiz-Verwaltung im Königr. Baiern für das Etatsjahr 1818. 19. Sr. Maj. dem Könige vorgelegt. gr. 8. Münster, Thienemann. 820.

REIGL, ANTON: Meßgesänge und Kirchenlieder für die Schuljugend, gesammelt von Anton Reigl. Mise és egyházi énekek a kath. tanuló ifjúság használatára. Ofen 1870: M. Bagó. 127 (3) S. - 150 mm

Reignefort, M. Labiche de, Leiden der deportierten Weltpriester u. Ordensleute Frankreichs zur Zeit der französischen Revolution. Nach dem ergreifenden Berichte aus dem Französischen übersetzt u. dem katholischen Volke, sowie namentlich seinen Amtsbrüdern zum ernsten Nachdenken gewidmet von einem Priester der Erzdiöcese Köln. Mit 1 (lith.) Titelbilde. 8. (166 S.) Regensburg 882. Manz. 1. —

Reignier, Louis

— ausführliche theoretisch-praktische Grammatik der französ. Sprache f. den Schul- u. Privatgebrauch. Nach einem neuen Lehrplan bearb. In 3 Abthlgn. (in 1 Bd.) gr. 8. (IV u. 354 S.) Ebd. 850. 1 ₰

Reignier, Louis (Joh. Phil. Zeh), ausführliche theoretisch-praktische Grammatik der französischen Sprache für den Schul- und Privatgebrauch. Nach einem neuen Lehrplan bearb. In 3 Abthlgn. (in 1 Bd.) 2. (Titel-)Aufl. gr. 8. (IV und 354 S.) Nürnberg 854, Lotzbeck.

— Deutsche Handels-Correspondenz in Musterbriefen. Zum Uebersetzen in's Französische, f. Schulen u. z. Privatgebrauch. Mit Erklärungen der schwierigsten Ausdrücke u. Wendungen. 2. (Titel-) Ausg. (von: J. Ph. Zeh, Deutsche Handels-Correspondenz.) gr. 8. (VIII u. 158 S.) Ebd. (838) 851. 16 ngl

Reignier's, Louis, französische u. deutsche Handelscorrespondenz in Musterbriefen mit erklärenden Noten und einer französ. Terminologie für Schulen u. zum Privatgebrauch. 3. Aufl., neu bearb. u. mit Zusätzen verm. von Phil. Zeh. Nürnberg 862. Lotzbeck. gr. 8. (IV, 180 S.) 15 ngr.

Reignier, Louis, (Joh. Phil. Zeh), neuestes Comptoir-Lexikon der französischen u. deutschen Sprache enth. eine vollständige Terminologie des Handels, des Seewesens u. d. Rechte in ihrer technischen Ausdrucksweise mit theilweiser Erläuterung nebst einer reichhalt. Phraseologie in beiden Sprachen. 2 Thle. 8. I. Französisch-Deutsch. (IV u. 208 S.) II. Deutsch-Französisch. (254 S.) Nürnberg 851. 52. Lotzbeck. (à 1/2 ß) 1 ß

Reignier, L., lettres commerciales; suivies de modèles des actes et transactions du commerce de terre et de mer. gr. 8. Strassb. 819. (Nürnb., Zeh). 18 gl

—— nouveau recueil de lettres de commerce. Suivies de plusieurs documents relatifs aux affaires ainsi que d'un vocabulaire traduisant en langue allemande les termes les usités contenus dans ces lettres. 2. Édition. gr. 8. (VIII und 158 S.) Nürnberg 851, Lotzbeck.

Reignier, Ludwig, s. Reignier, Louis

Reihe der wissenschaftlichen Almanache der Deutschen. [Fulda u. Nürnberg 1791.] V: *Schmid*, *Chn Hnr.* (ML)

Reihe, e., v. gewechselten Briefen zwischen Heinrich und Franziska. 2 Thle. 8. Berl. Lange. 790.

Reihe, Die bunte, oder eine Hand voll lustig satyrischer Gespräche . . . Scherzfeld [Leipzig] 1764. V: *Kritzinger*, *Friedrich Adolph.* (BGE)

Reihe, Die bunte, oder Ein Handvoll lustig satyrischer Gespräche, zwischen Leipziger neugierigen Junggesellen und politischen Mädchen. Scherzfeld [Leipzig] 1764. V: *Lincke* & *Friedrich Adolph Kritzinger.* (BGE IV, 122)

Reihe, die bunte, ein Divertissement in der Sommerlaube, 8. Hamburg, 785. Matthiesen. 15 ggl.

Reihe, Bunte; ein Divertissement in der Sommerlaube . . . Hamburg 1786. V: *Schmidt*, *Christian.* (Ky) (MGT)

Reihe bunte; ein Divertissement in d. Sommerlaube. Enth.: Geschichte, Hausphilosophie, Schnurren, Possen etc. (v. Chr. Schmidt). 8. Hamb. 786. (Compt. f. Litt. in Leipz.) 8 gl

Reihe, Bunte, Sammlung kleiner Erzählungen . . . Magdeb. 1823. V: *Engelhard*, *Caroline.* (GGr)

Reihe, bunte; Samml. kleiner Erzähll., von der Verfasserin von Juliens Briefen. 1r Bd. 8. Magdeb. 823, Creutz.

Reihe bunte; Samml. kleiner Erzähll., von der Verfass. von Juliens Briefen. 1r Bd. 8. Magdeb. 824. Creutz. 1 ß. 12 gl

Reihe, bunte, eine Sammlung ausgewählter u. interessanter Erzählungen, Novellen u. Criminalgeschichten. 10 Bdchn. 8. (72 B.) Leipzig 842, 43, [Berger's Buchh.] à 15 Ngr.

— bunte, eine Sammlung ausgewählter u. interessanter Erzählungen, Novellen u. Criminalgeschichten. 1.—10. Bdchn. 8. Leipzig 842, 43, Binder. (Bamberg.) à 1/2 ß

Reihe, bunte. Unzerreißbare Bildertafeln zur Belustigg. u. Belehrg. f. die lieben Kleinen. Mit Zeichngn. v. F. C. Hösch, F. u. H. Lossow u. A. 2. Aufl. qu. 4. (11 color. Taf. auf Pappe.) Stuttgart 874. Nitzschke. geb. 4. —

Reihe, bunte. Unzerreißbare Bildertafeln zur Belustigung und Belehrung für die lieben Kleinen. Mit Zeichnungen von F. C. Hösch, F. und H. Lossow u. A. 3.—6. Aufl. qu. gr. 4. (11 color. Tnt. auf Carton.) Stuttgart 877—79, Nitzschke. geb. *

Reihe, bunte. Unzerreißbare Bildertafeln zur Belustigung u. Belehrung für die lieben Kleinen. Mit Zeichnungen von F. C. Hösch, F. u. H. Lossow u. A. 7. Aufl. qu. Fol. (11 chromolith. Taf. auf Pappe.) Stuttgart 880. Nitzschke. cart. 4. —

Reihe, bunte. Kleine Erzählgn. Fabeln f. Kinder. Scherz-Aufgaben. Rätsel. Denksprüche. 12. (16 S. m. Fig.) Berlin (899). (Berolina-Versand-Buchh.) — 10

Bunte **Reihe**. Erzählungen u. Gedichte rheinländ. Schriftsteller mit Buchschmuck von A. Ritscher-Werden. Hrsg. v. Verein 'Frauenwohl'. Essen-Ruhr 1909: Girardet. 160 S. 8° [illegible]

Reihe, bunte, deutscher Original-Novellen d. beliebtesten Erzähler neuester Zeit. 3 Bde. u. neue Folge 1. u. 2. Bd. 8. Grimma, Verlags-Comptoir.

Bd. 1. Der Herr Pathe. Novelle v. Richard Roos. — Das Hochzeitsgeschenk. Novelle v. Beer. (15 B.) 840. 1 Thlr. 12 Gr.
- 2. Die Waldschenke. Novelle v. Nürnberger. — Meister u. Gesell. Novelle v. Lubojatzky. — Der Mörder. Novelle v. Crasselt. — Der Hochzeittag. Nachtstück v. Lubojatzky. — Der finstere Herzog. — Die Taufe d. Erstgeborenen. — Die todte Schwester. Novellen v. Alex. Patuzzi. (15 B.) 840. 1 Thlr. 12 Gr.
- 3. Die Masken. Novelle v. Beer. — Elisabeth Charlotte, Herzogin v. Orleans, die deutsche Stammmutter d. jetzigen französ. Königshauses. Histor. Skizze v. Jul. Schütz. — Alfred. Liebes-Novellette v. Ernst Keil. (14 3/4 B.) 840. 1 Thlr. 12 Gr.

Neue Folge. 1. u. 2. Bd.

Bd. 1. Der Mime u. sein Kind. — Moira Encantada. Zwei Novellen v. Lubojatzky. (19 3/4 B.) 841. 1 Thlr. 12 Gr.
- 2. Die Piebnitzer. Humorist. Erzähl. v. Fr. Lubojatzky. — Die Erbschaft. Erzähl. v. George. (15 3/4 B.) 841. 1 Thlr. 12 Gr.

Reihe, Eine, von Familiengemählden aus Berlin. [Leipzig 1785.] V: *Schwarz*, *Johann Ludwig Georg.* (MGT)

Reihe, Eine, römischer Kaiser nach einem höchst seltenen Kunst-Alterthum beschrieben . . . Tübingen 1791. V: *Burk*, *Marcus Philipp.* (Ky) (MGT) (Gradmann, Gel. Schwaben. 1802.)

Reihe, Eine, römischer Kaiser nach einem Kunstalterthum, welches aus illuminierten Handzeichnungen u. geschriebenen teutschen Reimen v. J. 1544 besteht, mit Erläuterungen herausgegeben (von M. Ph. B[urk]). Tübingen 1791. V: *Wild, Seb.* (Baer 737/995)

Reihe, eine, römischer Kaiser, nach e. seltn. Kunstalterth. beschr. 4. Tübingen, Heerbrand. 791.

—eine, röm. Kaiser, nach e. seltenen Kunstalterth. beschrieben (v. M. Ph. Burk). 4. Tübing. 891. (Osiander). 6 gl

— der Vorbilder Jesu Christi, im Alt. Testament, siehe Hiller.

Reihe von niederdeutschen Wörtern, welche das Hochdeutsche nicht besitzt. [Elberfeld 1849.] V: *Vernaleken, Theodor.* (Mz)

Reihen, zwei, geistlicher Uebungen f. Ordensfrauen. 8. (188 S.) München 874. Stahl. 1. —

Reihenfolge, chronologische — aller römischen Päpste. Villach, 1856. Druck und Verlag von F. F. Hoffmann. (32 S. 16.)

Reihenfolge, chronolog., der röm. Päpste, v. Petrus bis auf Leo XII. Aus d. röm. Staatskalender f. 1824. ins Deutsche übersetzt u. mit Zusätzen versehen von e. kathol. Geistlichen. gr. 8. Würzb. 826. 2e A. ... 3e verm. Aufl. Mit 1 Ansicht d. St. Peterskirche zu Rom u. 1 Portr. gr. 8. Ebd. 828. Etlinger. 1 ₰ 16 gl 4e Aufl.: von Petrus bis auf Gregorius XIV. Aus d. röm. Staatskalender f. das J. 1830 ins Deutsche übersetzt u. mit geschichtl. Zusätzen vermehrt, von e. kathol. Geistlichen. Anh.: Bestand d. kathol. Kirche auf dem ganzen Erdkreise im Anfang d. J. 1831. Mit 2 Portr. gr. 8. Ebd. 831. 2 ₰ Der Anh. apart. 8 gl

Reihenfolge, chronologische, d. röm. Päpste, v. Petrus bis auf Leo XII. Aus d. röm. Staatskalender f. 824 ins Deutsche übertragen u. mit Zusätzen versehen v. einem kathol. Geistl. 2e Aufl. gr. 8. Würzb. 827, Etlinger.

—— chronolog., der röm. Päbste, v. Petrus b. auf Leo XII. Aus d. röm. Staatskalender in's Deutsche übertr., u. mit Zusätzen vers. v. e. kathol. Geistlichen. Anh.: Bestand d. kathol. Kirche auf d. ganzen Erdkreise. 3., verm. Aufl. (44 B., Leo XII. Portr. u. 1 Ansicht d. St. Peterskirche zu Rom.) 828. 1 Thlr. 16 Gr., 4., verm. u. verb. A., mit d. Anh.: Bestand d. kathol. Kirche auf d. ganzen Erdkreise im Anfang d. J. 1831. (54 B., Pius VIII. u. Gregorius XVI. Portr.) 831. 2 Thlr. Neue, wohlf. Ausg. (54 B. u. Gregorius XVI. Portr.) gr. 8. Würzburg 833, [Etlinger'sche Vrlsbuchh.]
Anhang z. 4. Aufl.: Bestand d. kathol. Kirche ꝛc. apart, 8 Gr.

Reihenfolge, chronologische, der röm. Päbste von Petrus bis auf Gregorius XVI. Aus d. röm. Staatskalender in's Deutsche übersetzt, u. mit geschichtl. Zusätzen verm. von e. kathol. Geistlichen. Anhang: Lokal- u. Personal-Bestand der kathol. Kirche auf dem ganzen Erdkreise. 2 Bde. 5., verb. u. verm. Aufl. gr. 8. Würzburg 842. [Regensburg, Manz.] [1. (30 B.) 2. (23½ B.) à 27½ Ngr.]

Reihenfolge, chronologische, der Römischen Päbste von Petrus bis auf Gregorius XVI. Aus dem röm. Staatskalender in's Deutsche übersetzt, u. mit geschichtl. Zusätzen vermehrt von einem kathol. Geistlichen. Anhang: Lokal- u. Personal-Bestand der kathol. Kirche auf dem ganzen Erdkreise. In 2 Bdn. 5. viel verb. u. verm. Aufl. gr. 8. Würzburg 843, Etlinger'sche Verlagsbuchh. 11/12 ₰

Reihenfolge, chronolog., sämmtl. Päbste, von Petrus bis auf Pius VIII., mit Bemerk. d. Antritts-Jahres, d. Dauer ihrer Verwaltung, d. Tages ihr. Todes, d. wichtigst. Lebensmomente u. Thaten ders. 1 Tab. Roy.-Fol. Augsburg 829, Schlosser.
Kann als Beilage zu: Pius VIII., vgl. dieses, betrachtet werden.

Reihenfolge der Festlichkeiten zur 400jährigen Geburtstagsfeier unseres Nürnberger Dichters Hans Sachs am 4. u. 5. Novbr. 1894. 8. (VIII S.) Nürnberg 894. (J. Ph. Raw.) — 15

— der Wittelsbachischen Herrscher in Baiern v. Jahr 1180 bis auf unsere Zeit. 8. Münch., Jaquet. 3 gl

Reihenfolge der Kommandowörter f. das Bayonnet-Fechten der königl. bayerischen Infanterie. gr. 16. (7 S.) München 850, Kaiser. 1 ngl

Reihenfolge der österreichischen Regenten von Carl dem Grossen bis in die neuesten Zeiten. Wien 1833—37. V: *Schweickhardt, Franz Xaver Joseph.* (EB)

Reihenfolge der **Turnübungen** für die Rekrutenschulen der Sanitätstruppe. Basel 1907.

Reihenfolge, Die, in mundartlichen Wörterbüchern ... [Zürich 1876.] V: *Staub, Friedrich.* (Cat. d. Stadtbibl. Zürich. Zürich 1864—97.)

Reiher, ..., s. Reyher.

Reiher, H.: Bibliographie der Jugendfürsorge. 2. Heft. [Die Fürsorge für die verwahrloste Jugend. 3. Teil. 2. Bd.] Wien: Manz 1910. VII, 282 S. 8°

Reiher, (Karl,) die Braut im Sarge od. Grafenehre u. Bürgerstolz. 8. Berlin 826, Nauck.

Reiherfeder, die, eine Geschichte zum Festgeschenk für Kinder. Vom Verfass. der Rabenfeder. 16. Basel 835. Schneider. 1/3 ₰

Reiherfeder, Die. Eine Geschichte zum Festgeschenk für Kinder ... 2. Aufl. Basel 1845. V: *Barth, Chn Glob.* (Ky)

Reiherfeder, die. Eine Geschichte zum Festgeschenk f. Kinder. Vom Verf. der Rabenfeder (Barth.) 2. Aufl. 12. (... B.) Basel 845, Schneider. 3¾ Ngr., mit ill. Ttlbld.

Reihing, Franc. Xav.

—— Cantionale chori oder gregorianische Kirchen-Gesänge zum Amte der heil. Messe und allen damit in Verbindung stehenden Feierlichkeiten des ganzen Kirchenjahrs. Harmonisch für die Orgel bearb. Hrsg. vom Verein für katholische Kirchenmusik. 4. (XXIV und 206 lithogr. S.) Ebds. 855(56.) *

Reihing, Franc. Xav., Cantionale Chori sive compendium gradualis romani. Complectens selectos cantus Gregoriani modulos ad sacrum missae officium, benedictiones solemnes aliasque ceremonias per totius anni eccles. circulum occurrentes. Stuttgartiae 856. (Lipsiae, Haessel.) gr. 16. (VIII, 132 S.) n. 1 ₰.

Reihing, Fr. Xav., Vesperale, oder die Vespern der Sonn- und Festtage des ganzen Kirchenjahrs, mit Weglassung der Antiphonen. Ein Handbuch für Organisten und Chorsänger. Geordnet und harmonisch bearb. 8. (VIII und 232 S.) Tübingen 858, Laupp'sche Buchh.

REIHLEN, Max (Stuttgart): Über Antipyrin nach Beobachtungen aus dem städt. Krankenhaus zu Nürnberg.- Stuttgart: Kohlhammer 1885. 4 Bl., 30 S.
20.12.1884 - Urk (Titel: De antipyrino.); Chr 1884/85,20
Diss.Ingolst.-Landsh.-Mchn.

Reihmann, Oskar, a. Sohland a. d. Spree: Thomas Shadwells Tragödie 'The Libertine' und ihr Verhältnis zu den vorausgehenden Bearbeitungen der Don Juan-Sage. Leipzig 1904, Halle a. S., H. John. (67 S.) 8°
Leipzig, Phil. Fak., Ref. Wülker u. Birch-Hirschfeld, Diss. v. 13. Jan. 1905
[Geb. 20. Sept. 79 Sohland a. d. Spree; Wohnort: Sohland; Staatsangeh.: Sachsen; Vorbildung: Realgymn. Zittau Reife O. 00; Studium: Leipzig 8 S.; Rig. 17. Nov. 04.]

Reik, Hugo, der Verzollungsdienst d. Eisenbahnen, s.: Nass, Hugo.

Reik, [Karl]: Bericht über die 25jährige Jubelfeier des Karlsgymnasiums, 7. Juli 1906. S. 7—23. 4. Karls-Gymn. *Stuttgart* 1906 (740).
Progr.

Reik, Karl, d. Optativ bei Polybius u. Philo v. Alexandria. (XII, 197 S.) gr. 8. Leipzig 907. Buchh. G. Fock. 3. 50

Reik, Richard, Dr.: Über das aus Isobutyraldehyd und Benzaldehyd entstehende Glykol und sein Verhalten gegen Schwefelsäure. S. 106. Hb. 92 . . . . vgr.
Separatabdruck

— Studien über Ammoniumsalze (m. 4 Textfiguren). S. 111. Hb. 92 . . . . . . vgr.
Separatabdruck

REIKE: Franz: Grundlinien einer Biographie des 11. Bischofs von Leitmeritz, Augustinus Bartholomaeus Hille, aus Anlaß des hundertsten Jahrestages seiner Priesterweihe. — (1910) VI, 178 Bl. 4° (Handschr.) Diss. 935
Diss. Wien, Univ.

Augustinus Bartholomäus Hille, Bischof von Leitmeritz. Ein Lebensbild von Franz **Reike.** Wien: Opitz 1910. 180 S. 8°
(Theologische Studien d. Leo-Gesellschaft. 20.) III. 391

Reil, s.: Reform-Methode Reil.

Reil, Schulordnung u. Lehrplan f. die zwei- u. vierklassige einfache Volksschule des Schulaufsichtsbez. Oschatz. (108 S.) gr. 8. Oschatz 903. (H. Hackarath.) n.n. 1. 50

Reil, Ant. Fr., das Donauländchen der kaiserl. königl. Patrimonialherrschaften im Viertel Obermannhartsberg in Niederösterreich. Geograph. u. histor. beschrieben. Mit Tabellen. gr. 8. Wien 835. (Volke.) n. 1 2/3 ℛ

Reil, Bernh., Lieb' am Meere. Ein Liedercyclus. 8. (10 B.) Leipzig 840, C. L. Fritzsche.

Reil, Ch., s. Reil, Johann Christian

Reil, D., Jugendfreund, s.: Munderloh, H. F.

Reil, F., s. Paul u. Virginie.

Reil, Fr., der Gang zum Eisenhammer. Eine große romant. Oper in 3 Aufzügen, nach v. Schiller's gleichnamiger Ballade. In Musik gesetzt vom Kapellmeister Conradin Kreuzer. gr. 12. Wien 838. (Wallishausser.) n. 7 fl

Reil, Fr., Leopold Friedrich Franz, Herzog u. Fürst von Anh.-Dessau, ältesterreg. Fürst in Anhalt, nach seinem Wirken u. Wesen. Mit Hinblick auf merkwürd. Erscheinungen seiner Zeit. gr. 8. Dessau 845, Aue. n. 1 1/3 ℛ geb. n. 2 ℛ

Reil, Fr., Leopold Friedrich Franz, der Vater des Vaterlandes. Bruchstück aus einem größern Werke über sein Wesen u. Wirken. gr. 8. Dessau 844, Aue. 1/4 ℛ

Reil, Helene, Bilderbuch f. Kinder. gr. 4. (33 S. m. eingedr. Chromolith.) Leipzig 876. Wölfert. n 1. —

Reil, Hermann. Beitrag zur physiologischen Chemie der Nebennieren. Diss. Vet.-Med. Bern. *Kopftitel:* Aus dem Laboratorium des tierphysiologischen Institutes der landwirtschaftlichen Akademie zu Bonn-Poppelsdorf. 27 S. 8. Oberursel a. T., Jakob Abt, 1904.

Reil, Jh. Adm. Fr., Friede im Thale. Dramat. Schilderung in 3 Aufz. 8. Regensb. 798. Montag u. W. 12 fl

— der erste Mai, od. d. reiche Mai. 12. Wien 816. (Gerold) 9 fl

Reil, Jh. Adm. Fr., der Wanderer im Waldviertel.; ein Tagebuch f. Freunde österreich. Gegenden. 12. Brünn 823. Traßler. 22 fl

— was macht euch glücklich? Ein Festspiel, zum Vortrag in häusl. Zirkeln, bei der Geburtsfeier Sr. Majestät des Kaisers am 12. Februar. 8. Wien ... Adolph. 3 fl

Reil, Johann Christian

— die Anwendung d. Dampfkessels z. Einrichtung örtlicher Bäder. Mit 1 Kpf. 8. Halle 809. Waisenhaus-B. 4 fl

Reil, Joh(ann) Christ(ian) (Hrsg.):

s. a. Archiv für die Physiologie. Bd 1 - 12. Halle: 1796 - 1815

JB 6.088

Reil, Jh. Chr., († d. 22. Nov. 1813.) Archiv f. d. Physiologie, fortges. v. J. H. F. Authenrieth. 12 Bde. gr. 8. Halle 796—815. (Laue in Berl.) 27 ℛ 12 fl

Reil, Johann Christian [Praes.], s. Arnold, Johann Daniel: De suppurationis indole ventilantur.

— u. J. C. Hofbauer, Beytr. z. Beförder. einer Curmethode a. physisch. Wege. 2 Bde. à 3 Stck. gr. 8. Halle, Curt. 806 - 9. (à Stck. 18 gr.)

— u. Jh. Chr. Hoffbauer, Beitrr. z. Beförder. e. Kurmethode auf physischem Wege. 2 Bde. à 4 Stck. gr. 8. Halle 806—9. (Laue in Berl.) (à Stück 18 fl) 6 ℛ

Reil, Joh. Chr., u. Hofbauer, Beiträge z. Beförderung e. Kurmethode auf physischem Wege. 2 Bde. zu 4 Stück. gr. 8. Ebend. 807—12. (à Stck. 18 gr.)

Reil, Johann Christian [Praes.], s. Blottner, Carl Ludwig: De fungorum origine.

— [Praes.], s. Büttner, C. F.: Functiones organo animae peculiares.

Reil, J. Chr., resp. Ch. F. **Huebner,** De coenaesthesi. 63 pp. Hal. 4°. 1795

– s. M. Cox, prakt. Bemerkk.

Reil, J. Chr., resp. Aug. Neumann, Diss. de crisibus, genuinis morbis peculiaribus. 44 pp. Hal. 4°. Memor. clin. Vol. II. fasc. I n. 5. Arch. f. Phys. I, 1. St. p. 140. Fieberlehre IV, 38. Ueb. Erk. u. Kur der Fieber IV, 42. 1792

Reil, Joan. Christian., praes., Bringolf, Joan. Adam, [resp.]: De chirurgica fistulae lacrymalis curatione multiplice. Berolini (1812). (43 S.) 8°
Berlin, Med. Diss. v. 26. Mai 1812

— klinische Denkwürdigkk.; aus d. Latein. v. J. Eyerell. 2 Thle. 8. Wien 799. Schalbacher. 1 ℛ 8 gr

Reil, Johann Christian: Klinische Denkwürdigkeiten medizinisch-praktischen Inhalts. (Memorabilia clinica medico-practica. Dt.) Übers.von Joseph Eyerel. Th.1 - 2, gbd.

Wien: 1799 - 1800

JB 2.293

Reil, Jo. Chr., resp. Jac. Süss, Diss. path., qua hemicraniam sic dictam veram novo examini subjicit. 36 pp. Hal. 4°. Salzb. med. chir. Zt. 1791, II, 31. 1791.

Reil, Johann Christian [Praes.], s. E n g e l, Ernst Theophil Ferd.: De ani fistulis curandis.

— Entwurf e. allgem. Heilkunde (od. Therapie.) gr. 8. Ebend. 816.

Johann Christian Reil

Entwurf einer allgemeinen Pathologie. Von Johann Christian Reil. Bd (1.T.:) 1-3. Halle: Curt 1815-1816. 2 Bde 8°

T.1[u.d.T.:] Reil: Von dem Grunde und der Erscheinung der Krankheit. 1815.
Bd 2.3: 1816.

Johann Christian Reil

Entwurf einer allgemeinen Pathologie. Von Johann Christian Reil. Bd 1-3. Halle: Curt 1815-16. 1 Bd 8°

Bd 1: 1815.
Beigdr.: Steffens, Henrich: Johann Christian Reil. 1815.
Bd 2.3: 1816.

— Entwurf e. allgem. Pathologie, od. von d. Grunde u. d. Erscheinung d. Krankheit, mit Steffens Biographie d. Verfass. 3 Thle. gr. 8. Halle 815. (Laue in Berl.) 4 ℛ 16 gr

Reil, Johann Christian. Entwurf einer allgemeinen Therapie. Halle 1816. H: *Krukenberg, Peter.* (Ky) (EngM) »1815—16«. H (Bd. 1): *Nasse, Chn Frdr.* (Bd. 2): *Krukenberg, Peter.* (BrMm)

Reil, Jh. Chr., Entwurf e. allgem. Therapie (hrsgg. v. Pet. Krukenberg). gr. 8. Halle 816. (Laue in Berl.) 2 ℛ 12 gr

Johann Christian Reil

Johann Christian Reil, Ueber die Erkenntniß und Cur der Fieber. Th.(2-4: Bd) 1-4. Halle: Curt 1797-1802. 8°

Th.1: Allgemeine Fieberlehre. 1797.
Bd 2: Gefäßfieber, Wechselfieber, Saugaderfieber u. die Entzündungen. 1799.
Bd 3: Blutflüsse u. kranke Ab-u.Aussonderungen. 1800.
Bd 4: Fieberhafte Nervenkrankheiten. 1802.

Johann Christian Reil

Johann Christian Reil,Ueber die Erkenntniß und Cur der Fieber. Bd 1-5. Halle: Curt 1799-1815. 8°

Bd 1: Allgemeine Fieberlehre. 2. Aufl. 1799.
Bd 2-4:2.,verm.rechtmäßige Aufl. 1804-05.
Bd 2:Gefäßfieber, Wechselfieber, Saugaderfieber u.die Entzündungen. 1804.
Bd 3:Blutflüsse u. kranke Ab-u.Aussonderrungen. 1805.
Bd 4:Nervenkrankheiten. 1805.
Bd 5: Besondere Fieberlehre. 1815.

Reil, Johann Christian: Ueber die Erkenntnis und Cur der Fieber. 2.Aufl. Bd 1 - 4, gbd.

Wien: mit v.Ghelenschen Schriften 1800 - 1802

JB 2.294

Johann Christian Reil

Johann Christian Reil,Ueber die Erkenntniß und Cur der Fieber.Bd 1-5. Wien:Doll in Comm.1811-15. 8°

Bd 1: Allgemeine Fieberlehre. 1811.
Bd 2-5:Besondere Fieberlehre. 1811-15.
Bd 2:Gefäßfieber, Wechselfieber, Saugaderfieber u.d.Entzündungen.3.Aufl. 1811.
Bd 3:Blutflüsse u. kranke Ab-u.Aussonderungen. 3.,verm.Aufl. 1811.
Bd 4:Nervenkrankheiten. 1812.
Bd 5: Exantheme. 1815.

Reil, J. Chr., über die Erkenntniß und Cur der Fieber. 1r u. 2r Bd. N. Ausg. gr. 8. Halle, Curt. 820. à 2 Thlr. Rthlr.

Reil, (J. C.,) über die Erkenntniß u. Cur der Fieber. Besondere Fieberlehre. 3r u. 4r Bd. 3e rechtmäß. Aufl. gr. 8. Halle 822—24, Laue in Berlin. à 2 Rthl.

Reil, Joh. Chrstn., über d. Erkenntniss u. Kur der Fieber. — Besond. Fieberlehre. 5. (letzt.) Bd. Exantheme. Neue, unveränd. Aufl. gr. 8. (27½ B.) Berlin 828. [Leipzig, Köhler.]
1—4. Bd. 3. Aufl. Ebendas. 1822—24. 8 Thlr. — 5 Bde. vollst., hrbgs. Pr. 5 Thlr.

—, Fieberlehre. Halle. 8°. 1797

— comment. de flatibus. 8. Halle 790. (Laue in Berl.) 8 gr

Johann Christian Reil

[Johann Christian] Reil u. [Johann Friedrich] Meckel [1781-1833]. (Fragmente über die Bildung des kleinen Gehirns im Menschen). Untersuchungen über den Bau des kleinen Gehirns im Menschen und den Thieren ... St. 1-5. Halle: Curt 1807-09. 8° [Umschlagt.]

St.1-3: 1807.
St.4-5: 1809.

— u. Hoffbauer, Gutachten üb. einen psycholog.=merkwürdigen Rechtsfall, (aus d. Beitr. apart abgedr.) gr. 8. Halle 812. (Laue in Berl.) 4 ℊ

— diätetischer Hausarzt. 2 Thle. 8. Bremen 791. Winter. 1 ℛ 8 ℊ

Reil, Johann Christian: Diätetischer Hausarzt oder höchst wichtige Anleitung zu einer naturgemäßen Gesundheitspflege. 2.korrecte Aufl 294 S., gbd.

Wien: Doll 1812

JB 2.961

Johann Christian Reil

Jo[annes] Christianus Reil: Historia machinarum ad gibbositatem sanandam. [Resp.:] Carolus Samuel Bräunert. Halae (1798:) Batb. 37 S. 8°

Halle, Med. Diss. v. 14. März 1798

Reil, Johann Christian [Praes.], s. K i e h l, Georg Friedr. Wilhelm: De cassiae speciebus officinalibus.

Reil, Johann Christian [Praes.], s. K o r s c h e c k, Johann Karl: De retroverso utero.

— Krankheitsgeschichte J. F. G. Goldhagens. 8. Halle 788. Schwetschke u. S. 3 ℊ

Reil, Johann Christian [Praes.], s. L a b a n d, Moses: De locis in pleuritide affectis.

s. de L a r o c h e, ..., Zergliederung d. Verrichtt. d. Nervensystems.

Reil, Joh. Christ., von der Lebenskraft, s. a. K l a s s i k e r der Medizin. 2. Bd.

Joh(ann) Christ(ian) Reil. Von der Lebenskraft. Eingeleitet vom Hrsg. (Karl Sudhoff). Leipzig: J. A. Barth 1910. 94 S. 8°
(Klassiker d. Medizin. Bd 2.) [10. 10769

— u. Kreysler, Magazin f. d. physische Heilkunde, siehe Magazin.

Reil, Johann Christian: Memorabilia clinica medico-practica. Vol.1/1-2 - 2/1 - 2/2, gbd.

Halae:
Vol.1/1: Francke & Bispink 1790
Vol.1/2 - 2/1: Tramp 1791 - 1792
Vol.2/2: Curtius 1795

JB 2.292

— memorabilium clinicorum IV Fasc. 8. Halle 790—94, (Fasc. I. Ed. II. 798.) (Laue in Berl.) 2 ℛ

Reil, Jo. Christ. [Praes.], s. M o h r m a n n, Anton: De Cartesianae philosophiae efficacia in mutanda artis medicae indole.

— üb. die Nutzbarkeit u. Anwend. d. Soolbäder bei der öffentl. Bade=Anstalt in Halle. 8. Halle 809. Waisenhaus=B. 2 ℊ

—, Diss. de nyctalopia. Hal. 4°. 1791

Reil, Johann Christian [Praes.], s. P e d e l l, Heinrich Gacander: De diaphoretica methodo.

— Pepinieren z. Unterricht ärztl. Routiniers als Bedürfnisse d. Staats, nach seiner Lage, wie sie ist. 8. Halle 804. (Laue in Berl.) 9 ℊ

— de p o l y c h o l i a et fragm. metaschematismi polycholiae. II Part. 8. maj. Halae, Waisenhausbuchh. 783.

Johann Christian Reil

Rhapsodieen über die Anwendung der psychischen Curmethode auf Geisteszerrüttungen. ([Verf.:] J[ohann] [Christian] Reil.) Halle: Curt 1803. 504 S. 8°

— Rhapsodien üb. die Anwend. d. psycholog. Curmethode auf Geisteszerrüttungen. gr. 8. Halle 803. 1 ℛ 18 ℊ 2e Ausg. gr. 8. Ebd. 818. (Laue in Berl.) 2 ℛ

Reil, Johann Christian: Rhapsodieen über die Anwendung der psychischen Kurmethode auf Geisteszerrüttungen. 2.Ausg. 400 S., gbd.

Halle: Curt 1818

JB 4.497

Reil, Johann Christian: Gesammelte kleine physiologische Schriften. Bd 1 - 2, gbd., Abb.

Wien: Doll 1811

JB 1.044

Reil, J. C. Kleine Schriften wissenschaftlichen und gemeinnützigen Inhalts. Halle 1817. H: *Nasse, Christian Friedrich.* (BrMm)

— kleine Schriften, wissenschaftl. u. gemeinnützigen Inhalts. Mit 1 Kpf. gr. 8. Halle 817. (Laue in Berl.) 1 ℛ 12 ℊ

– s. S t e f f e n s, H., Denkschrift.

— exercitation. anatomicarum Fasc. I. de structura nervorum tab. III aen. illustr. Fol. maj. Halle 796. (Laue in Berl.) 2 ℛ 16 ℊ

— u. Jh. Fr. Meckel, Untersuch. üb. d. Bau d. kleinen Gehirns in Menschen u. Thieren. 6 Hfte. gr. 8. Halle 807—10. Laue in Berl. 2 ℛ 16 ℊ

Reil, Johs., die altchristlichen Bildzyklen des Lebens Jesu, s. a. S t u d i e n üb. christliche Denkmäler. 10. Heft.

Die altchristlichen Bildzyklen des Lebens Jesu. Von Johannes Reil. Leipzig: Dieterich 1910. VI, 150 S. 8°
(Studien über christliche Denkmäler. H. 10.) [10. 3693

Reil, Johs., die frühchristlichen Darstellungen der Kreuzigung Christi, s. a. S t u d i e n üb. christliche Denkmäler. 2. Hft.

Reil, Johannes: Die frühchristlichen Darstellungen der Kreuzigung Christi. *Leipzig 1904: G. Kreysing.* (57 S.) 8°
¶ (Erscheint vollst. in: Studien üb. christl. Denkmäler) ⟨N. F. d. „Archäol. Studien zum christl. Altert. u. Mittelalter"⟩. *
Straßburg, Phil. Diss. v. 1904

Reil, Karl Fr., über die Hiram=Salomonische Schiffahrt nach Ophir u. Tarsis. Eine biblisch=archäolog. Untersuchung. Aus den Dorpater theolog. Beiträgen besonders abgedruckt. gr. 8. Dorpat 834. (Severin.) 1/2 ℛ

Reif, Karl Wilhelm

Reil, Carolus Guilielmus: Dissertatio inauguralis anatomico-medica de extremitatum anteriorum in vertebratis fabrica. Halae [1818]: Baentsch. 36 S. 8°

Halle-Wittenberg, Med. Diss., nachgeliefert von dem am [8. Sept. 1817] auf Thesen promovierten Verf.

Geb. Halle a. d. S. 13. 12. 1796 [hs. V.: 1795]. V.

Reil, Moritz: Zur Akzentuation griechischer Handschriften. Leipzig 1910: Teubner. S. 476—529. 8° ¶ (Aus: Byzant. Zeitschrift. Bd 19.)

München, Phil. Diss. v. 21. Juli 1909, Ref. Krumbacher, Crusius

[Geb. 8. März 83 Augsburg; Wohnort: Augsburg; Staatsangeb.: Bayern; Vorbildung: Gymn. Kempten Reife Juli 03; Studium: München 3, Heidelberg 1, München 6 S.; Rig. 21. Juli 09.] [U 11. 3834

Reil, O., Jugendfreund, s.: Wunderlich, H. F.

Reil, Wilh., Aegypten als Winteraufenthalt für Kranke. Zugleich ein Führer für Cairo und Umgegend. Nach eigener Anschauung eines fünfmonatlichen Aufenthaltes bearb. Mit Witterungstabellen, zahlreichen Illustrationen (in eingedr. Holzschn. und Holzschnt.) und einem Plane der Pyramidenfelder (in Holzschn. und in qu. Fol.) br. 8. (VIII und 250 S.) Braunschweig 859, Westermann. *

Reil, Guilelmus: De carduo Mariae pharmaco. Halae (1852): 38 S. 8°

Halle-Wittenberg, Med. Hab.-Schr. v. 6. Aug. 1852

Des Verf. Hall. med. Preisschrift über medicamina war 1843 der Preis zuerkannt worden. — Im Buchhandel Halle: Knapp (Schrödel & Simon) 1852. IV, 39 S.

— die vorzüglichsten Krankheiten der Frauen u. deren Heilung durch homöopath. Mittel. Ein Hülfsbuch f. Frauen u. Mütter enth. die Beschreibung u. Heilung der Bleichsucht, Blutflüsse ꝛc. u. der Krankheiten des Wochenbettes. 8. (32 S.) Ebd. 850. ¼ ₰

—— **Materia medica der reinen chemischen Pflanzenstoffe. Nach den vorhandenen Quellen und eigenen Erfahrungen bearb. gr. 8. (XVI und 367 S.) Berlin 856, A. Hirschwald.**

—— Materia medica der reinen chemischen Pflanzenstoffe. Nach den vorhandenen Quellen und eigenen Erfahrungen bearb. gr. 8. (XVI und 367 S.) Berlin 857, A. Hirschwald. *

—— Monographie des Aconit. Eine Zusammenstellung dessen physiolog. und therapeut. Wirkungen mit Benutzung und genauer Angabe aller Quellen der gesammten medicin. Litteratur. Gekrönte Preisschrift. Lex.-8. (VIII und 144 S.) Leipzig 858, T. O. Weigel. *

— Wilhelm (Schoenewerd./Thür.), De varice aneurysmatico. Diss. med. Halle (Ploetz) 18. III. 1845. 27 S. u. Biogr. (M.: L. Duenckel.) (4.—) 28053
Contra advers.: H. Wahren, A. Stich. — Gew.: Friedrich Reil (Vater, Ernst Delbrueck.

Reil, W., Versuch einer übersichtlichen Eintheilung aller physiologisch geprüften Arzneimittel nach ihrer Wirkung auf die Systeme und Organe des menschl. Körpers. Zur Erleichterung des Studiums der reinen Arzneimittellehre bearb. gr. 8. (86 S.) Halle 850, Knapp's Sortimentsh. *

Reiländer, Stef. Ausstellungen der Zukunft. Berlin 1900? Ein „greifbarer Plan". gr. 8. (XII, 88 S.) Düsseld. 892, F. Wolfrum. * 1 20

Reile, Bonif., das kleine Kneipp-Buch. s.: Kneipp, Seb.

— s.: Kneipp-Kalender, illustr. Wörishofener.

Reile, E. v., die Zukunft der Polen und ihre Politik in Rücksicht auf eine einstige Wiederherstellung des Königreichs. gr. 8. (24 S.) [Berlin 886, Stuhr.] Dresden, Hönsch und Tiesler. *

Reilly, s.a. O r e i l l y

Reilly, Franz Johann Josef von. Skizzierte Biographien der berühmtesten Feldherrn Oesterreichs, von Maximilian I. bis auf Franz II. In Verbindung mit der Geschichte ihrer Zeit und mit ihren echten Abbildungen auf 60 Kupfertafeln. (1 Bd. Text, 1 Schuber Abbild.) 4. Wien 1808.

Reilly, Frz. J. J. v., skizzirte Biographien d. berühmtest. Feldherren Oesterreichs von Maximilian I. bis auf Franz II. In Verbind. mit d. Geschichte ihrer Zeit u. mit ihr. echten Abbildn. auf 60 Kpfrt. gr. 4. (54 B.) Wien 813, (Heubner.)

REILLY Franz Johann Josef von. Allgemeine Erdbeschreibung . . . Hrsg. von – . . . Im Verlage des Herausgebers, Wien 1792–1796. 3 Tle. in 6 vol.

Reilly, Frz. Joh. Jos. von, Karte von Deutschland nach Sotzmann neu verzeichnet herausg. . . Wien 1796. gr. qu. Fol. Kupf. u. kol. . . . . (D.)

v. Reilly, (F. J. J.,) Katechismus d. alten Erdbeschreibung ꝛc. 2e Aufl. mit 3 ill. Kpf. 8. Wien 821, Mayr.

— Katechismus d. neuesten Erdbeschreib. 2 Thle. Mit 6 Kpf. (u. 6 Karten.) 8. Leipz. 809. Barth. 4 ₰ 2e Aufl. mit 3 ill. Kpft. 8. Wien 818. (Wimmer). 16 gl (Schmidl). 821. 16 gl

—— Catechism d. neuesten Erdbeschreibung. Ein Leitfaden beim Unterr. f. Lehrer u. Lernende. 2., verb. Ausg. M. 3 Kpfrt. (gr. 4.) 8. (15½ B.) Wien 831, [Schmidl sel. Wtwe. u. Klang.]

KORADIN oder F e e n -, H e l d e n -, R i t t e r - u n d R o m a n s p i e g e l (von *Franz Johann Joseph v. Reilly*). Wien 1814. Selten!

Anon.-Lex. II. p. 369 (nach Goedeke).

Reilly, F. J. J. v. Schauplatz der 5 Theile der Welt nach und zu Büsching. Wien 1791. 6 Bde. nebst Mappe mit 41 Wappentafeln. fol.

— Sinngedichte in 3 Büchern. 2e Aufl. 8. Wien 819. (Wimmer). 1 ₰

— — Sinngedichte in 3 Büchern. 2te Aufl. 8. Ebend. (in Comm.) 820.

Annalen der ▭ W[ahrheit] u. E[inigkeit] zu 3 gekrönten Säulen im Or. von Prag. Vom Br. O. R[eilly]. Als Ms f. Brr. Prag u. Wien 1791. 8°
Abgedr. in: System d. Frmr-Loge Wahrheit u. Einigkeit, Prag. 1794 S. 309—340.
Kl. 2936, Tt. 574. Von 1783—1790.

Reilly, O=, Färbergeheimnisse u. neue Erfind. für Färber, Drucker ꝛc. 8. Leipz. Joachim. 805.

Reils, H., s. 1) Apologie, die, oder die Vertheidig. d. Augsburg. Confession. 2) Hauptsymbole, die drei, der christl. Kirche.

Reim, der, meist mit d. eigenen Worten d. Kunstrichter beurtheilt. 8. Basel 778. Flick. (Neukirch). 6 gl

Reim, Anton: Die erste B a u e r n s c h u l e in Böhmen ... zur Erlernung d. Bauernhandwerks. Prag 1791.

Reim, C., schriftliche Uebungen f. d. tägl. Gebrauch in d. vier ersten Schuljahren. E. Vorschule zu jeder Aufsatzsammlg. gr. 8. (48 S.) Breslau 896. F. Hirt. n. — 60

Reim, C., schriftliche Uebungen f. den täglichen Gebrauch in den vier ersten Schuljahren. Eine Vorschule zu jeder Aufsatzsammlg. 2., erweit. u. verb. Aufl. (55 S.) gr. 8. Breslau 905. F. Hirt. n. — 60

Reim, Carl, s. Reim, Karl

Reim, Frz., Analyse eines aus Petroleumrückständen bereiteten Leuchtgases. [Aus den Sitzungsber. der k. Akad. der Wiss.] Wien 868. (Gerold's Sohn.) Lex.-8. (14 S.) 3 ngr.

— Analyse des Wassers u. der Gase des artesischen Brunnens am Wien-Raaber Bahnhofe, s. Oser, J.

Reim, Hans, üb. doppelseitige Oberkiefertumoren u. den Erfolg ihrer operativen Behandlung, s.: Abhandlungen, Münchener medicinische.

Reim, Hermann, Prof. Dr.: Die Bildung des Charakters in der deutschen Familie. Festrede am 2. September 1904. Schweidnitz 1905: A. Schreyer. (S. 3—13.) 4°
Schweidnitz, Ev. G P 1905 (247)

Reim (Hermann), Prof. Dr.: Das regelmässige Dodekaeder und Ikosaeder in ihren wechselseitigen Beziehungen, nach Angaben von Prof. Dr. Louis Huebner. Schweidnitz 1907: L. Heege. (S. 3—28 u. 2 Taf.) 4°
Schweidnitz, ev. G OP 1907 (257)

Reim, Herm., wie müssen zwei projectivische Punktfelder auf einander gelegt werden, damit entsprechende congruente Polygone cyklisch zusammenfallen? Inaugural-Dissertation. gr. 8. (28 S. m. 1 Steintaf.) Breslau 879. (Koebner.) n. 1. —

Reim, Joan. Franc. Car. [illegible] De [illegible] diagnosi adversantibus. (Berolini 1823.) (38 S.) 8°
Berlin, Med. Diss. v. 19. Aug. 1823

Reim, Jh. Glo., († d. 6. Nov. 1807.) Anleit. bei Amtsveränderungen d. Prediger, Abtheilung u. Vergleich wegen der Besoldung ꝛc. gr. 8. Leipz. 799. (Brockhaus). 7 gr.

Reim, J. G., Anleit. b. Amtsveränder. d. Prediger ꝛc. gr. 8. Leipz. Junius. (Gleditsch.) 799.

— sind öffentl. u. gemeinschaftl. Gottesverehrungen nothwendig? gr. 8. Leipz. 800. (Brockhaus). 10 gr.

Reim, Karl

Reim, Carl, der erste Geschichtsunterricht im Anschluß an brandenburgische Sagen. (64 S. m. 11 Abbildgn. auf 10 Taf.) 8. Berlin (910). Märkische Verlagsanstalt. 1. —

— Unsere Hohenzollernkaiser. Für Kinder vom sechsten bis zwölften Lebensj. bearb. (116 S. m. 18 Abb.) 8. Berlin (909). Gerdes & Hödel. 1.50; geb. 2.—; Geschenkausg. 3. —

— Methodik des Geschichtsunterrichts. (VII, 212 S.) 8. Halle 907. H. Schroedel. 2.50

[S.] Schriftliche Übungen für den täglichen Gebrauch in den ersten vier Schuljahren. E. Vorschule zu jeder Aufsatzsammlg v. C. Reim. *Breslau: F. Hirt 1896.* (48 S.) 1 Bd 8. (98. 5650

— Schriftliche Übungen f. den täglichen Gebrauch in den vier ersten Schuljahren. Eine Vorschule zu jeder Aufsatzsammlg. 3. Aufl. (55 S.) gr. 8. Breslau 907. F. Hirt. — 60

— Wilhelm II. Eine Festgabe zum 50. Geburtstage unseres Kaisers. Für Kinder vom 6.—10. Lebensjahre bearb. (40 S. m. 2 Bildern.) 8. Berlin (908). Gerdes & Hödel. — 40

Reim-Abc-Buch zum leichten Lesenlernen, nebst Geschichtchen, Denksprüchen, Gebeten, Gedichten und dem Einmaleins. gr. 8. (38 S. mit 20 lithogr. und ill. Bildertaf.) Stuttgart 853, Chelius.

Reim-Abc-Buch zum leichten Lesenlernen nebst Geschichtchen, Denksprüchen, Gebeten, Gedichten und dem Einmaleins. Mit 20 (lith. u.) color. Bildertaf. 2. veränderte Aufl. Stuttgart 858. Chelius. gr. 8. (38 S.) 20 ngr.

Reiman, Wilh, f.: Kalewipoeg.

— f.: Predigten, 10 estnische, aus d. Mitte d. 17. Jahrh.

Reimann

— die Heilbarkeit der Schwindsucht durch mehrfältige glückliche Erfahrungen dargethan. 1. Jahresbericht über die Wirksamkeit meiner neuen Kurmethode gegen Schwindsucht, enthalt. die Original-Briefe der Kranken u. ihrer Aerzte. 8. Berlin 843, Stuhr'sche Buchh. n. 1/2 ₰

—— über die Schädlichkeit euthanasischer Handlungsweise am Krankenbett für das ärztliche u. nichtärztliche Publikum. 8. (3 1/2 B.) Berlin 843, Stuhr'sche Buchh. *

Reimann's Taschenfahrpl. f. Oesterreich-Ungarn mit d. Anschlüssen an d. Ausland u. e. Eisenbahnkarte. Nach offic. Angaben bearb. 1884. August-September u. Octob.-Decbr. Taschenform. (257 S) Wien. Expedition der „Reisebücher" (Rud. Lechner). à 30 kr.

Reimann's Taschen-Fahrpl. f. Oesterreich-Ungarn mit d. Anschlüssen an das Ausland u. e. Eisenbahnkarte. Nach offic. Angaben bearb. 1885. April—Mai. Taschenformat. (258 S.) Wien, Exped. (Rud. Lechner). 30 kr.

Reimann's Taschenfahrplan f. Oesterreich-Ungarn mit d. Anschlüssen an d. Ausland u. einer Eisenbahnkarte. Nach officiellen Angaben bearb. 1885. October—December. 16. (260 S.) Wien, Expedition d. „Reimann'schen" Reisebücher (Rudolf Lechner) 30 kr.

Reimann's Taschen-Fahrplan f. Oesterreich-Ungarn mit den Anschlüssen an das Ausland u. 1 (lith.) Eisenbahnkarte. Nach officiellen Angaben bearb. Jahrg. 1886. 6—8 Nrn. 16. (à 258 S.) Wien, Expedition der „Reimann's Reisebücher". à — 50

Reimann's Taschen-Fahrplan für Oesterreich-Ungarn mit den Anschlüssen an das Ausland und 1 (lith.) Eisenbahnkarte. Nach officiellen Angaben bearb. Jahrg. 1887. 6—8 Nummern. 16°. (à 258 S.) Wien. Exped. d. „Reimann's Reisebücher". Baar à fl. —.30.

Reimann's Taschen-Fahrplan f. Oesterreich-Ungarn m. den Anschlüssen an das Ausland u. 1 (lith.) Eisenbahnkarte. Nach officiellen Angaben bearb. Jahrg. 1889. 6—8 Nrn. 16. (à 258 S.) Wien, Expedition der „Reimann's Reisebücher". à Nr. — 50

Reimann's Taschen-Fahrplan f. Oesterreich-Ungarn m. den Anschlüssen an das Ausland u. 1 (lith.) Eisenbahnkarte. Nach officiellen Angaben bearb. Jahrg. 1894. 6—8 Nrn. 16. (Juli, 315 S.) Wien, Expedition der „Reimann's Reisebücher". à — 60

Reimann's Taschen-Fahrplan f. Oesterreich-Ungarn m. d. Anschlüssen an das Ausland u. (1 lith.) Eisenbahnkarte. Nach offiz. Angaben bearb. Jahrg. 1897. 6—7 Nrn. 16. à Nr. ca. LIV, 475 S.) Wien, C. Graeser. à n. — 60
Weiter nicht erschienen.

Reimann, theoretisch-praktischer Unterricht über die verschiedenen Zweige der Königsbergschen Handlung und die vorzüglichsten der Memelschen, in Vorlesungen für derselben sich widmende Jünglinge, and für solche, die es schon lange nicht mehr sind. 8. Königsberg, Verfasser.

Reimann, Verhaltungsregeln für Brustkranke, welche sich meiner neuen Kurmethode anvertraut haben, oder noch anvertrauen wollen, nebst e. Vorwort üb. die Heilbarkeit der Schwindsucht. 8. (1½ B.) Grünberg 842, Levysohn. Thlr.

— die Vertilgung der Schwindsucht aus dem Menschengeschlecht. 8. (38 S.) Berlin 850, Stuhr'sche Sortiments-Buchhandlung. ¼ ₰

Reimann, der Verwaltungsbeamte, s.: Was willst Du werden?

Reimann, A., Alles durch Wasser! Od.: Die Wunder u. heilsamen Wirkungen des kalten Wassers, u. wie dasselbe bei den verschiedensten Krankheits-Zuständen als das sicherste u. wohlfeilste Heil- u. Stärkungs-Mittel anzuwenden ist. gr. 16. (VI u. 55 S.) Leipzig 848, H. Fritzsche. 6 ngr

Reimann, A. Das Appuleius-Märchen von Amor und Psyche in der französischen Literatur des XVII. Jahrh. 18 S. *Wohlau* 1885.
Progr.

Reimann, A., die Elemente der Planimetrie geradliniger Figuren. Mit 2 (lith.) Figurentaf. (in qu. Fol.) Saalfeld 854. Riese. 8. (47 S.) 7½ ngr

Reimann, A. Boursaults Esope à la ville. 15 S. *Wohlau* 1881
Progr.

— Grundriß der Chemie. Ein Leitfaden für den ersten Unterricht in der Chemie. Saalfeld 854. Riese. 8. (VIII, 111 S.) 10 ngr

Reimann, A., Grundriß der Chemie. Ein Leitfaden für den Unterricht in Realschulen u. ihnen verwandten Lehranstalten. Nebst einem Anh., enthltd. stöchiometr. Aufgaben zu den Nichtmetallen u. ihren wichtigsten unorgan. Verbindungen. 2. umgearb. Aufl. Saalfeld 870. Riese. 8. (VI, 130 S.) n. 10 ngr

—— die Wunder und heilsamen Wirkungen des kalten Wassers. Leichtfaßliche Anweisung, wie dasselbe bei den verschiedensten Krankheits-Zuständen als das sicherste und wohlfeilste Heil- und Stärkungsmittel anzuwenden ist. Ein nützl. Handbüchlein für Jedermann. 2. (Titel-)Ausg. 8. (VI und 55 S.) Leipzig 855, H. Fritzsche. *
1. Ausg. u. d. T.: Reimann: Alles durch Wasser.

Reimann, Alb., Kleinplastik. Nach Orig.-Entwürfen u. Modellen. (40 Taf. m. X S. Text.) hoch 4. Berlin (903). B. Hessling. In Mappe n. 24. —

Reimann, Albert [aus Ludwigshafen a. Rh.]: Ueber die Constitution des Dihydronaphtalins ... München, Buchdr. v. M. Ernst, 1892; 54 S. 8.
München, Phil. Fak., Inaug.-Diss. v. 1892

[F.] **Reimann**, Albrecht [Prof.]: Voltaires Merope in deutscher Übertragung. Wohlau, Buchdr. Dr. Schulze, 1895; 24 S. 4.
Wohlau, k. G, P 1895 (213)

Reimann, Alfred, aus Dittersbach: Die Organe der landwirtschaftlichen Verwaltung, die landwirtschaftlichen Vereine und Körperschaften Preussens, in ihrer historischen Entwickelung und ihren Beziehungen zur Entwickelung der Landwirtschaft. (Ein Beitrag zur Geschichte d. Landwirtschaft.) *Merseburg 1901: F. Stollberg.* (63 S.) 8°
Breslau, Phil. Diss. v. 8. Febr. 1901

Reimann, Arnold (Hrsg.), s. Bücherei, Deutsche.

Reimann, Arnold, aus Bütow: Pirckheimer-Studien. Buch 1 u. 2. *Berlin 1900: E. Brückmann.* (46 S.) 8° ¶ (Soll vollst. erscheinen.)
Berlin, Phil. Diss. v. 28. Juli 1900

Reimann, August

Reimann: Über die Entstehung des Hagels. Saalfeld 1865. 4°
Schul-/Univ.-Schrift

Reimann, Aug., Ueber die Entstehung des Höhenrauches. Saalfeld 1859. 4.
Programm der Realschule zu Saalfeld 1859.

Reimann, *Georg Wilhelm* August [aus Elberfeld]: Aus d. med. Klinik zu Bonn. Ein Fall von Gehirntumor mit Intentionszittern. ... Bonn, Buchdr. J. Bach Wwe., 1891; S. 3–29, 1 Bl. 8°
Bonn, Med. Fak., Inaug.-Diss. v [28.] Febr. 1891

Reimann, August *(geb. Riegersdorf in Oberschles. 21. 5. 1854)*: Ueber tuberculöse Geschwüre der Zunge. Breslau 1880. (30 S.) 8° *[Im Buchhandel 1880 bei Köhler in Breslau.]*
Breslau, Med. Diss. v. 30. Juli 1880

Reimann, C., eine Karpatenreise, s. Ascherson, P.

Reimann, C. R., Elbinger Adreß-Buch, s. Adreß-Buch.

Reimann, Carl, s. Reimann, Karl

Reimann, E. Abhandlungen zur Geschichte Friedrichs d. Großen. gr. 8. (VII, 163 S.) Gotha 892, F. A. Perthes. * 3 —

Reimann, Dr E. Metternich's Ansichten über die deutsche Einheit im Oktober 1813. (Aus:) „Abhandlungen der Schlesischen Gesellschaft. Phil.-hist. Abthl." 1862. I. Heft S. (Teschen 1862.)

Reimann, E.: Beiträge zur Geschichte d. vereinigten Staaten. Breslau 1865. 29 S. 4°
Schul-/Univ.-Schrift

Reimann, E., Geschichte des baierischen Erbfolgekrieges. Leipzig 869. Duncker & Humblot. gr. 8. (VII, 237 S.) n. 1 ₰ 10 ngr

Reimann, E., neuere Geschichte des preußischen Staates vom Hubertusburger Frieden bis zum Wiener Congreß, s. a. Geschichte der europäischen Staaten.

Neuere Geschichte des Preussischen Staates vom Hubertsburger Frieden bis zum Wiener Kongress. Von **E. Reimann.** Bd. 1—2. Gotha. 1882—88. = Geschichte der europäischen Staaten. Hrgg. v. Heeren, Ukert u. Giesebrecht. (24.) 8°.

Reimann, Ed., die Vereinigten Staaten von Nordamerika im Uebergange vom Staatenbund zum Bundesstaat. Weimar 855. Böhlau. gr. 8. (3 Bl., IV. 274 S.) n. 1 ₰. 10 ngr

Reimann, *Eduard* Trauerrede auf den Tod Kaiser Wilhelm I, gehalten am 22. März 1888. 4 (S. 3—5)
Progr. Rg. z. heil. Geist *Breslau* 1889 (203).

— **Eduard (Oels), De richeri vita et scriptis. Diss. Oels (A. Ludwig) Juni 1845. 51 S. mit Biogr. (M.: J. Mueller.) (3.75)** **28056**
Contra adversar.: Hugo Purmann, Robert Tagmann, Wilhelm Kergel. — Gew.: Richard Roepell.

Reimann, Eman., Liebhaberkünste, s.: **Grethlein's prakt. Hausbibliothek. 27. Bd.**

Reimann, **Ernst, Prinzenerziehung in Sachsen am Ausgange des 16. u. im Anfange des 17. Jahrh. (V, 163 S) gr. 8. Dresden 904. W. Baensch. n. 3. —**

Reimann, Ernst, aus Schlesien: **Über Spontanheilung von Uterusmyomen mit besonderer Berücksichtigung ihrer Verjauchung.** *Greifswald 1899: H. Adler.* (30 S.) 8°
Greifswald, Med. Diss. v. 23. März 1899

Reimann, Ernst Jul., das Luftmeer. Eine physikal. Darstellung für gebildete Laien. Aus dem Nachlaß des Verf. Mit einem Vorworte von E. A. Roßmäßler. 1. Aufl. Gotha 1857. und 2. (Titel-)Ausg. 8. (VIII und 334 S.) Breslau 861, Leuckart.

Reimann, Ernst Jul., das Luftmeer. Eine physikalische Darstellung für gebildete Laien. 3., verb. u. verm. Aufl., bearb. von K. Gutekunst. Mit in den Text gedr. (Holzschn.-)Illustr. gr. 8. (VIII, 317 S.) Heilbronn 878. Henninger. n. 6. —

Reimann, E. J., das Luftmeer. 3. Aufl. gr. 8. Heilbronn 878. Stuttgart, Weisert. *

— des Erzählers Lustgarten. 1. Bdchn. A. u. d. T.: Spiegelbilder aus dem Menschenleben. Zur Belebung des Unterrichts und zur häuslichen Unterhaltung der Jugend erzählt. Breslau (855.) Leuckart. 8. (XVI, 207 S.) 12½ ngr.

— das Naturleben des Vaterlandes. Mit einem Vorwort von Mor. Fürbringer. Berlin 854. Duncker u. Humblot. 12. (XIV, 510 S.) n. 1 ℛ. 10 ngr.

Reimann, Eugen [Prof. Dr.]: Beiträge zur Bestimmung der Gestalt des scheinbaren Himmelsgewölbes. Hirschberg i. Schl., Druck v. Geisler & Ike, 1890; S 1 - 14; 4°
Hirschberg i. Schl., k. G, OP 1890 (181)

[Anl. u. J.] **Reimann,** Eugen [Prof. Dr.]: Weitere Beiträge zur Bestimmung der Gestalt des scheinbaren Himmelsgewölbes. (Forts. d. P-**Beil. 1890.**) Hirschberg i. Schl., Druck v. Geisler & Ike, 1891; S. 1 16; 4°
Hirschberg i. Schl., k. G, OP 1891 (184)

Reimann, Eugen Beobachtungen von Blitzen und Blitzschlägen 4 (20 S.). **Progr.** G. *Hirschberg* 1888 (176)

Reimann, Eugenius [Vratislaviensis]: De fonte nonnullorum fragmentorum Nicolai Damasceni libri qui erat inscriptus παραδόξων ἐθῶν συναγωγή ... (Erscheint vollst. im Philologus.) Gottingae, offic. acad. Dieterichiana typ. expr., *1895;* 42 S., 1 Bl. 8.
Berlin, Phil. Fak., Inaug.-Diss. v. 27. Mai 1895

Reimann, Eugen *(geb. Steinau a O 8 11 1845)*: Die Höhenbestimmung der Sternschnuppen. Breslau 1870. (48 S, 2 Taf.) 8° *[Im Buchhandel 1870 bei Maruschke & Berendt in Breslau]*
Breslau. Phil Diss. v 25. Aug 1870

Reimann, Eugen: **Untersuchung über die Vorlagen und die Abfassung der Goldenen Bulle.** *Halle a. S. 1898: (J. Schmidt, Hirschberg i. Schl.).* (51 S.) 8°
Halle, Phil. Diss. v. [27 Juni] 1898

Reimann, Eugen, Prof. Dr.: **Die scheinbare Vergrößerung der Sonne und des Mondes am Horizont. Zusätze z. Programm-Abhandlung vom Jahre 1901.** *Hirschberg 1903: Tageblatt-Buchdr.* (S. 3—14.) 4° ¶ (Die P-Beil. von 1901 ist vielfach erweitert und umgearbeitet in der Ztschr. f. Psychologie u. Physiologie d. Sinnesorgane Bd 30, 1902 erschienen und ist zugleich als SA Gratulationsschr. für Geh. Regierungsr. Prof. Dr. Galle in Breslau.)
Hirschberg, k. G, OP 1903 (222)

Reimann, Eug. **Die meteorologischen Verhältnisse von Ratibor auf Grund der Monatstabellen der meteorologischen Station seit** 1848. 2 Teile. 40 S. **Progr.** G. *Ratibor* 1880. 1881.

Reimann, F., die Compagnie-Mutter, s. Theater-Album, militärisches.

Reimann, F. Lehrordnung 14, 16 SS — Lehrplan für das Realgymnasium zu Malchin 15 S *Malchin* 1877 1879 1885
Progr.

Reimann, Fr. A. Deutsche Volksfeste im neunzehnten Jahrhundert. Geschichte ihrer Entstehung und Beschreibung ihrer Feier Weimar im Verlage des Landes-Industrie-Comptoirs 1839.
XX + 480 S. 8°.

Reimann, Franz (geb. am 31 Juli 1848 in Elberfeld): Ueber eine Ruptur durch die Urethra bis in das Gewebe der Clitoris während der Geburt ... Bonn, Druck v. J. F. Carthaus (1874). 21 S., 1 Bl. 8.
Bonn, Med. Fak., Diss. v. 7 Aug. 1874

Reimann, Friedrich A.: Über Sulfamin- und Sulfonsulfaminsäuren. München 1910: Höfling. 83 S. 8°
Gießen, Phil. Diss. v. 15. Juni 1910, Ref. Elbs
[Geb. 23. Juli 86 Schroda; Wohnort: Gießen; Staatsangeh.: Preußen; Vorbildung: Bismarck-Gymn. Wilmersdorf Reife O. 05; Studium: Heidelberg 1, Berlin 3, München 5, Gießen 1 S.; Rig. 15. Dez. 09] [U 10. 1299

Reimann, Friedr. Aug., die Drehkunst in ihrem ganzen Umfange, s. Schauplatz, neuester, d. Künste, 15. Bd.

— die Drehkunst in ihrem ganzen Umfange, s. Th. Thon.

Reimann, Friedr. Aug., die wichtigsten Entdeckungen, Erfindungen u. Stiftungen vom Jahre 1821—1841, s. Wagener, Sam. Chrstph.

Reimann, Fr. A., das Fleischerhandwerk, s. Schauplatz, neuer, der Künste u. H., 12. Bd.

—— **Kaffeebüchlein u. Kaffee-Kochbuch od. d. bürgerl. u. elegante Kaffeetisch. gr. 12. (8½ B. u. 2 Stnt.) Coburg 841, Riemann'sche Buchh.**

—— die Kunst d. Posamentirers ꝛc., s. Schauplatz, neuester, d. Künste, 105. Bd.

— die Kunst des Posamentirers, Bandfabrikanten, Bortenwirkers, Knopf- u. Krepinmachers, oder gründl. Anweisung, alle Arten Bänder u. Borten, sowohl auf d. Mühlstühle, als auch auf dem Schub- u. Bandmacherstuhle ꝛc. zu weben, alle Sorten Tressen u. Fransen zu fertigen, Dochte, sowohl platte als cylinderförmige, u. Schläuche ohne Naht zu weben ꝛc. ꝛc. Mit 11 Fol. Taf. 8. Weimar 840. Voigt. $1^{1}/_{2}$ ℛ (Vgl. Schauplatz d. Künste u. Handwerke. 105r Bd.)

Reimann's Modell- und Ornamentenbuch für Schlosser, s. Gräf, Aug.

— Modell- u. Ornamentenbuch für Schlosser, enthaltend die vorzügl. Schlosserarbeiten im neuest. Modegeschmack. Mit 63 Taf. Fol. Weimar 842, Voigt. $3^{2}/_{3}$ ℛ

Reimann's, F. A., Modell- und Ornamentenbuch für Schlosser, enthltd. die vorzüglichsten Schlosserarbeiten im neuesten Modegeschmacke, namentlich Combinations- und andere Schlösser, Schlüssel u. Schildverzierungen, Thürklopfer ꝛc. Nach Ableben des Verf. in 2. Aufl. ganz neu umgearb. und herausg. von A. W. Hertel. Mit 60 (lith.) Taf. Weimar 858. Voigt. Fol. (VI, 16 S.) 2 *ℛ*. 15 *ngr.*

— der Schlossermeister, s. Schauplatz, neuer, d. Künste u. H., 50. Bd.

Reimann, Fritz, Referendar: Behauptungs- und Beweislast im Falle des § 815 BGB. Borna-Leipzig 1910: Noske. IX, 47 S. 8°
Breslau, Jur. Diss. v. 22. März 1910, Ref. Leonhard, Fischer
[Geb. 24. Febr. 84 Neustadt O. Schl.; Wohnort: Frankenstein i. Schl.; Staatsangeh.: Preußen; Vorbildung: Gymn. Neustadt Reife O. 05; Studium: Heidelberg 1, München 2, Breslau 5 S.; Rig. 2. Dez. 09.] [U 10. 523

Reimann, Georg: Boileau, L'Art Poétique. Erster u. zweiter Gesang. In freier metr. Uebertragg. Graudenz, Druck v. G. Röthe's Buchdr., 1895; 33 S. 8.
Graudenz, k. ev. G, OP 1895 (32)

Reimann, Georg [Prof.]: Boileau, L'Art Poétique. Dritter Gesang. In freier metr. Übertragg. (Forts. d. P-Beil. 1895.) Graudenz, Druck v. G. Röthe's Buchdr., 1896; 23 S. 8.
Graudenz, k. ev. G, OP 1896 (31)

Reimann, Georg [Prof.]: Boileau, L'Art Poétique. Vierter Gesang. In freier metr. Übertragg. (Forts. d. P-Beil. 1895. 96.) Graudenz, Druck v. G. Röthe's Buchdr., 1897; 15 S. 8.
Graudenz, k. G, OP 1897 (31)

Reimann, Geo., Lunge od. Herz? Gemeinverständliche Darstellg. der neuen Blutbewegungslehre F. Ježek's im Widerspruche m. Harvey's Lehre vom Blutkreislaufe u. der selbständ. Thätigkeit des Herzens als doppelseit. Pumpe. Vortrag. 8. (20 S. m. 7 Abbildgn.) Leipzig 893. P. Hobbing. — 30

Reimann, Georg Friedrich (Hrsg.):

s.: Hoffmann, Friedrich: (Opera. Auszüge. Dt.) Vollständige Aneelsung zu einer sichern vernünftigen und in Erfahrung stehenden medicinischen Praxi... Ulm: 1752

JB 1.980

Reimann, Geo. Gf., vollst. Anweis. z. e. sichern praxi med. 8. Ulm, Bartholomäi. 743.

Reimann. Georg Wilhelm August, s. Reimann, August

Reimann, Gustav, a. Lübeck: Beiträge zur Kenntnis des Turmalins aus Brasilien. Kiel 1906 (C. Grüninger, Stuttgart). (S. 91—162.) 8° ¶(Aus: Neues Jahrbuch für Mineralogie etc. Beil.-Bd 23.)
Kiel, Phil. Fak., Ref. Brauns, Diss. v. 29. Juni 1906
[Geb. 13. Aug. 82 Lübeck; Wohnort: Lübeck; Staatsangeh.: Lübeck; Vorbildung: Realgymn. Lübeck Reife O. 01; Studium: Göttingen 1, Marburg 3, Kiel 4 S.; Rig. 1. Juni 06.]

Reimann, Hans, aus Wohlau: Über einige weitere Resultate der Einwirkung von β Phenyl- und β Tolylhydroxylamin auf aromatische Thionylamine. *Rostock 1901: Adler's Erben.* (82 S.) 8°
Rostock, Phil. Diss. v. [2. März] 1901

Reimann, Heinrich *Antrittsrede als Direktor.* 4 (S. 21—24 der Schuln.). **Progr.** Kath. G. *Gleiwitz* 1886 (169).

Reimann, Heinrich. Blätter der Erinnerung an August Reimann (1817–[1878]), Buchhändler in Zürich. Freunden und Bekannten gewidmet von seinem Sohne H' R'. 8. Zürich (1879).

Reimann, Heinr., Joh. Brahms, s. Musiker, berühmte.

Johannes Brahms. Von Heinrich Reimann. *Berlin: Harmonie 1898.* (4 Bl., 104 S., 1 Portr., 2 Taf., 5 Facs.) 1 Bd 4.(8.)
= **Musiker**, Berühmte. [Bd] 1.

Johannes Brahms. Von Heinrich Reimann. 2. verb. u. verm. Aufl. *Berlin: Harmonie 1900.* (121 S.) 4°8°)
= **Musiker**, Berühmte. 1.

Reimann, Heinr., Hans v. Bülow. Sein Leben u. sein Wirken. I. Bd. Aus Hans v. Bülows Lehrzeit. Mit 1 Portr. Hans v. Bülows von Lenbach u. anderen Bildbeigaben. (XII, 296 S. m. 61 Taf., 2 Fksms. u. 1 Stammtaf.) 8. Berlin (909). Harmonie. 6.—; geb. in Ldr. 7.50

Reimann, Heinr., Robert Schumann's Leben und Werke. [Edition Peters, Nr. 2401.] gr. 8. (III, 168 S. mit Holzschn.-Bild.) Leipzig 887, Peters.

Reimann, *Heinrich* Disputationis de prosodiorum similiumque apud Graecos carminum natura nuper editae addidamentum (so). 1 (10 S.). **Progr.** Kath. G. *Gleiwitz* 1886 (169).

Phantasie für Orgel über den Choral 'Wie schön leuchtet der Morgenstern' v. Heinrich Reimann. Op. 25. *Berlin: N. Simrock 1895.* (19 S.) 1 Bd 4.

Reimann, Heinr. (geb. Zielenzig 9. 3. 1832): De funiculi umbilicalis prolapsu. Berolini (1853). (32 S.) 8°
Berlin, Med. Diss. v. 24. Dez. 1853

Reimann, Henricus (geb. Rengersdorf in Schles. 14. 3. 1850): Quaestiones metricae. Vratislaviae (1875). (36 S., 1 Taf.) 8°
Breslau, Phil. Diss. v. 11. Aug. 1875

— musikalische Rückblicke. 2 Bde. gr. 8. Berlin 900. Harmonie. n. 6. —; in 1 Bd. geb. n. 7. —
1. Kritisches. — Historisches. (127 S.)
2. Modernes. — Organistica. (208 S.)

Reimann, Heinr., Studien zur griechischen Musik-Geschichte. *A* u. *B.* gr. 4. (Leipzig, Fock.) à n. 1. —
A. Der *Νόμος* (24 S.) Ratibor 882.
B. Die Prosodien u. die denselben verwandten Gesänge der Griechen. (23 S.) Glatz 885.

Reimann, Heinrich, med. pract. von Wald (Ct. Zürich): Aus der medizinischen Klinik des Herrn Professor Dr. H. Eichhorst in Zürich. Klinische Untersuchungen über Aortenaneurysmen nach Beobachtungen auf der medizinischen Klinik in Zürich. Uster-Zür. A. Diggelmann Dr. 1893. 86 S., 1 Bl. 8°.
Zürich, Med. Diss. [v. 23. Juni 1893].

Reimann, J., 16 Begräbnisslieder für Erwachsene für 4 Singstimmen mit willkürl. Begleitung von 2 Clarinetten, 2 Horn, Bassinstrument, 2 chrom. Trompeten u. Tenorhorn zur beliebigen Verstärkung. Neustadt ob Schl. 865. (Neisse, Graveur.) 4. (194 lith. S.) 1 *ℛ* 20 *ngr.*

Reimann's, J. B., Sammlung alter u. neuer Melodieen evangelischer Lieder, vermehrt, auf's Neue bearbeitet u. mit Varianten versehen. A. u. d. T.: Allgemeines Choralbuch für evangel. Kirchen u. Schulen, mit besond. Berücksichtigung der Provinz Schlesien u. der Lausitz. Herausg. v. J. C. G. Nitsche. 1r Bd. 1s Hft. qu. gr. 4. Berlin 835. Bechtold u. Hartje. Subscr.-Preis n. 1 *ℛ*

Reimann, J. Ch. De jure monetarum. 4°. Halae 1738.

Reimann, J. Gli., Tabelle, d. Werth e. Louisdor sogleich in Laubth. zu 39 gr. zu. bestimmen. Fol. Frankf. Gerling. 804.

Reimann, J. Gli., Tabelle, d. Werth e. Louisd'or sogleich in Laubthalern zu 39 Gr. zu bestimmen. Fol. Frankf. 807. Gerling. 4 gl

Reimann, Jakob Friedrich, s. Reimmann, Jakob Friedrich

Reimann, Ign., 30 Graduale auf alle Feste des kathol. Kirchenjahres. Für 4 Singstimmen, 2 Violinen, Viola u. Orgel, m. belieb. Verstärkg., v. 2 Clarinetten, 2 Horn, 2 Trompeten, Pauken u. Bass-Posaune. [Opus 111.] Fol. (100 S.) Glatz 871. Hirschberg. n. 10. 50

Reimann, Ign., 8 Rorate f. die heil. Adventszeit. Für 4 Singstimmen, 2 Violinen, Viola u. Orgel, m. belieb. Verstärkg. v. 2 Horn componirt. [Opus 112.] Fol. (18 S.) Glatz 870. Hirschberg. n. 2. —

Johann Christoph Reimann

Io[annes] Christoph[orus] Reimann: De mentis Aegritudinibus rite distinguendis et nominandis. Halae (1811:) Hendel. 28 S. 8°

Halle, Med. Diss. v. 18. Mai 1811

v. Reimann, Jh. Nep. Edler, s. Jahrbücher, medicin. 2c.

Reimann, Jos., s. a. Mich. Ackermann.

Josef Reimann

Medicinisches Glaubens-Bekenntniß eines schwäbischen Harnpropheten. Von Michael Ackermann [d.i. Josef Reimann]. Tübingen: Cotta 1783. 88 S. 8°

Reimann, Just., die Obst-Orangerie oder kurze Anleitung Aepfel, Birnen, Pflaumen 2c. in Blumenscherben oder Kübeln zu erziehen. Halle 866. Hendel. gr. 16. (VIII, 118 S. mit 1 Steintaf. Abbild. in qu. 4.) 15 ngr.

Reimann, K., die Liebe des deutschen Volkes zu seinem Kaiser Wilhelm I. Dichternachrufe, aus allen Gauen Deutschlands gesammelt. 8. (IV, 103 S.) Dresden 888, Kühtmann. *

Reimann, Karl, die berufliche Ausbildung unserer weiblichen Jugend, s. a. Lehrer-Prüfungs- u. Informations-Arbeiten.

Die berufliche Ausbildung unserer weiblichen Jugend. Von Carl **Reimann** in Dresden. Minden: Hufeland 1909. 84 S. 8°
(Lehrer-Prüfungs- u. Informations-Arbeiten. H. 33.) (11. 3661

Reimann, Carl, Führer durch die Fortbildungsschulliteratur. Zusammengestellt u. m. krit. Bemerkgn. versehen. (III, 48 S.) 8. Meißen 907. H. W. Schlimpert. n. — 75

— der Nachahmungstrieb u. seine Behandlung durch Erzieher u. Lehrer, s.: Lehrer-Prüfungs- u. Informations-Arbeiten. 21.

—— die Pflege der Heimats- und Vaterlandsliebe durch die Schule, s. Lehrer-Prüfungs- und Informations-Arbeiten.

– Die Reform des naturkundlichen Unterrichts nach Friedrich Junge, s. Lehrer-Prüfungs- und Informationsarbeiten.

—— Die Staatseinrichtungen d. Deutschen Reichs u. Preußens, f. jedermann verständlich u. übersichtlich zusammengestellt. 8. (80 S.) Hannov.-Linden 891, Manz u. Lange. * 1 —

-- Die orthographischen Übungen in der Volksschule. Anthropologie u. Gesundheitslehre in der Volksschule, s. a. Lehrer-Prüfungs- u. Informations-Arbeiten.

Die orthographischen Übungen in der Volksschule. Anthropologie u. Gesundheitslehre in d. Volksschule. Von Karl **Reimann**, Dresden. 2., völlig umgearb. Aufl. Minden i. W.: Hufeland 1908. 52 S. 8°
(Lehrer-Prüfungs- u. Informations-Arbeiten. H. 22.) (09. 1733

Reimann, Carl, der heimatkundliche Unterricht in der Volksschule, s. Lehrer-Prüfungs- u. Informations-Arbeiten. 4. Hft.

— Die Volksbildungsbestrebungen der Gegenwart u. ihre Bedeutung, s. a. Lehrer-Prüfungs- u. Informations-Arbeiten.

Die Volksbildungsbestrebungen der Gegenwart und ihre Bedeutung. Von Karl **Reimann**, Lehrer in Dresden. Minden: Hufeland 1910. 66 S. 8°
(Lehrer-Prüfungs- u. Informations-Arbeiten. H. 43.) (11. 3046

—- Kaiser Wilhelm II. u. seine Bestrebungen für das Volkswohl. gr. 8. (56 S.) Minden i. W. 891, Hufeland. * — 80

Reimann, Karl Ludwig

Reimann, Carl Ludwig (Rossla/Weimar), De hydrocele. Diss. med.-chir. Jena (Schreiber) 5. I. 1826. 18 S. (3.75) 28055

Reimann, Leo [approb. Arzt aus Danzig]: Über einen Fall acuter syphilitischer Myelitis .... München, K. Hof- u. Univ.-Buchdr. v. Dr. C. Wolf & Sohn, 1886; 28 S. 8°.
München, Med. Fak., Inaug.-Diss. v. 1886

Reimann, M., s. a. Bilder aus dem Waldenburger-Gebirge.

Bilder aus dem Waldenburger-Gebirge. In 42 Bild. Nach Orig.-Aufnahmen von M. Heinz u. a. Text von M. **Reimann**. Warmbrunn: M. Leipelt [1904]. (XVI S., 42 Taf.) quer-8°
[Umschlagt.:] Bilder aus d. Waldenburger Gebirge. (06. 900

Reimann, M., leichtfaßliche Chemie. Kurze allgemein verständl. Erklärg. der chem. Vorgänge in den Gewerben m. besond. Berücksicht. der Farben-Branche. Ein unentbehrl. Hülfsbuch jedes denk. Praktikers. gr. 16. (166 S.) Berlin 873. Expedition v. Reimann's Färberzeitg. 9. —

Reimann, M: Leichtfaßliche Chemie. Kurze, allgemein verständliche Erklärung der chemischen Vorgänge in Färberei, Druckerei, Bleicherei, Appretur und den verwandten Industriebranchen. 2. Aufl. Berlin 1882

Reimann, M., leichtfassliche Chemie. Kurze allgemein verständl. Erklärg. der chem. Vorgänge in Färberei, Druckerei, Bleicherei, Appretur u. den verwandten Industriebranchen. Ein unentbehrl. Hülfsbuch jedes denk. Praktikers dieses Faches. 3., v. bedeut. Autoritäten gänzlich umgearb. u. unter Verwendg. nachgelassener Schriften M. Reimann's verm. Aufl. Durchgeführt bis Ende Febr. 1891. 8. (XV, 257 S.) Berlin 891. Dr. M. Reimann's Erben. n. 12. —; geb. n.n. 14. —

Reimann, M: Die Färberei der Baumwolle und der anderen vegetabilischen Faserstoffe. 2. Aufl. Berlin (Um 1886)

Reimann, M., Färberei d. Baumwolle u. d. anderen vegetabil. Faserstoffe, f. d. Gebrauch d. prakt. Färbers bearb. 3. Aufl., v. e. ersten Autorität d. Faches unter Mitwirkg. e. renommirten Baumwollfärbers umgearb., verm. u. fortgeführt b. Ende 1897. M. 6 Taf. gefärbter Muster. (Deutsch u. französisch.) Lex.-8. (V, 162 S.) Berlin 897. Dr. M. Reimann's Färber-Zeitung. Geb. in Leinw. n. 10. —

— die **Färberei** u. Druckerei der Halbwolle u. Halbseide in Garnen u. Stoffen, m. besond. Berücksicht. der Färberei der Vigogne, halbwollenen Doubles, halbwollenen Filze u. getragenen Kleider (Lappen), wie deren Druckerei u. Bleicherei. Nach den neuesten Fortschritten der Technik bearb. u. erklärt. (Deutsch u. französisch.) (80 S.) hoch 4. Ebd. 884. n. 10. —

Reimann, M., die **Färberei** der Federn als einzelne Federn, Flügel od. Federfelle, das Bleichen, Degradiren, Färben u. Appretiren derselben. Für den Gebrauch des pract. Färbers bearb. (Deutsch u. französisch.) (19 S.) hoch 4. Berlin. (Leipzig, Buchh. G. Fock.) n. 6. —

Reimann, M., die **Färberei** der Gespinnste u. Gewebe. Practisches Handbuch der Färbekunst mit besonderer Berücksichtigung der modernen Farbstoffe. Berlin 867. Springer's Verl. gr. 8. (VIII, 284 S. mit 15 in den Text gedr. Holzschn.) n. 2 ℛ 10 ngr.

— die **Färberei** des Leders in allen Sorten, nebst e. Beschreibung der Herstellung u. Gerbung v. Glacé-Leder, Saffian-, sämisch- u. fettgarem (Maschinen-Riemen-)Leder, nach den besten u. neuesten in der Praxis üblichen Methoden ausführlich geschildert, nebst e. Darstellg. der Wäscherei u. Färberei der Glacé-Handschuhe. (Deutsch u. französisch.) (42 S.) hoch 4. Ebd. n. 6. —

— die **Färberei** der Seide als Garn, lose Seide u. Stücke in Schwarz, Couleuren u. Weiß, die Beschwerungen in Farben, wie in Schwarz, Braun u. Weiß. Für den Gebrauch des prakt. Färbers bearb. (Deutsch u. französisch.) (42 S.) hoch 4. Ebd. n. 10. —

— die **Färberei** der Steinnußknöpfe u. deren Herstellung. Fabrikation der Steinnußknöpfe, deren Behandlg. u. Färbg. in e. Farbe, wie in mehreren; die Darstellg. v. Horn- u. Schildpattimitation durch Färbg. Für den Gebrauch des prakt. Färbers bearb. (Deutsch u. französisch.) (16 S.) hoch 4. Ebd. n. 6. —

— die **Färberei** der Wolle u. der anderen wollenartigen Faserstoffe, f. den Gebrauch d. prakt. Färbers bearb. 3. Aufl., v. e. ersten Autorität d. Faches unter Mitwirkg. e. renommirten Berliner Wollenfärbers gänzlich umgearb., verm. u. fortgeführt bis Ende Juli 1891. (In deutscher u. französ. Sprache.) gr. 8. (76 S.) Ebd. 891. n. 6. —

— **Färber-Zeitung.** Organ f. Färberei, Druckerei, Bleicherei, Appretur, Farbwaaren- u. Buntpapierfabriken, Droguenhandel, Spinnerei u. Weberei. Red. u. Hrsg.: M. Reimann. Jahrg. 1873 u. 1874 à 48 Nrn. (B.) gr. 8. Ebend. à Jahrg. n. 15. —

— dasselbe. Jahrg. 1875 u. 1876 à 48 Nrn. (B. m. Stoffmustern u. lith. Taf.) gr. 8. Ebend. à Jahrg. n. 20. —

Reimann's, M., Färber-Zeitung. Organ für Färberei, Druckerei, Bleicherei, Appretur, Farbwaaren- u. Buntpapierfabrikation, Droguenhandel, Spinnerei u. Weberei. Organ des „Allgemeinen Färber- u. Fachgenossen-Vereins" u. der „Färber-Akademie" zu Berlin. Red. u. Hrsg.: M. Reimann. Jahrg. 1877—1882. à 48 Nrn. (à 1/2—1 B. m. Stoffmustern u. lith. Taf.) gr. 8. Berlin, Exped. à Jahrg. n. 20. —

Reimann's, M., Färber-Zeitung. Organ f. Färberei, Druckerei, Bleicherei, Appretur, Farbwaaren-, Buntpapierfabrikation u. Droguenhandel. Organ d. „Allgemeinen Färber-Vereins" u. der „Färber-Akademie" zu Berlin. Red. u. Hrsg.: M. Reimann. 14—17. Jahrg. 1883—1886. à 48 Nrn. (à 1/2—1 B. m. Stoffmustern u. lith. Taf.) gr. 8. Berlin, Exped. à Jahrg. n. 20. —

Reimann's, M., Färber-Zeitung. Organ f. Färberei, Druckerei, Bleicherei, Appretur, Farbwaaren-, Buntpapierfabrikation u. Droguenhandel. Organ d. „Allgemeinen Färber- u. Fachgenossen-Vereins" u. der „Berliner Färber-Akademie". Red. u. Hrsg.: M. Reimann's Erben. 18.—21. Jahrg. 1887—1890. à 48 Nrn. (à 1/2—1 B. m. Stoffmustern u. lith. Taf.) gr. 8. Berlin, Exped. à Jahrg. n. 20. —

Reimann's, M., Färber-Zeitung. Organ f. Färberei, Druckerei, Bleicherei, Appretur, Farbwaaren-, Buntpapierfabrikation u. Droguenhandel. Organ allgemeiner „Färber- u. Fachgenossen-Vereine" u. der „Berliner Färber-Akademie". Unter Mitwirkg. bedeut. Fachautoritäten hrsg. v. M. Reimann's Erben. 22.—25. Jahrg. 1891—1894. à 48 Nrn. (à 1/2—1 Bog. m. Stoffmustern u. Abbildgn.) gr. 8. Berlin, Exped. à Jahrg. n. 20. —

— Färber-Zeitung. Organ f. Färberei, Druckerei, Bleicherei, Appretur, Farbwaaren, Buntpapierfabrikation u. Droguenhandel. Organ allgemeiner „Färber- u. Fachgenossen-Vereine" u. d. „Berliner Färber-Akademie". Unter Mitwirkung bedeut. Fachautoritäten hrsg. v. M. Reimann's Erben. Red.: O. Reimann. 26.—29. Jahrg. 1895—1898. à 48 Nrn. (à ca. 12 S. m. Abb.) gr. 8. Berlin, Dr. M. Reimann's Färber-Zeitung. à Jahrg. n. 20. —

Reimann's, M., Färber-Zeitung. Organ für Färberei, Druckerei, Bleicherei, Appretur. Farbwaaren-, Buntpapierfabrikation u. Droguenhandel. Organ allgem. „Färber- u. Fachgenossen-Vereine" u. der „Berliner Färber-Akademie". Unter Mitwirkg. bedeut. Fachautoritäten hrsg. v. M. Reimann's Erben. Red.: O. Reimann. 30.—32. Jahrg. 1899. 1900/1901 u. 1901/1902. à 48 Nrn. gr. 8. (à ca. 12 S.) Berlin, [Expedition.] Leipzig, Buchh. G. Fock. à Jahrg. n. 20. —

— **Färber-Zeitung.** Organ für Färberei, Druckerei, Bleicherei, Appretur. Farbwaaren-, Buntpapier-Fabrikation u. Drogenhandel. Organ allgemeiner „Färber- u. Fachgenossen-Vereine" u. der „Berliner Färber-Akademie". Unter Mitwirkg. bedeut. Fachautoritäten hrsg. von M. Reimann's Erben. Red.: O. Reimann. 33. Jahrg. 1903. 48 Nrn. m. jährlich 12 Musterkarten m. Stoffmustern. (à ca. 12 S.) gr. 8. Ebd. n. 20. —
Erscheint nicht mehr.

— **Jedermann** eigener Färber, Fleckenreiniger u. Garderobenwäscher. Kurze prakt. Anleitg. zur leichten u. einfachen Beseitigg. jedes Fleckes, zur Kunst- u. chem. Wäsche, Reinigg. der Handschuhe ꝛc. Zum Gebrauch f. Hausfrauen, Färber, Droguisten ꝛc. Mit 2 reichen Karten gefärbter Muster. gr. 16. (VIII, 71 S.) Ebend. 873. 3. —

Reimann, M., s.: **Journal de teinture.**

— **Musterkarte** der Baumwoll-Färberei. (12 Taf.) gr. 8. Ebd. 892. Auf Leinw. in Karton n. 12. —

— **Musterkarte** der Wollenfärberei. (8 Taf.) gr. 8. Ebd. 892. Auf Leinw. n. 15. —

— s.a. **Salzbrunn, Fürstenstein u. das Waldenburger-Gebirge.**

Salzbrunn, Fürstenstein und das Waldenburger-Gebirge in 42 Bild. Nach Orig.-Aufnahmen von M. Heinz u. a. Text von M. Reimann. Warmbrunn: M. Leipelt [1904]. (XVI S., 42 Taf.) quer-8°
[Umschlagt.:] Salzbrunn, Fürstenstein u. d. Waldenburger Gebirge. [05. 13144

— Technologie des Anilins. Handbuch der Fabrikation des Anilins u. der von ihm derivirten Farben. Mit Benutzung der neuesten Fortschritte der Wissenschaft. Ebend. 866. gr. 8. (X, 178 S. mit 6 in den Text gedr. Holzschn.) n. 1 ₰ 10 ngr.

Reimann, M., s.: Was will Pastor Felden?

Reimann, Max, zur Belehrung über die Ernährung der Säuglinge. 153.—168. Aufl. Plakat. Fol. Kiel 886—88, Lipsius und Tischer. *

— die körperliche Erziehung u. die Gesundheitspflege in der Schule. Nebst e. Anh.: üb. das Erkennen ansteck. Krankheiten, zur Verhütg. deren Verbreitg. durch die Schule zum prakt. Gebrauch f. Schulbehörden, Lehrer u. Aerzte. gr. 8. (94 S.) Ebend. 885. n. 1. 80

Reimann, Max, Gesundheitslehre auf naturwissenschaftlicher Grundlage. Für Gebildete aller Stände. gr. 8. (XIX, 620 S.) Kiel 887, Lipsius und Tischer *ℳ 7.50.; geb. *

— Ratschläge für Eltern über das Verhalten bei ansteckenden Krankheiten. gr. 8. (7 S.) Ebendas. 888.

Reimann, Max, die Schwindsucht, ihre Bekämpfung u. Abwehr. gr. 8. (72 S.) Kiel 901. Lipsius & Tischer. n. 1. 20

Reimann, Max (Moritz Victor) (geb. Elbing 1. 4. 1861): Die Sprache der mittelkentischen Evangelien (Codd. Royal 1 A 14 und Hatton 38). Berlin 1883. (50 S.) 8° * Vollst. ersch. Berlin: Weidmann 1883.
Berlin, Phil. Diss. v. 2. Juni 1883

Reimann, Max, die Sprache der mittelkentischen Evangelion [Codd. Royal 1 A 14 u. Hatton 38]. Ein Beitrag zur engl. Grammatik. gr. 8. (109 S.) Berlin 883. Weidmann. n. 3. —

Reimann, O., die Gesetze üb. a. Einkommensteuer, b. Gewerbesteuer f. den preuß. Staat vom 24. Juni 1891. Auf Grund der Motive der Regierungsvorlage, sowie der Parlamentsverhandlgn. kommentirt u. m. Sachregister versehen. gr. 8. (IV, 154 S.) Riesenburg 891. L. Schwalm. Kart. 2. —

— Handbuch f. Gemeinde- u. Guts-Vorsteher, auf Grund der neuen Landgemeinde-Ordng. vom 3. Juli 1891 bearb. gr. 8. (212 S.) Ebd. 892. cart. 2 50

— **Handbuch f. Gemeinde- u. Gutsvorsteher, auf Grund der neuen Landgemeinde-Ordng. vom 3. Juli 1891, sowie des Kommunalabgabengesetzes vom 14. Juli 1893 bearb., m. vielen Musterformularen u. umfangreichem Sachregister versehen. 6. (vollständig umgearb.) Aufl. gr. 8. (V, 277 S.) Ebd. 894. Kart. n. 2. 50**

Reimann, O., Handbuch f. Gemeinde- u. Gutsvorsteher, auf Grund d. neuen Landgemeinde-Ordng. v. 3. Juli 1891, sow. d. Kommunalabgabengesetzes vom 14. Juli 1893 bearb., m. vielen Musterformularen u. umfangr. Sachregister vers. 7. Aufl. gr. 8. (IV, 277 S.) Riesenburg 895. Danzig-Langfuhr, L. Schwalm. Kart. n. 2. 50

— **Handbuch f. Standes-Beamte m. normal ausgefüllten Musterformularen u. ausführlichem Sachregister; zum prakt. Gebrauch bearb. u. hrsg. 2.—4. Aufl. [3. bis 10. Tausend] gr. 8. (VI, 207 S.) Ebd. 893. Kart n. 2. 50**

Reimann, O., Handbuch f. Standesbeamte, m. normal ausgefüllten Musterformularen u. ausführl. Sachregister. Zum prakt. Gebrauch bearb. u. hrsg. 7., vollständig neubearb. Aufl. (IV, 235 S.) 8. Leipzig 906. C. E. M. Pfeffer. Kart. n. 2. 80

— s.: Kalender f. Amtsvorsteher.

— **das neue Kommunalabgabengesetz, sowie das Gesetz wegen Aufhebung directer Staatssteuern vom 14. Juli 1893, Ges.-S. S. 119—133 u. 152—184, unter Benutzg. der Materialien (Begründg. zum Gesetzentwurf, Kommissions-Berichte u. stenograph. Berichte der beiden Häuser des Landtages); zum prakt. Gebrauch nebst ausführl. Sachregister bearb. gr. 8. (III, 119 S.) Riesenburg 894. L. Schwalm. Kart. n. 1. 25**

Reimann, O., Polizei-Handbuch f. Amtsvorsteher, Amtmänner, Bürgermeister ɩc., nebst e. Anh. v. Formular-Entwürfen, f. den prakt. Gebrauch bearb. gr. 8. (IV, 707 S.) Riesenburg 893. L. Schwalm. Kart. n. 5. 50

Reimann, O., der preußische Stadtverordnete, seine Rechte u. Pflichten. gr. 8. (IV, 162 S.) Danzig-Langfuhr 900. S. Schwalm. Geb. in Leinw. 3. —

Reimann, Oscar, approb. Arzt aus Posen: **Untersuchungen über Tuberkulose der Gaumentonsillen.** *Greifswald 1904: Il. Adler.* (53 S.) 8°
Greifswald, Med. Diss. v. 4. Jan. 1904

Reimann, Paul: Die Declination der Substantiva und Adjectiva in der Langue d'Oc bis zum Jahre 1300. Danzig (Druck von Edwin Groening), 1882. 8. IV, 82 S.

Reimann, P[aul], Dr.: **Lehrplan des Französischen für Sexta, Quinta und Quarta im Anschluß an die Lesebücher von Kühn.** *Danzig (1903): A. Schroth.* (VI, 24 S.) 8°
Danzig, OR zu St. Petri u. Pauli, P 1903 (48)

Reimann, P. [Dr.]: Die altniederdeutschen Präpositionen. Danzig, Druck v. A. W. Kafemann, 1891: S. 3--26; 4°
Danzig, RG zu St. Petri u. Pauli, OP 1891 (44)

Reimann, P., die altniederdeutschen Präpositionen. gr. 4. (26 S.) Danzig 891. (Leipzig, G. Fock.) n. 1. —

Kritik des Gesetzentwurfes über den Versicherungsvertrag vom Standpunkte des 'Transportversicherers'. Von Richard **Reimann.** *Berlin: Selbstverl. 1903.* (35 S.) 8° [03. 13080

Reimann, Rich., Maiglöckchen. Gedichte. Calbe a. S. 862. Pfeffer. 16. (VI, 162 S.) n. 1 ₰

Reimann, Robert

Reimann, R., das ungarische Blutweib, s.: Volks-Erzählungen, neue.

— die Braut d. Leibeigenen, s.: Volks-Erzählungen, neue.

— der ermordete Fährmann, s.: Volks-Erzählungen, neue.

(Reimann, Robert. **Geschichte des Kantonsschülervereins) Industria Aarau, 1859—1909. (Zusammengestellt von R' R', III. Gym.) II + 36 S. 8. Wohlen, Joh. Keller, 1909.**

— der Jäger vom Roßkogel, s.: Volks-Erzählungen, neue.

Reimann, R., die Mulattin, s. Volks- und Jugend-Erzählungen.

Reimann, Rob., d. Negerhäuptling, s.: Volks- u. Jugend-Erzählungen.

Reimann, Rob., evangel. Religionsbuch f. die Unterstufe, zur Belebg., Befestigg. u. Wiederholg. den Kleinen der Volks-, Vor- u. höh. Mädchenschulen, den Hilfsschulen u. dem Privatunterrichte dargereicht. (Ausg. f. die Prov. Schlesien.) (46 S.) 8. Dresden (905). (A. Müller-Fröbel-haus.) Kart. n. — 40

— die Rose von Sonnino, s.: Volks-
— das verlorene Testament, Erzählungen, neue.

Reimann, S.

— die Behandlung der Herzkrankheiten. (Diätetik f. Gesunde u. Kranke. Sammlung populärer Gesundheitsbücher.) gr. 8. (VII, 79 S.) Ebd. 894. n. 1. 30

Reimann, S., die Behandlung der Krankheiten d. Blutes. Gemeinverständlich dargestellt. gr. 8. (VII, 64 S.) Stuttgart 891. O. Weisert. n. 1. —

Reimann, S., Haarkuren u. Haarpflege. Gemeinverständl. dargest. gr. 8. (VII, 52 S.) Stuttgart 895. O. Weisert. n. 1. —

(**Reimannus**, Salomo): • De matrimonii existimatione inter Judaeos. 16 Bl. 4° (2°)

Halle-Wittenberg, Phil. Diss. v. 16. März 1857

Geb. Czerniejewo [= Schwarzenau] (Kr. Witkowo, Posen) 1827. V.

Reimann, Thdr., neue ein-, zwei- u. dreistimm. Lieder f. Schule u. Haus. Als Ergänzg. zu Schulliedersammlgn. u. f. den Gebrauch im Hause komponiert. 8. (II, 84 S.) Görlitz 892. H. Tzschaschel. n. — 40

Reimann, Theodor, approb. Arzt aus Hamburg: Ueber Milzcysten. *Leipzig 1901: B. Georgi.* (34 S.) 8°

Leipzig. Med. Diss. v. (22. Juli) 1901

Reimann, Thdr., Rudolph u. Clara. Die Tochter des Ritter Hanns v. Theler auf Hockendorf im Meißner Hochlande, oder: Des Bergmanns Leid u. Freud'. Romantische Erzählung aus dem Bergmannsleben. 2 Thle. Potschappel 861. (Dresden, Breyer.) 8. (480 S. u. 13 color. Lithogr.) 1 ₰

Reimann, Ulr., Novellen. 2 Bdchn. (Die Maler. — Meine Ferienreise. — Berthold's Liebesgeschichte. — Die Dichter.) 8. Berlin 833. Amelang. 3 ₰

Reimann, Valerian Maximilian

Menonis Simonis qualis fuerit vita vitaeque actio exponatur. — Oratio in memoriam ecclesiae restauratae a. d. III. Kal. Iun. 1893 in aede Paulina Jenensi ex lege beneficii Lynckeriani habita ab Valerian Maximilian **Reimann**, stud. theol. Jenae, *typ. B. Engau*, 1893; 32 S. 8.

Reimann, W., Beiträge zur Kritik der französischen Karlsepen, s.: Ausgaben u. Abhandlungen aus dem Gebiete der romanischen Philologie.

Reimann, W. Ueber die Chanson de Gaydon, ihre Quellen und die angevinische Thierry-Gaydon-Sage. Diss. Marburg 1880. 48 S.

Reimann, W., liturgische Feier der Christnacht in Schule, Kirche, Haus u. Kindergarten, zugleich e. reiche Sammlg von Gedichten, Liedern, Zwiegesprächen, Deklamationen, Reden, Gesängen u. Wechselgesprächen zur Christnachtfeier. Eine Handreichg. f. Lehrer u. Eltern, nebst einer Notenbeilage zu Weihnachtsgesängen. Bearb., zusammengestellt u. hrsg. (80 u. 10 S.) gr. 8. Neu-Weißstein (905). (Leipzig, Siegismund & Volkening.) n. 1. 25

Reimann, W., das Sedanfest [2. Septbr.] als Erinnerungs-Feier an die siegreichen Kämpfe Deutschlands wider Frankreich in den J. 1870 und 1871. Anleitung zu einer liturgisch-dramatischen Schulfeier für die deutsche Jugend zusammengestellt. gr. 8. (36 S.) Langensalza 877, Beyer und Söhne.

Reimann, W., welche Anforderungen sind an die Frage zu stellen, wenn sie den Zwecken d. Unterrichts entsprechen soll?, s.: Lehrer-Prüfungs- u. Informations-Arbeiten.

— das Wichtigste aus der Heimatskunde des Kreises Hoyerswerda. 2. Aufl. (12 S.) kl. 8. Glogau (905). Berlin, C. Flemming. — 10

Reimann, Wilh., Abriß d. englischen Syntax. Für d. Schulgebrauch abgefaßt. gr. 8. (IV, 122 S.) Bielefeld 896. Velhagen & Klasing. n. 1. 20

Reimann, Wilh., s.: Frau, die weisse, der Kynsburg.

Reimann, Wilh., Führer durch das Waldenburger u. Eulen-Gebirge sowie durch Waldenburg, Salzbrunn, Fürstenstein, Charlottenbrunn, Görbersdorf, durch das Weistritzthal, Schlesierthal, Reimsbachthal u. die Adersbacher u. Weckelsdorfer Felsen. Mit Spezialkarte des Waldenburger u. Eulen-Gebirges. 9. verb. u. verm. Aufl. 12. (VIII, 192 S.) Schweidnitz 900. G. Brieger. n. — 75

Reimann, Wilh., Führer durch das Waldenburger u. Eulen-Gebirge, sowie durch Waldenburg, Salzbrunn, Fürstenstein, Charlottenbrunn, Görbersdorf, durch das Weistritztal, Schlesiertal, Reimsbachtal u. die Adersbacher u. Weckelsdorfer Felsen. Mit Spezialkarte des Waldenburger u. Eulen-Gebirges. 11. verb. u. verm. Aufl. (VIII, 216 S.) kl. 8. Schweidnitz (905). G. Brieger. n. — 75

Reimann, Wilh., Führer durch Waldenburg, Salzbrunn, Fürstenstein, Charlottenbrunn, Görbersdorf, Schlesierthal, Reimsbachthal und das ganze Waldenburger Gebirge. Mit Berücksicht. der umliegenden Kreisstädte, sowie der Adersbacher und Weckelsdorfer Felsen bearb. 3. und 4. verb. und verm. Aufl. 16. (120 S.) Schweidnitz 885,87, Brieger. *

Reimann, Wilh., Führer durch Waldenburg, Salzbrunn, Fürstenstein, Charlottenbrunn, Görbersdorf, Schlesierthal, Reimsbachthal u. das ganze Waldenburger Gebirge. Mit Berücksicht. der umlieg. Kreisstädte, sowie der Adersbacher u. Weckelsdorfer Felsen bearb. 5. Aufl. 16. (IV, 143 S.) Schweidnitz 886. Brieger & Gilbers. n. — 60

— **Führer durch Waldenburg**, Salzbrunn, Fürstenstein, Charlottenbrunn, Görbersdorf, Schlesierthal, Reimsbachthal u. das ganze Waldenburger Gebirge. Mit Berücksicht. der umlieg. Kreisstädte, sowie der Adersbacher u. Weckelsdorfer Felsen. 7., verm. Aufl. 8. (IV, 170 S.) Schweidnitz 890. Brieger. n. — 75

— Geschichte u. Sagen der Burgruinen im Kreise Waldenburg. Mit Benutzg. verschiedener Geschichtswerke, Documente, Localnachrichten u. Traditionen zusammengestellt. 8. (110 S.) Waldenburg i/Schl. 883. (Georgi.) n. — 75

Reimann, Wilhelm [cand. med. aus Aplerbeck (Westfalen)]: Ueber Mikroorganismen im Nasensekret bei Ozaena ... Würzburg, Paul Scheiner's Buchdr., 1887; 20 S. + 1 Bl. 8°
Würzburg, Med. Fak., Inaug.-Diss. v. 1887

Reimann, Wilhelm, über Mikroorganismen im Nasensekret bei Ozaena. Diss. Würzburg 1887, Stahelsche Univ.-Buchh. 8°. 20 S.

Zacharias Reimann

De Nomate cum historia memorabili trismi illo soluti. Berolini (1824:) Starck. 32 S. 8°

Berlin, Med. Diss. v. 15. Sept. 1824

Reimar, F. L., gelöste Bande. Novelle. 8. (110 S.) Berlin 888, Alb. Goldschmidt. *

Reimar, F. L., durch die Brandung, s.: Eisenbahn-Unterhaltungen.

Reimar, F. L., schwere Bürde, s.a. Goldschmidt's Bibliothek f. Haus u. Reise.

Schwere Bürde. Novelle von F. L. Reimar. Der rechte Bräutigam. Erzählung von Helene Stökl. *Berlin: A. Goldschmidt 1900.* (109 S.) 8° [F.]
= Bibliothek, Goldschmidts, f. Haus u. Reise. Bd 82. (00. 10148)

Reimar, F. L., doch, s.: Dilettanten-Mappe.

— Elisabeth u. andere Novellen. 2. Aufl. 8. (333 S.) Norden 886. Fischer Nachf. n. 4. —

Reimar, F. L. Auf eigenen Füßen. Novelle. 12. (114 S.) Berl. 889, A. Goldschmidt. • — 50

—— finstere Gewalten, s. Eisenbahn-Unterhaltungen.

Reimar, F. L., wechselnde Lichter. Novellen. 3 Bde. 8. (333, 372 u. 428 S.) Bremen 875. Kühtmann & Co. n. 13. 50

Reimar, Freimund. 1814 [Pseud.]
s.a. Rückert, Friedrich.

Reimar, Freim., Dresden rc., s.a. Dresden.

Reimar, Freimund, (psdn.) Dresden vor u. nach d. 17. April, od. treue u. wahrhafte Darstellung d. Dresdner Volksunruhen am 17. u. 18. April (1831), sammt ihren Veranlassungen u. Folgen. 8. Leipz. im Mai 1831. 2e Aufl. 832. (Dresd., Hilscher). 5 gr.

Reimar, Freimund, Napoleon, polit. Comödie in 2 Stcken. Tübingen, Cotta. 816—818.

Reimar, Herm. Samuel, s. Reimarus. Herm. Samuel

Reimar, Johann Max Alfred, s. Reimar, Max

Reimar, Max

Reimar, *Johann* Max *Alfred* [app. Arzt aus Liebenthal]: Ein Fall von Amenorrhoe bei Akromegalie ... Halle a. S., Hofbuchdr. v. C. A. Kaemmerer & C., 1893; 30 S., 1 Bl. 8.
Halle, Med. Fak., Inaug.-Diss. v. 10. Mai 1893

Reimar, Reinald, Penelope. Schauspiel. 8. (111 S.) Hamburg 854, O. Meißner. Thlr.

Reimar, Reinald, Kriemhildens Rache. Trauerspiel. Hamburg 853. O. Meißner. 16. (129 S.) 18 ngr

Reimarus, Meinem Freunde, dem Herrn Dr u. Pr., bei seiner fünfzigjährigen Jubelfeier. Den 29. April 1807. O. O. V: *Heise, Carl Johann.* (GGr) (Schr)

REIMARUS Argonauta und Dichtler, der Aeolide (ps.), Telemacomanie. Poetisch-prosaisches Quodlibet von Gereimt- und Ungereimtheiten. Hierzu als Dreingabe eine Dosis Nasenweisheit, dispensirt vom Homöopathen *Naso-Nasica*. Leipzig 1837. 8°. 327 S. (1 Mk. 50 Pfg. Rich. Bertling, Dresden, 1894.)
Fehlt in A. G. Schmidt's Gallerie deutscher pseud. Schriftst. Grimma 1840.

Reimarus Secundus, Geschichte der Salome von Cato bis Oscar Wilde, gemeinverständlich dargestellt. 3 Tle. gr. 8. Leipzig, O. Wigand. 6. 70
I. Das Haupt Johannis des Täufers. (IV, 40 S.) (907.) 1. —
II. Ur-Marcus u. Pseudo-Marcus, der Dichter der Täufertragödie. (IV, 111 S.) (907.) 2. 70
III. Herodias von Matthaeus bis Wilde. (IV, 193 u. IV S.) (909.) 3. —

Babel und Bibel. Resultate d. neuesten Bibelforschung als Widerlegung u. Antwort auf d. Brief d. Kaiser Wilhelm II. an Admiral v. Hollmann von Reimarus jun. *Leipzig: Blumberg & Co. [1903].* (24 S.) 8° (03. 10468

Reimarus jun., Babel u. Bibel. Resultate der neuesten Bibelforschg. als Widerlegg. u. Antwort auf den Brief des Kaiser Wilhelm II. an Admiral v. Hollmann. (24 S.) gr. 8. Leipzig (903). P. Schimmelwitz. n. — 50

Reimarus, die Rettung der Lungenkranken. Ein Segen der Menschheit. Auf Grund der Entdeckgn. Geheimr. Prof. Dr. Koch's gemeinverständlich dargestellt. 1. u. 2. Aufl. 8. (20 S.) Leipzig 890. Fr. Pfau. n. — 50

Reimarus, die Rettung der Lungenkranken. Ein Segen der Menschheit. Auf Grund der Entdeckgn. Geheimr. Prof. Dr. Koch's gemeinverständlich dargestellt. 1.—5. Aufl. 8. (20 S.) Leipzig 891. Frdr. Pfau. n. — 50

Reimarus, Carl, s. Reimarus, Karl

REIMARUS, Gli. A.: Bemerkungen und Hypothesen über die Inscriptionenreihen der Pandektenfragmente. Ein rechtsgeschichtl. Versuch. *Gött.*, (Dieterich.) 830. 8. (16 Gr.)

Reimarus, Herm. Samuel

Hm. Sm. Reimarus: Abhandl. v. d. vornehmsten Wahrheiten d. natürl. Religion. *Hamb.*, Bohn. (754-72.) 5e A. m. Anmerkk. v. J. Alb. Hm. Reimarus. 781. 6e A. 792. gr 8° 1 ß 4 gl

— Abhandl. v. d. vornehmsten Wahrheiten d. natürlichen Religion, mit Anmerkungen von J. A. H. Reimarus. gr. 8. Ebend. 791.

Reimar, Herm. Samuel (Hamburg) u. Jo. Alb. Heinr. Reimar (Hamburg), De assessoribus synedrii M. LXX. linguarum peritis in celebritate gymnasii Hamburgensis. Hamburg (C. König) 18. III. 1751. 24 S. (4.25) 28058

Hermann Samuel Reimarus

Allgemeine Betrachtungen über die Triebe der Thiere, hauptsächlich über ihre Kunst-Triebe... vorgestellt von Hermann Samuel Reimarus. [Hamburg:]Bohn 1760. 410,104 S. 8°

Reimarus, H. S., Allgem. Betracht. üb. d. Triebe der Thiere, hauptsächlich üb. ihre Kunsttriebe, z. Erkenntniß des Zusammenhanges der Welt, des Schöpfers u. unser selbst. 410 S. Hamb. 8°. 2. Ausg. 1762, 430 S. 3. Ausg. 2 Th. 496 u. 232 S. Hamb. 1772. 8°. 4. Ausg. v. Sohm. 2 Th. 528 u. 104 S. Hamb. 1738. Ins Holl. v. W. von Haar, mit Vorr. v. Lulof. Lond. 1761. 8°. Ins Franz. v. Reneaume de la Tasche. 2 Th. Amst. 1770. 8°. *Haller*, Bibl. anat. II, 570.

Hermann Samuel Reimarus

Allgemeine Betrachtungen über die Triebe der Thierwelt, hauptsächlich über ihre Kunsttriebe. ... vorgestellt von Hermann Samuel Reimarus. 3.Ausg. Hamburg: Bohn 1773. 496 S. 8°

Beigeb.1: Reimarus: Angefangene Betrachtungen über die besondern Arten der thierischen Kunsttriebe. Hamburg 1773.

Beigeb.2: Gott, seine Größe, Weisheit und Güte aus der Natur. Leipzig 1780.

— — allgem. Betracht. über d. Triebe d. Thiere. 2 Thle. gr. 8. 8. Hamb. 798. Jetzt Weygand in Leipzig.

— angefangene Betrachtt. üb. die thierischen Kunsttriebe, nach seinem Tode herausgg. v. J. A. H. Reimarus. gr. 8. Hamb. 772. Bohn. 12 gr

Hermann Samuel Reimarus angefangene Betrachtungen über die besondern Arten der thierischen Kunsttriebe. Aus s.hinterlassenen Handschr. hrsg. ,mit einigen Anm. u. e.Anh.von der Natur (und den Eigenschaften) der Pflanzenthiere begl.durch Joh[ann] Albert Hinrich Reimarus. Hamburg:Bohn 1773. 232 S. 8°

REIMARUS Hermann Samuel. – . . . angefangene Betrachtungen über die besonderen Arten der thierischen Kunsttriebe . . . hrsg. mit einigen Anmerkungen und einem Anhange von der Natur der Pflanzentiere begleitet durch Joh(ann) Albert Hinrich Reimarus. Letzte verb. Aufl. Schrämbl, Wien 1790. 1 vol. VIII + 241 S. + 35 Reg.

Reimarus, H. S., epistolae ad Quirinum. 4. Hamburg, Bohn. 756.

Reimarus, H. S., epistolae ad Quirinum. 4. Hamb. 756. Jetzt Hoffmann u. Campe u. d. Preis

Reimarus, H. S., Instinctum brutorum existentis dei, ejusdem sapientissimi, indicem. Wismar. 4°.

1725

Hm. Sm. **Reimarus**: Vernunftlehre als e. Anweis. z. richt. Gebrauche d. Vern. in dem Erkenntnisse d. Wahrh., aus zwei ganz natürl. Regeln d. Einstimm. u. d. Widerspr. hergeleitet. *Hamb.* u. *Kiel*, Bohn. (756-782.) 5e A. 790. 8° 14 gr

— die Vernunftlehre als eine Anweis. z. richtigen Gebrauch d. Vernunft etc. 8. Hamb. 756. 2e A. 758. 3e A. 768. N. Aufl. 790. (Campe). 14 gr

Reimarus, Herm. Sam., Die Vernunftlosen, als e. Anweisung zum richtigen Gebrauche der Vernunft in dem Erkenntniß der Wahrheit, aus zwoen ganz natürl. Regeln der Einstimmung u. des Widerspruchs. 4. Aufl. 457 S. Hamb. u. Kiel 1782. 8°.

— — de vita et scriptis J. A. Fabricii commentarius. 8. Hamb. 737.

— die vornehmsten Wahrheiten d. natürl. Religion, in 10 Abhandll. 8. Hamb. 754. 2e A. 755. 3e A. 766. 4e A. 772. 5e Aufl. unt. d. T.: Abhandl. v. d. vornehmsten Wahrheiten der natürl. Religion, mit Anmerkk. herausgg. v. J. A. H. Reimarus. gr. 8. Ebd. 781. 6e A. 791. (Campe). 1 rf 12 gr

Reimarus, Joh(ann) Albert Heinrich

s.: Reimarus, Johann Albrecht Henrich

Reimarus, Joh(ann) Alb(recht) Henr(ich) (Praef.):

s.: Antrechaus, de: Merkwürdige Nachrichten von der Pest in Toulon, welche im Jahr 1721 daselbst gewüthet hat. (Relation de la peste dont la ville de Toulon fut affligée en 1721. Dt.) Übers.von Adolph Freyherrn Knigge. Hamburg: 1794

JB 5.018

— Beantwort. d. Beitrags z. Berathschlagung üb. Handlungsgrundsätze. 8. Hamb. 771. 2e A. 775.

— neuere Bemerkungen v. Blitze, mit K. gr. 8. Ebendas. 794.

– s. Beobachtt. üb. Taubstumme.

Reimarus, Jh. Alb. H., Das wahre Beste der löbl. Zünfte und Handwerke. 8°. Hamburg 1770.

J[ohann] A[lbert] H[einrich] Reimarus über die Bildung des Erdballes und ins Besondere über das Lehrgebäude des Herrn de Luc. Hamburg: Bohn 1802. 112 S. 8°

— — über die Bildung des Erdballes. 8. Hamb. 802. Jetzt Hoffmann u. Campe.

Reimarus, Jh. Albr. Hnr., († d. 6. Juni 1814.) vom Blitze, dessen Bahn u. Wirkungen etc. auf verschiedene Körper etc. 8. Hamb. 778. (Campe). 1 rf 16 gr

— der Bücherverlag, in Betracht d. Schriftsteller, d. Buchhändler u. d. Publikums erwogen. 8. Hamb. 773.

— de cerebro et nervis commentariolus. gr. 4. Münch. 813. (Franz). 6 gr

Reimarus, Jh. Albr. Hnr., le commerce, s. Klagen d. Völker d. Continents.

— le commerce, trad. par C. de Villers. 8. Amsterd. Kunst et Ind. Comt. 808.

Reimarus. J. A. H., Darstellung d. Unmöglichkeit bleibend. körperl. Gedächtnißeindrücke. 8. Hamb. Perthes u. B. 812.

— v. d. Daseyn Gottes u. d. menschl. Seele. gr. 8. Hamb. Bohn. 781.

— von d. Dasein Gottes u. d. menschl. Seele. (Sind die Zusätze zu H. S. Reimarus Abhandl. von d. Wahrheiten 2c.) gr. 8. Hamb. 781. (Campe). 4 gl.

— — über die zweckmäßige Einrichtung in allen Reichen der Natur, Teleologie genannt. gr. 8. Hamb., Hoffmann u. Campe. 817.

— einige gegen die Gewitterableiter gemachte Einwürfe, beantwortet in 2 Briefen. 8. Frankf. a. M. 790.

— Entwurf eines allgem. Staatsunterrichts f. künftige Bürger. 8. Hamb. 803. (Campe). 4 gl.

— Erwägung des Verlagsrechts in Ansehung d. Nachdrucks. 8. Hamb. 792. (Campe). 3 gl.

J. Alb. Hm. **Reimarus**: Erwägung d. Verlagsr. in Anseh. d. Nachdrucks. *Hamb.*, Herold. 792. 8° 3 gl.

Reimarus, J(ohann) A(lbrecht) H(enrich) (Comm.):

s.: Eschke, Ernst Adolf: Kleine Beobachtungen über Taubstumme, hrsg. von J(ustus) Arnemann. Th.1. Berlin: 1799

JB 4.345

— die wichtige Frage von d. freien Aus- u. Einfuhr d. Getreides, nach d. Natur u. Geschichte untersucht. 8. Hamb. 771.

Reimarus, J. A. H. Die Freiheit des Getreidehandels nach der Natur und Geschichte erwogen. Hamburg, C. E. Bohn 1790. VIII 151 S. 8.

— die Freiheit d. Getreidehandels, nach d. Natur u. Geschichte erwogen. gr. 8. Hamb. 790. (Campe). 12 gl.

J. Alb. Hm. **Reimarus** üb. d. Gründe d. menschl. Erkenntn. u. d. natürl. Religion. *Hamb.*, Bohn. 787. 8° 12 gl.

— üb. Gründe d. menschl. Erkenntniß u. d. natürl. Religion. 8. Hamb. 787. (Campe). 12 gl.

— Grundsätze d. Handlung, zur wahren Aufnahme der Länder 2c. 2 Stücke. 8. Hamb. 768. 2e A. 774. (Rabenhorst in Leipz.) 8 gl.

— Grundsätze d. Handlung, z. wahren Aufn. d. Länder 2c. 2 Stck. 8. Bremen. (Rabenhorst, Leipz.) 775.

— der Kaufmann. gr. 8. Hamb. 808. Fr. Perthes. 3 gl.

Reimarus, Johann Albert Heinrich. Lebensbeschreibung von ihm selbst aufgesetzt ... Hamburg 1814. H: *Sieveking, Carl.* (BrMm)

— Lebensbeschreibung v. ihm selbst aufgesetzt, nebst d. Entwurf einer Teleogie; herausgg. v. Karl Sieveking. Mit Reimarus Portr. gr. 8. Hamb. 814. Campe. 20 gl.

— s. Mettlerkamp, Dav. Cph.: Beschreibung der Spur des Blitzes ...

— s. Preisschrift. Abhandl. v. Fleischtaxen.

— s. Reden, 3, bei der Stiftungsfeier.

— s. H. S. Reimarus, allgem. Betracht. u. dess. Abhandl. v. d. vornehmsten Wahrheiten 2c.

— s.a. Untersuchung der Nothwendigkeit.

Johann Albert Heinrich Reimarus

Untersuchung der vermeinten Nothwendigkeit eines autorisirten Kollegii medici und einer medizinischen Zwang-Ordnung. [Verf.: Johann Albert Heinrich Reimarus.] Hamburg: Bohn 1781. 126 S. 8

— Untersuch. d. vermeintl. Nothwendigkeit e. autorisirt. Collegii medici. 8. Hamb. 781. (Campe). 8 gl.

Reimarus, J(ohann) A(lbrecht) H(enrich): Die Ursache des Einschlagens vom Blitze, nebst dessen natürlicher Abwendung von unsern Gebäuden, aus zuverläßiger Erfahrung von Wetterschlägen vor Augen gelegt. 128 S., gbd.

Langensalza: Martibi 1769

JB 2.029/1

— die Ursache d. Einschlagens v. Blitze, nebst dessen natürl. Abwendung 2c. 8. Leipz. 774. Schneider. 4 gl.

— de vita sua commentarius. Additae sunt de vita H. S. Reimari narrationes J. G. Büschii et C. A. Klotzii. Auct. (Cph. D. Ebeling). 8maj. Hamb. 815. (Campe). 1 rf

— — de vita sua commentarius etc. 8maj. Hamb. Hofmann et Campe. 816.

— Vorschriften zur Anlegung e. Blitzableitung an allerlei Gebäuden 2c. Mit 2 Kpf. 8. Hamb. 778. (Campe). 4 gl.

— Ausführliche Vorschriften zur Blitz-Ableitung an allerley Gebauden: auf's Neue geprufet, und nach zuverlässigen Erfahrungen, in Hinsicht auf Sicherheit und Bequemlichkeit, entworfen. Mit 2 Kupfertafeln. Hamburg 1794.

— Vorschr. z. Blitzableitung. 8. Ebend. 797.

Reimarus, Karl

Reimarus, Carl [aus Stettin]: Ueber die durch die Einwirkung von Jodalkylen auf den Dibenzylsulfoharnstoff entstehenden Basen und deren Umsetzungsproducte .... Berlin, Druck v. Julius Feiertag (1887); 58 S. 8°.
Berlin, Phil. Fak., Inaug.-Diss. v. 14. Mai 1887.

Reimarus, Carl, über die durch die Einwirkung von Jodalkylen auf den Dibenzylsulfoharnstoff entstehender Basen und deren Umsetzungsproducte. Diss. Halle 1887, Lippertsche Buchh. 8°. 58 S.

Reimarus, Carl. Ein Handbuch, den zum hohen vereinigten Landtage berufenen Mitgliedern gewidmet. Berlin 1847. 40 S. 12.

Reimarus, Samuel

Der blutige Fall der herrlichen Cimber-Krone, nemlich Des Durchlauchtigsten Fürsten und Herrn Friederichs, Erben zu Norwegen etc. etc. . . . an dem Abend des 19. Decembris, als an welchem Sein erblasster Corper von der Residence Gottorff nach der Thum-Kirchen in Schlesswig abgeführet . . . über dem Sarcke in der Schloss-Kirchen . . . beklaget v. Samuel **Reimarus**. Schleswig. 1705. Fol.

Reimarus, Theoph. Aug., s. P. **Blesensis** Opusculum.

Reimbacher, P. Placidus, Kurze Geschichte des Heiligthumes Maria-Saal in Kärnten. Zur eilften Säcular-Feier herausgegeben. 8. (16 S.) —.12
Graz: Moser 1889.

Reimbilderfibel zur Belehrung u. Unterhaltung f. die Jugend. Mit 136 col. Abbild. 8. (8 S. m. 12 lith. Taf.) Leipzig 847. (H. Fritzsche.) n. 12 ngr

REIMBOLD, Anonymus, Drei snakische Maerlein in Reimen. 1883.
Weller, Lex. Ps. p. 474.

Reimbold, C., s. L. Ritchie, die Räuber am Rheine.

Reimbold, Dietrich

— — De Antonianis seu fratribus S. Antonii. Präs. Johann Erhard Kapp. Leipzig (Langenheim) 2. IX. 1737. 46 S. (4.75) 28060
Gew.: Johann Friedrich Winckler, Lukas von Spreckelsen, Georg Tischer. — Widm. v.: Johann Erhard Kapp.

Reimbold, F. M., patres primorum seculorum, idololatriae Romanensium judices. Hamb. 1736. 4.

— **Friedrich Matthacus** (Hamburg), Jacobum Hyacinthum Serry testem veritatis in historia Mariae et Christi adversus Caes. Baronium aliosque in ecclesia Romana sistit. Leipzig (Langenheim) 16. 11. 1736. 48 S. (5.—) 28061
Gratulationsschrift für Jo. Dietrich Winckler (Hamburg), Jo. Theodor Grad (Danzig.)

Reimbold, J., der Festredner, s.a Hilf dir selbst.

Der Festredner. Toaste u. Reden zu Jubiläums-, Vereins- u. öffentl. Festlichkeiten. Nebst e. prakt. Einführung in d. Kunst d. Festrede. Von J. **Reimbold**. *Aachen: C. H. Georgi [1900].* (35 S.) 8° [F.]
= **Hilf** dir selbst! No 19. 1,67

— Trinksprüche u. Reden, s.a Hilf dir selbst.

Trinksprüche und Reden zu allen Familienfestlichkeiten. Nebst e. prakt. Einführung in d. Kunst d. Festrede. Von J. **Reimbold**. *Aachen: C. H. Georgi [1900].* (35 S.) 8° [F.]
= **Hilf** dir selbst! No 20. [00. 8968

Reimbold, Joan. Petr. Hubert. (geb. Cöln a. Rh. 30. 3. 1804): De cerebellum inter et systema genitalium sympathia. Berolini (1826). (30 S.) 8°
Berlin, Med. Diss. v. 17. Mai 1826

Reimbüchlein, niederdeutsches, s.a Drucke d. Vereins f. niederdeutsche Sprachforschung.

REIMBÜCHLEIN, Niederdeutsches. Eine Spruchsammlung des sechzehnten Jahrhunderts, hrsg. von W. Seelmann. Norden u. Leipzig 1895. 8°. (In Hannover, Stadtbibl.)

Reimchronik des Appenzellerkrieges. Von einem Augenzeugen verfasst und bis 1405 fortgesetzt. Hrg. von Ildefons von Arx.... 8. St. Gallen 1825.

Reimchronik des Appenzellerkrieges. Von einem Augenzeugen verfaßt u. bis 1405 fortgesetzt. Herausgg. v. J. v. Arx. 8. St. Gallen 830. Huber u. C. 1 ₰ 4 gr Schrbp. 1 ₰ 8 gr

Reimchronik von Flandern, s. Kausler, Ed., Denkmäler.

Reim-Chronik von der Geschichte der Wasserkirche . . . [Zürich 1882.] V: *Vögelin, Friedrich Salomon.* (Cat. d. Stadtbibl. Zürich. Zürich 1864—97.)

Reimchronik, jenaische, s. Musenklänge und Reimchronik.

Reimchronik, Livländische, s.a Bibliothek des literarischen Vereins in Stuttgart, VII. Thl.

Reimchronik, livländische. Mit Anmerkgn., Namenverzeichniss u. Glossar hrsg. v. Leo Meyer. gr. 8. (416 S.) Paderborn 876. Schöningh. n. 8. —

Reimchronik, Die, des Pfaffen Maurizius. Frankf. a. M. 1849. V: *Hartmann, Moritz.* (BrMm) (Ky) (Cat. d. Stadtbibl. Zürich. Zürich 1864—97.)

— des Pfaffen Maurizius (von Mor. Hartmann). Caput I—V. 8. I. (50 S.) I. 2. Aufl. (48 S.) II: Die symbolischen Thiere. (S. 49—96.) III: Traumbuch f. Michel. (S. 97—152.) IV: Elsen Kossuth. (S. 153—205.) V: Apostel u. Apostaten. (S. 207—248.) Frankfurt a. M. 849, Literarische Anstalt. (à 1/4 ₰) 1 1/4 ₰

—— über Herzog Ulrich von Württemberg und seine nächsten Nachfolger. Zum ersten mal hrsg. von Eduard Frhr. v. Seckendorff, s. Bibliothek des litterarischen Vereins in Stuttgart, Bd. 74.

Reim-Chronik d. Ruderclub Villach, vorgetragen beim Häringsschmause im Fasching 1884 u. 1885. 16. (47 S.) Villach 885. (Klagenfurt, Raunecker.) — 75

Reimchronika, Des Wrackes Ju-Va-Vo . . . [Salzburg] 1891. V: *Strele, Richard von.* (Margr)

Reimchronika, Der Osteria. Salzburg 1887. V: *Strele, Richard von.* (Margr)

Reime. Kopenh. 1759. V: *Feist, v.* (Collin, Anonymer. Kiobenh. 1869.)

Reime. Allen Vaterlands-Freunden u. Freundinnen, welche in 10jähr. Trübsal Glauben u. gut Gewissen bewahrt haben, gewidmet. gr. 8. Hannov. 814. Hahn. 2 gr

—— und Sprüche, altdeutsche. Auswahl v. Weisheit u. Witz aus Chrph. Lehmann's florilegium politicum [Lübeck 1630], hrsg. v. e. Liebhaber alter deutscher Sprache u. Weisheit. 2. verm. Aufl. 16. (VII, 201 S.) Berl. 890, C. Duncker. 3 —; geb. 4 —

Reime eines Alten. Leipzig 853. Gerhard. 16. (VI, 72 S.) 15 ngr

REIME UND BILDER FÜR DIE KINDERSTUBE. Mit 10 Bildern in Ölfarbendruck. Nach Originalzeichnungen von GUSTAV SÜS. Erfurt, Druck und Verlag von Fr. Bartholomäus. [1863]. Titelbl., 29 S. 1 Bl. (Anzeigen). 4°. Farbig illustr. Or.-Karton mit Leinenrücken. 55.—

Nicht bei R., RKB., Hobrecker. ★ Erstausgabe dieses ganz reizenden Kinderbuchs mit volkstümlichen Versen. Die schönen Bilder schließen jedesmal ein Gedichtchen ein. (Z. B. Kinderpredigt, Kleins Männele, was kannst du machen, Vögel, die nicht singen usw.)

Reime u. Devisen, deutsche, größtentheils neu verfaßt, theils auch aus guten Dichtern entlehnt oder in neue Gewänder gehüllt. gr. 12. Prag, Leitmeritz u. Teplitz 836. Medau. 1/6 ℔

Reime, Deutsche, entgegen ausländischen Ungereimtheiten. Leipzig 1859. V: *Callot, Eduard von.* (Scheffer, Die Preuss. Publizistik i. J. 1859. Leipzig 1902 S. 11—12.)

Reime, deutsche, entgegen ausländischen Ungereimtheiten. Nr. 1—5. Leipzig 859. Kollmann. 8. (118 S.) 12 ngr. Nr. 1. 4. u. 5. à 3 ngr.; Nr. 2. u. 3. à 1½ ngr.

Reime, Fasto wendis. 2 Lustspiele in sauerländ. Mundart vom Verf. der »Sprikeln un Spöne«. 1861. V: *Grimme, Friedrich Wilhelm.* (Antiqu.-Kat. Nr. 351. Gustav Fock-Leipzig. S. 102 sub 3294.)

Reime zur griechischen Formenlehre. 8. Leipzig 845, Kummer. n. 1/12 ℔

Reime zu den Biblischen Geschichten des Alten und Neuen Testamentes. Für die Jugend. Zürich 1782. V: *Lavater, Johann Kaspar.* (schstr S. 117)

Reime, goldene. schmal Lex.-8. (12 S. m. z. Tl. farb. Bildern.) Eßlingen 898. J. F. Schreiber. Kart. n. — 35

Reime, goldene, f. Männlein u. Weiblein, so sich der edlen Gesangeskunst befleißigen wollen. Von Gernebald Heuler. 12. (48 S.) Dresden 890. Albanus. n. 1. —

Reime, harmlose, ernsten u. heiteren Inhalts v. Anagoras Ulphilo. 8. (32 S.) Leipzig 881. Garte. n. — 75

Reime für die Kinderstube. Frei übersetzt aus dem Engl. 8. (IV und 83 S. mit lithogr. Tit.) Berlin 848, Adolf und Comp.

Reime, liebe alte. (Farbige) Zeichnungen v. Walt. Caspari. (12 Bl.) 15×20,5 cm. München (907). H. v. Weber. Auf Leinw. (Urspr. Pr. 1. 60)

— liebe alte. Zeichnungen v. Otto Gebhardt. [Aus der Sammlg. „Das deutsche Bilderbuch".] (15 S. m. farb. Abb.) 30,5×23,5 cm. Mainz (908). J. Scholz. Kart. 2.—; auf Pappe (11 S.) 2. 50

Reime, Neue weltliche hochteutsche, enthaltend die abentheyerliche, doch wahrhaftige Historiam von der . . . Prinzessin Europa und einem uralten heydnischen Götzen Jupiter item Zeus genannt . . . O. O. 1777. V: *Bürger, Gottfried August.* (ML) (GGr) (Mn) (Grisebach, Weltlitteraturkat. Berlin 1898—1900. I, 242.)

REIME eines dänischen Officiers. (Vf.: *v. Feist.*) Kopenhagen 1759. (10 Mk. Jos. Baer & Co., 1912.)

Anon.-Lex. III. p. 355 (nach Collin, Anonymer. Kiobenh. 1869). — Sehr rar!

Reime, Regeln und Rätsel. *Kaiserswerth: Diakonissen-Anst. [1902].* (12 S.) 8° [F.]
— Geschichten u. Bilder fürs deutsche Volk. No 42. [illegible]

Reime, schlesische, ei mittelschlesischer Mundoart. Von Theo am Bober bis Ende Oktober 1903. (VIII, 72 S.) kl. 8. Schweidnitz (904). G. Brieger. n. — 80

—— eines Unbekannten. gr. 8. (116 S.) Köln 881. (Wien, Perles.) cart. *

— eines Unbekannten. gr. 8. (122 S.) Wien 882. Perles in Comm. n. 1. 20

Reime e. Unbekannten. 3. Aufl. gr. 8. (130 S.) Wien 885. (Perles.) n. 1. 20

Reime eines Unbekannten. 4. Aufl. Aachen 1891. V: *Lob, Benj.* (Mitth. d. Verlagsbuchh.)

Reime e. Unbekannten. 4., verb. Aufl. 8. (135 S.) Aachen 891. C. Mayer's Verl. n. 1. —; Ausg. auf Büttenpap. n. 2. —

— unpietistische, erbaulich u. gut zu lesen für Jedermann. 1. Gabe. gr. 8. Bremen 841, Geisler. n. 1/12 ℔

Reime e. Verschollenen. Hrsg. v. Geo. v. Oertzen. gr. 8. (VIII, 226 S.) Leipzig 877. Breitkopf & Härtel. 5. —; geb. n. 6. —

Reime, Henricus Gottlieb, مفتح العربية hoc est. Clavis linguae Arabicae . . . Jenae 1718.

Reime, Hch. Gottl. Harmonia vitae Jehoschaphati, regis Judae. 4. Jenae 1713.

Reime, Hch. Gottl. Harmonia vitarum Joasi et Amasiae, regum Judae, nec non Jehu, Jehoachasi atque Joasi, regum Israel. 4. Jenae 1718.

Reime, Heinrich Gottlieb (Magdeburg/Sachsen), Harmoniam vitae Salomonis, ad ductum priorum capitum Lib. I. Reg. et II. Chronicorum. Diss. acad., harmon.-biblico-philol. Präs. Joh. Andreas Danz. Jena (Muller) 1711. (5.—) 28062

Eine Widm. in dtscher. Sprache ohne Unterschrift (von einem wohlbekannten Freunde.)

Reime, Hch. Gottl. Dissertatio de Jehoschaphato, Judae rege, regis Israelitici in imperio socio. 4. Jenae 1714.

Reime, Hch. Gottl. Dissertatio de numero annorum regiminis Jehoschaphati. 4. Jenae 1714.

Reime, Osk., der Unterricht in der Geschichte. Für die Hand der Kinder in Volks- u. Bürgerschulen. Mit besond. Berücksicht. einiger Sagen u. Geschichten der Prov. Sachsen. Auf Grund behördl. Bestimmgn. zusammengestellt u. nach den besten Quellen bearb. gr. 8. (IV, 221 S.) Delitzsch 893. R. Pabst. Kart. n.n. 1. —

Reimen-Probe, Exegetische, über die letzte Rede Jesu Christi an seine Jünger. O. O. 1722. V: *Gruber, Eberhard Ludwig.* (Adel)

Reimer

Reimer, d. neue Hausarzt. (VIII. 176 S.) gr. 8. Dresden 908. R. Lincke. 2. — —

Karte (**Reimer**'sche) der südafrikanischen Republik und Uebersichtskarte der Verkehrswege Südafrikas. 1 : 5000000. Berlin 1895. 1 Bl. L. Sch.

Reimer. Über P. Schmidt's Zeichenmethode. Berlin, 1833.

Reimer, Albert, Friedenau: Begründung und Wirkungen eines Pfandrechts an einem Geschäftsanteil in einer Gesellschaft mit beschränkter Haftung. Berlin 1908: W. Pilz. (78 S.) 8°
Heidelberg, Jur. Fak., Ref. Schroeder, Diss. v. 1908
[Geb. 6. März 83 Treptow a. R.; Wohnort: Friedenau; Staatsangeb.: Preußen; Vorbildung: Bismarck-Gymn. Pyritz Reife O. 03; Studium: Tübingen 3, Berlin 7 S.; Rig. 15. Jan. 08.]

Die allgemeinen Rechtsverhältnisse der deutschen Kolonialgesellschaften unter Berücks. d. v. Reichskolonialamt ausgearb. Mustersatzungen dargest. von Dr. jur. Albert **Reimer**. Berlin: Süsserott (1910). 62 S. 4°(8°) [II. 3117 B]

Reimer, Anton Christoph (Wismar), De differentiis juris civilis et canonici in doctrina de testamentis. Diss. jur. Präs. Christian Thomasius. Halle/Magdeburg (Salfeld) 21. VI. 1707. 40 S. (4.75) 28063

— — Dasselbe. Halle/Magdeburg (Salfeld) 21. VI. 1707. 40 S. (4.75) 28064
Gew.: Nikolaus Bartholomaeus Michael von Danckelmann.

— **Anton Friedrich** (Halle), De venditione illicita fructuum in herbis. Diss. jur. Präs. Jo. Gottl. Heinecke. Halle/Magdeburg (J. Chr. Grunert) 5. IX. 1738. 36 S. (4.75) 28065

— — **Dasselbe.** Halle/Magdeburg (J. Chr. Grunert) 5. IX. 1738. Rec. 1769. 39 S. (4.75) 28066

Reimer, Arnold

— **u. Boethlau,** preußisches Ausführungsgesetz zum bürgerl Gesetzbuche v. 20. IX. 1899. Handausg. m. Anmerkgn. Anh. u. Sachregister. 8. (X, 284 S.) München 900. C. H. Beck. Geb. in Leinw. n. 2. 80

Reimer, Wegweiser durch die Entscheidungen des Reichsgerichts in Civilsachen Bd. 1—41. Für die Praxis des bürgerl. Gesetzbuchs zusammengestellt. gr. 8. (III, 84 S.) Berlin 899. F. Vahlen. n. 1. 50

Reimer, August, Anleitung zum Turnen an Volks- und an Bürgerschulen für Knaben und Mädchen, n. e. Anh. v. Turnspielen, 26 S., 8°.

Reimer, C., s.: Lesebuch, deutsches, f. mehrklassige Schulen.

Reimer, C. T., Grundzüge der Botanik für höhere Lehranstalten, sowie zum Selbstunterricht. Mit einem Beitrage von R. Zimmermann. Leipzig 868. Brandstetter. gr. 8. (VIII, 424 S. mit zahlreichen Holzschn. im Text.) 1 *ℛ* 7½ *ngr.*

Reimer, Carl Leopold von, s. R e i m e r , Karl Leopold von

Reimer, Carl Ludwig, s. R e i m e r , Karl Ludwig

Reimer's, Dietr., Mitteilungen f. Ansiedler, Farmer, Tropenpflanzer, Beamte, Forschungsreisende u. Kaufleute. Red.: Jos. Steiner. 1.—4. Jahrg. 1907—1910. à 4 Hefte. (112, 157, 149 u. 195 S. m. Abb.) 8. Berlin. D. Reimer. à Heft — 30

Dietrich **Reimer's** Taschen-Plan von Berlin und den nächsten Vororten. 1 : 25000. Mit einem Verzeichniss der Strassen u. s. w. Berlin 1893. 1 Bl. c. L.

Reimer, Edm., Mährens deutsche Dichter der Gegenwart. Ein Nachschlagewerk u. Hausbuch deutscher Dichtkunst. I. Der Olmützer Dichterkreis. (16 S.) gr. 8. Sternberg (Mähren) 904. Selbstverlag. n. — 85

Reimer, J. F. E. von, s. R e i m e r n , Franz Josef Edler von

Reimer, Frz., Zinstabellen f. Sparkassen, Banken, Kreditinstitute zur Berechnung v. Spareinlagen-, Effekten-, Vorschuss- u. Hypotheken-Zinsen. Berechnet u. zusammengestellt. (II, 72 S.) Lex. 8. Olmütz 907. Selbstverlag. nn 3. 50

Reimer, Fritz, Gerichtsref. aus Königsberg i. Pr.: Die **Verjährung** der Einreden nach dem Bürgerlichen Gesetzbuche. *Steglitz 1904: Steglitzer Zeitung.* (55 S.) 8°
Göttingen, Jur. Diss. v. [14. März] 1904

Reimer, Fritz, die Verjährung der Einreden nach dem bürgerl. Gesetzbuche. Diss. (56 S.) 8. Steglitz 904. (Göttingen, Vandenhoeck & Ruprecht.) n. 1. 20

Reimer, Geo., Nautik, s.: Miniatur-Bibliothek.

Reimer, Gottfried *Julius Heinrich Matthias* [app. Arzt aus Hitzacker]: Das Harnen in die Scheide ... Marburg a. L., *Meyersche Hofbuchdr. in Detmold, 1894;* 26 S., 1 Bl. 8.
Marburg, Med. Fak., Inaug.-Diss. v. 27. Mai 1894

Reimer, Gottfr., Naturheilmethode e. Arztes. (78 S.) 8. Dresden (907). E. Pierson. 1. —

Reimer, Gust. Adolph. (geb. Nordenburg in Ostpr. 22. 7. 1839): De bronchiectasi. Berolini (1862). (30 S.) 8°
Berlin, Med. Diss. v. 7. Aug. 1862

Reimer, H., s.: A r c h i v , triersches.

— Das kgl. Schloss in Coblenz. Ein geschichtl. Führer. 2. Aufl. (47 S. m. 5 Taf.) 8. Coblenz 907. W. Groos. — 80

Reimer, Hans, a. Malchin i. M.: Der Vers in Shakespeares nicht-dramatischen Werken. Bonn 1908: C. Georgi. (60 S.) 8°
Bonn, Phil. Fak., Ref. Bülbring, Diss. v. 8. Juli 1908
[Geb. 4. Jan. 86 Bützow; Wohnort: Bonn; Staatsangeb.: Mecklenburg-Schwerin; Vorbildung: Realgymn. Malchin Reife M. 04; Studium: Marburg, Bonn; Rig. 13. Mai 08.]

Reimer, Heinrich

Reimer, Henricvs (geb. am 30 Apr. 1848 in Berlin): De crescente in ecclesia avctoritate monachorvm ... Bonnae, form. C. Georgi (1870). 2 Bl., 42 S., 1 Bl. 8.
Bonn, Phil. Fak., Diss. v. 11 Juni 1870

Reimer, H., Urkundenbuch zur Geschichte der Herren v. Hanau u. der ehemal. Prov. Hanau, — hessisches Urkundenbuch, } s. a. Publikationen aus den kgl. preußischen Staatsarchiven.

Hessisches Urkundenbuch. Abth. 2. Urkundenbuch zur Geschichte der Herren von Hanau und ehemaligen Provinz Hanau v. Heinrich Reimer. Bd. 4. 1376—1400. Leipzig. 1897. 8° = Publicationen aus den K. Preußischen Staatsarchiven. Bd. 69.

Reimer, Helene, aus Heimat u. Kinderland. Novellen. (V, 156 S.) 8. Hamburg 900. O. Meißner's Verl. 2.40; geb. 3. —

Reimer, Hermann

—— s. Ammon's, Fr. A. v., Brunnendiätetik.

Reimer, H., Handbuch der speciellen Klimatotherapie u. Balneotherapie m. besond. Rücksicht auf Mittel-Europa zum Gebrauch f. Aerzte. gr. 8. (VIII, 410 S.) Berlin 889. G. Reimer. n. 9. —; geb. n. 10. —

Reimer, Herm., Georg Andreas Reimer. Erinnerungen aus seinem Leben insbesondere aus der Zeit der Demagogen-Verfolgg. gr. 8. (56 S. m. 1 Bildnis.) Berlin 900. G. Reimer. n. — 80

Reimer, Herm., klimatische Sommerkurorte. Leitfaden für Aerzte u. Laien. 8. (IV, 304 S.) Berlin 877. G. Reimer. n. 4. —

Reimer, Herm., klimatische Sommerkurorte. Leitfaden f. Aerzte u. Laien. 2. Aufl. 8. (VIII, 344 S.) Berlin 891. G. Reimer. Geb. in Leinw. n. 5. —

Reimer, Herm., klimatische Sommerkurorte. Leitfaden f. Aerzte u. Laien. 3. Aufl. 8. (VIII, 365 S.) Berlin 897. G. Reimer. Geb. in Leinw. n. 5. —

Reimer, Herm. (Hrsg.), s. Vierteljahrsschrift für Klimatologie.

Reimer, Herm., klimatische Winterkurorte mit besond. Rücksicht auf die Winterstationen der Schweiz, Tirols, Oberitaliens u. des südlichen Frankreichs. Ein Leitfaden für Aerzte u. Laien. Berlin 869. G. Reimer. gr. 8. (VII, 204 S.) n. 25 ngr.

— über einige klimatische Winterkurorte insbesondere üb. Davos. Lugano u. Arco. [Ein Nachtrag zu dem Buche d. Verf. üb. die Winterkurorte der Schweiz, Tirols, Oberitaliens u. d. südl. Frankreichs.] 8. (32 S.) Ebend. 872. n. — 50 (Hauptwerk u. Nachtrag: n. 3. —)

Reimer, Herm., klimatische Winterkurorte. Ein Leitfaden f. Aerzte u. Laien. 2. neu bearb. u. stark verm. Aufl. Mit e. Uebersichtskarte u. 3 (chromolith.) Plänen (qu. 4.) gr. 8. (VIII, 357 S. m. 1 Holzschntaf.) Berlin 873. G. Reimer. n. 5. —

— klimatische Winterkurorte. 3., neu bearb. u. stark verm. Aufl. Mit einer (chromolith.) Uebersichtskarte u. 3 (chromolith.) Spezialkarten. 8. (VIII, 573 S. m. 1 Holzschntaf.) Ebend. 881. geb. n. 9. —

— klimatische Winterkurorte. Leitfaden f. Aerzte u. Laien. 4. Aufl. 8. (VIII, 318 S. m. 1 Ansicht u. 1 farb. Karte.) Ebd. 895. Geb. in Leinw. n. 5. —

Reimer, Herm(annus) Andr(eas): De anomalo vasorum magnorum ortu nonnulla. Accedunt tabulae lithographicae. Halis Saxonum (1849): Heynemann. 14 S., 2 Taf. 8° (4°)
Halle-Wittenberg, Med. Diss. v. 7. Apr. 1849
Geb. Berlin [7. 5.] 1825. V.

Reimer, Hugo, Leitfaden f. d. Unterricht in der deutschen Rechtschreibung, s.: Buth, Ludw.

—— Realienbuch für Volksschulen, s. Hüttmann.

Reimer, Hugo. Deutsche Rechtschreibung, s. Buth, Ludw.

Reimer, J., der kleine homöopathische Hausfreund. Kleiner u. für Jedermann leichtfaßlicher Rathgeber zur Anwendung der Homöopathie in den meisten Krankheitsfällen. 2. verm. Aufl. Coburg 868. Sendelbach. 8. (22 S.) n. 5 ngr.

Reimer, J., Lebensfreude Ein Gedenkbuch. (368 S.) 8. München (904). C. H. Beck. Geb. in Leinw. 4. 80
Ladenpreis aufgeh. — Restbestände an Neufeld & Henius, Berlin.

Reimer, J., s. Liebhaber, die mathematischen.

Reimer, J. v., sicheres Schutz- u. Heilmittel gegen die Rinderpest u. alle seuchenart. Krankheiten d. Rindviehs, der Schafe u. Schweine. Rath u. Hilfe f. den Landmann. 8. (32 S.) Langensalza 872. Schulbuchh. — 40

—— der homöopathische Thierarzt, ein Hülfsbuch für alle Viehbesitzer, welche ihre Pferde, Rinder, Schafe, Schweine, Ziegen schnell und sicher selbst zu heilen wünschen. Aus der Erfahrung gesammelt. 8. (XIII, 71 S.) Hildburghausen 874. (Kesselring'sche Hofbuchh.) *

— der homöopathische Thierarzt. Ein Hülfsbuch f. alle Viehbesitzer, welche ihre Pferde, Rinder, Schafe, Schweine u. Ziegen schnell u. sicher selbst zu heilen wünschen. Nach eigenen Erfahrgn. hrsg. 6. verb. u. verm. Aufl. gr.-8. (XIII, 75 S.) Hildburghausen 876. Kesselring. n. 1. —

— Joach. Lud., Respublica Ebraeorum, Ex Sigonio, Bertramo, Cunaeo aliisque ita concinnata, ut sententiae illorum succincte proponantur, largiter adaugeantur, et dextre dijudicentur. Rostock (J. Weppling) 1710. 56 S. (5.—) 28068

Reimer, Johann

Reimers, Jh., († d. 10. Juli 1803.) Anweis. zur Algebra, od. Universalarithmetik zur nähern Anwend. auf die Geschäfte d. gemein. Lebens. 8. Hamb. 777. Herold. 15 gr.

Johann Reimer's Anweisung zur Rechenkunst, zur nähern Anwendung des mathematischen Vortrags derselben, auf die Geschäfte der Handlung und des bürgerl. Lebens. 1758.

— 2te Aufl. mit Hrn. Prof. Büsches Vorr. Hamb. 8. 1 Alph. 2 Bog. 1776.

— Anweis. z. Rechenkunst. Mit e. Vorrede v. Jh. Geo. Büsch. 8. Hamb. 758. 2e A. 776. Bachmann. 1 ß

— Anwend. d. Universalarithmetik u. d. Rechnung mit Logarithmen auf prakt. Rechnungsverhältnisse. 8. Hamb. 791. Bachmann. 12 ß

– s. Clairaut, Geometrie.

REIMERS, Johann: Holztafeln nebst Abhandlungen von der Art Holz zu messen. Hamburg-Altona 1782

— Holztafeln, nebst Abhandl. von der Art Holz zu messen. 8. Hamb. 782. Bachmann. 1 ℳ 8 ß

Johann Reimer

Sammlung gemeinnütziger mathematischer Aufgaben, hrsg. von Johann Reimer. Hamburg: Verf. 1772. 104 S. 8°

— **Johann Adolph,** Programma scholasticum de mansvetiorum litterarum contemtu tristi ingruentis barbarici praesagio, quo ad exercitium oratorium. Magdeburg (N. Günther) 12. X. 1745. 16 S. mit Namen. (3.75) 28069

Reimer, Johann Andreas: Missions-Reise nach Suriname und Barbice zu einer am Surinamflusse im 3. Grad der Linie wohnenden Freynegernation. Nebst einigen Bemerkungen über die Missionsanst. der Brüderunität zu Paramaribo. — Zittau: Selbstverl., Schöps in Komm. 1801. 512 S. mit Abb.

Reimer, Joh. Ghold., über das Formelwesen im griechischen Epos und epische Reminiscenzen in der ältern griechischen Elegie. gr. 4. (69 S.) Leipzig 872, Teubner. *

Reimer, Jh. Herm. Karl, Lyra u. Cothurn. 1r Thl. 8. Mitau 818.

Reimer, Jos. Ludw., ein pangermanisches Deutschland. Versuch üb. die Konsequenzen der gegenwärt. wissenschaftl. Rassenbetrachtg. f. unsere polit. u. religiösen Probleme. (VIII, 403 S.) gr. 8. Leipzig 905. [F. Luckhardt.] Thüring. Verlags-Anstalt. n. 6. —; geb. n. 8. —

— Grundzüge deutscher Wiedergeburt! Ein auf modernster, streng wissenschaftl. Basis ruh. neudeutsches Lebensprogramm für die Gebiete der Rassenpflege, Staats- u. Sozialpolitik, Religion u. Kultur. 2. erweit. Aufl. (III, 119 S.) gr. 8. Leipzig 906. Thüringische Verlags-Anstalt. n. 1. —
1. Aufl. (III, 119 S.) 906. n. 1. —.

Reimer, Karl Ludw. (geb. Leipzig 23. 12. 1845): Ueber einige Derivate des Gährungsbutylalkohols. Berlin 1871. (33 S.) 8°
Berlin, Phil. Diss. v. 15. Juli 1871

Reimer, Karl, s.: Festschrift z. 100jähr. Jubiläum der I. Bürgerschule in Leipzig.

Reimer, Karl, u. Karl **Richter**, biblische Geschichte f. die Mittelstufe mehrklassiger Volksschulen. gr. 8. (IV, 132 S.) Leipzig 886. (M. Hesse.) geb. n.n. — 65

Reimer, Karl, u. Karl **Richter**, biblische Geschichte, f. die Mittelstufe mehrklassiger Volksschulen bearb. 2. Aufl. gr. 8. (IV, 135 S.) Leipzig 889. M. Hesse. Geb. n.n. — 65

Reimer, Karl, u. Karl Richter, biblische Geschichte, f. die Mittelstufe mehrklassiger Volksschulen bearb. 11. Aufl. (IV, 135 S.) 8. Leipzig 910. M. Hesse. Geb. nn — 65

Reimer, K., zur Reformfrage in Bezug auf den Unterrichtsorganismus der Realschule. Lex.-8. (38 S.) Leipzig 869, (Hinrichs' Verlag.) *

Reimer, Karl. Robinson Krusoe, s. Campe, J. H.

Reimer, Carl [prakt. Arzt aus Pr. Eylau in Ostpreussen]: Ueber atypischen Verlauf der Progressiven Paralyse der Irren . . . . Berlin, Buchdr. v. Gustav Schade (Otto Francke) (1887); 29 + 1 S. + 1 Bl. 8°
Berlin, Med. Fak., Inaug.-Diss. v. 19. Nov. 1887

Reimer, Karl, Assistenzarzt der Abteilung: Aus der Inneren Abteilung des Krankenhauses Bethanien in Berlin. (Dirigierender Arzt: Prof. Dr. Zinn.) Über Zuckergußleber und fibröse Polyserositis. Kiel 1906: Schmidt & Klaunig. (26 S.) 8°
Kiel, Med. Fak., Ref. Holler, Diss. v. 19. Juni 1906
[Geb. 16. Juni 77 Ludwigsburg; Wohnort: Berlin; Staatsangeh.: Preußen; Vorbildung: Friedr.-Kollegium Königsberg i. Pr. Reife M. 95; Studium: Königsberg 13 S.; Coll. 21. Juni 05; Approb. 23. Dez. 02.]

Reimer, Karl Leopold von

Reimer, Carl Leop. v., über die Exarticulation im Fussgelenke mit osteoplastischer Verlängerung im Vergleiche zu ähnlichen Operationen. gr. 8. (72 S.) Dorpat 864, Gläser's Verlag.

Reimer, Karl Ludwig

Reimer, [illegible] Berlin 1878. [illegible] 8
Berlin, Phil. Diss. v. [illegible]

Reimer, L., u. C. Wilke, grammat. Bilderfibel zur Schreiblese-Methode. (Für den Taubstummen-Unterricht.) 8. (Mit vielen Holzschn.) Berlin 843. (Enslin'sche Sort.-Buchh.— L. Oehmigke.) n. 5/6 ℳ — 2. Aufl. Ebend. 845. n. 1/2 ℳ

Reimer, L., u. C. **Wilke,** grammatische Bilder-Fibel zur Schreiblese-Methode. 9. Aufl. Berlin 863. Oehmigke's Verlag. 8. (IV, 104 lith. S.) n. 15 ngr.

Reimer, L., u. C. **Wilke,** grammatische Bilder-Fibel zur Schreiblese-Methode. 10. verb. Aufl. Berlin 867. Oehmigke's Verlag. (IV, 107 S. mit eingedr. u. color. Holzschn.) n. 15 ngr.

Reimer, L., u. C. **Wilke,** grammatische Bilder-Fibel zur Schreiblese-Methode. 11. Aufl. gr. 8. (IV, 107 S., wovon 48 lith., m. eingedr. Holzschn.) Berlin 876. Oehmigke's Verl. n. 1. 50

Reimer, L., u. C. Wilke, method. Bilder-Tafeln, z. Gebr. beim Anschauungsunterr. in Elementar- u. Kleinkinderschulen; besond. beim Taubstummenunterricht. gr. Fol. (20 lith. Bl.) Berlin 837, (L. Oehmigke.) *
Anweisung zum Gebrauch ders., s. Brugsma, B.

Reimer, M., das Wirtshaus an der Lahn. 100 neue Verse. 12. (27 S.) Berlin (902). Tessaro-Verlag. (M. Krüger.) — 20

Reimer, Nikolaus Theodor

— s. Bossut, Versuch.

Diss. inauguralis exhibens specimen libelli tractantis historiam problematis de cubi duplicatione sive de inveniendis duabus mediis continue proportionalibus, quam publice defendet auctor *Nicolaus Theodorus Reimer*, Rendsburgo-Holsatus. Gottingae, typis Jo. Georgii Rosenbuschii. 8. 16 S. 1796.

Nikolaus Theodor Reimer

Historia problematis de cubi duplicatione sive de inveniendis duabus mediis continue proportionalibus inter duas datas. Auct. Nicolao Theodoro Reimer. Gottingae: Dieterich 1798. XVI, 222 S. 8°

Academiae Christianae Albertinae Rector et senatus . . . [Leichenrede auf Nicolaus Theodor **Reimer**. † 23. Jan. 1832.] — Kiliae 1832: Mohr. 8 S. 8°, geb. in 4°

Reimer, P. H., s. Reimers

Reimer, Rudolf

Reimer, R., s.a Süd-Australien.

Reimer, Rudolf: Süd-Australien. Ein Beitrag zur deutschen Auswanderungsfrage. Berlin 1851: Dietrich Reimer. 50 S.

— **Siegfried Johann** (Berlin), De rhachitide. Diss. med. Berlin (G. Reimer) 30. VIII. 1837. 35 S. mit Biogr. (M.: W. Reinhardt.) (4.—) 28071
Oppon.: C. Barth, L. Klein, J. von Cuvry. — Gew.: St. Fr. Barez.

Reimer, Simon, gepr. Rechtsprakt.: Die Freizügigkeit in den deutschen Schutzgebieten. Eine kolonialrechtl. Studie. Würzburg 1910: Boegler. XII, 81 S. 8°
Würzburg, Jur. Diss. v. 12. Juli 1910, Ref. Piloty
[Geb. 27. April 82 Furth i. W.; Wohnort: Aichach; Staatsangeh.: Bayern; Vorbildung: Gymn. Regensburg Reife Juli 02; Studium: Regensburg Lyz. 2, München 6 S.; Rig. 12. Juni 10.] [U 10. 4321

Reimer, W., 14 kleine Bilder v. großen Grafen Zinzendorf. s.: Missionsschriften, neue.

Reimer, W., Johannes Mathesius, s.: Vereinsbühne.

Reimer, Wilh., die Erbschaft, s.a Theater, neues Wiener.

REIMER, Wilhelm
(F) Die Erbschaft. Lustspiel in drei Aufzügen von Wilhelm Reimer. Den Bühnen gegenüber als Manuscript gedruckt. [Neues Wiener Theater. Nr. 157.] Wien. 1901. Künast. 8°. 34 S. K 1.20

Reimer, Wilh., ein Experiment, s.: Theater, neues Wiener. 162.

Reimer-Ironside, Edm., die Sünde d. Augen. (III, 219 S.) 8. Wien 909. M. Braunschweig. 3. —

Reimerdes, Ernst [Jena]: Untersuchungen über die Ausdehnung des Quarzes durch die Wärme ... Jena, Druck v. B. Vopelius, 1896; 38 S., 1 Bl. 8.
Jena, Phil. Fak., Inaug.-Diss. v. [1. Aug.] 1896

Reimerdes, Ernst Edgar

Reimerdes, Edg., klingende Akkorde. Gedichte. 8. (131 S.) Dresden 901. E. Pierson. n. 2. —; geb. n. 3. —

Reimerdes, Ernst Edg, die Nacht des Todes. Berliner Geschichten. (122 S.) 8. Leipzig 906. Modernes Verlagsbureau. n. 2. ; geb. n. 3. —

— Schicksalskampf. Gedichte u. Aphorismen. Titelzeichnung v. Walli Wallmann. (VIII, 130 S.) 8. Dresden 904. E. Pierson. n. 2. —; geb. n. 3. —

Reimereien, Empfindsame. Leipzig 1787. V: *Rechel, Fz. Xaver & J. J. P*** (wrztg 1786, S. 2340) (biblport)

Reimereyen, empfindsame. 8. Leipzig. Hörling. 787.

Reimereien einer Köchin. Halle 1816. V: *Cosmeli, Michael.* (EE)

Reimereyen einer Köchin, mit Zugaben von Kosmeli. 8. (Halle, Hemmerde u. Schw. in Comm.) 816.

v. Reimern, Frz. Jos. Edler, Entscheidungen üb. die allgem. Koncursordnung in den deutschen Erbländern. 8. Linz. 792. Haslinger. 2 ℳ

v. REIMERN, F. J. E.: **Landesfürstl. Entscheidungen üb. die allgem. Concursordn. f. Böhmen, Mähren, Schlesien etc.** *Linz*. 792. (3 Gr.)

Kleine Missionskunde für schlesw.-holst. Missionsfreunde. Entw. v. Pastor **Reimers** in Rieseby. (Breklum.) o. J. 8°

Geheimer Justizrat Franz Cristopher Reimers. [Verf.: **Reimers**, Amtsger.R. in Ratzeburg.] [Kiel 1906.] (12 S.) 8° [F.]
Aus: Kieler Zeitung. [07. 254] 8

Reimers, Boie, Stadtbaumeister: Beschreibung des Neubaues. Swinemünde 1907: W. Fritzsche. (4 Taf., 2 S.) 4° [F.]
Swinemünde, RPG P 1907 (193)

Reimers, Cajus (Preuss./Polen), De judice legibus mitiore vel duriore. Diss. jur. Prüs. Johann von Schultz Szulecki. Frankfurt/Oder (J. Coepsel) 29. IV. 1702. 22 S. (—.—) 28072

Reimers, Charlotte Engel, Die Berliner Filzschuhmacherei. Leipzig 1906. 8°.
(Staats- u. sozialwissenschaftl. Forschungen, hrsg. von Gust. Schmoller u. Max Sering. Bd 25, H. 4.)

Reimers, Chrn., das Medium in der Klemme oder zwei Naturforscher in der Patsche. gr. 16. (29 S. m. eingedr. Illustr.) London 877. (Chemnitz, Kramer.) n. — 60

Reimers, Chrn., zur Steuer der Wahrheit! Ein Blick in die Einblicke d. Erzherzogs Johann, nebst Seitenblicke in den modernen Spiritismus u. Schulze u. Müllers Gedanken- u. Wortwechsel üb. denselben Gegenstand. gr. 8. (40 S.) Adelaide, Austr. 884. (Leipzig, Uhlig.) n. — 50

Reimers, Christoph von, s. Reimers, Heinrich Christoph von

Reimers, D., für die Praxis. **Tafeln zur schnellen Berechng. v. Entferngn. (Distanzen), Reisedauer, stündl. Fahrt, Durchschnittsfahrt, Bedarf u. Verbr. an Kohlen etc. Berechnet u. zusammengest.** (28 S.) 25×35,5 cm. Hamburg (910). R. A. W. Meyer. Geb. in Lw. nn 2. 50

Reimers, Edgar, eine Krisis. (105 S.) 8. Bremen (905). C. Schünemann. n. 2. – ; geb. n. 3. —

Reimers, Erich *Wilhelm Julius* [aus Braunschweig]: Beitrag zur Lehre des Volvulus der Flexura sigmoidea ... Greifswald, Druck v. J. Abel, 1896; 35 S. 8.
Greifswald, Med. Fak., Inaug.-Diss. v. 31. Juli 1896

Reimers, Ernst, aus Brokstedt: Ueber Myxödem. *Berlin (1899): W. Röwer*. (45 S.) 8°
Berlin, Med. Diss. v. 28. Apr. 1899

Reimers, F., Pastor Claus gegen Senator Witthöfft. Eine Glaubensfehde aus den J. 1819/20. Aus Zeitschriften, Archiven u. Familienpapieren zusammengestellt u. hrsg. (183 S. m. 1 Bildnis.) gr. 8. Kiel 910. R. Cordes. Geb. in Leinw. 3. —

Reimers, Franz [aus Hamburg]: Ueber das Zustandekommen von Herzgeräuschen und relativer Insufficienz bei der Anaemie ... Würzburg, Druck d. Etlinger'schen Buchdr., 1892; 24 S. 8.
Würzburg, Med. Fak., Inaug.-Diss. v. 1892

Siegeslied der deutschen Soldaten aus dem französischen Kriege 1870–71 (v. Franz Christoph **Reimers**). o. O. u. J. (1871?). 8°.

—— 2. Aufl. ⟨Als Manuscript gedruckt.⟩ Kiel. 1885. 8°.

Widerlegung der von den Kommissaren des Preussischen Staatsministeriums erhobenen Einwendungen und Bedenken gegen die von dem Herzoge Carl von Schleswig-Holstein-Sonderburg-Glücksburg erhobenen Ansprüche auf Anweisung des Plöner Aequivalents in Gütern und liegenden Gründen. Von Franz Christoph **Reimers**. Altona den 20. Februar 1876. Hektographirt! Fol.

Reimers, Friedrich, Referendar: Kritische Bemerkungen zur Exterritorialitätslehre. Berlin 1908: Rosenthal. 59 S. 8°
Rostock, Jur. Diss. v. 5. Jan. 1909, Ref. Hübner
[Geb. 5. März 82 Tating; Wohnort: Flensburg; Staatsangeh.: Preußen; Vorbildung: Gymn. Husum Reife O. 01; Studium: Heidelberg 1, Leipzig 3, Kiel 1, Berlin 1, Kiel 1 S.; Rig. 20. Juni 08.] [U 09. 3658

Reimers, Friedrich [aus Hamburg]: Ueber die fingierte Cession ... Göttingen, Druck d. Univ.-Buchdr. v. W. F. Kaestner, 1891; 33 S. 8.
Göttingen, Jur. Fak., Inaug.-Diss. v. [11. Nov.] 1891

Reimers, Frdr., üb. die fingierte Cession. Diss. gr. 8. (33 S.) Göttingen 891. (Vandenhoeck & Ruprecht.) n. — 80

Briefe Georg Andreas **Reimers** an B. G. Niebuhr 1813–1830. *Berlin: Litteratur-Archiv-Gesellsch. 1903.* (S. 107–169.) 8°
— **Mitteilungen** aus d. Litteraturarchive in Berlin. [16.] [illegible]

Reimers, Gustav *Adolf Heinrich Theodor* [app. Arzt aus Kellinghusen i. H.]: Aus d. patholog. Institute zu Kiel. Über die Dauer des Magenkrebses ... Kiel, Druck v. L. Handorff, 1893; 24 S. 8.
Kiel, Med. Fak., Inaug.-Diss. v. [24. Apr.] 1893

Reimers, H. J., Reise-Führer v. Europa nach Südamerika in deutscher u. spanischer Sprache. Mit 2 Eisenbahnkarten, 10 Stadtplänen u. 40 Städtebildern. 2. Aufl. (470 S.) kl. 8. Hamburg (909). Henschel & Müller. Geb. in Leinw. 9. —

Reimers, Heinr., die Bedeutung des Hauses Cirksena f. Ostfriesland, s. a. Abhandlungen u. Vorträge zur Geschichte Ostfrieslands.

Die Bedeutung des Hauses Cirksena für Ostfriesland. Von Dr. Heinrich **Reimers**. Aurich: D. Friemann 1905. (43 S.) 8° [F.]
— **Abhandlungen** u. Vorträge z. Geschichte Ostfrieslands. H. 3. [illegible]

Reimers, Heinr., Edzard der Große, s. a. Abhandlungen u. Vorträge zur Geschichte Ostfrieslands. Heft 13. 14.

Edzard der Grosse. Von Dr. Heinrich **Reimers**. Aurich: Friemann 1910. 151 S. 8°
(Abhandlungen u. Vorträge z. Geschichte Ostfrieslands. H. 13/14.) [11. 390

— H.: Papsturkunden, friesische, aus dem vatikanischen Archive zu Rom.

Reimers, Heinrich, cand. theol. aus Aurich: Die **Quellen** der 'Rerum Frisicarum Historia' des Ubbo Emmius. *Emden 1902: A. Gerhard.* (64 S.) 8° ¶ (Erscheint vollst. in: 'Jahrbuch d. Ges. f. bildende Kunst u. vaterl. Altertümer' zu Emden, Bd 15 f.)
Erlangen, Phil. Diss. v. 22. Juli 1902

— Die Quellen der Rerum Frisicarum Historia d. Ubbo Emmius. (VIII, 286 S.) gr. 8. Leipzig 907. Quelle & Meyer. 5. —
Sonderabdruck aus: „Jahrb. d. Gesellsch. f. bild. Kunst u. vaterländ. Altertümer zu Emden".

— die Säkularisation der Klöster in Ostfriesland, s. a. Abhandlungen u. Vorträge zur Geschichte Ostfrieslands. 6. Hft.

Die Säkularisation der Klöster in Ostfriesland. Von Dr. Heinrich **Reimers**. Aurich: D. Friemann 1906. (55 S.) 8°
— **Abhandlungen** u. Vorträge z. Geschichte Ostfrieslands. H. 6. [illegible]

Reimers, Heinrich Christoph von

— l'academie imperiale des beaux arts à St. Petersbourg depuis son origine jusq'au regne de Alexandro I. An. 1807. à St. Petertb. 807.

v. **Reimers,** Hnr. Cph., († d. 1. April 1812.), Fr. A. Murhard u. B. Heidecke, Konstantinopel u. St. Petersburg. Der Orient u. d. Norden. Eine Zeitschrift. 1r u. 2r Jahrg. 1805 u. 6. od. 1r—4r Bd. 8. St. Petersb. u. Penig., (Leich in Leipz.) 6 ₰ 12 gl

s. a. Reise d. russ.-kaiserl. außerordentl. Gesandtschaft ꝛc.

— Reise d. K. außerordentl. Gesandschaft an d. Ottomann. Pforte. 3 Bde. m. K. gr. 4. Petersb. (Dienemann, Penig.) 803.

s. a. St. Petersburg am Ende seines ersten Jahrhunderts.

Sanct Petersburg am Ende seines ersten Jahrhunderts .... (von *Christoph v. Reimers*). St. Petersburg und Penig 1805. (In Hamburg, Commerzbibl.)
Anon.-Lex. IV. p. 22 (nach Meusel u. Kayser). — Selten!

— St. Petersburg am Ende s. ersten Jahrh. ꝛc. 2 Thle. m. K. u. Planen. gr. 8. Ebend. 805. 806. (1r 3 Rthlr. 18 gr. 2r 5 Rthlr. 6 gr.)
Acaldrt. Velinp. (à 5 Rthlr.)

Guia del Viajero de la America del Sur a Europa en espanol y aleman Por H(einrich) J(ohannes) **Reimers**. 2. ed. Con. 12 pl. y 40 ill. Buenos Aires: Peuser; (Hamburg: Henschel & Müller in Komm. 1909). 528 S. 8°
[Nebent.:] Reise-Führer von Europa nach Südamerika in deutscher u. span. Sprache. Hrsg. von Reimers.

Reimers, Hermann, approb. Arzt aus Leer (Ostfriesl.): **Beitrag** zur Casuistik der Tumoren des rechten Parietalhirns. *München 1902: C. Wolf & Sohn.* (37 S.) 8°
München, Med. Diss. v. 1902

Reimers, J., zur Entwicklung d. dorischen Tempels. gr. 8. (44 S.) Berlin 884. Weidmann. n. 1. —

Reimers, J., Peter Flötner nach seinen Handzeichnungen u. Holzschnitten. hoch 4. (VIII, 116 S. m. 93 Illustr.) München 890. Hirth. n. 6. —

Reimers, J., Handbuch f. die Denkmalpflege. Hrsg. v. der Prov.-Kommission zur Erforschg. u. Erhaltg. der Denkmäler in der Prov. Hannover. gr. 8. (IV, 305 S. m. Abb.) Hannover 899. Th. Schulze. Geb. in Leinw. n. 3. —

Reimers, J. C., Vorschule für den Schreib- u. Lese-Unterricht. 8. (31 S.) Itzehoe 878. (Altona, Harder.) n. — 30

Reimers, Johann, s. Reimer

Reimers, Joh. Chr., Real-Buch f. Volksschulen, s. Gudenrath, P. 1834.

— Völkerkunde, oder Lebensweise, Sitten u. Gebräuche der verschiedenen Völker der Erde. 12. Itzehoe 844. (Altona, Schlüter.) n. ⅚ ₰

Reimers, John [Assistenzarzt am Wandsbecker Krankenhause]: Ueber den Gehalt des Bodens an Bacterien. . . . (Aus: Zeitschr. f. Hygiene. 1889.) Leipzig, Veit & Comp., 1889; 44 S. 8°
Jena, Med. Fak., Inaug.-Diss. v. [5. Nov.] 1889

REIMERS, MART., Respirationis plantarum explicatio. Diss. inaug. Kiliæ. 1839. 4. P.

Reimers, P. H., Gedächtnißübungen für Schüler der Volksschulen. 1. Buch. 2. Aufl. 16. (48 S.) Altona 847, [Lehmkuhl und Comp.] *

—— dass. — 2. Buch. 2. Aufl. 12. (56 S.) Ebds. 847.

Reimers, P. H., Lehrbuch der deutschen Sprache. 2 Thle., enthaltend sieben Stufen. Zunächst für Volksschullehrer; auch für Lehrer in den untern Klassen der Real- u. Gelehrtenschulen. — 1. Thl. Die Satzlehre mit besond. Berücksicht. der Wortlehre, die Rechtschreibung, Wort- u. Aufsatzbildung auf den 4 ersten Stufen. Mit 260 stufenmäßig geordneten Uebungsaufgaben. gr.8. Leipzig 842, Weidmann'sche Buchh. 1/2 ℛ — 2. Abthl. Die Satzlehre, Wortlehre, Rechtschreibung, Wort- u. Aufsatzbildung auf der 5. u. 6. Stufe. Mit 582 stufenmäßig geordneten Uebungsaufgaben. gr. 8. Ebend. 844. 1 1/2 ℛ

Reimers, P. H., Lesebuch. 1. Thl. gr. 12. (VII und 112 S.) Hamburg 852, Aue. *

—— dass. — 2. Thl. gr. 12. (VII und 208 S.) Ebds. 852. *

—— die wechselseitige Schuleinrichtung dargestellt nach ihrer 6jähr. Anwendung 1840—46 in der Elementar- und Probeschule zur Verbreitung der wechselseit. Schuleinrichtung für die Probstei Segeberg, zugleich Uebungsschule des holstein. Schullehrerseminars zu Segeberg. Ein Beitrag zur genauern Kenntniß und zweckmäß. Vereinfachung dieser in den Herzogth. Schleswig-Holstein schon 25 Jahre sich bewährten Schuleinrichtung rc. Mit einem Vorwort von Diesterweg und mit Bemerkungen über diese Schrift von C. Eggers und H. Eggers. gr. 8. (XI und 115 S.) Altona 849, [Lehmkuhl und Comp.]

— Uebungsbuch d. deutschen Sprache. Für Schüler d. Volksschulen. 1. Thl. Die 4 ersten Stufen. gr.8. Ebend. 845. 1/6 ℛ

Reimertshofer, Ant., Münchener Prüfungs-Aufgaben für den Einjährig-Freiwilligen-Dienst. Gesammelt u. hrsg. gr. 8. (67 S.) München 902. M. Kellerer. Kart. n. 1.40;
Schlüssel (67 S.) kart. n. 1.40

Reimesch, Frdr., gegen d. Herrschaft d. Männer, s. a. Thalia.

Gegen die Herrschaft der Männer. Singspiel in 1 Aufz. von Friedrich Reimesch. *Mühlhausen i. Th.: G. Danner [1899].* (24 S.) 8° [F.]
— Thalia. No 42.

Reimesch, Fritz, Heimat- u. Vaterlandskunde f. die Volks-, Elementar- u. Bürgerschulen d. evang. Landeskirche A. B. d. siebenbürg. Landesteile Ungarns. gr. 8. (XVI, 83 S.) Kronstadt 897. H. Zeidner. n. —80;
geb. n. 1. —

Reimesch, Frdr., Heimatkunde f. die evangelischen Volksschulen. A. B. des Burzenlandes. (VIII, 40 S. m. Abbildgn., 1 Taf., 1 Plan u. 1 farb. Karte.) 8. Brassó (Kronstadt) 905. H. Zeidner. n.n. —50

Reimesch, F., Komitatskarte Kronstadt. 19 × 27 *cm* K —.10
Kronstadt: Zeidner 1905.

Reimesch, Fritz, Sagen u. Ortsgeschichten zur Belebung des heimatkundlichen Unterrichtes an den Elementar- u. Volksschulen des Kronstädter ev. Kirchenbezirkes A. B. gr. 8. (35 S.) Kronstadt 899. W. Gabony. n. —35

Reimesch, Frdr., Sagen u. Ortsgeschichten zur Belebung des heimatkundlichen Unterrichtes an den Elementar- u. Volksschulen des Kronstädter ev. Kirchenbezirkes A. B. 2. verm. Aufl. (48 S.) Brassó (Kronstadt) 909. H. Zeidner. —45

— Schönschreibhefte. 4 Hefte. (Je 24 S.) 8. Ebd. (902). à n. —10
1. Die deutsche Schrift in Doppellinien. — 2. Die latein. Schrift in Doppellinien. — 3. Die deutsche Schrift auf einf. Linien. — 4. Die latein. Schrift auf einf. Linien.

— Schönschreibschule. 1.—3. Heft. 8. Ebd. —36
1. Die deutsche Schrift in Doppellinien. (24 S.) (907.) —12; (28 S.) —14
2. Die lateinische Schrift in Doppellinien. (24 S.) (909.) —12; (28 S.) —14
3. Die deutsche Schrift in einfachen Linien. (24 S.) (910.) —12

— Taschenmerkbuch f. den siebenb.-sächs. Lehrer. Hrsg. im Vereine m. Anderen. 2. verb. u. bedeutend verm. Aufl. (VIII, 152 S. m. 1 Bildnis.) kl. 8. Ebd. 904.
Geb. in Leinw. n.n. 1.—

— Vaterlandskunde f. die Volks-, Elementar- u. Bürgerschulen der evangel. Landeskirche A. B. der siebenbürgischen Landesteile Ungarns. 2. Aufl. (IV, 54 S. m. eingedr. Kartenskizzen.) 8. Ebd. 904. Kart. n.n. —60

— Vaterlandskunde f. die Volks-, Elementar- u. Bürgerschulen der evangel. Landeskirche A. B. in den siebenbürgischen Landesteilen Ungarns. 4. Aufl. m. 26 Kärtchen (im Text u. auf 3 Taf.) u. 16 Bildern. (IV, 56 u. 16 S.) 8. Ebd. 910. Geb. —80

Reimesch, Fritz, s. Reimesch, Friedrich

Reimesch, Mich., Liedersammlung f. die Schulen der evangelischen Landeskirche A. B. der siebenbürgischen Landesteile Ungarns. 2. erweit. m. e. Gesanglehre verseh. Aufl. v. Frdr. Reimesch. 8. (IV, 146 S.) Ebd. 899. Geb. n.n. 1.—

Reimfibel, die, für gute Kinder. Ein neues ABC- u. Bilderbuch. Mit 24 color. Bildern. 8. Nürnberg 812, Zeh. 1/4 ℛ

REIM-GEBETE: Temesvár 1859. Druck v. M. Hazay u. Sohn Wilhelm. 12 S. - 240 mm

Reimgebete, Tägliche, für die liebe deutsche Volks-Schul-Jugend . . . Husum [1826]. V: *Boysen, Asmus.* (Lübker-Schröder S. 63) (Zeitschr. f. Büch. N. F. 15, 1923, S. 119)

Reimgebete, Unterschiedliche, auf einen beständigen Umgang mit Gott und dem Herrn Jesu abzielend. O. O. 1758. V: *Kiesling, Johann Paul.* (Will) (ML)

Reimhart d. Jung., (Jh. Hnr. Merk,) Rhapsodien. 8. ... 773. ...

Reimherr, s.: Eisenbahn-Technik, d., d. Gegenwart.

Reim-Kalender z. Gebrauch d. Dichters. 12. Berlin 824, Büreau f. Lit.

Reimkalender zum Gebrauch für den Dichter u. Laien. 12. Berlin ... (Leipzig, Melzer.) 1/4 ₰

Reimkasten, Christian Friedrich (Schwerin), De jure conductorum fulminis. Diss. phys.-jur. Jena (Goepferdt) 22. VII. 1797. 42 S. (3.75) 28079
Gew.: Ernst Gottlob Reimkasten (Vater.)

Reimkasten, Ernst Glob., über Kirchenbücher. 4. Leipzig, Gräff.

Reimkasten, Er. Glo., († d. 13. Juni 1807.) üb. Kirchenbücher. 4. Schwerin 799. (Leipz., Wienbrack). 3 gr

- Johann David (Prenzlau/Uckermark), De prophylaxi morborum ex victu. Diss. med. Präs. Bernhard Christian Otto. Frankfurt/Oder (Apitz) 14. I. 1796. 32 S. (4.—) 28080
Gew.: Christian Ludwig Mursinna, Ernst Gottlob Reimkasten (Vater.)

Reimlein, M. (Joh. Geo. *Hertel*), Unser Erlangen. Reminiscenzen eines Vierzigers. Erlangen, Palm, 1843. 8°. Ppb.

X–176 S. Vieles in Versen. Vorw. dat.: A.. b..g. im Juni 1843. – Dem k. b. Hofrath, Prof. d. Rechte a. d. Univ. München, Dr. Frdr. Frhrn. v. Bernhard, gewidmet.

Von demselben Pseud. erschien früher: Die Buckeliade. Erlangen, Heyder, 1829; rep. tit.: Fata aus Hans Buckels Leben. Epischer Schwank in 6 Gesängen. Ebd. 1832. Gr. 8°. 7½ Bog. (Laut Vorr. zu obiger Jubiläumsschrift eine „launige Schilderung des Studententreibens in Erlangen, mit unterlegter Folie einzelner Possen, die sich der Jugendübermuth einst mit der Leichtgläubigkeit eines braven u. fleissigen, nur eben zu wenig weltläufigen Commilitonen, zu spielen – erlaubt hatte" etc., deren Abfassung d. Vf. später bedauerte).

Reimlein, Fata a. Hans Buckels Leben rc., s. Fata.

Reimlein, M. (psdn.), Fata aus Hans Buckels Leben. Epischer Schwank in 6 Gesängen. gr. 8. Erlangen. 832. Heyder. 12 gr

Reimlein, Quinctius, Rathgeber die Muttersprache zu erlernen u. die Fehler zu entfernen, daß man das Deutsche richtig sprech' u. schreibe u. alles Radebrechen unterbleibe. Im Reime gegossen, mit lustigen Beispielen verstoßen, um mit Scherzen den Lernenden Ernst in den Kopf einzuschwärzen. Nebst einem Anhange über Poesie. 12. (7 B.) Berlin 844, Plahn'sche Bh.

Reimlexikon, allgemeines deutsches, herausgeg. von Peregrinus Syntax. 2 Bde. gr. 8. Leipz. 826, Brockhaus.

Reimmann, s.: Münz- u. Medaillen-Cabinet etc.

Reimmann, Georg Friedrich

s.: Reimann, Georg Friedrich

Reimmann, Carl, s. Reimmann, Karl

Reimmann, Jakob Friedrich

— accessiones uberior. ad Catalog. a Sectione I. usq. VI. 8. ibid. 747.

— bibliotheca acroamatica, s. recensio omnium codicum Mstor.-biblioth. Caesar. Vindobon. 8. Hannov. Helwing. 712.

— bibliotheca historiae literar. critica etc. II Pts. 8. Hildesh. (Schröder, Braunschw.) 743.

— Einl. in d. Hist. d. Theologie insgem. u. d. jüdisch. insbes. 8. Magdeb. Seidel. 727.

— summar. Einl. in d. gesammt. Bücher d. H. Schrift. 4. Leipz. Fritsch. 727.

— bibl. Fragen über das Alte u. N. Test. 8. Frankf. u. Lpz. Fritsch. 711.

— historia literar. c. hist. antediluviana. 7 Thle. deutsch. 8. Halle, Renger. 721–34.

— hist. liter. Babyloniorum et Sinensium etc. Braunschweig et Hildesh. Schröder. 741.

— hist. liter. exoterica et acroamat. de libris genealog. rariorib. 8. Lips. 710.

Jac. Frid. Reimann historia medicae artis Germanorum. Hal. 1713. 8.

Reimmann, Jacobus Fridericus. Historia literaria Babyloniorum et Sinensium. Illa, methodo chronologica, haec, scientifica adumbrata. Brunsvigae & Hildesiae 1741.

— historia univ. atheismi atheorum. 8. Hildesh. (Schröder, Braunschw.) 725.

— idea historiae ascaniensis civil. eccles. natur. liter. 4. Quedlinb. Strunz. 718.

Reimann, Iac. F., Idea systematis antiquitatis literariae. 8. Hildesh. (Schröder, Braunschw.) 718. Rthlr.

— Ilias post Homerum, h. e. incunabula omn. scientiarum ex Homero eruta etc. cum fig. 8. Lemgo, Meyer. 728.

— introduct. in hist. vocabulor. linguae lat. 8. Halae, Renger. 718.

— eigene Lebensbeschreib. herausg. von F. H. Theunen. 8. Braunschw. Schröder. 715.

Reimmann, Jacob Friedrich, JACOB FRIDERICH Reimmanns // POESIS // GERMANORUM // CANONICA // ET // APOCRYPHA // Bekandte und Unbekandte // POESIE der Deutschen /// Darinnen im // I. Theile die bekandten und gemeinen Canones von der Deutschen Elocution, Metro und // Rythmo, imgleichen von dem Genere Jambico, Trochaico und Dactylico kürtz- // lich entworffen und mit curieusen Exempeln erleutert. // In dem II. Theile die unbekandten und biß dato noch von niemand untersuchten Grund- //Reguln von denen Carminibus Emblematicis, Symbolicis, Hieroglyphicis, Para- //bolicis, Mythicis und Paradigmaticis deutlich und leichte vorgetragen / und mit // unterschiedenen Exemplis bewehret worden. // LEIPZIG /// Bey Johann Christoph Königen / Buchhändl. in Goßlar. 1703 // Quedlimburg / Gedruckt mit Sievertischen Littern. - Zweiseitiges Titelblatt und 16 Blatt (nicht paginiert) Widmung, Widmungsgedicht und Historiè der Deutschen Poesiè.- 276 S.
B. S. T. 8°.564.

Jac. Fr. Reimmans Versuch einer Einleitung in die historiam litterariam der Deutschen. Halle. (Auch hier findet man manches zur Geschichte der Mathematik gehöriges, daher ich dieses Buch auch vor vielen andern hier anführe.) 1709.

— Versuch einer Kritik über Bayle dictionnaire. 8. Halle, Renger. 711.

Reimmann, Karl

Reimmann, Carl, Knospen. Dichtungen. 8. (209 S.) Dresden 893. O. Damm. n. 2. 50; geb. n. 3. 50

Reimmichl, s. a. Rieger, Sebast.

Reimmichl, aus den Tiroler Bergen. Lust. u. leidige Geschichten. 12. (288 S.) Brixen 898. Buchh. des kath.-polit. Preßvereins. n. 1. —

— aus den Tiroler Bergen. Lustige u. leidige Geschichten. 2. Aufl. (448 S.) kl. 8. Brixen (904). Preßvereins-Buchh. n. 2. —; geb. in Leinw. n. 3. —

— dasselbe, s. a. Volksbücherei. Nr. 49. 51.

— Die schwarze Frau. Erzählung aus d. Tiroler Freiheitskrieg. 1.—4. Taus. (205 S.) kl. 8. Innsbruck 909. H. Schwick. 1.50; geb. in Leinw. 2. 50

Reimmichel, der Frauenbichler. Eine Tiroler Geschichte. (356 S.) kl. 8. Brixen 905. Preßvereins-Buchh. n. 2. —; geb. in Leinw. n. 3. —

— mein Herz ist im Hochland, s.: Geschichten, bunte.

— Weihnacht in Tirol. Ein Volksbüchlein. Illustriert v. Rolf Winkler. 1.—4. Taus. (VII, 167 S.) kl. 8. Ebd. 911. 1.25; in Pappbd. 2. —

Reimmund, Hugo, s.: Rattermann, H. A.

Reimnitz Ueber die cycloidischen Kurven und ihre Anwendung in der Physik und der praktischen Mechanik. 22 S. (Mit 1 Taf.)
Guben, Progr. 1839

Reimnitz, F. W. Ueber d. Verbindung höherer Bürgerschulen m. d. Gymn. 16 S.
Progr. Guben 1834

Reimnitz, Friedrich Wilhelm

Reimnitz, F. W. Ueber die Bildung der Futura in den romanischen Sprachen. Potsdam, G., 1829. 19 S. 4.
Progr.

— über die Brechung der Vokale I, U, IU im Hochdeutschen. 4. Guben 843, Berger. 1/6 ₰

Reimnitz, F. W. Ueber die Geschichte der Sprache. Potsdam, G., 1833. 19 S. 4. Progr.

Reimnitz, Fr. W., über d. Gesch. d. Sprache u. üb. d. Bildung d. Futura u. Konditionalia in d. romanischen Sprachen. Zwei Abhandln. 8. (6 B.) Potsdam 835, [Riegel's Vrlsb.] Thlr.

Reimnitz, Fr. W., Leitfaden zu einem wissenschaftl. Unterrichte in der deutschen Grammatik, für die obersten Gymnasialklassen. gr. 8. Guben u. Cottbus 838. Meyer. 1/2 ₰

Reimnitz, Fr. W., Leitfaden zu einem wissenschaftl. Unterrichte in der deutschen Grammatik u. Literatur f. die obersten Gymnasial- u. Realklassen u. z. Selbstunterrichte. 2. völlig umgearb. u. mit einem Wörterbuche bereicherte Ausgabe. gr. 8. (Mit 1 Tab.) Cottbus 844, Meyer. 1 1/3 ₰

Reimnitz, Fr. W., das System d. griech. Deklination. Ein Beitr. z. griech. Grammatik u. z. Sprachengeschichte überh. 8. (10 B.) Potsdam 831, Riegel. Thlr.

—— die Zauberinsel, e. romant. Gedicht in 4 Gesängen, nebst einigen lyr. Gedichten. 8. (9¼ B.) Potsdam 828, Riegel.

Reimnitz, Johannes: Morphologie und Anatomie von Gunnera magellanica Lam. Kiel 1909. 39 S. 8°
Kiel, Phil. Diss. v. 30. April 1909, Ref. Reinke
[Geb. 20. März 83 Hamburg; Wohnort: Hamburg; Staatsangeh.: Hamburg; Vorbildung: Gymn. Wandsbek Reife O. 03; Studium: Jena 4, Marburg 2, Kiel 4 S.; Rig. 12. Dez. 08.] [U 09. 2332

Reimofficien, liturgische, d. Mittelalters, s.: Analecta hymnica medii aevi.

Reimold, Johann Karl David Paul

— der Friede, Lehrgedicht. 8. Heidelberg, Mohr und Z. 809.

Reimold, J. C. D. P., lyrische Gedichte und Briefe. 2 Thle. gr. 8. Heidelberg, Oswald. 818.

— Ruprechts Geist; ein Gesang auf die 100jähr. Gedächtnißfeier d. Universität Heidelberg. 4. Heidelb. 786.

— die angeblichen apostol. Liturgien, aus historisch-krit. Gesichtspunkte betrachtet. Zur Berücksichtigung bei d. bevorstehenden Generalsynode d. evangel.-protestant. Kirche Badens, in Bezug auf die Einführung einer neuen Kirchenagende. Lex.-8. Heidelb. 831. Reichard. 9 gr.

— Selbstgespräch einer Mutter üb. Erziehung. Mit 1 Titelkpf. 8. Manh. 803. Löffler. 16 gr.

— — Stimme der Religion zur Zeit der Theurung, in einer Reihe öffentlicher Reden. 8. Ebend. 819.

— Warnung vor gesetzlosem Zustande. 8. Heidelb. 809. Weber. 3 gr.

Reimpell, Eduard, dramatische Bilder. Aus dem Leben gezeichnet u. gedichtet. (Ein Geburtstag. Die Wandlg. d. Glückes. Memento mori!) (76 S.) 8. Dresden (907). E. Pierson. 1. 50

Reimpell, F. W., arithmetische Aufgaben. 1. u. 2. Heft. Mit einem Vorworte vom Rector Dr. Danzel. kl. 8. Hamburg 844. (Herold'sche Buchh.) à n. 1/6 ₰

— Facite dazu. (Zunächst nur für Lehrer bestimmt.) kl. 8. Ebend. 844. n. 1/6 ₰

Reimpell, Joh. Chr., der Anfang der inneren Mission in Mecklenburg vor 60 Jahren. Ein Blatt aus der Geschichte der luther. Kirche. gr. 8. (31 S.) Bremen 894. J. Morgenbesser. n. — 70'

Reimpredigt, s. Bibliotheca normannica.

Reim-Regeln zur geometrischen Analysis v. Xenos. 12. (16 S.) Ravensburg 888. Dorn. — 30

Reimregeln üb. das Geschlecht der lateinischen Substantiva. Zu Anlehng. an das Elementarbuch v. Lanzinger. gr. 8. (4 S.) Nürnberg 902. C. Koch. n. — 10

Reimregeln zur lateinischen Grammatik. Für d. Anfangsunterricht im Lateinischen zusammengest. 12. (7 S.) Meldorf 898. M. Hansen. n.n. — 15

Reims [Schlagwort]

Reims, s.: Europa. Liebenow.

Reimsbach [Schlagwort]

Reimsbach, s.: Preussen. Messtischblätter.

Reimsbach [Verfasser]

Reimsbach, Cl., das Wissenswertheste aus der brandenburg-preußischen Geschichte. Für Volks- u. Fortbildungs-Schulen bearb. Saarlouis 868. Hansen. 8. (48 S.) 2½ ngr.

Reimschützlein f. Ansichts-Postkarten v. e. alten Postkarten- u. Menschenfreunde. 1. u. 2. Hft. gr. 16. (à 32 S.) Leipzig (899). W. O. Schäffel's Albumfabrik. à — 20

Reimschmidt, der, oder die Kunst in 24 Stunden ein perfecter Dichter zu werden. Als Anh.: Allgemeines deutsches Reimlexicon. Hersg. v. Peregrinus Syntax [junior]. Leipzig 870. R. Schaefer. 16. (96 S.) n. 10 ngr.

Reim-Schmied, Der Bayerische. Mit einem Schub-Sacke voll Funckelneuer Sinn-Gedichte . . . Frankf. u. Leipz. 1750. V: *Niedermayer, Joh. Carl.* (Mn)

Reimspiele. Oder Wie das Kind Verse macht und selbst darüber lacht. Ein Bilderbuch für die Kleinen. Stuttgart (854.) Thienemann. 8. (2 Bl. u. 12 lith. u. color. Taf.) 12 ngr.

Reimspiele. Oder: wie das Kind Verse macht u. selbst darüber lacht. Ein Bilderbuch für die Kleinen. gr. 8. (24 color. Steintaf. m. eingedr. Text u. 2 S. Text.) Stuttgart 878. Thienemann. geb. n. 1. 50

Reimspiele od. wie das Kind Verse macht u. selbst darüber lacht. Ein Bilderbuch f. die Kleinen. gr. 8. (48 color. Bilder auf 24 Steintaf. m. eingedr. u. 2 S. Text.) Stuttgart 885. Thienemann. geb. n. 1. 50

Reimsprüche, Biblische. 8. Reichenbach 810. (Berlin, Wohlgemuth.) 1/12 Thlr.

Reimsprüchlein, deutsche, mit Federzeichnungen erfunden u. lith. von D. Levy Elkan. 1. Heft. Düsseldorf 862. Elkan & Co. (Breidenbach & Co.) gr. 4. (4 lith. Bl. in Farbendr.) n. 10 ngr.

Reimund u. Emilie. 8. Prag 791. Neureutter. 15 Kr.

Reimund, Fr., des Jahres Freuden, s.: Unger, E.

Rein gefegt, s.a. v. Kotzebue, Almanach. 26r Jahrg.

Rein gefegt. Lustspiel in 1 Akt: Alman. dramat. Spiele. 26. Jg. 1828. V: *Schröer, Tobias Gottfried.* 860. (DARP)

REIN, Leberecht. Ein philosophisch-comischer Roman. Für Liebhaber des Sprüchleins: ridendo dicere verum. 2 Bde. Mit 1 Titelkpf. Budissin u. Leipzig, Arnold, 1801—2. 8⁰.

Stellenweise etwas frei. I: XVI u. 307 S. II: VIII u. 208 S.

Rein, Lebrecht; e. Roman. 2 Thle. 8. Brandenburg 801, 2. Leich. 1 Thlr. 16 Gr.

Rein, Bericht. Stammtafel der Grafen von Weimar-Orlamünde, nebst geneal., herald. etc. Zusätzen. Mit Tafel. Jena 1865. 8.

Rein, A., s. Rein, Anton Hermann

Rein, Adf., die Teilnahme Sardiniens am Krimkrieg u. die öffentliche Meinung in Italien. s.a. Beiträge zur Kultur- u. Universalgeschichte. 11. Heft.

Rein, Adolf: Die Teilnahme Sardiniens am Krimkrieg und die öffentliche Meinung in Italien. Leipzig: Voigtländer 1910. IX, 175 S. 8° ¶ (Ersch. auch als: Beiträge z. Kultur- u. Universalgesch. H. 11.)

Leipzig, Phil. Diss. v. 13. Mai 1910, Ref. Brandenburg, Lamprecht

[Geb. 10. Aug. 85 Eisenach; Wohnort: Jena; Staatsangeh.: Sachsen-Weimar; Vorbildung: Gymn. Jena Reife O. 05; Studium: Jena 1, Florenz 1, Jena 1, Paris 1, Leipzig 3 S.; Rig. 22. Dez. 09.] [U 10. 3216

Rein, Anton Hermann

Rein, A. Ueber d. Anforderungen allgem. Lehranstalten an d. geograph. Unterricht. 9 S.
Progr. Crefeld 1835

Rein, A. Einige die Disciplin betreffende Bemerk. u. Wünsche. 6 S.
Progr. Crefeld 1840

Rein, A., Haus Bürgel das Römische Burungum nach Lage, Namen und Alterthümern. Nebst Excursen über die Veränderungen des dortigen Rheinlaufs und der Lage von Zons an diesem, die Röm. Inschriften zu Dormagen, Worringen und Bürgel, und die Matronenverehrung. Crefeld 855. Kühler. gr. 8. (52 S.) 7½ ngr.

Rein, A. H., Erinnerungen an August Hermann Niemeyer. Seinem Andenken aus dankbarer Liebe u. Verehrung geweiht. Mit dem Programm der höheren Stadtschule zu Crefeld vom Jahre 1841 unverändert abgedruckt. 4. Crefeld 841, Funcke'sche Buchh. n. 1/4 Thlr.

Rein, A. Ueber die Lage der Stadt Crefeld und die Bodenverhältnisse ihrer Umgebungen. 2 S.
Crefeld, Progr. 1839

Rein, A., De phaleris et de argenteis earum exemplaribus haud procul Calone et Asciburgio Romanorum castellis apud Lauersfort praedium anno 1858 repertis. S.-A. 1860. 42 S. u. 2 Taf. 1.20

Rein, Antonius Hermannus: • Dissertatio quaestiones Plautinas continens.
Halle-Wittenberg, Phil. Diss. v. 12. Sept. 1826

Geb. [Gera 1. 5. 1804]

Ms. fehlt. — Vom Verf. ersch.: Quaestionum Plautinarum part. I. ,Crefeld 1834. 16 S. 4° Gymn.-Progr. — Verf. hatte über Thesen disputiert und erhielt zum goldenen Dr.-Jubiläum 1876 als Rektor in Krefeld ein Glückwunschdiplom.

Rein, Anton (Crefeld), Achte Fortsetzung jährl. Nachrichten von der mit der Scheuten'schen Stiftung verbund. höh. Stadtschule zu Crefeld. — Vorausgeschickt ist: Quaestionum Plautinarum Part. I. Crefeld (J. H. Funcke) 26./27. VIII. 1834. 26 S. mit Namen, 1 Lehrplan. (3.50) 28081

Rein, A. Rede bei dem Schulfeste am 3. Aug. 5 S.
Crefeld, Progr. 1836

Rein, A. H., die Namen Salier u. Salische Franken als Bezeichnungen eines Frankenstammes. Lex. 8. (43 S.) Crefeld 847, Funke & Müller. 1/3 Thlr.

—— vier geistliche Spiele des 17. Jahrhunderts, s. Spiele.

Rein, A., die römischen Stationsorte und Strassen zwischen Colonia Agrippina und Burginatium und ihre noch nicht veröffentlichten Alterthümer. Nebst einem Excurse über Spuren römischer Niederlassungen und Strassen, wie über germanische Alterthümer zwischen Rhein und Maas. gr. 8. (82 S. mit 1 Stnt. Abbildungen.) Crefeld 857, Kühler.

Rein, A. Ueber einige Unterr.-Gegenstände höh. Stadtschulen, mit besonderer Bezugnahme auf d. Zweck u. Plan d. hiesigen. 9 S. Progr. Crefeld 1833

Rein, A. und Kopstadt, H. Ueber den römischen Ursprung der französischen Sprache. Crefeld, R., 1843. 24 S. 4. Progr.

Rein, A., u. Hugo Kopstadt, über den römischen Ursprung der französ. Sprache. 4. (3 B.) Crefeld 843, Funcke'sche Bh.
Aus: Programm der crefelder Schule 1843 besond. abgedruckt.

—— drei Uerdinger Weisthümer aus dem J. 1454, s.a. Weisthümer.

— drei Uerdinger Weisthümer aus dem Jahre 1454. Nach einer Handschrift des städtischen Archivs zu Uerdingen mit einer Einleitung über Weisthümer im Allgemeinen und über die mitgetheilten im Besonderen. Crefeld 854. Kühler. gr. 8. (48 S.) 6 ngr.

Rein, August Gotthilf

— — Feralia manibus Henrici LIV. jun. lineae totiusque stemmatis Ruthenorum senioris A. D. 7. V. 1824. Lobenstenii beate defuncti in Rutheneo indicit. Gera (Albrecht) 14. VI. 1824. 12 S. mit Namen. (3.75) 28088

— — Vierte Nachricht von dem Zustande der Hochfürstl. Landesschule zu Gera, wodurch zu der Feier des Heinrichstages einladet. Gera (Chr. L. Albrecht) 12. VII. 1821. 12 S. mit Namen. (3.50) 28086

— — 14. Nachricht von dem Zustande der Hochfürstl. Landesschule zu Gera wodurch zu der Feier des Heinrichstages einladet. Gera (Hofbuchdruckerei) 12. VII. 1831. 12 S. mit Namen. (3.—) 28093

— — 19. Nachricht von dem Zustande der Hochfürstl. Landesschule zu Gera. Womit zu der in dem Gymnasium zu begehenden Feier des Heinrichstages einladet. Gera (Schumann) 12. VII. 1836. 12 S. mit Namen. (3.50) 28096

— August Gotthilf (Gera), Tres oratiunculas in Illustri Rutheneo habendas indicit. — Praemissa est disput., de studiis humanitatis nostra adhuc aetate magni aestimandis, pars oct. Gera (Albrecht) 2. I. 1810. 15 S. mit Namen. (3.75) 28082

— — Tres oratiunculas in Illustri Rutheneo habendas indicit. — Praemissa est disput., de studiis humanitatis nostra adhuc aetae magni aestimandis, pars nona. Gera (Albrecht) 2. I. 1811. 16 S. mit Namen. (3.75) 28083

— — Tres oratiunculas in Illustri Rutheneo habendas indicit. — Praemissa est disput., de studiis humanitatis nostra adhuc aetae magni aestimandis, pars decima. Gera (Albrecht) 4. I. 1813. 12 S. mit Namen. (3.75) 28084

— — Ad solemnia in Schüssleri memoriam in Illustri Rutheneo invitat. — Premissa est disput., de studiis humanitatis nostra adhuc aetate magni aestimandis, pars decima sexta. Gera (Albrecht) 31. X. 1822. 8 S. mit Namen. (3.25) 28087

— — Solemne in Schüssleri memoriam in Illustri Rutheneo indicit. — Praemissa est disput., de studiis humanitatis nostra adhuc aetate magni aestimandis, pars vicesima. Gera (Albrecht) 27. XI. 1826. 8 S. mit Namen. (3.25) 28089

— — Ad solemne in Schüssleri memoriam in Illustri Rutheneo invitat. — Praemissa est disput., de studiis humanitatis nostra adhuc aetate magni aestimandis, pars una et vicesima. Gera (Albrecht) 17. XII. 1827. 8 S. mit Namen. (3.25) 28090

— — Solemne Schüssleri memoriam in Illustri Rutheneo indicit. — Praemissa est disput., de studiis humanitatis nostra etiam aetate magni aestimandis, pars tertia et vigesima. Gera (Offic. Aulic.) 6. XII. 1830. 10 S. mit Namen. (3.25) 28092

— — Solemne Schüssleri memoriam in Illustri Rutheneo indicit. — Praemissa est disput., de studiis humanitatis nostra etiam aetate magni aestimandis, pars quarta et vigesima. Gera (Offic. Aulic.) 28. XI. 1831. 8 S. mit Namen. (3.25) 28094

— — Solemne Schüssleri memoriam in Illustri Rutheneo indicit. — Praemissa est disput. de studiis humanitatis nostra etiam aetate magni aestimandis, pars quinta et vigesima. Gera (Schumann) 3. XII. 1832. 8 S. mit Namen. (3.25) 28095

— — Solemne Schüssleri memoriam in Illustri Rutheneo indicit. — Praemissa est disput. de studiis humanitatis nostra etiam aetate magni aestimandis pars undetricesima, qua de Romanorum Satiris agitur. Gera (Schumann) 12. XII. 1836. 8 S. mit Namen. (3.25) 28097

— — Orationem in Schüssleri memoriam in Illustri Rutheneo habendam indicit. — Praefatus: Studium philosophiae in Gymnasiis haud penitus negligendum esse. Gera Dez. 1817. 8 S. (3.25) 28085

— — Solemnia saecularia, quibus confessionis fidei ante hos trecentos annos Augustae Vindelicorum exhibitae memoriam, Illustris Ruthenei magistri et cives indicit. — De Melanchthonis virtutibus et in scholas meritis. Gera (Offic. Aulic.) 26. VI. 1830. 16 S. mit Namen. (3.75) 28091

Rein, Berthold

Rein, B., Anschauungstafel f. den Glockenguß unter besond. Berücksicht. v. Schillers Lied v. der Glocke. 66×96 cm. Farbendr. Mit Text. gr. 4. (4 S.) Gotha 894. F. A. Perthes. n. 3.—

Rein, B., Anschauungstafel f. d. Glockenguß, unter bes. Berücksicht. v. Schillers Lied v. d. Glocke gezeichnet. 2. Aufl. 66×95 cm. Farbdr. M. Text. gr. 4. (4 S.) Gotha 897. F. A. Perthes. n. 3. —

— Anschauungstafel zur Lautlehre. 96×66 cm. Farbdruck. Mit Text. 4. (4 S.) Ebd. 897. n. 4. —

— lautreine Aussprache. E. Beitrag zur Verwertg. d. Lautlehre im deutschen Unterricht. gr. 8. (IV, 68 S.) Ebd. 898. n. 1. 20

Rein, Berthold [aus Rudolstadt]: Der transscendentale Idealismus bei Kant und bei Schopenhauer .... Rudolstadt, Druck d. Fürstl. priv. Hofbuchdr. F. Mitzlaff, 1887; 37 S. 8°

Freiburg i. B., Phil. Fak., Inaug.-Diss. v. 1887

Rein, B., der transcendentale Idealismus bei Kant u. bei Schopenhauer. Inaug.-Diss. gr. 8. (37 S.) Rudolstadt 887. (Keil.) n. — 75

Rein, B[erthold]. Karte zu [Friedrich von] Schillers Tell. [Massstab] 1: 50 000. 628/928 mm. Gezeichnet von Dr. B. R'. [2., unveränderte Aufl.] 1 Bl. quer-fol. + *Text* [4 S.] 4. Gotha, Friedrich Andreas Perthes, Aktiengesellschaft, [1906]. [M. 3.—]

Text u. d. T.: Anschauungstafel zu Schillers Wilhelm Tell, gezeichnet von Dr. B. R'.... ⟨Text.⟩ [Mit Kartenskizze.] [4 S.] 4. Gotha, Friedrich Andreas Perthes.

1. Aufl. ist 1896 erschienen.

— Liedersammlung f. d. Volksschulen d. Fürstentum Schwarzburg-Rudolstadt. 7. Aufl. gr. 8. (III, 160 S.) Rudolstadt 895. Hofbuchdr. Geb. in Halbleinw. n. — 80

Rein, B., Liedersammlung f. die Volksschulen des Fürstent. Schwarzburg-Rudolstadt. 8. Aufl. (III, 160 S.) 8. Rudolstadt 903. Fürstl. priv. Hofbuchdruckerei. — 65; geb. n — 90

Rein, Carl, s. Rein, Karl

Rein, Carl Friedrich, s. Rein, Karl Friedrich

Rein, Ch. Die Geschichte des deutschen Bauernkrieges. 8. Zerbst 1850.

Rein, Fr., Predigt am Reformations-Fest den 27. Juni 1869 gehalten in der Kirche zu Mentzingen. 8. (20 S.) Mannheim [Straßburg] 869, Schneider.

Rein, Frz. Ad. Woldemar, erprobte Geheimnisse, ergrauete Haare dauerhaft u. unvergänglich, in allen Abstufungen, blond, braun od. schwarz zu färben, u. ferner nicht ergrauete Haare bis in d. späteste Alter vor d. Ergrauen wirksam zu schützen, u. Wuchs u. Stärke d. Haares zu befördern. 8. (1 B.) Quedlinburg 811, Basse.

Rein, Frz. Ad. Woldem., erprobte Geheimnisse, ergraute Haare dauerhaft u. unvergänglich, in allen Abstufungen, blond, braun oder schwarz zu färben 2c. 2. Aufl. 8. (1 B.) Quedlinburg 843, Basse.

Rein, Frz. Adph. Woldemar, erprobte Geheimnisse, ergrauete Haare dauerhaft u. unvergängl., in allen Abstufungen, blond, braun oder schwarz zu färben, u. ferner nicht ergrauete Haare bis in das späteste Alter vor dem Ergrauen wirksam zu schützen, u. Wuchs u. Stärke des Haares zu befördern. 3. Aufl. 8. (13 S.) Quedlinburg 852, Basse. Verklebt. 1/3 ₰

Rein, Friedrich, a. Kleinolbersdorf: ⟨Aus der Augenklinik zu Jena.⟩ Ein Fall von perforierender Sclerocorneal-Verletzung mit Behandlung durch Naht und conjunctivale Deckung und mit späterer Entfernung des Augapfels wegen Gefahr der sympathischen Entzündung des anderen Auges. Jena 1907: G. Neuenhahn. (23 S.) 8°

Jena, Med. Fak., Ref. Wagenmann, Diss. v. 16. März 1907

[Geb. 10. Jan. 74 Kleinolbersdorf; Wohnort: Kleinolbersdorf; Staatsangeh.: Sachsen; Vorbildung: Wettiner Gymn. Dresden Reife M. 95; Studium: Erlangen 3, Jena 6 S.; Coll. 25. Febr. 07; Approb. 8. März 07.]

Rein, Friedrich Oscar, approb. Arzt aus Leipzig: Anatomischer Befund bei einem Fall von Tabes dorsalis mit progressiver Muskelatrophie. *Leipzig (1903): A. Schwarzenberg.* (48 S.) 8°

Erlangen, Med. Diss. (v. 29. Apr.) 1903

Rein, G., Paolo Sarpi u. die Protestanten. Ein Beitrag zur Geschichte der Reformationsbewegg. in Venedig im Anfang des 17. Jahrh. Akademische Abhandlung. (XX, 229 S.) gr. 8. Helsingfors (Regeringsg. 10) 904. (Aktiengesellschaft Lilius & Hertzberg.) n. 4. —

Rein, Gabr., statist. Darstellung d. Groß-Fürstenthums Finnland. gr. 8. (6½ B.) Helsingfors 839. (Leipzig, Voß.) *

Rein, H., das radiotelegraphische Praktikum an der technischen Hochschule in Darmstadt. Bearb. nach d. Vorträgen des Professor Dr. K. Wirtz. (VIII, 91 S. m. 71 Fig. u. 18 Vollbildern.) 8. Berlin 910. J. Springer. 3. - -

Rein, J. G. M. v., die oriental. Cholera. Ergebniß e. mit Genehmig. d. Hochfürstl. Landesregierung zu Schwarzburg-Rudolstadt vom Monat Juni bis Dec. 1831 in Warschau gemacht. Untersuchung. Mit e. Vorr. v. D. G. Kieser. gr. 8. (21 B.) Jena 832, Mauke.

—— briefliche Mittheilung üb. d. oriental. Cholera, an u. durch D. G. Kieser zu Jena. gr. 8. (1 B.) Leipzig 831, (Schumann.)

Rein, J. G. M. v., Therapie der asiatischen Brechruhr. Nach Erfahrungen dargelegt. gr. 8. (32 S.) Rudolstadt 881, Hofbuchdruckerei. *

Rein, Io. Eduard, de Aeaco quaestiones mythologicae. (XII, 103 S.) 8. Helsingforsiae 903. (München, A. Buchholz.) n. 2. —

— Aiakos in der Unterwelt. (Acta societatis scientiarum fennicae. Tom. XXXII. Nr. 2.) (40 S.) Lex.-8. Ebd. 903. n. 1. 80

— sagengeschichtliche Untersuchungen üb. Aiakos. (Acta societatis scientiarum fennicae. Tom. XXXII. Nr. 8.) (50 S.) Lex.-8. Ebd. 904. n. 2. —

— zu der Verehrung des Propheten Elias bei den Neugriechen. (Öfversigt af finska vetenskapssocietetens förhandlingar. XLVII. 1904—1905. Nr. 1.) (33 S.) 8. Ebd. 904. n. 1. —

Vierstimmig Choralbuch, worinnen alle Melodien des Schleswig-Holsteinischen Gesangbuchs enthalten sind. Compon. u. . . . hrgg. v. Johann Balthasar **Rein**. Altona. 1755. 4°.

Das Titelblatt ist von Pingeling und Sohn in Hamburg gez. und in Kupfer gest.

Rein, Johs., geographische u. naturwissenschaftliche Abhandlungen. I. Zur 400jähr. Feier der Entdeckg. Amerikas: Columbus u. seine vier Reisen nach dem Westen. Natur u. hervorrag. Erzeugnisse Spaniens. Mit 8 Fig. im Text, 8 Lichtdr. u. 8 Karten, sowie dem Fcsm. e. Columbus-Briefes. gr. 8. (VII, 244 S.) Leipzig 892. W. Engelmann. n. 8. —; geb. n.n. 9. 50

Rein, Johs., Beiträge zur Kenntniss der spanischen Sierra Nevada. Lex.-8. (148 S. m. 2 farb. Karten.) Wien 899. R. Lechner's Sort. n.n. 5. —
Sonderabdruck a.: „Abhandlgn. d. geogr. Gesellsch. in Wien".

Rein, Johannes: Finland.
in: Länderkunde der fünf Erteile, herausgegeben von Alfred Kirchhoff. Bd. I. Länderkunde von Europa. Th. 2. i. S. 401—451. Wien, Prag u. Leipzig 1890 51 S. 8°.

Rein, J., Finland, s. Wissen, unser, v. der Erde.

Rein, Johannes Justus

Rein, J. J., Japan, nach Reisen und Studien im Auftrag der königl. preuss. Regierung dargestellt. 1. Bd.: Natur und Volk des Mikadoreiches. gr. 8. (XIII, 630 S. mit 5 Lichtdr.-Bildern, 12 Holzschn., 8 lithogr. Taf. und 2 chromolithogr. Karten.) Leipzig 881, Engelmann. *

Rein, J. J., Japan. Nach Reisen und Studien im Auftrag der kgl. preuss. Regierung dargestellt. 2. Bd.: Land- und Forstwirthschaft, Industrie und Handel. gr. 8. (XII, 678 S. mit 24 zum Theil farb. Taf., 20 Holzschn. im Text und 3 Kärtchen.) Leipzig 886, Engelmann. * geb. **
1. Bd. Ebendas. 1881. * M 20.—; geb. ** M 22.50.

Rein, J. J., Japan nach Reisen u. Studien, im Auftrage der königl. preuss. Regierg. dargestellt. 1. Bd. Natur u. Volk des Mikadoreiches. 2., neu bearb. Aufl (XIV, 750 S. m. 2 Abbildgn., 26 Taf. u. 4 Karten.) gr. 8. Leipzig 905. W. Engelmann. n. 24. —; geb. in Leinw. u. 26. —

Rein, J. J., Zur Kolonial- und Auswanderungsfrage. (S.-A. aus: Im neuen Reich, 1881, Nr. 16.)

Rein, Johannes Justus: Ueber die Kulturentwicklung Japans seit 1854. Vortrag, gehalten auf der 5. Jahresversammlung des Allg. evang.-protest. Missionsvereins zu Breslau am 10. October 1889. Berlin 1889. 13 S. 8°.

— der Nakasendô in Japan, s.a Petermann's, A., Mittheilungen aus Justus Perthes' geographischer Anstalt.

Rein, Johannes Justus: Der Nakasendô in Japan. Nach eigenen Beobachtungen und Studien im Anschluss an die Itinerar-Aufnahmen von E. Knipping, und mit Benutzung von dessen Notizen dargestellt. Mit drei Karten. Gotha 1880 (II). 38 S. = Ergänzungsheft zu Petermann's Geographischen Mittheilungen. No. 59. 8°.

Rein, J. J., der gegenwärtige Stand des Seidenbaues. gr. 8. (50 S.) Frankfurt a. M. 868, Auffahrt. *

Rein, K., wem viel vergeben ist, der liebt viel. 16. (16 S.) Gernsbach 884. Christlicher Kolportage-Verein. n. – 3

Rein, Karl, Bibelstunden. Nr. 1—8. Straßburg 866. Berger-Levrault & Sohn. gr. 8. (107 S.) Jede Nr. 2½ ngr.

Rein, Karl [Dr.]: Über Ciceros Briefstil. Chemnitz, Druck v. J. C. F. Pickenhahn & Sohn, 1895; 3—18 S. 4.
Chemnitz, k. G, OP 1895 (544)

Rein, Carl, de pronominum apud Terentium collocatione capita IV. gr. 8. (66 S.) Leipzig 879, Stauffer. *

Rein, Karl, ein Wort zum Verständniß der Bewegung gegen die neue Agende. 2. Aufl. Karlsruhe 858. Gutsch. 8. (16 S.) n. 1 ngr.

Rein, Carl, Worte ernster Liebe über den Katechismus der Kirche der Zukunft dargebracht dessen Verfasser und seinen Lesern. gr. 8. (20 S.) Karlsruhe 855, Gutsch.

— **Carl Friedrich** (Leipzig), De re pharmaceutica melius ordinanda. Disput. med.-polit. Präs. Carl Gottlob Kühn. Leipzig (Richter) 10. VI. 1807. 24 S. (3.75) 28098

— — Dasselbe. Leipzig (Richter) 19. VI. 1807. 24 S. (3.75) 28099
Gew.: Johann Gottlieb Daehne, Christoph Leopold Reinhold.

Rein, Käthe, Outlines of the history of English literature. (VI, 145 S. m. 1 Tab.) 8. Leipzig 908. R. Voigtländer. Geb. 1. 20

Rein, L., Betrachtungen üb. Methode u. Methodik, s.: Studien, pädagogische.

Rein, Ludwig, s.a. Würkert, Ludwig

Rein, Ludw., (Ludw. Würkert,) Novellen. 3 Bdchn. 8. Berlin, Hayn. à 1 Thlr.
Bdchn. 1. Der Rheinschiffer. — Donna Gia. (23 B.) 840.
: 2. Der Tuchmacher aus Brügge. — Die Templer. (20 B.) 840.
: 3. Der Königssarg. — Nordmann. (19¼ B.) 842.

—— antike Novellen. 4 Bde. 8. (64¾ B.) Leipzig 839, Kollmann.
Inh.: Die Priesterin. — Alexander v. Pherä. — Das goldene Palmblatt. — Die Natur. — Die Tochter d. Philosophen.

— der Todtengräber von Bacharach. Ein Nachtstück. kl. 8. Leipzig 841. Meißner. 1¾ ℳ

—— der Todtengräber von Bacharach. Ein Nachtstück. 8. (21¾ B.) Leipzig 841, [Schäfer.]

Rein, Minna, Reisebriefe u. Skizzen aus Italien. (112 S. m. 1 Abb.) 8. Eisenach (909). Hofbuchdr. Eisenach. (H. Kahle.) 1, 50

Rein, Paul, aus Regensburg: Die Bestimmungen des Bürgerlichen Gesetzbuches über die Gewährleistung bei Viehveräusserungen unter besonderer Berücksichtigung des bayerischen Gesetzes vom 26. März 1859, die Gewährleistung bei Viehveräusserungen betreffend. *München: J. Schweitzer 1899.* (51 S.) 8° [F.]
Erlangen, Jur. Diss. v. 31. Okt. 1898

Rein, Richard, a. Runstedt (Kreis Merseburg): Untersuchungen über den Kältetod der Pflanzen. Halle a. S. 1908 (Leipzig: J. Klinkhardt.) (38 S.) 8° ¶ (Aus: Zeitschrift f. Naturwissenschaften Bd 80, 1908.)
Halle, Phil. Fak., Ref. Klebs, Diss. v. 9. April 1908
[Geb. 18. Nov. 83 Runstedt; Wohnort: Halle a. S.; Staatsangeh.: Preußen; Vorbildung: Dom-Gymn. Merseburg Reife O. 04; Studium: Kiel 1, Halle 6 S.; Rig. 10. Juli 07.]

Rein, T. W., Sprichwörter und sprichwörtliche Redensarten bei Lucian. Diss. 1895. 104 S. 25.—

Rein, Th., Bilder aus d. Leben. (Erzählungen.) 8. (13½ B.) Meißen 832, (Klinkicht u. Sohn.)

—— die Familie Welau. Erzähl. 8. (19½ B.) Meißen 829, [Klinkicht u. Sohn.]

Rein, Veronika

Rein, W., 12 Brüderlein Jahr aus, Jahr ein! In Bildern für die Jugend. 4. (IV S. und 12 ill. Stnt. mit Text.) Berlin 862, Winckelmann und Söhne. cart. -

Rein, B., 12 Brüderlein Jahr aus, Jahr ein! In Bildern für die Jugend. Berlin 863. Winckelmann & Söhne. 4. (2 Bl. u. 12 color. Lithogr. mit Text.) 17½ ngr.

— das Ein mal Eins wird hier gebracht, wie es den Kindern Freude macht. In Versen, mit 20 (lith. u. color.) Bildern nach Aug. Reinhardt. 1—3. Aufl. Dresden 861—63. Kuntze. gr. 4. (26 S.) 1 ₰ 15 ngr.

Rein, B., das Ein mal Eins wird hier gebracht, wie es den Kindern Freude macht. In Versen. 4. Aufl. Dresden 868. Bock's Verlag. gr. 4. (III, S. mit 20 lith. u. illustr. Bildern von Aug. Reinhardt.) 1 ₰ 15 ngr.

Rein, B., das Ein mal Eins wird hier gebracht wie es den Kindern Freude macht. In Versen m. 20 (chromolith.) Bildern nach Aug. Reinhardt. 5. Aufl. gr. 4. (36 S.) Dresden 876. Bock. 4. 50

Rein, B., Ein mal Eins, das, in Bilderpracht, wie es den Kindern Freude macht. In Versen. Pracht-Ausg. mit 16 fein kolor. Bildern nach Aug. Reinhardt. 6. durchgehends verb. Aufl. gr. 4. (17 Bl. mit eingedr. Text.) Dresden 884, Kaufmann's Verlag. geb. *
Billige Ausg. mit 8 kolor. Bildern *

—— drei Erzählungen für die Jugend. 16. (78 S. mit 3 lithogr. Bildern in Tondr. nach Aug. Reinhardt.) Dresden 861, Kuntze.

— Erzählungen für die Jugend. Mit vielen (7 lith.) Bildern nach A. Reinhardt. 2 Bdchn. Ebend. 862. 16. (158 S.) 15 ngr.
1. Bdchn.: Drei Erzählungen für die Jugend. Mit 3 (lith.) Bildern. (78 S.) 7½ ngr.
2. Bdchn.: Vier Erzählungen für die reifere Jugend. Mit 4 (lith.) Bildern. (80 S.) 7½ ngr.

—— vier Erzählungen für die reifere Jugend. 16. (80 S. mit 4 lithogr. Bildern in Tondr.) Dresden 861, Kuntze.

Rein, Veronika: Ich will nicht, s. Köhler's, ill. Jugend- und Volksbibliothek.

Rein, Veronika (Veronika Reinhardt), e. armer Musikant, s.: Köhler's ill. Jugend- u. Volksbibliothek.

—— 24 alte und neue Spiele mit Versen und Erklärungen. gr. 4. (52 S. mit 12 lithogr. farbigen Bildern nach Aug. Reinhardt.) Dresden 862, Kuntze. cart.

Rein, B., Onkel William. Der Haldenbauer, s.: Köhler's illustrierte Jugend- u. Volksbibliothek 31. Bd.

— auf den Wogen des Lebens. Erzählungen f. junge Mädchen. Illustr. v. E. H. Walther. 8. (212 S.) Dresden 893. A. Köhler. Geb. in Leinw. n. 3. —

Rein, Wilh., z. Aufgabe u. Pädagogik an unseren Universitäten m. Beziehungen auf die Gutachten d. Universitäten Erlangen, München, Würzburg, s.a Magazin, pädagog.

Zur Aufgabe und Stellung der Pädagogik an unseren Universitäten mit Beziehung auf d. Gutachten d. Universitäten Erlangen, München, Würzburg. Von W[ilhelm] Rein, Jena. Langensalza: Beyer 1909. 15 S. 8°
(Pädagogisches Magazin. H. 364.) [11. 9503

Rein, W., s.: Aus dem pädagogischen Universitäts-Seminar zu Jena.

Rein, Wilh., Betrachtungen über Methode und Methodik, s. Studien, pädagogische.

Rein, Wilh., das Dominikanerkloster zu Eisenach, geschichtlich und architektonisch dargestellt. Mit Urkunden u. 1 (lith.) Kpfrtaf. Eisenach 857. Bärecke in Comm. gr. 4. (1 Bl., 27 S.) nn. 12½ ngr.

— am Ende der Schulreform? Betrachtungen. gr. 8. (III, 92 S.) Langensalza 893. H. Beyer & Söhne. n. 1. 50

— Erziehungs- u. Bildungs-Ideale, s.a Arbeiterbibliothek, Göttinger, II, 9.

[F.] Erziehungs- u. Bildungs-Ideale v. Dr. W[ilh.] Rein, Prof. ... an d. Univ. Jena ... *Göttingen: Vandenhoeck & Ruprecht 1898.* (129—144 S.) 8.
= Arbeiterbibliothek, Göttinger. Bd 2. H. 9. [98. 3000

— Ethik u. Volkswirtschaft, s.a Streitfragen, soziale. 13. Hft.

Ethik und Volkswirtschaft. Eine Skizze von Prof. Dr. W[ilhelm] Rein, Jena. 2. u. 3. Taus. *Berlin: J. Harrwitz Nachf. [1902].* (24 S.) 8° [F.]
— Streitfragen, Soziale. H. 13. [03. 2484

— die ethischen Forderungen in ihren Beziehungen zum wirtschaftlichen Leben der Gegenwart. Vortrag, geh. im Festsaal des Abgeordnetenhauses zu Berlin am 8. I. 1904 in der Frauengruppe f. Bodenreform. (65 S.) 8. Halle (904). Gebauer-Schwetschke. n. — 85

— zur Frage d. Lehrerbildung in Deutschland, s.: Beiträge zur Lehrerbildg. u. Lehrerfortbildg., Hft. 2.

— Zur Frage der Rückständigkeit des weimarischen Schulwesens. Vortrag, geh. in öffentl. Versammlg. d. Liberalen Vereins zu Jena am 11. VI. 1907. (30 S.) 8. Jena 907. B. Vopelius. — 50

Rein, Wilh., das Freihandzeichnen im Seminar, s.: Studien, pädagogische.

— Geschichte d. Volksschulunterrichts in den technischen Fertigkeiten, s.: Kehr, C., Geschichte der Methodik d. Volksschulunterrichts.

— Grundlagen der Pädagogik u. Didaktik, s.a Wissenschaft u. Bildung.

Grundlagen der Pädagogik und Didaktik. Von Dr. W[ilhelm] Rein, Prof. Leipzig: Quelle & Meyer 1909. 140 S. 8°
(Wissenschaft u. Bildung. 71.) [09 16077

— Grundriss der Ethik, s.a Bücherschatz, der, des Lehrers. 4. Bd.

Grundriss der Ethik. Von W[ilhelm] Rein. *Osterwieck: A. W. Zickfeldt 1902.* (VI, 292 S.) 8°
= Bücherschatz d. Lehrers. Bd 4. [04. 10975 3

Grundriss der Ethik mit Beziehung auf das Leben der Gegenwart. Von W[ilhelm] Rein, Jena. 2. Aufl. Osterwieck/H.: A. W. Zickfeldt 1906. (X, 336 S.) 8°
— Bücherschatz, Der, d. Lehrers. Bd 4. [06. 13747 3

Grundriss der Ethik mit Beziehung auf das Leben der Gegenwart. Von W[ilhelm] Rein. 3. Aufl. Osterwieck/Harz & Leipzig: Zickfeldt 1910. X, 377 S. 8°
(Der Bücherschatz d. Lehrers. Bd 4.) [10. 13071 5

— s.a Handbuch, encyklopäd., der Pädagogik.

Rein, W[ilhelm]: Encyklopädisches Handbuch der Pädagogik. 2. Aufl. Bd 1—10. [Nebst] Inhaltsverzeichn. Langensalza 1903—1910. 4° (8°) *[1. Aufl. 1895.]*

— s.: Herbart u. d. Herbartianer.

— s.: Herbart, Pestalozzi und Herr Professor Paul Natorp.

— s.: Jahrbuch des Vereins f. wissenschaftl. Pädagogik.

Kloster Ichtershausen. Urkundenbuch, Geschichte und bauliche Beschreibung etc. hrgg. v. Wilhelm **Rein.** Weimar. 1863. = Thuringia sacra. Begründet v. Wilhelm Rein. 1. 8°.

Rein, W., De judiciis populi Romani provocatione non interposita habitis. Pr. 1841. 10 S. 4°. !.—

— Kirche, Staat u. Schule, s.a.Zeitfragen, moderne. Nr. 2.

Kirche, Staat und Schule. Von Prof. Dr. Wilhelm Rein in Jena. Berlin: Pan-Verl. [1905]. (29 S.) 8° [F.]
= Zeitfragen, Moderne. No 2. [05. 13714

Rein, Wilh., das Criminalrecht der Römer von Romulus bis auf Justinianus. Ein Hülfsbuch zur Erklärung der Classiker u. der Rechtsquellen für Philologen u. Juristen nach den Quellen bearb. gr. 8. Leipzig 844, K. F. Köhler. 4½ ₰

— bildende Kunst u. Schule. Eine Studie zur Innenseite der Schulreform. Mit 3 Tab. f. den Unterricht in Bürgerschulen, Gymnasien u. höheren Mädchenschulen. 8. (VII, 112 S.) Dresden 902. E. Haendcke. n. 2. –

— Kunst, Politik, Pädagogik. Gesammelte Aufsätze. I. Bd. Kunst. (IV, 144 S.) kl. 8. Langensalza 910. H. Beyer & Söhne. 1. 20

—— das Leben D. Martin Luthers, dem deutschen Volk erzählt. 8. (X, 209 S. mit 4 Holzschn.-Portr.) Leipzig 883, Reichardt Verlag. cart. *ℳ 2,40.; geb. *

— d. Leben D. Martin Luthers, dem deutschen Volke erzählt. 2. [Titel-] Aufl. 8. (X, 209 S. m. Bildn.) Leipzig (883) 896. G. Reichardt. Kart. n. 1. 20

— A. Pickel, u. Ed. Scheller, das erste Lesebuch. 1—3. Abth. gr. 8. (52; IV, 48 u. IV, 44 S.) Eisenach 878—80. Dresden, Bleyl & Kämmerer. à n. — 30

—— A. Pickel und E. Scheller, Lesebuch für das dritte Schuljahr. gr. 8. (IV, 44 S.) [Kassel 880, Bacmeister.] Dresden, Bleyl und Kaemmerer. *

— s.: Lesebuch f. das 2. Schuljahr.

Rein, Guilelmus: *De corrupto quodam apud Ciceronem loco de republica II, 22, 39. (Quaestionum Tullianarum specimen.) 25 S. 4°
Halle-Wittenberg, Phil. Diss. v. 9. April 1832
Geb. [Gera 19. 8. 1809]
Im Buchhandel ersch. (verm. um S. 24—44) als: Quaestiones Tullianae. Liber 1. Lipsiae: Koehler in Komm. 1832. 44 S. 8°

– De Romanorum municipiis Pr. 1847. 16 S. 4°.

—— s. Niemeyer's, A. H., Grundsätze der Erziehung und des Unterrichts.

— Pädagogik in systematischer Darstellung. (In 2 Bdn.) 1. Bd. Die Lehre vom Bildungswesen. Lex.-8. (XII, 680 S.) Langensalza 902. H. Beyer & Söhne. n. 10. — ; geb. n.n. 12. —

— Pädagogik in systematischer Darstellg. 2. (Schluss-) Bd. Die Lehre v. der Bildungsarbeit. (XII, 667 S.) Lex.-8. Langensalza 906. H. Beyer & Söhne. n. 10. —; geb. n. 12. —

Rein, W., Pädagogik im Grundriß, s.a. Sammlung Göschen.

Pädagogik im Grundriß von Prof. W[ilhelm] Rein. 4. Aufl. 2. Abdr. Leipzig: Göschen 1907. 136 S. 8°
(Sammlung Göschen. 12.) [11. 13961 11

Rein, Wilhelm. [Johann Heinrich] Pestalozzi. [A.] 8. (Berlin 1896.)

Rein, Wilh., das röm. Privatrecht u. d. Civilprozess bis in d. 1. Jahrh. d. Kaiserherrschaft. Ein Hülfsb. z. Erklär. d. alten Classiker, vorzügl. f. Philologen, nach d. Quellen bearb. Mit e. geschichtl. Uebers. d. röm. Verfassungsgesch. u. d. Rechtsquellen bis auf Justinian. gr. 8. (35 B.) Leipzig 836, [Koehler's Verlh.]

Rein, Wilh., das Privatrecht und der Civilprocess der Römer von der ältesten Zeit bis auf Justinianus. Ein Hülfsbuch zur Erklärung der Classiker und der Rechtsquellen für Philologen und angehende Juristen. Nach den Quellen bearb. (2., gänzlich umgearb. Aufl.) gr. 8. (XIV und 978 S.) Leipzig 858, Fr. Fleischer.

Rein, Guil., Quaestiones Tullianae. 8 maj. (2¾ B.) Lipsiae 832, Koehler.

— quaestiones Tullianae cum excursu de judiciis populi Romani comitialibus. 4. Eisenach 841, Baerecke. ⅓ ₰

Rein, W., Herberts Regierung, Unterricht u. Zucht, dargestellt u. in ihrem Verhältniß zu einander besprochen, s.a. Studien, pädagogische.

Rein, Wilh., Herbart's Regierung, Unterricht und Zucht dargestellt und in ihrem Verhältniß zu einander besprochen. gr. 8. (41 S.) Eisenach 873, Bacmeister. *
—— dass. — 2. Aufl. u. d. T.: Pädagogische Studien. 1. Heft. gr. 8. (III, 45 S.) Ebendas. 875. *

— Religion u. Schule, s.: Beiträge zur Weiterentwicklung der christlichen Religion. 8. Hft.

— zur Schulaufsichtsfrage. Vortrag, geh. in den Kaisersälen zu Halle a/S. am 19. Mai 1894. gr. 8. (21 S.) Langensalza 894. H. Beyer & Söhne. n. — 40

— s.: Schulerziehung, deutsche.

— Sein u. Werden im Reiche der Pädagogik, s.a. Aus Schule u. Leben. 1. Heft.

Sein und Werden im Reiche der Pädagogik. Von W[ilhelm] Rein, Jena. Strassburg i. E.: Bull 1910. VI, 52 S. 8°
(Aus Schule u. Leben. H. 1.) [10. 9119

— Stimmen zur Reform des Religions-Unterrichtes, s.: Magazin, pädagogisches.

Rein, W., s.: Studien, pädagogische.

—— A. Pickel und E. Scheller, Theorie und Praxis des Volksschulunterrichts nach Herbartischen Grundsätzen. Ein theoretisch-prakt. Lehrgang für Lehrer und Lehrerinnen, sowie zum Gebrauch in Seminaren. 1. und 3.—7. Schuljahr. gr. 8. Dresden, Bleyl und Kaemmerer. *
Inhalt:
1. Schuljahr. 2. Aufl. (XVI, 182 S.) 882. *ℳ 2,80.
3. Schuljahr. 1. Aufl. (VIII, 148 S.) 880. *ℳ 2,25.; 2. Aufl. (VII, 195 S.) 884. *ℳ 2,80.
4. Schuljahr. 1. Aufl. (VII, 224 S.) 881; 2. Aufl. (VII, 236 S.) 884. *ℳ 2,80.
5. Schuljahr. (VII, 171 S.) 882. *ℳ 2,80.
6. Schuljahr. (VII, 130 S.) 883. *ℳ 2,50.
7. Schuljahr. (VII, 139 S.) 884. *ℳ 2,80.

Rein, W., A. **Pickel** u. E. **Scheller,** Theorie u. Praxis d. Volksschulunterrichts nach Herbartischen Grundsätzen I, III—VIII. Ein theoretisch-prakt. Lehrgang f. Lehrer u. Lehrerinnen, sowie zum Gebrauch in Seminaren. gr. 8. Dresden, Bleyl & Kaemmerer. n. 20. 40
1. Das 1. Schuljahr. 3. Aufl. (XXVIII, 198 S.) 885. n. 3. —
3. Das 3. Schuljahr. 2. Aufl. (VII, 195 S.) 885. n. 2. 80
4. Das 4. Schuljahr. 2. Aufl. (VII, 236 S.) 884. n. 2. 80
5. Das 5. Schuljahr. 2. Aufl. (VII, 228 S.) 886. n. 3. —
6. Das 6. Schuljahr. 2. Aufl. (XII, 195 S.) 886. n. 3. —
7. Das 7. Schuljahr. (VII, 139 S.) 884. n. 2. 80
8. Das 8. Schuljahr. (VIII, 219 S.) 885. n. 3. —

— **A. Pickel u. E. Scheller,** Theorie u. Praxis d. Volksschulunterrichts nach Herbartischen Grundsätzen. I—III, VII, VIII. gr. 8. Dresden, [Bleyl & Kaemmerer]. Leipzig, Bredt. n. 15. —
I. Das erste Schuljahr. Ein theoretisch-prakt. Lehrgang, f. Lehrer u. Lehrerinnen, sowie zum Gebrauch in Seminarien bearb. 4. Aufl. (XXII, 202 S.) 888. n. 3. —
II. Das zweite Schuljahr. 3. Aufl. (VIII, 137 S.) 887. n. 3. —
III. Das dritte Schuljahr. 3. Aufl. (VII, 228 S.) 889. n. 3. —
VII. Das siebente Schuljahr. 2. Aufl. (IX, 249 S.) 888. n. 3. —
VIII. Das achte Schuljahr. 2. Aufl. (XII, 189 S.) 888. n. 3. —

— **A. Pickel u. E. Scheller,** Theorie u. Praxis d. Volksschulunterrichts nach Herbartischen Grundsätzen. Ein theoretisch-prakt. Lehrgang f. Lehrer u. Lehrerinnen, sowie zum Gebrauch in Seminaren. gr. 8. Leipzig, H. Bredt. à n. 3. —
I. Das erste Schuljahr. 5. Aufl. (X, 280 S.) 893.
IV. Das vierte Schuljahr. 3. Aufl. (VII, 263 S.) 892.

— **A. Pickel u. E. Scheller,** Theorie u. Praxis des Volksschulunterrichts nach Herbartischen Grundsätzen. I. u. V. gr. 8. Leipzig, H. Bredt. n. 7. —
I. D. 1. Schuljahr. E. theoretisch-prakt. Lehrgang f. Lehrer u. Lehrerinnen, sowie z. Gebrauch in Seminaren. 6. Aufl. (X, 372 S. m. 1 Tab.) 898. n. 4. —
V. Das 5. Schuljahr. E. theoretisch-prakt. Lehrgang f. Lehrer u. Lehrerinnen, sow. z. Gebrauch in Seminaren. 3. Aufl. (V, 250 S.) 897. n. 3. —

— **A. Pickel u. E. Scheller,** Theorie u. Praxis des Volksschulunterrichts nach Herbartischen Grundsätzen. III. u. VI. gr. 8. Leipzig, H. Bredt. à n. 3. —
III. Das 3. Schuljahr. Ein theoretisch-prakt. Lehrgang für Lehrer u. Lehrerinnen, sowie zum Gebrauch in Seminaren. 4. Aufl. (VIII, 235 S. m. 1 Tab.) 901.
VI. Das 6. Schuljahr. Ein theoretisch-prakt. Lehrgang für Lehrer u. Lehrerinnen, sowie zum Gebrauch in Seminaren. 3. Aufl. (VII, 182 S. m. Fig. u. 1 Tab.) 900.

— **A. Pickel u. E. Scheller,** Theorie u. Praxis des Volksschulunterrichts nach Herbartischen Grundsätzen. I. u. VII. gr. 8. Leipzig, H. Bredt. n. 9. —
I. Das 1. Schuljahr. Ein theoretisch-prakt. Lehrgang für Lehrer u. Lehrerinnen, sowie zum Gebrauch in Seminaren. 7. Aufl. (VII, 464 S. m. 4 Tab.) 903. n. 5. —
VII. Das 7. Schuljahr. Ein theoretisch-prakt. Lehrgang für Lehrer u. Lehrerinnen, sowie zum Gebrauch in Seminaren. 3. Aufl. (VII, 360 S.) 906. n. 4. 50; geb. n. 5. —

— **A. Pickel u. E. Scheller,** Theorie u. Praxis d. Volksschulunterrichts nach Herbartischen Grundsätzen. I. u. VIII. gr. 8. Leipzig, H. Bredt. Geb. in Leinw. 11. 50
I. Das 1. Schuljahr. Ein theoretisch-prakt. Lehrgang f. Lehrer u. Lehrerinnen, sowie zum Gebrauch in Seminaren. 8. Aufl. (VII, 412 S. m. 2 Tab.) 908. Geb. 5. 50
VIII. Das 8. Schulj. Ein theoretisch-prakt. Lehrgang f. Lehrer u. Lehrerinnen sowie zum Gebrauch in Seminaren. 3. Aufl. (XII, 400 S.) 910. Geb. 6. —

Rein, Wilh., Thuringia sacra. Urkundenbuch, Geschichte und Beschreibung der Thüring. Klöster. I. und II. Lex.-8. Weimar 863,65, Böhlau. *
Inhalt:
(Thl.) I. Kloster Ichtershausen. Urkundenbuch, Geschichte und baul. Beschreibung mit genealog. und herald. Anmerkungen, Siegelabbildung und Grundriss. (VIII und 200 S. mit 1 Stnt.) * 1 Thlr.
» II. Ettersburg, Heusdorf und Heyda. Urkundenbuch, Geschichte und baul. Beschreibung mit genealog. und herald. Anmerkungen und Siegelabbildung. (VIII und 277 S.) * 1 Thlr. 10 Ngr.

Rein, s.: Verhandlungen, die, der 14. Turnlehrer-Versammlung.

— s. Verhandlungen des Vereins f. wissenschaftliche Pädagogik.

— u. **Fleisch,** Volkshochschulkurse. Vorträge auf d. 30. Hauptversammlg. der Gesellschaft f. Verbreitg. v. Volksbildg. am 19. V. 1900 in Heidelberg. 8. (24 S.) Berlin 900. (Th. Fröhlich.) — 30
Sonderabdruck aus: „Bildungs-Verein“.

— Volksleben u. Erziehung in Haus u. Schule, s.: Flugschriften d. Volksbundes z. Bekämpfung d. Schmutzes in Wort u. Bild. Nr. 4.

— stigmographisches Vorlagenwerk als Vorstufe zum Freihandzeichnen, s.: Bauer, R.

— der Zeichenunterricht in dem Gymnasium, s.: Schriften d. deutschen Einheitsschulvereins.

— Zeichenvorlagen, } s.: Bauer.
— stigmographische Zeichenvorlagen, } s.: Bauer.

— s.: Zeitschrift f. Philosophie u. Pädagogik.

Reina, Karl Graf

Reina, Carl Graf, was f. Pflichten hat jeder Protestant in jetziger romfreundlicher Zeit? gr. 8. (12 S.) Dresden 893. (O. Damm.) n. — 20

Reinach, A. v., das Rothliegende in der Wetterau u. sein Anschluss an das Saar-Nahegebiet, s.: Abhandlungen der königl. preussischen geologischen Landesanstalt.

Reinach, A. v., Schildkrötenreste aus dem ägyptischen Tertiär. (64 S. m. 17 Taf.) 4. Frankfurt a/M. 903. (M. Diesterweg.) n. 16. —
Sonderabdr. aus: „Abhandlgn. d. Senckenberg. naturforsch. Gesellsch.“

Reinach, A. v., Schildkrötenreste im Mainzer Tertiärbecken, s.: Abhandlungen, hrsg. v. der Senckenbergischen naturforsch. Gesellschaft. 28. Bd.

Schildkrötenreste im Mainzer Tertiärbecken und in benachbarten, ungefähr gleichaltrigen Ablagerungen. Von A. v. **Reinach.** Mit 44 Taf. (*Frankfurt a. M.: M. Diesterweg in Komm. 1900.*) (135 S.) 4°
= Abhandlungen hrsg. v. d. Senckenbergischen naturforsch. Gesellschaft. Bd 28. [01. 6331]

— über die zur Wassergewinnung im mittleren u. östlichen Taunus angelegten Stollen, s.: Abhandlungen der königl. preuss. geolog. Landesanstalt. N. F. 42.

Reinach, Adolf, a. Mainz: Über den Ursachenbegriff im geltenden Strafrecht. Leipzig: J. A. Barth 1905. (69 S.) 8°
München, Phil. Fak., Ref. Lipps, Diss. v. 31. Mai 1905
[Geb. 23. Dez. 83 Mainz; Wohnort: Mainz; Staatsangeh.: Hessen; Vorbildung: Gymn. Mainz Reife H. 01; Studium: München 5, Berlin 1 S.; Rig. 30. Dez. 04.]

Reinach, Heinrich, Referendar: Die Rechtsfähigkeit der Leibesfrucht. Mainz 1910: Theyer. 55 S. 8°
Gießen, Jur. Diss. v. 21. Sept. 1910, Ref. Biermann
[Geb. 4. Juni 88 Mainz; Wohnort: Mainz; Staatsangeh.: Hessen; Vorbildung: Ober-Gymn. Mainz Reife O. 06; Studium: München 2, Heidelberg 1, Berlin 1, Gießen 3 S.; Rig. 4. Juli 10.] [U 11. 1219

Reinach, J. de, formules et tables d'intérêts, s.: Vintejoux, F.

Reinach, Jos., Geschichte der Affaire Dreyfus. „Der Prozeß v. 1894.“ Auf Grund des amtl. Aktenmaterials dargestellt. Einzige autoris. deutsche Ausg. Mit den Orig.-Illustr. vom Bordereau, Esterhazy's u. Dreyfus' Briefen u. s. w. 1. u. 2. Aufl. gr. 8. (à VII, 415 S.) Leipzig 901. F. Luckhardt. n. 6. —; geb. in Leinw. n.n. 7. —

(B) **Reinach, J., Geschichte d. Affaire Dreyfuß. 901.** Jetzt: Leipzig, G. Brauns.

Reinach, Otto [aus Neustadt a/H.]: Ueber Influenza m. bes. Berücks. d. dabei auftretenden Lungen-Erkrankungen ... München, Druck v. Gundlfinger & C., 1892; 32 S., 7 Taf. 8.
Erlangen, Med. Fak., Inaug.-Diss. v. 1892

Reinach, Salomon

Reinach, S., Antoine-Emile-Ernest Desjardins. Olivier Rayet. Deux nécrologies. gr. 8. (16 S.) Berlin 888. Calvary & Co. n. 1.20

Reinach, Salomon, Bénigne Emmanuel Miller. Gustave d'Eichthal. 2 nécrologues. gr. 8. (16 S.) Berlin 887. Calvary & Co. n. 1.20

Reinach, Salomon, Orpheus. Allgemeine Geschichte d. Religionen. Deutsche, vom Verf. durchgeseh. Ausg. v. A. Mahler. 1. u. 2. Aufl. (XII, 403 S.) gr. 8. Wien 910. J. Eisenstein & Co. 7.50; geb. in Leinw. n 9. --

Reinach, Théodore, Mithradates Eupator, König v. Pontos. M. Berichtiggn. u. Nachträgen des Verf. ins Deutsche übertr. v. A. Götz. Mit 3 Karten u. 4 Heliograv. gr. 8. (XVIII, 488 S.) Leipzig 895. B. G. Teubner. n. 12.—

Reinacher, W[alter]. Kurze Anleitung zur Ausführung von Düngungs-Versuchen. [Mit 1 Figur.] 25 S. 8. Zürich, Orell Füssli, 1905.

Reinacher, W[alter]. Einige Erfahrungen über die Wirkung der Kalidüngung im Kanton Bern. [Illustriert.] Sonderabdruck aus Nr. 14 des «Schweizer Bauer» vom 16. Februar 1906 [*d. i.* 1907, Jahrg. 61]. 14 S. 8. (Zürich, Orell Füssli, [1907].)

Reinacher, W[alter]. Zur Frage des Frühjahrsdüngerbezuges. Separatabdruck aus Nr. 6, des Jahrg. 36 der Schweizerischen Landwirtschaftlichen Zeitschrift «Die Grüne». 7 S. 8. [Zürich, Jacques Bollmann, 1908.]

Reinacher, W[alter]. Instructions pour l'installation d'essais d'engrais. [Avec 1 figure.] 25 p. 8. Zurich, Orell Füssli, 1905.

Reinald. Singsp. gr. 8. Frankf. Fleischer. (Guilhaumann.) 789.

Reinards, die, oder vom Frieden Gottes und vom Unfrieden der Welt. Erzählung von der Verf. „Der Margarethe" und „Der Familie Forster." 2 Thle. 8. (494 S.) Halle 863, Fricke.

Reinardus Vulpus, s. Reineke Fuchs.

Reinaert de Vos, s. Reineke Fuchs.

Reinartz, Ernst: Materialismus und Spiritualismus oder Zusammenhang zwischen Leib und Seele im Menschen. Halle 1869: Lipke. 31 S. 8°
Halle-Wittenberg, Med. Diss. v. 18. März 1869
Geb. Düsseldorf 13. 3. 1846. V.

Reinartz, Heinrich

Reinartz, H., die eingetragene Genossenschaft als Corporation, besonders deren Liquidations-, Konkurs- und Umlage-Verfahren. Eine Monographie. gr. 8. (XII, 146 S.) Düsseldorf 882, Schwann'sche Verlagsh. *

Reinartz, Heinr., Geschichte e. Entmündigung. Rückblicke auf den Prozeß Feldmann-Hemmerling. Ein Beitrag zur Verbesserg. des Entmündigungs-Verfahrens u. der Irrenpflege, m. e. Vorworte v. Carl Finkelnburg. gr. 4. (VII, 72 S.) Düsseldorf 894. Schmitz & Olbertz. n. 1.—

Reinartz, zur Reform des Irrenrechts, s.: Kirchenheim, v.

Reinarz, Kaspar Theodor

Reinarz, Caspar. Theodorus (geb. 1797 in Neuss): Theses medicae quas ... dissertationi ... De irritabilitate arteriarum proxime typis edendae praemittit. Bonnae, typ. Bueschlerianis (1821). 2 Bl. 8.
Bonn, Med. Fak., Thes. v. [hs. 24] März 1821

Reinau, Erich Hellmut: Beiträge zur Kenntnis der Acetonoxalsäure. Bonn 1909: Broch & Schwarzinger. 115 S. 8°
Bonn, Phil. Diss. v. 22. Dez. 1909, Ref. Anschütz
[Geb. 19. Sept. 84 Karlsruhe i. B.; Wohnort: Godesberg; Staatsangeh.: Baden; Vorbildung: Realgymn. Mannheim Reife Juli 04; Studium: Berlin 2, München 2, Zürich 2, Bonn 5 S.; Rig. 21. Juli 09.] [U 10. 411

Reinaud, (Abbé,) Schreiben an Sylv. de Sacy, über d. Grafen Blancas Samml. oriental. Denkmäler. Aus d. Franz. v. Grafen F. Karaczay. gr. 8. Wien 823, Heubner.

Reinbabe, Geo. W., s. Reinbaben, Georg Wilhelm

Reinbaben, s.a. Rheinbaben

Reinbaben, v., Ueber die Altersversorgung der Arbeiter. 8°. Fraustadt 1883.

Reinbaben, Georg Wilhelm von

Reinbabe, Geo. W. v., poet. Uebers. u. Gedichte. 8. Weim. Feig. 711.

Reinbaben, George Wilhelm von. Poetische Übersetzungen und Gedichte. Weimar, Joh. L. Mumbach, 1711. 8°. 20 Bl. 422 S. 2 Bl. (letztes leer). Pappbd.
G. III, 255, 27. Erste und einzige Ausgabe der einzigen Veröffentlichung dieses Autors, eines gebürtigen Schlesiers, der 1739 als Weimarischer Minister starb. Den Hauptteil nehmen zwei Dramen ein, nämlich 1. *Tassos* Schäferspiel Amintas in einer Versübersetzung und 2. die Übersetzung von *Boursaults* „Esopus am Hofe, Heroisches Schau-Spiel", in welches zahlreiche Aesopische Fabeln eingeflochten sind, ebenfalls in Versen. Die letzte Abteilung S. 295—422 enth. die „Vermischten Gedichte" (Geistl. Lieder, Gelegenheitsgedichte und Arien und mehrere Übersetzungen in Versen). Der langen Einleitung R's folgt ein Lobgedicht auf ihn von (Bachs Librettisten) Salomon Franck. —

Reinbaben et Stampen, Joannes (Carolus Ferdinandus) de *(geb. Breslau 14. 8. 1849)*: Principia juris Romani de periculo rei venditae. Vratislaviae (1871). (47 S.) 8° *(Ist erweiterte Ausg. einer Heidelberger Preisschrift.)*
Breslau, Jur. Diss. v. 12. Dez. 1871

Reinbach, Ernst, appr. Arzt: Aus d. städt. Krankenanst. zu Kiel. Ueber die klinische Verwendbarkeit der Reaktion auf Glukuronsäure mit Naphthoresorzin und Salzsäure. Gelsenkirchen 1910: Bertenburg. 24 S. 8°
Kiel, Med. Diss. v. 13. Juli 1910, Ref. Lüthje
[Geb. 15. Okt. 81 Duisburg; Wohnort: Duisburg; Staatsangeh.: Preußen; Vorbildung: Gymn. Detmold Reife M. 03; Studium: Heidelberg 3, Rostock 2, München 1, Freiburg i. B. 1, Kiel 4 S.; Coll. 8. Juni 10; Approb. 1. Juni 10.] [U 10. 2466

Reinbach, Frid. (geb. Dortmund 8. 6. 1843): De laryngitidis crouposae natura et diagnosi. Berolini (1866). (30 S.) 8°
Berlin, Med. Diss. v. 17. März 1866

Reinbach, Georg [Arzt]: Über den Einfluss der venösen Stauung auf die Secretion der Galle. '(Aus d. physiolog. Institut zu Breslau.)' ... Breslau, Druck d. Bresl. Gen.-Buchdr., 1894; 30 S., 1 Bl., 1 Taf. 8.
Breslau, Med. Fak., Inaug.-Diss. v. 10. März 1894

Reinbach, Geo., üb. den Einfluss der venösen Stauung auf die Secretion der Galle. Diss. gr. 8. (30 S. m. 1 graph. Taf.) Breslau 894. (L. Köhler.) n. 1.—

Reinbach, Geo., das israelitische Krankenhaus zu Breslau, s.: Sandberg, Ernst.

Reinbach, Georg, Dr., Assistenzarzt d. chirurg. Klinik: **Aus d. chirurg. Universitäts-Klinik zu Breslau** ⟨Geheimrath v. Mikulicz⟩. **Untersuchungen** über den Bau verschiedener Arten von menschlichen Wundgranulationen. *Breslau 1901: (Lippert & Co., Naumburg a. S.).* (57 S.) 8° ¶ (Aus: Beiträge zur pathol. Anat. u. zur allg. Pathol., Bd 30.)
Breslau, Med. Hab.-Schr. v. 13. Mai 1901

Reinbach, Hans, aus Hattingen a. d. Ruhr: **Ueber Bromderivate des p-Aethylphenols.** *Marburg 1900: Köster & Schell.* (60 S.) 8°
Marburg, Phil. Diss. v. [9. Nov.] 1900

Reinbach, Guil. Wolfius (geb. Gostyn in Posen 25. 1. 1843): De laesionibus articulationis genu. Berolini (1866). (38 S.) 8°
Berlin, Med. Diss. v. 20. März 1866

Reinbeck, C., das Recht des bäuerlichen Grundbesitzes im Herzogt. Braunschweig. (IV, 259 S.) gr. 8. Wolfenbüttel 908. J. Zwißler. n. 5. —

Reinbeck, C. F.

Reinbeck, C. F., Diss. inaugur. med.-chirurg. de amaurosi sive gutta serena. 4. Helmst. 790. Fleckeisen. 3 gr.

Reinbeck, Carl, s. Reinbeck, Karl

Reinbeck, Emil, unser Friedhof. Gedanken an Tod und Unsterblichkeit. Zur würdigen Vorbereitung auf die Todtenfeier am St. Johannistage. 8. (35 S.) Leipzig 861, Jünger. *

— die Sklaverei, eine Profanation der Menschenrechte. Mit besonderer Beziehung auf die Neger-Sklaverei in Amerika, u. die Streitigkeiten über die Sklavenfrage in Kansas. Ein historisch-ethnographisches Gemälde. Salzkotten 862. (Emsbetten,) v. Sobbe. gr. 8. (25 S.) 5 ngr.

— **Taschenbuch der Edelsteinkunde, eine Monographie zur prakt. Belehrung über diese wichtigsten Erzeugnisse des Mineralreichs. Nebst e. Abhdlg. über die Fundorte, den Werth und die richtige Taxation der echten Perlen und Korallen. Als Leitfaden für Mineralogen u. Bergbaubeflissene, Steinschneider, Edelstein- und Juwelenhändler** rc. Naumburg 858. Garcke. 8. (126 S.) 20 ngr.

—— Taschenbuch der Edelsteinkunde, eine Monographie zur praktischen Belehrung über diese wichtigsten Erzeugnisse des Mineralreichs. Nebst einer Abhandlung über die Fundorte, den Werth und die richtige Taxation der echten Perlen und Korallen. Als Leitfaden für Mineralogen und Bergbaubeflissene, Steinschneider rc. 8. (126 S.) Naumburg 858, [Tauerschmidt.]

—— **Wir sind unsterblich! Unumstößliche Beweise für die Fortdauer des Menschen nach dem Tode und für ein Wiedersehen der vorausgegangenen Lieben im Jenseits. Zum Trost und Beruhigung für Zweifelnde und Trauernde hrsg.** 8. (IV und 239 S.) Leipzig 855(56,) Friese.

Reinbeck, Emil, (C. H. F. Hartmann), Wir sind unsterblich! Unumstößliche Beweise für die Fortdauer des Menschen nach dem Tode und für ein Wiedersehen der vorausgegangenen Lieben im Jenseits. Zum Trost und Beruhigung für Zweifelnde und Trauernde herausg. Leipzig 856. Friese. 8. (2 Bl., 239 S.) 20 ngr.

—— Wir sind unsterblich! Unumstößliche Beweise für die Fortdauer des Menschen nach dem Tode und für ein Wiedersehen der vorausgegangenen Lieben im Jenseits. Zum Trost und Beruhigung für Zweifelnde und Trauernde hrsg. 2. Aufl. 8. (IV und 148 S.) Leipzig 861, Friese.

Reinbeck, Emil, wir sind unsterblich! Unumstößliche Beweise f. die Fortdauer d. Menschen nach dem Tode u. f. e. Wiedersehen der vorausgegangenen Lieben im Jenseits. Zum Trost u. Beruhigg. f. Zweifelnde u. Trauernde. 3. Aufl. 8. (IV, 148 S.) Leipzig 876. Friese. n. 1. —

Reinbeck, Emil, wir sind unsterblich! Unumstößliche Beweise für die Fortdauer des Menschen nach dem Tode u. für ein Wiedersehen der vorausgegangenen Lieben im Jenseits. Zum Trost u. Beruhigung für Zweifelnde u. Trauernde hrsg. 4. (Titel-)Aufl. 8. (IV, 148 S.) Bremen (1876) 881. Heinsius. n. 1. —; cart. n. 1. 20

Reinbeck, Emil, der Centenarius, oder wie erlangt man durch eine naturgemäße Lebensweise das höchste Alter. Lehrbuch der populären Diätetik, enth. die phys. und moral. Mittel zur Erhaltung einer ungetrübten Gesundheit rc. Nach den Erfahrungen und Vorschriften der besten Aerzte aller Zeiten bearb. 8. (160 S.) Meißen 854, Klinkicht und Sohn.

—— die Zigeuner. Eine wissenschaftl. Monographie nach histor. Quellen bearb. Herkommen, Geschichte und eigenthüml. Lebensweise dieses räthselhaften Wandervolkes, von seinem ersten Auftreten im 15. Jahrh. bis auf die neueste Zeit. gr. 8. (III und 94 S.) Salzkotten 861. [Emsdetten, v. Sobbe's Verlag.] -

Reinbeck, Ernst, Regierungsassessor in Bremerhaven: Die Haftung der Versicherungsforderung für Hypotheken und Grundschulden nach dem bürgerlichen Gesetzbuch. Nördlingen 1905. (139 S.) 8° ¶ [Nur 15 Expl. abgeliefert.]
Rostock, Jur. Fak., Ref. Bernhöft, Diss. v. 5. März 1905
[Geb. 2. Febr. 78 Braunschweig; Wohnort: Bremerhaven; Staatsangeh.: Preußen; Vorbildung: Gymn. Wolfenbüttel Reife O. 96: Studium: Göttingen 4, München 1, Berlin 1 S.; Rig. 25. Febr. 04.]

Reinbeck, E., die Haftung der Versicherungsforderung für Hypotheken u. Grundschulden. (III, 189 S.) 8. München 905. C. H. Beck. n. 4. 50

Reinbeck, Georg von

Reinbeck, G., Abendunterhaltungen zur Ehre des Christenthums. Essen, Bädecker. 820.

Reinbeck, (G.,) dramaturg. Abhandlungen. (Aus dess. dramat. Werken bes. abgedruckt.) 8. Coblenz 822, Hölscher.

Reinbeck, Geo., Abriß d. Geschichte d. deutschen Dichtkunst u. ihrer Literatur. Zum Gebr. f. d. obern Abtheiln. d. nicht-gelehrt. männl. u. weibl. Schulen. 8. (11 B.) Essen 829, Bädeker.

— Abriß d. Geschichte d. deutschen Dichtkunst u. ihrer Literat., z. Gebrauch f. die obern Abtheill. d. nicht-gelehrten männl. u. weibl. Schulen. 8. Essen 830. Bädeker. 14 gr.

Flüchtige Bemerkungen auf einer Reise von St. Petersburg über Moskwa, Grodno, Warschau, Breslau nach Deutschland im Jahre 1805. In Briefen von G[eorg] **Reinbeck.** Th. 1. 2. Leipzig: Rein & Co. 1806. 8°
1. Mit einem Tit.-Kpfr. VI, 350 S.; 2. 324 S. Kl. 3167. T. 2 S. 169—185, enth. Nachricht üb. die Frmrei in Russland. KB.

Reinbeck, Georg, Blüthen der Muße. 1r Bd. 8. Essen 813. Bädeker. 1 Thlr 4 gr. Dann unt. d. Tit.: Abendunterhaltung. 2 Bdchen. 8. Ebd. 820. 2 Thlr 8 gr.

— der Dichter. Lustspiel in einer Abtheilung. 8. Coblenz 822, Hölscher.

— die Doppelwette, oder Er muß sich malen lassen. Lustsp. in 5 Abthell. 8. Ebd. 822, Ebd.

— Erzählungen. 8. Leipz. 808 R. K. 817. Rein. 1 Thlr 12 gr.

— Gordon u. Montrosa; Trauerspiel in 5 Abtheilgg. 8. Ebd. 822, Ebd.

— Handbuch d. Sprachwissenschaft mit besond. Rücksicht auf die deutsche Sprache. I. Bd. 1e Abtheil. A. u. d. T.: Reine allgem. Sprachlehre. gr. 8. Essen 813. 2e A. 819. Bädeker. 12 gr 2e Abtheil. A. u. d. T.: Angewandte allgem. Sprachlehre. gr. 8. Ebd. 814. 2e A. 819. Ebd. 16 gr II. Bd. 1e Abtheil. die Rhetorik. gr. 8. Ebd. 816. 2e A. 823. 18 gr 2e Abtheil. die Poetik in ihrem Zusammenhange mit d. Aesthetik. gr. 8. Ebd. 817. 2e A. 826. 20 gr III. Bd. 1e Abtheil. A. u. d. T.: die Geschichte d. Dichtkunst u. ihre Literatur. gr. 8. Ebd. 824. 16 gr 2e Abtheil. A. u. d. T.: poetische Beispielsamml. zu Vorlesungen üb. Poetik u. z. Deklamation. gr. 8. Ebd. 824. 1 ₰ 8 gr IV. Bd. A. u. d. T.: prosaische Beispielsamml. zu Vorlesungen üb. Rhetorik u. z. Declamation; nebst literar., histor., geograph., mytholog., archäolog. u. ähnlichen Erläuterungen. Zum Gebrauch f. die obern Klassen d. Gymnasien u. Lyceen. gr. 8. Ebd. 828. 1 ₰ 4 gr Preis aller 4 Bde. 5 ₰ 22 gr

— Heidelberg u. seine Umgebungen im Sommer 1807. 8. Tübing. 808. v. Cotta. 21 gr Postp. 1 ₰

— Herr von Hopfenkeim. Fastnachtsposse in 4 A. Leipz. 805. Rein. 16 gr

v. Reinbeck, Geo., Catharina, Königin von Württemberg. Ein Musterbild für gekrönte Frauen. — Beitrag zur Landesfeier der 25jähr. Regierung Sr. Maj. des Königs Wilhelm v. Württemberg. 8. Stuttgart 842, Beck u. Fränkel. 2/3 ₰

— die Kosacken in d. Schweiz. Schspl. in 1 A. gr. 8. Lübeck 799. St. Petersb. 801. (Altenb., Schnuphase). 8 gr

— die Krönungsfeier. Vorspl. in 1 A., mit Chören u. Gesängen. 8. Lübeck 802. Bohn. 8 gr

—— Leben u. Wirken des Dr. Th. Johann Reinbeck, weil. Consistorialrath, Probst zu Köln an der Spree ꝛc. Nach Urkunden u. Familien-Nachrichten 100 Jahre nach seinem Tode mitgetheilt von seinem Enkel. Ein Beitrag zur Lebens- u. Charakter-Geschichte der Könige Friedrich Wilhelm I. u. Friedrich II. von Preußen. 8. (8½ B.) Stuttgart 842, Beck u. Fränkel.

—— Lebensbilder. Novellen u. Erzähln. 3 Bdchn. 8. (60½ B.) Essen 829, Bädeker.

— Lisinka, oder der Triumph der Dankbarkeit: Schausp. in 5 Abtheilgg., nach d. Russ. des Ilgin. 8. Ebd. 822, Ebd.

— der Quartierzettel; Lustspiel in 3 Abtheilungen. 8. Ebd. 822, Ebd.

— Graf Rasowsky, oder nicht alles ist falsch was glänzt. Ein russ. Sittengemälde in 4 A. 8. Leipz. 805. Rein. 1 ₰

— Graf Rasowsky, oder nicht alles ist falsch, was glänzt; russ. Sittengemälde in 4 Abtheilgg. 8. Ebd. 822, Ebd.

— Regellehre d. deutschen Sprache. gr. 8. Essen 822. Bädeker. 1 ₰

Reinbeck, Geo., Reise-Plaudereien über Ausflüge nach Wien, Salzburg u. dem Salzkammergut in Ober-Oesterreich, Weimar, in die Würtembergische Alb u. nach den Vor-Cantonen d. Schweiz u. dem Rigi. 2 Bdchn. gr. 12. Stuttgart 837. Brodhag. 2½ ₰

Reinbeck, Geo. v., Reise-Plaudereien üb. Ausflüge nach Wien (1811), Salzburg u. d. Salzkammergut in Ober-Oesterreich (1834), Weimar (1806), in die würtemberg. Alb (1824) u. nach d. Vor-Cantonen d. Schweiz u. d. Rigi (1818). 2 Bdchn. gr. 12. (33 B.) Stuttgart 837, [Scheible, Rieger u. Sattler.]

— Schauspiele. 8. Ebend. 805.

— der Schuldbrief; Lustspiel in einer Abtheilung. 8. Ebd. 822, Ebend.

—— Sendschreiben an die geehrten Lehrer d. Muttersprache in deutschen Gelehrtenschulen. Nebst 6 Beiln., d. deutsche Sprache u. den Sprachunterr. betreff. Ein Beitr. z. Methodik. gr. 8. (16 B.) Stuttgart 832, [Beck u. Fränkel.]

— Sendschreiben an die geehrten Lehrer d. Muttersprache in deutschen Gelehrtenschulen. Nebst 6 Beill., die deutsche Sprache u. d. Sprachunterricht betreffend. Ein Beitr. z. Methodik. gr. 8. Stuttg. 832. Löflund u. S. 1 ₰ 4 gr

—— Situationen. Ein Novellenkranz. Nebst einigen Worten üb. d. Theorie d. Novelle. 8. (26½ B.) Stuttgart 841, (Beck u. Fränkel.) *

— deutsche Sprachlehre z. Gebrauch deutscher Schulen. gr. 8. Lübeck 802. 2e A. 809. (Campe). 16 gr 3e verb. Aufl. 812. Jena. Voigt. 12 gr u. Stuttg., Löflund. 1 ₰ 4e (eigentl. d. 5e) rechtmäß. u. verb. Aufl. gr. 8. Stuttg. 821. Löflund. 16 gr

— deutsche Sprachlehre z. Gebr. deutsch. Schulen. gr. 8. Lübeck. Bohn. (Niemann u. C.) 809.

— kurze deutsche Sprachlehre z. Gebrauch deutscher Schulen. 8. Hamb. 805. (Campe). 6 gr (Vergl. Bildungsbibliothek f. Nichtstudirte).

— neue deutsche Sprachlehre zum Gebrauch f. deutsche Schulen. gr. 8. Stuttg. Löfflund. 812.

— Unbesonnenheit u. gutes Herz; Lustsp. in einer Abtheilg. 8. Ebd. 822, Ebd.

— d. Virginier. Lustspl. 8. Ebd. 822.

— Vorhalle z. deutschen Schriftenthum. Eine Samml. Aufsätze u. Gedichte z. Uebung im richtigen u. darstellenden Lesen. gr. 8. Stuttg. 827, Metzler.

— — sämmtliche dramatische Werke. Nebst Beyträgen zur Theorie der deutschen Schauspieldichtung und zur Kenntniß des gegenwärtigen Standpunktes der deutschen Bühne. 4 Bde. 8. Coblenz, Hölscher. 817—819. Velinpap. (I. Band enthält: Mein dramatischer Lebenslauf. — Graf Rasowsky, oder: Nicht Alles ist falsch was glänzt. — Russisches Charaktergemälde in 4 Abtheilungen. — Der Virginier, Lustspiel in 3 Abthl. 1 Thlr. 16 Gr. — II. Ueber den Werth der Schaubühne für die Menschheit. — Die Doppelwette, oder er muß sich mahlen lassen, Lustspiel in 5 Abthl. — Lisinka, oder: der Triumph der Dankbarkeit, Schauspiel in 5 Abthl. — Anhang: Ueber das Lustspiel im I. Bande — der Virginier. 1 Thlr. 16 Gr. — III. Briefe über den gegenwärtigen Zustand der deutschen Bühne. — Die beyden Wittwen, Schauspiel in 5 Abth. — Der Schuldbrief, Lustspiel in 1 Abth. — Der Quartier-Zettel, Lustspiel in 3 Abthl. 1 Thlr. 12 Gr. — IV. Der französische Dramaturg über deutsche dramatische Dichtung. — Gordon und Montrose, Trauerspiel in 5 Abtheil. — Der Dichter, Lustspiel in 1 Abthl. — Unbesonnenheit und gutes Herz, Lustspiel in 1 Abth. 1 Thlr. 16 Gr.)

Reinbeck, (G.) sämmtl. dramat. Werke. 5r u. 6r Band. 5r Bd Enthält: Ueber die Wahl des Schauspieler-Standes. 4 gr. Ein paar Worte über Theater-Beurtheilungen. 4 gr. Der argwöhnische Ehemann, Lustsp. in 5 Aufz. 16 gr. Der Verführer, od. die klugen Frauen, Lustsp. in 5 Abtheilungen. 18 gr. Die Rückkehr, Vorspiel in 1 Aufz. 6 gr. 6r Bd. Enthält: Ein paar Worte über die Beurtheilung v. Schauspieldichtungen in den öffentlichen Blättern. 6 gr.

Die Verschwörung des Fiesko in Genua. Ein republikan. Trauersp. von Schiller, f. die Bühne neu bearb. in Jamben. 1 Rthl. Der Westindier. Lustsp. in 5 Abtheilungen. Nach den Engl. von Cumberland. 16 gr. Nachbar Specht, oder Ihm entgeht nichts. Lustspiel in 3 Abtheilungen nach Picard. 12 gr. 8 Coblenz 821 u. 22, Hölscher. 5r Bd. 1 Rthl. 16 gr. 6r Bd. 2 Rthl. 8 gr., 4 Rthl. — 1r — 4r Bd. Rthlr.

— Winterblüthen. 1r u. 2r Kranz. 8. Leipz. 810. N. A. 817. Rein. 2 ℛ 12 ℊ

— die beiden Witwen; Schauspiel in 5 Abtheilungen. 8. Ebd. 822, Ebd.

Reinbeck, Johann Gustav

— Abfert. d. Gedanken e. Anonymi f. Betracht. über die Augsb. Confess. 2 Thle. 4. Berlin. 737.

— Beantw. d. Abhandl. v. d. Unschuld Gottes ꝛc. 8. Berl. Nicolai. 737.

Reinbeck, Jh. Gust., († ...) Betrachtt. üb. alle Sonn- u. Festtags-Evangelien ꝛc, herausgg. v. Fr. E. Rambach l. 4. Berl. 754. Haude u. Sp. 2 ℛ 12 ℊ

Reinbeck, J. Gust., Betrachtungen üb. d. in d. Augsburg. Confession enth. ꝛc. göttl. Wahrh. 4 Thle. 4. Berlin, Haude, 733-39.

— — derselben 5r-9r Thl. v. Cauz fortgesetzt. 4. Ebend. 744-47.

— — dies. in Fragen u. Antworten v. Gutke. 2 Thle. 8. Hamb. Richter. 740.

— Einweih.- u. Introduct.-Rede in d. Dreyfaltigkeitskirche a. d. Friedrichsstadt. 4. Berl. 739.

— von der Erlösung ꝛc. übersetzt von Keck. gr. 8. Jena. 740.

— Erörter. des Hauptinh. d. Offenbar. Joh. 8. Berlin, Voß. 722.

— Erört. d. Meinung v. d. sogen. harmonia praestabilita etc. 4. Berl. Nicolai. 715.

Reinbeck, Johann Gustav, Erörterung Der Philosophischen Meynung von der sogenandten harmonia praestabilita, worinnen gezeiget wird, 1. Was diese Hypothesis eigentlich sagen wolle, und warum sie der menschlichen Freyheit nicht nachtheilig sey. 2. Was dieselbe vor dem Systemate influxus für einen Vorzug habe, und 3. Warum der Autor nichts destoweniger derselben nicht beypflichte. aus Liebe zur Wahrheit Und zur Verhütung fernerer. verworrenen Streitigkeiten, nebst einem nöthigen Vorbericht herausgegeben. Berlin (A. Haude) (12. XII. 1736.) 1737. XXXVIII, 48 S. u. Zugabe Aus Herrn Wolff's eigenen Schrifften, so viel sich davon zu der abgehandelten Materie schicket. (5.25) 28109

— Gedächtniß- u. Leichenpredigten. Fol. Berlin, Haude. 742.

— philos. Gedanken üb. d. vernünft. Seele u. d. Unsterblichk. 8. Ebend. 739.

— Grundr. e. Lehrart, ordentl. u. erbaul. zu predigen. 8. Berlin, Haude. 743.

— Nachr. v. d. Brande in Berl. m. K. 4. Berl. Rüdiger. 750.

Reinbeck, J. Gust., d. Natur des Ehestandes u. Verwerflichk. des Concubinats gegen Thomasium. 4. Berlin, Rüdiger. 715. Rthlr.

— auserl. Predigten b. besond. Gelegenheit. herausg. von Rambach. 4. Ebend. 750.

— Prüfung der Geister. 4. Halle, Renger. 715.

— auserles. Reden bei besond. Gelegenheiten gehalten; herdgg. v. F. E. Rambach l. 4. Berl. 750. Haude u. Sp. 1 ℛ 20 ℊ

— Sammlung einiger Leichenpredigten, von Franke herausgegeben. 2 Thle. 4. Berlin, Haude. 743.

— fortges. Samml. auserl. Predigt., w. b. 1743 einzeln herausg. w. 4. Ebend.

— Samml. auserlesener Predigten, größtentheils bei besondern Gelegenheiten gehalten, 58 Stück mit Regist. 4. Berl. 750. Haude u. Sp. 3 ℛ 8 ℊ

— Samml. auserles. Predigten über alle Sonn- und Festtags-Evangelien, herausgeb. von Rambach. 4. Ebendas. 754.

— Samml. kurz. Predigten über die Sonn- und Festtags-Evangel., n. 4 Bußpred. herausg. v. Franke. 8, Berlin, Haude. 744.

— Samml. v. zween üb. ein jegl. Sonn- u. Festtags-Evangelium, wie auch an Bußtagen gehalt. Predigten. gr. 4. Berl. 752. Nicolai. 2 ℛ 12 ℊ

— Samml. v. zween üb. e. jegl. Evang., w. a. v. einig. an Bußtagen gehaltenen Predigten. 4. Berlin, Nicolai. 762.

— nachgelassene Schriften ꝛc. 4. Berlin, Haude. 743.

Reinbeck, Johann Justus.
Nachgelassene kleine Schriften nebst zwoen Vertheidigungsschriften . . . Berlin 1743. H: *Gottsched, Joh. Chph.* (Wanick, Gottsched. Leipzig 1894. S. 391.)

Reinbeck, Karl [aus Goslar]: Ueber diejenigen Flächen, auf welche die Flächen zweiten Grades durch parallele Normalen conform abgebildet werden . . . . Göttingen, Druck d. Dieterichschen Univ.-Buchdr. W. Fr. Kaestner, 1886; 48 S. u. 1 Taf. 8°.
Göttingen, Phil. Fak., Inaug.-Diss. v. 19. Dez. 1885.

Reinbeck, Karl, über diejenigen Flächen, auf welche die Flächen 2. Grades durch parallele Normalen conform abgebildet werden. Inaugural-Dissertation. gr. 8. (47 S. mit 1 Taf.) Göttingen 886, (Vandenhoeck und Ruprecht.) *

Reinbeck, [Karl], Dr.: Die planimetrische Lehraufgabe für Quarta und Unter-Tertia des Realgymnasiums. *Uelzen 1899: C. Becker.* (XII, 80 S.) 8°
Uelzen, RPG, OP 1899 (356)

Reinbeck, [Karl], Dr.: Die planimetrische Lehraufgabe für Ober-Tertia und Unter-Sekunda des Realgymnasiums. *Uelzen 1900: C. Becker.* (S. 81–126.) 8° ¶ [Forts. d. P-Beil. 1899: Die planim. Lehraufg. f. Quarta u. Unt.-Tertia.]
Uelzen, RPG, OP 1900 (358)

Reinbeck, Leop. v., Salon-Gespräche. 80 anleitende Beispiele um auf Bällen, in Gesellschaften, Concerten rc. auf eine passende, anziehende und interessante Weise eine Unterhaltung anzuknüpfen, sowie mit Takt und Gewandtheit fortzuführen. Ein Rathgeber für unerfahrene und schüchterne junge Leute beiderlei Geschlechts. 12. (XVI und 196 S.) Weimar 863, Voigt.

Reinbeck, Leop. v., Salon-Gespräche. 78 anleitende Beispiele, um auf Bällen, in Gesellschaften, Konzerten und im Theater, bei Besuchen, Diners und Landpartien, auf der Straße, auf Promenaden, Reisen, sowie überhaupt unter den verschiedenartigsten Lebensverhältnissen auf eine passende, anziehende und interessante Weise eine Unterhaltung anzuknüpfen, sowie mit Takt und Gewandtheit fortzuführen. Ein Ratgeber für unerfahrene und schüchterne junge Leute beiderlei Geschlechts. 2. durchgeseh. Aufl. 8. (XIX, 187 S.) Weimar 886, B. F. Voigt.

Reinbeck, Leop. v., Salon-Gespräche. 78 anleit. Beispiele, um auf Bällen, in Gesellschaften, Konzerten u. im Theater, bei Besuchen, Diners u. Landpartien, auf der Straße, auf Promenaden, Reisen, sowie überhaupt unter den verschiedenartigsten Lebensverhältnissen auf e. pass., anzieh. u. interessante Weise e. Unterhaltg. anzuknüpfen, sowie m. Takt u. Gewandtheit fortzuführen. Ein Ratgeber f. unerfahrene u. schüchterne junge Leute beiderlei Geschlechts. 3. Aufl. 8. (XVI, 187 S.) Weimar 891. B. F. Voigt. 1. 80

Reinbeck, Leop. v., Salon-Gespräche. 78 anleit. Beispiele, um auf Bällen, in Gesellschaften, Konzerten u. im Theater, bei Besuchen, Diners u. Landpartien, auf der Straße, auf Promenaden, Reisen, sow. überhaupt unt. d. verschiedenartigsten Lebensverhältnissen auf e. pass., anzieh. u. interessante Weise e. Unterhaltg. anzuknüpfen, sow. m. Takt u. Gewandtheit fortzuführen. Ein Ratgeber f. unerfahr. u. schüchterne junge Leute beiderlei Geschlechts. 4. Aufl. 8. (XVI, 187 S.) Weimar 896. Leipzig, B. F. Voigt. 1. 80

Reinbeck, Martin: Ueber Dibrommaleïnsäureanhydrid. (Berlin 1910: Ebering.) 44 S. 8°
Berlin, Phil. Diss. v. 1. Aug. 1910, Ref. E. Fischer
[Geb. 16. März 86 Torgau; Wohnort: Torgau; Staatsangeh.: Preußen; Vorbildung: Gymn. Torgau Reife O. 04; Studium: Freiburg i. B. 1, München 6, Berlin 5 S.; Rig. 7. Juli 10.] [U 10. 235

Reinbeck, Otto Siegm.. Die Hülfe des Herrn, Dankpredigt über den in Schlesien über die Oesterr. Armee erfochtenen Sieg. Berlin 1757. 8.

Reinbeck Courier: 1889

Democratic weekly. Title varies: GRUNDY COUNTY COURIER. Circulation: 1889, 600. Edited & published by Hermann Miller.
Reinbeck, IA

Reinberg, Liebesgesch. in Originalbriefen; kein Roman. m. K. 8. Lpz. Schönfeld. 784.

Reinberg, A., der prakt. Destillateur, e. vollständ. Handbuch d. Destillirkunst, Liqueur- u. Rumfabrikation rc. 1—3. Hft. 16. (à 2 B.) Glogau 836, 37, Flemming. à

Reinberg, A., das zweite Stadttheater in Riga. (14 S. m. Abbildgn. u. 13 Taf.) gr. 4. Riga (905). (N. Kymmel's Sort.) n. 9. —

Reinberg, Kaspar

Reinberg, K., Blicke und Wahrheiten auf u. über d. Krankenhäus. d. barmherz. Brüder. gr. 8. Wien, Camesina. 784.

Reinberg, Ksp., (B. D. Ant. Cremeri,) Blicke u. Wahrheiten auf u. üb. die Krankenhäuser der barmherz. Brüder. gr. 8. Wien 784. (Heubner). 6 gr.

REINBERG Edler von Wisenfels(sic) Josef. Der Vater ohne Kopf, das ist: die unglückliche Standeswahl oder die unbesonnenen Bestimmungen mancher Eltern . . . Von –. o. V. o. O. 1783.

Reinberger, Hugo, Referendar bei d. Kgl. Landger. zu Liegnitz: Vollmachtslose Stellvertretung und Genehmigung, nach römischem Recht und nach Bürgerlichem Gesetzbuch. *Breslau 1899: Bresl. Genossenschafts-Buchdr.* (X, 60 S.) 8°
Breslau, Jur. Diss. v. 1899

Reinberger, Meta, zerstörtes Leben. Roman. (124 S.) 8. Dresden 903. E. Pierson. n. 2. —; geb. n. 3. —

Reinbold, Adelheid, s. Berthold, Frz.

Reinbold, Alwin, lyrische u. dramatische Dichtungen. gr. 12. Leipzig 846, Brockhaus. n. 1 ℛ

Reinbold, Jh. Arnold, († d. 5. Jan. 1793.) über die Vereinzelungen d. Domänialgüter u. einige einschlagende Materien. 8. Götting. 792. Vandenhöck u R. 4 gr.

Reinbold, Otto, die Nase in ihrer physiognomischen Bedeutung. Mit 22 erläuternden Federzeichnungen (auf 10 Steintaff. in gr. 4.) Carlsruhe 867. Creuzbauer'sche Buchh. gr. 8. (44 S.) n. 22 ngr.

Reinbold, Otto, die Nase in ihrer physiognom. Bedeutg. M. 122 erläut. Feder-Zeichngn. (auf 10 Taf.). (Anastat. Neudr.) gr. 8. (44 S.) Karlsruhe 895. (A. Bielefeld's Hofbuchh.) n. 2. —

Reinbold, P. Fr. C. Ueber das Postwesen und die Einrichtung desselben in Hinsicht auf das allgemeine Beste, den Nutzen und die Bequemlichkeit des Publikums. 8°. Göttingen, Dieterich, 1803.

Die Algen der Kieler Föhrde. Von Theodor **Reinbold.** Kiel. (1889—)1893. 8°.

Beiträge zur Kenntniss der Algenvegetation des östlichen Theiles der Nordsee, im Besonderen derjenigen der Deutschen Bucht von Theodor **Reinbold.** Separatabdruck aus „Schriften des naturwissenschaftl. Vereins für Schleswig-Holstein". Bd. 9, Heft 2. Kiel 1892. 8°

Bericht über die im Juni 1892 ausgeführte botanische Untersuchung einiger Distrikte der Schleswig-Holsteinischen Nordseeküste v. Theodor **Reinbold.** (Berlin 1893.) Siehe in: 6. Bericht der Commission zur wissenschaftlichen Untersuchung der deutschen Meere in Kiel. Jg. 17–21. Heft 3. Fol.

Die Chlorophyceen (Grüntange) der Kieler Föhrde v. Theodor **Reinbold.** Separatabdruck aus den „Schriften des naturwissenschaftl. Vereins für Schleswig-Holstein". Bd. 8. Heft 1. Kiel. 1889. 8°.

Die Cyanophyceen (Blautange) der Kieler Föhrde v. Theodor **Reinbold.** Separat-Abdruck aus „Schriften des Naturw. Vereins für Schleswig-Holstein". Bd. 8. Heft 2. Kiel. 1891. 8°.

Gloiothamnion Schmitzianum, eine neue Ceramiacee aus dem Japanischen Meere v. Theodor **Reinbold.** (Mit Taf. 3.) Sonderabdruck aus der „Hedwigia", Bd. 34. (Dresden.) 1895. 8°.

Reinbold, Th., die Meeresalgen der deutschen Südpolar-Expedition, s.: **Südpolar-Expedition**, deutsche. VIII. 2.

— Die **Meeresalgen der deutschen Tiefsee-Expedition 1898–1899,** s.: **Ergebnisse, wissenschaftliche, der deutschen Tiefsee-Expedition.**

Die Phacophyceen (Braunfange) der Kieler Föhrde v. Theodor **Reinbold.** Separat-Abdruck aus „Schriften des Naturwissenschaftlichen Vereins für Schleswig-Holstein". Bd. 10, Heft 1. Kiel 1893. 8°

Die Rhodophyceen (Florideen, Rothtange) der Kieler Föhrde v. Theodor **Reinbold.** Separat-Abdruck aus „Schriften des Naturwissenschaftlichen Vereins für Schleswig-Holstein". Bd. 9. Heft 1. Kiel. 1891. 8⁰.

Untersuchung des Borkum-Riffgrundes v. Theodor **Reinbold.** Berlin. 1893. Siehe in: 6. Bericht der Commission zur wissenschaftl. Untersuchung der deutschen Meere in Kiel. Jg. 17—21. Heft 3, Fol.

Reinbot v. Durne, d. heilige Georg. Mit e. Einleitg. üb. d. Legende u. das Gedicht hrsg. u. erklärt v. Ferd. Vetter. gr. 8. (VI, CXCII, 298 S.) Halle 896. M. Niemeyer. n. 14. —

Reinbot v. Durne, der hl. Georg, hrsg. von Carl v. Kraus, s.a. Bibliothek, germanische. III, 1.

Der heilige Georg **Reinbots** von Durne. Nach sämtl. Hs. hrsg. von Carl v. Kraus. Heidelberg: C. Winter 1907. (LXXXIV, 308 S.) 8°
— **Bibliothek,** Germanische. Abt. 3. Bd 1. [07. 9544

Reinbot. Deutsch-russisches Wörterbuch, enthaltend technische Ausdrücke in Bezug auf das Eisenbahnwesen. Petersburg 1885. 8°.

Reinboth's Ideal-Briefmarken-Album. Auszug aus der grossen Ausg. Enth. ca. 11 500 Markenfelder mit ca. 2000 Marken-Abbildgn., Leisten, Preise für ungebrauchte u. gebrauchte Postwertzeichen, sowie 2 Taf. Wasserzeichen. gr. 4. (VIII, 280 S.) Leipzig (902). F. Reinboth. Geb. 3. —

— dasselbe. Enth. ca. 14 500 Markenfelder m. ca. 3000 Marken-Abbildgn., Leisten, Preise f. ungebrauchte u. gebrauchte Postwertzeichen, sowie 2 Taf. Wasserzeichen. gr. 4. (VIII, 368 S.) Ebd. (902). Geb. in Halbleinw. 4. —

Reinboth, A., d. heilige Nacht, s.a. Bloch's, Ludw., Kinder-Theater.

Die heilige Nacht. Kurzes Weihnachts-Krippenspiel von A. Reinboth. *Berlin: E. Bloch (1895).* (13 S.) 8° [F.]
— Kinder-Theater. Ludwig Blochs. No 41. [illegible]

Reinboth, A., Weihnachten im Forsthaus. — Weihnachtsmorgen a. d. Straße, s.a. Festspiele f. Schule u. Haus. III.

Weihnachten im Forsthaus. Ein Spiel f. Kinder in 2 Teilen. Von A. Reinboth. *Bielefeld: A. Helmich [1899].* (22 S.) 8° [F.]
— **Festspiele** f. Schule u. Haus. 3. [00. 8936

Reinboth, Ehrenfried (Ilm./Schwarzburg), De eo quod justum est, circa dignitates imperii conferendas. Diss. jurispubl. Erfurt (J. Chr. Hering) 2. VI. 1745. 32 S. (4.50) 28110

Als **Zacharias Wolff** am 5. April 1726 dieses Zeitliche mit dem Ewigen verwechselte, wolte durch diese Trost-Zeilen sein Mitleiden bezeugen Friedrich Adolph Reinboth. Kiel (1726.) Fol.

Reinboth, Fr. Ad., Planctus Germaniæ super immaturo et luctuosissimo obitu Leopoldi Archiducis Austriæ 1716 d. 4. Nov. exstincti. Kiliæ. Fol. P.

Reinboth, F[riedrich] A[dolf]: Piis manibus viri . . . [Trauergedicht auf Simon Heinrich **Musäus**, Prof. d. Rechtswiss., † 11. Sept. 1711.] — Kiloni 1711: Reuther. 2 Bl. 4°

Reinboth, F[riedrich] A[dolf]: Den gerechten Lohn des gerechten Richters wollte . . . [Trauergedicht auf Gabriel **Schreiber**, Etatsrat, Staats-, Justiz- u. Cantzelley-Raht, † 4. Jan. 1722.] — Schleßwig 1722: Holwein. 2 Bl. 2°

Reinboth, Geo. Sam., s. Verhalten, d. rechte, d. Menschen.

— **Johann Georg** (Holstein), ... De non speranda arcae foederis restitutione. Diss. ex Jerem. III. v. 14. seqq. Präs. Johann Frischmuth. Jena (S. Krebs) April o. J. (4.50) 28112

Reinbott, Heinr. Aug., alte und neue Häuslichkeit. Die christlichen Hauptfeste und unsere Jahreszeiten. Zwei Vorträge. Berlin 853. Schroeder. 8. (47 S.) 6 ngr.

Reinbott, Hnr. Aug., s. Rehm, W., Handbuch für den Unterricht in den deutschen Stylübungen.

Reinbrecht, A. Polyhymnia, s. Böjche, K.

Reinbrecht, Arnold [Unterarzt im 1. Hessischen Inf.-Reg. No. 81 u. an d. K. Charité]: Ein Fall von Magencarcinom bei einem 21jährigen Mädchen . . . . Berlin, Buchdr. v. M. Goedecke vorm. E. Müller (1886); 29 + 8 S. 8°.
Berlin, Med. Fak., Inaug.-Diss. v. 16. Febr. 1886.

Reinbrecht, Arnold, ein Fall von Magencarcinom bei einem 21jährigen Mädchen. Diss. Berlin 1886, Mayer & Müller. 8⁰. 29 S.

Reinbrecht, Aug., die Legende von den sieben Schläfern und der anglo-normannische Dichter Chardri. Inaugural-Dissertation. gr. 8. (39 S.) Göttingen 880, (Vandenhoeck und Ruprecht's Verlag.) *

Reinbrecht, Friedr., die bekanntesten Choräle des Choral-Melodien-Buches von Heinr. Enckhausen für Volksschulen dreistimmig gesetzt. 1. Heft: 33 Choräle. 8. (20 S.) Hameln 857, Labuske.

Königs-Psalm für Männerchor und Orchester. Für d. Universitätsfeier in Greifswald am 18. Jan. 1901 komp. von Friedrich **Reinbrecht.** (Op. 23.) Chorstimmen. *[Greifswald 1901: F. Bärwolff.]* (4 Bl.) quer-8° [01. 3440 9

The 118th psalm. Der 118te Psalm für Chor, Soli u. Orchester comp. von Friedrich **Reinbrecht.** [Klavierauszug u. 4 Chorstimmen.] Magdeburg: Heinrichshofen [1906]. 5 Bde 4° [F. u. Ant.] [06. 1001] 9

Reinbrecht, Gustav, a. Ueckermünde: Das Tötungsverbrechen im altfranzösischen Recht. Heidelberg 1906: J. Hörning. (65 S.) 8°
Heidelberg, Jur. Fak., Ref. v. Lilienthal, Diss. v. 28. Jan. 1906
[Geb. 13. April 81 Ückermünde; Wohnort: Ückermünde; Staatsangeh.: Preußen; Vorbildung: Gymn. Eisenberg Reife O. 99; Studium: Bonn 2, Berlin 4 S.; Rig. 22. Dez. 05.]

Reinbrecht, Otto [aus Borxleben (am Kyffhäuser)]: Über kohlenstoffreichere Oxysäuren aus Milchzucker und Maltose. . . . Würzburg, Becker's Univ.-Buchdr., 1891; 21 S. 8°
Würzburg, Phil. Fak., Inaug.-Diss. v. 1891

Reincke, s.a. Reineke.

Reincke, s.a. Reinicke

Reincke, Esther 5, 13. Aber an dem Allen habe ich kein Genüge, so lange ich sehe den Juden Mardochai am Königsthor sitzen. Eine Rede, aus dem Engl. übers. gr. 8. (19 S.) Berlin 862, Springer's Verlag.

Reincke, Alex., Anfangsgründe der englischen Sprache. 8. (5 B.) Königsberg 844, Bornträger'sche Sort.-Buchh.

[F.] **Reincke,** *Ernst* [Oberl.]: Ueber cyclische Curven, dargestellt als geometrischer Ort des Mittelpunktes derjenigen Geraden, welche zwei auf zwei concentrischen Kreisen gleichförmig bewegte Punkte in jedem Moment verbindet. Malchin, Druck v. C. H. Heese, 1892; 3—34 S. 4.
Malchin, RG, OP 1892 (655)

Reincke, E[rnst], Prof., Dir.: [**Rückblick** auf die Vergangenheit der Anstalt von 1866 bis zum Ende des 19. Jahrhunderts.] *Malchin i. M. 1901: C. H. Heese.* (S. 21—26.) 4° [F.] ¶ (Weiteres erscheint im nächstjährigen Programm.)
Malchin, st. RG, OP 1901 (722)

Reincke, Ernst Zweck und Methode der Psychophysik. 4 (S. 5—30). **Progr.** Rg. *Malchin* 1886 (601).

Reincke, G., Fabrik landwirthschaftl. Maschinen: Catalog über Viehwaagen. Dortmund (1897?)

Reincke, G., Fabrik landwirthschaftlicher Maschinen und Geräthe: Ill. Musterbuch. Dortmund (1897?)

Reincke, G: Preisliste über Jauche- und Wasser-Fässer. Dortmund (1897?)

Reincke, Heinrich, Referendar in Hamburg: Der alte Reichstag und der neue Bundesrat. Tübingen (1906): H. Laupp jr. (X, 56 S.) 8° ¶ (Erscheint vollst. als Bd 2, H. 1 der „Abhandlungen aus d. Staats-, Verwaltungs- u. Völkerrecht".)
Bonn, Jur. Fak., Diss. v. 12. Jan. 1906
[Geb. 21. Apr. 81 Hamburg: Wohnort: Hamburg: Staatsangeh.: Hamburg; Vorbildung: Johanneum Hamburg Reife O. 00: Studium: Erlangen 4, Bonn 2 S.]

Reincke, Heinr., der alte Reichstag u. der neue Bundesrat, s.a Abhandlungen aus d. Staats-, Verwaltungs- u. Völkerrecht.

Der alte Reichstag und der neue Bundesrat. Von Dr. Heinrich **Reincke.** Tübingen: J. C. B. Mohr 1906. (XIII, 101 S.) 8°
= **Abhandlungen** aus d. Staats-, Verwalt.- u. Völkerrecht. Bd. 2, H. 1. (06. 93)

Reincke, J. F.: „Grundsteuer ist eine Besteuerung von einzelnen Individuen . . . und kann nicht . . . als allgemeine Steuer bei Festsetzung des Steuer-Princips angenommen werden. Ein Aufsatz, veranlasst durch Sartorius' Schrift", Lüneburg 1817. — Vorh.: Com. Bibl. Hamburg.

Reincke, J. J., Die Beaufsichtigung der vorhandenen Wohnungen (inkl. Sanierung oder Beseitigung ungesunder Wohnungen). Schriften d. Ver. f. Socialpol., Bd. 95. gr. 8°. Leipzig 1901.

Reincke, J. J., Die wichtigsten gesetzlichen Bestimmungen Deutschlands, Englands und Nord-Amerikas über die Einrichtung und Grösse des Logisraumes auf Seeschiffen, über die Raumvertheilung und Ventilation auf Auswanderer-Schiffen, über die täglichen Rationen für den Schiffsmann und die wöchentlichen Kostsätze für Auswanderer etc. Referat über Schiffshygieine am 14. Sept. 1880. (Separat-Abdr. aus der „Deutschen Vierteljahrsschr. für öffentliche Gesundheitspflege", Bd. XIII, Heft 1.) Braunschweig 1880.

Reincke, J. J., die Cholera in Hamburg u. ihre Beziehungen zum Wasser. [Aus: „Jahrb. d. hamburg. wiss. Anstalten".] Lex.-8. (102 S. m. 5 Abbildgn. u. 7 Taf.) Hamburg 894. (L. Gräfe & Sillem.) n. 6.—

Reincke, J. J., Gesundheitspflege auf Seeschiffen, mit besond. Berücksicht. der Handelsflotte. gr. 8. (VIII, 120 S.) Hamburg 882, Friederichsen und Comp. *

Reincke, J. J., das Medicinalwesen des Hamburgischen Staates. Eine Sammlung der zur Zeit gültigen gesetzl. Bestimmungen über das Medicinalwesen in Hamburg. Mit Genehmigung des Medicinal-Collegium zusammengestellt. 1. und 2. mit Inhaltsverzeichniss und Sachregister versehene Ausg. 8. (XII, 355 S.) Hamburg 878, Mauke Söhne. *

— das Medicinalwesen des Hamburgischen Staates. Eine Sammlung der z. Zeit gült. gesetzl. Bestimmungen über das Medicinalwesen in Hamburg. Mit Genehmigung des Medicinal-Collegium zusammengestellt. 2., m. Inhaltsverzeichniss u. Sachregistor verseh. Ausg. 8. (XII, 355 S.) Hamburg 879. Mauke Söhne. n. 6.—

Reincke, J. J., das **Medicinalwesen** d. Hamburgischen Staates. Eine Sammlg. der gesetzl. Bestimmgn. f. das Medicinalwesen in Hamburg. Auf Veranlassg. d. Medicinal-Collegiums hrsg. 2., vollständig. umgearb. Aufl. gr. 8. (XXIV, 340 S.) Hamburg 890. Mauke Söhne. n. 6.—

Reincke, J. J., das Medicinalwesen des Hamburgischen Staates. Eine Sammlg. der gesetzl. Bestimmgn. f. das Medicinalwesen in Hamburg. Auf Veranlassung des Medicinal-Collegiums hrsg. 3. vollst. umgearb. Aufl. gr. 8. (VIII, 493 S.) Hamburg 900. W. Mauke Söhne. Geb. in Leinw. n. 10.—

— der **Typhus** in Hamburg, m. besond. Berücksicht. der Epidemieen von 1885—1888. Unter Benutzung amtl. Quellen bearb. Mit 15 Phototypien u. 8 photolith. Taf. 4. (IV, 71 S.) Hamburg 890. Friederichsen & Co. n. 6.—

Reincke, J. J., über Wohnungspflege in England u. Schottland, s.: **Olshausen,** H.

Reincke, (J. Th.,) Lebensbeschreibung des ehrenwerthen E. G. Sonnin, Baumeisters u. Gelehrten in Hamburg. Mit Kpfrtaf. u. Steindr. gr. 8. Hamb 825, Herold.

Reincke, Johannes (geb. am 28 Juni 1853 in Altona): Ueber einige dem Chloralid entsprechende Bromverbindungen ... Bonn, Buchdr. v. P. Neusser 1878. 39 S., 2 Bl. 8.
Bonn, Phil. Fak., Diss. v. 13 Febr. 1878

Die Familien Stintzing und Niemann in Altona. (Verf.: J[ulius] **Reincke.**) Als Ms. gedr. Hamburg 1904: (Lütcke & Wulff). (22 S.) 4° [F.] (05. 80, 8

Albumblätter. 9 mittelschwere Klavierstücke komp. von M[artha] **Reincke.** Danzig: H. Lau [1905]. (14 S.) 4° (05. 18, 10

Reincke, O.

— allgemeines **Landrecht** f. die Preußischen Staaten, s.: **Rehbein,** H.

Reincke, O., die **Verfassung** des Deutschen Reichs nebst Ausführungsgesetzen. Für den prakt. Gebrauch, m. besond. Beziehg. auf Preußen, erläutert. (IV, 386 S.) gr. 8. Berlin 906. H. W. Müller. n. 5.—; geb. n.n. 6.—

Reincke, O., die deutsche **Civilprozeßordnung.** Für die Praxis erläutert. gr. 8. (VIII, 808 S.) Berlin 885. H. W. Müller. n. 14.—; geb. n. 15. 50

Reincke, O., die deutsche **Civilprozeßordnung.** Für Studium u. Praxis erläutert. 2., verb. Aufl. (In 6 Lfgn.) 1. Lfg. gr. 8. (80 S.) Berlin 890. H. W. Müller. gratis.

Reincke, O. Die deutsche Civilprozeßordnung. Für Studium u. Praxis erläutert. 2. verb. Aufl. gr. 8. (704 S.) Berl. 891—93, H. W. Müller. * 16 —; geb. * 17 50
Die Ausgabe erfolgte in 7 Lfgn.

Reincke, O., die deutsche **Civilprozeßordnung.** Erläut. v. R. 3., verb. Aufl. gr. 8. (X, 927 S.) Berlin 896. H. W. Müller. n. 18.—; geb. in Halbfrz. n. 20.—

Reincke, O., die deutsche Civilprozeßordnung. Erläutert v. R. 4., umgearb. Aufl. gr. 8. (XVI, 995 S.) Berlin 900. H. W. Müller. n. 20.—; geb. n.n. 22.—

Reincke, O., die deutsche **Civilprozeßordnung** Erläutert. 5., neu bearb. Aufl. (XVI, 920 S.) gr. 8. Berlin 904. H. W. Müller. n. 20.—; geb. in Halbfrz. n.n. 22.—

Reincke, O., die Zivilprozeßordnung. Erläutert v. R. 6., auf Grund der Novelle vom 1. VI. 1909 neubearb. Aufl. v. R. Wienstein. 2 Hälften. (VIII, 918 S.) Lex.8. Berlin 910. H. W. Müller. 20.—; geb. n 22. —

Reinckens, J., das Mädchen aus Böhmen. Idyllisches Epos. 2. Aufl. 8. (119 S.) Düsseldorf 874. Schaub. n. 2.—

Reinckens, Jos., Gonderich und Alise. Episches Gedicht. gr. 16. (VII und 205 S.) Bonn 863, Henry. *

Reindahl, C., geb. Rullmann, Blüthen des Gefühls, gesproßen in meinen Erholungsstunden; enth. Gedichte rc. 8. Bremen, Heyse. 820.
Schreibpap.

Reindel, Wilhelm, der Scharfrichter v. Magdeburg u. die Opfer des Schafotts. Zeitroman nach Aufzeichngn. u. Mitteilungen des Scharfrichters Wilhelm Reindel. 100 Hefte. (2406 S. m. je 1 Vollbild.) gr. 8. Berlin (903). A. Weichert. à — 10

Wilhelm **Reindel** der Scharfrichter von Magdeburg und die Opfer des Schafotts. Zeitroman nach Aufzeichn. u. Mitteilungen d. Scharfrichters Wilhelm Reindel. (In 100 H.) Berlin: A. Weichert [1904]. (2400 S.) 8° [F.] 105. 1181

Reindel, A., Christus s. Christus.

Reindel, Alb., s. Thibault, J. T., Linien-Perspektive.

Reindel, Albr.

Reindel, A., die wichtigsten Bildwerke am Sebaldusgrabe zu Nuernberg v. Pet. Vischer. 18 Bl. in Kpfrst. (M. erläut. Zugabe, in deutsch., engl. u. französ. Sprache.) gr. 4. (3 B.) Nürnberg 838, Schrag. *

Reindel, Ferd., Wegweiser durch die „Innere Mission" in Nürnberg. Festschrift, dargeboten den Besuchern d. 26. Kongresses f. innere Mission. gr. 8. (68 S. m. Abbildgn.) Nürnberg 890. (Raw.) n.n. — 80

Reindel, Frz., Lehrbuch der technischen Chemie. 4., vollständig umgearb. Aufl. des Fürnrohr'schen Lehrbuchs. gr. 8. (VIII und 418 S.) Regensburg 864, Manz.

Reindel, Frz., Leitfaden der [illegible] (IV, 148 S. mit 24 Kärtchen in eingedr. Holzschn.) [illegible]pten 870, Kösel'sche Buchh. *

Reindel, Hans. Elektrolyse von Gemischen monocarbonsaurer Salze mit anorganischen Salzen und Salzen der Dicarbonsäuremonoester der Fettreihe. (Bern) München, 1896.

Reindel, H. Elektrolyse von Gemischen monocarbonsaurer Salze mit anorganischen Salzen u. Salzen der Dicarbonsäure-Monoester der Fettreihe. Mit 1 Taf. In-8°. 52 S. Bern. These. 1897.

Reindel, Otto Franz „Die doppelte Wahlverwandtschaft in der organischen Chemie". pg. 3—8. 4°. Jos. Kösel. Kempten, Progr. 1857/58

Reindell, Ernst, das Linear-Zeichnen in Volks-, Mittel- u. Fortbildungs-Schulen. 1. Tl.: Geometr. Zeichnen. Nebst e. Vorwort v. E. Timm. (64 S. m. Fig.) 37× 29 cm. Dortmund (910). F. W. Ruhfus. Kart. 3. —

Reindell, Wilh., Doktor Wenzeslaus Linck aus Colditz 1483—1547. Nach gedruckten u. ungedruckten Quellen dargestellt. 1. Tl.: Bis zur reformator. Thätigkeit in Altenburg. Mit Bildnis u. e. Anh., enth. die zugehör. Documenta Linckiana 1485—1522 gr. 8. (XIV, 289 S.) Marburg i/H. 892. O. Ehrhardt n. 4. 50

— s.: Linck's, Wenzel, Werke.

Reindell, Wilh., Luther, Crotus u. Hutten. Eine quellenmäss. Darstellg. d. Verhältnisses Luther's zum Humanismus. gr. 8. (VIII, 134 S.) Marburg 890. Ehrhardt. n. 2. 70

Reindell, Guilelmus [cand. min., Dr. phil. Hoesaliensis]: Theses theologicae ... ad licentiati in theologia evangelica honores impetrandos ... Bonnae, typ. C. Georgi, typogr. acad., *1894*; 2 Bl. 8.
Bonn, Ev.-theol. Fak., Thes. v. 28. Juli 1894
(Nicht für den Austausch)

Reinders, Geert, Beobachtungen u. Versuche, meistenteils durch Einimpfen an dem Rindvieh gemacht, welche zum Beweise dienen sollen, dass wir unsere von den gebesserten Kühen gefallenen Kälber durch Einimpfen gegen die Viehseuche sichern können. Wesel 776. 56 S.

Reindl, die Anatomie u. Chirurgie, s. Besnard, v.

Reindl, A., Voltaire's Semiramis, s. Karol. Paulus Natalie Percy.

Reindl, Franz, aus München: Der Anfang des Streites über die Jülicher Erbfolge vom Tode des letzten Jülicher Herzogs bis zum Dortmunder Vertrag. Beiträge zur Geschichte des Jülicher Erbfolgestreites. I. München Marchner Dr. 1896. 85 S. 1 Bl. 8°.
Zürich. Phil. Diss. I. S. [v. 2. Oct. 1896].

Reindl, Franziskus (Neukirchen), De Psoitide seu Inflammatione Musculi Psoae. Diss. med. et chir. Präs. Heinrich von Laveling. Landshut (Fr. S. Storn) o. J. 26 S. (4.50) 28113

Reindl, Fr., de Psoitide seu inflammatione musculi psoae. 8 maj. Landishuti, Weber. 820.

REINDL, Franz Xaver (Cham): De febre tertiana intermittente.- Monachii: Hübschmann 1841. 16 S.
16.8.1839 - Urk; F 64
Diss. Ingolst.-Landsh.-Mchn.

REINDL, Franz Xaver (Ried): Ueber Schärfung und Milderung der Strafen. Ein kriminalistischer Versuch.- Landshut: Krüll 1811. 71 S.
1811 - Kal 1812
Diss. Ingolst.-Landsh.-Mchn.

Reindl, Geo. Karl, Abriß der christl. Religionsgeschichte. Für Katholiken entworfen. gr. 12. Bamberg 834. Lachmüller. $^{2}/_{3}$ Rthlr Velinp. 1 Rthlr

Reindl, Geo. Karl v., unser Glaube an die Gottheit Jesu Christi. Ein religiöser Vortrag aus Anlaß des Buches Rénan's. 8. (12 S.) München 864, Franz'sche Buchh.

REINDL, Georg Carl (Bamberg): Die Sendung des Propheten Jonas nach Ninive. Eine exegetisch-historische und typologische Abhandlung.- Bamberg: Reindl 1826. 2 Bl., 62 S.
1826 - Fr 425; F 43
Diss. Ingolst.-Landsh.-Mchn.

Reindl, (G. C.,) die Sendung d. Propheten Jonas nach Ninive. Eine exeget.-histor. u. typolog. Abhandlung. gr. 8. Bamb. 826, (Würzb., Etlinger.)

Reindl, G. K., Die Sendung des Propheten Jonas nach Ninive. Eine exegetisch-historische und typologische Abhandlung bei Erlangung der theolog. Doktorwürde. Regensburg, Manz, jetzt Verl.-Anst., gr. 8°. 1826, 62 S., 1 Mk.
Recens. (Mainzer) Katholik 1827, Bd. 23, S. 238. Felder, Litt. Ztg. 1827, Bd. 3, S. 127—132.

Reindl, Geo. Karl, Tempel der häusl. Andacht.

Reindl, Geo. Karl, Tempel der häuslichen Andacht. Ein kathol. Erbauungsbuch auf alle Tage des Jahres. Nach dem Franz. 3. Aufl. (XXVIII, 780 S.) gr. 8. Regensburg 906. Verlagsanstalt vorm. G. J. Manz. n. 4. —; geb. in Leinw. n. 5. 20

J. Reindl, Die Perlfischerei im Böhmerwalde und im Fichtelgebirge. Nürnberg 1905.

Reindl, Joh. Nep., die Altkatholiken od. Döllingers Anhänger aus dem Klerus u. Volke. I. Federzeichnungen. 2. Aufl. gr. 8. (40 S.) Amberg 872. Habbel. — 30

—— auf den Vorposten. Meditationen über den „Nürnberger Anzeiger" und über bayer. Preß- und Rechtszustände. gr. 8. (61 S.) Speyer 871, Kleeberger's Buchh.

Reindl, Jos., Beiträge zur Erdbebenkunde v Bayern. (S. 171—202 m. Fig.) gr. 8. München 903. (G. Franz' Verl.) n. — 40

— Ergänzungen u. Nachträge zu v. Gümbels Erdbebenkatalog. (S. 31—68 m. 1 Taf.) gr. 8. Ebd. 905. n. — 60
2 Sonderabdrucke a.: „Sitzungsber. d. bayer. Akad. d. Wiss"

— die schwarzen Flüsse Südamerikas, s.a. Studien, Münchener geographische. 13.

Reindl, Joseph. Die schwarzen Flüsse Südamerikas. Hydrographische Studie auf geologisch-orographischer, physikalischer und biologischer Grundlage. Diss. Phil. Bern. [Mit Figuren und 1 Karte. — Sep.-Ausg. von: Münchener geographische Studien, hrg. von Siegmund Günther. Stück 13.] VIII + 139 S. 8. München, Theodor Ackermann, 1903. [M. 2. 40]

Dr. Jos. **Reindl**: Siegmund Günther. Nürnberg 1908: U. E. Sebald. (17 S.) 8°
= **Abhandlungen** d. Naturhist. Gesellschaft zu Nürnberg. Bd 17, Beigabe. (os. 18403

— Seismologische Untersuchungen, s.: Günther, S.

Reindl, Karl, aus Bamberg: Ein **Beitrag** zur Diagnose der Mediastino-Pericarditis. *Bamberg 1902: Handels-Druckerei.* (30 S.) 8°
Würzburg, Med. Diss. v. 1902

Reindl, Ludwig, aus Hemau: Über **Naphtimidazole**. *Würzburg 1901: Becker.* (30 S.) 8°
Erlangen, Phil. Diss. v. 25. Juli 1900

Reindl, M., gründl. Anleitung zur Bereit. d. Wasser-, Miniatur- u. Oehlfarben; nebst e. genauen Beschreib. d. nothwend. u. nützl., so wie auch d. schädl. Farben. M. 2 ill. Stnt. gr. 8. (3 B.) Wien 828, Tendler.

Reindl, M. A.: Gedenkblatt für den verstorbenen Institutspräfekten Fr. M. M. Messerer. Dilling. 1867.
Schul-/Univ.-Schrift

Reindl, M. A., Zweck und Aufgabe der katholischen Kirchenmusik. Zwei Kanzel-Vorträge. 8. (23 S.) Memmingen 880, (Hartnig.) *

Reindl, Max, s.: Entscheidungen u. Abhandlungen, eisenbahnrechtliche.

[J.] **Reindl**, Max [gepr. Rechtspraktikant]: Die Fürsorge für die bayerischen Verkehrsbeamten in Folge von Betriebsunfällen . . ., München, Nationale Verl.-Anst., Buch- u. Kunstdr., 1893; 155 S. 8.
Erlangen, Jur. Fak., Inaug.-Diss. v. 1893

— Kommentar zum bayerischen Beamtengesetz vom 16. VIII. 1908 m. d. Vollzugs- u. Ausführungsvorschriften, dem Richter-Disziplinargesetz u. der Verordnung üb. die Gehaltsverhältnisse der etatsmäßigen Staatsbeamten nebst der Gehaltsordnung. 1.—4. Lfg. (S. 1—352.) Lex. 8. München 909. 10. J. Schweitzer Verl. 8. 40

Reindl, Max, das Reichshaftpflichtgesetz v. 7. VI. 1871 in der Fassung des Einführungsgesetzes zum bürgerl. Gesetzbuche. Unter Berücksicht. der Literatur u. Rechtsprechg. sowie der einschläg. Gesetzgebg., insbesondere des bürgerl. Gesetzbuchs u. der neuen Unfallversicherungsgesetze erläutert. 12. (VIII, 253 S.) München 901. C. H. Beck. Geb. in Leinw. n. 3. —

— das internationale Uebereinkommen üb. den Eisenbahnfrachtverkehr v. 14. X. 1890 nach den Ergebnissen der Pariser Revisionskonferenz v. 16. III. bis 2. IV. 1896 u. dem Zusatzübereinkommen v. 16. VI. 1898. Nebst e. Anh., enth. das revid. Uebereinkommen, m. den Ausführungsbestimmgn. u. Anlagen. (Eisenbahnrechtliche Entscheidgn. u. Abhandlgn. Anlage-Heft II.) gr. 8. (71 S. m. 1 Formular.) Breslau 899. J. U. Kern's Verl. n. 1. 80

— Das internationale Uebereinkommen üb. den Eisenbahnfrachtverkehr vom 14. X. 1890 nach d. Ergebnissen der Berner Revisionskonferenz vom 4. bis 18. VII. 1905 u. dem Zusatzübereinkommen vom 19. IX. 1906. Nebst e. Anh., enth. das revidierte Uebereinkommen m. den Ausführungsbestimmgn. u. Anlagen. (96 S. m. 1 Formular.) gr. 8. Breslau 909. J. U. Kern. Kart. 2. 50

Reindl, Max, königl. Allerhöchste Verordng., d. Dienstverhältnisse d. nichtpragmat. Staatsbeamten u. Staatsbediensteten betr., v. 26. Juni 1894. Nebst d. Gehaltsregulativen u. d. Bestimmgn. üb. d. rentamtl. Gehilfenpersonal. Erläut. v. R. 8. (VI, 198 S.) Ansbach 896. C. Brügel & Sohn. Kart. n. 1. 80

REINDL, PAULUS, POESIS STUDIOSUS: Cultus latriae Deo vero, uni et trino debitus. Das ist: Eine allerhöchst-verpflichte Anbettung Des Alleinigen und Dreyfachen GOttes, so durch eine Lob- und Ehren-Rede Von Dem unergründlichen und unermessenen Geheimnuß Der Drey-Einigen Gottheit in fide, spe, et charitate In dem Glauben, Hoffnung und Liebe Vorgestellet An dem hohen Titular-Fest des Baarfüsser-Ordens der Allerheiligsten Dreyfaltigkeit von Erlösung deren gefangenen Christen in eigener Closter-Kirchen zu Preßburg ausser dem Michaeler Thor vor zahlreicher Gegenwart . . . abgeredet. Preßburg 1738: Maria Magdalena Royerin. 9 f. - 200 mm

REINDL, Romanus: De differentia inter votum solemne et simplex in theoria et praxi. — (1879) 169 S. 8° (Handschr.) Diss. 319
Diss. Wien, Univ.

Reindl, Wilh., *poetische Versuche.* Ingolstadt, gedr. mit Attenkover'schen Schriften. 1829. 8°. Ppb.
4 Bll., 166 S., 1 Bl. Inh. — S. 140—142: Die Veste Tilly-Ingolstadt (9 sechszeil. Str.)

Reindl, W., poetische Versuche. 8. (11 B.) Ingolstadt 829. (Regensburg, Reitmayr.)

History of the Gold Coast and Asante, based on traditions a. histor. facts, comprising a period of more than three centuries fr. about 1500 to 1860 by Rev. Carl Christian **Reindo**[redacted], native pastor of the Basel Mission, Christiansborg, Gold Coast. *Basel: Print. f. the Author; Missionsbuchh. Basel 1895.* (XVI, 350 S., 3 Taf., 1 Portr.-Taf., 1 Tab.) 1 Bd 8.
196. 77

Reine Depositenbanken? München: Süddeutsch. Börsen-Courier 1900. (20 S.) 8°

Reine, H., d. einfachste u. unblut. Beseitgg. d. Warzen, Hühneraugen u. eingewachs. Nägel. 8. (32 S.) Mülheim a/R. 895. J. Bagel. n. — 50

Reine, Hch. Gottl. Harmonia vitae Davidis. 4. Jenae 1710.

Agenda Reine-Berthe. (1908.) [1re Année. Illustré.] 204 p. 8. Payerne, H. Messeiller. ([relié] fr. 1. 25)

Reineboth, Hermann [aus Jena]: Ueber die Annähung der **Wanderniere** ... Jena, Frommannsche Hof-Buchdr., 1892; 1 Bl., 53 S. 8.
Jena, Med. Fak., Inaug.-Diss. v. [4. Aug.] 1892

Reineboth, Herm., üb. die Annähung der Wanderniere. Diss. gr. 8. (53 S.) Jena 892. (H. Pohle.) n. 1. —

Reineboth, H., die physikalische Diagnostik d. Lungentuberkulose. s. a. Klinik, Berliner.

Die physikalische Diagnostik der Lungentuberkulose. Von Prof. Dr. H[ermann] Reineboth in Halle a. S.: Berlin: Fischer 1901. (17 S.) 8°
(Klinik, Berliner. H. 159.)

Reineboth, *Hermann* [Dr. med., Assistenzarzt d. Klinik]: Aus d. med. Klinik d. Hrn Geheimr. Weber in Halle. Experimentelle Studien über die Wiederausdehnung der Lunge bei offener Brusthöhle, insbes. nach Operation d. Empyems ... (Aus: Arch. f. klin. Med., Bd. LVIII.) Leipzig, Druck v. J. B. Hirschfeld, 1897; 34 S. 8.
Halle, Med. Fak., Hab.-Schr. v. [17. Febr.] 1897

— s.: Zeitschrift f. Krankenpflege.

Reineccius, Christian

— Biblia hebraica. 4. maj. vide Biblia.

— — ead. 8. vide Biblia.

— s.a. Biblia sacra quadrilinguia Nov. Test.

Reineccius, C., Biblia sacra quadri ling. N. Test., c. version. syriaca, graeca, vulg. lat. et german, etc. fol. Lips. Junius. (Cnobloch.) 751.

— ead. biblia. tam. V. q. N. Test. in charta majori. ibid. 751.

— ead. biblia c. libris apocryphis etc. III Tmi. fol. vide Biblia.

— Biblia sac. quadriling. Vet. Test. hebraici cum vers e regione positis, utpote vers. graeca LXX interpret. ex Cod. Msto Alexandrino etc. II Tmi. fol. Lipsiae, Junius.

— Boesianismus, d. i. J. Geo. Bösens Lehr v. der vor d. Tode geendigten Gnadenzeit. 4. Leipzig, Junius. (Cnobloch.) 704.

— concordia german-latina. 4. Lips. Breitkopf et Härtel. 735.

— august. confessio germ. lat. et graeca. 8. ibid. 730.

— dicta classica. 8. Lips. Junius. (Cnobloch.) 706.

Reineccius, C., de disciplina arcani. Leucopetr. 1710. f.

— epitome controversiae de term. gratiae peremt. 4. Lips. Junius. (Cnobloch.) 705.

Reineccius, C., epit. grammaticae hebraeo-chaldaicae harmonice et synoptice adornatae. 8. Vien. Tendler. 775.
Rthlr.

Reineccius, Chr., († d. 18. Oct. 1752.) epit. grammat. hebraeo-chaldaicae harmonice et synoptice adornatae, cum var. annotatt. J. J. Monspergeri. 8. Wien 774. Trattner. 8 gr.

Reineccius, C., de forma Chr. et num pulchro pulchrior, imo pulcherrimus fuerit? Leucop. 1737 f.

— der Juden Glaube und Aberglaube. 8. Leipz. Junius. (Cnobloch.) 705.

— Janua linguae hebraeae veteris Testam., in qua totius Codicis hebraei vocabula una cum radicibus et grammatica vocum difficiliorum analysi comparent, cum in finem, ut sanctioris hujus linguae studiosi facilius eam addiscere, et sine taediosa vocum evolutione felicius in perlegendis Bibliis Hebraicis progredi possint, adornata. Accessit, una cum grammatica, Lexicon hebraeo-chaldaicum etc. 8. Leipz. 704. Ed. II. auct. et correct. 720. Ed. III. 732. Ed. IV. revisa et corr. 741. Ed. V. 748. Ed. VI. ... Ed. VII. recens. J. F. Rehkopf. 8. ibid. 769. Editio VIII. 783. (Hahn in Hannov.) 2 ₰ 12 gr.

— index memorialis, quo voces hebraicae et chald. Vet. T. omnes cum significatt. latinis continentur. 8. Leipz. 725, 730, 735. Ed. n. 755. Breitkopf u. H. 2 gr.

Reineccius, C., de judicio Pilati et fictis ejus actis. Leucop. 1735. f.

— al Koran, lat. versus c. observ. p. L. Maraccium. 8. Lips. Junius. 721.

Reineccii, Chr., Lexicon Hebraeo-Chaldaicum, s. a. Lexicon.

Reineccius, Chr., Lexicon Hebraeo-Chaldaicum, in quo omnes voces hebraeae et chald. linguae, quae in vet. test. libris occurr., exhibentur adjectis ubique genuinis significatt. latinis accur. Iterum edit., emend., auct., per J. Fr. Rehkopf, denuo edid., emend., auxit atque in ord. redegit alphabet. A. Ph. L. Sauerwein. 8maj. Hannov. 828. Hahn. 1 ₰

— manuale biblicum, in quo voces hebr. et chald. V. Test. etc. contin. 8. Lips. Breitkopf et Härtel. 784.

— nucleus theologiae positivae fidei et morum s. dicta classica. 8. ibid. 728.

Reineccius, Chr., de officio diaconi apud veteres. Leucop. 1730. f.

Reineccius, C., de origine et antiquitate festi nativ. Chr. Leucop. 1721. f.

Reineccius, C., de origine festi paschatis. Leucop. 1722. f.

Reineccius, C., de origine festi pentecostes. Leucopet. 1722. f.

— de paschate ex se et pia ecclesiae ad illud praeparatione solemniori omnium festorum. Ibid. 1727. f.

Reineccius, C., de Paulo Nasiraeo. Leucop. 1722. 4.

— Syllabus memorialis vocum graecarum N. T. 8. Leipz. 725, 734. Ed. n. 758. Breitkopf u. H. 2 gr.

— s.a. Testamentum novum graece.

— Nov. Testam. graec. 8. Lips. Breitkopf. 783.

— s.a. Testamentum vetus graecorum.

— Vet. Testam. graec. ex Vers. LXX. interpret. etc. 8. ibid. 757.

Reineccius, Joachim Jakob

— d. Andenken Christ. Reineccii. gr. 4. Leipz. 753. Breitkopf u. H. 4 gr.

— **Joachim Jakob,** Contemplatio repetita atque posterior superamentorum ex prima materiae elaboratione fabrili, vulgo des Wald-Spahns, id imprimis perquirens quod in ea causa praecipue justum est. Halle/Magdeburg (Vester) 1767. 84 S. (5.25) 28120

REINECCIUS, Joachimus Jacobus: Dissertatio inauguralis iuridica, id quod praecipue justum est circa superamenta ex prima materiae elaboratione fabrili, vulgo: Den Wald-Spahn. - Erfordiae 1730

Reineccius, Joach. Jac.: Frage: Ob die Eintheilung der Rechtsgelahrheit in die theoretische und praktische, denen hohen Schulen sowol, als dem gemeinen Wesen behülflich oder vielmehr nachtheilig sey? Halle (1758).

Reineck, Joachim Jakob [Praes.], s. Heder, Elias Gottlob: Quaestionem: Germania successionis testamentariae quondam ignara, an hodieque ei minus faveat?

Reineccius, Joach. Jak., († d. 12. Juni 1774.) historia jurisprudentiae univers. Rom. et Germ. in compend. red. 8. Halle 768. Müller. 6 gl.

— neuer Lehrbegr. d. pragmat. Weltweish. 4. Dresden, Heckel. 756.

— — (Dresden), Meditationum legalium in rem rusticam et fabrilem specimen quo operas rusticas et maxime aedilitias juxta ea, quae de odio earum immerito iam olim strictim commentatus fuit considerat in fundamenta ac veram interpretandi eas rationem modumque pluribus subnotationibus multa cum cura inquirit quaesita exemplis, quae in ipsis rerum argumentis ipsi obvenere haud paucis illustrat additis alicubi supremi in Saxonia appellationum renatus aliorumque dicasteriorum celeberrimorum enunciatis. Hamburg (Chr. W. Brandt) (Wittenberg (Tzschiedrich)) 1744. 87 S. (5.25) 28121

— prudentiae juris et doctrinae naturalis nexus insolubilis. 4. Halle 755.

Reineccius, Joach. Jac.: Prudentiae juris et doctrinae naturalis nexum insolubilem demonstrat. Halae Magdeb. (1757).

Reineccius, Joach. Jac.: Commentatio de rustico quondam servo, Jo. Leonh. Hauschildio assertori libertatis naturalis in causis rusticorum, quam nuper adversus Jo. Ge. Estorem, opusculo histor.-iur. vindicasse sibi visus est, opposita. Jenae 1745.

— de rustico quond. servo etc. 4. Jenae. 749.

Reineck, Ritter von Waldburg, nach Reineke dem Fuchs frey bearbeitet, eine Geschichte aus den Zeiten des Faustrechts, 2 Theile, mit 1 Kupf. 8. Dresden, 791. Richter. 1 Rthl. 23 sgl.
s.a. Reinek.

Reineck, Diss. de moscho naturali et arte facto. Jen. 4°. 1784

Reineck, Annie (Preussen): Die Verwandtschaft zwischen Kugelfunktionen und Besselschen Funktionen. Halle a. S. 1907. 71 S. 8°. [7. II. 07.]
Bern. Phil. Diss. 1906 1907.

Reineck, Annie. Die Verwandtschaft zwischen Kugelfunktionen und Besselschen Funktionen. Diss. Phil. Bern. [Mit Figuren.] 71 S. 8. Halle a. S., (C. A. Kaemmerer & Co.,) 1907.

Reineck, C. Ed., zwei Predigten. gr. 8. (2 B.) Magdeburg 831, (Heinrichshofen.)

Reineck, Carl, s. Reineck, Karl

Reineck, Carl Ed., s. Reineck, Karl Ed.

Reineck, E., γραμματική, s. Φάβρος, E. (Fabros.)

Reineck, E. M., s.: Monatsschrift, deutsche botanische.

Reineck, Joachim Jakob, s. Reineccius

Reineck, Julius

Heinrich Reineck. Lebensbild eines Veteranen. Verwandten und Freunden gewidmet v. Julius Reineck. (Bordesholm. 1899.) 8°

Reineck, Karl: Erfurt u. das tolle Jahr, s.a. Sammlung gemeinverständlicher wissenschaftlicher Vorträge.

Reineck C, Erfurt und das tolle Jahr. (Slg wiss. Vortr. NF 166) Hamburg 1893

Reineck, Carl, drei Pflegestätten deutscher Gartenkunst, s.a. Sammlung gemeinverständl. wissenschaftl. Vorträge.

Reineck C, drei Pflegestätten deutscher Gartenkunst. (Sammlung gemeinverständlicher wissenschaftlicher Vorträge NF 215) Hamburg 1895

Reineck, Carl. Die Sage v. der Doppelehe e. Grafen v. Gleichen, s.a. Sammlung gemeinverst. wissenschaftl. Vorträge. Neue Folge. 138. Heft.

Reineck C, die Sage von der Doppelehe eines Grafen von Gleichen. (Sammlung wissenschaftlicher Vorträge NF 138) Hamburg 1892

Reineck, Karl Ed., das Ministerium Brandenburg-Manteuffel. [Ausgegeben am 30. Juni 1849.] gr. 8. (42 S.) Berlin 849, Mai. n. 6 ngl.

— Die evangel. Kirche muß ein neues Glaubensbek. haben! Neujahrswort beim Zusammentritt des berliner „Concils" an das deutsche Volk evang. Confession. gr. 8. (3½ B.) Berlin 846, J. A. Wohlgemuth, Berl. *

Reineck, Carl E., der Fall Constantinopels. Dramatisches Gedicht. Lex.-8. (77 S.) Berlin 856, Fr. Schulze's Buchh. *

Reineck, Carl Ed., das Athanasische Glaubensbekenntniß, der Pastor Rupp u. das Consistorium zu Königsberg. Eine Stimme aus der evangel. Kirche. gr. 8. (1 B.) Berlin 840, F. Bethge's Berl.

Reineck, Karl Ed., s. Massilon's Conferenz- u. Synodalreden.

— die Päbstelei im Protestantismus: der Tod der deutschen Reformation wie der evangel. Freiheit, u. die Aufgabe der Landessynode zu Berlin im J. 1846. gr. 8. Berlin 846, F. Bethge. n. 12 ngl.

— Trauerrede zum Gedächtniß weiland Sr. Maj. Friedr. Wilh. III. Königs von Preußen. Am 19. Jul. 1840 gehalten. 8. (1¾ B.) Berlin 846, J. A. Wohlgemuth, Berl. *

Reineck, Karl Ed., der Urvater des Liberalismus. Historisches Gedicht. gr. 8. (7 S.) Berlin 864, (J. A. Wohlgemuth.) *

Reineck, Louis

Reineck, L., Handbuch des Sattlers und Riemers, s. Ciliar, J. C.

Reineck, Louis, der moderne Riemer, Sattler und Täschner. Eine Auswahl von 88 Schnitt-Mustern in natürl. Größe, nebst den Totalansichten der in den Patronen gegebenen Gegenstände und einem erklär. Texte. qu. Fol. (10 Stnt. in gr. Fol.) Weimar 871, B. F. Voigt.

Reineck, Minna Freiin von

Reineck, Freiin M. v., das Eidbuch von Köln. — Im Moor. Histor. Erzählungen aus dem deutschen Mittelalter. 8. (114, 83 S.) Leipzig 884, Böhme. *
geb. *

Reineck, Minna Freiin v., d. Hexenrichter v. Paderborn. Histor. Erzählg. aus d. 2. Hälfte d. 17. Jahrh. gr. 8. (261 S.) Dresden 895. E. Reißner. n. 3. —; geb. n. 4. —

Reineck, R., Special-Karte vom Fichtelgebirge. 1 : 150,000. Kpfrst. und color. qu. gr. 4. Hof 876, Grau und Comp. *

Reineck, R., Special-Karte vom Fichtelgebirge. 1 : 150,000. 3. Aufl. Kpfrst. und color. qu. gr. 4. Nebst: Zusammenstellung der lohnendsten Fichtelgebirgs-Touren. 8. (12 S.) Hof 883, Grau und Comp. *

Reineck, R., Spezialkarte vom Fichtelgebirge. 1 : 150,000. 3. Aufl. gr. 4. Hof 886, R. Lion. *

Reineck, Theodor

Reineck Th, verzierte farbige Alphabete. 1. Auflage (24 T) fol 2. Auflage (25 T) qugrfol Weimar 1883. 88

Reineck, Thdr., verzierte farbige Alphabete. Vorlagen für Firmenschreiber, Dekorations-, Glas- und Porzellanmaler, Lackierer, Bild- und Steinhauer etc., sowie für das Studium der höheren Kalligraphie. 25 Grossplano-Taf. in Tondr., enth. 27 farbig verzierte Alphabete in verschiedenen Stilarten, Initialen und eine Sammlung von Ornamenten, Zier- und Schlussstücken, Eckstücken, Einfassungen, Bändern, Schildern, Wappen, Kronen etc. 2. verm. und verb. Aufl. Fol. (1 Bl. Text.) Weimar 888, B. F. Voigt.

Reineck, Thdr., verzierte farbige Alphabete. Vorlagen f. Firmenschreiber, Dekorations-, Glas- u. Porzellanmaler, Lackirer, Bild- u. Steinhauer etc., sowie f. d. Studium der höh. Kalligraphie. 28 Grossplano-Taf. in Tondr., enth. 30 farbig verzierte Alphabete in verschied. Stilarten, Initialen u. e. Sammlg. v. Ornamenten, Zier- u. Schlussstücken, Eckstücken, Einfassgn., Bändern, Schildern, Wappen, Kronen etc. 3., verm. u. verb. Aufl. gr. Fol. (2 S. Text.) Weimar 896. Leipzig, B. F. Voigt. 10. —

Reineck, Thdr., die gebräuchlisten Firmen-Schriften in einfacher Ausführg. Vorlagen f. Firmenschreiber, Dekorations-, Glas- u. Porzellanmaler, Lackierer, Bild- u. Steinhauer. 28 Grossfolio-Taf., enth. 50 Alphabete in den grossen u. kleinen Buchstaben nebst den dazu gehör. Zahlen u. Zeichen, m. Hilfslinien sowie Angabe der Höhen- u. Breitenverhältnisse. 3. verm. u. verb. Aufl. schmal gr. Fol. (IV S. Text.) Leipzig 902. B. F. Voigt. 8. —

Reineck, Thdr., Gesamtgebiet des Steindrucks, s.: Weishaupt, Heinr.

Reineck, Thdr., die Grund-Elemente der Firmen-Malerei. Ein Hülfsbuch für Firmenschreiber, Decorationsmaler, Bild- und Steinhauer etc. 24 (lithogr.) Grossplano-Taf., enth. 45 der gebräuchlichsten Alphabete in den Grundformen, nebst den dazu gehörigen Zahlen mit Hülfslinien, sowie Angabe der Höhen- und Breiten-Verhältnisse. Fol. (2 S. Text.) Weimar 877, B. F. Voigt.

— die Grundformen der gebräuchlichsten Firmen-Schriften. 25 Taf. gr. Fol., enth. 46 Alphabete in den grossen u. kleinen Buchstaben, nebst den dazu gehör. Zahlen m. Hilfslinien, sowie Angabe der Höhen- u. Breitenverhältnisse. 2., verm. u. verb. Aufl. (2 S. Text.) Ebd. 890. 8. —

Reineck, Thdr., moderne Lackschriften. Eine Sammlg. der beliebtesten Lackschriften, Randverziergn., Einfassgn. u. Vignetten, nebst e. leichtverständl. Anweisg. f. ihre sachgemässe Ausführung. 16 lith. Foliotaf. (VIII S. Text.) Lex. 8. Leipzig 908. B. F. Voigt. 5. —

Reineck, Thdr., moderne Plakat- u. Reklameschriften. Vorlagen f. Firmenschreiber, Dekorations-, Glas- u. Porzellanmaler. 30 Foliotaf. in Schwarz- u. Farbendruck. (III S. Text.) gr. 4. Leipzig 903. B. F. Voigt. 6. 75

— moderne Schriften. Vorlagen f. Firmenschreiber, Dekorations-, Glas- u. Porzellanmaler. 25 Foliotaf. in Farbdr. gr. 4. (III S. Text.) Ebd. 902. 6. —

Reineck, Thdr., moderne Schriften. Vorlagen f. Firmenschreiber, Dekorations-, Glas- u. Porzellanmaler. 28 Foliotaf. in Farbendr. 2. verb. u. erweit. Aufl. (III S. Text.) Lex. 8. Leipzig 907. B. F. Voigt. 6. —

Reineck, Thdr., Vorlegeblätter f. Firmen-Schreiber, Architekten, Bild- u. Steinhauer etc. 30 Grossplano-Taf., enth. Vorlagen der gebräuchlichsten Schriftarten, Zahlen etc. m. Hülfslinien, sowie e. Sammlg. v. Ornamenten, Einfassgn., Eckstücken etc. Fol. (30 Steintaf. in Imp.-Fol. m. 1 Bl. Text.) Weimar 875. B. F. Voigt. 9. —

—— Vorlegeblätter für Firmen-Schreiber, Architekten, Bild- und Steinhauer etc. 30 (lithogr.) Grossplano-Taf., enth. Vorlagen der gebräuchlichsten Schriftarten mit Hilfslinien, nebst den dazu gehörigen Zahlen, in 26 verschiedenen Alphabeten. 1. Aufl. (1 Bl. Text.) 1875; 2. verm. und verb. Aufl. Fol. (4 S. Text.) Ebendas. 879.

— Vorlegeblätter f. Firmen-Schreiber, Architekten, Bild- u. Steinhauer etc. 32 Grossplano-Taf., enth. Vorlagen der gebräuchlichsten Schriftarten m. Hilfslinien, nebst d. dazu gehör. Zahlen, in 30 verschied. Alphabeten. 3., verm. u. verb. Aufl. Fol. (IV S. Text.) Ebd. 895. 9. —

— Zierschriften in altdeutschem Renaissance- u. Barock-Stil. Vorlagen f. Decorations-, Glas- u. Porzellanmaler, Firmen-, Diplom- u. Plakatschreiber. 24 Grossfolio-Taf. m. 29 Alphabeten in meist farb. Ausführg. gr. Fol. (IV S. Text.) Ebd. 899. In Mappe 13. 50

— Zierschriften in altdeutschem Renaissance- u. Barockstil. Vorlagen f. Decorations-, Glas- u. Porzellanmaler, Firmen-, Diplom- u. Plakatschreiber. 24 Grossfolio-Taf. m. 29 Alphabeten in meist farb. Ausführg. 2. Aufl. (IV S.) gr. Fol. Ebd. 904. 9. —

Reineck, W.

GEMÄLDE, Skizzirtes, von Frankfurt a. Main. Nebst Ausflügen nach Offenbach, Wilhelmsbad, Eppstein, Weilbach etc. (von *W. Reineck*). Mainz 1822. 8°. (2 Mk. Jos. Baer & Co., c. 1886.)
Fehlt im Anon.-Lex.

Reinecke de Fos, s. Reineke Fuchs.

Reinecke der Fuchs, s. Reineke Fuchs.

Reinecke, Carl. Ein Künstlerbild, s. Wasielewski, Wilh. Jos. v.

Reinecke de Vos, s. Reineke Fuchs.

Reinecke, die Bestimmungen über die Behandlung der militärpflichtigen Civilbeamten im Falle ihrer Einberufung zum Kriegsdienste bei einer Mobilmachung der Armee ɔc., nebst Ergänzungen und Erläuterungen mit 3 Anlagen. Dargestellt zum prakt. Gebrauch für Beamte und Behörden. 8. (79 S.) Berlin 866, Heinicke. *

Reinecke, prakt. Ratgeber f. d. mod. Handwerker, s.: Oestreich.

Reinecke, A. [app. Arzt]: Über die Erblichkeit der multiplen Wachstums-Exostosen. . . . (Aus: Beitr. z. klin. Chir. VII. Bd. III. H.) Tübingen, H. Laupp'sche Buchh., 1891; 2 Bl., 18 S. [falsch pag.] 8°
Tübingen, Med. Fak., Inaug.-Diss. v. 1891

Reinecke, A., der Standpunkt des Wiesenbaues und Vorschläge über die bei Wiesen-Meliorationen zu befolgenden Grundsätze. gr. 8. (91 S.) Lippstadt 870, Staats. *

Reinecke, A.: Über einige dem Hydrocyanaldin analoge Verbindungen der aromatischen Säuren. Göttingen 1865. 30 S.
Schul-/Univ.-Schrift

Reinecke, Ad., s. Beecher, L., sechs Betrachtungen.

— s. Chastel, E., Reden über die Geschichte des Christenthums.

Reinecke, Adf., deutsche Bestrebungen zur Erneuerung d. Volkstums, s.: Weckschriften, deutsche.

— Die deutsche Buchstabenschrift, ihre Entstehung u. Entwickelung, ihre Zweckmäßigkeit u. völkische Bedeutung. Auf Veranlassg. d. allgemeinen deutschen Schriftvereins verf.; m. mehreren 100 Bruchschrift-Proben aus unserem alt- u. mittelhochdeutschen Schrifttume, der Zeit der ersten Buchdrucke u. der Neuzeit, nebst Beispielen der Verwendg. v. Bruchschrift durch die Fremdvölker aller Erdteile. (227 S.) gr. 8. Leipzig-Borsdorf 910. A. Hasert & Co. 3. —

Reinecke, Adf., s.: Heimdall.

Reinecke, Adf., Nachtheile und Mißstände der Fremdwörterei, sowie Mittel zu ihrer Bekämpfung. Betrachtungen u. Ergänzungen. gr. 8. (58 S.) Berlin 888. A. Reinecke. n. 1. 25

— Rechenschaftsbericht üb. den Berliner Zweigverein d. allgemeinen deutschen Sprachvereins im J. 1890. 8. (112 S.) Berlin 891. A. Reinecke. n. — 50

Allgemeiner Deutscher Sprachverein. — RECHENSCHAFTSBERICHT über den Berliner Zweigverein von ADOLF REINECKE.
Im Jahre 1890. Berlin 1891. Verlag und Eigentum des Berliner Zweigvereins des A. D. S.-V. 8°.

— die Sprache d. Buchhandels u. der Schriftstellerei. Vortrag, geh. am 25. Novbr. 1890 im Berliner Zweigvereine d. allgemeinen deutschen Sprachvereins. [Aus: „Papier-Zeitg."] gr. 8. (8 S.) Ebd. 891. Kostenlos.

— Die Sprache des Buchhandels u. der Schriftstellerei. 2. verm. Aufl. (16 S.) 8. Leipzig (907). G. Uhl. — 40

Reinecke's, Adf., Verdeutschungs-Wörterbuch. 1. Bd. 8. Berlin 886. Reinecke. cart. n. 3. —
Verdeutschungs-Wörterbuch der Kunst- u. Geschäftssprache d. deutschen Buchhandels u. der verwandten Gebiete. (XI, 136 S.)

— Verdeutschungs-Wörterbücher. 2. u. 3. Bd. 8. Ebd. 887. 889. cart. n. 7. 30 (1—3.: n. 10. 30)
2. Verdeutschungs-Wörterbuch fachmännischer und dienstlicher Sprache d. deutschen Wehrtumes durch H. v. Pfister. (XII, 280 S.) n. 4. 50
3. Verdeutschungs-Wörterbuch der Fachsprache der Kochkunst u. Küche, enth.: die Verdeutschgn. der Namen v. Speisen, Nahrungsmitteln, Gebrauchsgegenständen u. sonst. fremdländ. Ausdrücken, soweit dieselben in der deutschen Küche vorkommen u. benutzt werden, v. E. Lößnitzer. (XV, 248 S.) n. 2. 80

— deutsche Wiedergeburt. Grundlegende Baustücke zur jungdeutschen Bewegg. Hrsg. auf Veranlassg. des alldeutschen Sprach- u. Schriftvereins. gr. 8. (268 S.) Lindau 901. A. Thoma. 3. —

Reinecke, Alb., die Einführung des Christenthums im Harzgau im 8. Jahrh., mit besond. Berücksicht. der Gründungsgeschichte des Bisthums Halberstadt. gr. 8. (83 S.) Osterwieck 888, Zickfeldt. *

Reinecke, Alb. Geschichte der freien Reichsherrschaft Schauen, eines der allerkleinsten Gebiete im alten deutschen Reich, nach fast ausschließlich archival. Quellen dargestellt. 8. (VII, 273 S. m. 1 Karte u. Wappen.) Osterwieck 889, Zickfeldt. * 3 —

Reinecke, Alb., Schulchronik m. vorgezeichneten Formularen zu ihrer Führung, nebst e. Abhandlg. üb. die Bedeutg. u. Einrichtg. v. Schulchroniken. 4. (224 S.) Osterwieck 892. A. W. Zickfeldt. Geb. n. 3. —

Reinecke, Alb., Schulchronik m. vorgezeichn. Formularen zu ihrer Führg., nebst e. Abhandlg. üb. d. Bedeutg. u. Einrichtg. von Schulchroniken. 2., veränd. Aufl. 4. (240 S.) Osterwieck 895. A. W. Zickfeldt. Geb. in Leinw. n. 3. —

Reinecke, Alb., Schulchronik m. vorgezeichneten Formularen zu ihrer Führung, nebst e. Abhandlg. üb. die Bedeutg. u. Einrichtung v. Schulchroniken. 3. Aufl. 4. (240 S.) Osterwieck 900. A. W. Zickfeldt. Geb. in Leinw. n. 3. —

Reinecke, Aug., über das Verhalten des Bauchfells an einem mit mehreren Hernien behafteten Becken. Inaugural-Dissertation. gr. 8. (34 S.) Göttingen 875, (Vandenhoeck und Ruprecht's Verlag.) *

Reinecke, C. A., zur Erinnerung an das Gründungsfest des russischen Reiches. Ein Vortrag, in der Behm'schen Unterrichts- und Erziehungsanstalt zu Wiborg gehalten. gr. 8. (31 S.) Helsingfors 862. (Göttingen, Deuerlich'sche Buchh.) *

Reinecke, C. Fr. Ad., die Bewegung des deutschen Volks im J. 1848. Vier Predigten. gr. 8. (50 S.) Hildesheim 849, Gerstenbergsche Buchh.

Reinecke, C. F. A., s. Chalmers, Th., Reden.

Reinecke, (C. Fr. Conr.,) de Constanti et aequabili Jesu Christi indole et ingenio doctr. ac docendi ratione, sive commentat. de evangelio Joh. cum Matthaei, Marci et Lucae evangel. conciliato. Hannov. 827, Helwing.

— — s.a. Reineke

Reinecke, C. L., Plan u. Stoff f. den vierstufigen Naturgeschichts-Unterricht. Ein Hilfsbuch f. Lehrer u. Schüler. 1. Tl. [Stufe I u. II.] gr. 8. (XVI, 115 S.) Dresden 891. Bleyl & Kaemmerer. n. 1. —

Reinecke, Carl, s. Reinecke, Karl

Reinecke, Christian [Praes.], s. Justus, Karl August: Schediasma quo trium scholarum naturae juris et artis imperativus disce loqui explanatur.

Reinecke, Christian [Praes.], s. Stolle, Johann Heinrich: . . . seu traditio Eliana de sex durationis mundi millenariis.

— **Christian Friedrich** (Eisleben), Ad altera Augustanae confessionis saecularia, in Gymnasio Islebiensi a tribus praeceptoribus superiorum classium, et XII. discipulis orationibus celebranda, maecenates invitat, simulque de Philippi Melanchthonis in scholas meritis disserit. Eisleben (J. Ph. Hullmann) 3. VII. 1730. 16 S. mit Namen. (—.—) 28115

— — Ad actum oratorium in laudem theol., jurisprud., med. et philos. in Gymnasio Islebiensi habendum maecenates invitat et simul pauca de certo studiorum genere a juvenibus potissimum eligendo disserit. Eisleben (J. Ph. Hullmann) 8. V. 1732. Mit Namen. (—.—) 28116

Reinecke, Ernst, die Diphthoritis in Göttingen während der J. 1878—82. gr. 8. (26 S.) Göttingen 884. (Vandenhoeck & Ruprecht.) n. — 60

Reinecke, Ernst, aus Braunschweig: Über Polymerisation hydroaromatischer Ketone. *Braunschweig 1899: A. Limbach.* (53 S.) 8°
Heidelberg, Naturw.-math. Diss. v. [8. Mai] 1899

Reinecke, F., s.: Deutschland, das überseeische.

Reinecke, Franz

Reinecke, F., die wirtschaftliche Entwicklg. Samoas. gr. 8. (26 S.) Berlin 902. W. Süsserott. n. 1. 50
Sonderabdr. a.: „Beiträge z. Kolonialpolitik u. Kolonialwirtsch."

Reinecke, Frz., deutsches Flaggenhandbuch. Flaggenrecht u. Flaggenzeremoniell nach den neuesten deutschen u. internationalen Bestimmgn. 8. (XV, 158 S. m. Abb. u. 1 Bildnis.) Hannover 900. Hahn. Geb. in Leinw. n. 2.—

Reinecke, Franz [aus Raatz]: Über die Knospenlage der Laubblätter bei den Compositen, Campanulaceen u. Lobeliaceen ... M. e. Taf. Breslau, Druck v. C. Dülfer, 1893; 2 Bl., 63 S., 1 Bl., 1 Taf. 8.
Heidelberg, Naturw.-math. Fak., Inaug.-Diss. v. [23. Febr.] 1893

Reinecke, F., u. W. Migula, das Pflanzenreich, s. a. Sammlung Göschen.

Das Pflanzenreich. Einteilung d. gesamten Pflanzenreichs m. d. wichtigsten u. bekanntesten Arten von Dr. F[ranz] **Reinecke** u. Prof. Dr. W[alter] Migula. Mit 50 Abb. Leipzig: Göschen 1900. 140 S. 8°
(Sammlung Göschen. 122.) [11, 14395 II

— Samoa, s. a. Süsserott's Kolonialbibliothek. 3. 4.

Samoa. Von Dr. F[ranz] **Reinecke.** *Berlin: W. Süsserott [1902].* (312 S.) 8°
= Kolonialbibliothek, Süsserotts. Bd 3. 4. [illegible]

— Taschen-Signalbuch. 2., stark verm., nach dem neuen internationalen Signalbuche bearb. Aufl. 12. (XIV, 221 S. m. z. Tl. farb. Abbildgn.) Ebd. 902. Geb. in Leinw. n. 2. 50
1. Aufl. (XIII, 117 S. m. Abb.) 901. Geb. n. 2. —.

Reinecke, Frz. Verzeichniss der bis jetzt im Druck erschienenen Compositionen v. Carl Reinecke. gr. 8. (76 S.) Lpz. 889, [Breitkopf u. Härtel.] Gebr. Reinecke. * 1 50; cart. ** 1 70

Reinecke, Friedrich (Hrsg.), s. Volksfreund, Humoristischer.

— **Friedrich Jul.** (Hartisburg / Braunschweig), De haemorrhagia cerebri. Diss. med. Halle (C. Grunert) 1839. 23 S. u. Biogr. (M.: L. Zeitz.) (3.50) 28117

Reinecke, Friedrich Wilhelm [Praes.], s. Meister, Johann Christian Friedrich: De eis, quae apud vivianum relata, specimen exhibet posterius; in eoque Commentationem ad Fragmentum aliquod, per Mosaicarum et Romanarum legum collationem Tit. XII. § VII. nobis servatum: indicatumque denique per Censuram, quae Novis Ephemeridibus literaris Lipsiensibus inserta; subjunctis aliquot, eisque liberalibus, verbis quibus respondeatur et ceteris eiusdem Censurae momentis.

Reinecke, G., Grundbau f. Hochbauabteilungen. (Leitfaden f. den Unterricht in Baukonstruktion.) Text- u. Figurenheft. Essen 909. G. D. Baedeker. 3. —
Textheft. (64 S.) 8. Einzelpr. kart. 1. 60
Figurenheft. (25 Bl.) 22,5×30,5 cm. Einzelpr. kart. 2. —

Reinecke, Georg *August* [app. Arzt aus Hoya, Prov. Hannover]: Aus d. Augenklinik zu Kiel. Ein Beitrag zur Kenntnis der Retinitis pigmentosa ... Kiel, Druck v. L. Handorff, 1894; 17 S., 1 Bl. 8.
Kiel, Med. Fak., Inaug.-Diss. v. [17. Aug.] 1894

Reinecke, Georg. Oberveterinär aus Grabow in Mecklenb.: Beiträge zur Kenntnis und Bekämpfung der südafrikanischen Pferdesterbe. Jena 1909. 88 S. und vier Tabellen. 8°. [10. XII. 08.]
Bern, Vet.-med. Diss. 1908/09.

Reinecke, Georg, Dr. med. vet., a. Grabow ⟨Meckl.-Schw.⟩: Beiträge zur Kenntnis von Polyxenus. Hierzu 21 Fig. im Text. Jena: Fischer 1910. 52 S. 8° ¶ (Aus: Jenaische Zeitschrift f. Naturwiss. Bd 46. N. F. 39, H. 2/3.)
Jena, Phil. Diss. v. 25. Nov. 1910, Ref. Plate
[Geb. 17. Juni 77 Seehausen, Altmark; Wohnort: Berlin; Staatsangeh.: Preußen; Vorbildung: Realgymn. Bützow bis O. 95, Dispens v. 9. Juni 10; Studium: Berlin 4, Leipzig 2, Jena 5 S.; Rig. 14. Juli 10.] [U 11. 2502

Reinecke, Georg (geb. Woldenberg in d. Neum. 29. 8. 1849): Ueber die Einwirkung der Luft auf den thierischen Organismus. Berlin (1875). (36 S.) 8°
Berlin, Med. Diss. v. 17. Aug. 1875

Reinecke, Georgius [Hannoveranus]: De coniunctionum usu apud Senecam philosophum. . . . Monasterii Guestfalorum, ex typogr. Brunniana, 1890; 68 S., 2 Bl. 8°
Münster, Phil. Fak., Inaug.-Diss. v. [19. Nov.] 1890

Reinecke, Gust., Vademecum zur Feststellung der Höhe der Invaliden- u. Altersrenten nach d. Invalidenversicherungsgesetz v. 13. VII. 1899, sowie d. Werthes u. des halben Werthes v. Beitragsmarken. Ein unentbehrl. Hilfsmittel f. Jeden, der an d. Ausführg. d. Invalidenversicherungsgesetzes e. Interesse hat, zur Ersparg. zeitraub. u. mühevoller Beobachtgn. 12. (4 S.) Merseburg 900. F. Stollberg. n. — 40

Reinecke, Heinr., Untersuchungen über das Verhalten der Fettzellen im Bindegewebe des Menschen bei acuten und chronischen Krankheiten. Inaugural-Dissertation. 4. (25 S.) Kiel 878, v. Maack's Buchh. *

Reinecke, Hermann

—— die Behörden im Königr. Preußen. 1. Organisation und Ressortverhältnisse der Central-, Provinzial-, Kreis- und Local-Behörden. 2. Uebersichtliche Anordnung derselben nach der politischen Eintheilung des Landes. gr. 8. (203 S.) Berlin 882, Berggold. *

Reinecke, Herm., die allgemeinen Bestimmungen vom 15. October 1872 u. die Mittelschule der Prov. Hannover. Mit e. ausführl. Lehrplan f. e. Mittelschule. 8. (64 S.) Hannover 873. Meyer. — 75

Reinecke, Herm., die allgemeinen Bestimmungen des königl. preußischen Ministers der geistlichen, Unterrichts- und Medizinal-Angelegenheiten vom 15. Oktbr. 1872. Mit Inhaltsangabe der wichtigsten bis Ende 1885 zu denselben erlassenen Ministerial-Verfügungen, dem Schulaufsichtsgesetze und der Prüfungs-Ordnung für Taubstummenlehrer, Turnlehrer und Zeichenlehrer. Nach amtl. Quellen zusammengestellt. 2. Aufl. gr. 8. (98 S.) Leipzig 886, Dürr'sche Buchh. cart. *

Reinecke, Herm., die allgemeinen Bestimmungen des königl. preuß. Ministers der geistlichen, Unterrichts- u. Medizinal-Angelegenheiten vom 15. Oktbr. 1872. Mit Inhaltsangabe der wichtigsten zu denselben erlassenen Ministerial-Verfüggn., dem Schulaufsichtsgesetze u. der Prüfungs-Ordng. f. Taubstummenlehrer, Turnlehrer u. Zeichenlehrer. Nach amtl. Quellen zusammengestellt. 3., durch die Prüfungsordngn. f. Lehrerinnen, sowie durch Inhaltsangabe der wichtigsten Ministerial-Erlasse bis zum Schlusse des J. 1893 weitergeführte Ausg., bearb. v. G. Schöppa. gr. 8. (143 S.) Leipzig 894. Dürr'sche Buchh. Kart. n.n. 1. 30

Reinecke, Herm., d. Allgemeinen Bestimmungen d. kgl. preuß. Ministers der geistl., Unterrichts- u. Medizinal-Angelegenheiten v. 15. X. 1872. Mit Inhaltsangabe d. wichtigsten zu ihnen erlass. Ministerial-Verfüggn., dem Schulaufsichtsgesetze u. der Prüfungs-Ordng. f. Taubstummenlehrer, Turnlehrer u. Zeichenlehrer. Nach amtl. Quellen zusammengest. 4., durch Inhaltsangabe der wichtigsten Ministerial-Erlasse b. z. Schlusse d. J. 1896 weitergef. Ausg., bearb. v. G. Schöppa. Ausg. f. Lehrer. gr. 8. (184 S.) Leipzig 897. Dürr'sche Buchh. Kart. n. 1. 50; geb. n. 1. 75

Reinecke, Herm., die Allgemeinen Bestimmungen des königl. preuß. Ministers der geistlichen, Unterrichts u. Medizinal-Angelegenheiten betr. die Volks- u. Mittelschule v. 15. X. 1872, sowie die Präparanden-Anstalten u. die Lehrer-Seminare vom 1. VII. 1901, nebst dem Schulaufsichtsgesetze, den Prüfungsordngn. f. Lehrer u. d. Inhaltsangabe d. wichtigst. dazu erlassenen Ministerial-Verfüggn. Nach amtl. Quellen zusammengest. 6. Ausg., weitergeführt bis zum 1. VIII. 1901 von G. Schöppa. Ausg. f. Lehrer. gr. 8. (150 S.) Leipzig 901. Dürr'sche Buchh. Kart. n. 1. 50; geb. in Leinw. n. 1. 75

— die Bestimmungen des königl. preuß. Ministers der geistlichen, Unterrichts- u. Medizinal-Angelegenheiten betr. die Volks- u. Mittelschule, die Lehrerbildung u. die Prüfungen der Lehrer, nebst dem Gesetze über die Beaufsichtigg. des Unterrichts- u. Erziehungswesens, sowie den wichtigsten dazu erlassenen Ministerial-Verfügungen. Nach amtl. Quellen zusammengestellt. 7. Ausg., weitergeführt bis zum 1. IX. 1902 von G. Schöppa. gr. 8. (162 S.) Ebd. 903. Kart. n. 1. 50

Reinecke, Herm., die Bestimmungen des königl. preuß. Ministers der geistlichen, Unterrichts- u. Medizinal-Angelegenheiten betr. die Volks- u. Mittelschule, die Lehrerbildung u. die Prüfungen der Lehrer, nebst dem Gesetze üb. die Beaufsichtigg. des Unterrichts- u. Erziehungswesens, sowie den wichtigsten dazu erlassenen Ministerial-Verfügn. Nach amtl. Quellen zusammengestellt. 11. u. 12. Ausg., weitergeführt bis zum 1. III. bezw. 1. X. 1906 v. G. Schöppa. (à 181 S.) 8. Leipzig 906. Dürr'sche Buchh. Kart. n. 1. 50; geb. n. 1. 75

Reinecke, H., Die Bestimmungen des königl. preussischen Ministers der geistlichen, Unterrichts- u. Medizinal-Angelegenheiten, betr. die Volks- u. Mittelschule, die Lehrerbildung u. die Prüfungen der Lehrer, nebst dem Gesetze üb. die Beaufsichtigg. des Unterrichts- u. Erziehungswesens. 14. Ausg., weitergeführt bis zum 1. IX. 1908 v. G. Schöppa. (189 S.) Leipzig, Dürr'sche Buchh. 1908 Kart. 1. 50; geb. in Leinw. 1. 75.

Reinecke, H[ermann]: Die Bestimmungen des Königlich Preußischen Ministers der geistlichen, Unterrichts- und Medizinal-Angelegenheiten, betr. die Volks- und Mittelschule, die Lehrerbildung, und die Prüfung der Lehrer, nebst dem Gesetze über die Beaufsichtigung des Unterrichts- und Erziehungswesens, sowie d. wichtigsten dazu erlass. Minist.-Verfügungen. Nach amtl. Quellen zsgest. von H[ermann] Reinecke, weil. Stadtschulinsp. zu Berlin. 15. Ausg. weitergeführt bis z. 1. Jan. 1909 von G[ottlob] Schöppa. Leipzig: Dürr 1909. 189 S. 8°

Reinecke, Herm., die Bestimmungen des königl. preuß. Ministers der geistlichen, Unterrichts- u. Medizinal-Angelegenheiten, betr. die Volks- u. Mittelschule, die Lehrerbildung u. die Prüfungen der Lehrer, nebst dem Gesetze üb. die Beaufsichtigg. des Unterrichts- u. Erziehungswesens, sowie d. wichtigsten dazu erlassenen Ministerial-Verfüggn. Nach amtl. Quellen zusammengest. 17. Ausg., weitergeführt bis z. 1. III. 1910 v. G. Schöppa. (244 S.) 8. Leipzig 910. Dürr'sche Buchh. Kart. 2.—; geb. in Leinw. 2. 40

Reinecke, H. (I.), Bilder aus der Kirchengeschichte, für den Schulgebrauch bearb. 8. (31 S.) Hannover 884, Meyer. *

Reinecke, Herm. Bilder aus der Kirchengeschichte, f. den Schulgebrauch bearb. 3. Aufl. gr. 8. (31 S.) Hannov. 891, Meyer. * — 20

— Bilder aus der Kirchengeschichte, f. den Schulgebrauch neu bearb. v. G. Guden. 4. Aufl. 8. (32 S.) Hannover 894. C. Meyer. n. — 20

Reinecke's Bilder aus d. Kirchengeschichte, f. d. Schulgebrauch neu bearb. v. G. Guden. 5. Aufl. 8. (42 S.) Hannover 896. C. Meyer. n. — 25

— Bilder aus der Kirchengeschichte, f. den Schulgebrauch neu bearb. v. G. Guden. 7. (Ster.-)Aufl. (40 S.) 8. Hannover 905. C. Meyer. n. — 25

— der erste Brief Pauli an die Korinther. Für die evangel. Volksschullehrer unter Hinzufügg. e. genauen Übersetzg. aus dem Griechischen nach wissenschaftl. Quellen ausgelegt. gr. 8. (120 S.) Leipzig 886. Dürr'sche Buchh. n. 1. 80

Reinecke, H., der Brief Pauli an die Galater für die evangelischen Volksschullehrer unter Hinzufügung einer genauen Uebersetzung nach dem Urtexte nach wissenschaftl. Quellen ausgelegt. gr. 8. (IV, 28 S.) Minden 880. Leipzig, Dürr'sche Buchh. n. 1. —

—— der Brief Pauli an die Galater für die evangel. Volksschullehrer unter Hinzufügung einer genauen Uebersetzung nach dem Urtexte nach wissenschaftl. Quellen ausgelegt. gr. 8. (IV, 28 S.) Münden 880, Hufeland. *

Reinecke, Herm., der Brief Pauli an die Galater, f. die evangel. Volksschullehrer unter Hinzufügung e. genauen Übersetzg. nach dem Urtexte nach wissenschaftl. Quellen ausgelegt. 2. Aufl. gr. 8. (IV, 28 S.) Leipzig 901. Dürr'sche Buchh. n. — 60

— Der Brief Pauli an die Galater, f. die ev. Volksschullehrer unter Hinzufügg. e. genauen Übersetzg. nach dem Urtexte nach wissenschaftl. Quellen ausgelegt. 3. Aufl. (IV, 28 S.) gr. 8. Leipzig 905. [Dürr'sche Buchh.] Berlin, Union, Zweigniederlassg. — 60

—— der Brief Pauli an die Philipper. Für die evangel. Volksschullehrer unter Hinzufügung einer genauen Übersetzung aus dem Griech. nach wissenschaftl. Quellen ausgelegt. gr. 8. (31 S.) Leipzig 881, Dürr'sche Buchh. *

—— der Brief Pauli an die Römer. Für evangel. Volksschullehrer unter Hinzufügung einer genauen Übersetzung aus dem Griech. nach wissenschaftl. Quellen ausgelegt. gr. 8. (116 S.) Leipzig 884, Dürr'sche Buchh. *

— der Brief Pauli an die Römer. Für d. evangel. Volksschullehrer unter Hinzufügg. e. genauen Übersetzg. aus d. Griech. nach wissenschaftl. Quellen ausgelegt. 2. durchgesch., sonst aber unveränd. Aufl. gr. 8. (115 S.) Ebd. 900. n. 1. 80

— der Brief Pauli an die Römer. Für die evangel. Volksschullehrer unter Hinzufügg. e. genauen Uebersetzg. aus dem Griech. nach wissenschaftl. Quellen ausgelegt. 3. durchgesch., sonst aber unveränd. Aufl. Gedruckt in neuer Rechtschreibg. (115 S.) gr. 8. Leipzig 904. Dürr'sche Buchh. n. 1. 80

— Der Brief Pauli an die Römer. Für evangel. Seminaristen u. Volksschullehrer unter Hinzufügg. e. genauen Uebersetzg. aus dem Griech. nach wissenschaftl. Quellen ausgelegt. 4. Aufl. Neu bearb. v. E. Fischer. (127 S.) gr. 8. Ebd. 906. 1. 80
Auch die übrigen Pauli'schen Briefe desselben Verfassers aus d. Verlag d. Dürr'schen Buchh. sind an obige Firma übergegangen.

—— der zweite Brief Pauli an die Korinther. Für die evangel. Volksschullehrer unter Hinzufügung einer genauen Übersetzung aus dem Griechischen nach wissenschaftl. Quellen ausgelegt. gr. 8. (91 S.) Ebendas. 886. *

Reinecke, H. (I.), die Briefe Pauli an die Thessalonicher. Für die evangel. Volksschullehrer unter Hinzufügung einer genauen Übersetzung aus dem Griech. nach wissenschaftl. Quellen ausgelegt. gr. 8. (42 S.) Ebendas. 881. *

Reinecke, H., Gelegenheits-Gedichte. Eine Sammlg. v. ausgewählten Fest-Gedichten. 8. (224 S.) Harburg 876. Elkan. 1. 80

—— biblische Geschichte für evangelische Mädchenschulen. gr. 8. (VIII, 234 S.) Berlin 881, Th. Hofmann. *

— biblische Geschichte f. die Mittel- u. Oberstufe. Nach Maßgabe der allgemeinen Bestimmgn. vom 15. Octbr. 1872 bearb. Ausg. A. Mit Erläutergn. 8. (XI, 329 S.) Ebend. 876. n. 1. 20

— dasselbe. Ausg. B. Ohne Erläutergn. 8. (VIII, 190 S.) Ebend. 876. n. — 80

— biblische Geschichte f. die Mittel- u. Oberstufe. 2. Aufl. 8. (VIII, 237 S.) Hannover 884. Meyer. n. 1. —

—— biblische Geschichte für die Mittel- und Oberstufe. 3. Aufl. Mit einem kirchengeschichtl. Anhang. 8. (VIII, 237 S.) Hannover 888, Meyer. geb. *

— biblische Geschichte f. die Mittel- u. Oberstufe. Neu bearb. v. G. Guden. 6. verm. Aufl. Mit e. kirchengeschichtl. Anh. 8. (VIII, 254 S.) Hannover 901. C. Meyer. Geb. n. 1. 20

— dasselbe f. die Unterstufe. Neu bearb. von G. Guden. Ausg. A ohne Bilder. 6. Aufl. gr. 8. (48 S.) Ebd. 900. n. — 30; kart. n. 45

— Geschichte der Pädagogik, s.: Schorn, Aug.

— biblische Geschichten f. die Unterstufe. Nach Maßgabe der allgemeinen Bestimmgn. vom 15. Octbr. 1872 bearb. 8. (38 S.) Ebend. 875. n. — 20

—— biblische Geschichten für die Unterstufe. 2. verb. und verm. Aufl. 8. (49 S.) Ebendas. 884. *

Reinecke, H., biblische Geschichten f. die Unterstufe. 3. Aufl. 8. (48 S.) Hannover 890. C. Meyer. n. — 30

— biblische Geschichten f. die Unterstufe. Neu bearb. v. G. Guden. Ausg. A ohne Bilder. 5. Aufl. gr. 8. (48 S.) Hannover 895. C. Meyer. n. — 30; kart. n. — 45

— dasselbe. Ausg. B m. Bildern. 5. Aufl. gr. 8. (55 S.) Ebd. 895. n. — 35; kart. n. — 50

[Hermann] Reineckes Biblische Geschichten für die Unterstufe. Neu bearb. von G[eorg] Guden. Ausg. A ohne Bilder. 6. Aufl. *Hannover, Berlin: C. Meyer 1900.* (48 S.) 8° [F.]

— biblische Geschichten f. die Unterstufe. Neu bearb. v. G. Guden. 7. Aufl. Ausg. B m. 15 Bildern. (66 S.) 8. Hannover 906. C. Meyer. n. — 35; kart. n. — 50

— Biblische Geschichten f. die Unterstufe. Neu bearb. v. G. Guden. 8. (Ster.-)Aufl. Ausg. B m. 15 Bildern. (55 S.) 8. Hannover 909. C. Meyer. — 35; kart. — 50

— Handbuch zur methodischen Behandlung der biblischen Geschichte. 2. völlig umgearb. Aufl. gr. 8. (VIII, 442 S.) Ebend. 884. n. 4. 80; geb. n. 5. 40

Reinecke's Handbuch zur unterrichtl. Behandlg. d. bibl. Geschichte, neu bearb. von G. Guden. 2 Tle. (Altes u. Neues Testament.) 3., verm. Aufl. 8. (VII, 247 u. V, 249 S.) Hannover 898. C. Meyer. à n. 2. 25

— Handbuch zur unterrichtlichen Behandlung der bibl. Geschichte, neu bearb. v. G. Guden. 2 Tle. 4. Aufl. gr. 8. Hannover 907. C. Meyer. à 2.25; geb. à 2. 60
1. Altes Testament. (VII, 208 S.) — 2. Neues Testament. (IV, 210 S.)

— Kirchengeschichte f. höhere Lehranstalten, Seminarien u. zum Selbstunterricht, nach wissenschaftl. Quellen bearb. gr. 8. (III, 196 S.) Berlin 889. Oehmigke's Verl. n. 2. 60

— Kirchengeschichte f. höhere Lehranst., Seminarien u. z. Selbstunterricht, nach wissenschaftl. Quellen bearb. 2. (Titel-)Aufl. gr. 8. (III, 196 S.) Berlin (889) 895. L. Oehmigke's Verl. n. 2. 60; Einbd. n. — 25

— dasselbe f. höhere Mädchenschulen u. Mittelschulen. 2. (Titel-)Aufl. gr. 8. (116 S.) Ebd. (889) 895. n. 1. 60; Einbd. n. — 20

—— Friedrich Fröbels Leben und Lehre. 1. Bd.: [Biographie von 1782—1826. — Die kleineren Keilhauer Schriften. — Die „Menschenerziehung".] gr. 8. (VIII, 276 S. mit Holzschn.-Portr.) Berlin 885, Oehmigke's Verlag. *

— Friedrich Fröbels Leben u. Lehre. 1. Bd. (Biographie v. 1782–1826. Die kleineren Keilhauer Schriften. Die „Menschenerziehung".) 2. (Titel-)Aufl. gr. 8. (VIII, 276 S.) Berlin 895. L. Oehmigke's Verl. n 3. —

— Berliner Lesebuch, s.: Berthold, L.

—— Lesestücke zu Schorns Geschichte der Pädagogik. Mit Holzschn. (2 Taf.) aus dem Orbis pictus und dem Elementarwerk. gr. 8. (II, 142 S.) Leipzig 881, Dürr'sche Buchh. *

—— Lieder, Gebete und Psalmen, für die Berliner Gemeindeschulen methodisch behandelt. gr. 8. (VI, 125 S.) Berlin 882, Oehmigke's Verlag. *

—— dass. — Für die evangel. Schule methodisch behandelt. gr. 8. (VIII, 240 S.) Ebendas. 883. *

— **Lieder, Gebete u. Psalmen, f. die evangelische Schule methodisch behandelt.** 2. (Titel-)Aufl. gr. 8. (VIII, 240 S.) Berlin 887. Oehmigke's Verl. n. 3. 60

— **Lieder, Gebete u. Psalmen, f. die evangelische Schule methodisch behandelt. 3. Aufl. Neu bearb. v. G. Guden. (258 S.) gr. 8. Berlin 906. L. Oehmigke's Verl.** n. 3. 60; geb. n. 3. 85

—— Melodien zu den Liedern in den vom Vorstande der Lehrer-Wittwen- und Waisenkasse für den Bezirk der Landdrostei-Lüneburg herausgegeb. beiden Theilen des deutschen Lesebuches. 8. (40 S.) Hannover 873, Hahn'sche Buchh.

Reinecke, Herm., vollständiger und zuverlässiger Rechenhelfer, oder Tabellen für den Ein- und Verkauf in deutscher Reichswährung in allen Bruchpfennigen bis zu Zehntelpfennigen, von 1 Pf., $1^1/_{10}$ Pf. u. s. w. bis $9^9/_{10}$ Pf., von 10 Pf. an mit 1 Pf. aufsteigend bis 100 Mark für Stück, Meter, Kilo, Liter ꝛc. von 1 bis 3000 genau und sicher berechnet. Nebst einem Anh. Große Ausg. gr. 16. (VI, 521 S.) Harburg 875, Elkan. geb.

—— dass. — oder Tabellen für den Ein- und Verkauf in deutscher Reichswährung von 1 Pfennig aufsteigend bis 100 Mark für Stück, Meter, Kilo, Liter ꝛc. von 1—3000 genau und sicher berechnet. Nebst einem Anh. (Kleine Ausg.) gr. 16. (147 S.) Ebendas. 875. geb.

—— vollständiger und zuverlässiger Rechenhelfer oder Tabellen für den Ein- und Verkauf in deutscher Reichswährung von 1 Pfennig aufsteigend bis 100 Mark für Stück, Meter, Kilo, Liter ꝛc. von 1 bis 3000 genau und sicher berechnet. Nebst einem Anhang. (Kleine Ausg.) 4. Aufl. 16. (147 S.) Ebendas. 876. geb.

Reinecke, H. (II.), vollständiger und zuverlässiger Rechenhelfer oder Tabellen für den Ein- und Verkauf in deutscher Reichswährung von 1 Pfennig aufsteigend bis 100 Mark für Stück, Meter, Kilo, Liter ꝛc., von 1 bis 3000 genau und sicher berechnet. Nebst einem Anhang, enthaltend: a. Zinstabelle von $^1/_4$ % bis 6% für Tag, Monat und Jahr; b. Stempeltarif bei Wechseln in Reichsmarkwährung. 5. Aufl. 16. (145 S.) Harburg 884, Elkan. geb.

Reinecke, H., vollständiger und zuverlässiger Rechenhelfer oder Tabellen für den Ein- und Verkauf in deutscher Reichswährung von 1 Pfennig aufsteigend bis 100 Mark für Stück, Meter, Kilo, Liter ꝛc. von 1 bis 3000, genau und sicher berechnet. Nebst einem Anhang enthaltend: a. Zinstabelle von $^1/_4$ % bis 6% für Tag, Monat und Jahr; b. Stempeltarif bei Wechseln in Reichsmarkwährung. 8. und 9. Aufl. 16. (145 S.) Harburg 887, Elkan. geb.

Reinecke, H. Vollständiger u. zuverlässiger Rechenhelfer od. Tabellen f. den Ein- u. Verkauf in deutscher Reichswährg. Nebst e. Anh., enth. a. Zinstabelle; b. Stempeltarif bei Wechseln. 10.—13. Aufl. 12. (145 S.) Harb. 889—92, Elkan. geb. m. Bleistift 1 —

Reinecke, H., vollständiger u. zuverlässiger Rechenhelfer od. Tabellen f. den Ein- u. Verkauf in deutscher Reichswährg. von 1 Pfennig aufsteigend bis 100 Mark f. Stück, Meter, Kilo, Liter ꝛc. von 1—3000 genau u. sicher berechnet. Nebst e. Anh., enth. a. Zinstabelle von $^1/_4$ % bis 6% f. Tag, Monat u. Jahr; b. Stempeltarif bei Wechseln in Reichsmarkwährg. 15., verb. Aufl. 12. (145 S.) Harburg 894. G. Elkan. Geb. m. Bleistift. 1. —

Reinecke, H., vollst. u. zuverläss. Rechenhelfer od. Tabellen f. den Ein- u. Verkauf in deutscher Reichswährg. von 1 Pfennig aufsteig. bis 100 Mark f. Stück, Meter, Kilo, Liter ꝛc. v. 1—3000 genau u. sicher berechnet. Nebst e. Anh., enth. a. Zinstabelle von $^1/_4$ % bis 6% f. Tag, Monat u. Jahr; b. Stempeltarif bei Wechseln in Reichsmarkwährg. 18. Aufl. 12. (145 S.) Harburg 898. G. Elkan. Geb. m. Schieferstift 1. —

Reinecke, H., vollständiger u. zuverlässiger Rechenhelfer od. Tabellen f. den Ein- u. Verkauf in deutscher Reichswährg. v. 1 Pfennig aufsteigend bis 100 Mark f. Stück, Meter, Kilo, Liter ꝛc. von 1—3000 genau u. sicher berechnet. Nebst e. Anh., enth. a. Zinstabelle von $^1/_4$ % bis 6% f. Tag, Monat u. Jahr; b. Stempeltarif bei Wechseln in Reichsmarkwährg. 19. Aufl. 12. (145 S.) Harburg (900). G. Elkan. Geb. m. Schieferstift 1. —

Reinecke, H., vollständiger u. zuverlässiger Rechenhelfer od. Tabellen f. den Ein- u. Verkauf in deutscher Reichswährg. von 1 Pfennig aufsteigend bis 100 Mark f. Stück, Meter, Kilo, Liter ꝛc. von 1—3000 genau u. sicher berechnet. Nebst e. Anh., enth. a. Zinstabelle von $^1/_4$ % bis 6 % f. Tag, Monat u. Jahr; b. Stempeltarif bei Wechseln in Reichsmarkwährg. 20. Aufl. (145 S.) 16. Harburg (904). G. Elkan. Geb. m. Schieferstift 1. —

Reinecke, H., vollständiger u. **zuverlässiger Rechenhelfer od.** Tabellen f. den Ein- u. **Verkauf in deutscher Reichswährg.** von 1 Pfennig **aufsteigend bis 100 Mark** f. Stück, Meter Kilo, Liter ꝛc. von 1—3000 genau u. **sicher berechnet.** Nebst e. Anh., enth. a. Zinstabelle von $^1/_4$ % bis 6% f. Tag, Monat u. Jahr; b. Stempeltarif bei Wechseln in Reichsmarkwährg. 21. Aufl. (145 S.) kl. 8. Harburg (907). [G. Elkan.] Stuttgart, S. Lutz-Steinweg. Geb. 1.—

Reinecke, H. (II.), **Tabellen zur Berechnung der Zinsen von 30,000 Mark Kapital herab bis zu 1 Mark nach den Sätzen von $^1/_4$, $^1/_3$, $^1/_2$, 1, $1^1/_2$, 2, $2^1/_2$, 3, $3^1/_3$, $3^1/_2$, 4, $4^1/_2$, 5, $5^1/_2$, 6, $6^1/_3$, $6^2/_3$, 7, $7^1/_2$, 8, $8^1/_3$, $8^1/_2$, 9, $9^1/_2$, 10, $12^1/_2$, $16^2/_3$, $33^1/_3$ Procent auf die Zeit von 5 Jahren bis zu 1 Tage. Genan und sicher berechnet. qu. 4. (86 S.) Harburg 876, Elkan.**

Reinecke, Hugo, das Ostseebad Zinnowitz mit den Nachbarbädern Carlshagen und Coserow, nebst ihren nächsten Umgebungen. Mit einem Anhang über den Gebrauch der Seebäder. 8. (III, 75 S. mit 1 Plane von Zinnowitz, entworfen und gezeichnet von Edm. Schaller, sowie 1 Karte der „Insel Usedom" von Koch.) Wolgast 887, Reinecke. *
Ohne Karte der Insel Usedom *

Reinecke, J. C., Anleitung zur Bearbeitung der Kalkulatur-Geschäfte bei den Gerichten erster Instanz, zugleich mit Berücksichtigung des Gesetzes vom 10. Mai 1851, betr. den Ansatz u. die Erhebung der Gerichtskosten, der Instruktion zur Verwaltung der gerichtl. Salarien-Kassen ꝛc. Nebst Beispielen u. Anlagen. Ein Handbuch f. Richter, Rechtsanwalte ꝛc. Lex. 8. (VI u. 190 S.) Berlin 852, Gebauer. n. 1 ß 6 ngr

Reinecke, J. C., Ansatz der Gerichtskosten im Deutschen Reiche bezw. in Preußen. Taf. I bis XII. gr. 4. (III, 90 S.) Berlin 883. P. Lenz. n. 6. 50; Taf. I—VI ap. n. 3. —

Reinecke, J. C., Ansatz der Gerichtskosten im Deutschen Reiche bezw. in Preußen. Taf. I—XII. gr. 4. (III, 90 S.) Berlin 883, (Puttkammer und Mühlbrecht.) *

Reinecke, J. C., die Bearbeitung der gerichtlichen Kalkulaturgeschäfte. Mit 25 Beispielen u. 2 Anhängen enthltd.: zwei Sterblichkeitstabellen — eine Zusammenstellung der Bestimmungen über die Diäten und Reisekosten, sowie Umzugskosten der Justizbeamten. 2. vollständig umgearb. u. unter Berücksichtigung der bis in die neueste Zeit ergangenen Verordnungen und Verfügungen, einschließlich der Konkursordnung verm. u. verb. Aufl. Berlin 857. Gebauer. (Guttentag.) Lex.-8. (VI, 242 S.) n. 1 ß. 15 ngr

Reinecke, J. C., die Bearbeitung der gerichtlichen Kalkulaturgeschäfte. Mit 31 Beispielen und 8 Anhängen. 3., vollständig umgearb., verm. und verb. Aufl. gr. 8. (X, 303 S.) Berlin 870, C. Heymann's Verlag. *

Reinecke, J. C., die Behörden im Königreich Preußen. 1. Organisation u. Ressortverhältnisse der Central-, Provinzial-, Kreis- u. Local-Behörden. 2. Uebersichtliche Anordnung derselben nach der politischen Eintheilung des Landes. gr. 8. (203 S.) Berlin 882. Berggold. n. 5. —

—— systematische Darstellung der preußischen Justizverwaltung in allen Beziehungen, in Verbindung mit einem Examinatorium. Handbuch zur prakt. Ausführung der Vorschriften und Grundsätze über die Geschäftsverwaltung bei den preuß. Gerichten und Staatsanwaltschaften. 1. Bd. 4 Hefte. gr. 8. (224 S.) Berlin 881,82, (Puttkammer und Mühlbrecht.) à Heft **ℳ 1. **

Reinecke, J. C., die Einkommens- ꝛc. Verhältnisse der preußischen unmittelbaren Staatsbeamten, nebst e. Sammlung der erläuterten Gesetze üb. diese Verhältnisse, sowie der Verordngn. üb. die Tagegelder, Fuhr- u. Umzugskosten der Reichsbeamten. Mit 7 Anhängen. gr. 8. (X, 560 S. m. 1 Tab. in qu. gr. Fol.) Berlin 876. (Puttkammer & Mühlbrecht.) n. 8. —

— die Einkommens- ꝛc. Verhältnisse der preußischen unmittelbaren Staatsbeamten. Suppl. gr. 8. (VI, 71 S.) Ebend. 878. n. 1. 50 (Hauptwerk u. Suppl.: n. 9. 50)

Reinecke, J. C., Ergänzungen u. Erläuterungen der Gesetze u. Instruktionen, betreffend den Ansatz u. die Erhebung der Gerichtskosten. Berlin 867. C. Heymann. gr. 4. (V, 82 S.) 18 ngr.

Reinecke, J. C., Examinatorium für Gerichtsvollzieher. 2. Aufl. 8. (209 S.) Dresden 887, Albanus'sche Buchdr. *

Reinecke, J. C. Examinatorium f. Gerichtsvollzieher. 3. Aufl. 8. (209 S.) Dresd. 890, Albanus. * 1 75

—— Examinatorium für die Prüfung als Gerichtsvollzieher im Deutschen Reiche. Mit Beispielen. 8. (XI, 204 S.) Berlin 879, Selbstverlag. *

Reinecke, J. C.: Die Geschäftsverwaltung bei den Preuß. Gerichten u. Staatsanwaltschaften, mit Ansschluß der Rheinprovinz. Berlin 1864.

—— Hülfsbuch bei Ausführung der Subhastationsgeschäfte. Nebst einem Anh., Tab. und Beispielen. gr. 8. (III, 80 S.) Berlin 871, Berggold. *

— Hülfsbuch zur Berechnung u. Einziehung der Aerzte f. ihre verschiedenen berufsmäßigen Dienstleistungen. Nebst Anhängen, Tabellen und Formularen. gr. 8. (VI, 97 S.) Berlin 873. C. Heymann's Verl. n. 1. 50

—— der preußische Justiz-Subalternbeamte. Eine Darstellung der Bestimmungen über die Dienstverhältnisse der gerichtl. Subalternbeamten, nebst einer Anleitung zu ihrer Ausbildung und zur Ablegung der vorgeschriebenen Prüfungen unter besond. Berücksichtigung des Etats-, Kassen- und Rechnungswesens. Mit vielen Beispielen. gr. 8. (IV und 272 S.) Berlin 867, C. Heymann's Verlag.

[Reinecke, J. C. u. Kühn]: Die Justizverwaltung in den neuen Preußischen Landestheilen. Hrsg. von Beamten d. Königl. Ober-Appellationsgerichts. (Abth. 1—5.) Berlin: Heinicke 1867—68. 2 Bde

5. [u. d. Tit:] Die persönlichen Verhältnisse der Justiz-Beamten. 1868.

—— und Kühn, Preußens administrative Justizverwaltung. Handbuch über die Grundsätze und Vorschriften bei der Verwaltung des Justizfonds und bei den sonst. administrativen Geschäften der preuß. Gerichte. Systematisch bearb. gr. 8. (VIII, 476 S.) Ebendas. 870.

Reinecke, [J. C.]: Kostenansatz in Vormundschaftssachen nach Maßgabe des Gesetzes vom 21. Juli 1875. Mit 5 Anh. u. 3 Tab. Berlin 1876.

—— die Reichs-Gebührenordnung für Gerichtsvollzieher vom 24. Juni 1878. Nebst Tarifen und Tabellen. 8. (46 S.) (Ebendas.) 880. *

Reinecke, J. C.: Das Reichsgerichtskostengesetz vom 18. Juni 1878 nebst der Gebührenordnung der Gerichtsvollzieher vom 24. Juni 1878, der Gebühren-Ordnung der Zeugen u. Sachverständigen vom 30. Juni 1878 mit Motiven u. den bez. bundesstaatl. Aus- bezw. Einführungsgesetzen, sowie vollständigen Tabellen. Berlin 1879.

Reinecke, preußisches Staatshandbuch. Mit statistisch-topographischer Uebersicht. Berlin 1870. 8.

—— die polizeiliche Strafgewalt. Handbuch für den prakt. Gebrauch bei der polizeil. Verfolgung der Uebertretungen mit besond. Berücksicht. des Gebietes der allgemeinen Polizeiverwaltung. Nebst Formularen. 8. (VI, 210 S.) Berlin 883, P. Lentz. **ℳ 1,50.; cart. *

Reinecke, J. C., Supplement zur Bearbeitung der gerichtlichen Kalkulaturgeschäfte. Unter Berücksicht. der bis in die neueste Zeit ergangenen Verordnungen und Verfügungen. Lex.-8. (30 S.) Berlin 861, Bach.

Reinecke, J. C., Supplement zur Bearbeitung der gerichtlichen Kalkulaturgeschichte. Unter Berücksichtigung der bis in die neueste Zeit ergangenen Verordnungen und Verfügungen. Berlin 861. Beck. Lex.-8. (30 S.) 10 ngr.

—— Taschenbuch für Geschworene bei dem Verfahren vor den Schwurgerichten. Nebst einem Anh. gr. 16. (IV und 112 S.) Berlin 867, C. Heymann's Verlag.

— die Wechselgeschäfte unter Berücksicht. der allgemeinen deutschen Wechsel-Ordng., d. Wechselstempelsteuergesetzes u. der preuß. Wechselprozeßvorschriften. Nebst e. Anh., Formularen, Tabellen u. Uebersichten der Gerichtsbehörden unter Angabe ihrer Zuständigkeit. gr. 16. (VIII, 268 S.) Berlin 872. C. Heymann's Verl. geb. n. 4. —

—— ein Wort zur Beruhigung der Gerichts-Subalternbeamten im Hinblick auf die neuen Justizgesetze. gr. 8. (21 S.) Berlin 878, (Puttkammer und Mühlbrecht.) *

Reinecke, Joachim Jakob, s. Reineccius

Reinecke, Jh. Cph. Matth., Eichenblätter, od. Mährchen aus Norden. 3 Bdchen. 8. Gotha 793—96. Perthes. 1 ß 14 gr

Reinecke, Jh. Cph. Matth., († d. 7. Nov. 1818.) die Erde, od. Schilderungen d. Natur u. Sitten der Länder u. Völker. 2 Thle. 8. Weimar 803, 4. (Gädicke in Berl.) (à 1 ß 8 gr) 2 ß 16 gr

— Erklärung d. Thierkreises in d. Porticus des Isistempels zu Tentyra in Oberägypten. 4. Coburg 804.

Reinecke, Joh. Chrph. Matthias, die Feier des Verdienstes, s.: Universal-Bibliothek.

Reinecke, J. C. M. Charte des ganzen Russischen Reichs in Europa und Asien. Nach den neuesten und sichersten astronomischen Ortsbestimmungen entworfen und berichtigt auf der Sternwarte Seeberg bei Gotha. Weimar 1800. 1 Bl. c. K. v.

Russischen Reichs — Charte des ganzen — in Europa und Asien. Nach den neuesten und sichersten astronomischen Ortsbestimmungen entworfen und berichtiget auf der Sternwarte Seeberg bey Gotha, gezeichnet von J. C. M. Reinecke. Weimar im Verlage des geographischen Instituts 1804. 1 : 9,000,000. 2 Bl.

Türkischen Reiche — Charte vom — in Europa, nach den neuesten astronomischen Ortsbestimmungen entworfen, und gezeichnet von J. C. M. Reinecke. Zweyte verbesserte Ausgabe. Weimar im Verlag des geogr. Instituts 1807. 1: 3,500,000. 1 Bl.

Reinecke, J. C. M. Charte von Schweden und Norwegen. Weimar 1804. 1 Bl. c. K. v.

Reinecke, J. C. M., Maris protogaei Nautilos et Argonautas vulgu Cornua Ammonis in Agro Coburgico et vicino reperiundos descripsit et delin. simul. Observat. de fossilium Protypis. Cum Tab. XIII. color. expressis. gr. 8. Coburg, Biedermann (in Comm.) 818.

— Maris protogaei Nautilos et Argonautas vulgu Cornua Ammonis in Agro Coburgico et vicino reperiundos descripsit et delineavit; simul Observationes de fossilium Protypis adjecit. Cum Tab. XIII color. expressis. gr. 8. Cob. 818. (Riemann). 1 ₰ 20 ℊ

— s.a. **Verschwornen, die.**

VERSCHWORNEN, Die. Aus dem Archiv der Brüderschaft des heiligen Paulus, nach einem italiänischen Manuscripte. (Vf.: *Joh. Chph. Matth. Reinecke.*) 2 Thle. Mit 2 Titelvignetten. Gotha 1794—97. 8°. Zahm. I: Tit., 3 Bll. Vorr. (dat.: am Walde Apr. 1794), 260 S. II: Tit. u. 400 S. — Anon.-Lex. IV. p. 295 (nach Meusel).

— Dasselbe. 2 Thle. Ebd. 1802. 8°. (1⅔ Rthl.) Kayser p. 127.

— Johann Heinrich (Kröpelin/Mecklenburg), De jure circa votum. Diss. jur. Präs. Johann Matthias Martini. Bützow 21. II. 1781. 22 S. (4.75) 28122 Widm. v.: Johann Matthias Martini.

Reinecke, Johann Peter Rud.

Reinecke, J. P. R., Harmonielehre od. Generalbaß. E. Leitfaden insbes. f. Seminaristen, Kantoren u. Organisten. (Neue [Titel-] Ausg.) M. e. Vorwort v. Carl Reinecke. gr. 8. (VI, 139 S.) Leipzig (864) 898. Gebr. Reinecke. n. 1. 50

Reinecke, J. P. R., für Schule und Haus. Sammlung 1-, 2-und mehrstimm. Lieder aus neuerer und neuester Zeit. 8. (VIII und 64 S.) Leipzig 864, Breitkopf und Härtel. *

Reinecke, J. P. R., für Schule und Haus. Sammlung ein-, zwei- und mehrstimm. Lieder aus neuerer und neuester Zeit. 2. Aufl. 1873, und 3. Aufl. br. 8. (VIII, 64 S.) Leipzig 875. Breitkopf und Härtel.

Reinecke, J. P. R., für Schule u. Haus. Sammlung ein-, zwei- u. mehrstimmiger Lieder aus neuerer u. neuester Zeit. 4. Aufl. 8. (VIII, 64 S.) Leipzig 879. Breitkopf & Härtel. — 50

Reinecke, J. P. R., vorbereitender Unterricht in d. Musik überh., u. im Fortepiano-Spiel insbesond.; besteh. in Vorübungen zu Bildung d. Gehörs, Taktgefühls, so wie der Hand u. Finger. gr. 8. (4 B.) Altona 834, Aue.

Reinecke, Karl

Reinecke, Carl, Advice and hints for musical youth. (Reduced into English by Harry Brett.) gr. 8. (18 S.) Leipzig 897. J. H. Zimmermann. — 60

Reinecke, Carl, Almansor, s.: Breitkopf & Härtel's Textbibliothek. Nr. 68.

Reinecke, Carl. Aphorismen üb. die Kunst, zum Gesange zu begleiten [mit Notenbeispielen]. 8. (15 S.) Lpz. 890, Gebr. Reinecke. — 60

— aphorisms on the art of song-accompaniment [with examples in notes]. Translated from the German by Thdr. Baker. 8. (14 S.) Ebd. 890. 1.—

— s. Aus dem Reiche der Töne.

— the Beethoven pianoforte sonatas. Letters to a lady. Translated from the German by E. M. Trevenen Dawson. 8. (III, 142 S.) Ebd. 899. n. 3.—; geb. in Leinw. n. 4.50

Reinecke, Carl, auf hohen Befehl. Komische Oper in 3 Akten mit freier Benutzung der Riehl'schen Novelle „Ovid bei Hofe". Regie-Buch. 8. (61 S.) Leipzig 886, M. Hesse's Verlag. * Textbuch. 12. (50 S.) *

— Blanche-neige et Rose-rouge, s. Carsten, Heinr.

— Blanch-Neige. Conte dramatisé par Frdr. Roeber. Traduction française de Charles Ecklin. Musique de R. Op. 133. Texte complet. 8. (14 S.) Leipzig (901). C. F. W. Siegel. — 60

— Glückskind u. Pechvogel, Gesänge u. Dialog, — dasselbe. Ges., Dial. m. Scene, — dasselbe. Ohne Dialog, — dasselbe. Verbind. Text, s.: Breitkopf & Härtel's Textbibliothek. Nr. 166, 166 b, 170, 171.

— Das Hindumädchen, s. Breitkopf & Härtel's Textbibliothek.

— Hakon Jarl, s.: Breitkopf & Härtel's Textbibliothek.

—— Jungbrunnen. Sammlung von Kinderliedern. Schul-Ausg. Stimmenheft. 12. (IV, 68 S.) Leipzig 881, Breitkopf und Härtel.

—— Kinderlieder. Schul-Ausg. Stimmenheft. 4. unveränd. Aufl. 8. (IV, 56 S.) Lpz. 889, Breitkopf u. Härtel. * — 90

— 15 vierstimmige Kinderlieder. 15 zwei- u. dreistimm. Canons f. Schule u. Haus. (36 S.) 8. Leipzig (904). J. H. Zimmermann. — 40

Die Beethoven'schen Clavier-Sonaten. Briefe an e. Freundin v. Prof. Dr. Carl Reinecke ... *Leipzig: Gebr. Reinecke (1895).* (92 S., 1 Bl.) 1 Bd 8. [96. 2774

— die Beethoven'schen Clavier-Sonaten. Briefe an e. Freundin. (2. Ausg.) gr. 8. (129 S.) Leipzig 897. Gebr. Reinecke. n. 3.—; geb. in Leinw. m. Goldschn. n 4.50

— dasselbe. Sep.-Abdr. des XII—XV. Briefes. (Erläuterg. d. 5 letzten grossen Sonaten.) gr. 8. (S. 85—129.) Ebd. 897. n. 1.—

Reinecke, Carl, die Beethoven'schen Clavier-Sonaten. Briefe an e. Freundin. 3. Aufl. gr. 8. (129 S.) Leipzig 899. Gebr. Reinecke. n. 3.—; geb. in Leinw. m. Goldschn. n. 4.50

Reinecke, Carl, die Beethoven'schen Clavier-Sonaten. Briefe an e. Freundin 4. Aufl. (129 S.) gr. 8. Leipzig 905. Gebr. Reinecke. n. 3.—; geb. in Leinw. n. 4.50

Reinecke, Karl [aus Holzminden]: Aus d. medicin. Klinik zu Jena. Über den Leukocytengehalt des Harnes ... (M. 2 lithogr. Taf.)' Jena, Univ.-Buchdr. G. Neuenhahn, 1894; 31 S., 1 Doppeltaf. 8.
Jena, Med. Fak., Inaug.-Diss. v. [24. Aug.] 1894

— u. a., goldgrüne Libelle. Kinder- u. Volkslieder. (Farbige) Bilder v. Louise Gräfin Gudenus. (27 S.) Lex. 8. München 910. G. W. Dietrich. Kart. 3.—

—— König Manfred, Oper, s. Breitkopf und Härtel's Text-Bibliothek Nr. 93.

Reinecke, Carl, Andersens Märchen vom Schweinehirten. Verbindender Text in lust. Reimen. Musik v. R. (Textbibliothek.) (8 S.) kl. 8. Leipzig (910). Breitkopf & Härtel. nn —10

— Meister der Tonkunst. Mozart. Beethoven. Haydn. Weber. Schumann. Mendelssohn. (VIII, 480 S.) gr. 8. Stuttgart 903. W. Spemann. n. 7.—; geb. n. 9.—

Reinecke, Carl, Missa cum offertorio „exulta satis, filia Sion" ad quatuor et quinque voces inaequales et organum composita. [Partitur und Stimmen.] Imp.-4. (48 S.) Einsiedeln 870, Gebr. Benziger.

— Nußknacker u. Mausekönig, s.: Breitkopf & Härtel's Textbibliothek. Nr. 63.

— vierjähr. Posten, s.: Breitkopf & Härtel's Textbibliothek. Nr. 70.

— Rathschläge u. Winke f. die musikal. Jugend. gr. 8. (18 S.) Leipzig 896. J. H. Zimmermann. — 60

Aus dem Reich der Töne. Worte d. Meister gesammelt von Carl Reinecke. Leipzig: E. A. Seemann 1907. (VI, 207 S.) 8°

— s.: Reichs-Commersbuch, allgem., f. deutsche Studenten.

— Schneeweißchen u. Rosenroth, s.: Carsten, Heinr.

—— Sommertagsbilder, s. Breitkopf und Härtel's Text-Bibliothek Nr. 129.

— die Teufelchen auf der Himmelswiese od.: Der kleine Sapperlot. Märchen-Oper f. Kinder in 2 Akten nach dem gleichnam. Märchen v. Rud. Baumbach. Op. 245. Regie-Buch. 12. (37 S.) Ebd. (900). — 75; Textbuch (12 S.) — 15

— „Und manche liebe Schatten steigen auf". Gedenkblätter an berühmte Musiker. 8. (164 S. m. 9 Portr.) Leipzig 900. Gebr. Reinecke. n. 3.—; geb. in Leinw. n. 4.—

— „Und manche liebe Schatten steigen auf". Gedenkblätter an berühmte Musiker. 2. verm. Aufl. (204 S. m. 12 Bildnissen.) 8. Leipzig 910. Gebr. Reinecke. 3.—; geb. in Leinw. 4.—

—— was sollen wir spielen? Briefe an eine Freundin. 12. (54 S.) Leipzig 886, Leuckart. *

—— Zur Wiederbelebung der Mozart'schen Clavier-Concerte. Ein Wort der Anregg. an die clavierspiel. Welt. gr. 8. (56 S.) Lpz. 891, Gebr. Reinecke. 1 50; geb. * 2 50

Reinecke, M. Eichenblätter, oder die Märchen aus Norden, 3 Theile, mit Kupf. 8. Gotha, 793/96. Perthes 1 Rthl. 18 ggl.

Reinecke, Maria, pädagogischer Wegweiser durch den Unterricht im Klavierspiel m. Angabe der zum Gebrauch geeigneten Werke. (32 S.) 8. Hannover 906. (Leipzig, Gebr. Reinecke.) n. 1.—

Reinecke, Otto [pr. Arzt aus Bergen a. Rügen]: Über die Diagnose und Ätiologie der Harn-Genitalfisteln des Weibes unt. Beifügg eines durch Nierenexstirpation geheilten Falles v. Harnleiter-Gebärmutterfistel ... Greifswald, Druck v. J. Abel, 1893; 33 S., 1 Tab. 8.
Greifswald, Med. Fak., Inaug.-Diss. v. 29. März 1893

Reinecke, O[tto]: Das Enjambement bei Wolfram v. Eschenbach. (T. 1.) *Rudolstadt (1901): F. Mitzlaff.* (83 S.) 8°
Rudolstadt, fürstl. G u. RPG, OP 1901 (783)

Reinecke, O., das Enjambement bei Wolfram v. Eschenbach. Progr. gr. 8. (III, 83 S.) Rudolstadt 901. (Leipzig, Buchh. G. Fock.) n. 1.50

Reinecke, Otto, aus Völpke (Prov. Sachs.): Das Enjambement bei Wolfram von Eschenbach. (T. 1.) *Gießen 1903.* (35 S.) 8° ¶(T1 1 erschien vollst. als Progr. Rudolstadt, Gymn. 1901.)
Gießen, Phil. Diss. v. 1903

Reinecke, Otto, der Satz des Italienischen m. besond. Berücksicht. der Aussprache. 12. (24 S.) Leipzig-R. 894. R. Härtel. n. — 50

[F. u. Ant.] **Reinecke,** Otto [Referendar]: Steht das zwischen dem Gläubiger und dem Schuldner bei Begründung des Obligationsverhältnisses geschlossene pactum de non cedendo dem Cessionar entgegen, wenn er die trotz jener Uebereinkunft cedirte Forderung einklagt? ... Stettin, Druck v. F. Hessenland, 1892; 55 S., 1 Bl. 8.
Greifswald, Jur. Fak., Inaug.-Diss. v. 1892

Reinecke, Paul: Beschreibung einiger Rassenskelette aus Afrika. Ein Beitrag zur Anthropologie der deutschen Schutzgebiete. *Braunschweig 1898: F. Vieweg & Sohn.* (49 S.) 4° ¶(Aus: Archiv für Anthropologie, Bd 25.)
München, Phil. Diss. v. 1898

Reinecke, Paul, a. Sauingen (Herzogt. Braunschweig): Über Dauererfolge der Ovariotomie. Würzburg 1905: P. Scheiner. (36 S.) 8°
Würzburg, Med. Fak., Ref. Hofmeier, Diss. v. 28. Nov. 1905
[Geb. 10. Febr. 78 Sauingen; Wohnort: Würzburg; Staatsangeh.: Braunschweig; Vorbildung: Gymn. Martino-Kathar. Braunschweig Reife O. 98; Studium: Kiel 1, Leipzig 1, Würzburg 8 S.; Coll. 26. Juli 05; Approb. 15. Dez. 04.]

Reinecke, R., die Reichs-Civil-Prozeß-Ordnung, die bezügl. Bestimmungen des Gerichtsverfassungsgesetzes und der Einführungsgesetze. Nach den Vorarbeiten hrsg. von A. Bödiker. 1. und 2. unveränd. Abdr. gr. 8. (528 und Register 60 S.) Hannover 877,78, Helwing'sche Verlagsh. *

Reinecke, R., die Reichs-Civil-Prozeß-Ordnung, die bezügl. Bestimmungen des Gerichtsverfassungsgesetzes u. der Einführungsgesetze. Nach den Vorarbeiten hrsg. von A. Böbiker. 2., unveränd. Abdr. gr. 8. (528 u. Register 60 S.) Hannover 879. Helwing's Verl. n. 8. —

Reinecke, R., und A. Böbiker, die Reichs-Civil-Prozeß-Ordnung, die bezügl. Bestimmungen des Gerichtsverfassungsgesetzes und der Einführungsgesetze. Nach den Vorarbeiten des R. R. hrsg. von A. B. 3. (Titel-)Aufl. gr. 8. (XXIV, 528, 59 S.) Hannover 884, Helwing'sche Verlagsh. *

Reinecke, R., Spontanruptur des Uterus während der Gravidität, s.: Mitteilungen aus den hamburgischen Staatskrankenanstalten. VIII, 10.

Reinecke, Reinhard Johann, Arzt aus Ceres, Kapcolonie-Südafrika: Kritische Beiträge zur Behandlung Verwundeter und Kranker im Feldlazarett. Auf Grund der im Burenkrieg gesammelten Erfahrungen zusammengestellt. *Berlin (1902): G. Schade.* (33 S.) 8°
Berlin, Med. Diss. v. 24. Juli 1902

Reinecke, Rudolf, approb. Arzt aus Hannover: Aus d. pathol. Institute zu Kiel. Ein Fall von Aorten-Aneurysma mit Lungengangrän. *Kiel 1902: H. Fiencke.* (24 S.) 8°
Kiel, Med. Diss. v. [21. März] 1902

Reinecke, Walter [aus Halberstadt]: Ueber Blutkörperzählungen.... Halle a. S., Hofbuchdr. v. C. A. Kaemmerer & Co., 1889; 30 S. + 1 Bl. 8°
Halle, Med. Fak., Inaug.-Diss. v. 22. Jun. 1889

Reinecke, Walther, Referendar aus Herdecke (Ruhr): Die Lex commissoria des Kaufes im römischen Recht und ihre Gestaltung im Bürgerlichen Gesetzbuch. *Halle a. S. 1902: C. A. Kaemmerer & Co.* (8, 54 S.) 8°
Leipzig, Jur. Diss. v. 1902

Reinecke, Walter [aus Magdeburg]: Über die vaginale Totalexstirpation des Uterus nebst e. Beitr. z. Casuistik derselben ... Würzburg, J. M. Richters Buch- u. Kunstdr., 1892; 31 S. 8.
Würzburg, Med. Fak., Inaug.-Diss. v. 1892

Reinecke, Wilhelm

Reinecke, W., s.: Entwicklung, die natürliche, der Singstimme.

Reinecke, W., Excursionsflora d. Harzes. Nebst e. Einführg. in die Terminologie u. e. Anleitg. zum Sammeln, Bestimmen u. Konservieren der Pflanzen. schmal 8. (IV, 245 S.) Quedlinburg 886. Vieweg. n. 3. —

Reinecke, Wilh., ausgewählte Gedichte. 8. (IV, 53 S.) Dresden 894. E. Pierson. n. 1. —; geb. n. 2. —

Reinecke, Wilh., Geschichte der Stadt Cambrai bis zur Erteilg. der Lex Godofridi (1227). gr. 8. (IX, 276 S.) Marburg 896. N. G. Elwert's Verl. n. 7. —

Reinecke, Wilhelm, aus Magdeburg: Die Grundlagen der Geometrie nach Kant und neueren Autoren. T. 1. *Halle a. S. 1903: (E. Baensch jun., Magdeburg).* (56 S.) 8° ¶(Erscheint gleichzeitig erweitert in: Kantstudien, Bd 8, H. 4.)
Halle, Phil. Diss. v. 1903

Reinecke, W., die Kunst der idealen Tonbildung. Studie f. Sänger, Schauspieler, Redner, Lehrer, Prediger. (86 S. m. 15 Abb.) gr. 8. Leipzig 906. Dörffling & Franke. n. 2.50

— Die Kunst der idealen Tonbildung, Leitfaden f. Sänger, Schauspieler, Redner, Lehrer, Prediger, Konservatorien u. Seminare. 2. verm. u. verb. Aufl. (120 S. m. 16 Abb.) gr. 8. Leipzig 910. Dörffling & Franke. 3. —; geb. n 4. —

Reinecke, Wilh., die Kunstdenkmäler der Provinz Hannover, s. Wolff, Carl.

— s. Lüneburgs ältestes Stadtbuch.

— s.: Museumsblätter, Lüneburger.

Reinecke, W., Naturgeschichte für gehobene Volks- und mittlere Bürgerschulen. In 3 Cursen nach method. Grundsätzen bearb. Mit besond. Berücksicht. von Leutemann's Thierbildern. gr. 8. Quedlinburg 879, Vieweg. [1. Cursus. (51 S.) * 35 Pf.; 2. Cursus. (50 S.) * 35 Pf.; 3. Cursus. (VII, 108 S.) * 60 Pf.] *

—— Naturgeschichte für gehobene Volks- und mittlere Bürgerschulen. In 3 Kursen nach method. Grundsätzen bearb. Mit besond. Berücksicht. von Leutemann's Tierbildern. 2., nach der neuen Orthographie bearb. Aufl. 8. Ebendas. [1. Kurs. VII, 44 S.) 885. * 35 Pf.; 2. Kurs. (III, 50 S.) 886. * 35 Pf.; geb. * 50 Pf.; 3. Kurs. (124 S.) 887. * 60 Pf.; geb. * 80 Pf.] *

Reinecke, Guilelmus [Saxo-Borussus]: De scholiis Callimacheis.... Halis Saxonum, form. descrips. E. Karras, 1887; 1 Bl. + 28 S. + 1 Bl. 8°
Halle, Phil. Fak., Inaug.-Diss. v. [5. Dez.] 1887

Reinecke, Guilelmus, de scholiis Callimacheis. Diss. Halle 1887, Lippertsche Buchh. 8°. 28 S.

Reinecke, W., Verzeichnis der Grossschmetterlinge des nordöstlichen Harzrandes. Hrsg. vom „Entomolog. Verein f. Quedlinburg u. Umgegend" anlässlich der Feier seines 25jähr. Bestehens. (IV, 48 S.) 8. Quedlinburg 905. (H. Schwanecke.) n. 1. —

Reinecken, R., das Verpflanzen großer Bäume. Ein Beitrag zur bildenden Gartenkunst, zugleich Gebrauchsanweisung der preisgekrönten, zweiräderigen Wagen zur Ballen-Verpflanzung. gr. 8. (23 S.) Greiz 877, (Teich's Buchh.) *

Reinecker, Fritz, über Vogel- u. Menschengesang. Kritische Stimmen unter Anlehng. an Dr. Voigt's „Excursionsbuch". Für Sängerinnen, Sänger u. Gesangvereine, Schulen, Seminarien u. Gesanglehrer. gr. 8. (41 S.) Königsberg 901. Braun & Weber. n. 1. —

Reinecker, Gthe., gemeinnütz. Beiträge zur Bierbrauerei u. Branntweinbrennerei. 8. (1 B.) Bremen 832, (Geisler.) Verklebt

1859—1909. J. E. Reinecker, Chemnitz. — o. O. 1909. 49 Bl. quer-8° [Umschlagt.]

Reinecker, J. E: Preisliste von Werkzeugen. Chemnitz 1908

Reinecker, J. E: Verzeichnis und Beschreibung von Werkzeugmaschinen. Chemnitz 1904. 1908

Reinecker, Rud., († ...) gründl., durch sichere Berechn. erwiesene Widerlegung der gegen die Verbesser. d. Landwirthschaft gemachten Einwendungen. 4. Manh. 771. Schwan u. G. 9 gr. Hbg. Pr. 4 gr.

Reinecker, Rod., Widerleg. d. geg. d. Verbess. d. Landwirthschaft gemacht. Einwend. 4. Mannh. Schwan. 773.

Reineggs, Jak., († d. .. März 1793.) (Chr. R. Ehrlich's) histor.-topograph. Beschreib. des Kaukasus; aus dessen nachgelass. Papieren gesammelt u. herggg. v. Fr. Enoch Schröder (u. F. D. Gerstenberg). 2 Thle. Mit 3 Kpf. u. 1 Karte. gr. 8. Gotha 796, 97. (Gerstenberg in Hildesh.) 2 ℛ 16 gr.

Reinek, Ritter v. Waldburg; nach Reineke Fuchs frei bearb. 2 Thle. 8. Dresd. 799. (Leipz., Seeger). 1 ℛ 6 gr.
s.a. Reineck.

Reineke de Fos, s. Reineke Fuchs.

Reineke Fuchs

Reineke de Vos, s.a. Dichtungen, deutsche, des Mittelalters.

—— der Fuchs, s.a. National-Bibliothek sämmtlicher deutschen Classiker.

Reinke de vos, s.a. National-Litteratur, deutsche.

Reineke Fuchs, s.a. Osterwald, K. W.

— der Fuchs, übertr. v. Severin Rüttgers, s.a. Schaffstein's Volksbücher.

Reinhart Fuchs, hrsg. v. Karl Reissenberger, s.: Textbibliothek, altdeutsche. Nr. 7.

Reineke Fuchs --- , Der listige // Reineke Fuchs /// Das ist: // Ein sehr nutzliches /// lust- und sinn-reiches // Büchlein /// Darinn auf verblümte / jedoch // löbliche Schreibart / unter den Namen // deß Löwen / Bären / Fuchses / Wolffes / etc. das // Hof- wie auch aller Stände der Welt Leben und Wesen /// so wol nach ihren Tugenden / als auch insonderheit nach // denen darinn vorfallenden Lastern / mercklich beschrie- //ben / und gleichsam mit lebendigen Farben // bezeichnet wird. // Zuvor niemals also gedruckt. - Mit kleinen Holzschnitten. 352 S.

B. S. T. 8°.220/2.

Reineke der Fuchs. Illustrirt v. Ludw. Richter. Min.-Ausg. 16. (272 S. m. 12 Holzschntaf.) Leipzig, O. Wigand. In Engl. Einb. m. Goldschn. n. 1⅔ ß

REINEKE DE VOS MIT DEM KOKER.
Wultu wetten der Werlde staat:
So liss dit Boek, dat is gud rhat.
Verlegt van Frytag Boeckhändler in Wulffenbüttel 1711. 4°. Mit Tit. 9 Bl. Vorr. u. 380 S.
Herausgeber F. J. Hackmann. Abdruck des Textes von 1498; s. Ebert Nr. 18846.

— de Vos met de Koker. 4. Wolfenb. Meisner. 711.

Reinecke, Fuchs, m. Anm. und Bild. 8. Frankf. und Lpz. 780.

— — dass. m. K. und Anm. ins Hochdeutsche übers. v. Gottsched. Fol. Leipzig, Breitkopf. 752.

— Dass. nach d. Ausg. v. 1498 übers. v. Jh. Cph. Gottsched. Mit Kpf. kl. Fol. Leipz. 752. Breitkopf u. H. (Campe in Hamb.) 3 ß 12 gl

— die Historia v. raynaert de Vos. Nach d. Delfter Ausg. von 1485 z. genauen Abdrucke befördert v. L. Suhl. gr. 8. Lübeck 783. 12 gl

(——) Reineke Fuchs, in 12 Gesängen, s.a. Goethe, J. W. v.

— Dass., übers. u. herausgg. v. Jh. W. v. Göthe. 8. Berl. 794. (Brockhaus in Lpz.) 16 gl Schrbp. 1 ß N. Ausg. 8. Stuttg. 832. v. Cotta. 16 gl Velinp. 1 ß

Reinecke de Fos, fan H fan Alkmar, s.a. Alkmar.

Reinecke Vos mit eener Verklaring der olden Sassischen Worde . . . Eutin 1798. H: *Bredow, Gabr. Gfr.* (Ky) (MGT)

Reineke de Vos, (v. Hnr. v. Alkmar,) met eener Verklaaring d. olden Sassichen Worde, (von G. G. Bredow). 8. Eutin 798. (Hammerich in Altona). 18 gl

— Uebertragen v. D. W. Soltau, s.a. Classiker des In- u. Auslandes, 6. Bd.

Reineke der Fuchs. Aus dem Urtexte übertr. v. D. W. Soltau, s.a. Hempel's Klassiker-Bibliothek.

Reineke der Fuchs, s.a. Soltau, D. W.

— — dass. v. D. W. Soltau. 8. Berlin, Frölich. (Dunker und H.) 803.

— Ein Volksbuch aus d. plattdeutschen Reimen in hochdeutsche Prosa aufs neue getreu übertragen. Mit vielen Kpf. 12. Tübing. 817. Osiander. 1 ß 4 gl Druckp. ill. 2 ß Schrbp. ill. 2 ß 12 gl

— Dass., in zeitgemäß. Abkürzung übers. v. Fr. Raßmann. 12. Zwickau 820. Schumann. 9 gl

— Dass. übers. v. D. W. Soltau, in 4 Büchern u. 12 Gesängen. N. A. Mit 1 Bildn. d. Reineke. gr. 8. Braunschw. 823. (Lüneb., Herold u. W.) 1 ß 2e Aufl. Mit 1 Stndr. Ebd. 830. 1 ß 8 gl

Reineke de Vos

— upt nye utgegeben und e forklared dorg K. F. A. Scheller. gr. 8. Braunschw. 825 (Halberst, Vogler). 1 ß 8 gl

— Reynard the Fox, transl. from the Low-German Original, by W. Soltau. gr. 8. Lüneburg 827. (Herold u. W.) 1 ß 4 gl

(——) Reineke der Fuchs v. D. W. Soltau. In 4 Büchern u. 12 Gesängen. 2. Aufl. gr. 8. (16½ B. u. 1 Stndr., Reineke nach Wilh. Tischbein darstell.) Lüneburg 830, Herold u. Wahlstab. Thlr.

(——) Reinardus Vulpes. Carmen epicum secul. IX et XII conscriptum. Ad fidem Codd. Mss. edid. et adnotationibus illustr. F. Jos. Mone. Edit. princeps. — A. u. d. T.: Reinhart Fuchs a. d. 9. u. 12. Jahrh. Hrsg. u. erläut. v. Frz. Jos. Mone. 1. Druck. gr. 8. (21¼ B.) Stuttgart 832, Cotta.

(——) Reinhart Fuchs v. Jacob Grimm. gr. 8. (48 B.) Berlin 834, Reimer.

Reineke Vos. Nach der Lübecker Ausgabe vom Jahre 1498. Mit Einleitung, Glossar u. Anmerkk. v. Hoffmann v. Fallersleben. gr. 8. Breslau 834. Groß, Barth u. Comp. 1½ ß

(——) Reinke de Fos fan Hinrek fan Alkmer, upt nye utgegeven unde forklared dorg K. F. A. Scheller. 2. Urgave. gr. 8. (19⅓ B.) Brunswyk 835. [Leipzig, O. A. Schulz.] *

— de Fos fan Hinrek fan Alkmer, upt nye utgegeven unde forklared dorg Dr. K. F. A. Scheller. 2. Utgave. gr. 8. Brunswyk 835; Potsdam, Vogler. 1 ß

— de Vos, episch fabeldicht van de twaelfde en dertiende eeuw, met aenmerkingen en ophelderingen van J. F. Willems. (Mit 13 Steindrücke.) Lex.-8. Gent 836. (Bonn, Marcus.) n. 2⁵⁄₆ ß

(——) Reineke der Fuchs. Für d. gebild. Jugend bearb. 1. Aufl. gr. 12. (12½ B.) 836. 1 Thlr., m. 10 ill. Kpfrt. 1½ Thlr., 2. A. (12½ B. u. 12 Kpfrt.) 837. 1¾ Thlr., 3. A. 8. (18 B. u. 11 Kpfrt. v. L. Richter.) Leipzig 841, [Renger'sche Buchh.] 1¾ Thlr., ill. *

— der Fuchs. (Mit Titelvignette.) gr. 12. Leipzig 836. Volckmar. elegant geh. 1 ꝶ Mit 10 ill. Kpfrn. u. eleg. cart. $1\frac{1}{2}$ ꝶ — 2e, mit 12 neuen Kpfrn. verschönerte Aufl. gr. 12. Ebd 837. $1\frac{3}{4}$ ꝶ — 3e verb. Aufl. Mit 11 neuen Bildern. 8. Ebd. 840. $1\frac{1}{2}$ ꝶ

— Fuchs. Für die Jugend bearbeit. Mit Holzschnitten. 8. Berlin 837, auch 840. Enslin'sche Buchh. (Ferd. Müller.) $1\frac{1}{4}$ ꝶ illum. $1\frac{2}{3}$ ꝶ

Reineke Fuchs. Ein Volksbuch. Aus den plattdeutschen Reimen in hochdeutsche Prosa ... übergetragen ... Neue Aufl. Tübingen 1837. Ü: *Schwab, Gustav.* (BrMm)

— Fuchs. Ein Volksbuch. Aus d. plattdeutschen Reimen in hochdeutsche Prosa aufs Neue getreu übergetragen. Neue Aufl. Mit 14 Kpfrn. qu. 12. Tübingen 837. Osiander. $\frac{2}{3}$ ꝶ

Reineke der Fuchs. 3. verb. Aufl. Mit neuen Kupfern verschönert von L. Richter in Dresden. (Neue Ausg. mit illum. Kupf.) kl. 8. Leipzig 841, Volckmar. geb. n. 2 ꝶ — 4. verb. Aufl. Mit neuen Kupf. nach Zeichnungen von L. Richter. gr. 16. Ebend. 844. geb. $\frac{3}{4}$ ꝶ

Reinhart Fuchs, aus dem Mittelniederländischen zum erstenmal in das Hochdeutsche übersetzt. von Aug. Friedr. Herrmann Geyder. gr. 8. ($21\frac{1}{2}$ B.) Breslau 844, G. Ph. Aderholz. Thlr.

—— der Fuchs. 4., verb. Aufl. Mit neuen Kupfern verschönert, nach Zeichnungen v. L. Richter. gr. 16. ($17\frac{3}{4}$ B. u. 12 Abbild.) Leipzig 844, [Renger'sche Buchh.] -

Reineke Fuchs, übers. v. Karl Simrock, s.a. Hausbibliothek, hamb.

—— Fuchs. Aus d. Niederdeutschen v. Carl Simrock. Mit Zeichnungen v. T. Kiellerup. 8. ($18\frac{3}{8}$ B.) Frankfurt a. M. 845, Brönner. *

Reineke Fuchs, mit Zeichnungen von W. v. Kaulbach, s.a. Goethe.

—— Fuchs v. Wolfgang v. Göthe mit Zeichnungen von Wilh. v. Kaulbach, gestoch. v. K. Kahn u. A. Schleich. 1. Lfg. Roy.-4. (3 B. u. 4 Stahlst.) München 846, Literar. artist. Anstalt. *

Reineke Fuchs. Aus dem Niederdeutschen von K. Simrock. Mit Zeichnungen (in eingedr. Holzschn.) von T. Kiellerup. Neue verm. Ausg. 8. (XLII u. 290 S.) Frankfurt a. M. 847, Brönner. n. 1 ꝶ — (Neue Ausg.) 8. (VIII u. 254 S.) Ebd. 852. $\frac{1}{2}$ ꝶ

Reinaert de Vos, episch fabeldicht van de 12. en 13. eeuw, met aenmerkingen en ophelderingen van J. F. Willems. 2. Druk. [Met 14 (lith.) platen.] hoch 4. (LXVIII u. 404 S.) Gent 850. (Bonn, Marcus.) n. 2 ꝶ 24 ngr

Reineke Fuchs.

—— Illustrirt von Ludw. Richter. Min.-Ausg. 16. (272 S. und 12 Holzschnt.) Leipzig 851, O. Wigand. *

Reineke Vos. Nach der lübecker Ausgabe vom J. 1498. Mit Einleitung, Anmerkungen und Wörterbuch von Hoffmann v. Fallersleben. 2. Ausg. 2 Abthlgn. 8. Breslau 851(52,) Grass, Barth und Comp., Vrlgsh.

Reineke der Fuchs. 5. Aufl. Mit 12 Illustr. (Holzschn.) nach Zeichnungen von L. Richter. Leipzig (855.) Graul. (Fries.) 16. (XI, 272 S.) 1 ꝶ.; color. 1 ꝶ. 15 ngr.

REINEKE FUCHS, Dem Originale frei nachgedichtet von JULIUS EDUARD HARTMANN. Mit 36 Stahlstichen [und 1 Titelbilde] nach Originalzeichnungen von HEINRICH LEUTEMANN. Leipzig und Dresden, A. H. Payne [1855]. 2 Bl. 96 S. Gr.-4°. Dunkelblauer Halblederbd. d. Z. m. Filetenverzierung u. Goldtitel. Goldschnitt. 35.—

R. 1202. ★ 1. Ausgabe. Der Textfassung (freie Übersetzung d. plattdeutschen Ausgabe) nach nicht eigentlich ein Kinderbuch, hat doch diese Ausgabe ihrer lebendigen Bilder wegen auch als Jugendbuch Bedeutung gewonnen. Hie u. da leicht fleckig, Einband ein wenig benutzt. Exlibris Ida Schueller.

Reinardus vulpes. Emendavit et adnotavit Guil. Knorr. 8. (X und 62 S.) Eutin 860, Völckers. *

Reinele Vos. Plattdeutsch nach der lübecker Ausg. von 1498 bearb. von Carl Tannen. Mit einer Vorrede von Klaus Groth. 8. (XI und 281 S.) Bremen 861, Strack. *

Reineke Fuchs. Dem Orig. frei nachgedichtet von Jul. Ed. Hartmann. 8. (IV und 373 S. mit 37 Stahlst. nach Orig.-Zeichnungen von Heinr. Leutemann.) Leipzig 864, Payne.

REINEKE FUCHS. Für Jung und Alt neu bearbeitet von G. MENSCH. Mit acht [farbigen] Originalbildern nach Aquarellen von HEINRICH LEUTEMANN. Leipzig, A. Oehmigke (Moritz Geissler) (ca. 1865). 6 Bl. 155 S. 4°. Hlwd. d. Z. 25.—

★ Erstausgabe dieser „Jugend"-Fassung, zugleich erstmals mit den farbigen Bildern Leutemanns, die von des Künstlers (1855 in Stahlstich erschienenen) Zeichnungen zum Reinecke abweichen. — Mit einigen leichten Flecken. Schlichter, etw. verblaßter Einbd.

Reinke de Vos nach der ältesten Ausg. (Lübeck 1498.) Mit Einleitung, Anmerkungen und einem Wörterbuche von Aug. Lübben. gr. 8. (XXVIII und 347 S.) Oldenburg 867, Stalling's Verlag. *

Reinaert. Willems Gedicht van den vos Reinaerde u. die Umarbeitg. u. Fortsetzg. Reinaerts Historie. Hrsg. u. erläutert v. Ernst Martin. gr. 8. (LII, 521 S.) Paderborn 874. Schöningh. n. 9. —

Reineke der Fuchs. Aus dem Urtexte übertragen von D. W. Soltau. gr. 16. (208 S.) Berlin 879. Hempel. geb. n. 1. —

Reineke der Fuchs. Illustrirt von Ludw. Richter. 2. Aufl. 8. (225 S. mit eingedr. Holzschn.) Leipzig 881, O. Wigand. geb. *

Reineke der Fuchs. Nach der niedersächs. Bearbeitung [Lübeck 1498] des fläm. Reinart von Willem in's Hochdeutsche übertr. von J. N. B. gr. 16. (VII, 177 S.) München 884, Literarisch-artist. Anstalt. *
geb. *

Reinke Vos van Karl Tannen. Tweede. verbeterde Uplage. Bremen. 1894. 8°.

REINEKE FUCHS. Für die Jugend bearbeitet von MAX BARACK. Mit 6 Farbdruck- und 30 Textbildern von CHRISTIAN VOTTELER. 14. Aufl. Stuttgart, Loewe, ca. 1905. 8°. Farb. Or.-Pappbd. mit Leinenrücken. 8.—

Reinhart Fuchs [**Reineke** Fuchs, hochdeutsch]. Hrsg. von Karl Reissenberger. 2. Aufl. Halle a. S.: M. Niemeyer 1908. (115 S.) 8° = **Textbibliothek,** Altdeutsche. No 7. [08. 25555 3]

Van den Vos Reynaerde [**Reineke** Fuchs]. Nach e. Hs. d. 14. Jhs. im Besitze d. Fürsten Salm-Reifferscheidt auf Dyck hrsg. von Hermann Degering. Münster: Coppenrath 1910. XXII, 110 S. 8°

— der Fuchs am Ende d. philos. Jahrh. 8. Altona, Bechtold.

Reineke Fuchs, am Ende des philosophischen Jahrhunderts, 8. Itzehoe (Altona) 797. (Kaven) 20 sgl.

— Dass., am Ende d. philosoph. Jahrhund. N. A. 8. Altona 807. (W. Nauck in Leipz.) 16 gr.

— — — dass. 8. Ibid. (Sommer, Leipz.) 807.

Reineke Fuchs, der neue, in acht philosophischen Fabeln. Ein Beitrag zur Culturgeschichte des Thierreichs mit angehängten Verwahrungen gegen etwaige Mißverständnisse vom Uebersetzer des Türkisch-Persischen-Rechtsstreites. gr. 8. (3 B.) Stuttgart 844, Rieger'sche Buchh. *

Reineke de Vos, s. Reineke Fuchs.

Reineke, C. Fr. Konr., de constanti et aequabili Jesu Christi indole et ingenio, sive commentat. de evangelio Joannis cum Matthaei, Marci et Lucae evangel. conciliato. 8maj. Hannov. 827. (Helwing). 9 gr.

— — s.a. Reinecke

Reineke, Ernst, Referendar: Die rechtliche Natur der Widerspruchsklage aus § 771 CPO. und die diese Klage begründenden Rechte. Halberstadt: Hoerling 1910. XI, 80 S. 8°
Erlangen, Jur. Diss. v. 14. März 1910, Ref. Oertmann
[Geb. 26. Febr. 81 Minden i. W.; Wohnort: Erfurt; Staatsangeh.: Preußen; Vorbildung: Gymn. Minden Reife O. 02; Studium: Freiburg i. B. 1, München 1, Bonn 1, Münster 3 S.; Rig. 12. Jan. 10.] [U 10. 746

Reineke, G., a bassa Porta Paphia (Unger an der Baafepooz). Oper m. Musik, Fackelzug, Volksscenen, Geister-Erscheingn., elektr. Beleuchtg. u. s. w. in 2 Akten u. e. Vorspiel. gr. 8. (39 S.) Köln 895. (J. G. Schmitz.) n. 1. 35

Reineke, J. F., Grundsteuer ist eine Besteurung von einzelnen Individuen im Staate, und kann nicht in einem Staate, als allgemeine Steuer, bey Festsetzung des Steuer-Prinzips angenommen werden. 8. (Lüneburg, Herold und Wahlstab in Comm.) 817.

Reineke, Werner, Gerichtsref. aus Minden (Westf.): Die Haftung der juristischen Person für die Handlungen ihrer Vertreter und Gehülfen nach dem Bürgerlichen Gesetzbuche. *Minden i. W. 1900: J. C. C. Bruns.* (VI, 64 S.) 8°
Göttingen, Jur. Diss. v. [28. Nov.] 1900

Reineke, Werner, die Haftung der jurist. Person f. die Handlungen ihrer Vertreter u. Gehülfen nach dem bürgerl. Gesetzbuche. Diss. gr. 8. (VII, 62 S.) Minden 900. (Göttingen, Vandenhoeck & Ruprecht.) n. 1. 60

Reineke, das Höfegesetz f. die Prov. Hannover in der Fassung v. 28. VII. 1909, m. e. Einleitg. u. m. kurzen gemeinverständl. Erläutergn. auf Grund der Gesetzesmaterialien versehen. (50 S.) 8. Hannover 909. M. & H. Schaper. 1. —

— Die Jagd-Ordnung vom 15. VII. 1907 nebst den übrigen jagdrechtlichen Bestimmungen. Eine gemeinverständl. Darstellg. m. Gesetzes-Text der Jagd-Ordng. 2. verm. u. verb. Aufl. (VII, 82 S.) 8. Münster 908. H. Schöningh. 1.50; geb. n 1. 80
1. Aufl. (16 S.) 907. — 50

Reineker: Neu entdecktes Schönungsmittel, oder ein ganz neues, noch nicht bekanntes Mittel, trüben Wein, Bier, und Essig hell zu machen, und ihm ein schönes Ansehen zu verschaffen, das fast gar nichts kostet, und jeder selbst machen kann; nebst Zugabe. Hildburghausen: Kesselring 1828. — [Zit. nach Weber]

Reinel, Johs., der Weg z. Heimath, in christl. Gesängen, d. tägl. Familien-Erbauung angeboten. 8. (8 B.) Bayreuth 839, (Grau'sche Buchh.) *

Reinelt, Emanuel

Reinelt's Fibelwörter in Erzählungen u. Beschreibungen, s.: Richter, Marie.

Reinelt Emanuel, Deutsches Lesebuch für die Bürgerschulen Österreichs. Einteilige Ausgabe. Mit 36 Abbildungen. Wien 1906. Verlag von F. Tempsky. Geb. K 3.20.

Reinelt, Emanuel, Deutsches Lesebuch für österreichische Knaben-Bürgerschulen. Wien und Prag 1892. Verlag von F. Tempsky.

I. Theil. Geheftet —.70, gebunden —.85
II. Theil. Geheftet —.75, gebunden —.85
III. Theil. Geheftet —.75, gebunden —.85

Reinelt, Emanuel, Deutsches Lesebuch für österreichische Knaben-Bürgerschulen. I. bis III. Theil. 2. berichtigte Auflage. Wien und Prag 1893 Verlag von F. Tempsky. (Min.-Erl. v. 28. Mai 1893, Z. 10451.) Jeder Theil, geheftet —.70 Gebunden —.85

Reinelt, Eman., deutsches Lesebuch f. österreich. Knaben-Bürgerschulen. 1. Tl. 4., verb. Aufl. (IV, 140 S. m. Abb.) gr. 8. Wien 903. F. Tempsky. Geb. n. 1. 40

Reinelt, Emanuel, Deutsches Lesebuch für österreichische Knaben-Bürgerschulen. I. Teil. Mit zahlreichen Abbildungen. 4., verbesserte Auflage. Wien 1904. F. Tempsky. Preis, gebunden 1 K 60 h.

Reinelt, Emanuel, Deutsches Lesebuch für österreichische Knabenbürgerschulen. II. Teil. 4., verbesserte Auflage. Wien 1904. F. Tempsky. Preis, gebunden 1 K 50 h.

Reinelt Emanuel, Deutsches Lesebuch für österreichische Knabenbürgerschulen. I. Teil. Mit 27 Abbildungen. 5., nach dem Lehrplane vom 15. Juli 1907, Z. 2368, umgearbeitete Auflage. Wien 1908. F. Tempsky. Geb. K 1.60.

Reinelt Emanuel, Deutsches Lesebuch für österreichische Knaben-Bürgerschulen. II. Teil. Mit 31 Abbildungen. 5., nach dem Lehrplane vom 15. Juli 1907, Z. 2368, umgearbeitete Auflage. Wien 1908. F. Tempsky. Geb. K 1.80.

Reinelt Emanuel, Deutsches Lesebuch für österreichische Knabenbürgerschulen. III. Teil. Mit 25 Abbildungen. 5., nach dem Lehrplan vom 15. Juli 1907, Z. 2368, umgearbeitete Auflage. Wien 1910. F. Tempsky. Geb. K 2.—.

Reinelt Emanuel, Deutsches Lesebuch für österreichische Mädchenbürgerschulen. I. Teil. Mit mehreren Abbildungen. 3., verbesserte Auflage. Wien 1905. F. Tempsky. Preis, gebunden 1 K 60 h.

Reinelt Emanuel, Deutsches Lesebuch für österreichische Mädchenbürgerschulen. II. Teil. Mit mehreren Abbildungen. 3., verbesserte Auflage. Wien 1905. F. Tempsky. Geb. K 1.60.

Reinelt Emanuel, Deutsches Lesebuch für österreichische Mädchenbürgerschulen. III. Teil. Mit mehreren Abbildungen. 3., verbesserte Auflage. Wien 1906. F. Tempsky. Geb. K 1.80.

Reinelt Emanuel, Deutsches Lesebuch. Für österreichische Mädchen-Bürgerschulen. I. Teil. Mit 25 Abbildungen. 4., nach dem Lehrplane vom 15. Juli 1907, Z. 2368, umgearbeitete Auflage. Wien 1909. F. Tempsky. Geb. K 1.60.

Reinelt Emanuel, Deutsches Lesebuch für österreichische Mädchen-Bürgerschulen. II. Teil. Mit 29 Abbildungen. 4., nach dem Lehrplane vom 15. Juli 1907, Z. 2368, umgearbeitete Auflage. Wien 1910. F. Tempsky. Geb. K 1.95.

— Lese- u. Sprachbuch, s.: Heinrich, Jos.

– L e s e b u c h für allgemeine Volksschulen, s. R e i n e l t : Lesebuch für österreichische allgemeine Volksschulen.

Reinelt, Eman., Lesebuch f. allgem. österreich. Volksschulen. Ausg. f. 1-, 2- u. 3class. Volksschulen. 2. u. 3. Thl. gr. 8. Wien, F. Tempsky. Geb. in Leinw. n. 3.10
2. Mit 1 Titelbild u. 35 Textabbildgn. (174 S.) 899. n. 1.20
3. Mit 1 Titelbild, 69 Textabbildgn. u. 9 Farbendr.-Kärtchen, (380 S.) 899. n. 1.90

Reinelt, Emanuel, Lesebuch für österreichische allgemeine Volksschulen. Ausgabe für fünfclassige Volksschulen, in welcher jeder Classe ein Schuljahr entspricht. Wien und Prag 1892. Verlag von F. Tempsky.

II. Theil (2. Schuljahr), mit 13 Abbildungen und einem Titelbilde —.40
III. Theil (3. Schuljahr), mit 23 Abbildungen und einem Titelbilde — 50
IV. Theil (4. Schuljahr), mit 37 Abbildungen, 2 Karten in Farbendruck und einem Titelbilde —.70
V. Theil (5. Schuljahr), mit 82 Abbildungen, einem Titelbilde und 10 Karten in Farbendruck —.95

Reinelt, Emanuel, Lesebuch für österreichische allgemeine Volksschulen. I. Theil: Fibel Erstes Schuljahr. Wien und Prag 1893. Verlag von F. Tempsky. (Min.-Erl. v. 8. April 1893, Z. 5542.) Gebunden —.25

Reinelt, Emanuel, Lesebuch für österreichische allgemeine Volksschulen. Ausgabe für fünfclassige Volksschulen, in welchen jeder Classe ein Schuljahr entspricht. 2. berichtigte Auflage. Wien und Prag 1893. Verlag von F. Tempsky. (Min.-Erl. v. 14. Juni 1893, Z. 12334.)

II. Theil (II. Schuljahr). Gebunden —.40
III. Theil (III. Schuljahr). Gebunden —.45
IV. Theil (IV. Schuljahr). Gebunden —.65
V. Theil (V. Schuljahr). Gebunden —.85

— Lesebuch f. österreich. allgem. Volksschulen. Ausg. f. 5class. Volksschulen, in welchen jeder Classe e. Schuljahr entspricht. Unter Mitwirkg. mehrerer Schulmänner hrsg. 2. u. 3. Thl. 3. Aufl. Unveränd. Abdr. der 2. Aufl. gr. 8. Ebd. Geb. n.n. 1.70
2. (2. Schulj.) Mit 13 Abb. u. 1 Titelbild. (108 S.) 896. n.n. —80
3. (3. Schulj.) Mit 23 Abbildgn. u. 1 Titelbild. (VIII, 136 S.) 897. n.n. —90

— Lesebuch für österreichische allgemeine Volksschulen. 1. Tl. Fibel. 1. Schulj. Unter Mitwirkg. mehrerer Schulmänner hrsg. 8. Aufl. Ausg. A: Ohne latein. Druckschrift. Inhaltlich unveränd., nach der neuen Rechtschreibg. hergestellter Abdr. der 7. Aufl. (II, 96 S. m. Abbildgn.) gr. 8. Ebd. 903. Geb. n.n. — 60; Ausg. B: Mit latein. Druckschrift. (II, 100 S. m. Abbildgn.) Geb. n.n. — 70

— dasselbe. Ausg. f. ein-, zwei- u. dreiklass. Volksschulen. II. u. III. Tl. gr. 8. Ebd. n.n. 3.10
II. Mit 1 Titelbild u. 39 Textabbildgn. 3. Aufl. Unveränd. Abdr. der 2. Aufl. (172 S.) 904. n.n. 1.20
III. Mit 1 Titelbild, 69 Textabbildgn. u. 10 Farbendr.-Karten. 2. Aufl. Inhaltlich unveränd. nach der neuen Rechtschreibg. hergestellter Abdr. der 1. Aufl. (VIII, 384 S.) 902. n.n. 1.90

— dasselbe. Ausg. f. fünfklass. Volksschulen, in welchen jeder Klasse e. Schuljahr entspricht. Unter Mitwirkg. mehrerer Schulmänner hrsg. II.—V. Tl. gr. 8. Ebd. 903. Geb. n.n. 4.80
II. (2. Schulj.) Mit 18 Abbildgn. u. 1 Titelbild. 5. Aufl. Inhaltlich unveränd., nach der neuen Rechtschreibg. hergestellter Abdr. der 3. Aufl. (VI, 90 S.) n.n. —80
III. (3. Schulj.) Mit 28 Abbildgn. u. 1 Titelbild. 5. Aufl. Inhaltlich unveränd., nach der neuen Rechtschreibg. hergestellter Abdr. der 3. Aufl. (VI, 106 S.) n.n. —90
IV. (4. Schulj.) Mit 37 Abbildgn., 1 Karte in Farbendr. u. 1 Titelbild. 5. Aufl. Inhaltlich unveränd., nach der neuen Rechtschreibg. hergest. Abdr. der 3. Aufl. (164 S.) n.n. 1.30
V. (5. Schulj.) Mit 80 Abbildgn., 1 Titelbild u. 10 Karten in Farbendr. 4., nach der neuen Rechtschreibg. umgearb. u. rücksichtlich der vorkomm. Bevölkerungsziffern richtig gestellte Aufl. (248 S.) n.n. 1.80

Reinelt Emanuel, Lesebuch für österreichische allgemeine Volksschulen. I. Teil. Fibel. 1. Schuljahr. Unter Mitwirkung mehrerer Schulmänner herausgegeben. Wien 1905. F. Tempsky.

Ausgabe A. 10., im wesentlichen unveränderte Auflage. Preis, gebunden 60 h.
Ausgabe B. 9., im wesentlichen unveränderte Auflage. Preis, gebunden 70 h.

Reinelt Emanuel, Lesebuch für österreichische allgemeine Volksschulen. Ausgabe für vierklassige Volksschulen. II. Teil. 2. und 3. Schuljahr. Mit 1 Titelbild und 24 Textabbildungen. Wien 1905. F. T e m p s k y.

Reinelt Emanuel, Lesebuch für österreichische allgemeine Volksschulen. Ausgabe für vierklassige Volksschulen. Wien 1905. F. T e m p s k y. III. Teil. 4. und 5. Schuljahr. Mit 1 Titelbild und 31 Textabbildungen. Geb. K 1.60. IV. Teil. 6., 7. und 8. Schuljahr. Mit 1 Titelbild und 62 Textabbildungen und 12 Farbendruckkarten. Geb. K 2.30.

Reinelt Emanuel, Lesebuch für österreichische allgemeine Volksschulen. Ausgabe für fünfklassige Volksschulen mit acht Schuljahren. Wien 1906. F. T e m p s k y.

II. Teil. (2. Schuljahr.) Mit 13 Abbildungen und einem Titelbilde. Geb. K —.80.
III. Teil. (3. Schuljahr.) Mit 23 Abbildungen und einem Titelbilde. Geb. K —.90.
IV. Teil. (4. und 5. Schuljahr.) Mit einem Titelbilde und 43 Abbildungen. Geb. K 1.60.
V. Teil. (6., 7. und 8. Schuljahr.) Mit einem Titelbilde, 80 Textabbildungen und 12 Farbendruckkarten. Geb. K 2.30.

Reinelt Emanuel, Lesebuch für österreichische allgemeine Volksschulen. Ausgabe für ein-, zwei- und dreiklassige Volksschulen. III. Teil. Mit 1 Titelbild, 69 Textabbildungen und 10 Farbendruckbildern. 5., im wesentlichen unveränderte Auflage. Wien 1908. F. T e m p s k y. Geb. K 2.20.

Reinelt Emanuel, Lesebuch für österreichische allgemeine Volksschulen. Ausgabe für sechsklassige Volksschulen. V. Teil (5. und 6. Schuljahr). Mit 84 Abbildungen, einem Titelbild und 9 Karten in Farbendruck. Wien 1908. F. T e m p s k y. Geb. K 2.20.

Reinelt Emanuel, Lesebuch für österreichische allgemeine Volksschulen. Ausgabe für sechsklassige Volksschulen. 6. Teil (7. und 8. Schuljahr). Mit 86 Textabbildungen, einem Titelbilde und 3 Karten in Farbendruck. Wien 1908. F. T e m p s k y. Geb. K 2.20.

Reinelt Emanuel und Legler Friedrich, Lesebuch für österreichische allgemeine Volksschulen. Ausgabe für ein- bis dreiklassige Volksschulen. II. Teil. Mit 8 farbigen, 41 Textabbildungen und einem Titelbild. 6., umgearbeitete Auflage. Wien 1909. F. T e m p s k y. Geb. K 1.30.

Reinelt Emanuel und Legler Friedrich, Lesebuch für allgemeine Volksschulen. Ausgabe für ein-, zwei- und dreiklassige Volksschulen. III. Teil. (5., 6., 7. und 8. Schuljahr.) Mit 114 Abbildungen, 10 Farbendruckkarten und einem Titelbilde. 6., umgearbeitete Auflage. Wien 1909. F. T e m p s k y. Geb. K 2.20.

Reinelt Emanuel und Legler Friedrich, Lesebuch für österreichische allgemeine Volksschulen. Ausgabe für fünfklassige Volksschulen, in welchen jeder Klasse ein Schuljahr entspricht. II. Teil (2. Schuljahr). Mit 28 Abbildungen und einem Titelbild. 8., umgearbeitete Auflage. Wien 1910. F. T e m p s k y. Geb. —.80.

Reinelt, Emanuel und Legler Friedrich: Lesebuch für allgemeine Volksschulen. Ausgabe für fünfklassige Volksschulen, in welchen jeder Klasse ein Schuljahr entspricht und für fünf- und sechsklassige Volksschulen mit acht Schuljahren. III. Teil (3. Schuljahr). Mit 19 Abbildungen und einem Titelbild. 8., umgearbeitete Auflage. Wien 1910. F. Tempsky.

Reinelt, E., u. W. Stuke, Liedersammlung f. Volks- u. Bürgerschulen. Hrsg. vom Reichenberger Lehrervereine. 2 Hfte. 8. (II, 48 u. II, 88 S.) Reichenberg 872. Schöpfer. n. — 75

— — **dasselbe. 1. Hft. 2. Aufl. 8. (IV, 48 S.) Ebenb. 873.** n. — 40

— Rechenbuch für die 1. u. 2. Classe der Knaben- bezw. Mädchen-Bürgerschulen. s.: Močnik.

Reinelt Emanuel, Deutsches Sprachbuch für österreichische allgemeine Volksschulen. Ausgabe in zwei Teilen. I. Teil (2. und 3. Schuljahr). Wien 1909. F. Tempsky. Geb. K —.50.

Reinelt Emanuel, Deutsches Sprachbuch für österreichische allgemeine Volksschulen. Ausgabe für vier- und mehrklassige Volksschulen. Wien 1910. F. Tempsky. I. Teil (2. und 3. Schuljahr). Geb. K —.50. II. Teil (4. und 5. Schuljahr). Geb. K —.60. III. Teil (6., 7. und 8. Schuljahr). Geb. K —.60.

Reinelt Emanuel, Deutsches Sprachbuch für österreichische allgemeine Volksschulen. Ausgabe für fünfklassige Volksschulen, in welchen jeder Klasse ein Schuljahr entspricht. II. Heft. 3. Schuljahr. 6., umgearbeitete Auflage. Wien 1910. F. Tempsky. K —.50.

Reinelt Emanuel, Deutsches Sprachbuch für österreichische allgemeine Volksschulen. Ausgabe für fünfklassige Volksschulen, in welchen jeder Klasse ein Schuljahr entspricht. Wien 1910. Franz Tempsky. III. Heft. 4. Schuljahr. 6., umgearbeitete Auflage. Geb K —.52. IV. Heft. 5. Schuljahr. 6., umgearbeitete Auflage. Geb. K 60.—.

— **Sprachbuch f. allgemeine Volksschulen. 1.—4. Hft. 4. Aufl. gr. 8. Leipzig 903. G. Freytag** n. 1. 55
1. (2. Schulj.) (23 S.) n. — 25. — 2. (3. Schulj.) (36 S.) n. — 30
3. (4. Schulj.) (88 S.) n. — 50. — 4. (5. Schulj.) (80 S.) n. — 50

Reinelt, Eman. Sprachbuch f. österreichische allgemeine Volksschulen. Ausg. f. 5class. Volksschulen, in welchen jeder Klasse ein Schuljahr entspricht. 4 Hefte. gr. 8. Wien 892, Tempsky. — Lpz., Freytag. [1. Heft. (2. Schulj.) (23 S.) ** — 20; 2. Heft. (3. Schulj.) (32 S.) ** — 30; 3. Heft. (4. Schulj.) (90 S.) ** — 50; 4. Heft. (5. Schulj.) (80 S.) ** — 50.] geb. ** 1 50

Reinelt Emanuel, Sprachbuch für österreichische allgemeine Volksschulen. Ausgabe für fünfklassige Volksschulen, in welchen jeder Klasse ein Schuljahr entspricht. III. Heft. (4. Schuljahr.) 4., nach der neuen Rechtschreibung umgearbeitete, sonst unveränderte Auflage. Wien 1903. F. Tempsky. Preis, gebunden 50 h.

Reinelt Emanuel, Sprachbuch für österreichische allgemeine Volksschulen. Sprachliche Übungsstoffe aus dem Leben, aus dem Sach- und Leseunterrichte. Ausgabe für fünfklassige Volksschulen, in welchen jeder Klasse ein Schuljahr entspricht. I. Heft. 2. Schuljahr. 6., verbesserte Auflage. Wien 1908. F. Tempsky. K —.25.

Reinelt, Erich, approb. Arzt aus Magdeburg: **Zur Statistik und Aetiologie der Gallensteine.** *München 1903: Kastner & Callwey.* (55 S.) 8°
München, Med. Diss. v. 1903

Aufgaben, gestellt in der Aufnahmeprüfung für die Kriegsakademie im Jahre 1905 mit sämtlichen Lösungen. Von [Friedrich] **Reinelt**, Oberlt. a. D. Berlin: Liebel 1905. (67 S.) 8° [F.]
— **Kuhn**, August: Die Aufnahmeprüfung f. d. Kriegsakad. 4. Aufl. Nachtrag 1905. [05. 6306]

— **dasselbe im J. 1906, m. den Lösungen der militärischen Aufgaben. Zugleich Nachtrag 1906 zu: Die Aufnahmeprüfg. f. die Kriegsakademie. Von A. Kuhn. 4. verb. u. verm. Aufl. (51 S. m. Fig.) 8. Ebd. 906.** n. — 80

Reinelt, Aufgaben, gestellt in der Aufnahmeprüfung f. die Kriegsakademie in d. J. 1907—1910. 8. Berlin, Liebel. nn 3. —
1907 m. den Lösungen der militär. Aufgaben. Zugleich Nachtrag 1907 zu: Die Aufnahmeprüfg. f. die Kriegsakademie. Von A. Kuhn. 4., verb. u. verm. Aufl. (38 S.) 907. — 90
1908 m. den Lösungen der militär. Aufgaben. Zugleich Nachtrag 1908 zu: Die Aufnahmeprüfg. f. die Kriegsakademie. Von A. Kuhn. 4., verb. u. verm. Aufl. (37 S.) 908. nn — 90
1909 m. den Lösungen der militär. Aufgaben. Zugleich Nachtrag 1909 zu: die Aufnahmeprüfg. f. die Kriegsakademie. Von A. Kuhn. 4. verb. u. verm. Aufl. (16 S. m. Fig.) 909. — 60
1910 m. Lösung der Taktik-Aufgabe. Zugleich Nachtrag 1910 zu: die Aufnahmeprüfg. f. die Kriegsakademie. Von A. Kuhn. 4. verb. u. verm. Aufl. (16 S. m. Fig.) 911. — 60

Reinelt, Lösungen v. Aufgaben aus d. Gebiet I. d. Befestigungslehre, II. d. Waffenlehre. E. Hülfsmittel f. d. Vorbereitg. zur Aufnahme-Prüfg. f. d. Kriegs-Akademie. 2 Hfte. gr. 8. Berlin 896. Liebel. à n. 1. 50
I. Befestigungslehre. (IV, 52 S.) — II. Waffenlehre. (IV, 56 S.)

— **dasselbe aus d. Gebiet d. formalen Taktik. E. Hülfsmittel f. d. Vorbereitg. z. Aufnahme-Prüfg. f. d. Kriegsakademie. gr. 8. (VIII, 118 S. m. Fig.) Ebd. 897.** n. 2. 50

— **dasselbe aus dem Gebiet der formalen Taktik. Ein Hülfsmittel f. die Vorbereitung zur Aufnahme-Prüfg. f. die Kriegsakademie. Nachtrag 1900 (Deckblätter). gr. 8. (41 S. m. Fig.) Ebd. n. — 75; zum Hauptwerk unentgeltlich.**

Reinelt, Lösungen von Aufgaben aus dem Gebiet I. der Befestigungslehre, II. der Waffenlehre, III. der formalen Taktik. Ein Hülfsmittel f. die Vorbereitg. zur Aufnahmeprüfg. f. die Kriegsakademie u. f. die Offiziersprüfg. I u. II. 2., vollständig umgearb. Aufl. gr. 8. Berlin 902. Liebel. à n. 2. —
I. Befestigungslehre. (VI, 105 S.) — II. Waffenlehre. (IV, 78 S.)

Reinelt, der kleinkalibrige Mehrlader, insbesondere das deutsche Gewehr 88, e. zeitgemäßes Infanterie-Gewehr. 8. (25 S.) Berlin 893. Liebel. n. — 60

Reinelt, Johs., s. a. Philo vom Walde.

Reinelt, Johannes: Schlesisches Dichterbuch, s. Krause, August Friedrich

Vinzenz Priessnitz. Sein Leben und sein Wirken. Zur Gedenkfeier seines hundertsten Geburtstages dargest. von Philo vom Walde [d. i. Johannes **Reinelt**]. Mit 95 (auf dem Umschlag: 241) Ill. nach Zeichn. von Joseph Dmych, Karl Goebel etc. *Berlin: W. Möller (1898).* (239 S.) 8° [F.] [99. 11393

Vinzenz Prießnitz. Zur Feier s. 100. Geburtstages. Ein Wort an d. deutsche Volk von Philo **vom Walde** [d. i. Johannes Reinelt]. Mit 17 Ill. *Berlin: Deutscher Bund [1903].* (30 S.) 8° [F.]
— **Volksbücher**, Gesundheitliche. No 1. [03. 7771

Vinzenz Priessnitz als Begründer der naturgemässen Lebens- und Heilweise. Von Philo vom Walde [d. i. Johannes **Reinelt**]. *Berlin: W. Möller (1899).* (32 S.) 8° [F.]
— Licht – Luft – Wasser. Bd 2, H. 34. [99. 8883

[F.] Vinzenz Priessnitz als Begründer des Wasser- u. Naturheilverfahrens. E. Studie v. Philo vom Walde [d. i. Johannes **Reinelt**] ... *Berlin: W. Möller [1897].* (35 S., 1 Portr.) 1 Bd 8. [97. 5900

Reinelt, Josef: Beitrag zur Kenntnis einiger Leuchtbakterien. Diss., Prag 1905/1906

Reinelt, Jos. Aug., Reise nach d. Orient z. Erhebung merkantiler Notizen f. Oesterreichs Industrie. gr. 8. (12½ B.) Wien 841, [Gerold's Vrlsh.] *

Reinelt, Paul, christliche Erziehungslehre in Zitaten. Aus den Väterschriften gesammelt. (XI, 485 S.) kl. 8. Freiburg i/B. 909. Herder. 3.—; geb. in Leinw. 3. 80

Reinelt, Paul, die Maria-Hilf-Kapelle in Voigtsdorf bei Habelschwerdt. Mit einleit. Bemerkgn. üb. die Bedeutung der Berge in der hl. Schrift. (19 S.) 8. Habelschwerdt 905. Franke. n. — 40

— Passionsbilder. Als Ergänzg. des hl. Kreuzweges u. f. die Betrachtg. aus den Schriften der Kirchenväter zusammengestellt. (III, 117 S.) 16. Ebd. 904. Geb. n. — 50

— Predigt, anläßlich der Trockenheit u. Dürre geh. 2. Aufl. (20 S.) 8. Ebd. 904. — 10
Die 1. Aufl. erschien anonym.

Reinelt, Paul: Studien über die Briefe des hl. Paulinus von Nola. *Breslau 1903: R. Nischkowsky.* (103 S.) 8°
Breslau, Kath.-theol. Diss. v. 4. Dez. 1903

— Studien üb. die Briefe des hl. Paulinus v. Nola. (V, 103 S) gr. 8. Breslau 904. G. P. Aderholz. n. 1.50

— Was sagt die hl. Schrift vom Weine u. v. d. Abstinenz? Materialien f. die Mäßigkeitsbewegg. (IV, 42 S.) gr. 8. Hamm (908). Breer & Thiemann. — 80

Reinemann, P.

— Raumlehre, s.: Terlinden.

— Rechen-Aufgaben aus der Invaliden-, Kranken- u. Unfallversicherung, s.: Kauer, L.

Reinemann, P., Rechenaufgaben aus der Kranken-, Unfall- u. Invalidenversicherung, s.: Sulzbacher, A.

— Rechenbuch, s.: Kauer, L.

— Rechenbuch f. 1—8klassige Volksschulen, s.: Terlinden.

— Rechenfibel, s.: Kauer, L.

Reinemann, P., welche Anforderungen stellt die neuere Rechenmethodik an die Gestaltung des Rechenbuches?, s.: Sulzbacher, A.

Reinen, F., Flechten, Ausschläge, offene Beinwunden, s.: Ecksteins neue medizinische Hausbibliothek. 3. Bd.

Reiner Stockhausen, s. Stockhausen.

Reiner, s.a. Rainer

Reiner's Jahrbücher, s.: Geschichtschreiber, die, der deutschen Vorzeit, Bd. 70.

Reiner (Handwerksbursch), Lied über die Bierwirthe in Wien. Wien 1783. 2 Bll. 8°.
l. c. no. 4807.

Reiner, Bruno, Realschullehrer in Oelsnitz i. V.: Die Geschichte der Stadtschule zu Oelsnitz i. V. von der Reformation an bis zum Jahre 1667. *(Oelsnitz i. V. [1900]: Götze & Thenau.)* (72 S.) 8° [Ant. u. F.]
Leipzig, Phil. Diss. v. 1900

Reiner, C., Schauspiele und Gemälde. 8. Duisb. Bädecker und K. 794.

REINER, Eduard (München): Ueber die Krätze und ihre Behandlung besonders in Spitälern.- München: Hübschmann 1843. 20 S.
5.1.1842 - Urk (Titel: De scabie.); F 66
Diss.Ingolst.-Landsh.-Mchn.

Reiner, Erwin, Arzt: Aus d. Kgl. Universitäts-Frauenklinik zu Königsberg i. Pr. Ueber die Operabilität der Uteruscarcinome in Ostpreußen. *Königsberg i. Pr. 1903: R. Leupold.* (52 S.) 8°
Königsberg, Med. Diss. v. 30. März 1903

Reiner, F. X., der Bade- u. Brunnen-Arzt als Hausfreund, eine Anleitung, durch Waschen u. Baden des Körpers, u. durch den zweckmäß. Gebrauch d. Mineral-Bäder, der Brunnen- u. Molken-Kuren ꝛc. die Gesundheit zu erhalten u. zu stärken. Mit 1 Tabelle. gr. 12. München 836. (Fleischmann.) n. $^{7}/_{12}$ Thlr.

—— die epidem. Brechruhr, ihre Verhütung u. Heilung, im Nothfalle auch ohne Arzt. 8. ($3^{3}/_{4}$ B.) Nürnberg 837, Fr. Campe.

Reiner, Greg. Leonh., († d. 15. Febr. 1807.) die Grundlehren d. Arithmetik u. Algebra; aus d. Lehrbüchern v. Kästner u. Lorenz gezogen. 4. Füssen 796. (Lindauer in Münch.) 16 kr.

— s. Kants Theorie d. moral. Religionslehre.

— allgem. Rechtslehren nach Kant, in Vorlesungen. 8. Landsh. 801. Attenkofer. (Thomann; auch Weber in Münch.) 15 kr. (Kranzfelder in Augsb.) 12 kr.

— allgem. Ueberblick d. gesammten Mathematik. 4. Füssen 795. Mayr.

Reiner, Hans, Rechtsprakt. a. Nördlingen: Die Schadenersatzpflicht des Beamten und Staates nach dem B.G.B., seinen Nebengesetzen und dem bayerischen A.G. zum B.G.B. Würzburg 1904: Drescher u. Reichart. (54 S.) 8°
Würzburg, Jur. Fak., Ref. Jaeger, Diss. v. 21. Dez. 1904
[Geb. 13. Febr. 81 Nördlingen; Wohnort: Würzburg; Staatsangeh.: Bayern; Vorbildung: Gymn. Würzburg Reife Juli 00; Studium: Würzburg 8 S.; Rig. 11. Juli 04.]

Reiner, J., u. F. Pfeiffer, internationales Adressbuch der gesammten Metall-Industrie. gr. 8. (III. 710 Sp.) Wien 874. (Perles.) n. 18. —

Reiner, J., Genealogie des Hauses Hohenzollern. Ein Beitrag zur Geschichte desselben. gr. 8. (8 B. u. 1 Plan.) Stuttgart 843, Beck u. Fränkel. 20 Ngr. — Velinp. -

Reiner, J. B., Fragment d. medicinischen Physiognomik ꝛc. 8. Landshut, Thomann. 812.

Reiner, Jakob Ernst

— Annalen d. Blumisterei, f. Gartenbesitzer, Kunstgärtner, Samenhändler u. Blumenfreunde. Beschreib. seltener u. neuer vorzügl. Blumen- u. Ziergewächse sammt deren Kultur- u. Vermehrungsmethoden. 1—8. Jahrg. 1822, 1826—32. à 24 Kpf. in 4 Hftn. gr. 8. Ebend. D. Jahrg. 2. 25. cplt. 21. $12^{1}/_{2}$

— — 9—12. Jahrg. 1833—36. A. u. d. T.: Neue Annalen etc. 1—4. Jahrg. à 24 Kpf., in 4 Hften. gr. 8. Ebend. D. Jahrg. 2. 25 cplt. 10. 25

— vollständ. Anweis. z. zweckmäss. Anlegen v. Blumen-, Obst-, Gemüse-, Hopfen-, Schul-, Handels-, Haus- u. botan. Gärten, so wie Anlagen nach französ., engl. u. deutschen Geschmack z. machen, solche auch mit d. passenden Blumen, Bäumen u. Sträuchern, Scenen u. Kunstgegenständen z. zieren, e. Wintergarten einzurichten, z. ordnen u. z. unterhalten etc. Mit 6 Kpf. gr. 8. Berlin, 1832. (Leipzig, Amelang.) (2. —) — 10

— d. Beschreib. u. Kultur d. Calceolarien, Lilien u. Rhododendra. 8. Ulm. 1824. Ebner. — 20

— Beschreib. d. Landwirthschaft im Königr. Bayern. 1. Thl a. u. d. T.: Bamberg's Gartenbau, als d. höchste Cultur d. Grund u. Bodens in Deutschland. gr. 8. Leipzig, 1821. (Baumgärtner.) 2. —

— d. schnell unterrichtende Botaniker u. Blumist. Vollständ. alphabet. geordnetes Handbuch aller Blumen- u. Zierpflanzen etc. gr. 8. Nürnberg, 1835. 2. Ausg. 1847. Lotzbeck. (1. 10) — 14

— d. neuesten Entdeckungen in d. wichtigsten Gegenständen d. Landwirtschaft u. d. Gartenbaues, d. Weintraubenbau etc., sowie bei d. Versetzen d. Bäume, Acclimatisirung d. Feigenbaums, d. Rosmarins etc. u. Vertilgung einiger schädl. Insekten in d. Gärten. 8. Bamberg, 1835. — 7½

— d. Fenster- u. Zimmergarten, od. Haltung u. Pflege d. vorzügl. Blumen, welche sich im Zimmer, vor d. Fenster u. in e. Hausgärtchen ziehen lassen. Sammt e. Anh.; d. sinnige Deutung d. Blumen. 12. Nürnberg, 1826. 2. T.-Ausg. 1849. (Lotzbeck.) (— 10) — 3½

— d. Geschlecht d. Cheiranthus u. insbesond. d. Zucht u. Kultur d. Levkoyen u. d. Lacks. Nach 30jähr. Erfahr. 8. Nürnberg, 1827. Lotzbeck. (— 15) — 3½

— vollständ. prakt. Handb. d. gesammten Blumengärtnerei etc. gr. 8. Leipzig, 1843. Schwickert. 1. —

— d. Kultur u. Fortpflanzung d. Feigenbaums im freien Lande u. im Topfe, f. ganz Deutschland. In langjähr. Erfahr. nachgewiesen. 8. Leipzig 1835. Jackowitz. (¾. —) — 5

— d. höchste Kultur aller Blumenpflanzen, um z. jeder Jahreszeit im Garten, im Zimmer u. vor d. Fenstern alle Arten Blumen hervorzutreiben u. z. pflegen, vorzügl. d. Kunst, d. neuesten u. kostbarsten Blumenpflanzen, auch Hyacinthen, Tulpen, Rosen etc. bis Weihnachten z. Blüthe z. bringen, u. d. ganzen Winter Blumen in Menge etc. z. ziehen. gr. 8. Stuttgart, 1832. Cotta. — 20

— d. systemat. Kultur aller bekannten Blumen- u. Zierpflanzen. 8. Augsburg, 1833. (N. T. 1834.) v. Jenisch u. Stage. 1. 7½

— d. Kunst, selbst d. kostbarsten perennirenden Blumengewächse ohne Glas- u. Treibhaus sich z. verschaffen. 8. Nürnberg, 1827. 2. T.-Ausg. 1840. (Lotzbeck.) (— 7½) — 3

REINER, JOHANN: Die Besetzung der Bisthümer in Ungarn, in historischer Entwicklung bis zur Gegenwart. Deutsche Bearbeitung der von der Budapester Juristenfacultät mit dem Pasquich-Preis gekrönter Schrift. In: Arch. f. kath. Kirchenr. Bd. 59. NF. 53 1888, S. 429-472.

REINER, JOHANN: Kirchen. und Religionsgesellschaften. SA. aus: Österreichisches Staatswörterbuch. 2. Aufl. Wien 1896: Alfred Hölder. 14 S. - 8°
- Dass. Wien 1906. 14 S. - 8°

Reiner, Joh., Maiblüten f. die Jugend. 16. (39 S.) Augsburg (901). Literar. Institut v. Dr. M. Huttler. n.n. — 05

Reiner, Joh. Jak., biblische Geschichte in Fragen für Familien u. Schulen, namentlich f. Sonntagsschulen. 8. (VIII, 240 S.) Basel 902. Kober. n. 1.60; geb. in Leinw. n. 2.40

Reiner, J[ohann] J[acob]. Lieder für Jungfrauen-Vereine und Töchterchöre, sowohl zwei- als dreistimmig zu singen. Hrg. von J. J. R'. 8.
3. Aufl. VIII + 313 S. Winterthur, Selbstverlag, 1902. *geb.* Lwd. fr. 1.30 = M. 1.20, von 10 Expl. an *à* fr. 1.20 = M. 1.—
4. Aufl. VIII + 313 S. Winterthur, Selbstverlag, 1904. *geb.* Lwd. fr. 1.30 = M. 1.20, von 10 Expl. an *à* fr. 1.20 = M. 1.—
5. Aufl. VIII + 313 S. Basel, Basler Missionsbuchh., 1906. *geb.* Lwd. fr. 1.50 = M. 1.20, von 10 Expl. an *à* fr. 1.35 = M. 1.10

— Liederkranz für die Jugend, namentlich für Sonntagsschulen, mit 214 sowohl für 2- als für 3stimmigen Gesang eingerichteten Liedern. Im Einverständniß mit dem Kantonalkomité der Zürcher. Sonntagsschulen hrsg. 8. (XV, 223 S.) Basel 880. Spittler. cart. n. 1. —

Reiner, Joh. Jak., Liederkranz f. die Jugend, namentlich f. Sonntagsschulen, m. 224 sowohl f. 2- als f. 3stimm. Gesang eingerichteten Liedern. Im Einverständniß m. dem Kantonalkomité der Zürcher. Sonntagsschulen hrsg. 2. Aufl. 12. (VIII, 232 S.) Basel 883. Spittler. cart. n. 1. —

Reiner, J. J., Liederkranz f. die Jugend, namentlich für Sonntagsschulen, mit 224 sowohl f. 2- als f. 3stimm. Gesang eingerichteten Liedern. Im Einverständnis mit dem Kantonalkomitee der Zürcher. Sonntagsschulen hrsg. 6. Aufl. 8. (VIII, 232 S.) Basel 888. Spittler. cart. n. 1. —

Reiner, J. J. Liederkranz für die Jugend, namentlich für Sonntagsschulen. 8. Aufl. In-12°. VIII, 232 S. Basel, C. F. Spittler. 1891 Gebd. — 80

Reiner, Joh. Jak. Liederkranz f. die Jugend, namentlich f. Sonntagsschulen m. 224 sowohl f. 2- als f. 3stimm. Gesang eingerichteten Liedern. 9. Aufl. 12. (VIII, 232 S.) Basel 892, [Spittler.] Jaeger u. Kober. geb. * — 65

Reiner, Joh. Jak., Liederkranz f. die Jugend, namentlich f. Sonntagsschulen, m. 224 sowohl f. 2- als f. 3stimmigen Gesang eingerichteten Liedern. Im Einverständnis m. dem Kantonalkomite der zürcher. Sonntagsschulen hrsg. 10. Aufl. 8. (VIII, 232 S.) Basel 893. Jaeger & Kober. Geb. n. — 65

Reiner, J. J. Liederkranz für d. Jugend, namentlich für Sonntagsschulen, mit 224 sowohl für zwei- als für dreistimmigen Gesang eingerichteten Liedern. 12. Aufl. In-8°. VII, 232 S. Basel, Jäger & Kober. Cart. 1895 — 80

Reiner, Joh. Jak., Liederkranz f. d. Jugend, namentl. f. Sonntagsschulen, m. 224 sowohl f. zwei- als f. dreistimm. Gesang eingcr. Liedern. Im Einverständnis m. dem Kantonalkomitee der zürcher Sonntagsschulen hrsg. 13. Aufl. 8. (VIII, 232 S.) Basel 895. Kober. Geb. n. — 65

— Liederkranz f. die Jugend, namentlich f. Sonntagsschulen, m. 224 sowohl f. 2- als auch f. 3stimm. Gesang eingerichteten Liedern. Im Einverständnis m. dem Kantonalkomite der zürcher. Sonntagsschulen hrsg. 20. Aufl. 12. (VIII, 232 S.) Basel 902. Kober. Geb. n. — 65; in Leinw. n. 1. —; m. Goldschn. n. 1.20

Reiner, Joh. Jak., Liederkranz f. die Jugend, namentlich f. Sonntagsschulen, m. 224 sowohl f. 2- als f. 3stimm. Gesang eingerichteten Liedern. 24. Aufl. (VIII, 232 S.) kl. 8. Basel 906. Kober. Geb. — 65; in Leinw. 1. —; m. Goldschn. 1.20

Reiner, Joh. Jak., Liederkranz f. die Jugend, namentlich f. Sonntagsschulen, mit 224 sowohl f. 2- als f. 3stimm. Gesang eingerichteten Liedern. 26. Aufl. (VIII, 232 S.) kl. 8. Basel 908. Kober. Geb. 1. —

Reiner, Joseph & Sigmund v. Hohenwarth. Botanische Reisen nach einigen Oberkärntnerischen u. benachbarten Alpen. Klgft., Walliser, Leon, 1792 — 1812. 2 Bde.

Reiner, Jos., u. S. v. Hohenwart, botan. Reisen nach etlichen Ober-Kärnthnerischen u. benachbarten Alpen. Erste Reise im Jahre 1791. gr. 8. Klagenf. 792. Wallis. (Stettin in Ulm). 20 gr.

Reiner, J., botan. Reisen n. etl. Ober-Kärnthnerisch. und benachb. Alpen, m. K. gr. 8. Klagenf. Walliser. (Stettin in Ulm.) 793.

Reiner, Jos., die Staatsanwaltschaft, die Nichtigkeiten und die Fristen nach der österreich. Strafprozeßordnung vom 17. Jänner 1850. gr. 8. (IV und 42 S.) Gratz 850, (Kienreich's Verlags-Comptoir.)

UNGLÜCKSMENSCH, Ein. Komische Solo-Scene (von *Joseph Reiner*). Wien, o. J. (1890).
Anon.-Lex. V. p. 301. (Eigenbericht.)

Reiner, Juda [aus Krakau]: Malebranche's Ethik in ihrer Abhängigkeit von seiner Erkenntnistheorie und Metaphysik ... Halle a. S., 1896; 2 Bl., 48 S., 1 Bl. 8.
Halle, Phil. Fak., Inaug.-Diss. v. [16. Juni] 1896

Reiner, J., Malebranche's Ethik in ihrer Abhängigkeit v. seiner Erkenntnistheorie u. Metaphysik. gr. 8. (IV, 48 S.) Berlin 896. Mayer & Müller. n. 1. 20

Reiner, Jul., Album f. Freundschaft u. Liebe. Eine Sammlung auserlesener Stammbuchs-Aufsätze, Neujahrs-, Namens- u. Geburtstags-Wünsche, Hochzeitgedichte ꝛc. 2. verm. Aufl. 16. (127 S.) Crefeld 847, Klein. 4½ ngr.

Reiner, Jul., Album für Liebe und Freundschaft. Eine Sammlung von Stammbuchs-Aufsätzen, von welchen auch viele als Neujahrs-, Namens- und Geburtstags-Wünsche benutzt werden können, mit einer Auswahl von Stammbuchstiteln und Schlußzeilen und Hochzeitsgedichten ꝛc. 3., bedeutend verm. Aufl. Crefeld (856.) Klein. 32. (127 S.) 4½ ngr.

Reiner, J., Album für Freundschaft und Liebe. Eine Sammlung von Stammbuchs-Aufsätzen, von welchen auch viele als Neujahrs-, Namens- und Geburtstagswünsche benutzt werden können, mit einer Auswahl von Stammbuchs-Titeln und Schlußzeilen und von Hochzeits-Gedichten ꝛc. 4., bedeutend verm. Aufl. 18. (139 S.) Crefeld 859, Klein. Thlr.

Reiner, Jul., neueste Blumensprache u. Wörterdeutungen durch Blumen, nebst Bezeichnung der Tage u. Stunden durch Blumen, so wie Deutungen durch Farben an Bändern u. Körbchen. Als Anhang eine Farben- u. Zeichensprache. 32. (96 Seit.) Crefeld 842, Klein.

—— neueste Blumensprache in prosaischer und poetischer Form, verbunden mit Wörterdeutungen durch Blumen ꝛc., eine Farben- und Zeichensprache nebst Wahrsagungen durch Blumen und Versen zum Vergißmeinnicht. 2., verm. Aufl. 32. (96 S.) Crefeld 852, Klein.

Reiner, Jul., Giordano Bruno u. seine Weltanschauung. (79 S.) gr. 8. Berlin (907). H. Seemann Nachf. (Urspr. Pr. 1.—; geb. 2. —)

Giordano Bruno und seine Weltanschauung. Von Dr. Julius Reiner. 3. Aufl. Berlin & Leipzig: H. Seemann [1908]. 78 S. 8°
(Kulturträger.) log. 5380

Buddha und der Buddhismus. Von Dr. Julius Reiner. 3., neu durchges. Aufl. Berlin & Leipzig: H. Seemann [1908]. 76 S. 8°
(Kulturträger.) log. 5331

Reiner, Jul., der Buddhismus. Für gebildete Laien geschildert. 4. (77 S.) Leipzig 902. H. Seemann Nachf. n. 2. —

— Der Buddhismus. Für gebildete Laien geschildert. 2. Aufl. (77 S.) gr. 8. Ebd. (907). (Urspr. Pr. 1.—; geb. 2. —)

— Darwin u. seine Lehre. Für gebildete Laien geschildert. gr. 8. (III, 94 S.) Ebd. 902. n. 2. —

— Darwin u. seine Lehre. 3., neu durchgesch. Aufl. (88 S.) gr. 8. Ebd. (907). (Urspr. Pr. 1.—; geb. 2. —)

Reiner, Jul., über Erziehung. Leitsätze f. Eltern u. Lehrer, ausgewählt u. hrsg. (XI, 283 S.) 8. Hannover 906. Leipzig, O. Tobies. n. 5. —; geb. n. 6. —

— für u. wider die Frauen. Beiträge zur Frauenfrage. Gesammelt u. hrsg. (VIII, 128 S.) kl. 4. Leipzig 903. Berlin, H. Seemann Nachf. n. 2. —

Reiner, Jul., s.: Freiheits- u. Nationallieder.

— Grundriß der Geschichte der Philosophie. (145 S.) 8. Hannover 905. Leipzig, O. Tobies. n. 2. —; geb. n. n. 2. 50

— Grundriss der Geschichte der Philosophie. 2., neubearb. Aufl. (156 S.) 8. Leipzig 910. O. Tobies. 2. —; geb. 2. 50

— Hermann v. Helmholtz, s. a. Klassiker d. Naturwissenschaften.

Hermann von Helmholtz von Dr. Julius Reiner. Leipzig: Th. Thomas [1905]. (203 S.) 8° [F.]
= Klassiker d. Naturwissenschaften. Bd 6.

—— der allezeitfertige Hochzeitsdichter, s. a. Hochzeitsdichter.

— der allezeit fertige Hochzeitsdichter in Scherz u. Ernst. Enthaltend 204 Gedichte ꝛc. für gewöhnliche, silberne, goldene und diamentne Hochzeiten, sowie auch für Polterabende, sowohl zu mündlichen als schriftlichen Vorträgen, ferner Hochzeitslieder und Toaste. Ebend. (855.) 32. (176 S.) 5 ngr.

Reiner, J., der allezeit fertige Hochzeitsdichter. Enth. e. große Auswahl Gedichte f. gewöhnl., silberne, goldene u. diamantene Hochzeiten, sowie f. Polterabende, sowohl zu mündl. als schriftl. Vorträgen, ferner Hochzeitslieder u. Toaste. 2. verm. Aufl. 32. (191 S.) Crefeld 873. Klein. — 60

Reiner, J., der allzeit fertige Hochzeitsdichter. Enthaltend eine große Auswahl Gedichte für gewöhnl., silberne, goldene und diamantene Hochzeiten, sowie auch für Polterabende sowohl zu mündl. als schriftl. Vorträgen, ferner Hochzeitslieder und Toaste. 3. verm. Aufl. 16. (168 S.) Krefeld 882, Klein'sche Buchh.

— Confucius, der Weise v. Lu. 1. u. 2. Aufl. (89 S.) gr. 8. Ebd. (907. 08). (Urspr. Pr. 1.—; geb. 2. —)

— Moses u. sein Werk. (78 S.) gr. 8. Berlin (907). H. Seemann Nachf. (Urspr. Pr. 1.—; geb. 2. —)

Moses und sein Werk. Von Dr. Julius Reiner. 2. Aufl. Berlin & Leipzig: H. Seemann [1908]. 77 S. 8°
(Kulturträger.) log. 5384

— Muhammed u. der Islam. (80 S.) gr. 8. Ebd. (907). (Urspr. Pr. 1.—; geb. 2. —)

— Friedrich Nietzsche. Für gebild. Laien geschildert. gr. 8. (76 S.) Leipzig 901. H. Seemann Nachf. n. 2. —

— Friedrich Nietzsche. Leben u. Wirken. 4. Aufl. (76 S.) gr. 8. Ebd. (907). (Urspr. Pr. 1.—; geb. 2. —)

— Platon. Leben u. Werke. 1. u. 2. Aufl. (92 S.) gr. 8. Ebd. (907. 08). (Urspr. Pr. 1.—; geb. 2. —)

Platon. Leben u. Werke. Von Dr. Julius Reiner. 3. Aufl. Berlin & Leipzig: H. Seemann [1908]. 91 S. 8°
(Kulturträger.) log. 5387

— Jean Jacques Rousseau, s. a. Männer, bedeutende. XIII.

Jean Jacques Rousseau. Von Dr. Julius Reiner. *Berlin: H. Schildberger [1902].* (20 S.) 8° [F.]
= Männer, Bedeutende, aus Vergangenheit u. Gegenwart. 13.

—— auserlesene Stammbuchs-Aufsätze, von welchen auch viele als Neujahrs-, Namens- u. Geburtstags-Wünsche benutzt werden können, nebst e. Samml. Hochzeitsgedichte, so wie e. Anleitung zu symbol. Darstellungen verschied. Verstandes-Begriffe f. Zeichnungen in's Stammbuch. 16. (8 B.) Crefeld 842, Klein.

— vollständiges Taschenwörterbuch für Politik, Handel und Gewerbe. Ein Handbüchlein, das circa 12,000 fremde Wörter verdeutscht u. erklärt ꝛc. 2. bedeutend verm. u. verb. Aufl. Crefeld 856. Klein. 32. (269 S.) 5 ngr.

— berühmte Utopisten u. ihr Staatsideal. (Plato, Morus, Campanella, Cabet.) (VII, 87 S.) gr. 8. Jena 906. H. Costenoble. n. 2. 50

— Voltaire, s.a. Männer, bedeutende. XII.

Voltaire. Von Dr. Julius Reiner. *Berlin: H. Schildberger [1902].* (19 S.) 8° [F.]

— Männer, Bedeutende, aus Vergangenheit u. Gegenwart. 12.

— was muß man v. der Geographie wissen? Allgemeinverständlich dargestellt. gr. 8. (109 S.) Berlin (902). H. Steinitz. n. 1. 50

— was muß man v. der Philosophie wissen? Allgemeinverständlich beantwortet. 2. Aufl. gr. 8. (96 S.) Berlin (900). H. Steinitz. n. 1. —

— aus der modernen Weltanschauung. Leitmotive f. denk. Menschen. Hrsg. v. R. (VIII, 262 S.) 8. Hannover 905. Leipzig, O. Tobies. n. 5. —; geb. n. 6. —

— Zarathustra. 1.—3. Aufl. (74 S.) gr. 8. Ebd. (907. 08). (Urspr. Pr. 1.—; geb. 2.—)

Reiner, Karl, Schauspiele u. Gemälde. (Inhalt: Graf Walther. — Calthon u. Comola; Gedicht von Ossian. — Die Schlacht bei Creci; e. Gedicht. — Die Heirath durch eine Comödie; Lstspl. — Minons Gesang; e. Gedicht v. Ossian. — Die Insel; e. Schspl.) 8. Duisb. 794. (Essen, Bädeker). 20 Kr.

Reiner, Mich., chemische Analyse der Mineralquelle zu Sauerbrunn bei Wiener Neustadt. [Aus den Sitzungsber. der k. Akad. der Wiss.] Wien 868. (Gerold's Sohn.) Lex.-8. (7 S.) n. 2 ngr.

Reiner, Michael: Beitrag zur Anatomie, Physiologie und Chirurgie des Praeputiums, sowie zur Pathogenese der Phimosis und Paraphimosis. Entkräftigung des von Professor Hyrtl gegen die Circumcision (rituelle Beschneidung) geschleuderten Anathems. (Separat-Abdruck aus der „Allgemeinen Wiener medizinischen Zeitung". Jahrgang 1868.) Wien: Herzfeld & Bauer 1868. (14 S.) 8°

Reiner, Moritz

— über die hygienische Bedeutung und Beurtheilung der Beschaffenheit des Trink- und Nutzwassers u. rationelle Principien für dessen Untersuchung, sowie auch über Wasserleitungen. 8°. (50 S.) Ebd. In Comm. fl. —.70.

Derselbe. Ueber Friedhöfe im Allgemeinen und insbesondere über die Friedhöfe der Stadt Essek, sowie auch über die Totenbestattung in historischer und sanitäts-polizeilicher Beziehung. Essek. 1877. Pfeiffersche Druckerei.

Reiner, Dr. Moritz, Nekropolis. Betrachtungen über die letzte Heimstätte unserer Lieben. 8°. (56 S.) Agram, Leop. Hartman. In Comm. fl. —.80.

Reiner, Paul, die Stellung der deutschen studentischen Korporationen zur Alkoholfrage. 2. verm. Aufl. (22 S.) kl. 8. Hamburg 909. Deutschlands Grossloge II. — 20

Reiner, Sigism. (Ete), aus e. krummen Lande. Aus dem Ung. v. Irma Reiner. (X, 182 S.) 8. Dresden (910). E. Pierson. 2.50; geb. n 3. 50

Reiner, [Wilhelm]. Grabrede von Herrn Pfarrer Rainer für † Ida Karolina Fehr geb. Schelling von Mannenbach. Geboren 25. Juli 1882. Gestorben 4. April 1907. 11 S. 8. Ermatingen, C. Ribi, 1907.

Reiner & Lewinsky, Ausstellung schleswig-holsteinischer Kunst d. 15.-19. Jahrh. Winter 1909. (138 S.) Berlin 1909

Reinerding, F. X., Gedanken über die philosophischen Studien aus den historisch-politischen Blättern gezogen und mit einigen Nachträgen versehen. Ein Beitrag zur Beleuchtung der Unterrichtsfrage. gr. 8. (45 S.) Wien 866, Sartori.

Reinerding, Frz. Heinrich

Reinerding, F. H., Beiträge zur Frage über Galileo Galilei u. seine römische Verurteilung. Hist.-pol. Bl. Bd. 56 (1865), S. 421—40.
Schanz Litt. Handw. 1879, S. 523 f.

Reinerding, F. H., Beiträge zur Honorius- und Liberiusfrage, eine Beleuchtung der neuesten kirchenhistor. Forschungen über dieselbe. gr. 8. (72 S.) Münster 865, Aschendorff'sche Buchh.

Reinerding, F(rz.) H(einr.), der heil. Bonifazius als Apostel der Deutschen mit Bezugnahme auf sein Verhältniß zu Fulda bei Gelegenheit der elften Säkularfeier seines glorreichen Martertodes vom 3. bis 12. Juni 1855 an seinem Grabe zu Fulda dargestellt. gr. 8. (VI und 226 S.) Würzburg 855, Goldstein'sche Buchh.

—— dass. — mit beigefügten histor. Belegen ꝛc. gr. 8. (VI und 339 S.) Ebds. 855.

—— vollständiges katholisches Gebetbuch mit vielen Belehrungen und Betrachtungen aus den Missionsandachten. Mit 1 Stahlst. und Goldtitel. Größere, verm. und verb. Ausg. 8. (VIII und 488 S.) Fulda 856, (Maier.)
Blnp.

— vollständiges katholisches Gebetbuch mit vielen Belehrungen und Betrachtungen aus den Missionsandachten. Mit 1 Titelkpfr. Würzburg 856. Goldstein. 12. (426 S. u. lith. Titel.) n. 10 ngr.

— — Mit 1 Stahlst. u. (lith.) Goldtitel. Größere sehr verm. u. verb. Ausg. Fulda 856. Maier in Comm. 8. (VIII, 488 S.) 12 ngr.; weiß Pap. 18 ngr.

—— kleine Himmelsleiter oder kleines kathol. Gebetbuch mit den nothwendigsten Belehrungen in Sachen des Heiles. 16. (IV und 316 S. mit 1 Stahlst.) Fulda 856, (Maier.)
Blnp.

—— kurze Lebensgeschichte des heil. Bonifacius, Apostels der Deutschen, mit kurzer Belehrung über den Jubiläums-Ablaß, Ablaß-Andachten und mit einem Nachtrage über die vom 5. bis 12. Juni 1855 am Grabe des Heiligen zu Fulda stattfindende 11. hundertjährige Jubelfeier seines glorreichen Martertodes ꝛc. 2., unveränd. Aufl. 12. (48 S.) Würzburg 855, (Goldstein'sche Buchh.)

Reinerding, F. H., der Pabst u. die Bibel, s.a. Kirche, die katholische, 6. Heft.

Reinerding, F., Der Papst u. die Bibel, die alte Streitfrage zwischen den Katholiken u. Protestanten als Lebensfrage des Katholicismus u. Protestantismus, mit besonderer Rücksicht auf die neuesten Erscheinungen. Münster, Theissing. 1846, gr. 8°, 152 S. (Heft 6 aus: Die kath. Kirche, verteidigt gegen d. Angriffe der Gegner. Eine Sammlung zeitgem. Schriften, herausgeg. von einem Vereine kath. Geistlichen. Das.)

—— die Principien des kirchlichen Rechtes in Ansehung der Mischehen, eine Begründung der jüngsten kirchlichen Erlasse, mit besond. Rücksicht auf die Praxis. gr. 8. (VII und 143 S.) Paderborn 853, Schöningh. *

Reinerding, F. H., Theologiae fundamentalis tractatus duo. Tractatus prior: Demonstratio christiano-catholica contra adversarios generatim omnes. Tractatus posterior: Vindiciae catholicae contra heterodoxos praesertim et schismaticos. Münster, Aschendorff, 1864, 8°, VIII, 293 u. 306 S., 6 Mk.

Reinerding, J. H., Das Glaubensbekenntnis von Joh. Ronge. Münster, Theissing, 1844, 8°, 40 S., 50 Pf.

Reinerding, (J. H.), Gott, meine Hülfe u. mein Trost! Ein vollst. röm.-kathol. Gebetbuch f. fromme Christen, begleitet mit vielen Unterweisungen u. anhänglich der berühmten Abhandlung des P. Quadrupani: Worte zur Beruhigung ängstlicher Seelen, in ihren Zweifeln, aus den erleuchtetsten Heiligen u. vorzügl. aus dem heil. Franz v. Sales entnommen. Nebst 1 Kpfr. 8. (488 S.) Damme 847. Münster, Theissing in Comm. n. 1/3 ₰ Velinp. n. 2/3 ₰

Reinerding, Joachim Georg

—— De feminis. Meditationum ad pandectas spec. XIII. Präs. Augustin Leyser. Helmstedt (G.-W. Hamm) 14. X. 1713. (4.50) 28125

Reinerding, Joachim Georg (Wolfenbüttel), De responsis prudentum. Meditationum ad pandectas spec. VI. Präs. Augustin Leyser. Helmstedt (G.-W. Hamm) 19. VIII. 1713. (4.50) 28124

Reinermann, Heinrich August, aus Obercassel ⟨Siegkreis⟩: Aus d. Laboratorium d. med. Klinik zu Bonn. Zur Methodik der quantitativen Stärkeanalyse in menschlichen Fäces. *Bonn 1902: P. Hauptmann.* (26 S.) 8°
Bonn, Med. Diss. v. 17. Mai 1902

Reinermann, Josef

Reinermann, J., die ewige Anbetung des allerheiligsten Altars-Sakraments. Ein vollständiges Gebet- und Betrachtungsbuch für kathol. Christen rc. 3. Aufl. (XXXIX und 418 S. mit 1 Stnt.) 1853. * 7½ Ngr. und 4., verb. und verm. Aufl. 12. (XL und 461 S. mit 1 Stnt.) Münster 855, Regensberg. *

—— dass. — (Ausg. mit groben Druck.) 8. (XXXVI und 604 S. mit 1 Stnt.) Ebds. 855. * —

Reinermann, J., die ewige Anbetung des allerheiligsten Altars-Sakraments. Ein vollständ. Gebet- u. Betrachtungsbuch f. kathol. Christen, insbesondere f. alle frommen Verehrer d. hh. Sakraments. 9. Aufl. 16. (XLII, 543 S. m. Farbentitel u. 1 Farbendr.-Bild.) Münster 889. Regensberg. n. 1. —

Reinermann, J., die ewige Anbetung d. allerheiligsten Altars-Sakraments. Ein vollständ. Gebet- u. Betrachtungsbuch f. kathol. Christen, insbesondere f. alle frommen Verehrer d. hh. Sakraments. 10. Aufl. 16. (XLII, 543 S.) Münster i/W. 893. Regensberg. n. 1. —

Reinermann, J., d. ewige Anbetung des allerheiligsten Altars-Sakraments. E. vollständ. Gebet- u. Betrachtungsbuch f. kathol. Christen, insbes. f. alle frommen Verehrer des hl. Sakraments. 11. Aufl. (Grobdr.) 12. (XXXII, 696 S. m. farb. Titelbild.) Münster 897. Regensberg. n. 2. —

(Reinermann, J.,) B. Overberg in sein. Leben u. Wirken rc., s. Overberg, Lehrer d. Normalschule rc.

— die Wallfahrt nach Telgte, von ihrem Anfange bis zum 200jähr. Jubiläum im J. 1854. Nebst Belehrungen, Gebeten und Gesängen für diese Feier. Münster 854. Aschendorff. 16. (96, VIII S.) 2 ngr.

Reiners, Adam

Reiners, Ad., s. a. Altarblumen.

Reiners, Adam: Altarblumen. Eucharistische Monatsschrift zum Lob und Preis des allerheiligsten Altarssakramentes, insbesondere für die Mitglieder der Erzbruderschaft zur ewigen Anbetung und der übrigen Sakraments-Bruderschaften- und Werke. Unter Mitwirkung mehrerer Priester des Vereins zur ewigen Anbetung herausgegeben. 1. Jahrgang 1897. München. (Gedruckt in Augsburg.) 6, 192 S. 8°

– Dass. 2. Jahrg. 1898. München, später Cöthen (Anhalt). 192 S. 8°

– Dass. 3. Jahrg. Cöthen 1899. 8°
Fortges. u. d. T.: Eucharistischer Sendbote. Monatsschrift etc. 4. Jahrg. 1900. Ebd. 8°

Reiners, Adam: Armen-Seelen-Kalender. Mit einem Wandkalender. Erster Jahrgang 1896. München [1895].

– Dass. Zweiter Jahrg. 1897. Ebd. [1896].

– Dass. Dritter Jahrg. 1898. Ebd. [1897]. 4°

– Dass. Vierter Jahrg. 1899. Ebd. [1898]. 4°

– Dass. Fünfter Jahrg. 1900. Ebd. [1899]. 4°

– Dass. Sechster Jahrg. 1901. Lindau i. B. [1900]. 4°

Reiners, Adam: Die christlichen Begräbnis-Stätten, Grab-Inschriften und Grab-Symbole des Luxemburger Landes. (Separat-Abdruck aus dem „Organ für christliche Kunst".) Luxemburg: St. Paul.-Ges. 1888. 54 S. 8°

Reiners, Adam: Beiträge zur Geschichte des hl. Willibrord.– Ein vortridentinisches Messbuch in Luxemburg, mit seinen Prosen und Tropen-Gesängen. [Luxemburg: J. Hary] 1885. 40 S. 8°

— die christliche Charitas in der Weltstadt Paris. 8. (92 S.) Luxemburg 895. (Leipzig, X. Pflugmacher.) n. — 50

Reiners, Adam: Die christliche Caritas in der Weltstadt Paris. Luxemburg: St. Paul.-Ges. 1895. 92 S. 8°

Reiners, Adam: Clerf und das historische und romantische Oesling. Für Touristen und Geschichtsfreunde. Grevenmacher: J. Esslen 1886. 5, 107, 3 S. 8°

Reiners, Adam: Echo der Annalen U.L.F. von Lourdes. Monatsschrift zu Ehren der Unbefleckten Empfängnis. Aschaffenburg 1882. 8°

Reiners, A., Echternach in seinen religiösen Alterthümern. Kurzer Beitrag zur Vaterlandsgeschichte. 8. (II, 130 S.) Echternach 880. (Luxemburg, Brück.)

Reiners, Adam: E c h t e r n a c h in seinen religiösen Alterthümern. Kurzer Beitrag zur Vaterlandsgeschichte. Echternach: Wwe. D. Burg 1880. 2, II, 76, 6, 8, 8, 1 S. 8°

Reiners, Adam: Das historische und romantische E c h t e r n a c h. Kurzer Beitrag zur Geschichte der Stadt und Abtei Echternach. Echternach: Witwe D. Burg [1881]. 24, 34, 8, 6, 6, 42 S. 8°

Reiners, Adam: Historisches und romantisches E c h t e r n a c h. mit Umgebung. Echternach: Witwe D. Burg 1881. 32 S. 8°

Reiners, Adam: Historisches & romantisches E c h t e r n a c h mit Umgebung. Für Touristen und Pilger gänzlich umgearbeitete dritte Auflage. Echternach:Burg 1891. 127 S. 8°

Reiners, Adam: Die St. Willibrordi-Stiftung E c h t e r n a c h. Geschichte der Stadt und Abtei nach Urkunden chronikartig dargestellt. I. Heft. Luxemburg: J. P. Nimax 1896. 64 S. 8°

– Dass. II. Heft. Luxemburg: St. Paul.-Ges. 1897. 80 S. 8°

Reiners, Adam: Der F a m i l i e n f r e u n d. Vertrauliche Unterhaltungen, Erzählungen, Belehrungen am häuslichen Herde. Bearbeitet und gesammelt von Dr. Purior. 32, 48 S. 4°

Reiners, Adam: Christlicher Illustrierter F a m i l i e n - K a l e n d e r für das Schaltjahr 1896. Luxemburg: J. P. Nimax [1895]. 64, 24 S. 4°

Reiners, Adam: Marianische G n a d e n b i l d e r und Wallfahrtsorte in Frankreich. Historischer Überblick. 6 S. 8°

Reiners, Adam: H l. A n t l i t z - G e b e t b ü c h l e i n. München 1897. 232 S. 16°

Reiners, Adam: Die neue H e r z - J e s u - B a s i l i k a des Vœu national auf Montmartre zu Paris. – Nachtrag zum Echternacher Sakramentar. – Zur Kenntnis und Würdigung der mittelalterlichen Altäre Deutschlands. Ein Beitrag zur vaterländischen Kunst von D. E. F. Münzenberger. Frankfurt. 1885 ff. 5 Hefte. [Luxemburg: St. Paul.-Ges. 1886.] 8 S. 8°

[J.] Herz Jesu-Büchlein mit Gottesdienst- und Bruderschafts-Andachten. Von Ad[am] Reiners, Pfarrer in Dippach. *Essen-Ruhr: Fredebeul & Koenen (1896).* (VIII, 176 S.) 1 Bd 8. (97. 7390

Reiners, Adam: H e r z - J e s u - B ü c h l e i n mit Gottesdienst- und Bruderschafts-Andachten. Essen [1897]. VIII, 176 S. 24°

— neues Herz-Jesu-Büchlein m. neuen Statuten d. Gebets-Apostolates z. Gebrauch b. Gottesdienst- u. Bruderschafts-Andachten. 2. Aufl. 10.—20. Tauf. 16. (IV, 182 S. m. farb. Titelbild.) Essen 898. Fredebeul & Koenen. Geb. in Leinw. n. — 50

Reiners, Adam: H e r z - J e s u - K a l e n d e r. Mit einem Wandkalender. Erster Jahrgang 1897. München [1896].

– Dass. Zweiter Jahrg. 1898. Ebd. [1897].

– Dass. Dritter Jahrg. 1899. Ebd. [1898]. 4°

– Dass. Vierter Jahrg. 1900. Ebd. [1899]. 4°

– Dass. Fünfter Jahrg. 1901. Lindau i. B. [1900]. 4°

Reiners, Adam: K i r c h h o f, Grabesschmuck und Inschriften. Luxemburg: St. Paul.-Druck.1888. 8°

Reiners, Adam: Die K l o s t e r - S c h u l e zu Echternach. [Luxemburg: J. Hary 1881.] 12 S. 8°

Reiners, Adam:Der elfte Internationale Eucharistische C o n g r e s s in Brüssel vom 13. bis 17. Juli 1898. Luxemburg: St. Paul.-Ges. 1898. 59 S. 8°

Reiners, Adam: Luxemburger K u n s t - S t i c k e r e i e n. (Separat-Abdruck aus dem „Organ für christliche Kunst".) Luxemburg: St. Paul.-Ges. 1890. 12 S. 8°

— kirchliches Leben u. religiöse Feierlichkeiten in der Weltstadt Paris. 12. (86 S.) Luxemburg 895. (Leipzig, R. Pflugmacher.) n. — 50

Reiners, Adam: L e b e n s g e s c h i c h t e des heiligen Willibrord, ersten Bischofs von Utrecht und Gründers der Abtei Echternach. Nach Beda, Alkuin und andern Urkunden bearbeitet. Mit einem Anhang: Die Sebastiansprozession in Echternach. Echternach: Witwe D. Burg [1877]. 16, 8 S. 8°

– Dass. Ebd. 1878. 16, 8 S. 8°

Reiners, Adam: L e b e n s g e s c h i c h t e des heiligen Willibrord, ersten Bischofs von Utrecht und Gründers der Abtei Echternach. Mit Bischöflicher Gutheissung. Ebd. 1882. 24 S. 8°

– Dass. Ebd. 1883. 24 S. 8°

– Dass. Ebd. 1884. 24 S. 8°

– Dass. Echternach: Jos. Burg 1886. 24 S. 8°

– Dass. Ebd. 1889. 24 S. 8°

– Dass. Ebd. 1892. 24 S. 8°

Reiners, Ad., eucharistische Liturgien, Feste, Prozessionen, Offizien, Bruderschaften, Orden, Vereine, Anbetungsfestlichkeiten, Ablaßgebete, Paramente, Gefäße, liturgische Vorschriften etc. (40 S.) gr. 8. Kempen 904. Thomasdruckerei & Buchh. n. — 50

— Lourdes als Welt-Heiligthum im J. 1894. gr. 8. (40 S.) Ebd. 894. n. — 30

Reiners, Adam: L o u r d e s als Weltheiligthum im Jahre 1894. Mit oberhirtlicher Genehmigung. Luxemburg: St. Paul.-Ges. 1895. 24 S. 8°

– Dass. Luxemburg: St. Paul.-Ges. 1895. 40 S. 8°

– Dass. München-Gladbach 1895. 8°

— dasselbe. 2., umgearb. u. verm. Aufl. 12. (112 S.) München 896. R. Abt. n. — 50

Reiners, Adam: L o u r d e s als Weltheiligthum. Zweite umgearbeitete und vermehrte Auflage. Mit Illustrationen. München-Gladbach 1897. 8°

Reiners, Adam: L o u r d e s als Weltheiligthum. Zweite Auflage. München 1897.

— das Weltheiligtum Lourdes zu Anfang des 20. Jahrh. Die Lourdes-Grotte wird zum Weltheiligtume (1862 bis 1880). (64 S.) gr. 8. Kempen 904. Thomasdruckerei & Buchh. — 75

Reiners, Adam: L o u r d e s - K a l e n d e r für das Jahr 1897. Zugleich illustriertes Jahrbuch der wunderbaren Vorgänge, Heilungen, Erhörungen an der Grotte, der Pilgerungen zu dem Weltheiligthum am Massabiellenfelsen. Im Anschlusse an die „Annalen von Lourdes". Mit einem Wandkalender. München [1896].

– Dass. für das Jahr 1898. Ebd. [1897].

– Dass. für das Jahr 1899. Ebd. [1898]. 4°

– Dass. für das Jahr 1900. Ebd. [1899]. 4°

– Dass. für das Jahr 1901. 5. Jahrgang. Lindau i. B. [1900]. 4°

Reiners, Adam: Der L o u r d e s - P i l g e r. Monatsschrift enthaltend: Berichte über die Pilgerungen zu dem Weltheiligtume am Massabiellenfelsen, über die wunderbaren Vorgänge, Heilungen, Erhörungen an der Grotte. In Verbindung mit mehreren Priestern in Lourdes herausgegeben. Erster Jahrgang 1897. München. 8°

– Dass. Zweiter Jahrg. 1898. Ebd. 8°

– Dass. Dritter Jahrg. 1899. Ebd. 8°

– Dass. Vierter Jahrg. 1900. Ebd. 8°

Reiners, Adam: M a r i a Hilf! Monatsschrift für alle frommen Verehrer Mariä, besonders für Mitglieder der Erzbruderschaft unter dem Titel und der Anrufung der Mutter Gottes von der immerwährenden Hülfe und des hl. Alphonsus Maria von Liguori. Mit kirchl. Druckerlaubnis. Münster i.Westf. Jahrg. 1888 bis 1896. 9 Bde.

Reiners, Ad., Maria-Hilf-Büchlein. Gebet- u. Bruderschafts-Büchlein f. alle Marienverehrer, namentlich f. die Mitglieder der Erzbruderschaft der immerwähr. Hilfe. 16. (159 S. m. 1 Farbendr.) Münster 894. Alphonsus-Buchh. Geb. in Leinw. n. — 50

— Maria-Hilf-Büchlein. Gebet- u. Bruderschaftsbüchl. f. alle Marienverehrer, namentl. f. d. Mitglieder d. Erzbruderschaft d. immerwähr. Hilfe. 4. Aufl., 24.—33. Taus. 16. (168 S. m. 1 Farbdr.) Münster 898. Alphonsus-Buchh. Geb. in Leinw. n. — 50

Reiners, Ad., Maria-Hilf-Büchlein. Gebet- u. Bruderschaftsbüchlein f. alle Marienverehrer, namentlich f. die Mitglieder der Erzbruderschaft der immerwährend. Hilfe. 5. Aufl., 34.—43. Taus. 16. (160 S. m. 1 Farbdr.) Münster 900. Alphonsus-Buchh. Geb. in Leinw. n. — 50

— Maria-Hilf-Büchlein. Gebet- u. Bruderschaftsbüchlein f. alle Marienverehrer, namentlich f. die Mitglieder der Erzbruderschaft der immerwähr. Hilfe. 7. u. 8. Aufl. 49.—54. u. 55.—60. Taus. (Je 160 S. m. farb. Titelbild.) 16. Münster 904. 905. Alphonsus-Buchh. Geb. in Leinw. n. — 50

— kleines Maria-Hilf-Büchlein. Geschichte des Gnadenbildes, Ausbreitg. der Andacht, neuntäg. Andacht u. Gebete zu Ehren d. Mutter v. d. immerwähr. Hilfe. 32. (64 S. m. 1 Abb.) Ebd. 898. — 15

Reiners, Adam: M a r i a - H i l f K a l e n d e r. Allen frommen Verehrern Mariä, besonders den Mitgliedern der Erzbruderschaft unter dem Titel und der Anrufung der Mutter Gottes von der immerwährenden Hülfe und des hl. Alphonsus Maria von Liguori gewidmet. Münster in Westfalen. Erster Jahrgang 1891. 128, XXXII S. 8°

– Dass. Zweiter Jahrgang. 1892. 80, 32 S. 4°

– Dass. Dritter Jahrg. 1893. 80, 19, XVIII S. 4°

– Dass. Vierter Jahrg. 1894. 80, 16, XXIV S. 4°

– Dass. Fünfter Jahrg. 1895. 80, XXXII S. 4°

— Marien-Geschichten. 12. (III, 186 S.) Essen 898. Fredebeul & Koenen. n. — 40

Reiners, Adam: Münchener M a r i e n - K a l e n d e r für das Jahr 1897. Mit einem Wandkalender. München [1896].

– Dass. für das Jahr 1898. Ebd. [1897].

– Dass. für das Jahr 1899. Ebd. [1898]. 4°

– Dass. für das Jahr 1900. Ebd. [1899]. 4°

– Dass. für das Jahr 1901. Fünfter Jahrg. Lindau i. B. [1900]. 4°

— das hl. Meßopfer in seiner historischen Entfaltung bis zum 4. Jahrh. (82 S.) gr. 8. Kempen 904. Thomas-druckerei & Buchh. n. — 45

— das hl. Meßopfer in seinen Geheimnissen u. Wundern. Ein Ocean v. Gnaden u. Segens-Früchten f. Lebende u. Abgestorbene. 2. Aufl. (XV, VII, 499 u. 190 S. m. Abbildgn. u. 15 z. Tl. farb. Taf.) Lex.-8. Stuttgart (906). Kathol. Bücher- u. Schriftenverlag. Geb. in Leinw. n. 14. —
1. Aufl. (VIII, VIII, 530 S. m. Abb. u. 16 Taf.) 904. Geb. 12. —

Reiners, Adam: Die M i n i a t u r m a l e r e i e n der Luxemburger Handschriften vom 7.-13. Jahrhundert, sowie die ältesten religiösen Kunstobjekte nebst Abbildungen. Beitrag zur Kunstgeschichte des luxemb. Landes. (Separat-Abdruck aus dem „Organ für christliche Kunst".) Luxemburg: St. Paul.-Ges. 1888. 54 S. 8°

— Novenenbüchlein f. alle Marienverehrer, namentlich f. Kranke, Leidende u. Bedrängte zur Erflehung e. besonderen Gnade. Unter besond. Berücksicht. der Novene Unserer Lieben Frau v. Lourdes u. der immerwähr. Hülfe. 16. (160 S. m. farb. Titelbild.) Ebd. 894. Geb. in Leinw. n. — 50

— Novenen-Büchlein f. alle Marienverehrer, namentlich f. Kranke, Leidende u. Bedrängte zur Erflehg. e. besonderen Gnade. Unter besond. Berücksicht. der Novene Unserer lieben Frau v. Lourdes u. der immerwähr. Hilfe u. der v. der Kirche f. die 5 Hauptfeste Mariens approbierten Novenen. 3. Aufl. 16. (160 S. m. 1 Farbdr.) Ebd. 898. Geb. in Leinw. n. — 50

Reiners, Adam: O f f i z i u m von Lourdes. Mit oberhirtlicher Druckerlaubnis. Passau 1897. 232 S. 16°

— das neue Offizium v. Lourdes od. Messe u. d. Tageszeiten U. L. Frau v. Lourdes. 16. (232 S. m. farb. Titel u. 1 Farbdr) München 897. R. Abt. Geb. in Leinw. n. — 50

Reiners, Adam: Das neue O f f i z i u m von Lourdes oder Messe und die Tagzeiten U. L. Frau von Lourdes. Mit oberhirtlicher Druckgenehmigung und Farbendruck-Titelbild. München 1897. 252 S. 16°

Reiners, Adam: Mittelalterliche O s t e r f e i e r in den luxemburger Kirchen, besonders in der Abteikirche zu Echternach. (Separat-Abdruck aus dem „Organ für christliche Kunst".) Luxemburg: St. Paul.-Ges. 1889. 46 S. 8°

Reiners, Adam, die Pflanze als Symbol und Schmuck im Heiligtume von den frühesten Zeiten bis jetzt, nebst prakt. Winken zur Anordnung und Beschaffung des Blumenschmucks. gr. 8. (VIII, 223 S.) Regensburg 886, Verlags-Anstalt. *

Reiners, Adam: Das P f l a n z e n r e i c h im Cultus, besonders in der heil. Sprache als Kirchenschmuck & Altarzier. Luxemburg: J. Mary 1881. 13 S. 8°

– Dass. Ebd. 1881. 29 S. 8°

—— die P f l a n z e n w e l t in Poesie, Kunst und Cultus, s. B r o s c h ü r e n, Frankfurter zeitgemäße.

Reiners, Adam: Die P f l a n z e n w e l t in Poesie, Kunst und Cultus. (Frankfurter zeitgemässe Broschüren. Neue Folge, herausgegeben von Dr. Paul Haffner. Band IV, Heft 2.) Frankfurt a. M. 1882. 26 S. 8°

— P i l g e r f a h r t nach d. Weltheiligthum in Lourdes gelegentl. der französ. Nationalwallfahrt U. L. Frau vom Heile, v. 18.–26. Aug. 1894. gr. 8. (48 S.) Luxemburg 894. (Leipzig, X. Pflugmacher.) n. – 30

— d. M a r i e n d i e n e r s P i l g e r s t a b zu den vornehmsten Gnadenbildern u. Wallfahrtsorten d. Gottesmutter in d. Ländern deutscher Zunge. Ein Andachts- u. Gebetbuch. 16. (IX, 363 S. m. 1 Farbendr.) Stuttgart 895. Süddeutsche Verlagsbuchh. Geb. in Leinw. n.n. 1. 30; in Ldr. m. Goldschn. n.n. 1. 60

Reiners, Adam: Des Mariendieners P i l g e r s t a b zu den deutschen Wallfahrtsorten. Stuttgart 1895.

Reiners, Adam: Meine R e i s e nach Lourdes. Dubuque (Jowa) 1881. 31 S. 8°

Reiners, Adam: S a c r a m e n t a r des 10. Jahrhunderts. Luxemburg: St. Paul.-Druck.1885. 40 S. 8°

– die St. W i l l i b r o r d i - S t i f t u n g Echternach. Geschichte der Stadt u. Abtei, nach Urkunden chronikartig dargestellt. 8 Hefte. Ebd. n.n. 2. 60
I. (II, 64 S. m. Abb. u. 4 farb. Wappentaf.) gr. 8. Luxemburg 896. n.n. 1. —. — II. (80 S. m. Abb.) 8. Luxemburg 897. n.n. — 80. — III. (58, 80 u. 20 S. m. Abb. u. 1 Wappentaf.) Lex.-8. (903.) n.n. — 80.

Reiners, Adam: Unbekannte S e q u e n z e n des Mittelalters, gesammelt aus Handschriften des X.-XIV. Jahrhunderts. [Luxemburg: St. Paul.-Ges. 1889.] 8 S. 8°

—— die S p r i n g p r o z e s s i o n zu Echternach, s. B r o s c h ü r e n, Frankfurter zeitgemäße.

Reiners, Adam: Die S p r i n g p r o z e s s i o n zu Echternach. (Frankfurter zeitgemässe Broschüren. Neue Folge herausgegeben von Dr. Paul Haffner. Band V, Heft 8.) Frankfurt a. M. 1884. 28 S. 8°

Reiners, Adam: Kleine T a g e s z e i t e n zur Mutter Gottes von Lourdes für eine Woche. Verfasst vom + Kardinal Dom Pitra. Herausgegeben und mit Gebeten und Liedern versehen von A. R. Mit oberhirtlicher Druckgenehmigung. München. 16°

Reiners, Adam: Die T r o p e n -, Prosen- und Präfations-G e s ä n g e des feierlichen Hochamtes im Mittelalter. Aus drei Handschriften der Abteien Prüm und Echternach, aufbewahrt in der Nationalbibliothek zu Paris, herausgegeben. Luxemburg: J. Hary 1884. III, 122, II S. 8°

— die T r o p e n -, P r o s e n - u. P r ä f a t i o n s - G e s ä n g e d. feierlichen Hochamtes im Mittelalter. Aus 3 Handschriften der Abteien Prüm u. Echternach, aufbewahrt in der Nationalbibliothek zu Paris, hrsg. gr. 8. (III, 124 S.) Luxemburg 884. (Schamburger.) n. 1. 60

Reiners, Adam: Unbekannte T r o p e n - G e s ä n g e des feierlichen Messamtes im Mittelalter, nebst einigen Melodien der Kyrietropen. Gesammelt aus ungefähr 50 Handschriften des 10.–13. Jahrh. in den Bibliotheken zu Paris, Brüssel, London u. a. Luxemburg: St. Paul.-Ges. 1887. 68 S. 8°

– – Anhang. [Ebd. 1888.] 6 S. 8°

Reiners, A., unbekannte Tropen-Gesänge d. feierlichen Meßamtes im Mittelalter, nebst einigen Melodien der Kyrietropen. Gesammelt aus ungefähr 50 Handschriften des 10.—13. Jahrh. in den Bibliotheken zu Paris, Brüssel, London u. A. gr. 8. (68 S.) Luxemburg 887. Schamburaer. n. 2. —

— der wahre U r s p r u n g u. Geist der Spring-Prozession zu Ehren des hl. Glaubensboten Willibrord † 739 im Abteistädtchen Echternach (Luxemburg). (20 S. m. Abb.) gr. 8. Echternach (903). M. Jos. Speck. (Nur direkt.) — 25; m. Umschlag — 30

Reiners, Adam: Das V a t e r l a n d . Organ für Luxemburgische Geschichte, Kunst und Literatur. (Beilage zu der Obermosel-Zeitung.) Grevenmacher: J. Esslen 1889. 14 Nummern, zus. 56 S. 4°

—— Echternacher V o l k s s a g e n. Gesammelt und bearb. 8. (58 S.) Echternach 880. (Luxemburg, Brück.) *

Reiners, Adam: Echternacher V o l k s s a g e n gesammelt und bearbeitet von A. R. Echternach: Witwe D. Burg 1880. 53, 1 S. 8°

Reiners, Adam: Der heilige W i l l i b r o r d , Apostel der Friesen und Deutschen (657-739). München-Gladbach 1895. 16 S. 18°

— der hl. W i l l i b r o r d (657—739), Glaubensbote am Niederrhein & Holland, Gründers der Abtei & Stadt Echternach u. seine Verehrung im Luxemburger Lande. (24 S.) 8. Echternach 903. M. Jos. Speck. (Nur direkt.) — 20

Reiners, Adam: W i n t e r k n o s p e n für Kinder und Erwachsene. Eine Sammlung von Erzählungen, Gedichten und Beschreibungen von Dr. Purior. 116 S. 8°

— die Wunder v. Lourdes vor dem Richterstuhle der gebildeten Welt, s. a. V o l k s a u f k l ä r u n g.

REINERS, Ad.

(F) D i e W u n d e r v o n L o u r d e s von dem Richterstuhle der gebildeten Welt. Von A. R e i n e r s. [W a r n s d o r f. 1901. Opitz.] 16°. 62 S. K—.20

— die vornehmsten historisch beglaubigten W u n d e r der hl. Eucharistie von der Apostelzeit bis zum 20. Jahrh. Gesammelt aus den Schriften der Kirchenväter u. mittelalterl. Chronik, in gedrängter Kürze bearb. 1. Bdchn. (50 S.) gr. 8. Kempen 904. Thomasdruckerei & Buchh. — 60

Reiners, Heinrich, a. Hooksiel: Zur Frage der Besteuerung des Wertzuwachses am städtischen Boden in Österreich. Würzburg (o. J.): J. M. Richter. (72 S.) 8°
Münster, Jur. Fak., Ref. v. Heckel, Schmöle, Diss. v. 31. Jan. 1906
[Geb. 15. Nov. 81 Hooksiel, Amt Jever; Wohnort: Münster i. W.; Staatsangeh.: Preußen; Vorbildung: Gymn. Wilhelmshaven Reife O. 02; Studium: Würzburg 1, Berlin 2, Münster 3 S.; Rig. 26. Juni 05.]

Reiners, Henri: Das Auge. Praktische Winke und Bemerkungen für Augenleidende und Lehranstalten. Luxemburg: J. P. Nimax 1890. 12 S. 12°

– Dass. Ebd. 1895. 12 S. 12°

Reiners, Herib., die rheinischen Chorgestühle der Frühgotik, s.a Studien zur deutschen Kunstgeschichte. 113.

Reiners, Heribert: Die rheinischen Chorgestühle der Frühgotik. Ein Kap. d. Rezeption d. Gotik in Deutschland. Strassburg 1909: Heitz. VI, 88 S. 8° ¶(Ersch. auch m. Taf. als: Studien z. dtsch. Kunstgesch. H. 113.)
Bonn, Phil. Diss. v. 17. Febr. 1909, Ref. Clemen
[Geb. 23. Aug. 84 Lobberich; Wohnort: Bonn; Staatsangeh.: Preußen; Vorbildung: Paulin. Gymn. Münster i. W. Reife O. 03; Studium: Phil. Marburg 1, Bonn 2, kath. Theol. Bonn 2, Phil. Berlin 2, Bonn 1 S.; Rig. 3. Juni 08.] [U 09. 424

Reiners, J. F., Comment. de Mauro Terentiano. Lemg. 797. 4.

– – s.a. Reinert

Reiners, Johannes, Referendar: Haftung und Regreß beim Scheck. Borna-Leipzig 1910: Noske. X, 64 S. 8°
Breslau, Jur. Diss. v. 17. Febr. 1910, Ref. Meyer, Schott
[Geb. 3. Sept. 86 Ratibor; Wohnort: Schweidnitz; Staatsangeh.: Preußen; Vorbildung: Gymn. Ratibor Reife O. 05; Studium: Freiburg i. B. 3, München 1, Breslau 2 S.; Rig. 30. Nov. 08.] [U 10. 523

Reiners, Jos., der Nominalismus in der Frühscholastik. Nebst e. neuen Textausgabe des Briefes Roscelins an Abälard, s.a Beiträge zur Geschichte der Philosophie des Mittelalters. VIII, 5.

Der Nominalismus in der Frühscholastik. Ein Beitrag z. Geschichte d. Universalienfrage im Mittelalter. Nebst e. neuen Textausg. des Briefes Roscelins an Abälard. Von Jos. **Reiners**. Munster: Aschendorff 1910. 80 S. 8°
(Beiträge z. Geschichte d. Philosophie d. Mittelalters. Bd 8, H. 5.) [illegible] 2

Reiners, Joseph, a. Neuwerk b. M.-Gladbach: Der aristotelische Realismus in der Frühscholastik. Bonn 1907: J. Trapp. (62 S.) 8°
Bonn, Phil. Fak., Ref. Dyroff, Diss. v. 9. Juli 1907
[Geb. 20. März 74 Neuwerk b. M.-Gladbach; Wohnort: Aachen; Staatsangeh.: Preußen; Vorbildung: Gymn. M.-Gladbach Reife O. 94; Studium: Bonn 5, München 3, Bonn 1 S.; Rig. 20. Febr. 07.]

Reiners, Jos., der Aristotelische Realismus in der Frühscholastik. Ein Beitr. zur Geschichte d. Universalienfrage im Mittelalter. (60 S.) gr. 8. Aachen 907. (I. Schweitzer.) — 80

Reinert, Sara. Eine Geschichte in Briefen . . . Berlin u. Stettin 1796. N. A. Berlin 1806. V: *Bekker*, *Elisabeth verw. Wolf* & *Agathe Deken*. B: *Müller*, *Johann Gottwerth*. (GGr) (MGT) (EE) (Ky) (Cat. d. Stadtbibl. Zürich. Zürich 1864—97.)

Reinert, Sara, eine Geschichte in Briefen, dem schönen Geschlechte in Deutschland gewidmet, vom Verf. des Siegfried von Lindenberg (J. G. Müller) 4 Theile, mit Kupfern, 8. Berlin, 796. Fr. Nicolai. 5 Rthl. 10 sgl.

Reinert, Sara, e. Gesch. in Briefen, d. schönen Geschlecht gewidmet, v. Verf. d. Siegfried v. Lindenberg. (J. G. Müller.) m. K. 4 Bde. 8. Berl. Nicolai. 806.

Reinert, A., der akute u. chronische Harnröhren-Ausfluß, Gonorrhöe — Tripper — Blennorrhöe, bei Männern. Seine Ursachen, naturgemäße Heilg. u. Verhütg. Neue Anschaugn. üb. die Entstehg. des Harnröhrenausflusses. Keine Komplikationen mehr! Für Laien u. Aerzte. Verf. nach e. im Febr. 1900 geh. Vortrage. gr. 8. (32 S.) Kiel (900). (E. Marquardsen.) n. — 60

— naturgemäße Heilung der Blutarmut u. Bleichsucht (Anämie u. Chlorose) od. Eisenpräparate od. Naturheilmethode? gr. 8. (36 S.) Ebd. (901). n. — 60

Reinert, A., d. diätetische Heilverfahren od. d. Einfachheit u. Mässigkeit als Grundbedingung zur ration. Heilg. aller Krankheiten. Ratgeber f. Kranke u. Gesunde. gr. 8. (VIII, 164 S. m. Abb.) Hamburg 896. A. Busch. n. 2. —; geb. n. 2. 50

— sichere Hilfe gegen Stuhl-Verstopfung. 2. verb. u. vergrößerte Aufl. gr. 8. (36 S. m. Abbildgn.) Ebd. 900. n. — 60
1. Aufl. s.: Hilfe, sichere, gegen Stuhlverstopfung.

Reinert, E., zum Andenken an Carl v. Liebermeister. gr. 8. (50 S. m. 1 Bildnis.) Tübingen 902. F. Pietzcker. n. 1. 80
Sonderabdruck aus: „Berliner klin. Wochenschrift".

Reinert, E., Anweisung des Schlittschuhfahrens nebst Bemerkungen über dessen wohlthätigen Einfluß auf Gesundheit und Anstand. Neurode (858.) Fischer. 16. (29 S.) 2½ ngr.

Reinert, E., Anweisung des Schlittschuhfahrens nebst Bemerkungen über dessen wohlthätigen Einfluß auf Gesundheit und Anstand. 16. (29 S.) Neurode 858. (Leipzig, Klinkhardt.)

Reinert, E., die modernen Dampfkesselanlagen, deren Einrichtg. u. Betrieb. Ein Hand- u. Nachschlagebuch f. Industrielle, Studierende u. Ingenieure. Lex.-8. (V, 152 S. m. 150 Abbildgn.) Stuttgart 900. A. Bergsträsser. n. 6. —; geb. in Leinw. n. 8. —

Reinert, E., die Influenza od. Grippe. Ihre Ursachen u. naturgemäße Heilg. 2. verb. Aufl. gr. 8. (19 S.) Ebd. (900). n. — 40

Reinert, Emil. Die Zählung der Blutkörperchen u. deren Bedeutung f. Diagnose u. Therapie. Von der medicin. Klinik zu Tübingen gekrönte Preisschrift. gr. 8. (III, 248 S.) Lpz. 891, F. C. W. Vogel. * 6 —

Reinert, Ernst, prakt. Arzt aus Solothurn: Über die pathologische Hinterscheitelbeineinstellung. Aus dem Basler Frauenspital. Direktion Prof. von Herff. Basel 1908. 40 S. 8°.
Basel. Med. Diss. 1907/08.

Reinert, Ernst. Über die pathologische Hinterscheitelbeineinstellung. Aus dem Basler Frauenspital. Direktion: Prof. Dr. [Otto] von Herff. Diss. Med. Basel. 40 S. 8. Basel, Friedrich Reinhardt, 1908.

Reinert, Eugen: Ueber das 1-Methyl-3-cyclohexanon und Derivate desselben. 1910. VIII, 72 S. 8°
Stuttgart, Dr.-Ing.-Diss. v. 13. 1. 1910

Reinert, Frdr. Alb., die Entwicklg. der jonischen Langzeile. Ein Beitrag zur Geschichte griech. Metren. (VII, 53 S.) gr. 8. Berlin 910. E. Fuhrmann. 1. 20

Reinert, Heinr., Wegweiser f. Militärpflichtige u. deren Angehörige, Vormünder usw., nebst vielen Mustern zu dienstlichen Schriftstücken aller Art, Meldgn., Reklamations- u. Befreiungsgesuchen usw., sowie zu Briefen an Angehörige, frühere Vorgesetzte, Freunde, zu Stellen-Gesuchen u. dergl. Nach den neuesten gesetzl. Bestimmgn. bearb. (96 S.) 8. Berlin 903. A. Michow. 1.—

Wegweiser für Militärpflichtige und deren Angehörige, Vormünder usw. nebst vielen Mustern zu dienstl. Schriftstücken aller Art ... zu Stellen-Gesuchen u. dergl. Nach d. neuesten gesetzl. Bestimmungen bearb. von Heinrich Reinert. *Berlin: Tessaro-Verl. 1903.* (96 S.) 8° [:4. 4:1]

Reinert, J. B., Civilgesetzbuch für den Kanton Solothurn, s. Civilgesetzbuch.

Reinerti, J. F., Commentatio I. de Mauro Terentiano. Lemgov. 797. 4. Ib. 808. 4.

— — s.a. Reiners

Reinert, J. H., über Erziehung. 8. Lemgo, Meyer. 801.

Reinert, Jh. Fr., († d. 19. Mai 1820.) Progr. üb. Erziehung. 8. Lemgo 801. Meyer. 4 gr.

Reinert, Maria Elisab., neue Bahnen zum Zwecke d. Unirung der Medizin auf Grund der Huterischen Psycho-Physiognomik. 1.—2. Tausd. (26 S. m. Abb.) 8. Detmold 903. Leipzig, Arminius-Verlag. —50
Sonderabdruck aus: „Hochwart".

Reinert, Rob., Krieg. (156 S.) 8. Wien 907. Akademischer Verlag. 2.—

Reinert, Rob., der Weg zur Sonne. Roman. (VIII, 206 S.) 8. Wien 906. Akadem. Verlag Dr. W. Schultz & Co. n. 3.—

Reinert, W.: Fahrten und Entdeckungen der zweiten Deutschen Nordpolar-Fahrt in den Jahren 1869 und 1870. Nach den Aufnahmen derselben entw. u. gez. auf der Norddeutschen Seewarte v. –. Fol. in: Die zweite Deutsche Nordpolarfahrt, Bd. 1. Leipzig. 1874. 8°

Reinert, W., M. S.-Karte der 2. Deutschen Nord-Polarfahrt.

Reinert, W., Die heutige Richtung der Meteorologie und die Beziehungen zur Landwirthschaft. Berlin. 8°.

Reineri Alemanici, M., Phagifacetus et Godefridi omne punctum. E. Cod. Lubecensi ed. Frid. Jacob. 8maj. (3½ B.) Lubecae 838. de Rohden.

Reineri Phagifacetus sive de facetia comedendi libellus, addita versione Sebastiani Brantii rec. Hugo Lemcke. gr. 8. (53 S.) Stetini 880. (Berlin, Mayer und Müller.) *

Reinerz [Sachliches OW]

Reinerz und Cudova, s. Grieben's Reise-Bibliothek.

Bad Reinerz, Cudowa, Alt-Heide und Umgebungen. Prakt. Führer f. Touristen u. Kurgäste. Mit 2 Karten. *Berlin: A. Goldschmidt 1903–04.* (IV, 74 S.) 8° [Ï. u. Ant.]
— Reiseführer, Griebens. Bd 96. [04. 3863

Reinerz [Schlagwort]

Reiners, s. Europe, illustrated. — l'Europe illustrée.

Reines, Moses

— — Dor wachachamaw. Geschichtsbilder aus der Gegenwart. Ein Beitrag zur jüdischen Literatur der Gegenwart oder Darstellung des Lebens und Wirkens der hervorragendsten jüdischen Gelehrten unserer Zeit. I. Band. Herausgegeben von Eisig Gräber. Krakau 1890.

Reines, Moses. Die rabbinischen Lehrstätten („Achsaniet schel Thora") zur Geschichte der Talmud-Akademien (Jeschiboth) in Russland. I. Heft. S.-A. aus dem Gräber-schen Jahrbuche III. Jahrgang (5650 = 1890). [Umschlagtitel.] Krakau 1890.

— — Sefer Nesach Jisräel. [S.A. aus dem Gräber'schen Jahrbuche III. Jahrgang (5650 = 1890).] Krakau 1890.

Reinesch, F., Heimatskunde für die evangelischen Volksschulen A. B. des Burzenlandes. 8°. (40 S. mit 3 Tafeln; K —.50
Kronstadt: Zeidner 1905.

Reinesius, H.

— extensio theologiae technicae. 4. Hannov. Helwing. 717.

Reinesius, H., theologia exegetica theoretica practica. II Pts. 4. Lips. (Helwing, Hannover) 701.

Reinesius, Johann Georg (Magdeburg / Sachsen), De Jesu Christo ΘΕΑΝΘΡΩΠΩ sistens duas in Christo naturas personaliter unitas, earumque proprietates. Diss. theol. Präs. Philipp Müller. Jena (Werther) April 1704. 56 S. (5.25) 26126
Gew.: Sebastian Gerkens.

Reinesius, Thom.

— et J. Bosii Epistolae mutuae. Jen. 714. 12.

Reinesii, Thom., observationes in Suidam. Enodavit, digessit, notisque suis adspersis edid. C. G. Müller. 8maj. Leipz. 819. W. Vogel. 2 ℛ Schrbp. 2 ℛ 12 gr. Velinp. 3 ℛ 8 gr.

Reinewald, Theophil [aus Naurod, Reg.-Bez. Wiesbaden]: Aus d. Univ.-Augenklinik in Giessen. Zur Casuistik der Blitzschlagverletzungen des Auges ... Giessen, grossh. Hof- u. Univ.-Dr. C. v. Münchow, 1895; 22 S. 8.
Giessen, Med. Fak., Inaug.-Diss. v. 1895

Reinfälle! Von Rideamus. Illustr. v. Herm. Wilke. (110 S.) 8. Berlin (910). Harmonie. 2.50; geb. 3.50

Reinfeld, Familienbegebenheiten; e. Buch z. Beförderung d. Tugend. 2 Thle. 8. Frankf. Zimmermann. 779—781.

Reinfeld, Chr.

Reinfeld, C., Bemerk. üb. d. Resultat des Emser Congr. gr. 8. Bamberg, Göbhard. 787.

Reinfeld, Chr., Bemerkk. üb. d. Resultat des Emser Congresses. gr. 8. (Bamb.) 787. (Wesché in Frankf.) 12 gr.

Reinfeld, Jos. Ign., Homilien üb. die festtägl. Evangelien gr. 8. Augsb. 788. Doll. (Landsh., Krüll). 20 gr.

— Homilien über alle Sonntags-Evangel. d. J. 2 Bde. gr. 8. Ebend. 787.

— Homilien üb. alle Sonntags-Evangelien d. Jahres. 2 Bde. gr. 8. Augsb. 788. Doll. 1 ℛ 8 gr.

— kurze Predigten auf die Sonntage d. Jahres, seinem Pfarrvolke vorgetragen. 2 Thle. 8. Augsb. 784.

— sermones catechetici in Dominicas totius anni. II Tomi 8. Augsb. 789. Doll. 1 Thlr. 8 gr.

— sermones de doctrina christiana in dominic. anni. II Tmi 8. Wien 783. Al. Doll. 1 Thlr. 8 gr.

Reinfelder, D., der Artikulationsunterricht in Hilfsschulen. (12 S.) 8. Berlin 905. L. Oehmigke's Verl. n. — 30
Sonderabdruck aus: „Deut. Schulzeitg."

Reinfelder, Fr., der Annus civilis des röm. Rechts. 8. Stuttg. 829. Hoffmann. 1 Thlr.

Reinfelder, Fr., der Annus civilis d. Röm. Rechts. 8. (12 B.) Stuttgart 829, [Weise.]

Reinfelder, Fritz, appr. Arzt: Ein Fall von beiderseitiger Verdoppelung der Nieren und Ureteren zugleich eine Zusammenstellung einiger Anomalien der Niere, des Nierenbeckens und der Ureteren überhaupt. Mit e. Taf. München 1905: Kastner & Callwey. (70 S.) 8°
München, Med. Fak., Ref. v. Bollinger, Diss. v. 15. Apr. 1905
[Geb. 8. Mai 76 Nürnberg; Wohnort: Passau; Staatsangeb.: Bayern; Vorbildung: Gymn. Passau Reife Juli 95; Studium: München 4, Erlangen 1, München 10 S.; Coll. 10. März 05; Approb. 24. März 03.]

Reinfelder, Johann Maximilian (Hirschland), De epoche Pyrrhonis. Disput. Präs. Gottfried Ploucquet. Tübingen (Erhard) Sept. 1758. 32 S. (4.75)
28128

Philipp Reinfelder
Über den Wahnsinn bey Kindbetterinnen. Würzburg 1817: Nitribitt. 56 S. 8°
Würzburg, Med. Diss. v. 1817

Reinfeldt, Joh., baltischer Liederkranz. Ausgewählte Lieder zum Gebrauch für den Gesangunterricht. 2. verm. und verb. Aufl. 2 Tle. 8. (VIII, 192 S.) Reval 886, Kluge's Verlag. à Tl. * 60 Pf.; compl. cart. *

Reinfeldt, Joh., Baltischer Liederkranz. Ausgewählte Lieder zum Gebrauch f. den Gesangunterricht. 3. verm. u. verb. Aufl. 1. Tl. 8. (IV, 120 S.) Reval 898. F. Kluge. Kart. n. — 80

Reinfeldt, Joh., baltischer Liederkranz. Ausgewählte Lieder zum Gebrauch f. den Gesangunterricht. 4. verm. u. verb. Aufl. 1. u. 2. Tl. 8. Reval, F. Kluge. Kart. 1. 40
1. (IV, 120 S.) 907. — 80. — 2. (S. 123—204.) 907. — 60.

Reinfels, Alfr. v., der Flüchtling, s. Ruhl's Miniaturbibliothek.

Reinfels, C., ein fürstlicher Brudermörder oder die Schreckensnacht der Bastille. Eine histor. Erzählung. 26 Hefte. gr. 8. (1248 S.) Magdeburg 875, Weber. à Heft 40 Pf.

Reinfels, C., die schöne Büßerin oder der Seelenverkäufer von Frankfurt. Eine historisch-romantische Erzählung aus den Zeiten des Vehmgerichts. (In ca. 25 Heften.) 1. Heft. Düsseldorf 868. Spaarmann. gr. 8. (S. 1—48.) 3 ngr.

— die schöne Büßerin od.: der Seelenverkäufer v. Frankfurt. Eine historisch-romant. Erzählg. aus den Zeiten d. Vehmgerichts. gr. 8. (1198 S.) Berlin 871. Burmester & Stempell. 7. 50

— Edelmuth od. der Frauen Königreich. Eine wahrheitsgetreue, historisch-romant. Erzählg. 1. u. 2. Hft. gr. 8. (S. 1—96.) Magdeburg 875. (Leipzig, Haefele jr.) à — 40

Kolberg 1807. Ein vaterländ. Gedicht von Egon v. **Reinfels.** Kolberg: (C. F. Post) 1907. (47 S.) 8° lo7. 6293 9

Reinfels, Hans v. (H. v. Januszkiewicz), s.: Berlin, **das geistige.**

Reinfels, Hans v. (Hans v. Januszkiewicz), Eifersucht, s.: Universal-Bibliothek.

Reinfels, Hans v. [Hans v. Januszkiewicz]. Eßbouquet; alte Briefe, s. Universal-Bibliothek Nr. 2515.

Reinfels, Hans v. (H. v. Januszkiewicz), Flammen der Liebe. Herzensgeschichten. 8. (VII, 131 S.) Dresden 900. E. Pierson's Verl. n. 2. —; geb. n. 3. —

— der neue Herr, s: Entsch, Theater-Correspondenz.

Reinfels, H. v., kapituliert, s. Universal-Bibliothek Nr. 2445.

— fromme Lügen, s.: Album f. Liebhaber-Bühnen.

— Mütter u. Töchter. Ungeschminkte Erzählgn. 8. (VIII, 197 S.) Berl. 891, S. Fischer Verlag. * 2 —

Reinfels, H. v., im Negligé; in eigener Schlinge, s.: Universal-Bibliothek.

— Noblesse oblige. Schausp. in 1 Aufz. 12. (43 S.) Berlin 897. Kritik-Verlag. n. 1. —

— s.: Roman- u. Novellen-Post, Berliner.

— Die Sitte. Schauspiel in 5 Akten. Orig.-Ausg. 8. (104 S.) Coburg 891, Bonsack. * 1 80

— dasselbe. Nebst e. Vorrede d. Verf. 8. (128 S.) Berlin 892. Freund & Jeckel. n. 2. —

Reinfrid von Braunschweig, s.: Bibliothek d. litterar. Vereins in Stuttgart. 109.

Reinfurth, Th., die Naturlehre in der Volksschule. Anleitung zur Erteilg. des physikal. u. chem. Unterrichts, auf Grund einfacher Versuche bearb. (X, 319 S. m. 281 Abb.) 8. Bühl 908. Konkordia. 4. —; geb. n 4. 50

Reinganum, Aaron, Ben-Oni, od. die Vertheidigung gegen die Gambitzüge im Schache, nach bestimmten Arten klassificirt. Mit e. Anhange, in welchem die im Werke, unter verbess. Abänderungen, vorkommenden Meisterspiele, unabgeändert aufgestellt sind ꝛc. Nebst e. Versuch e. Literatur d. Schachspiels, v. J. D. A. Höck. Lexicon-8. Frankf. a. M. 825. Hermann 1 Thlr. 12 gr.

— Entwurf zu neuen Verbesserr. in d. italien. doppelten Buchhaltung, od. Darthuung der bei derselben, selbst nach d. neuesten Lehrbüchern, noch bestehenden verschied. Mängel, nebst Verbesserungsvorschlägen. 8. Karlsr. 818. Marx. 12 gr.

Reinganum, Aaron, Handbuch der kaufmännischen Rechnungen. 8. Frankf. a. M., Körner. 819. Rthlr. Schreibpap.

— Handbuch d. kaufmänn. Rechnungen. 8. Frankf. a. M. 820. Körner. 1 Thlr. Schrbp. 1 Thlr. 8 gr.

Reinganum, Hermann: Ueber das Emporsteigen von Inseln aus dem Meeresgrunde. Nach Griechischen und Römischen Berichten. (Zeitschrift für die Alterthumswissenschaft. [Bd. 2.] 1835. No. 138.) [Darmstadt 1835.] 4 S. 8°.

Reinganum, Herm., Geschichte d. Erd- u. Länderabbildungen d. Alten, besond. d. Griechen u. Römer. 1. Thl. Einleit. u. die Zeit bis auf Herodot. gr. 8. (12 B.) Jena 839, Mauke.

Reinganum, Hermann (Frankfurt / Main), De indole atque ingenio megarensium libellus. Berlin (G. Reimers) 1825. 43 S. mit Biogr. (4.—) 28129
Gew.: G. H. L. Nicolovius.

— das alte Megaris. Ein Beitrag zur Alterthumskunde Griechenlands. Mit 2 Karten. gr. 8. Berlin 825, Reimer.

— Solinus u. sein Gebiet. Eine Abhandl. d. Erd- u. Völkerkunde Siciliens. Mit 1 Karte u. 1 Taf. Abbildd. gr. 8. Leipz. 827. Teubner. 1 ₰ 8 gr.

Reinganum, Hermann: Die Sporaden-Insel Sikinos. Ein Beitrag zur hellenischen Alterthumskunde. Veranlasst durch die Entdeckungen und Mittheilungen des Prof. Ross. ([S.-A.] Zeitschrift für Alterthumswissenschaft. Jahrg. 1838.) Darmstadt 1839. 20 S. 8°.

Reinganum, (M.,) Uebersicht d. polit. Geschichte des Mittelalters, hauptsächlich nach F. L. Schlossers Weltgesch. bearb. gr 8. Frankf. 822, Varrentrapp.

Reinganum, Max, aus Frankfurt a. M.: Theorie und Aufstellung einer Zustandsgleichung. *Göttingen 1899: E. A. Huth.* (117 S.) 8°
Göttingen, Phil. Diss. v. [20. Okt.] 1899

Reinganum, Max, Veränderung der Reichweite v. α-Strahlen durch elektrische Potentiale, s.: Sitzungsberichte der Heidelberger Akademie der Wissenschaften. Mathem.-naturw. Kl. 1910, VIII.

Reinganum, Paul, die Rechte der Actionäre und die Haftbarkeit des Aufsichtsraths. gr. 8. (46 S.) Frankfurt a. M. 881, Literar. Anstalt. *

Reinglass, Alfr., hinter den Kulissen e. Grossstadt. Roman. (160 S.) gr. 8. Duisburg (905). M. Schwenzer. n. 2. 50

— und so musste der Prinz heiraten! (13 S.) 8. Ebd. (905). n. — 40

Reinglass, Paul [aus Berlin]: Über m-Cyanbenzylchlorid und Cyanbenzaldehyde. . . . Berlin, Buchdr. v. G. Schade, *1891;* 44 S., 1 Bl. 8°
Berlin, Phil. Fak., Inaug.-Diss. v. 3. Jul. 1891

Reingruber, Jh. Bapt., Abhandll. üb. dunkle Civilgesetzstellen mit d. Biographie d. Frhrn. v. Kreitmayr u. e. chronolog. Darstell. des baier. Criminal-Inquisitionsprocesses ꝛc. gr. 8. Landsh. 814. Krüll. 1 ₰

— üb. die Brodtaxe, als Antwort auf die der Ehrenrettung des Münchner u. Lohrischen Tarifs gemachten Einwendungen ꝛc. 8. Landsh. 818. Weber in Münch. 8 gr.

— Ehrenrettung d. Münchner u. Lohrischen Bäcker-Tarifs gegen die Beschuldigungen der Franz v. Spaunischen Schrift: Ueber die der Regierung zu empfehlenden Maaßregeln ꝛc. 8. Landsh. 818. Weber in Münch. 4 gr.

— Kritik üb. die Recension d. Werkes: Wirkungskreis e. Landgerichts. 8. Landsh. 815. Krüll. 2 gr.

— üb. die Natur der Gewerbe, üb. Gewerbsbefugnisse u. Gewerbsfreiheit. gr. 8. Landh. 815. Krüll. 5 gr.

— üb. d. Wirkungskreis e. Landgerichts im Königr. Baiern. 2 Thle. gr. 8. Landsh. 814. Krüll. 7 ₰

Reingruber, J. Bapt.: Ueber d. Wirkungskreis ein. Landgerichts in Baiern. *Landshut*, **(Manz in** ***Regensburg*** **) 814. 2 Bde. gr. 8. (7 Thl.)**

Reingruber, Joh. Friedrich. Ueber das Vorkommen eines Methylnaphtalines im Steinkohlentheere. Würzburg, 1880.

v. Reinhaben, Freyin Ernest. Henr., s. Caraccioli, Kennzeichen.

Reinhäckel, Rob(ert) Paul, a. Oelsnitz i. V.: Madame de Charrière und ihre Stellung zur Frage der sozialen Lage der Frau. Weida i. Thür. 1906: Thomas & Hubert. (106 S.) 8°
Leipzig, Phil. Fak., Ref. Birch-Hirschfeld, Wülker, Diss. v. 14. Juli 1906
[Geb. 13. Mai 83 Oelsnitz i. V.; Wohnort: Dresden; Staatsangeh.: Sachsen; Vorbildung: Drei-Königsch. (Realgymn.) Dresden-N. Reife O. 02; Studium: Leipzig 7 S.; Rig. 22. Mai 06.]

Reinhaltung, die, der deutschen Gewässer. (Verhandlungen der XXXIV. Plenarversammlg. des deutschen Landwirtschaftsrats.) (S. 341—368.) Lex. 8. Berlin 906. P. Parey. nn 1. —
Sonderabdr. aus: „Archiv d. deutschen Landwirtschaftsrats".

Reinhaltung, die, der Luft in Fabrikräumen, s. a. Schriften der Centralstelle f. Arbeiter-Wohlfahrtseinrichtungen.

Reinhaltung der Luft in Fabrikraumen. (152 S.) (Schriften der Zentralstelle für Arbeiterwohlfahrtseinrichtungen 6) Berlin 1895

Reinhard [Sachliches OW]

Reinhard u. Ammon, od. Predigt-Parallele, als Beitrag z. Homiletik, (v. J. W. Linde). 8. Königsb. 800. (Lauffer in Lpz.) 3 gr.

Reinhard und Ammon, oder Predigt-Parallele, als Beytr. zu Homiletik. 8. Königsb. Nicolovius. 800.

Reinhard und Ammon, oder Prediger-Parallele . . . Königsberg 1800. V: *Linde, Joh. Wilh.* (MGT) (NN) (Winer) (Ky)

— u. Ammon, als Dogmatiker, od. krit. Bemerkk. üb. Ammons Summa theologiae christianae, mit Rücksicht auf Reinhards Vorlesungen üb. Steinackers Dogmatik, (von Chr. Fr. Fritzsche). 8. Leipz. 811. Steinacker. 8 gr. (Lauffer). 4 gr.

Reinhard und Ammon, als Dogmatiker . . . Leipzig 1811. V: *Fritzsche, Christian Friedrich.* (Ky)

Reinhard, (Frz. Volkm.) u. Ammon, als Dogmatiker, od. krit. Bemerkungen üb. Ammon's Summa theologiae christianae, mit Rücksicht auf Reinhard's Vorlesungen üb. Dogmatik. 8. Leipz. Steinacker. 813. Rthlr.

Reinhard, Anna. [Zürich 1833.] V: *Meyer von Knonau, Gerold Ludw.* (Zuwachsverz. d. Bibliotheken in Zürich 1898 ff.)

Reinhard, Anna, Gattin und Witwe von U. Zwingli, dem Reformator . . . Zürich u. Leipzig 1820. 2. Aufl. 1822. V: *Hess, Sal.* (MGT)

Reinhard, Betty, wie sie gelebt und geliebt ... Glückstadt 1808. V: *Schneider, Christian Jacob von.* (LS) (GGr)

Reinhard, Betty, wie sie gelebt u. geliebt. 3 Thle. 8. Glückstadt. Schneider. 808.

Reinhard, Betty, wie sie gelebt u. geliebt, ist jetzt Verlag v. Hammerich in Altona.

Reinhard, Betty; wie sie gelebt u. geliebt. 2 Thle. 8. Glückstadt 808. (Hammerich in Altona).

(Reinhard, Hans von R', geb.... 1755 – gest.... 1835.) Njbl. s. [Muralt, Conrad von].

Reinhard, Jacob, und seine Familie, von Friedr. Gleich. 2 Thle. 8. Leipzig, Reclam. 817.

Reinhard, Carl, eine komische Geschichte, 2 Theile, 8. Kopenhagen, 789. Proft. 1 Rthl. 25 ßl.

Reinhard, Karl; e. kom. Geschichte, (v. Jh. Gli. Backhaus). 2 Thle. 8. Kopenh. 789. (Schubothe).

REINHARD, Wilhelmine. Ein Pendant zu dem Leben u. Thaten eines Weltbürgers. Berlin, bei Wilh. Vieweg, 1802. 8°. VI u. 194 S. Roman im Geschmack liederlicher Wertheriaden.

Reinhard, Wilhelmine; e. Pendant zu d. Leben u. Thaten e. Weltbürgers. 8. Berl. 803. W. Vieweg. 18 gr

Reinhard [Verfasser]

Reinhard (Hrsg.), s. Abrege de l'histoire d'Allemagne.

Reinhard, ..., Anecdotes civiles et militaires, tirées de l'histoire de Bavière. gr. 8. Nürnb. 812. Zeh. 1 ℔

Reinhard, ..., s. Archiv, Hamburgisches.

Das erste Halbjahrhundert des Kreditvereins zu Meißen, e. G. m. b. H. 17. März 1855—1905. Jubelfestschrift von Dir. Reinhard. — Meißen 1905: Klinkicht. 80 S. 8° **38 A.**

Reinhard, das Impfgesetz f. das deutsche Reich vom 8. April 1874 nebst der Ausführungsverordng. f. das Königr. Sachsen vom 20. März 1875. Mit Erläutergn. hrsg. Mit e. Sachregister. 8. (72 S.) Leipzig 875. Roßberg. — 75

Reinhard, der gute Kamerad. s.: Klaß, v.

Reinhard, vergleichende Kritiken u. Erläuterungen des Civil-Verfahrens in Preußen. Nebst einer Abhandlung über causa civilis u. causa debendi. [Aus dem neuen Archiv f. preuß. Recht u. Verfahren abgedr.] gr. 8. (IV u. 107 S.) Arnsberg 850, Ritter. 5/12 ℔

Reinhard und v. Bosse, die Medicinal-Gesetze und Verordnungen des Königr. Sachsen. Systematisch geordnet und mit Erläuterungen hrsg. Mit einem ausführl. Sachregister. 8. (VIII, 488 S.) Leipzig 874, Roßberg'sche Buchh. *

Reinhard (II.) und v. Bosse, die Medicinal-Gesetze und Verordnungen des Königr. Sachsen. Systematisch geordnet und mit Erläuterungen hrsg. Nachträge. Mit einem ausführl. Sachregister. 8. (VI, 171 S.) Leipzig 880, Roßberg'sche Buchh. *
Hauptwerk. Ebendas. 1874. *ℳ 4.

Reinhard und v. Bosse, die Medicinal-Gesetze und Verordnungen des Königreichs Sachsen. Systemat. geordnet und mit Erläuterungen hrsg. Mit einem ausführl. Sachregister. 2. bis zur Gegenwart fortgeführte Aufl. 8. (VIII, 478 S.) Leipzig 887, Roßberg'sche Buchh. *ℳ 7.—; geb. **

Reinhard, mit dem II. Seebataillon nach China! 1900—1901. Auf Befehl des Kommandeurs des mobilen II. Seebataillons bearb. Mit Skizzen, sowie zahlreichen Abbildungen nach Photographien u. Zeichngn. v. Petersen. Veröffentlicht aus Anlaß der Feier des 50jähr. Bestehens der Marine-Infanterie 1852—1902. gr. 8. (V, 168 S.) Berlin 902. Liebel. Geb. in Leinw. n. 3. 60

Reinhard, ..., s. *Néologiste.*

Reinhard, das Alte Testament rc., s. Testament, das Alte.

Reinhard's Textil-Kalender 1892. gr. 16. (XVI, 51 S.) Lpz.-Reudnitz, Reinhard. cart. * 1 50
—— dass. — 1893. gr. 16. (XVI, 63 S.) Lpz., Gütlich. cart. * 1 —

Reinhard, die wirtschaftlichen Voraussetzungen, Erfolge u. Organisation der Elektrizitätsversorgung in ländlichen Bezirken, s.: Genossenschaftsbibliothek, deutsche landwirtschaftliche. 19. Bd.

Reinhard, A., Heerwesen und Dienst der königl. bayerischen Armee. gr. 8. (XVI, 636 S.) München 877, Oldenbourg. ** geb. **

Reinhard, A., Herzenstöne. Gedichte. (56 S.) kl. 8. Stuttgart 904. Strecker & Schröder. n. 1. —

Reinhard, Adam Friedrich Christian

Reinhard, Adam. Fr. Chr., († d. 20. Sept. 1808.) Charakter u. Verdienste J. J. Planer's. 4. Erf. 790. Keyser. 3 gr

Reinhard, Adam Friedrich Christian (Erfurt), De semisse comitiorum et supremae in I. R. G. potestatis doctorum juris publici antiquiorum figmento commentatio. Präs. Johann Stephan Pütter. Göttingen (Barmeier) 16. XII. 1769. 30 S. (4.25) 28130

— Lectiones juridicas ex officii professoris habendas indicit et de nimio legum in foro neglectu pauca praefatur. Erfurt (Nonn) (6. VII.) 1779. 20 S. (1.—) 28131

Reinhard, Ad. Frid. Christ., De vera notione additionis et subtractionis quantitatum oppositarum. 1778/79.

De valoribus quantitatum mediis, deo propitio pro rite capessendo ex more majorum ordinis philosophici decanatu. A. d. VIIII. Calend. Maj. clↄ Iↄ CCXXXVIIII. dispulabit *Ad. Frid. Christ. Reinhard*, juris et philosoph. Doct. et Prof. publ. ordin. acad. elect. scient. socius .... socio ad respondendum assumto viro nobiliss. *Christ. Frid. Segelbach* ... Erfurti. Typis Henr. Rud. Nonnii, acad. typ. 4. 8 S. 1788.

Reinhard, Adolf Franz, Altenburg, S.-A.: Die Quellen der Nerbonesi. *Altenburg* (auf d. Umschl. übergekl.: *Halle) 1900: O. Bonde.* (120 S.) 8°
Halle, Phil. Diss. v. 1900

Reinhard, Adolph Friedrich von. Abhandlung über die Lehre von der besten Welt ... Leipzig 1757. Ü: *Wichmann, Christian August.* (MGT) (Ky)

v. Reinhard, Ad. Fr., († d. 6. Aug. 1783.) Abhandl. v. der Lehre d. besten Welt; aus d. Französ. (Herausgg. v. Jh. Ad. Fr. v. Gentzkow). 4. Wism. 757. Bodner. 3 gl

Reinhard, A.F. v. Abhandlung von der besten Welt; a. d. Franz. Wismar 1757. Ü: *Gentzkow, Johann Adolph Frdr. von.* (ML) (JL) (Ky)

— unpartheiische Anmerkk. üb. verschied. in Prof. Michaelis Gedanken üb. die Lehre v. d. Sünde abgehandelte Vernunft- u. Religionswahrheiten. 8. Leipz. 756. Langenheim. 3 gl

— Bemerkk. üb. die Volkszahl, Fruchtbarkeit u. Sterblichkeit der z. Erfurt. Gebiete gehör. 74 Dörfer. Mit 1 Tabell. 4. Erf. 792. Keyser. 4 gl

Reinhard, A. F., Betracht. üb. d. Freyheit. 8. Leipzig, Jacobäer.

Reinhard, Adolf Friedrich von, s. Briefwechsel üb. wichtige Sachen d. Gelehrsamkeit.

— disquis. qua ex eo, quod aliquid existit, demonstratur. 4. maj. ibid. 761.

— disquisitio philosophica, qua ex eo, quod aliquid existit, demonstratur. 4maj. Wismar 762. Bödner. 4 gl

— Gedanken üb. die Einrichtung d. jurist. Studien auf Universitäten. 4. Bützow 774.

– s. Gedanken e. rechtschaff. Predigers in Sachsen, über die Unternehmungen d. Reformatoren.

— vernünftige Gedanken über die Lehre von d. Unendlichkeit der Welt in Ansehung d. Zeit u. d. Raumes. 8. Leipz. 754. Langenheim. 3 gl

– s. Gedichte, freundschaftl., und Briefe.

— Reflexions sur la liberté. 8. Berl. 762.

– s. Reliquien, Neue.

– s. Samml. auserl. Abhandlungen d. Christenthums betreff.

— Samml. e. Aufsätze üb. die Dationem in solutum bei Concursen im Mecklenburgischen. 8. . . . 772.

— Samml. jurist., kritisch. u. philosoph. Aufsätze. 8 Stücke. 8. Schwerin 774—79. Bödner. 20 gl

Reinhard, A[d.] F[ried.]: Sammlung juristischer, philosophischer und kritischer Aufsätze. Bd 1, Stück 1—6. Bützow u. Wismar 17(75)—77.
(Sammlung vermischter Schriften. Bd 2.)

REINHARD, A. F.: Samml. jurist., philosoph. u. krit. Aufs. Bd. 1. 2. (d. Samml. verm. Schriften Bd. 2.) 777. 78. 8.

SAMMLUNG einiger Gedichte (von *Adolph Friedr. v. Reinhard*). Göttingen 1754.

— — Dasselbe. 2. Auflage. Bützow 1760.
Beides im Anon.-Lex. IV. p. 12 (nach Meusel).

— Samml. e. Gedichte. gr. 8. Wism. 760. Bödner. 4 gl

– s. Samml. zur neuesten Geschichte der Gelehrsamkeit.

— Samml. vermischter kl. Schriften. 6 Stcke in 1 Bd. 8. Bützow. 770—74.

– s. Schreiben an e. Freund üb. d. Beweis der Wahrheit d. Religion.

— Schreiben üb. Schott's Kritik s. Gedanken üb. die Einrichtung ꝛc. 4. Bützow 775.

— Sendschreiben an v. Hardenberg, worin d. v. Titius übersetzte Traktat: Ob die Gottesleugnung u. die verkehrten Sitten aus d. System d. Fatalität herkommen, beurtheilt wird. 8. Lpz. 753.

— neues System d. Kräfte d. menschl. Verstandes nach d. Unterschiede d. obern u. untern Kräfte. 8. Berl. 770.

– s. System der Wesen.

Untersuchung ob und wie weit die Gesetze der Bewegung nothwendig oder zufällig sind (v. *Reinhard*). Butzow und Wismar. Bey Joh. Andr. Berger und Jac. Boedner. 8. 94 S. 1761.
Vgl. Untersuchung...

— Vergleichung d. Lehrgebäudes d. Hrn. Pope v. d. Vollkommenheit d. Welt, mit d. Systeme d. Hrn. v. Leibnitz; nebst e. Untersuchung d. Lehre v. d. besten Welt ꝛc. Nebst e. Abhandl. d. Hrn. Burlemaqui von d. Willen u. der Freiheit d. Menschen. Beides aus d. Französ. (v. G. St. Wiesand). 8. Leipz. 757. Jacobäer. 4 gl

Reinhard, A.F. v. Vergleichung des Lehrgebäudes des Herrn Pope von der Vollkommenheit, mit dem Systeme des Herrn von Leibnitz . . . Leipzig 1757. Ü: *Wiesand, Georg Stephan.* (Ky)

– s. Versuch e. Entwurfs von d. Inhalte d. Epistel Pauli.

– s. Vorstellung d. Lehre v. d. Kirche.

Reinhard, Aimé, Justinus Kerner und das Kernerhaus zu Weinsberg. Gedenkblätter aus des Dichters Leben. 8. (V und 138 S. mit 3 artist. Beilag. in Holzschn. und lithogr.) Tübingen 862, Osiander'sche Buchh.

Reinhard, Aimé, Justinus Kerner u. das Kernerhaus zu Weinsberg. Gedenkblätter aus d. Dichters Leben. Mit Kerner's Bildniß, e. Ansicht seines Hauses, d. Denkmals u. 1 Facs. 2. Aufl. 8. (X, 172 S.) Tübingen 886. Osiander. n. 2. —

Reinhard, Albertus (geb. Kölschhausen im Rheinl. 7. 2. 1837): De gravidarum, parturientium et puerperarum eclampsia. Berolini (1860). (32 S.) 8°
Berlin, Med. Diss. v. 7. Aug. 1860

REINHARD, Alois (Tegernsee): Ueber den Typhus.- München: Weiss 1897. 19 S.
18.6.1855 - Urk (Titel: De typho.); F 68
Diss.Ingolst.-Landsh.-Mchn.

Reinhard, August

Reinhard, Aug., Choralbuch f. das christliche Haus. 200 der gebräuchlichsten evangel. Choralgesänge, f. das Harmonium gesetzt u. m. beigefügten Texten hrsg. hoch 4. (IX, 258 S.) Quedlinburg 886. Vieweg. n. 4. 50; geb. n. 6. —

Reinhard, A., etwas vom Harmonium. (Aus Briefen an Konzertmeister S. in D.) E. Beitrag zur Erklärg. d. Wesens d. Harmoniums. [Aus: „Sonntagsblatt d. Reichsboten".] gr. 8. (13 S.) Berlin 895. C. Simon. Unentgeltlich; als Vertriebsmaterial 25 Exemplare n.n. 2.50

Etwas vom Harmonium mit e. Ergänzung Das Harmonium von heute. Ein Beitrag z. Erklärung d. Wesens d. Harmoniums ... von Aug. **Reinhard**. 2. verm. Aufl. Berlin: C. Simon 1903. (14 S.) 8°
Aus: Sonntagsblatt d. 'Reichsboten'. 1894, 10. u. 23. Dez. [07. 17350

Thematischer Führer durch die Klavier-Sonate ⟨Fis moll⟩ von Sigfrid Karg-Elert. Op. 50 mit e. Geleitwort von August **Reinhard**. Berlin: C. Simon [1907]. (16 S.) 8° [07. 11106

— die Kirchenhoheitsrechte d. Königs v. Bayern. Von der Juristen-Fakultät der Universität München m. dem Accessit gekrönte Preisschrift. gr. 8. (VI, 282 S.) München 884. Th. Ackermann. n. 5. 40

Reinhard, Aug. W., Bedenk. v. Abschaff. alt. Kirchenlieder u. d. Nordhausisch. Gesangbüchern. 4. Frankf. u. Lpz. 738.

Reinhard, B. H. Karl, s. Reinhard, Karl.

REINHARD, C.: Abhandlungen üb. einige wichtige Gegenstände d. Criminal- u. Civilrechts, mit Bemerkungen üb. Deutschlands Zustand in rechtl. Hinsicht. *Gera*, Heinsius. 830. 8. (12 Gr.)

— instit. theolog dogmaticae; cum praef. Jh. Geo. Weber. 8. Weim. Ed. II. 734. Ed. III. 742. Ed. IV. 748. Ed. n. 770. Hoffmann. 8 gr.

Reinhard, C., institutiones theol. dogmaticae. 8. Weim. 770. Hoffmann. 8 gr.

— instit. theol. parabolicae. moral. et natur. 8. Lips. Braun 740.

— philosophia praeparatoria et via ad veritat. 8. Weim. et Lips. 740.

Reinhard, C., philosophia praeparat. et via ad veritat. 8. Weim. Hoffmann. 743.

— praeparat. evangelica, oder Vorber. zur Hochachtung der evang. Glaubenslehr. 8. Lpz. 734.

— principia theologiae comparativae adplicativae; quibus subiungitur specimen theologiae comparativae maralis. 4. Leipz. 751.

— synops. philosophiae moral. 8. Weimar, Hoffmann. 744.

— — — natural. s. physica in compend. red. 8. ibid. 744.

— — — primae et rationalis. 8. Erf. 730.

Reinhard, C. A. R., meines Vaters Fabeln u. Erzählungen, in 2 Büchern. 8. Glogau 768. Chr. Fr. Günther. 4 gr.

Reinhard, C. F. Die Stadt Meissen, ihre Geschichte etc. (10½ B.) 8. Meissen 1829. 3,75.

Vgl. Reinhard, P.

Reinhard, Ch. A.. Bemerk. einer Epilepsie 8 S. Kopenhag. 16°. 1780

Reinhard, C. A., Bem. einer Beschädigung am Kopfe u. Fuße. Kopenh. 12°.

1779

Reinhard, Christian

Reinhard, Chrstn., die Rechenschule. Eine vollständ. u. gründl. Handleitung z. denkenden Rechnen im Kopfe u. auf d. Tafel, nebst e. dazu gehör. vollständ. Exempelsamml. in 9 Monitorenbüchl. sammt Schlüssel (9½ B. 12.), mit besond. Rücksicht auf d. wechselseit. Lehreinrichtung in zahlr. Classen d. Volksschulen bearb. Mit e. Vorr. v. Chrst. Heinr. Zeller. gr. 8. (11¾ B.) Chur 833, 34, Kellenberg.
Das Monitorbüchlein apart, 8 Gr.

Reinhard, Chrn., die Rechenschule, eine theoret. u. prakt. Anleitung zum Denkrechnen im Kopfe u. mit Ziffern. Neueste Bearbeitung f. alle Klassen der Volksschule. 1. Thl.: Das Kopfrechnen. Mit einer (lith.) Abbildg. der Rechenmaschine. 8. (VIII u. 160 S.) Chur 850, Grubenmann in Comm. n. 18 ngr

Reinhard, Christian Gottlieb

Ordinis ictorum Wittembergensium decanus **Christian Theophil Reinhard** lectori benevolo s. p. d. (Wittenberg (Scheffler)) o. J. 12 S. mit Biogr. v. Friedrich Gottlieb Wilisch (Großenhain) (M.: J. Chr. Sillig.) (3.75) 28138

— **Christian Gottlieb** (Schmiedeb. / Sachsen), Observationes circa processum Saxonicum, quo causae injuriarum, ex mandato regio, de ann. 1712 peraguntus. Präs. Gottfr. Ludwig Menken. Wittenberg (A. Koberstein) 21. III. 1720. 40 S. (4.50) 28134

— — Dasselbe. Wittenberg (A. Koberstein) 21. III. 1720. 1722. 40 S. (4.50) 28135

— — **Dasselbe. Wittenberg 21. III. 1720. 1729. 40 S. (4.50) 28137**

Reinhard, Christian Gottlob, s. Reinhardt, Christian Gottlob.

Reinhard, Christian Tobias Ephraim

— Abhandl. v. d. blassen Farbe des Gesichts. 8. Glog. 755. Chr. Fr. Günther. 2 gr.

— Abhandl. von d. Lungenblutflusse rc. 8. Glog. 762. Chr. Fr. Günther. 4 gr.

— Abhandl. vom Mastdarmblutflusse. 8. Glog. 754. N. A. 764. Chr. Fr. Günther. 4 gr.

Christian Tobias Ephraim Reinhards [Reinhard] Satyrische Abhandlung von den Krankheiten der Frauenspersonen, welche sie sich durch ihren Putz und Anzug zuziehen. Th.[1] 2. Glogau & Leipzig: Günther 1756. 1 Bd 8°

Reinhard, Christian Tobias Ephraim ... Satyrische Abhandlung von den Krankheiten der Frauenspersonen, welche sie sich durch ihren Putz und Anzug zuziehen ... Glogau und Leipzig, bei Christian Friedrich Günthern [T. II: Berlin und Leipzig] 1757.
2 Teile. 8°.
[I:] 144 S.; 4 Taf. in Kupferst.
II: 182 S.; 3 Taf. in Kupferst.
Hayn S. 203. T. : 1756.

Reinhard, D. Christian Tobias Ephraim ... Von der Ausmässung des Menschlichen Körpers und der Theile desselben. Glogau, gedruckt bey Christian Friedrich Günthern 1767.
87 S; 7 Taf. in Kupferst. 8°.

Reinhard, Chr. Tob. Ephr., († d. 27. Febr. 1782.) Ausmessung des menschl. Körpers u. der Theile desselben rc. 8. Glogau 770. Chr. Fr. Günther. 5 gr.

— — Beweiß, daß der Mann älter als das Weib seyn sollte. Ein Gedicht. Glogau 1766. 8⁰. Rar!
Goedeke IV, 107, 13, 2 (nach Otto).

— Beweis, daß die Eröffnung d. Mittelblutader zuweilen höchst gefährl. werd. könne ꝛc. 8. Glog. 764. Chr. Fr. Günther. 2 Gr

Reinhard, Ch. T. E., Beweis, daß die Eröffnung der Mittelblutader zuw. höchst gefährlich werden kann. Nebst e. Abhdl. v. d. Schädlichkeit des Blutlassens in Ansehung der Seelenwirkung. 2. Aufl. 79 S. Glogau. 8°.
1764

— Beweis, daß die meisten Krankheiten der Frauenzimmer ihren Grund in ihrem Körperbau haben. 8. Frankf. u. Leipz. 755. (Chr. Fr. Günther in Glogau). 3 Gr

— Beweis, daß die Menschen nur e. einzigen Hauptsinn, näml. das Gefühl, besitzen. 8. Sorau 758.

— Beweis, daß die Vollblütigkeit an u. für sich keine Krankheit zu werden verdiene. 8. Glogau 760.

Chr. Tob. Ephraim Reinhard Beweiss, dass unsere ersten Urältern Adam und Eva keinen Nabel gehabt haben. Hamburg 1752. Berlin 1753. Frankfurt u. Leipzig 1755. 8. (Cfr. auctoris Bibelkrankheiten pag. 24 — 28.)
Vgl. Reinhard: Untersuchung der Frage: Ob...

Chr. Tobias Ephraim Reinhard Bibelkrankheiten, welche im alten Testamente vorkommen. Nebst Augustin Kalmet's Abhandlung von dem Aussatze der Juden. Vier Bücher. Frankfurt u. Leipz. 1767. 8. (384 et 51 pagg.)

Reinhard, Chr. Tob. Ephr., Bibelkrankheiten. 5 Thle. 8. Glog. 767, 68. Chr. Fr. Günther. 1 ℛ 8 Gr

Reinhard, Chr. T. Ephr.: Diss. de cardialgia spuria, s. Cartheuser, Jo. Friedr. [Praes.]

— carmen de febribus intermittentibus spuriis s. epidemiis anni 1747—1751. 8. Dresd. 752. (Glogau, Chr. Fr. Günther). 2 Gr

Christiani Tobiae Ephraim Reinhard de Febribus intermittentibus spuriis seu epidemiis carmen. Glogoviae: Verf. 1759. 48 S. 8°

— de febribus intermitteutib. spuriis etc. Glog. C. F. Günther. 759.

— de jecinoris vulnerum lethalitate carmen. 8. Glogau 758. Leipz. 762.

— carmen de plethora, morborum matre, non morbo. 8. Sorau 753.

— epigrammata. Lib. II. 4. Sagan, Günther. 750.

— epigrammatum Lib. VI. 4. Sagan 772. Chr. Fr. Günther in Glogau. 6 Gr

Reinhard, Chr. Tob., Ephr., De facello Divae Walpurgis. Erl. 176

Christiani Tobiae Ephraim Reinhard Febris miliaris purpuratae libri 3. Praef. de mercurio remedio certissimo adversus syphilidem carmen. Adc de Vulnerum hepatis lethalitate et de haemorrhagia pulmonis carmina. Glogoviae 1758: Günther. 80,16 S 8°

— Gedanken vom weißen Frieselfieber. 8. Glogau 762. Chr. Fr. Günther. 4 Gr

— Gedanken von d. epidem. u. unächten Wechselfiebern. 8. Glogau 762.

— de haemorrhagia vulnerum. Carmen. 8. Glogau 758.

— die verletzte Leber; aus d. Latein. 8. Glogau 761. Chr. Fr. Günther. 1 Gr

— medicus poëta. II Partes. 4. Glogau 762. Chr. Fr. Günther. 8 Gr

—, Chr. Tob. Ephr., Umständliche Nachricht von einem übelformirten Kindeskopfe. Brl. 8°. *Haller*, Bibl. anat. II, 489.
1759

— Nachr. v. e. übel formirten Kindeskopfe. 8. Berl. u. Lpz. 760.

— de pallore faciei salutari et morboso. 8. Soran 754. — Dass. deutsch: Abhandl. von der blassen Farbe des Gesichts, s. oben.

— von d. Schädlichkeit des Blutlassens in Ansehung d. Seelenwirkung. Glogau 760.

REINHARD, Dr. Chrn. Tob. Ephr., Untersuchung der Frage: Ob unsere ersten Urältern, Adam u. Eva einen Nabel gehabt. Hamburg 1752. 8⁰.
½ Rthlr. Scheible in e. älteren Cat. War auch in Heerdegen's Cat. 77. p. 42.

— — Dasselbe. O. O. 1753. 8⁰.
Beide Drucke dieses Curiosums sehr selten!

— Untersuchung d. Frage: Ob unsere ersten Urältern Adam u. Eva einen Nabel gehabt? Hamb. 752. Berl. 753. Frankf. u. Leipz. 756.
Vgl. Reinhard: Beweis, daß...

— der physikal. u. moral. Wahrsager. 3 Bücher. 8. Frankf. u. Leipz. 758. (Chr. Fr. Günther in Glogau). 8 Gr

Reinhard, Chrn. Tob. Ephr. (Hrsg.), s. Wein und Liebe.

Reinhard, E., zwei Kinder, die den Himmel suchen. Ein schlichtes Spiel f. die Weihnachtszeit. Nach e. gleichnam. Erzählg. v. A. Vollmar bearb. 2. verb. Aufl. (24 S.) 8. Dresden (906). F. Sturm & Co. n. — 50

Reinhard, E., zwei Kinder, die den Himmel suchen. Ein schlichtes Spiel f. die Weihnachtszeit. Nach e. gleichnam. Erzählg. v. A. Vollmar bearb. 2. verb. Aufl. (24 S.) 8. Dresden (907). F. Sturm & Co. — 50

Reinhard, Ed. Sommerfrische. Kinderlieder. 1. Tl. 1. u. 2. Tauſ. 16. (V, 81 S.) Weimar 892, Jüngst u. Comp. * — 40

Reinhard, Ed., wie unbeirrt man glücklich wird. 8. (94 S.) Wiesbaden 898. H. Staadt. n. 1. 25

Reinhard, El. Kap., s. Steuerrath, der.

Reinhard, Ernst. Graustädter Geschichten, s. Vom Jahrmarkt d. Lebens.

—— dass. — s. Volksbücher, deutsche.

Reinhard, Ernst, Graustädter Geschichten. 8. (318 S.) Wolfenbüttel 877, Zwißler. *

Choralbuch zum Evangelischen Gesangbuch für Ost- und Westpreussen von Ernst Theodor **Reinhard**, weil. Rektor, u. W. Gottlieb Martin Jensen, weil. Musikdir. Unter teilw. Benutz. anderer Choralbücher neu bearb. u. verm. von (Curd) Graf Bülow v. Dennewitz. Zum Gebr. in d. Kirchengemeinden genehm. durch d. ostpr. Provinzialsynode. *Königsberg i. Pr.: Gräfe & Unzer 1901.* (214 S.) quer-8° (01. 830) 10

Reinhard, Ernst Thdr., u. W. Glieb. Mart. **Jensen,** Choralbuch zum evangel. Gesangbuch f. Ost- u. Westpreussen. I. Anh., s.: Bülow v. Dennewitz, C. Graf, 24 litthauische Choräle.

Reinhard, Ernst Thdr., vierstimmiges Choralbuch für die evangelischen Kirchen der Provinz Preußen. Auf Anordnung eines königl. hochw. Consistoriums von Ostpreußen und Litthauen hrsg. von Wilh. Glieb. Mart. Jensen. 2., verb. und mit einem Anhang versehene Aufl. bearb. von H. Pätzold. qu. gr. 4. (III und 172 S.) Königsberg 858, Koch.

Reinhard, Eugen, Dr. phil.: Die Abrede der Pfandverwirkung. Berlin 1909: G. Schade. 41 S. 8°
Würzburg, Jur. Diss. v. 21. Mai 1909, Ref. v. Burckhard
[Geb. 4. Juni 82 Niedernberg; Wohnort: Leipzig; Staatsangeh.: Bayern; Vorbildung: Gymn. Eger Reife Juli 03; Studium: Würzburg 5, Leipzig 5 S.; Rig. 21. Mai 09.] [U 09. 4082

Reinhard, Eugen, a. Niedernberg in Bayern: Zur Wertung der rhythmisch-melodischen Faktoren in der neuhochdeutschen Lyrik. Leipzig: W. Engelmann 1908. (65 S.) 8°
Leipzig, Phil. Fak., Ref. Sievers-Köster, Diss. v. 4. Juli 1908
[Geb. 4. Juni 82 Niedernberg; Wohnort: Leipzig; Staatsangeh.: Bayern; Vorbildung: Gymn. Eger Reife Juli 02; Studium: Würzburg 5, Leipzig 4 S.]

Reinhard, Ewald, a. Saarbrücken: Aus J. v. Eichendorffs dichterischer Frühzeit. Der Wiener Aufenthalt (1810—1813) u. seine Bedeutung für des Dichters Entwicklung. Münster i. Westf. 1907: Westf. Vereinsdruckerei. (62 S.) 8° [J.]
Münster, Phil. Fak., Ref. Schwering, Diss. v. 18. Dez. 1907
[Geb. 14. Aug. 84 Kleinblittersdorf b. Saargemünd; Wohnort: Münster; Staatsangeh.: Preußen; Vorbildung: Gymn. Düren Reife M. 04; Studium: Straßburg 2, Bonn 2, München 2, Münster 2 S.; Rig. 2. Aug. 07.]

Eichendorffstudien. Von Dr. Ewald **Reinhard**. Münster i. W.: H. Schöningh 1908. VI, 94 S. 8°
[Ein T. erschien als Inaug.-Diss. Münster 1907.]
(Münstersche Beiträge z. neueren Literaturgeschichte. H. 5.) [illegible]

Reinhard, F. A., Blick auf die jungen Schriftsteller Wiens. Wien 1782. 8⁰. (In Wien, Stadtbibl.)

Reinhard, F. C., über Leber-Abcesse nach Kopf-Verletzungen. Inaug.-Dissert. gr. 8. (3½ B.) Sulzbach 838, v. Seidel'sche Buchh.

REINHARD, (F. F. W.), Dreyhundert Sätze aus der weiblichen Naturlehre. Mit Anmerkungen u. Beispielen erläutert. 2. Aufl. Mit kom. TVign. Wien 1787. 8⁰.
300 theilweise sehr verfängliche Sentenzen. (2 Mk. Kühl.) — Zuerst gedr. Wien 1785. 8⁰. 92 S. Mit TVign. (6 Mk. Ludw. Rosenthal, 1907.) Die Anfangsbuchstaben der Vornamen des Verfassers nennt der Ehestandsalmanach II. p. 272, woselbst die folgende Ausgabe citirt wird.

— — Dasselbe. Presburg (!) 1787. 8⁰.
Vgl. Reinhard, J. F. W.

Reinhard, Fr., s. Humfrey, J. G., Versuch eines neu angenommenen Fortifikations-Systems.

Reinhard, Fr. H., die Krankheit. des Mundes 2c., s. **Taveau.**

Reinhard, Fr., s. **Paris, J. A., Abhandl. über die Diät.**

Reinhard, Fr., die Sicherstellung des Bergbaues durch einen festen Rechtsboden. gr. 12. (34 S.) Koblenz 849, Bädeker. ⅙ ₰

Reinhard, Fr., s. Zerstreuungen.

'Auf nach Bethlehem' zum Hause des Brotes. Dichtungen über d. heilige Eucharistie in betracht. Form aus d. Nachlasse von Franz **Reinhard.** Münster i. W.: Alphonsus-Buchh. [1904]. (XII, 162 S.) 8° [J.] (04. 4443

Reinhard, Franz, Durch die Schale zum Kern. Von den Schatten zum Licht. Koblenz, Hergt, 1873, 8°, 1,50 Mk.
Zeigt den Nationalismus in seiner vollen Ohnmacht gegenüber dem Schriftworte. Vgl. Köln. Volksztg 1873, Nr. 253. Hist.-pol. Blätt. Bd. 73 Heft 12.

Reinhard, Frz., Emanuel. D. Gotteskind v. Bethlehem, d. verheiß. u. ersehnte Welterlöser. Dichtgn. Aus den hinterlass. Manuskripten d. Autors zusammengest. Mit Illustr. d. Beuroner Kunstschule. 12. (VII, 444 S. m. 7 Taf.) Heiligenstadt 899. F. W. Cordier. n. 5. 60; geb. n. 6. 80

Reinhard, Frz., Emanuel. Das Gotteskind v. Bethlehem, der verheißene u. ersehnte Welterlöser. Dichtungen u. bibl. Betrachtgn. Aus den hinterlassenen Manuskripten des Autors zusammengestellt. Mit Illustr. der Beuroner Kunstschule. 2. Aufl. 12. (XV, 416 S. m. 7 Taf.) Heiligenstadt 901. F. W. Cordier.
Geb. in Leinw. m. Goldschn. n. 5. 50

Reinhard, Fr., Faust. (Drama.) 8. (97 S.) Düsseldorf 848, Buddeus. n. ⅔ ₰

—— Odysseus u. sein Sänger Homer im Lichte christlicher Weltanschauung. Von der Bedeutung der christlichen Weltanschauung überhaupt und insbesondere für unsere Zeit. Münster, H. Schöningh, 1893, gr. 8°, 218 S., 2. bedeutend verm. Aufl., 3 Mk.

Reinhard, Frz., s. Odysseus u. sein Sänger Homer im Lichte christlicher Weltanschauung.

Reinhard, Franz, Offenbarung u. klassisches Altertum. Weitere vergleichende Studien des Verfassers der Schrift: „Odysseus u. sein Sänger Homer" 2c. Am Rhein 1886—7, Selbstverlag des Verf., 64 S.
Zu beiden vorstehenden Schriften vgl. Hist.-pol. Bl. Bd. 100 S. 106-12.

Reinhard, Franz, Ruth. Nach der hl. Schrift. Ein Versuch tieferer Betrachtung unter Anlehnung an große Ausleger. Koblenz, Hergt, 1874, gr. 8°, 55 S., 1 Mk.
Katholik 1876, Bd. 2, S. 106—109.

Die Sünden des Liberalismus im ersten Jahre des neuen Deutschen Reichs. Von einem rheinpreußischen Juristen [Justizrat Reinhard in Ehrenbreitstein]. Leipzig, Leuckart, 1872, gr. 8°, 1. u. 2. Aufl., 45 (39) S., 1 Mk. (50 Pf.)
Recens. Sion 1872, Littbl. S. 56.

Der höhere Unterricht und die christliche Weltanschauung. Von einem Rheinländer [Franz Reinhard]. Freiburg, Herder, 1879, gr. 8°, 34 S., 50 Pf.
Recens. Katholik 1880, I S. 213—6.

Reinhard, Franz: „Waaren-Kenntniss-, Betrugs- und Sicherstellungs-Lexicon beym Ein- und Verkauf aller Art Bedürfnisse", nach alphabetischer Ordnung bearbeitet, 3 Bände, Erfurt 1801 bis 1804 (Keyser). — Vorh.: Com. Bibl. Hamburg.

—— Der Welterlöser im Alten Testamente, insbesondere im Buche Genesis. Mit einem Nachwort über den Welterlöser in den Mythen der Heidenwelt. Ehrenbreitstein a. Rh., Selbstverlag des Verf., 1888, VII, 117 S., 8°.

Reinhard, Fr., Worte des Friedens in stürmischer Zeit. Koblenz, Hergt in Komm., 1873, gr. 8°, 58 S.
Sucht die Bedenken gegen die vatikan. Definition von d. lehramtl. Unfehlbarkeit des Papstes zu zerstreuen. Hist.-pol. Blätt. Bd. 73, S. 970—2.

Reinhard, F., Worte des Friedens in stürmischer Zeit, s. Durch die Schale zum Kern.

Zeugnisse für Christus, erörtert von einem preußischen Rechtsanwalt [Franz Reinhard]. Soest, Nasse, 1859, 8°, 110 S., 1,50 Mk.

Reinhard, Franz Volkmar

— gemalt von G. v. Charpentier, literarisch gezeichnet von K. A. Böttiger, s. Böttiger.

— nach seinem Leben u. Wirken, s. Pölitz, K. H. L.

—Diss.: De versionis Alexandrinae auctoritate et usu in constituenda libror. hebraicor. lectione genuina. Diss. I. II. 4. Wittenb. 777. — De morte voluntaria quid et quam clare praecipiat philosophia; ad locum Platonis in Phaedone cap. VI. 4. ibid. 778. — Symbola II ad interpretationem psalmi 68. 4. ibid. 778. — Utrum ad judicium de miraculis requiratur universae naturae accurata cognitio. ibid. 779. — De locis quibusdam, qui in sermonibus Domini temere putantur communes. ibid. 780. — Progr. De veterum inductione, ad locum Diogenis Laertii l. 3, segm. 53. ibid. 780. — Progr. Consilium bene merendi de universo humano genere ingenii supra hominem elati documentum. ibid. 780. — Diss. Carmina poëtarum, cur placeant constantius, quam sapientiae doctor. philosoph. ibid. 780. — Oratiuncula de ratione docendi socratica in institutis philos. acad. imitanda etc. 8. Wittenb. 780. Zimmermann. 4 gr — Oratio de coniungenda cum tradendis philosophiae placitis eorund. historia. ibid. 780. — Imago vitae morumque Socratis e scriptoribus vetustis expressa. 4. ibid. 781. — De notione felicitatis humanae ad judicium de placitis religionis christ. parum idonea. 4. ibid. 782. — Progr. Utrum et quando possint oratores divini in administrando munere suo demittere se ad vanas hominum opiniones. 4. ibid. 782. — Explanatio loci Jes. II. v. 1—5. ibid. 783. — Progr. De Christo suam, dum viveret, resurrectionem praedicante. ibid. 784.

Reinhard, Frz. Volkm., Ansichten u. Benutzung. d. Sonn- u. Festtags-Evangelien, herausg. von E. Zimmermann. 3 Thle. 8. Frankf. am M. Brönner. 812 u. 13. (Ir 2 Rthlr. IIr 1 Rthlr. 8 gr. IIIr 1 Rthlr. 4 gr.)
Auch unter dem Titel;
Homiletisches Handbuch von E. Zimmermann. 3 Thle.

Reinhard, (F. V.,) Ansichten u. Benutzungen epistol. u. d. neuen sächsischen Perikopen rc. Herausgeg. v. E. Zimmermann. 4r Thl. A. u. d. T.: homilet Handbuch für denkende Prediger, v. E. Zimmermann. 4r Thl. 8. Frankf. 822, Brönner. 2 Rthl. Preis aller 4 Bde. 814—22.

— Anweis., ein guter Kanzelredner zu werden, Nach d. von ihm selbst dictirten Sätzen, mit Hinzufügung d. Grundsätze anderer berühmt. Kanzelredner rc.; hrsgg. von e. Zuhörer Reinhards. 8. Leipz., (W. Nauck). 8 gr

— De versionis Alexandrinae auctoritate et usu in constituenda librorum Hebraicorum lectione genuina. Disput. histor. critica. Präs. Friedrich Wilhelm Dresde. Wittenberg (J. Chr. Tzschidrich) März 1777. 30 S. (3.75) 28147

— Dasselbe. Wittenberg (J. Chr. Tzschidrich) März 1777. 30 S. (4.25) 28148
Angebunden: Dasselbe. Pars altera. Präs. Franziskus Volkmar Reinhard (Respond.) August Moritz Rung. Wittenberg (J. Chr. Tzschidrich), März 1777. S. 31—46.

Reinhard, Franz Volkmar. Auszüge einiger in den Jahren 1795—97 gehaltenen Predigten. Meissen 1796. H: *Poyda, Johann Friedrich.* (Ky)

— Auszüge einiger in d. J. 1795 — 1797 gehaltenen Predigten, (von J. F. Poyda). gr. 8. Meiß. 796. 2e A. 798. (Goedsche). 1 rthl 4 gr

— Beicht- u. Communionbuch, s. K. F. Dietzsch.

— Beyträge zur Erklärung, besonders zur praktischen Erklärung der Bibel. Aus dessen Schriften gesammelt und herausgegeben von C. F. Bartsch. gr. 8. Leipzig, Wienbrack. 817.

— Beyträge zu Schärf. des sittl. Gefühls u. d. Aufmerksamk. a. d. Zust. des Herzens, in Predigten. gr. 8. Leipzig, G. Fleischer. 798.

— (Predigten). Beitrr. zur Schärfung des sittl. Gefühls u. der Aufmerksamkeit auf d. Zustand des Herzens. gr. 8. Leipz. 799. Gr. Fleischer. 1 rthl 4 gr 2e A. 813. Ebd. 1 rthl 8 gr

— Beiträge z. Schärfung d. sittl. Gefühls u. d. Aufmerksamkeit auf d. Zustand des Herzens, in einigen Predigten. 2te Aufl. gr. 8. Leipz. Gerh. Fleischer. 813.

— Belehrungen u. Tröstungen an den Gräbern unserer Lieben, aus dess. Predigten gezogen, v. Karl F. Dietzsch. gr. 8. Stuttg 823. Metzler. 12 gr

— Belehrungen u. Tröstungen an den Gräbern unsrer Lieben aus seinen hinterlass. Papieren gezogen, v. Carl F. Dietzsch. gr. 8. Stuttgart 824, Metzler.

— Betrachtungen über die Wahl der Mittel, durch welche sich Jesus eine Gemeinde sammeln wollte. Eine Predigt. gr. 8. Sulzbach 839. v. Seidel. 1 gl

Rector acad. Vitebergensis **Franziskus Volkmar Reinhard** civibus academicis s. p. d. (Wittenberg (C. Chr. Dürr) Fest. Nativ. Christi 1790.) (3.25) 28159
Enthält: Carmen Esaiae cap. XXXX. sectio altera a vers. 18—31.

Reinhard, Franz Volkmar [Praes.], s. Charitius, Carl Christian Ernst: Utrum satis fide digna sint, quae Tacitus in libello de moribus Germaniae tradit?

Reinhard, F. V., de Christo suam dum viveret resurrectionem praedicente. Viteb. 1784. 4; rep. in ejsd. opusc. 2. p. 30 ss.

Reinhard, F. V., consilium bene merendi de universo humano genere, ingenii supra hominem elati documentum. Viteb. 1780. 4; rep. in ejsd. opusc. 1. p. 234—267. u. erweitert in dess.: Versuch üb. d. Plan Jesu; 5. Aufl. v. Heubner. Wittenb. 1830. 8.

Reinhard, F. V. Darstellung der philosophischen und theologischen Lehrsätze ... Amberg u. Sulzbach 1801—04. H: *Pölitz, Carl Heinrich Ludwig.* (BrMm)

— Darstell. d. philosoph. u. theolog. Lehrsätze, s. K. H. L. Pölitz.

— Daß unsre Kinder das wichtigste Gemeingut des Vaterlandes sind. Predigt am 2. Febr. 1811 gehalten. gr. 8. Leipz. Hartknoch.

Reinhard, Franz Volkmar [Praes.], s. Erdmann, Johann Gottlob: Leges Mosis morales praestantiores esse legibus Lycurgi et Solonis.

— Erhebungen über Welt u. Gegenwart zu Gott u. Zukunft, (aus d. Reinhard'schen Religionsvorträgen gezogen von J. K. Weikert). 8. Chemnitz 818. Starke. 1 rthl 18 gr

— essai sur le plan formé p. le fond de la rélig. chrét. etc. trad. d'Allem. p. J. L. Alex. Dumas. 8. Dresd. 799. Walther. 1 rthl 12 gr

Reinhard, Franz Volkmar [Praes.], s. Fahr, Immanuel Constantin: Utrum Sulzeri cum Platone de vera bonarum artium dignitate consensus vana consilia suadeat.

Reinhard, Franz Volkmar [Praes.], s. Francke, Christian Friedrich: Notae historicae conditioni cognoscendae primorum christianorum in primis Romanorum cum Paulus ad eos scriberet servientes.

Reinhard, Frz. Volkm., († d. 6. Sept. 1812.) Geist des Christenthums in Hinsicht auf Beruhigung im Leiden; nach d. Latein. neu bearb. u. mit Zusätzen (v. Reinhard) versehen; hrsgg. von J. S. Fest. 8. Leipz. 792. (Wienbrack). 1 ℛ

Reinhard, Frz. Volkm., Geist des Christenthums in Hinsicht auf Beruhigung im Leiden, n. d. Latein. herausg. v. J. S. Fest. 8. Leipzig, Gräff. 793.

Reinhard, Franz Volkmar, s. Gesangbuch, Dresdner.

— Geständnisse, s. Predigten und seine Bildung z. Prediger betreff. in Briefen an e. Freund. gr. 8. Ebend. 810.

— Geständniß, seine Predigten u. seine Bildung zum Prediger betreff., in Briefen an e. Freund. gr. 8. Sulzb. 810. v. Seidel. 20 gr. 2e A. 811. Ebd. 12 gr.

Reinhard, Franz Volkmar [Praes.], s. Glasewald, August Gottlob: Symbola ad interpretationem psalmi sexagesimi octavi.

Reinhard, Franz Volkmar [Praes.], s. Goerenz, Johann August: Vestigia doctrinae de associatione quam vocant idearum libris veterum impressa.

Reinhard, Frz. Volkm., Grundriß d. Dogmatik, s. Grundriß.

– s. Grundsätze üb. die Natur des Schönen.

Reinhard, Franz Volkmar [Praes.], s. Hacker, Johann Georg August: Imago vitae morumque Socratis e scriptoribus vetustis expressa.

— De coniungenda cum tradendis philosophiae placitis eorundem historia. Oratio praemissa Vitis virorum doctissimorum quibus summi in philos. honores in Acad. Vitebergensi tributi sunt. Wittenberg (A. Chr. Charisius) 17. X. 1780. 35 S. (5.—) 28150

Enthält Biogr. v.: Friedrich Christian Baumeister (Görlitz), Carl Joachim Pfotenhauer (Wittenberg), (M.: Fr. C. Reinhard), Carl Friedrich Liebel (Markneukirchen/Vogtland), Johann Bernhard Behr (Hamburg), Martin Hermann Junge (Hamburg) (M.: Chr. A. Bunn), Franziskus Jakob Theodor Meyer (Behlendorf/Lübeck) (M.: M. D. Meyer), Christian Samuel Kretschmar (Niederschoena/Freiberg) (M.: E. Fr. Seyfrid), Johann Christian Vaupel (Haardorf / Meißen) (M.: M. Schmid), August Gotthelf Bruckmeyer (Gießenstein/Meißen) (M.: J. M. Morasch), Carl Adolph Beutler (Buckau), August Gottlob Glasewald (Wiederau bei Herzberg/Sachsen) (M.: Chr. C. Vinz), Joseph Friedrich Thierfeldt (Elterlein bei Annaberg), Ernst Christoph Baumbach (Ufhof/Thüringen), Johann Friedrich Müller (Chemnitz) (M.: Chr. R. Ridel), August Friedrich Behnart (Röhrsdorf bei Dresden) (M.: R. C. Schreiber), Johann David Heinrich Ehwalt (Danzig) (M.: R. E. Ottmerson) Johann Christian Gottlob Liebe (Freiberg) (M.: M. M. Pezold), Johann Christian Palitsch (Plauen bei Dresden), Benjamin Ferdinand Hermann (Bischofswerda / Meißen), Andreas Oehler (Carsdorf/Thüringen) (M.: R. Kellner), Johann Gottlob Wilhelm Pasch (Gräfenhain.), Carl Friedrich Stein (Gräfenhain.) (M.: M. M. Lohse), Johann Gottlob Bürger (Langensalza), Johann Wilhelm Pfeiffer (Weißensee/Thüringen) (M.: J. M. Pfeiffer), Johann Friedrich Christian Kühn (Martinroda bei Ilmenau).

– s. Höpfner, J. G. C.: Epitome.

Reinhard, Franz Volkmar [Praes.], s. Jehnichen, Johann Gottfried: De petenda rerum quas libri n. t. continent, e libris v. t. apocryphis illustratione.

Ord. philos. in acad. Vitebergensi decanus **Franziskus Volkmar Reinhard** sollemnia conferendae utriusque laureae philos. et artis poeticae candidatis indicit ac breviter simul disputat de veterum inductione ad locum Diogenis Laertii L. III. segm. 53—54. Wittenberg (A. Chr. Charisius) 17. X. 1780. 20 S. (4.—) 28158

Reinhard, Frz. Volkm., über den Kleinigkeitsgeist in der Sittenlehre. gr. 8. Meißen, Erbstein. (Gödsche.) 801. Rthlr.

— über den Kleinigkeitgeist in der Sittenlehre. N. wohlf. Ausg. gr. 8. Meißen, Gödsche. 817.

Reinhard, Franz Volkmar [Praes.], s. Klotzsch, Johann Georg Carl: De Christo ab instituenda societate clandestina alieno.

— u. Hacker's Communionbuch f. Personen aus den gebildeten Ständen, mit 1 Kupf. 8. Stuttgart, Löfflund. 812.

Velinp.

— über die Lehre von der göttlichen Vorsehung. gr. 8. Lpz. Göschen. 805.

— die trostvolle Lehre d. göttl. Vorsehung. 2te A. brdl.
Auch unter dem Titel:
Predigten üb. einzelne Theile d. Lehre von d. göttlichen Vorsehung. Neue Auflage. gr. 8. Leipzig, Göschen. 813.

Reinhard, Franz Volkmar [Praes.], s. Leisner, Joh. Phil.: De notione dei quae in prioribus XI. geneseos capitibus tribuitur hominibus primis.

Reinhard, Franz Volkmar [Praes.], s. Merkel, Friedrich Gottlieb: Utrum Athenienses cum florentissimam haberent rempublicam vere felices fuerint disputatio historico philosoph.

Reinhard, Franz Volkmar [Praes.], s. Meyer, Franz Jakob Theodor: Utrum ad judicium de miraculis requiratus universae naturae accurata cognitio.

— De notione felicitatis humanae ad judicium de placitis Christianae religionis porum idonea. Diss. theol. Wittenberg (A. Chr. Charisius) 15. XI. 1782. 76 S. (4.50) 28151

— opuscula academica, ed. K. H. L. Pölitz. II Tomi. 8maj. Leipz. 808, 9. Hinrichs. 4 ℛ 12 gr. Schrbp. 5 ℛ Velp. 7 ℛ

Reinhard, F. V. Opuscula academica. Leipzig 1808—9. H: *Pölitz, Carl Heinrich Ludwig.* (ErschDL)

Reinhard, F. V., Oratiuncula de ratione docendi Socratica in institutis philosophiae academicis imitanda cum additamento „de methodo docendi Socratica". 1780. 10½ S. 1.—

— Oratiuncula de ratione docendi socratica in institutis philosophiae academicis imitanda. 8. Vitteb. Zimmermann. 780.

Reinhard, Franz Vokmar: Predigt.
am 3ten Adventssonntage 1808. in der Universitätskirche zu Leipzig geh. gr. 8. Leipzig, Beygang. 809.

— — an ihren Früchten soll man sie erkennen. 8. Leipz. Barth. 796.

— Predigt beym Antritt am Tage d. Verkünd. Mariä. gr. 8. Wittenberg, Zimmermann. 784.

— — am 1n Bußtage 1801. 8. Leipzig, Hilscher. (Compt. f. Litt.) 801.

— — am 2n Bußtage 1805. gr. 8. Dresden. (Hartknoch in Leipz.) 805.

— — dies. am 3ten Bußtage 1811. gr. 8. Ebend.

— — am grünen Donnerstage 1806. gr. 8. Ebend. 806.

— — am grünen Donnerst. und am 1n und 2n Osterfeyertage 1809. gr. 8. Dresden. (Hartknoch in Leipz.) 809.

— Predigt. Vom Einfluß der Weissagungen des alten Bundes. 8. Wittenb. 776. Zimmermann.

— — bey Eröffnung d. v. d. König v. Sachsen ausgeschr. allgemeinen Landtags d. 6. Jannar 1811. gr. 8. Dresden, Walther. 811.

— — am Feste der Kirchenverb. 1809. gr. 8.
Dresden 1809.(Hartknoch in Lpz.)

— Predigt am Fest d. Kirchenverb. d. 31. Oct. 1810. gr. 8. Leipz. Hartknoch.

— — dies. am Feste d. Kirchenverb. den 31. Oct. 1811. gr. 8. Ebend.

— — am Feste der Reinig. Mariä 1810. gr. 8. Ebend. 810.

— — am Feste der Reinigung Mariä d. 2. Februar 1811., daß unsere Kinder d. wichtigste Gemeingut d. Vaterlandes sind. gr. 8. Ebend. 811.

— — am Gedächtnißtage d. Kirchenverbesserung 1800. 8. Dresden, Arnold. 1800

— — am Gedächtnißtage der Kirchenverb. 1805. gr. 8. Ebendaselbst. 805. (Hartknoch in Lpz.)

— — am Sonnt. Invocavit 1808. 8. Lübben, Gotsch. 808.

— — am Johannistage 1806. gr. 8. Ebend. 806.

— letzte Predigt am 1sten Bußtag, d. 28. Febr. 1812 gehalten. gr. 8. Zeitz, Webel.

— — am hohen Neuen Jahrstage 1802. geh. v. d. Verhältniß in welchem das Evangelium Jesu u. d. menschl. Gelehrsamkeit mit einander stehen, herausg. v. Heynig. gr. 8. Weißenfels, Böse. 802.

— — dies. am hohen Neuen Jahrstage 1802; ist jetzt Verlag d. Weygandschen Buchh. in Leipz.

— — am Reformationsfeste 1800. gr. 8. Jena, Voigt. 800.

— am Reformationsfeste 1801; hrsgg. v. Jh. Chr. Heynig. 8. Leipz., Barth. 3 gGr.

— — am Reformationsfeste 1807. mit Blessigs in Straßburg Bemerkungen über den Geist des Protestantism. gr. 8.
Dresden 1807.(Hartknoch in Leipz.)
(Blessigs Bemerk. einzeln, s. Blessig.)

— — am Reformationsfeste 1808. gr. 8. Dresden. (Hartknoch in Leipzig.) 808.

— — d. Schlusse d. Königl. Sächs. allgemeinen Landtags den 12. May. 1811. gr. 8.
Dresden: Walther 1811.

— — am 1n Sonnt. nach d. Feste der Dreyeinigkeit 1809. gr. 8.
Dresden 1809.(Hartknoch in Lpz.)

— — v. d. christl. Vaterlandsliebe, am 10n Sonntage nach Trinitatis geh. gr. 8.
Wittenb.:Zimmermann 1784.

Reinhard, Frz. Volkm., Predigten. 2 Thle. (1r 786. 2e A. 792.) gr. 8. Wittenb. 792, 93. Zimmermann. 2 Rthlr.

— Predigten. Supplement-Band. — A. u. d. T.: 14 bisher noch ungedruckte Predigten, gehalten in d. Universitäts-Kirche zu Wittenberg, nebst einer Abhandlung üb. die Wahrheit der christl. Religion. Herausgeg. von C. B. Kenzelmann. Mit 1 Ansicht der Kirche. gr. 8. Meißen 825, Gödsche.

—— Predigten. 39 Bde. Jahrg. 1795 — 1812, u. 4 Thle. üb. d. sonn- u. festtäg. Evangelien d. ganzen Jahres z. häusl. Erbauung. Gesamm. u. hrsg. v. Joh. Geo. Aug. Hacker. Neueste nach d. Orig.-Manuscr. revid. Ausg. Nebst: Repertorium v. J. B. Stapf, mit e. Vorr. v. Heinr. Theod. Stiller. 3., verm. u. verb. Aufl. 8. (621½ B.) Sulzbach 831 — 37, v. Seidel'sche Buchh. *

Reinhard's, Franz Volkmar, Predigten. Neueste nach d. Original-Manuscript revid. Ausg. 40 Bde. 8. Sulzbach 831—37. v. Seidel. Subscr.-Pr. 11⅔ Rthlr.

— Predigten bei e. Amtsveränderung gehalten. gr. 8. Wittenb. 792. Zimmermann. 6 gGr.

Reinhard, Frz. Volkmar. Ausgewählte Predigten, s. Predigt, die, der Kirche.

— 31 bisher noch ungedruckte Predigten nach einer unruhigen Zeit, in den Jahren 1792 bis 1794 gehalten. Supplementband, zum Druck befördert vom Pfarrer Joh. Ludw. Haas. gr. 8. Leipzig 833. (Küntzel.) 1½ Rthlr.

Reinhard, Frz. Volkmar, 31 bisher noch ungedr. Predigten nach e. unruhig. Zeit, in d. J. 1792 bis 1794 gehalt. Supplementbd., z. Druck beförd. v. Joh. Ludw. Haas. gr. 8. (24 B.) Leipzig 833, Schumann.

— Predigten über die sonn- u. festtägl. Evangelien des ganzen Jahres; aus dessen hinterlass. noch ungedruckt. Papieren gesammelt u. hrsgg. v. J. G. A. Hacker. 4 Bde. gr. 8. Sulzb. 815. v. Seidel. 4 Rthlr. Wohlf. Ausg. 2 Rthlr. 12 gGr.

— Predigten in d. Jahren 1795—1812 bei d. Hofgottesdienste in Dresden gehalten. 35 Bde. (35r Bd. v. J. G. A. Hacker herausgg.) gr. 8. Sulzb. 796—812. v. Seidel. 24 Rthlr. Einzelne Jahrgg. von 2 Bden. 1 Rthlr. 12 gGr. Wohlf. Ausg. (Mit d. Predigten über sonn- u. festtägl. Evangelien. 4 Bde,) zusammen 39 Bde. 11 Rthlr. 3 gGr. Ausg. (v. 1795—1812.) f. Minderbegüterte. 8. Ebd. 17 Rthlr. Wohlf. Ausg. in 8. (Mit den Predigten über die Sonn- u. Feiertags-Evangelien. 4 Bde in gr. 8.) Ebd. 8 Rthlr. 22 gGr. Einzelne Jahrgg. zu 2 Bden. 20 gGr.

— — 1795. d. Sächs. Evangel. Hofgottesdienst zu Dresden gehalten. 1r Thl. gr. 8. Sulzbach, Seidel. 797.

— — Auszüge einiger im Jahre 1795. gehalt. Pred. ist d. vorhergeh. 2r Theil. gr. 8. Meißen, Erbstein. (Gödsche.) 798.

Reinhard, Frz. Volkm., Predigten 1796. 1r Thl. gr. 8. Sulzbach, Seidel. 798. Rthlr.

— — 1796. 2r, oder Auszüge von 1796. gr. 8. Ebend.

— — 1797. 1r. gr. 8. Ebend. 800.

— — 1797. 2r, oder Auszüge von 1797. gr. 8. Ebend.

— — in den Jahren 1798 bis mit 1810 in Dresden gehalten. 13 Jahrg. gr. 8. Ebend. (d. Jahrg. v. 2 Thln. 2 Rthlr.) 799—811.

— — dies. im J. 1811. (od. 17r Jahrg.) in Dresden gehalten. gr. 8. Sulzb. Seidel.

— Predigten über einzelne Theile der göttl. Vorsehung. gr. 8. Leipz. 805. Göschen. 1 Thl. 2e A. Ebd. 1 Thl. (A. u. d. T.: die trostvolle Lehre von d. göttl. Vorsehung. 2e Abtheil.)

— Predigten über die epistol. Texte im J. 1806 u. 7. 2 Bde, ist der Jahrg. 1806 der ganzen Sammlung.

— 2 Predigten bei d. Amtsveränderung: (1) Abschiedspredigt in Wittenberg; 2) Antrittspredigt in Dresden). 8. Wittenb. 792. Dürr in Leipz.

— die Psalmen metrisch übersetzt, herausg. v. J. G. A. Hacker. 8. Leipz. Hartknoch. 813.
Vgl. P s a l m e n...

Rector acad. Vitebergensis **Franziskus Volkmar Reinhard** civibus academicis s. p. d. (Wittenberg (C. Chr. Dürr) Fest. Paschat. 1791.) (3.25) 28161
Enthält: Psalmus XC. Carmine redditus.

— Pyrrho u. Philalethes od. leitet die Skepsis z. Wahrheit u. z. ruhigen Entscheidung. 2te verb. Aufl. 8. Sulzb. Seidel. 813.
Vgl. P y r r h o ... u.: C r e l l, Lor. v.

— sämmtl. zum Theil noch ungedruckte Reformationspredigten, mit histor. Anmerkk. hrsgg. v. L. Berthold (u. J. G. B. Engelhardt). 3 Bde. Mit 3 Kpf. gr. 8. Sulzb. 823—25. v. Seidel. 6 Thl.

— Religionem Christianam esse optimum adversorum solatium demonstratur ex ipsa consolationis natura commentationis theologicae. Pars prior. Wittenberg (C. Chr. Dürr) (Fest. Pentecost.) 1789. 32 S. (3.75) 28154
Siehe auch: Hommel, Christian Gottlieb.

— Religionem Christianam esse optimum adversorum solatium demonstratur ex ipsa consolationis natura commentationis theologicae. Pars altera sectio prior. Wittenberg (C. Chr. Dürr) (25. XII.) 1790. S. 69—102. (3.75) 28155

Rector acad. Vitebergensis **Franziskus Volkmar Reinhard** cives academicos ad religiose concelebranda sollemnia Paschae invitat. (Wittenberg (C. Chr. Dürr) I. Pasch. 1791.) S. 105—146. (3.75) 28162
Enthält: Religionem Christianam esse optimum adversorum solatium demonstratur ex ipsa consolationis natura partis secundae sectio ultima.

— Religionsvortrag am Johannistage 1801 bei d. evangel. Hofgottesdienste zu Dresden; hrsgg. v. J. G. Heynig. 8. Leipz. 801. Joachim. 4 gGr.

Reinhard, Franz Volkmar [Praes.], s. R i c h t e r, Georg Wilhelm: Specimen observationum e theodoreti commentario in psalmos.

– s. R u n g i u s, A. M.: Archiv der Vorsehung.

— Samml. einiger Predigten, bei verschied. Gelegenheiten gehalten. gr. 8. Dresd. 799. Walther. 1 Thl. 8 gGr. (Einzeln: 1) Predigten bei Eröffnung u. Schluß des Sächs. Landtags am 6n Jan. 1793. 6 gGr.; 2) zwei Predd. bei Eröffnung u. Schluß des Landtags 1799. 6 gGr.; 3) Predigt v. d. Achtung, welche Christen d. eingeführt. Verfassungen schuldig sind. 1793. 3 gGr.; 4) Predigt am 1n Bußtage 1796. 2 gGr.; 5) Predigt bei Eröffn. des Landtags d. 6. Jan. 1805. 4 gGr.; 6) Predigt beim Schlusse desselben. 4 gGr.)

– s. S a m m l. aller bibl. Stellen.

— **Saxonia Chrysostomo, Amico, Genethliacon. Addita corollarii loco lucerna bilychni, aerea, aurata, ad modulum lucernae antiquae, in Museo Regio servatae, efficta. Dresden (C. G. Gaertner) 12. III. 1811. (3.—)** 28157

– s. S c h e i b l e r, M. F.: Aus Reinhards Leben.

— sermon prononcé dans l'église évangelique de la cour de Dresde le 13. Mars 1801. gr. 8. Sulzb. 802. v. Seidel. 5 gGr.
— sermon prononcé à Dresde, le 12. Mai 1811. (Am Schlusse des allgem. Landtags.) trad. de l'allem. par C. Saigey. gr. 8. Dresd. 812. (Walther). 4 gGr.

— Sermon sur le Rapport, qui se trouve entre l'Evangile de Jesus Christ et l'Erudition humaine, trad. de l'Allemand. gr. 8. Leipz. Weigel. (Steinacker.) 803.

—— Stimme an unsre Zeit: Nur e. tugendhaft. Volk kann ein glückliches seyn! und (:) Der Wahrheit ist Nichts mit schüchternen Freunden gedient! Zwei noch ungedr. Predigten, hrsg. v. J. L. Haas. gr. 8. (2 B.) Zwickau 831, Richter.

— **Symbola ad interpretationem psalmi sexagesimi octavi. Disput. theol. Präs. Ernst Friedrich Wernsdorf. Wittenberg (A. Chr. Charisius) Nov. 1778. 30 S. (4.—)** 28140

— System d. christl. Moral. 4 Bde. 788—810. 1r—3r Bd. 2e A. 791—801. 3e A. 1r—3r Bd. 797—804. 4e A. 1r—3r Bd. 802—7. 1r Bd. 5e A. 815. gr. 8. Wittenb., (Mylius in Berl.) 10 Thl. 5r Bd. nebst e. Register üb. das ganze Werk; (herausgg. v. Pt. K. W. v. Hohenthal). gr. 8. Wittenb. 815. (Ebd.) 3 Thl. 12 gGr. complett 14 Thl. Zusätze zu der 3n Aufl. des 1n—3n Bdes. 802, 5 u. 12. (Ebd.) (à 8 gGr.) 1 Thl.

Reinhard, F. V. System der christlichen Moral. 1788—1815. H (Bd. 5): *Hohenthal, Peter Carl Wilhelm von.* (Ky)

— System der christl. Moral. 4 Bde. gr. 8. Wittenb. Zimmermann. (I. 802. 2 Rthlr. 8 gr. II. 805. 2 Rthlr. III. 807. 2 Rthlr. 20 gr. IV. 810. 2 Rthlr. 20 gr.)

— System d. christl. Moral. 5r Bd. nebst e. Register üb. das ganze Werk. gr. 8. Wittenb. Zimmermann. 815.

— System d. christl. Moral. 5 Bde. jetzt Verlag v. Mylius in Berlin.

— **Franziskus Volkmar,** Tentamen selectarum quarumdam ex annuis pericopis nostris atque apud Luc. XVI, 1—9. Matth. VI, 24—34. et Luc. VIII, 4—15. obuiis sensum rectius constituendi. Leipzig (J. G. Beygang) 12. III. 1753. 16 S. (3.75) 28146

— Todtenfeyer im Schullehrer-Seminar zu Weißenfels. gr. 8. Leipz. Vgl. (in Comm.) 812.

— Utrum et quando possint oratores divini in administrando munere suo demittere se ad vanas hominum opiniones. Comment. theol. pars prior. Prolusio qua ad orationem auspicalem professionis theol. ordin. invitat. Wittenberg (A. Chr. Charisius) 11. XII. 1782. 31 S. (4.25) 28152

— v. d. Verhältniß, in w. d. Evangel. Jesu u. d. menschl. Gelehrsamk. stehen, eine Predigt, u. e. Homilie üb. Matth. XVIII. V. 1—5., herausg. v. Heynig ist dessen Predigt am hohen Neuen Jahrstage 1802.

— Versuch über den Plan, den der Stifter der Religion zum Besten der Menschheit entworfen. 8. Wittenb. 781. 2e A. 784. 3e A. 789. 4e A. 798. 5e verm. Aufl. v. H. L. Heubner. gr. 8. Ebd. 830. Zimmermann. 1 ℛ 16 ℊ

—— Versuch üb. den Plan, welchen d. Stifter d. christl. Religion zum Besten der Menschen entwarf. Ein Beytr. zu d. Beweisen f. d. Wahrheit dies. Religion. 5. Aufl. Mit Zusätzen u. Anhn. vers. v. H. L. Heubner. gr. 8. (33 B.) Wittenberg 830, Zimmermann.

— De vi qua res parvae afficiunt animum in praeceptis de moribus diligentius explicanda commentationis theol. pars altera qua ad sollemnia a Michaele Angelorum principe denominata invitat ordinis theol. Wittenberg (C. Chr. Dürr) 29. IX. 1785. S. 37—68. (4.—) 28153

— de vi, qua res parvae afficiunt animum, in doctrina de moribus diligent. explicanda. 8maj. Wittenb. 789. (Dürr in Leipz.) 12 ℊ Deutsch, s. oben: Werth der Kleinigkeiten.

— Vorlesungen über die Dogmatik, mit literar. Zusätz. hrsgg. v. J. G. J. Berger. gr. 8. Sulzb. 805. v. Seidel. 1 ℛ 20 ℊ 2e A. 807. 3e A. 81.. 4e verb. Aufl. mit neuen literar. Zusätzen verm. v. H. A. Schott. 818. 5e A. 8. Ebd. 1 ℛ 20 ℊ

— Vorles. über die Dogmatik, m. litterar. Zus. herausg. v. J. G. J. Berg. gr. 8. Sulzbach, Seidel. 806.

— Vorlesungen üb. die Dogmatik, mit literar. Zusätzen herausg. von Berger. 3te Aufl. gr. 8. Sulzbach, Seidel. 811.

— Vorlesungen über die Dogmatik mit literarischen Zusätzen herausgegeben von J. G. J. Berger, mit neuen literarischen Zusätzen vermehrt von H. A. Schott. 4te verb. Aufl. gr. 8. Sulzbach, Seidel. 818.

— v. Werth der Kleinigkeiten in d. Moral; aus d. Latein. mit Anmerkk. v. J. C. F. Eck. (A. u. d. T.: Anh. zum System der Moral.) gr. 8. Berl. 798. (Vieweg in Braunschw.) 18 ℊ Eine neue Ausg. unter d. T.: über den Kleinigkeitsgeist in d. Sittenlehre. gr. 8. Meißen 801. (Goedsche). 18 ℊ Wohlf. A. 817. 14 ℊ Latein., s. unten: *De* vi qua etc.

— Wesenlehren d. christl. Glaubens u. Lebens f. Verstand u. Herz. Aus seinen Werken herausgeg. v. L. v. Eß. gr. 8. Sulzb. 823, v. Seidel.

— über das Wunderbare u. die Verwunderung; ein psycholog. Versuch. 1r Thl. 8. Wittenb. 782. Zimmermann. 16 ℊ

Reinhard, Franziskus Wilhelm Martin (Kleinzschocher), De quibusdam exsudati pleuritici exitibus. Diss. med.-chir. Leipzig (Sturm u. Koppe) 24. I. 1856. 26 S. mit Biogr. (M.: C. Frickmann.) (3.—) 28163

Gew.: Gustav Haenel, Gustav Biedermann Guenther, Johann Friedr. Wilh. Reinhard.

Reinhard, Friedrich Wilhelm,
s.a. Reinhard, Joh. Friedrich Wilhelm

Reinhard, Friedr. Wilh., Blätter f. häusl. Andacht, s.a. Blätter.

—— u. Wilh. Naumann, Blätter f. häusl. Andacht u. Erbauung f. alle Stände. Neue verm. Ausg. gr. 8. (15⅝ B. u. 1 Kpfr.) Leipzig 843, [T. O. Weigel.]

Reinhard, Friedr. Wilh., daß die Feier des Reformationsfestes die Glieder der evangel. Kirche dringend auffodere, sich ihrer bedrängten Glaubensgenossen thätig anzunehmen. Predigt am Reformationsfeste 1842 z. Gründung e. Parochial-Zweigvereins der Gustav Adolph-Stiftung gehalten u. auf Verlangen hrsg.. gr. 8. (1 B.) Leipzig 843, Hinrichssche Buchh. *

Reinhard, Friedr. Wilh., Predigt am Reformationsfeste 1844 in den Kirchen zu Kleinzschocher u. Großmiltitz zum Andenken an die vor 300 Jahren in hiesigen Parochie eingeführte Kirchenverbesserung gehalten. gr. 8. (1½ B.) Leipzig 844, Voß, (Hinrichssche Buchh.) Thlr. *

— Predigt am Reformationsfeste 1844 in den Kirchen zu Kleinzschocher u. Großmiltitz zum Andenken an die vor 300 Jahren in hiesiger Parochie eingeführte Kirchenverbesserung gehalten. gr. 8. Leipzig 845, L. Voß. (Hinrichs'sche B.) n. 4 ngl

Reinhard, Friedr. Wilh., Predigten an den Bergfesten der Freiherrlich von Burgk'schen Berg- und Hüttenknappschaft in der Kirche zu Döhlen im Plauenschen Grunde nebst einigen Reden im Huthause zu Großburgk gehalten. gr. 8. (X und 142 S.) Leipzig 862, C. F. Fleischer.

Reinhard, Frdr. Wilh., Predigten geh. in der Kirche St. Mariä zu Altmügeln am Freitag d. allda jährlich abzuhalt. Stoppelmarktes. gr. 8. (X, 94 S.) Leipzig 873. F. Fleischer. n. 1. 20

Reinhard, das Vaterunser, siehe: Bibliothek, wohlfeile, guter kathol. Bücher, 4. Samml. 4 u. 5. Bdchn.

Reinhard, (Friedr. Wilh.,) das heil. Vaterunser, s. Vaterunser.

Reinhard, was sagt das Wort Gottes von Denen, welche Gott verleugnen? Predigt am 2. Bußtage den 22. Novbr. 1850 üb. Psalm 14, 1—3. zu Großmiltitz u. Kleinzschocher gehalten. gr. 8. (16 S.) Leipzig 850, Thenau. 3 ngl

—— was sagt das Wort Gottes von Denen, welche Gott verleugnen? Predigt am 2. Bußtage den 22. Novbr. 1850 über Psalm 14, 1—3. zu Großmiltitz und Kleinzchocher gehalten. gr. 8. (16 S.) Leipzig 851, Thenau.

Reinhard, Fr. Wlh. (J. F. W. II.), Worte des Trostes am Sarge des Kaufmann Johann Friedrich Genthe, in der Kirche zu Kleinzschocher. gr. 8. Leipzig 835. (Hinrichs.) baar $1/8$ ℛ

Reinhard, Fritz, appr. Arzt aus Cassel: **Beitrag zur Casuistik der operativ behandelten Fälle von Cholelithiasis.** *Göttingen 1902: Dieterich.* (99 S.) 8°
Göttingen, Med. Diss. v. [7. Mai] 1902

Reinhard, Fritz, Beitrag zur Casuistik der operativ behandelten Fälle v. Cholelithiasis. Diss. gr. 8. (98 S.) Göttingen 902. (Vandenhoeck & Ruprecht.) n. 2.—

Reinhard, Fritz, aus Weiden: Zwei **Fälle** von sehr auffallender Difformität nach Osteomyelitis tibiae. *Erlangen 1903: Junge & Sohn.* (23 S.) 8°
Erlangen, Med. Diss. v. 28. Mai 1901

Reinhard, Fritz, Referendar: Der Irrtum des Stellvertreters bei Rechtsgeschäften. Brieg, Bez. Breslau 1909: Tesch. 35 S. 8°
Breslau, Jur. Diss. v. 18. Mai 1909, Ref. Leonhard-Schott
[Geb. 5. Juli 81 Quosnitz; Wohnort: Brieg; Staatsangeh.: Preußen; Vorbildung: Gymn. Neubrandenburg Reife O. 03; Studium: Tübingen 3, Breslau 4 S.; Rig. 6. März 07] [U 09. 515

Reinhard, Fritz, Humoristisch-satyrische Streiflichter auf d. Reichtum d. dtsch. Sprache an Ausdrücken f. Sinn u. Unsinn in d. Beredsamkeit, Bromberg, 49 S., 8°.

Reinhard, Georg [approb. Arzt]: Ein **Fall von Kaiserschnitt** nach alter Methode .... Marburg, Druck v. Georg Schirling, 1888; 22 S. + 1 Bl. 8°
Marburg, Med. Fak., Inaug.-Diss. v. [5. Jun.] 1888

Reinhard, Georg, ein Fall von Kaiserschnitt nach alter Methode. Diss. Marburg 1888, N. G. Elwertsche Univ.-Buchh. 8°. 22 S.

Reinhard, Geo., s. Jahrbuch der Textil-Industrie.

Reinhard, Georg August: „Versuch eines Grundrisses der Staatswirthschaftslehre", Mannheim 1805 (F. Kaufmann). — Vorh.: Landesbibliothek Karlsruhe (Signatur Fd 172).

Reinhard, Georg Günther Curt, s. Reinhard, Kurt.

Reinhard, Gustav Edgar, aus Eschdorf: Schillers Einfluss auf Theodor Körner. *Neu-Ruppin 1899: Märkische Zeitung.* (140 S.) 8° [F.] ¶ (Soll fortgesetzt werden.)
Leipzig, Phil. Diss. v. [1. Nov.] 1899

Reinhard, Gust., Schiller's Einfluß auf Theodor Körner. Ein Beitrag zur Litteraturgeschichte. gr. 8. (140 S.) Straßburg 899. K. J. Trübner. n. 3.—

Reinhard, H., Brauerei-Maschinenfabrik: Katalog. München (1891?)

Reinhard, Hans: Aus d. Psychiatr. u. Nerven-Klinik zu Kiel. Über Erfindungswahn. Kiel 1908: Fiencke. 37 S. 8°
Kiel, Med. Diss. v. 13. Aug. 1909, Ref. Siemerling
[Geb. 29. Sept. 84 Ürdingen; Wohnort: Hildesheim; Staatsangeh.: Preußen; Vorbildung: Gymn. Josephinum Hildesheim Reife O. 03; Studium: Bonn 1, Freiburg i. B. 4, München 2, Kiel 3 S.; Coll. 31. Juli 08; Approb. 1. Aug. 09.] [U 09. 2283

Reinhard, Hans von. Rede Seiner Excellenz, des regierenden Herrn Landammanns der Schweiz, Herren H' von R', gehalten bei Eröfnung der eidgenössischen Tagsatzung, Zürich, den 2. Brachmonat 1807. 4. [Zürich.]

Reinhard, Hans von. Rede Seiner Excellenz des Herrn Landammanns H' von R', bey Eröffnung der Tagsatzung in Zürich den 7. Brachmonat 1813. 4. Zürich.

Reinhard, Hans von. Rede Seiner Excellenz, des regierenden Herren Landammanns der Schweiz, Herren H' von R', gehalten bey Uebergabe des Direktoriums der Schweizerischen Eidgenossenschaft an den Herren Schultheiss [Vincenz] Rütimann.... in Zu.. den 31. Christmonat 1807. 4. Zürich 1808.

— Heinrich (Dresden), Pro consuetudinibus Germanorum universalibus. Präs. Aug. Cornel. Stockmann. Dresden (C. Chr. Meinhold) 30. III. 1805. 14 S. (3.—) 28164

Reinhard, Heinrich, approb. Arzt aus Creuzburg a. Werra: Ueber einen **Fall** von Leucosarcom der Iris. *Lichtenhain 1904: F. L. Seifert.* (17 S.) 8°
Jena, Med. Diss. v. (2. Juni) 1904

Reinhard, Heinr., arithmetisches Handbuch für Rechtsgelehrte, nach sächs. Rechten bearb. Hrsg. v. Georg Carl Treitschke. gr. 8. (9¼ B.) Dresden u. Leipzig 845, Arnoldische Buchh.

Reinhard, (H.,) die Ordnung der Gläubiger im Concurs, u. die bei Abfassung von Distribution bescheiden zu beobachtenden Grundsätze, nach den im Königreich Sachsen geltenden Rechten. gr. 8. Dresden 825, Hilscher.

Reinhard, Hnr., die Ordnung der Gläubiger im Concurs, u. die bei Abfassung von Distribution bescheiden zu beobachtenden Grundsätze, nach d. im Königr. Sachsen geltenden Rechten. gr. 8. Dresd. 826. Hilscher. (Leipz., Focke). 1 ℛ 18 𝒢

Reinhard, Henr. (geb. Hilbeck in Westf. 7. 1. 1829): De urethrotomia. Berolini (1854). (28 S.) 8°
Berlin, Med. Diss. v. 31. März 1854

— Herrmann (Dresden), De viarum lacrimalium in homine ceterisque animalibus anatomia atque physiologia collectanea quaedam et observata. Diss. med. Leipzig (Fr. Andraei) 18. IX. 1840. 24 S. (3.75) 28165
Gew.: Jaques Reinhard (Oheim).

REINHARD, Hermann (Stallupoenensis): Ueber die operative Behandlung des Empyem's.- München: Wolf 1881. 20 S.
10.12.1881 - Urk (Titel: De empyematis operatione.); Chr 1881/82,7
Diss.Ingolst.-Landsh.-Mchn.

Reinhard, Herrm., das Mikroskop, s. a. Handbibliothek, medicinische.

Reinhard, Herrm., das Mikroskop und sein Gebrauch für den Arzt. Mit Zugrundelegung des Werkes von Beale: „the microscope and its application to practical medicine." 2. Aufl. gr. 8. (X und 202 S. mit eingedr. Holzschn.) Leipzig 864, C. F. Winter'sche Verlagsh. *

Reinhard, J., theolog. Sünden- und Lastersystem. 4. Jena, Schulz. 722.

— theol. Tugendsystem. 4. Ebend. 714.

J. A. *Reinhard.* Erläuternde Andeutungen über die σύνοικοι, περίοικοι, ἄντοικοι und ἀντίποδες des Geminus und ἀντίχθονες des Achilles Tatius. 24 S. Freiburg, P 1846

Derselbe. Ciceronis Epistola regia (Epistolar. ad Quintum fratrem I. 1), übersetzt und erläutert. 64 S. Freiburg, P 1847

Reinhard, J. A., De aliquot locorum in M. T. Ciceronis oratione quae inscribitur „pro lege Manilia" fide historica. Pr. 1852. 83 S. 1.20

Reinhard, J. B.

— Prüfung des Geistes der neuen Engelsbrüdersch. 8. Ebend. 720.

Reinhard, J. B., Unters. d. Irrlehren, d. in Jacob Böhmens und Gichtels Schr. enthalten sind. 8. Nordh. Groß. 734.

Reinhard, I. C., etymologia graeco-lat., s. lexicon manuale philog. 8. Fref. 721.

Reinhard, J. F. W., 300 Sätze aus d. weiblichen Naturlehre. 8. Presburg, Löwe. 787. Rthlr.
Vgl. Reinhard, F. F. W.

Reinhard, J. S., Homilie über den verlornen Sohn nach Luc. 15. Vorgetragen an dem Feste der Romfahrt in der Stiftskirche zu Luzern. gr. 8. (23 S.) Luzern 863, Gebr. Räber.

Reinhard, J. E., Vortrag gehalten in der Stiftskirche zu Luzern am eidgenössischen Bettage 1861. gr. 8. (24 S.) Luzern 861, (Gebr. Räber.) *

Reinhard, Jak., Annitta. Venetianischer Roman aus dem 15. Jahrh. (V, 120 S.) 8. Landau (908). J. Reinhard. 1.20

— **Jakob** (Dresden), **De febre nervosa atque de morborum constitutione nervoso-putrida** Vitebergae in **nosocomio militari per hyemem anni 1807** usque **ad annum 1808 observata.** Diss. med. Präs. **Georg Ernst Klette.** Wittenberg (Chr. H. Grässler) **28. XI. 1809. 38 S. (4.—)** 28166
Gew.: Michael Heinrich Reinhard (Vater), **Jakob Bassenge** (Oheim), Carl Ludwig Cauer, Johann Christian Reinhard. — Widm. v.: Ernst Gustav Weber.

Reinhard, Jac., Umständliche Nachrichten von dem Waisenhause, wie auch Tod- u. Krankenhause zu Pforzheim, desgleichen von dem Zucht- u. Arbeitshause daselbst. 40 S. 3 Bl. Pforzheim. 12°.
1759

— **Jo. Benjamin** (Hilpershausen/Franken), De vi allegorica. Präs. Jo. Wilhelm Berger. Wittenberg (Schroeder) Dez. 1717. 18 S. (4.25) 28167

Reinhard, Johannes, a. Loschwitz: Gott und die Seele in der monistischen Religionsphilosophie der Gegenwart. Kritische Skizzen. Erlangen 1908: Junge & Sohn. (47 S.) 4°
Erlangen, Phil. Fak., Ref. Hensel, Diss. v. 6. März 1908
[Geb. 13. Sept. 70 Loschwitz b. Dresden; Wohnort: Grimma; Staatsangeh.: Sachsen; Vorbildung: Gymn. Dresden-Neustadt Reife 89; Studium: Leipzig 3, Erlangen 3 S.; Rig. 18. Dez. 07.]

Reinhard, Johannes: Gott und die Seele in der monistischen Religionsphilosophie der Gegenwart, (krit. Skizzen). Grimma 1908: Bode. 47 S. 4°
Grimma, Fürsten- u. Landes-S P 1908 (709) [S 08. 370

Reinhard, Johs., Gott u. die Seele in der monistischen Religionsphilosophie der Gegenwart. Krit. Skizzen. (Progr.) (47 S.) Lex. 8. Grimma 908. (G. Gensel.) 1.—; erh. Pr. nn 1. 60

Reinhard, Johannes: Die Prinzipienlehre der lutherischen Dogmatik von 1700 bis 1750 (Hollatz, Buddeus, Mosheim). Beitrag zur Geschichte der altprotestantischen Theologie und zur Vorgeschichte des Rationalismus. Naumburg a. S. 1906: Lippert & Co. (65 S.) 8°
Leipzig, Theol. Fak., Ref. Ihmels, Diss. v. 28. Jan. 1906
[Geb. 13. Sept. 70 Loschwitz; Wohnort: Grimma; Staatsangeh.: Sachsen; Vorbildung: Kgl. Gymn. Dresden Reife 89; Studium: Leipzig 5, Erlangen 3 S.; Rig. 12. Dez. 05.]

Die Prinzipienlehre der lutherischen Dogmatik von 1700 bis 1750 (Hollatz, Buddeus, Mosheim). Beitrag z. Gesch. d. altprotestant. Theologie u. z. Vorgeschichte d. Rationalismus. Von Lic. Johannes **Reinhard**. Leipzig: A. Deichert Nachf. 1906. (104 S.) 8°
— **Reinhard**: Studien z. Geschichte d. altprotestant. Theologie. H. 1. [06. 1933

— Wege zum Glauben. Reden, bei den Konfirmationsfeiern der Fürsten- u. Landesschule in Grimma zu Exaudi 1905 u. Rogate 1906 geh. (15 S.) 8. Dresden (907). C. L. Ungelenk. —20

Reinhard, Johs., welchen Segen bringt es, wenn wir die natürlichen Güter als Gaben Gottes ansehn? Erntedankfestpredigt üb. Ap.-Gesch. 14, 17, am 27. VIII. 1905 in der Klosterkirche zu Grimma geh. (13 S.) 8. Grimma 905. G. Gensel, Sort. —30

Reinhard, Johann Chr.

— Anleit. zum richtigen Verstande u. bessern Gebrauch des 119 Psalms. 8. Berl. 777. (Reimer). 6 gr

Reinhard, Jh. Chr., († d. 22. Mai 1756.) der wahre Begriff vom menschl. Leben. 8. Berl. 756. (Reimer). 4 gr

— Uebers. der Moral des Salomo, für Jüngl., Bürger ꝛc. Halle, Waisenhaus. 790.

— s. Salomo, Sitten-Lehrsprüche.

— **Johann Christian Friedrich,** De vera rapinae in**dole eiusque ex principiis juris Saxonici electoral. coercitione. Diss. jur. Präs.** Martin Gottlieb Pauli. **Wittenberg (C. Chr. Dürr) 16. X. 1777.** 30 S. (4.—) 28175

Reinhard, Johann Daniel

— — (Frankfurt/Main), De transactione judiciali invita vulgo Ob man einem zum Vergleich zwingen könne? Diss. jur. Präs. Jo. Casp. Heimburg. Jena (Schill) 9. II. 1746. 58 S. (4.75) 28177
Widm. v.: Jo. Casp. Heimburg.

— — De transactione judiciali invita. Diss. jur. Präs. Jo. Casp. Heimburg. Jena (Schill) 9. II. 1746. 1769. 56 S. (4.75) 28178

Reinhard, Johann Friedrich

— **animadversion., hist.-polit. in Iusti Lipsii libros politicor. Frcf. Niculai. 738.**

Reinhardus, Jo. Fridericus: „Theatrum prudentiae elegantioris ex Justi Lipsii libris politicorum erectum. Cum praefatione Conr. Sam. Schurzfleischii", Vitembergae 1702. — Vorh.: Bibl. des Oberlandesgerichts Celle — Qa. 168.

Reinhard, Johann Friedrich Wilhelm,
s.a. Reinhard, Friedrich Wilhelm.

Reinhard, Jh. Fr. Wlh., s. Hausbuch, christliches.

Reinhard, J. F. W. II., Confirmationsrede am Palmsonntage 1830 in d. Kirche zu Kleinzschocher gehalten u. zum Besten einer Schulreparatur hrsgg. gr. 8. Leipz., (Barth). 2½ gr

Reinhard, J. F. W. I., christl. Religionsunterricht f. Kinder u. Erwachsene. gr. 8. Bresl. 782. W. G. Korn. 6 gr

Reinhard, J. Fr. W., „sehet euch vor, daß wir nicht verlieren, was wir erarbeitet haben, sond. vollen Lohn empfangen." Konfirmationsrede am Palmsonntage 1830. gr. 8. (1 B.) Leipzig 830, Barth.

— **Johann Georg, Antiquitates** Marchionatus ut et **origines Landgraviatus Thuringici, Hermanno I. et II. estemmate comitum Winceburgicorum, ante tempora Ludovici III. Landgravii Thuringiae adsectae et ad majorem Thuringicae historiae illustrationem expositae.** Dresden (J. Chr. Zimmermann) **(Okt.) 1712. 88 S.** (4.75) 28180
Gew.: Woldemar von Lövendal, Jakob Heinrich von Flemming. — Widm. v.: Caspar Heinrich Horn.

— antiquitates marchionatus ut et origines Landgraviatus Thuringici. 4. Dresd. (Zimmermann, Vitteb.) 713.

Reinhard, I. Geo., meditationes de iure principum German., cumprim. Saxoniae, circa sacra ante temp. reformationis. 4. Halae, Renger. 717.

Reinhard, Johann Jakob

REINHARD, Jo. Jacob: Neue Anmerkungen v. d. Lehnsfolge aus d. Gemeinschaft ohne Mitbelehnschaft nebst Urkunden mit Registern. *Frkf.* u. *Lpz.* 762. 8.

— neue Abhandl. von d. Lehnsfolge aus der Gemeinschaft, ohne Mitbelehnschaft. gr. 8. Karlsr. 771. Macklot. (Gebhard u. K. in Frkf. a. M.) 6 gr.

— m. Anmerk. v. d. Lehnsfolge aus der Gemeinschaft ohne Mitbelehnung. gr. 8. Carlsr. Macklot. (Gebhardt und K. in Frankf.) 771.

REINHARD, J. Jac.: Jurist. u. histor. kleine Ausführungen. II Th. *Giessen* 745. 49. 8.

Reinhard, J. Jac., juristische Ausführungen. 2 Thle. 8. Marburg, Krieger. 749—69.

Reinhard, J. Jac., correspondirender fränkisch-badendurlachischer Bienenvater. 8. Ansbach, Haueisen. (Gassert.) 771.

— v. d. Erbfolgsrecht der Töchter, v. d. Stammvett. in deutsch. Reichsallodien rc. 4. Ebend. 746.

Reinhard, Joh. Jac.: Vernünfftig- und rechtliche Gedancken von der Befugnis des Zehend-Herrns, von einem Acker auf den andern auszuzehenden, und ob solche durch Verjährung oder wiedrige Gewohnheit verlohren gehen könne? Giessen 1743.
— Neue Aufl. [u. d. Tit.:] Rechtliche Gedanken vom Zehendrecht. Frankfurt u. Leipzig 1799.

Reinhard, Joh. Jak. Rechtliche Gedanken vom Zehentrecht. 8°. Nürnberg 1743. 2. Aufl. 8°. Ebd. 1800.

— rechtl. Gedanken v. Zehendrecht. 8. Marburg, Krieger. 800.

(REINHARD, Jo. Jac.): Die Gemeinschaft als d. wahre Grund d. Erbfolge u. der einz. Grund d. Lehnsfolge d. Seitenverwandten. *Frkf.* 755. fol.

REINHARD, J. J.: Die Gemeinschaft als e. wahrer Grund d. Erbfolge u. d. einz. Grund d. Lehnsfolge der Seitenverwandten etc. *Frankf.* Fol. 755.

Pragmatische Geschichte des Hauses Geroldseck, wie auch derer Reichsherrschaften Hohengeroldseck, Lahr und Mahlberg in Schwaben (von J. J. Reinhard). 2 Thle. Mit Kpfrn. u. geneal. Tabellen. Frankfurt u. Leipzig 1766. 4.

— [Geschichte des Hauses Geroldseck.

— de iure imperatoris et imperii in rempubl. genuensem. 4. Frcf. 747.

— **Johann Jakob** (Diez/Nassau), De obligatione ad revelandum occulta. Diss. jur. Präs. Justus Henning Boehmer. Halle/Magdeburg (J. Fr. Grunert) 28. IV. 1734. 1742. 60 S. (5.—) 28181
Widm. v.: Justus Henning Boehmer.

REINHARD, J. J., Vermischte Schriften. 8 Stücke. Mit 8 Vign., gez. v. Melling, gest. v. G. Lichtensteger u. Weis, und 7 Kupfrn. Neue Auflage. Frankf. 1760—69. 8°. 1246 Seit. (10 Mk. A. Bielefeld, Carlsruhe, 1911.)
Alchymistische Produkte, Adel u. Brief-Adel, Amethystfluss, ungeschickte Aerzte, Bad Badenweyler, Badische Landschaft, ihre Lage u. Fruchtbarkeit, das Bauernhaus, Apfel u. Apfelwein, Aprikosen, Bier u. Tabak, Tabakschmauchen ein Wachtstubengeschäft, Blinde, Caffee, ein erlaubter Studententrank, Carlsruhe, dessen Lage u. Brunnquellen, Durlach, Name u. Ursprung, Gespenster. Gold aus d. Rhein, Haare u. Puder, Hammerwerk Pforzheim, Hexerey, Kindermörderei, Kleidertrachten, Klöster etc.

Vermischte Schriften aus Land- und Forstwirthschaft. Hrsg. Joh. J. Reinhard. - Frankfurt, Leipzig. 1-8. 1760-1769. - (M. n. ersch.)

— vermischte Schriften. 8 Stcke. gr. 8. Karlsr. 762—69. Macklot. (Gebhard u. K. in Frkf. a. M.) 2 rthl 20 gr.

— rerum palatinar., nec non region. finitimar. scriptorum Vol. I. 8. Carlor. Wirsum. 748.

REINHARDUS, Johannes Jacobus: Tractatio succinta de iure forestali Germanorum. Una cum explicatione iuris illius forestalis ... dicti Märcker Recht. - Francofurti a. M. 1738. 224 S. - 2. Aufl. ebd. 1759. 276 S.

Reinhard, Jh. Jak., († d. 6. Sept. 1772.) de jure forestali germanor., vom Markenrecht. gr. 8. Frkf. a. M. 739. 2e A. 759. (Er. Fleischer in Leipz.) 10 gr.

Ordinis jur. in acad. Vitembergensi decanus **Johann Carl Gebhard Reinhard** lecturis s. d. p. O. O. u. J. 12 S. mit Biogr. v. Friedrich Wilhelm Rosztock (Warschau) (M.: C. A. Sperling.) (3.75) 28172

Ordinis jur. in acad. Vitembergensi decanus **Johann Carl Gebhard Reinhard** lecturis s. d. p. O. O. 1. post Trinit. 1782. 14 S. mit Biogr. von Carl Christian Richter (Meißen/Meißen) (M.: J. C. Richter.) (3.75) 28174

— **Johann Carl Gebhard**, Commentatio de incongrua juris Romani ad feuda Germaniae applicatione. Wittenberg (Gerdes) April 1767. 32 S. (3.75) 28171

— **Jo. Carl Gebhard** (Wittenberg/Sachsen), De excessibus et delictis in templis commissis. Diss. inaug. Präs. Andreas Florent. Rivinus. Wittenberg (Schlomach) Dez. 1758. 28 S. (4.50) 28168

Reinhard, Johann Karl Gebhard [Praes.], s. Low, Karl Heinrich Jakob: De odio erga dellatores saepenumero injusto.

Reinhard, Johann Karl Gebhard [Praes.], s. Marckwordt, Johann Karl: De exheredatione filii in feudo ex pacto et providentia haud efficaci.

Reinhard, Johann Karl Gebhard [Praes.], s. Oberkampf, Karl Gustav: De jure postumi in feudo.

Reinhard, Johann Karl Gebhard [Praes.], s. Richter, Karl Christian: De hypotheca feudali praecipua securitate commendabili.

Ordinis jur. in acad. Vitembergensi decanus **Johann Carl Gebhard Reinhard** lecturis s. d. p. (Wittenberg (C. Chr. Dürr) Cantate 1782.) 12 S. mit Biogr. v. Carl Friedrich Triller (Weißenfels) (M.: M. H. Thoma.) (3.75) 28173
Enthält: De vasallo icto.

Reinhard, Johann Kaspar

— d. Gemüthsbewegungen Gottes, in Betracht. über d. Himmel der Seligen. 3 Stck. 8. Weimar, Hoffmann. 769. 70.

Reinhard, Jh. Ksp., († ...) der ganze Himmel d. Seligen in seinen heil. Bewegungen zur Erregung heil. Affecten auf Erden. Erste Eröffnung. 8. Weim. 769. Hoffmann. 9 gr

Reinhard, Johann Paul

— De Caroli Crassi imperatoris abdicatione diatribe historica qua recitationes in illustri Fridericiana Erlangensi per instans semestre aestiuum a se instituendas indicit. Erlangen (J. D. M. Camerarius) (April 1755.) 16 S. (4.25) 28183

Reinhard, Jh. Paul, († d. 10. Juni 1779.) Beitr. zu der Historie Frankenlandes. 3 Thle. 8. Bayr. 760—63. (Grau in Hof). 1 rthl 20 gr 4r Thl., fortges. v. J. A. Schultheß, A. u. d. T.: Neue Beitr. rc. 1r Thl. gr. 8. Ebd. 792. 1 rthl 4 gr

Reinhard, J. Paul, Beyträge z. Hist. Frankenlandes. 3 Thle. 8. Bayr. Lübeck. 760—63.

— Charakter des Durchlaucht. Friedrich Markgrafen zu Brandenburg; aus d. Latein. v. J. G. F. Pabst. 4. Nürnb. 783.

Reinhard, Johann Paul. Commentationes historicae de commerciorum in Franconia initiis et incrementis ... Nürnberg 1800. H: *Siebenkees, Joh. Chn.* (Ky)

— commentationes historicae de commerciorum in Franconia initiis et incrementis, nunc primum collectae (a Jo. Chr. Siebenkees). 4. Nürnb. 800. (v. Ebner). 3 gr

— commentationes historicae et commerciorum in Franconia etc. collectae. 4. Nürnb. Lechner. 801.

— De historiae Franconicae difficultate eiusque caussis oratio publice habita quum fasces academicos tertium susciperet. Erlangen (Walther) 4. V. 1772. 24 S. (3.75) 28186

— Einl. zu der allgem. Gesch. der Deutschen. gr. 4. Erlang. Palm. 770.

Reinhard, J. P. Einleitung zu einer allgemeinen Geschichte der Gelehrsamkeit. Erlangen 1779. H: *Harless, Gottlieb Christoph.* (BrMm)

— Einleit. zu einer allgem. Geschichte der Gelehrsamkeit; hrsgg. u. mit e. Vorrede begl. v. G. C. Harles. 1r Bd. 4. Erlang. 779. Palm. 1 rthl

— Einleit. zu den Geschichten der Deutschen von der ersten Gewissenheit bis auf unsere Zeiten. gr. 4. Erlang. 747. 2e A. 758. Palm. 1 rthl

— Einleitung zu d. Geschichten der christl. Kirchen. 4. Erl. Pötsch. 749.

Reinhard, Johann Paul. Einleitung zu den Weltlichen Geschichten der vornehmsten Staaten zum Gebrauch seiner Zuhörer heraus gegeben. Erlangen, J. L. Montag, 1746. 4°. 3 (statt 4) Bl., S. 4—18, 750 S. 21 Bl. *Mit je 1 Kupfervignette auf dem Titel und auf S. 1 und einigen Holzschnittornamenten* sowie mehreren „genealogischen Vorstellungen" im Text. Etwas fleckiger und leicht benutzter Pgtbd. d. Z.
Originalausgabe.

— Einleit. zu d. weltl. Geschichten der vornehmst. Europ. Staaten. 4. Erlang. 746. 2e A. 4. Jena 761. 3e verm. Aufl. Erlang. 778. (Heyder). 1 rthl 16 gr

— Einleit. zu d. weltl. Geschichten der vorn. Europ. Staat. 4. Erl. Walther. (Breuning.) 778.

Reinhard, Jh. Paul, Einleit. in die Kirchengeschichte des alten Bundes. 4. Erlang. 751. (Pötsch). 1 rthl 12 gr

— Einleit. zu der Kirchengesch. d. alten Bundes. 4. Lübeck, Pötsch. 751.

Reinhard, J. Paul: „Einleitung in die Staatswissenschaft der vornehmsten Reiche und Republiken in Europa und Afrika", Erlangen 1755. Palm.

— Entwurf einer Historie des Kur- u. Fürstl. Hauses Brandenburg. 4. Erlang. 750. 2e A. 763. (Palm). 12 gr

— Entw. einer Hist. d. Chur- u. Fürstl. Hauses Brandenburg. 4. Ansbach. (Lübeck in Bayreuth. auch Palm in Erlangen.) 763.

— Entwurf e. Historie des Hauses Hessen. 8. Erlang. 753. Umgearb. u. fortges. v. Geo. Fr. Göß. 8. Ebd. 784. Palm. 14 gr

— Entw. e. Historie d. Erzhaus. Oesterreich. gr. 8. Erlang. Palm. 752.

— Entwurf e. Geschichte des Erzhauses Oestreich. gr. 8. Erlang. 752. Palm. 16 gr

— Entwurf e. Historie des Kur- u. Fürstl. Hauses Sachsen. 8. Erlang. 750. 2e A. Ebd. 763. 3e A. 8. Leipz. 776.

— Entw. e. Historie d. Chur- u. Fürstl. Haus. Sachsen. 8. Leipz. Jacobäer. 776.

Reinhard, Entwurf einer Historie d. Kur- u. Fürstl. Hauses Sachsen. ... 3e verm. A. 8. Altona 776. (Aue). 16 gr

Reinhard, Joh. P. Exercitationes II de Echerto, anti-caesare. 8. Erlangen 1746—52.

Reinhard, J. P., Geschichte des Königreichs Cypern. Mit Kupf. Erlangen und Leipz. 766. 2 Thle. 4. 6 rthl.

— vollständ. Geschichte des Königr. Cypern. 2 Thle. Mit Kpf. gr. 4. Erlang. 766, 67. (Heyder). 6 rthl Schrbp. 8 rthl

— Geschichte d. Königr. Cypern. 2 Thle., m. K. gr. 4. Erl. Schubart. (Breuning.) 799.
Schreibp.

— De litterarum in Franconia initiis. Meditatio histor. qua recitationes in illustri Fridericiana Erlangensi indicit. Erlangen (J. D. M. Camerarius) (Okt. 1759.) 22 S. (4.75) 28184

Reinhard, Johann Paul, s. J o a c h i m , J. F.: Münzkabinet.

— (Jena), De auctoritate magistratus civilis per Augustanam confessionem restituta oratio, in anniversariam memoriam commemoratae religionis formulae. Jena (Horn) 1740. 24 S. (3.75) 28170

— De iis quae sacrorum in Franconia emendationem faciliorem reddiderunt oratio. Erlangen (W. Walther) 10. V. 1761. 16 S. (3.75) 28185

— oratio de gentis Brandenburgicae erga Archiduc. domum Austriacam meritis. 4. Erlang. 756. Pötsch. 3 gl

R e i n h a r d , J. P.: „De vera metallifodinarum circa monetem piniferum origine", Erlangen 1769. 4°.

Reinhard, Johann Paul: De cvltvs vineatici in Franconia primordiis disseritvr. [Verf.: Johann Paul Reinhard.] Erlangae: Walther 1764. Erlangen, Univ.Schrift 1764 -- 29°

– s. P r o c o p i u s von Cäsarea.

— (Jena) (Präs.) u. (Respond.) **Johann Nützel** (Streitberg/Bayreuth), De sacrificiis et sodalibus arualibus diss. Erlangen (J. Fr. Becker) (17.) März 1744. 24 S. (4.25) 28187
Gew.: Daniel von Superville.

— Samml. seltener Schriften, welche die Historie Frankenlands ꝛc. erläutern. 2 Thle. gr. 8. Coburg 763, 764. (Riemann). 1 ß 12 gl

— **Samml. seltn. Schriften, w. die Hist. Frankenl. erläut. gr. 8. Coburg, Ahl. 763. 64.**

— **Jo. Paul,** De supplicum signis apud veteres commentatur ac praelectiones suas per instans semestre aestioum habendas indicit. Erlangen (Becker) (25. IV. 1744.) 12 S. (4.25) 28169

— **Johann Paul,** De statu provinciarum Germaniae Slavicarum post obitum Ludovici Germanici commentatur et recitationes per instans semestre aestioum in illustri Fridericiana Erlangensi a se habendas indicat. Erlangen (J. D. M. Camerarius) (5. IV. 1754.) 16 S. (4.25) 28182

Reinhard, Johann Paul [Praes.], s. S t e c h e r w a l d , Johann Bernhard. De signo fortunae in cubiculo veterum imperatorum eiusque transmissione dissertatio.

— Vertheidigung des ersten Theils seiner Historie v. Cypern. 8. Erlang. 767.

— vollständ. Wappenkunst; nebst der Blasonnirung des Brandenburg.-Culmbach. Wappens. gr. 8. Nürnb. 747. 2e verb. A. 778. (Campe). Mit 24 Kpf.

— **vollständ. Wappenkunst, n. d. Blasonnirung des Brandb. Culmb. Wappens. gr. 8. Nürnberg, Seligmann. (Campe.) 778.**

Reinhard, Johann Theodor

Reinhard, Jh. Thdr., Versuch e. systemat. Einleit. in die Lehre vom Eigenthumsrecht. gr. 8. Frankf. u. Leipz. (Marb.) 800. Krieger. 10 gl

R e i n h a r d , J. Theod.: Versuch einer system. Einleitung in d. Lehre vom Eigenthumsrechte. *Frankf.* u. *Lpz.*, Schellenberg. (*Cassel*, Krieger's Verlagsh.) 800. 8.

[Reinhard, (Joseph)]. Costumes suisses, peints par Reinhard et publiés par P. Birmann et J. F. Huber à Basle [1810].)
44 Taf. in kol. Kupferst. 4°.
Tit. nach der Überschrift des Tafel-Verzeichnisses. Unter jeder Tafel ausser der Bezeichnung die Angabe: se vend à Bâle chez P. Birmann. Peint par Reinhard dessiné par Hegy

Reinhard, Justus Gottfried,
s. R e i n h a r d t , Justus Gottfried.

REINHARD, Carl (Tegernsee): Ueber die Abgabe von Kohlensäure durch die Perspiratio cutanea.- München: Stahl 1867. 18 S.
14.11.1865 - Urk (Titel: De perspiratione cutanea acidi carbonici.); F 70
Diss. Ingolst.-Landsh.-Mchn.

R e i n h a r d , Karl v., Abriß d. allgem. Weltgeschichte bis auf d. neueste Zeit (1830). Ein Leitfaden f. Gymnasien u. Schulen u. beim Privat-Unterr. M. 1 Karte u. 1 synchronist. Tab. 8. (41 B. incl. Tab.) Berlin 830, Schüppel.
Ist ein Auszug aus dess. „Handbuch d. allgem. Weltgeschichte."

Auch etwas über Orden, vornehmlich über die sogenannten Schwarzen-Brüder. [Von Karl Reinhard.] E. F. T. S. M. Frankfurt u. Leipzig: 1790. 4 Bl. 4°
Kl. 2789. Verteidigung der Schwarzen Brüder. 143.

R e i n h a r d , Carl v., Bemerkungen zu der Broschüre: „Die Wahrheit über den preußischen Wehrgesetz-Entwurf von W. Rüstow." gr. 8. (20 S.) Berlin 860, Wagner. *

v. Reinhard, Karl I., Blumenlese. 8. Münst. 807. Waldeck. 4 gl

Reinhard, Karl, s. B o u t e r w e c k , Fr.: Gedichte.

Reinhard, Karl II., s. **Bund, der, bei Alkala.**

– s. B ü r g e r s Schriften, – ästhet. Schriften, u. dess. Gedichte.

v. Reinhard, Karl, romant. Erzählungen u. Novellen. 2 Bde. 8. Berlin 829. (A. Förstner.) $2^1/_3$ ß

—— romant. Erzählungen u. Novellen. 2 Bde. 8. (30 B.) Berlin 829, Schüppel.

– s. E t w a s über Orden.

— Gedichte. 2 Bdchen. kl. 8. Götting. 794. Dieterich. 1 ß 36 Bdchen od. neue Gedichte. 12. Münst. 803. (Theyßing). 18 gl

-- — **ders. 3s oder neue Gedichte. 12. Münster, Waldeck. 802. 803.**

Reinhard's, K., Gedichte. Neue Ausg. 8. Altona, Hammerich. 819.
Vgl. Reinhardt, Karl Heinr. Leopold.

Reinhard, Carl v., Geschichte des Königlich Preußischen Ersten Garde-Regiments zu Fuß zurückgeführt auf die histor. Abstammung des Regiments vom 1. Bataillon Leibgarde, dem Regiment Garde und dem Grenadier-Garde-Bataillon. 1740—1857. Im Auftrage des Regiments verfaßt. Mit dem (lith.) Portrait Sr. Maj. des Königs u. 8 (lith. u.) illum. Kpfrn. Potsdam 858. Riegel'sche Buchhdlg. 4. (VIII, 660 S.) n. 5 ß. 20 ngr.;
Ausg. in gr. 4. geb. n. 14 ß.

— Geschichte der Preuß. Seemacht, s. a. S o l d a t e n - F r e u n d . 19. Jahrg. 5. Hft.

v. Reinhard, C. Geschichte der preussischen Seemacht. (68) 8. Berlin 1852. 1,00.

Reinhard, Carl, Referendar a. Köln am Rhein: Die Giroumschreibung. Borna-Leipzig 1906: R. Noske. (VIII, 51 S.) 8°
Rostock, Jur. Fak., Ref. Lehmann, Diss. v. 31. Mai 1906
[Geb. 26. Jan. 82 Cöln; Wohnort: Cöln; Staatsangeh.: Preußen; Vorbildung: Gymn. Cöln Reife O. 01; Studium: Bonn 6 S.; Rig. 26. Febr. 06.]

Reinhard, Carl v., Lieut. im k. preuss. Garde-Jäger-Bataillon. Handbuch der Terrainlehre, zum Gebrauche in Militärschulen und zum Selbstunterrichte. Mit 2 Kupfern. 8. Berlin 1827.

Reinhard, K. v. Handbuch der Terrainlehre. Mit Taf. Berlin 1827. 469 S.

v. Reinhard, Karl III., Handb. d. Terrainlehre. gr. 8. Berl. 827. Schüppel. 1 ß 12 gr

— Handbuch d. allgem. Weltgeschichte bis auf d. neueste Zeit. Ein Leitfaden f. Gymnasien u. Schulen u. z. Selbst-Unterr. f. Studierende u. gebild. Leser. 4 Bde. M. 1 Karte d. alten Welt u. 8 synchronist. Tabellen. gr. 8. (92 B. incl. Tabn.) Berlin 828, 29, Schüppel.

Reinhard, (W. H.) Karl, Heinrich d. Löwe, Herzog v. Braunschweig. Schspl. 8. Braunschw. 793. Schröder. 12 gr

Reinhard, Carl, üb. Hydrotherapie m. e. Statistik der Resultate derselben aus der Göttinger Klinik seit 1857 bis zum J. 1872. Inaugural-Dissertation. gr. 8. (32 S.) Göttingen 874. (Vandenhoeck & Ruprecht.) n. — 80

— „Ich dien'!" (Schildspruch des Prinzen von Wales.) Der Armee gewidmet. 16. (XV und 70 S.) Potsdam 856, Riegel'sche Buchh.

— dass. — 2. Aufl. gr. 16. (91 S.) Ebds. 856. *

Reinhard, Carl v., aus den rastatter Casematten, s. Soldaten-Freund, der, 17. Jahrg. 5. Heft.

Reinhard, Karl [aus Prag]: Zur Kenntnis des p-Bromchinolins und seiner Derivate ... Prag, Druck v. A. Renn, Verl. d. Verf., 1891; 60 S., 2 Bl. 8.
Freiburg i. B., Phil. Fak., Inaug.-Diss. v. 1891

— erste Linien eines Entwurfs d. Theorie u. Literatur d. deutsch. Styls. 8. Götting. 796. Vandenhöck u. R. 16 gr

– s. Marmontel: Abendunterhaltungen.

— s. Mittheilungen v. Lafontaine, Bouterwek, Starcke x.

– s. Musenalmanach.

— der Pasquillant, oder es lebe Friedrich d. Große. Schspl. 8. Ebd. 792. 5 gr

– s. Petigny: Idyllen.

— Polyanthea, s. Polyanthea.

– s. Richter, J. Gf.: Nachlaß.

— kleine Romane. 8. Altona 821. Aue. 1 ß 8 gr

— — kleine Romanen-Bibliothek, 1r Theil, mit Kupf. 12. Göttingen, 798. Schröder. 1 Rthl. 15 ggl.

— Romanenkalender. (A. u. d. T.: Kleine Romanbibliothek) für 1798. Mit Kpf. 12. Götting., Vandenhöck u. R. 1 ß 8 gr Für das Jahr 1799—1802 (A. u. d. T.: Romanbibliothek). Mit Kpf. 12. Götting., Dieterich. 1 ß 16 gr Für d. Jahr 1803. 12. Leipz., Wolf. (Schmidt).

v. Reinhard, Karl, Norddeutsche Mährchen u. Sagen. 1. Thl. — A. u. d. T.: Sagen u. Mährchen aus Potsdams Vorzeit. 2. Aufl. breit 8. Potsdam 841, Stuhr'sche Buchh. 3/4 ß

Reinhard, Karl v., Sagen und Märchen aus Potsdam's Vorzeit. Mit Ergänzungen von Wilh. Riehl. 5. Aufl. 8. (IV, 235 S.) Potsdam 888, Rentel's Verlag. geb. *

Reinhard, (W. H.) Karl, († d. 2. Mai 1799.) zwei Schauspiele: 1) Tugend unter den Barbaren. 2) Scheinverbrechen). 8. Hamb. 795. (Campe). 8 gr

— 2 Schausp. 1) Tug. unter den Barbaren. 2) Scheinverbrechen. 8. Hamb. Hoffmann. 795.

— Scheinverbrechen. Origin.-Schspl. 8. Hamb. 795. (Campe). 4 gr

— üb. die jüngsten Schicksale der Alexandrin. Bibliothek; e. Einladungsschrift. 8. Götting. 1e u. 2e A. 792. Dieterich. 3 gr

— die Schlacht bei Fehrbellin, s.: Soldaten-Freund. 19. Jahrg. 12. Hft.

– s. Skizze d. Charakters d. Kronprinzen v. Dänemark.

— Stammbaum d. Königl. Hauses Hohenzollern. 4 ill. Blätter. Imp. Fol. Potsdam 827, Riegel. 6 Rthl. Prachtausg.

Reinhard, K., Taschenbuch, s. Taschenbuch.

Reinhard, Karl, s. Tugend unter den Barbaren.

v. Reinhard, Carl, Urwahlen. Lustspiel in 3 Akten. [Als Manuscript gedr.] gr. 8. (64 S.) Berlin 849, Hayn in Comm. n. 1/3 ß

Reinhard's, Karl Frdr., Briefe an Ch. de Villers. gr. 8. (56 S.) Hamburg 883. O. Meissner. n. 1. —

v. Reinhard, Carl Friedr. Graf, s.: Briefwechsel zwischen Göthe u. Reinhard.

Reinhard, Karl Fr., s. 1) Episteln. 2) Tibull's Gedichte.

— **Carl Georg** (Helmstedt), De exceptione literarum respirationis et vel debitoris fideiussoribus proficua. Diss. inaug. Präs. Albert Philipp Frick. Helmstedt (Schnorr) 16. XII. 1779. 56 S. (4.75) 28132
Gew.: Georg Septimus Andreas von Praun.

Reinhard, Karl Heinrich Leopold,
s. Reinhardt, Karl Heinrich Leopold.

Reinhard, Karl Edw., s. v. Autenrieth, G. H. F., Handbuch der speciellen Nosologie.

Reinhard, Carl Ludw., specielle Nosologie u. Therapie, s. Nosologie.

Reinhard, Konrad Friedrich

Reinhard, Conr. Frid.: De praecipuis iurisprudentiae adminiculis. Progr. (Halae 1719.)

— Commentatio in qua fabula de Ludovici II. Thuringiae comitis ex arce Gibichensteinensi saltu indeque tributo ipsi cognomento salii vulgo Des Springers refellitur simulque varii doctorum virorum errores deteguntur atque emendantur. Halle u. Leipzig (J. Chr. Krebs) (3. VII.) 1726. 40 S. u. eine genealog. Taf. (4.75) 28140
Gew.: Nikolaus Hieronymus Gundling.

Reinhard, Conr. F., fabula de Ludovico II., vulgo d. Springer. 4. Halle, Krebs. 736.

— (Dresden), De officiis imperii Saxonicis. Disput. jur. publ. Präs. Burkhard Gotthelf Struve. Jena (Müller) 1. X. 1712. 182 S. (5.75) 28141
Seinen Eltern gew. — Widm. v.: Burkhard Gotthelff Struve.

— De officiis imperii Saxonicis diss. ex genuinis histor. fontibus et juris publici monumentis deducta cum praefatione Burkard Gotthelff Struve. Jena (Chr. Pohl) 1713. 182 S. (6.50) 28142

Reinhard, Conrad Friedrich, De tituli comitis Palatini Saxoniae in literis Henrici illustris origine et servati dein usus eiusdem ratione lectionibus hoc semestri hyemali instituendis praemissa. Diss. Halle/Magdeburg (J. Grunert) (9. X. 1725.) 22 S. (4.25) 28139

— (Halle/Sachsen), De potestate civili in templa. Diss. inaug. Präs. Justus Henning Böhmer. Halle/Magdeburg (Chr. Henckel) 11. VII. 1719. 153 S. (5.25) 28143
Gew.: Johann Friedrich Reinhard (Vater.)

— Dasselbe. Halle/Magdeburg (J. Grunert) 11. VII. 1719. Rec. 1728. 143 S. (5.25) 28144
Gew.: Johann Friedrich Reinhard (Vater.)

— Dasselbe. Halle/Magdeburg (J. Chr. Grunert) 11. VII. 1719. Rec. 1745. 143 S. (5.25) 28145
Gew.: Johann Friedrich Reinhard (Vater.)

Reinhard, Konrad Friedrich [Praes.], s. Reichhelm, Friedrich August: De aditione hereditatis per alium.

Reinhard, (*Georg Günther*) *Curt* [aus Allendorf '(Fürstenth. Schwarzb.-Rudolst.)']: Aus d. mineralog. Institut d. Univ. Kiel. Untersuchungen über die Molluskenfauna des Rupelthons zu Itzehoe ... (Aus: Arch. f. Anthropol. u. Geol. Schlesw.-Holst., Bd. II Heft 1.) Kiel & Leipzig, Lipsius & Tischer, 1896; 1 Bl., 21—125 S., 1 Bl. 8.
Kiel, Phil. Fak., Inaug.-Diss. v. [20. Juni] 1896

Reinhard, L., zum Allerwelts-Pfaffenkongreß genannt ökumenisches Concil. [8. Decbr. 1869.] Coburg 869. Sendelbach. gr. 8. (68 S.) n. 8 ngr.

Reinhard, L., kurze Anleitung zur Feldmeßkunst, m. K. 8. Cassel, Griesbach. (Krieger in Marburg.) 810.

Reinhard, L., kurze Anleit. zur Feldmeßkunst. Mit 5 Kpf. 8. Cassel 2e Aufl. 811. 3e A. 815. 4e A. 820. Griesbach. (Krieger in Marb.) 12 gl.

Reinhard, Anleitung zum Feldmessen, verm. u. verb. Aufl. Cass. u. Marb. Krieger. 815.

Reinhard, L., kurze Anleitung zur prakt. Feldmeßkunst, Arithmetik u. Quadratrechnung, nebst einer kurzen Anweis. zur Kubikrechnung f. Anfänger. 4te Aufl. mit 5 Kupfert. gr. 8. Marburg, Krieger. 821.

Reinhard, L., über den Einfluss des Puerperiums auf Thoraxform u. Lungencapacität Göttingen. 27 S. 1865.
Schul-/Univ.-Schrift

Reinhard, L., Mecklenburgisches. Auch zur Verständigung über das Reichs-Civilstands-Gesetz. Ein Beitrag. 1. und 2. Aufl. gr. 8. (25 S.) Hamburg 876, J. F. Richter. *

Reinhard, L., die Meklenburg. Rangordnung. Ein Vortrag, gehalten in der letzten Hauptversammlung des Vereins zur Erweckung des Nationalgefühls in Püddelkow. [Aus dem Landtagsboten abgedr.] gr. 8. (8 S.) Schwerin 848, Kürschner (jetzt: Hildebrand). n. 1/12 Thlr.

Reinhard, (L.,) Rechen-Katechismus zum Gebrauch f. die Jugend in niedern Schulen, mit Beispielen zur Uebung im schriftl. Rechnen, nebst e. Anhange zu einigen Aufgaben in d. Quadrat- u. Kubikrechnung ꝛc. Mit 1 Kpfrt. gr. 8. Marb. 822, Krieger.

— Rechen-Katechismus zum Gebrauch f. die Jugend in niedern Schulen, mit Beispielen zur Uebung im schriftl. Rechnen, nebst e. Anh. zu einigen Aufgaben in d. Quadrat- u. Kubikrechnung ꝛc. Mit 1 Steindr. gr. 8. Marb. 823. Krieger. 8 gl.

Reinhard, L., der Triersche Rock. Ein Tractätlein aus Mecklenburg. 12. Hamburg 845. (Schwerin, Kürschner'sche B. Berlin, Plahn'sche B.) n. 1/6 Thlr.

Reinhard, L., Scherben. (Humoristische Reise von Mecklenburg nach Norwegen.) 8. Schwerin 839. Kürschner. (Berlin, Plan'sche Buchh.) n. 2/3 Thlr.

Reinhard, L., der Selbstmord. Ein Kanzelvortrag, gehalten in der Kirche zu Boizenburg. gr. 8. (1 B.) Schwerin 845, Kürschner'sche Buchh.

Reinhard, L., kleines Taschenbuch f. Oekonomen u. Güterbesitzer. Nebst e. Anweis., Flächen auszumessen. M. 6 Holzschn.-Fig. 8. (2 B.) Cassel 828, Luckhardt.

Reinhard, Leonh., Unterr. von dem Generalbaß. 8. Augsb. 744.

Reinhard, Leonh., Unterricht von dem Generalbaß, ist Verlag von Lotter in Augsburg.

Reinhard, Lina, s. Reinhardt, Lina.

Reinhard, Lorenz

— über des heil. Evangelisten Lucä Apostelgeschichte in homiletischen Disputationibus zergliedert. 8. Leipz. 751. Dyck. 2 Thlr.

Reinhards, Laurent., Beweis der Unendlichkeit der Höllen-Straffen. Leipz. 734. 8.

— breviarium controversiar. cum Socianis, Reform. et Pontificiis. 8. Erf. 737.

— die zwei Bücher Samuelis u. das Büchlein Ruth; in homilet. Dispositionen zergliedert u. erbaul. angewendet. 8. Leipz. 751.

— catechesis polemica, oder katechet. Anweis., alle Relig. einzuseh. 8. Leipz. 748.

Reinhard, Lor., decimae exegeticae, oder philolog. theol. Anmerk. über verschied. Schriftsteller des Alt. u. N. Test. 3 Thle. 8. Weim. 736—39.

Reinhard, Lor., († d. 15. Nov. 1752.) Einleit. in die prudentiam pastoralem generalem, specialem u. specialissimam 4. Jena 752. Güth. 6 gr.

— Einleitung in die deutsche Reichshistorie. 8. Leipzig. 737.

— **Laurentius** (Buttstaedt), De serenissimorum principum S. R. I. protestantium jure dioecesano, quod iporum nomine administrant sacrorum antistites, quod vocant superintendentes, epistola. Jena (J. Chr. Croeker) (Sept.) 1745. 8 S. (4.—) 28189
Gratulationsschrift für Wilhelm Vater Weis.

— Erklär. des Buchs Hiob in homilet. Dispositionen. 4 Thle. 4. Lpz. Hilscher. 749.

— Erklärung u. Zergliederung d. Buches Hiob &c. 2 Thle. 4. Leipz. 749, 50.

— (Hildburghausen), De fatis studii hebraeo-biblici inter christianos. Wittenbg. (Chr. Schroeder) 1721. 24 S. (—.—) 28191

— (Weimar), De foedere Vindobonensi A. O. R. 1731 feliciter icto et de successione feminea in Augustissima gente Austriaca et terris eidem subiectis orationes duae ob argumenti similitudinem junctim editae. Leipzig (Langenheim) 1734. 38 S. (4.75) 28192
Gew.: Johann Caspar von Pogerell.

Reinhard, Laur., Historia graecae linguae. Lips. 724. 8. 2gr.

Reinhard, Laur.: Historia jurisprudentiae naturalis. *Lips.* 725. 8.

— hist. passionis et exaltationis Iesu Chr. 4. Hamb. Brand. 747.

— imitationes parallelae in Cornel. et Iul. Caesar. 8. Lips. Braun. 732.

Reinhardi, Laur., Institutiones stili latini. Erfurt. 728. 8. Hamb. 743. 8. 2 gr.

Reinhard, Lor., introductio apodictica tum in theologiam moralem generalem etc. 8. Hof. 745. Rthlr.

Reinhard, L., de variis scholarum, quae inter Christianos viguere, mutationibus. Vinar. 1729. 4.

— observationes philolog.-exeget. in Evang. Ioannis. 4. ibid. 750.

— observationes philolog.-exeget. in Evang. Joannis. 4. Lpz. 751. Braun. 3 gr.

— — — in Ev. Lucae. 4. ibid. 748.

— — — in Evang. Marci et Matthaei. 4. ibidem. 747.

Reinhardus, Laur.: Opuscula iuris ecclesiastici coniunctim ed. Jenae 1750.

[Inhalt:]

1. Oratio . . . de principum evangelicorum iuribus circa sacra. 1737.
2. Progr. de necessaria limitatione Brocardici: Cuius est regio, eius est religio. 1736.
3. Commentatio juris ecclesiastici in Matth. 5, 32 de justis 12 divortiorum causis. 1738.
4. De serenissimorum principum S. R. I. protestantium jure dioecesano, quod ipsorum nomine administrant sacrorum antistites, quos vocant superintendentes epistola. 1745.
5. Commentatio de spolio in bonis ecclesiasticis an. 1747. patrato.

— (Buttstädt), Opuscula juris ecclesiastici coniunctim edita. Jena (J. Fr. Schill) (12. I.) 1750. 42 S. (4.75) 28190
Gew.: Eberhard Hartmann von Erffa.

— moral. Predigten v. d. Natur d. Gnade. 8. Ebend. 744.

Reinhard, L., de recta ratione interpretandi praecipuas Chr. parabolas. Lips. 1742. 4.

— Religionspredigten. 8. Leipzig, Dyk. 739.

— Samml. bibl. homilet. Dispositionen üb. d. Evang. 4 Thle. 8. Lpz. 748.

— in Tabellen abgefaßte theologia catechet. 8. Leipzig. 747.

— theol. polem. etc. 8. Weimar. 745.

— Versuch e. kurzgefaßten Theologiae curiosae, darinnen die wichtigsten u. denkwürd. Religionsfragen abgehandelt werden. 4 Thle. 4. Leipz. 748—51.

Reinhard, L., schriftmässige Vertheidigung der Kindertaufe. Jen. 1731. 4.

Reinhard, Louis, die Leipziger Stadtverordneten-Wahlen. Listen-Wahl od. Bezirks-Wahl? 8. (21 S.) Leipzig 894. Siegismund & Volkening. n. — 40

Reinhard, Ludwig: Deutschland's Auferstehungs-Arie. Pendant zu Preussen's Todten-Messe, dem schleswig-holsteinischen Freicorps gewidmet. Berlin 1848. 2 Bl. 8°

Reinhard, Ludw., Chrestomathie aller in Hrn. Prof. D. Bayer's „Theorie d. summar. Prozesse" allegirten Beweisstellen. Mit e. Vorr. d. Verf. d. Lehrbuchs. gr. 8. (6 B.) Nürnberg 832, Campe.

Reinhard, Ludw., drei Jahre als Kaufmann im Hinterlande Kameruns. Lex.-8. (23 S. m. Abbildgn.) Leipzig (Grimmaischestr. 19) (901). Leipziger Publikationsbureau v. Reinhardt Mancke. — 50

Reinhard, Ludw., meine Jugend. I. 12. (64 S.) Berlin 899. J. Sassenbach. 2. —

Reinhard, Ludw., komische Spaziergänge. 1. und 2. Aufl. gr. 8. (164 S.) Coburg 867, Sendelbach. *

Reinhard, Ludw., die Untersuchung und Aburtheilung der Forstfrevel und Forstpolizei-Uebertretungen nach dem Gesetze vom 28. März 1852 dargestellt. Mit 17 Beilagen (in 4.) und einem alphabet. Sach-Register. gr. 8. (X und 159 S.) Bamberg 854, Buchner'sche Buchh. *

Reinhard, M., soziales Elend im Kaufmannsstande. 2., verm. Aufl. 8. (40 S.) Neuwied 894. A. Schupp. n. — 40

Reinhard's, M., Hauswirtschaftsbücher. Mit e. kurzen leichtfaßl. Anleitg. zu e. prakt. u. mühelosen Buchführung im Hause. 2 Tle. qu. Fol. München 894. Verlag der M. Reinhard'schen Hauswirtschaftsbücher, L. Cohn. Geb. n. 2. —; Einzelpr. à n. 1. 25
I. Haushaltungsbuch. (128 S.) — II. (96 S.)

Reinhard, Marie, Künstlerleben. Erzählg. 8. (351 S.) Graz 897. Leykam. n. 3. 60

Reinhard, Max. Der Coziagneiszug in den rumänischen Karpathen. Diss. Phil. [II.] Univ. Zürich von M' R' aus Röthenbach (Bern). [Mit Figuren und 3 Tafeln.] (Sonderabdruck aus: Buletinul Societătei de Sciinte An. 16 No. 3 u. 4, 1906.) 103 S. gr.-8. Bukarest, Staatsdruckerei, 1906.
Ausg. B, mit Aufdruck: A. Francke, Verlags-Cto., Bern. [fr. 3.50]

Reinhard, Max, die kristallinen Schiefer des Fagaraser Gebirges in den rumänischen Karpaten. (In rumän. u. deutscher Sprache.) (S. 165—262 m. Fig., 7 Taf., 1 farb. Karte u. 7 Bl. Erklärgn.) Lex. 8. București 910. (Bern, A. Francke.) 4. —
Sonderabdr. aus: „Anuarul institutului geol. al românici".

Reinhard, Max [cand. med.]: Ueber kryptogene Septikopyämie ... München, *Druck d. Verl.-Anst. vorm. G. J. Manz,* 1892; 66 S., 1 Bl. 8.
München, Med. Fak., Inaug.-Diss. v. [18.] Mai 1892

Reinhard, Max Wilhelm

Reinhard, Max. Wilh., († d. 16. Mai 1812.) s. Abhandl. v. Baum d. Acacia.

Reinhard, Melchior (vgl. Reinhart, Melchior).

REINHARD, Melch., Praktischer Ehestandskatechismus von Wien. Mit Titelvignette. Wien, Hartleben. 1784. 8°. Selten! (2 fl. J. Eisenstein & Co., Wien, 1889; 9 Kr. Gilhofer & Ranschburg, 1908.)

Reinhard, Michael Heinrich [Praes.], s. Chladen, Jo. Martin: De jure positivo universali.

— De Stoicorum verbo Deo exponit et ad orationes discipulorum in memoriam recens nati optimi servatoris invitat. Torgau (J. G. Petersell) 25. I. 1737. 28 S. mit Namen. (4.25) 28195

Reinhard, Michael Heinrich [Praes.], s. Guenther, Jo. Gottfr.: De recentissimorum philosophorum sententiis circa spiritum.

— De harmonia universali ex mente stoicorum commentatur et ad orationes juveniles invitat. Torgau (Petersell) 17. X. (1741.) 12 S. mit Namen. (4.—) 28197

— De oratione decora Catonis Ciceroniani exponit et ad orationes juveniles audiendas patronos et fautores lycei nostri invitat. Torgau (Petersell) 12. IV. 1740. 12 S. mit Namen. (4.—) 28196

Reinhard, Mich. H., Pentas conatuum sacror. ex hermenevtica sacra. 8. Lips. Iunius. (Cnobloch.) 709.

— (Torgau), Felicitatis aeternae rationem ex mentis humanae natura demonstrat et auditores humanissimos ad orationes duas alumnorum discedentium invitat. Torgau (J. G. Petersell) (11. IV. 1736.) 8 S. (4.—) 28194

Reinhard, Michael Heinrich Georg

— (Weimar), Commentatio de Herischlizio seu denegatione servitiorum militarium ex juris feudalis fontibus eruta. Jena (Meyer) (25. IX.) 1752. 32 S. (4.25) 28202
Gew.: Jo. Wilh. Heinrich von Schlammersdorf, Franziskus Ludwig von Reinbaben, Ernst Ludwig von Volgstaedt.

Reinhardus, Mich. Henr. Ge.: Phil. Reinh. Vitriarii ius publicum imperii Romano-Germanici in tabulas redegit easque variis recentiorum observationibus instruxit. Lipsiae 1752.

Reinhardi, Mich. Heinr. Ge., Commentatio de origine supremae potestatis ecclesiasticae, ex genuinis juris naturalis, publici, et ecclesiastici principiis deducta. Leipzig (Jacobaeer) 1751. 15 S. (3.75) 28201

Reinhardus, Mich. Henr. Ge.: Ge. Beyeri, Jo. Gottl. Heineccii, Jo. Rud. Engavii, et Jo. Steph. Pütteri, principia iuris Germanici in succinctas tabulas exhibet. Lipsiae 1752.

Reinhardus, Mich. Henr. Ge.: Jo. Gottl. Sigelii principia juris feudalis propter insignem methodum et eximiam utilitatem in tabulas redacta. Lipsiae 1751.

REINHARD, OTTO.
Chemischen (Die) Elemente und ihre Verbindungen in Beziehung zu Bähr's dynamischen Kreise. Dresden, 1868. 8vo.

Reinhard, O., Die Feinmechanik im Oberamt Balingen. Schriften d. Vereins f. Socialpol., Bd. 84. gr. 8°. Leipzig 1899.

Reinhard O. die Feinmechanik im Oberamt Balingen. (25 S) Leipzig 1899

Reinhard O. Zur Frage der Errichtung eines obersten Rechnungshofes für Württemberg. (54 S) Tübingen 1903

Die Grundentlastung in Württemberg. Von Dr. Otto **Reinhard.** Tübingen: Laupp 1910. VIII, 134 S. 8°
(Zeitschrift f. d. gesamte Staatswissenschaft. Erg.H. 36.) [10. 16673

Reinhard, Otto, die Grundentlastung in Württemberg, s. a. Zeitschrift f. die gesamte Staatswissenschaft. 36. Erg.-Heft.

Reinhard, Otto, Dr.: Die württembergische **Trikot-Industrie** mit spezieller Berücksichtigung der Heimarbeit in den Bezirken Stuttgart (Stadt und Land) und Balingen. *Leipzig: Duncker & Humblot 1899.* (79 S.) 8° [J.]
Heidelberg, Phil. Diss. v. 1899

Reinhard, P., die Stadt Meißen, ihre Merkwürdigkeiten u. malerische Umgegend. Mit 12 Steindr. 8. Meiß. 829. Goedsche. 1 *ß* 6 *ℊ* illum. 2 *ß* 21 *ℊ* Ohne Abbildd. 15 *ℊ*
Vgl. Reinhard, C. F.

Reinhard, P. J.

— und C. Juin, ein alter Corporal, } s. Theater-Repertoir, wiener.
— die Ehre des Hauses, }

Reinhard, P. J., William Palmer's v. Rugeley ganzer Lebenslauf. Enthltd.: besondere Mittheilungen aus seiner frühesten Jugend, über seine Aufführung als Schulknabe und Student der Medicin, seine spätere Lebensweise als Pferde- und Wettrennenliebhaber und als Giftmischer, mit Original-Briefen von William Palmer und Anna Palmer und anderen authentischen Documenten; ferner: den ganzen Inhalt seines Tagebuchs rc. Ein Nachtstück aus dem modernen socialen Leben. Mit Palmer's wohlgetroffenem Bildniß (in Holzschn.). Nach engl. Original-Berichten und dem Werke eines der berühmtesten engl. Kronjuristen zusammengestellt u. bearbeitet. Wien 856. Wallishausser. gr. 8. (XI, 140 S.) n. 16 ngr.

Reinhard, Paul

Reinhard, P., die Ausführung des Zwangsverkaufs in Zwangsversteigerungsverfahren. Ein Beitrag zur Erläuterung der Kgl. Sächs. Subhastationsordnung. gr. 8. (68 S.) Leipzig 887. Veit & Co. n. 1. 80

— Paul (Dresden), De damnatione ad opus fortalitii. Präs. August Cornelius Stockmann. Dresden (Meinhold) 10. XII. 1805. 34 S. (4.—) 28198
Widm. v.: Aug. Cornelius Stockmann.

Reinhard, Paul: Die Entwicklung des Telephonwesens der Schweiz und die volkswirtschaftliche Bedeutung der schweizerischen Telephongesetzgebung. Bern 1898. 176 S. 8°.
Bern. Phil. Diss. 1898/99.

Reinhard, Paul, die Entwicklung des Telephonwesens der Schweiz u. die volkswirtschaftliche Bedeutung der schweizerischen Telephongesetzgebung. Eine volkswirtschaft-statist. Studie. gr. 8. (176 S.) Bern 898. (A. Francke.) n. 2. 40
Sonderabdruck aus: „Zeitschr. f. schweiz. Statistik."

Reinhard, Paul. Die Entwicklung des Telephonwesens der Schweiz u. d. volkswirtschaftl. Bedeutg. d. schweiz. Telephongesetzgebung. Eine volkswirtschaftliche Studie. (Sep.-Abdr. a. d. Zeitschr. f. schweiz. Statistik, 1899). 8°. 176 S. Bern, Schmid & Francke. 1899 2 80

Reinhard, P., Gesetz üb. d. Zwangsversteigerung u. d. Zwangsverwaltg. vom 24. III. 1897 nebst dem Einführungsgesetze. Handausgabe m. Einleitg., Erläutergn. u. Register. 8. (VI, 203 S.) Leipzig 898. Roßberg. Geb. in Leinw. n. 3. —

Reinhard. Paul: Gesetz über die Zwangsversteigerung und die Zwangsverwaltung vom 24. März 1897 nebst d. Einführungsgesetze (Fass. v. 20. Mai 1898). Handausg. mit Einl., Erl. u. Reg. 3. Aufl. Leipzig 1907. 8°

Reinhard, Paul, Gesetz üb. die Zwangsversteigerung u. die Zwangsverwaltung, s. a. Handbibliothek, juristische.

Reinhard, Paul *Friedrich Ferdinand* [aus Bochum i. W.]: Zur Pathologie der Stirnlappentumoren ... Berlin, C. Vogt's Buchdr., *1893;* 31 S., 2 Bl. 8.
Berlin, Med. Fak., Inaug.-Diss. v. 28. Febr. 1893

— die Rechtsstellg. d. Zwangsverwalters u. s. Verhältniß zum Hypothekengläubiger, Schuldner u. Vollstreckungsgericht. [Aus: „Sächs. Archiv f. bürgerl. Recht u. Prozeß".] gr. 8. (41 S.) Ebd. 897. n. 1. 20

Reinhard, P[aul]. Die Revision des Solothurnischen Staatssteuer-Gesetzes. Referat gehalten an der Generalversammlung des Kantonalen Solothurnischen Handels- und Industrie-Vereins vom 14. Mai 1906. [Mit 2 Tabellen. Herausgeber:] Kantonaler Solothurnischer H'- und I'-Verein. 36 S. 8. Solothurn, C. Gassmann, 1906.

— das Zwangsversteigerungsgesetz m. dem zugehörigen Einführungsgesetze. Ausführlich erläutert. 2 Bde. gr. 8. (V, 494 u. VI, 410 S.) Leipzig 901. Roßberg'sche Verlagsbuchh. n. 22. —; in 1 Halbfrz.-Bd. n. 24. —

REINHARD, Paul Viktor (Rheinfelden): De syphilide absque mercurio curanda. (Titel nach der Urkunde) 20.8.1828 - Urk; F 59
Diss. Ingolst.-Landsh.-Mchn.

Reinhard, Philipp

Reinhard, Ph., Cours pratique de langue française, s.: Banderet, P.

Reinhard, Ph., und J. Steinmann, specifisches Gewicht oder Kubikinhalt je eines Kilogramms der bekanntesten festen und tropfbar flüssigen Körper, graphisch dargestellt. Lithogr. Tab. 4 Bl. (Deutsch und französ.) gr. Fol. Bern 881, [Dalp'sche Buchh.] Schmid, Francke und Comp. *

— Grammaire et lectures françaises, s.: Banderet, P.

Reinhard, Philipp: Lehrbuch der französischen Sprache ..., s. Banderet, Paul

Reinhard, Ph., neue Methode f. den Rechnungsunterricht auf der Elementarstufe, nebst einigen Tausend Uebungsaufgaben. (Französ. u. deutsch.) gr. 8. (48 S. m. 2 Tab. in 16. u. Imp.-Fol.) Bern 874. Dalp. n. 1. 80

Reinhard, Ph. Neue Methode für den Rechnungsunterricht auf der Elementarstufe. 2. verb. Aufl. In-8°. 32 S. Bern, Schmid, Francke & Co. 1890.

— Methode f. den Rechnungsunterricht. Text u. Auflösgn. m. Probe. 2., umgearb. Aufl. gr. 8. (32 S.) Bern 890. Schmid, Francke & Co. n. — 50

— Ph. Mündliches Rechnen aus den Rekrutenprüfungen. 3. Aufl. Serie B, (Note 3). Deutsch u. französ. Text. Bern, Schmid & Francke. — 35
1899.

Reinhard, Ph. Mündliche Rechnungen aus den Rekrutenprüfungen. Zusammengestellt mit Bewilligung des eidg. Militärdepartements u. für den Schulgebrauch bearbeitet. — Calcul oral. Recueil de problèmes posés aux examens de recrues. 3. Aufl. mit ausschliesslich neuen Beispielen. Serie D. Note 1. (In deutscher u. französischer Sprache.) Qu. gr. 16°. 30 Bl. u. 2 Bl. Auflösgn. (Bern. Schmid & Francke.) 1899. — 35

— dasselbe. Zur Vorbereitg. auf die Rekrutenprüfgn. u. zu Prüfungszwecken in der Schule zusammengestellt. — Calcul oral. Problèmes posés aux examens de recrues. Serie E. (Note 4—1.) (In deutscher u. französ. Sprache.) qu. gr. 16. (30 Bl. u. 2 Bl. Auflösgn.) Ebd. (900). n. n. — 35

Reinhard, Ph[ilipp]. Mündliche Rechnungen aus den Rekrutenprüfungen. Zusammengestellt mit Bewilligung des eidg. Militärdepartements und für den Schulgebrauch bearbeitet. 4. Aufl. = Calcul oral. Recueil de problèmes posés aux Examens de recrues.... 4e éd. quer-8. Bern = Berne, A. Francke, [1905].
Serie B. 〈Note 3.〉 (30 Kärtchen mit Rechnungen und zwei mit Auflösungen [= *zus.* 64 S.]...,) *in Couvert.* [fr. —. 35]

Reinhard, Ph[ilipp]. Mündliche Rechnungen aus den Rekrutenprüfungen. Zusammengestellt mit Bewilligung des eidg. Militärdepartements und für den Schulgebrauch bearbeitet. 4. Aufl. = Calcul oral. Recueil de problèmes posés aux Examens de recrues.... 4e éd. quer-8. Bern = Berne, A. Francke, [1905].
Serie C. 〈Note 2.〉 (30 Kärtchen mit Rechnungen und zwei mit Auflösungen [= *zus.* 64 S.]...,) *in Couvert.* [fr. —. 35]

Reinhard, Ph[ilipp]. Mündliche Rechnungen aus den Rekrutenprüfungen. Zusammengestellt mit Bewilligung des eidg. Militärdepartements und für den Schulgebrauch bearbeitet. 4. Aufl. = Calcul oral. Recueil de problèmes posés aux Examens de recrues.... 4e éd. quer-8. Bern = Berne, A. Francke, [1905].
Serie D. 〈Note 1.〉 (30 Kärtchen mit Rechnungen und zwei mit Auflösungen [= *zus.* 64 S.]...,) *in Couvert.* [fr. —. 35]

Reinhard, Ph[ilipp]. Mündliche Rechnungen aus den Rekrutenprüfungen. Für den Schulgebrauch methodisch zusammengestellt = Calcul oral. Collection de problèmes posés aux Examens de recrues. Classées méthodiquement à l'usage des écoles. Serie A—D. 〈Note 4—1.〉 [*je* 32 Kärtchen mit Rechnungen, *in Couvert,* = *zus.* 256 S.] quer-8. Bern = Berne, A. Francke, [1906]. [*je* fr. —. 35]

Reinhard, Ph[ilipp]. Mündliche Rechnungen aus den Rekrutenprüfungen und zur Vorbereitung auf dieselben. 4. Aufl. = Calcul oral. Recueil de problèmes posés aux Examens de recrues et destinés à servir de préparation aux dits examens. 4e éd. Serie E.... quer-8. Bern, A. Francke, [1906].
Serie E. 〈Note 4—1.〉 (30 Kärtchen mit Rechnungen und zwei mit Auflösungen [= *zus.* 64 S.]...,) *in Couvert.* [fr. —. 35]

— mündliche u. schriftliche Rechnungen aus den Rekrutenprüfungen. Zusammengestellt m. Bewilligg. des eidg. Militärdepartements u. f. den Schulgebrauch bearb. — Calcul écrit et oral. Recueil de problèmes posés aux examens de recrues. 3. Aufl. m. ausschließlich neuen Beispielen. Serie A. (Note 4.) (In deutscher u. französ. Sprache.) qu. gr. 16. (à 30 Bl. u. 2 Bl. Auflösgn.) Ebd. 899. à n.n. — 35

— dasselbe. Serie B. (Note 3.) qu. gr. 16. (à 30 Bl. u. 2 Bl. Auflösgn.) Ebd. 899. à n.n. — 35

— dasselbe. Serie C. (Note 2.) (In deutscher u. französ. Sprache.) qu. gr. 16. (à 30 Bl. u. 2 Bl. Auflösgn.) Ebd. (899). à n.n. — 35

— mündliche u. schriftliche Rechnungen aus den Rekrutenprüfungen. Für den Schulgebrauch methodisch zusammengestellt. — Calcul oral. Calcul écrit. Collection de problèmes posés aux examens de recrues. Je Serie A—D. (Note 4—1.) (In deutscher u. französ. Sprache.) (Je 32 Bl.) qu. 16. Ebd. (906). à n. — 30

— dasselbe. Je Serie E (Note 4—1). (In deutscher u. französ. Sprache.) (Je 32 Bl.) qu. 16. Ebd. (906). à n. — 35

— schriftliche Rechnungen aus den Rekrutenprüfungen. Zur Vorbereitg. auf die Rekrutenprüfgn. u. zu Prüfungszwecken in der Schule zusammengestellt. — Calcul écrit. Problèmes posés aux examens de recrues. Serie E. (Note 4—1.) (In deutscher u. französ. Sprache.) qu. gr. 16. (30 Bl. u. 2 Bl. Auflösgn.) Ebd. (900). n.n. — 35

Reinhard, Ph[ilipp]. Schriftliche Rechnungen aus den Rekrutenprüfungen. Zusammengestellt mit Bewilligung des eidg. Militärdepartements und für den Schulgebrauch bearbeitet. 4. Aufl. = Calcul écrit. Recueil de problèmes posés aux Examens de recrues.... 4e éd. quer-8. Bern = Berne, A. Francke, [1905].
Serie D. 〈Note 1.〉 (30 Kärtchen mit Rechnungen und zwei mit Auflösungen [= *zus.* 64 S.]...,) *in Couvert.* [fr. —. 35]

Reinhard, Ph[ilipp]. Schriftliche Rechnungen aus den Rekrutenprüfungen. Für den Schulgebrauch methodisch zusammengestellt = Calcul écrit. Collection de problèmes posés aux Examens de recrues. Classées méthodiquement à l'usage des écoles. Serie A—D. 〈Note 4—1.〉 [*je* 32 Kärtchen mit Rechnungen, *in Couvert,* = *zus.* 256 S.] quer-8. Bern = Berne, A. Francke, [1906]. [*je* fr. —. 35]

Reinhard, Ph[ilipp]. Auflösungen zu den Rechnungsaufgaben aus den Rekrutenprüfungen, bearb. für den Schulgebrauch = Solutions des Problèmes d'arithmétique donnés aux examens de recrues et arrangés à l'usage des Écoles. 16 S. 8. Bern, A. Francke, 1906. (fr. —. 60)
Diese Auflösungen werden nur an Lehrer abgegeben = Ces solutions ne sont délivrées qu'aux instituteurs.

Reinhard, Ph[ilipp]. Auflösungen zu den Rechnungsaufgaben aus den Rekrutenprüfungen, bearb. für den Schulgebrauch. 2. Aufl. = Solutions des Problèmes d'arithmétique donnés aux examens de recrues et arrangés à l'usage des Écoles. 2me éd. 16 S. 8. Bern. A. Francke, 1910. (fr. —. 60)
Diese Auflösungen werden nur an Lehrer abgegeben = Ces solutions ne sont délivrées qu'aux instituteurs.

— Rechnungsmethode. Schema. (In deutscher u. franz. Sprache.) (2 S. m. 1 Abbildg.) 12. Ebd. (903). 12 Stück n. — 40

— Rechnungstabelle. Tableau de calcul. 3. Aufl. (2 S.) 74×76 cm. Ebd. (904). Auf Leinw. m. Stäben n. 5. —

— dasselbe. Deutsche u. französ. Ausg. (Je 2 S.) kl. 8. Ebd. (904). à n. — 05

Reinhard, Ph[ilipp]. Text und Auflösungen zur Rechnungstabelle. 3., bedeutend vermehrte Aufl. 32 S. 8. Bern, A. Francke, 1905. (fr. —. 60)
Beilage: Ph. R'. Rechnungstabelle. [2 S.] 8. (fr. —. 05)
Die Rechnungstabelle als Wandtafel, auf Papyrolin mit Stäben. (fr. 6. —)

Reinhard, Ph[ilipp]. Texte explicatif et solutions du tableau de calcul. 3e éd., considérablement augmentée. 32 p. 8. Berne, A. Francke, 1905. (fr. —. 60)
Annexe: Ph. R'. Tableau de calcul. [2 p.] 8. (fr. —. 05)
Le Tableau de calcul en planche murale, sur papyroline. (fr. 6. —)

Reinhard, Ph[ilipp]. Text und Auflösungen zur Rechnungstabelle. 4. Aufl. 32 S. 8. Bern, A. Francke, 1906. (fr. —. 60)
Beilage: Ph. R'. Rechnungstabelle. [2 S.] 8. (fr. —. 05)
Die Rechn' als Wandtafel, auf Papyrolin mit Stäben. (fr. 6. —)

Reinhard, Ph[ilipp]. Texte explicatif et solutions du tableau de calcul. 4e éd. 32 p. 8. Berne, A. Francke, 1906. (fr. —. 60)
Annexe: Ph. R'. Tableau de calcul. [2 p.] 8. (fr. —. 05)
Le Tableau de c' en planche murale, sur papyroline. (fr. 6.—)

— Petit résumé de grammaire française, s.: Banderet, Paul.

Reinhard, Ph. Grosses Schema zur „Neuen Methode für den Rechnungsunterricht auf der Elementarstufe". — Grand formulaire de la méthode pour l'enseignement du calcul dans les classes primaires. Imp. in-fol. Bern, Schmid, Francke & Co., 1890. 1 25

— großes Schema zur neuen Methode f. den Rechnungsunterricht auf der Elementarstufe. 2. Aufl. gr. Fol. Ebd. 890. n. 1, 20

— Kleines Schema zur Rechnungsmethode etc. Handexemplar für den Schüler. Das Dutzend auf passendem Carton. Ebd. 1890. — 40
Pro Hundert 3 —

— deutsche Uebungsstücke zum Uebersetzen ins Französische, s.: Vanderet, Paul.

Reinhard, Ph[ilipp]. Vaterlandskunde. Fragen, gestellt an den Rekrutenprüfungen. Nebst einer stummen Karte der Schweiz. Mit Bewilligung des eidg. Militärdepartements zusammengestellt und erweitert von Ph. R'.... 8. Bern (1890).

Reinhard, Ph[ilipp]. Vaterlandskunde. Fragen, gestellt an den Rekrutenprüfungen. Mit Bewilligung des eidg. Militärdepartements zusammengestellt und erweitert. 2. unveränderte Aufl. 16 S. 8. Bern, A. Francke, [1908]. [fr. —. 40]

Reinhard, Philipp Christian,
s.a. Reinhardt, Philipp Christian.

Reinhard, P. C., Abriß einer Geschichte der Entstehung und Ausbildung der religiösen Ideen. 8. Jena, Academ. Buchhdl. 794.

Reinhard, Ph. Chr., Geschichte des 18. Brümaire, eine Abhandl. über die polit. Verhältnisse von Europa ꝛc. gr. 8. Cöln, Kiel.

— neue Organisation des Religionswesens in Frankreich. gr. 8. Ebend. 805.

Reinhard, Phil. Christian, Versuch einer Theorie des gesellschaftlichen Menschen. 8°. Leipzig u. Gera, W. Heinsius, 1797.

Reinhard, Raphael, II. Staatsarchivar. Geschichte der Pfarrei *Horw*. Der Heimathskunde für den Kanton Luzern VI. Bändchen. In-8°, 270 S. Luzern, Gebr. Räber. 1883. 2 50

Reinhard, Raphael. Geschichte der Pfarrei Horw *s.a.* Heimatskunde. Die... Heimathskunde für den Kanton Luzern. Bändchen 6. Luzern 1883.

Reinhard, Raphael Über bildende Kunst und Zeichenunterricht. II. Teil. 28 S. [I: 1875.] Progr. Rg. *Bernburg* 1876.

Reinhard, Raphael. Pässe und Strassen in den Schweizer Alpen. Topographisch-historische Studien. IV + 203 S. 8. Luzern, J. Eisenring, 1903. [fr. 4. 50]

Reinhard, Raphael, Pässe u. Strassen in den schweizer Alpen. Topographisch-histor. Studien. (IV, 203 S) gr. 8. Luzern (903). E. Haag. n. 4. —

Reinhard, Raphael. Topographisch-historische Studien über die Pässe und Strassen in den Walliser, Tessiner und Bündner Alpen. 94 S.: S. 1—90. 4. Luzern, J. Schill, 1901.
[Ex. 1:] Jahresbericht über die Höhere Lehranstalt zu Luzern für das Schuljahr 1900/1901. Beilagen: I.... Luzern 1901.
[Ex. 2:] (*Umschlag:* Beilage zum Jahresbericht über die höhere Lehranstalt in Luzern für das Schuljahr 1900/1901. Luzern 1901.)
S. 91—94 s. (Portmann, Anton).

Reinhard, Raph., topographisch-historische Studien üb. die Pässe u. Strassen in den Walliser, Tessiner u. Bündner Alpen. Progr. gr. 4. (90 S.) Luzern 901. (Geschw. Doleschal Nachf.) n.n. 1. 20

Reinhard, Richard

Reinhard, R., Amtskalender für evangelische Geistliche des preuß. Staates, s. Amtskalender.

Reinhard (I.), der landwirthschaftliche Bauernverein des Saalkreises und seine 25jährige Wirksamkeit. Eine Festschrift zu dessen Jubiläum am 19. Mai 1884, im Auftrage des Vereins verfaßt. gr. 8. (XI, 252 S. mit 1 Lichtdr.-Portr.) Berlin 884, Parey. *

— Bausteine zum Hause Gottes ꝛc., s. Bausteine.

Reinhard, Rich., zwei Herren v. Bülow. Zeitbilder aus mehren Jahrhunderten. 8. (VII, 239 S.) Bielefeld 875. Gülker & Co. n. 3. —

Reinhard, Rich., Diotrephes. Ein Lebensbild aus dem ersten Jahrh. der christl. Kirche. 8. (VI, 265 S.) Berlin 872, Heinersdorff. [Bielefeld, Gülker und Comp.] *

Reinhard, Rich., durch Kreuz zum Licht. Passionsbetrachtungen f. jeden Tag der heil. Passionszeit. gr. 8. (144 S.) Thorn 871. E. Lambeck. n. 1. 50

—— ein Friedenswerk in Friedenszeit. Sammlung von Friedenspredigten. 8. (XII, 396 S.) Gotha 872, F. A. Perthes. *
Inhalt:
A. Friedenspredigten aus Norddeutschland.
1. Langbein, B. A., über 1 Sam. 7, 12.
2. Nagel, J., über Psalm 50, 14.
3. Remus, C. Fr., über Psalm 50, 14. 15.
4. Reichhelm, K., über Psalm 29, 11.
5. Schweizer, O. Wilh., über 2 Macc. 11, 1—12.
6. Frommel, E., über 2 Mos. 15, 1—3.
7. Böttcher, A., über 5 Mos. 32, 4.
8. Josephson, L., über Jes. 26. 1—26.
9. Schmieder, G. Rud. Töl., über Psalm 118, 15. 16.
10. Diestelmann, Th., über Psalm 33, 12—22.
11. Benecke, Herm., über Psalm 50, 14.
12. Fleischhauer, Fr., über Psalm 118, 15—29.
13. Stüler, Adolph, über 2 Mos. 20, 5. 6.
14. Riemer, Th. Fr., über Jes. 45, 18—24.
15. Mellin, Gust., über Psalm 118, 24.
16. Manger, H., über Jes. 49, 8.
17. Valentiner, Fr., über Psalm 29, 2—4. 7 und 11.
18. Schnibbe, Ad., über 1 Sam. 7, 11—13.
19. Baulack, Gotthelf, über Psalm 118.
20. Goebel, S., über Psalm 100.
21. Reinhard, R., über Psalm 85, 9—12.
22. Carstens, C. Fr., über Psalm 9, 2—5.
23. Rienäcker, Albrecht, über 1 Kön. 8, 56—58.
24. Reinhard, O., über Luk. 24, 36.
B. Friedenspredigten aus Süddeutschland.
25. Palmer, C., über Psalm 89, 16—18.
26. Horn, Ernst, über Psalm 98, 1—4.
27. Bentel, R. Th., über Psalm 89, 16—18.
28. Gok, K. Fr., über Psalm 89, 16—18.
29. Schuster, G., über Nahum 2, 1.
30. Bilfinger, Karl, über Psalm 89, 16—19.
31. Reinmuth, Joh., über 1 Theß. 5, 18.
32. Kißner, C., über Luk. 15, 11—32.
33. Nagel, J., Schluß (Dankopfer).

Reinhard, Rich., eine Lebenswoche. Tagebuch aus den letzten Jahrzehnten der Geschichte. 8. (V, 200 S.) Halle 884, Kaemmerer und Comp. *ℳ 2,40.; geb. *

—— s. Niemeyer, H. A., allgemeiner ausführl. Geschichts-Kalender.

Reinhard, Rich., liturgische Ordnungen f. die wichtigsten Kirchenzeiten zum Gebrauche v. Landgemeinden. 8. (22 S.) Berlin 885. Parey. n. — 25

Reinhard, Rich., liturgische Ordnungen für die wichtigsten Kirchenzeiten zum Gebrauche von Landgemeinden. 8. (22 S.) Halle 885, Kaemmerer und Comp. *

Reinhard, Rich., der Tanz zum Tode. Ein Nachtstück aus dem 14. Jahrh. Nach urkundl. Mittheilungen des Frz. Delitzsch erzählt. 16. (IV, 80 S.) [Leipzig 875, Heinersdorff.] Osnabrück, Meinders. cart. *

Reinhard, Rudolf

Reinhard, Rud., geographische Charakterbilder, s.: Grube, A. W.

— Charakterzüge deutschen Landes. Progr. (70 S. m. Abb.) Lex. 8. Leipzig 907. (Rossberg'sche Buchh.) 1,20

Katalog der Bibliothek des Vereins für Erdkunde zu Leipzig. Hrsg. im Auftr. d. Vorstandes v. derzeit. Bibliothekar d. Ver. Dr. Rudolf Reinhard. Leipzig 1905: C. G. Naumann. (VIII, 531 S.) 8°
= **Mitteilungen** d. Vereins f. Erdkunde zu Leipzig. 1903, H. 2. [r6. 11319

Reinhard, Rudolf, aus Greiz: Die wichtigsten deutschen Seehandelsstädte. Ein Beitrag zur Geographie deutscher Städte. *Stuttgart 1901: Union.* (81 S.) 8° ¶ (= Forschungen zur deutschen Landes- u. Volksk., 13, 6.)
Leipzig, Phil. Diss. v. [19. Dez.] 1901

Die wichtigsten deutschen Seehandelsstädte. Ein Beitrag z. Geographie deutscher Städte von Rudolf **Reinhard**. Mit 8 Beil. *Stuttgart: J. Engelhorn 1901.* (81 S.) 8°
= Forschungen z. deutschen Landes- u. Volkskunde. Bd 13, H. 6.
[02. 18 9

Reinhard, Rud. [aus Oberhausen]: Über Ulcus ventriculi simplex mit Tumoren . . . . Berlin, Buchdr. v. Gustav Schade (Otto Francke) (1888); 20 + 1 S. + 1 Bl. 8°
Berlin, Med. Fak., Inaug.-Diss. v. 14. Jul. 1888

Reinhard, S. W., Hülfstafel beim Unterr. im Lesen, welche nach d. Buchstabir- u. Lautir-Methode gebraucht werden kann, zum Gebr. d. ersten Leseschüler. 4. Frkf. a. M., Jäger. 25 Stcke. 20 gr.

Samuel Reinhard's neues Rechenbüchlein. Breslau. 8. 13 Bogen. 1709

Reinhard, Sophie, zehn Blätter nach Hebels allemanischen Gedichten. Mit Vorwort v. Hebel. gr. Roy.-Fol. (Steindruck). Heidelb. 820. Mohr. 7 ß 12 gr

REINHARD, Theodor (Schildhorst): Die Behandlung der Hernia incarcerata nach dem gegenwärtigen Standpunkte der Chirurgie.- München: Straub 1887. 31,1 S.
27.7.1887 - Chr 1887/88,18; Jv 1887/88,214
Diss. Ingolst.-Landsh.-Mchn.

Reinhard, Theodor, die Behandlung der Hernia incarcerata nach dem gegenwärtigen Standpunkte der Chirurgie. Diss. München 1887, A. Buchholz. 8°. 31 S.

Reinhard, Theodor Fr. Gottfried,
s. Reinhardt, Theodor Fr. Gottfried.

Reinhard, Tobias Jakob, s. Reinharth

Reinhard, W., unter dem Bakel. Erzählungen. 12. (III, 206 S.) Dresden 903. H. R. Dohrn. n. 3.—

(B) **Reinhard,** W., unter d. Bakel. 903. (KVL 32.) Jetzt: Preßburg, H. Hartleb.

Reinhard, W., Reisebilder aus der Schweiz. 5 Aquarellen u. 3 Zeichngn. Chromolith. u. Lichtdr. gr. Fol. Berlin 884. Th. Ch. F. Enslin. In Leinw.-Mappe. 36.—

Reinhard, W., systematischer Schreib-Unterricht. Im Auftrage grossherzoglichen Oberschulraths verb. von L. Keller. 7 Hefte. 4. Tauberbischofsheim 874, Lang. *

Inhalt:
Heft 1. Deutsche Schrift für das 2. und 3. Schuljahr. (20 Stnt.) * 60 Pf.
» 2. Deutsche Schrift für das 4. Schuljahr. (24 Stnt.) * 75 Pf.
» 3. Deutsche Schrift für das 5. und 6. Schuljahr. (24 Stnt.) * 80 Pf.
» 4. Deutsche Schrift für das 7. Schuljahr. (16 Stnt.) * 60 Pf.
» 5. Deutsche Schrift für das 8. Schuljahr. (39 S.) * ℳ 1,30.
» 6. Englische Schrift für das 6. Schuljahr. (16 S.) * 60 Pf.
» 7. Englische Schrift für das 7. und 8. Schuljahr. (25 S.) * 80 Pf.

Reinhard, W., systematischer Schreib-Unterricht. Im Auftrage grossh. Oberschulraths verb. v. L. Keller. Badische Normalschrift. 2. Aufl. 7 Hfte. 4. Tauberbischofsheim 876. Lang. n. 6. —
1. Deutsche Schrift f. das 2. u. 3. Schulj. (20 Steintaf.)
2. Deutsche Schrift f. das 4. Schulj. (24 Steintaf.)
3. Deutsche Schrift f. das 5. u. 6. Schulj. (24 Steintaf.)
4. Deutsche Schrift f. das 7. Schulj. (16 Steintaf.)
5. Deutsche Schrift f. das 8. Schulj. (40 Steintaf.)
6. Englische Schrift f. das 4. bis 6. Schulj. (16 Steintaf.)
7. Englische Schrift f. das 7. u. 8. Schulj. (20 Steintaf.)

Reinhard, W. Vorderkammerdruck und Substanzverluste der Cornea unter Atropin und Eserin. Basel 1882.

[Reinhard, W. L.]: Ueber die Mittel zur Verbesserung der Rechtspflege in den Provinzen des Preußischen Rechts. Berlin 1832.

Reinhard, Walter, cand. med. aus Neuwied: Ueber die **Behandlung** der Hodgkinschen Krankheit mit Thyreoidtabletten. *Bonn 1900: J. Bach Wwe.* (25 S.) 8°
Bonn, Med. Diss. v. [24. März] 1900

Reinhard, Walter: Zur Entwickelung des Kartenbildes der Britischen Inseln bis auf Merkators Karte vom Jahre 1564. Zschopau 1909: Raschke. 155 S. 8°
Leipzig, Phil. Diss. v. 8. Okt. 1909, Ref. Partsch, Wülker
[Geb. 4. Okt. 83 Zschopau; Wohnort: Zschopau; Staatsangeh.: Sachsen; Vorbildung: Realgymn. Altenburg Reife O. 03; Studium: Straßburg 1, Berlin 3, Leipzig 8 S.; Rig. 3. Febr. 09.] [U 10. 3217

Reinhard, Wilhelm

— — Lenchens Abschied. Nachtrag zu „Lenchen im Zuchthause". Privatdruck. O. O. 1906. 8°. 90 S. (Mk. 4—.) (4 Mk. Adolf Weigel, 1910.)

— Bekenntnisse aus Leben u. Meinungen. 2 Bde. gr. 12. Karlsruhe 840. (Groos, Bielefeld.) 2 1/3 ß

Reinhard, W., die Bundesakte über Ob, Wenn und Wie deutscher Bundesstände. gr. 8. Heidelberg, Mohr u. W. 817. —

Reinhard, Wlh., die Bundesakte üb. Ob, Wenn u. Wie deutscher Bundesstände. gr. 8. Heidelb. 817. (Winter). 16 gr

REINHARD, Wilh. (badischer Staatsrath, geb. 17** zu Kirchberg in d. ehemal. Grafschaft Sponheim, jetzt preuß. Kreis Simmern, † 1858), Ernst und Laune aus meinen alten Papieren. 2 Thle. Carlsruhe u. Baden, Marx, 1838. 8°. (2 1/3 Rthl.)

Reinhard, Wilh., zur Geschichte der Sonntagsschulen und Kindergottesdienste in Deutschland. Festschrift, zu ihrem 25jähr. Jubiläum im Auftrage des Komite für Förderung der Sonntagsschulsache in Deutschland hrsg. gr. 8. (86 S.) Berlin 888, Buchh. der Berliner Stadtmission. *

Reinhard, Wilhelm [Übers.]
s. Goldschmidt, Meir Aron: Der Rabe. 1868.

Reinhard, Wilh., s.: Hilfskalender f. Helfer u. Helferinnen an evang. Sonntagsschulen.

— s.: Kinder-Kalender f. die evang. Sonntagsschulen.

REINHARD, W., Lenchen im Zuchthause. Karlsruhe; in Kommission bei A. Bielefeld. 1840. 8⁰. IV—451 S. (15 Mk. A. Bielefeld, vor 1885; 50 Mk. Scheible, 1912.) (In Wien, Stadtbibl.: Secr. A 16.)

——, Lenchen im Zuchthause. gr. 12. (19 B.) Karlsruhe 841, (Bielefeld.)

Reinhard, W., Lenchen im Zuchthause. Schilderung d. Strafverfahrens [Flagellantismus] in e. süddeutschen Zuchthause vor 1848. Ein Beitrag zur Sittengeschichte. 2. Aufl. 8. (IV, 292 S.) Leipzig 884. Glogau & Co. 8. —

Reinhard, W., Lenchen im Zuchthause. Schilderung des Strafverfahrens [Flagellantismus] in e. süddeutschen Zuchthause vor 1848. Ein Beitrag zur Sittengeschichte. 8. (293 S.) Hamburg 890. L. M. Glogau Sohn. 4. 50

— — Dasselbe. 4. (?) Aufl. Hamburg 1890. 8⁰. (Mk. 6—.) (3 Mk. 50 Pfg. Frdr. Klüber, c. 1905.)

— — Dasselbe. Ebd. 1895. 8⁰. (3 Mk. 50 Pfg. Adolf Weigel, 1910.)

— — Dasselbe, tit.: Lenchen im Zuchthause. Schilderung des Strafverfahrens in einem süddeutschen Zuchthause vor 1848. Ein Beitrag zur Sittengeschichte. 4. umgearbeitete Auflage. Leipzig, S. Glogau & Co., 1884. 8⁰. 2 Bl. u. 292 S. (Mk. 6—.) (4 Mk. Th. Ackermann, 1885; 6 Mk. Scheible, 1886.)

— — Dasselbe. Unveränderter Neudruck. Budapest 1902. 8⁰. (Eleg. br. 3 Kr. 60 H.) (1 Kr. 80 H. Vict. Eytelhuber, 1904.)

— — Dasselbe. Karlsruhe, o. J. (190*). 8⁰. (9 Kr. Halm & Goldmann, 1907.)

— — Dasselbe. Privatdruck. O. O. u. J. (19**). 416 S. (Mk. 6—.)

— — Dasselbe. (Auf 160 S. gekürzt.) O. O. u. J. (19**). (Mk. 2,50.)

— — Dasselbe, titulo: Schilderungen aus einem Zuchthause vor 1848. Budapest 1902. 8⁰. (2 Mk. 50 Pfg. Max Harrwitz, 1904.)

— — Dasselbe. Mit 12 Tafeln Abbildgn. in 4to. (in Lwd.-Mappe). Ebd. 1903. 8⁰. (18 Mk. M. Edelmann, 1906; Tafeln apart, o. O. 1899, 5 Kr. Carl Greif, 1908.)

Liquidation (Ueber die) und Vergütung der von den verbündeten Staaten seit Nov. 1813 getragenen Kriegslasten (von Wlh. Reinhard). 8⁰. (Frankfurt), Körner, 1815.

— die Mischehengefahr u. ihre Bekämpfung. Ein prakt. Ratgeber f. Geistliche u. Gemeindeorgane der evang. Landeskirche Preußens. gr. 8. (28 S.) Danzig 900. Ev. Vereins-Buchh. n. — 30

REINHARD, Wilhelm (Homberg): Neuere Operationsmethoden der letzten 5 Jahre bei Myom.- München: Steinicke 1910. 32 S.
26.6.1911 - Chr 1910/11,27; U 11.5713
Diss.Ingolst.-Landsh.-Mchn.

Die Reformation in Danzig. Predigt über Jes. 58, Vers 8, geh. 1900 von W[ilh.] **Reinhard**. Konsist.R. ([Danzig: Ev.Ver.-Buchh.] 1900.) (16 S.) 8⁰ [F.] 105. 2424 10

Reinhard, W., u. O. Kriefchen, evangelisches Schulgesangbuch f. die Prov. Westpreußen, enth. 100 Choräle u. geistl. Volkslieder m. Melodien, die Liturgie nebst Notenanh., den Katechismus in Verbindg. m. dem amtlich vorgeschriebenen Lernstoff, e. Übersicht üb. den Gang d. Kirchenjahres, das Verzeichnis der bibl. Bücher u. sämtl. Perikopen. (159 S.) kl. 8. Danzig 909. A. W. Kafemann. Kart. — 50

Reinhard, Wlh. Ueber die Union der Schulden ehemals verschiedener Länder. 8⁰. Karlsruhe, Macklot, 1809.

Reinhard, Wilhelm, s. Wer bezahlt die Kriegskosten?

Reinhard, (Wilh.), über jetzige Zeit u. Deutschlands zeitgemäße Politik. gr. 8. (6 B.) Karlsruhe 831, Marx.

Reinhard-Hormuth, Ludw., Chronik der Stadt u. des Post-Amts Nordhausen, mit besonderer Berücksicht. der Verkehrs-Verhältnisse des Orts. gr. 8. (VIII, 128 S.) Nordhausen 876. Thdr. Müller in Comm. n. 2. —; m. Stadtplan n. 2. 50

Reinhardsbrunn [Schlagwort]

Reinhardsbrunn, s.: Thüringen.

Reinhardstoettner, Alfred von, Medizinalprakt.: Über Pseudarthrosen und ihre Behandlung. München 1908: Wolf. 37 S. 8⁰
München, Med. Diss. v. 11. Juni 1909, Ref. v. Angerer
[Geb. 24. Febr. 82 München; Wohnort: München; Staatsangeh.: Bayern; Vorbildung: Ludwigs-Gymn. München Reife Juli 02; Studium: München 11 S.; Coll. 11. Juni 09; Approb. 31. Mai 09.] [U 09. 3384

Reinhardstöttner, Karl von

Reinhardstoettner, C. v., Aufsätze u. Abhandlungen, vornehmlich zur Litteraturgeschichte. gr. 8. (III, 310 S.) Berlin 887. [Oppenheim.] Strassburg, Karl Trübner, Verl. n. 5. —; geb. n. 6. 50

— Martinus Balticus, o. Humanistenleben aus dem 16. Jahrh., s. a. Bibliothek, bayerische.

Reinhardstöttner K v, Martinus Balticus (Bayer. Bibl. 1) Bamberg 1890

Reinhardstöttner, Karl v., vom Bayerwalde. 6 kulturgeschichtl. Erzählgn. 12. (IV, 341 S.) Regensburg 897. W. Wunderling. n. 3. —; geb. in Leinw. n. 4. —

Reinhardstöttner, Karl v., vom Bayerwalde. 4 kulturgeschichtl. Erzählgn. Illustriert v. Alfr. Liebing. 2. Bd. gr. 8. (IV, 345 S.) Berlin 899. H. Bermühler. n. 3. 60; geb. n. 4. 50

— dasselbe. 4 kulturgeschichtl. Erzählgn. 2. u. 3. Folge. 2. verb. Aufl. 12. (312 u. 374 S.) Ebd. 902. à n. 3. —; geb. à n. 4. —; erm. Pr. à n. 1. 50; geb. à n. 2. 30

Reinhardstöttner, Karl v., vom Bayerwalde. 5 kulturgeschichtliche Erzählgn. 4. Folge. (430 S.) kl. 8. Freising 907. Dr. F. P. Datterer & Co. 4. —; geb. in Leinw. 5. —; erm. Pr. 2. —; geb. 3. —

— dasselbe, s.: Europa. II.

Reinhardstöttner, C. v. Beiträge zur Textkritik der Lusiadas des Camões. Hab. München, Techn. Hochschule, 1872. 46 S. Progr.

Reinhardstöttner, Karl von u. K. Trautmann:(Hrsg.), s. Bibliothek, Bayerische.

Reinhardstoettner, Carl v., Luiz de Camoens, der Sänger der Lusiaden. Biographische Skizze. 2. Aufl. 8. (V, 69 S.) Leipzig 877. Gressner & Schramm. n. 1.50

Reinhardstoettner, Carl v., Camoens, der Sänger der Lusiaden. Biographische Skizze. 1. und 2. Aufl. 8. (V, 69 S.) Leipzig 877, [Hildebrandt und Comp.] Verlag des Hausfreundes. *

Reinhardstöttner, K. v., Der kurfürstlich-bayerische Hofpoet Matthias Etenhueber: (Forschungen zur Kultur- und Literaturgeschichte Bayerns. München und Leipzig 1893. I, 7—68.)
Goedeke IV, 122, 46.

Reinhardstoettner, Carl v., die Etymologie der griechischen Sprache in Fragen und Antworten gefaßt. gr. 8. (IV, 88 S.) Landshut 869, Thomann'sche Buchh. * 1 20

Reinhardstöttner, K. v., Faschingsschlittenfahrten bayer. Studenten. (S.-A.) 1898. 4°. (40 Pfg. Südd. Antiqu., München, 1910, ohne Ortsangabe.)

— s.: Forschungen zur Geschichte Bayerns.

— s.: Forschungen zur Kultur- u. Litteraturgeschichte Bayerns.

Reinhardstoettner, C. v., Gedanken üb. das Studium der modernen Sprachen in Bayern an Hoch- u. Mittelschule. (1. Hft.) gr. 8. (39 S.) München 882. Lindauer. n.n. — 70

— weitere Gedanken üb. das Studium der modernen Sprachen in Bayern an Hoch- u. Mittelschule. 2. Hft.: Persönliches u. Sachliches. gr. 8. (56 S.) Ebend. 883. n. — 90

Reinhardstöttner, Karl von: Die sittlich-ökonomische Gesellschaft zu Burghausen. o. O. u. J. [ca. 1900].

—— Grammatik der portugiesischen Sprache, auf Grundlage des Lateinischen und der romanischen Sprachvergleichung bearb. gr. 8. (XVI, 416 S.) Strassburg 878, Trübner. *

— theoretisch-practische Grammatik der italien. Sprache speciell für Studirende u. Kenner der antiken Sprachen. 3 Thle. München 868. Lindauer'sche Buchhandl. gr. 8. 25½ ngr.

1. Thl. Die Grammatik. 1. u. 2. durchaus verb. Aufl. (VI, 62 S.) 7½ ngr.
2. Thl, Deutsch-italienisches Uebersetzungsbuch mit einem Wörterverzeichniß. (IV, 75 S.) 9 ngr.
3. Thl. Chrestomathie aus italien. Classikern mit einem Wörterverzeichniß. (IV, 72 S.) 9 ngr.

— theoretisch-practische Grammatik der italienischen Sprache speziell für Studirende u. Kenner der antiken Sprachen. 2., vollständ. umgearb. Aufl. gr. 8. (VII, 221 S.) München 880. Lindauer. n. 3. —

— a historia dos cavalleiros da mesa redonda e da demanda do Santo Graall. Handschrift No. 2594 der k. k. Hofbibliothek zu Wien, zum ersten Male veröffentlicht. 1. Bd. gr. 8. (XXXI, 142 S.) Berlin 887. Haack. n. 7. —

—— der Hyssope des A. Diniz in seinem Verhältnisse zu Boileaus Lutrin. Litterar-historische Skizze. gr. 8. (40 S.) Ebendas. 877. *

Reinhardstoettner, Carl v., holländische Conversations-Grammatik zum Schul- und Privatunterricht. 2. von einem holländ. Gelehrten durchgeseh. Ausg. gr. 8. (XI, 348 S.) Heidelberg 871, J. Groos. *

— Land u. Leute im bayer. Walde, s. a. Bibliothek, bayerische.

Reinhardstöttner Kv, Land und Leute im Bayerischen Walde. (Bayerische Bibliothek 17) Bamberg 1890

Portugiesische Literaturgeschichte von Dr. Karl v. Reinhardstoettner. Leipzig: Göschen 1904. 150 S. 8°
(Sammlung Göschen. 213.) A 12. 11501l

— portugiesische Literaturgeschichte, s. a. Sammlung Göschen.

—— die Plautinischen Lustspiele in späteren Bearbeitungen. I. Amphitruo. gr. 8. (III, 77 S.) Leipzig 880, Friedrich. *

Reinhardstoettner, C. v., Johannes Burmeisters christlicher Martial. S.-A. s. a. 7 S.

Reinhardstoettner, Carolus de: * De linguae Italae particulis. 73 S. 4° (2°)
Halle-Wittenberg, Phil. Diss. v. 5. Mai 1871
Geb. [München 26. 3. 1847]

— Plautus. Spätere Bearbeitgn. plautin. Lustspiele. Ein Beitrag zur vergleich. Litteraturgeschichte. gr. 8. (XVI, 793 S.) Leipzig 886. Friedrich. n. 18. –

Reinhardstöttner, K. v, Lateinische Renaissance-Litteratur. S.-A. s. a. 9 S. —.60

— Sammlung italien. Schriftsteller, s. Sammlung.

—— praktische Schul-Grammatik der lateinischen Sprache in Fragen und Antworten gefaßt. 2 Thle. gr. 8. Landshut 868, Thomann'sche Buchh. –

Inhalt:
Thl. 1. Etymologie. (63 S.) 7½ Ngr.
" 2. Syntaxis. (80 S.) 9 Ngr.

— die italienische Sprache: ihre Entstehung aus dem Latein., ihr Verhältniss zu den übrigen romanischen Sprachen u. ihre Dialekte nebst einem Blick auf die italien. Literatur. Halle 869. Schwabe. gr. 8. (VII, 160 S.) n. 20 ngr.

— über das Studium der modernen Sprachen, s. Ueber das Studium rc.

— vocabolario sistematico o guida della conversazione italiana. Methodische Anleitung zum italienisch Sprechen nach Dr. Carl Ploetz „vocabulaire systématique" für obere Klassen höherer Schulen u. zum Privatgebrauche bearb. Berlin 868. Herbig. 8. (VIII, 371 S.) n. 22½ ngr.

Carl v. **Reinhardstöttner,** Vocabolario sistematico e guida della conversazione italiana. Method. Anleitung zum italienisch Sprechen nach Dr. Karl Ploetz 'Vocabulaire systématique'. 2. Aufl. neu bearb. von Prof. Romeo Lovera, Doc., Venedig. *Berlin: F. A. Herbig 1900.* (VII, 323 S.) 8° [01. 392

Reinhardstoettner, Oskar von, a. München, Rechtsprakt. am k. Bezirksamte München: Beiträge zur Geschichte der bayerischen Verfassungsurkunde, insbesondere des vierten Titels derselben ⟨§§ 1—5, 9—12⟩. Berlin: R. Trenkel 1906 (75 S.) 8°
Erlangen, Jur. Fak., Ref. Rieker, Diss. v. 15. März 1906
[Geb. 7. Sept. 80 München; Wohnort: München; Staatsangeh.: Bayern; Vorbildung: Gymn. München Reife Juli 99; Studium: München 8 S.; Rig. 21. Dez. 05.]

Reinhardt; od. Natur- u. Gottesverehrung; aus d. Holländ. übers. v. Ph. Rosenmüller. 3 Thle. Mit 1 Kpf. 8. Weißenf. 799, 800. (Baumgärtner in Leipz.) 3 ℛ Hbg. Pr. 2 ℛ

Reinhardt und Beck, Beschreibung des Oberamts Meisenheim. gr. 8. (VIII, 124 S. mit 1 lithogr. Karte in Fol.) Neunkirchen 868. (Meisenheim, Krull'sche Buchh.) * 2 —

— Deduction d. Appellations-Beschwerden des Barons Champy wider den Fiskus Berlin 1825. (Mit Beilagen 1—20.)

(Reinhardt): Erwiederung auf die in Sachen des Fürsten ... zu Löwenstein-Wertheim-Rosenberg, Revidenten, wider den Herzog ... zu Aremberg, Revisen, Seitens des Ersteren vertheilte sog. Species facti. (Gedr. statt hs. Mittheilung.) (Berlin 1835.)

Reinhardt: Gegendeduction für den Baron Champy, Kläger u. Appellaten, wider den Königl. Preuß. Fiskus, Beklagten u. Appellanten. Berlin 1825.

Reinhardt, der Hopfenbau im Königr. Württemberg u. insbesondere in Ober-Schwaben. Mit 1 Abbild. 8. Ulm 842. [Adorf, Müller's Buchh.] -

Reinhardt zu Wain, (Rentamtmann,) der Hopfenbau im Königreich Württemberg u. insbesondere in Ober-Schwaben. Mit 1 Abbild. 8. Ulm 842, Seitz. 1/4 ℛ

— Landwirthschaftliches aus Württemberg. Nach vieljähr. Erfahrung bearbeitet. gr. 8. Ebend. 843. 1/4 ℛ

—— Landwirthschaftliches aus Württemberg. Nach vieljähr. Erfahrung bearb. gr. 8. (4 B.) Ulm 843. [Adorf, Müller's Bh.] -

Reinhardt, Üb. die Lehre von den Tempora u. Modi bei Caesar. Pr. 1859. 41 S. 4°.

Reinhardt: Leitfaden ..., s. Hopffer

Reinhardt, s.: Meister, der.

Reinhardt: De rebus Cypriis. 13 S. – Frankfurt a/O, Progr. 1857.

Tagebuch-Blätter aus dem Jahre 1866. Erlebtes und Durchdachtes von einem deutschen Staatsmann [d. i. von Reinhardt]. — Darmstadt & Leipzig: Zernin 1867. 78 S. 8°

Reinhardt: Universitati regiae Gryphiswaldensi saecularia diebus XVII., XVIII., XIX. Mens. Octobr. A. MDCCCLVI. quartum celebranti pie gratulantur Gymnasii Gryphiswaldensis director et collegae. 4 S. – Progr. Greifswald 1856.

Reinhardt. Vauvenargues: examen critique de son influence sur la littérature française et de ses critiques sur le rapport de la grammaire. Ohrdruf, R., 1863. 4.

Reinhardt: Vertheidigung des Geh. Hofrath Bleil in erster u. zweiter Instanz. Berlin 1822.

Reinhardt: Welt u. Schule od. Reminiscenz. e. Alten. Hildburghausen 1863.
Schul-/Univ.-Schrift

Reinhardt, A., s. Nacht, Tausend u. Eine.

Reinhardt, A., Styl, Schriftformen, Bücherführung und Rechnungswesen im königl. württemberg. Truppencorps. Ein Leitfaden zur Anfertigung von dienstl. Schriftstücken und Rapporten, zur Führung der Kompagniebücher und Löhnungsabrechnungen. gr. 8. (VI, 89 S.) Ludwigsburg 870, Neubert. * 1 25

Reinhardt, A. Th., de vocis intentione, extensione modo in lingua lat. Partic. I.: De intentione. Scriptio philolog. 8maj. (2¾ B.) Berolini 837, G. Reimer.

— A. T., De vocis intentione, extentione, modo in lingua Latina. I. De intenti Diss. 1887. 40 S.

Reinhardt, Adolf, approb. Arzt aus Deipenbrink: Aus d. anat. Institut Marburg. Die Hypochorda bei Salamandra maculosa. Mit 2 Taf. *Leipzig: W. Engelmann 1904.* (41 S.) 8°
¶(Aus: Morphol. Jahrbuch, Bd 32.)
Marburg, Med. Diss. v. 18. März 1904

Reinhardt, Adolf Friedrich von,
s. Reinhard, Adolf Friedrich von.

Reinhardt, (Franc.) Albert. (geb. Lychen in d. Neum. 18. 11. 1828): De simulatis organorum sensuum morbis. Berolini (1853). (36 S.) 8°
Berlin, Med. Diss. v. 17. Aug. 1853

Reinhardt, August von

Die gegenwärtige Aufgabe des Maurerthums in Deutschland. [Unterz.:] [Aug. von] Reinhardt. 2 Bl. 8°. [Kopftit.] 21.

Offener Brief über die Ziele der Freimaurerei an solche, welche sich für den Freimaurerbund interessiren. Aus der Loge Carl zu den 3 Ulmen in Ulm. [Von Aug. v. Reinhardt.] Ulm [1878]: Nübling. 11 S. 8° [Umschlagtit.]

°[Dasselbe.] 2. Aufl.

[Dasselbe.] 3. Aufl. Ulm: Kerler 1880. 11 S. 8°

[Dasselbe.] 3. [!] Aufl. Ebendas. 1883. 11 S. 8°

[Dasselbe.] Aus der Loge „Wilhelm zur aufgehenden Sonne" in Stuttgart und Karl zu den 3 Ulmen in Ulm. 3. [!] Aufl. Ebendas. 1891. 31 S. 8°

[Dasselbe.] [Mit Angabe des Verf. auf d. Tit. und ohne d. Zusatz: Aus d. L. „Wilhelm z. aufgeh. Sonne" in Stuttgat usw.] 4. Aufl. Ebendas. 1892. 31 S. 8°

[Dasselbe.] 5. Aufl. Ebendas. 1893. 31 S. 8°

[Dasselbe.] 6. Aufl. Ebendas. o. J. 31 S. 8°

°[Dasselbe.] 7. Aufl.

[Dasselbe.] 8. Aufl. Ebendas. o. J. 32 S. 8°

[Dasselbe.] 9. Aufl. Ebendas. [1901?] 32 S. 8°

[Dasselbe.] 10. Aufl. Ebendas. 1902. 31 S. 8°

°[Dasselbe.] 11. Aufl.

[Dasselbe.] 12. Aufl. Ebendas. o. J. 31 S. 8°
cf. Hn. 6 (1879) S. 126; f. 3. Aufl. 1891: FZ. 45 (1891) S. 399 (K. Pilz); L. 14 (1891) S. 194 (B. Cramer); 15 (1892) S. 32; Bbl. 6 (1892) S. 31—32 (E. Kelmann); f. 5. Aufl.: L. 16 (1893) S. 8 (B. Cramer).
Tt. 1749.

Reinhardt, Aug. v., offener Brief üb. die Ziele der Freimaurerei an Solche, welche sich f. den Freimaurerbund interessieren. 4. u. 5. Aufl. 32. (31 S.) Ulm 892. 893. H. Kerler. n. — 50
Die 1.—4. Aufl. erschienen anonym.

Reinhardt, Aug. v., offener Brief über die Ziele der Freimaurerei an Solche, welche sich f. den Freimaurerbund interessieren. 7. Aufl. 16. (32 S.) Ulm 897. H. Kerler. n. — 50

Offener Brief über die Ziele der Freimaurerei an Solche, welche sich für den Freimaurerbund interessieren, von August von Reinhardt. 8. Aufl. Ulm: Kerber o. J. 31 S. 8°.
W. 2076 gibt von dieser Aufl. nichts Näheres an. 21.

Reinhardt, Aug. v., offener Brief über die Ziele der Freimaurerei an Solche, welche sich für den Freimaurerbund interessieren. 10. Aufl. 16. (31 S.) Ulm 902. H. Kerler. n. — 50

Reinhardt, Aug. v., offener Brief üb. die Ziele der Freimaurerei an Solche, welche sich f. den Freimaurerbund interessieren. 11. u. 12. Aufl. (31 S.) 16. Ulm (904. 905). H. Kerler. n. — 50

Bundeslied. Der Loge „Karl z. d. 3 Ulmen" in Ulm zum Stiftungsfeste gewidmet von A[ug.] v. Reinhardt. o. O. u. J. 1 Bl. 8° [Kopftit.]
Ohne Noten: „Was ziehet immerdar . . ." 3.

Freimaurerei und Ultramontanismus. [Von Aug. **v. Reinhardt**?] [Leipzig: Zechel 1899.] 10 S. 8° [Kopftit.]
Aus: L. 22 (1899) S. 18—21. 21.

Die Humanität im Kriege. Die kodifizierten humanitären Vereinbarungen d. Kulturstaaten im Kriege von August v. **Reinhardt**, Gen.Major a. D. Berlin: A. Unger 1905. (106 S.) 8° [ℌ.] [05. 11628

Johannisblüten. Ein Erinnerungsstrauss für Brüder und Schwestern von A[ug.] v. Reinhardt. Ulm: Kerler 1895. IV, 67 S. 8°
Recens: Bh. 38 (1895) S. 208 (C. Gotthold); Bbl. 9 (1895) S. 362—363 (A. W. Sellin); L. 18 (1895) S. 103; S. 2 (1895) No 9 (J. G. Findel).
Enth. 47 Gedichte. 358.

Die **Judenfrage** und der Freimaurerbund. Von Aug. **v. Reinhardt.** Ulm: Kerler 1893. 79 S. 8°
Recens: Bh. 36 (1893) S. 32 (C. Gotthold); FZ. 47 (1893) S. 69—70 (K. Pilz).
Erweiterung der Abhandlung: Die Judenfrage und der „Frmrbund" in: Bh. 35 (1892) S. 113—117, 121—125. 23. 25.

Auf den **Lebensweg.** Apophthegmen den Jüngern der k. K. gewidmet von A[ug. v.] **Reinhardt.** Stuttgart: Kohlhammer 1882. 63 S. 8°
Abgedr. in: BayrBbl. 1 (1900—1901) S. 114 bis 115, 148—150, 290—291; 2 (1901—1902) S. 183—185; 3 (1902—1903) S. 74—75, 183; 5 (1904—1905) S. 272—273; 8 (1907—1908) S. 51—54.
Recens: SL. 2 (1882) S. 160 (W. Kauffmann); Bh. 25 (1882) S. 246—247 (J. P. Glökler); FZ. 36 (1882) S. 231 (R. Fischer).
Tt. 1751. Sammlung von Distichen, die in 15 Abteil. allgemein menschliche u. (Abt. 10) spez. frm. Verhältnisse besprechen. 193. 225.

Fichte zur Selbstbeherrschung: **Lichterspruch zum 14. April 1901. Gewidmet der Loge „Fichte zur Selbstbeherrschung" in Berlin von Aug. von Reinhardt.** 1 Bl. 8°. 21.

Memorandum für die Mitglieder des Grossmeistervereins der Grosslogen von Hamburg, Bayreuth und Frankfurt a. M. [Unterz.:] [Aug.] **von Reinhardt.** Bayreuth 1900: Mühl. 7 S. 8°. [Umschlagtit.] 21.

Reinhardt, Aug. v., reines Menschentum. 3. Aufl. Mit e. biograph. Geleitwort u. dem Bildnis des Verf. (124 S.) 8. Berlin 911. A. Unger. 2.—; geb. in Leinw. 2. 50

Die Pflege des reinen Menschentums von Aug. v. **Reinhardt.** Berlin: Unger 1904. VI, 95 S. 8⁰

[Dasselbe.] 2. Aufl. Ebendas. 1906. XVI, 95 S. 8⁰
Auszug in: H. 18 (1907) No 36.
Recens: BayrBbl. 4 (1903—1904) S. 190—191; Al. 30 (1904) S. 16; Bk. 23 (1904) No 79 (J. Feiner); S. 11 (1904) S. 46 (J. G. Findel); BZC. 33 (1904) S. 72—73.
cf. f. 1. Aufl.: L. 26 (1903) S. 208 (R. Fischer); DrL. 34 (1903—1904) S. 82—83 (J. H. Papsdorf); ML. 32 (1903—1904) S. 139 (O. Henckel); Z. 34 (1903—1904) S. 166 (H. Glücksmann); BstF. 13 (1904) S. 30 (A. Feld); Bbl. 18 (1904) S. 268 (G. Diercks); FZ. 58 (1904) S. 143—144 (M.); FT. 11 (1904) S. 84—85 (A. J. Lange); Acacia. (Paris) 5 (1905) S. 91—93 (O. Wirth).
f. 2. Aufl.: DrL. 36 (1905—1906) S. 156—157 (H. Kretschmar); R. 33 (1906) S. 40 (G. Schauerhammer); S. 13 (1906) S. 27 (H. Merker).
Handelt in 8 Kapiteln von Menschentum u. Humanität.
[3. Aufl. u. d. Tit.:]
Reines Menschentum. Von Aug. v. Reinhardt. Mit einem biogr. Geleitwort [von Alfred Unger] und dem Bildn. des Verf. 3. Aufl. Berlin: Unger 1911. 124 S. 8⁰
cf. Bh. 53 (1910) S. 400.

Die Pflege des reinen Menschentums. Von August v. **Reinhardt.** 2. Aufl. Berlin: A. Unger 1906. (XVI, 95 S.) 8° [F.] [07 194

Galilei zur ewigen Wahrheit: Rundschreiben des Grossmeisters [der Grossloge „zur Sonne"] an die ehrw. u. gel. Brüder des Sonnenbundes. [Unterz.:] [Aug.] v. **Reinhardt.** [Dat.:] Bayreuth, den 20. April 1897. 2 Bl. 4⁰. [Kopftit.]
Betrifft die Gründung der Loge „Galilei zur ewigen Wahrheit" in Berlin. 21.

Das Verhältnis des Menschentumsgedankens zu dem Gottesgedanken im **Freimaurerbunde. In kurzen Leitsätzen** dargest. von [Aug.] **v. Reinhardt.** [Bayreuth 1907: Mühl.] 4 S. 8⁰ [Kopftit.]
Aus: BayrBbl. 7 (1906—1907) S. 389—392.
Abgedr. in: Z. 37 (1906—1907) S. 525—527; Al. 33 (1907) S. 204—205; Bh. 50 (1907) S. 283—284; BstF. 16 (1907) S. 133—135; BstUJ. 9 (1907) S. 45—46; Brh. 4 (1907) S. 185—187; Bbl. 21 (1907) S. 553—555; FZ. 61 (1907) S. 291—292; L. 30 (1907) S. 306 bis 308; S. 14 (1907) S. 80—81; ArSt. 4 1907) S. 342—344; DrL. 38 (1907—1908) S. 21—23; ML. 36 (1907—1908) S. 8—9; MitthVdF. 1907 bis 1908 S. 227—230; Zum Gedächtnis d. Br. A. v. Reinhardt. 1908 S. 6—9.
cf. ML. 36 (1907—1908) S. 1 (O. Henckel), abgedr. in: H. 19 (1908) No 13.

Ein Votum zum deutschen Maurertage von [August] von **Reinhardt.** [Stuttgart 1891.] 3 Bl. 2⁰. [Kopftit.] [Autograph.] 430.

Wie stehts? Ein Gruss an die Brüder. Von A[ug.] **v. Reinhardt.** o. O. u. J. 1 Bl. 8⁰. [Kopftit.]
„Wie herrlich ist's in unserm Bund" ... 21.

Reinhardt, August Heinrich (Leipzig), De fure nocturno impune occidendo. Präs. Joh. August Neuber. Leipzig (I. Titius) 14. II. 1714. 28 S. (4.—) 28203
Gew.: Johann Friedrich Olearius, Philipp Olearius von Joh. August Neuber.

Reinhardt, Benno

Reinhardt, B., Archiv für patholog. Anatomie, s. Archiv.

Reinhardt, Benno (Ern. Henr.) (geb. Neustrelitz 1819): De peritonitidis symptomatologia. Berolini (1844). (24 S.) 8°
Berlin, Med. Diss. v. 9. Okt. 1844

Reinhardt's, Benno, pathologisch-anatomische Untersuchungen. Nach seinem Tode zusammengestellt und hrsg. von Rud. Leubuscher. gr. 8. (XV und 144 S.) Berlin 852, G. Reimer.

Reinhardt, Bertha, Huldigung d. Blumen. Festsp. z. 22. III. 1897. gr. 8. (14 S.) Altona 897. Schlüter. n. — 40

Reinhardt, Bodo Henrich (Osterode)
Dissertatio inauguralis medica, de affectibus renum frequentioribus, speciatim vero de exulceratione renum.
Giessae 21 Juni 1719: vidua Joh. Reinh. Vulpii. 48 S. 4°
pro licentia summos in arte medica honores et privilegia doctoralia rite consequendi

Reinhardt, C. A., über d. erhab. Bedeutung unserer evangel. Schulen. Predigt am 3. Jubelfeste d. Uebergabe d. Augsburg. Confession, gehalt. vor d. großen Volks-Töchterschule u. d. Riquetschen höhern Privat-Töchterschule. gr. 8. (1 B.) Magdeburg 830, Creutz. Thlr.

Reinhardt, C. A., die Jacobikirche in Magdeburg, bei Gelegenheit d. 2. Säcularfeier d. Zerstörung Magdeburgs 1631 geschichtl. dargest. rc. gr. 8. (13½ B., 1 Grundr. qu. Fol. u. 2 Ansichten.) Magdeburg (831), Creutz.

Reinhardt, Chr. Friedr. Ludw., englische Chrestomathie f. angehende Kaufleute, sowie f. Handels-, Gewerb- u. Realschulen, auch zum Privatgebrauch. Eine Auswahl vorzügl. Abhandlungen über die wichtigsten Gegenstände des Handels, dessen Hülfsmittel, die handelnden Personen etc., nach den besten engl. Handelsautoren, mit e. Wörterbuche. gr. 8. (30 B.) Gotha 844, Thienemann.] *

Reinhardt, Chr. Fr. Ldw., französ. Chrestomathie für angeh. Kaufleute, sowie für Handels-, Gewerb- u. Realschulen u. zum Privatgebrauch. Eine Auswahl der besten Aufsätze über die wichtigsten Gegenstände des Land- u. See-Handels, dessen Hülfsmittel rc. gr. 8. Gotha 842, Gläser. 1⅔ ß

—— französische Chrestomathie für angeh. Kaufleute, sowie für Handels-, Gewerb- u. Realschulen u. z. Privatgebrauch. Eine Auswahl der besten Aufsätze über die wichtigsten Gegenstände des Land- u. See-Handels, dessen Hülfsmittel rc. gr. 8. (32¼ B.) Gotha 843, Gläser.

Reinhardt, Chr. Fr(iedr. Ludw.), der Paukenschlag. Eine Anleitung wie man ohne Hilfe eines Lehrers die Pauken schlagen lernen kann. Versuchsweise hrsg. 4. (43 lithogr. S.) Erfurt 849, Körner. *

Reinhardt, Chr. Fr. Ldw., s. F. H. Sola, französ. Geschäftsbriefe.

— s. Sóla, Franc. Henri, französ. Handelsbriefe.

Reinhardt, Christian [aus Langensalza]: Zwei Fälle von Pyosalpinx ... Jena, Frommann'sche Buchdr. (Herm. Pohle), 1886; 27 + 1 S. 8°.
Jena, Med. Fak., Inaug.-Diss. v. [27. Dez.] 1886.

— **Christian Friedrich August** (Schwarzburg), De notione testamenti judicialis inprimisque eius quod ruri coram Stulteto et Scabinis conditum valore. Präs. Heinr. Gottfried Bauer. Leipzig (Langenheim) 21. VI. 1766. 16 S. (4.—) 28204

Reinhardt, Christian Gottfried

— De jure Romanorum circa flumina, alueos et ripas. Diss. jur. Leipzig (Langenheim) 27. II. 1738. 20 S. (3.75) 28206
Gew.: Ludwig Adolph von Zech.

— **Christian Gottfried** (Merseburg), De poena perjurii juris civilis et patrii. Disput. jur. Präs. Andreas Florentin. Rivinus. Leipzig (J. Chr. Langenheim) 24. IX. 1733. 28 S. (4.—) 28205
Gew.: Ludwig Adolph von Zech, Carl Georg von Pflugk.

Reinhardt, Christian Gottlob

— Genuensium libertatis non supremae juris gentium sed Caesari atque imperio subordinatae brevis adumbratio. Accedunt nonnulli in bellum genuense excursus. Jena (J. Chr. Croeker) 1746. 28 S. (4.25) 28210
Gew.: August Just.

— De eo quod justum est circa successionem in feudo post 'ΑΥΤΟΧΕΙΡΙΑΝ vasalli. Specimen jur. beneficiarii. Halle/Magdeburg (J. Chr. Hilliger) (10. III.) 1745. 24 S. (4.25) 28209
Gew.: Johann Jakob Mascov.

Reinhardt, Christian Gottlob: Investituram Ernesti et Alberti elect. ducum Saxoniae ..., s. Bauer, Joh. Gottfried

— Legis in praeteritum vim atque valorem occasione paragraphi IV. articuli XXII. capitulationis divi Caroli VII. nec non invictissimi imperatoris Francisci I. Halle/Magdeburg 1748. 26 S. (4.50) 28213

— Nexum inter Poloniam Saxoniamque juridicum et literarium brevibus commonstrat. Halle/Magdeburg (Hilliger) (10. X. 1747.) 31 S. (4.25) 28212
Gew.: Andreas Zaluske.

— De testamentis parturientium privilegio et jure singulari nullo munitis. Diss. epistolaris. Jena (J. Chr. Croeker) (Juli 1746.) 28 S. (4.25) 28211
Gew.: Daniel Nettelbladt.

Reinhardt, C. Gl., de testamento parturientium privilegio et iure singul. 4. Jen. Hoffmann. 747.

— De testibus jurisjurandi religione arctatis a Constantino M. iisdem tamen iam ante huius tempora in foro Romano jurandi necessitati subjectis, enatus meditationes. Halle (J. Chr. Hilliger) (8. IX.) 1744. 24 S. (4.25) 28208
Gew.: Andreas Florent. Rivinus.

— **Christian Gottlob**, De tutela pactitia Romanis non incognita. Leipzig (Langenheim) (19. VIII.) 1739. 16 S. (4.25) 28207
Gratulationsschrift für Johann Gottfried Bauer.

Reinhardt, Christoph Julius

Reinhardt, Cph. Jul., wann u. wie sollte man die Todten begraben, um jeden hieraus leichtmögl. Nachtheil zu verhüthen? gr. 8. Dresd. 811. Arnold. 8 gr (45 S.)

Reinhardt, Emil [Gerichtsref. aus Gröbzig]: Geldstrafe und Buße. ... Halle a. S., Druck d. Buchdr. d. Waisenhauses, 1890; IX, 73 S., 1 Bl. 8°
Halle, Jur. Fak., Inaug.-Diss. v. 9. Dez. 1890

Reinhardt, Ernst *Wilhelm* [aus Pillau]: Die chirurgische Eröffnung der Mittelohrräume ... Greifswald, Druck v. J. Abel, 1895; 96 S., 1 Taf. 8.
Greifswald, Med. Fak., Inaug.-Diss. v. 29. Apr. 1895

Reinhardt, Ernst: Lotzes Stellung zur Offenbarung. *Berlin 1897: H. Kraatz.* (54 S.) 8°
Erlangen, Phil. Diss. v. 16. Juli 1897

— **Ferdinand Wilhelm** (Mühlhausen / Thüringen), Quaedam de morbo atrabilario veterum, adiecta morbi historia. Diss. med. Berlin (Brüschcke) 22. VIII. 1826. 29 S. mit Biogr. (M.: D. Kessler.) (3.75) 28214
Oppon.: F. Schmidt, E. von Siebold, I. Lindenthal. — Gew.: Gottfried Ferd. Reinhardt (Vater.)

Reinhardt, Ferd. (geb. Mühlhausen in Thür. 4. 9. 1804): Quaedam de morbo atrabilario veterum, adiecta morbi historia. Berolini (1826). (29 S.) 8°
Berlin, Med. Diss. v. 17. Aug. 1826

Reinhardt, Fr., die englische Emin-Entsatz-Expedition, s.: Sammlung gemeinverständlicher wissenschaftl. Vorträge.

Reinhardt, Fr., Observationum criticarum in Thucydidem. Spec. I. 8. (1½ B.) Francofurti ad Viadrum 829, Hoffmann.

[Umschlagt.:] Reinhardt, Franz [Kammerger.-Ref.]: Beiträge zur Lehre von der Kommanditgesellschaft ... Berlin, Druck v. Gierth & Lücke, 1896; 1 Bl., 63 S., 1 Bl. 8.
Erlangen, Jur. Fak., Inaug.-Diss. v. 1896

Geschäftsgeheimnisse und deren Bewahrung. Von Rechtsanw. Dr. F. Reinhardt. Leipzig: H. Buschmann 1904. (20 S.) 8° [05. 902 11]

Geschäftsgeheimnisse und deren Bewahrung. Von Rechtsanw. Dr. F. Reinhardt. 2. verb. u. verm. Aufl. Leipzig: H. Buschmann 1905. (16 S.) 8° [05. 14006]

Reinhardt, F., Geschäftsgeheimnisse u. deren Bewahrung. 2. verb. u. verm. Aufl. (V, 16 S.) gr. 8. Leipzig 905. Berlin, Dr. W. Rothschild. n. 1. —

Reinhardt, Frz., zum Kopfzerbrechen. Eine Sammlg. v. allerlei Rätseln. Mit Orig.-Beiträgen. Nr. 1–3. 16. (64, 60 u. 55 S.) Berlin 884. Mode's Verl. à n. — 25

Reinhardt, Frz., zum Kopfzerbrechen. Eine Sammlg. v. allerlei Rätseln. Mit Orig.-Beiträgen. 5. Aufl. 1. bis 3. Folge. (54, 50 u. 55 S.) kl. 8. Berlin (906). E. Mode. à — 25

Reinhardt, Friedrich, aus Leer (Ostfriesl.): Die **Bestimmung** der Cellulose und ihr Verhalten sowie das der Pentosane im Darmkanal des Menschen. *Münster i. W. 1903: L. Espagne.* (63 S.) 8°
Münster, Phil. Diss. v. (2. Mai) 1903

Reinhardt, Friedrich, Referendar: Die Bestimmungen der l. 31 pr. D. 5,3 und ihre Weiterentwicklung im preußischen allgemeinen Landrecht und im Bürgerlichen Gesetzbuch. Borna-Leipzig 1908: R. Noske. (VIII, 46 S.) 8°
Heidelberg, Jur. Fak., Ref. Bekker, Diss. v. 1908
[Geb. 19. Juli 82 Weinheim; Wohnort: Steglitz b. Berlin; Staatsangeh.: Preußen; Vorbildung: Goethe-Gymn. Frankfurt a. M. Reife O. 01; Studium: Bonn 3, Berlin 3 S.; Rig. 26. Febr. 08.]

Reinhardt, Fr. Zur Charakteristik des Nibelungenliedes. Vergleich des epischen Stiles der Nibelungen mit dem der Kudrun. 12 S. **Progr.** *Aschersleben* 1881.

Reinhardt, Fr., zur characteristik des Nibelungenliedes: Vergleich des epischen Stiles der Nibelungen mit dem der Kudrun. 4. (12 S.) Aschersleben 881. (Huch.) n. — 80

Reinhardt, Friedrich: Die causalsätze und ire [!] partikeln im Nibelungenliede. Halle 1884: (Haller in Aschersleben). 35 S. 8°
Halle-Wittenberg, Phil. Diss. v. [23. Mai] 1884
Geb. Oppershausen (Kr. Langensalza) 9. 12. 1845. V.
Im Buchhandel Halle (Aschersleben: Huch) 1884.

Reinhardt, Friedr., Mahnruf an die preußische Landwirthschaft. gr. 8. (20 S.) Wriezen a. O. 860. (Berlin, Nicolai'sche Sortimentsbuchh.) *

Reinhardt, [Friedrich], Prof. Dr.: Die **Oratio** obliqua bei Caesar. T. 1. *Aschersleben 1899: K. Wedel Nachf.* (23 S.) 4°
Aschersleben, G, OP 1899 (240)

—— **Bad Suderode am Harz, Sool- und Fichtennadelbad und klimat. Kurort, dargestellt und mit einem Führer durch das Bad und seine Umgegend, nebst mehreren sich an dieselbe anknüpfenden Harzsagen hrsg. Mit 1 (lithogr.) Special-Karte von Suderode und Umgegend. 8. (IV, 58 S.) Suderode 881. (Aschersleben, Huch's Buchh.)** cart. *

Reinhardt, Fr. Walter von der Vogelweide und Fridank. 24 S. **Progr.** *Aschersleben* 1878.

Reinhardt, Friedr. Wilh. K. Aug. Karl Ritter und der gegenwärtige Standpunkt der geographischen Methode. 24 S. *Neubrandenburg* 1880. **Progr.**

Reinhardt, Fritz

Reinhardt, F., religiöser Gedächtnisstoff in Sprüchen und Liedern. 8. (32 S.) Hamburg 887. Nestler & Melle's Verl. n. — 40

[Umschlagt.:] [F.] Der behördlich festgesetzte Memorierstoff für den Religionsunterricht auf d. einzelnen Klassen höh. Lehranst. verteilt v. Fritz **Reinhardt**. *Breslau: Trewendt & Granier [1897].* (61 S.) 1 Bd 8.
[97. 1901

Reinhardt, G., seelische **Erkenntnis** u. ihre Stellung im modernen Leben. Kurze Charakteristik m. besond. Berücksicht. der medizin. Psychoanalyse. (48 S.) gr. 8. Bremen (906). A. Heitmann. n. 1. —

Reinhardt, G., Harwstblaumen. Plattdütsche Gedichte. 8. (40 S.) Güstrow 876. Opitz & Co. n. — 50

— ärztliche **Nervenanalyse** (Psychoanalyse). (11 S.) gr. 8. Leipzig 906. B. Konegen. n. 1. —
Sonderabdruck aus: „Der Frauenarzt".

Reinhardt, G., die Huter'sche Psycho-Physiognomik u. ihre Beziehung zur Krankenbehandlung vom wissenschaftlichen Standpunkte aus, m. 3 Naturelltypen u. mehreren Autotypien. Dargestellt u. begründet v. R. gr. 8. (20 S. m. 1 Bildnis u. 2 Taf.) Wiesbaden 900. (Bremen [Am Wall 194], A. Heitmann.) n. — 50

Reinhardt, G. H., zwölf Predigten u. eine Confirmationsrede. gr. 8. Göttingen 843, Vandenhoeck u. Ruprecht. 1/2 ₰

Reinhardt, Geo., Schillers Flucht. Histor. Stück in 5 szen. Tln. (II, 81 S.) 8. Dresden 905. O. Damm. n. — 80

Ein deutscher Jesus! Ein Kraftwort an alle Deutschen von Georg **Reinhardt**. *Hann. Münden: R. Werther 1899.* (14 S.) 8° [F.] [00. 8298 7

Reinhardt, Geo. (Herm. Klemm), der Regimentsarzt v. Stuttgart. Histor. Schauspiel in 5 Aufzügen. (IV, 78 S.) gr. 8. Dresden 910. C. Reissner. 1.50

— **Gottfried Ferdinand** (Mühlhausen), Specimen med. continens somni physiologicam et diaeteticam disquisitionem. Jena (Goepferdt) Sept. 1793. 38 S. mit Biogr. (M.: Chr. E. Frohn.) (4.—) 28215

Reinhardt, Gottlob, aus Bibra b. Meiningen: Saint-Évremonds **Urteile** und Gedanken über die alten Griechen und Römer. *Saalfeld a. S. 1900: K. Stöckigt.* (71 S.) 8°
Leipzig, Phil. Diss. v. [4. Dez.] 1900

Reinhardt, Guido, Geschichte d. Marktes Gräfentonna. Eine Festgabe zur Feier d. 200jähr. Jubiläums der Kirche St. Petri u. Pauli. Mit 4 Ansichten, 3 Ortsplänen u. 2 Geschlechtstaf. gr. 8. (VIII, 387 S.) Langensalza 892. (Wendt & Klauwell.) n.n. 4. —; geb. in Leinw. n.n. 5. —

— **Heimatkunde der Thüringischen Staaten.** Mit 9 Abbildgn. [Brustbilder] der Thüring. Landesfürsten, 1 Karte der Thüring. Staaten, sowie e. Profil d. Thüringer Waldes. gr. 8. (22 S.) Gotha 891. C. Glaeser. n.n. — 30

Reinhardt, Guido, Heimatkunde d. thüringischen Staaten. Mit 9 Abb. (Brustbilder) der thüring. Landesfürsten, 1 Karte d. thüring. Staaten u. 1 Profil d. Thüringer Waldes. (2., durchgeseh. Aufl.) gr. 8. (28 S.) Gotha 896. C. Glaeser. n. — 40; ohne Karte n. — 20

Reinhardt, Guido, Heimatkunde der thüring. Staaten. Mit 9 Bildnissen der thüring. Landesfürsten, e. Karte der thüring. Staaten, sowie e. Profil des Thüringer Waldes. 3. verb. Aufl. Hrsg. v. L. Schmidt. (28 S.) 8. Gotha 905. [R. Schmidt] R. Wöpke. n. — 40; ohne Karte n. — 20

Reinhardt, Guido, Heimatkunde d. Thüringischen Staaten. Mit 16 Abb., 1 Profil u. 1 Karte. 4., verb. Aufl. Hrsg. v. L. Schmidt. (31 S.) 8. Gotha 910. E. F. Thienemann. — 30; m. Karte — 45.

Reinhardt, Gustav [aus Hadersleben]: Ein Beitrag zur Kenntniss der Rubeanwasserstoffsäure. . . . Göttingen, Druck d. Univ.-Buchdr. v. W. F. Kästner, 1890; 45 S. 8°
Göttingen, Phil. Fak., Inaug.-Diss. v. [12. Aug.] 1890

Reinhardt, Gust. (I.). Ein Beitrag zur Kenntniss der Rubeanwasserstoffsäure. Diss. gr. 8. (45 S.) Gött. 890, (Vandenhoeck u. Ruprecht). * — 80

Reinhardt, Gustav, Dr.: Italienische Herbsttage (2). Erinnerungen an den zwölften archäologischen Kursus (1902) deutscher Gymnasiallehrer in Italien. Dessau 1904: C. Dünnhaupt. (S. 1—25.) 4° ¶[Forts. d. P-Beil. von Ballin 1897.]
Dessau, herz. Friedrichs-G OP 1904 (796)

Reinhardt, *Wilhelm Gustav* [Dr.]: Der Perserkrieg des Kaisers Julian. (Im Anschl. an: Der Tod d. Kais. Julian. Köthen 1891.) Dessau, Druck v. L. Reiter, Herz. Hofbuchdr., 1892; 1—45 S. 4.
Dessau, herz. Friedrichs-RG u. VS d. Fridericianum, P 1892 (680)

Reinhardt, Gust., der Perserkrieg d. Kaisers Julian. Progr. gr. 4. (45 S.) Dessau 892. (Cöthen, S. Bübling.) n. 1. 50

— der Tod d. Kaisers Julian. Nach den Quellen dargestellt. gr. 8. (31 S.) Cöthen 891. S. Bühling. n. 1. 20

Reinhardt, Gustavus [Cothoniensis]: De praepositionum usu apud Ammianum .... Cothenis Anhaltinorum, form. P. Schettler, 1886; 64 S. 8°.
Halle, Phil. Fak., Inaug.-Diss. v. [23 Jun.] 1886.

Reinhardt, Gust., de praepositionum usu apud Ammianum. gr. 8. (62 S.) Cöthen 887, Schettler's Erben, Verlag. *

— Gustav Wilhelm (Leipzig), Diss. jur. qua traditionis circa dominii acquisitionem effectus tam naturali quam positivo jure: et hoc rursus tum communi tum Saxonico. Präs. Gottfried Reinhold Koesel. Leipzig (Zunkel) 5. VI. 1731. 30 S. (4.25) 28216
Gew.: Gottfried Wilhelm Kustner.

Reinhardt, H., der neugierige Landmann u. der wohlunterrichtete Lehrer, oder faßl. u. sehr unterhalt. Erklärung der Ursachen u. Wirkungen merkwürd. Naturerscheinungen, welche täglich u. stündlich vor unsern Augen vorgehen rc. gr. 8. Freiburg ... Waizenegger. 1/3 ℔

Reinhardt, H. F., Uebersicht der Territorial-Erweiterung des brandenburgisch-preussischen Staates für den Geschichtsunterricht in Gymnasien und Real-Schulen. gr. 8. (19 S.) Frankfurt a. O. 862, Schiefer. *

Reinhardt, Hans. Untersuchungen über die Fettsäureester des Glycerinmonochlorhydrin. Diss. Phil. [II.] Univ. Zürich. VIII + 38 S. 8. Wiesbaden, Rud. Bechtold & Comp., 1909.

Reinhardt, Harry v., Alexander der Grosse. Histor. Drama in 5 Aufzügen. (68 S.) 8. Tübingen 909. G. Schnürlen. 1.50

Reinhardt, Harry von, Referendar: Der Waffengebrauch als Mittel staatlichen Verwaltungszwangs nach deutschem Verwaltungsrecht. Stuttgart 1910: Metzler. VI, 97 S. 8°
Heidelberg, Jur. Diss. v. 28. Juni 1910, Ref. Fleiner
[Geb. 8. Nov. 86 Ulm a. D.; Wohnort: Stuttgart; Staatsangeh.: Württemberg; Vorbildung: Gymn. Ulm Reife Juli 04; Studium: Lausanne 1, Tübingen 3, Berlin 1, Kiel 1, Tübingen 3 S.; Rig. 11. Mai 10.] [U 10. 1982

Reinhardt, Heinrich. Ueber secundäre und tertiäre aromatische Amine. Würzburg, 1884.

Reinhardt, Heinr. (Prof.) und Jacob Weber (Pfarrer). Festreden an der Schlachtfeier in Sempach am 10. Juli 1882. In-8°, 33 S. Luzern, Gebrüder Räber. 1882. — 30

Reinhardt, H., die preußische Gewerbe-Gesetzgebung, für den Handgebrauch zusammengestellt und erläutert. gr. 8. (192 S.) Berlin 865, Sacco Nachfolger.

(Reinhardt, H[einrich].) † Professor Albin Kaufmann (1847–[1884]). [A. Progr.] 4. [Luzern 1884.]

Reinhardt, H., die preußische Konkurs-Ordnung nebst dem Einführungs-Gesetze und dem Gesetze über Anfechtung der Rechtshandlungen zahlungsunfähiger Schuldner. Für den Handgebrauch zusammengestellt und erläutert. gr. 8. (V und 160 S.) Berlin 865, Sacco Nachfolger.

Reinhardt, Heinr., die Correspondenz v. Alfonso u. Girolamo Casati, spanischen Gesandten in der schweizerischen Eidgenossenschaft, m. Erzherzog Leopold V. v. Oesterreich 1620—1623, s. a. Collectanea Friburgensia.

Reinhardt, Heinrich. Die Correspondenz von Alfonso und Girolamo Casati, spanischen Gesandten in der schweizerischen Eidgenossenschaft, mit Erzherzog Leopold V. von Oesterreich 1620–1623. Ein Beitrag zur schweizerischen und allgemeinen Geschichte im Zeitalter des dreissigjährigen Krieges. Mit Einleitung und Anmerkungen hrg. von H' R'. [Mit 1 Wappenvignette und 1 Porträt-Tafel.] (Collect. Friburg. [Band] 1.) 4. Freiburg i. d. Schweiz 1894.

Reinhardt, Heinrich. Der Veltliner Mord in seinen unmittelbaren Folgen für die Eidgenossenschaft. SA. 8. Einsiedeln 1885.

Reinhardt, Heinr., s.: Nuntiatur, die, v. Giovanni Francesco Bonhomini.

[Reinhardt, Heinrich.] Jost Josef Niklaus Schiffmann (1822–1883). [Mit 2 Tafeln.] Njbl. Künstlerges. Zürich 1886. 4. [Zürich.]

Die Sprudelfee. Operette in 3 Akten von A. M. Willner u. Julius Wilhelm. Musik von Heinrich **Reinhardt**. Text d. Gesänge. Wien: Karczag & Wallner 1909. 47 S. 8° [10. 16619

—— das preußische Strafrecht nach Lage der gegenwärtigen Gesetzgebung nebst den wichtigeren darauf bezügl. Gesetzen, Verordnungen und Erkenntnissen des königl. Ober-Tribunals. gr. 8. (176 S.) Berlin 864, Sacco Nachfolger.

— s.: Studien, Freiburger historische.

Reinhardt, Heinr., u. Frz. **Steffens**, Studien zur Geschichte der katholischen Schweiz im Zeitalter Carlo Borromeo's, s.: Nuntiaturberichte aus der Schweiz seit dem Concil v. Trient.

—— der Volks-Advokat. Unentbehrlicher Rathgeber in allen Verhältnissen des bürgerl., gerichtl. und geschäftl. Verkehrs. 1. Aufl. 41 Lfgn. 1863 — 66 und 2. (Titel-)Aufl. gr. 8. (XVI und 1949 S.) Berlin 867, Sacco Nachfolger.

—— die allgemeine deutsche Wechsel-Ordnung und der Wechsel-Proceß in Preußen. Nebst allen darauf bezügl. Gesetzen, Verordnungen, Judikaten des königl. Ober-Tribunals rc. Systematisch dargestellt. gr. 8. (64 S.) Berlin 867, Sacco Nachfolger.

—— Die Bündner Wirren d. Jahres 1620 in ihren Wirkungen auf die Eidgenossenschaft. Luzern: Räber 1881. (Beilage zu: Jahresbericht über die Kantonsschule u. d. Theologie zu Luzern 1880/81).

Reinhardt, Heinrich Friedrich

Reinhardt, H. F., die Analogieen der von Buttmann in d. Schulgrammatik aufgeführten unregelmäß. griech. Verba, in tabellar. Uebersicht dargestellt. Imp.- u. Roy.-Fol. (2 B.) Leipzig 836, Hinrichs'sche Buchh.

Reinhardt, Henricus Fridericus: •De lyricae Graecorum et inprimis Pindari poeseos ingenio. 28 S. 8° (4°)
Halle-Wittenberg, Phil. Diss. v. 1. Aug. 1821
Geb. [Dothen b. Eisenberg (Sachs-Weim.) 4. 8. 1797]

— **Heinrich Carl** (Webau./Meißen), De indole et natura **investiturae feudalis.** Diss. jur. Präs. Johann **Gottfried Bauer. Leipzig** (J. G. I. Breitkopf) 24. III. 1746. 48 S. (4.50) 28217

Reinhardt, J., Festbuch zum 11. Markgräfler Gauturnfest, verb. m. d. 25. Stiftungsf. d. Markgräfler Turngaues u. d. T. V. Waldshut, 20.—21. 7. 1907, m. Abb., Waldshut 1907, 35 S., Kl.-8°.

Reinhardt, J., biblische Geschichte, s.: Baß, J.

Reinhardt, J., Hilfsbuch f. den Religionsunterricht, s.: Baß, J.

Reinhardt, J., Pyramiden. 1.—3. Hft. qu. 8. Lörrach (C. R. Gutsch). n.n. 4. 80
1. 60 Barren-Pyramiden. (47 Taf. m. 3 S. Text.) (896). n. 2. —
2. 50 Barren-Pyramiden. (40 Taf. m. 8 S. Text.) 897. n.n. 1. 60
3. 50 Tisch- u. Stuhl-Pyramiden. (25 Taf. m. 2 S. Text.) 897. n.n. 1. 20

Reinhardt, J., Pyramiden. 4. Hft. Tisch- u. Stuhl-Pyramiden. 70 Pyramiden an 2 Tischen u. 5 Stühlen. qu. 8. (32 Bl.) Lörrach (900). (C. R. Gutsch.) n.n. 1.60
1.—3. Hft. Ebd. 896. 897. n. 4. 80.

Reinhardt, J., Pyramiden. 5. Heft. 100 Frei-Pyramiden. (56 Bl.) qu. 8. Lörrach (904.) (C. R. Gutsch) n.n. 2. 50

Reinhardt, J., Pyramiden. 1.—6. u. 7. Heft. 14,5× 20,5 cm. Lörrach, (C. R. Gutsch). nn 7. —
1. Barren-Pyramiden. 80 Pyramiden an 1 Barren. 3. verm. u. verb. Aufl. (32 Bl. m. Text auf dem Umschlage.) (907.) nn 2. —
6. Leiter-Pyramiden. 80 Leiter-Pyramiden an 1 u. 2 Leitern. (32 Bl.) (909.) nn 2. 50
7. Stuhl-Pyramiden. 120 Stuhl-Pyramiden an 1 u. 2 Stühlen. (31 Bl.) (910.) nn 2. 50

Reinhardt, J., Reigen u. Reigentänze, s. a. Bibliothek turnerischer Unterhaltungen.

Reinhardt, J., Reigen u. Reigentänze, Reigen, Charakter- und Waffentänze f. T. V., m. Abb., Leipzig 1893, 8°. 8 Bde.
10 — Schopfheim 1900.
— — — 1901.
— — 1904.
— — 1. Aufl. — 1922.
— — 3. Aufl. — 1900.
— — 4. Aufl. — 1904.

— 10 Reigen u. Reigentänze. Charakter- u. Waffentänze, m. Illustr. u. 100 Fig., f. Turn-Vereine u. Schulen. 8. (IV, 80 S.) Schopfheim 901. (Lörrach), C. R. Gutsch.) n.n. 2. —

— Reigen u. Reigentänze. III. Buch. 10 Reigen u. Reigentänze. Charakter- u. Waffentänze m. Illustr. u. 120 Fig. f. Turnvereine, Schulen u. gesell. Vereine. (IV, 78 S.) 8. Schopfheim 904. (Lörrach, C. R. Gutsch.) n.n. 2. —

— Wiener Volksleben. Tanz-Reigen. Charaktertanz für 12 Personen, m. Illustr. u. 26 Fig., f. Turn-Vereine. 8. (16 S.) Ebd. 901. n.n. 1. —

[Reinhardt, J. A. F.] Die Zäumung der Pferde nach richtigen Grundsätzen der Bewegungskunst dargestellt. Nebst Verhaltungsregeln des Reiters . . . Hof. bey G. A. Grau 1804. X + 126 S.; 1 Taf. in Kupferst. 8°.

Reinhardt, J. F. G., die Bewirthschaftung des Berkheimer Hofes, ein Beitrag zur Beschreibung der Landwirthschaft in Württemberg, mit besond. Berücksichtigung der landwirthschaftl. Verhältnisse des Strohgäues. Mit 2 lith. Tafeln. gr. 8. Stuttgart 843, Schweizerbart. 5/8 ß

Reinhardt, J. H. Ueber Luftheizungen. [1875.] **4.**

Reinhardt, J. S., Stammbaum derer Graffen und Herren von Werthern. 1615. fol. — Neue Aufl. (hrsg. v. J. Seifert). Regenspurg 1709. fol. 1712.

Reinhardt, J. V. Cölner Thorburgen 1180—1882. Cöln 1884. 2°. (Verm. Jähns.)

Reinhardt, Johannes, a. Baiersdorf: Zur Kenntnis der Reaktionsprodukte zwischen primären aromatischen Hydrazinen und Senfölen. Erlangen 1906: E. Th. Jacob. (85 S.) 8°
Erlangen, Phil. Fak., Ref. Fischer, Diss. v. 11. Sept. 1906
[Geb. 27. Febr. 79 Baiersdorf (Mittelfranken); Wohnort: Erlangen; Staatsangeb.: Bayern; Vorbildung: Gymn. Erlangen Reife (f. Prima) 98; Studium: Erlangen 14 S.; Rig. 19. Juni 06.]

(R[einhardt], J[ohann].) Lehrt die heilige Schrift eine Vernichtung der Gottlosen? Korreferat auf den Vortrag in Nr. 31—33 des «Evang. Botschafter» Jahrg. 1901 von einem Vermahner der Evangelischen Gemeinschaft. 2. vermehrte und verbesserte Aufl. — *Kopftitel:* Alte Theologie. — (Millennium-Tages-Anbruch[-Schrift].) 20 S. 8. Grenchen, Guldimann & von Gunten, 1902.

Reinhardt, Johann Christian

Reinhardt (J. C.,) Kupfer-Cabinet, oder: Beschreibung einer großen Anzahl Kupfermünzen der neuern Zeit 1r u. 2r Bd. gr. 8. Eisenberg 826 u. 27, Schöne. 1r Bd. 20 gr. 2r Bd. 1 Rthl. 6 gr.

Reinhardt, Joh. Chrstn., Kupfer-Kabinet, od.: Beschreib. e. großen Anzahl Kupfermünzen d. neuern Zeiten. 3. Bd. M. 1 Münzen-Messer. 8. (23¼ B.) Eisenberg 828, Schöne.
1. u. 2. Bd. Ebendas. 1826, 27. 2 Thlr. 2 Gr.

Reinhardt, J. Ch. Kupferkabinet oder Beschreibung einer grossen Anzahl Kupfermünzen der **neueren** Zeit. Eisenberg 1827—28. V (2: 3): *Knauth, Christian Gottlob.* (Lipsius)

— **Johann Friedrich** (Wittenberg), Diss. inaug. qua **paradoxa circa actionem negatoriam.** Präs. Andreas **Florentin. Rivinus.** Wittenberg (Scheffler) 29. XI. 1746. 24 S. (3.75) 28219

REINHARDT, JOH. FRIEDR., s. Frankreich im Jahr 1795 ff.

Reinhardt, Joan. Frid. (geb. Jülich 20. 10. 1814): De iride ejusque morbis. Berolini (1840). 132 S.; 8°
Berlin, Med. Diss. v. 9. Apr. 1840

Reinhardt, Jh. Gf., Hautkrankheit, s. *Historia* patholog.

— **Johann Gottlieb** (Wittenberg), **Legem commissoriam subhastationibus taciti inesse. Präs. Christoph Ludw. Crell. Wittenberg** (Scheffler) **28. XI. 1746. 32 S. (4.25) 28220**

Deutschlands Einigung, ein patriotisch-dramatisches Gedicht, und Seelenwellen, lyrische Gedichte. Von Julius **Reinhardt.** Hannover: Selbstverl. 1908. 173 S. 8° [Umschlagt.] A 13.10653

Reinhardt, Jul., Deutschlands Einigung. Ein patriotisch-dramat. Gedicht. Schauspiel in 5 Aufzügen. (173 S.) 8. Hannover 908. (Leipzig, Dörfling & Franke.) 2.—

Reinhardt, Jul., die Noth der evang. Kirche u. deren Abhülfe durch die Gustav-Adolf-Stiftung. Eine kurze geschichtl. Darstellung zur Beförderung der Theilnahme an jenem Vereine. 8. (3 B.) Aachen 846, Benrath. *

Reinhardt, Julius, approb. Arzt aus Kemberg: Aus d. Universitäts-Augenklinik zu Kiel. Ueber die Fukala'sche Operation bei hochgradiger Myopie. *Kiel 1898: P. Peters.* (26 S.) 8°
Kiel, Med. Diss. v. [29. Aug.] 1898

Reinhardt, Justus Gottfried

Reinhardt, Just. Gf., ABC-Büchlein. 8. Mühlhaus. u. Halle 797. Danner. (Dreyßig). 3 gr — Dass. mit illum. Kpf. 8. Dreyßig. 8 gr

— — dass. m. illum. Kupf. 8. Halle, Dreyßig. 801.

— Jesus Sirach's u. Salomo's Denk- u. Sittensprüche geordnet u. mit einander verbunden. 8. Erf. 816. Keyser. 8 gr

— Denk- u. Rechtschreibübungen zum Gebr. f. Volksschullehrer in Schreibstunden. 8. Nordhaus. 827. Landgraf. (Dörffling in Leipz.) 6 gr

— Elementarbüchlein der deutschen Sprache f. Knaben u. Mädchen. 8. Mühlh. 797. N. A. 801. Danner. 4 gr

— deutsch. Elementarbüchlein. 8. Mühlh. Danner. 801.

Reinhardt, Justus Gottfried (Hrsg.):

s.: Faust, (Bernhard Christoph): Der Gesundheits-Katechismus. 11.Aufl. Leipzig: 1830

Reinhardt, J. G., Krankengeschichte, s. Krankengeschichte.

— der Mädchenspiegel, od. Lesebuch f. Töchter in Stadt- u. Landschulen. Mit e. Vorrede v. C. G. Andre. 8. Halle 791. 2e A. 794. 3e A. . . . 4e A. 807. 5e A. 822. Gebauer. 9 gr

— Rathgeber in der Schreibstunde, od. Aufsätze f. Schulmeister in Knaben- u. Mädchenschulen. 8. Halle 795. (anonym). 2e A. 800. 3e A. 808. 4e A. 821. Gebauer. 9 gr

Reinhardt, (J. G.,) Jesus Reden, Gleichnisse u. Lebenslauf, in Versen erklär. vorgetragen. 8. Leipz. 826, Kummer.

— Schulgebete u. Schulreden, sowohl auf alle Tage u. Tageszeiten der Woche, als auch auf besondere Zeiten, Umstände u. Ereignisse. Für Stadt- u. Landschulen. 8. Nordh. 816. 2e verm. Aufl. 8. Ebd. 830. (Dörffling in Leipz.) 4 gr

Reinhardt, J. G., Schulgebete u. Schullieder, sowohl auf alle Tage u. Tageszeiten in d. Woche, als auch auf besond. Zeiten, Umstände u. Ereignisse. Für Stadt- u. Landschulen bestimmt. 2., verb. u. verm. Aufl. 8. (5 B.) Nordhausen 830. [Leipzig, Dörffling.]

— bibl. Weiberspiegel, od. d. Geschichte alter weibl. Personen d. alten Testaments. 8. Nordhausen 827. Landgraf.

— bibl. Weiberspiegel, oder die Gesch. aller weibl. Personen des alten Testaments. Ein Sonntags-Lesebuch f. konfirmirte Töchter u. Bibelfreundinnen. 8. Nordh. 828. Landgraf. (Dörffling in Leipz.) 9 gr

— d. kleine Westphale, od. kurzgefaßtes Lesebuch zum Unterr. in Bürgerschulen des Königr. Westphalen. 8. Halle 808. Gebauer. 9 gr

Reinhardt, K., die Verwendung v. Grossgasmaschinen in deutschen Hütten- u. Zechenbetrieben. Vortrag, geh. auf dem Juli-Meeting 1908 des Iron and Steel Institute. (50 S. m. Abbildgn. u. 12 Taf.) Lex. 8. Düsseldorf (907). Verlag Stahleisen. nn 3.50
Sonderabdruck aus: „Stahl u. Eisen".

Reinhardt, Carl, schwarzes ABC-Buch. Zum Ausschneiden. Wien (857.) v. Waldheim. gr. 8. (27 Bl. m. Holzschn. im Text.) 18 ngr

—— Hans Wurst's Abenteuer, s. Hans Wurst.

Reinhardt, Carolvs (geb. am 12 Juli 1851 in Puderbach bei Neuwied): De Isocratis aemvlis ... Bonnae, form. C. Georgi (1873). 2 Bl., 44 S., 2 Bl. 8. ¶ Erschien zugleich selbständig bei Cohen & Sohn in Bonn.
Bonn, Phil. Fak., Diss. v. 4 Aug. 1873

Reinhardt, Carl, Aquarell-Zeichnungen. Randzeichnungen zu eigenen Liedern. Compositionen für das Pianoforte von Graben-Hoffmann. gr. Fol. (8 Chromolithogr.) Leipzig 867, G. Wigand. In Mappe. *
Einzelne Blatt *

Reinhardt, Carl, Auswanderer-Spiegel. Eine komische Kinderschrift. Wien 863. Lechner. gr. 4. (12 color. Lithogr. m. Text.) 25 ngr

[Reinhardt, Karl:] Der Bär und der Mond. London. Paris. Hamburg 1855. 8°

Reinhardt, Carl, vollständiger leichtfaßlicher Briefsteller f. den Privat- u. Geschäftsverkehr. Eine Anleitg., alle Arten v. Briefen, schriftl. Aufsätzen, Urkunden u. Dokumenten, Zeugnissen, Schuldscheinen, Quittgn., Anzeigen f. Zeitgn. ec., welche im gewöhnl. Leben vorkommen, selbst schreiben zu lernen. Mit zahlreichen Beispielen u. Formularien. Zweckmäßiger Rathgeber f. Geschäfts- u. Privatleute der mittleren u. niedern Stände. 12. (96 S.) Reutlingen (902). R. Bardtenschlager. —40

Reinhardt, Carl, vollständiger Briefsteller f. den Geschäftsverkehr sowie f. den Privatgebrauch. Eine Anleitg. alle Arten v. Briefen etc. etc., welche im gewöhnl. Leben vorkommen, selbst schreiben zu lernen. Mit zahlreichen Beispielen. (96 S.) kl. 8. Reutlingen (906). R. Bardtenschlager. —50; geb. —75

Reinhardt, Carolus: De Graecorum theologia capita duo. (Berolini: Weidmann 1910.) 121 S. 8° ¶(Im Buchh. ebd.)
Berlin, Phil.Diss. v. 19. Nov. 1910, Ref. v. Wilamowitz-Moellendorff, Diels
[Geb. 14. Febr. 86 Detmold; Wohnort: Berlin; Staatsangeh.: Lippe; Vorbildung: Goethe-Gymn. Frankfurt a. M. Reife O. 05; Studium: Bonn 4, Berlin 6 S.; Rig. 23. Juni 10.] [U 11. 303

Reinhardt, Karl: Amos Comenius und das Goethe-Gymnasium. 8 (S. 15—18).
Festschrift z. Einweihung Goethe-G. *Frankfurt a. M.* 1897.
Nicht im Tauschverkehr.

Progr.

Reinhardt, Carl: Ein arabischer Dialekt gesprochen in Omān und Zanzibar. Nach praktischen Gesichtspunkten für das Seminar für Orientalische Sprachen in Berlin bearbeitet. Stuttgart u. Berlin 1894. XXV, 428 S.
= Lehrbücher des Seminars für Orientalische Sprachen in Berlin. Bd. 13. 8°. [N 2622

— Dintenklexe in Form humoristischer Skizzen. 2 Bde. Berlin 869. Hausfreund-Exped. 8. (III, 275 u. III, 264 S.) Jeder Bd. n. 20 ngr

Reinhardt, Karl [Dir. Dr.]: Die Durchführung der Frankfurter Lehrpläne. Frankfurt a. M., Druck v. Enz & Rudolph, 1894; 46—49 S. 4.
Frankfurt a. M., st. G, OP 1894 (388)

Reinhardt, Karl [Dir. Dr.]: Die Durchführung der Frankfurter Lehrpläne. [Vgl. P-Beil. 1894.] Frankfurt a. M., Druck v. Enz & Rudolph, 1896; 42—44 S. 4.
Frankfurt a. M., st. G, OP 1896 (396)

Reinhardt, Karl [Dir. Dr.]: Die Durchführung des Frankfurter Lehrplans. [Vgl. P-Beil. 1894. 96.] Frankfurt a. M., Druck v. Gebr. Knauer, *1897;* 42—43 S. 4.
Frankfurt a. M., Goethe-G, P 1897 (401)

Reinhardt, Karl: Die Durchführung des Frankfurter Lehrplans. *Frankfurt a. M. (1898): Gebr. Knauer.* (26—30 S.) 4° ¶[Vgl. P-Beilagen 1894. 96. 97.]
Frankfurt a. M., Goethe-G, P 1898 (407)

Reinhardt, Karl, Dir. Dr.: Die Durchführung des Frankfurter Lehrplanes. *Frankfurt a. M. (1899): Gebr. Knauer.* (S. 23—24.) 4° ¶[Vgl. Progr. 1894, 96—98.]
Frankfurt a. M., Goethe-G, P 1899 (412)

Reinhardt, Karl, Dir. Dr.: Die Durchführung des Frankfurter Lehrplanes [nebst pädagogischen Bemerkungen]. *Frankfurt a. M. (1900): Gebr. Knauer.* (S. 25—26.) 4° ¶[Vgl. Progr. 1894, 96—99.]
Frankfurt a. M., Goethe-G, P 1900 (417)

—— humoristische Erinnerung an die dresdner Vogelwiese für 1861. Mit vielen Illustr. Nach der Natur. gr. 16. (64 S. mit eingedr. Holzschn.) Leipzig 861, R. Schäfer's Verlag. *

Reinhardt, Karl [Dir. Dr.]: Die Eröffnung des Goethe-Gymnasiums. Frankfurt a. M., Druck v. Gebr. Knauer, *1897;* 3—19 S., 6 Taf., 2 Pl. 4.
Frankfurt a. M., Goethe-G, P 1897 (401)

— Fahrten und Abenteuer der Herren Lehmann und Schmidt auf der Reise über Dresden und Prag nach Wien. Aus dem Deutschen ins Berlinische übersetzt und mit vielen Illustr. (Holzschn.) versehen. Berlin 864. Janke. gr. 16. (108 S.) n. 10 ngr.

— Fahrten u. Abenteuer der Herren Lehmann u. Schmidt auf der Reise über Dresden u. Prag nach Wien. Aus dem Deutschen ins Berlinische übersetzt. 2. Aufl. Berlin 865. Janke. 8. (108 S. mit vielen Illustr. in eingedr. Holzschn.) n. 10 ngr.

[F.] Griechische Formen- und Satzlehre v. Dr. Karl **Reinhardt,** Dir., u. Dr. Emil Roemer, Prof. ... in Frankfurt a. M. *Berlin: Weidmann 1899.* (X, 235 S.) 1 Bd 8. [98. 1331]

Griechische Formen- und Satzlehre von Dr. Karl **Reinhardt**, Geh. Reg.R., u. Dr. Emil Roemer, Prof. 2. Aufl., besorgt von Dr. Ewald Bruhn, Dir.. Frankfurt a. M. Berlin: Weidmann 1907. (XIII, 284 S.) 8° [F.] [08. 9231

– Allerhöchst Ihrer k. k. apostol. Majestäten Franz Josef und Elisabeth durch Kärnthen im September 1856. gr. Fol. 1859. Mit 34 Abbildgn. u. 91 S. T.) Wien (Hof- u. Staatsdruckerei), Gerold in Comm. eleg. geb. 15 fl.

Helgoland. Nach d. Natur gez. v. Carl Reinhardt, lith. v. Wilhelm Heuer. Hamburg. o. J. [um 1850]. 1 Bl. Groß-Fol., 63/78 cm.

Reinhardt, Karl [Dir. Dr.]: M. Henrici Hirtzwigii Rectoris de Gymnasii Moeno-Francofurtani ratione et statu ad Balthasarem Mentzerum epistola. Mit Einleitung u. Übersetzung. Frankfurt a. M., Druck v. Enz & Rudolph, 1891; S. 8—45; 4°
Frankfurt a. M., st. G, OP 1891 (379)

—— s. a. Hirtzwigii, Henrici, de gymnasio Moeno-Francofurtani ratione et statu ad Balthasarem Mentzerum epistola.

—— die Jahreszeiten. Humoristisches Kinderbuch. gr. 4. (16 ill. Stnt. mit Text.) Glogau 863, Flemming. cart. * —

Reinhardt, Carl, die vier Jahreszeiten. Ein humorist. Kinderbuch. 2. Aufl. (Mit 16 Bildern in Farbendr.) 1873; 3. Aufl. gr. 4. (Mit 17 Bildern in Farbendr.) Glogau 883, Flemming. cart.

Reinhardt, Carl, das wahrhaftige Kasperltheater in sechs Stücken. 2.—10. Aufl. qu. 8. (42 S. mit eingedr. Holzschn.) München 877—88, Braun und Schneider.

Reinhardt, C., vom Kommen des Herrn. Predigt am 1. Advent 1845 gehalt. gr. 8. (1 B.) Magdeburg 845, (Falckenberg u. Comp.) *

Reinhardt, Carl, Schneider Lapp und sein Lehrjunge Pips. Eine drollige Geschichte für Kinder. Mit vielen Bildern. gr. 4. (16 Bl. mit eingedr. Holzschn.) München 851, Braun und Schneider.

Reinhardt, C., Schneider Lapp u. sein Lehrjunge Pips. 3. Aufl. 8. (65 S. m. eingedr. Holzschn.) München 875. Braun & Schneider. n. 1. —

— die Frankfurter Lehrpläne. Mit e. Einleitg. hrsg. gr. 8. (III, 64 S.) Frankfurt a/M. 892. M. Diesterweg. n. — 70

—— der Löwe kommt. Humoreske. Fol. (1 Bl. in Holzschn.) Leipzig, G. Wigand. 1 50

—— der fünfte May. Ein Lebensbild von der Unterelbe. Roman in 4 Bdn. Mit Illustr. in Holzschn. vom Verf. 4 Bde. br. 8. (V und 400 S., XI und 355 S., VIII und 303 S., IX und 277 S.) Leipzig 867, G. Wigand. à Bd. 1 Thlr.

—— der fünfte Mai. Ein Lebensbild von der Unterelbe. Roman in 2 Bdn. 2. Aufl. 8. (III, 588; 591 S. mit Illustr. von Carl Reinhardt.) Hamburg 888, Seitz Nachf., Besthorn Gebr., Verlag. * M 8.50.; geb. *

Reinhardt, Carl, der 5. Mai. E. Lebensbild v. d. Unterelbe. Roman in 2 Bdn. Mit Illustr. v. Carl Reinhardt. 3. Aufl. 8. (III, 587 u. 591 S.) Hamburg 895. Kramer's Sort. Geb. in Leinw. 7. 50

Reinhardt, Carl, der 5. Mai. Ein Lebensbild v. der Unterelbe. Roman in 2 Bdn. Mit Illustr. v. Carl Reinhardt. 4. Aufl. 2 Bde. (588 u. 591 S.) 8. Hamburg 897. Kramer's Sort. Geb. 7. 50

— Nach Dresden und der Sächsischen Schweiz für 15 Pfennige. Briefe eines Wiener Turners. Geschrieben bei Gelegenheit der großen Turnfahrt nach Leipzig. Mit 3 sorgfältig ausgeführten Karten (in Stahlst. in 4.). Leipzig 863. Payne. 8. (32 S.) $1\frac{1}{2}$ ngr.

—— Naturgeschichte der weißen Sclaven von Tin-te-hohn-tse. Aus dem Chines. übers. br. 8. (188 S. mit 57 eingedr. Illustr. in Holzschn.) Stuttgart 871, Ade. [Aue.] 3 —
—— dass. — 2. Aufl. 8. (187 S. mit 57 Illustr. in eingedr. Holzschn.) Stuttgart 875, Bruchmann. * 2 25

—— Naturgeschichte der weißen Sclaven von Tin-te-hohn-tse. Aus dem Chines. übers. und mit 57 (eingedr. Holzschn.-)Illustr. versehen. 3. Aufl. 2 Thle. 8. (187 S.) [Stuttgart 878.] Ulm, Gebr. Bruchmann. à Thl. * M 1. *

Reinhardt, C., Naturgeschichte der weißen Sclaven von Tin-te-hohn-tse. 3. Aufl. 2 Thle. 8. Stuttgart 878. Leipzig, R. Werther. * 1 50

Reinhardt, Carl, Naturgeschichte der weißen Sclaven v. Tin=te=hohn=tse. Aus dem Chines. übers. u. m. 57 Illustr. versehen. 4. Aufl. 12. (188 S.) Leipzig 886. Werther. n. 1. 50

—— Naturgeschichte der weißen Sclaven von Tin-te-hohn-tse. Aus dem Chinesischen übersetzt. 4. (Titel-)Aufl. 12. (188 S. mit 57 Illustr.) Leipzig (878)887, Werther. *

— Naturgeschichte der weißen Sklaven v. Tin=te=hohn=tse. Aus dem Chines. übers. u. m. 37 Illustr. versehen. 5. Aufl., umgearb. u. ergänzt v. C. Crome=Schwiening. 8. (VIII, 240 S.) Leipzig 888. Werther. n. 3. —

Reinhardt, Carl, Naturgeschichte der weißen Sklaven v. Tint-te-hohn-tse. Aus dem Chin. übers. u. m. 37 Illustr. versehen. 6. (Titel=)Aufl., umgearb. u. ergänzt v. C. Crome=Schwiening. 8. (VIII, 240 S.) Leipzig 891. Werther. n. 2. —

— Naturgeschichte d. weißen Sklaven v. Tint-te-hohn-tse. Aus d. Chines. übers. u. m. 37 Illustr. vers. 7. (Titel=) Aufl., umgearb. u. ergänzt v. C. Crome=Schwiening. 8. (VIII, 240 S.) Leipzig (891) 895. Berlin, J. Gnadenfeld & Co. n. 1. 60

— die Arche Noah und Alles was darin gewesen ist. Eine komische Kinderschrift. Berlin (858.) Hofmann u. Co. gr. 4. (16 Bl. mit color. Holzschn. im Text u. color. Titel in Holzschnitt.) n. 25 ngr.

Reinhardt, Karl [Dir. Dr.]: *Professor Dr. Friedrich Karl Noll, gest. am 11. Jan. 1893.* Frankfurt a. M., Druck v. Enz & Rudolph, 1893; 72–73 S. 4.
Frankfurt a. M., st. G, OP 1893 (389)

Reinhardt, Karl [Dir. Dr.]: Die neue Organisation der Anstalt. Frankfurt a. M., Druck v. Enz & Rudolph, 1893; 68–70 S. 4.
Frankfurt a. M., st. G, OP 1893

Reinhardt, Karl Der Philebus des Plato und des Aristoteles nikomachische Ethik. 25 S. **Progr.** *Bielefeld* 1878.

Reinhardt, Carl, vollständiger Privat- u. Geschäfts=Briefsteller. Eine Anleitg. zur Abfassg. v. Briefen aller Art, schriftl. Aufsätzen, Urkunden u. Dokumenten, Zeugnissen, Schuldscheinen, Quittgn. ꝛc. 12. (64 S.) Reutlingen (900). R. Bardtenschlager. n. — 20

Reinhardt, C., Qua vice Nestoris et Ulixis personae in arte rhetorica functae sint. S.-A. s. a. 8 S.

Reinhardt-Album. Allen Freunden d. Humors gewidmet v. Carl Reinhardt. gr. 4. (64 S. m. eingedr. Holzschn.) Leipzig 873. Keil. n. 3. —

—— Nadir, des Wurzelmannes Reise in's Land. Mährchen. hoch 4. (76 S. mit eingedr. Holzschn. und 10 Chromolithogr.) Stuttgart 874, Aue. geb. * 6 —

—— Schultze und Müller's Reiseabenteuer in Teplitz, der sächs. Schweiz und Dresden in 8 Bildern. Posse mit Gesang in 3 Akten. (Den Bühnen gegenüber als Mscr. gedr.) 16. (156 S. mit eingedr. Holzschn.) Leipzig 863, Wengler's Nachfolger. *

—— Rutschepeter. Ein Bilderbuch mit drolligen Geschichten für Kinder von 3—6 Jahren. Mit vielen Illustr. 1. und 2. Aufl. gr. 4. (16 Bl. mit eingedr. Holzschn.) Wien 857, v. Waldheim. ill.

—— Rutschepeter. Ein Bilderbuch mit drolligen Geschichten für Kinder von 3—6 Jahren. Mit vielen Illustr. 2., verb. Aufl. gr. 4. (16 ill. Stnt. mit Text.) Wien 863, Lechner's Universitäts-Buchh. cart.

Reinhardt, Karl, lateinische Satzlehre. gr. 8. (XI, 197 S.) Berlin 896. Weidmann. Geb. in Leinw. n. 2. 40

Lateinische Satzlehre von Dr. Karl **Reinhardt**, Dir. in Frankfurt a. M. 2. Aufl., bearb. von Dr. Josef Wulff, Prof. in Frankfurt a. M. *Berlin: Weidmann 1901.* (XIV, 194 S.) 8° [F.] [01. 6616

Reinhardt, Karl, lateinische Satzlehre, in 2. Aufl. bearb. v. Jos. Wulff. 4. Aufl., besorgt v. Ewald Bruhn. (XV, 202 S.) 8. Berlin 906. Weidmann. Geb. n. 2.40

Reinhardt, Karl, lateinische Satzlehre. 5. Aufl., besorgt v. Ewald Bruhn. (XV, 202 S.) 8. Berlin 909. Weidmann. Geb. 2. 40

— dasselbe, Ausg. B, s.: Bruhn, Ewald, lateinische Formen- u. Satzlehre f. Reformanstalten.

Reinhardt, Carl, Hanswursts Schatzkästlein. gr. 4. (48 Holzschnitttaf. m. Text.) München 852, Braun & Schneider. 1½ ₰

Reinhardt, Karl: Die Schulordnung in Comenius' Unterrichtslehre und die Frankfurter Lehrpläne. Leipzig: R. Voigtländer 1894. (15 S.) 8°
= Vorträge u. Aufsätze aus d. Comenius-Gesellschaft. Jg. 2, St. 2.

— die Schulordnung in Comenius' Unterrichtslehre u. die Frankfurter Lehrpläne, s. a. Vorträge u. Aufsätze aus der Comenius-Gesellschaft.

— Schulze u. Müller auf der Weltausstellung in Paris. 1–3. Aufl. Leipzig 867. R. Schäfer. 8. (96 S. mit eingedr. Holzschn.) n. 10 ngr.

—— So gehts in der Welt! Sprechende Thiere. 3. Thl. Eine kom. Kinderschrift vom Verf. der Reise ins Meer. gr. 4. (32 S. mit 16 color. Bildern und eingedr. Holzschn.) Berlin 870, Hofmann und Comp. geb. * 2 50

—— ein Sommer in Teplitz, s. Weber's illustrirte Reise-Bibliothek.

Steuerungstabellen für Dampfmaschinen m. Erläut. nach dem Müller'schen Schieberdiagramme u. m. Berücks. e. Pleuelstangenlänge gleich d. fünffachen Kurbelradius, sowie beliebiger Exzenterstangenlänge, f. einfache u. Doppel-Schiebersteuergn. M. zahlr. Beispielen. Von Karl **Reinhardt**, Ing. in Brackwede. *Berlin: J. Springer 1897.* (VIII, 112 S., 2 Taf.) 1 Bd 8. [97. 5902

Reinhardt, Carl, Thiere und Menschen. Ein Bilderbuch für große Leute, mit (12) Zeichnungen (Holzschn. im Text). 1. Heft: Eulen 1—12. Hamburg 853. Vogler. 16. (12 Bl.) 7½ ngr.

—— neue sprechende Thiere. Eine komische Kinderschrift. gr. 4. (16 ill. Holzschnt. mit Text.) Berlin 858, Hofmann und Comp. *

— sprechende Thiere. Vom Verf. der lachenden Kinder. Mit 18 color. Bildern (Holzschn. mit Text). 2. unveränd. Aufl. Berlin (858.) Hofmann u. Co. gr. 4. n. 25 ngr.

Reinhardt, C., sprechende Tiere. Vom Verf. der „lach. Kinder". Mit 18 kolor. Bildern. 20. unveränd. Aufl. gr. 4. (18 Bl.) Hamburg (899). Verlagsanstalt u. Druckerei. Geb. n. 2. —

— s. a. Tiere, sprechende.

— die Umgestaltung d. höheren Schulwesens. Vortrag, im freien deutschen Hochstift am 22. Mai 1892 geh. (Schriften d. freien deutschen Hochstifts.) gr. 8. (26 S.) Frankfurt a/M. 892. M. Diesterweg. n. — 40

Reinhardt, C., von Hamburg nach Helgoland, s. Weber's illustrirte Reisebibliothek.

—— die verkehrte Welt. Ein komisches Kinderbuch. gr. 4. (16 ill. Stnt. mit Text.) Glogau 863, Flemming. cart. * –

—— die verkehrte Welt. Ein komisches Kinderbuch. 3. Aufl. gr. 4. (16 color. Stnt. mit eingedr. Text.) Glogau 877, Flemming. cart.

Reinhardt, K. v. Das Wichtigste des Felddienstes der leichten Reuterey. Hrsg. v. F. v. Baß. Stuttgart 1823. 652 S.

v. Reinhardt, (Ritter C.,) das Wichtigste des Felddienstes der leichten Reiterei. Nach dessen Tode herausgeg. u. mit Vorrede begleitet von F. v. Baß. Mit d. Verf. Bildn. gr. 8. Stuttg. 824, v. Cotta.

Reinhardt, Carl. Über die katalytische Wirkung verschiedener Substanzen auf die Umwandlung von Schwefeldioxyd und Luftsauerstoff in Schwefeltrioxyd. Diss. Phil. [II.] Univ. Zürich von K' R'.... [Mit Figur.] 35 S. 8. Basel, Friedrich Reinhardt, 1904.

Reinhardt, Karl: [Professor Dr. Josef Wulff, gestorben am 3. Oktober 1903.] S. 23—24. 4.
Progr. Goethe-Gymn. *Frankfurt a. M.* 1904 (454).

Reinhardt, Karl Friedrich von

REINHARDT, K. F.: Vermischte Aufsätze aus dem Gebiete der reinen u. angewandten Rechtswiss. 1s—3s Hft. *Stuttg.*, Steinkopf. 822. 23. 27. 8. (2 Thl. 2 Gr.) — 3s a. u. d. T.: Die Lehre des Röm. Rechts von der Verbindlichk. insbesond. Eine civilist. Abhandl. u. zeitgemässer Beitrag zu Ad. WEBERS „Lehre von d. natürl. Verbindlichkeit." (18 Gr.)

Reinhardt, (K. Fr.,) vermischte Aufsätze aus dem Gebiete der reinen u. angewandten Rechtswissenschaft. 2 Hefte gr. 8. Stuttg. 822—24, Steinkopf. à 16 gr.

v. Reinhardt, Karl Fr. , über kirchl. Baulast, nach d. Grundsätzen der Katholiken u. Protestanten. gr. 8. Stuttgart 836, Steinkopf. 1/2 ₰

REINHARDT (K. F.): Eherecht f. Protestanten d. K. Würtemberg. *Stuttgart*, Steinkopf. 814. gr. 8. (16 Gr.)

Reinhardt, C. Fr. v., Ergänzungen zu Chrstn. Friedr. v. Glück's „ausführl. Erläuterung d. Pandecten." 1. u. 2. Bd. (à 2 Abthln.) gr. 8. Stuttgart, Steinkopf. [1. 1. (21 B.) 833. 1 Thlr. 8 Gr., 2. (27 B.) 834. 1 Thlr. 16 Gr., 2. 1. (22 B.) 1 Thlr. 8 Gr., 2. (18½ B.) 1 Thlr. 4 Gr.]

—— Ergänzungen zu Chrstn. Fried. v. Glück's ausführl. Erläuterung d. Pandecten. 3. u. 4. Bd. (à 2 Abthln.) gr. 8. (Stuttgart, J. F. Steinkopf. [3. 1. (25 B.) 1½ Thlr., 2. (18 B.) 836. 1⅙ Thlr.; 4. 1. (28 B.) 838. 1⅔ Thlr., 2. (19½ B.) 840. 1⅓ Thlr.]
1. u. 2. Bd. Ebendas. 1833, 34. 5 Thlr. 12 Gr.

— ausführl. Erläuterung des Pandekten-Titels de novi operis nuntiatione (39, 1.). gr. 8. Stuttg. 819. Steinkopf. 6 gr

Reinhardt, C. F., ausführl. Erläuterung d. Pandekten-Titels de novi operis nuntiatione (39, 1.) 8. Stuttg., Steinkopf. 820.

v. REINHARDT, K. Fr.: Ausführliche Erläuter. des Pandectentitels de novi operis nunciatione, (XXXIX, 1.) *Stuttg.*, Straube. 820. 8. (6 Gr.)

— Handbuch des gemeinen deutschen ordentl. Processes. 2 Thle. Mit Sachregister. gr. 8. Stuttg. 823 u. 24. Steinkopf. (1r Thl. 2 ₰, 2r Thl. 1 ₰ 16 gr) 3 ₰ 16 gr

Das Landrecht d. Königr. Würtemberg, mit ein. Uebertrag. in reineres Deutsch u. ein. fortlauf. Commentar v. K. F. REINHARDT.
1r Bd., welcher d. 2n Th. d. Landrechts od. d. Lehre v. d. Verträgen enthält. *Stuttgart*, Steinkopf. 821. gr. 8. (1 Thl. 16 Gr.)
2r Bd. Die Lehre v. d. Rechtsgeschäften v. Todes wegen, od. 3r Th. d. Landrechts. 822. (1 Thl. 8 Gr.)
3r Bd. Die Lehre v. d. gesetzl. (Intestat-) Erbfolge, od. 4r Th. d. Landr. Mit 1 Steindrucktaf. 824. (1 Thl. 12 Gr.)
4r Bd. Der gerichtl. Process. 1r Th. 825. (2 Thl. 8 Gr.)

Reinhardt, Dr., Landrecht des Königr. Württemberg 2c. s. Landrecht.

REINHARDT, K. F.: Die Lehre von der Einwerfung des Voransempfanges der Verwandten in absteigender Linie, nach Röm. u. Würtemberg. Rechte, zugleich Erläut. d. 23. Tit. d. 3. Thls. d. Würtemb. Landrechts: de collatione bonorum. Mit ein. Anh., welcher das Gesetz v. 20. Juli 1683 enth., erläutert u. überh. die Anwendung d. vorgetragenen Grundsätze auf gegebene Fälle zeigt. *Stuttgart*, Steinkopf. 818. 8. (1 Thl.)

— die Lehre vom Gannt u. Gannt-Verfahren nach röm., gemeinen u. würtemberg. Recht. Mit 3 Beill. gr. 8. Stuttg. 819. Steinkopf. 1 ₰ 8 gr

v. REINHARDT, K. F.: Die Lehre vom Gannt u. Ganntverfahren, nach Röm., gemein. u. Würtemberg. Rechte. Mit 3 Beilagen: 1) von d. Verbindlichkeit d. Gattin zur Bezahlung der ehelichen Schulden; 2) von d. SCtum Vellejanum, d. Auth. si qua mulier, u. deren heutigen Gebrauch; 3) von d. Paulianischen u. d. mit ihr in Verbindung stehenden Klagen. *Stuttg.*, Steinkopf. 829. 8. (1 Thl. 8 Gr.)

Reinhardt, Karl Friedrich von, s. R ö s l i n , Isr. Adm.: Abhandl. v. Inventuren ...

v. Reinhardt, C. F., s. Stein, A. H., Handbuch des Württemberg. Erbrechts.

— System des gerichtl. Verfahrens im Königr. Württemberg. gr. 8. Stuttg. 811. Steinkopf. 2 ₰ Nachtrag dazu. gr. 8. Ebd. 814. 4 gr

—— die Usucapio u. Praescriptio d. Röm. Rechts. gr. 8. (20 B.) Stuttgart 832, Steinkopf.

Reinhardt, Karl Heinrich Leopold

Reinhardt, Karl Hnr. Leop., Ahndungen beim Hinblick auf Großbritanniens Lage u. Zukunft. 8. Leipz. 816. Köchly. 12 gr

— Ahnungen beym Hinblick auf Englands gegenwärtige Lage. 8. Berlin 816. (Fr. Fleischer in Leipzig.) 1/2 ₰

— Amor, Taschenbuch f. Liebende. 12. Lpz. 818. (Brockhaus). 16 gr

— Amor, Taschenbuch für Liebende. 12. Leipzig, Gleditsch. 818.

— — Die Circe von Glas-Llyn. Ein (zahmer) Roman nach *Walter Scott* (untergeschoben). 4 Thle. Leipzig, 1822—1823. Bei Wilhelm Lauffer. 8°. (4 Mk., leichte Lesesp., Mart. Breslauer, Berlin, 1910.)
I: 148 S. (incl. Tit. u. Nebentit.) II: Tit., 122 S., 2 Bll. Verlag der Firma. III: IV—188 S. Cap. 11 u. ff. von einem andern Verfasser, laut „Vorbericht" IV: Tit. u. 174 S.

Vgl. S c o t t, W.

REINHARDT, K. Heinr. Leop. (1771—1824), Gedichte. Mit (freiem) TKpf. (F. W. Bollinger sc.) Berlin 1806. bei Heinr. Frölich (fing.). 8⁰. (3 Mk. Lehmann u. Lutz; 15 Mk. [!] Südd. Antiqu., München, 1907.)
VIII (incl. gestoch. Tit. m. Vign.) u. 328 SS. Enth. 4 Bücher vermischter Gedichte, worunter besonders im 1. Buche zieml. freie, u. a.: Allen Schönen! — Röschen, od. das Ideal. — Fidelis u. Fidele. — Hans u. Grete &c. Enth. ferner Parodien von Schiler's Gedichten „Der Antritt des neuen Jahrhunderts" u. „Die Götter Griechenlands", sowie von Goethe's „König von Tule", mit beigedrucktem Orig.-Texte.

— Gedichte. Mit 1 Titelkpf. gr. 12. Berl. 806. (Duncker u. H.) 1 ℛ 12 gℊ Schrbp. 2 ℛ Hbg. Pr. 1 ℛ

— — Dasselbe. Neue Ausgabe. Altona 1819. 8⁰.

Vgl. Reinhard, Karl.

— **Carl Heinrich Leopold** (Wittenberg), De initio praescriptionis in crimine bigamiae. Präs. Georg Stephan Wiesand. Wittenberg (A. Chr. Charisius) 12. VII. 1794. 16 S. (4.25) 28133

Reinhardt, Karl Hnr. Leop., die Kinder des Lichts u. d. Nacht. 8. Wittenb. 817. Zimmermann.

— — Kinder, Die, des Lichts und der Nacht. Ein (stellenw. freier) Roman. Wittenb., Zimmermann, 1818. 8⁰. (4 Mk. Lehmann u. Lutz.)
Tit. u. 344 SS. Mit Gedichten.

— — Kreuzzug, Der, nach Griechenland. Roman. 2 Thle. (I: Die Elfen. II: Die Tempelritter.) Leipzig, Ernst Klein, 1822. 8⁰. (2 Mk., geles. Expl., die vorige Firma.)
Zieml. zahm. I: Tit., 1 Bl. u. 205 SS. Mit Gedichten. II: Tit. u. 238 SS.

— — Neue und wohlf. Ausgabe. 2 Thle. Ebd. 1834. 16⁰. (= Wohlf. Bibliothek von Unterhaltungsschriften im Taschenformat. Bdchn. 13—14.)

Reinhardt, Karl Hnr. Leop., der Kreuzzug nach Griechenland, f. a. Bibliothek wohlf. Unterhaltungsschriften. 13s u. 14s Bdchn.

Reinhardt, Karl Heinrich Leopold, s. Lettre sur Dresde.

— — Lilar und Rosaide. Ein romantisches (stellenw. pikantes u. burleskes) Gedicht in XX Gesängen. (Vignette, U. Arndt f.) Leipzig, im Comptoir für Literatur, 1807. Gr. 8⁰.
Gereimte 6zeil. Str. 122 S. (incl. Tit. m. Vign.) Verf. ist Nachahmer Wieland's, theilweise auch Blumauer's. — Lat. Lettern.

— Lilar u. Rosaide; e. romant. Gedicht in 22 Gesängen. gr. 8. Leipz. 807. Taubert. 16 gℊ

— s. Rasiade.

Reinhardt, Karl Wilhelm, prakt. Arzt zu Rauschenberg: **Untersuchungen der Butter der Marburger Gegend auf ihren Bakteriengehalt.** *Marburg 1902: Köster & Schell.* (38 S.) 8°
Marburg, Med. Diss. v. 24. Juli 1902

Reinhardt, Carolus Guilelmus Theodorus: Sarcoptis scabiei brevis historia. Halis (1856): Hendel. 25 S. 8⁰
Halle-Wittenberg. Med. Diss. v. 31. Mai 1856
Geb. Mühlhausen (Thür.) 13. 10. 1831. V.

Reinhardt, Konrad Friedrich, s. Reinhard, Konrad Friedrich.

Reinhardt, Kurt, Prof. Dr.: **Beiträge zur Lebensgeschichte von Ehrenfried Walter von Tschirnhaus.** *Meißen 1903: C. E. Klinkicht & S.* (S. 1—35.) 4°
Meißen, Fürsten- u. Landes-S St. Afra, P 1903 (621)

Reinhardt, Curt: Beiträge zur Lebensgeschichte von Ehrenfried Walther von Tschirnhaus. 35 S. 4. **Progr.** Fürsten- und Landesschule St. Afra in *Meißen* 1903 (621).
I. Ueber die Quellen zur Lebensgeschichte von E. W. v. Tsch. II. Der Briefwechsel zwischen Leibniz und Tsch.

Reinhardt, Curt, Magister Georg Samuel Dörffel. Ein Beitrag zur Geschichte der Astronomie im 17. Jahrh. [Aus: „Jahresbericht des Alterthumsvereins zu Plauen i/V."] gr. 8. (77 S. m. 1 Steintaf.) Plauen 882. (Wien, Seidel & Sohn.) n. 1. 60

Reinhardt, Curt Einleitung in die Theorie der Polyeder. 4 (31 S.). **Progr.** Fürsten- u. Landessch. St. Afra in *Meissen* 1890 (535).

Reinhardt, Kurt, Referendar in Rochlitz: **Das Erbbaurecht.** *Meissen 1901: C. E. Klinkicht & Sohn.* (81 S.) 8°
Leipzig, Jur. Diss. v. 1901

Reinhardt, Kurt [Referendar zu Strassburg i. E.]: **Die rechtliche Stellung des Nebenintervenienten nach der deutschen Civilprocessordnung** ... Strassburg, Druck d. „Strassb. Neueste Nachr.", 1895; 1 Bl., 48 S. 8.
Erlangen, Jur. Fak., Inaug.-Diss. v. 1895

Reinhardt, Curt Hermann [aus Wermsdorf]: **Untersuchungen über den Einfluss der Lastverteilung auf vierrädrigen Wagen, wie sie im Betriebe der Landwirtschaft gebräuchlich sind, und der Neigung der Zugstränge hinsichtlich des Verbrauches an Zugkraft** ... Leipzig, Druck v. E. Hedrich, 1895; 2 Bl., 48, 3—28 S., 1 Taf., 1 Tab. 4.
Leipzig, Phil. Fak., Inaug.-Diss. v. [31. Mai] 1895

Reinhardt, L. Das 46. Vereinsjahr der Basler Liedertafel. Sept. 1897 bis Aug. 1898. Bericht an die Jahressitzung v. 23. Sept. 1898, erst. v. *L. R.* 8⁰. 57 S. Basel. Nicht im Buchhandel. 1899.

Der Kaiserschnitt an Todten. Eine... Preis- Abhandlung von L. F. Reinhardt. Nebst e. Vorr. von L[eopold] S[okrates] Riecke. Tübingen 1829: Reiß. VIII, 116 S. 8⁰

Reinhardt, L. F., der Kaiserschnitt an Todten. Eine gekr. Preis-Abhandl. Nebst e. Vorr. v. L. S. Riecke. gr. 8. (8 B.) Tübingen 829, (Osiander.)

Reinhardt, Leopold, Dir. Dr.: **Bemerkungen zu Ciceros Rede für Plancius.** *Wohlau 1903: Dr. Schulze.* (15 S.) 4°
Wohlau, k. G, P 1903 (248)

Reinhardt, Leo: *Bericht über seine Einführung als Direktor der Anstalt.* 4 (S. 12—13). **Progr.** Kgl. G. *Wohlau* 1900

Reinhardt, Leopold. Die Empfänglichkeit der Organe des Kaninchens und Meerschweinchens für Tuberkulose. Aus dem Hygienischen Institut der Königl. Tierärztlichen Hochschule in Hannover... Diss. Vet.-Med. Bern. 32 S. 8. Minden i. Westfalen, J. C. C. Bruns, 1909.

Reinhardt, L., De retractatis fabulis Plautinis. Diss. 1872. 85 S. 1.50

Reinhardt, Leopold Interpolationen im ersten Buche von Ciceros Offizien. 14 S. **Progr.** *Oels* 1885.

Reinhardt, Leopold: Zur Kritik und Erklärung der Mostellaria des Plautus. Oels 1910: Ludwig. 12 S. 4°
Oels, k. G P 1910 (286) [S 10, 352

Reinhardt, L., die Quellen von Cicero's Schrift de deorum natura, s.: Abhandlungen, Breslauer philologische.

Reinhardt, *Leopold* Untersuchungen über Ciceros Offizien (mit einer Einleitung über den Mangel an Idealismus bei den Römern). 4 (18 S.). **Progr.** Kgl. G. *Oels* 1893 (zu 200).

Reinhardt, Lina, das Bild der Mutter, nebst 5 andern Erzählungen für die Jugend. 2. (Titel-)Aufl. 8. (III und 168 S. mit 4 in Kpfr. gest. und ill. Bildern.) Nürnberg 852, Lotzbeck.

—— moral. Erzählungen f. d. Jugend, s. Vogel, K., der deutsche Kinderfreund, 1. Abthl. 3. Bdchn.

—— vier Erzählungen f. d. blüh. Alter. (Neue Ausg. von „Vater Kindermann.") 12. (11 B. u. 4 Stahlst.) Nürnberg 839, [Lotzbeck.]

— das Evangelienbuch. Jugenderzählung. 2. (Titel-) Aufl. Mit 1 color. Kpfr. 12. (72 S.) Ebd. 852. 3 ngr
1.Aufl.unt.d.T.:Vater Kindermann unter seiner Familie. Bdch.1.

—— Festgabe in zehn neuen dramat. Spielen f. d. deutsche Jugend. gr. 12. (15 B.) Heidelberg 839, [Engelmann'sche Vrlsh.]

Reinhardt, Lina, die graue Führerin junger Pilger u. Pilgerinnen durch d. Thäler u. üb. d. Berge d. Rheingau's. Der Jugend gewid. 8. (15 B. u. 4 col. Kpfrt.) Nürnberg 835, [Lotzbeck.] Thlr.

— die graue Führerin junger Pilger u. Pilgerinnen durch die Thäler u. über die Berge des Rheingau's. Der Jugend gewidmet. Mit 4 color. Kpfrn. 8. Nürnberg 835. Geh. 1 1/3 ℛ

Reinhardt, Lina, (eigentl. Friederike,) frommer Jungfrauen Gemüthsleben. 2 Thle. 8. Greiz 822. Henning. 1 ℛ 8 gr

—— Kinder-Garten. Eine Monatsschrift f. die Jugend beiderlei Geschlechtes. 1842. October — December. 3 Hfte. (à 2 Bog.) Lex.-8. Saalfeld 842, Riese. *

—— Vater Kindermann unt. seiner Familie. Eine Reihenfolge kleiner Erzähln. z. frühzeit. Erweck. e. religiösen Sinnes. 4 Bdchn. 12. (12 1/2 B. u. 4 Ttlkpfr.) Nürnberg 835, [Lotzbeck.] à 1/6 Thlr.
Neue Ausg., vgl. oben dess., vier Erzählungen f. d. blühende Alter.

— Vater Kindermann unter seiner Familie. Eine Reihenfolge kleiner Erzählungen. 1s Bdchn. Das Evangelienbuch. Mit Titelkpfr. 16. Nürnberg 835. Geh. 1/6 ℛ — 2s—4s Bdchn. Die Wasserfahrt. — Die Prager Studenten. — Die Reise zur Hochzeit. Mit 3 Titelkpfr. 12. Ebd. 837. à 1/6 ℛ (Vgl. oben: vier Erzählungen.)

Reinhard, Lina. *Kindertheater*, bestehend in achtzehn kleinen dramatischen Belustigungen zur leichten Aufführung in Familienkreisen von Lina Reinhard. Nebst zwölf illuminirten Kupfern mit den Costüms. Ilmenau. Bernh. Fr. Voigt, 1834, 270 [statt 274] S. 1 Bl. Kl.-8°. Stark abgen. Or.-Karton. 22.—
★ Erste Ausgabe der hübschen, später im „deutschen Kinderfreund" wieder abgedruckten kl. Theaterstücke. SS. 11—14 fehlen, teilweise fleckig, winz. Loch im Titel. ★★

—— Kindertheater, besteh. in 18 kleinen dramat. Belustigungen z. leichten Aufführ. in Familienkreisen. 2., verm. u. verb. Aufl. gr. 12. (14 B. u. 12 ill. Bild.) Weimar 838, Voigt.

— neues Kindertheater. Der heranwachsenden Jugend bestimmt. 8. Heidelb. 841, Engelmann. (Leipz., Barth.) 1 5/8 ℛ

—— dramat. Kleinigkeiten. Sechs leicht ausführl. Lustsp. jedes in 1 Akte, f. gesell. Kreise. 8. (11 1/2 B.) Nürnberg 835, [Lotzbeck.]

— dramatische Kleinigkeiten. Sechs leicht ausführliche Lustspiele jedes in einem Akte, für gesellige Kreise. 8. Nürnberg 835. Geh. 1/2 ℛ

Reinhardt, Lina, Cornelia. Eine belehrende u. unterhaltende Zeitschrift für die Jugend beiderlei Geschlechts. 1r u. 2r Bd. à 6 Hfte. 8. Neustadt 835. Wagner. (à 1 1/2 ℛ) 3 ℛ

Reinhardt, Lina, Cornelia. Museum der Belehrung u. Unterhaltung f. d. Jugend beiderlei Geschlechts. 2 Bde. 8. (45 1/2 B.) Neustadt 842, Wagner.

— der kleine Maitre de Plaisir, oder der lustige Spielmeister für muntere Knaben u. Mädchen. Mit 6 Lithographien. 16. Weimar 838, 39. Voigt. 1 ℛ

—— der kleine Maitre de Plaisir, od. d. lustige Spielmeister f. muntere Knaben u. Mädchen. 16. (19 1/2 B. u. 6 Stnt.) Weimar 839, Voigt.

— die schönsten Mährchen u. Sagen des Rheines. Der Jugend erzählt. Mit 4 color. Bildern (in Kpfrst.) (Neue Titelausg.) 8. (237 S.)
Nürnberg: Lotzbeck (1835)1850.

—— Morgengrüsse in 365 Sprüchen für sinnige Frauen u. Jungfrauen. 12. (4 B.) Ilmenau 842. (Saalfeld, Riese.) Geb. mit Goldschn.

—— Nachklänge des Evangeliums in Frauenseelen. gr. 12. (10 B.) Heidelberg 842. [Frankfurt a. M., Jos. Baer.]

— Nachklänge des Evangeliums in Frauenseelen. gr. 12. Heidelberg 842, Engelmann. (Leipzig, Barth.) geb. 1 ℛ

— Noth u. Rettung am Lebensmorgen. Sechs Erzählungen für die reifere Jugend. 8. Ebend. 841. geb. 1 1/8 ℛ

—— Polterabend-Kaleidoskop, od. Neues u. Mannigfaltiges zu Spiel u. Scherz, an Polterabenden. 8. (14 1/4 B.) Heidelberg 841, [Engelmann'sche Vrlsh.]

—— Polterabend-Kaleidoscop oder Neues u. Mannigfaltiges zu Spiel u. Scherz an Polterabenden. 8. (14 1/4 B.) Frankfurt a. M. 846, 47, Varrentrapp's Sortsh. *

— Polterabend-Kaleidoskop, od. Neues u. Mannigfaltiges zu Spiel u. Scherz, an Polterabenden. 8. Ebend. 841. geb. 1 1/8 ℛ dass. mit Jahrg. 1847. 8. Frankfurt a/M. (846.) Varrentrapps Sort. (Keßler.) geb. n. 2/3 ℛ

—— die Reise zur Hochzeit. Jugenderzählung. 2. Aufl. 12. (66 S. mit 1 ill. Kpfr.) Nürnberg 852, Lotzbeck.
1.Aufl.unt.d.T.:Vater Kindermann unter seiner Familie. Bdch.4.

— Schauspiele für die Jugend. gr. 12. Leipzig 837. Fr. Fleischer. 3/4 ℛ (Vgl. K. Vogel, d. Deutsche Kinderfreund 1e Abtheil. 5s Bdchn.

— der junge Seefahrer od. Gottfried Wellners Seereisen nach Jamaika u. Java. Ein Buch zur Belehrung u. Unterhaltung für die Jugend. Mit 1 Abbild. 8. Nürnberg 840. Geh. 5/6 ℛ

—— Sinnpflanzen. 6 Erzähln. f. d. Jugend. M. 4 col. Kpfr. 8. (11 B.) Nürnberg 834, Geh.

Reinhardt *Die Prager Studenten.* Jugenderzählung. 2. Aufl. Mit einem [reizenden, mit der Hand] illuminirten Kupfer. Nürnberg, J. L. Lotzbeck, [ca. 1845]. Titel u. 67 SS. 16°. Zweifarb. lithogr. Or.-Karton. — Leicht fleckig. 15.—
1.Aufl.unt.d.T.:Vater Kindermann unter seiner Familie. Bdch.3.

—— die prager Studenten. Jugenderzählung. 2. Aufl. 12. (67 S. mit 1 ill. Kpfr.) Nürnberg 852, Lotzbeck.

—— Stunden-Blumen. Eine Novellen-Reihe. gr. 12. (14 B.) Braunschweig 843, H. C. E. Meyer sen.

—— die Wasserfahrt. Jugenderzählung. 2. Aufl. 12. (58 S. mit 1 ill. Kpfr.) Nürnberg 852, Lotzbeck.

wurde bereits 1837 als 2. Bdchn. von „Vater Kindermann unter seiner Familie", ausgegeben.

— Weihnachts-Tischchen mit Allerlei für gute Kinder. (Mit illum. Titelbild.) breit 16. Ilmenau 842; Saalfeld, Niese. geb. n. 5/12 ₰

Reinhardt, Ludwig. Die Bedeutung der Milch als Nahrungsmittel. II + 17 S. 8. Bern, J. Fischer-Lehmann, [1906].

Reinhardt, L[udwig] Die älteste menschliche Bevölkerung Europas zur Eiszeit und ihre Herkunft nach den neuesten Skelettfunden. Mit 10 Illustrationen. 48 S. 8. Frankfurt am Main, Neuer Frankfurter Verlag, 1910. [M. 1. —]

Reinhardt, Ludw., englische Buchführung. Drei Londoner Geschäfte im Eigen-, Commissions-, Agentur-, Participations-, Compagnie- und See-Handel mit Wechselbriefen, Facturen, Contocorrenten, Briefen etc. zur Ausarbeitung im Buchhalten und zum Uebersetzen aus dem Deutschen ins Englische mit einem deutsch-engl. Wörterbuche der Buchhaltungsausdrücke. 2. (Titel-)Aufl. gr. 8. (42 S.) Gotha (860)66, [Windaus' Verlag.] cart.

Reinhardt, Ludw., Edward. Trauerspiel in 3 Akten. [Bühnen-Mscr.] 8. (129 S.) Leipzig 873, Mutze. 3 —

Reinhardt, Ludw., drei londoner Geschäfte im Eigen-, Commissions-, Agentur-, Participations-, Compagnie- und See-Handel mit Wechselbriefen, Facturen, Contocorrenten, Briefen etc. zur Ausarbeitung im Buchhalten und zum Uebersetzen aus dem Deutschen in's Englische mit einem deutsch-engl. Wörterbuche der Buchhaltungsausdrücke. gr. 8. (IV und 40 S.) Gotha 860. Selbstverlag.

Reinhardt, L[udwig]. Die Gottesherrschaft als welterneuerndes Lebensprinzip. Ein Wort an die Vertreter von Volk, Staat, Kirche, Schule und Bildung, sowie an alle denkenden Menschen. 100 S. 8. München, Ernst Reinhardt, 1901. [M. 1. —]

Reinhardt, L[udwig]. Die Gottesherrschaft als welterneuerndes Lebensprinzip. Ein Wort an die Vertreter von Volk, Staat, Kirche, Schule und Bildung, sowie an alle denkenden Menschen. 2. [Titel-] Aufl.) 100 S. 8. München, Ernst Reinhardt, 1901. [M. 1. —]

Reinhardt, Ludw., Englisch-Deutsche Handelsgespräche oder Unterhaltungen eines Lehrers mit seinen Schülern über die wichtigsten Gegenstände aus dem Land- u. Seehandel Englands u. Nord-Amerika's, der National-Oekonomie, den Contorwissenschaften etc. als Repetitorium zu des Hrsg. früher erschienener: „Englischen Chrestomathie f. Kaufleute etc." gr. 8. (IV u. 259 S.) Gotha 851, Becker in Comm. n. 24 ngr

— englisch-deutsche Handels-Gespräche über die wichtigsten Gegenstände des Handels, der National-Oekonomie, der Contorwissenschaften, der Moral etc., nach den besten englischen etc. Handels-Autoren. 2., mit Aufgaben etc. zur Ausarbeitung von drei Londoner Geschäften in der Buchführung und zum Uebersetzen derselben aus der deutschen in die englische Sprache und mit einem deutsch-englischen Wörterbuche der Buchhaltungsausdrücke verseh. Ausgabe. Ebend. 860. gr. 8. (296 S.) 20 ngr

—— englisch-deutsche Handels-Gespräche über die wichtigsten Gegenstände des Handels, der National-Oekonomie, der Contorwissenschaften, der Moral etc., nach den besten englischen etc. Handels-Autoren. 2., mit Aufgaben etc. zur Ausarbeitung von drei londoner Geschäften in der Buchführung und zum Uebersetzen derselben aus der deutschen in die engl. Sprache und mit einem deutsch-engl. Wörterbuche der Buchhaltungsausdrücke versehene Ausg. gr. 8. (296 S.) Gotha 860, Selbstverlag. Thlr.

—— englisch-deutsche Handelsgespräche über die wichtigsten Gegenstände des Handels, der National-Oekonomie, der Contorwissenschaften etc. nach den besten engl. etc. Handels-Autoren. Nebst einem Anh.: Englische Buchführung, und einem deutsch-engl. Wörterbuche der Buchhaltungsausdrücke. 3. (Titel-)Aufl. gr. 8. (296 S.) Gotha (860)66, [Windaus' Verlag.]

Reinhardt, L[udwig]. Unsere Heilpflanzen in kulturgeschichtlicher Beleuchtung. II S. + S. 539—639 (101 S.). gr.-8. Leipzig, Johann Ambrosius Barth, 1910. M. 2.25

Sammlung Klinischer Vorträge, begründet von Richard von Volkmann. Neue Folge . . . Nr. 596/598. Innere Medizin Nr. 191/193.

— Jung-Japan u. seine Bedeutg. f. das Reich Gottes u. die Entwicklungsgeschichte d. Menschheit. [Aus: „Warte d. Tempels".] (58 S.) 8. München 908. E. Reinhardt. — 80

Reinhardt, Ludwig. Im Kampfe gegen den Alkohol. Von Dr. med. L' R' (Basel). IV + 107 S. 8. Neuwied & Leipzig, Heuser, 1905. [M. 1. —]

— kennt die Bibel das Jenseits? u. Woher stammt der Glaube an die Unsterblichkeit der Seele, an Hölle, Fegfeuer (Zwischenzustand) u. Himmel? gr. 8. (IV, 184 S.) Ebd. 900. n. 2.50

— Kulturgeschichte d. Nutzpflanzen, s. a. Erde, die, u. die Kultur. 4. Bd.

Reinhardt, Ludwig. Kulturgeschichte der Nutzpflanzen. 2 Hälften. 8. München, Ernst Reinhardt, 1911. [geb. zus. M. 20. —]

1. Hälfte. Mit 57 Abbildungen im Text und 90 (*d. i.* 92) Kunstdrucktafeln. VIII + 738 S.

2. Hälfte. Mit 35 Abb' im Text und 76 Kunstdrucktafeln. VIII + 756 S.

Die Erde und die Kultur. Die Eroberung und Nutzbarmachung der Erde durch den Menschen. In Verbindung mit Fachgelehrten gemeinverständlich dargestellt von Dr. L' R'. Bd. 4 in zwei Teilen . . . .

Reinhardt, L., V. D. M. Die einheitliche Lebensauffassung als Grundlage für die soziale Neugeburt. Gr. 8°. VIII, 424 S. Basel, C. F. Lendorff. 1899 4 50; geb. 5 75

Reinhardt, L., V. D. M., die einheitl. Lebensauffassung als Grundlage f. die soziale Neugeburt. gr. 8. (VIII, 424 S.) Straßburg 899. L. Beust. n. 3. 60

Reinhart, Ludwig. Die Malaria und deren Bekämpfung nach den Ergebnissen der neuesten Forschung. Von Dr. med. L' R'... in Basel. Mit 34 Abbildungen. (Würzburger Abhandlungen aus dem Gesamtgebiet der praktischen Medizin. Bd. 5. Heft 10/11.) IV + VI S. + S. 257—305 (49 S.). gr.-8. Würzburg, A. Stuber, 1905. (M. 1.50)

— die Malaria u. deren Bekämpfung, s. a. Abhandlungen, Würzburger, aus d. Gesamtgebiet der prakt. Medizin. V. 10. 11

Reinhardt, Ludwig. Der Mensch zur Eiszeit in Europa und seine Kulturentwicklung bis zum Ende der Steinzeit. Von Dr. [med.] L' R' (Basel). Mit 185 Abbildungen [und illustriertem Umschlag]. VIII + 504 S. 8. München, Ernst Reinhardt, 1906. [M. 7. —]

Reinhardt, Ludwig. Der Mensch zur Eiszeit in Europa und seine Kulturentwicklung bis zum Ende der Steinzeit. Von Dr. L' R' (Basel). 2., vollkommen umgearbeitete und stark vermehrte Aufl. mit 535 Abbildungen, 22 [*d. i.* 18] Kunstdrucktafeln und 2 Karten [sowie 1 Tabelle und Umschlagbild]. VIII + 921 S. 8. München, Ernst Reinhardt, 1908. [geb. M. 12. —]

Reinhardt, L[udwig]. Orthodoxie oder Christentum? Das heisst: Menschensatzung oder freimachende Wahrheit? Von L. Reinhardt V. D. M. 80 S. 8. München, Ernst Reinhardt (Buchdr. Fr. Reinhardt, Basel), 1901. [M. —. 80]

Reinhardt, L[udwig]. Orthodoxie oder Christentum? Das heisst: Menschensatzung oder freimachende Wahrheit? (3. Tausend.) 80 S. 8. München, Ernst Reinhardt (Buchdr. Fr. Reinhardt, Basel), 1901. [M. —. 80]

Reinhardt, L[udwig]. Orthodoxie oder Christentum? Das heisst: Menschensatzung oder freimachende Wahrheit? Von L. Reinhardt V.D.M. (6. Tausend.) 80 S. 8. München, Ernst Reinhardt (Buchdr. Fr. Reinhardt, Basel), 1901. [M. —.80]

Reinhardt, L[udwig]. Unitarischer Rationalismus und praktisches soziales Christentum oder Welche Stellung sollen wir den Unitariern und Rationalisten gegenüber einnehmen? 〈Sonderabdruck aus der «Warte des Tempels».〉 VI+108 S. 8. München, E. Reinhardt, 1906. [M. 1. —]

[Reinhardt, Ludwig.] Sozialdemokratie und Christentum. (Basel, Fr. Reinhardt, [1903].)

Ausg. A: 16 S. 8.
Ausg. B: [4 S.] 4.

Reinhardt, Ludwig s. Testament. Das Neue T.

Reinhardt, Ludw., die Urreligion der Germanen. (Bibliothek der Aufklärg.) (47 S.) 8. Frankfurt a/M. 909. Neuer Frankfurter Verlag. — 60

Reinhardt, L[udwig]. Die ideale Volksherrschaft oder: Warum kann die von Christus gewollte Gottes- und Volksherrschaft bei uns in der freien Schweiz und zunächst in Basel leichter verwirklicht werden als anderswo? 8 S. 4. (Basel, Friedr. Reinhardt, [1904].)

Ausg. A: Vortrag.
Ausg. B: Vortrag. 〈Gehalten in der öffentlichen Volksversammlung am 27. November 1904 ... in Basel.〉

Reinhardt, Ludwig. Vom Nebelfleck zum Menschen. Eine gemeinverständliche Entwicklungsgeschichte (**Bd. 3 f.:* E'-G') des Naturganzen nach den neuesten Forschungsergebnissen von Dr. L' R' (Basel). (4 Bände.) 8. München, Ernst Reinhardt, 1907—1909. [geb. zus. M. 37.50]

(Band 1:) Die Geschichte der Erde, mit 194 Abbildungen im Text, 17 Vollbildern und 3 geologischen Profiltafeln, nebst einem farbigen Titelbild [auf dem Umschlag] «Canjon des Colorado» von A[lexander] Marcks. VIII + 575 + VII S. 1907. (geb. M. 8.50)
(Band 2:) Das Leben der Erde, mit 380 Abb' im Text, 21 Vollb', nebst einem farb' Titelbild [auf dem U'] «Nillubüsche und Hängebambusen auf Ceylon» nach Professor Ernst Häckel. VIII + 618 + VII S. 1908. (geb. M. 8.50)
(Band 3:) Die Geschichte des Lebens der Erde, mit 424 Abb' im Text, 18 Vollb', nebst einem farb' Titelbild [auf dem U'] «Iguanodonten der untersten Kreide von Belgien» nach Aquarell von L(ouis) Müller-Mainz. XII + 550 + VIII S. 1909. (geb. M. 8.50)
(Band 4:) Der Mensch zur Eiszeit in Europa und seine Kulturentwicklung bis zum Ende der Steinzeit. 2., vollkommen umgearbeitete und stark vermehrte Aufl., mit 535 Abb', 22 [*d. i.* 18] Kunstdrucktafeln und 2 Karten [sowie 1 Tabelle und Umschlagbild. Titel-Ausgabe]. VIII + 921 S. 1908. (geb. M. 12.—)

— Vom Nebelfleck zum Menschen. Eine gemeinverständl. Entwicklungs-Geschichte des Naturganzen nach den neuesten Forschungsergebnissen. (1.—3. Bd.) gr. 8. München 908. E. Reinhardt. Geb. in Leinw. à 8.50; auch in Lfgn. à — 75

1. Die Geschichte der Erde. Eine gemeinverständl. Astronomie u. Geologie. Mit 112 Abbildgn. im Text, 42 Kunstdr.-Taf. u. 4 geolog. Profiltaf., nebst e. farb. Titelbild „Canjon des Colorado" v. A. Marcks. (2. Aufl.) (VIII, 598 u. VIII S.) 911.
2. Das Leben der Erde, m. 380 Abbildgn. im Text, 21 Vollbildern, nebst e. farb. Titelbild „Nillubüsche u. Hängebambusen auf Ceylon" nach Ernst Häckel. (IV, 618 u. VII S.) 908.
3. Die Geschichte des Lebens der Erde m. 424 Abbildgn. im Text, 18 Vollbildern, nebst 1 farb. Titelbild: „Iguanodonten der untersten Kreide v. Belgien" nach Aquarell v. L. Müller-Mainz. (XII, 550 u. VIII S.) 909.

Reinhardt, L., was fehlt uns? od. die bibl. Lehre v. dem auf Erden komm. Reiche Gottes, das Bedürfniß unserer Zeit. Ein Wort an alle denk. Christen u. Menschen. gr. 8. (104 S.) Basel 875. Bahnmaier in Comm. n. 1. —

(Reinhardt, L[udwig].) Was hat Jesus Christus eigentlich gewollt? 8 S. 8. München, Ernst Reinhardt; (Fr. Reinhardt, Buchdr., Basel, [1901]).

— die wahre Weltanschauung ist der biblisch-christliche Realidealismus. Ein Versuch. gr. 8. (VI, 54 S.) Ebend. 876. n. 1. —

[Reinhardt, Ludwig.] Wem gehört die Zukunft? Rom oder der Sozialdemokratie? 11 S. 8. (Basel, Fr. Reinhardt, [1903].)

(Reinhardt, L[udwig].) [1.] Wem gehört die Zukunft? Rom oder der Sozialdemokratie? ([— 2.] Wo ist das Antichristentum? Bei Rom oder bei der Sozial'?) (Basel, Friedrich Reinhardt, [1903].)

Ausg. A: 20 S. 8.
Ausg. B: 8 S. 4.

Reinhardt, Ludwig. Wie ernähren wir uns am zweckmässigsten und billigsten? [Mit 1 Figur.] 95 S. 8. Stuttgart, Kosmos, Gesellschaft der Naturfreunde, Geschäftsstelle: Franckh'sche Verlagshandlung, (1909). (M. —. 75)

Naturwissenschaftliche Volksbücher. Hrg. vom Kosmos, Gesellschaft der Naturfreunde. Heft 4—6.

— Wie ernähren wir uns am zweckmäßigsten u. billigsten?, s. Volksbücher, naturwissenschaftliche. Nr. 4—6.

Reinhardt, Luise

Schloß Bärenburg. Roman. Von Ernst Fritze [d.i. Luise Reinhardt]. Bd 1-3.
Leipzig: Günther 1867. 8°

Reinhardt, Luise

Caritas. Roman. Von Ernst Fritze [d.i. Luise Reinhardt]. Bd 2.3.
Prag, Leipzig: Kober 1857. 8°

(Album. Bibliothe dt. Originalromane. Jg. 12, Bd 4.5.)

Reinhardt, Luise

Die Erben von Wollun. Novelle. Von Ernst Fritze [d.i. Luise Reinhardt].
Wien, Prag: Kober&Markgraf 1861. 287 S. 8°

(Album. Bibliothek dt. Originalromane. Jg. 16, Bd 5.)

Reinhardt, Luise

Gertrud. Roman. Von Ernst Fritze [d.i. Luise Reinhardt]. Bd 1-4.
Prag: Kober & Markgraf 1860. 8°

(Album. Bibliothek dt. Originalromane. Jg. 15, Bd 12-15.)

Reinhardt, Luise

Die Herren von Ettershaiden. Roman. Von Ernst Fritze [d.i. Luise Reinhardt]. Th. 1.2.
Wien: Markgraf 1864. 8°

(Album. Bibliothek dt. Originalromane. Jg. 19, Bd 10. 11.)

Reinhardt, Luise

Idealium. Novelle. Von Ernst Fritze [d.i. Luise Reinhardt]. Th. 1.
Wien: Markgraf 1862. 226 S. 8°

(Album. Bibliothek dt. Originalromane. Jg.17, Bd 4.)

Reinhardt, Luise

Kampf überall. Novelle. Von Ernst Fritze [d.i. Luise Reinhardt].
Berlin: Behrend 1874. 230 S. 8°

Reinhardt, Luise

Die Gebrüder Koltrum. Novelle. Von Ernst Fritze [d.i. Luise Reinhardt]. Bd 1.2.
Leipzig: Günther 1865. 8°

Reinhardt, Luise

Ernest Octav. Novelle. Von Ernst Fritze [d.i. Luise Reinhardt]. Bd 1-3.
Prag: Kober & Markgraf 1859. 8°

(Album. Bibliothek dt. Originalromane. Jg. 14, Bd 12-14.)

Reinhardt, Luise

Vorwärts! Novelle. Von Ernst Fritze [d.i. Luise Reinhardt]. Bd 1.2.
Prag, Leipzig: Kober 1858. 8°
(Album. Bibliothek dt. Originalromane. Jg. 13, Bd 10. 11.)

Reinhardt, Luise

Zufall oder Bestimmung. Von Ernst Fritze [d.i. Luise Reinhardt]. Stuttgart 1867.
In: Hausblätter. Bd 1.

Schall und Rauch. Von Max Reinhardt. 1.–10. Taus. Bd 1. *Berlin & Leipzig: Schuster & Loeffler 1901.* 8° [01. 9366

Reinhardt, Max, s.a. Schall u. Rauch.

Reinhardt, Max Otto (geb. Ochtmersleben bei Magdeburg 27. 8. 1854): Das leitende Gewebe einiger anomal gebauten Monocotylenwurzeln. Berlin (1884). (31 S.) 8°
Berlin, Phil. Diss. v. 8. Aug. 1884

Reinhardt, Moritz

Reinhardt, Mauritius *(geb. Parchwitz in Schles. 13. 9. 1831)*: De paralysium ex morbis cerebri ortarum diagnosi. Vratislaviae (1857). (39 S.) 8°
Breslau, Med. Diss. v. 8. Aug. 1857

Reinhardt, O., der Entwurf B e. Reichsgesetzes: Die Sicherung der Bauforderungen betr., m. Bezug auf die voraussichtl. Wirkgn. in der Praxis, sowie einige Vorschläge zur Ergänzg. desselben, nebst Anh.: Die Verluste der Baulieferanten durch die Zwangsversteigergn. 8. (54 S.) Dresden 902. C. Weiske. n. — 80

— praktischer Ratgeber bei Herstellung der Druckleitungen aus Steinzeugrohren f. kleinere Wasserleitungen. Nach eigenen Erfahrgn. bearb. u. gezeichnet. 12. (23 S. m. 1 Taf.) Ebd. 902. n. — 60

Zur Mitgabe an Neophyten. Wodurch unterscheidet sich die Freimaurerei von andern geheimen Gesellschaften? Vortrag des Brs. [Osk.] v. Reinhardt in seiner ☐, zu den 3 Schwertern und Asträa zur grünenden Raute [in Dresden] gehalten am 11 ten März 1841. [Cahla 1841: Beck.] 8 S. 8° [Kopftit.]
Aus: Zd. 5 (1841) S. 51—61. 3.

Reinhardt, Osw., Evangelienlieder für häusliche Sonn- und Festtagsfeier. 8. (75 S.) Frankfurt a. O. 853. (Guben, Berger.) *

Reinhardt, Otto, kurzer Abriß der mecklenburgischen Geschichte. gr. 8. (7 S.) Neubrandenburg 890. Nahmmacher. n. — 20

Reinhardt, O[tto], Dir. Prof. Dr.: [**Ansprache** bei der Trauerfeier für den Oberlehrer Dr. Paul Schulz, gest. am 27. August 1899.] *Berlin 1900: O. Walter.* (S. 18—21.) 4°
Berlin, Zweite R, P 1900 (118)

Reinhardt, (Carl) Otto (geb. Ilsenburg 26. 11. 1860): Beitrag zur Ätiologie des Tetanus. Berlin (1884). (20 S.) 8°
Berlin, Med. Diss. v. 26. Juli 1884

Reinhardt, O., die Binnenmollusken Magdeburgs, s. Abhandlungen des naturwissenschaftl. Vereins zu Magdeburg.

Reinhardt, Otto, deutsche Bürgerkunde für den Schulgebrauch m. besond. Berücksicht. Mecklenburgs. 8. (31 S.) Neubrandenburg (899). O. Nahmmacher. n. — 30

Reinhardt, Otto (Guil. Herm.) (geb. Potsdam 14. 2. 1838): Enumeratio muscorum frondosorum in Marchia Brandenburgensi et in ducatu Magdeburgensi ad hoc tempus repertorum. Berolini (1863). (34 S.) 8° * Fortsetzung erschien in: Verhandlungen d. bot. Vereins f. d. Prov. Brandenburg und die angrenzenden Länder 1863.
Berlin, Phil. Diss. v. 11. Apr. 1863

Reinhardt, Otto, kurzgef. Geschichte Mecklenburgs in zusammenhäng. Darstellg. f. Schule u. Haus. M. Wappen u. Stammbaum. gr. 8. (67 S. m. 1 Abb.) Neubrandenburg 897. P. Christiansen. n. 1. —; geb. n.n. 1. 30

— mecklenburgische Heimatkunde f. den Schulgebrauch. gr. 8. (22 S. m. 2 Karten.) Ebd. 901. n.n. — 35

— die Liedertafel Hildburghausen in den 50 Jahren von 1843 bis 1893. Festschrift zur 50jähr. Jubelfeier am 29., 30. u. 31. Juli 1893. gr. 8. (55 S.) Hildburghausen 893. (F. W. Gadow & Sohn.) n. — 60

Reinhardt, Otto, Leitfaden der Geschichte in Tabellenform f. die oberen Klassen höherer Lehranstalten. 1. u. 2. Tl. 8. Neubrandenburg 891. Nahmacher. à n. 1. —
(3 Tle. kplt: n. 3. —)
1. Geschichte d. Altertums. (V, 112 S.)
2. Geschichte d. Mittelalters. (VI, 102 S.)

— **Leitfaden der Geschichte in Tabellenform f. die oberen Klassen höherer Lehranstalten. (In 3 Tln.) 3. Tl. Geschichte der Neuzeit. 8. (VI, 103 S. m. 2 Stammtaf.) Ebd. 891.** n. 1. —
Tl. 1 u. 2 erscheinen später.

Reinhardt, O., über die Molluskenfauna der Sudeten. gr. 8. (83 S.) Berlin 874, Nicolai's Verlag. * 2 —
Aus: Archiv für Naturgeschichte, besonders abgedruckt.

Reinhardt, O. Über Naphtochinonchlorimide. In-8°. 30 S. Basel. These. 1893

Reinhardt, Otto: Ueber das Normalamylbenzylketon und dessen Kondensation. 1893. 33 S. 8°
Karlsruhe, Dipl.-Diss. v. 15. 5. 1893

[Umschlagt.:] [F.] **Reinhardt,** *Otto:* Rede, gehalten bei der Einweihung der Turnhalle. Neubrandenburg, Druck d. Hofbuchdr. v. B. Ahrendt, *1897;* 5—6 S. 4.
Neubrandenburg, G, P 1897 (690)

Reinhardt (O.), Verzeichniss der Weichthiere der Provinz Brandenburg. Berlin 1886. 8.

Reinhardt, P. J., Arndt-Album. Mannheim 860. (Löffler.) 16. (VI, 158 S. u. 1 lith. Facsim. in 4.) n. 28 ngr

Reinhardt, P.J. (Hrsg.), s.a. Arndt-Album.

Reinhardt, *Paul* [app. Arzt aus Walbeck]: **Aus d. medizin. Klinik zu Jena. Ueber Naevus pilosus und zwei neue Fälle von Schwimmhosen-Naevus ... Jena, Druck v. A. Kämpfe, 1895; 40 S., 4 Taf. 8.**
Jena, Med. Fak., Inaug.-Diss. v. [22. Juni] 1895

— **Philipp Adam** (Beutelsbach), De luminis naturae ad salutem habitu sive de gentilium juxta illud viventium salute vel damnatione. Diss. hanc theticam. Präs. Christoph Matthaeus Pfaff. Tübingen (H. Franck) Nov. 1720. 20 S. (4.25) 28222
Widm. v.: Christoph David Gerlach, Johann Heinrich Harpprecht.

Reinhardt, Philipp Christian,
s.a. Reinhard, Philipp Christian.

Reinhardt, Ph. Chr., († d. 7. Nov. 1812.) Abriß e. Geschichte der Entstehung u. Ausbildung der religiösen Ideen. 8. Jena 794. (Hennings in Neisse). 20 gr

— Handbuch f. Maire, Adjunkten ꝛc., s. A. Keil.

— neue Organisation des Religionswesens in Frankreich. gr. 8. Cöln 803. Keil. 1 ß 8 gr

— Versuch e. Theorie d. gesellschaftl. Menschen. 8. Gera 797. Heinsius. 1 ß 12 gr

Reinhardtus, Reinholdus: De infinitivi cum articulo coniuncti usu Thucydideo. Oldenburg, Druck v. G. Stalling, 1891; S. 1—22; 4°
Oldenburg, grossh. G, OP 1891 (661)

Reinhardt, Rhold., de infinitivi cum articulo coniuncti usu Thucydideo. gr. 4. (22 S.) Oldenburg 891. (Leipzig, G. Fock.) n. 1. —

Reinhardt, Richard, appr. Tierarzt a. Stuttgart, Oberamtstierarzt in Freudenstadt: Aus d. anatom. Institut d. Kgl. Tierärztl. Hochschule in Stuttgart. ⟨Vorstand: Direktor Prof. Dr. Sussdorf.⟩ Über Pleiodaktylie beim Pferde. Mit 13 Abb. im Text. Wiesbaden: J. F. Bergmann 1907. (68 S.) 8°
Gießen, Veterinär-Med. Koll., Ref. Martin, Diss. v. 9. Dez. 1907
[Geb. 1. April 74 Stuttgart; Wohnort: Freudenstadt; Staatsangeh.: Württemberg; Vorbildung: Karls-Gymn. Stuttgart Reife M. 92; Studium: Stuttgart 7 S.; Rig. 20. Febr. 06.]

Reinhardt, Rob. v., Baulichkeiten f. Kur- u. Badeorte usw., s.: Lieblein, Jak.

Reinhardt, Rob., Baulichkeiten f. den Sport, s.: Durm, Jos.

Reinhardt, R[obert], Zeichenlehrer: Die Bedeutung des in den Händen der Schüler befindlichen Zeichenmaterials für die Erfolge des Zeichenunterrichts. ⟨Ein Beitrag zur Reform d. Zeichenmethode.⟩ *Oberstein (1902): J. Hehner.* (S. 3—10.) 4°
Oberstein-Idar, R, P 1902 (749)

Reinhardt, Rob., die Gesetzmässigkeit der griechischen Baukunst, dargestellt an Monumenten verschiedener Bauperioden. 1. Tl.: Der Theseustempel in Athen. gr. Fol. (14 S. illustr. Text.) Nebst 13 Taf. Imp.-Fol. Stuttgart 903. A. Bergsträsser. In Mappe n. 20. —

Reinhardt, Rob., s. Handbuch der Architektur.

Reinhardt, Rob., s. Palast-Architektur von Ober-Italien und Toscana vom 15.—17. Jahrh.

Reinhardt, Rob., Palast-Architektur von Ober-Italien u. Toscana vom 15—17. Jahrh. Genua. Mit Aufnahmen v. H. Halmhuber, A. Widmann u. anderen Architekten. (In 5 Lfgn.) 1. u. 2. Lfg. gr. Fol. (40 Taf.) Berlin 882. Wasmuth. In Mappe. à n. 28. —

Reinhardt, Rob., Palast-Architektur v. Ober-Italien u. Toscana vom XV. bis XVII. Jahrh. 1. Thl. Genua. Mit Aufnahmen v. H. Halmhuber, F. Halmhuber, F. Schüle u. A. Widmann. 3—5. [Schluss-] Lfg. gr. Fol. (44 Taf., nebst Text 23 S. m. eingedr. Fig.) Berlin 884. 86. Wasmuth. à n. 28. —; cplt. 150. —

— Palast-Architektur v. Ober-Italien u. Toscana vom XV. bis XVII. Jahrh. (I. Bd.) Genua. Mit Aufnahmen v. H. Halmhuber, F. Halmhuber, F. Schüle, L. Theyer u. A. Widmann. 5 Lfgn. gr. Fol. (100 Taf. in Lichtdr., Lithogr., Kupferst. u. Chromolithogr. m. 23 S. illustr. Text.) Berlin 882—886. E. Wasmuth. à n. 28. — (kplt. in Mappe: n. 150. —; geb. n. 175. —)

Reinhardt, Rob., s.: Reise-Studien, architektonische, aus Würzburg.

Reinhardt, Rudolf, Assistenzarzt an der Provinzial-Irrenanstalt Conradstein in Westpreußen: Beitrag zur Lehre von den Puerperalpsychosen. Leipzig 1907: B. Georgi. (60 S.) 8°
Leipzig, Med. Fak., Ref. Flechsig, Diss. v. 26. Juli 1907
[Geb. 9. Nov. 74 Heilsberg O.-Pr.; Wohnort: Conradstein; Staatsangeh.: Preußen; Vorbildung: Collegium Fridericianum Königsberg Reife O. 95; Studium: Königsberg 4, Greifswald 6, Berlin 2, Freiburg i. B. 2 S.; Coll. 2. Aug. 07; Approb. 26. Juni 04.]

— **Salomon Friedrich** (Wurzen/Meißen), De effectu quasi interpellationis seu legalis et extrajudicialis. Präs. Andreas Florent. Rivinus. Wittenberg (Schlomach) Mai 1750. 23 S. (4.50) 28223

—. — **Dasselbe.** Wittenberg (Schlomach) Mai 1750. 23 S. (4.50) 28224
Gew.: Caspar Friedrich Reinhardt (Vater.)

Reinhardt, (Ern.) Selmar (geb. Langensalza 11. 4. 1822): De hypo. Berolini (1848). (30 S.) 8°
Berlin, Med. Diss. v. 1. Dez. 1848

Reinhardt, Theodor Fr. Gottfried

Reinhardt, Th. F. G., Paränesen. gr. 8. Jena 843, Frommann. n. 1/4 ß

Reinhardt, Thdr. Fr. Gfr., de L. Annaei Senecae vita atque scriptis. 8maj. Jena 816. Cröker. 6 gr

Reinhardt, T. F. G., De L. Annaei Senecae vita atque scriptis. Gel. 1816. 40 S. 1.20

Reinhardt, T.F.G., de Senecae vita atq. scriptis. Jen. 817. 8. 6gr.

Reinhardt, Thdr. Fr. Gf., s. Jh. Hnr. Voss, Commentarii Virgiliani.

Reinhardt, Th. Fr. G., J. H. Vossii Commentariorum Virgilianor. in latinum sermonem conversorum specimen. Progr. Rudolphop. 822. 4. (12 S.) (Enthält die latein. Übersetzung des Vossischen deutschen Commentars zu Virgils Ecl. I. 1-35.)

Reinhardt, (Th. Fr. G.,) J. H. Vossii Commentarios Virgilianos in Latinum sermonem conversos Censurae proponit. gr. 4. Rudolst. 822, (Hofbuchh.)

Reinhardt, Tobias Jakob, s. Reinharth

Reinhardt, Veronika, s.: Rein, Veronika.

Reinhardt, W., Aufgaben f. den Rechenunterricht. s. a. Becker, J. C., u. K. Paul.

-- u. H. H. **Müller**, Aufgaben f. den Rechenunterricht im 2. u. 3. Schulj. Im Anschluß an die Aufgabensammlg. f. den Rechenunterricht v. J. C. Becker u. K. Paul. (Je III, 28 S.) 8. Frankfurt a/M. 909. F. B. Auffarth. Kart. à nn — 30

-- — Lehrbuch f. den mathematischen Unterricht auf Grund der neuen Lehrpläne. In 2 Tln. im Anschluß an die Aufgaben f. den Rechenunterricht in höheren u. mittleren Lehranstalten v. J. C. Becker u. K. Paul hrsg. gr. 8. Ebd. 909. Geb. 3. 40

1. Arithmetik u. Algebra f. die oberen Klassen der höh. Mädchenschulen, Real- u. Mittelschulen. Mit 10 Fig. im Text. (VII, 120 S.) Geb. 1. 60
2. Geometrie f. die oberen Klassen der höheren Mädchenschulen, Real- u. Mittelschulen. Mit 262 Fig. im Text. (VII, 136 S.) Geb. 1. 80

-- -- dasselbe. 2. Tl. (Nachtrag). Trigonometrie f. die oberen Klassen der Realschulen u. Mittelschulen. (IV, 56 S.) 8. Ebd. 910. 1. —

Reinhardt, Werner, aus Berlin: Über einige neue Abkömmlinge des Nitrotoluidins vom Schmelzpunkte 107°. *Berlin 1904: J. Sittenfeld.* (47 S.) 8°
Erlangen, Phil. Diss. v. 16. Dez. 1903

Reinhardt, Wilh., eine listige Eroberung, s.: Gesellschaftsstücke, ausgewählte.

Reinhardt, Wilhelm, Medizinalpraktikant: Aus d. Prosektur d. städt. Krankenhauses r. d. Isar. ⟨Prosektor: Privatd. Dr. Oberndorfer.⟩ Zwei Fälle von Kallus luxurians. ⟨Mit 3 Abb.⟩ München 1907: K. Kuhn. (19 S., 3 Taf.) 8°
München, Med. Fak., Ref. v. Bollinger, Diss. v. 11. April 1908
[Geb. 30. Juni 83 Wittlingen (Württemberg); Wohnort: Schwäbisch-Hall; Staatsangeh.: Württemberg; Vorbildung: Gymn. Freiburg i. B. Reife Juli 01; Studium: Tübingen 6, Berlin 3, München 1 S.; Coll 11. April 08; Approb. 31. März 08.]

Reinhardt, Wilh. (Christian) (geb. Ludwigsburg in Württ. 17. 9. 1862): Ueber die Folgen subcutaner Blutextravasate. Berlin (1884). (30 S.) 8°
Berlin, Med. Diss. v. 7. Okt. 1884

Heimat u. Fremde, s.: Gesellschaftsstücke, ausgewählte.

Reinhardt, W[ilhelm], Dr.: Ausgewählte **Kapitel** aus der Elektrotechnik. Die elektrischen Maschinen und die elektrischen Strassenbahnen mit einer Einleitung: Über die Grundbegriffe der Elektrizität. *Frankfurt a. M. 1900: H. Limpert.* (S. 1—XXXV.) 4°
Frankfurt a. M., Muster-S ⟨RG⟩, P 1900 (434)

Reinhardt, W. [aus Battenberg]: Untersuchung einiger durch das Rollen von Kegelschnitten auf einer Geraden entstehenden Curven .... Marburg, Univ.-Buchdr. (R. Friedrich), 1885: 30 S. u. 1 Taf. 8°.
Marburg, Phil. Fak., Inaug.-Diss. v. 15. Febr. 1886.

Reinhardt, W., Untersuchung einiger durch das Rollen von Kegelschnitten auf einer Geraden entstehenden Curven. Diss. Marburg 1885, N. G. Elwertsche Univ.-Buchh. 8°. 30 S. mit einer Taf.

Volksdichte und Siedelungsverhältnisse des württembergischen Oberschwabens. Eine anthropogeogr. Studie von Dr. Wilhelm **Reinhardt**. Mit 2 Karten. Stuttgart: J. Engelhorn 1908. (S. 417–535.) 8°
= **Forschungen** z. deutschen Landes- u. Volkskunde. Bd 17, H. 4. [08. 18406

-- Die Wetterprophetin, s.: Gesellschaftsstücke, ausgewählte.

Reinhardt, Wilhelm Gustav, s. Reinhardt, Gustav.

Reinhardt & Meßmer, Eisengießereien, Maschinenfabrik und Centrifugen-Bauanstalt: Katalog über Molkereimaschinen und Geräthe. Flensburg 1896

Reinhart [Sachliches OW]

Reinhart Fuchs, s. Reineke Fuchs.

Reinhart, Joh. Chrn., und seine Kreise, s. Baisch, O.

Reinhart [Verfasser]

Reinhart. Eine geometrische Arbeit: Die Hyperbel. S. 23 — 32 des Jahresberichts mit einer Figurentafel. Eppingen, P 1862

Reinhart, Albert, approb. Arzt: Beitrag zur Ossifikation der Trachealschleimhaut. *Erlangen 1903: F. Junge.* (23 S.) 8°
Erlangen, Med. Diss. v. 11. Juli 1902

Reinhart, August Wilhelm, De eruditorum cunctatione in componendis libris diss. prior u. posterior. o. J. 16, 20 S. (4.50) 28226
Gew.: Georg Ulrich von Beulwiz, Heinrich Christoph Ludwig.

Reinhart, B., 4 Blumenbilder, s.: Universal-Malvorlagen. Nr. 59 u. 60.

Reinhart B, die edelsten Rosen. (6 T) fol nebst Unterdrucken. In Mappe.

Reinhart, Emma [aus Winterthur]: Die Cluniacenser Architektur in der Schweiz vom X. bis XIII. Jahrhundert. (Mit Grundrissen.) Zürich 1903. 106 S. 8°. [9. IX. 03.]
Zürich. Phil. Diss. I. S. 1903 1904.

Reinhart, Emma. Die Cluniacenser Architektur in der Schweiz vom X. bis XIII. Jahrhundert. 8. Zürich, Schulthess & Co.
Ausg. A: Diss. Phil. I. Univ. Zürich. ([Mit] Vita.) [Mit Grundrissen.] II + 106 S. 1903.
Ausg. B: Mit 6 Grundrissen im Texte. 106 S. 1904. [fr. 3. —]

Reinhart, Fr.: Ueber das Vorkommen der Schwefelsäure etc. im Alkohol. 8 S. 8° – Neusatz, R., Progr. 1867.

Reinhart, Gust., Gedichte. 8. (VI und 154 S.) Leipzig 855(56,) O. Wigand.

Reinhart, H., v. Weinfelden, s. Warum das, u. das Darum.

Reinhart, Hans. Frühroth. Gedichte. [Mit illustriertem Umschlag.] 120 S. 8. Zürich-Leipzig-Berlin, Karl Henckell & Co., [1902]. [M. 2. 50]

Reinhart, Hans. Frührot — Der Tag. Gedichte. [Von] H' R' [Winterthur. Neu-Ausgabe]. 216 S. 8. Stuttgart, Axel Juncker, [1906]. [geb. M. 2. 50]
(Axel Junckers Sammlung moderner deutscher Lyrik. Band 3.)

Reinhart, Hans, Frühroth. Der Tag, s. Juncker's, Axel, Sammlung moderner deutscher Lyrik. 3. Bd.

Reinhart, Hans, der Garten des Paradieses, dramat. Rhapsodie aus Andersen. (54 S.) 8. Winterthur 909. A. Hoster. 1. —

Reinhart, Hans. Alfred Mombert, Der Denker. Eine Studie von H' R' [Winterthur]. Mit Portrait A' Momberts von E[mil] R[udolf] Weiss [Tafel]. 36 S. 8. Leipzig-Reudnitz, Magazin-Verlag Jacques Hegner, 1903. (M. —. 50)

— Alfred Mombert, der Denker. Eine Studie. Mit Portr. Alfred Momberts v. E. R. Weiß. (36 S.) 8. Leipzig 903. [Magazin-Verlag] F. Rothbarth. n. — 50

Reinhart, Hans. Der Tag. [Von] H' R' [Winterthur]. Mit vier Holzschnitten und Buchumschlag von Karl Hofer. 1899 bis 1903. 160 S. 8. ([Zürich, Buchdr. Berichthaus,] Ostern 1903.)
(Exemplar № *120*.) — *Nicht im Buchhandel*.

Reinhart, Heinr., gereimte und ungereimte Geschichten mit Bildern. Ein Schau- und Lesebuch für Kinder von 20—60 Jahren. I. Beschauliche Geschichten. hoch 4. (12 Stnt. mit Text.) Wien 866, Beck'sche Universitäts-Buchh.
In Mappe. *

Reinhart, Heinr., gereimte und ungereimte Geschichten mit Bildern. Ein Schau- und Lesebuch für Kinder von 2—6 Jahren. Verfasst und illustr. von demselben. I. Beschauliche Geschichten. 12 Blätter Radirungen. gr. 4. Wien 866, Hölder. cart. * 3 —

Reinhart, Heinr., s.: Im Zeichen der Myrte.

Reinhart, Heinr., d. neuesten Richtungen d. Malerei, s.: Vorträge u. Abhandlungen, hrsg. v. d. Leo-Gesellschaft.

Reinhart, Hugo, a. Breslau: ⟨Aus dem Zoologischen Institut der Universität Breslau.⟩ Ueber den feineren Bau einiger Nephthyiden. Jena: G. Fischer 1907. (31 S.) 8° ¶(Erscheint vollst. mit e. Tafel in: Jen. Zeitschrift f. Naturwissenschaft.)
Breslau, Phil. Fak., Ref. Kükenthal, Diss. v. 27. Febr. 1907
[Geb. 13. Jan. 84 Nikolai, Kr. Pleß (Oberschl.); Wohnort: Breslau; Staatsangeh.: Preußen; Vorbildung: Gymn. Frankfurt a. O. Reife O. 03; Studium: Berlin 2, Breslau 6 S.; Rig. 14. Nov. 06.]

Reinhart, Jh. Amad. Fr., einige Predigten. 8. Hof 801. Grau. 8 ℊ

Reinhart, Johann Christian

Sickler, F., und Reinhardt, C. Almanach aus Rom für Künstler und Freunde der bildenden Kunst. Mit Kupfern in 4° und einer Charte. 2. Jahrg. 3 Bde. Leipzig 1810, 1811. 4°.

Reinhardt, J. Chr. s. Almanach aus Rom.

Reinhart, Joh. Chr., A. C. Dies et Jacques Mechau, Collection ou suite de vues pittoresques de l'Italie dessinées d'après nature et gravées à l'eau forte à Rome. 18 livr. gr. Fol. (à 4 Stahlst. mit 1 Bl. Text.) Nürnberg 875, Lotzbeck. à Lfg. in Mappe ℳ 6.

Reinhart, collection ou suite de vues pittoresques de l'Italie, s. a. Dies, A. C.

Reinhart, (Maler) C., XX Landschaften. (18 radirte Blätter.) qu. 1/2 Fol. Stuttgart 838. Ebner'sche Kunsth. n. 6 1/3 ℛ

— Landschafts-Heft zum Nachzeichnen. (8 lithogr. Blätter.) qu. 1/2 Fol. Magdeburg 837. Mazzucchi. n. 1/3 ℛ

Reinhart, J. C. XXII Thierstudien, in Rom gezeichnet und radirt. Frankfurt a. M. 4°.

— XXII Thier-Studien. (13 radirte Blätt.) qu. 1/2 Fol. Stuttgart 838. Ebner'sche Kunsth. n. 3 1/2 ℛ

Reinhart, Josef

Reinhart, J., Burechost. Mundartliche Dichtgn., hrsg. unter gefl. Mitwirkg. schweizer. Schriftsteller u. Schriftstellerinnen. 8. (94 S.) Aarau 899. H. R. Sauerländer & Co. n. 1.60

Reinhart, J[oseph]. D'Erbschaft us Amerika. Es Stückli ab em Land. 40 S. 8. Aarau, H. R. Sauerländer & Co., 1910. [fr. 1.20]

Jahresbericht, Erster — über die k. k. Realschule zu Olmütz im Schuljahre 1855. Vom prov. Director Dr. Ferdinand Edl. v. Hönigsberg. Olmütz, 1855. Anton Halauska's Universitäts-Buchdruckerei. (54 S. 4.)
Inhalt: Jos. Reinhart: Ueber das Freihand-Zeichnen nach Modellen. — P. Eugen Klug: Verzeichniß der in der Umgebung von Olmütz vorkommenden Käfer. — Carl Schrötter: Mineralogische und chemische Untersuchung des Graphits nächst Schweine in Mähren. — Schulnachrichten.

Reinhart, J., Gschichtli ab em Land. 8. (210 S.) Aarau 901. H. R. Sauerländer & Co. n. 2.40; geb. n. 3.40

Reinhart, Jos., Heimwehland. Geschichten aus einsamer Welt. (362 S.) 8. Berlin (910). Wiegandt & Grieben. 3.—; geb. 4.—

Heimwehland. Geschichten aus einsamer Welt von Josef Reinhart. 2. Aufl. Berlin: Wiegandt & Grieben 1910. 362 S. 8. (11. 3947

Reinhart, Jos., Heimwehland. Jetzt: Leipzig, G. K. Sarasin.

Reinhart, J(oseph). Der Jümpferlibuur. E Gschicht ab em Land. 107 S. 8. Bern, Haller, (Dezember) 1907. fr. —.20
Verein für Verbreitung guter Schriften (Verein Bern). Nr. 67.

— Liedli ab em Land. gr. 16. (38 S.) Zürich 897. K. Henckell & Co. n. —80

Reinhart, J[oseph]. Liedli ab em Land. 2. vermehrte Aufl. 84 S. 8. Bern, A. Francke, 1908. [fr. 1.80]

— Liedli ab em Land. 3. Aufl. (80 S.) kl. 8. Bern 908. A. Francke. 1.60

Reinhart, J[oseph]. Heimelig Lüt. Gschichte für zum Obesitz. Buchschmuck von Fritz Widmann. 315 S. 8. Bern, A. Francke, 1905. [fr. 4.—, geb. 5.50]

— Mariann, das Franeli, s.: Verein f. Verbreitg. guter Schriften, Bern. Nr. 43.

Reinhart, J[oseph]. D'r Meitligranitzler. E G'schicht abem Land. [Mit illustriertem Umschlag.] IV + 140 S. 8. Aarau. H. R. Sauerländer & Co.; Bern, A. Francke, 1906. [fr. 2.80, geb. 3.80]

Reinhart, J[oseph]. Dr Schützeköbel — Wie's Jörglihanse Frau ihre Ma kuriert het. Zwei Erzählungen. [Mit Titelvignette.] IV + 56 S. 8. Bern, Verein für Verbreitung guter Schriften (*Innentitel:* Haller'sche Buchdr.), Juni 1910. fr. —.10
Verein für Verbreitung guter Schriften. Bern, Nr. 77.

Reinhart, J[oseph]. Stadt und Land. G'schichte für zum Obesitz. [Mit illustriertem Umschlag.] IV + 197 S. 8. Bern, A. Francke, 1907. [fr. 3.50, geb. 4.50]

Reinhart, J[oseph]. Der jung Herr Stüdeli. Ländliches Dialektstück in 1 Akt. [Mit 1 Bühnenskizze.] 44 S. 8. Aarau, H. R. Sauerländer & Co., 1909. [fr. 1.20]

Reinhart, J[oseph]. D'Frau Wätterwald. Ländliches Dialektstück in 1 Akt. [Mit Titelbild.] 43 S. 8. Aarau, H. R. Sauerländer & Co., 1907. [fr. 1.20]

Reinhart, J[oseph]. D' Frau Wätterwald. Ländliches Dialektstück in 1 Akt. 2. [unveränderte] Aufl. [Mit Titelbild.] 43 S. 8. Aarau, H. R. Sauerländer & Co., 1907. [fr. 1.20]

Reinhart, Melchior, vgl. R e i n h a r d , Melchior.

REINHART Melchior. Der gewohnliche Adel mit Leib und Seele, aber nicht in Wien. Untersuchet in einer Kinderlehre von einem Adelichen ... Hrsg. [und verf.] von ... o. V., Wien 1784. 1 vol. 23 S.

Reinhart, Mich. Friedr., die Runkelrübenzucker-Industrie in den Zollvereins-Staaten. Praktische Antwort auf den 12. chem. Brief des Hrn. Prof. Dr. Liebig. 8. (28 S.) Nürnberg 853, Schiefer. *

Reinhart, Paul. Der Monte Sissone. ⟨3363 Meter.⟩ [Mit 1 Tafel. SA.] 8. [Bern 1880.]

Reinhart, Placidus, interessante Abenteuer d. Crispin Duselknopf. Humoristische Erzählg. f. die Jugend u. Jugendfreunde. Frei nach dem Span. Mit 6 Farbendr.-Bildern. 8. (208 S.) Regensburg 876. Volks- u. Jugendschriften-Verl. n. 1. 75

Reinhart, Placidus, ein Ritt in's Märchenland. Märchen zur Bildung u. Erholung für die Jugend u. Jugendfreunde. Mit 6 Farbendr.-Bildern. 8. (268 S.) Straubing 877. Volks- u. Jugendschriftenverl. cart. n. 2. 40

— Schneeglöckchen. Heitere u. sinn. Erzählgn. f. die Jugend u. Jugendfreunde gesammelt u. bearb. Mit 4 Stahlst. 8. (150 S.) Ebend. 876. n. 1. 40

Reinhart, Theodor, [von Winterthur, Kt. Zürich]: Die Anfechtungsklage wegen Verkürzung der Gläubiger. Actio Pauliana, nach römischem und gemeinem Recht. Winterthur J. Westfehling Dr. 1871. 4 Bl., 144 S. 8°.
Zürich, Jur. Diss. [v. 10. Nov. 1871].

Reinhart, Thdr., die Anfechtungsklage wegen Verkürzung der Gläubiger, Actio Pauliana, nach röm. u. gemeinem Recht. gr. 8. (VII, 144 S.) Winterthur 871. (Bleuler-Hausheer & Co. Sort.) n. 3. —

Reinhart, Thdr., Baßledang. Zeitvertreib in Sagen und Schwänken aus dem Elsaß. 8. (VII, 136 S.) Straßburg 877, Schultz und Comp. * 2 40

Reinhart, Tobias Jakob, s. R e i n h a r t h

Reinhart, Walt., Geschäftsführer f. den Gewerbetreibenden. (VIII, 320 S.) 8. Plauen i/V. (Uhlandstr. 5) (910). H. R. Teichmann. Geb. 3. —

Reinharth, Jo. Benj. (Erfurt), De clausulae codicillaris in efficacia. Diss. jur. Moder. Heinr. Christ. Senkenberg. Göttingen (A. Vandenhoeck) 25. IX. 1738. 36 S. (4.75) 28229
Gew.: Tobias Jakob Reinharth (Vater.)

Pervetustae acad. Erffurth. rector jam facult. jur. decanus, **Tobias Jakob Reinharth**, ad audiendam lectionem cursoriam et diss. inaug. lectorem benevolum invitat. Erfurt (J. Chr. Hering) 25. VI. (1734.) Mit Biogr. v. Rudolph Christoph Henne (Walschleben) (M.: A. M. Adelung.) (3.75) 28238

Pervetustae acad. Erffurth. rector jam facult. jur. decanus, **Tobias Jakob Reinharth**, ad audiendam lectionem cursoriam et diss. inaug. lectorem benevolum invitat. Erfurt (J. Chr. Hering) 31. VII. 1734. Mit Biogr. v. Christoph Friedrich Banck (Großoehrna/Mansfeld) (M.: J. S. Ludwig.) (3.75) 28239

Pervetustae acad. Erffurth. rector jam facult. jur. decanus, **Tobias Jakob Reinharth**, ad audiendam lectionem cursoriam et diss. inaug. lectorem benevolum invitat. Erfurt (J. Chr. Hering) 9. VIII. 1734. Mit Biogr. v. Gottlieb Ernst Lucius (Borna/Meißen) (M.: J. Chr. Martini.) (3.75) 28240

Pervetustae acad. Erffurth. rector jam facult. jur. decanus, **Tobias Jakob Reinharth**, ad audiendam lectionem cursoriam et diss. inaug. lectorem benevolum invitat. Erfurt (J. Chr. Hering) 16. VIII. 1734. Mit Biogr. v. Johann Abraham Frenzel (Schönau) (M.: S. Theil.) (3.75) 28241

Pervetustae acad. Erffurth. rector jam facult. jur. decanus, **Tobias Jakob Reinharth**, ad audiendam lectionem cursoriam et diss. inaug. lectorem benevolum invitat. Erfurt (J.Chr. Hering) 9. IX. 1734. Mit Biogr. v. Joseph Ignatius Gerlach (Fulda) (M.: M. Cl. von Billenfeld.) (3.75) 28242

Pervetustae acad. Erffurth. rector jam facult. jur. decanus, **Tobias Jakob Reinharth**, ad audiendam lectionem cursoriam et diss. inaug. lectorem benevolum invitat. Erfurt (J. Chr. Hering) 24. IX. 1734. Mit Biogr. v. Heinrich Gottlob Edelmann (Weißenfels[Meißen) (M.: D. M. Haberland.) (3.75) 28243

Pervetustae acad. Erffurth. rector jam facult. jur. decanus, **Tobias Jakob Reinharth**, ad audiendam lectionem cursoriam et diss. inaug. lectorem benevolum invitat. Erfurt (J. Chr. Hering) 1. X. 1734. Mit Biogr. v. Samuel Heinrich Rauffus (Regensburg) (M.: Beyer.) (3.75) 28244

Pervetustae acad. Erffurth. rector jam facult. jur. decanus, **Tobias Jakob Reinharth**, ad audiendam lectionem cursoriam et diss. inaug. lectorem benevolum invitat. Erfurt (J. Chr. Hering) 19. X. 1734. Mit Biogr. v. Jo. Friedrich Hoepner (Ostritz) (M.: D. S. Gellert.) (3.75) 28245

Pervetustae acad. Erffurth. rector jam facult. jur. decanus, **Tobias Jakob Reinharth**, ad audiendam lectionem cursoriam et diss. inaug. lectorem benevolum invitat. Erfurt (J. Chr. Hering) 20. X. 1734. Mit Biogr. v. August Leistner (Dresden) (M.: Dornblüth.) (3.75) 28246

Pervetustae acad. Erffurth. rector jam facult. jur. decanus, **Tobias Jakob Reinharth**, ad audiendam lectionem cursoriam et diss. inaug. lectorem benevolum invitat. Erfurt (J. Chr. Hering) (24. X. 1734.) Mit Biogr. v. Carl Wilhelm Reyher (Zwickau) (M.: J. S. Weidlich.) (3.75) 28247

Pervetustae acad. Erffurth. rector jam facult. jur. decanus, **Tobias Jakob Reinharth,** ad audiendam lectionem cursoriam et diss. inaug. lectorem benevolum invitat. Erfurt (J. Chr. Hering) 5. XI. 1734. Mit Biogr. v. Traugott Leberecht Seidemann (Zwickau/Meißen) (M.: J. S. Pfeilschmidt.) (3.75) 28248

Pervetustae acad. Erffurth. rector jam facult. jur. decanus, **Tobias Jakob Reinharth,** ad audiendam lectionem cursoriam et diss. inaug. lectorem benevolum invitat. Erfurt (J. Chr. Hering) 26. XI. 1734. Mit Biogr. v. Georg Franziskus Friedrich Helmershausen (Weimar) (M.: A. C. Stammez.) (3.75) 28249

Pervetustae acad. Erffurth. rector jam facult. jur. decanus, **Tobias Jakob Reinharth,** ad audiendam lectionem cursoriam et diss. inaug. lectorem benevolum invitat. Erfurt (J. Chr. Hering) 2. XII. 1734. Mit Biogr. v. Franziskus Georg Andr. Heiland (Bamberg) (M.: M. Ph. Karg von Babenburg.) (3.75) 28250

Pervetustae acad. Erffurth. rector jam facult. jur. decanus, **Tobias Jakob Reinharth,** ad audiendam lectionem cursoriam et diss. inaug. lectorem benevolum invitat. Erfurt (J. Chr. Hering) 23. XII. 1734. Mit Biogr. v. Christian Friedrich Loesch (Tennstedt) (M.: J. S. Cypriani.) (3.75) 28251

Pervetustae acad. Erffurth. rector jam facult. jur. decanus, **Tobias Jakob Reinharth,** ad audiendam lectionem cursoriam ad Art. CXLIX. Constitut. Crim. Carol. et diss. inaug. lectorem benevolum invitat. Erfurt (J. Chr. Hering) 28. III. 1735. Mit Biogr. v. Heinrich Gottlieb Jakob (Gotha) (M.: E. S. Bachoff.) (3.75) 28256

Pervetustae acad. Erffurth. rector jam facult. jur. decanus, **Tobias Jakob Reinharth,** ad audiendam lectionem cursoriam ad L. 3. C. de Reb. Cred. et Jurej. et diss. inaug. lectorem benevolum invitat. Erfurt (J. Chr. Hering) 19. I. 1735. Mit Biogr. v. Christian Gottlieb Sehm (Zwickau/Meißen) (M.: M. Vieheweg.) (3.75) 28252

Almae acad. Erffurth. rector jam facult. jur. decanus, **Tobias Jakob Reinharth,** ad audiendam lectionem cursoriam ad L. 4. Qui test. fac. poss. et diss. inaug. lectorem benevolum invitat. Erfurt (J. Chr. Hering) 28. IV. 1735. Mit Biogr. v. Wilhelm Heinrich Hickmann (Plauen/Vogtland) (M.: Chr. D. Gray.) (3.75) 28231

Pervetustae acad. Erffurth. rector jam facult. jur. decanus, **Tobias Jakob Reinharth,** ad audiendam lectionem cursoriam ad L. 13. C. de Servit. et aqua et diss. inaug. lectorem benevolum invitat. Erfurt (J. Chr. Hering) 17. III. 1735. Mit Biogr. v. Johann Heinrich Jockisch (Reichenbach/Vogtland) (M.: M. Wolff.) (3.75) 28254

Pervetustae acad. Erffurth. rector jam facult. jur. decanus, **Tobias Jakob Reinharth,** ad audiendam lectionem cursoriam ad L. 14. C. de quib. Caus. infam. irr. et diss. inaug. lectorem benevolum invitat. Erfurt (J. Chr. Hering) 28. II. 1735. Mit Biogr. v. Samuel Gottlob Deutschmann (Clastaw. Palatinat. Posnan.) (M.: B. R. Steidelmann.) (3.75) 28253

Pervetustae acad. Erffurth. rector jam facult. jur. decanus, **Tobias Jakob Reinharth,** ad audiendam lectionem cursoriam ad L. 21. § 1. et 3. C. de Testam. ordin. et diss. inaug. lectorem benevolum invitat. Erfurt (J. Chr. Hering) 17. III. 1735. Mit Biogr. v. Christian Schüsler (Zeulenroda) (M.: A. E. Starck.) (—.—) 28255

Almae acad. Erffurth. rector jam facult. jur. decanus, **Tobias Jakob Reinharth,** ad audiendam lectionem cursoriam ad § IX. Inst. d. I. N. G. et Civ. et diss. inaug. lectorem benevolum invitat. Erfurt (J. Chr. Hering) 17. V. 1735. Mit Biogr. v. Anton Heinrich Simon (Gräfenthal/Thüringen) (M.: J. S. Schneider.) (3.75) 28235

Reinharth, Tobias Jakob [Praes.], s. Apffelstädt, Ernst August: De jure eligendi ex obligatione alternativa.

Reinharth, Tobias Jakob [Praes.], s. Apffelstatt, Ernst August: De pacto, circa haereditatem tertii, ignorantis, certi, bonis moribus non refragante, adeoque tam jure naturae, quam moribus Germanorum, valido.

Reinharth, Tobias Jacob [Präs.], s.a. Apffelstatt, Ernst August. [Resp.], de pacto.

Reinharth, Tobias Jakob [Praes.], s. Backmeister, Georg Christian: De nonnullis pragmaticorum erroribus circa doctrinam de tacita hypotheca.

Reinharth, Tobias Jakob [Praes.], s. Beuchel, Ernst Sigismund: De fure poenitente ejusque poena.

Reinharth, Tobias Jakob [Praes.], s. Blochmann, Jo. Ehrenfried: De differentia et convenientia inter obligationem ad carceres et literas cambiales. Vom Unterscheid u. Gleichförmigkeit einer Verschreibung zum Gehorsam / und Wechsel-Briefs.

Reinharth, Tobias Jakob [Praes.], s. Boerner, Carl Ehregott: De probatione pro exoneranda conscientia.

Reinharth, Tobias Jakob [Praes.], s. Bucher, Johann Adolph: De eo quod justum est circa testamentum principis imperii ecclesiastici.

Reinharth, Tobias Jakob [Praes.], s. Edelmann, Heinrich Gottlob: De judicis criminalis quatuor virtutibus, in ordinatione Carolina art. I. commend.

Reinharth, Tobias Jakob [Praes.], s. Eichhorn, Georg Ludwig Christian: Potissima capita invalidae mulierum intercessionis pro efficaci perperam habitae.

— De eo, quod circa executionem in bona feudalia justum est, Oder: Von Vollstreckung der Hülfe in Lehn-Güther. Jena (Ritter) 1745. 14 S. (4.75) 28233

— **Tobias Jakob** (Erfurt), De eo, quod circa negotiorum gestionem justum est. Präs. Johann Philipp Streit. Erfurt (Grosch) 25. X. 1706. (4.25) 28225

REINHARDT, Tob. Jac.: De eo, quod iustum est circa venationem. - Erfurt 1726

Reinharth, Tobias Jakob [Praes.], s. F e r a l , Adolph Gottlob: De arbitrio patris et jure matris in nuptias filiarum.

Reinharth, Tobias Jakob [Praes.], s. F e r b e r , Joh. Ludwig: De eo, quod circa executionem in bona feudali justum est. Von Vollstreckung der Hülffe in Lehn= Güther.

Ordinis jur. decanus **Tobias Jakob Reinharth** ad lectionem cursoriam et diss. inaug. a viro Johann Adolph Bucher (Meißen) solemniter habendas indicit simul ad novellam CXXIII. Cap. VI. et Can. 1. X. de fidejussor. de fideiussionibus clericorum praefatur. Göttingen (A. Vandenhoeck) 22. XII. 1741. 15 S. mit Biogr. v. Bucher (Rothnuslic./ Lausitz) (M.: E. D. Hofmann.) (3.75) 28237

Reinharth, Tobias Jakob [Praes.], s. F r e n z e l , Johann Abraham: De accessionibus juris in marchionatu Lusatiae superioris.

Reinharth, Tobias Jakob [Praes.], s. G e r l a c h , Joseph Ignaz: De successione feudali.

Reinharth, Tobias Jakob [Praes.], s. G o t t s c h a l c h , Abrah. Gottfried: De potestate precistae preces imperatoris per cessionem in alium transferendi.

Reinharth, Tobias Jakob [Praes.], s. G r o b e , Johann Georg: De reo, alimenta et sumtus litisactori suppeditante.

Reinharth, Tobias Jakob [Praes.], s. G r o s s m a n n , Andreas: De incauto contrahente cum universitatibus.

Reinharth, Tobias Jakob [Praes.], s. G u e n t h e r , Johann Heinrich: De citationibus potissima capita et cautelae.

Reinharth, Tobias Jakob [Praes.], s. H a h n , Joh. Bernhard: De jure proprium persequendi interesse, cum damno proximi.

Reinharth, Tobias Jakob [Praes.], s. H a s s e , Johann David: De eo, quod circa probationem delicti, per documenta justum est.

Reinharth, Tobias Jakob [Praes.], s. H a s s e , Karl Christian: De consilio in criminalibus ejusue effectu.

Reinharth, Tobias Jakob [Praes.], s. H a u s c h i l d , Joh. Leonh.: De jure protimiseos et retractus circa servitia et operas liberorum subditorum in elect. Sax. dominis competente.

Reinharth, Tobias Jakob [Praes.], s. H a u ß d o r f f , Bernh. Theodor: Foeminarum Saxonicarum negotia absque curatoribus valida.

Reinharth, Tobias Jakob [Praes.], s. H a u ß d o r f f , Valerius Traugott: De possessione ab onere probationis non relevante.

Reinharth, Tobias Jakob [Praes.], s. H i c k m a n n , Wilhelm Heinrich: De qualitate actionum et exceptionum in processu executivo.

Reinharth, Tobias Jakob [Praes.], s. H i l l e , Wilhelm Heinrich: De jurisdictionis allodialis et feudalis conflictu ac utriusque ratione feudorum competentia.

Reinharth, Tobias Jakob [Praes.], s. H o y e r , Georg Leopold: De rerum uxoriarum marito traditarum favore, et quibusdam cautionibus earum causa attendendis.

Ordinis jur. in Georgia Augusta decanus **Tobias Jakob Reinharth** ad lectiones cursorias nec non diss. binas inaug. a candidatis Johann Christian Claproth et Johann Georg Wernher in auditorio ictorum habendas indicens de processus summarii incommodis eiusque ab ordinario differentiis maxime spuriis praefatur. Göttingen (A. Vandenhoeck) 10. IX. 1739. 23 S. mit Biogr. v. Claproth (Osterode) (M.: D. E. Helmbrecht) u. Wernher (Neunkirch/ Franken) (M.: M. E. Gall.) (3.75) 28236

Reinharth, Tobias Jakob [Praes.], s. J o c k i s c h , Joh. Heinrich: De testamento imperfecto perfectum infirmante.

REINHARDT, Tob. Jac.: De jure privatorum circa sylvas, imprimis caeduas, admodum restricto. - Erfurti 1732

Reinharth, Tobias Jakob [Praes.], s. K a r g k , Gottlob Friedr.: De principe contrahente.

Reinharth, Tobias Jakob [Praes.], s. K e l l n e r , Johann Heinrich: De restitutione in integrum universitatis.

Reinharth, Tobias Jakob [Praes.], s. L a n g e , Joh. Friedr.: De sententia definitiva auctoritatem rei judicatae in quibusdam causis non impetrante.

Reinharth, Tobias Jakob [Praes.], s. L e h m a n n , Christ.: De usuris usurarum licitis.

Reinharth, Tobias Jakob [Praes.], s. L e i s t n e n i u s , Aug.: De successione clerici in geradam.

Reinharth, Tobias Jakob [Praes.], s. L e n t i n , Kaspar Friedr.: De eo quod circa reum expraesumtionibus convincendum et condemnandum justum est.

Reinharth, Tobias Jakob [Praes.], s. L i s c h w i t z , Abr. Gottfr.: De eo, quod justum est, circa condemnationem eius, qui nondum confessus, maxime in criminalibus.

Reinharth, Tobias Jakob [Praes.], s. L o e s c h , Chr. Friedr.: De pacto hereditario renunciativo heredes et successores non obligante.

Reinharth, Tobias Jakob [Praes.], s. L u d w i g , Alb. Christian: De uxore in donatione propter nuptias neque dominium neque hypothecam tacitam habente.

Reinharth, Tobias Jakob [Praes.], s. M a y , Johann Bernhard Benno: De querelarum nullitatis et inofficiosi testamenti differentiis et usu earundem practico.

Reinharth, Tobias Jakob [Praes.], s. M e n g e w e i n , Jo. Christoph: De rebus in dominio publico existentibus.

Reinharth, Tob. Iac., selectae observationes ad Pauli Christianaei decisiones. fol. Erf. Iungnickel. 743.

Reinharth, Tobias Jakob [Praes.], s. Petermann, Christian Gottlob: Diss. jur. sistens genuinas curae sexus et aetatis differentias, cum usu practico.

Reinharth, Tobias Jakob [Praes.], s. Pfister, Caesar Heinrich: De transmissionis actorum jure, ejusve abusu, Vom Recht und Mißbrauch der Acten-Verschickung.

Reinharth, Tobias Jakob [Praes.], s. Portmann, Jo. Jeremias: De usuraria pravitate tam vera et palliata, quam putativa sive imaginaria.

Reinharth, Tob. Jac., De usuraria pravitate, tam vera et palliata, quam putativa seu imaginaria. 1726.

— Pro-rectorem magnif. patres ac cives acad. Georgiae Augustae ad lectionem cursoriam et diss. inaug. candidati Georg Christoph Schreiber (Osterod.) invitat. Göttingen (A. Vandenhoeck) 2. V. 1739. 22 S. mit Biogr. v. Schreiber (Göttingen) (M.: E. R. Trost.) (4.25) 28231

— Prorectorem magnif. patres ac cives acad. Georgiae Augustae ad lectionem cursoriam et diss. inaug. a Wolff Friedrich Schroedter (Kiel/Holstein) invitat. Göttingen (A. Vandenhoeck) 3. V. 1743. Mit Biogr. v. Schroedter (M.: C. Gerckens.) (3.75) 28232

Reinharth, Tobias Jakob [Praes.], s. Rauffus, Samuel Heinrich: De poena delictis conniventium vel corundem scientiam habentium, inprimis ad fora Saxoniae adcommodata.

Reinharth, Tobias Jakob [Praes.], s. Reichelt, Johann Karl: De distinctione sponsaliorum, in publica et clandestina et hac occasione emergente quaestione: Utrum absque consensu parentum, vel testium contracta, per concubitum tamen confirmata, sint pro publicis, an clandestinis habenda?

Reinharth, Tobias Jakob [Praes.], s. Rothmaler, Christoph Johann von: De conjuge bona gratia divertente.

Reinharth, Tobias Jakob [Praes.], s. Ruling, Ernst August: De eo quod circa molendinorum exstructionem atque bannum in primis in terris electoralibus Brunsvigo Luneburgicis iustum est dissertatio.

Reinharth, Tobias Jakob [Praes.], s. Schiller, Hermann Ernst: De eo, quod circa alienationem rerum minorennium justum est.

Reinharth, Tobias Jakob [Praes.], s. Schlemm, Johann Wilhelm: De eo, quod iustum est, circa exheredationem bona mente, eiusve usum hodiernum.

Reinharth, Tobias Jakob [Praes.], s. Schreiber, Georg Christoph: De poenitentia unius partis ob moram vel perfidiam alterius, in contractibus nominatis exule, neotericorum quorundam hypothesibus opposita.

Reinharth, Tobias Jakob [Praes.], s. Sironval, Paul: De bona fide in praescriptionibus non necessaria.

Reinharth, Tobias Jakob [Praes.], s. Stieler, Johann Kaspar von: De clerico, per abusum officii pastoralis, leges imperii atque tranquillitatem publicam violante, ejusque coercitione.

Reinharth, Tobias Jakob [Praes.], s. Tappen, Johann Sylvester: De remediis emendandae laesionis ex dote, et sigillati, ea, quae inofficiosa dicitur.

— Tobias Jakob, Praelectiones suas acad. instanti semestri habendas indicit, insimul de usu et non usu practico doctrinae de fictionibus juris disserit. Göttingen (A. Vandenhoeck) (11. X. 1735). 32 S. (4.25) 28230

— De usuris usurarum licitis. 1726.

Reinharth, Tobias Jakob [Praes.], s. Weinlig, Christian Gottfried: De judice jurisdictionem voluntariam extra territorium perperam exercente.

Reinharth, Tobias Jakob [Praes.], s. Wiesener, Johann Heinrich: De eo, quod circa dissensum plurimum patronorum in praesentatione parochi justum est, Von Uneinigkeit derer Kirch=Patronen bey Pfarr=Bestellungen, dissertatio inauguralis juridica.

Reinharth, Tobias Jakob [Praes.], s. Wintziger, Jakob Heinrich: De iis, quae nobis invitis fiunt.

Reinharth, Tobias Jakob [Praes.], s. Ziegler, Georg Heinrich von: De eo quod circa stipendia ad studia justum est.

Reinharth, Tobias Jakob [Praes.], s. Zschocke, Johann Gottlob: De tortura in causis civilibus.

Reinheim, Louise, eine Reihe menschlicher Leiden veranlasst durch den letzten Krieg der Franzosen gegen die Deutschen. Frankfurt und Leipzig 1803. V: *Richter, Joseph.* (wrztg 1805, S. 535) (Hdschr. Mitth. von Gustav Gugitz, Wien) (Biblport) (Hans Viktor Pisk: Josef Richter. Diss. Wien 1927. S. 159)

Reinheim, Louise, eine Reihe menschl. Leiden, veranlaßt durch den letzten Krieg d. Franzosen gegen die Deutschen. 8. Wien, Rehm. 1803.

Reinheim [Schlagwort]

Reinheim, s.: Darmstadt, Wamser.

Reinheimer, A., kurzgefasste Beschreibung der Essay-Sammlung v. Martin Schroeder, Leipzig. Zusammengestellt in den J. 1893—1902. (59 S. m. 72 Lichtdr.-Taf.) gr. 4. Leipzig 903. (C. E. Poeschel). In Mappe n. 8. —

— Concise description of the collection of essays of Martin Schroeder, Leipzig. Collected during the years 1893—1902. (54 S. m. 72 Lichtdr.-Taf) Lex. 8. Ebd. 903. Geb. n.n. 10. —

Reinheimer, A., Katalog der deutschen Entwertungsarten von 1849—1875. 1. u. 2. Hft. 8. Frankfurt a/M. 893. (Leipzig, E. Heitmann.) n.n. 2. 25
1. (IV, 34 S. m. 600 Abbildgn.) n.n. 1. —
2. (52 S. m. 700 Abbildgn.) n.n. 1. 25

Reinheimer, A., Leitfaden der Botanik. Für die unteren Klassen höherer Lehranstalten. gr. 8. (VIII, 91 S. mit 113 in den Text eingedr. Holzschn.) Freiburg i. Br. 877, Herder'sche Verlagsh. 1 20

Reinheimer, A., Leitfaden der Botanik. Für die unteren Klassen höherer Lehranstalten. 2. Aufl. gr. 8. (VIII, 93 S. mit 115 in den Text gedr. Abbild.) Freiburg i. Br. 881, Herder'sche Verlagsh. *ℳ 1,20.; geb. *

— Leitfaden der Botanik. Für die untern Klassen höherer Lehranstalten. 3., verm. u. verb. Aufl. gr. 8. (IV, 96 S. m. 120 Abbildgn.) Freiburg i/B. 893. Herder. n. 1. 20; geb. in Halbldr. n.n. 1. 55

— illustr. Preiskatalog der deutschen postalischen Entwertungsarten. gr. 8. (III, 40 S. m. 690 Abbildgn.) Dresden 894. (C. Höckner's Sort.) n.n. 1. 50

Reinheimer, Sophie

— Aus des Tannenwalds Kinderstube. Schmuck des Buches v. Rich. Grimm. (124 S.) 8. Ebd. (909). Geb. in Leinw. 3. —

Sophie Reinheimer. Von Sonne, Regen, Schnee und Wind und anderen guten Freunden. Mit Buchschmuck von Adolf Amberg. Berlin-Schöneberg: Hilfe 1907. (105 S.) 8° [F.] (08. 1190)

Reinheimer, Sophie, von Sonne, Regen, Schnee u. Wind u. anderen guten Freunden. Mit Buchschmuck v. Adf. Amberg. (Neue Aufl.) (185 S.) 8. Berlin-Schöneberg (910). Buchverlag der „Hilfe". Geb. in Leinw. 3. —

— Wetterwölkchen. Auswahl aus der Märchensammlg.: „Von Sonne, Regen, Schnee u. Wind u. anderen guten Freunden". (Titel u. Textbilder zeichnete Adf. Amberg.) (63 S.) 8. Ebd. 910. Kart. 1. —

Reinheit, die hl., die Blüte der Tugenden. Aloisius-Büchlein, enth. die Lebensgeschichte d. Heiligen, nebst Gebeten u. Betrachtgn. f. die sechs aloisian. Sonntage. Zur 300jähr. Jubel-Feier d. hl. Aloisius der deutschen Jugend gewidmet v. zwei Priestern der Erzdiöcese Köln. 16. (84 S. m. 1 Bild.) Freising 891. Dr. Datterer. n. — 50

Reinheit der Tonkunst, über, (v. A. Thibaut). 2e Ausg. Mit Palestrina's Bildn. gr. 12. Heidelb. 826. Mohr. 22 𝒦

Reinheld, Ernst, das Kornfeld. 1. Bd. Ein Büchlein der Natur. (32 S.) 8. Bern 911. G. Grunau. nn — 25

Reinhertz, Julius [aus Xanten]: Aus d. chirurg. Klinik. Über die Sectio alta. . . . Bonn. Univ.-Buchdr. v. Carl Georgi. 1889: 48 S. + 1 Bl. 8°

Bonn. Med. Fak., Inaug.-Diss. v. 30. Apr. 1889

Reinhertz, Karl

Reinhertz C.: Geodäsie. Einführung in die wesentlichen Aufgaben d. Erdmessung u. d. Landesvermessung. Leipz. 1899. 181 S. Fig. (Sammlung Göschen 102).

Reinhertz, C., Geodäsie, s. Sammlung Göschen.

Reinhertz, C., Handbuch der Vermessungskunde, s.: Jordan, W.

Reinhertz, C., Mittheilung einiger Beobachtungen üb. die Schätzungsgenauigkeit an Maassstäben, insbesondere an Nivellirscalen. [Aus: „Nova Acta d. ksl. Leop.-Carol. deutschen Akad. der Naturforscher".] gr. 4. (106 S. m. 10 Taf.) Halle 894. (Leipzig, W. Engelmann.) n. 10. —

Reinhertz, Carl [aus Xanten]: Ueber die elastische Nachwirkung beim Federbarometer . . . . Marburg, C. L. Pfeil'sche Univ.-Buchdr., 1887; 37 S. 8°.

Marburg, Phil. Fak., Inaug.-Diss. v. [21. Jun.] 1887.

Reinhertz, Carl, über die elastische Nachwirkung beim Federbarometer. Diss. Marburg 1887, N. G. Elwertsche Univ.-Buchh. 8° 37 S.

Reinhertz, C., die Verbindungs-Triangulation zwischen dem rheinischen Dreiecksnetze der europäischen Gradmessung u. der Triangulation d. Dortmunder Kohlenreviers der Landesaufnahme, ausgeführt v. der preuss. Katasterverwaltg. in den J. 1881 bis 1883. Dargestellt, besprochen u. durch Beispiele erläutert. Mit 6 Holzschnitten u. 1 Karte. Lex.-8. (VIII, 85 S. m. 3 Tab.) Stuttgart 889. Wittwer's Verl. n. 5. —

— s.: Zeitschrift f. Vermessungswesen.

Reinherz, Hermann. Ueber die Einwirkung von Jod auf die Silbersalze der aromatischen Säuren. (Freiburg im Breisgau) Karlsruhe [1883].

Reinhofer, Hugo, das neue Evangelium u. andere Erzählungen. (220 S. m. Bildnis.) kl. 8. Budweis (909). Verlagsanstalt „Moldavia". Kart. 1. —

Reinhold [Sachliches OW]

Reinhold, von Aug. Lafontaine. 3 Thle. 8. Halle, Rengers. 818.

Reinhold und Angelika. Eine Rittergeschichte. Berlin 1781—84. V: *Nicolay, Ludwig Heinrich von.* (Ky) (EE)

Reinhold u. Angelika; e. Rittergesch. 3 Thle. 8. Berl. Mylius. 781—84.

— Benjamin. 2 Bde., s. Scenen, häusliche. 1r 2r.

Reinhold, Emmy, oder Thorheiten der Grossen und Kleinen; a. d. Engl. Leipzig 1789. V: *Naubert, Christiane Benedicte Eugenie geb. Hebenstreit.* (Ky) (MGT) (EE)

Reinhold, Emmy, od. Thorheiten d. Großen u. Kleinen; aus d. Engl. (v. B. Naubert). 8. Leipz. 789. Weygand. 1 ß 16 𝒦

Reinhold, Graf v. Grimmenstein. 8. Lpz. 805. Joachim. 12 𝒦

REINHOLD, Carl, eine Hofmeister-Geschichte. (Zahmer Roman.) 2 Thle. Mit 1 TKpf. Leipzig, G. D. Meyer, 1795. 8°. 284 fortl. gez. S. (1 Mk 80 Pfg. Lehmann u. Lutz.)

— Karl; Hofmeistergesch. 2 Thle. 8. Lpz. Meyer. (Sommer.) 795.

Reinhold von Schenck, Hauptmann von Ostrowitz, oder Margarethe mit der Maultasche. Schauspiel. Klagenfurt 1794. V: *Anton*, *Adolph.* (GGr)

Reinhold und Sophie. Eine Geschichte in Originalbriefen vom Verfasser der Henriette oder des Husarenraubes. Berlin u. Leipzig 1783. V: *Beuvius*, *Adam*, nicht: *Sattler*, *J. P.* (GGr IV, I, 595, 48, 6) (Zeitschr. f. Büch. N. F. 15, 1923, S. 119)

Reinhold u. Sophie; e. Geschichte vom Verf. d. „Henriette". 8. Berl. 783. Rottmann. 16 gr

REINHOLD, Tobias, eine komische Geschichte. Mit TKpf. u. TVign. Leipzig u. Kölln a. Rh., bey Joh. Arn. Imhof 1782. 8°.
Inhalt ist zum Theil anstössig. 230 S. (incl. 12 S. Vorst.). — Fehlt Kayser im Roman-Verz. 1827, S. 100.

Reinhold, das Wunderkind. Eine Ritter-, Zauber- und Geistergeschichte. Erzählt von G. und B. Dom. 8. (47 S.) Urfahr-Linz 878, Kraußlich. — 20

Reinhold [Verfasser]

Reinhold, Fausts Jugend, s. †Siegfried, Reinhold.

Reinhold, Dr., Reue u. Versöhnung, oder Augustinermönch u. Augustinernonne. Ein milder Beitrag zur 400jährigen Geburtsfeier Dr. *Mart. Luther's*. München 1883. 8°. Cart.
40 S. Antilutherisch!

Reinhold. Der National-Versammlung erste Vorstellung im Schauspielhause. Druck von L. Kolbe. 1 Bl. Fol.
Flugblatt. Berlin, 1848/49.

Reinhold, A., die physikalischen Untersuchungen der Nieren, mit besonderer Berücksichtigung der Percussion derselben. Jena. 32 S. 1865.
Schul-(Univ.-Schrift

Reinhold, Agnes, fröhliche Wanderlust. Eine Ferienreise von Fels zum Meer. Bilderbuch f. Knaben u. Mädchen. (9 Bl. m. farb. Abbildgn.) qu. 4. Ravensburg (904). O. Maier. Geb. n. 1.—

REINHOLD, Theol. Cand. Alb., Doktamedikus. Dit Bohk enthöllt allerhand Gedichte von lustigem un irnsthaftem Inhollt, de ik so in mienen Musen-Stunnen — 't wull seggen: Muße-Stunnen — verfarigt hew. 1r Bd., 1s Heft. (Auch mit d. Umschlags-Titel: Gedichte in plattdeutscher Mundart.) Wismar, Schmidt & v. Cassel, 1834. Kl. 8°. 5¼ Bogen. Sehr selten! (Velinp. 11¼ Sgr.)

Reinhold, Alb., der Jahrmarkt zu Lorenzkirchen. Volksgemälde. Zwickau 854. Thoft. 8. (288 S.) 1 ₰.

Reinhold, Alexander, Referendar: Das Güterrechtsregister des Bürgerlichen Gesetzbuchs. Borna-Leipzig 1908: Noske. IX, 86 S. 8°
Leipzig, Jur. Diss. v. 20. Okt. 1908
[Geb. 13. Juli 82 Leipzig; Wohnort: Leipzig; Staatsangeh.: Sachsen; Vorbildung: Kgl. Gymn. Leipzig Reife O. 02; Studium: Leipzig 6 S.; Rig. 10. Juli 05.] [U 09. 2636

Reinhold, Alfr., Bemerkungen zu dem Entwurfe f. e. General-Regulirungsplan üb. das gesammte Gemeindegebiet v. Wien, s.: Bach, Thdr.

Reinhold, Alfr., Gartenkunst u. gärtner. Planzeichnen, s.: Abel, Loth.

Das ländliche Wohnhaus. Studie über praktische Anlage von kleinen Landhäusern und Cottages in Verbindung mit Gärten von Alfred Reinhold. Mit 76 Abbildungen. Wien. Pest. Leipzig. 1899. Hartleben. Gr.-8°. VII, 79 S. fl. 1.65, geb. fl. 2.20

Reinhold, Alfred E[mmerich] M[aria], Referendar in Hamburg: Ueber den Vorstand der Aktiengesellschaft und das „board of directors" der englischen incorporated company. Hamburg 1908: A. Grentzer. (VIII, 74 S.) 8°
Leipzig, Jur. Fak., Diss. v. 18. Juli 1908
[Geb. 18. Dez. 84 Hamburg; Wohnort: Hamburg; Staatsangeh.: Hamburg; Vorbildung: Wilhelm-Gymn. Hamburg Reife O. 03; Studium: Freiburg i. B. 1, Breslau 1, Bonn 1, Leipzig 1, Kiel 2 S.; Rig. 14. Juli 06.]

Reinhold, Amalie, Sammlung deutscher Gedichte zu Declamir- u. Leseübungen in höheren Töchterschulen. 12. (X u. 288 S.) Nordhausen 847, Büchting. ⅚ ₰

Reinhold, Benno, Wegweiser durch das Gebiet der Rechtschreibung und Orthographie. gr. 16. (VI, 165 S.) Leipzig 869, Matthes. 1 50

Reinhold, Bernhard: Abhängigkeit der Überführungszahlen von der Konzentration und der Wahl des Lösungsmittels. Mit 10 Fig. im Text. Leipzig: W. Engelmann 1910. 59 S. 8°
¶(Aus: Zeitschrift f. physikal. Chemie. Bd 66, H. 6. 68, 4.)
Freiburg i. B., Phil. Diss. v. 28. Febr. 1910, Ref. Gattermann
[Geb. 15. März 85 Hamburg; Wohnort: Hamburg; Staatsangeh.: Hamburg; Vorbildung: Oberrealsch. vor d. Holstentor Hamburg Reife O. 03; Studium: Heidelberg 3, München Techn. Hochsch. 2, Freiburg i. B. 4 S.; Rig. 5. März 09.] [U 10. 1081

Reinhold, C., Gedichte. 8. (VII und 231 S.) Stuttgart 853, Mäcken.

Reinhold, Caes., die überfallenen Einsiedler. E. Erzählg. aus d. Wildnissen Süd-Amerikas. 8. (62 S. m. 4 Farbdr.) Berlin 897. A. Weichert. Geb. — 60

— s.: Indianer- u. Volksbibliothek.

Reinhold, Christian Ernst Gottlieb Jens, s. Reinhold, Ernst.

Reinhold, Christian Gottlieb

— Beitr. zur Beförder. d. Erkenntniß d. Wahrheit zur Gottseligkeit, in Ausz. aus Sonntagspredigten rc. 4. Eisenach 770. (Bärecke). 2 ₰

— **Beyträge zur Beforderung der Erkenntniß der Wahrheiten, zur Gottseligkeit** rc. 8. Eisenach, Wittekind. 770.

Reinhold, Chr. Gli., († d. 26. Jan. 1785.) Dispositionen üb. alle Sonn- u. Festtags-Evangelien. 4. Eisen. 770. Griesbach. 2 ₰

— epistolae pastorales de prudentia pastoris. 4. Mühlh. 766—79.

Reinhold, Christian Gottlieb (Mülhausen), Epistola pastoris VII. Qua de prudentia pastoris circa praeveniendos, minuendos, sanandosque profanos homines adhibenda breviter disserit, atque insigniores XXI. quaestiones eo pertinentes in synodo R. ministerii Mulhusani propitio numine. Mülhausen (Muller) 8. X. 1772. 31 S. mit Namen. (4.75) 28257
Gew.: August Christian Starck, Johann Otto Vogler, Gottl. Wilhelm Reichel, Johann Justus Reinhardt, Ferdinand Gottfried Reinhardt, Johann Georg Gross, Tobias Mehlbach, Christian Adolph Hipp, Johann Heinrich Brauhardt, Gottfried Adolph Helmsdorff, Gottfried Volland, Christian Gottfried Spichardt, Ernst Gottfried Vockerodt, Johann Rudolph Ringleb, Christian Benjamin Eisenhardt, Ernst Christian Vockerodt, Gottfried Ferdinand Schreiber, Johann Gottl. Schroedter, Johann Reinhardt Klipstein, Adolph Gottfr. Graef, August Christian Starck.

— (Mülhausen), Epistola pastoralis VIII. Qua de prudentia verbi divini ministri in curanda superstitione pauca praefatus, huc spectantes quaestiones XXI. in anniversaria R. ministerii synodo auspiciis propitii numinis habenda. Mülhausen (Muller) 7. X. 1773. 24 S. mit Namen. (4.75) 28258
Gew.: August Christian Starck, Johann Otto Vogler, Gottl. Wilhelm Reichel, Johann Justus Reinhardt, Ferdinand Gottfried Reinhardt, Johann Georg Gross, Christian Adolph Hipp, Johann Heinrich Brauhardt, Gottfried Adolph Helmsdorff, Georg Gottfried Volland, Christian Gottfried Spichardt, Ernst Gottfried Vockerodt, Johann Rudolph Ringleb, Christian Benjamin Eisenhardt, Ernst Christian Vockerodt, Gottfried Ferdinand Schreiber, Johann Gottl. Schroedter, Johann Reinhardt Klipstein, Adolph Gottfr. Graef, August Christian Starck, Adolph Wilh. Schreiber.

— de prudentia pastorali in sacro munere decente, ejusque indole et necessitate. 4. Mühlhaus. 767.

— de prudentia verbi divini ministri homiletica, seu concionatoria. 4. Mühlhaus. 767.

— gute Sache der göttlichen Heilslehren wider den Verfasser des pii desiderii. 8. Leipzig, Heinsius. (Gleditsch.) 761.

— die gute Sache der göttl. Heilslehren wider den Verfasser des pii desiderii. 8. Leipz. 767. Heinsius. (Brockhaus). 4 gl.

— **Christian Heinrich** (Gütersloh), De arsenico. Diss. med. Berlin (J. Fr. Starck) 2. XII. 1820. 28 S. mit Biogr. (3.50) 28259
Oppon.: Hüeser, Forstmann, Hanekroth.

Reinhold, Christian Ludolph

Reinhold, C. R., Akademie der bildenden Künste, nebst einer vollständigen Mythologie, oder Beschreibung der Muster der Alten, und wie dieselben ihre Götter u. s. w. gebildet. Mit 14 Kupf. Münster und Osnabrück 788. 8.

Reinhold, Chr. Ldlf., († d. 19. April 1791.) Academie d. bildenden schönen Künste; mit e. vollständ. Mythologie rc. d. Alten u. 14 Kpf. gr. 8. Münst. 788. (Coppenrath). 1 Rthl. 12 gl.

Reinhold, C. Lf., Akademie der bildenden schön. Künste mit e. vollst. Mythologie rc. gr. 8. Münst. Perrenon. (Coppenrath.) 788.

— Anfangsgründe d. Kriegsbaukunst im Felde. 8. Osnabr. 771.

— allgem. Anwend. der Hydrostatik auf die Maschinen- u. Wasserbaukunst. 1r Th. mit Kupf. 8. Münster. Perrenon. (Coppenrath.) 790.

Schreibp.

— allgem. Anwendung der Hydrostatik auf die Maschinen- u. Wasserbaukunst. 1r Thl. Mit 21 Kpf. 8. Münst. 790. (Coppenrath). 1 Rthl. 4 gl. Schrbp. 1 Rthl. 12 gl.

Reinhold, Chr. Ludolph: Architectura forensis oder die aufs Recht angewandte Baukunst. Münster u. Ossnabrück.

Th. 1. welcher das Mathemat., Polit. u. das Wesentl. der Gartenbaukunst in sich enthält. 1784.
„ 2. welcher das Staats- Lehn- u. Bauwesen; ferner das Rechtl., Polit., Cameralist. u. Oekonom. in sich enthält. 1785.

— architectura forensis, oder die aufs Recht angewandte Baukunst. 2 Thle. Mit Kpf. 8. Münst. 784, 85. (Coppenrath). 2 Rthl. 8 gl.

Ch. Ldf. Reinhold's — Arithmetica forensis, oder die aufs Recht angewandte Rechenkunst. Münster und Osnabrück. Perrenon, 1. Th. welcher das rechtliche, Politische, Cameralistische, Oekonomische, Statistische, Lehns- Kaufmanns- Bergwerks- und Seewesen in sich enthält. Münster, Perrenon. 375 Seiten. 2ter Theil. 494 Seiten, mit Kupf. 8. (1 Rthlr. 16 gr.) 1785.

Reinhold, Chr. Ldlf.: „Arithmetica forensis, oder die aufs Recht angewandte Rechenkunst", 2 Teile, Münster und Osnabrück 1785 (Coppenrath).

Reinhold, Chrn Ldlph, Beytrag einer Mythologie der alten teutschen Götter. Münster und Osnabrück 1791. 8. . . . . [illegible]

— Beitr. zu einer Mythologie d. alten deutschen Götter. Mit 7 Kpf. 8. Münst. 791. Perrenon. 6 gl.

C. L. Reinhold's, Dokt. u. Math. an dem Gymnas. zu Osnabrück, Beschreibung eines Erdmikrometers für Mathematiker und Forstbediente. Osnabrück bey Schmid. 29 Seit. 2 Kupfert. 8. 1780

— Beschreib. eines neuen Erdmikrometers für Mathematiker u. Forstbedienten. Mit Kpf. 8. Osnabr. 780. 2e verb. A. gr. 8. Münst. 783. (Hahn in Hannov.) 5 gl.

— Beweis aus d. Natur Gottes, daß die göttl. Präscienz unfehlbar sey, u. keineswegs gegen die Freiheit d. menschl. Handlungen streite. 8. Münst. u. Osnabr. 791. (Coppenrath in Münst.) 4 gl.

— allgem. nützl. Bürger- und Landmanns-Praktik, m. K. 8. Münster, Perrenon. (Coppenrath.) 791.

Reinhold, Ch. L. Delineatio Episcopatus Osnabrugensis. Osnabrück 1776. 1 Bl. c. K.

Reinhold, Chr. Ldlf.: „Geometria forensis oder die aufs Recht angewandte Messkunst", 3 Teile, Münster 1781, 1782 (Coppenrath).

— kurze Geschichte d. merkwürd. Begebenheiten, sonderbarsten Entdeck. u. nützl. Erfindd. in allen Wissenschaften. 8. Osnabr. 784. (anonym). 2e A. (mit sm. Namen). 8. Ebd. 785. (Hahn in Hannov.) 8 gl.

— kurze Geschichte der Schifffahrt, der Reisen um die Welt u. d. vornehmsten Länderentdeckungen in Süden u. Norden. 8. Münst. 787. (Coppenrath). 6 gr

— Gibraltar und die karaibischen Inseln, ein Heldengedicht. 2 Thle. 4. Hannov. Ritscher. (Hahn.) 785.

— Gibraltar u. die karaibischen Inseln; e. Heldengedicht. 2 Thle. 4. Hannov. 785, 86. (Hahn). 1 Thlr 16 gr

Reinhold, Chr. Ldlf., Mathematisch-ökonomische Gründe für und gegen die Theilung der Gemeinden und wüsten Plätze, besonders in Westphalen. 4°. Osnabrück 1780. (Hannover, Hahn.)

— erste Grundlinien der vier geometrischen Rechnungsarten, mit Kupfern. 8. Göttingen, Dieterich. 776.

— mathemat., polit. u. phys. Katechismus der Geographie. Mit Kpf. 8. Osnabr. (Münster) 787. (Coppenrath). 16 gr Schrbp. 1 Thlr

— nützl. Lese-, Schreibe-, Brief- u. Rechenbuch, zum Gebr. f. d. Bürger u. Landmann &c. Mit Kpf. 8. Münst. 791. (Coppenrath). 10 gr

Reinhold, Christian Ludolph. Maschinenbaukunst. Erster Theil. Mit vielen Kupfern. Münster und Osnabrück 1790. 4°.

— Maschinenbaukunst. 1r Thl. Mit Kpf. 4. Münst. 790. (Coppenrath). 1 Thlr 8 gr Schrbp. 1 Thlr 16 gr

Ch. Ldf. *Reinhold* — mechanica forensis, oder die aufs Recht angewandte Bewegungskunst. Iter Th. welcher das Mechanische, Juristische, Policey-Oekonomische, Fabriken Kameral-Waagen- und Mühlwesen in sich enthält. Münster u. Osnabrück, Perennon. 8. 671 S. m. 12 Kpft. 1789.

Reinhold, Chr. Ldlf.: „Mechanica forensis, oder die aufs Recht angewandte Bewegungskunst" 1. Teil, Münster 1789 (Coppenrath) (auch Nauck in Leipzig).

— Minerva, od. Abhandl. üb. Gegenstände der Natur u. Kunst. Mit Kpf. von ihm selbst gestochen 8. Münst. 777. (Coppenrath). 14 gr

Reinhold, C. Lf.; Minerva, oder Abhandlung über Gegenstände der Natur und Kunst, mit Kupf. 8. Münster, Perenon. 779. Rthlr.

Reinhold, C. L. Minerva oder Abhandlungen über Gegenstände der Natur und Kunst. Mit Kupfern und eingedruckten Figuren. Osnabrück 1788. 8°.

Reinhold (Chr. L.), Nachrichten von einem Erdbruche, welcher sich im Hochstifte Osnabrück ereignet. Münster und Osnabrück 1782. 8. —

— Nachricht v. einem Erdbruche unweit Osnabrück. 8. Münst. 787. (Coppenrath). 2 gr

— systemat. Plan über die Zeichenkunst u. Malerei. 4. Osnabr. 773. 2e Ausg. 8. Münst. 782. (Coppenrath). 6 gr

— system. Plan über Zeichenkunst und Malerey. 4. Münst. Perrenon. 782.

— die Rechenkunst zum allgem. Gebr. f. Anfänger; nebst e. Anh. mit Figuren. 8. Osnabr. 778. (Hahn in Hannov.) 16 gr

Die Rechenkunst zum allgemeinen Gewerbe von *C. L. Reinhold* und f. K., nebst einem Anhange mit Figuren. Osnab. 8. gegen 1 Alph. 1777.
— Osnabr. Schmidt. (16 gr.) 8. 1778.

— das Studium der Zeichenkunst u. Malerei f. Anfänger. Mit Kpf. 8. Götting. 772. Dieterich. 2 Thlr 8 gr

— das Studium d. Zeichenkunst u. Malerey f. Anfänger m. K. 8. Ebend. 773.

— System der zeichnenden Künste; nebst e. Anleit. zu den antiken Hieroglyphen u. modernen allegor. Attributen &c. Mit 40 Kpf. gr. 8. Münst. 784. (Coppenrath). 2 Thlr 2r Thl. A. u. d. T.: Zeichen- u. Malerschule. Mit 45 Kpft. gr. 8. Ebd. 786. (Ebd.) 2 Thlr 12 gr

— Welche Grundsätze sind bei Theilung der Gemeinheiten die vortheilhaftesten? 8°. Münster (Coppenrath) 1780.

Reinhold, D., u. J. **Oltmanns**, Der deutsche Handelskanal oder die schiffbare Verbindung der deutschen Meere, Flüsse und Handels-Strassen nach älteren und neueren Vorschlägen, das nützlichste und würdigste Denkmal für Deutschlands wiedererrungene Freiheit. Bremen u. Leer 1817. 8. . . . . (Post.; Hr.; b.)

Reinhold, Ritter D., u. J. Oltmans, der deutsche Handelskanal od. die schiffbare Verbindung d. deutsch. Meere, Flüsse u. Handelsstaaten, nach ält. u. neuern Vorschlägen. gr. 8. Leer 817. Mäcken d. J. (Bremen, Heyse). 1 Thlr 20 gr

Reinhold, D., Nachricht v. grossen u. merkwürd. Wasserbauten, welche an d. Haupt-Strömen im Königr. d. Niederlande z. Abwehrung grosser Wasserschäden u. Erhalt. d. Landes unvermeidlich sind, u. nach d. Vorschlägen d. besteh. Commission bald ausgeführt u. üb. 13 Millionen Gulden holl. kosten sollen. 4. (4 B.) Bremen 832, Kaiser.

Reinhold, Ritter D., der Rhein, die Lippe u. Ems u. deren künftige Verbindung, als eine für Staat u. Unterthanen höchst nützl. Nationalanlage, in staatswirthschaftl. u. commerciellen Hinsicht. gr. 8. Hamm 822. Wundermann. 15 gr

Reinhold, Didacus, Abrahams Opfer, s.: Schul- u. Vereinsbühne, christliche Nr. 35.

Reinhold, Didakus, s.: Sankt Philumena-Büchlein.

Reinhold, Didacus. Der Stern aus Jacob, s. Theater, kleines.

Dubletten- [u. Desideraten] Verzeichnis [seit 1898: Verzeichnis der] Vermittlungs-Stelle zum Ein- und Austausch frmr. Bücher etc. [Zsgest. von Emil] **Reinhold.** [Ms. f. Frm.] No. 1—5. [Brieg 1895—1900: Flach.] 4° [Kopftit.]; Berlin: Lauterbach in Comm. 1898 bis 1899. 8°
1. 2 Bl. 1895; 2. 11 S. 1896; 3. 35 S. 1898; 4. 39 bis 58 S. 1899; 5. Gabe 1. 2. 1900.
°1. 2. 8 S. [autogr.].
cf. S. 4 (1897) S. 35 (E. Reinhold).

Reinhold, Aemilius: * De Apollinis antiquissima natura ex symbolis enucleata. 117 S. 2°
Halle-Wittenberg, Phil. Diss. v. 24. März 1866
Geb. [Löwenberg (Schles.) 15. 11. 1840]

Das hundertneunjährige Stiftungsfest der St. Johannis-Loge Friedrich zur aufgehenden Sonne und die Feier des damit verbundenen fünfundzwanzigjährigen Mr-Jubiläums des gel. Br. [Alex.] Hoppe am 8. Mai 1892. Bericht vom Br. [Emil] **Reinhold.** (Als Ms. gedr. nur f. Frmr.) Brieg 1892: Falch. 27 S. 8° [Umschlagtit.] 23.

Reinhold, Erich: Über Sprache und Heimat des Hessischen Weihnachtsspieles. Marburg a. L. 1909: Bauer. 82 S. 8°
Marburg, Phil. Diss. v. 22. Okt. 1909, Ref. Vogt
[Geb. 29. Juni 85 Hamm i. W.; Wohnort: Marburg; Staatsangeh.: Preußen; Vorbildung: Realgymn. d. Leibnizsch. Hannover Reife O. 04; Studium: Göttingen 3, Marburg 6 S.; Rig. 3. März 09.] [U 10. 3383

Reinhold, Ernst

E. **Reinhold**'s Beitrag z. Erläut. d. pythagor. Metaphysik, u. eine Beurtheil. der Hauptpunkte in *H. Ritter*'s Gesch. d. pythag. Philos. *Jena*, Cröker. B. 827. gr8° 12 gl

— Berichtigung einiger Mißverständnisse in des Hrn. Hofr. Fries Vertheidigung seiner Lehre von der Sinnesanschauung gegen meine Angriffe. 8. Leipz. 820. (Lehnhold). 4 gl

Reinhold, E., De genuinis Theocriti carminibus et suppositiciis. Diss. 1819. 76 S. 1.50

— de genuinis et suppositiis Theocriti carminibus. 8maj. Jena 819. Cröker. 8 gl

Reinhold, (Chrstn.) Ernst (Gtli. Jens), Geschichte der Philosophie nach den Hauptmomenten ihrer Entwicklung. 2 Bde. 3., verm. u. verb. Aufl. gr. 8. (96 B.) Jena 845, Mauke.

Reinhold, Ernst, Geschichte der Philosophie nach den Hauptmomenten ihrer Entwickelung. 3 Bde. 4., verb. Aufl. gr. 8. Jena 854, Mauke.
Inhalt:
Bd. 1. Geschichte der alten oder griechischen Philosophie. (VIII und 408 S.) 1 Thlr. 16 Ngr.
„ 2. Geschichte der neueren Philosophie bis auf Kant. (VIII und 408 S.) 1 Thlr. 15 Ngr.
„ 3. Geschichte der neueren Philosophie von Kant bis auf unsere Zeit. (VIII und 644 S.) 2 Thlr.

— Grundzüge e. Systems der Erkenntnißlehre u. Denklehre. 8. Schleswig 823. Taubstummen-Inst. (Cnobloch in Lpz.) 16 gl

E. **Reinhold**'s Grundzüge e. Systems d. Erkenntnisslehre u. Denklehre. *Schlesw.*, Taubst.-Inst. 843. gr8° 16 gl

Reinhold, (Chrstn.) Ernst (Gtli. Jens), Handbuch d. allgem. Geschichte d. Philosophie, f. alle wissenschaftl. Gebildete. 2 Thle. (od. 3 Bde.) gr. 8. Gotha, Hennings.
Thl. 1. Geschichte d. alten od. d. griech. Philosophie. (87 B.) 828. 2 Thlr. 12 Gr.
„ 2. Gesch. d. neuern Philosophie. 2 Bde. (87½ u. 40 B.) 829, 30. à 2 Thlr. 18 Gr.

Index scholarum aestivarum publice privatimque in Univers. Litterarum Jenensi habendarum auctoritate prorectoris magnifici Ernst Reinhold et senatus acad. editus. — Praefatus est Heinr. Carl Abr. Eichstaedt, Acad. programmatarius. Jena (Bran) 11. IX. 1841. 16 S., ein Lehrplan mit Namen. (3.25) 28261

Reinhold, Karl Leonhard: Karl Leonhard Reinhold's Leben und literarisches Wirken, nebst einer Auswahl von Briefen Kant's, Fichte's, Jacobi's und anderer philosophirender Zeitgenossen an ihn. Hrsg. von Ernst **Reinhold**. Mit dem Bildnisse Karl Leonhard Reinhold's. Jena: Frommann 1825. VI, 418 S. 1 Titelkupfer. 8°. 358.

— K. L. Reinhold's Leben u. literarisches Wirken, nebst einer Auswahl von Briefen Kant's, Fichte's, Jacobi's u. andrer philosophirenden Zeitgenossen an ihn. Mit K. L. Reinhold's Bildn. Wohlf. Ausg. gr. 8. Jena 826, Frommann.

Reinhold, (Chrstn.) Ernst (Gtli. Jens), Lehrbuch d. Geschichte d. Philosophie. 1. Aufl. (44¼ B.) 836. 2⅔ Thlr., 2., verm. u. verb. Aufl. gr. 8. (49 B.) Jena 839, Mauke.

— Lehrbuch der Geschichte der Philosophie. gr. 8. Jena 838. Mauke. 2⅔ ℛ — 2e verm. u. verb. Aufl. gr. 8. Ebd. 839. 3 ℛ

Reinhold, (Chrstn.) Ernst, (Gtli. Jens), Lehrbuch der Geschichte der Philosophie. 3., verb. Aufl. gr. 8. (XX und 748 S.) Jena 849, Mauke.

— Lehrbuch der philosophisch propädeutischen Psychologie, nebst den Grundzügen der formalen Logik. gr. 8. Jena 835. Mauke. 1½ ℛ — 2e verm. u. verb. Aufl. Ebd. 839. 1 11/12 ℛ

— die Logik, od. die allgemeine Denkformenlehre. gr. 8. Jena 826, Cröker.

Commentatio (Ernesti **Reinholdi**) de memoria Carneadae rationis nostra aetate non deponenda. (Progr.) Jenae. 1855. 4°.

Reinhold, Ernst

Noemi & Olimpia oder das verhüllte Rom. Roman für das Volk. Von Ernst Reinhold [d.i. Ernst Döring]. Bd 1.2. Leipzig: Klemm 1851. 8°

Vgl. Döring, Ernst.

Reinhold, Ernst, Neomi u. Olimpia od. das enthüllte Rom. Roman f. das Volk. (Neue Titel-Ausg. von: Geheimnisse v. Rom im 19. Jahrh. Schattenseiten aus dem Volks-, Hof- u. Kirchenleben. Nach E. Briffault.) 6 Bde. gr. 16. (149. 150. 156. 158. 157 u. 160 S.) Leipzig (846) 851, O. Klemm. 1½ ℛ

- **Ernst,** Ad audiendam orationem aditialem quam in auditorio acad. habebit, invitat. — Inest commentatio de notione scepticae philosophandi rationis. Jena (Frommann u. Wesselhoeft) 25. VI. 1824. 15 S. (3.50) 28260

Reinholdus, Ernestus, Quaestio ad Platonis physiologiam pertinens. (Einladungsschrift.) Jenae 1840. (S. 5709)

Reinhold, Er., System der Metaphysik. 2. Bearbeitung. gr. 8. Jena 842, Mauke. 2⅔ ℛ

—— System der Metaphysik. 3., neu bearb. Aufl. gr. 8. (XXXVI und 415 S.) Jena 854, Mauke.

Reinhold, E., Aristotelis theologia contra falsam Hegelianam interpret. defend. 1847. 7 S. 4°.
— — II. Pr. 1848. 8 S. 4°.

(——) Theorie d. menschl. Erkenntnißvermögens u. Metaphysik. 2 Bde. gr. 8. Gotha, Hennings.
Bd. 1. Theorie d. menschl. Erkenntnißvermögens. (84 B.) 832. 2 Thlr. 8 Gr.
» 2. Die Metaphysik. ... 834. 2 Thlr. 8 Gr.

Reinhold (Chr) Er. (Gli. Jon.) Theorie des menschl. Erkenntnißvermögens u. Metaphysik. 2r Bd. A. u. d. T.: Darstellung der Metaphysik von Ernst Reinhold. gr. 8. Gotha u. Erfurt 835. Hennings. 2 1/3 ₰ (Beide Bde. 4 2/3 ₰)

Reinhold, E., Versuch einer Begründung und neuen Darstellung der logischen Formen. gr. 8. Leipzig, Hartmann. 819. —

— Versuch e. Begründung u. neuen Darstell. der logischen Formen. gr. 8. Leipz. 819. (Lehnhold). 10 gr

—— das Wesen der Religion u. sein Ausdruck in dem evangel. Christenthum. Eine religionsphilosophische Abhandlung. gr. 8 (24 3/4 B.) Jena 846, Mauke.

— die Wissenschaften der prakt. Philosophie im Grundrisse. 1e Abthl. Philosophische Rechtslehre. gr. 8. Jena 837. Mauke. 3/4 ₰ — 2e u. 3e Abthl. Philosoph. Sittenlehre u. Religionslehre. gr. 8. Ebd. 837. 1 7/8 ₰

Reinhold, F., Garten-Kalender, enthalt. eine deutliche u. gründl. Anweisung zur Bestellung des Küchengartens, nebst naturgeschichtl. Erläuterungen der äußern Kennzeichen, der Abstammung u. des Nutzens der dort angebauten Gewächse. gr. 8. (4 B.) Sulzbach 845, v. Seidel'sche Buchh.

Reinhold, F., pract. Handbuch f. den Mineur. Aus franz. u. deutsch. Schriften zusammengetr. 8. (9 1/2 B. u. 3 Kpfrt. kl. qu. Fol.) Kopenhagen 829, Gyldendal.

Reinhold, F. Praktisches Handbuch für den Mineur. Mit Taf. Kopenhagen 1829. 156 S.

Reinhold, F., neue Malhefte. 6 Hefte. (Je 8 [4 farb.] Bl.) 11,5×15,3 cm. Ravensburg (909). O. Maier. à — 20

Reinhold, F., dramatische Unterhaltungsstücke u. Declamationen f. d. Haustheater kathol. Vereine. 1. Hft. D. Postmandat. Scherzsp. in 3 Acten. — D. studierte Frau. Faschings-Schwank in 1 Aufz. — Declamationen. 8. (44 S.) Innsbruck 898. F. Rauch. n. — 50

Reinhold, F., allgem. Wörterbuch d. deutsch. u. franz. Kriegs-Kunst-Sprache. Ein Handb. f. d. pract. Offizier. 2 Thle. — A. u. d. T.: Dictionnaire universel technique de l'art militaire. 2 Part. gr. in-8. Darmstadt, Leske; Copenhague, Gyldendal. 8 Thlr. 2 Gr., hrbgs. Pr. Thlr.
Thl. 1. Deutsch-franz. Wörterb. (12 1/4 B.) 827. 1 Thlr. 8 Gr., hrbgs. Pr. 18 Gr.
» 2. Franz.-deutsch. Wörterb. (18 1/2 B.) 829. 1 Thlr. 18 Gr., hrbgs. Pr. 1 Thlr.

— Dass. Partie française. 2 Thle. A. u. d. T.: Dictionnaire universel technique de l'art militaire. Partie Française. gr. 8. Darmst. 828, 29. (Leske). 3 ₰ 2 gr

Reinhold, F. Allgemeines Wörterbuch der deutschen u. französischen Kriegskunst-Sprache. T. 1 (deutsch). 2 (franz.). Leipzig 1828. 1830.

Reinhold, Felix Aug., die Gefahren für die Sittlichkeit unserer Jugend. Ein Mahnruf an die Gesellschaft. Wien 868. Beck'sche Univ.-Buchh. 8. (VIII, 28 S.) 7 1/2 ngr.

Reinhold, Ferd., Dr. 1908 [Pseud.] s. Schultz, Reinhold.

Reinhold, Ferdinand

— s.: Friedrich der Große, Briefe u. Erlasse.

Reinhold, Ferd., die österreichische Hypothekarklage. De lege lata u. de lege ferenda. gr. 8. (44 S.) Wien 895. M. Breitenstein. n. — 75

Reinhold, Ferd., die Natur der sogenannten Realcontracte. Untersuchung. gr. 8. (32 S.) Wien 888, Hölder. * — 80

Reinhold, Ferd., Quittungskosten u. Quittungspflicht. Eine vergleich. Studie nach österreich. Recht unter Rücksichtnahme auf das preuss., französ., bad., bair. u. sächs. Gesetz, sowie auf den Entwurf e. deutschen bürgerl. Gesetzbuches u. auf die Judicatur. gr. 8. (66 S.) Wien 892. M. Breitenstein. n. 1. 20

—— Der österreichische Rechnungsprocess nach der allgemeinen Gerichtsordnung. Untersuchung. gr. 8. (66 S.) Wien 890, (Hölder). * 1 80

— die Sequestration nach österreichischem Rechte. gr. 8. (105 S.) n. 1. 60
Wien: Breitenstein 1894.

Reinhold, Ferd., der Trödelvertrag. Studie. 8. (30 S.) Wien 884. Manz. n. — 60

Reinhold, Ferdinand [aus Urdenbach]: Verfassungsgeschichte Wesels bis zum Anfang des XIV. Jahrhunderts . . . . (Aus: Untersuchungen z. Deutsch. Staats- u. Rechtsgesch., herausg. v. O. Gierke, H. 23.) Breslau, Wilhelm Koebner, 1888; 2 Bl. + 39 S. + 1 Bl. 8°
Berlin, Phil. Fak., Inaug.-Diss. v. 14. März 1888

Reinhold, F., Verfassungs-Geschichte Wesels im Mittelalter, s. a. Untersuchungen zur deutschen Staats- u. Rechtsgeschichte.

— das allgemeine u. das kaufmännische Zurückhaltungsrecht, insbesondere sein Grund u. sein Wesen. Untersuchung. gr. 8. (115 S.) n. 3. —
Wien: Hölder 1889.

Reinhold, Fr., Fauna Hannoverana. Abth. I. Verzeichniss der bei Hannover vorkommenden Schmetterlinge. Zusammengestellt unter Mitwirkung von Kroesmann und Glitz. (Abdr. aus dem Jahresber. der naturhistor. Gesellsch. für 1859/60.) Hannover 860. Hahn in Comm. gr. 4. (12 S.) n. 8 ngr.

Reinhold, die Jüngere, Friederike, Erzählungen einer Großmutter; ihren Enkeln u. allen Kinderchen gewidmet, die gerne u. fertig lesen. Mit 8 color. Kupf. gr. 12. Chur 841, Grubenmann'sche Buchh. geb. 7/12 ₰

Reinhold, Friederike, Gold-Körner. Eine Sammlung lehrreicher u. unterhaltender Erzählungen f. die liebe Jugend. 12. (6 B. u. 8 ill. Bild.) Chur 844, Grubenmann'sche Buchh.

—— Röschen. Eine Sammlung von hundert klein. Erzählungen f. die zartere Kinderwelt. gr. 12. (4 1/3 B. u. 8 ill. Bild.) Chur 842, Grubenmann'sche Buchh. -

Reinhold d. jüng., Friederike, Röschen. Eine Sammlung von hundert kleinen Erzählungen für die zartere Kinderwelt. Mit Bildern. 2., verb. Aufl. 8. (101 S. mit 8 ill. Stnt.) Chur 851, Grubenmann'sche Buchh.

Reinhold, Friedrich, Volontärassist. an d. med. Klinik zu Jena: ⟨Aus d. med. Klinik zu Jena.⟩ Zwei Fälle von Diplegia spastica ⟨Little'sche Krankheit⟩ bei zwei Geschwistern. ⟨Mit 2 Abb.⟩ *Jena 1902: G. Neuenhahn.* (35 S.) 8°
Jena, Med. Diss. v. (10. Sept.) 1902

Reinhold, Friedrich Ludwig

— Anweis. f. Küster u. Schullehrer zu e. würdigen Verhalten in ihrem Berufe u. Stande. 2 Thle. 8. Rostock 827. Stiller. 1 ℛ 18 𝒢

Reinhold, Friedr. Ludw., Anweisung f. Küster u. Landschullehrer zu e. würdig. Verhalten in ihrem Berufe u. Stande, in Vorlesn. 2. Thl. 8. (24 B.) Rostock 828, Stiller.
1. Thl. Ebendas. 1827. 18 Gr.

—— Aufsätze gemeinnütz. Inhalts. 8. (13 B.) Greifswald 827. (Rostock, Stiller.)

— Aufsätze, gemeinnützigen Inhalts. 8. Greifsw. 828. (Stiller in Rostock). 16 𝒢

Reinhold, Fr. Edw., üb. die Bekehrung der Juden zum Christentuum, nebst e. Formular zu e. Proselytentaufe. 8. Prenzlau 823. Ragoczy 12 𝒢

—— fromme Blicke auf d. Leidensgeschichte Jesu Christi. Ein Andachtsb. f. denkgläub. Christen. (Mit Titlvign.) gr. 8. (25 B.) Berlin 832, Amelang.

—— Erbauungsbuch f. Christen, s. Erbauungsbuch.

Reinhold, Fr. Edw., Erbauungsbuch für Christen, die den Herrn suchen. Ein Auszug aus den beliebten Stunden der Andacht, frei umgearbeitet. 2e verb. Aufl. gr. 8. Prenzlau 830. (837.) Kalbersberg. n. 1 ℛ

Reinhold, Frdr. Ludw., Erbauungsbuch f. Christen, die den Herrn suchen. Ein Auszug aus den beliebten Stunden der Andacht, frei umgearb. 3. verb. Aufl. gr. 8. (VI u. 405 S.) Prenzlau 851, Kalbersberg. n. 1 ℛ

Reinhold, F. L., Erbauungsbuch für Christen, die den Herrn suchen. Ein Auszug aus den Stunden der Andacht in freier Bearbeitung. 4., unveränd. Aufl. gr. 8. (VI und 405 S. mit 1 Stahlst.) Prenzlau 865, Kalbersberg. *

— Gedächtnißpredigt auf weiland Sr. Königl. Hoheit d. Großherzog Karl Ludwig Friedrich. 8. Neubrandenb. 816.

— Gedanken über Verbindung d. natürl. Religion mit d. positiven beim Volksunterricht. 8. Stralf. 792.

— Ideen über das Aeußere d. evangel. Gottesverehrung. 8. Neustrel. 805. Albanus. 1 ℛ 8 𝒢

—— Mecklenburg. Ein Handb. zur Unterhalt. f. den gebild. Städter u. Landmann, u. zur Belehr. d. Jugend. 8. (29 B., 1 Stammtaf., qu. Fol. u. 1 lith. u. ill. Karte, Roy.-Fol.) Prenzlau 831, [Kalbersberg.]

— Mecklenburg. Ein Handbuch zur Unterhaltung f. den gebild. Städter u. Landmann, u. zur Belehrung der Jugend. Mit 1 Stammtaf. in qu. Fol. u. 1 lith. u. illum. Karte. 8. Prenzlau 831. Ragoczy. 1 ℛ 8 𝒢

— Nachr. v. d. Herzogl. Mecklenburg-Strelitz. Bildungsanstalt f. Küster u. Schullehrer; n. Beschreib. d. Seminarien zu Stettin, Ludwigslust, Greifswalde u. Berlin. 8. Rost. 802. Stiller. 12 𝒢

— num Confessioni Augustanae addicti cum Zwinglii et Calvini asseclis societatem ineuntes novam constituant ecclesiam? Dissertatio, qua universitati literarum, quae Rostochii floret etc. 4. Rostock 819. Stiller. 9 𝒢

— Predigt vom Betteln. 8. Neubrandenb. 799.

— über d. ersten Unterricht im Lesen. 8. Neubrandenb. 803. 2e Aufl. 809.

— über die wider Seminarien herrschende Vorurtheile. 8. Neubrandenb. 802.

Reinhold, G., leichtfaßl. gründl. Anweisung aus Rosinen (getrockn. Weinbeeren) eben so reinen geistigen Wein wie in den Weinländern aus frischen Trauben, u. so wohlfeil wie Bier zu bereiten. Durch vieljähr. Erfahrung erprobt. 8. ($2^3/_4$ B.) Berlin 846, (Fernbach jun.) *

Reinhold, G., die landwirthschaftl. Buchhaltung nach allgem. Gewerbsgrundsätzen u. nach den Eigenthümlichkeiten d. Landwirthschaft eingerichtet. gr. 8. (159 S.) Königsberg 848, Samter. $^2/_3$ ℛ

Der alte und der neue Glaube. Ein Beitrag z. Verteidigung d. kath. Christentums gegen s. modernen Gegner. Für gebildete Katholiken geschrieben von Dr. Georg **Reinhold**, Univ.Prof. Wien: H. Kirsch 1908. (XI, 334 S.) 8° [08. 11370 6

Reinhold, Geo., der alte u. der neue Glaube. Ein Beitrag zur Verteidigg. des kathol. Christentums gegen seine modernen Gegner. 2., verm. Aufl. Für gebildete Katholiken geschrieben. (XII, 392 S.) gr. 8. Wien 909. H. Kirsch. 6.—
1. Aufl. (XI, 334 S.) 908. 6.—.

Reinhold, Geo., die Gottesbeweise u. ihr neuester Gegner. Würdigung der v. Mach gegen diese Beweise vorgebrachten Bedenken. gr. 8. (59 S.) Stuttgart 902. München, J. Roth. n. — 50

(B) — Die Gottesbeweise. 902. — Die Streitfrage üb. Wirksamkeit d. Sakramente. 899. — Die Welt als Führerin. — Wesen d. Christentums. 901. (KVB 32.) Jetzt: Mergentheim, C. Ohlinger.

Reinhold, Geo., die Lehre v. der örtlichen Gegenwart Christi in der Eucharistie beim hl. Thomas v. Aquin m. Berücksicht. einiger seiner bedeutenderen Commentatoren. Eine historisch-krit. Studie. gr. 8. (57 S.) Wien 893. H. Kirsch. n. 1. 20

Reinhold, Georg, Praelectiones de theologia fundamentali. Pars I u. II. 8. Wien 905. H. Kirsch. n. 7. 20
I. Continens tractatus de existentia Dei, de religione et revelatione in genere ac de religione christiania. (VIII, 342 S.) n. 4. —
II. Continens tractatus de traditione, sacra scriptura et ecclesia. (IV, 342 S.) n. 3. 20

— die Streitfrage üb. die physische od. moralische Wirksamkeit der Sakramente nach ihrer histor. Entwicklung kritisch dargestellt. gr. 8. (III, 148 S.) n. 3. 20
Stuttg.u.Wien: J.Roth 1899.

Was lehrt uns der Uebertritt Ruvilles? Ein Büchlein z. Nachdenken... von Dr. Georg **Reinhold**, Univ.Prof. in Wien. Berlin: Walther 1910. 30 S. 8° [11. 6177

— die Welt als Führerin zur Gottheit. Kurze Darstellg. der v. der neueren Apologetik vorgelegten Gottesbeweise. 8. (VI, 211 S.) Ebd. 902. n. 2. —

(F) Das Wesen des Christentums. Eine Entgegnung auf Harnack's gleichnamiges Buch. Von Dr. Georg Reinhold. Mit Druckerlaubnis des hochwürdigsten Herrn Bischofs von Rottenburg. Stuttgart und Wien. 1900. Roth. Gr.-8°. 96 S. K 1.20

Das Wesen des Christentums. Eine Entgegnung auf Harnack's gleichnamiges Buch. Von Dr. Georg Reinhold, Univ.-Prof. in Wien. *Stuttgart & Wien: J. Roth 1901.* (96 S.) 8° [F.] [01. 498]

Reinhold, Georg Fr.

Reinhold, Geo. Fr., der Geistliche als Beamter des Civilstandes. 8. Hannov. 810. Hahn. 3 gr

— Predigt am Friedensfeste 1814. 8. Hannov. 814. Hahn. 3 gr

— Aug. Geo. Uhle. Eine biograph. Versuch. gr. 8. Hannov. 805. Hahn. 9 gr

Reinhold, Gottfried [app. Arzt aus Luisendorf in Rheinpreussen]: **Über einen Fall von ölhaltiger Dermoidcyste auf der linken Schläfenbeinschuppe** ... (Aus: Beitr. z. klin. Chir., Bd XI Heft 1.) Tübingen, H. Laupp, 1893; 2 Bl., 23 S., 2 Taf. 8.
Freiburg i. B., Med. Fak., Inaug.-Diss. v. 1893

Uebersicht über neuere theologische Enzyklopädien ⟨1. deutsche⟩ von G(regor) **Reinhold**. Essen-Ruhr: Fredebeul & Koenen (1910). 64 S. 8°
Aus: Keiters kath. Literatur-Kalender. 1910. [10. 14010 5

Reinhold, Guido, die neueste Blumensprache, oder neue, sinnige u. vollständ. Deutung der Blumen, nebst der bisherigen orientalischen. Mit Namenweiser der Deutungen u. e. Anhange, die Farbensprache u. das Sträußebinden enthaltend. Mit 2 color. Abbildd. 8. Leipzig 836. Eisenach. 1/2 rß — 2e Aufl. 8. Ebd. 838. 1/2 rß

— allgemeines deutsches Liederbuch, oder vollständ. Sammlung der bekannten und beliebten deutschen Lieder und Volksgesänge. Planmäßig zusammengestellt u. mit einem alphabetar. Register versehen. 16. Leipzig 838. Eisenach. 1/2 rß

— vollständiges Melodienbuch, oder vollständige Sammlung der Melodien zu den bekannten u. beliebten deutschen Liedern und Volksgesängen. In die besten u. singbarsten Tonarten gebracht als Anhang zu jedem Liederbuche dienend. 16. Ebd. 838. 1/2 rß

Reinhold, Guido, allgem. deutsches Liederbuch, oder vollständ. Sammlung der bekannten u. beliebten deutschen Lieder u. Volksgesänge. Gesammelt, planmäßig zusammengestellt u. mit einem alphabet. Register versehen. 2., unveränderte Ausg. 16. (21 B.) Leipzig 842, Eisenach.

Reinhold, Guido, Melodienbuch zu d. allgem. deutsch. Liederbuch. 2., unveränd. Ausg. 16. (11 B.) Leipzig 842, Eisenach. Thlr.

Reinhold, Gustav: Das Geschichtswerk des Livius als Quelle späterer Historiker. 4 (20 S.). Luisenstädt. G. *Berlin* 1898 **Progr.**

Reinhold, Gust., das Geschichtswerk des Livius als Quelle spät. Historiker. Progr. 4. (20 S.) Berlin 898. R. Gaertner. n. 1. —

Reinhold, Gust., die Pest in Wien. gr. 8. (48 S.) Wien 879, Maffanetz und Comp. * — 60

— H. (Freiburg/B.), Zur Pathologie der Basedowschen Krankheit. (München (J. F. Lehmann)) 1894. 10 S. (2.75) 28262
Sep.-Abdr. aus der Münchener Medic. Wochenschrift Nr. 23. 1894.

Reinhold, Hans, de Schatzgräwer un sien Kind. 'Ne eenfach' Vertellung. 8. (155 S.) Neubrandenburg 884. Nahmmacher. n. 2. —

[**Reinhold**, Heinrich:] Der Bibliothekar und sein Beruf. Nöte, Wünsche u. Hoffnungen erwogen von e. preuß. Kollegen. Leipzig: Quelle & Meyer in Komm. 1909. 46 S. 8°

Reinhold, Henricus ⟨geb. am 23 [nicht 24] Jan. 1828 in Barmen⟩: De typhi cum variolis complicatione ... Bonnae, typ. C. & F. Krüger (1849). 30 S., 1 Bl. 8.
[Bonn], Med. Fak., Diss. v. 22 Dez. 1849

Reinhold, Heinrich [pract. Arzt aus Barmen]: Ein Fall von Tumor der Zirbeldrüse. Beobachtung aus der med. Klinik zu Freiburg i. B. ... Leipzig, Druck v. J. B. Hirschfeld, 1886; 1 Bl. + 30 S. u. 1 Taf. 8°.
Freiburg i. B., Med. Fak., Inaug.-Diss. v. 1886.

Reinhold, Heinrich, ein Fall von Tumor der Zirbeldrüse. Beobachtung aus der med. Klinik in Freiburg i B. Diss. Freiburg i. B. 1886, Fr. Wagnersche Univ.-Buchh. 8°. 30 S. mit einer Taf.

Geschichte des Akademischen Gesang-Vereins Ascania zu Halle a. S. von Dr. phil. Heinrich **Reinhold**. Dem Verein zum 25. Stiftungsfeste am 3.–5. Juli 1900 als Festgabe dargebr. von d. Verbande Alter Herren. Als Ms. gedr. *Halle a. S. 1900: Wischan & Wettengel.* (VI, 96 S.) 8° [F.] [00. 7741 3

Reinhold, Henricus: De graecitate patrum apostolicorum librorumque apocryphorum novi testamenti quaestiones grammaticae. *Halis Sax. 1898: E. Karras.* (35 S.) 8° ¶(Erscheint vollständig in: Dissertationes philologicae Halenses, Vol. 14.)
Halle, Phil. Diss. v. 28. Febr. 1898

Reinhold, Henr., de graecitate patrum apostolicorum librorumque apocryphorum novi testamenti quaestiones grammaticae, s. a. Dissertationes philolog. Halenses.

Reinhold, Heinr., Register, s.: Jahrbuch des kaiserl. deutschen archäologischen Instituts.

Reinhold, Hermann, approb. Arzt aus Urdenbach: Aus d. patholog. Institute zu Kiel. Ein Fall von Milztuberkulose mit Verblutung durch den Magen. *Kiel 1899: H. Fiencke.* (15 S.) 8°
Kiel, Med. Diss. v. [13. März] 1899

Reinhold, Herm., Gesänge eines Einsamen. (78 S.) 8. Berlin 904. J. Harrwitz Nachf. n. 1. 50

Die Königliche und Universitäts-Bibliothek zu Königsberg i. Pr. Ein Vortrag von Dr. Hugo **Reinhold**. Königsberg i. Pr. 1906: Hartung. (19 S.) 8° [F.] [07. 1574 10

Ein Blumenstrauss. Gedichte von Hugo **Reinhold**. *Bartenstein: Gebr. Kraemer 1899.* (130 S.) 8° [F.] [01. 10647 10

Reinhold. H.: De Platonis epistulis. (Beilage zum Quedlinburger Programm. 1886.) Quedlinburgii, typ. expr. C. Voges, 1886; 57 S. 8°.
Kiel, Phil. Fak., Inaug.-Diss. v. 13. Jan. 1887.

Russische Fabeln. Nach Golotusow's russischem Lesebuche bearb. von Dr. Hugo **Reinhold**. *Bartenstein: Gebr. Kraemer 1902.* (35 S.) 8°

Reinhold, Hugo: Die Hauptereignisse der Geschichte Bartensteins. Bartenstein: '(Dr. v. Gebr. Kraemer)' 1899. (27 S.) 8°

Reinhold, Hugo, Dr.: **Danzigs Inschriften.** *Bartenstein 1899: Gebr. Kraemer.* (58 S.) 8° ¶(Soll anderweitig fortgesetzt werden.)
Bartenstein, k. G, P 1899 (2)

Reinhold, Hugo [Dr.]: Griechische Oertlichkeiten bei Pindaros. Quedlinburg, Druck v. C. Voges, 1894; 30 S. 4.
Quedlinburg, k. G, OP 1894 (248)

Reinhold, Hugo, griechische Oertlichkeiten bei Pindaros. 4. (30 S.) Quedlinburg 894. (Leipzig, G. Fock.) n. 1. 20

Preußen, dichterisch betrachtet von Dr. Hugo Reinhold. *Bartenstein: Ostpr.: Gebr. Kraemer 1903.* (15 S.) 8° [F. u. Ant.]

Tafellied zur goldenen Hochzeit des Herrn Rentier Wilhelm Pastewsky und seiner Frau Katharina geb. Reinhold am 25. April 1902. Gewidm. von ihrem Neffen Dr. [Hugo] Reinhold in Königsberg Pr. *(Danzig 1902: J. Haarbrücker.)* (2 Bl.) 8° [F. u. Ant.] 10

— **Jakob Christian,** De consolidationis in feudo publico S. R. I. limitibus. Diss. inaug. Wittenberg (C. Chr. Dürr) 1. X. 1778. 44 S. (4.50) 28264

— **Jakob Heinrich,** De pacto venditioni adiecto venditori post venditionem de re vendita adhuc disponere permittente. Exercit. jur. civilis. Präs. Georg Gottlieb Siegel. Leipzig (Stopffel) 29. IV. 1745. 18 S. (4.25) 28265
Widm. v.: Georg Gottlieb Siegel.

— — Dasselbe. Leipzig (Stopffel) 29. IV. 1745. 18 S. (4.25) 28266
Gew.: Heinr. Christoph Schüssler, Johann Gottlieb Leyser. — Widm. v.: Georg Gottlieb Siegel.

— (Dresden), De reo sub tormentis specialiter non interrogando. Diss. jur. Präs. Ferdinand August Hommel. Leipzig (Langenheim) 14. V. 1754. 44 S. (4.75) 28267

— **Jakob Carl** (Dresden), De Bernhardi Ascanii ducatu Saxonico. Comment. histor. Präs. Gottfried August Meerheim. Wittenberg (C. Chr. Dürr) 19. II. 1776. 24 S. (4.50) 28263
Gew.: Hieronymus Friedrich von Stammer, Friedrich Ludwig von Wurmb, Christian Gotthelf von Gutschmid, Adolph Heinrich von Schoenberg.

Reinhold, Ilse, Kochrezepte, f. den einfachen Haushalt sowie zum Gebrauch in Haushaltungsschulen zusammengestellt. (IV, 34 S.) 8. Hanau 910. Clauss & Feddersen. —50

— **Jo. Friedrich** (Marienberg), De vita et scriptis Jo. Meursii patris diss. Präs. Jo. Valentin Schramm. Leipzig (Schede) 26. IX. 1715. 24 S. (4.25) 28268

Reinhold, Johann Christoph Leopold

— u. (Soc.) **Johann Wilhelm Schlegel** (Langensalza/Thüringen), De galvanismo spec. I. Leipzig (Klaubarth) 16. XII. 1797. 126 S. (4.50) 28270

— **Johann Christoph Leopold** (Leipzig), De galvanismo spec. II. Leipzig (Klaubarth) 2. III. 1798. 82 S. (4.50) 28269

— **De galvanismo specimen I, II.** Lipsiæ, 1798. 4to.
Contains the history and literature to date of issue.
See See, Pierre (le jeune).

Reinhold, Jh. Cph. Leop., († d. 28. Nov. 1809.) de Galvanismo. Specim. I. et II. 4. Leipz. 802. Schönemann. 1 ₰

Reinhold: Geschichte des Galvanismus. Abth. 1. 2. Leipzig 1803

— Geschichte des Galvanismus; nach Sue d. Aelteren frei bearb., nebst Zusätzen u. e. Abhandl. üb. die Anwend. d. Galvanismus rc. 2 Abtheill. Mit Kpf. gr. 8. Leipz. 804. Hinrichs. 2 ₰ 8 gr.

Reinhold, Joh. Gotthard v., dichterischer Nachlaß. Herausg. von K. A. Varnhagen v. Ense. 2 Bde. Leipzig 853. Brockhaus. gr. 8. (XXIV, 376; VII, 336 S.) n. 4 ₰.

Reinhold, Josef: Die Chantage. Ein Beitrag z. Reform d. Strafgesetzgebung. Berlin: Guttentag 1909. X, 118 S. 8°
(Abhandlungen d. kriminalist. Seminars an d. Univ. Berlin. N. F. Bd. 6, H. 2.)

— Die allgemeinen Gefährdungsdelikte gegen Leib u. Leben im österreichischen Strafrechte, s.: Abhandlungen, fünf strafrechtliche.

Reinhold Josef: Die psychologischen Grundlagen der Kantschen Erkenntnistheorie.
1908 PN 2574 Diss. Wien, Univ.

Reinhold, Joseph [aus Amecke]: Aus d. Ambulatorium f. Nasen-, Rachen- u. Kehlkopfkranke v. Privatdoc. Dr. Seifert in Würzburg. Über Myxosarcome der Nase ... Würzburg, P. Scheiner's Buchdr., 1891; 40 S. 8.
Würzburg, Med. Fak., Inaug.-Diss. v. 1891

Reinhold, K. W., Beschreibung der Jubelfeier des Schulmeisters Bauriegel in Pulgar nebst allen dabei gehalt. Reden, gesprochenen Toasten rc. gr. 8. (82 S.) Neustadt a. d. Orla 848, Wagner. 9 ngr

—— Traugott, der Schulmeister, wie er seyn soll. Ein freimüthiges Wort über Lehrersinn und Lehrerleben. 8. (VI und 126 S.) Neustadt a. d. Orla 847, Wagner.

Reinhold, Carl (II.) Anweisung zum praktisch-richtigen Nivelliren od. Wasserwägen; bestehend in der Beschreibung u. Abbild. eines verbess. Nivellir-Instruments mit Fernrohr u. Röhrenlibelle etc. gr. 4. (13 B. u. 3 Figurentaf.) Berlin 844, G. Reimer.
Aus: Crelle Journal f. Baukunst 20. Bd. besond. abgedruckt.

— Anweisung zum practisch-richtigen Nivelliren oder Wasserwägen; bestehend in der Beschreibung u. Abbildung eines verbesserten Nivellir-Instruments mit Fernrohr u. Röhrenlibelle rc. (Besonders abgedr. aus dem 20. Bde. von „Crelle's Journal für die Baukunst.") Mit 3 Figurentaf. gr. 4. Berlin 846, Reimer. 1½ ₰

Reinhold, (C.), practische Anweisung, Frachtfahrzeuge f. Ströme, Flusse u. Canale, deren Fahrwasser nur 12 bis 24 Zoll tief ist, aus Eisen so zu erbauen, dass damit der Schiffahrts- u. Handelsverkehr ungehindert fortgesetzt u. auf die höheren Stromstrecken u. Nebenflüsse ausgedehnt werden kann. Mit besond. Beziehung auf die obere Ems, auf ihre Neben-Arme u. die benachbarten Flüsse u. deren Verbindung mit der Ems. Mit 3 (lith.) Taf. Linear-Zeichngn. (in qu. Fol.) gr. 4. (125 S.) Berlin 852, G. Reimer. 1½ ₰

— s.: Auswahl v. Abhandlungen niederländischer Wasserbaukundiger.

Reinhold, (Carl II.), geschichtliche Darstellung des Eisenbahnnetzes, welches in den westl. Theilen von Hannover und Preussen, zwischen Weser, Lippe, Rhein, Ems und Nordsee ausgeführt und an die Bahnnetze der angrenzenden Staaten angeschlossen werden soll. gr. 4. (64 S. und 1 Charte in Fol.) Berlin 847, G. Reimer.
Aus: Crelle, Journal für die Baukunst, besonders abgedruckt.

Reinhold, Karl, die Eheleute vor der Hochzeit; Lstspl. in 2 A. 8. Leipz. 809. Solbrig. (Fr. Fleischer). 9 gr

Reinhold, Carl (I.), die Fahrt auf Rügen. Ein Reisetaschenbuch für Besucher dieser Insel. 16. (148 S.) Stettin 847, [Nagel.] *

Reinhold, Carl, die Fahrt auf Rügen. Ein Reisetaschenbuch für Besucher dieser Insel. 16. (148 S.) Stettin 852, Effenbart's Erbinn. n. ²/₃ ß

Reinhold, Carl, de Holtrevolutschon to Holteck. Eine humorist. Erzählung in plattdeutscher Mundart. gr. 8. (XV und 146 S.) Wittenberg 861, [Reichenbach'sche Buchh.] *

—— Ideen über die im Entstehen begriffene Dampf-Schiffahrt auf dem Emsstrome in Ostfriesland, u. Vorschläge zu deren Beförderung u. Fortsetzung bis in die Lippe u. den Rhein etc. gr. 8. (6 B.) Leer 843, Prätorius u. Seyde. * .

Reinhold, Karl, Lebensbilder. (115 S.) 8. Strassburg 909. J. Singer. 2.—

Reinhold, Carl, die Lehre von dem Klaggrunde, den Einreden und der Beweislast, mit besonderer Rücksicht auf die Reichscivilprozeßordnung und den Entwurf eines neuen bürgerl. Gesetzbuchs für das deutsche Reich dargestellt. gr. 8. (X, 148 S.) Berlin 888, Siemenroth und Worms. * 3 —

—— histor. hydrographische Nachrichten von den Häfen u. andern Schiffahrts-Anstalten in Ostfriesland; nebst prakt. Vorschlägen zur Verbesserung des Fahrwasser bei der Stadt Emden, zur Sicherung derselben u. der Umgegend gegen Sturmfluthen u. zur bessern Entwässerung des Binnenlandes. Mit 2 Beilagen, das Lootsenwesen u. die Navigationsschule zu Emden betreffend. gr. 4. (23 ½ B., 2 Pläne u. 1 Karte.) Berlin 846, G. Reimer.

Aus: Crelle's Journal f. Baukunst Bd. 21, 22 u. 23 besond. abgedruckt

Reinhold, C., gesammelte Novellen u. Erzählungen. 1—3. Bd. 8. 1. Die Kinder der Fremde. Novelle. (260 S.) 2. Real u. Ideal. Novelle. (316 S.) 3. Die Karfreitags-Christen. Novelle. (308 S.) Bremen 847. 48, Schlodtmann. (à 1 ½ ß) 4 ½ ß

Reinhold, Carl, George Podiebrad, König von Böhmen und Markgraf zur Lausitz. Historisch-romantische Erzählung aus der Reformationszeit des fünfzehnten Jahrhunderts. 2 Bde. 2. (Titel-)Aufl. Bautzen (844.) 853. Reichel. 8. (XV, 223; 288 S.) n. 20 ngr.

— die Postkutsche zu Bockdorf, s. Picard.

Reinhold, Karl, alphabet. Real-Repertorium üb. d. Großherzogl. Badische neue Zoll- u. Accise-Ordnung, so wie üb. alle seit Einführung derselb. in sämmtl. Regier.- u. Anzeigeblättern enthalt. u. dahin Bezug habenden Verordnn. rc. bis zum J. 1818. Freiburg 818. Herder. 18 gr Hbg. Pr. 8 gr

Reinhold, Carl (I.), deutsche historische Romane f. d. deutsche Volk. 3 Bde. 8. (50 ¼ B.) Spremberg 844. (Cottbus, Meyer.) *

A. u. d. Ttln.:

Bd. 1., 2. Georg Podiebrad, König von Böhmen u. Markgraf zur Lusitz. 2 Bde.

" 3. Lauermann, od. d. steinerne Kreuz bei Kochsdorf. Die Raubritter in Spremberg. Die Türkenzüge, od. die Förstertochter von Luckau.

Reinhold, Karl. Die Sprachenfreiheit. gr. 8. (21 S.) Lpz. 891, Duncker u. Humblot. * — 80

Reinhold, Karl: De testamento et divisione parentum inter liberos ex fontibus iuris Romani et ordinatione notariorum anni 1512. Commentatio praemio ornata. Jenae 1844. 8°

Reinhold, Karl, das Vorexamen. Pädagogische Humoreske zur Wiederaufrichtung erschöpfter Arbeitskräfte. 8. (79 S.) Langensalza 879, Schulbuchh. von Greßler. — 75

—— dass. — s. Humoresken aus dem Eltern-, Kinder- und Lehrerleben.

Blick auf die beiden Streitschriften gegen unsre künftige Landständschaft: „Patriotische Gedanken über Landstände in den Herzogthümern Schleswig und Holstein, umgeändert von R . . . l“ und „Ansichten bei der Beleuchtung der von R . . . l umgeänderten patriotischen Gedanken etc.“ v. C[arl] H[einrich] Reinhold. Kiel. 1816. 8°

REINHOLD, CAROL. HENR., Diss. inaug. de consuetudinis vi ac natura. Kiliæ. 1815. 4. P.

Reinhold, Karl Leonhard

Reinhold, Mittheilungen über ihn, s. Keil, R.

— Die Anfangsgründe der Erkenntnisz der Wahrheit in einer Fibel für noch unbefriedigte Forscher nach dieser Erkenntnisz. Kiel. 1808.

Reinhold, Karl Lhrd., die Anfangsgründe der Erkenntniß der Wahrheit, in einer Fibel rc. 8. Kiel 808. Hesse. 12 gr

— Anleit. zur Kenntniß und Beurtheilung der Philosophie in ihren scientiv. Lehrgebäuden. gr. 8. Wien, Degen. 804. .

K. Lh. **Reinhold**'s Anleit. z. Kenntn. u. Beurtheil. d. Philosophie in ihren sämmtl. Lehrgeb.; e. Lehrbuch f. Vorless. u. Handb. f. eignes Stud. *Wien*, Degen. 805. gr 8° 1 ß

— Anleit. zur Kenntniß u. Beurtheilung der Philosophie in ihren scientiv. Lehrgebäuden. gr. 8. Wien 805. (v. Möble; a. Armbruster). 16 gr N. A. 824. (Mörschner u. J. in Wien). 16 gr

[—] Auswahl der besten Aufsäzze über die Kantische Philosophie. Frankf. und Lpz. 1790.

— Auswahl der besten Aufsätze über die Kantische Philosophie. 8. Marburg, Krieger. 790. .

— Auswahl vermischt. Schriften. 2 Thle. 8. Jena 796. Mauke. 2 ß

— Auswahl vermischter Schriften. 1—2. Th. Jena. 1796—97.

— Ueber den Begriff und die Erkenntnisz der Wahrheit. Kiel. 1817.

Beyträge zur Berichtigung bisheriger Mißverständnisse der Philosophen v. Karl Leonhard Reinhold. Bd. 1. 2. Jena. 1790—94. 8°

1. Das Fundament der Elementarphilosophie betr. 1790.
2. Die Fundamente des philosophischen Wissens, der Metaphysik, Moral, moralischen Religion und Geschmackslehre betr. 1794.

— Beitrr. zur Berichtigung der bisher. Mißverständnisse d. Philosophie. 2 Bde. gr. 8. Jena 790, 94. Mauke. 2 ß 16 gr

Reinhold, Karl Lhrd., Beitrr. zur leichtern Uebersicht des Zustandes der Philosophie beim Anfange des 19. Jahrh. 6 Hfte. gr. 8. Hamb. 801—3. Perthes u. B. 4 ß 12 gr

— über die nähern Betrachtt. der Schönheiten eines epischen Gedichts. 8. Jena 789. Cuno. 1 ß 6 gr

— Briefe über die Kantische Philosophie. 2 Bde. gr. 8. Leipz. 790—92. Göschen. 2 Rthlr 20 gr Holl. P. (1r 1 Rthlr 12 gr, 2r 1 Rthlr 18 gr) 3 Rthlr 6 gr (Ohne des Verf. Namen unt. d. T.: Auswahl d. besten Aufsätze üb. die Kantische Philosophie. 8. Frkf. 790. Krieger. 16 gr Nachdruck.

— Briefwechsel mit Bardili, s. C. G. Bardili.

Reinhold, Karl Leonhard, s. Damenbibliothek.

— Ehrenrettung der Lutherischen Reformation gegen zwey Capitel in I. M. Schmids Geschichte der Teutschen, nebst einigen Bemerkungen über die gegenwärtige katholische Reformation im Oesterreichschen. Jena. 1789.

— Ehrenrettung der lutherisch. Reformation gegen 2 Kapitel d. Hrn. J. M. Schmidt's Geschichte d. Deutschen; nebst e. Bemerkk. über die kathol. Reformation in Oestreich. 8. Jena 789. (Schmid). 9 gr

— Ehrenrettung der luther. Reformation. 8. Jena, Stahl. 789.

K. Lh. **Reinhold**: d. menschl. Erkenntnissvermögen a. d. Gesichtspunkte des durch d. Wortsprache vermitt. Zusammenhangs zw. d. Sinnlichk. u. d. Denkvermögen untersucht u. beschrieben. *Kiel*, akad. B. 816. gr 8° 1 Rthlr 6 gr

— das menschl. Erkenntnißvermögen aus dem Gesichtspunkte des durch die Wortsprache vermittelten Zusammenhangs zwischen der Sinnlichkeit u. dem Denkvermögen. gr. 8. Kiel 816. Hesse. 1 Rthlr 6 gr

— Etwas über den Widerspruch. 4. Hamb., Fr. Perthes. 4 gr

— Die alte Frage: Was ist die Wahrheit? bey den erneuerten Streitigkeiten über die göttliche Offenbarung und die menschliche Vernunft, in nähere Erwägung gezogen. Altona. 1820.

K. Lh. **Reinhold**: d. alte Frage: was ist Wahrheit? b. d. erneuten Streitigkeiten üb. d. göttliche Offenbarung u. d. menschliche Vernunft in nähere Erwägung gezogen. *Alt.*, Hammerich. 820. 8° 18 gr

— Ueber das Fundament des philosophischen Wissens nebst einigen Erläuterungen über die Theorie des Vorstellungsvermögens. Jena. 1791.

— über das Fundament des philosoph. Wissens. gr. 8. Jena 791. Mauke. 18 gr

— Grundlegung e. Synonimik f. den allgem. Sprachgebrauch in den philosoph. Wissenschaften. gr. 8. Kiel 812. Hesse. 1 Rthlr 16 gr

— s. Herzenserleichterung zweier Menschenfreunde.

Die Hebräischen Mysterien oder Die älteste religiöse Freymaurerey. In zwey Vorlesungen gehalten in der □ [Zur wahren Eintracht] zu ... [Wien] von Br. Decius [d. i. Karl Leonh. Reinhold]. Leipzig: Goeschen 1788. 192 S. 8°

Aus: WJ. 3, 1 (1786) S. 5—79; 3, 3 (1786) S. 5 bis 98.

cf. °Frankf. gel. Anz. 1788 S. 189; °Göttinger gel. Anz. 1788 St. 35; °ALZ. 1788 S. 231; °Erfrtr gel. Ztg. 1788 S. 125; °Gothaer gel. Ztg. 1788 S. 75; °Hallesche gel. Ztg. 1786 S. 129; °Schiller's Thalia. 10 (1790) S. 3; °Eichhorn's allg. Bibl. d. bibl. Literat. 1 S. 750 ff.

Kl. 3832, Tt. 2726.

REINHOLD, KARL LEONH., Ueber die Paradoxien der neuesten Philosophie. Hamburg. 1799. Fr. Perthes.

— periculum novae theoriae facultatis repraesentativae human.; theotisce vert. F. G. Born. 8maj. Lpz. 797. Schwickert. 1 Rthlr 12 gr

Reinhold, K. L., s. Preisschriften, Drei, über die Frage: Welche Fortschritte hat die Metaphysik seit Wolfs und Leibnitz' Zeiten in Deutschland gemacht?

Rede über den Endzweck der Freimaurerey gehalten am Johannesfeste 1809 zu W[eimar] vom Br. [Karl Leonh.] R[einhol]d. [Weimar 1809: Hofbuchdr.] 16 S. 8° [Kopftit.]

Abgedr. in: Frmr-Analecten. 1 (1809) S. 1 bis 16; [Neudr. 1908] S. 1—14; Analecten d. L. Amalia, Weimar. 1810 S. 1—16.

Kl. 1161. Selten. 193.

— Rede üb. d. Schönheiten eines epischen Gedichts, als Erholung f. Gelehrte u. Studirende. 8. Jena 788. Stahl, 1 gr

— Rede am 18. Stiftungstage der Armenanstalt in Kiel d. 3. Junii 1810 gehalten. Kiel. P.

Rede bei der Wiedereröfnung [!] der g. u. v. □ Luise zur gekrönten Freundschaft in O. von Kiel, den ersten May 5820. [Von Karl Leonh. **Reinhold.**] Gedr. als Ms. f. Br. Br. O. O. [1820]. 23 S. 8° [Umschlagtit.]

Abgedr. in: Taschenbuch f. Frmr auf d. J. 1826 u. 1827 S. 15—52; Karsten, G.: Zur Erinnerung an d. Frmrloge Louise z. gekr. Freundschaft. 1876 S. 57—70.

Dän. Übers. in: Theano. 1821 S. 94—121.

Kl. 1220. Selten. Wesen, Bedeutung, Wert etc. d. Frmrei.

— Rede bei d. Wiederherstellung des a!adem. Ehrengerichts in Kiel 8. Alter.a 795. Hammerich. 2 gr

— über Religion, Glauben, Wissen, Unsterblichkeit, Wahrheiten u. Lehren. Mitgetheilt an seinen Schüler u. Verehrer Ed. Duboc. Mit einigen Reflexionen des Letztern, üb. die Anwendung d. Grundsätze im wirkl. Leben, das Wesen d. Metaphysik überhaupt u. der metaphys. Ansicht Reinholds insbesondere. Nebst e. Zuschrift an Prof. Krug. 8. Hamb. 828. Herold jun. 12 gl

— Rüge einer merkwürdigen Sprachenverwirrung unter den Weltweisen. gr. 8. Weimar, Landes-Industr. Comt. 1809.

— über die bisher. Schicksale der Kantischen Philosophie. gr. 8. Lübeck 789. Bohn. 6 gl

K. Lh. **Reinhold's** Sendschreiben an J. Kp. Lavater u. J. Gli. Fichte üb. d. Glauben an Gott. *Hamb.*, F. Perthes. 799. 8° 14 gl

— über das Verhältniß des gesunden Verstandes u. der philosophirenden Vernunft zum gemeinen Menschenverstande u. zur speculirenden Vernunft. gr. 8. Hamb. 803. Perthes u. B. 4 gl

— Verhandlungen über die Grundbegriffe und Grundsätze der Moralität, aus dem Gesichtspunkte des gemeinen und gesunden Verstandes, zum Behuf der Beurtheilung der sittlichen, rechtlichen, politischen und religiösen Angelegenheiten. 1. Bd. Lübeck und Lpz. 1798. (Mere udkom ikke).

— Verhandll. üb. ein Einverständniß in den Grundsätzen der sittl. Angelegenheiten aus d. Gesichtspunkte des gemeinen u. gesunden Verstandes. 1r Bd. 8. Lübeck 798. Bohn. 1 ß

— Verhandlungen üb. ein Einverständniß in den Grundsätzen der sittlichen Angelegenheiten a. d. Gesichtspunkt des gemeinen und gesunden Verstandes. 1r Bd. 8. Lübeck, Niemann u. C. 798.

(K. Lh. **Reinhold's**) Vers. e. Auflös. d. — Aufgabe, d. Nat. d. Anal. u. d. analyt. Methode in d. Philos. genau anzugeben u. zu untersuchen: ob — u. was es für Mittel gebe, ihren Gebr. sicherer, leichter u. nützl. zu machen. *Münch.*, Lindauer. 805. 8° 12 gl

— Versuch e. Auflösung der v. d. philosoph. Classe d. kön. Akademie d. Wissensch. f. 1805 aufgestellte Aufgabe: d. Natur der Analysis rc. gr. 8. Münch. 805. Lindauer. 12 gl

— Versuch einer neuen Theorie des menschl. Vorstellungsvermögens. gr. 8. Jena 789. 2e A. 796. Mauke. 1 ß 12 gl

Reinhold, K. Leonh., Versuch e. neuen Theorie d. menschl. Vorstellungsvermögens. 579 S. Jena. 8°.
1789

K. Lh. **Reinhold's** Versuch e. neuen Theorie d. menschl. Vorstellungsvermögens. *Prag* u. *Jena*, Widtmann u. Mauke. (789.) 795. 8° 1 ß 8 gl

Reinhold, Karl Leonh., Versuch einer neuen Theorie des menschl. Vorstellungsvermögens. 579 S. 2. Aufl. Prag u. Jena 1795. 8°.

Des sel. Weltweisen (*K. Lh.*) *Reinhold* Wahrheiten u. Lehren üb. Relig., Glauben, Wissen, Unsterblichk., mitgetheilt an sn. Schüler u. Verehrer Ed. Duboc; m. ein. Reflexionen d. letztern üb. d. Anwend. d. Grundss. im Leben, d. Wesen d. Metaphys. überh. u. d. metaphys. Ansicht R-'s insbesond.; nebst e. Zuschr. an Krug. *Hamb.*, Herold. B. 828. 8° 12 gl, hbg. Pr. 6 gl

Arbeit und Werkzeug. Von Karl Theodor **Reinhold**. *Leipzig: C. L. Hirschfeld 1901.* (XVI, 392 S.) 8°
= **Reinhold**: Der Weg d. Geistes in d. Gewerben. Bd 1. (01. 6618

Reinhold, Karl Thdr., Fürst Bismarck als Reformator d. deutschen Geistes. Eine Festrede. gr. 8. (38 S.) Barmen 885. Wiemann. — 75

Reinhold, K. Th., Fürst Bismarck als Reformator des deutschen Geistes. Eine Festrede. 2. Aufl. 8. (46 S.) Barmen 887. Wiemann. — 75

Reinhold, Karl Thdr. Das System Bismarck. Eine Festbetrachtg. zum 75. Geburtstage d. Fürsten v. Bismarck. gr. 8. (30 S.) Barm. 890, Wiemann. — 50

[F.] Die bewegenden Kräfte der Volkswirthschaft. Von Karl Theodor Reinhold ... *Leipzig: C. L. Hirschfeld 1898.* (XII, 632 S.) 1 Bd 8. (98. 3539

Reinhold, Karl Thdr., patriotische Phantasieen. 2 Vorträge. gr. 8. (IV, 72 S.) Barmen 892. D. B. Wiemann. n. 1. —

— das deutsche Volksthum u. seine nationale Zukunft, Betrachtungen e. Laien üb. e. nationale und pract. Politik der Gegenwart. gr. 8. (XX, 478 S.) Minden 884. Bruns. n. 6. —

Reinhold, Karl Thdr., der Weg des Geistes in den Gewerben. Grundlinien zu e. modernen Lehre v. den Gewerben, insbesondere vom Handel. 1. Bd. Arbeit u. Werkzeug. gr. 8. (XVI, 392 S.) Leipzig 901. C. L. Hirschfeld. n. 6. 60; geb. n. 8. —

Reinhold, Karl Werner, s. Reinhold, Werner.

Reinhold, Karl Wilhelm

Reinhold, Karl Wlh., **Betrachtt. über den wahren Anstand, s. Mereau.**

Reinhold, Carl Wilhelm (Hrsg.): Chronik, Hamburgische, s. Bärmann, Georg Nikolaus.

Reinhold, C. W., Hammonia, s. Hammonia.

Reinhold, allgemeine deutsche Theaterzeitung. 4. Leipz. Benj. Fleischer.

— allgem. deutsche Theaterzeitung. 4. Leipz. 808. Fr. Fleischer. 4 ß

— Wörterbuch zu J. Pauls Levana. 8. Leipz. 811. Cnobloch. 14 gl

— Wörterbuch zu J. Pauls Schriften, od. Erklär. aller in dessen Schriften vorkomm. fremden Wörter u. ungewöhnl. Redensarten rc. 8. Leipz. 808.

Reinhold, Carolina, das Abendglöckchen, od. d. Stunde d. Erzählung unterhalt. Anekdoten f. d. liebe Jugend. M. 4 ill. Kpfr. 16. (12½ B.) Nürnberg 828, Bauer u. Raspe.

† Reinhold, Carolina, (Reinhold Köstlin,) das Abendglöckchen, od. d. Stunde d. Erzähl. unterhalt. Anekdoten f. d. liebe Jugend. 2. Ausg. qu. 16. (12½ B. u. 4 ill. Kpfrt.) Nürnberg 838, Bauer u. Raspe.

— Wilhelm u. Röschens Abenteuer in d. Stadt u. auf dem Lande. Erzählungen ihren kleinen Freunden u. Freundinnen gewidmet. Mit 6 illum. Kpfrn. qu. 16. Nürnberg 826, Bauer u. R.

——, Wilhelm u. Röschens Abentheuer in d. Stadt u. auf d. Lande. Erzähln., ihren kl. Freunden u. Freundinnen gewid. 2. Aufl. M. 6 ill. Kpfr. qu. 16. (21 B.) Nürnberg 831, Bauer u. Raspe.

Reinhold, (Caroline), Ammen-Mährchen. Mit 6 ill. Kupf. 16. Nürnb. 826, Bauer u. R.

—— Ammen-Märchen z. Unterhalt. u. Belehr. f. kl. Kinder. 2. Aufl. M. 7 ill. Kpfr. qu. 16. (18 B.) Nürnberg 831, Bauer u. Raspe.

—— Ammen-Märchen z. Unterhaltung u. Belehrung f. kleine Kinder. 2. Ausg. qu. 16. (18 B. u. 6 ill. Kpfrt.) Nürnberg 837, Bauer u. Raspe.

— die merkw. Begebenheiten aus d. allgm. Geschichte, belehrend u. unterhaltend dargestellt f. d. kindl. Alter. Mit Vorwort v. J. H. W. Witschel. 2 Bdchn. Mit Kupf. 12. Nürnb. 827, Bauer u. R.

—— die merkwürdigst. Begebenheiten aus d. allgem. Geschichte. Belehr. u. unterhalt. dargest. f. d. kindl. Alter. 2. Aufl. Mit Vorw. v. J. H. W. Witschel. 2 Bdchn. M. 12 Kpfr. 12. (24¼ B.) Nürnberg 830, Bauer u. Raspe. 1 Thlr. 12 Gr., ill.

—— der kl. Bibelfreund, od. d. ewige Wahrheit in bibl. Erzähln. f. Kinder. M. 4 ill. Kpfr. 16. (14 B.) Nürnberg 828, Bauer u. Raspe.

—— der kleine Bibelfreund, od. d. ewige Wahrheit in bibl. Erzähln. f. Kinder. 2. Ausg. qu. 16. (14 B. u. 4 ill. Kpfrt.) Nürnberg 838, Bauer u. Raspe.

—— Bilder aus Alphons Guckkasten, nebst e. Samml. unterhalt. Spiele. M. 4 ill. Kpfr. gr. 12. (8 B.) Nürnberg 833, Bauer u. Raspe.

—— der Blumentopf; od.: Komm u. wähle! Ein Büchlein z. Lehre u. Unterhalt. f. d. heranreif. Jugend. gr. 12. (6 B. u. 8 ill. Bild.) Chur 841, Grubenmann'sche Buchh.

(——) der kl. Briefsteller, od. unterhalt. Anweis. zu kunstlosen Briefen f. d. Jugend. M. 4 ill. Kpfrn. gr. 12. (7½ B.) Nürnberg 831, Bauer u. Raspe.

—— das Dämmerungsstündchen, od. Erklärungen mehrerer bekannten Sprichwörter in unterhalt. Geschichten. gr. 12. (12½ B.) Nördlingen 835, Beck'sche Buchh. ½ Thlr., m. 6 ill. Kpfrn.

Reinhold, Carolina, der kl. Declamator, od. Auswahl v. Gedichten zum Vortrage in u. außer d. Schule f. d. kindl. Alter. Mit Ttlkpfr. gr. 12. (6 B.) Nürnberg 830, Bauer u. Raspe. Thlr.

(——), Emma u. Bertha, od. d. Zwillingsschwestern. Eine unterhalt. Erzähl. f. d. Jugend. M. 4 ill. Kpfr. gr. 12. (8½ B.) Nürnberg 834, Bauer u. Raspe.

† Reinhold, Carolina, (Reinhold Köstlin,) Augustens Erfahrungen aus ihrem Kindheits- u. Jugendleben. Mit 8 ill. Bild. von J. Risle. 12. (5 B.) Chur 845, Grubenmann'sche Buchh.

— Erzählungen aus dem Kinderlande. Mit 6 ill. Kupf. qu. 16. Nürnb. 825, Bauer u. R.

—— Erzählungen aus d. Kinderlande. 2. Aufl. M. 6 ill. Kpfr. 16. (16 B.) Nürnberg 828, Bauer u. Raspe.

—— Erzählungen von dem Kinderlande. 3. Ausg. qu. 16. (15¾ B. u. 6 ill. Kpfrt.) Nürnberg 838, Bauer u. Raspe.

——, Oskars u. Clementinens Feiertage. Ein Unterhaltungsbüchl. f. gute Kinder im Kreise ihrer Aeltern. M. 4 ill. Kpfr. qu. 16. (10¼ B.) Nürnberg 831, Bauer u. Raspe.

† Reinhold, Carolina, (Reinhold Köstlin,) Oskar's u. Clementinens Feiertage. Ein Unterhaltungsbüchl. f. gute Kinder im Kreise ihrer Aeltern. 2. Ausg. qu. 16. (10¼ B. u. 4 ill. Kpfr.) Nürnberg 837, Bauer u. Raspe. Thlr.

——, Felix u. Rosa, od. d. Glückswechsel. Eine unterhalt. Gesch. f. d. Jugend. M. 4 (ill.) Kpfr. gr. 12. (7 B.) Nürnberg 832, Bauer u. Raspe.

—— die Geschichte von d. span. Baumeister u. die Gesch. vom Leim u. der Marianbl. Zwei Erzähln. 16. (19 B.) Stuttgart 837, [Liesching u. Comp.]

— neue unterhaltende Geschichten oder Spiegel d. Sittenlehre f. Kinder. 3e Aufl. Mit 6 ill. Kupf. 8. Nürnberg 827, Bauer u. R.

— neue unterhalt. Geschichten, od. Spiegel d. Sittenlehre f. Kinder. 3e Aufl. Mit 6 ill. Kpf. 8. Nürnb. 828. Bauer u. R. 1 ₰ 8 gr. (1e u. 2e Aufl., s. Geschichte, unterhaltende.)

——, Gumal u. Lina. Eine lehrr. Erzähl. z. Veredlung jugendl. Herzen. qu. 4. (5 B. u. 16 col. Bild.) Chur 840, Grubenmann'sche Buchh.

—— dass. (Mit 6 Bild. nach J. Risle.) gr. 12. (3 B.) Ebds. 841.

—— die Herbstabende d. Familie Bernhold. gr. 18. (144 Seit.) Nördlingen 835, Beck'sche Buchh. ⅓ Thlr., m. 4 ill. Kpfrn.

——, Hulda u. Theodora, od. d. Nachbarskinder. Eine unterhalt. Erzähl. f. gute Mädchen. M. 6 ill. Kpfr. gr. 12. (7 B.) Nürnberg 831, Bauer u. Raspe.

——, Hulda u. Theodora, od. d. Nachbarskinder. Eine unterhalt. Erzähl. 2. Ausg. gr. 12. (7 B. u. 6 ill. Kpfr.) Nürnberg 837, Bauer u. Raspe.

——, Ida als Kind, Jungfrau, Gattin, Mutter u. Matrone. Eine Gabe f. Töchter edler Gesinnungen. M. 4 Kpfr. (u. Ttlbl.) gr. 8. (16¾ B.) Nürnberg 832, Bauer u. Raspe.

——, Cornelia, od. d. gütige Taufpathe. Ein Unterhaltungsb. f. d. liebe Jugend, z. Bereicherung d. Wissens u. Veredl. d. Herzens. M. 4 ill. Kpfr. qu. 16. (10½ B.) Nürnberg 830, Bauer u. Raspe.

— das Leben u. Wirken Dr. M. Luthers u. der Reformatoren f. d. Jugend mit 8 illum. Kupfr. gr. 8. Nürnb. 827, Bauer u. R.

— die Mathildenhöhle. Novelle nach einer wahren Begebenheit. gr. 8. Stuttgart 839. Brodhag. n. 1⅓ ₰

—— die **Mathildenhöhle.** Novelle nach ein. wahr. Begebenheit. gr. 8. (17 B.) Stuttgart 839, [Scheible, Rieger u. Sattler.] *

Reinhold, C. *Ottilie* die neue Aschenbrödel. Eine unterhaltende Erzählung für die Jugend von Carolina Reinhold. Mit [5 statt] 6 Kupfern (= schön handkolor. Lithogr.) Nürnberg, Bauer & Raspe, 1833. VIII, 182 S. Topogr. verz. Or.-Karton. 15.—
Etwas sentimentale, aber gut illustr. Erzählung. — Etwas benutzt, Einband abgegriffen, Rücken geklebt. Eine Tafel fehlt.

——, **Robert,** der Matrosen-Knabe, od. Gott ist in den Schwachen mächtig. Ein Unterhaltungs-Büchl. f. gute Kinder. M. 4 ill. Kpfr. qu. 16. (11½ B.) Nürnberg 831, Bauer u. Raspe.

Reinhold, C. *Rudolph*, der kleine Schweizerknabe. Eine unterhaltende und belehrende Geschichte, von Caroline Reinhold. Mit 4 illum. Kupfern. Nürnberg, Bauer und Raspe, 1830. VI, 196 S. Quer-12°. Or.-Karton. 24.—
Hübsche kleine Erzählung mit reizenden Illustrationen. Etwas fleckig, teilw. lose, Einband stark benutzt.

Reinhold. *Rudolph* der kleine Schweizerknabe. 2. Aufl. Mit 4 illum. Kupfern. Nürnberg, Bauer & Raspe, 1837. 196 S. Quer-12°. Bedruckter u. typogr. verz. grauer Or.-Karton. 36.—
Einband abgenutzt u. beschäd., Ex. m. einigen Gebrauchsspuren.

Karol. **Reinhold**: Tugendspiegel od. d. moral. ABC; e. Lehr- u. Leseb. z. Veredl. jugendlicher Herzen. *Nürnb.*, Recknagel. 836. gr 12° m. 6 ill. Kpf. 18 gl

— die Unterhaltung der Knaben. Erzähll., Mährchen, Gedichte, Charaden u. Räthsel. Mit illum. Kpf. 8. Nürnb. 831. Bauer u. R. 16 gl

—— gesammelte **Waldblumen**, od. Erzählungen aus Gustav's u. Alinen's ländl. Leben. gr. 12. (7½ B. u. 4 ill. Kpfr.) Nürnberg 837, Bauer u. Raspe.

—— **Wanderungen** durch d. Thierreich, od. lehrr. Beschreibn., der nach alphabet. Ordn. abgebild. Thiere, verbunden mit unterhalt. Erzähln. f. d. liebe Jugend. gr. 12. (7 B. u. 2 ill. Kpfrt.) Nürnberg 838, Bauer u. Raspe.

—— wie soll sich d. **Jugend** würdig bilden? Complimentir- u. Anstandsregeln f. d. Jugend in unterhalt. Erzähln. M. 4 (ill.) Kpfr. gr. 12. (8 B.) Nürnberg 832, Bauer u. Raspe.

— das Blümchen **Wunderhold**, oder: Das enthüllte Geheimniß, wie Kinder beliebt u. glücklich werden können. Mit 15 col. Bildern. 8. Chur 836. Kellenberger. (Grubenmann.) 7/12 ß

—— das **Blümchen Wunderhold**, od. d. enthüllte Geheimniß, wie Kinder beliebt u. glücklich werden können. Eine Samml. unterhalt. u. belehr. Erzähln. 1. Aufl. (8½ B. u. 15 col. Bild.) 836. 7/12 Thlr. (Neue Ausg.) 8. (8½ B. u. 8 ill. Bild.) Chur 841, Grubenmann'sche Buchh.

Reinhold, Constanze, Albina, das Blumenmädchen. 8. Nürnb. 823. N. A. 826. (v. Ebner). 16 gl

Reinhold, (Constanze,) **Albina,** das Blumenmädchen. Neue wohlf. Ausg. 8. Nürnb. 826, Haubenstricker.

Reinhold, Constanze, Albina, das Blumenmädchen. 8. Nürnberg 826; jetzt Bade in Berlin. 2/3 ß

Reinhold, (Constanze,) Sechs Erzählungen. Ein Geschenk f. die Jugend Mit 1 Kpf. 16. Wien 824, Heubner.

Reinhold, Constanze, sechs Erzählungen. Ein Geschenk f. die Jugend. Mit 1 Kpf. 12. Wien 825. Heubner. 20 gl

Reinhold, Leo v., s. a. Rotter, Ludw.

Reinhold, Leo v. (Ludw. Rottor), Johann Orth. Historischer Roman. gr. 8. (360 S.) Budapest 894. (Leipzig, Litorar. Anstalt A. Schulze.) n. 3. —

Reinhold, Max, die Goldklausel im Hypothekenverkehr. 8. (14 S.) Berlin 894. E. Apolant. n. — 50

Reinhold, M., wo bleibt d. Schutz d. Publikums bei dem Depotgesetze? gr. 8. (20 S.) Berlin 896. E. Apolant. n. — 50

Reinhold, Oskar, Gerichtsref. aus Urdenbach a. Rh.: Die einseitige außergerichtliche Aufrechnung des Bürgerlichen Gesetzbuches für das Deutsche Reich ein abstraktes Rechtsgeschäft. *Uerdingen a. Rh. [1903]: R. Goebel.* (58 S.) 8° [F.]
Freiburg i. B., Rechts- u. staatswiss. Diss. v. 1903

Reinhold, Otto, die Blutgräfin, s. **Fackel,** die rothe.

—— Rübezahl, der Berggeist, oder die Geheimnisse des Riesengebirges. Volksroman. 40 Lfgn. gr. 8. (1920 S.) Berlin 877,78, Grosse. à Lfg. 30 Pf. 12 —

Reinhold, Otto, Rübezahl, der Berggeist, oder die Geheimnisse des Riesengebirges. Volksroman. 80 Hefte. gr. 8. (1918 S.) Berlin 881, Grosse. à Heft 10 Pf.

Reinhold, P., **Gesetz,** betreffend die Erhebung der Reichs-Stempelabgaben. Vom 1. Juli 1881. Für den kaufmänn. Verkehr, sowie für Behörden und Beamte auf Grund der Materialien und der erläut. amtl. Verfügungen bearb. 8. (VIII, 100 S. mit 1 Tab.) Berlin 882, Kortkampf. geb. *

Reinhold, P., das **Taback-Steuer-Gesetz** vom 16. Juli 1879, nebst den zur Ausführung desselben erlassenen amtl. Vorschriften. Ein Handbuch für die Behörden der Zoll- und Steuer-Verwaltungen, sowie für Tabackpflanzer, Tabackhändler und Tabackfabrikanten. Zusammengestellt und mit Erläuterungen und einem Wortregister versehen. 12. (IV, 240 S.; Nachtrag 60 S.) Leipzig 881, [Baensch.] Bredow. * 3 —

Reinhold, P., das **Tabaksteuer-Gesetz** vom 16. Juli 1879, nebst den zur Ausführg. desselben erlassenen amtl. Vorschriften. Zusammengestellt u. m. Erläutergn. versehen. 2., umgearb. u. ergänzte Aufl. 12. (IV, 356 S.) Leipzig 891. R. Bredow. n. 5. —

—— **Tarif** zur Berechnung der Wechsel-Stempel-Steuer, sowie der Reichs-Stempelabgabe von den der letzteren unterliegenden Werthpapieren. Tabelle. gr. Fol. Berlin 882, Kortkampf. * — 50

— der deutsche **Zolltarif** f. die Zeit vom 1. Febr. 1892 ab. Auf Grund d. Zolltarifgesetzes vom 5. Juli 1879 [nach der Redaktion vom 24. Mai 1885], der späteren Aendergn. dieses Gesetzes u. der in den Handelsverträgen m. Oesterreich-Ungarn, Italien, Belgien, der Schweiz, Griechenland u. Spanien vereinbarten Vertragstarife zusammengestellt. gr. 8. (IV, 27 S.) Berlin 892. R. v. Decker. n. — 60

— das **Zolltarifgesetz** u. das amtliche Waarenverzeichniß zum Zolltarife in der vom 1. Febr. 1892 ab geltenden Fassung. Auf Grund der gelt. Gesetze, Handelsverträge u. Beschlüsse d. Bundesrathes zusammengestellt. gr. 8. (IV, 201 S.) Ebd. 892. n. 4. —

— dasselbe. Nachtrag, enth. sämmtl. bis zum 26. Mai 1894 eingetretenen Aendergn. des Zolltarifgesetzes u. des amtl. Waarenverzeichnisses zum Zolltarife. gr. 8. (10 S.) Ebd. 894. n. — 40

Reinhold, P., das Zuckersteuer-Gesetz vom 9. Juli 1887, nebst den zur Ausführung desselben erlassenen amtl. Vorschriften. Ein Handbuch für die Behörden und Beamten der Zoll- und Steuer-Verwaltungen, sowie für Zuckerfabrikanten, Zuckerraffineure und Zuckerhändler. Zusammengestellt und mit Erläuterungen versehen. 12. (III, 350 S.) Leipzig 888, Bredow. *ℳ 4.40.; geb. * 5 —

—— Das Zuckersteuer-Gesetz vom 9. Juli 1887, nebst den zur Ausführg. desselben erlassenen amtl. Vorschriften. Zusammengestellt u. m. Erläutergn. versehen. Nachtrag, enth.: I. e. Zusammenstellg. der bis zum 1. Aug. 1890 ergangenen Bestimmgn. zur Abänderg. u. Ergänzg. der Ausführungsvorschriften zu dem Zuckersteuergesetze u. II. e. Verzeichniß der Zuckersteuerstellen nach dem Stande vom 1. Aug. 1890, geordnet: 1. nach Staaten u. Bezirken, 2. nach dem Alphabet. 12. (48 S.) Lpz. 890, Bredow. * — 80
Hauptwerk. Ebd. 1888. * 4 40; geb. * 5 —.

Reinhold, Peter

— Der Pfauenaugentag. (34 S.) kl. 8. Dresden 909. v. Zahn & Jaensch. Kart. 2.25

— Rügers Schwarzseherei. Ein Beitrag zur sächs. Finanzpolitik. (48 S.) 8. Leipzig 910. O. Wigand. —40

— Sehnsucht. Märchen. Buchschmuck v. H. R. Heinmann. (61 S. m. Abb.) 8. Dresden (907). v. Zahn & Jaensch. 3.50; geb. in Leinw. 4. —

Reinhold, Pet., So leer im Herzen ... 3 Erzählgn. (229 S.) 8. Dresden (909). H. Minden. 2.40; geb. n 3.40

Reinhold, P. Pius, O. M. C. Skapulierbüchlein. Entstehung, Zweck, Gnaden und Ablässe des fünffachen Skapuliers. Mit entsprechenden Andachtsübungen und den gewöhnlichen Gebeten eines katholischen Christen. Mit Approbationen. Gr. in-24°, 448 S., mit 2 Bildern. Einsiedeln, Gebr. K. & N. Benziger. 1886. 1 —

Reinhold, Rob., der Freiherr. Novelle. 2 Bde. kl. 8. Meißen 843, Goedsche. 1 2/3 ß

Reinhold, S.C. (Resp.): Diss. de mutatione sensationum in morbis, s. Buechner, Andr. El. (Praes.)

Reinhold, Werner

Reinhold, Carl Guernh., Adnotationes criticas in Terentii Andriam, Eunuchum, Adelphos, et Heauton Timorumenon scripsit et edidit. Adjecta est de Donato, Terentii interprete observatio, et var. lect. ex libro Gryphienai excerpta. 8. (2½ B.) Primislaviae 830, [Kalbersberg.]

Reinhold, C. G., adnotationes criticas in Terentii Andriam, Eunuchum, Adelphos et Heauton Timorumenon scripsit et edidit. Adjecta est de Donato, Terentii interprete, observatio, et var. lect. ex libro Gryphiensi excerpta. 8. Prenzlau 830. (Ragoczy). 4 gr.

— über die Anwendung der Musik in den Comödien der Alten. Zugleich als Beilage zu seiner Ausg. des Terenz. 8. Pasewalk 839. Freyberg. 1/4 ß

Reinhold, Werner, über d. Anwendung d. Musik in d. Comödien d. Alten. Ein Versuch. Zugleich als Beil. zu seiner Ausg. d. Terenz. 8. (2½ B.) Pasewalk 839, [Köhler's Buchh.]

Reinhold, Werner, Beurmann u. die Pommern. Eine Noth- u. Gegenwehr des mit frecher Bosheit verhöhnten Pommerlandes. Mit einem Glossar von Ed. Hellm. Freyberg. (1s Hft.) kl. 8. Pasewalk 839. Freyberg. 1/3 ß

—— Beurmann u. die Pommern. Eine Noth- u. Gegenwehr d. mit frecher Bosheit verhöhnten Pommerlandes. Mit e. Glossar v. Ed. Hellm. Freyberg. (1. Hft.) 8. (4½ B.) Pasewalk 839, [Köhler's Buchh.]

— Chronik Anclam's. Nebst 1 lithogr. Ansicht Anclam's. 4 Hfte. gr. 8. Anclam 837. (Dietze.) n. 1 ß

—— Chronik Anclam's. (4 Hfte.) gr. 8. (13⅜ B.) Anclam 837, 38, (Dietze.) *

Reinhold, W., Chronik der Stadt Dahme u. der Umgegend. 1. Bd. 1.—9. Heft. gr. 8. Dahme 845, 46. (Leipzig, Thomas.) à n. 1/6 ß

— Chronik der Städte Friedland, Neubrandenburg und Woldegk. 1r Thl. Chronik der Stadt Friedland. gr. 8. Anclam 838. (Dietze.) n. 1/3 ß

— Chronik der Stadt Prenzlau. (In 4 Abthll.) 1s u. 2s Hft. (oder Abthl.) 8. Prenzlau 839. Vincent. 2/3 ß

Reinhold, Werner, Chronik der Stadt Stolp. Wittenberg 861. Kölling. (Leipzig, Reichenbach.) gr. 8. (XII, 268 S.) 1 ß 7½ ngr.

— s. Cornelius Nepos.

Reinhold, Werner, die Junitage in Neukalden, od. unparth. Darstellung d. Vorfalls zu Neukalden in Mecklenburg-Schwerin im Juni 1845, nach den besten u. sichersten Quellen bearb. 8. Demmin 846. (Gesellius.) (Leipzig, Schmidt.) n. 1/6 ß

— die Römische Kaisergeschichte, ein von den Geschichtschreibern aufgestelltes Zerrbild, umgestaltet im Namen der unpartheiischen Kritik d. 19ten Jahrhunderts. Als Probe: Nero, ein Scheusal genannt, dargestellt als guter Mensch u. vortrefflicher Regent rc. gr. 8. Pasewalk 839. Freyberg. 1/4 ß

—— die römische Kaisergeschichte, ein von d. Geschichtschreibern aufgestelltes Zerrbild, umgestaltet im Namen d. unparthei. Kritik d. 19. Jahrh. Als Probe: Nero, ein Scheusal gen., dargest. als guter Mensch u. vortreffl. Regent, unschuldig verlästert u. gebrandmarkt. gr. 8. (3⅛ B.) Pasewalk 839, [Köhler's Buchh.]

Reinhold, Werner, klein. wissenschaftl.-prakt. Lehrbuch d. deutschen Sprache. Zunächst f. Land- u. Bürgerschulen u. untere Gymnasial-Classen, so wie zum Selbstunterr. f. Jedermann. gr. 8. (10½ B.) Stralsund 834, Struck.

Reinhold, Werner, Philosophie der deutschen Sprache im populären Gewande. Ein Grundriß für Volks- und Bürgerschulen, untere Gymnasial-Klassen, sowie zum Selbstunterricht für Jedermann. br. 8. (55 S.) Allentown, Pa. 869. (Philadelphia, Schäfer und Koradi.) geb. * 2 —

—— Ratio humana et evangelium, sive philosophiae christianae fundamentum. 8 maj. (10 Seit.) Stralsundiae 832, (Loeffler.)

— Supplementa ad Turselinum ab Handio editum. Partic. I. Et. s. titulo: De usu particulae Adeo brevis Observatio. 8. Primislaviae 838. Vincent. 1/4 ß

Reinhold, Werner, s. Syrus, Publ.: Sententiae.

Reinhold, (Car.) Guernh., s. Terentii Afri, Publ., comoediae VI.

—— der kleine warum? fragende Sprachschüler. Zunächst für Land- u. Bürgerschulen u. untere Gymnasialklassen, sowie zum Selbstunterr. für Jedermann. Oder: Philosophie der deutschen Sprache in populärem Gewande rc. gr. 8. (4 B.) Schwedt 842, Jungheim.

Reinhold, Wilbelm [Übers.]
s. Byron, G.G.: Poesien. 1821 - 1828.

Reinhold's u. Bertha's neues ABC= u. Lesebuch. 8. (Mit 5 col. Bild.) Neu=Ruppin 845, Kühn. (Leipzig, Thomas.) geb. n. 1/4 ℛ

Reinholds Schicksale, oder Gott führt die Seinen wunderbar. Eine Erzählung für d. reifere Jugend aus d. Zeiten des 30jähr. Krieges. Mit Titelkpfr. 8. Augsburg 838. Veith u. Rieger. (Lampart u. C.) 3/8 ℛ — 2e verb. Aufl. gr. 12. Ebd. 840. 3/8 ℛ

Reinholds Schicksale, oder Gott führt die Seinen wunderbar. Eine Erzählung für die reifere Jugend aus den Zeiten des 30jähr. Krieges. 3. Aufl. Mit 1 Stahlstich. gr. 12. Augsburg 842, Lampart u. Comp. 3/8 ℛ

Reinholds Schicksale, oder Gott führt die Seinen wunderbar. Eine Erzählung aus den Zeiten des 30jährigen Krieges für die reifere Jugend und Erwachsene. Von dem Verf. des Adelmar rc. 4. Aufl. gr. 12. (168 S. mit 1 Stahlst.) Augsburg 853, Lampart und Comp. (Leipzig, Hübner.)

Reinhold's Schicksale, oder Gott führt die Seinen wunderbar. Eine Erzählung aus den Zeiten des 30jähr. Krieges für die reifere Jugend und Erwachsene. Von dem Verf. des „Adelmar" und der „Gemsschützen". 5. Aufl. 8. (167 S. mit 1 Stahlst.) Regensburg 874, Volks= und Jugendschriften=Verlag. cart. 1 20

Reinholdt, Alex. v., Geschichte der russischen Litteratur von ihren Anfängen bis auf die neueste Zeit. gr. 8. (XV, 848 S.) Leipzig 885. 86. Friedrich. n. 13. 50; Einbd. n.n. 1. —

Reinholdt, Alex. v., Geschichte der russischen Litteratur von ihren Anfängen bis auf die neueste Zeit, s. Geschichte der Weltlitteratur in Einzeldarstellungen.

Reinholdt, Georg Christoph. Georg Christoph Reinholdt, Buchbinder in der Markt-Strasse, neben dem Wirtshause zum Schwarzen Bären, zu Philadelphia, hat folgende Bücher zu verkaufen. Philadelphia: Miller, 1773. LCP

Reinholdt, H. J.

— Beschreib. eines Zeichnenapparats, durch welchen alle angegebene gerade Linien in ihren mannichfach. Verbindungen — die Winkel bis auf einzelne Sekunden — ohne Zirkel gezeichnet u. gezeichnete gemessen werden können. Mit 27 Fig. in Steindr. gr. 8. Münst. 830. (Coppenrath). 8 K

—— Theorie d. Krummzapfens, u. einige z. Maschinenkunde gehör. Speculationen, nebst e. Anh.: Versuch e. rein geometr. Begründ. der Lehre v. Parallellinien. M. 28 Fig. — Noch als Anh.: Theorie d. Saug= u. Saugdruckwerke. M. 24 Fig. (2 Abthln.) gr. 8. (8½ B. u. 7 Stnt. gr. 4. u. qu. Fol.) Münster 829, 31, Coppenrath.

Reinholt, Ludw., Tränen. Gedichte. (87 S.) 8. Graz 906. Leykam. n. 1. 20

Reinhorst, E. R., De Romae originibus. Gel. 1865. 8 S. 4°.

Reinhorst, R., der Christ u. die Zeitung, s.: Fragen, zeitbewegende.

Reinick, s.: Entscheidungen des königl. preuß. Oberverwaltungsgerichts in Staatssteuersachen.

Reinick, Gabriel Gottlieb (Danzig), Diss. med. sistens momenta quaedam de moscho naturali et artefacto. Jena (Strauss) 6. VIII. 1784. 48 S. (5.—) 28271
Gew.: Johann Ellhard Reinick, Daniel Beringhusen.

Reinick, H. A., Beiträge zur Waldschutz= und Aufforstungs=Frage mit besond. Beziehung auf die Prov. Hannover. Im Anhang: Text der Gesetze vom 6. Juli 1875 und vom 14. März 1881. gr. 8. (IV, 167 S. mit 1 autogr. Taf.) Hildesheim 881, Lax. * 2 50

Reinick, H. A., **Statistik des Regierungsbezirkes Aachen, in amtl. Auftrage hrsg. 3 Abthlgn. Lex.-8.** Aachen, Benrath und Vogelgesang.
Abthl. 1. (XII und 196 S.) 865. 1 Thlr. 6 Ngr.
» 2. Orographisch - geognostische Uebersicht des Regierungsbezirkes Aachen von H. v. Dechen. (IV und 292 S.) 866. 1 Thlr. 24 Ngr.
» 3. 1. Hälfte. (II und 368 S.) 867. 2 Thlr. 9 Ngr.; 2. Hälfte. (VIII und S. 369—770.) 867. 2 Thlr. 18 Ngr.

Reinick, Robert

Reinick, Rob., A-B-C-Buch für große und kleine Kinder, s. A-B-C-Buch.

Reinick, R. *ABC-Buch* für kleine und große Kinder gezeichnet von Dresdner Künstlern. Mit Erzählungen und Liedern von Robert Reinick und Singweisen von Ferdinand Hiller. 4. Aufl. Leipzig, A. Dürr, 1876. 4 Bll., 158 SS. Mit Frontispiz und 26 großen Holzschnitten v. Ludwig Richter, C. Peschel, E. Bendemann, Jul. Hübner, O. Wagner, R. Reinick u. a. 4o. Orhlwd. 28.—
Entzückendes Buch. Zu jedem Buchstaben ein Bild und Gedicht oder Erzählung. — Frisches Ex.

—— auch ein Todtentanz, s. Rethel, Alfr.

Aus Biedermeiertagen. Briefe Robert Reinicks und seiner Freunde. Hrsg. von Johannes Hoffner. Bielefeld & Leipzig: Velhagen & Klasing 1910. 304 S. 8°

Reinick's, Rob., Briefe, s. Aus Biedermeiertagen.

— Erzählungen u. Gedichte, s.: Jugendschriften, hrsg. v. Lehrerhausverein f. Oberösterreich.

Reinick, R., Erzählungen für die Jugend, s.: Volks= u. Jugendschriften, ausgewählte.

Reinick, R., kleine Erzählungen, s. Hausbibliothek, kleine, für die Jugend.

Reinick, Rob., kleine Erzählungen. (Spitzenchristel. Hans Lustig. Die Wolke. Der Hahn u. die Wachtelhündchen. Die Nußdiebe. Der schmelzende Koch. Des Esels Schatten. Vom boshaften Hannes. Das Geburtstagsgeschenk.) 12. (74 S.) Leipzig 893. Greßner & Schramm. Kart. n. — 60

Reinick, Rob., Erzählungen u. Lieder. Für die Jugend hrsg. m. Berücksicht. der neuen Rechtschreibg. v. Rich. Lorenz. Mit 3 schwarzen Textbildern v. W. A. Bombach, sowie 2 farb. Bildern v. Ernst Zimmer. (IV, 132 S.) 8. Berlin (904.) Verlag Jugendhort. Geb. in Halbleinw. n. 1. 40

— u. W. O. v. **Horn, Festgabe f. die Jugend. Erzählungen.** Mit (2) Vollbildern v. Frz. Staffen u. G. A. Stroedel. 2 Tle. in 1 Bde. (III, 77 u. 112 S.) 8. Berlin (907). Meidinger's Jugendschriften-Verlag. Geb. 2. —

Reinick, Rob., Gedichte, s.: Vademecum f. d. deutsche Jugend.

— Gedichte, Erzählungen u. Märchen. Mit Bildern Ludw. Richters u. seiner Schule. Ausgewählt u. im Einverständnis mit der Dresdner Jugendschriften-Kommission hrsg. v. Carl Kretschmar u. Osk. Ostermai. 2 Bdchn. 8. Dresden, A. Köhler. Kart. à n. — 70
1. Für Kinder vom 7. Jahre an. (VII, 75 S.) 904.
2. Für Kinder vom 11. Jahre an. (VII, 80 S.) 904.

— Gedichte, Erzählungen u. Märchen. Mit Bildern Ludw. Richters u. seiner Schule. Ausgewählt u. im Einverständnis m. dem Dresdner Jugendschriften-Ausschuß hrsg. v. Karl Kretschmar u. Osk. Ostermai. 2 Bdchn. 8. Dresden 907. A. Köhler. Geb. à nn — 90
1. Für Kinder v. 7. Jahre an. 6.—11. Tauf. (III, 84 S.)
2. Für Kinder v. 11. Jahre an. 6.—10. Tauf. (III, 85 S.)

Reinick, Rob., Geschichten. Illustriert v. H. Graf. 8. (III, 67 S.) Wurzen 898. E. Kiesler. Kart. 1. —

— Geschichten u. Lieder f. die Jugend, s.: Universal-Bibliothek.

— Geschichten u. Märchen. Illustriert v. H. Graf. 8. (V, 180 S.) Ebd. 898. Geb. 1. 50

Reinick, Rob., Geschichten, Märchen und Lieder. Für die Jugend gesammelte Dichtungen. Mit 5 Farbendr.-Illustr., gezeichnet von O. Woite. gr. 8. (IV, 220 S.) Berlin 883, Drewitz. geb. 4 50

— Geschichten, Märchen u. Lieder. Für die Jugend gesammelte Dichtgn. Mit Farbendr.-Illustr., gezeichnet v. O. Woite. 1. u. 2. Aufl. gr. 8. (IV, 220 S.) Leipzig 893. O. Drewitz Nachf. Kart. 4. 50

—— s. Hebel, J. P. Allemann. Gedichte.

Reinick, Rob., deutscher Jugendkalender, s. Jugendkalender.

— die Kinder im Walde, s.: Ziegler, H. v.

Reinick, R., Lieder. 8. Berlin 844, Reimarus. 1 1/2 ß

—— Lieder. 2., verm. Min.-Ausg. 16. (VIII und 328 S.) Berlin 851(52,) Ernst und Korn.

Reinick, Rob., († d. 7. Febr. 1852), Lieder. 2. verm. Min.-Ausg. 16. (VIII u. 328 S.) Berlin 852, Ernst & Korn. In Engl. Einb. m. Goldschnitt 1 2/3 ß

—— Lieder. 3. Aufl. 16. (VIII und 328 S.) Berlin 855, Ernst und Korn.

Reinick, Rob., Lieder. Mit dessen Lebensskizze von Berthold Auerbach. 5. Aufl. 16. (XXXII und 328 S. mit Portr. in Stahlst.) Berlin 863, Ernst und Korn. cart.
geb. mit Goldschn.

Reinick, Rob., Lieder. Mit dessen Lebensskizze von Berthold Auerbach. 6. Aufl. 16. (XXXII, 328 S. mit Portr. in Stahlst.) Berlin 873, Ernst und Korn. [Grote'sche Verlagsh.] geb. * 6 —

— Lieder. 12. (V, 194 S.) Leipzig 889. Fock. geb. n. 1. 50

— dasselbe, s.: Bibliothek der Gesamt-Litteratur des In- u. Auslandes.

— Lieder, s.: Universal-Bibliothek.

— Lieder u. Erzählungen, s.: Universal-Bibliothek f. die Jugend.

—— s. Lieder und Fabeln.

—— Lieder eines Malers, s. Lieder und Bilder.

(Reinick, R.,) Lieder, s. Lieder eines Malers.

Reinick, Robert. Bd. 1. Lieder eines Malers, mit Randzeichnungen seiner Freunde. — Bd. 2. Deutsche Dichtungen, mit Randzeichnungen deutscher Künstler. Düsseldorf 1838. 4°.

(——) Liederbuch f. deutsche Künstler, s. Liederbuch.

— M. v. Nathusius, W. O. v. Horn, Chr. v. Schmid, goldenes Mädchenbuch. Auswahl bester Erzählgn. Mit 4 Einschalt-Bildern v. G. A. Stroedel u. Frz. Staßen. 4 Tle. in 1 Bde. (77, 83, 112 u. 86 S.) 8. Ebd. (908). Geb. in Leinw. 3. —

—— Märchen, s. Universal-Bibliothek f. die Jugend.

— Märchen. Illustriert v. H. Graf. 8. (III, 112 S.) Wurzen 898. E. Kiesler. Kart. — 60

— Märchen. Für die Jugend hrsg. m. Berücksicht. der neuen Rechtschreibg. v. Rich. Lorenz. Mit 8 schwarzen Textbildern v. W. A. Bombach, sowie 4 farb. Bildern v. Ernst Zimmer. (124 S.) 8. Berlin (904). Verlag Jugendhort. Geb. in Halbleinw. n. 1. 40

—— ausgewählte Märchen, s. Hausbibliothek, kleine, für die Jugend.

— ausgewählte Märchen. 12. (78 S.) Leipzig 893. Greßner & Schramm. Kart. n. — 60

— Märchen u. Erzählgn. Neueste Rechtschreibg. Mit (4) Dreifarbenbildern nach Aquarellen v. Herm. Tischler. (80 u. 80 S.) 8. Berlin (910). A. Weichert. Kart. (urspr. Pr. 3. —)

— Märchen, Erzählungen u. Lieder. Durchgesehen u. m. Berücksicht. der neuen Rechtschreibung hrsg. v. Rich. Lorenz. Mit 6 schwarzen Textbildern v. W. A. Bombach, sowie 6 farb. Bildern v. Ernst Zimmer. (124 u. 132 S.) gr. 8. Berlin (904). Verlag Jugendhort. Geb. in Leinw. 4. 50

Reinick, Rob. Märchen u. Fabeln, s. Volks u. Jugendschriften, ausgewählte.

— Märchen, Geschichten u. Lieder. Eine Auswahl aus dessen Dichtgn. f. die Jugend. Mit vielen Bildern. Neue Ausg. 8. (224 S.) Reutlingen 886. Enßlin & Laiblin. geb. 1. 20

Reinick, Rob., Märchen, Geschichten u. Lieder. Eine Auswahl aus dessen Dichtgn. f. die Jugend. Mit zahlr. Bildern v. W. Claudius, G. A. Closs, Herm. Vogel u. E. Voigt. Neue Ausg. (Prachtausg.) (224 S. m. 4 Farbdr.) 8. Reutlingen (906). Enßlin & Laiblin. Geb. in Leinw. 3. —

— Märchen, Lieder u. Geschichten. Illustr. v. Pet. Geh. gr. 8. (224 S.) Berlin 898. Frz. Schulze. Geb. 1. 50

— Märchen, Lieder u. Geschichten. Illustriert v. Pet. Geh u. F. Schneider. gr. 8. (224 S. m. 5 [3 farb.] Taf.) Berlin (902). R. Gahl. Geb. 3. —

— Märchen, Lieder u. Geschichten. Gesammelt für die Jugend von Karsten Brandt. Mit 6 Buntbildern u. 30 Textillustr. von Otto Kubel. (VIII, 120 S.) Lex.-8. Stuttgart (906). Loewe. Geb. 3.—

— Märchen, Lieder u. Geschichten. Gesammelt f. die Jugend v. Karsten Brandt. Mit 4 Buntbildern u. 30 Textillustr. v. Otto Kubel. (VIII, 208 S.) 8. Stuttgart (907). Loewe. Geb. 2.50

— dasselbe. Mit 23 Textbildern v. O. Kubel. Volksausg. 4. Aufl. (VIII, 160 S.) 8. Ebd. (909). Geb. 1.20

— Märchen u. Lieder f. die Jugend. Illustriert von F. Schneider. gr. 8. (123 S. m. 3 Farbdr.) Berlin (899). R. Gahl. Geb. —75; erhöht. Pr. n. 2.25

— dasselbe. Mit (3) Illustr. in Farbendr. nach Originalen v. W. Zweigle. gr. 8. (III, 123 S.) Berlin (902). Globus-Verlag. Geb. —60

Märchen- und Geschichtenbuch. Von Robert Reinick. Für Kinder von 8–10 Jahren. *Langensalza: F. G. L. Gressler 1899.* (186 S.) 8° [F.]
— Jugendbücherei, F. G. L. Gresslers Neue. Bd 1. [99. 55.9

Märchen- und Geschichtenbuch. Von Robert Reinick. Für Kinder von 8–10 J. 2. Aufl. *Langensalza: F. G. L. Gressler 1902.* (195 S.) 8° [F.]
— Jugendbücherei. F. G. L. Gressler's Neue. Bd 1. [03. 1748

— Märchen- u. Geschichtenbuch, s. a. Greßler's, F. G. L., neue Jugendbücherei. 1.

Reinick. *Märchen-, Lieder- und Geschichtenbuch.* Gesammelte Dichtungen Reinick's für die Jugend, zum erstenmal gesammelt und herausgegeben. Mit zahlreichen Bildern [Textholzschn. nach Reinick, Ludwig Richter u. a.]. Bielefeld u. Lpz., Velhagen u. Klasing, 1873. IV, 233 SS. (S. 234—236 = Verlagsanz.). Gr.-8°. Or.-Karton mit Leinenrücken. 35.—
R. 2089. H.-B. 2893. ★ Erste Ausgabe eines der beliebtesten Kinderbücher in dieser Sammelform. Teilw. unbed. fleckig. Einband leicht benützt.

Reinick, Rob., Märchen-, Lieder- u. Geschichtenbuch. Gesammelte Dichtgn. Reinick's fur die Jugend, zum erstenmal gesammelt u. hrsg. Mit zahlreichen Bildern (in eingedr. Holzschn.) 2. verm. Aufl. gr. 8. (IV, 276 S.) Bielefeld 873. Velhagen & Klassing. n. 4. —; geb. n. 6.—

—— Märchen-, Lieder- und Geschichtenbuch. Gesammelte Dichtungen für die Jugend, zum erstenmal gesammelt und hrsg. 3. verm. und 4. unveränd. Aufl. gr. 8. (IV, 276 S. mit zahlreichen eingedr. Holzschn.-Bildern.) Bielefeld 876,78, Velhagen und Klasing. geb. * 4 —

—— Märchen-, Lieder- und Geschichtenbuch. Gesammelte Dichtungen Reinick's für die Jugend, zum erstenmal gesammelt und hrsg. Mit zahlreichen Bildern. 5.—7. unveränd. Aufl. gr. 8. (IV, 280 S.) Bielefeld 880—84, Velhagen und Klasing. cart. * 4 —

—— Märchen-, Lieder- und Geschichtenbuch. Gesammelte Dichtungen Reinicks für die Jugend, zum erstenmal gesammelt und hrsg. 8. unveränd. Aufl. gr. 8. (IV, 280 S. mit zahlreichen Bildern.) Bielefeld 886, Velhagen und Klasing. cart. * 4 —

— Märchen-, Lieder- u. Geschichtenbuch. Gesammelte Dichtgn. Reinicks f. die Jugend, zum erstenmal gesammelt u. hrsg. Mit zahlreichen Bildern. 10. unveränd. Aufl. gr. 8. (VI, 280 S.) Bielefeld 892. Velhagen & Klasing. Kart. n. 4.—

— Märchen-, Lieder- u. Geschichtenbuch. Gesammelte Dichtgn. Reinicks f. d. Jugend, z. erstenmal gesammelt u. hrsg. M. zahlr. Bildern. 11., unveränd. Aufl. gr. 8. (VI, 280 S.) Bielefeld 896. Velhagen & Klasing. Geb. n. 4.—

— Märchen-, Lieder- u. Geschichtenbuch. Gesammelte Dichtgn. Reinicks f. die Jugend zum erstenmal gesammelt u. hrsg. Mit zahlr. Bildern. 12., unveränd. Aufl. gr. 8. (VI, 280 S.) Bielefeld 900. Velhagen & Klasing. Kart. n. 4.—

— Märchen-, Lieder- u. Geschichtenbuch. Gesammelte Dichtgn. Reinicks für die Jugend, zum erstenmal gesammelt u. hrsg. Mit zahlreichen Bildern. 13. u. 14. Aufl. (à VI, 214 S.) Lex.-8. Bielefeld 904. 905. Velhagen & Klasing. Kart. n. 5.—

— Märchen-, Lieder- u. Geschichtenbuch. Gesammelte Dichtgn. Reinicks f. die Jugend, zum erstenmal gesammelt u. hrsg. Mit 12 farb. Einschaltbildern u. zahlr. Textabbild. 15. m. der 14. übereinstimm. Aufl. (VI, 214 S.) Lex. 8. Bielefeld 907. Velhagen & Klasing. Kart. 5.—

Reinick, Robert: Noch drei Märchen, s. Hausbibliothek, Kleine, für d. Jugend.

Reinick, Rob., der Reserveoffizier der Feldartillerie als Zugführer. I.—III. Tl. gr. 8. Berlin. R. Eisenschmidt. à —.80
I. Die Frühjahrsübg. (27 S.) 909.
II. Die Schießübungsperiode. (27 S.) 909.
III. Die Herbstübungsperiode. (24 S.) 909.
Sonderabdrucke aus: „Militär-Zeitg."

Reinick, Robert. Der Savoyarde — Der Ritter — Der Pfennig. Den Kindern dargereicht vom Verein für Verbreitung guter Schriften, Basel. [Mit illustriertem Umschlag.] IV + 32 S. 8. (Basel, Emil Birkhäuser, Dezember 1907.) [fr. —.05]
Verein für Verbreitung guter Schriften, Basel. B [Weihnachtsgabe]. 17.

Reinick, Rob[ert]. Die Schilfinsel — Die drei Schwestern. Den Kindern dargereicht vom Verein für Verbreitung guter Schriften, Basel. [Illustriert.] II + 32 S. 8. (Basel, Emil Birkhäuser, Dezember 1904.) [fr. —. 05]
Verein für Verbreitung guter Schriften, Basel. B [Weihnachtsgabe]. 14.

— Spitzenchristel, s.: Jugendschriften, Münchener.

— Wie ist die Erde doch so schön! Verse v. R. (Farbige Bilder v. Hans Schroedter.) [Aus: „Das deut. Bilderb."] (15 S.) 22,5×29,5 cm. Mainz (909). J. Scholz. Kart. 1.—

— die Wurzelprinzessin. Ein Kindermährchen. Mit 8 (lith. u. color.) Bildern von Th. v. Oer u. R. Reinick. 4. (36 S.) Leipzig 848, G. Wigand (jetzt: Schlicke). n. 1 ₰

Reinick, Robert. Die Wurzelprinzessin. Den Kindern dargereicht vom Verein für Verbreitung guter Schriften, Basel. [Mit illustriertem Umschlag.] IV + 32 S. 8. (Basel, Emil Birkhäuser, Dezember 1908.) [fr. —. 05]
Verein für Verbreitung guter Schriften, Basel. B [Weihnachtsgabe]. 18.

— die Wurzelprinzessin u. andere Märchen, s.: Jugendschriften, Münchener.

Reinicke, letzte Predigt, nach dem Gedächtniß zusammengestellt von Mehreren. gr. 8. (7 S.) Danzig 878, (Saunier's Buchh.) ** — 30

—— Taube, Nesselmann und Carus, vier Predigten, gehalten bei Gelegenheit des in Danzig vom 5.—7. Septbr. tagenden 18. Congresses für innere Mission. gr. 8. (46 S.) Danzig 876, (Bertling.) * — 60

Meinicke, A., aus der komischen Oper, oder die Arbeiten des Hercules, s. Bloch's Theater-Gartenlaube.

—— Römer und Dacier. Historisches Schauspiel in 4 Aufzügen. gr. 8. (64 S.) Berlin 867, Lassar's Buchh. *

Meinicke, Adph., Feuer in der Mädchenschule, s. Bloch's, E., Dilettanten-Bühne.

Meinicke, Alb. (I.), der Brief nach seiner innern und äußern Einrichtung zum Gebrauch in Lehranstalten wie zum Selbstunterricht. gr. 8. (47 S.) Heilbronn 864, Scheurlen.

— Uebersicht der allmäligen Vergrößerung des brandenburgisch-preußischen Staats unter den Hohenzollern. Halle 864. Anton. qu. 4. (8 S.) 2½ ngr.

Meinicke, Alb. (II.), Uebersicht der allmäligen Vergrößerung des brandenburgisch-preußischen Staats unter den Hohenzollern. 1. Aufl. 1864. und 2., verm. Ausg. qu. 4. (10 S.) Halle 867, Anton.

Meinicke, Chr. Fr., s. Gränzlinien d. Aufklärung.

Meinicke, D. Weihnachten in Schule u. Haus. Neue dramat. Festspiele u. Lieder. 8. (64 S.) Bielef. 890, Helmich. * — 75 geb. * 1 —

Weihnachten in Schule und Haus. Neue dramat. Festspiele u. Lieder. Von D. **Reinicke**. 2. Aufl. *Bielefeld: A. Helmich [1899].* (60 S.) 8° [F.]
— **Festspiele** f. Schule u. Haus. 1. [oo. 8935

Meinicke, Emil, der Kaiser, der Reichstag u. Bismarck. (Alter Kurs od. neuer Cours?! Entgegnung auf Bismarck u. der Hof.) 2. u. 3. Aufl. gr. 8. (72 S.) Charlottenburg 892. A. Michow. n. — 60

Meinicke, E., für Kinder, die gern lachen. Ein Bilderbuch. (42 farb. Bl.) 25×37,5 cm. München (910). Braun & Schneider. Kart. 4. —

Meinicke, Emil, Lustiges aus der Thierwelt. Ein Kinderbuch. qu. Fol. (38 Bl. m. farb. Abbildgn. u. eingedr. Text.) München (900). Braun & Schneider. Kart. n. 3.50

Reinicke, Ernst Alexander [app. Arzt aus Radeberg]: Bakteriologische Untersuchungen über die Desinfection der Hände ... (Aus: Arch. f. Gynäkol., Bd. XLIX Heft 3.) Berlin, gedr. bei L. Schumacher, 1895; 46 S., 1 Bl. 8.
Leipzig, Med. Fak., Inaug.-Diss. v. 24. Mai 1895

Taschen-Signalbuch von Franz **Reinicke**, Flaggenfabrikant in Hannover. *Hannover. Selbstverl. 1901.* (XIII, 121, 40 S.) 8° [oo. 8088 6

Reinicke, Friedr., Beitraege zur neuern Mikroskopie. I. Die Leistungen der neueren Mikroskope und die Prüfung derselben. II. Die Leistungen der englischen Mikroskope, gegenüber den deutschen. III. Das Einsammeln und Präpariren der Bacillarien. Mit 9 Abbild. von Pleurosigma angulatum als Probeobject. Lex.-8. (III und 59 S. mit 1 Stnt.) Dresden 858, Kuntze. 4

Reinicke, Frdr., Beitrage zur neuern Mikroskopie. 2. Heft. I. Die Bewegung der Oscillarien, besonders der Spirulina. II. Die Anfertigung dünner Durchschnitte von Zähnen, Knochen, Schalen und anderen harten Körpern. III. Miscellen. Was leisten die neuesten Objective? Mit eingedr. Holzschn. Dresden 860. Kuntze. Lex.-8. (VI, 85 S.) 15 ngr.

Reinicke, Friedr., Beiträge zur neuern Mikroskopie. 3. Heft. Lex.-8. (IV und 74 S. mit eingedr. Holzschn.) Dresden 862, Kuntze.
1. und 2. Heft. Ebendas. 1858,60. 27 Ngr.

Reinicke, Gerhard, a. Cöpenick, Pastor an St. Nicolai in Spandau a. H.: Herbarts Theorie der Hemmungen und ihre Verwertung für den Unterricht. Borna-Leipzig 1907: R. Noske. (61 S.) 8°
Erlangen, Phil. Fak., Ref. Hensel, Diss. v. 5. Aug. 1907
[Geb. 13. Juli 78 Cöpenick (Kr. Teltow); Wohnort: Spandau; Staatsangeh. Preußen; Vorbildung: Humboldt-Gymn. Berlin Reife O. 99; Studium Berlin 7 S.; Rig. 1. Juli 07.]

Schiffsjungendienst. Von Kapitän G[ottlieb] **Reinicke**. Berlin: K. W. Mecklenburg 1907. (125 S.) 8° [F.]
= **Bibliothek**, Nautische. Bd 2. [o8. 8041

Reinicke, Gustav: Über den E i n f l u s s des Carbonyls auf benachbarte Gruppen. Halle a. S. 1902: Wischau & Wettengel. (62 S.) 8°
Halle, Phil. Diss. v. 1902

Reinicke, Heinrich

Reinicke, Hnr., († 1788.) Armuth u. Edelmuth. Familiengemälde in 3 A. 8. Salzb. 784 Duyle. 5 gr.

Reinicke, Heinrich, s. B e l a g e r u n g von Magdeburg.

Reinicke, Hnr., († 1788.) Biographien e. deutschen Schauspielerinnen. 1s Bdchen. 8. Kopenh. u. Leipz. 787.

— die Flüchtlinge, oder Minne u. Ehre oder Tod. Schspl. 8. Prag 786. Widtmann. 4 gr.

— der deutsche Nathan; Schspl. 8. Prag 784. Schönfeld. 5 gr.

— die Silhouettentrauung. Lstspl. 8. Prag 783. Schönfeld. 6 gr.

WEIBER-Commando, das, ein Lustspiel in fünf Aufzügen (von *Heinrich Reinike*). Prag 1786.
Anon.-Lex. IV. p. 383 (nach Meusel).

— das Weibercommando, oder guter Wind zur Fahrt; Lstspl. 8. Prag 786. Widtmann. 4 gr.

Reinicke, J. G., Handbuch des Königl. Sächs. Steuerrechts. 1e Abtheil. gr. 8. Merseburg 830. Römer. 1 ℔ 8 gr.

Reinicke, J. G., Handbuch des Königl. Sächs. Steuerrechts. 1e Abthl. gr. 8. Merseburg 830. (Leipzig, Drobisch.) 1⅓ rthl.

Reinicke, [Carolus], Lic. theol.: * Quae sit ratio inter libri Ieremiae textum Hebraicum masorethicum et Graecum Alexandrinum. 121 S. 4° (2°)
Halle-Wittenberg, Phil. Diss. v. 13. Juli 1874
Geb. [Dessau 4. 6. 1850]

Reinicke, Car.: Theses theologicae. Berolini (1874). (2 Bl.) 4°
Berlin. Theol. Thes. v. 10. März 1874

Reinicke, Karl, bacc. jur. aus Aschersleben: Von der Superficies zum Erbbaurechte. Ein Beitrag zur Geschichte u. rechtl. Behandlung d. Superficies im römischen, gemeinen u. preuß. Rechte sowie im Bürgerl. Gesetzbuche. *Borna Leipzig 1902: R. Noske.* (XII, 111 S.) 8°
Leipzig, Jur. Diss. v. 1902

Reinicke, L., u. W. Albert, der Staat, die Kirche u. die Schule, s.: Albert, W.

Reinicke, Ludwig: A u s f a h r t und Heimkehr. Ein Festspiel in 3 Bild. zu Ehren d. tapferen Südwestafrikaner. Berlin: Deutsche Landbuchh. 1909. 32 S. 8°
(Die Dorfbühne. H. 6.)

Reinicke, Ludw., Ausfahrt u. Heimkehr, s.a. Dorfbühne, die. 5. Heft.

— An Luthers Bahre. Ein schlichtes Festspiel. (24 S.) kl. 8. Leipzig 908. F. Jansa. — 30

— am Fuße der Wartburg. Ein schlichtes Märchenspiel zu Luthers Ehren. (34 S.) kl. 8. Leipzig 906. F. Jansa. n. — 30

— In Luthers Garten. Noch e. schlichtes Märchenspiel zu Luthers Ehren. (36 S.) kl. 8. Ebd. 907. — 30

— Zwergkönigs Geburtstag, s.: Danner's, G., deut. Jugendbühne.

Reinicke, L[udwig]: Deutschlands gute Geister. Patriot. Festspiel in 2 Bild. Berlin: Deutsche Landbuchh. 1909. 20 S. 8°
(Die Dorfbühne. H. 4.)

Deutschlands gute Geister, s.a. Dorfbühne, die. 4. Heft.

— Heil unsrer Kaiserin!, s.: Danner's, G., Damen-Bühne.

— Johannestag u. Weihnachtsabend, s.: Danner's, G., deutsche Jugendbühne.

— König Heinzelmanns Kaiserparade, s. Danner's, G., deutsche Jugendbühne.

— Der Lebensquell im Nixenheim, s.: Danner's, G., deutsche Jugendbühne.

— Mit Gott, f. Kaiser u. Reich! Patriotisches Festspiel. (28 S.) kl. 8. Leipzig 908. F. Jansa. — 50

— vor dem Reformationsfest, s.: Vereins-Bühne, evang.

— Jungdeutschlands Siegesfeier, s.: Jugend- u. Volksbühne.

— dasselbe, s.: Vereins-Bühne, evangel. 6. Heft.

— Soldaten der Bibel. (VII, 181 S.) 8. Gütersloh 909. C. Bertelsmann. p 2.—; geb. 2.80

— Sollt' ich meinem Gott nicht singen? Ein Liederspiel zu Paul Gerhardts Ehren. (31 S.) 8. Ebd. 907. — 30

Reinicke, Ludw., Stolz weht die Flagge schwarz-weiß-rot! Patriotisches Festspiel. (23 S.) 8. Wittenberg 906. P. Wunschmann. n. — 30

Waldgeister in der heiligen Nacht. Weihnachts-Festspiel in 2 Bild. f. d. Jugend von Ludwig **Reinicke**. Mühlhausen i. Th.: G. Danner [1906]. (32 S.) 8° [F.]
— **Jugendbühne**, G. Danners Deutsche. No. 36. [07. 6618 3

— Waldgeister in der hl. Nacht, } s.a. Danner's, G., deutsche
— Weihnachten im Zauberwald, } Jugendbühne.

Weihnachten im Zauberwald. Weihnachts-Festspiel in 3 Bild. mit Gesang u. Tanz von Ludwig **Reinicke**. Mühlhausen i. Th.: G. Danner [1905]. (32 S.) 8° [F.]
— **Jugendbühne**, G. Danner's Deutsche. No. 32. [05. 1310] 3

— Der Waldkinder Weihnachtstag, s.: Danner's, G., deutsche Jugendbühne.

Die Zwergenpost. Weihnachtsspiel mit Gesang u. Tanz in 3 Bild. von Ludwig **Reinicke**, Pfarrer. Mühlhausen i. Th.: G. Danner [1907]. (39 S.) 8° [F.]
— **Jugendbühne**, G. Danner's Deutsche. No 37. [08. 5447 3

— Die Zwergenpost, s.a. Danner's, G., deutsche Jugendbühne.

Reinicke, Otto, appr. Arzt, Assistenzarzt d. chir. Abt. d. Gemeindekrankenh. Pankow: Aus d. chir. Abt. d. Gemeindekrankenh. Pankow. ⟨Dir.: Adler.⟩ Beitrag zur klinischen Behandlung des Aneurysma arterio-venosum. Berlin 1910: G. Schade. 30 S. 8°
Berlin, Med. Diss. v. 4. Febr. 1910, Ref. Bier
[Geb. 27. Okt. 81 Berlin; Wohnort: Pankow-Berlin; Staatsangeh.: Preußen; Vorbildung: Sophien-Gymn. Berlin Reife O. 00; Studium: Berlin 10 S.; Coll. 2. Febr. 10; Approb. 5. Nov. 06.] [U 10. 84

Reinicke, René, o du selige Backfischzeit! Bilder u. Vignetten. Mit begleit. Dichtgn. v. Frida Schanz. 4. (48 S. m. Illustr. u. 10 Lichtdr.) Leipzig 892. A. Titze. Geb. in Leinw. m. Goldschn. n. 8. —

— s.: Bilder aus dem modernen Leben.

— — Spiegelbilder aus dem Leben. Scenen aus dem High Life u. dem Volke in 41 Kpfrdr. nach Oelgemälden u. Tuschzeichngn. Fol. Münch. 890, F. A. Ackermann's Verlag. geb. m. G. 40 —

Reinicke, Richard: Ballistische Messungen der magnetischen Induktion bei Nickelringen. Halle a. S. 1908: Kaemmerer. 46 S. 8°
Halle, Phil. Diss. v. 29. Sept. 1908, Ref. Dorn
[Geb. 10. Juni 83 Köthen; Wohnort: Halle a. S.; Staatsangeh.: Preußen; Vorbildung: Oberrealsch. d. Franckeschen Stiftungen Halle Reife O. 03; Studium: Halle 11 S.; Rig. 25. Juli 08.] [U 09. 1694

Reinicke, W., eine neue Methode der Sandboden-Cultur resp. Melioration unter Verwendung v. Feld-Stahlbahnen, nach eigenen Erfahrgn. dargestellt. 4. (56 S. m. Fig.) Bromberg 885. (Halle, Hofstetter.) n. 1. 20

Reinicke, Walter, a. Halle a. S.: Der Wucherer im älteren englischen Drama. Halle a. S. 1907: C. A. Kaemmerer & Co. (78 S.) 8°
Halle, Phil. Fak., Ref. Wagner, Diss. v. 25. Febr. 1907
[Geb. 10. Aug. 85 Elm, Kr. Schlüchtern, Prov. Hessen-Nassau; Wohnort: Halle a. S.; Staatsangeh.: Preußen; Vorbildung: Städt. Oberrealsch. Halle a. S. Reife O. 03, Realgymn. Magdeburg Ergänzungsprüfung O. 05; Studium: Halle 8 S.; Rig. 18. Dez. 06.]

Reinickendorf [Schlagwort]

Reinickendorf, s.a. Berlin.

Reinickendorf. Strassen-Plan von Reinickendorf. 65×96 cm. Autogr. Berlin (901). H. Peters. 3. —

Reinig, K[arl], Lehramtspraktikant: Ueber die Faktorenzerlegung algebraischer Polynome (Umschlagt.: algebr. Funktionen). *Rastatt 1901: H. Greiser.* (14 S.) 4°
Rastatt, grossh. G, MP 1901 (673)

Reinig, Leop., s. Legrand, ..., Rasir-Spiegel.

Reinige, Hanns, Referendar und bacc. iur.: Die Sukzession in Familienanwartschaften nach neuestem sächsischen Rechte. Leipzig 1905: J. Klinkhardt. (63 S.) 8°
Leipzig, Jur. Fak., Diss. v. 26. Jan. 1905
[Geb. 1. Aug. 80 Lindhardt; Wohnort: Pirna; Staatsangeh: Sachsen; Vorbildung: Thomasschule Leipzig Reife O. 00; Studium: Leipzig 1, Kiel 1, Leipzig 4 S.; Rig. 20. Jan. 04.]

Reinige, Theodor, aus Leipzig, appr. Arzt: Aus d. evang. Heil- u. Pflege-Anstalt zu Waldbröl. Ein Beitrag zur Lehre vom 'zirkulären Irresein'. *Bonn 1902: J. Bach Wwe.* (84 S.) 8°
Bonn, Med. Diss. v. 17. Dez. 1902

Reiniger, die Frauenarbeitsschule in Reutlingen, deren Geschichte, Programm und Lehrpläne, unter Benützung amtl. Quellen dargestellt und mit Rathschlägen für die Besuchsdauer versehen. Nebst einem Fürwort von F. v. Steinbeis. Mit Ansicht und Grundrissen der Anstalt (2 Holzschntaf.). gr. 8. (II, 34 S.) Reutlingen 881, Kocher's Buchh. * — 50

Reiniger, Adf., Lehrbuch der französischen Sprache, s.: Oberländer, Siegmund.

Reiniger, Albert, aus Stuttgart: Anatomie und Ontogenie der beiden Dentitionen von Lepus cuniculus. *Erlangen 1900: A. Vollrath.* (29 S.) 8°
Erlangen, Phil. Diss. v. 1. März 1893

Reiniger, Chr., Materialiensammlung zu einem stufenmäßig geordneten Unterricht in der deutschen Rechtschreibung und Beispiele für den Unterricht in der Satzlehre. Mit Zugrundelegung der für Württemberg amtlich festgestellten Orthographie und unter Anlehnung an den Lesebuchstoff als Hilfsmittel für die Hand des Lehrers und zur Selbstbelehrung bearb. gr. 8. (VIII, 148 S.) Stuttgart 870, Belser's Verlag. * 1 80

[Lied.] Zum Johannisfeste 1847 der □ zur Akazie in Meissen. [Unterz.:] [Emil] **Reiniger.** [Meissen 1847.] 1 Bl. 8° [Kopftit.]

[Dasselbe.] Ebendas. 1849. 1 Bl. 8°
Ohne Noten: „Allüberall wohin der Blick sich wendet, . . .“

Das Maurerwort. [Von Emil **Reiniger.**] o. O. u. J. 1 Bl. 8° [Kopftit.]
Gedicht: „Wie heisst das Wort, das mehr als Eide gilt, . . .“

[Andere Ausg. u. d. Tit.]:
Das Maurerwort. Dichtung von [Emil] Reiniger, Musik von [Fr.] Proche. o. O. u. J. 2 Bl. 8° [Umschlagtit.]
Ohne Noten.

Stiftungsfest der Loge zur Harmonie Or. Chemnitz am 15. Mai 1890. Das Maurerwort von E. Reiniger. [Chemnitz 1890.] 1 Bl. 8°. [Kopftit.]
„Wie heisst das Wort, das mehr als Eide gilt“ . . . 358.

Reiniger, Emil (Carl Ernst) (Großenhain), Diss. med. sistens observationem de singulari renum abnormitate. Leipzig (Staritz) 28. III. 1817. 23 S., 1 Taf. (3.75) 28272
Seinem Vater gew.

Reiniger, Emil, die Schlacht bei Lützen d. 6. Nov. 1632. Volksgedicht d. 6. Nov. 1832. 4. (1 B.) Leipzig 832, [Böhme.]

— die Schlacht bei Lützen d. 6n Nov. 1632. Volksgedicht d. 6n Nov. 1832. 4. Leipz. 832. Hartmann. 4 gr

Reiniger, (E.,) Soldatenlieder. Mit e. Vign. 8. Meißen 826, Gödsche.

Reiniger, Emil, poetische Versuche. gr. 12. Grimma 840. Verlags-Comptoir. $1\frac{1}{2}$ ngr

— Ernst Samuel (Großenhain/Meißen), De prole parentum culpas luente. Leipzig (Breitkopf) 30. IX. 1774. 42 S. (4.50) 28273

Reiniger, G. Die neuenglischen starken Verba. Prag, R. II. Bez., 1891. 20 S. Progr.

Reiniger, Gust., metalltechnische Handwerke. (Die Maschinenschlosserei.) (33 S. m. 3 Taf.) gr. 8. Pola 910. (Schrinner.) 1. —

— Schiffsankerketten. (26 S. m. Abbild.) gr. 8. Ebd. 908. — 80

— Schiffsmaschinen-Reparaturen. Hiezu 50 Fig. auf 15 Taf. (30 S.) gr. 8. Ebd. 909. 2. —
3 Sonderabdr. aus: „Mitteilgn. a. d. Geb. d. Seewesens“.

Reiniger, Max, pädagogische Abhandlungen u. Vorträge. Nach Herbart-Zillerschen Grundsätzen bearb. u. hrsg. (V, 160 S.) 8. Langensalza 904. Schulbuchh. n. 1. 50

— dasselbe. 2. Bd. (V, 194 S.) 8. Ebd. 906. n. 2. —

Freie Aufsätze für die Volksschule. 230 Schülerarbeiten u. 175 Aufsatzthemen. Mit e. method. Einl. u. e. ausführl. Literaturverzeichnis. Von Max **Reiniger**, Lehrer. Langensalza: Beltz 1910. X, 134 S. 8° [10. 3432 3

Reiniger, Max, Freie Aufsätze für die Volksschule. 285 Schülerarbeiten u. 200 Aufsatzthemen. Mit e. method. Einleitg. u. e. ausführl. Literaturverzeichnis. 2., verm. u. verb. Aufl. (160 S.) 8. Langensalza 910. J. Beltz. 2. —; geb. in Leinw. 2. 50

Reiniger, Max (Hrsg.), s. Aufsätze, pädagogische.

— Lebensvolle Diktate für das 1.—6. Schulj. 2. Aufl. (75 S.) 8. Langensalza (910). J. Beltz. 1. 20

Reiniger, Max [app. Arzt aus Stuttgart]: Zwei neue Fälle von multiloculärem Echinococcus der Leber . . . Tübingen, Druck v. H. Laupp jr., 1890; 16 S. 8°
Tübingen, Med. Fak., Inaug.-Diss. v. 1890

Reiniger, Max, zwei neue Fälle von multiloculärem Echinococcus der Leber. Diss. gr. 8. (16 S.) Tübingen 890. (Moser.) n.n. — 60

— biblische Geschichten f. die Unterstufe zweisprachiger Schulen. Unter Zugrundelegg. des „Lehrplanes für den Religionsunterricht der evangel. zweisprach. Schüler in kathol. Schulen“ bearb. (81 S.) 8. Lissa 904. F. Ebbecke. n. — 20

— Der Geschichtsunterricht in der Volksschule, s.: Ratgeber für deutsche Lehrer u. Erzieher.

— s.: Gesenius' allgemeiner deutscher Lehrerkalender.

Konzentrische Kreise und Konzentration. Von Max Reiniger. (Minden i. W.: C. Marowsky [1904].) (25 S.) 8°
= Sammlung pädagogischer Vorträge. Bd 14, H. 6. [05. 4199 6

— Kirchengeschichtl. Lesebuch. Mit e. Anh. (IV, 74 S.) 8. Halle 910. H. Gesenius. Geb. — 60

— Präparationen f. den kirchengeschichtlichen Unterricht. 1. u. 2. Tl. 8. Ebd.
Geh. u. kart. 3.—; geb. u. kart. 3. 80
1. Nach den neueren method. Grundsätzen für die Hand des Lehrers bearb. (VI, 180 S.) 2.—; geb. in Leinw. 2. 80
2. Die Mission in der Erziehungsschule. Ein method. Beitrag zur Lösung dieser Frage nebst Präparation üb. d. Leben u. Wirken des Missionars David Livingstone, f. die Hand des Lehrers bearb. v. K. Hemprich. (VIII, 74 S.) 909. Kart. 1.—

— Friedrich Eberhard v. Rochow, der Reformator des preußischen Landschulwesens. Ein Beitrag zur Geschichte der Pädagogik. (III, 72 S. m. 1 Bildnis.) 8. Langensalza 905. Schulbuchh. n. — 80

— heimatkundlicher Unterricht. Zugleich e. methodisch-krit. Studie über die neuesten Konzentrationsbestrebgn. (III, 45 S.) 8. Berlin 904. Wilmersdorf, A. Kohler. n. 1. 25

Reiniger, Max, heimatkundl. Unterricht. Zugleich e. methodisch-krit. Studie üb. d. neuesten Konzentrationsbestrebgn. (Neue [Titel-]Ausg.) (III, 45 S.) 8. Halle [904] (909). H. Gesenius. — 60

Reiniger, Otto, China ist offen. Ein Rückblick, ein Einblick u. e. Ausblick. Ein Vortrag. (24 S.) 8. Berlin 904. Buchh. der Berliner ev. Missionsgesellschaft. n. — 25

Die Macht des Aberglaubens in China. Ein Vortrag von Otto **Reiniger**, Missionar. Berlin: Berl. ev. Missionsgesellsch. 1905. (16 S.) 8° [F.] [07. 3367

— ein Tag inmitten südchinesischer Dörfer. Frei nach dem Leben gezeichnete Bilder. (16 S.) 8. Ebd. (904). n. — 20
Sonderabdruck aus: „Jahrb. d. verein. Missionskonferenzen".

Ein Tag inmitten südchinesischer Dörfer. Frei nach d. Leben gezeichn. Bilder von Otto **Reiniger**, Missionar. Berlin: Berliner evang. Missionsgesellsch. [1905]. (20 S.) 8° [F.] [06. 4445

Reiniger, Gebbert & Schall: Elektromedizinische Apparate. Kataloge und Prospekte. 1888 ff. Erlangen (u. Berlin)

Elektro-Medizinische Apparate und ihre Handhabung. 8. Aufl. **Reiniger**, Gebbert & Schall. Erlangen 1902: (Leipzig: J. Klinkhardt). (LXII, 351 S.) 8°
[Sondert.:] Katalog über Electro-Med. Apparate von Reiniger, Gebbert & Schall ... 8. Aufl. Mit zahlr. Abb. [07. 27331 4

Reinighaus, Dietrich, a. Gütersloh: Ueber die o- und m-Phenylhydrazinocarbonsäuren des Dimethylnicotinsäureesters und deren Derivate. Rostock 1906: H. Winterberg. (42 S.) 8°
Rostock, Phil. Fak., Ref. Michaelis, Diss. v. 23. Juni 1906
[Geb. 17. Febr. 77 Altena; Wohnort: Rostock; Staatsangeh.: Preußen; Vorbildung: Gymn. Gütersloh Obersekunda-Reife M. 95; Studium: Bonn 4, Rostock 4 S.; Rig. 15. Juni 06.]

Reinigung und Entwässerung Berlins. 1.—12. Heft und Anhang I. II. gr. 8. Berlin, Hirschwald. * 38 80
Inhalt:
Heft 1—3. Einleitende Verhandlungen und Berichte über mehrere auf Veranlassung des Magistrats der königl. Haupt- und Residenzstadt Berlin angestellte Versuche und Untersuchungen. (S. 1—201 mit Abbild. auf 3 Stnt. in Fol. und 2 lithogr. Tab. in gr. Fol.) 870. *M 5,50.
» 4. A. Bericht über Düngungs-Versuche mit Sedimenten der Süvern'schen und Lenk'schen Desinfection. B. Bericht über einen Berieselungs-Versuch mit Kanalwasser auf dem Tempelhofer Unterlande bei Berlin. (S. 202—233 mit 2 Stnt. in gr. Fol.) 871. *M 1,50.
» 5. Bericht über die Grundwasser-Verhältnisse in Berlin. (S. 234—262 mit 15 lithogr. Bl. Zeichnungen in Fol. und 18 Tab. in qu. 4.) 871. *M 5,50.
» 6. Einleitende Verhandlungen und Berichte über mehrere auf Veranlassung des Magistrats der königl. Haupt- und Residenzstadt Berlin angestellte Versuche und Untersuchungen. Mit Abbild. und Tab. (S. 263—306 mit 4 Stnt. in qu. Fol.) 871. *M 2,50.
» 7. —— dass. — Mit Abbild. und Tab. (S. 307—357 mit 4 Stnt. in gr. und qu. Fol.) 872. *M 2,50.
» 8. 9. Bericht über einen Berieselungs-Versuch mit Kanalwasser auf dem Tempelhofer Unterlande bei Berlin und Bericht über Versuche mit verschiedenen Trocken-Closets. (S. 361—461 mit 4 lithogr. Abbild. und Tab. in qu. gr. Fol.) 872. *M 3,60.
» 10. 11. Berichte über die Fortsetzung des Berieselungs-Versuchs mit Kanalwasser auf dem Tempelhofer Unterlande bei Berlin. (S. 462—526 mit 2 Stnt. in qu. Fol.) — Bericht über die Untersuchung der geognostischen Verhältnisse Berlins. (S. 527—541. mit 1 chromolithogr. Plane in Imp.-Fol. und 157 Stnt. in gr. 8. und qu. 4.) 873. *M 6.
» 12. A. Bericht betr. Untersuchungen über das Berliner Normalwasser, das Wasser der Spree, das Wasserleitungswasser, das städt. Brunnenwasser und über die sogenannte Selbstreinigung des Schmutzwassers. B. Bericht über die Grundwasser-Verhältnisse in Berlin, die Wasserstände der Spree, den Regenfall in Berlin und die Boden-Temperatur-Messungen. (S. 543—707 mit 1 Tab. in qu. Fol. und 17 Stnt. in qu. 4. und qu. Fol.) 874. *M 6.
Anhang I. First Report of the Commissioners, appointed in 1868, to inquire into the best means of preventing the pollution of rivers, im Auftrage des Magistrates der Haupt- und Residenzstadt Berlin auszugsweise übers. von O. Reich. (VI, S. 1—235.) 871. *M 4,50.
» II. Second Report of the Commissioners, appointed in 1868, to inquire into the best means of preventing the pollution of rivers, im Auftrage des Magistrats der königl. Haupt- und Residenzstadt Berlin übers. von O. Reich. (III, S. 236—297.) 871. *M 1.20.

—— dass. — Anhang III: Die Reinigung der Seine. Bericht an das Ministerium der öffentlichen Arbeiten zu Paris vom 12. Decbr. 1874, erstattet durch die Commission, welche zur Ermittelung von Maassregeln gegen die bei Paris stattfindende Seine-Verunreinigung niedergesetzt ist. Uebersetzt im Auftrage des Magistrats der Haupt- und Residenzstadt Berlin. Hierzu 1 (lithogr.) Situationsplan (in Imp.-Fol.). gr. 8. (47 S.) Ebendas. 876. * 1 60
1.—12. Heft und Anhang I. und II. Ebendas. 1870—74. *M 38,80.

Reinigung u. **Entwässerung** Berlins. Einleitende Verhandlungen u. Berichte über mehrere auf Veranlassung des Magistrats der königl. Haupt- u. Residenzstadt Berlin angestellte Versuche u. Untersuchungen. Mit Abbildungen u. Tabellen. 13. [Schluss-]Hft. gr. 8. Berlin 879. Hirschwald. n. 28. —
(cplt. m. Anh. 1. u. 2.: n. 66. 80)
General-Bericht über die im Auftrag des Magistrats der königl. Haupt- u. Residenzstadt Berlin ausgeführte geologische Untersuchung des städtischen Weichbildes, unter Benutzung der Vorarbeiten des A. Kunth erstattet von K. A. Lossen. Mit 3 Holzschn. u. vielen Tab. im Texte u. einer geolog. (chromolith.) Karte der Stadt Berlin, nebst 4 (chromolith.) Profiltaf. im Atlas (cart. in Fol.). (X, XXXVIII u. S. 709—1120.)

Reinigung und Entwässerung Berlins. General-Bericht über die Arbeiten der städtischen gemischten Deputation für die Untersuchung der auf die Kanalisation und Abfuhr bezüglichen Fragen, erstattet von Rud. Virchow. gr. 8. Mit Taf. und Tab. Berlin 873, Hirschwald. *

Reinigung, die, der Gebrauchswässer in industr. Betrieben und moderne Wasserreinigungs-Apparate. (VI, 130, 5, 7, 10, 5, 8, 8 u. 3 S. m. Abbild.) 8. Berlin (909). O. Dreyer. Kart. 2. —

Reinigung, die, d. Gewehrs 88 auf Grund d. neuen Bestimmgn. v. Sept. 1897. 8. (8 S.) Berlin 897. Liebel. n. — 07

Reinigung des Gewehrs 88 nach dem Schießen im Standort (auf dem Schießstand) u. auf dem Truppenübungsplatz. (Leitfaden betr. das Gewehr 88 u. seine Munition, Nr. 117.) 1. u. 2. Aufl. 100×68,5 cm. Plakat. Bunzlau 902. G. Kreuschmer. n.n. — 50

Reinigung des Gewehres 88 nach dem Schießen im Standort (auf dem Schießstand) u. auf dem Truppenübungsplatz. (Leitfaden betr. das Gewehr 88 u. seine Munition, (Nr. 117.) 4. verb. Aufl. Plakat. 100,5 × 68,5 cm. Bunzlau (904). G. Kreuschmer. n.n. — 50

— des Gewehrs 98 nach dem Schießen im Standort (auf dem Schießstand) u. auf dem Truppenübungsplatz. (Leitfaden betr. das Gewehr u. Seitengewehr 98, Nr. 110.) 2. Aufl. Plakat. 100×68,5 cm. Ebd. n.n. — 50

— des Gewehrs 98 nach dem Schießen im Standort (auf dem Schießstand) u. auf dem Truppenübungsplatz. (Leitfaden betr. das Gewehr u. Seitengewehr 98, Nr. 110.) 4. Aufl. Plakat. 100,5×68,5 cm. Bunzlau (907). G. Kreuschmer. nn — 50

— gewöhnliche, des Gewehrs 88 im Standort (auf dem Schießstand) u. auf dem Truppenübungsplatz. (Leitfaden betr. das Gewehr 88 u. seine Munition, Nr. 116.) — Reinigung, gründliche, des Gewehrs 88 im Standort (auf dem Schießstand) u. auf dem Truppenübungsplatz. (Leitfaden betr. das Gewehr 88 u. seine Munition, Nr. 116.) 4. verb. Aufl. Plakat. 100,5×68,5 cm. Ebd. (904). n.n. — 50

— gewöhnliche, des Gewehrs 98 im Standort (auf dem Schießstand) u. auf dem Truppenübungsplatz. (Leitfaden betr. d. Gewehr u. Seitengewehr 98, Nr. 108.) — Reinigung, gründliche, des Gewehrs 98 im Standort (auf dem Schießstand) u. auf dem Truppenübungsplatz. (Leitfaden betr. das Gewehr u. Seitengewehr 98, Nr. 109.) 4. Aufl. Plakat. 100,5×68,5 cm. Ebd. (907). nn — 50

gewöhnliche u. gründliche Reinigung des Gewehrs 88 im Standort (auf dem Schießstand) u. auf dem Truppenübungsplatz. (Leitfaden betr. das Gewehr 88 u. seine Munition Nr. 115 u. 116.) 1. u. 2. Aufl. Plakat. 102×68,5 cm. Ebd. (902). n.n. — 50

gewöhnliche, u. gründliche Reinigung des Gewehrs 98 im Standort (auf dem Schießstand) u. auf dem Truppenübungsplatz. (Leitfaden betr. das Gewehr u. Seitengewehr 98, Nr. 102.) 2. Aufl. Plakat. 100×68,5 cm. Ebd. (902). n.n. — 50

Reinigung der Kinder Levi oder Wecker der Lehrer. Halle 1703. Ü: *Kölmann, Jacob.* (Myl)

Reinigung der Kinder Levi, durch Aufmunt. derer, die im Predigtamt stehen. 12. Halle. 720.

Die Reinigung der Seelen vor oder nach dem Tode, unpartheylich bezeuget und bewähret in 2 kurtzen Tractätlein. So von evangelischer als römisch-catholischer Seiten. o.O. 1711. 221 S. 8°
[Darin 1:]Poiret, P[ierre: L'Économie divine, Ausz. Deutsch:] Abhandlung von der Seelenreinigung.
[Darin 2:][Catharina Genuensis] Catharina von Genua:Tractaetlein vom Fegfeuer.

Reinigungs- und Sortiermaschine, Eine neue. [Aarau 1899.] V: *Nachtweh, Alw.* (Zuwachsverz. d. Bibliotheken in Zürich 1898 ff.)

Reinigungs-Methode der Wäsche, neue, mit kaltem oder lauwarmem Wasser, wobei das Holz fast gänzlich, u. an Seife zwei Drittheile des bisher. Bedarfs erspart werden. Nebst einem Anhange über Seiden-, Merino-, Thibet-, Kameelgarn-Wäscherei ꝛc. gr. 8. Wien 841. (Singer u. Goering.) Verklebt 1/2 ₰ — 2. verb. u. vielverm. Aufl. gr. 8. Ebend. 842. Verklebt 1/2 ₰

Reinigungs Methode der Wäsche, die durch langjähr. prakt. Erfahrungen geprüfte u. bewährt gefundene neue, mittelst eines Arkanums u. mit lauwarmem oder kaltem Wasser, wobei das Holz fast gänzlich u. mindestens zwei Drittheile des sonst. Bedarfes an Seife erspart werden ꝛc. 2., verb. u. verm. Aufl. gr. 8. (2 3/4 B.) Wien 842, Singer u. Goering.

Reinike, E., die klinischen Neubauten der Universität Bonn. gr. 8. (32 S. mit 1 Taf. und vielen in den Text eingedr. Holzschn.) Berlin 883, Ernst und Korn. cart. * 3 —
Aus: Centralblatt der Bauverwaltung, besonders abgedruckt.

Reining, *Friedrich Johannes* [app. Arzt aus Schale]: Über spontane Ruptur der Aorta und Aneurysmen ... Leipzig, Druck v. A. Edelmann, Univ.-Buchdr., *1896;* 29 S. 8.
Leipzig, Med. Fak., Inaug.-Diss. v. 30. Okt. 1896

Reining, Oscar [Gerichts-Ref.]: Welches ist die Bedeutung der Form in den vermögensrechtlichen Geschäften nach gemeinem Recht? ... Leipzig, Druck v. A. Edelmann, Univ.-Buchdr., *1896;* VII, 40 S. 8.
Erlangen, Jur. Fak., Inaug.-Diss. v. 1896

Reining, Wilhelm, approb. Arzt aus Schale: Aus d. chirurg. Klinik zu Bonn. Pathologie der Steinniere. *Bonn 1903: S. Foppen.* (26 S.) 8°
Bonn, Med. Diss. v. 29. Apr. 1903

Reininger, Anton, die Bekehrungsgeschichte des ehemal. Zigeuneranführers Jakob Reinhardt, genannt Hannickel, welcher den 17. Julius 1787 zu Sulz am Neckar gehängt wurde. Herausg. u. mit Anmerkk. begleitet von Lor. Lang. gr. 12. Reutlingen 838. Fleischhauer u. Spohn. 1/8 ₰

Reininger, Ant., die Bekehrungsgeschichte des ehemaligen Zigeuneranführers Jakob Reinhardt, genannt Hannickel, welcher den 17. Julius 1787 zu Sulz am Neckar gehängt wurde. Herausg. und mit Anmerkungen begleitet von Lor. Lang. 2. Aufl. Reutlingen 859. Fleischhauer & Spohn. 8. (56 S.) 2 ngr.

Reininger, Heinrich: Das Tertiärbecken von Budweis.
Diss., Prag 1906/1907.

Reininger, Nikolaus

Reininger, N., die Archidiacone, Offiziale und Generalvicare des Bisthums Würzburg. Ein Beitrag zur Diözesangeschichte. gr. 8. (265 S.) Würzburg 885, (Woerl.) * 1 50
Aus: Archiv des historischen Vereins für Unterfranken und Aschaffenburg, besonders abgedruckt.

Reininger, Nikol., Münnerstadt u. seine nächste Umgebung nach den ältesten archiv. Nachrichten dargestellt, besonders in seinen kirchlichen Religions- u. Schulverhältnissen. Mit 40 Urkunden u. einem lith. Grundrisse der Pfarrkirche nebst den 3 ältesten Stadtwappen. gr. 8. (VIII, 318 u. LXXXII S.) Würzburg 852. (Stahel.) n. 1 ₰

Reininger, N., die Weihbischöfe von Würzburg. Ein Beitrag zur fränk. Kirchengeschichte. gr. 8. (IV und 428 S.) Würzburg 865, (Stahel'sche Buchh.) *

Reininger Robert: Ueber Schopenhauers Kritik der Kantschen Lehre vom Objekt der Erfahrung.
H. 1892 PN 750 Diss. Wien, Univ.

Reininger, Rob., Kants Lehre vom inneren Sinn u. seine Theorie der Erfahrung. gr. 8. (III, 155 S.) Wien 900. W. Braumüller. n. 3. 60

Reininger, Rob., Philosophie des Erkennens. Ein Beitrag zur Geschichte und Fortbildg. des Erkenntnisproblems. (V, 464 S.) gr. 8. **Leipzig 911. J. A. Barth. 14.—; geb. in Halbldr. 16.—**

Sebastian Reininger

De Cavitatibus ossium capitis earum vera constitutione usu et morbis. ([Altdorf] 1722:) Kohlesius. 40 S. 8°

Altdorf, Med. Diss. v. 25. Juni 1722

Reininger, Seb., De cavitatibus ossium capitis, eorum vera constitutione, usu et morbis. 40 pp. Altd. 1722. 1723. 4°. Auch: *Haller*, Diss. anat. 4°. Gött. 1749, IV, 19—52. Bibl. anat. II, 138.

Reininghaus, Fritz. Ueber einen Artikel der «Basler Nachrichten»: «Das Kindesrecht vor dem Nationalrate.» 14 S. 8. Zürich, Komm. der Grütli-Buchh., 1905. fr. —. 10

Reininghaus, Fritz, e. Ausgestaltung d. dopp. Buchführung. gr. 8. (23 S.) Graz 898. (Leykam.) n. 1. —

Zur Erinnerung des hundertjährigen Bestehens der Loge „Zum Hellen Licht" im Or. Hamm am 8. Febr. 1892 von [Friedr.] **Reininghaus.** Hamm 1892: Griebsch. 64 S. 1 Taf. 8°
Gesch. der Loge. Nebst Verzeichn. der Mitgl. Die Taf. stellt das Facs. eines Briefes Blüchers an die Loge aus d. J. 1803 dar. 23.

Ein praktischer Fall zur rechtlichen Stellung Confessionsloser in Oesterreich. Fritz Reininghaus. [Graz. 1899.] Selbstverlag. [In Comm. Leykam.] Gr.-8°. 38 S. fl. —.50

Reininghaus, Fritz. Gerechtigkeit und wirksamen Rechtsschutz schaffe das schweizerische Zivilgesetz für die aussereheliche Mutter und ihr Kind. Unzulänglichkeit des achten Titels der bundesrätl. Gesetzesvorlage und Gesichtspunkte für einen neuen Entwurf. IV + 75 S. 8. Zürich, Komm. Orell Füssli, 1905. [fr. 1. 50]

Reininghaus, Fritz. Le indagini sulla paternità sono obbligatorie. 20 p. 8. Zurigo, Orell Füssli, 1905. [fr. —. 50]

Reininghaus, Fritz, Kalender-Reform-Vorschlag. (47 S.) 8. Zürich 910. Art. Institut Orell Füssli. — 50

Reininghaus, Fritz. L'obligation de la recherche en paternité. 19 p. 8. Zurich, Orell Fussli, (1905). [fr. —. 50]

(Reininghaus, Fritz.) Petition zu Handen der Tit. Staenderaetlichen Kommission zur Beratung des Entwurfes zum eidgenössischen Zivilgesetzbuch.... (1905 August 17. [Mit Beilage,] 1905 Aug' 30.) *Maschinenschrift.* 22 + *Beilage* 1 S. kl.-fol.

Reininghaus, Fritz, Verpflichtung des Staates, die aussereheliche Vaterschaft festzustellen. (20 S.) 8. Zürich 905. (Art. Institut Orell Füssli.) n. — 50; französ. Ausg. (19 S.) n. — 50; italien. Ausg. (20 S.) n. — 50

Reininghaus, Hugo v., s. Astura, Manfr.

Reininghaus, s. a. Palton, Hugo v. der.

Reininghaus, Hugo v., Demarkationslinien der mod. Kunst. (XI, 121 S. mit 83 Taf.) Lex. 8. München 910. F. Bruckmann. 4.50; geb. in Leinw. 6. —

— Entwicklungserscheinungen der modernen Malerei. (143 S. m. 47 Abb.) Lex. 8. Ebd. 907. 4.50; geb. in Leinw. 6. —

Reininghaus, Ludwig [app. Arzt]: Ueber den Ursprung des Milchfettes. . . . Göttingen, Druck d. Univ.-Buchdr. v. W. Fr. Kästner, 1889; 26 S. 8°
Göttingen, Med. Fak., Inaug.-Diss. v. 27. Mai 1889

Reininghaus, L., über den Ursprung des Milchfettes. Inaug.-Diss. gr. 8. (26 S.) Göttingen 889. (Vandenhoeck & Ruprecht's Verl.) n. — 80

Reininghaus, Max, Referendar: Erlischt bei Jagdpachtverträgen, die vor dem Inkrafttreten der preußischen Jagdordnung vom 15. Juli 1907 abgeschlossen sind, das Jagdrecht des Pächters eines gemeinschaftlichen Jagdbezirks mit der Bildung eines Eigenjagdbezirks wie im früheren Rechte? (Anwendbarkeit d. § 14 d. Jagdordnung auf derartige Verträge?) Borna-Leipzig 1910: Noske. **x**, 49 S. 8°
Erlangen, Jur. Diss. v. 21. Juli 1910, Ref. Rieker
[Geb. 23. Dez. 85 Letmathe; Wohnort: Letmathe; Staatsangeh.: Preußen; Vorbildung: Realgymn. Iserlohn Reife O. 05; Studium: Marburg 1, München 2, Freiburg i. B. 1, Kiel 2 S.; Rig. 22. Nov. 10.] [U 11. 857

Reininghaus, Rudolf, Referendar in Gütersloh: Der Mangel des rechtlichen Grundes bei den Bereicherungsansprüchen. Gütersloh 1904: C. Bertelsmann. (111 S.) 8° [Ⱡ.]
Rostock, Jur. Fak., Ref. Matthiass, Diss. v. 10. Dez. 1904
[Geb. 21. Juli 79 Altena i. W.; Wohnort: Gütersloh; Staatsangeh.: Preußen; Vorbildung: Gymn. Gütersloh Reife M. 99; Studium: Tübingen 1, Berlin 1, München 1, Bonn 4 S.; Rig. 28. Okt. 04.]

Reinirkens, Jos., im Silberkranze! Festgabe f. die deutsche Jugend zur Silber-Hochzeit des deutschen Kaiserpaares. (32 S. m. Abbildgn.) 8. Essen (906). Fredebeul & Koenen. n.n. — 15

Im Silberkranzel Festgabe f. d. deutsche Jugend z. Silber-Hochzeit d. deutschen Kaiserpaares. Von Jos. **Reinirkens.** 3. Aufl. Essen-Ruhr: Fredebeul & Koenen [1908]. (32 S.) 8° [Ⱡ.] [o8. 17271

Reinisch, Albin, die Freunde der Frau. Lustspiel in 3 Akten. 8. (V, 98 S.) Berlin 883, Freund und Jeckel. * 2 —

Reinisch, Emanuel

Reinisch, Em.: Über die Einwirkung von Essigsäureanhydrid auf Phenole bei Gegenwart von concentr. Schwefelsäure. 4 S. – Prag, Progr. 1884.

Reinisch Em.: Die Constitution der Bioxybenzole. 85. Prag II. R. 90. **Progr.**

Reinisch Em.: Über die Constitution der Feldspathe und verwandter Silicate. 31. Prag R. II. 76. **Progr.**

Reinisch, Em.: Mittheilungen aus dem chem. Laboratorium. 5 S. – Prag, Progr. 1885.

Reinisch, *Emanuel*: Ein Rückblick auf die ersten 25 Jahre des Bestandes der k. k. deutschen Staats-Realschule in Karolinenthal. 8 (S. 5—83). Deutsche Staatsrsch. *Karolinenthal* 1900. Nicht im Tauschverkehr.
Progr.

Reinisch Em.: Chem. Untersuchung des Brunnenwassers der II. deutschen St.-OR. (Insel Campa 506). 2 Prag R. II. 83 **Progr.**

Reinisch, F., Giordano Bruno, s.: Vorträge des Vereins deutscher Studenten f. modern-wissenschaftliche Bildung usw. Nr. 3.

— Heinrich Heine, s.: Vorträge der Wiener modern-wissenschaftlichen Vereine. Nr. 2.

Reinisch, Friedrich (Leipzig), De glossitide. Diss. med. **Leipzig (Fr. Rueckmann) 7. IV. 1837.** 25 S. (3.75) 28274
Gew.: Ludwig Cerutti, Friedrich Ludwig Meissner.

Reinisch, Frid., de Glossitide. Dissertatio inaug. medica. 4 maj. Lipsiae 837. (Goethe.) n. 1/6 Thlr

Reinisch, Frid., de Glossitide. Dissert. inaug. med. 4maj. (3¼ B.) Lipsiae 837, (T. O. Weigel.) *

REINISCH, Joseph: De cultu sanctorum. — 1844. 95 S. Diss. Graz, Univ.

Reinisch, Joseph —. Predigt, gehalten in der Pfarrkirche zu Wies, am dritten Sonntage im October 1853, bei Gelegenheit als allda das 50jährige Jubiläum von der Einweihung dieser Pfarrkirche gefeiert wurde. 8. (24 S.) Gratz. Druck von J. A. Kienreich. 1854.

Reinisch, Jos., Predigten eines Seelsorgers auf dem Lande für alle Sonn- u. Festtage eines kathol. Kirchenjahres, nebst mehreren Gelegenheits- u. Primitz-Predigten. 2 Thle. gr. 8. Grätz 837. Kienreich. 2 ℔

Reinisch, Jos., Predigten eines Seelsorgers auf dem Lande für alle Sonn- u. Festtage eines kathol. Kirchenjahres nebst mehreren Gelegenheits-, Primiz- u. Secundiz-Predigten. 2., verbess. u. verm. Aufl. 3 Theile. gr. 8. Grätz 843, Kienreich. 3½ ℔

Reinisch, Jos., Volkspredigten eines katholischen Seelsorgers für alle Sonn- und Feiertage eines Kirchenjahres. 2. Jahrg. 2 Bde. gr. 8. (521 S.) Graz 862. (Leipzig, Haessel.) *

Reinisch, Jos., was sind die Priester? Primitz-Predigt, gehalt. am 5. August 1849 als am 10. Sonnt. nach Pfingsten zu Wies bey Burgsthal, bey Gelegenheit, da der neugeweihte Priester Jos. Lampel sein erstes heil. Meßopfer entrichtete. 8. (23 S.) Gratz 849, Kienreich. n. 4 ngr

Reinisch, Leo, die Afar-Sprache. I. Lex.-8. (112 S.) Wien 885. (Gerold's Sohn.) n. 1. 80

Reinisch, Leo, die Afar-Sprache. I.—III. Lex.-8. Wien, (Tempsky.) [I. (112 S.) 886. *ℳ 1.80.; II. (124 S.) 887. *ℳ 2.—; III. (82 S.) 887. *ℳ 1.20.] * 5 —
Aus: Sitzungsberichte der k. Akademie der Wissenschaften, besonders abgedruckt.

Reinisch, Leo, die Bedauye-Sprache in Nordost-Afrika. I—IV. [Aus: „Sitzungsber. d. k. Akad. d. Wiss."] Lex.-8. Wien, (F. Tempsky). n. 5. 80
I. (74 S.) 893. n. 1. 60. — II. (80 S.) 893. n. 1. 80. — III. (S. 81—160.) 894. n. 1. 50. — IV. (S. 161—204.) 894. n. — 90.

Die Bedauye-Sprache in Nordost-Afrika. 1. Texte im Idiom der Beni-Amer, der Halenga und der Bischari. S. 128,3 . . . . . . 1.60
— — 2. Grammatik. S. 128,7 . . . . . . 1.80
— — 3. Teil. S. 130,7 . . . . . . 1.50
— — 4. Teil. S. 131,3 . . . . . . —.90
Separatabdruck

— die Bilin-Sprache. 1. Bd. A. u. d. T.: Texte der Bilin-Sprache. Mit Unterstützg. der kais. Akademie der Wissenschaften in Wien. gr. 8. (VIII, 322 S.) Leipzig 883. Th. Grieben. n. 10. —

—— die Bilin-Sprache. 2. Bd.: Wörterbuch der Bilin-Sprache. Mit Unterstutzung der kaiserl. Akademie der Wissenschaften in Wien. gr. 8. (VI, 426 S.) Wien 887, Hölder. * 20 —
II. Bd. Leipzig 1883, Grieben's Verlag. *ℳ 10.—.

Reinisch, Leo, die Bilin-Sprache in Nord-Afrika. [Aus: „Sitzungsber. d. k. Akad. d. Wiss."] Lex.-8. (138 S. m. 1 Uebersichtstaf.) Wien 882. Gerold's Sohn in Comm. n. 2. 30

— Die Bilinsprache in Nordost-Afrika. S. 99, 583 . . . . . . ngr.
Separatabdruck

Reinisch, Leo, e. Blick auf Aegypten u. Abessinien. Inaugurationsrede, geh. am 26. Octbr. 1896. Lex.-8. (26 S.) Wien 896. A. Hölder. n. — 60

— die Chamirsprache in Abessinien. I. u. II. [Mit 2 Uebersichtstab. Lex.-8. (127 u. 136 S.) Wien 884. (Gerold's Sohn.) n. 4. 80

— Die Chamirsprache in Abessinien. 1. Teil (mit 2 Übersichtstabellen). S. 105, 573 . 2.80
— — 2. Teil. S. 106, 317 . . . . . . 2.—
Separatabdruck

Reinisch, Leo, aegyptische Chrestomathie. [In 3 Lfgn.] 1. und 2. Lfg. hoch 4. Wien, Braumüller. [1. Lfg. Mit 21 lithogr. Taf. 873. *ℳ 4.; 2. Lfg. Mit 28 lithogr. Taf. 875. *ℳ 5.] *

Reinisch, S. (Leo), die ägyptischen Denkmäler in Miramar. Beschrieben, erläutert und hrsg. gr. 8. (XII und 320 S. mit 43 Stnt., wovon 3 in Bunt- und 40 in Tondr. in gr. 8. und qu. Fol., 29 in den Text eingedr. Holzschn. und 1 Titelvignette in Holzschn.) Wien 865, Braumüller. *

Der Dschäbärtidialekt der Somalisprache. Von Leo Reinisch. Wien: C. Gerold's Sohn in Komm. 1904. (110 S.) 8°
= Sitzungsberichte d. Kais. Akademie d. Wiss. in Wien. Philos.-hist. Kl. Bd 148, 5. [05. 11017 9

Reinisch, Leo, der Dschäbärtidialekt der Somalisprache. (116 S.) gr. 8. Wien 904. (A. Hölder.) n. 2. 60
Sonderabdruck aus: „Sitzungsber. d. k. Akad. d. Wiss."

Das persönliche Fürwort und die Verbalflexion in den chamitosemitischen Sprachen von Leo Reinisch. Wien: A. Hölder in Komm. 1909. (327 S.) 8°
= Kais. Akad. d. Wiss. Schriften d. Sprachenkommission. Bd 1. [09. 1306

Reinisch, die Grabstele des Priesters Ptah 'Emwa mit Interlinear-Version und Commentar. Mit 1 (lith.) Taf. (in Fol.) (Aus den Sitzungsber. d. k. Akad. d. Wiss.) Wien 863. Gerold in Comm. gr. 8. (15 S.) n. 6 ngr.

—— und E. Rob. Roesler, die zweisprachige Inschrift von Tanis. Zum ersten Male hrsg. und übers. Lex.-8. (56 S. mit 7 Stnt. in gr. 8., 4. und qu. gr. Fol. und 1 lithogr. Titelvignette.) Wien 867, Braumüller. *

— die Kafa-Sprache in Nordost-Afrika. I. II. [Aus: „Sitzungsber. d. k. Akad. d. Wiss."] Lex.-8. Ebd. 888. n. 3. 50
I. (93 S.) n. 1. 50. — II. (158 S.) n. 2. —.

Reinisch, Leo, die Kunama-Sprache in Nordost-Afrika. [Aus: „Sitzungsber. d. k. Akad. d. Wiss."] Lex.-8. (90 S.) Wien 881. Gerold's Sohn in Comm. n. 1. 40

Reinisch, Leo. Die Kunama-Sprache in Nordost-Afrika. II.—IV. Lex.-8. Wien, (Tempsky). [II. (96 S.) 890. * 1 80; III. (112 S.) 890. * 2 —; IV. (136 S.) 891. * 2 60.] * 6 40
Aus: Sitzungsber. d. k. Akad. d. Wiss., besonders abgedruckt.
[I.] Ebd. 1881. * 1 40.

Reinisch, (S.) L., über die Namen Aegyptens in der Pharaonenzeit und die chronologische Bestimmung der Aera des Königs Neilos. Lex.-8. (40 S.) Wien 861, (Gerold's Sohn.) *

— über die Namen Aegyptens bei den Semiten und Griechen. Eine historisch-etymologische Untersuchung. Lex.-8. (37 S.) Wien 859, (Gerold's Sohn.) *
Vorstehende zwei Schriften des Verf. wurden aus: Sitzungsberichte der k. Akademie der Wissenschaften, Jahrg. 1861 und 1859, besonders abgedruckt.

Reinisch, Leo, die Quarasprache in Abessinien. I. Lex.-8. (120 S. mit 1 Uebersichtstaf.) Wien 885, (Tempsky.) * 3 60
—— dass. — II.: Textproben. Lex.-8. (152 S.) (Ebendas.) 885. * 2 40
—— dass. — III.: Deutsch-quarisches Wörterverzeichniss. Lex.-8. (52 S.) (Ebendas.) 887. * — 80
Vorstehende Schriften sind aus: Sitzungsberichte der k. Akademie der Wissenschaften, besonders abgedruckt.

— die Saho-Sprache. 2 Bde. Mit Unterstützung der kais. Akademie der Wissenschaften in Wien. gr. 8. Wien, Hölder. n. 32. —
1. Texte der Saho-Sprache. (VI, 315 S.) 889. n. 8. —
2. Wörterbuch. (VIII, 492 S.) 890. n. 24. —

Reinisch, Leo, s.: Schleicher's, A. W., Somali-Texte.

Die Somali-Sprache von Leo Reinisch. 1—3. *Wien: A. Hölder 1900—03.*
3 Bde 4°
1. Texte. 1900. 2. Wörterbuch. 1902. 3. Grammatik. 1903.
= Expedition, Südarabische. Bd 1. 2. 5, T. 1. [03. 6274

Die Somali-Sprache von Leo Reinisch. I. Texte. Wien 1900. Hölder. Lex.-8°. VIII, 287 S. Cart. K 20.—

Die Somali-Sprache von Leo Reinisch. II. Wörterbuch. Wien. 1902. Hölder. 4°. VI, 540 S. K 50.—

Reinisch, Leo, die Sprache der Irob-Saho in Abessinien. Lex.-8. (56 S.) Wien 878, (Gerold's Sohn.) ** — 90
Aus: Sitzungsberichte der k. Akademie der Wissenschaften, besonders abgedruckt.

— Sprachen v. Nord-Ost-Afrika. 1. Bd. die Barea-Sprache. Grammatik, Text u. Wörterbuch. Nach den handschriftl. Materialien v. Werner Munzinger Pascha. gr. 8. (XXVIII, 186 S.) Ebend. 874. n. 6. —

— Sprachen von Nord-Ost-Afrika. 2. u. 3. Bd. A. u. d. T.: Die Nuba-Sprache. 2 Thle. [Grammatik u. Texte. — Nubisch-deutsches u. deutsch-nubisches Wörterbuch.] Mit Unterstützung der kaiserl. Akademie der Wissenschaften. gr. 8. (VII, 308 u. 240 S.) Wien 879. Braumüller. n. 14. — (1—3.: n. 20. —)

Reinisch, L., Sprachen von Nord-Ost-Afrika. 3 Bde. gr. 8. Wien 874,79. Cannstatt, Steyer. * 20 —

— die Stele des Basilicogrammaten Schay im ägyptischen Cabinete in Wien mit Interlinear-Version und Commentar. Mit 1 (lith.) Taf. (in 4.) (Aus d. Sitzungsber. d. k. Akad. d. Wiss. abgedr.) Wien 864. Gerold in Comm. gr. 8. (33 S.) n. 12 ngr.

— Die sprachliche Stellung des Nuba, s.: Schriften der Sprachenkommission der kaiserl. Akademie der Wissenschaften. III.

— der einheitliche Ursprung der Sprachen der alten Welt nachgewiesen durch Vergleichg. der afrikan., erythräischen u. indogerman. Sprachen m. Zugrundelegg. d. Teda. 1. Bd. Mit 4 (eingedr.) Holzschn. Lex.-8. (XVIII, 408 S.) Ebend. 873. n. 40. —

Reinisch, Leo, Ursprung und Entwickelungsgeschichte des aegyptischen Priestertums und Ausbildung der Lehre von der Einheit Gottes. Vortrag, gehalten am 26. März 1878 im österreichischen Ingenieur- und Architectenvereins-Saal. gr. 8. (30 S.) Wien 878, (Gerold's Sohn.) * — 60

— über den phonetischen Werth eines Hieroglyphenzeichens. [Aus den Sitzungsber. der k. Akad. der Wiss.] Wien 865. (Gerold's Sohn.) Lex.-8. (17 S.) 3 ngr.

— Wörterbuch der Bedauye-Sprache. Mit Unterstützg. d. kais. Akademie d. Wissenschaften in Wien. gr. 8. (V, 365 S.) n. 16. —
Wien: A.Hölder 1895.

— das Zalwort 4 u. 9 in den chamitisch-semitischen Sprachen. [Aus: „Sitzungsber. d. k. Akad. d. Wiss."] Lex.-8. (40 S.) Wien 890. (Tempsky.) n. — 80

— s.: Zeitschrift, Wiener, f. d. Kunde d. Morgenlandes.

Reinisch, Max, s.: Kalender f. Vermessungsbeamte.

Petrographische Beschreibung der Gaussberg-Gesteine von Dr. R[einhold] Reinisch, (Leipzig). Mit Taf. 8 u. 9 Abb. (Berlin: G. Reimer 1906.) (S. 75–87.) 4°
= Südpolar-Expedition, Deutsche, 1901–1903. Bd 2, H. 1, 3.

Petrographische Beschreibung der Kerguelen-Gesteine von R[einhold] Reinisch (Leipzig). Mit 6 Abb. (Berlin: G. Reimer 1908.) (S. 211–222.) 4°
= Südpolar-Expedition, Deutsche, 1901–1903. Bd 2, H. 2, 3.

Reinisch, R[einhold], Dr.: Druckprodukte aus Lausitzer Biotitgranit und seinen Diabasgängen. Mit Karte. *Leipzig 1902: Bär & Hermann.* (40 S.) 8°
Leipzig, Phil. Hab.-Schr. v. 27. Febr. 1902

Reinisch, Reinhold [aus Oderwitz]: Über Einschlüsse im Granitporphyr des Leipziger Kreises ... M. e. Taf. ... (Aus: Tschermak's Mineral. u. petrogr. Mitth. hrsg. v. F. Becke, Bd XVI Heft 6.) Wien, A. Hölder, k. u. k. Hof- u. Univ.-Buchh., 1896; 2 Bl., 465—503 S., 1 Taf. 8.
Leipzig, Phil. Fak., Inaug.-Diss. v. [5. März] 1897

— Entstehung u. Bau der deutschen Mittelgebirge. (VIII, 206 S. mit 48 Abbildgn.) gr. 8. Leipzig 910. Dieterich. 3.50; geb. 4.—

— Gesteine der Heard-Insel, s.: Südpolar-Expedition, deutsche. 1901—1903. II, 3.

— Gesteine v. d. Possessions-Insel (Crozet-Gruppe), s.: Südpolar-Expedition, deutsche. II, 4.

— Gesteine von St. Paul u. Neu-Amsterdam, s.: Südpolar-Expedition, deutsche, 1901—1903. II, 5.

Reinisch, Rhold., Mineralogie u. Geologie f. höhere Schulen. Mit 200 Textfig., 2 Farbentaf. u. 1 geolog. Übersichtskarte v. Zentral-Europa. gr. 8. (III, 104 S.) Leipzig 903. G. Freytag. Geb. in Leinw. n. 2. —

— Mineralogie u. Geologie f. höhere Schulen. Mit 208 Textfig., 2 Farbentaf. u. 1 (farb.) geolog. Uebersichtskarte v. Mittel-Europa. 2., verb. u. verm. Aufl. (IV, 121 S.) 8. Leipzig 905. G. Freytag. Geb. n. 2. 40

— Mineralogie u. Geologie. Für höh. Schulen. Mit 211 Textfig., 2 Farbentaf. u. 1 (farb.) geol. Übersichtskarte v. Mitteleuropa. 3., verb. Aufl. (106 S.) gr. 8. Leipzig 908. G. Freytag. — Wien, F. Tempsky. Geb. in Leinw. 2. 65

— Petrographie, s.: Zirkel, F.

Petrographie. II. Gesteine v. d. Bouvet-Insel, v. Kerguelen, St. Paul und Neu-Amsterdam, s.: Ergebnisse, wissenschaftliche, der deutschen Tiefsee-Expedition. X, 3.

— petrographisches Praktikum. 1. Tl.: Gesteinbildende Mineralien. gr. 8. (IV, 136 S. m. 82 Fig.) Berlin 901. Gebr. Borntraeger. Geb. in Leinw. n.n. 4. 20

— petrographisches Praktikum. 2. Tl.: Gesteine. (VII, 180 S. m. 22 Fig.) gr. 8. Berlin 904. Gebr. Borntraeger. Geb. in Leinw. n. 5. 20
1. Tl. Ebd. 901. Geb. n.n. 4. 20.

— Petrographisches Praktikum. 1. Teil: Gesteinbildende Mineralien. Mit 81 Textfig. und 5 Tab. im Anh. 2., verbess. u. ergänzte Aufl. (IV, 128 S.) gr. 8. Berlin 907. Gebr. Borntraeger. Geb. in Leinw. 4. 80

Reinitz, Ernst. Vaterländische Festspiele f. höhere Schulen. 8. (80 S.) Bresl. 889, Wohlfarth. * 1 —

Reinitz, Ernst: Schillers Gedankendichtung in ihrem Verhältnisse zur Lehre Kants. (Umschlagt.: „Schillers Verhältnis zu Kant, bes. in seinen philosoph. Dichtgn".) Ratibor, Riedinger's Buch- u. Steindr., 1894; 18 S. 4.
Ratibor, k. Ev. G, P 1894 (204)

Reinitz, E., Kaiser Wilhelm u. Kaiser Friedrich. Vaterländisches Festspiel für höhere Schulen. gr. 8. (16 S.) Breslau 888. Wohlfarth. n. — 50

Reinitz, Geo., Mittheilungen üb. e. bisher noch wenig bekannten Blasenwurm. gr. 8. (44 S. m. 1 Steintaf.) Dorpat 885. (Karow.) n. 1. 50

Reinitz, Max, das Eisenbahnwesen Oesterreich-Ungarns und dessen neuestes Rechtsgebiet. gr. 8. (36 S.) Wien 881, Hölder. * 1 20

Reinitz, Max, das Rechtsverhältniss zwischen Staat u. Eisenbahnen in Österreich. gr. 8. (103 S.) Wien 884. Manz. n. 3. 20

Reinitz, Max, Rücklösung u. Heimfall der österreichischen Eisenbahnen. (44 S.) gr. 8. Wien 903. Manz. n. — 80
Sonderabdruck aus: „Jurist. Blätter".

Reinitz, Otto, Volontär-Arzt am Hafenkrankenh. Hamburg-St. Pauli: Aus d. Hafenkrankenhause zu Hamburg-St. Pauli. Über die congenitale Stenose und Obliteration am Isthmus Aortae. *Kiel 1902: Schmidt & Klaunig.* (38 S.) 8°
Kiel, Med. Diss. v. [20. Dez.] 1902

Reinitzer, Benjamin

— und Goldschmidt Heinrich: Über die Einwirkung einiger Metalle und Metalloide auf Phosphoroxychlorid und die Existenz von Leverriers Phosphoroxyd. S. 81. II. 82 . . . . vgr.
Separatabdruck

— Studien über das Verhalten der Acetate des Chroms, Eisens und Aluminiums. S. 85. II. 88 . . . . vgr.
Separatabdruck

Reinitzer, B[enjamin], Docent für Chemie an der k. k. deutschen technischen Hochschule zu Prag: Untersuchungen über die niederen Oxyde des Phosphors. Prag Selbstverlag 1882. 3 Bl., 32 S. 8°.
Zürich, Phil. Diss. [v. 25. Juli 1882].

Reinitzer, B. Untersuchungen über die niederen Oxyde des Phosphors. Inaug.-Dissertation der Universität Zürich. In-8°, 32 S. Prag, Hofbuchdruckerei A. Haase, 1882.

Reinitzer B.: Über eine feste Verbindung von Bor mit Wasserstoff. S. 82. II. 736 . . . vgr.
Separatabdruck

Reinitzer, Friedrich

Analyse eines vegetabilischen Fettes (mit 1 Taf.). S. 85. II. 825 . . . . vgr.
Separatabdruck

Reinitzer, F., Über Atmung der Pflanzen. 8°. (17 S.) K —.75
Graz: Leuschner & Lubensky 1910.

Reinitzer, Friedr., über die physiologische Bedeutung der Transpiration der Pflanzen. [Ausgeführt im pflanzenphysiolog. Institute der Prager Universitat.] Lex.-8. (26 S. mit 2 eingedr. Holzschn.) Wien 881, (Gerold's Sohn.) * — 40
Aus: Sitzungsberichte der k. Akademie der Wissenschaften, besonders abgedruckt.

— Beiträge zur Kenntnis des Cholesterins. S. 97. I. 167 . . . . vgr.
Separatabdruck

— Über Hydrocarotin und Carotin. S. 91. II. 719 . . . . vgr.
Separatabdruck

Kolibri 360 GmbH
Ferdinand-Jühlke-Straße 7
99095 Erfurt, Deutschland
produktsicherheit@kolibri360.de